Die Kostenrechnung als Instrument der staatlichen Preisregulierung in der Abfallwirtschaft

Umwelt und Ökonomie Band 23

Band 1: Michael Schröder
Die volkswirtschaftlichen Kosten von Umweltpolitik
1991, ISBN 3-7908-0535-1

Band 2: Karl Heinz Gruber
Zur methodischen Auswahl von Emissionsminderungsmaßnahmen
1991, ISBN 3-7908-0547-5

Band 3: Helmuth-M. Groscurth
Rationelle Energieverwendung durch Wärmerückgewinnung
1991, ISBN 3-7908-0552-1

Band 4: Frank Stähler
Kollektive Umweltnutzungen und individuelle Bewertung
1991, ISBN 3-7908-0572-6

Band 5: Rolf Winkler
Konzeption und Bewertung technischer Entsorgungswege
1992, ISBN 3-7908-0577-7

Band 6: Michael van Mark/
Erik Gawel/Dieter Ewringmann
Kompensationslösungen im Gewässerschutz
1992, ISBN 3-7908-0638-2

Band 7: Maria J. Welfens
Umweltprobleme und Umweltpolitik in Mittel- und Osteuropa
1993, ISBN 3-7908-0654-4

Band 8: Hans-Dietrich Haasis
Planung und Steuerung emissionsarm zu betreibender industrieller Produktionssysteme
1994, ISBN 3-7908-0768-0

Band 9: Ute Bennauer
Ökologieorientierte Produktentwicklung
1994, ISBN 3-7908-0779-6

Band 10: Maria J. Welfens/
Nadja Schiemann (Hrsg.)
Umweltökonomie und zukunftsfähige Wirtschaft
1994, ISBN 3-7908-0788-5

Band 11: Rolf Jacobs
Organisation des Umweltschutzes in Industriebetrieben
1994, ISBN 3-7908-0797-4

Band 12: Frank Jöst
Klimaänderungen, Rohstoffknappheit und wirtschaftliche Entwicklung
1994, ISBN 3-7908-0809-1

Band 13: Georg Müller-Fürstenberger
Kuppelproduktion
1995, ISBN 3-7908-0883-0

Band 14: Andreas Pfnür
Informationsinstrumente und -systeme im betrieblichen Umweltschutz
1996, ISBN 3-7908-0894-6

Band 15: Christian Kölle
Ökonomische Analyse internationaler Umweltkooperationen
1996, ISBN 3-7908-0901-2

Band 16: Rainer Souren
Theorie betrieblicher Reduktion
1996, ISBN 3-7908-0933-0

Band 17: Fritz Söllner
Thermodynamik und Umweltökonomie
1996, ISBN 3-7908-0940-3

Band 18: Thomas Nestler
Umweltschutzinvestitionen im Verarbeitenden Gewerbe
1997, ISBN 3-7908-0962-4

Band 19: Anja Oenning
Theorie betrieblicher Kuppelproduktion
1997, ISBN 3-7908-1012-6

Band 20: Graciela Wiegand
Die Schadstoffkontrolle von Lebensmitteln aus ökonomischer Sicht
1997, ISBN 3-7908-1024-X

Band 21: Karin Holm-Müller
Ökonomische Anreize in der deutschen Abfallwirtschaftspolitik
1997, ISBN 3-7908-1028-2

Band 22: Ronald Wendner
CO_2-Reduktionspolitik und Pensionssicherung
1997, ISBN 3-7908-1032-0

Jochen Cantner

Die Kostenrechnung als Instrument der staatlichen Preisregulierung in der Abfallwirtschaft

Mit 130 Abbildungen
und 40 Tabellen

Physica-Verlag
Ein Unternehmen
des Springer-Verlags

Reihenherausgeber
Werner A. Müller
Peter Schuster

Autor
Dr. Jochen Cantner
Bayerisches Institut für Abfall-
forschung (BIfA)
Am Mittleren Moos 46 a
D-86167 Augsburg

ISBN 3-7908-1033-9 Physica-Verlag Heidelberg

Die Deutsche Bibliothek – CIP-Einheitsaufnahme
Cantner, Jochen: Die Kostenrechnung als Instrument der staatlichen Preisregulierung in der Abfallwirtschaft / Jochen Cantner. – Heidelberg: Physica-Verl., 1997
(Umwelt und Ökonomie; Bd. 23)
ISBN 3-7908-1033-9

Umschlaggestaltung: Erich Kirchner, Heidelberg

SPIN 10632516 88/2202-5 4 3 2 1 0 – Gedruckt auf säurefreiem Papier

Vorwort

Mit Inkrafttreten des neuen Kreislaufwirtschafts- und Abfallgesetzes haben sich die Rahmenbedingungen in der deutschen Abfallwirtschaft stark verändert. Im Sinne der sog. materiellen Verursacherverantwortung sind die Abfallerzeuger und -besitzer nunmehr nicht nur kostenmäßig, sondern auch faktisch für die Entsorgung ihrer Abfälle zuständig. Speziell im Bereich der Siedlungsabfallwirtschaft wurde hierzu der Anschluß- und Benutzungszwang an die öffentliche Abfallentsorgung gelockert. Infolge dieser neuen Freiheitsgrade in den Entsorgungspfaden gewinnt der Entsorgungspreis zentrale Bedeutung für den Umgang mit den Abfällen. Von besonderem Interesse sind dabei jene Preise, die nicht marktlich gegeben sind, sondern staatlicherseits gesetzt werden. Vor dem Hintergrund der mannigfaltigen Umweltprobleme im Entsorgungsprozeß und der voranschreitenden Erschöpfung von Deponiekapazitäten wird eine ökologieorientierte, knappheitsbezogene Bepreisung gefordert.

Die vorliegende Arbeit, die im Rahmen eines Forschungsprojektes des Bayerischen Instituts für Abfallforschung (BIfA) im Auftrag des Bayerischen Staatsministeriums für Landesentwicklung und Umweltfragen (BStMLU) entstand und im Wintersemester 1996/97 von der wirtschafts- und sozialwissenschaftlichen Fakultät der Universität Augsburg als Dissertation angenommen wurde, widmet sich in erster Linie dieser Bepreisungsproblematik. Zahlreiche, bislang einzigartige empirische Primärerhebungen unterstützen dabei die theoretischen Überlegungen. Darüber hinaus werden auch alle weiteren institutionellen Aspekte aufgegriffen, welche für die Diskussion der Regulierung vs. Deregulierung des Entsorgungssektors von Bedeutung sind, so die Organisations- und Rechtsformwahl, die geforderte Steuerharmonisierung gewerblicher und hoheitlicher Entsorgungsbetriebe und die Marktöffnung des Entsorgungssektors nach Kreislaufwirtschafts- und Abfallgesetz. Mithin gestaltet sich das Werk als ein "umfassendes Kompendium der deutschen Abfallwirtschaft" (*Prof. Dr. Bernd Wagner*).

Allen, die mich bei der Erstellung der Arbeit und ihrer Veröffentlichung unterstützt haben, gilt mein herzlicher Dank. Aus diesem Kreis sind besonders hervorzuheben:

Herr Prof. Dr. Adolf G. Coenenberg hat das Erstgutachten meiner Dissertation erstellt und sich in besonderem Maße bemüht, meine Ideen bei den relevanten Interessensgruppen publik zu machen. Sein Lehrstuhl-Team gab mir im Rahmen der Doktorandenseminare Gelegenheit zur fachlichen Diskussion. Außerdem unterstützten mich

Herr Dr. Jochen Schmitz bei der EDV-technischen Datenauswertung, Frau Dipl.Kff. Susanne Gröner, Herr Dr. Thomas M. Fischer und Herr Dr. Dr. habil. Axel Haller bei den Vorbereitungen zur Dissertationsdisputation. Herr apl. Prof. Dr. Bernd Wagner fertigte das Zweitgutachten an und gab mir wertvolle Ratschläge für die weitere Vorgehensweise bei der Politikberatung. Herr Prof. Dr. Martin Stengel übernahm freundlicherweise den Vorsitz der Disputation.

Des weiteren möchte ich dem BStMLU, den Bayerischen Kommunalen Spitzenverbänden und den bayerischen Entsorgern danken, ohne deren Unterstützung und Mitarbeit die empirischen Untersuchungen in diesem Umfang und dieser Güte nicht möglich gewesen wären.

Besonders erwähnen möchte ich meine Kollegen vom BIfA. Herrn Prof. Dr. Heinz-Georg Baum danke für die Wahrnehmung der Projektleitung sowie für die Schaffung der zahlreichen Kontakte zu den relevanten Ansprechpartnern. Des weiteren möchte ich danken Frau Prof. Dr. Edeltraud Günther, Frau Dipl.oec. Anke Sturm, Herrn Dipl.oec. Christian Pürschel, Herrn Dipl.Kfm. Oliver Schill, Herrn Dipl.Kfm. Jürgen Wagner und Herrn Dr. Robert Wittmann für die fachliche Unterstützung und insbesondere für die moralische Rückenstärkung, die bei einer solchen umfangreichen Arbeit mitunter notwendig ist. Herr Dipl.oec. Stefan Enzler, Herr Dipl.oec. Christian Hasenmüller und Herr cand.oec. Dieter Rothenberger standen mir bei der Literaturrecherche und der Graphikenerstellung tatkräftig zur Seite.

Herrn Dr. Werner A. Müller sei gedankt, daß meine Arbeit in der Reihe "Umwelt und Ökonomie" des Physica-Verlags erscheint, ebenso Frau Dr. Martina Bihn für die kooperative Zusammenarbeit bei der Durchführung der Veröffentlichung.

Mein allergrößter Dank schließlich gilt meiner lieben Familie. Sie stand mir in der entbehrungsvollen Zeit der letzten Jahre mit Rat und Tat in allen Lebensbereichen und rund um die Uhr zur Verfügung. Ohne diese Unterstützung wäre das vorliegende Werk nicht entstanden.

Jochen Cantner, im März 1997

Inhaltsverzeichnis

Kapitel 1: Veranlassung und Gang der Untersuchung

Abfallwirtschaftliche Fragestellungen haben in den letzten Jahren erheblich an Bedeutung gewonnen. Standen dabei zunächst rechtliche und technische Aspekte im Vordergrund - man denke etwa an die mitunter vehement geführten Debatten hinsichtlich zentraler/dezentraler Entsorgungskonzepte oder hinsichtlich der Müllverbrennung Anfang der 90er Jahre -, so befindet sich augenblicklich die ökonomische Dimension des Entsorgungssektors im Fokus der öffentlichen Diskussion. Auslöser hierzu war einerseits die Entwicklung der Abfallgebühren in jüngerer Zeit, gekennzeichnet durch teilweise drastische Gebührensprünge und -differenzierungen in bzw. zwischen den einzelnen Entsorgungsregionen. Andererseits wird in zunehmendem Maße die Forderung erhoben, die ökologische Komponente der Abfallentsorgung, also die Umweltnutzung, in entsprechender Weise in den Entsorgungspreisen zu berücksichtigen.

Diese beiden Problemfelder wurden bislang von den unterschiedlichsten Wissenschaftsdisziplinen, angefangen von den Rechts- und den Finanzwissenschaften über die Umweltökonomie und das Technik- und Ingenieurwesen bis hin zur Betriebswirtschaftslehre, unter fachspezifischer und damit eingeschränkter Sichtweise angegangen. Entsprechend konnten keine oder nur unzureichende Lösungsansätze geliefert werden. In der vorliegenden Untersuchung wird daher ein integrativer Forschungsansatz mit einer übergeordneten wirtschaftspolitischen Perspektive gewählt. Nur hierdurch lassen sich die verschiedenen Problemdimensionen bündeln und adäquat berücksichtigen. Um jedoch zu einer operablen Problemlösung zu kommen, wird dabei stets auf die betriebswirtschaftliche Ebene rekurriert.

Bei wirtschaftspolitischer Betrachtungsweise erweist sich die öffentliche Abfallentsorgung (auch: "(Siedlungs-)Abfallwirtschaft") als ein ergiebiges Untersuchungsobjekt, treffen für diesen Sektor, wie aufzuzeigen sein wird, doch tendenziell alle gängigen Erscheinungsformen des Marktversagens zu. Zu nennen sind die negativen externen Effekte im Rahmen des Entsorgungsprozesses, erschöpfbare Ressourcen in Form beschränkter Deponiekapazitäten und -standortbedingungen, die Gefahr der Marktmacht aufgrund der Bedingungen eines natürlichen Monopols sowie der Kollektivgutcharakter der Abfallentsorgung. Zentral hierbei ist der Aspekt einer adäquaten Preisregulierung, basierend auf einer entsprechenden Kostenermittlung und -zurechnung.

Der Gang der Untersuchung gliedert sich wie folgt:

- In Kapitel 2 wird zunächst in allgemeiner Form dargestellt, welche Zielsetzungen, Instrumente und rechtlichen Grundlagen für eine staatliche Preisregulierung in Betracht kommen und welche Wirkungen und Probleme sich im Rahmen der Regulierung ergeben können. Dabei wird auch auf entsprechende Reformvorschläge in der Literatur und von Seiten spezieller Expertengremien eingegangen.

- Eine Darstellung der rechtlichen, technologischen und wirtschaftlichen, insbesondere der preisrechtlichen Aspekte der öffentlichen Abfallentsorgung erfolgt in Kapitel 3. Dabei werden auch die relevanten Änderungen erörtert, die das jüngst in Kraft getretene Kreislaufwirtschafts- und Abfallgesetz für die öffentliche Abfallentsorgung mit sich bringt.

- Daran anschließend sind in Kapitel 4 die Ursachen und Wirkungen unzureichender ökonomischer Rahmenbedingungen in der Siedlungsabfallwirtschaft aufzuzeigen. In diesem Zusammenhang werden die Ergebnisse umfangreicher empirischer Studien, die speziell für den Zweck der vorliegenden Untersuchung angefertigt wurden, vorgestellt.

- Die Erörterung entsprechender Korrekturmaßnahmen in Form eines Norm-Kostenrechnungssystems für Siedlungsabfallwirtschaft, welche in die Konzeption einer "Allgemeinen abfallwirtschaftlichen Preisordnung" münden, erfolgt in Kapitel 5.

- Dem speziellen Problembereich der Kostenoptimierung der Siedlungsabfallwirtschaft widmen sich die Ausführungen in Kapitel 6. Hierbei werden unter kosten- und somit gleichsam preisrelevanten Aspekten die institutionellen Bedingungen der Siedlungsabfallwirtschaft hinterfragt.

- Kapitel 7 schließlich faßt die Ergebnisse in knapper Form zusammen. Dabei wird auch ein Ausblick auf die Praxisrelevanz der vorliegenden Untersuchung gegeben.

Kapitel 2: Staatliche Preisregulierung

Im Rahmen der wirtschafts- und finanzpolitischen Betätigung des Staatssektors in der Bundesrepublik Deutschland nimmt das Instrument der staatlichen Preisregulierung eine zentrale Stellung ein.[1] Unter "staatlicher Preisregulierung"[2] - synonym verwendete Begriffe sind "staatliche Preisadministration"[3] und "staatliche Preispolitik"[4] - versteht man die durch den Staat aufgrund seiner hoheitlichen Machtbefugnisse und/oder in seiner Eigenschaft als Anbieter oder Nachfrager gezielte Beeinflussung oder Gestaltung der Preise ökonomischer Güter.[5] "Ökonomische Güter" umfassen Produkte (Waren und Dienstleistungen), Produktionsfaktoren (Arbeit, Boden und Kapital) sowie monetäre Titel (in- und ausländische Währungseinheiten und Wertpapiere). Als "Preis" ist der in Geldeinheiten ausgedrückte Gegenwert zu verstehen, der für den Erwerb eines ökonomischen Gutes zu entrichten ist.[6] Korrespondierend zum jeweiligen Gut gibt es für den Preis eine Vielzahl spezieller Bezeichnungen, bspw. Entgelt, Lohn, Zins, Devisenkurs, Gebühr oder Tarif.[7] Der "Staat" als Träger der

---

1 Vgl. KLEPS, K. (1984), S. 35.

2 Im wirtschaftspolitischen Kontext bedeutet der Begriff "Regulierung" im engeren Sinne sowohl die direkte staatliche Steuerung von einzelwirtschaftlichen Entscheidungen durch den Einsatz öffentlicher Unternehmen als auch die einschränkende staatliche Einflußnahme auf einzelwirtschaftliche Entscheidungen privater Unternehmen in bestimmten Wirtschaftssektoren; vgl. ABERLE, G. (1992), S. 67. In einer weiter gefaßten Auslegung hingegen werden unter "Regulierung" sämtliche staatlichen Eingriffe, mit denen unternehmerischer Handlungsspielraum beschränkt und marktliche Anpassungsprozesse beeinflußt werden, verstanden. Gängigste Erscheinungsformen sind die Regulierung von Preis, Produktqualität, Geschäftsbedingungen und Gewinnen sowie von Marktein- bzw. -austritt; vgl. ENDRES, A. (1988 b), S. 197; MÖSCHEL, W. (1988), S. 889.

3 Vgl. BAUM, H. (1980), S. 24 f.; WIED-NEBBELING, S. (1982), S. 220 ff.. Der Begriff des "administered price behavior" wurde erstmals von MEANS zur Beschreibung des Phänomens starrer Preise in Industriezweigen mit hohem Konzentrationsgrad verwendet (vgl. MEANS, G.C. (1935), S. 1 ff.). Kennzeichnend hierbei ist, daß die Preise nicht durch die Wechselwirkung von Angebot und Nachfrage gebildet, sondern unabhängig von der Marktnachfrage durch kostenorientierte unternehmerische Entscheidungen festgelegt werden. Hierdurch wird gegenüber kurzfristigen Änderungen der Marktbedingungen eine gewisse Preisrigidität induziert. Insbesondere bei tendenziell steigendem Kostenniveau und unterschiedlicher Empfindlichkeit der Unternehmen gegenüber Nachfrageerhöhungen und -senkungen ist eine einseitige Reagibilität der Preise nach oben beobachtbar (sog. Sperrklinkeneffekt). In Anlehnung an diese Begriffsfassung hat sich in der wirtschaftspolitischen Diskussion für die Preisgestaltung des Staatssektors im Laufe der Zeit die Bezeichnung "staatliche Preisadministration" herausgebildet. KLEPS, K. (1984), S. 131 f. schlägt vor, den Begriff "administrierte Preise" ausschließlich auf den Bereich staatlich regulierter Preise zu beziehen, da die Bezeichnung "privat administrierte Preise" auf alle Preise außerhalb des (praxisfremden) Modells der vollständigen Konkurrenz zutrifft und somit zu keiner Differenzierung beiträgt.

4 Vgl. WOLL, A. (1981), S. 202.

5 Vgl. BREITENSTEIN, P. (1977), S. 27.

6 Vgl. KLEPS, K. (1984), S. 1. Eine weitere Bedeutung besitzt der "Preis" als Ausdruck der Anerkennung bedeutender geistiger oder körperlicher Humanleistungen in allen möglichen Fach- und Sachgebieten. Diese Interpretation findet in der weiteren Untersuchung keine Berücksichtigung.

7 Vgl. WOLL, A. (1981), S. 202.

Preisregulierung kann entsprechend dem föderalistischen Staatsaufbau und der dezentralisierten Entscheidungsträgerschaft in der Bundesrepublik Deutschland unterteilt werden in Bund, Länder, Gemeinden, Gemeindezusammenschlüsse (Gemeindeverbände, Bezirks-, Landschafts- und Zweckverbände) und sonstige Körperschaften des öffentlichen Rechts sowie auf transnationaler Ebene in supranationale und internationale Organisationen.[8] "Hoheitsbefugnisse" für preispolitische Maßnahmen leiten sich aus den Artikeln 28 Abs. 2, 73, 74, 75 und 105 GG[9] ab. Hier sind unter anderem die nationalen Gesetzgebungskompetenzen der verschiedenen Staatsträger hinsichtlich wirtschaftspolitischer und finanzwirtschaftlicher Aufgabenbereiche geregelt.[10] Entsprechende Hoheitsrechte im supra- und internationalen Bereich räumt Art. 24 Abs. 1 GG ein.

2.1 Zielsetzungen staatlicher Preisregulierung

Die staatliche Preisregulierung dient der Realisierung wirtschaftspolitischer und finanzwirtschaftlicher Ziele. Die Schwerpunkte der Zielverfolgung liegen dabei vorrangig in teilwirtschaftlichen Bereichen, wodurch eine gewisse Tendenz zur unerwünschten Beeinflussung anderer Ziele, insbesondere gesamtwirtschaftlicher Basisziele gegeben ist.[11] Da jegliche staatliche Betätigung auch politische Aspekte beinhaltet, werden mit der staatlichen Preisregulierung auch rein politische Interessen verfolgt.[12] Im folgenden wird daher unterschieden zwischen ökonomischen und politischen Zielen der staatlichen Preispolitik.[13]

---

8 Vgl. BREITENSTEIN, P. (1977), S. 30 f.. Mit der differenzierten Trägerschaft ist eine unterschiedliche räumliche Reichweite der staatlichen Preisregulierung verbunden. Somit läßt sich eine Einteilung in supranationale, nationale, regionale und kommunale staatliche Preispolitik vornehmen.

9 Vgl. Grundgesetz für die Bundesrepublik Deutschland vom 23. Mai 1949 (BGBl. S. 1), zuletzt geändert durch Gesetz vom 27. Oktober 1994 (BGBl. I S. 3146).

10 Für Einzelheiten vgl. z.B. SEIFERT, K.H. / HÖMIG, D. (1994).

11 Vgl. BREITENSTEIN, P. (1977), S. 31. Für einen allgemeinen Überblick hinsichtlich wirtschaftspolitischer Zielbeziehungen vgl. z.B. PÜTZ, T. (1979), S. 80 ff.; LUCKENBACH, H. (1986), S. 245 ff.; WOLL, A. (1992), S. 98 ff..

12 Vgl. KLEPS, K. (1984), S. 35.

13 In der Fachliteratur erfolgt die Erörterung der preispolitischen Ziele hinsichtlich Systematik, Anzahl und Nomenklatur der aufgezeigten Zielarten und der Maßnahmen zur Zielerreichung uneinheitlich; vgl. hierzu BREITENSTEIN, P. (1977), S. 30 ff.; BAUM, H. (1980); S. 28 ff., WOLL, A. (1981), S. 204 ff.; KLEPS, K. (1984), S. 35 ff.. Im weiteren wird daher eine Darstellung gewählt, welche die Aspekte der verschiedenen Literaturbeiträge weitestgehend bündelt.

2.1.1 Ökonomische Ziele

Der ökonomische Zielkatalog staatlicher Preisregulierung umfaßt zunächst die drei wirtschaftspolitischen Betätigungsbereiche "Allokation", "Stabilisierung" und "Distribution" (vgl. *Abb. 2.1*).[14]

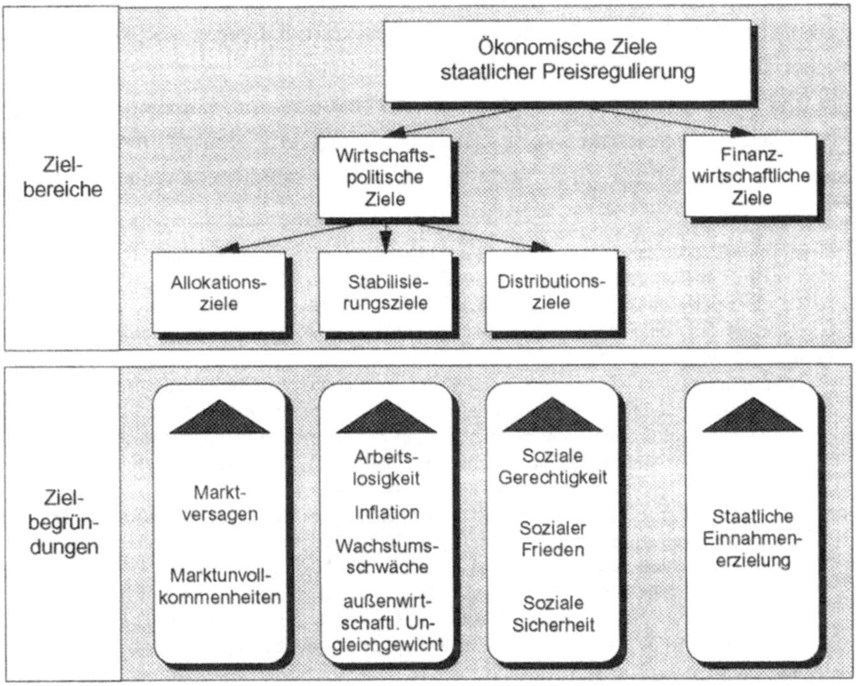

Abb. 2.1: Ökonomische Ziele staatlicher Preisregulierung

Hinsichtlich des wirtschaftspolitischen Allokationsaspektes besteht das Ziel der Preisadministration darin, in Bereichen, in denen der Markt- und somit der Preismechanismus beeinträchtigt oder außer Kraft gesetzt ist, durch geeignete Maßnahmen eine "optimale Ressourcenallokation"[15] zu gewährleisten. Marktversagen bzw.

14 Streng genommen wäre der Bereich "Distribution" nicht in der Kategorie der "ökonomischen" Ziele staatlicher Preisregulierungen zu führen, werden doch für staatliche Distributionsmaßnahmen vornehmlich außerökonomische Begründungen herangezogen. Faßt man jedoch den Bereich ökonomischer Ziele weiter und subsumiert hierunter auch sozialpolitische Erwägungen, ist die gewählte Systematik konsistent. Vgl. hinsichtlich dieser Vorgehensweise KLEPS, K. (1984), S. 43 ff.. Einen Überblick über wirtschaftspolitische Zielbereiche geben z.B. PÜTZ, T. (1979), S. 54 ff.; AHRNS, H.-J. / FESER, H.-D. (1986), S. 37 ff.; POSER, G. (1988), S. 69 ff.; MOLITOR, B. (1992), S. 47 ff.; WOLL, A. (1992), S. 113 ff.; FREY, B. / KIRCHGÄSSNER, G. (1994), S. 221 ff..

15 Die Optimalität bzw. Effizienz einer Ressourcenallokation wird üblicherweise am sog. Paretokriterium gemessen. Nach dem Paretokriterium ist eine Allokation dann effizient, wenn sich

Marktunvollkommenheit werden induziert bei der Versorgung der Volkswirtschaft mit sog. öffentlichen, Misch-, meritorischen und demeritorischen Gütern, bei Vorliegen von sog. positiven und negativen externen Effekten, bei Auftreten von Inflexibilitäten und von Informationsmängeln sowie potentieller oder tatsächlicher mißbräuchlicher Ausübung von Marktmacht auf Wettbewerbsmärkten oder in wettbewerblichen Ausnahmebereichen (letztere werden als "natürliche Monopole"[16] bezeichnet).[17] Als preispolitische Korrekturmaßnahmen des Staates kommen bspw. die Bewirtschaftung natürlicher Monopole durch öffentliche Unternehmen, die Internalisierung externer Erträge und Kosten in das Preissystem durch Erhebung von Abgaben, die Verhinderung mißbräuchlich gesetzter Preise durch Schaffung von Kontrollinstanzen oder die Lenkung von Produktions- und Verbrauchsverhalten durch entsprechende preisbezo-

---

diese, um ein Individuum besser zu stellen, nicht mehr verändern läßt, ohne daß gleichzeitig wenigstens ein Individuum schlechter gestellt werden muß. Dabei werden jedoch Verteilungsaspekte nicht berücksichtigt. Vgl. HANUSCH, H. / KUHN, T. (1994), S. 88 und 92.

16 Hinsichtlich der Kennzeichen und Ursachen natürlicher Monopole sei auf die Ausführungen in Kapitel 6.1 verwiesen.

17
- "Öffentliche Güter" liegen vor, wenn Güter von mehreren Nutzern gleichzeitig in Anspruch genommen werden können (Merkmal der Nichtrivalität im Konsum) und darüber hinaus ein Nutzungsauschluß technisch nicht oder nur mit einem unverhältnismäßig hohen Aufwand möglich ist (Merkmal der Nichtausschließbarkeit). Hingegen handelt es sich um "Mischgüter", wenn eines der beiden Merkmale fehlt.
- Als "(technologische) externe Effekte" bezeichnet man die tatsächlichen oder möglichen positiven bzw. negativen Folgen der wirtschaftlichen Aktivitäten eines Marktteilnehmers für die Produktions- oder Konsummöglichkeiten anderer Marktakteure. Güter, die mit negativen externen Effekten behaftet bzw. (willentlich) mit positiven externen Effekten ausgestattet sind, werden als "demeritorische" bzw. "meritorische Güter" bezeichnet. Im Kontext negativer externer Effekte sind auch mögliche Bepreisungsdefizite bei sog. erschöpfbaren und somit schonungsbedürftigen Ressourcen (z.B. fossile Energieträger) zu sehen. Solche Defizite sind gegeben, wenn im Marktpreis der Ressourcen die Nutzungsbeeinträchtigung späterer Generationen nicht berücksichtigt werden.
- "Inflexibilitäten" im Wirtschaftsprozeß bedeuten, daß die Anbieter und Nachfrager auf den Märkten nicht in erforderlicher Art und Weise auf Veränderungen, bspw. Änderungen hinsichtlich der Produktionsbedingungen oder Nachfragebedürfnisse, reagieren können. Werden Inflexibilitäten für die Zwecke eines anbieterseitigen Verdrängungswettbewerbs durch preisliches Unterbieten ausgenützt, spricht man von "ruinöser Konkurrenz".
- "Informationsmängel" sind gegeben, wenn die Marktteilnehmer aufgrund defizitärer Informationen suboptimale Entscheidungen in Hinblick auf die Ressourcenallokation treffen. Halten bspw. die Nachfrager aufgrund von Informationsdefiziten den billigsten Kauf für den preiswertesten, kommt es zu einer "negativen Auslese" unter den Anbietern.
- Monopolbedingte "Marktmacht" schließlich ist dadurch gekennzeichnet, daß im Gegensatz zu einer Konkurrenzsituation im Angebotssektor eine geringeres Angebot zu höheren Preisen bzw. im Nachfragebereich eine höhere Nachfrage zu niedrigeren Preisen realisiert werden kann.

Für Einzelheiten vgl. DEREGULIERUNGSKOMMISSION (1991), S. 3 ff.; BRÜMMERHOFF, D. (1992), S. 49 ff.; CEZANNE, W. (1993), S. 48 ff.; MUSGRAVE, R.A. / MUSGRAVE, P.B. / KULLMER, L. (1994), S. 67 ff.. Eine preis- und wettbewerbstheoretische Fundierung staatlicher Preiseingriffe bei Marktversagen und -unvollkommenheiten findet sich bei RICHEY, G. (1982), S. 21 ff.; KLEPS, K. (1984), S. 10 ff.; CEZANNE, W. (1993), S. 213 ff.; FRITSCH, M. / WEIN, T. / EWERS, H.-J. (1993), S. 53 ff.. Auf bestimmte Aspekte wird außerdem in den weiteren Ausführungen noch detailliert eingegangen.

gene Anreize bzw. Einschränkungen in Betracht.[18]

Im Bereich der Stabilisierung kommt der staatlichen Preisregulierung die Aufgabe zu, unerwünschten Begleiterscheinungen des Wirtschaftsprozesses in Form von Arbeitslosigkeit, Inflation, Wachstumsschwäche und außenwirtschaftlichen Ungleichgewichten entgegenzuwirken.[19] So kann Beschäftigungssicherung z.B. durch preispolitische Maßnahmen erreicht werden, die auf eine zeitliche Streckung von kapazitativen Anpassungsprozessen in schrumpfenden Wirtschaftsbereichen oder auf eine Nachfragestützung in unterbeschäftigten Wirtschaftszweigen abzielen.[20] Zum Zwecke der Inflationsbekämpfung und der (kurzfristigen) konjunkturellen Stabilisierung kommt in Betracht, durch geeignete Preiseingriffe Erhöhungen bzw. Senkungen von Einzelpreisen, von sektoralen Preisniveaus bzw. des allgemeinen Preisniveaus zu verhindern, durch entsprechende Regulierungen konjunkturelle, saisonale und exogene Preisschwankungen auszuschalten oder bei staatlicherseits angebotenen Gütern durch entsprechende Preissetzung antizyklisch auf den Wirtschaftsprozeß einzuwirken.[21] Wachstumspolitische und entsprechend gerichtete strukturpolitische Zielsetzungen lassen sich durch Maßnahmen erreichen, welche die unternehmerische Wettbewerbsfähigkeit stärken und Standortnachteile beseitigen, Entwicklungsunterschiede zwischen Teilgebieten der Volkswirtschaft verringern oder die Dynamik des binnenwirtschaftlichen Entwicklungsprozesses bremsen. Denkbar sind hierbei etwa preisliche Abschirmungen der Unternehmen gegenüber der Auslandskonkurrenz, Lockerungen bestehender staatlicher Preisadministrationen oder die Gewährung von Anpassungs- und Erhaltungssubventionen.[22] Zur Verhinderung außenwirtschaftlicher Ungleichgewichte schließlich können solche preisregulierenden Eingriffe zur Anwendung kommen, die eine Begünstigung oder Behinderung von Ex- und Importen implizieren.[23]

---

18 Vgl. BREITENSTEIN, P. (1977), S. 33 f.; BAUM, H. (1980), S. 30.

19 Die vier Ziele der gesamtwirtschaftlichen Stabilisierung (vgl. zur Legaldefinition § 1 StWG - Gesetz zur Förderung der Stabilität und des Wachstums der Wirtschaft vom 8. Juli 1967 (BGBl. I S. 582) -) tragen auch die Bezeichnung "Magisches Viereck der Wirtschaftspolitik". Dadurch soll zum Ausdruck kommen, daß aufgrund der Komplexität gesamtwirtschaftlicher Zusammenhänge sowie möglicher Zielantinomien eine vollständige bzw. gleichzeitige Zielerreichung praktisch unmöglich ist; vgl. CEZANNE, W. (1993), S. 65 f..

20 Vgl. BAUM, H. (1980), S. 31.

21 Vgl. BREITENSTEIN, P. (1977), S. 32 f.; BAUM, H. (1980), S. 30 f.. In diesem Zusammenhang kritisiert KLEPS, K. (1984), S. 38 ff. die mangelnde Operabilität des Ziels der gesamtwirtschaftlichen Preisstabilisierung. Weder hinsichtlich der begrifflichen Bestimmung noch hinsichtlich der Meßmethodik bestehe in der wirtschaftspolitischen Fachliteratur und Praxis Übereinkunft.

22 Vgl. BREITENSTEIN, P. (1977), S. 33; BAUM, H. (1980), S. 30 f..

23 Vgl. KLEPS, K. (1984), S. 41 ff., der in diesem Zusammenhang auf die Definitions- und Meßprobleme des Begriffs "Außenwirtschaftliches Gleichgewicht" und die damit verbundene Zielunbestimmtheit hinweist.

Wichtigster wirtschaftspolitischer Einsatzbereich der staatlichen Preisregulierung ist die Umverteilung von Einkommen (Distribution).[24] Ziel der staatlichen Umverteilung ist eine Nivellierung der gegenwärtigen und zukünftigen Einkommens- und Vermögensverteilung in der Volkswirtschaft. Die Empfänger niedriger Einkommen sollen zu Lasten der Empfänger hoher Einkommen begünstigt werden.[25] Begründet wird die (Re-)Distribution mit den Intentionen der Herstellung "sozialer Gerechtigkeit", der Sicherung von "sozialem Frieden" und der Gewährleistung "sozialer Sicherheit".[26] Als preispolitische Maßnahmen zur Sicherung der Einkommen bestimmter Bevölkerungsgruppen, Branchen, Sektoren oder Regionen kommen z.B. Reglementierungen von Verbraucher- bzw. Erzeugerpreisen in Form von sog. Höchst- bzw. Mindestpreisen in Betracht.[27]

Neben den genannten wirtschaftspolitischen Aufgaben verfolgt die staatliche Preisadministration im Rahmen der Finanzpolitik[28] die Sicherung und Steigerung von Einnahmen zur Erfüllung staatlicher Aufgaben (vgl. nochmals *Abb. 2.1*).[29] Als Instrumente stehen hierzu direkte und indirekte Steuern[30], Zölle[31], öffentlich-rechtliche Verleihungs-, Verwaltungs- und Benutzungsgebühren[32], Beiträge[33], Tarife[34], Son-

24 Vgl. BREITENSTEIN, P. (1977), S. 32; KLEPS, K. (1984), S. 43 ff..

25 Vgl. WOLL, A. (1992), S. 203 f.. Letztlich hat jeder staatliche Eingriff in das Wirtschaftsgeschehen verteilungspolitische Auswirkungen. Aufgrund der genannten Zielbezogenheit lassen sich staatliche Umverteilungsmaßnahmen jedoch von den sonstigen staatlichen Maßnahmen separieren.

26 Vgl. hierzu kritisch WOLL, A. (1992), S. 207 ff..

27 Vgl. BREITENSTEIN, P. (1977), S. 32; BAUM, H. (1980), S. 30.

28 Vgl. hinsichtlich finanzpolitischer Ziele und Instrumente BRÜMMERHOFF, D. (1992), S. 6 f..

29 Vgl. BREITENSTEIN, P. (1977), S. 33 f..

30 Nach der Legaldefinition des § 3 AO - vgl. Abgabenordnung (AO 1977) vom 16. März 1976 (BGBl. I S. 6113, ber. 1977 I S. 269), zuletzt geändert durch Gesetz vom 14. September 1994 (BGBl. I S. 2325, 2388) - sind Steuern "... Geldleistungen, die nicht eine Gegenleistung für eine besondere Leistung darstellen und von einem öffentlich-rechtlichen Gemeinwesen zur Erzielung von Einnahmen allen auferlegt werden, bei denen der Tatbestand zutrifft, an den das Gesetz die Leistungsfähigkeit anknüpft; ...". Hinsichtlich der Kriterien "Steuerobjekt" und "persönliche Umstände" werden unter direkten Steuern diejenigen Steuerbelastungen verstanden, die unmittelbar bei den Wirtschaftssubjekten an deren Einkommen und Vermögen unter Berücksichtigung persönlicher Umstände anknüpfen. Indirekte Steuern hingegen belasten Kosten, Erlöse oder bestimmte Transaktionen der Marktakteure ohne Rücksicht auf deren persönlichen Umstände. Vgl. hierzu und zu alternativen Differenzierungskriterien für direkte und indirekte Steuern BRÜMMERHOFF, D. (1992), S. 233.

31 Zölle stellen beim Überqueren einer Gebietsgrenze, i.d.R. der Staatsgrenze, erhobene Verbrauchssteuern auf Güter dar; vgl. BRÜMMERHOFF, D. (1992), S. 371. Je nach Transaktionsrichtung handelt es sich um einen Einfuhr- oder Ausfuhrzoll.

32 Gebühren sind finanzwirtschaftliche Abgaben, die als Entgelt für eine spezielle, individuell zurechenbare Gegenleistung des Staates erhoben werden. Verwaltungsgebühren stellen dabei das Entgelt für die Vornahme von Amts- und Verwaltungstätigkeiten dar (z.B. Bescheinigungen, Genehmigungen, Kosten der Zwangsvollstreckung, Kosten des Bußgeldverfahrens). Benutzungsgebühren werden für die Inanspruchnahme öffentlicher technischer Einrichtungen und Anlagen (z.B. Häfen, Müllabfuhr, Büchereien) erhoben. Vgl. BRÜMMERHOFF, D. (1992), S. 222. Des weiteren wird in der Literatur auch ein dritter Gebührentypus, die Verleihungsgebühr, er-

derabgaben[35] sowie privatrechtliche Entgelte öffentlicher Einrichtungen[36] zur Verfügung. Hiermit lassen sich über Finanzierung und Kostendeckung hinaus in Teilbereichen auch staatliche Gewinne erzielen.[37]

2.1.2 Politische Ziele

Neben den genannten ökonomischen Zielen werden Maßnahmen der staatlichen Preisregulierung auch unter rein politischen Erwägungen getroffen. Aufgrund des Eigeninteresses der staatlichen Entscheidungsträger an politischer Machterhaltung bzw. Machtgewinnung und des damit verbundenen Bemühens um Wählergunst besitzen wirtschaftspolitische Maßnahmen stets einen "ökonomisch-politischen Mischcharakter". Nach SCHMIDTCHEN handelt es sich um die Festlegung eines "politischen Preises", wenn der Preis ökonomischer Güter als Aktionsparameter von Parteien und Politikern im Wählerstimmenmarkt eingesetzt wird.[38] Insofern könnten alle Preise, die der Staat gezielt beeinflußt oder gestaltet, als politische Preise bezeichnet wer-

---

wähnt; vgl. KIRCHHOF, F. (1981), S. 29. f.. Diese Gebühr entspricht dem Entgelt, das speziell für die Einräumung eines subjektiv-öffentlichen Rechtes (z.B. der Erlaubnis zum Aufsuchen von Bodenschätzen) erhoben wird.

33 Im Gegensatz zu Gebühren braucht bei Beiträgen keine individuelle Inanspruchnahme öffentlicher Leistungen (z.B. die Bereitstellung des öffentlichen Abwasserkanalnetzes) vorliegen. Hier erfolgt der Ausschluß von der Nutzung und die Verteilung der Kosten in der Regel gruppenspezifisch. Vgl. BRÜMMERHOFF, D. (1992), S. 222.

34 Unter dem Begriff "Tarif" wird die systematische, veröffentlichte Zusammenstellung von Preisen und einschlägigen Vertragsbedingungen mit Allgemeingültigkeit für einen längeren Zeitraum verstanden. Tarife können als öffentlich-rechtliche oder privatrechtliche Entgelte erhoben werden (z.B. Tarife im öffentlichen Personenverkehr oder Frachttarife im Speditionsgewerbe). Ein weiteres, allerdings nicht konstitutives Merkmal von öffentlichen Tarifen ist die in der Praxis häufig beobachtbare Preisdifferenzierung nach Benutzer- oder Kundengruppen (z.B. Tarife für den Haushaltsbedarf, den landwirtschaftlichen Bedarf und den gewerblichen, beruflichen und sonstigen Bedarf im Rahmen der Elektrizitätsversorgung). Vgl. DIEDERICH, H. (1969), S. 139 ff.; BREITENSTEIN, P. (1977), S. 47.

35 Sonderabgaben sind finanzwirtschaftliche Abgaben, die weder Steuern, Gebühren oder Beiträge sind. Sie dienen der Finanzierung besonderer Aufgaben und werden von bestimmten Gruppen von Staatsangehörigen erhoben (z.B. die Abwasserabgabe, die von den Abwasserableitern zur Finanzierung von Investitionen für den Gewässerschutz erhoben wird). Ihre Erhebung ist nur unter engen Voraussetzungen zulässig; insbesondere muß bei den Abgabeschuldnern eine spezifische Verantwortlichkeit für die zu finanzierende Aufgabe bestehen. Neben ihrer Finanzierungsfunktion besitzen die Sonderabgaben zumeist auch Lenkungscharakter (z.B. soll durch die Abwasserabgabe zugleich ein pekuniärer Anreiz zur Verminderung der Gewässerverschmutzung erreicht werden). Vgl. für Einzelheiten BVerfGE 55, 274 (274 ff.); TIPKE, K. (1987), S. 73 f..

36 Privatrechtliche Entgelte werden im Gegensatz zu den öffentlich-rechtlichen Entgelten nicht einseitig festgesetzt, sondern beruhen auf vertraglicher Vereinbarung zwischen Leistungsgeber und -nehmer nach den allgemeinen zivilrechtlichen Vorschriften. Bei kommunalen privatrechtlichen Entgelten ist es üblich, sie auf gleiche Weise zu kalkulieren wie öffentlich-rechtliche Entgelte. Vgl. DAHMEN, A. (1996 b), Rdnr. 16. ff. zu § 6 KAG NW.

37 Vgl. BAUM, H. (1980), S. 31.

38 Vgl. SCHMIDTCHEN, D. (1973), S. 75.

den.[39] Für die spezielle Zielerreichung ist jedoch insbesondere eine Fokussierung auf die Preisgestaltung einzelner, sog. strategischer Güter maßgebend, deren Preisentwicklung von der Masse der Wähler als Indikator für die gesamtwirtschaftliche Preisentwicklung empfunden wird.[40] Besondere Relevanz im Bündel der strategischen Güter besitzen solche Güter bzw. Leistungen, deren Preise der Staat kraft Eigentumsrecht beeinflussen kann.[41] Preisänderungen können hier direkt der Verantwortung der politischen Entscheidungsträger zugeordnet werden und entsprechende Wählerstimmengewinne oder -verluste induzieren.

THIEMEYER merkt hierzu kritisch an, daß die Stimmenmaximierungshypothese zwar ex post zur Scheinerklärung bestimmter Verhaltensweisen, selten aber zu verläßlichen Prognosen dienen kann.[42] BÄTZ argumentiert weiter, daß SCHMIDTCHEN's Konzeption zu sehr von den institutionellen Gegebenheiten der öffentlichen Preisbildung abstrahiere, da viele Träger der Preispolitik von Wahlentscheidungen unabhängig und außerdem ökonomische Bedingungen, wie Nachfragestrukturen und Kostenverläufe, für die Preisbestimmung maßgeblich sind.[43]

2.2 Instrumente staatlicher Preisregulierung

Im Zusammenhang mit der Erörterung der preispolitischen Zielsetzungen wurden bereits einige Beispiele für Maßnahmen zur Zielerreichung angeführt. Im weiteren soll das Instrumentarium der staatlichen Preisregulierung systematisiert werden. Hierbei bietet sich eine Unterscheidung in ordnungs- und ablaufpolitische, in makro-, meso- und mikropolitische sowie in direkte und indirekte Instrumente an. Des weiteren kann eine Unterscheidung hinsichtlich der Eingriffsintensität getroffen werden. Hierbei sollen auch entsprechende Einsatzbereiche der Instrumente exemplarisch angeführt werden.

2.2.1 Ordnungs- und ablaufpolitische Instrumente

Während ordnungspolitische Instrumente auf die Gestaltung und Erhaltung der Wirtschaftsordnung abzielen (qualitative Wirtschaftspolitik), dienen ablaufpolitische Instrumente der Regulierung und Steuerung des Wirtschaftsprozesses bei gegebenen Rahmenbedingungen (quantitative Wirtschaftspolitik). Eine scharfe Abgrenzung bei-

---

39 Vgl. KLEPS, K. (1984), S. 46.
40 Vgl. SCHMIDTCHEN, D. (1982), S. 294 ff..
41 Z.B. die Preise im Rahmen der öffentlichen Ver- und Entsorgung.
42 Vgl. THIEMEYER, T. (1970), S. 187 f..
43 Vgl. BÄTZ, K. (1979), S. 149.

der Bereiche ist jedoch aufgrund ihrer wechselseitigen Beeinflussung nicht möglich.[44] Aus diesem Grund wird der staatlichen Preisadministration in der Fachliteratur sowohl ordnungs- als auch ablaufpolitischer Charakter zugesprochen. So klassifiziert etwa KRÜGER die staatliche Preispolitik in ihrer Begründung als überwiegend ordnungspolitisch, hinsichtlich ihrer Ergebnisse jedoch vornehmlich ablaufpolitisch.[45] TUCHTFELDT und PÜTZ sehen solche preispolitische Maßnahmen, die primär auf Preise und Mengen einwirken,[46] weitgehend unter ablaufpolitischen Gesichtspunkten.[47]

2.2.2 Makro-, meso- und mikropolitische Instrumente

Nach der Breite ihres Ansatzpunktes lassen sich preispolitische Maßnahmen in makro-, meso- und mikropolitische Instrumente einteilen.[48] Makropolitische Instrumente betreffen unmittelbar alle Bereiche der Volkswirtschaft.[49] Werden hingegen nur Sektoren oder Bereiche reglementiert, handelt es sich um einen mesopolitischen Instrumenteneinsatz. Bei Fokussierung auf einzelne Wirtschaftsvorgänge schließlich kommen mikropolitische Preismaßnahmen zum Einsatz.

2.2.3 Direkte und indirekte Instrumente

Direkte Preisregulierungen setzen unmittelbar an den Preisen an, die beeinflußt oder gestaltet werden sollen.[50] Im Gegensatz hierzu wird bei indirekten preispolitischen Maßnahmen auf die Preisbildungsdeterminanten - z.B. Menge, Qualität, Kostenbestandteile[51] oder Nachfrage bzgl. des korrespondierenden ökonomischen Gutes - Ein-

---

44 Vgl. KRÜGER, R. (1967), S. 62.

45 Vgl. KRÜGER, R. (1967), S. 96 f..

46 Für weitere Ansatzpunkte preispolitischer Maßnahmen - außer Preisen und Mengen - vgl. Kapitel 2.2.3.

47 Vgl. TUCHTFELDT, E. (1957), S. 56; PÜTZ, T. (1979), S. 146 f..

48 Vgl. BREITENSTEIN (1977), S. 35 f..

49 Als Beispiel sei die Maßnahme des "generellen Preisstopps" genannt. Hierbei werden die Preise aller oder zumindest einer großen Anzahl der Güter einer Volkswirtschaft jeweils in der Höhe, die sich bis dahin frei auf dem Markt ergeben hat, begrenzt; vgl. KLEPS, K. (1984), S. 94 ff..

50 Vgl. KLEPS, K. (1984), S. 2.

51 KLEPS bezeichnet die Regulierung von Kostenbestandteilen als "Preisbe- und -entlastungen". Preisbelastungen erfolgen vornehmlich durch indirekte Steuern, Einfuhr- und Ausfuhrzölle sowie bestimmte Preisaufschläge. Preisentlastungen hingegen ergeben sich zumeist durch Gewährung von Kostensubventionen oder direkten Preissubventionen (vgl. KLEPS, K. (1984), S. 52 f.). Angesichts der Tatsache, daß sich beide Arten der Preisbeeinflussung letztlich in den Kosten der korrespondierenden Güter niederschlagen und Preisfestlegungen der betroffenen Marktteilnehmer erst am Ende eines Kostenrechnungsprozesses (mit mehr oder weniger ausgeprägter Kostengebundenheit) erfolgen, wäre die Bezeichnung "Kostenbe- und -entlastungen" treffender.

fluß genommen.[52] Ebenfalls zum Bereich der indirekten Maßnahmen rechnet BREITENSTEIN die vertikalen Einflüsse von administrierten Preisen auf nachgelagerte Produktions- und Distributionsstufen, die zu "unmittelbar erkennbaren Preisreaktionen" führen (sog. Sekundärwirkungen staatlich administrierter Preise).[53] In diesem Zusammenhang weist WOLL darauf hin, daß es kaum eine staatliche Maßnahme geben dürfte, die völlig preisneutral ist.[54] KLEPS folgert weiter, daß somit letztendlich jeder Preis staatlich administriert sei.[55] Um dennoch eine Aufteilung in staatlich administrierte und nicht-administrierte Preise zu erreichen, klammert KLEPS solche direkten oder indirekten staatlichen Maßnahmen, die lediglich einer "Beeinflussung" der Preise dienen, aus dem Bereich staatlicher Preisreglementierung aus. Den Übergang zwischen Reglementierung und Beeinflussung macht er dabei am verbleibenden Autonomiegrad der betroffenen Marktteilnehmer fest, ohne diesen jedoch zu spezifizieren. BREITENSTEIN fordert für die Zugehörigkeit von Preisbeeinflussungen zur staatlichen Preispolitik neben dem Kriterium der Zielbezogenheit das Vorliegen einer "maßgeblichen" Beeinflussung.[56] Für eine Operationalisierung der Maßgeblichkeit weist er jedoch lediglich auf eine "bestimmte Mindeststärke" hin, ohne sie zu konkretisieren. In Anbetracht dieser Abgrenzungsunschärfe in Verbindung mit der unüberschaubaren Anzahl wirtschaftspolitischer Eingriffe bietet sich daher für die indirekten Maßnahmen der Preisregulierung keine befriedigende Systematisierung an. Die weiteren Ausführungen beschränken sich deshalb auf die Instrumente der direkten Preispolitik.

Eine Einteilung der direkt staatlich administrierten Preise kann in die Bereiche "Festpreise", "Grenzpreise", "Orientierungspreise" sowie "Preise im Rahmen staatlicher Genehmigungspflicht und Kontrolle" vorgenommen werden (vgl. *Abb. 2.2*).

---

52 Vgl. WOLL, A. (1981), S. 202. Eine andere Einteilung nehmen BREITENSTEIN, WILHELM/CORSTEN/MEIER und KLEPS vor, indem sie die Beeinflussung von Mengen und/oder Kostenbestandteilen ebenfalls dem Bereich der direkten Preisregulierung zuordnen (vgl. BREITENSTEN, P. (1977), S. 36; WILHELM, H. / CORSTEN, H. / MEIER, B. (1982), S. 29 ff.; KLEPS, K. (1984), S. 50). BAUM hingegen grenzt bestimmte Kostenbeeinflussungen, nämlich "besondere, hochprozentige Verbrauchsbesteuerungen", überhaupt aus dem (originären) Bereich staatlicher Preisregulierung aus, indem er sie mit dem Attribut "quasi-administriert" belegt (vgl. BAUM, H. (1980), S. 30).

53 Vgl. BREITENSTEIN, P. (1977), S. 55 f. und S. 77 f.. Hierbei sei angemerkt, daß Sekundärwirkungen administrierter Preise außerdem aus Rück- und Schrägwälzungen resultieren können. Rückwälzungen beschreiben den Fall, daß Preiseffekte an vorgelagerte Produktionsstufen weitergegeben werden. Bei Schrägwälzungen werden die Preiseffekte auf andere Zweckbestimmungen der gleichen Produktionsstufe verlagert. Vgl. für Beispiele in Zusammenhang mit Preisbeeinflussungen durch Subventionen DICKERTMANN, D. / DILLER, K.D. (1990), S. 480 f..

54 Vgl. WOLL, A. (1981), S. 203.

55 Vgl. KLEPS, K. (1984), S. 132.

56 Vgl. BREITENSTEIN, P. (1977), S. 35 f..

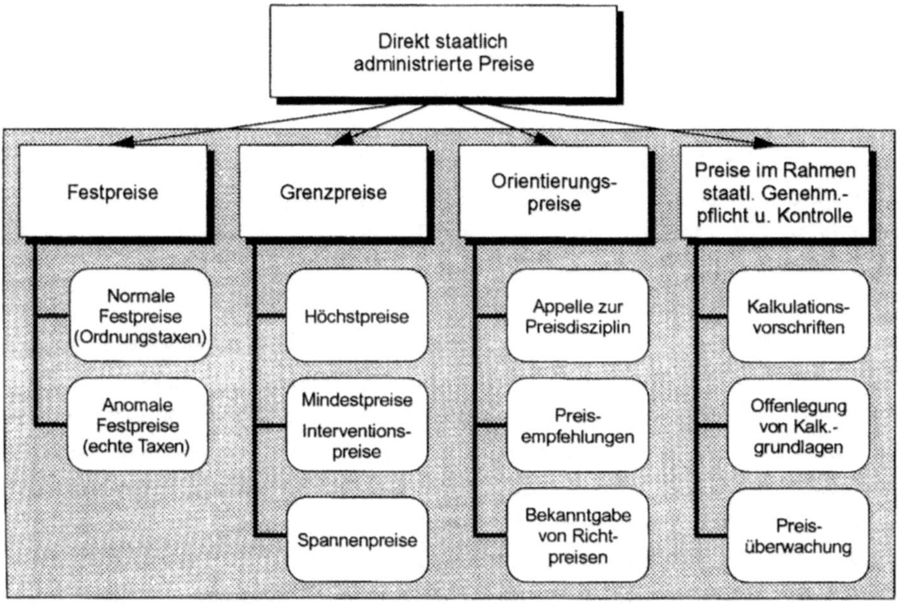

Abb. 2.2: Direkt staatlich administrierte Preise

Staatliche bestimmte "Festpreise" für ökonomische Güter - synonym verwendete Begriffe sind Fix- oder Punktpreise - sind Preise, die von den reglementierten Marktteilnehmern weder über- noch unterschritten werden dürfen.[57] Dadurch wird - verglichen mit einem vollkommenen Wettbewerbsmarkt[58] - das freie Preisspiel von Angebot und Nachfrage vollständig außer Kraft gesetzt. Liegen die Festpreise nahe der Höhe der Preise, die sich auf dem freien Markt bilden würden, handelt es sich um "normale Festpreise" oder "Ordnungstaxen". Ansonsten handelt es sich um "anomale Festpreise" oder "echte Taxen".[59]

"Grenzpreise" oder "Schwellenpreise" sind Preise, deren Ober- bzw. Untergrenze oder deren Schwankungsbreite staatlicherseits festgelegt wird.[60] Im Falle von "Höchstpreisen" werden Preisobergrenzen bestimmt, die unter-, aber nicht überschritten werden dürfen. Im Falle von "Mindestpreisen" sind die Verhältnisse genau umgekehrt. Spezielle Mindestpreise sind die sog. Interventionspreise, zu denen staatliche Interventionsstellen zum Aufkauf der ihnen angebotenen ökonomischen Güter

57 Vgl. BREITENSTEIN, P. (1977), S. 48; WILHELM, H. / CORSTEN, H. / MEIER, B. (1982), S. 33 f..

58 Vgl. hinsichtlich der Kriterien des vollkommenen Wettbewerbsmarktes z.B. HEUSS, E. (1981), S. 74 f.; OTT, A.E. (1991), S. 32 ff.; OBERENDER, P. (1994), S. 76 f..

59 Vgl. MISES, L. v. (1927), S. 1056 f.; BREITENSTEIN, P. (1977), S. 49.

60 Vgl. WOLL, A. (1981), S. 203; WILHELM, H. / CORSTEN, H. / MEIER, B. (1982), S. 30 f..

verpflichtet sind.[61] Bei "Spannenpreisen" (auch sog. Margen- oder Rahmenpreise) werden sowohl eine Obergrenze als auch eine Untergrenze festgelegt, zwischen denen der Preis variieren darf. Hinsichtlich der Technik der Preissetzung ist bei Grenzpreisen das freie Preisspiel von Angebot und Nachfrage nur einseitig bzw. innerhalb einer vorgegebenen Spannweite begrenzt. Werden die Preisgrenzen jedoch derart gesetzt, daß die Preisobergrenze deutlich unter bzw. die Preisuntergrenze entsprechend über einem Preis liegt, der sich auf dem freien Markt bilden würde, wirken die Grenzpreise wie Festpreise.[62]

Staatliche "Orientierungspreise" zeigen wirtschaftspolitisch intendierte Preisvorstellungen an und dienen primär der Orientierung der Marktparteien und der Preisstabilisierung auf "labilen" sowie speziell oligopolistischen und monopolistischen Märkten.[63] Im Gegensatz zu Fest- und Grenzpreisen ist eine Über- oder Unterschreitung jedoch zulässig. KLEPS unterscheidet hierbei nach zunehmender Konkretisierung und Publizität der Preisvorstellungen in "Appelle zur Preisdisziplin", "Preisempfehlungen" und "Bekanntgabe von Richtpreisen".[64] Während sich Appelle ganz allgemein an die Anbieter richten, wird bei staatlichen Preisempfehlungen[65] eine bestimmte Höhe oder Entwicklung der Preise konkret bezeichneter Güter als wünschenswert deklariert und die betreffenden Anbieter unmittelbar angesprochen. Ab einer gewissen Konkretisierung und Publizität handelt es sich dabei um Richtpreise, die als Information für die Nachfrager bei entsprechenden Kaufabschlüssen eine erhebliche Rolle spielen.

Direkte staatliche Preisregulierung kann schließlich auch in Form staatlicher Genehmigungspflicht und Kontrolle von Preisen erfolgen.[66] Häufig ist die Preisgenehmi-

---

61 Vgl. BARTLING, H. (1987), S. 106.

62 Vgl. BREITENSTEIN, P. (1977), S. 49 f.. In diesem Zusammenhang unterscheidet KLEPS unter Bezugnahme auf die wirtschaftspolitische Praxis drei Fälle. Wird für einzelne ökonomische Güter, deren Preise sich bei steigender Preistendenz seither frei auf dem Markt gebildet haben, mittels Höchstpreisregulierung ein weiterer Preisanstieg verhindert, handelt es sich um einen "partiellen Preisstopp". Ein "genereller Preisstopp" liegt vor, wenn unter den genannten Voraussetzungen ein Höchstpreis für alle oder die Mehrzahl der Preise einer bestimmten Gesamtwirtschaft gesetzt wird. Erfolgt die Festlegung der Preisobergrenze hingegen unterhalb der Höhe der sich bereits ergebenen Marktpreise, handelt es sich um eine "Höchstpreisfixierung". Im Falle von Preisuntergrenzen und sinkender Preistendenz sind entsprechende Konstellationen denkbar (vgl. KLEPS, K. (1984), S. 54 f.).

63 Vgl. BREITENSTEIN, P. (1977), S. 50.

64 Vgl. KLEPS, K. (1984), S. 51 f..

65 Hiervon abzugrenzen sind Preisempfehlungen (z.B. per Preislisten bzw. Listenpreise) oder - für bestimmte Güter - gar Preisbindungen (sog. Preisbindung zweiter Hand), die in der Privatwirtschaft zwischen Unternehmen verschiedener oder gleicher Wirtschaftsstufen vereinbart oder festgelegt werden. Vgl. hierzu EICHHORN, W. (1982), S. 249 ff.; SCHENK, H.-O. (1982), S. 263 ff.; SCHMALEN, H. (1995), S. 147 ff..

66 Dieser Sachverhalt wird auch mit dem Begriff der "öffentlichen Bindung" belegt. Hierbei handelt es sich um "eine spezielle staatliche Intervention im öffentlichen Interesse kraft hoheitlicher

gung von der Einhaltung gesetzlich festgelegter Kalkulationsvorschriften und/oder der Offenlegung der Kalkulationsgrundlagen gegenüber den zuständigen staatlichen Genehmigungsbehörden abhängig. Werden die so zustandegekommenen Preise von der Genehmigungsbehörde als Festpreise oder Grenzpreise mit Festpreischarakter erlassen, die ohne staatliche Zustimmung nicht geändert werden dürfen, erfolgt trotz Mitwirkung der betroffenen Marktteilnehmer oder Wirtschaftsbereiche eine völlige Ausschaltung des freien Preisspiels.[67] Im Gegensatz hierzu kann die staatliche Preiskontrolle aber auch in lediglich beobachtender Weise durchgeführt werden, allerdings mit der Möglichkeit, gegebenfalls weiterreichende Maßnahmen zu ergreifen (sog. Preisüberwachung).[68]

2.2.4 Eingriffsintensitäten und Anwendungsbereiche preispolitischer Instrumente

Eine weitere Systematisierung preispolitischer Instrumente läßt sich hinsichtlich der Eingriffsintensität auf den Preisbildungsprozeß vornehmen. Einen Überblick hierzu gibt die *Abbildung 2.3* auf der folgenden Seite.[69]

2.2.4.1 Staatliche Preisadministration im engeren Sinne

Als "staatliche Preisadministration im engeren Sinne" oder "totale Preisadministration" wird der Einsatz derjenigen preispolitischen Instrumente bezeichnet, bei denen der Preismechanismus des Marktes völlig außer Kraft gesetzt wird und mögliche Angebots- und Nachfrageänderungen höchstens langfristig bei der Regulierung Berücksichtigung finden. Die administrierten Preise können dabei dem vermutlichen Wettbewerbspreis entsprechen oder unter bzw. über diesem fixiert werden.

Sondervorschriften in die Dispositionsfreiheit/Verfügungsmacht der Unternehmen in einem grundsätzlich marktwirtschaftlichen System"; vgl. EICHHORN, P. et al. (1985), S. 662. Werden die Unternehmen überdies staatlich geführt, handelt es sich um eine "doppelte Bindung"; vgl. MÜNCH, P. (1986), S. 113.

67 Vgl. BREITENSTEIN, P. (1977), S. 50.

68 Vgl. KLEPS, K. (1984), S. 50 f..

69 Vgl. BREITENSTEIN (1977), S. 39. Zur Spezifizierung des Merkmals "Eingriffsintensität" könnten außer der Preisbildungsbeeinflussung auch die gesamtwirtschaftliche Bedeutung der reglementierten Preise sowie die Stärke des staatlichen Durchsetzungszwangs herangezogen werden; vgl. KLEPS, K. (1984), S. 56.

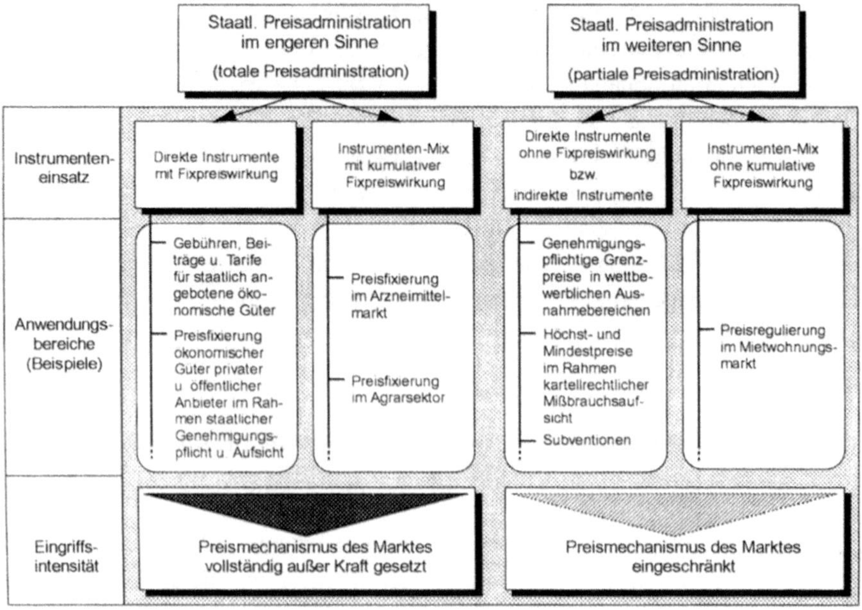

Abb. 2.3: Eingriffsintensitäten und Anwendungsbereiche preispolitischer Instrumente

Zum Bereich der "Preisadministration im engeren Sinne" zählen erstens alle direkten preispolitischen Maßnahmen, die eine Preisfixierung bewirken.

- Dabei ist nach KLEPS der bedeutendste Anwendungsbereich die Preissetzung mit Festpreischarakter in Form von öffentlich-rechtlichen Verwaltungs- und Benutzungsgebühren, Beiträgen und Tarifen für Güter und Dienstleistungen, die (ausschließlich) vom Staat produziert bzw. erbracht werden und daher seiner eigenen preispolitischen Gestaltung obliegen.[70] Als Beispiele lassen sich nennen für
  - Verwaltungsgebühren: Gebühren für Auskünfte und spezielle Amtshandlungen von Patentämtern, Eichämtern, Paßabteilungen, Prüfungsämtern, Standesämtern oder Gesundheitsämtern;

70 Vgl. KLEPS, K. (1984), S. 133 (hierauf wird kontextspezifisch in Kapitel 3.8.4 noch kritisch einzugehen sein). In diesem Zusammenhang merkt BREITENSTEIN an, daß die Preise öffentlicher Unternehmen innerhalb eines (unreglementierten) Konkurrenzmarktes ebenfalls dem Bereich administrierter Preise im engeren Sinne angehören, sofern die Preise der öffentlichen Unternehmen vornehmlich unter wirtschaftspolitischen denn betriebswirtschaftlichen Zielen gesetzt werden und somit etwa auf Gewinnerzielung bzw. Amortisation des eingesetzten Kapitals verzichtet wird (vgl. BREITENSTEIN (1977), S. 47 f.).

- Benutzungsgebühren: Gebühren für Abfall- und Abwasserentsorgung, Straßenreinigung, Badeanstalten, Sportstätten, Schlachthöfe, Abdeckereien, Parkplätze, Kultur- und Bildungseinrichtungen, Altenheime, Friedhöfe oder die neuerdings (seit 1.1.1995) zur Abgeltung von Unterhalt und Ausbau der deutschen Autobahnen zu entrichtende Autobahngebühr[71] für in- und ausländische Lastkraftwagen;
- Beiträge: allgemeine Gemeindebeiträge, Erschließungs- oder Anliegerbeiträge, Beiträge zu den Kosten des Rettungswesens, Deichgelder, Berufsschulbeiträge, Fremdenverkehrsbeiträge und Kurtaxen, Beiträge zu gesetzlichen Versicherungen (Arbeits-, Unfall, Kranken- und Rentenversicherung) oder Beiträge für berufsständige Kammern und Innungen;
- Tarife: Tarife des öffentlichen Personennahverkehrs mit U-Bahnen, Straßenbahnen, Bussen oder Fähren.

■ Ein weiterer Einsatzbereich ist die Preisfixierung von ökonomischen Gütern privater und öffentlicher Anbieter im Rahmen staatlicher Genehmigungspflicht und Aufsicht. Als Beispiele lassen sich nennen:
  - die Tariffixierung von Monopolunternehmen in wettbewerbspolitischen Ausnahmebereichen im Sinne der Art. 87 ff. GG und der §§ 99 ff. GWB[72], insbesondere in den Bereichen des Post- und Fernmeldewesens[73] und der Personen- und Güterbeförderung[74];

---

71 Vgl. DILLER, K.D. (1993), S. 185; EICKHOF, N. (1994), S. 597.

72 Vgl. Gesetz gegen Wettbewerbsbeschränkungen (Kartellgesetz) in der Fassung der Bekanntmachung vom 20. Februar 1990 (BGBl. I S. 235), zuletzt geändert durch Gesetz vom 28. Oktober 1994 (BGBl. I S. 3210).

73 Anzumerken ist, daß die öffentliche Monopolstellung im Post- und Fernmeldewesen derzeit erheblichen Veränderungen unterliegt. Im Rahmen der Poststrukturgesetze von 1989 (Postreform I) und 1994 (Postreform II) werden alle Leistungsbereiche der Nachrichtenübertragung mit Ausnahme der Vorhaltung der Infrastruktur sukzessive privatisiert; vgl. BÖTSCH, W. (1994), S. 63 ff.; BERNRATH, H.G. (1994), S. 67; RAHMEYER, F. (1996), S. 16 ff.. Laut Postminister BÖTSCH ist das Ziel der Neustrukturierung die Schaffung von günstigen Ausgangsbedingungen, um in einem weltweit zunehmend liberalisierten Markt für Post- und Telekommunikationsdienstleistungen bestehen zu können. De facto aber treten an die Stelle staatlicher Monopole lediglich privatrechtliche Monopole, deren Preise - zumindest derzeit noch - entsprechenden Tarifbindungen unterliegen; vgl. die kritischen Anmerkungen von MÖSCHEL, W. (1989), S. 175 ff.; KNIEPS, G. (1992), S. 269; SONDHOF, H. (1994), S. 527 ff.. Inwieweit die Planungen des Postministeriums umgesetzt werden, bleibt abzuwarten. Nach einer aktuellen Direktive der EU soll bis spätestens Anfang 1998 auch die Bereitstellung der Infrastruktur dem privatwirtschaftlichen Sektor als Betätigungsfeld zugänglich gemacht werden (vgl. hierzu kritisch MÖSCHEL, W. (1996); WELFENS, P. (1996); WELFENS, P. / GRAACK, C. (1996)); dem wurde nunmehr im Rahmen des neuen Telekommunikationsgesetzes entsprochen.

74 Preisregulierte Bereiche mit Festpreiswirkung bei der Personen- und Güterbeförderung umfassen den Eisenbahnverkehr und den Straßengüterfernverkehr; vgl. HARDES, H.-D. (1994 a), S. 711. Intentionen der Preiseingriffe sind die Verhinderung ruinöser Konkurrenz zwischen und innerhalb den Verkehrsträgern; vgl. MUTZBAUER, R. (1988), S. 25; DEREGULIERUNGSKOMMISSION (1991), S. 35 ff.. Der Eisenbahnverkehr unterliegt regionalpolitischen Ange-

- die auf amtlichen Gebühren- und Honorarordnungen basierenden Entgelte bestimmter Berufsgruppen (z.B. Ärzte, Architekten, Rechtsanwälte, Notare, Schornsteinfeger oder technische Überwachungsvereine)[75].

Zweitens kann als "Preisadministration im engeren Sinne" auch das Zusammenwirken von direkten und/oder indirekten preispolitischen Maßnahmen bezeichnet werden, sofern deren kumulative Wirkung den Preismechanismus weitgehend aufhebt. Folgende Anwendungsbeispiele können genannt werden:

- Arzneimittelpreise: im Rahmen des GRG[76] und der damit angestrebten Kostendämpfung im Gesundheitswesen wurden diverse indirekte Preismaßnahmen initiiert, um über das Verordnungsverhalten der Ärzte, den Preiswettbewerb der pharmazeutischen Industrie und das Nachfrageverhalten der Patienten die Arzneimittelpreise zu beeinflussen. So legte man mit dem Instrument "Festbeträge" für Gruppen unterschiedlicher, aber therapeutisch gleichwertiger Arzneimittel Höchstgrenzen für die Kostenerstattung durch die Krankenversicherungen fest, die sich an der preisgünstigsten Verordnungsalternative orientieren.[77] Zur Lenkung des Verordnungsverhaltens der Ärzte wurden Wirtschaftlichkeitsvorgaben und Budgetgrenzen für die Arzneimittelbeschaffung gesetzt, deren Überschreitung bzw. Nichteinhaltung mit entsprechenden Honorarkürzungen verbunden

---

bots- und Tarifverpflichtungen. Mit der im Jahr 1994 begonnenen Bahnreform wird jedoch eine Deregulierung des öffentlichen Monopols im Eisenbahnverkehr angestrebt. Während die Vorhaltung des Schienennetzes aufgrund der typischen Eigenschaften eines natürlichen Monopols weiterhin im Aufgabenbereich des Bundes verbleibt, sollen die gemeinwirtschaftlichen Aufgaben des Nah- und Regionalverkehrs in die Zuständigkeit regionaler oder kommunaler Gebietskörperschaften übertragen und in den Betriebsbereichen Personenverkehr und Gütertransporte private Anbieter zugelassen werden. Vgl. HARDES, H.-D. (1994 a), S. 714 f.. Im Straßengüterfernverkehr gelten verbindliche Margentarife. Da die Tarifmarge im Vergleich zum vermutlichen Niveau markträumender Gleichgewichtspreise sehr hoch angesetzt ist, verharren die realisierten Preise praktisch immer an der Margenuntergrenze, die damit wie ein Festpreis wirkt; vgl. WAGNER, J. (1987), S. 148; EWERS, H.-J. (1990), S. 500. Unter der Zielsetzung der Harmonisierung der europäischen Verkehrspolitik wird derzeit von der Bundesregierung eine Freigabe der Tarife sowie die Deregulierung von bestehenden Marktzutrittsbeschränkungen eingeplant; vgl. EICKHOF, N. (1993 a), S. 453 ff.; EICKHOF, N. (1993 b).

75 Die Intention staatlicher Regulierung der Gebühren und Honorare der genannten Berufsgruppen besteht vor allem in der Verhinderung von unangemessen hohen Entgelten und ruinöser Konkurrenz durch gegenseitiges Unterbieten. Daneben spielen auch andere Aspekte eine Rolle, bspw. die mit den Leistungen technischer Überwachungsvereine verbundenen positiven externen Effekte oder sozialpolitische Erwägungen bei Beratungsleistungen von Rechtsanwälten und Notaren. Vgl. MUTZBAUER, R. (1988), S. 40 ff.; DEREGULIERUNGSKOMMISSION (1991), S. 91 ff. und S. 102 ff.. Zwar schreiben die Entgeltverordnungen i.d.R. Grenzpreise vor, dennoch kommt ihre Wirkung einer Preisfixierung gleich; vgl. BREITENSTEIN, P. (1977), S. 73.

76 Vgl. Gesetz zur Strukturreform im Gesundheitswesen (Gesundheits-Reformgesetz - GRG) vom 20. Dezember 1988 (BGBl. I S. 2477), zuletzt geändert durch Gesetz vom 27. April 1993 (BGBl. I S. 512).

77 Angesichts drohender Nachfrageeinschränkungen reduzierten die Arzneimittelhersteller oberhalb der Höchstgrenzen liegende Preise nahezu vollständig auf das Niveau der Festbeträge.

ist. Außerdem wird angestrebt, das Verordnungsverhalten durch die Entwicklung von Arzneimittellisten, die Informationen bezüglich Preisvergleichen und Erstattungsfähigkeiten von Arzneimitteln gewähren, zu beeinflussen. Für die Intensivierung des Preiswettbewerbs der pharmazeutischen Industrie soll für Apotheken die Möglichkeiten geschaffen werden, reimportierte billigere Arzneimittel anzubieten und ärztlich verordnete Medikamente durch wirkstoffgleiche preiswertere Arzneien zu substituieren.[78]

- Preise für Agrarerzeugnisse: die Preisregulierung im Agrarsektor, weitestgehend durch die Agrarmarktordnung der EU determiniert,[79] zeichnet sich durch ein Preisstützungssystem mit den Bereichen "Außenhandelsschutz" und "Binnenmarktinterventionen" aus.[80] Kern des Schutzes der politisch angestrebten Agrarpreise in der EU vor billigeren Importen sind jährlich festgelegte Schwellenpreise. Agrarerzeugnisse können nur eingeführt werden, wenn die Differenz zwischen den politisch bestimmten Schwellenpreisen und den je nach Marktlage schwankenden Weltmarktpreisen als "Abschöpfung" an die EU gezahlt wird. Im Rahmen der Binnenmarktinterventionen werden jährlich Interventionspreise bestimmt, zu denen die staatlichen Interventionsstellen in der Regel zum Ankauf der ihnen angebotenen Erzeugnisse in unbegrenzten Mengen verpflichtet sind.[81] Neben diesen direkten preispolitischen Maßnahmen werden auch eine Vielzahl indirekter Eingriffe auf nationaler Ebene vorgenommen, bspw. in Form von Ausfuhr- und Produktionserstattungen, Erzeuger- und Käuferprämien, Beihilfen und Betriebsmittelsubventionen, direkter Mengenpolitik mittels Übernahme, Abgabe und Verwertung von landwirtschaftlichen Erzeugnissen sowie Flächenstillegungsprämien. Aufgrund der Dichte und Wirkungskumulation dieser umfassenden Regulierungsmaßnahmen wird der Preismechanismus weitgehend ausgeschaltet.[82]

78 Vgl. zu allem RIBHEGGE, H. (1991), S. 65 ff.; WASEM, J. (1993), S. 158 ff..

79 Vgl. hierzu Art. 38 ff. EGV - Vertrag zur Gründung der europäischen Gemeinschaft vom 25. März 1957 (BGBl. II Nr. 23 vom 19.8.1957 S. 766; Berichtigung BGBl. II Nr. 35 vom 5.11.1957 S. 1678 und Nr. 3 vom 5.2.1958 S. 64), zuletzt geändert durch Beschluß 95/1/EG, Euratom, EGKS des Rates vom 1.1.1995 (ABl. Nr. L 1 S. 1).

80 Als Rechtfertigung für die Preiseingriffe werden die besonderen Produktions- und Absatzverhältnisse des Agrarsektors (Labilität des Angebots und relative Unelastizität der Nachfrage), das "Autarkiekriterium" sowie die Produktion positiver externer Effekte angeführt; vgl. BREITENSTEIN, P. (1977), S. 65 ff.; SEIDENFUS, H.S. (1982), S. 96 ff.. Vgl. kritisch WILHELM, H. / CORSTEN, H. / MEIER, B. (1982), S. 79 ff.; BARTLING, H. (1987), S. 106 ff.; DICKERTMANN, D. / DILLER, K.D. (1987), S. 538; LOCHER, K. (1995), S. 535.

81 Im Rahmen der EU-Agrarreform von 1992 wurden für diverse Agrarerzeugnisse erhebliche Senkungen der Interventionspreise festgelegt und als Ausgleich direkte Transferzahlungen an die Landwirte vorgesehen. Vgl. KOESTER, U. / CRAMON-TAUBADEL, S. v. (1992), S. 357 ff.; kritisch BARTLING, H. (1993), S. 157.

82 Vgl. BREITENSTEIN, P. (1977), S. 68.

2.2.4.2 Staatliche Preisadministration im weiteren Sinne

Werden im Rahmen der staatlichen Preispolitik Höhe und zeitliches Verhalten der Preise lediglich eingeschränkt, handelt es sich um "staatliche Preisadministration im weiteren Sinne" oder "partiale Preisadministration".

Hierzu zählen alle direkten preispolitischen Maßnahmen ohne Festpreiswirkung. Als Anwendungbereiche lassen sich z.B. nennen:

- die genehmigungspflichtigen Grenzpreise in wettbewerbspolitischen Ausnahmebereichen im Sinne der §§ 99 ff. GWB, insbesondere in den Bereichen der Binnenschiff- und Luftfahrt[83] und der Elektrizitäts- und Gasversorgung[84] sowie bei der Auftragsvergabe von Bund, Ländern, Gemeinden und Gemeindeverbänden und sonstigen juristischen Personen des öffentlichen Rechts[85];

---

83 Für den Linienluftverkehr sind sämtliche Preise genehmigungspflichtig und für die Binnenschiffahrt gelten verbindliche Frachtsätze in Form von Margentarifen; vgl. EWERS, H.-J. (1990), S. 501. Zweck der Eingriffe ist vornehmlich die Verhinderung ruinöser Konkurrenz zwischen und innerhalb den Verkehrsträgern; vgl. MUTZBAUER, R. (1988), S. 25; DEREGULIERUNGS-KOMMISSION (1991), S. 35 ff..

84 Intention der Preisregulierung des Versorgungssektors ist seine "infrastrukturelle Basisfunktion" für die wirtschaftliche Produktion und Befriedigung der menschlichen Bedürfnisse. Im Bereich der Elektrizitäts- und Gasversorgung sind Anbieter im Monopolbereich an kostenorientierte Tarifpreise für Tarifkunden (private Haushalte, Landwirtschaft und kleine Gewerbebetriebe) gebunden, die einer staatlichen Genehmigung bedürfen. Im Falle der Elektrizitätsversorgung stellen die genehmigten Preise Höchstpreise dar, die nur mit Zustimmung der Aufsichtsbehörde angehoben werden dürfen. Vgl. GRÖNER, H. (1982), S. 1 ff.; MUTZBAUER, R. (1988), S. 18 ff.; RÖDER, P. (1991), S. 26 ff.; DEREGULIERUNGSKOMMISSION, S. 68. Nach Ansicht von Wirtschaftsminister REXRODT führen die Gebietsmonopole jedoch zu Ineffizienzen und überhöhten Verbraucherpreisen, die sich auch durch staatliche Aufsicht nur höchst unvollkommen ausbalancieren lassen. Aus diesem Grund wird angestrebt, den Energieversorgungsbereich noch in dieser Legislaturperiode zu deregulieren. Zusätzlicher Wettbewerb soll die Versorgungsunternehmen zwingen, Kosten zu senken und Gewinne zu begrenzen; vgl. REXRODT, G. (1995), S. 12 und in diesem Zusammenhang den Entwurf des BMWi zur Energierechtsreform - BMWi (1996 a) und (1996 b) - und die angestrebte EG-Richtlinie zum Elektrizitätsbinnenmarkt (vgl. o.V. (1995 c), S. 4 f.).

85 Bei Aufträgen der öffentlichen Hand gelten - sofern weder allgemeine noch besondere Preisvorschriften bestehen, ein Marktpreis nicht feststellbar, eine Mangellage gegeben, der Wettbewerb auf der Anbieterseite nicht nur unerheblich eingeschränkt ist oder die gewünschte Leistung nicht genau beschrieben werden kann oder soll - für die Auftragnehmer an Selbstkosten gebundene Höchstpreise; vgl. SCHMALEN, H. (1982), S. 245 f.; EBISCH, H. / GOTTSCHALK, J. (1994), Rdnr. 1 ff. zu § 5 VO PR Nr. 30/53 und Rdnr. 1 ff. zu § 7 VO PR Nr. 1/72; MICHAELIS, H. / RHÖSA, C.A. (1994), Einführung S. 7 ff.. Begründet wird die Regulierung damit, daß es sich bei Zusammentreffen von öffentlichem Auftraggeber und privatem Auftragnehmer um einen Markt "eigener Art" handle und insofern ein gewisser Einfluß auf die Preisbildung im Interesse des Gemeinwohls und zur Sicherung des allgemeinen Preisniveaus geboten erscheint; vgl. EBISCH, H. / GOTTSCHALK, J. (1994), Rdnr. 7 zu Einführung zu VO PR Nr. 30/53.

- die Festlegung von Preisober- oder -untergrenzen für ökonomische Güter im Rahmen der kartellrechtlichen Mißbrauchsaufsicht nach § 22 GWB[86].

Des weiteren sind der "Preisadministration im weiteren Sinne" sämtliche indirekten Preismaßnahmen zurechenbar.

- Ein bedeutsamer Maßnahmenbereich sind hierbei die Subventionen.[87] Hierunter versteht man gewollte partielle Begünstigungen in Form von Geld- und geldwerten Leistungen[88] (direkte Subventionen) und Steuervergünstigungen[89] (indirekte Subventionen), welche von Bund, Ländern, Gemeinden und sonstigen Leistungsträgern der öffentlichen Finanzwirtschaft an Empfänger außerhalb der staatlichen Verwaltung ohne marktwirtschaftliche Gegenleistung gewährt werden.[90] Generelle Zweckbestimmung der Subventionen ist der Ausgleich von Nachteilen, welche aus gesellschaftlichen, sozialen und/oder ökonomischen Gründen unter Beachtung der wirtschaftlichen Rahmenbedingungen für unannehmbar erachtet werden.[91] Hinsichtlich ihrer (beabsichtigten) Wirkungen kann eine Differenzierung in Erhaltungs-, Anpassungs- und Förderungssubventionen

---

86 Vgl. MUTZBAUER, R. (1988), S. 10; LANGEN, E. / BUNTE, H.-J. (1994), § 22 Rdnr. 123 ff.. Kartellrechtlicher Mißbrauch liegt u.a. vor, wenn Unternehmen mit marktbeherrschender Stellung (vgl. hierzu § 22 Abs. 1-3 GWB) abweichende Preise setzen, die sich bei wirksamem Wettbewerb mit hoher Wahrscheinlichkeit ergeben würden (sog. Preismißbrauch) oder an bestimmten Märkten ohne sachliche Rechtfertigung höhere Preise als auf vergleichbaren Märkten von gleichartigen Abnehmern fordern (sog. Preisstrukturmißbrauch); vgl. HARDES, H.-D. (1994 b), S. 444; LANGEN, E. / BUNTE, H.-J. (1994), § 22 Rdnr. 77. Zur Beweisführung des Preismißbrauchs kann das "Vergleichsmarktkonzept" angewandt werden, d.h. der Vergleich mit dem Preisverhalten von Unternehmen auf vergleichbaren Produktmärkten mit wirksamem Wettbewerb. Vgl. hierzu kritisch MUTZBAUER, R. (1988), S. 15 ff. und S. 63 ff., der dem Vergleichsmarktkonzept aufgrund vielfältiger Anwendungsrestriktionen nur bedingte Tauglichkeit konzidiert. Als Alternative bietet sich das "Konzept des zeitlichen Vergleichsmarktes" (auch: "Kosten-Konzept") an, bei dem ein eventueller Preismißbrauch durch Gegenüberstellung von Preis und Kosten des Gutes ermittelt wird; vgl. kritisch BERG, H. (1981), S. 261 f.; SCHMALEN, H. (1982), S. 237 f..

87 Nach BREITENSTEIN besitzen in der Kategorie der staatlichen Preisadministration mit indirekten Mitteln die Subventionen die größte Bedeutung; vgl. BREITENSTEIN, P. (1977), S. 75.

88 Subventionen in Form von Geldleistungen umfassen Zuschüsse, Zuweisungen, Erstattungen und Schuldendiensthilfen. Geldwerte Leistungen können unterschieden werden in Realtransfers und Verbilligungssubventionen (Abgabe öffentlicher Güter und Leistungen unter Marktpreis oder kostenfrei), Beschaffungssubventionen (staatlicher Aufkauf privater Güter über Marktpreis) sowie Verordnungssubventionen (Beschränkung des Marktzutritts durch Konzessionen oder Normerfüllungszwänge). Vgl. DICKERTMANN, D. / DILLER, K.D. (1986), S. 603; DICKERTMANN, D. / DILLER, K.D. (1989), S. 167 f..

89 Bei Steuervergünstigungen verzichtet der Subventionsgeber teilweise oder vollständig auf die Abführung einer Abgabe durch einen Subventionsempfänger. Vgl. DICKERTMANN, D. / DILLER, K.D. (1986), S. 603; DICKERTMANN, D. / DILLER, K.D. (1989), S. 167.

90 Im Unterschied hierzu sind staatliche Finanzhilfen an nachrangige Gebietskörperschaften keine Subventionen. Hierbei handelt es sich vielmehr um Transfers im Sinne eines erweiterten Finanzausgleichs. Vgl. DICKERTMANN, D. / DILLER, K.D. (1986), S. 604.

91 Vgl. DICKERTMANN, D. / DILLER, K.D. (1987), S. 538 f..

vorgenommen werden.[92] Einen Überblick der betragsmäßigen Entwicklungen und der ökonomischen Wirkungen, aber auch der Abbaufähigkeiten[93] von Subventionen bietet der in zweijährigem Turnus veröffentlichte Subventionsbericht des Bundes.[94]

Zur "Preisadministration im weiteren Sinne" gehören schließlich auch Kombinationen direkter und/oder indirekter preispolitischer Maßnahmen, deren Zusammenwirken den Preismechanismus maßgeblich beeinflußt.

- Als Anwendungsbeispiel hierfür nennt BREITENSTEIN die Preisregulierung des Mietwohnungsmarktes.[95] Anlaß für die staatlichen Preiseingriffe sind die marktlichen Besonderheiten dieses Wirtschaftsbereichs, gekennzeichnet durch einen vor allem in der Nachkriegszeit, aber in Teilbereichen auch heute noch gegebenen Nachfrageüberhang, durch mäßige Angebotsreagibilität aufgrund relativ hoher Erstellungszeiten und -kosten sowie durch geringe Nachfrageelastizitäten aufgrund des nicht substituierbaren Bedarfs an längerfristig nutzbarem Wohnraum.[96] Der hieraus ableitbaren Schutzbedürftigkeit der Mieter wird bei öffentlich geförderten Wohnungen (sog. Sozialwohnungen) im Rahmen des WoBindG[97] entsprochen, indem der Mietzins eine anhand einer Wirtschaftlichkeitsberechnung ermittelte Kostenmiete bzw. eine Vergleichsmiete nicht übersteigen darf (vgl. § 8 WoBindG).[98] Bei der Neuvermietung von sog. nichtpreis-

---

92 Vgl. § 12 Abs. 2 StWG sowie die Ausführungen von DICKERTMANN, D. / DILLER, K.D. (1986), S. 601; DICKERTMANN, D. / DILLER, K.D. (1990), S. 478 ff.. Erhaltungssubventionen dienen der Sicherung der vorhandenen Produktionen oder Leistungen in Betrieben oder Wirtschaftszweigen. Mit Anpassungssubventionen sollen die Umstellung von Betrieben auf rentable Produktionsziele erleichtert und Strukturwandlungen sozial abgefedert werden. Förderungssubventionen zielen darauf ab, Produktivitätsfortschritte und Wachstum von Betrieben oder Wirtschaftszweigen zu begünstigen, für private Haushalte bestimmte Güter und Leistungen zu verbilligen sowie die Spartätigkeit anzuregen.

93 Der Bedarf an Einschränkungen und Reduktionen von Subventionsmaßnahmen wird in der Fachliteratur begründet mit den induzierten Wettbewerbsverzerrungen, der Gewährung von Doppel- und Mehrfachsubventionen aufgrund mangelnder Abstimmung der Subventionsgeber, der schwierigen Erfolgskontrolle der Subventionswirkungen sowie der unerwünschten Entwicklung einer "Subventionsmentalität" der Begünstigten. Vgl. für Einzelheiten DICKERTMANN, D. / DILLER, K.D. (1987), S. 541 f. und außerdem die Ausführungen in Kapitel 2.4.

94 Einen Überblick über Funktionen, Grundsätze und den Aufbau des Subventionsberichtes sowie eine kritische Beurteilung der Berichterstattung bieten DICKERTMANN, D. / DILLER, K.D. (1986), S. 601 ff..

95 Vgl. BREITENSTEIN, P. (1977), S. 70.

96 Vgl. MUTZBAUER, N. (1988), S. 33; STERNEL, F. (1995), S. XII ff..

97 Vgl. Gesetz zur Sicherung der Zweckbestimmung von Sozialwohnungen (Wohnbindungsgesetz - WoBindG) in der Fassung der Bekanntmachung vom 19. August 1994 (BGBl. I S. 2166, ber. S. 2319).

98 Vgl. WILHELM, H. / CORSTEN, H. / MEIER, B. (1982), S. 81; PFEUFFER, W. (1984), S. 199 ff.; MUTZBAUER, N. (1988), S. 34 f.. - Reformplänen des Bundesbauministers TÖPFER zufolge, die auf mehr Fördergerechtigkeit im sozialen Wohnungsbau abzielen, sollen die Sozialmieten jedoch künftig an der ortsüblichen Vergleichsmiete ausgerichtet werden. Die Mieten re-

gebundenem Wohnraum hingegen ist die Festlegung des Mietzinses zunächst Sache der Vertragsparteien. Bei Mietzinserhöhungen werden jedoch Grenzen insbesondere durch die Vorgaben des MHG[99] gezogen. Nach § 2 MHG darf der Mietzins das ortsübliche Entgelt - ermittelt durch ein Sachverständigengutachten, durch den Mietzins dreier Vergleichswohnungen oder aus einem Mietspiegel - nicht übersteigen.[100] Weitere staatliche Mietpreisbeeinflussungen ergeben sich aus Mietsubventionen (sog. Wohngeld) und aus der Subventionierung des Wohnungsbaus durch Kapital- und Zinssubventionen, öffentliche Bürgschaften und durch direkte Beteiligungen der öffentlichen Hand am Wohnungsbau.[101]

Sonstige Anwendungsbereiche staatlicher Preisregulierung beschreiben BREITENSTEIN[102], MUTZBAUER[103] und die DEREGULIERUNGSKOMMISSION[104]. Ebenfalls Auskunft - allerdings in einem allgemeinen wirtschaftspolitischen Kontext - geben die Ressortberichte der diversen Bundes- und Landesministerien.[105]

2.3 Rechtsgrundlagen staatlicher Preisregulierung

Im weiteren soll ein Überblick der rechtlichen Bestimmungen staatlicher Preisregulierung, insbesondere des Preisrechts[106] gegeben werden (vgl. auch *Abb. 2.4*).

---

flektieren dann anstelle der Kosten des Investors die Marktentwicklung. Vgl. dazu o.V. (1996 c).

99 Vgl. Gesetz zur Regelung der Miethöhe vom 18. Dezember 1974 (BGBl. I S. 3603), zuletzt geändert durch Gesetz vom 21. Juli 1993 (BGBl. I S. 1257).

100 Vgl. MUTZBAUER, N. (1988), S. 35 f.; HUBERT, F. (1990), S. 576 ff.; BLANK, H. (1995), S. 352 ff.. Für die Anwendung des Miethöhegesetzes in den neuen Bundesländern enthält § 11 MHG entsprechende Sondervorschriften.

101 Vgl. BREITENSTEIN, P. (1977), S. 70.

102 Vgl. BREITENSTEIN, P. (1977), S. 71 ff.: Preisregulierungen in einzelnen Märkten der gewerblichen Wirtschaft.

103 Vgl. MUTZBAUER, N. (1988), S. 36 ff.: Preisregulierungen im Grundstücksmarkt, im Geld- und Kreditwesen und im Gesundheitswesen. Für die neuesten Entwicklungen in letzterem Bereich vgl. KRAUSKOPF, D. (1995), S. XI ff. und die Vorgaben des GSG - Gesetz zur Sicherung und Strukturverbesserung der gesetzlichen Krankenversicherung (Gesundheitsstrukturgesetz) vom 21. Dezember 1992 (BGBl. I S. 2266).

104 DEREGULIERUNGSKOMMISSION (1991), S. 15 f.: Preisregulierungen in der Versicherungswirtschaft. Hierbei ist anzumerken, daß im Rahmen der EU-Harmonisierung zwischenzeitlich diverse Tarifkontrollen weggefallen sind; vgl. hierzu PRÖLSS, J. / ARMBRÜSTER, C. (1993), S. 400 f..

105 Vgl. z.B. den Agrarbericht der Bundesministeriums für Ernährung, Landwirtschaft und Forsten - BML (1996).

106 Trotz unklarer Auffassungen hinsichtlich Inhalt, Umfang und Grenzen des Wirtschaftsrechts besteht in der Literatur Übereinstimmung, daß das Preisrecht eine Unterdisziplin des Wirtschaftsrechts, insbesondere des Rechts der Wirtschaftslenkung ist. Vgl. hierzu z.B. WEIMAR, R. v. / SCHIMIKOWSKI, P. (1983), S. 3; RITTNER, F. (1987), S. 488 ff..

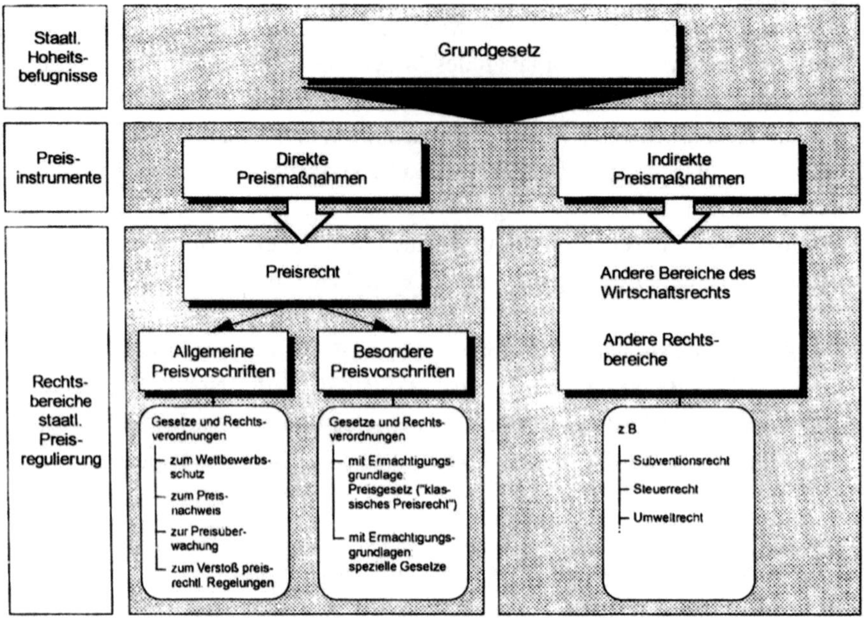

Abb. 2.4: Rechtliche Bestimmungen staatlicher Preisregulierung

Wie bereits angesprochen wurde, sind für die diversen institutionellen Staatsträger die Hoheitsbefugnisse zu preispolitischen Maßnahmen im Grundgesetz festgelegt. Art. 28 Abs. 2 GG enthält eine institutionelle Garantie der gemeindlichen Selbstverwaltung für die öffentlichen Angelegenheiten der örtlichen Gemeinschaft. Hierzu zählen insbesondere der Kultur- und Bildungsbereich, das Gesundheitswesen, die Orts- und Bauplanung sowie die öffentliche Ver- und Entsorgung. In Art. 73 GG sind die ausschließlichen Gesetzesgebungskompetenzen des Bundes z.B. für die Bereiche Außenhandel, Bundesbahn und Luftverkehr sowie Post- und Fernmeldewesen bestimmt (vgl. Art. 73 Nr. 5., 6. und 7. GG). Des weiteren kann der Bund gemäß Art. 75 GG Rahmenvorschriften, z.B. für die Bodenverteilung und den Wasserhaushalt (vgl. Art. 75 Nr. 4. GG), erlassen. Regelungsbereiche der "konkurrierenden Gesetzgebung" zwischen Bund und Ländern werden in Art. 74 GG aufgezählt. Solange und soweit der Bund von seinem Gesetzgebungsrecht keinen Gebrauch macht, stehen den Ländern etwa die Regelungsbefugnisse hinsichtlich des "Rechts der Wirtschaft"[107] (Bergbau, Industrie, Energiewirtschaft, Handwerk, Gewerbe, Handel, Bank- und Börsenwesen, privatrechtliches Versicherungswesen u.a.), der Mißbrauchsverhütung wirtschaftlicher

107 Vgl. für eine begriffliche Abgrenzung zwischen dem "Recht der Wirtschaft" und dem "Wirtschaftsrecht" WEIMAR, R. v. / SCHIMIKOWSKI, P. (1983), S. 2.

Machtstellung, der Förderung und Sicherung des Agrarsektors, des Pacht- und Wohnungswesens, der wirtschaftlichen Sicherung der Krankenhäuser und der Pflegesätze, des Straßenverkehrs und des Kraftfahrwesens, der Abfallbeseitigung, der Luftreinhaltung oder der Lärmbekämpfung zu (vgl. Art. 74 Nr. 11., 16., 17., 18., 19.a, 22., 24. GG). Finanzwirtschaftliche Kompetenzen von Bund und Ländern hinsichtlich Zöllen, Finanzmonopolen, Steuern und Sonderabgaben regelt Artikel 105 GG. Art. 24 Abs. 1 GG schließlich gewährt die Übertragung von Hoheitsrechten auf zwischenstaatliche Einrichtungen.

Entsprechende Konkretisierungen dieser Hoheitsbefugnisse finden sich unter anderem in sog. allgemeinen und besonderen Preisvorschriften[108].

2.3.1 Allgemeine Preisvorschriften

Zu den allgemeinen Preisvorschriften zählen die Bestimmungen in Gesetzen und Rechtsverordnungen, die bei der Preisbildung ökonomischer Güter grundsätzlich zu beachten sind (vgl. auch *Abb. 2.4*).[109] Die Vorgaben können dabei sowohl materieller als auch formeller Natur sein. Wettbewerbsregelnde Preisbestimmungen finden sich im GWB[110], im RabattG i.V.m. der DVORabattG[111], in der ZugabeVO[112] und im UWG[113]. Vorschriften zum Preisnachweis, zur Preisüberwachung und zu Verstößen

108 Vgl. EBISCH, H. / GOTTSCHALK, J. (1994), Rdnr. 6 ff. zu § 3 VO PR Nr. 30/53; MICHAELIS, H. / RHÖSA, C.A. (1994), S. 8 ff. zu § 3 VO PR Nr. 30/53.

109 Vgl. für eine Übersicht MICHAELIS, H. / RHÖSA, C.A. (1994), S. 12 f. zu § 3 VO PR Nr. 30/53.

110 Vgl. hierzu nochmals die Ausführungen in Kapitel 2.2.4 zu den wettbewerbspolitischen Ausnahmebereichen.

111 Vgl. Gesetz über Preisnachlässe (Rabattgesetz) vom 25. November 1933 (RGBl. I S. 1011) und Verordnung zur Durchführung des Gesetzes über Preisnachlässe (Rabattgesetz) vom 21. Februar 1934 (RGBl. I S. 120). Beim Rabatt handelt es sich um eine Preisermäßigung, die der Anbieter dem Nachfrager durch einen Nachlaß vom allgemein angekündigten oder geforderten Preis gewährt. Vorwiegend aus gewerbepolizeilichen und wirtschaftspolitischen Gründen wird im Rabattgesetz das Ankündigen und Gewähren von Rabatten im geschäftlichen Verkehr nur in beschränktem Umfang zugelassen; vgl. HEFERMEHL, W. (1995), S. XIX.

112 Vgl. Gesetz des Reichspräsidenten zum Schutze der Wirtschaft, Erster Teil: Zugabewesen (Zugabeverordnung) vom 9. März 1932 (RGBl. I S. 121), zuletzt geändert durch Gesetz vom 25. Juli 1994 (BGBl. I S. 1688). Die Zugabe ist eine besondere Form der Wertreklame, deren Eigenart darin besteht, daß der Nachfrager sie nur durch Abschluß eines entgeltlichen Geschäfts über die Hauptware erlangen kann. Da hierdurch der Nachfrager jedoch unsachlich beeinflußt und der echte, auf der Preiswürdigkeit und Güte eines ökonomischen Gutes beruhende Wettbewerb verfälscht wird, verbietet die Zugabeverordnung grundsätzlich das Ankündigen, Anbieten und Gewähren von Zugaben; vgl. HEFERMEHL, W. (1995), S. XVIII.

113 Vgl. Gesetz gegen den unlauteren Wettbewerb vom 7. Juni 1909 (RGBl. S. 499). Intention des Gesetzes ist die Bekämpfung unlauterer Wettbewerbshandlungen, insbesondere von Preisunterbietungen, die gegen preisrechtliche Vorschriften verstoßen; vgl. HEFERMEHL, W. (1995), S. XIII.

preisrechtlicher Bestimmungen sind im PreisangabenG i.V.m. der PAngVO[114], in der AuskunftspflichtVO[115], im WiStG i.V.m. OWiG[116], StGB[117] und BGB[118] geregelt.

2.3.2 Besondere Preisvorschriften

Besondere Preisvorschriften hingegen umfassen alle Preisregelungen, die im Rahmen der Ermächtigung des Preisgesetzes[119] oder anderer spezieller Gesetze für bestimmte ökonomische Güter hoheitliche Preisbindungen vorsehen und somit vorwiegend materiellen Inhalt besitzen (vgl. auch *Abb. 2.4*).[120] Zu beachten ist, daß sich die Vorschriften des Preisrechts nur auf direkte Instrumente staatlicher Preisregulierung beziehen. Rechtliche Bestimmungen für indirekte Preismaßnahmen fallen somit nicht unter das Preisrecht. Sie sind vielmehr anderen Bereichen des Wirtschaftsrechts oder anderen Rechtsdisziplinen - bspw. dem Subventionsrecht, dem Steuerrecht oder dem Umweltrecht - zuzuordnen.[121]

---

114 Vgl. Gesetz zur Regelung von Preisangaben vom 3. Dezember 1984 (BGBl. I S. 1429) und Verordnung zur Regelung der Preisangaben vom 14. März 1985 (BGBl. I S. 580), zuletzt geändert durch Zweite Verordnung zur Änderung der Preisfreigabenverordnung vom 14. Oktober 1992 (BGBl. I S. 1765). Hier sollen für die Zwecke der Preisordnung mit der Verpflichtung zu Preisangaben Beobachtungen der Preise marktmäßig gehandelter ökonomischer Güter gewährleistet werden; vgl. MICHAELIS, H. / RHÖSA, C.A. (1994), S. 10 zu § 3 VO PR Nr. 30/53.

115 Vgl. Verordnung über Auskunftspflicht vom 13. Juli 1923 (RGBl. I S. 699), zuletzt geändert durch Einführungsgesetz zum Strafgesetzbuch vom 2. März 1974 (BGBl. I S. 469). Diese Verordnung gibt insbesondere den Preisbehörden das Recht, über Preise und andere wirtschaftliche Daten von den relevanten Wirtschaftsteilnehmern Auskünfte zu verlangen; vgl. MICHAELIS, H. / RHÖSA, C.A. (1994), S. 10 zu § 3 VO PR Nr. 30/53.

116 Vgl. Gesetz zur weiteren Vereinfachung des Wirtschaftsstrafrechts (Wirtschaftsstrafgesetz 1954) in der Fassung der Bekanntmachung vom 3. Juni 1975 (BGBl. I S. 1313), zuletzt geändert durch das Gesetz vom 21. Juli 1993 (BGBl. I S. 1257) und Gesetz über Ordnungswidrigkeiten (OWiG) in der Fassung der Bekanntmachung vom 19. Februar 1987 (BGBl. I S. 602), zuletzt geändert durch das Gesetz vom 15. Juli 1992 (BGBl. I S. 1302). Unter den Zuwiderhandlungen im Sinne des Wirtschaftsstrafrechts sind in § 3 WiStG "Verstöße gegen Preisregelung" aufgeführt. Diese Verstöße werden als Ordnungswidrigkeiten im Sinne des § 1 Abs. 1 OWiG eingestuft. Vgl. MICHAELIS, H. / RHÖSA, C.A. (1994), S. 2 ff. zu § 11 VO PR Nr. 30/53.

117 Vgl. Strafgesetzbuch (StGB) in der Fassung der Bekanntmachung vom 10. März 1987 (BGBl. I S. 945, ber. S. 1160), zuletzt geändert durch Gesetz vom 1. Juni 1995 (BGBl. I S. 747) und hier den Wuchertatbestand des § 302a StGB.

118 Vgl. Bürgerliches Gesetzbuch vom 18. August 1896 (RGBl. S. 195), zuletzt geändert durch Gesetz vom 25. Juli 1991 (BGBl. I S. 1606) und hier das Wucherverbot in § 138 BGB.

119 Vgl. Übergangsgesetz über Preisbildung und Preisüberwachung (Preisgesetz), in der im Bundesgesetzblatt Teil III, Gliederungsnummer 720-1, veröffentlichten bereinigten Fassung, geändert durch Gesetz vom 18. Februar 1986 (BGBl. I S. 265).

120 Vgl. EBISCH, H. / GOTTSCHALK, J. (1994), Rdnr. 8 zu § 3 VO PR Nr. 30/53.

121 Aufgrund der Auslegungsmöglichkeiten bzgl. Inhalt, Umfang und Grenzen des Wirtschaftsrechts ist eine Zuordnung jedoch nicht eindeutig; vgl. hierzu WEIMAR, R. v. / SCHIMIKOWSKI, P. (1983), S. 4 ff..

2.3.2.1 Klassisches Preisrecht

Als "klassisches Preisrecht" werden diejenigen Preisvorschriften bezeichnet, deren rechtliche Legitimation durch das Preisgesetz gegeben ist.[122] § 2 Abs. 1 des Preisgesetzes ermächtigt als zentrale Vorschrift dieses Gesetzes zu einer weitreichenden staatlichen Einflußnahme im Bereich der Preisbildung: "Die für die Preisbildung zuständigen Stellen ... können Anordnungen und Verfügungen erlassen, durch die Preise, Mieten, Pachten, Gebühren und sonstige Entgelte für Güter und Leistungen jeder Art, ausgenommen Löhne, festgesetzt oder genehmigt werden, oder durch die der Preisstand aufrechterhalten werden soll." Mit der Entscheidung des Bundesverfassungsgerichts vom 12.11.1958 wurde der weite Regelungsbereich des § 2 Preisgesetz jedoch insofern eingeschränkt, als daß alle Maßnahmen, die aufgrund dieser Vorschrift getroffen werden, der Aufrechterhaltung des Preisstandes, d.h. der Stabilisierung des Preisniveaus, dienen müssen.[123] Das Preisgesetz dürfe nicht, so entschied das Bundesverfassungsgericht, zu einer aktiven, die Preis- und Wirtschaftsordnung umgestaltenden Wirtschaftspolitik benutzt werden. Aufgrund des Charakters des Preisgesetzes als Übergangsgesetz solle im übrigen die freie Preisbildung auf dem Markt die Regel und die staatliche Einflußnahme auf die Preise die Ausnahme darstellen. Obwohl das Urteil in der Literatur überwiegend kritisiert wurde,[124] war es für die staatliche Preispolitik dennoch richtungsweisend. Im "Beschluß des Bundeskabinetts betr. Grundsätze für staatliche Preisregelungen in Hinblick auf wirtschaftspolitische Ziele"[125] vom 6. Mai 1970 heißt es unter Nr. II:

"Für staatliche Preisregelungen sind aus gesamtwirtschaftlicher Sicht folgende Leitlinien zu beachten:

1. Nur soviel staatliche Preisregelungen wie unbedingt erforderlich
Vor jedem staatlichen preisregelnden Eingriff in den Markt ist zu prüfen, ob die angestrebten Ziele oder die Marktverhältnisse eine entsprechende Intervention rechtfertigen. Staatliche Preisregelungen sind nur dann vertretbar, wenn die freie Preisbildung (ggf. nach Abbau bestehender Wettbewerbsbeschränkungen oder -verzerrungen) nicht zu den gewünschten Ergebnissen führen kann und wenn die angestrebten Ziele auch mit indirekt wirkenden Mitteln nicht zu erreichen sind.

---

122 Vgl. EBISCH, H. / GOTTSCHALK, J. (1994), Rdnr. 1 zu Einführung zu VO PR Nr. 30/53.

123 Vgl. BVerfGE 8, 274 (307 ff.).

124 Vgl. mit weiteren Literaturangaben MENG, W. (1980), S. 615 f.; RICHEY, G. (1982), S. 167 ff.; MUTZBAUER, N. (1988), S. 5 ff.. Die Kritik an dem Urteil greift vor allem zwei Punkte auf. Zum einen verfehlt die Interpretation des Bundesverfassungsgerichts hinsichtlich des Gesetzestitels die Intention des Gesetzgebers. Dem Preisgesetz wurde nicht deshalb der Titel "Übergangsgesetz" gegeben, weil mit ihm ein möglichst schneller Übergang zu marktwirtschaftlichen Preisverhältnissen geschaffen werden sollte, sondern weil man damit zum Ausdruck bringen wollte, daß sich die wirtschaftspolitische Situation derart ändern könnte, daß ein preispolitischer Positionswechsel notwendig werden könnte. Zum anderen stellt die Interpretation des Bundesverfassungsgerichtes, daß dem Preisgesetz eine vornehmlich ordnungssichernde, schützende und bewahrende Funktion zukomme und daher nicht zu aktiver Wirtschaftspolitik berechtige, eine unzulässige Verknüpfung von Polizeirecht und Preisrecht dar.

125 Vgl. BAnz. 1970, Nr. 118.

2. Für staatliche Preisregelungen möglichst flexible Formen wählen
Bei staatlichen Preisregelungen ist das Maß der Einwirkungen so gering wie möglich zu halten. Den Marktkräften sollte ein möglichst weiter Spielraum belassen bleiben. Nach Möglichkeit sollten Fest- und Mindestpreise nicht festgelegt werden.

3. Die Preishöhe hat sich an dem Markttrend zu orientieren
Staatlich geregelte Preise sollten - zumindest längerfristig - den Marktverhältnissen Rechnung tragen. Dabei ist zu prüfen, ob die Marktbedingungen z.B. durch eine monopolistische Angebots- oder Nachfragestruktur verzerrt worden sind.

4. Bei Preiserhöhungen allgemeine konjunkturelle Lage berücksichtigen
Bei der Entscheidung über die Erhöhung staatlich geregelter Preise sollten auch allgemeine preispolitische Gesichtspunkte beachtet werden. In preispolitisch labilen Phasen, insbesondere in der Hochkonjunktur, sollte bei Erhöhung staatlich geregelter Preise soweit als möglich Zurückhaltung geübt werden.

5. Regelmäßige Überprüfung staatlicher Preisregelungen
Es ist preispolitisch unerläßlich, staatliche Preisregelungen von Zeit zu Zeit zu überprüfen. Bereichen, in denen die Aufrechterhaltung solcher Preisregelungen auch weiterhin geboten ist, stehen andere Bereiche gegenüber, in denen diese Preisregelungen eventuell ersatzlos aufgehoben, in der Form aufgelockert, an die Marktgegebenheiten angepaßt oder durch indirekt wirkende Maßnahmen ersetzt werden könnten. Die Gründe, die ursprünglich für den Erlaß der Regelungen maßgebend waren, können im Laufe der Zeit an Gewicht verloren haben. In geeigneten Fällen ist auch zu überlegen, ob die jeweilige Preisregelung befristet werden kann.

...

Die Leitlinien müssen vor allem im Rahmen der notwendigen regelmäßigen Überprüfung staatlicher Preisregelungen, aber auch gegenüber Bestrebungen, solche Gesetze neu einzuführen oder zu verschärfen, zur Geltung kommen. Die Grundsätze können geltende staatliche Preisregelungen, insbesondere Gesetze, nicht außer Kraft setzen oder modifizieren, können aber wohl zu gegebener Zeit Anlaß zur Überprüfung geben.

Werden Preise für Leistungen geregelt, welche der Staat selbst anbietet (z.B. Leistungen der Bundespost, sonstige Benutzungsgebühren, Verwaltungsgebühren), so können die Leitlinien 1 und 2 keine Anwendung finden."

Entsprechend dieser Intentionen wurden im Laufe der Zeit sukzessive auf dem Preisgesetz basierende Rechtsvorschriften aufgehoben.[126] Von den wenigen verbliebenen preisgesetzlichen Verordnungen[127] sind als wichtigste zu nennen die VO PR Nr. 30/53 über die Preise bei öffentlichen Aufträgen[128] und die VO PR Nr. 1/72 über die Preise für Bauleistungen bei öffentlichen oder mit öffentlichen Mitteln finanzierten Aufträgen[129]. Außerdem wurde dazu übergegangen, staatliche Preisregelungen in

126 Vgl. hierzu die Zweite Preisfreigabeverordnung (PR Nr. 1/82) vom 12. Mai 1982 (BGBl. I S. 617), zuletzt geändert durch Erstes Rechtsbereinigungsgesetz vom 24. Juni 1986 (BGBl. I S. 933) und die Begründung zur Zweiten Preisfreigabeverordnung (PR Nr. 1/82) vom 12. Mai 1982 in BAnz. 1982, Nr. 3, S. 2.

127 Vgl. für einen Überblick der noch geltenden Vorschriften § 2 der PR Nr. 1/82.

128 Vgl. Verordnung PR Nr. 30/53 über Preise bei öffentlichen Aufträgen vom 21. November 1953 (BAnz. Nr. 244), zuletzt geändert durch Verordnung PR Nr. 1/89 vom 13. Juni 1989 (BGBl. I S. 1094).

129 Vgl. Verordnung PR Nr. 1/72 über die Preise von Bauleistungen bei öffentlichen Aufträgen oder mit öffentlichen Mitteln finanzierten Aufträgen vom 6. März 1972 (BGBl. I S. 293), zuletzt geändert durch Gesetz vom 27. Dezember 1993 (BGBl. I S. 2378).

Sonderbereichen nicht mehr auf das Preisgesetz, sondern auf spezielle Gesetze zu stützen.[130]

2.3.2.2 Spezielle Gesetze

Auf spezialgesetzliche Ermächtigungen gestützte Preisvorschriften betreffen die Energiewirtschaft, die Verkehrswirtschaft, (noch) die Post und die Telekommunikation, den Grundstücksmarkt, Mieten und Pachten, Versicherungen, Pflegesätze von Krankenhäusern, die Entgelte verschiedener Berufsgruppen sowie in geringem Umfang die gewerbliche Wirtschaft.[131] Darüber hinaus sind in diesen Rechtsbereich auch die Preisvorschriften für die Entgelte für Güter und Leistungen staatlicher Anbieter einzuordnen.[132]

2.4 Wirkungen und Probleme staatlicher Preisregulierung

Neueren Untersuchungen zufolge werden in der Bundesrepublik Deutschland zwischen 33 und 50 % der Verbraucherpreise durch staatliche Preisregulierungen beeinflußt.[133] Nicht zuletzt aufgrund dieses hohen Anteilwerts wird die staatliche Preispo-

---

130 Vgl. EBISCH, H. / GOTTSCHALK, J. (1994), Rdnr. 6 zu Einführung zu VO PR Nr. 30/53. So wurde bspw. für die Neufassung der Bundestarifordnung Elektrizität - vgl. Bundestarifordnung Elektrizität 1990 (BTO Elt 1990) vom 18. Dezember 1989 (BGBl. I S. 2255) - nur noch § 7 Abs. 1 EnWG - vgl. Gesetz zur Förderung der Energiewirtschaft (Energiewirtschaftsgesetz) vom 13. Dezember 1935 (RGBl. I S. 1451) in der Fassung vom 20. März 1984 (BGBl. I S. 651) - als Ermächtigungsgrundlage herangezogen. Die Fassungen der BTO Elt von 1971 und 1980 hingegen waren zusätzlich auf § 2 Preisgesetz gestützt.

131 Für eine Übersicht vgl. RITTNER, F. (1987), S. 493 ff.; MICHAELIS, H. / RHÖSA, C.A. (1994), S. 13 ff. zu § 3 VO PR Nr. 30/53. Außerdem sei auf die Ausführungen in Kapitel 2.2.4 verwiesen.

132 So wird etwa die Gebührenbemessung der öffentlichen Abfallwirtschaft in den landesgesetzlichen Abfall- und Kommunalabgabengesetzen geregelt. Es sei jedoch darauf hingewiesen, daß in der Fachliteratur kontextspezifisch die Gebührenbestimmungen für öffentlich-rechtliche Güter und Leistungen nicht unbedingt dem Preisrecht zugerechnet werden. Vgl. hierzu EBISCH, H. / GOTTSCHALK, J. (1994), Rdnr. 10 zu § 3 VO PR Nr. 30/53 und MICHAELIS, H. / RHÖSA, C.A. (1994), S. 12 zu § 3 VO PR Nr. 30/53, wonach öffentlich-rechtliche Gebührenregelungen nur bei Erlaß von dritter Seite (d.h. vom Gesetzgeber) als Preisvorschriften im Sinne des § 3 VO PR Nr. 30/53 angesehen werden können. Kommunenspezifische Gebührenregelungen für Hoheitsaufgaben, z.B. die öffentliche Abfallentsorgung, werden jedoch trotz dieser fehlenden Voraussetzung als Preisrecht im Sinne der VO PR Nr. 30/53 anerkannt (vgl. EBISCH, H. / GOTTSCHALK, J. (1994), Rdnr. 17 zu § 1 VO PR Nr. 30/53).

133 Vgl. WEEBER, J. (1994), S. 592 und die dort angegebene Literatur. Die Spannweite des Anteilswerts resultiert aus unterschiedlichen Indexkonstruktionen zur Trennung von staatlichen und marktbestimmten Preisbestandteilen der Güter. Auch in älteren Untersuchungen wurden Prozentsätze im genannten Spannweitenbereich ermittelt; vgl. BREITENSTEIN, P. (1977), S. 94 ff.; BAUM, H. (1980), S. 43.

litik in der Fachliteratur[134] durchweg kritisch beurteilt. Im folgenden seien die wesentlichen Kritikpunkte genannt:

- Mit zunehmendem Anteil der staatlich administrierten Preise an der Gesamtheit der Verbraucherpreise bzw. aller volkswirtschaftlichen Preise vergrößert sich die Inflexibilität des Gesamtsystems.[135] Die Effizienz der Marktsteuerung nimmt ab, während umgekehrt die gesamtgesellschaftlichen Wohlstandseinbußen zunehmen.

- Im Falle von staatlich festgelegten Höchst- und Mindestpreisen äußern sich diese Einbußen in Wohlfahrtsverlusten, in teilweise unerwünschten Auswirkungen auf die Verteilung und in Produktionsverzerrungen mit weitergehenden Interventionsnotwendigkeiten.

  Höchstpreisfixierungen unter dem Gleichgewichtspreisniveau[136] führen c.p. zu Nachfrageüberhängen und korrespondierenden Angebotsdefiziten. Mit Hilfe des "Rentenkonzepts"[137] lassen sich dabei sowohl Verluste als auch Umverteilungen der Produzentenrente auf die Nachfrager nachweisen. Weitere Auswirkungen auf die Verteilung können daraus resultieren, daß aufgrund des Nachfrageüberschusses den Anbietern Machtpositionen erwachsen, da außer der Zahlungsbereitschaft andere Eigenschaften der Nachfrager für den Kaufabschluß maßgeblich werden können. Außerdem wird die Bildung "schwarzer Märkte", auf denen die Nachfrager bereit sind, einen höheren als den fixierten Preis zu zahlen, begünstigt. Hierdurch werden weitere Staatseingriffe, z.B. Rationierungen durch Ausgabe von Bezugsscheinen oder Subventionen zur Vergrößerung des Angebots, notwendig.

  Mindestpreisfixierungen (über dem Gleichgewichtspreisniveau) wirken genau umgekehrt. Außer entsprechenden Wohlfahrtsverlusten und Verteilungseffekten provozieren sie die Bildung "grauer Märkte", auf denen die Anbieter einen niedrigeren als den festgesetzten Preis fordern. Hierdurch werden ebenfalls weitere staatliche Eingriffe, wie Produktionseinschränkungen, Aufkäufe oder Ex-

---

134 Vgl. BREITENSTEIN, P. (1977), S. 225 ff.; BAUM, H. (1980), S. 333 ff.; WILHELM, H. / CORSTEN, H. / MEIER, B. (1982), S. 30 ff.; WOLL, A. (1982), S. 206 f.; KLEPS, K. (1984), S. 143 ff.; DICKERTMANN, D. / DILLER, K.D. (1990), S. 478 ff.; CEZANNE, W. (1993), S. 172 ff.; SCHMALEN, H. (1995), S. 173 f.; WIENERT, H. (1995), S. 323 ff..

135 KLEPS, K. (1984), S. 145 spricht in diesem Zusammenhang von einer "vor allem sektoral fortschreitenden Erstarrung der Wirtschaft".

136 Die Festlegung eines Höchstpreises ist nur sinnvoll für Preise unterhalb des Gleichgewichtspreisniveaus, da nur in diesem Bereich die Preise eine steigende Tendenz besitzen; vgl. CEZANNE, W. (1993), S. 172 f..

137 Vgl. hierzu CEZANNE, W. (1993), S. 161 f. und S. 173 f..

portsubventionen, erforderlich.[138]

- Bei staatlich vorgeschriebenen Festpreisen ergeben sich, sofern nicht die langfristigen Gleichgewichtspreise antizipiert werden, dieselben Effekte wie bei den Grenzpreisen. Nimmt z.B. das Angebot eines preisfixierten Gutes c.p. zu, so wirkt der Festpreis wie ein Mindestpreis, steigt hingegen c.p. die Nachfrage, stellt der Festpreis einen Höchstpreis dar.

- Die im Rahmen staatlicher Preisgestaltung und -aufsicht gegebene Garantie kostendeckender Preise in Verbindung mit fehlendem Wettbewerbsdruck kann kostentreibende und damit inflationsfördernde Wirkungen induzieren,[139] da keine wirksamen Anreize zur Kostensenkung vorhanden sind. Besteht außerdem für die Nachfrager eine Anschluß- und Benutzungsverpflichtung (z.B. im Gesundheitswesen oder bei der öffentlichen Entsorgung), wird einem "Free-rider-Verhalten" Vorschub geleistet. Aus allem resultiert eine umfangreiche Verschwendung knapper Ressourcen.[140]

- Staatliche Preisregulierungen in Form von Verbrauchsteuern führen im Normalfall, d.h. bei elastischem Angebot und (nicht vollständig) elastischer Nachfrage, c.p. zu einer Preiserhöhung und korrespondierenden Produktionseinschränkung der betroffenen ökonomischen Güter. Diese Wirkung kann durchaus beabsichtigt sein, bspw. zur Internalisierung negativer externer Effekte aus Produktion oder Konsum. Allerdings resultiert aus der Verbrauchsbesteuerung auch eine sog. Überschußbelastung durch - mit dem Rentenkonzept nachweisbare - gesamtwirtschaftliche Wohlfahrtsverluste.[141]

- Bei staatlicher Preisbeeinflussung mittels Subventionen sind die Wirkungen auf Menge und Preis genau umgekehrt wie bei den Verbrauchsteuern. Ebenfalls kommt es hier zu einer Überschußbelastung. Darüber hinaus verknappen die Subventionen als Ausgaben oder Mindereinnahmen das Staatsbudget.[142]

---

138 Das Phänomen, daß staatliche Preisregulierungen aufgrund ihrer ungewollten Nebenwirkungen fast immer weitere Eingriffe nach sich ziehen, wird in der Literatur mit den Methaphern "Hypothese der Kettenreaktion", "Ölflecktheorie" oder "Interventionsspirale" belegt. Vgl. WOLL, A. (1981), S. 206; BLUM, R. (1984), S. 14; WIENERT, H. (1995), S. 323.

139 Vgl. WEEBER, J. (1994), S. 596, der für das zweite Quartal 1994 einen überproportionalen Beitrag der staatlich administrierten Preise am Anstieg des gesamten Preisindizes der Lebenshaltung ermittelte. Bei einem Anteil am Warenkorb von 34 % betrug der Teuerungsbeitrag über 50 %.

140 Vgl. OBERENDER, P. (1995), S. 493.

141 Vgl. CEZANNE, W. (1993), S. 176. Diese Überschußbelastung könnte vermieden werden, indem der Staat die Steuern abschafft und die Verbraucher selbst über die Verwendung ihres Einkommens entscheiden läßt.

142 Vgl. DICKERTMANN, D. / DILLER, K.D. (1990), S. 479.

2.5 Reformvorschläge für die staatliche Preisregulierung

Korrespondierend zu diesen Einwänden werden in der Literatur und in Expertengremien diverse Reformvorschläge für die staatliche Preispolitik dargeboten.

2.5.1 Vorschläge in der Literatur

Die Vorschläge in der Literatur orientieren sich relativ stark an dem bereits dargestellten[143] "Beschluß des Bundeskabinetts betr. Grundsätze für staatliche Preisregelungen in Hinblick auf wirtschaftspolitische Ziele" vom 6. Mai 1970, widersprechen allerdings dem Punkt 4. des Kabinettsbeschlusses (Berücksichtigung der allgemeinen konjunkturellen Lage bei Preiserhöhungen):

- "... (es) ergeben sich bei der praktischen Umsetzung dieses "Grundsatzes" Schwierigkeiten. Prinzipielle Voraussetzung für seine Umsetzung ist bei der Kürze der Konjunkturzyklen die Genauigkeit der Konjunkturdiagnose und -prognose sowie die Schaffung der technisch-administrativen und rechtlichen Voraussetzungen für ein entsprechendes Verhalten der Administratoren. Problematisch erscheint jedoch vor allem der Hinweis auf die "Phase der Hochkonjunktur", die "konjunkturelle Überhitzung", da sich dahinter die nach unseren Ergebnissen in der Realität nicht bestehende Parallelitätsannahme zwischen Preisniveauentwicklung und Konjunkturverlauf verbirgt. Sollen Preisanhebungen in der Hochkonjunktur vermieden werden, dann sind diese jedoch nicht identisch mit den oberen Wendepunkten der Preisniveauzyklen. Unsere Ergebnisse zeigen selbst für die wesentlich konjunkturreagibleren staatlich nicht administrierten Preise ein ausgeprägtes Nachhinken ... Unter Abwägung aller Faktoren erscheint uns deshalb für die Dämpfung der langfristigen Preisniveauentwicklung die Reduktion der kurzfristigen politischen Determiniertheit der staatlich administrierten Preise geeigneter. Das Ziel sollte nicht die weitere administrative Aufhebung des Konjunktur-Preiszusammenhangs, sondern dessen Wiederherstellung sein. ... Dem damit verbundenen Abgehen von der bisherigen Praxis möglichst langer Beibehaltung einmal fixierter Preise und deren aperiodischen sprunghaften Anpassung, bei der dann nicht selten der Versuch gemacht wird, zukünftige Kostenerhöhungen miteinzubeziehen, wird von uns ebenfalls ein positiver Stabilitätsbeitrag zugeschrieben."[144]
- "Die Grundsatzentscheidung für eine deutlichere Wettbewerbsorientierung in den administrativen Bereichen führt zwangsläufig zu einer Revision des wirt-

143 Vgl. Kapitel 2.3.2.1.

144 BREITENSTEIN, P. (1977), S. 234 f.

schaftspolitischen Zielsystems für staatlich-administrierte Preise. Der fundamentale Konflikt liegt im derzeitigen Reglementierungssystem zwischen den Zielkomponenten Markteffizienz bzw. Funktionsfähigkeit des Wettbewerbs und den stabilisierungs- und verteilungspolitischen Zielsetzungen. Wie eine Erfolgsanalyse gezeigt hat, erweist sich das Stabilisierungs- und Redistributionspotential als gering ... Die Preisbildung und Preisfortschreibung für administrierte Güter und Leistungen sollten künftig nicht mehr an stabilitäts- und verteilungspolitische Rücksichtnahmen gebunden sein; vielmehr sollte die Bereinigung des Zielsystems zu einer Priorität der allokativen Zielsetzungen führen ...".[145]

Außerdem beinhalten die Literaturvorschläge Aspekte, die über diejenigen des Kabinettsbeschlusses hinausgehen:

- "Die Preisbildung in wettbewerblichen Ausnahmebereichen sollte weitgehend von staatlich-administrativen Interventionen befreit werden. ... Ein solcher Liberalisierungsschritt könnte dazu beitragen, den Wettbewerb zu intensivieren und die bisher institutionell bedingten Anreize zu einer Koordinierung der Preise zwischen den Anbietern abzuschwächen, die Preise und insbesondere ihre Differenzierung an den arteigenen Leistungs- und Kostenvorteilen auszurichten und damit die Aufgabenteilung volkswirtschaftlich sinnvoller zu gestalten ...".[146]

- "Neue oder zusätzliche Varianten staatlicher Preise bzw. preisähnlicher Abgaben sollten unter allokativen Aspekten zur Internalisierung externer Kosten, die ohne Abgeltung den volkswirtschaftlichen Rechnungszusammenhang stören, eingeführt werden. ... Umgekehrt sollten auch externe Nutzenstiftungen öffentlich angebotener Leistungen internalisiert werden ...".[147]

Insbesondere für die unmittelbar festgesetzten Preise, Tarife, Gebühren und Beiträge für staatlich angebotene Güter und Leistungen wird gefordert:

- "An die Stelle globaler, verschwommener und deshalb auch verschiedenartig interpretierbarer Zielformulierungen sollten bei den einzelnen preispolitischen Entscheidungen ... jeweils klare Zieldefinitionen treten ...".[148]

- "Maßnahmen zur Dämpfung des Anstiegs der Preise für staatliche Güter und Leistungen dürfen ... nicht an der Manipulation der Preise, sondern an ihren Ursachen, d.h. an der zumindest teilweisen system- und strukturbedingten Ko-

145 BAUM, H. (1980), S. 335.
146 BAUM, H. (1980), S. 336.
147 BAUM, H. (1980), S. 335 f..
148 KLEPS, K. (1984), S. 141.

stenentwicklung ansetzen."[149]

- "Im Hinblick vor allem auf (a) die relativ hohe Personalkostenintensität, (b) den fehlenden Rationalisierungsdruck, (c) den hohen Manipulationsgrad der Kosten-Preis-Relationen, (d) die geringe Systemflexibilität und damit letztlich (e) die unbefriedigende Effizienz der staatlichen Preisadministration sollte eine möglichst weitgehende Installation betriebswirtschaftlicher Kostenrechnungs- und Erfolgskontrollsysteme in der Leistungsverwaltung erfolgen ...".[150]

- "Überprüft werden sollte im Hinblick auf die vorgenannten Probleme auch, ob und inwieweit bestimmte Teile der staatlichen Preisadministration - man denke etwa an die Gebühren für die Müllabfuhr ... - privatisiert werden können."[151]

- "... (es) sollte ernsthaft in Erwägung gezogen werden, die verteilungspolitisch ausgerichtete staatliche Preisadministration durch die in ihren Wirkungen zuverlässiger prognostizierbaren, treffsichereren und die sozialen Umstände genauer berücksichtigenden Instrumente der Steuerpolitik und durch direkte Einkommenstransfers zu ersetzen ...".[152]

2.5.2 Vorschläge der Deregulierungskommission

In Kapitel 2.2.4 wurde bei den beispielhaft dargelegten Anwendungsbereichen staatlicher Preisregulierung bereits erwähnt, daß derzeit von der Bundesregierung insbesondere in den wettbewerbspolitischen Ausnahmebereichen Reformmaßnahmen - auch in preispolitischer Hinsicht - angegangen werden.[153] Für diese Zwecke wurde im Jahr 1987 eine unabhängige Expertenkommission (sog. Deregulierungskommission) mit der Aufgabe gebildet, einerseits Deregulierungspotentiale zu erkunden und andererseits Deregulierungsimpulse zu geben, die ansonsten wegen mangelnder Anreize bzw. vielfacher Interessenverflechtungen zwischen Politikern, Regulierungsbehörden und regulierten Privaten unterbleiben würden.[154] Die von der Kommission untersuchten Wirtschaftsbereiche beschränkten sich dabei auf wenige Bereiche mit großer gesamtwirtschaftlicher Bedeutung und hoher Regulierungsdichte. Ausgewählt wurden das private Versicherungswesen, das Verkehrsgewerbe, die Stromwirtschaft, das technische Prüf- und Sachverständigenwesen, die Rechts- und Wirtschaftsberatung, das

---

149 BREITENSTEIN, P. (1977), S. 236.

150 KLEPS, K. (1984), S. 141.

151 KLEPS, K. (1984), S. 141.

152 KLEPS, K. (1984), S. 142.

153 Ebenfalls ursächlich für die Reformmaßnahmen sind die Anpassung des nationalen Wettbewerbsrechts an die europäischen Wettbewerbsregeln. Vgl. hierzu DEREGULIERUNGSKOMMISSION (1991), S. 8 f.; BUNTE, H.-J. (1994), S. 5 ff.; MIERT, K. v. (1995), S. 554 ff..

154 Vgl. HEDRICH, C.-C. (1994), S. 33.

Handwerk und der Arbeitsmarkt.[155] Vorschläge für eine Modifikation bzw. Deregulierung staatlicher Preisvorschriften erfolgten primär unter den Gesichtspunkten der Marktöffnung und Wettbewerbsintensivierung.[156] Entsprechend wurden die Aspekte von Marktversagen und -unvollkommenheiten in Form von negativen externen Effekten, namhaft der Umweltverschmutzung, die keine Deregulierung, sondern vielmehr eine weitergehende Regulierung bedingen würden, nur implizit berücksichtigt bzw. als Randbedingung thematisiert.[157]

2.5.3 Vorschläge des Rates von Sachverständigen für Umweltfragen

Allerdings hat in den letzten Jahren gerade die Umweltproblematik verstärktes Interesse in den wirtschaftswissenschaftlichen Fachkreisen gewonnen.[158] Gerade für den umweltintensiven Bereich der Abfallwirtschaft wurde von einem speziellen Expertengremium, dem Rat von Sachverständigen für Umweltfragen (SRU), eine Modifizierung der bestehenden staatlichen Preisregulierungen im Bereich der öffentlichen Abfallentsorgung angedacht. Mit wachsenden Abfallmengen, zunehmendem Anteil umweltproblematischer Stoffe und abnehmender Akzeptanz von Anlagen zur Behandlung und Ablagerung von Abfällen haben sich die negativen externen Effekte der Entsorgung erheblich verschärft. Aus diesem Grunde fordert der SRU, daß die Nutzung des bisher zu billigen Gutes "Abfallentsorgung" zu verknappen ist, indem sämtliche Kosten der Entsorgung - auch die Kosten der externen Effekte - den Abfallverursachern zuzurechnen sind, um somit entsprechende Anreize zur Abfallvermeidung und -verminderung zu induzieren.[159] In Betracht gezogen wird hierfür neben einer entsprechenden Anpassung der bestehenden Abfallgebühren für die Inanspruchnahme der staatlicherseits angebotenen Entsorgungsleistungen auch die Einführung von beglei-

---

155 Vgl. DEREGULIERUNGSKOMMISSION (1991), S. V.

156 Vgl. DEREGULIERUNGSKOMMISSION (1991), S. 28 ff.. Als Vorschläge, die heute bereits zum Teil umgesetzt sind, wurden unterbreitet: Prämienfreigabe in allen Bereichen des Versicherungswesens mit Ausnahme der Krankenversicherung (Vorschlag 4), Aufhebung der Genehmigungspflicht für Eisenbahntarife (Vorschlag 17), Tarifaufhebung im Straßengüterverkehr (Vorschlag 25), Transformation der verbindlichen Taxipreise in Höchstpreise (Vorschlag 31), Aufhebung der verbindlichen Tarife in der Binnenschiffahrt (Vorschlag 32), uneingeschränkter Preiswettbewerb in der Luftfahrt (Vorschlag 39), Modifikation der Tarifstruktur der Strompreise von zweigliedrigen zu eingliedrigen, ausschließlich lastabhängigen Tarifen (Vorschlag 46), Abschaffung staatlicher Gebührenordnungen für das technische Prüfungs- und Sachverständigenwesen (Vorschlag 53), Ersetzung der verbindlichen Gebühren der Rechtsanwälte durch Referenztarife (Vorschlag 66) sowie Freigabe der Entgelte für Notare (Vorschlag 72).

157 Vgl. DEREGULIERUNGSKOMMISSION (1991), S. 62 ff. bzw. 87 ff. hinsichtlich der Umweltprobleme im Verkehrswesen bzw. in der Stromwirtschaft.

158 Vgl. z.B. für die Umweltbereiche Luft- und Gewässerverschmutzung sowie Boden- und Lärmbelastung WICKE, L. (1993), S. 68 ff., für den Energiesektor RÖDER, P. (1991) und MASUHR, K.P. / WOLFF, H. / KEPPLER, J. (1992), für den Bereich der Wasserversorgung und Abwasserentsorgung PUTNOKI, H. (1990).

159 Vgl. SRU (1991), Tz. 398.

tenden Abgabeinstrumenten.[160]

Aber auch andere Marktunvollkommenheiten belasten den Bereich der öffentlichen Abfallentsorgung. Gerade die dramatische Entwicklung der Entsorgungsgebühren in den letzten Jahren wurde zum Anlaß genommen, im Rahmen der Novellierung des Abfallgesetzes das staatliche Entsorgungsmonopol aufzubrechen. Mit einer weitergehenden Einbindung der Privatwirtschaft wird erhofft, eine effizientere und somit eine kosten- und gebührengünstigere Entsorgung zu erreichen.

In der vorliegenden Untersuchung sollen diese Überlegungen vertieft sowie Möglichkeiten und Grenzen für eine problemadäquate Ausgestaltung der staatlichen Preisregulierung und sonstiger preisbeeinflussender Faktoren im Rahmen der öffentlichen Abfallentsorgung diskutiert werden. Hierzu erfolgt zunächst, um die Grundlage für die Diskussion zu schaffen, eine Charakterisierung der öffentlichen Abfallentsorgung.

160 Vgl. SRU (1991), Tz. 410 und 921.

Kapitel 3: Öffentliche Abfallentsorgung

Im folgenden soll die "öffentliche Abfallentsorgung"[1] unter rechtlichen, technologischen und wirtschaftlichen, insbesondere aber preisrechtlichen Aspekten erörtert werden. Dabei wird hinsichtlich der Rahmenvorgaben grundsätzlich auf die bis vor kurzem noch gültige Rechtslage (bis einschließlich 6. Oktober 1996) des Abfallgesetzes (AbfG)[2] abgestellt. Anschließend werden die relevanten Änderungen vorgestellt, die das jüngst in Kraft getretene Kreislaufwirtschafts- und Abfallgesetz (KrW-/AbfG)[3] für die öffentliche Abfallentsorgung induziert.

Auch in den weiteren Ausführungen wird regelmäßig auf die alte Rechtslage abgestellt. Dies geschieht einerseits deshalb, weil gemeinhin die korrespondierenden Abfallgesetze der Bundesländer, in denen Detailaspekte für die öffentliche Abfallentsorgung geregelt werden, bislang noch nicht an die neue Rechtslage angepaßt worden sind.[4] Zum anderen lassen sich bei detaillierter Betrachtung der alten Rechtslage die elementaren Mängel, die das neue KrW-/AbfG speziell für den Bereich der öffentlichen Abfallentsorgung mit sich bringt, besser aufzeigen.

3.1 Grundbegriffe

Zunächst werden die Basisbegriffe der Abfallentsorgung erläutert. Dies sind die Termini
- "Abfälle",
- "Abfallbesitzer" und
- "Abfallentsorgung".

3.1.1 Abfälle

"Abfälle" im Sinne des Abfallgesetzes sind bewegliche Sachen, deren sich der Besitzer entledigen will oder deren geordnete Entsorgung zur Wahrung des Wohls der

---

1 Gebräuchlich ist auch das Synonym "(öffentliche) Abfallwirtschaft".

2 Vgl. Gesetz über die Vermeidung und Entsorgung von Abfällen (Abfallgesetz - AbfG) vom 27. August 1986 (BGBl. I S. 1410, ber. S. 1501), zuletzt geändert durch Gesetz vom 30. September 1994 (BGBl. I S. 2771).

3 Vgl. Gesetz zur Förderung der Kreislaufwirtschaft und Sicherung der umweltverträglichen Beseitigung von Abfällen (Kreislaufwirtschafts- und Abfallgesetz - KrW-/AbfG), Art. 1 des Gesetzes zur Vermeidung, Verwertung und Beseitigung von Abfällen (GVVB-Abf) vom 27. September 1994 (BGBl. I S. 2705). Entsprechend Art. 13 GVVB-Abf wurde das AbfG zum 7. Oktober 1996, also zwei Jahre nach Verkündigung des Rahmengesetzes, durch das KrW-/AbfG abgelöst.

4 Eine Ausnahme stellt bspw. Bayern dar mit dem Gesetz zur Änderung abfallrechtlicher und imissionsschutzrechtlicher Vorschriften (BayÄndG) vom 24. Juli 1996 (GVBl. 290).

Allgemeinheit, insbesondere dem Schutz der Umwelt geboten ist (vgl. § 1 Abs. 1 AbfG). Der Abfallbegriff weist eine subjektive und eine objektive Komponente auf.

Abfälle im subjektiven Sinne sind bewegliche Sachen, deren sich der Besitzer unabhängig davon, ob die Sachen objektiv noch einen Wert haben, entledigen will. "Entledigen" bedeutet, daß der Besitzer den Gewahrsam der Sache aufgibt mit dem Ziel, sich von ihr zu befreien, ohne damit zugleich einen anderen Zweck, beispielsweise eine wirtschaftliche Weiterverwendung der Sache, zu verfolgen. Der Entledigungswille muß vom Besitzer in irgendeiner Form geäußert werden, etwa durch Wegwerfen in dafür vorgesehene Abfallbehälter. Abfälle im objektiven Sinne dagegen sind bewegliche Sachen, die - unabhängig von ihrem Wert oder ihrer Verwertbarkeit - das Wohl der Allgemeinheit und der Umwelt gefährden und deren Gefährdung nur durch eine geordnete Entsorgung nach Maßgabe der Vorschriften des Abfallrechts behoben werden kann. Eine (nicht abschließende) Aufzählung der Schutzgüter findet sich in § 2 Abs. 1 AbfG.[5]

Es sei erwähnt, daß der Abfallbegriff des AbfG nicht den aktuellen EG-rechtlichen Bestimmungen entspricht.[6] Eine Anpassung an das Gemeinschaftsrecht ist jedoch nun im Rahmen der Novellierung des AbfG durch das KrW-/AbfG erfolgt.[7]

3.1.2 Abfallbesitzer

Zum Terminus "Abfallbesitzer" ist anzumerken, daß es sich hierbei um einen kontextspezifischen Begriff öffentlich-rechtlicher Art handelt. Im Unterschied zur Begriffsfassung des Besitzes gemäß BGB setzt der Abfallbesitz keinen Besitzgründungswillen voraus, sondern knüpft an die tatsächliche Sachherrschaft an. So wird beispielsweise bei verbotswidrig auf Grundstücken weggeworfenen Abfällen der Grundstücksbesitzer zum Abfallbesitzer, wenn das Grundstück nach der Verkehrsauffassung einen Herrschaftsbereich vermittelt, der zugleich die tatsächliche Gewalt über dort lagernde Gegenstände begründet.[8] Bei mangelnder Sachherrschaft hingegen handelt es

---

5 Für Einzelheiten vgl. KUNIG, P. / SCHWERMER, G. / VERSTEYL, L.-A. (1992), Rdnr. 11 ff. zu § 1 AbfG. Ergänzend ist anzumerken, daß im AbfG für bestimmte Gegenstände das Vorliegen der Abfalleigenschaft im Sinne des Gesetzes konkretisiert wird - vgl. hierzu die gesetzliche Abfallvermutung in § 5 Abs. AbfG für Kraftfahrzeuge sowie den Ausnahmekatalog in § 1 Abs. 3 AbfG, in dem bestimmte Abfallsorten und andere Stoffe aus dem Anwendungsbereich des AbfG herausgenommen werden.

6 Vgl. hierzu Richtlinie des Rates 91/156/EWG vom 18. März 1991 (ABl. EG Nr. L 78 S. 32) zur Änderung der Richtlinie 75/442/EWG über Abfälle; Richtlinie des Rates 94/31/EG vom 27. Juni 1994 (ABl. EG Nr. L 168 S. 28) zur Änderung der Richtlinie 91/689/EWG über gefährliche Abfälle.

7 Vgl. hierzu die Ausführungen in Kapitel 3.9.1.

8 Vgl. KUNIG, P. / SCHWERMER, G. / VERSTEYL, L.-A. (1992), Rdnr. 9 f. zu § 1 AbfG.

sich um sog. wilde Ablagerungen. Abfallbesitzer ist dann zwangsläufig die öffentliche Hand.

3.1.3 Abfallentsorgung

"Abfallentsorgung" umfaßt gemäß § 1 Abs. 2 AbfG das Gewinnen von Stoffen oder Energie aus Abfällen (sog. Abfallverwertung) und das Ablagern von Abfällen sowie die hierzu erforderlichen Maßnahmen des Einsammelns, Beförderns, Behandelns und Lagerns.

Dabei beinhaltet "Abfallverwertung" die Rückgewinnung von Stoffen durch mechanische, chemische, biologische und thermische Verfahren (sog. stoffliche Verwertung) sowie die Energiegewinnung durch Ent- und Vergasung und durch Verbrennung (sog. energetische Verwertung). "Ablagern von Abfällen" ist die Endablagerung von Stoffen auf Deponien mit dem Ziel, sich ihrer auf Dauer zu entledigen. "Einsammeln" schließt das Abholen der vom Besitzer bereitgestellten Abfälle und das Zusammentragen fortgeworfener oder verbotswidrig abgelagerter Abfälle durch den "Entsorgungspflichtigen"[9] ein. "Befördern" umfaßt den Transport der Abfälle an einen anderen Ort einschließlich des Be- und Entladens der Transportmittel. "Behandeln" schließlich stellt jede qualitative und/oder quantitative Veränderung der Abfälle dar, z.B. durch Aufbereiten, Kompostieren oder thermische Behandlung.[10]

Anzumerken ist, daß im AbfG hinsichtlich der Abfallverwertung und der Abfallbeseitigung per Behandlung und Ablagerung sowie der in § 1a Abs. 1 AbfG normierten präventiven "Abfallvermeidung" keine zwingende Prioritätenfolge herrscht. Eine Pflicht zur Vermeidung von Abfällen ergibt sich für die Abfallbesitzer nur im Rahmen von Rechtsverordnungen (vgl. § 1a Abs. 1 AbfG). Eine Verwertungspflicht orientiert sich ebenfalls an entsprechenden Rechtsverordnungen, im übrigen aber an der technischen Möglichkeit und wirtschaftlichen Zumutbarkeit (vgl. § 1a Abs. 2 AbfG, § 3 Abs. 2 S. 3 AbfG).[11]

---

9 Vgl. zum Begriff die Ausführungen in Kapitel 3.2.3.

10 Vgl. zu allem KUNIG, P. / SCHWERMER, G. / VERSTEYL, L.-A. (1992), Rdnr. 36 ff. zu § 1 AbfG.

11 In den Landesabfallgesetzen von Bayern, Berlin, Hamburg, Niedersachsen, Nordrhein-Westfalen, Rheinland-Pfalz, Schleswig-Holstein, Brandenburg, Mecklenburg-Vorpommern, Sachsen, Sachsen-Anhalt und Thüringen hingegen wird eine Rangfolge "stoffliche Verwertung vor energetischer Verwertung vor Ablagerung" spezifiziert. Im Bundesland Sachsen wird außerdem der Abfallvermeidung erste Priorität eingeräumt. Zu beachten ist allerdings, daß die Bundesländer auf dem Gebiet der Abfallentsorgung nur insoweit Gesetzgebungskompetenz besitzen, als daß der Bund davon im AbfG keinen Gebrauch gemacht hat und insofern auslegungsbedürftige bundesgesetzliche Regelungslücken bestehen. HÖSEL, G. / LERSNER, H. Freiherr v. (1996), Rdnr. 3 zu § 1a AbfG merken daher an, daß die bundesrechtliche Vermeidungs- und Verwer-

3.2 Staatliche Entsorgungspflicht

Der Tatbestand des Abfallbesitzes begründet keine unmittelbare Pflicht zur Eigenentsorgung. Nicht zuletzt aufgrund der historischen Entwicklung[12] liegt die Zuständigkeit für die Abfallentsorgung bei Rechtslage des AbfG grundsätzlich beim Staat.

3.2.1 Historie

Nachdem in der Antike bereits gut organisierte Systeme zur Abwasser- und Abfallentsorgung verfügbar waren, wurde mit Beginn der Völkerwanderung im 4. Jahrhundert n. Chr. und dem Zusammenbruch des Römischen Reichs der hochentwickelte Entsorgungsstandard unterbrochen. Dies führte zu katastrophalen hygienischen Verhältnissen in den Städten und Dörfern. Verheerende Epidemien und hohe Bevölkerungsverluste waren die Folge. Diesen Mißständen wurde zwar seit dem 14. Jahrhundert mit fallweisen und gebietsbezogenen Vorschriften zur Städtereinigung zu begegnen versucht. So wurden etwa Sammeldienste eingerichtet, die Nutzung von Sammelbehältern vorgeschrieben, Abfuhrzeiten festgelegt, Ablagerungsplätze angewiesen und Vorgaben hinsichtlich des Schutzes von Gewässern erlassen. Die behördlichen Bemühungen scheiterten jedoch oftmals am passiven Widerstand der Bevölkerung. Es fehlte eine Exekutive, welche die Überwachung und den Vollzug auf allen Gebieten garantieren konnte. Eine Verschärfung und Erweiterung der Probleme brachte die Industrialisierung mit sich. Einerseits wuchsen mit den steigenden Einwohnerzahlen in den industriellen Ballungsgebieten die Abfallmengen rapide an, andererseits brachte die aufkommende Industrie große Mengen an konzentriert anfallenden und auch neuartigen Produktionsabfällen mit sich. Um zu verhindern, daß diese Abfallquantitäten und -qualitäten durch jedermann unkoordiniert, unkontrolliert und umweltgefährdend entsorgt werden, wurde im Laufe dieser Entwicklung die Entsorgung sukzessive der staatlichen "Daseinsvorsorge" überantwortet.

3.2.2 Daseinsvorsorge

Der Begriff der "Daseinsvorsorge" geht auf FORSTHOFF zurück und kennzeichnet eine Ausdehnung des staatlichen Aufgabenbereichs über die reine Gefahrenabwehr hinaus, insbesondere auf die Versorgung der in "massentümlichen Verhältnissen" le-

---

tungsregelung abschließende Wirkung habe und darüber hinausgehende allgemeine landesrechtliche Gebote daher unzulässig und nichtig seien.

12 Vgl. im folgenden zur Historie der Abfallentsorgung HÖSEL, G. (1987); HECHT, D. (1991), S. 102 ff.; KUNIG, P. / SCHWERMER, G. / VERSTEYL, L.-A. (1992), Einl. Rdnr. 1 ff.; HÖSEL, G. / LERSNER, H. Freiherr v. (1996), Kz. 1020, S. 1 ff..

benden Staatsbürger mit lebensnotwendigen Leistungen.[13] Diese vage Formel hat sich, obwohl im Schrifttum eingehend kritisiert,[14] als allgemein gebräuchlicher Rechtsbegriff etabliert, dem zwar kein unmittelbarer normativer Charakter, aber immerhin entscheidungserhebliche Bedeutung zukommt.[15] In Anbetracht der geschilderten Abfallproblematik wird die öffentliche Abfallentsorgung als typische Aufgabe der Daseinvorsorge gesehen: "Der Abfallbesitzer ist in der verstädterten Gesellschaft meist gar nicht in der Lage, seine Abfälle selbst zu beseitigen, und wenn er es tut, geschieht dies meist nicht umweltgerecht. Deshalb muß hier der Staat im Rahmen seiner Pflicht zur Daseinsvorsorge eintreten".[16] Der staatlichen Daseinsvorsorge werden in der Literatur folgende Funktionen zugesprochen:[17]

(1) Gewährleistung qualitativer Entsorgungssicherheit:
- unmittelbare Gefahrenabwehr (z.B. Abwehr von Seuchengefahr)
- mittelbare Gefahrenabwehr (z.B. umweltgerechte Abfallablagerung)

(2) Gewährleistung quantitativer Entsorgungssicherheit:
- ausreichende, auch Spitzenlasten bewältigende Entsorgungskapazitäten
- flächendendeckende Entsorgungsinfrastruktur
- Sicherung der Entsorgungsbedingungen in der Fläche und in Randgebieten durch Tarifgestaltung nach Durchschnittswerten (sog. Tarifeinheit im Raum)

(3) Gewährleistung von Entsorgungssicherheit in zeitlicher Dimension (sog. Entsorgungsgarantie)

Neben der rechtswissenschaftlichen Fundierung des staatlichen Entsorgungsmonopols über das Konstrukt der Daseinsvorsorge lassen sich aber auch Regulierungsbegrün-

---

13 Vgl. FORSTHOFF, E. (1938), S. 6 ff.. Später erweiterte FORSTHOFF die Begrifflichkeit, indem er "Daseinsvorsorge" als Oberbegriff für sämtliche Leistungen der Verwaltung, ob für die Staatsbürger lebensnotwendig oder nicht, vorschlug; vgl. FORSTHOFF, E. (1973), Vorbem. vor § 20.

14 Vgl. z.B. MAUNZ, T. (1959), S. 319 und FISCHERHOF, H. (1960), S. 41 ff., welche die "Daseinsvorsorge" lediglich als soziologischen Begriff bzw. als politisches Leitbild verstehen, woraus kein Rechtsbegriff abgeleitet werden kann. Einen Überblick hinsichtlich Kritik und Antikritik bietet BADURA, P. (1966), S. 627 f..

15 Vgl. KRIEGER, H.-J. (1981), S. 8 mit Verweisen auf entsprechende Urteile des BGH und anderer Gerichte.

16 HÖSEL, G. / LERSNER, H. Freiherr v. (1996), Rdnr. 2 zu § 3 AbfG. In diesem Sinne auch KLOEPFER, M. (1989), Rdnr. 77 zu § 12; BENDER, B. / SPARWASSER, R. (1990), Rdnr. 931; KUNIG, P. / SCHWERMER, G. / VERSTEYL, L.-A. (1992), Rdnr. 1 zu § 3 AbfG.

17 Vgl. BENDER, B. / SPARWASSER, R. (1990), Rdnr. 931; KUNIG, P. /SCHWERMER, G. / VERSTEYL, L.-A. (1992), Rdnr. 1 zu § 3 AbfG; BMU (1993 b), S. 3. Vgl. analog DEREGULIERUNGSKOMMISSION (1991), S. 42 und 71 im Kontext der Eisenbahn und der Stromversorgung. Vgl. speziell zur "Tarifierung im Raum" STEENBOCK, R. (1986), S. 85 ff.; KIRCHHOF, F. (1992), S. 512 f.; WELFENS, P. / GRAACK, C. (1996), S. 769.

dungen im Rahmen der ökonomischen Theorie anführen.[18] So rechtfertigt die traditionelle normative Wirtschaftstheorie Regulierungsmaßnahmen mit dem Vorliegen von Marktversagen bzw. Marktunvollkommenheiten, gegeben vor allem bei natürlichen Monopolen, ruinöser Konkurrenz, öffentlichen Gütern oder externen Effekten. Auf diesen Aspekt wird sowohl grundsätzlich als auch speziell im Kontext der öffentlichen Abfallentsorgung noch umfassend in Kapitel 6 eingegangen. Demgegenüber werden im Rahmen der positiven ökonomischen Theorie Staatseingriffe als politischer Prozeß aufgefaßt. Regulierung erfolgt danach nicht im öffentlichen Interesse, sondern im Eigeninteresse der regulierenden Behörde (sog. Bürokratie-Theorie[19]) bzw. involvierter Interessengruppen, beispielsweise der regulierten Unternehmen (sog. Theorie der Interessengruppen[20] oder auch capture-theory[21]). Diese Ansätze werden jedoch im Rahmen der vorliegenden Untersuchung nicht bzw. lediglich partiell thematisiert.[22]

3.2.3 Entsorgungspflichtige Körperschaften

Nachdem die Abfallentsorgung lange Zeit als "Müllabfuhr" Gegenstand der freiwilligen Selbstverwaltungsaufgaben der Städte und Gemeinden war,[23] wurde im Jahr 1972 die Abfallbeseitigung durch Verfassungsänderung zur Materie der konkurrierenden Gesetzgebung erklärt (vgl. Art. 74 Nr. 24 GG).[24] Mit dem Abfallbeseitigungsgesetz[25] erfolgte im Jahr 1972 erstmals eine bundeseinheitliche und umfassende Kodifizierung der Abfallbeseitigung, wobei auch die Entsorgungszuständigkeit von der kommunalen auf die Landesebene verlagert wurde (sog. Hochzonung[26]). Diese Zuständigkeitsregelung blieb im Rahmen der Weiterentwicklung des Abfallrechts bis zum Ende des AbfG erhalten.[27] Erst das neue KrW-/AbfG erbrachte grundlegende Änderungen.[28]

---

18 Vgl. SCHMIDT, I. / KIRSCHNER, U. (1987), S. 293 ff.; MÖSCHEL, W. (1988), S. 890 ff..

19 Vgl. grundlegend NISKANEN, W.A. (1971).

20 Vgl. grundlegend OLSON, M. (1968).

21 Vgl. grundlegend STIGLER, G.J. (1971).

22 So werden etwa bestimmte Aspekte der Bürokratie-Theorie (nämlich die sog. X-Ineffizienz) in Kapitel 6.1.2.3 dargestellt.

23 Vgl. hierzu Art. 28 Abs. 2 GG und die Kommentierung von SEIFERT, K.-H. / HÖMIG, D. (1994), Rdnr. 4 zu Art. 28 GG.

24 Vgl. HÖSEL, G. / LERSNER, H. Freiherr v. (1996), Kz. 1020, S. 4 ff..

25 Vgl. Gesetz über die Beseitigung von Abfall (Abfallbeseitigungsgesetz - AbfG) vom 7. Juni 1972 (BGBl. I S. 873), im weiteren als "AbfG a.F." bezeichnet.

26 Vgl. KÖLLER, H. v. (1995), S. 361 f. mit weiteren Verweisen, insbesondere zur verfassungsrechtlichen Zulässigkeit der mit der Hochzonung verbundenen Einschränkung der kommmunalen Selbstverwaltungsgarantie aus Gründen des Umweltschutzes.

27 Vgl. KLOEPFER, M. (1989), Rdnr. 9 ff. zu § 12; KUNIG, P. /SCHWERMER, G. / VERSTEYL, L.-A. (1992), Rdnr. 9 zu § 3 AbfG; HÖSEL, G. / LERSNER, H. Freiherr v. (1996), Rdnr. 1 zu § 3 AbfG.

28 Vgl. hierzu die Ausführungen in Kapitel 3.9.2.

Nach § 3 Abs. 2 S. 1 AbfG obliegt die originäre Entsorgungspflicht den nach Landesrecht zuständigen Körperschaften des öffentlichen Rechts. Konkrete Bestimmungen legen die Bundesländer in den jeweiligen Landesabfallgesetzen fest. Hierbei werden regelmäßig den Landkreisen und kreisfreien Städten die Entsorgungspflichten für ihre jeweiligen Gebiete zugewiesen. In den meisten Bundesländern besteht auch die Möglichkeit einer teilweisen oder vollständigen Pflichtenübertragung für einzelne Aufgabenbereiche insbesondere auf kreisangehörige Gemeinden (vgl. *Tab. 3.1*).[29]

Bundesland	**Landesgesetz*)**	**Entsorgungspflichtige Gebietskörperschaften i.S.d. § 3 Abs. 1 S. 1 AbfG**	**Pflichtenübertragung auf andere öffentlich-rechtliche Körperschaften**
Baden-Württemberg	LAbfG BW	Stadt- u. Landkreise, Verband Region Stuttgart (§ 6 Abs. 1, § 6a Abs. 1)	Gemeinden (§ 6 Abs. 2)
Bayern	BayAbfAlG	Landkreise u. kreisfreie Gemeinden (Art. 3 Abs. 1)	kreisangehörige Gemeinden oder deren Zusammenschlüsse (Art. 5 Abs. 1)
Berlin	LAbfG Berlin	Land Berlin (§ 6 Abs. 1)	-
Bremen	BremAGAbfG	Stadtgemeinden Bremen u. Bremerhaven (§ 1 Abs. 1)	Land Bremen (§ 1 Abs. 3)
Hamburg	HmbAbfG	Freie u. Hansestadt Hamburg (§ 7 Abs. 1)	-
Hessen	HAbfG	Landkreise u. kreisfreie Städte, Umlandverband Frankfurt (§ 1 Abs. 2)	kreisangehörige Gemeinden oder Verbandsmitglieder (§ 1 Abs. 5)
Niedersachsen	NAbfG	Landkreise u. kreisfreie Städte sowie die Städte Celle, Cuxhaven, Göttingen, Hildesheim u. Lüneburg (§ 6 Abs. 1)	-
Nordrhein-Westfalen	LAbfG NW	Kreise u. kreisfreie Städte (§ 5 Abs. 1)	kreisangehörige Gemeinden (§ 5 Abs. 6), spez. nach Verordnung (§ 7)
Rheinland-Pfalz	LAbfWAG RP	Landkreise u. kreisfreie Städte (§ 3 Abs. 1)	-
Saarland	SAbfG	Kommunaler Abfallversorgungsverband Saar (KABV) (§2 Abs. 1 u. 2)	Gemeinden (§2 Abs. 4)
Schleswig-Holstein	LAbfG SH	Kreise u. kreisfreie Städte (§ 3 Abs. 1)	Gemeinden und Ämter (§ 3 Abs. 4)
Brandenburg	BraLAbfVG	Landkreise u. kreisfreie Städte (§3 Abs. 1)	Gemeinden (§ 3 Abs. 2), spez. nach Verordnung (§ 6)
Mecklenburg-Vorpommern	AbfAlG M-V	Landkreise u. kreisfreie Städte (§ 3 Abs. 1)	Ämter und amtsfreie Gemeinden (§ 5 Abs. 1)
Sachsen	SächsEGAB	Landkreise u. kreisfreie Städte (§ 3 Abs. 1)	Gemeinden (§ 3 Abs. 3)
Sachsen-Anhalt	AbfG LSA	Landkreise u. kreisfreie Städte (§ 3 Abs. 1)	kreisangehörige Gemeinden (§ 3 Abs. 4)
Thüringen	ThAbfAG	Landkreise u. kreisfreie Städte (§ 2 Abs. 1)	kreisangehörige Gemeinden (§ 2 Abs. 3)

*) Vgl. Verzeichnis der verwendeten Gesetze, Rechtsverordnungen und Verwaltungsvorschriften.

Tab. 3.1: Entsorgungspflichtige Körperschaften des öffentlichen Rechts

29 Weitere Möglichkeiten der Pflichtenübertragung im Rahmen interkommunaler Kooperationen werden in Kapitel 3.5 dargestellt.

Korrespondierend zur staatlichen Entsorgungspflicht haben gemäß § 3 Abs. 1 die Abfallbesitzer ihre Abfälle dem jeweiligen Entsorgungspflichtigen zu überlassen (sog. Anschluß- und Benutzungspflicht[30]).[31] Das Anschluß- und Benutzungsverhältnis wird in kommunalen Abfallentsorgungssatzungen (oder auch Ortsgesetzen bzw. Rechtsverordnungen) rechtsverbindlich geregelt.[32] Diese Satzungen enthalten vor allem Vorschriften, in welcher Weise, an welchem Ort und zu welcher Zeit Abfälle von den Benutzern der öffentlichen Abfallentsorgung bereitgestellt werden müssen.[33] Nur für den Fall, daß der Entsorgungspflichtige mit Zustimmung der zuständigen Behörde[34] solche Abfälle, die nach Art oder Menge nicht mit den in privaten Haushalten anfallenden Abfällen entsorgt werden können, von der Entsorgung ausschließt (sog. Sonderabfälle im weiteren Sinne[35]), wird eine Eigenentsorgungspflicht der Abfallbesitzer begründet (vgl. § 3 Abs. 3 u. 4 AbfG).[36] Dieser Ausschluß bezieht sich in der Regel auf produktionsspezifische Abfälle und auf besonders überwachungsbedürftige Abfälle (sog. Sonderabfälle im engeren Sinne[37]) und wird von den entsorgungspflichtigen Körperschaften individuell in der Abfallentsorgungssatzung oder per Verwaltungsakt festgelegt.[38] Anzumerken ist, daß in vielen Bundesländern die Entsorgung

---

30 Vgl. HÖSEL, G. / LERSNER, H. Freiherr v. (1996), Kz. 1130, Rdnr. 4 zu § 3 AbfG. Aufgrund dieser bundesgesetzlichen Regelung kann sich ein zusätzlich kommunalrechtlich ausgesprochener Anschluß- und Benutzungszwang lediglich auf Grundstückseigentümer beziehen, soweit diese nicht selbst Besitzer von Abfällen sind. Die Art der Überlassung hingegen unterliegt ausschließlich landesrechtlichen Vorgaben und wird kommunalrechtlich konkretisiert.

31 Für die Abfallbesitzer bedeutet die Überlassungspflicht mithin ein Selbstentsorgungsverbot; vgl. WEIDEMANN, C. (1992), S. XIV.

32 Vgl. hierzu die Ermächtigungen in den (meisten) Landesabfallgesetzen - z.B. Art. 7 Abs. 1 BayAbfAlG (Ermächtigung zum Satzungserlaß), § 2 BremAGAbfG (Ermächtigung zum Ortsgesetzerlaß) oder § 21 HmAbfG (Ermächtigung zum Verordnungserlaß).

33 Generell lassen sich zwei Überlassungsarten unterscheiden. Einerseits kann geregelt sein, daß der Abfall von den Abfallbesitzern in entsprechenden Abfallgefäßen oder an Sammelstellen bereitzustellen ist, der anschließend von der öffentlichen Müllabfuhr abgeholt wird. Andererseits besteht die Möglichkeit der Selbstanlieferungspflicht, bei der die Abfallbesitzer ihre Abfälle direkt an den Entsorgungsanlagen anzuliefern haben. Vgl. detailliert KUNIG, P. /SCHWERMER, G. / VERSTEYL, L.-A. (1992), Rdnr. 17 zu § 3 AbfG.

34 Die zuständigen Behörden sind in den jeweiligen Landesabfallgesetzen benannt.

35 Vgl. THOMÉ-KOZMIENSKY, K.J. (1994 b), S. I/106.

36 Intention dieser Ausschlußmöglichkeit ist der Versuch einer Abgrenzung zwischen Daseinsvorsorge und materiellem Verursacherprinzip (zu letzterem vgl. die Ausführungen in Kapitel 5.2.1.2.3). Besitzern von Abfällen, deren Anfall durch Umstellung von Produktion oder Produkt vermeidbar ist, droht die Pflicht zur Selbstentsorgung. Vgl. HÖSEL, G. / LERSNER, H. Freiherr v. (1996), Kz. 1130, Rdnr. 29 zu § 3 AbfG.

37 Vgl. THOMÉ-KOZMIENSKY, K.J. (1994 b), S. I/106.

38 Vgl. KUNIG, P. / SCHWERMER, G. / VERSTEYL, L.-A. (1992), Rdnr. 41 ff. zu § 3 AbfG und Rdnr. 44 zu § 2 AbfG. Besonders überwachungsbedürftige Abfälle - vgl. § 2 Abs. 2 AbfG - stellen wegen ihrer Art, Beschaffenheit oder Menge eine besondere Gefährdung für die in § 2 Abs. 1 AbfG geschützten Rechtsgüter dar. Eine Aufzählung der konkreten Abfallarten bietet die AbfBestV; vgl. Verordnung zur Bestimmung von Abfällen nach § 2 Abs. 2 des Abfallgesetzes (Abfallbestimmungs-Verordnung - AbfBestV) vom 3. April 1990 (BGBl. I S. 614). Produktionsspezifische Abfälle sind in Industrie, Gewerbe oder sonstigen Einrichtungen anfallende Abfälle, die keine "Siedlungsabfälle" (vgl. zum Begriff Kapitel 3.3) sind, jedoch nach Art,

der ausgeschlossenen Sonderabfälle wiederum zu einer "quasi-öffentlichen" Aufgabe wird, indem den Sonderabfallbesitzern landesgesetzlich ein Anschluß- und Benutzungszwang von staatlichen oder halbstaatlichen Entsorgungsunternehmen vorgeschrieben wird.[39] Somit könnte man die Entsorgung von Sonderabfällen, sofern staatlich durchgeführt, als Spezialbereich einer "öffentlichen Abfallentsorgung im weiteren Sinne" subsumieren. Eine weitere Verbindung zwischen der öffentlichen Abfallentsorgung und der Sonderabfallwirtschaft besteht insofern, als daß bei erstgenannter im Rahmen der Abfallsammlung, -trennung und -behandlung ebenfalls Sonderabfälle, jedoch in geringen Mengen, erfaßt bzw. generiert und für die abschließende Entsorgung dem Regime der Sonderabfallwirtschaft überantwortet werden.[40] Die vorliegende Untersuchung beschränkt sich jedoch ausschließlich auf den originären Bereich der öffentlichen Abfallentsorgung.[41]

Ebenfalls von der öffentlichen Abfallentsorgung ausgeschlossen sind Abfälle, deren Rücknahme- und Entsorgungspflicht in einer nach § 14 AbfG erlassenen Rechtsverordnung für Hersteller, Vertreiber oder bestimmte Dritte vorgesehen ist - so speziell Verpackungsabfälle im Sinne des § 3 VerpackV[42]. Nach Maßgabe der VerpackV sind Hersteller und Vertreiber verpflichtet, gebrauchte Transport-, Um- und Verkaufsverpackungen von den Kunden zurückzunehmen und einer erneuten Verwendung oder stofflichen Verwertung außerhalb der öffentlichen Abfallentsorgung zuzuführen. Im speziellen Fall der Verkaufsverpackungen wurden die Hersteller und Vertreiber - entsprechend der Option in § 6 Abs. 3 VerpackV - von der direkten Rücknahmepflicht freigestellt, da im jeweiligen Bundesland ein flächendeckendes, endverbrauchernahes Rücknahmesystem installiert werden konnte (sog. Duales System). Hierzu bedient man sich im Rahmen der Dachgesellschaft Duales System Deutschland (DSD) GmbH großteils der bestehenden Logistikkonzepte der öffentlichen Entsorger.[43]. Andere Rücknahmeverordnungen sind u.a. die AltölV[44] und die HKWAbfV[45]. Darüber hinaus befinden sich seit Jahren im Entwurfsstadium Verordnungen für die Entsorgung von Bauabfällen, Elektronikschrott, Altpapier, Altautos, Altbatterien und schadstoff-

---

Schadstoffgehalt und Reaktionsverhalten wie Siedlungsabfälle entsorgt werden können.

39 Vgl. die Bestimmungen in § 9 LAbfG BW, Art. 10 BayAbfAlG, § 13 LAbfG Berlin, § 3 BremAGABfG, § 4 HAbfG, § 15 f. NAbfG, § 8a f. LAbfWAG RPf, § 11 SAbfG, § 11 LAbfWG SH, § 9 LAbfVG BB, § 8 AbfAlG M-V, § 14 f. AbfG LSA (noch nicht durch VO spez.) sowie § 5 ThAbfAG. Vgl. hierzu kritisch HÖLSCHER, F. (1995), S. 177; PEINE, F.-J. (1996).

40 Vgl. hierzu die Ausführungen in Kapitel 3.4.

41 Für eine Erörterung der Sonderabfallwirtschaft hingegen vgl. etwa FICHTNER, S. (1992).

42 Vgl. Verordnung über die Vermeidung von Verpackungsabfällen (Verpackungsverordnung - VerpackV) vom 12. Juni 1991 (BGBl. I S. 1234).

43 Vgl. VERSTEYL, L.-A. (1992), S. 104 ff.; GELDERN, W. v. (1993), S. 17 ff..

44 Vgl. Altölverordnung (AltölV) vom 27. Oktober 1987 (BGBl. I S. 2335).

45 Vgl. Verordnung über die Entsorgung gebrauchter halogenierter Lösemittel (HKWAbfV) vom 23. Oktober 1989 (BGBl. I S. 1918).

haltigen Füllgütern.[46] Teilweise werden deren Auflagen bereits durch entsprechende Selbstverpflichtungen der Wirtschaft antizipiert, so z.B. bei Altbatterien oder neuerdings bei Altautos.

3.3 Siedlungsabfälle

Gemäß der bisherigen Ausführungen umfaßt die öffentliche Abfallentsorgung ausschließlich die Entsorgung von Abfällen aus privaten Haushalten und (nicht-ausgeschlossenen) hausmüllähnlichen Abfällen bzw. - nach der Diktion der seit 1.6.1993 in Kraft befindlichen TA Siedlungsabfall (TASi)[47] - die Entsorgung von "Siedlungsabfällen". Entsprechend wird die Begrifflichkeit der "öffentlichen Abfallentsorgung" bzw. "öffentlichen Abfallwirtschaft" um den Terminus "Siedlungsabfallwirtschaft" erweitert.[48]

3.3.1 Siedlungsabfallfraktionen

Nach TASi Nr. 2.2.1 werden unter Siedlungsabfällen "Abfälle wie Hausmüll, Sperrmüll, hausmüllähnliche Gewerbeabfälle, Garten- und Parkabfälle, Marktabfälle, Straßenkehricht, Bauabfälle, Klärschlamm, Fäkalien, Fäkalschlamm, Rückstände aus Abwasseranlagen und Wasserreinigungsschlämme" verstanden.[49] Zu beachten ist, daß diese Definition von der seither gebräuchlichen und derzeit in den amtlichen Statistiken noch verwendeten Begriffsfassung[50], die auf die "festen Siedlungsabfälle" gemäß LAGA-Abfallartenkatalog[51] rekurriert, abweicht. Dort werden unter Siedlungsabfällen nur die Abfallfraktionen Hausmüll, Sperrmüll, hausmüllähnliche Gewerbeabfälle, Garten- und Parkabfälle, Marktabfälle und Straßenkehricht verstanden. Aufgrund der im Vergleich zur TASi engeren Begriffsfassung und zur sprachlichen Unterscheidung wird für die konventionelle Definition in der vorliegenden Untersuchung im weiteren die Bezeichnung "Siedlungsabfälle im engeren Sinne" verwendet. Hierdurch soll auch verdeutlicht werden, daß die konventionelle Definition nicht alle der im Rahmen der

---

46 Vgl. KÖLLER, H. v. (1995), S. 125 f..

47 Vgl. Dritte Allgemeine Verwaltungsvorschrift zum Abfallgesetz (TASi) - Technische Anleitung zur Verwertung, Behandlung und sonstigen Entsorgung von Siedlungsabfällen - vom 14. Mai 1993 (Beil. BAnz. Nr. 99). Die Ermächtigungsgrundlage dieser Verwaltungsvorschrift ist § 4 Abs. 5 AbfG.

48 Vgl. THOMÉ-KOZMIENSKY, K.J. (1994 a), S. I/45.

49 BERGS, C.-G. et al. (1993), S. 107 merken an, daß wegen der Vielzahl der möglichen Abfallstoffe, vor allem im Hausmüll, lediglich eine beschreibende Begriffsbestimmung der Siedlungsabfälle gegeben werden kann, indem die wesentlichen Abfallarten, die typischerweise und erfahrungsgemäß den Siedlungsabfällen zuzurechnen sind, beispielhaft aufgezählt werden.

50 Vgl. SRU (1991), Tz. 550; STATISTISCHES BUNDESAMT (1994 a), S. 15.

51 Vgl. LAGA (1991), Abfallschlüssel 9.1.

öffentlichen Abfallentsorgung entsorgten Abfallarten abdeckt, speziell die anteilsmäßig herausragende Fraktion "Bauabfälle".

Im einzelnen wird unter den Fraktionen der Siedlungsabfälle verstanden (vgl. TASi Nr. 2.2.1):

- Hausmüll: Abfälle hauptsächlich aus privaten Haushalten, die von den Entsorgungspflichtigen selbst oder von beauftragten Dritten in genormten, im Entsorgungsgebiet vorgeschriebenen Behälten regelmäßig gesammelt, transportiert und der weiteren Entsorgung zugeführt werden.

- Sperrmüll: feste Abfälle, die wegen ihrer Sperrigkeit nicht in die im Entsorgungsgebiet vorgeschriebenen Behälter passen und getrennt vom Hausmüll gesammelt und transportiert werden.

- Hausmüllähnliche Gewerbeabfälle: in Gewerbebetrieben, auch in Geschäften, Dienstleistungsbetrieben, öffentlichen Einrichtungen und Industrie anfallende Abfälle, soweit sie nach Art und Menge gemeinsam mit oder wie Hausmüll entsorgt werden können. - In der Fachliteratur wird oftmals eine Differenzierung in die Unterfraktion "Geschäftsmüll" vorgenommen. Hierbei handelt es sich um in Geschäften anfallenden Gewerbeabfall, der nicht nur gemeinsam mit Hausmüll entsorgt werden kann, sondern darüber hinaus auch gemeinsam mit Hausmüll über die öffentliche Müllabfuhr eingesammelt wird.[52]

- Bioabfall: im Siedlungsabfall enthaltene biologisch abbaubare nativ- und derivativ-organische Abfallanteile (z.B. organische Küchenabfälle, Gartenabfälle).

- Garten- und Parkabfälle: überwiegend pflanzliche Abfälle, die auf gärtnerisch genutzten Grundstücken, in öffentlichen Parkanlagen und auf Friedhöfen sowie als Straßenbegleitgrün anfallen. - Diese Abfallfraktion wird auch als "Grüngut" bezeichnet.[53]

- Marktabfälle: auf Märkten anfallende Abfälle, wie z.B. Obst- und Gemüseabfälle und nicht verwertbare Verpackungsmaterialien.

- Straßenkehricht: Abfälle aus der Straßenreinigung, wie z.B. Straßen- und Reifenabrieb, Laub sowie Streumittel des Winterbetriebs.

---

52 Vgl. BStMLU (1993), S. 5; LEMSER, B. / MATSCHKE, M.J. (1993), S. 664.

53 Vgl. BStMLU (1993), S. 7.

- Bauabfälle: Bauschutt, Baustellenabfälle, Bodenaushub und Straßenaufbruch;[54] dabei:
  - Bauschutt: mineralische Stoffe aus Bautätigkeiten, auch mit geringfügigen Fremdanteilen;
  - Baustellenabfälle: nichtmineralische Stoffe aus Bautätigkeiten, auch mit geringfügigen Fremdanteilen;
  - Bodenaushub: nichtkontaminiertes, natürlich gewachsenes oder bereits verwendetes Erd- oder Felsmaterial;
  - Straßenaufbruch: mineralische Stoffe, die hydraulisch, mit Bitumen oder Teer gebunden oder ungebunden im Straßenbau verwendet werden.

- Klärschlamm: bei der Behandlung von Abwasser in kommunalen und entsprechenden industriellen Abwasserbehandlungsanlagen anfallender Schlamm, auch soweit er entwässert oder getrocknet oder in sonstiger Form behandelt wurde.[55]

- Fäkalien: in abflußlosen Sammelgruben und Behältern anfallende Exkremente menschlichen Ursprungs, soweit sie nicht in Abwasseranlagen eingebracht werden.

- Fäkalschlamm: bei der Behandlung von Abwasser in Kleinkläranlagen (Hauskläranlagen) anfallender Schlamm.

- Rückstände aus Abwasseranlagen: Rechengut, Sandfang- und Fettfangrückstände aus Kläranlagen sowie Rückstände aus Siel-, Kanalisations- und Gullyreinigung.

- Wasserreinigungsschlämme: bei der Behandlung von Wasser in Wasseraufbereitungsanlagen anfallende Schlämme, auch soweit diese entwässert oder in sonstiger Form behandelt wurden.

- Altmedikamente: nicht verbrauchte Medikamente, die in haushaltsüblichen Mengen anfallen.

- Schadstoffbelastete Produkte: mit Schadstoffen belastete Produkte im Abfall, die

---

54 Nach BERGS, C.-G. et al. (1993), S. 105 unterliegen "Bauabfälle" nicht generell der TASi. Maßgeblich ist, daß sie als Abfälle unter das Regime des AbfG fallen. Vielfach werden "Bauabfälle" von der Bauwirtschaft als Wirtschaftsgut bereits im Stoffkreislauf geführt und tauchen somit im Bereich der Abfallwirtschaft gar nicht auf (z.B. unbelasteter Bodenaushub); vgl. BStMLU (1994 e), S. 12.

55 Diese Begriffsbestimmung umfaßt auch Klärschlämme, die dem Bereich der Sonderabfälle zuzurechnen sind. Eine Entsorgung dieser Fraktionen fällt primär in den Zuständigkeitsbereich der Sonderabfallwirtschaft; vgl. BERGS, C.-G. et al. (1993), S. 107.

bei der Entsorgung zu Problemen führen können. - Unter Schadstoffen werden organische und anorganische Stoffe in gesundheits- oder umweltgefährdender Konzentration verstanden. Vor Inkrafttreten der TASi waren für diese Fraktion die Bezeichnungen "Problemmüll", "Problemabfall", "Giftmüll" oder - sofern die Abfälle in geringen Mengen (weniger als 500 kg/a je Erzeuger) aus Handel, Handwerk und Gewerbe stammen - "Sondermüll" gebräuchlich.[56]

- Wertstoffe: Abfallbestandteile oder Abfallfraktionen, die zur Wiederverwendung oder für die Herstellung "verwertbarer"[57] Zwischen- oder Endprodukte geeignet sind (z.B. Glas, Papier und Pappe, Metalle, Kunststoffe, Holz, Bauschutt, Bodenaushub oder Bioabfälle). - Das Komplement zu den Wertstoffen, d.h. die Abfälle, die nicht verwertet werden, wird im Sprachgebrauch der Fachliteratur[58] als "Restmüll", als "Restabfälle" oder auch in Anlehnung an die Diktion des § 5 Abs. 1 Nr. 3 BImSchG[59] als (nichtverwertbare) "Reststoffe" bezeichnet.

3.3.2 Mengenentwicklung der Siedlungsabfälle

Für einen Überblick des Mengenanfalls der Siedlungsabfälle in der Bundesrepublik Deutschland und dessen Entwicklung im Zeitablauf ist auf das Datenmaterial der öffentlichen Statistiken[60] zurückzugreifen. *Abbildung 3.1* zeigt die an den öffentlichen Entsorgungsanlagen angelieferten Abfallmengen, differenziert nach diversen Abfallgruppen, im Zeitraum 1977 bis 1990 auf. Der Abfallgruppe "Siedlungsabfälle" liegt dabei die enge konventionelle Begriffsfassung zugrunde.

---

56 Vgl. BStMLU (1993), S. 7; BStMLU (1994 b), S. 176. Aufgrund des mengenmäßig geringen Aufkommens werden diese Abfälle nicht als Sonderabfälle deklariert, sondern als Siedlungsabfälle von den öffentlich-rechtlichen Entsorgern logistisch mitentsorgt. Vgl. hierzu auch § 1 Abs. 2 AbfBestV. Eine beispielhafte Liste von Schadstoffen sowie schadstoffbelasteten Abfällen und Produkten findet sich in BMU (1993 a), Anhang 2.

57 Gemeint ist hier sicherlich "nutzbar".

58 Vgl. z.B. BERGS, C.-G. et al. (1993), S. 20; BStMLU (1994 b), S. 174.

59 Vgl. Gesetz zum Schutz vor schädlichen Umwelteinwirkungen durch Luftverunreinigungen, Geräusche, Erschütterungen und ähnliche Vorgänge (Bundes-Immissionsschutzgesetz - BImSchG) in der Fassung der Bekanntmachung vom 14. Mai 1990 (BGBl. I S. 880), zuletzt geändert durch Gesetz vom 27. September 1994 (BGBl. I S. 2705).

60 Vgl. STATISTISCHES BUNDESAMT (1994 a). Nach § 3 UStatG - Gesetz über Umweltstatistiken in der Fassung der Bekanntmachung vom 14. März 1980 (BGBl. I S. 311), zuletzt geändert durch Verordnung vom 26. März 1991 (BGBl. I S. 846) - sind vom Statistischen Bundesamt im Turnus von zwei bzw. seit 1986 von drei Jahren die relevanten Daten der öffentlichen Abfallentsorgung, insbesondere Menge und Art der entsorgten Abfälle und Art und Ort der Abfallbeseitigungsanlagen, zu veröffentlichen. Aufgrund der langen Vorlaufzeit der Datenerhebung und -auswertung besteht hinsichtlich der Datenaktualität allerdings ein timelag von 4 Jahren.

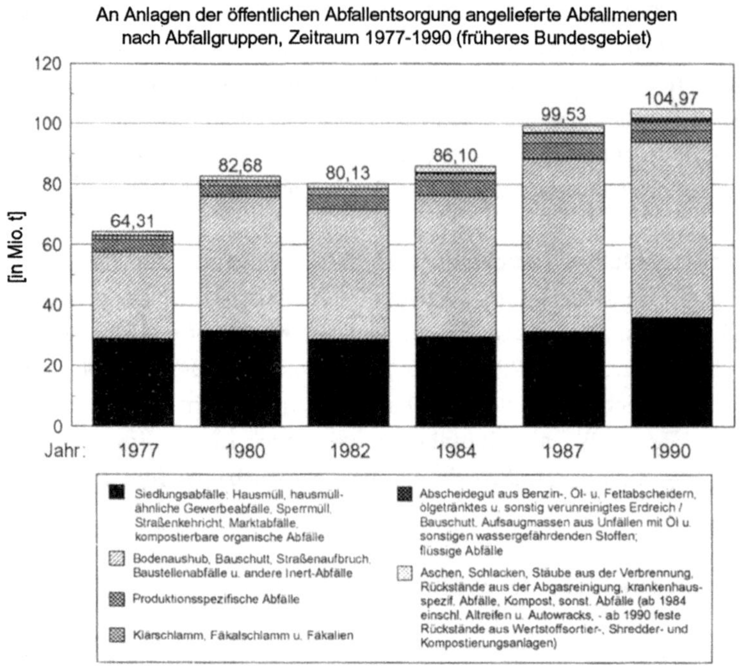

Abb. 3.1: An Anlagen der öffentlichen Abfallentsorgung angelieferte Abfallmengen nach Abfallgruppen, Zeitraum 1977 - 1990 [61]

Es ist ein stetiges Ansteigen der Gesamtabfallmenge ersichtlich, die durchschnittliche Wachstumrate beträgt 3,84 % p.a.. Nimmt man die Situation der neuen Bundesländer hinzu, so ergibt sich für das Jahr 1990 eine Abfallmenge von insgesamt 144,49 Mio. Gewichtstonnen. Anteilsmäßig größte Abfallgruppe ist im betrachteten Zeitraum "Bodenaushub u.a." (Anteils-Spannweite 44,25 % - 57,23 %), gefolgt von den "Siedlungsabfällen (im engeren Sinne)" (Anteils-Spannweite 31,43 % - 45,07 %). Eine isolierte Betrachtung der Abfallgruppe der Siedlungsabfälle im engeren Sinne bietet *Abbildung 3.2.* Das durchschnittliche Mengenwachstum im betrachteten Zeitraum betrug 1,67 % p.a.. Szenarien allein für die Mengenentwicklung der Fraktion Hausmüll bis zum Jahr 2000 haben ergeben, daß sich dieser Wachstumstrend trotz verstärkter Verwertungsanstrengungen fortsetzen könnte, falls sich das Abfallverhalten nicht grundlegend ändert.[62] Inwieweit die ab dem Jahr 1991 stufenweise in Kraft getretene VerpackV und die damit verbundene Rücknahmeverpflichtung von gebrauchten Verpackungen für Hersteller und Vertreiber sowie andere im Rahmen der TASi und bundeslandspezifischer Regelungen initiierte Vermeidungs- und Verwertungsmaßnahmen diese Entwicklung dämpfen konnten, ist in den amtlichen Statistiken für das

---

61 Zur Datenbasis vgl. STATISTISCHES BUNDESAMT (1994 a), S. 15.

62 Vgl. EDER, G. / BRAHMS, E. (1989), S. 83 ff.; SRU (1991), Tz. 556.

Bundesgebiet noch nicht verzeichnet.[63]

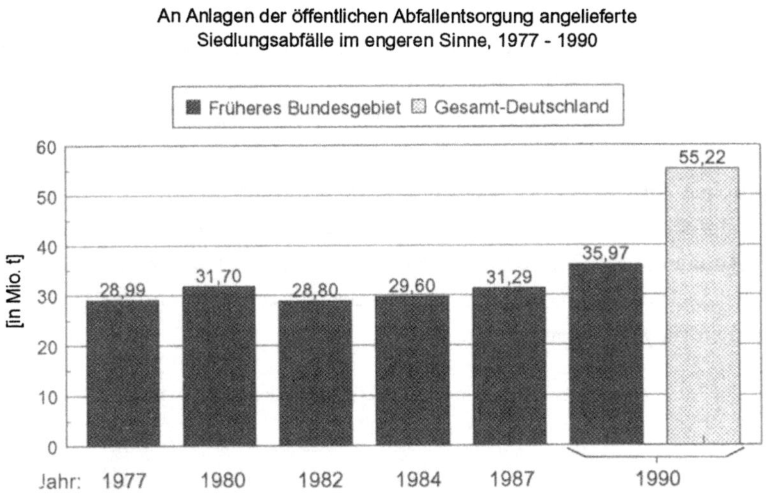

Abb. 3.2: An Anlagen der öffentlichen Abfallentsorgung angelieferte Siedlungsabfälle im engeren Sinne, Zeitraum 1977 - 1990 [64]

Die Veränderung der Abfallmengen für den Zeitraum ab 1990 läßt sich lediglich landesbezogen aus den Abfallbilanzen diverser Bundesländer entnehmen.[65] So konnte beispielsweise in Bayern - nach einem jahrelangen Anstieg des Gesamtabfallaufkommens bis zum Jahr 1990 - in den Jahren 1991 bis 1993 eine Reduzierung des "Gesamtabfallaufkommens"[66] von durchschnittlich 2,90 % p.a. verzeichnet werden

63 Gemäß § 13 VerpackV sind Hersteller und Vertreiber ab 1.12.1991 zur Rücknahme von Transportverpackungen, ab 1.4.1992 zur Rücknahme von Umverpackungen und schließlich ab 1.1.1993 zur Rücknahme von Verkaufsverpackungen verpflichtet. Laut Untersuchungen der Gesellschaft für Verpackungsmarktforschung (GVM) betrug 1991 der bundesdeutsche Verbrauch an Verpackungsmaterialien nahezu 15,35 Mio. t. Hiervon wurden 2,38 Mio. t im Mehrwegsystem geführt, ca. 5 Mio t stofflich verwertet und ca. 8 Mio. t als Restabfall beseitigt. Für 1992 und 1993 wurde ein Rückgang der Verpackungen um jeweils 500.000 t prognostiziert. Vgl. UBA (1994), S. 545.

64 Zur Datenbasis vgl. STATISTISCHES BUNDESAMT (1994 a), S. 15.

65 In den Ländern Baden-Württemberg, Bayern, Niedersachsen, (neuerdings) Nordrhein-Westfalen, Rheinland-Pfalz, Brandenburg, Mecklenburg-Vorpommern und Sachsen-Anhalt sehen die Landesabfallgesetze vor, daß die entsorgungspflichtigen Gebietskörperschaften für das abgelaufene Kalenderjahr Abfallbilanzen über Art, Herkunft und Menge der entsorgten Abfälle sowie über deren Verwertung und sonstige Entsorgung zu veröffentlichen haben.

66 Das "Gesamtabfallaufkommen" umfaßt das Restmüllaufkommen aus Haus-, Sperr- und hausmüllähnlichem Gewerbemüll sowie die separat erfaßten Wertstoffe aus der biologischen und stofflichen Verwertung des Haus- und Geschäftsmülls. Nicht berücksichtigt sind aufgrund der lückenhaften Datenlage die aus dem Gewerbe erfaßten Wertstoffe; vgl. BStMLU (1994 c), S. 10 ff. Ebenfalls nicht in das Gesamtabfallaufkommen miteinbezogen sind die im Rahmen der Siedlungsabfallwirtschaft entsorgten Bauabfälle und Klärschlämme. Gesicherte Mengenangaben für Bauabfälle liegen nicht vor. Als Ursache hierfür wird die mangelnde Datenlage angeführt, be-

(vgl. *Abb. 3.3*). Dabei wird ein Großteil des Rückgangs der Gewerbemüllreduzierung zugeschrieben. Im Jahr 1994 nahm aufgrund ständig steigender Grüngutmengen die Gesamtabfallmenge wieder um 1,45 % zu.[67] Hinsichtlich der Zusammensetzung des Gesamtabfalls ist festzustellen, daß sich die Relation Wertstoffmengen zu Restabfallmengen von 21 : 79 im Jahr 1990 sukzessive auf 44 : 56 im Jahr 1994 verschoben hat. Für die Zukunft wird aufgrund der zunehmenden Sättigung der Wertstofferfassung keine wesentliche Änderung mehr erwartet. Ursächlich für die Stagnation sind im wesentlichen die nahezu vollständige Installation des Dualen Systems zur Erfassung der gebrauchten Verkaufsverpackungen und der Systeme der Bioabfallerfassung. Mit einer Abnahme der Restmüllmengen ist daher nicht mehr zu rechnen. Vielmehr wird für die nächsten Jahre ein konstantes oder sogar leicht ansteigendes Gesamtabfallaufkommen prognostiziert.[68]

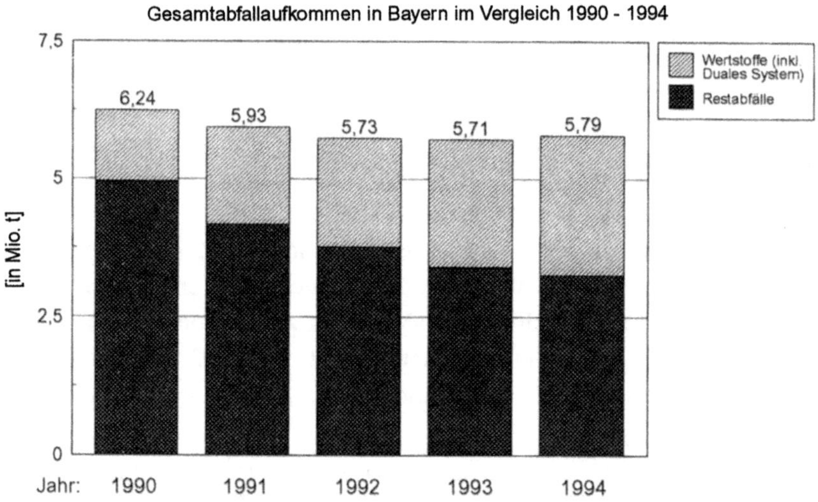

Abb. 3.3: Gesamtabfall-, Restabfall- und Wertstoffaufkommen in Bayern im Vergleich, Zeitraum 1990 - 1994 [69]

Prognosen sind derzeit jedoch äußerst schwierig. Die zukünftige Mengenentwicklung der Abfälle im Rahmen der öffentlichen Abfallentsorgung wird davon abhängen, inwiefern die außerkommunalen Entsorgungspfade für Siedlungsabfälle, die das KrW-

dingt durch die Delegation der Verwertung oder Ablagerung der Baurestmassen an Gemeinden oder private Drittfirmen; vgl. BStMLU (1994 c), S. 41. Die Klärschlammentsorgung wird als Sonderbereich deklariert, der zwischen Wasserwirtschaft und Abfallwirtschaft einzuordnen ist; vgl. BStMLU (1994 c), S. 13.

67 Vgl. BayLfU (1995), S. 102.

68 Vgl. BayLfU (1995), S. 101 f..

69 Zur Datenbasis vgl. BStMLU (1992), S. 19; BStMLU (1993), S. 21; BStMLU (1994 c), S. 10 ff.; BayLfU (1995), S. 9.

/AbfG mit Inkrafttreten Anfang Oktober 1996 eröffnet, genutzt werden.[70] Hierdurch könnten sich die Mengen aller Fraktionen erheblich reduzieren. Eine gegenläufige Mengenentwicklung könnte die Novellierung der VerpackV erbringen, die derzeit in Entwurfsfassung vorliegt und deren Umsetzung 1996 geplant war.[71] Hiernach sollen u.a. die Verwertungsquoten nicht mehr an der Gesamtmenge der Verpackungsabfälle, sondern an der Menge ausgerichtet sein, für die das Duale System Lizenzgelder einnimmt. Dies könnte im Einzelfall erheblich weniger sein, so daß der Überschuß letztendlich der kommunalen Beseitigung zuzuführen wäre.[72]

3.4 Entsorgungsmaßnahmen und -technologien

Für die Entsorgung der unterschiedlichen Siedlungsabfallfraktionen werden in der TASi spezifische technisch-qualitative und organisatorische Anforderungen an die Wertschöpfungsstufen[73] "Logistik", "Verwertung", "Behandlung" und "Ablagerung" gestellt (vgl. TASi Nr. 4 - 10).[74] Hierdurch finden entsprechende Vorgaben im AbfG und den Landesabfallgesetzen eine Bestätigung, Konkretisierung oder Ergänzung.[75] Die Anforderungen orientieren sich dabei an folgenden Leitmaximen (vgl. TASi Nr. 1.1):

(1) primäre Verwertung nicht vermiedener Abfälle;

(2) weitestgehende Schadstoffentfrachtung der Abfälle;

(3) Sicherstellung einer umweltverträglichen Behandlung und nachsorgefreien Ablagerung der nicht verwertbaren Abfälle;

---

70 Vgl. dazu die Ausführungen in Kapitel 3.9.2.

71 Vgl. BMU (1995 b).

72 Vgl. o.V. (1996 b).

73 "Wertschöpfung" im Kontext der Abfallentsorgung ist die Minderung der abfallbedingten Umweltbeeinträchtigungen bzw. die Produktion von Umweltqualität. Vgl. hierzu auch die Ausführungen in Kapitel 4.1.3.2.3.1 und 6.3.3. - Anzumerken ist, daß in der Betriebswirtschaftslehre der Begriff "Wertschöpfung" in einer engeren Interpretation gebräuchlich ist. Unter der "betrieblichen Wertschöpfung" wird die Differenz zwischen den vom betrachteten Betrieb abgegebenen Leistungen und den vom betrachteten Betrieb übernommenen Leistungen, d.h. die Eigenleistung des Betriebs verstanden; vgl. hierzu etwa WEBER, K.H. (1981).

74 Dabei sei erwähnt, daß für produktionsspezifische und besonders überwachungsbedürftige Abfälle, die gemeinsam mit Siedlungsabfällen oder wie diese entsorgt werden können, die Vorgaben der TASi entsprechend anzuwenden sind (vgl. TASi Nr. 1.2).

75 BERGS, C.-G. et al. (1993), S. 101 stellen fest, daß die Regelungen der TASi Mindestanforderungen darstellen, welche die Ermessensausübung und Rechtsnorm-Auslegung der Behörden im Regelfall lenken. Dabei ergeben sich für die Entsorgungspflichtigen oder für die Abfallbesitzer keine unmittelbaren Pflichten. Mittelbare Auswirkungen ergeben sich jedoch insofern, als daß die Landes-Vollzugsbehörden die Vorgaben speziell durch Bescheide an die Entsorgungspflichtigen umsetzen müssen und diese wiederum im Rahmen der Siedlungsabfallwirtschaft entsprechende Regelungen gegenüber den Abfallbesitzern in den Abfallsatzungen erlassen.

(4) Gewährleistung von "Entsorgungssicherheit"[76].

Darüber hinaus ist bei der Erfüllung der Anforderungen von den Entsorgungspflichtigen der "Stand der Technik" zu berücksichtigen (vgl. TASi Nr. 1.2 i.V.m. Nr. 2.1). Hierunter wird der Entwicklungsstand fortschrittlicher Verfahren, Einrichtungen oder Betriebsweisen verstanden, der die praktische Eignung einer Maßnahme für eine umweltverträgliche Abfallentsorgung gesichert erscheinen läßt. Als Referenz sind insbesondere vergleichbare geeignete Verfahren, Einrichtungen oder Betriebsweisen heranzuziehen, die mit Erfolg im Betrieb erprobt worden sind.

3.4.1 Wertschöpfungsstufen der Entsorgung

Eine Übersicht des Entsorgungskonzeptes und der einzelnen Wertschöpfungsstufen der öffentlichen Abfallentsorgung (mit der Schnittstelle zur Sonderabfallwirtschaft) zeigt *Abbildung 3.4* auf der folgenden Seite.

In Anlehnung an die Diktion der Produktionswirtschaft können dabei jene Aktivitäten als "präventive Entsorgungsmaßnahmen" bezeichnet werden, die auf die Vermeidung von Siedlungsabfällen bzw. deren Rückführung in den Produktions- und Konsumprozeß ausgerichtet sind. Hierzu gehören alle Maßnahmen der Wertschöpfungsstufen "Vermeidung"[77] und "Verwertung" sowie zieladäquate Maßnahmen im Rahmen der "Logistik". Die Aktivitäten zur Beseitigung der verbleibenden Restabfälle auf den Entsorgungsstufen "Behandlung" und "Ablagerung" hingegen stellen dann "end-of-pipe"(EOP)-Entsorgungsmaßnahmen dar.[78]

---

76 Das bedeutet: ausreichende Anlagenverfügbarkeit und -kapazität zur Sicherstellung der umweltverträglichen Abfallentsorgung (vgl. TASi Nr. 2.2.1).

77 Anzumerken ist, daß die "Vermeidung" gemäß Definition § 1 Abs. 2 AbfG nicht unter den Begriff der Abfallentsorgung zu subsumieren ist. Aufgrund landesrechtlicher Vermeidungsgebote speziell für die entsorgungspflichtigen Körperschaften aber - hierauf wird im folgenden Kapitel 4.4.1.1 näher eingegangen - soll in der vorliegenden Untersuchung die Begrifflichkeit der öffentlichen Abfall"entsorgung" auf diese Vermeidungsaspekte ausgedehnt werden.

78 In der Produktionswirtschaft werden umweltorientierte Verfahrenstechnologien in präventive und "end-of-pipe"(EOP)-Technologien unterschieden, wobei anzumerken ist, daß es sich bei der Abgrenzung genau genommen um ein Kontinuum handelt. EOP- oder auch additive Technologien werden dem Produktionsprozeß zur Beseitigung oder Verminderung von produktionsbedingten Umweltproblemen nachgeschaltet. Präventive (auch: integrierte) Umwelttechnologien lassen Umweltbelastungen erst gar nicht oder nur in erheblich geringerem Ausmaß entstehen. Vgl. z.B. SENN, J.F. (1986), S. 107 ff.; ANTES, R. (1988), S. 64 ff.; STREBEL, H. (1990), S. 4 ff..

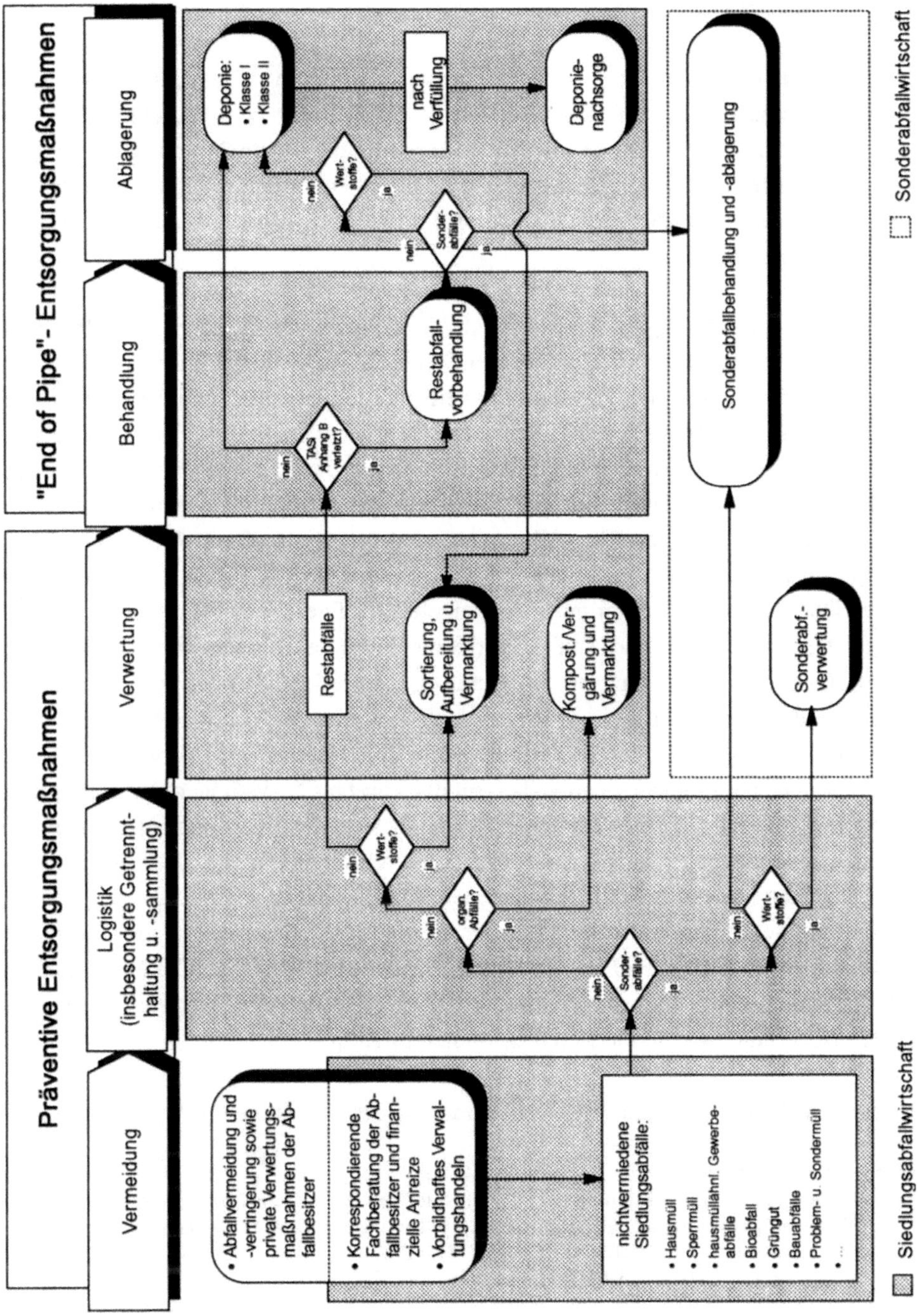

Abb. 3.4: Entsorgungskonzept der öffentlichen Abfallentsorgung

3.4.1.1 Vermeidung

In nahezu allen Bundesländern wird als oberstes Ziel der Abfallwirtschaft die quantitative Vermeidung von Abfällen postuliert.[79] Speziell für den Teilsektor der Siedlungsabfallwirtschaft wird diese allgemeine Bestimmung regelmäßig durch die Forderung konkretisiert, daß die entsorgungspflichtigen Körperschaften in ihrem Zuständigkeitsbereich darauf hinzuwirken haben, daß möglichst wenig Abfall entsteht (vgl. hierzu *Tab. 3.2*, S. 58).

Abfallvermeidung kann grundlegend durch Verzicht auf abfallgenerierende Produktions- und Konsumprozesse erreicht werden. Grenzen ergeben sich hierbei jedoch aufgrund der naturgesetzlichen Zwangsläufigkeit, daß jegliche menschliche Aktivität mit Abfallerzeugung verbunden ist.[80] Nach den Gesetzen der Thermodynamik und dem daraus abgeleiteten Gesetz der Materie-Entropie wird durch menschliche Produktions- und Konsumprozesse Materie auf eine Stufe höherer Entropie, d.h. Unordnung gehoben. So werden nutzbare Materialien mit niedriger Entropie in Stoffe mit hoher Entropie, d.h. tendenziell in Abfälle transformiert. Dieser Vorgang ist grundsätzlich irreversibel. Jedoch können mithilfe von zugeführter Energie die Materialien - zumindestens teilweise - auf eine Stufe niedrigerer Entropie gebracht werden. Dies geschieht in einem Verarbeitungsprozeß, dem sog. Recycling. Auf der Seite der Materie nimmt hierdurch die relative Entropie ab, auf der Seite der Energie aber steigt dafür die relative Entropie an. Für das Gesamtsystem von Materie und Energie bleibt somit das Niveau der Entropieerzeugung bestenfalls konstant.[81] Je höher der Entropiezustand des Materials, desto schwieriger gestalten sich die Recyclingmaßnahmen, um dessen ursprüngliches relatives Entropieniveau wiederzuerlangen. Der erforderliche Energieaufwand und die damit verbundenen Kosten steigen hierbei überproportional an. Eine weitere Einschränkung stellt der "Stand von Wissenschaft und Technik"[82] dar, der nicht in jedem Fall das technische Know-how für eine Rücktransformation zur Verfügung stellt.[83] Insofern ist lediglich ein "Downcycling" erreichbar, die genutzten Materialien werden letztendlich immer zu Abfall.

Bei unverzichtbaren Produktions- und Konsumprozessen ist es daher notwendig, die

---

79 Weitere Ziele sind die Minimierung des Schadstoffgehaltes und die Verwertung der Abfälle sowie die umweltverträgliche Behandlung und Ablagerung der nichtverwertbaren Abfälle.

80 Vgl. grundlegend GEORGESCU-ROEGEN, N. (1987). Vgl. außerdem WEILAND, R. (1992); SRU (1991), Tz. 56 ff.; CORSTEN, H. / RIEGER, H. (1994).

81 Hinzu kommt die sich auch ohne menschliches Einwirken vollziehende Erhöhung der relativen Entropie. In der Summe vergrößert sich deshalb die Entropie.

82 Vgl. zum Begriff BREUER, R. (1994), Sp. 1869 ff..

83 Theoretische Recyclingmodelle gehen von Recyclingquoten von 50 % aus, d.h. die Hälfte des Einsatzmaterials im Produktionsprozeß kann aus Sekundärmaterial gedeckt werden, die andere Hälfte muß als Primärmaterial zugegeben werden. Vgl. hierzu z.B. BEHRENS, S. (1993).

Abfallentstehung etwa durch entsprechende Verfahrens- und Produktgestaltung zu minimieren (sog. Abfallverringerung oder -verminderung). Zu denken wäre etwa an den Einsatz integrierter Verfahrenstechnologien in der Produktion oder die Verlängerung der Nutzungsdauer der Produkte.[84] Entsprechende gesetzliche Vorgaben für den Produktionsbereich finden sich in § 5 BImSchG. Im Abfallrecht hingegen wird die Abfallvermeidung ausschließlich produktbezogen geregelt (vgl. § 14 AbfG und korrespondierende Rechtsverordnungen, wie z.B. die FCKW-V[85] oder die VerpackV).[86]

Wird das Regime der öffentlichen Abfallentsorgung als Systemgrenze definiert, lassen sich prinzipiell sämtliche Maßnahmen, die dazu beitragen, daß keine Stoffe in das öffentliche Entsorgungssystem gelangen, als Abfallvermeidung interpretieren.[87] Insofern dienen auch private Verwertungsmaßnahmen[88], sei es aus Eigeninteresse[89] oder aufgrund gesetzlicher Anordnung[90], der Vermeidung von Siedlungsabfällen. In gleicher Weise gilt auch der satzungsmäßige Entsorgungsausschluß von Abfällen durch die entsorgungspflichtige Körperschaft gem. § 3 Abs. 3 AbfG als Abfallvermeidung. Gleichwohl kann davon ausgegangen werden, daß ein Ausschluß aus rein entsorgungstechnischen Gründen ausgesprochen wird.[91]

Für eine Forcierung der Vermeidungsmaßnahmen - aber auch zur Förderung der Verwertungsmaßnahmen im Rahmen der öffentlichen Abfallentsorgung - sind die entsorgungspflichtigen Körperschaften in der Regel dazu angehalten, die Abfallbesitzer in entsprechender Weise fachlich zu beraten. Überdies besteht die Möglichkeit oder Pflicht, finanzielle Vermeidungs- und auch Verwertungsanreize über eine geeignete

---

84 Vgl. hierzu z.B. STEGER, U. (1990) und STAHEL, W.R. (1992).

85 Vgl. Verordnung zum Verbot von bestimmten die Ozonschicht abbauenden Halogenkohlenwasserstoffen (FCKW-Halon-Verbots-Verordnung) vom 6. Mai 1991 (BGBl. I S. 1090, BGBl. III 8053-6-17).

86 Vgl. im einzelnen KUNIG, P. / SCHWERMER, G. / VERSTEYL, L.-A. (1992), Rdnr. 4 ff. zu § 1a AbfG und Rdnr. 1 ff. zu § 14 AbfG.

87 Vgl. ABEL-LORENZ, E. / BRÖNNEKE, T. / SCHILLER, T. (1994), S. 26.

88 In Hinblick auf die Notwendigkeit von Aufbereitungsprozessen und nach dem weiteren Einsatzbereich der zu verwertenden Materialien kann dabei unterschieden werden in die Varianten "Wiederverwendung", "Weiterverwendung", "Wiederverwertung" und "Weiterverwertung". Bei den "Wiedereinsatz"-Varianten können die Stoffe im Gegensatz zu den "Weitereinsatz"-Varianten der ursprünglichen Verwendung zugeführt werden, bei den "Verwertungs"-Varianten bedürfen die Stoffe anders als bei den "Verwendungs"-Varianten einer Aufbereitung. Vgl. hierzu BERG, C.C. (1979), S. 201. Für eine Abgrenzung der privaten Verwertungsmaßnahmen von Vermeidungs- und Verringerungsmaßnahmen ist dabei ebenfalls die Definition einer Systemgrenze notwendig; vgl. hierzu MÜLLER, H. (1991), S. 42.

89 Vgl. zum Entscheidungskalkül die Ausführungen in Kapitel 4.1.1. Die zu verwertenden Stoffe stellen mitunter ein Wirtschaftsgut dar. Der Verwertungsmarkt wird hier auch als "Sekundärrohstoffmarkt" bezeichnet.

90 Vgl. hierzu § 14 AbfG und korrespondierende Rechtsverordnungen, wie etwa die VerpackV.

91 Eine Ausnahme stellt die Option des § 2 Abs. 1 LAbfG BW dar (vgl. *Tab 3.2*). Dies konfligiert allerdings mit der Bestimmung nach § 3 Abs. 3 AbfG, wonach eine Ausschlußmöglichkeit nur aufgrund entsorgungstechnischer Umstände möglich ist.

Gestaltung der Entsorgungspreise bzw. mittels direkter Subventionen oder über eine entsprechende Ausgestaltung der Entsorgungssatzungen zu induzieren (vgl. *Tab. 3.2*).

Bundesland	Landesgesetz*)	Abfallvermeidung					
		Allgemeine Zielpriorität	Explizites Gebot für entsorg.pfl. Gebietskörperschaften	Fachberatung der Abfallbesitzer 1)	Konforme Satzungsgestaltung	Gebühren- und andere finanzielle Anreize 1)	Vorbildhaftes Verwaltungshandeln 1)
Baden-Württemberg	LAbfG BW	§ 1 Abs. 1	§ 2 Abs. 1	§ 2 Abs. 2	§ 2 Abs. 1 2)	§ 2 Abs. 1 2)	§ 5
Bayern	BayAbfAIG	Art. 1 Abs. 1	Art 3 Abs. 4	Art. 3 Abs. 4	3)	Art. 7 Abs. 5 2) Art. 24 4)	Art. 2
Berlin	LAbfG Berlin	§ 1	§ 2	-	3)	§ 24	§ 2
Bremen	BremAGAbfG	-	-	§ 2 Abs. 2	-	§ 2a Abs. 2	-
Hamburg	HmbAbfG	§ 2 Abs. 1		§ 4	3)	§ 22 Abs. 2	§ 3
Hessen	HAbfG	-	-	§ 3 Abs. 2	-	-	§ 3 Abs. 3
Niedersachsen	NAbfG	§ 1 Abs. 1	§ 8 Abs. 1	§ 8	3)	§ 12 Abs. 2	§ 3
Nordrhein-Westfalen	LAbfG NW	§ 1 Abs. 1	§ 5 Abs. 2	§ 3	-	§ 9 Abs. 2	§ 2
Rheinland-Pfalz	LAbfWAG RP	§ 1 Abs. 1	§ 4 Abs. 1	§ 4 Abs. 2	3)	§ 5 Abs. 2 2)	§ 2
Saarland	SAbfG	§ 1 Abs. 1	§ 1 Abs. 2	§ 12 Abs. 1	-	§ 3 Abs. 3	-
Schleswig-Holstein	LAbfG SH	§ 1 Abs. 1	-	§ 4 Abs. 3	3)	-	§ 2
Brandenburg	BraLAbfVG	§ 1 Abs. 2	-	§ 1 Abs. 3	-	§ 8 Abs. 3	§ 2
Mecklenburg-Vorpommern	AbfAIG M-V	§ 1 Abs. 1	§ 3 Abs. 4	§ 3 Abs. 4	3)	§ 6 Abs. 4 2)	§ 2
Sachsen	SächsEGAB	§ 1 Abs. 1	§ 2 Abs. 1	§ 2 Abs. 4	3)	§ 3 Abs. 2	§ 1 Abs. 3
Sachsen-Anhalt	AbfG LSA	§ 1 Abs. 1	§ 7 Abs. 1	§ 7	3)	-	§ 2
Thüringen	ThAbfAG	§ 1	§ 9 Abs. 1	§ 3 Abs. 2	-	§ 4 Abs. 4	-

*) Vgl. Verzeichnis der verwendeten Gesetze, Rechtsverordnungen und Verwaltungsvorschriften.
1) Auch in Hinblick auf Verwertungsmaßnahmen im Rahmen der öffentlichen Abfallentsorgung.
2) Kann-Bestimmung.
3) Nur in Hinblick auf Verwertungsmaßnahmen im Rahmen der öffentlichen Abfallentsorgung.
4) Direkte Subventionen für private Maßnahmen zur Abfallvermeidung, Schadstoffminimierung und Abfallverwertung.

Tab. 3.2: Bundeslandspezifische Bestimmungen zur Abfallvermeidung im Rahmen der öffentlichen Abfallentsorgung

Schließlich wird in den meisten Landesabfallgesetzen auch bestimmt, daß die dem Landesrecht unterstehenden Stellen, also im besonderen die entsorgungspflichtigen Körperschaften, dem allgemeinen Appell zur Abfallvermeidung vorbildhaft nachzukommen haben, indem die Organisation von Arbeitsabläufen, das kommunale Beschaffungswesen und die Vergabe öffentlicher Einrichtungen und Grundstücke zielkonform ausgestaltet werden (vgl. *Tab. 3.2*, letzte Spalte). Finanzielle Mehrbelastungen und Gebrauchsminderungen sind dabei in angemessenem[92] bzw. zumutbarem[93] Umfang hinzunehmen. Auf privatrechtliche Gesellschaften, an denen die Kommunen oder andere öffentliche Stellen beteiligt sind, ist möglichst einzuwirken, damit diese sich entsprechend verhalten.

3.4.1.2 Logistik

Die nicht vermeidbaren Siedlungsabfälle sind im weiteren der öffentlichen Abfallentsorgung zu überantworten. Primärer Zweck der Entsorgungslogistik ist die Sammlung und der Abtransport der Abfälle. Haus- und Geschäftsmüll, in entsprechenden Abfallbehältern ("Graue Tonne"), -containern und -säcken bereitgestellt, werden mittels kommunaler Sammelfahrzeuge in bestimmten Abfuhrintervallen (z.B wöchentlich oder zweiwöchentlich) direkt bei den Abfallbesitzern abgeholt und unmittelbar bzw. bei großräumigen Entsorgungsgebieten unter Einbindung von Umladestationen den jeweiligen Entsorgungsanlagen zugeführt.[94] Üblich ist auch die kommunale Sammlung und Abfuhr von Sperrmüll und Garten- und Parkabfällen, aus wirtschaftlichen Gründen jedoch mit weitaus geringerer Abfuhrfrequenz. Im Gegensatz hierzu sind Abfälle, die zwischen den Abfuhrfrequenzen entsorgt werden sollen, sowie hausmüllähnliche Gewerbeabfälle, Bauabfälle, Klärschlamm, Fäkalien, Fäkalschlamm, Rückstände aus Abwasseranlagen etc. - sofern nicht von der öffentlichen Entsorgung ausgeschlossen - i.d.R. von den Abfallbesitzern selbst bzw. beauftragten Transportunternehmen an die Entsorgungsanlagen anzuliefern.[95]

Für die Durchführung einer effektiven stofflichen Verwertung und Schadstoffentfrachtung der Siedlungsabfälle sind in Ergänzung zur "basalen Logistik", d.h. der bloßen Sammlung und Abfuhr, geeignete Systeme für eine Getrennthaltung und -erfassung der Wertstoffe und der schadstoffbelasteten Produkte im Abfall zu schaffen (vgl. TASi Nr. 5.1 u. 5.2).[96] Abgesehen von gewissen Rahmenvorgaben in einigen Landesabfallgesetzen[97] sind die entsorgungspflichtigen Gebietskörperschaften bei der

---

92 Vgl. die Regelung in Bayern und Sachsen.

93 Vgl. die Regelung in Baden-Württemberg, Hamburg, Niedersachsen, Rheinland-Pfalz und Sachsen-Anhalt.

94 Vgl. BILITEWSKI, B. / HÄRDTLE, G. / MAREK, K. (1991), S. 38 ff..

95 Im speziellen Fall von wilden Ablagerungen ist der Selbstanlieferer die öffentliche Hand.

96 Vgl. BERGS, C.-G. et al. (1993), S. 19. Auch schadstoffbelastete Produkte unterliegen einem Verwertungsgebot (vgl. TASi Nr. 5.2.1.4).

97 Vgl. z.B. Art. 4 Abs. 1 BayAbfAlG.

Gestaltung der Logistikkonzepte ungebunden.[98] Die diversen Verfahren der getrennten Sammlung lassen sich unterscheiden

(1) nach der Abfallorganisation in integrierte Systeme, teilintegrierte Systeme und additive Systeme;[99]

(2) nach dem Benutzerkomfort in Holsysteme und Bringsysteme;[100]

(3) nach dem Grad der Vorsortierung beim Abfallbesitzer in Einstoffsammlung, Einzelstoffsammlung und Mischstoff- oder Mehrstoffsammlung.[101]

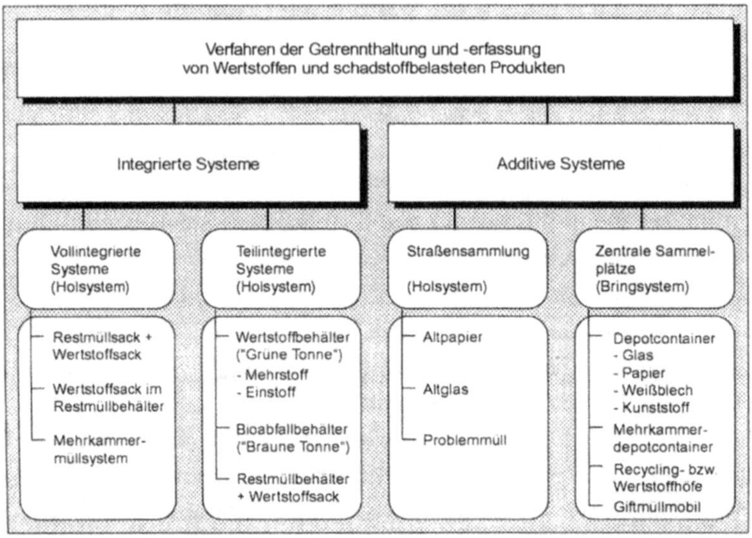

Abb. 3.5: Verfahrensvarianten der Getrennthaltung und -erfassung von Wertstoffen und schadstoffbelasteten Produkten des Siedlungsabfalls (in Anlehnung an: BILITEWSKI, B. / HÄRDTLE; G. / MAREK, K. (1991), S. 66)

98 Vgl. hierzu kritisch DIERKES, H. (1993), S. 953, der spezifische abfalltechnische Vorgaben im Rahmen der TASi für erforderlich erachtet.

99 Vgl. BILITEWSKI, B. / HÄRDTLE, G. / MAREK, K. (1991), S. 65. Bei integrierten Systemen erfolgt die Sammlung der diversen Abfallfraktionen in geteilten oder in mehreren Behältern in einem Arbeitsgang mit einem Mehrkammerfahrzeug. Teilintegrierte Systeme sehen eine separate Abfuhr der Wertstoffe und schadstoffbelasteten Produkte in besonderen Touren anstelle einer Restmülltour vor (sog. alternierende Abfuhr). Werden Wertstoffe und Schadprodukte zusätzlich zur normalen Hausmüllabfuhr mit separaten Fahrzeugen und getrennten Behältern gesammelt, handelt es sich um ein additives System.

100 Vgl. BILITEWSKI, B. / HÄRDTLE, G. / MAREK, K. (1991), S. 65. Beim Holsystem werden die Wertstoffe und schadstoffbelasteten Produkte beim Abfallbesitzer abgeholt, beim Bringsystem sind die Fraktionen vom Abfallbesitzer an zentralen Sammelstellen (z.B. Depotcontainer, Recyclinghöfe, mobile Sammelstellen) abzuliefern.

101 Vgl. BILITEWSKI, B. / HÄRDTLE, G. / MAREK, K. (1991), S. 66. Einstoffsammlungen bezeichnen die gezielte Erfassung nur einer Fraktion, z.B. Altglas. Bei Einzelstoffsammlungen werden mehrere Fraktionen in jeweils separaten Behältern erfaßt, z.B. Altglas und Altpapier. Mischstoff- oder Mehrstoffsammlungen hingegen machen eine anschließende Sortierung der erfaßten Fraktionen erforderlich.

Abbildung 3.5 gibt einen Überblick über mögliche Verfahrensvarianten. Die Anwendung der konkreten Variante(n) durch die entsorgungspflichtigen Gebietskörperschaften hängt von diversen regionalen Randbedingungen ab, z.B. der Abfallzusammensetzung, der Verwertungs- und Vermarktungsmöglichkeiten der Wertstoffe oder der Bereitschaft der Abfallproduzenten zur Mitarbeit und Finanzierung.[102] Das gewählte Logistikkonzept, d.h. Art, Ort und Zeit der Abfallüberlassung, wird gegenüber den Abfallbesitzern in der Abfallentsorgungssatzung oder einer entsprechenden Rechtsordnung festgelegt.

3.4.1.3 Verwertung

Ist speziell bei hausmüllähnlichen Gewerbeabfällen und Bauabfällen im Rahmen der Selbstanlieferung durch den Abfallbesitzer eine getrennte Erfassung nicht möglich oder zur Generierung verwert- oder vermarktbarer Produkte unzureichend, so müssen geeignete Sortier- und Aufbereitungsanlagen nachgeschaltet werden (vgl. TASi Nr. 5.3).[103] Für biologisch abbaubare organische Abfallfraktionen (z.B. Bioabfall, Garten- und Parkabfälle oder Marktabfälle) besteht - soweit die Abfallproduzenten keine "Eigenkompostierung"[104] als private Abfallverwertungsmaßnahme vornehmen - die Pflicht, diese nach getrennter Erfassung unter Beachtung allgemeiner Anlagen- und Produktanforderungen in Kompostier- oder Vergärungsanlagen aufzubereiten (vgl. TASi Nr. 5.4).[105] Allgemein verbindliche Qualitätsanforderungen für die Bioabfallentsorgung werden jedoch erst im Rahmen einer bundesweiten Kompostverordnung, die sich derzeit in Vorbereitung befindet, gestellt werden.[106]

Die getrennt erfaßten und gegebenenfalls aufbereiteten Wertstoffe sind im weiteren einer Verwertung zuzuführen, sofern dies erstens technisch möglich ist, zweitens die hierbei entstehenden Mehrkosten im Vergleich zu anderen Verfahren der Entsorgung nicht unzumutbar sind, drittens für die gewonnen Produkte ein Markt vorhanden ist

---

102 Vgl. BILITEWSKI, B. / HÄRDTLE, G. / MAREK, K. (1991), S. 66.

103 Einen Überblick über Sortier- und Aufbereitungsverfahren geben BILITEWSKI, B. / HÄRDTLE, G. / MAREK, K. (1991), S. 331 ff..

104 "Eigenkompostierung" ist die Kompostierung von biologisch abbaubaren nativ-organischen Stoffen an der Anfallstelle oder in deren unmittelbarer Nähe (z.B. Kompostierung durch Landwirte, Gartenbesitzer, Kleingärtner oder Garten- und Friedhofsämter); vgl. TASi Nr. 2.2.1. Zum Überbegriff "Kompostierung" vgl. die folgende Fn. 105.

105 Unter "Kompostierung" bzw. "Vergärung" wird der gelenkte biologische Ab- und Umbau von nativ-organischen Abfällen unter aeroben Bedingungen bzw. anaeroben Bedingungen (d.h. in geschlossenen Systemen unter Luftabschluß) verstanden. Nach Einschätzung von BERGS, C.-G. et al. (1993), S. 20 f. wird in den nächsten Jahren hauptsächlich die Kompostierung zum Einsatz kommen. Für eine flächendeckende Kompostierung in der Bundesrepublik Deutschland sind ca. 150 Kompostwerke neu zu errichten.

106 Vgl. o.V. (1994 a). Unverbindliche Qualitätskriterien finden sich z.B. im LAGA-Merkblatt M10.

oder speziell durch Beauftragung "Dritter"[107] geschaffen werden kann und viertens schließlich die Verwertung für die Umwelt insgesamt vorteilhafter ist als die anderen Entsorgungsverfahren (vgl. TASi Nr. 4.1).

Eine Spezifizierung dieser Zuordnungskriterien erfolgt jedoch äußerst vage:

- Nach TASi Nr. 4.1.2 ist die Verwertung dann technisch möglich, wenn ein praktisch geeignetes Verfahren unter "Ausschöpfung aller tatsächlich in Betracht kommenden Verwertungstechniken" zur Verfügung steht. - Es ist offensichtlich, daß sich hierbei Auslegungsprobleme ergeben, zumal sich die Bestimmung auf keine der allgemein gebräuchlichen Schlüsselformen für die Rezeption technischer Regeln bezieht.[108] Selbst antizipierte, generalisierte und diskursiv gewonnene Sachverständigengutachten können wegen bestehender Erkenntnislücken oder Bewertungsunterschieden nur unvollkommen bleiben, aus verfassungsrechtlichen Gründen - wie z.B. mit Rücksicht auf Verhältnismäßigkeit - nach einer Modifizierung verlangen oder aus praktischen Gründen einer Pauschalisierung, Vereinfachung oder sonstigen Operationalisierung bedürfen.

- Bei der Feststellung der kostenmäßigen Zumutbarkeit ist nach TASi Nr. 4.1.3 u.a. zu berücksichtigen, "ob die Verwertung sich insgesamt vorteilhafter auf die Umwelt auswirkt als andere Entsorgungsverfahren". - Nach Wortlaut wäre für die Beurteilung der Zumutbarkeit auf einen volkswirtschaftlichen Kostenbegriff abzustellen, der neben den betriebswirtschaftlichen Kosten sowohl die vermiedenen als auch zusätzlich generierten umweltrelevanten externen Effekte bzw. Kosten der Verwertungsmaßnahmen abbildet.[109] Sofern sich ein per Saldo positiver umweltrelevanter Nettoeffekt bzw. ein entsprechender Erlös ergibt, erweist sich die Verwertung gegenüber einer anderweitigen Entsorgung als ökologisch und ökonomisch vorteilhaft und damit zugleich als zumutbar.[110] Schwierig ge-

107 Vgl. hierzu die Ausführungen in Kapitel 3.6.1.

108 Die bekanntesten und wichtigsten Schlüsselformen sind mit abnehmender Anforderung an die Praxistauglichkeit die "allgemein anerkannten Regeln der Technik", der "Stand der Technik", der "Stand von Wissenschaft und Technik" und der "Stand der Wissenschaft". Vgl. hierzu und im besonderen zur Auslegungsproblematik MANN, T. (1992), S. 91 ff.; BREUER, R. (1994), Sp. 1869 ff..

109 So auch - im Kontext der analogen Zumutbarkeitsforderung gem. Bundesimissionschutzgesetz (BImSchG) - bspw. LAI (1989), S. 131; REHBINDER, E. (1989), S. 501; STICH, R.V. / PORGER, K.-W. (1993), Rdnr. 23 zu § 5 BImSchG. - Zum Kostenbegriff vgl. die Ausführungen in Kapitel 3.8.3.2.1.

110 Vgl. WITTMANN, R.G. (1994), S. 23 ff.. Der umweltrelevante Nettoeffekt von Verwertungsmaßnahmen ergibt sich durch folgenden Saldo:
  inputbezogene Stoff- bzw. Energieeinsparungen der Verwertungsmaßnahmen aufgrund der Rohstoff- und Energiesubstitution durch Wertstoffe
  \+ outputbezogene Schonungen der Aufnahmemedien der Verwertungsmaßnahmen durch Verminderung von Emissionen (z.B Reduktion der Restabfälle und der entsprechenden um-

staltet sich jedoch aufgrund von Informationsproblemen die Erfassung der externen Effekte bzw. deren Operationalisierung mittels Kosten. Hierauf wird in Kapitel 4.1.3.2.2 näher eingegangen.

- Nach TASi Nr. 4.1.4 wird eine Marktgängigkeit für Wertstoffe angenommen, wenn der "Absatz derzeit und in einem angemessenen Zeitraum sichergestellt erscheint". - Hierzu ist anzumerken, daß unter rein betriebswirtschaftlichen Gesichtspunkten für eine Vermarktung auch eine Zuzahlung an die Wertstoffabnehmer, d.h. eine negative Erlöserzielung, in Betracht kommt. Die maximale Höhe der Zuzahlung wird dabei von den ersparten Kosten der Restabfallentsorgung determiniert.

- In TASi Nr. 4.1.5 schließlich wird darauf hingewiesen, daß die stoffliche Verwertung prinzipiell Vorrang vor sonstiger Entsorgung, d.h. auch vor der energetischen Verwertung besitzt. Jedoch "kann es in Einzelfällen notwendig sein, die Umweltauswirkungen der Verwertung zu überprüfen, wenn Anhaltspunkte dafür vorliegen, daß eine Verwertung zu insgesamt höheren Belastungen der Umwelt führt als eine geordnete Entsorgung". - In diesem Sinne gelten dieselben Abwägungskriterien wie bei der kostenmäßigen Zumutbarkeit. In entsprechender Weise ergeben sich informationsbedingte Schwierigkeiten bei der Erfassung der umweltrelevanten Effekte.

Zusammenfassend läßt sich feststellen, daß die Zuordnungskriterien für die Verwertung einen weiten Interpretationsspielraum bieten. Auch ist davon auszugehen, daß das Verwertungsgebot nur bei positivem Bescheid hinsichtlich aller vier Kriterien greift. Insofern liegt die Vermutung nahe, daß TASi Nr. 4.1 lediglich deklaratorischer Charakter zukommt und in praxi die faktischen Möglichkeiten des Entsorgers Art und Umfang der Verwertungsmaßnahmen bestimmen.

3.4.1.4 Behandlung

Die Entsorgung der nicht verwertbaren Restabfälle hängt von deren chemischen und physikalischen Eigenschaften ab. Eine Endablagerung auf Deponien ist nur bei Einhaltung vorgegebener Grenzwerte gestattet (vgl. TASi Nr. 4.2. und den Kriterien-

---

weltintensiven Entsorgungsmaßnahmen)
./. zusätzlicher Stoff- bzw. Energieinput durch Verwertungsmaßnahmen
./. zusätzliche Belastung der Aufnahmemedien durch Verwertungsmaßnahmen
= umweltrelevanter Nettoeffekt der Verwertung
Vergleichbare Ansätze sind das "Konzept der Lastpakete" (vgl. SRU (1991), S. 31 ff.) und der "Entropieansatz" (vgl. CORSTEN, H. / RIEGER, H. (1994), 222 ff.).

Katalog[111] in TASi Anhang B). Durch die Ablagerungskriterien soll erreicht werden, daß die Umweltgefahren herkömmlicher Deponien (sog. ungeordnete Deponien, Hausmülldeponien oder - in naturwissenschaftlich-technischem Kontext - sog. Reaktordeponien[112]), auf denen die Siedlungsabfälle unbehandelt und evtl. auch ohne Wertstoffentzug und Schadstoffentfrachtung abgelagert werden, vermieden werden. Von Reaktordeponien gehen - trotz vielerorts realisierter Fortschritte in der Deponietechnik mit Maßnahmen der Abdichtung des Deponiekörpers, der Sickerwassererfassung und -reinigung sowie der Deponiegaserfassung und -nutzung - folgende Gefahren und Probleme aus (vgl. auch *Abb. 3.6*):[113]

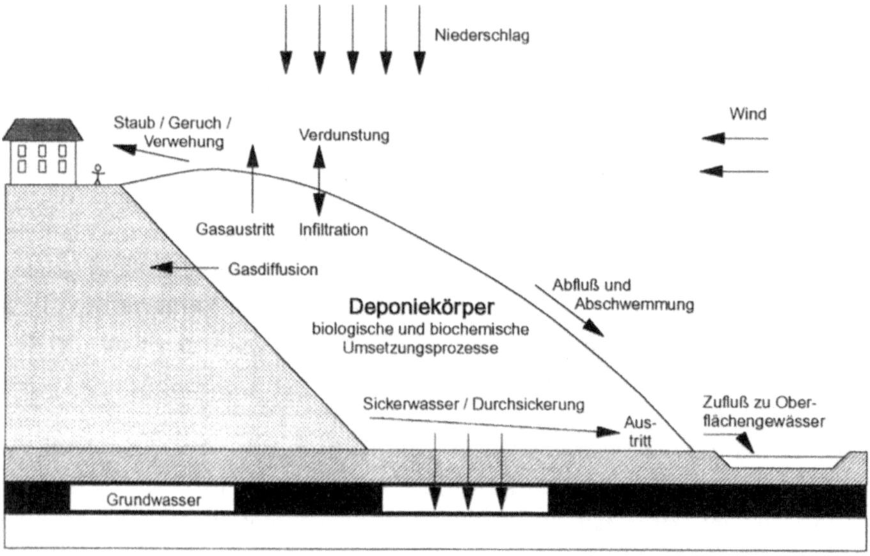

Abb. 3.6: Schematische Darstellung der möglichen Emissionen von Ablagerungen unbehandelter Abfälle (Quelle: BStMLU (1994 d), Bl. 15)

- Unsicherheiten über die zeitliche Funktionsfähigkeit und sich verändernde Wirksamkeit der Deponieabdichtungssysteme lassen offen, ob die im unbehandelten Siedlungsabfall enthaltenen Schadstoffe auf unbegrenzte Dauer im Deponiekörper verbleiben. Ein Entweichen in die Atmosphäre oder eine Kontamination von Boden und (Grund-)Wasser ist nicht ausgeschlossen (sog. Emissionen[114]).

---

111 Unter den insgesamt 20 Kriterien sind die bedeutendsten, weil restriktivsten Parameter der "Glühverlust" und der "Gesamte organisch gebundene Kohlenstoff" (total organic carbon - TOC); vgl. BERGS, C.-G. et al. (1993), S. 24 und S. 135 f.; RADDE, C.-A. (1993), S. 157 ff.; STIEF, K. (1993), S. 279 ff..

112 THOMÉ-KOZMIENSKY, K.J. (1993), S. 65 f..

113 Vgl. BERGS, C.-G. et al. (1993), S. 20 f.; BStMLU (1994 d), Bl. 14 ff..

114 "Emissionen" sind nach der Definition des § 3 Abs. 3 BImSchG die von einer Anlage ausgehen-

- Das im Rahmen der Abbauprozesse vornehmlich organischer Abfallbestandteile entstehende Deponiegas belastet als Emission die Atmosphäre, da die beiden wesentlichen Gasbestandteile Kohlendioxid und Methan den Treibhauseffekt unterstützen und außerdem zahlreiche toxisch wirkende Gasbestandteile freigesetzt werden. Selbst durch Deponiegasfassung und -nutzung kann dieses Problem nur reduziert werden, denn trotz Fassung entweichen ca. 50 % des Gases diffus.
- Um die genannten negativen Effekte einzudämmen, erfordert die Reaktordeponierung aktive Nachsorge- und Kontrollmaßnahmen, die sich über mehrere Jahrzehnte oder gar Jahrhunderte erstrecken müssen.

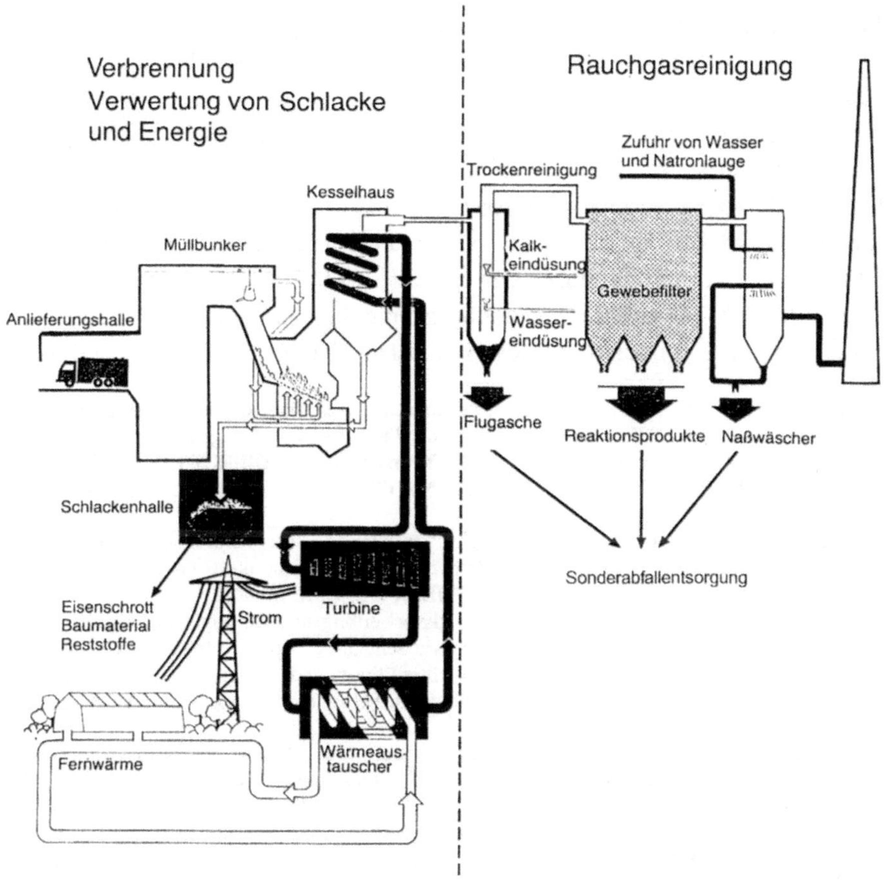

Abb. 3.7: Schema einer modernen MVA (in Anlehnung an: BStMLU (1990), S. 18)

den Luftverunreinigungen, Geräusche, Erschütterungen, Licht, Wärme, Strahlen und ähnliche Erscheinungen. Der Sache nach werden auch in anderen Umweltrechtsbereichen (z.B. Abfallrecht, Wasserrecht) Emissionen geregelt, wobei es sich um das Aussenden von Stoffen und anderen Erscheinungen in die Umwelt handelt. Vgl. hierzu SUNDERMANN, A. (1994).

Aus den dargelegten Gründen sind Restabfälle, welche die Ablagerungskriterien der TASi nicht einhalten, mittels geeigneter Verfahren vorzubehandeln.[115] Sowohl nach Stand der Technik als auch faktisch kommt als wirksames Vorbehandlungsverfahren derzeit ausschließlich die "thermische Behandlung" in Betracht.[116] Nach TASi Nr. 2.2.1 sind unter thermischer Behandlung Verfahren zur thermischen Trocknung, Verbrennung, Pyrolyse oder Vergasung von Abfällen oder Kombinationen dieser Verfahren zu verstehen.[117] Der in der Fachliteratur gebräuchliche Sammelbegriff lautet "Müllverbrennung", die korrespondierenden Anlagen werden als "Müllverbrennungsanlagen (MVA)" oder - bei gekoppelter Wärme- bzw. Energieerzeugung - auch als "Müllheizkraftwerke (MHKW)" bezeichnet. Außer der erforderlichen Schadstoffzerstörung bzw. -aufkonzentrierung und -abscheidung sowie der Verringerung des Gefährdungspotentials der Abfälle durch deren Überführung in einen inerten und biologisch inaktiven Zustand wird durch die Müllverbrennung eine erhebliche Volumenreduzierung der abzulagernden Abfallmengen erreicht. In TASi Nr. 9.1 werden an die thermische Behandlung diverse anlagen- und produktspezifische Anforderungen gestellt. Unter anderem wird bestimmt, daß die beim Verbrennungsvorgang anfallenden Rückstände vorrangig zu verwerten sind und die entstehende Wärmeenergie soweit wie möglich zu nutzen ist.[118] Für die entstehenden Gasemissionen sind unter Einhaltung der Anforderungen der speziell für Abfallverbrennungsanlagen geltenden 17. BImSchV[119] entsprechende Abgasreinigungseinrichtungen vorzuhalten.[120] Die Entsorgung nicht vermeidbarer Abwässer richtet sich gemäß TASi Nr. 7.1.5 nach

---

115 Laut KLOCKOW, S. (1995), S. 693 f. ist davon auszugehen, daß von den Restabfällen lediglich die Fraktion der Bauabfälle ohne weitere Vorbehandlung den Kriterien genügt.

116 Vgl. z.B. BERGS, C.-G. et al. (1993), S. 20 ff. und S. 103 f.; DIERKES, H. (1993), S. 953; HENSELDER-LUDWIG, R. (1993), S. 11; MAYER, F. / RASCH, B. / SCHWARZ, V. (1993); REIMANN, D.O. (1993).

117 Hierbei existieren unterschiedliche technische Varianten, bei der Verbrennung bspw. die konventionelle Rostfeuerung oder neuere Verfahren, wie das Thermoselect- oder das Schwelbrennverfahren. Vgl. SRU (1991), Tz. 1332 ff.; HEIL, J. (1994), S. I/608 ff..

118 Eine (potentielle) Verpflichtung zur Rückstandsverwertung und zur Eigennutzung der Wärmeenergie oder deren Abgabe an Dritte ergibt sich zudem aus § 5 Abs. 1 Nr. 3 und § 5 Abs. 1 Nr. 4 u. Abs. 2 BImSchG. Kriterien für die Pflichterfüllung sind die technische Möglichkeit und Zumutbarkeit. Für die Energienutzung ist hierbei insbesondere Art und Standort der Anlage zu berücksichtigen.

119 Vgl. Siebzehnte Verordnung zur Durchführung des Bundes-Immissionsschutzgesetzes (Verordnung über Verbrennungsanlagen für Abfälle und ähnliche brennbare Stoffe - 17. BImSchV) vom 23. November 1990 (BGBl. I S. 2545, ber. S. 2832).

120 Gegenüber den Vorgaben der TA Luft - vgl. Erste Allgemeine Verwaltungsvorschrift zum Bundes-Immissionsschutzgesetz (Technische Anleitung zur Reinhaltung der Luft) vom 27. Februar 1986 (GMBl. S. 95, 202) - sind die Emissionsbestimmungen der 17. BImSchV deutlich restriktiver. U.a. liegt der Grenzwert für Dioxinemissionen bei 0,1 ng/m^3 Abgas. Laut BERGS, C.-G. (1993), S. 21 gibt es weltweit keinen schärferen Grenzwert für diese Schadstoffgruppe. Anzumerken ist, daß Altanlagen die Grenzwerte der 17. BImSchV nicht sofort einhalten müssen. Es wird ein Nachrüstungszeitraum bis spätestens 1.12.1996 gewährt. Des weiteren gilt zu beachten, daß die Emissionsgrenzwerte der 17. BImSchV zwischenzeitlich nicht mehr dem Stand der Technik entsprechen. Moderne Müllverbrennungsanlagen weisen bei diversen Parametern deutlich geringere Belastungen auf. Vgl. hierzu etwa o.V. (1995 e), S. 1.

den Vorgaben des WHG[121]. *Abbildung 3.7* bietet einen schematischen Überblick einer modernen Müllverbrennungsanlage.

Dennoch wird mit der TASi für die Behandlung der Restabfälle die Müllverbrennung nicht zwingend vorgeschrieben. Auch neue technische Entwicklungen, insbesondere mechanisch-biologische Behandlungsverfahren (sog. kalte Verfahren)[122], könnten zukünftig zur Anwendung kommen, sofern die Ablagerungskriterien in TASi Anhang B oder die Voraussetzungen einer Ausnahmegenehmigung nach TASi Nr. 2.4 erfüllt werden.[123] Rahmenvorgaben für kalte Verfahren sind in TASi Nr. 9.2 bereits vorgesehen. Per Beschluß des Bundesrates vom 12. Februar 1993 (Bundesrats-Drucksache 594/92) wurde die Bundesregierung aufgefordert, bis spätestens Ende 1995 die Maßstäbe für eine ausnahmsweise oder uneingeschränkte Zulassung der umweltverträglichen Ablagerung von Rückständen aus mechanisch-biologischen Behandlungsverfahren für Siedlungsabfälle zu benennen.[124] Auch in der Fachliteratur wird in zunehmendem Maße die thermische Abfallbehandlung zugunsten der kalten Verfahren in Frage gestellt.[125] Die Kritikpunkte machen einerseits an den ökologischen und kostenmäßigen Aspekten der thermischen Behandlung fest, andererseits wird die Tauglichkeit der Grenzwerte in TASi Anhang B und die Bindungswirkung der TASi an sich angezweifelt.[126] Nach Einschätzung des Umweltbundesamtes deuten Versuchsergebnisse zwar darauf hin, daß mechanisch-biologische Vorbehandlungsverfahren einen positiven Einfluß auf das Deponieverhalten im Vergleich zur Ablagerung unbehandelter Abfälle erwarten lassen. Gleichwohl können diese Verfahren aus

---

121 Vgl. Gesetz zur Ordnung des Wasserhaushaltes (Wasserhaushaltsgesetz - WHG) in der Fassung der Bekanntmachung vom 23. September 1986 (BGBl. I S. 1529, ber. S. 1654), geändert durch Gesetze vom 12. Februar 1990, BGBl. I S. 205), vom 26. August 1992 (BGBl. I S. 1564) und vom 27. Juni 1994 (BGBl. I S. 1440).

122 Vgl. für einen Überblick diverser Verfahrensvarianten LAHL, U. / ZESCHMAR-LAHL, B. (1996), S. 303 ff..

123 Nach TASi Nr. 2.4 können Abweichungen von den Anforderungen der TASi eingeräumt werden, wenn der Einzelnachweis erbracht wird, daß "das Wohl der Allgemeinheit - gemessen an den Anforderungen dieser Technischen Anleitung" nicht beeinträchtigt wird. BERGS, C.-G. et al. (1993), S. 108 merken an, daß aufgrund der sprachlichen Konkretisierung des Gemeinwohlaspektes der Ermessensspielraum für die zuständigen Behörde erheblich begrenzt ist. Bei der Ermessensausübung werden die Behörden alle alternativen Verfahren zur Behandlung von Restabfällen nach dem vorgegebenen Maßstab der weitestgehenden Intertisierung der Abfälle zu bewerten haben. - In diesem Zusammenhang sei darauf hingewiesen, daß Versuchsanlagen zur Entwicklung und Erprobung neuer Verfahren auf jeden Fall betrieben werden können, da sie nach TASi Nr. 1.2 ausdrücklich vom Anwendungsbereich der technischen Anleitung ausgenommen sind.

124 Dabei sollen Aussagen getroffen werden zu den Anforderungen der Behandlungsrückstände und einer möglicherweise erforderlichen Änderung von TASi Anhang B sowie zu eventuellen Änderungen hinsichtlich Bau und Betrieb der für die Ablagerung der Behandlungsrückstände erforderlichen Deponien.

125 Vgl. z.B. FRANKE, B. / FRANKE, A. / KNAPPE, F. (1992); WÖRNER, D. (1994); KREMER, P. (1995); MÜLLMANN, C. / LOHMANN, H. (1995); REINHARDT, T. (1995).

126 Auf diese Aspekte wird in Kapitel 5.2.2.1.1.1.1 noch näher eingegangen.

heutiger Sicht aufgrund der vielen offenen Fragen nur eine Übergangslösung darstellen.[127]

In Beantwortung der o.g. Bundesratsanfrage kommt die Bundesregierung in ihrem Bericht[128] vom 11. Januar 1996 über die Bewertung der Ablagerung von mechanisch-biologisch behandelten Abfällen zu dem Ergebnis, daß die kalten Verfahren keine Alternative zur thermischen Behandlung darstellen. Als gravierende Nachteile werden im besonderen

- die unzureichende Entfrachtung von Schadstoffen,
- die noch relativ hohe biologische Restaktivität,
- die ungesicherte Langzeitstabilität des auf Deponien abgelagerten Materials,
- die fehlende Verwertbarkeit der behandelten Rückstände,
- die ungenügende Einsparung an Deponievolumen in Hinblick auf den Landschaftsverbrauch sowie
- der hohe Platzbedarf der Behandlungsanlagen

angeführt. Insofern entsprechen die kalten Verfahren nicht dem Stand der Technik. Auch unter Kostenaspekten wird den kalten Verfahren kein Vorteil konzidiert, da die im Vergleich zur Verbrennung geringeren Behandlungskosten durch höhere Aufwendungen für Deponietechnik und -volumen, zur Emissionsbegrenzung und zum Arbeitschutz kompensiert werden. In Anbetracht dieser Sachlage lehnt die Bundesregierung eine Abschwächung der Ablagerungskriterien der TASi ab und empfiehlt im übrigen den Bundesländern, im Rahmen ihrer Abfallentsorgungspläne auf eine rasche Umsetzung in allen veranwortlichen Gebietskörperschaften hinzuwirken.

3.4.1.5 Ablagerung

Die nach Ausschöpfung aller Verwertungsmaßnahmen verbleibenden und die Ablagerungseigenschaften einhaltenden Abfälle sind schließlich auf Deponien abzulagern. In Abhängigkeit der Grenzwertanforderungen in TASi Anhang B unterscheidet die TASi Nr. 4.2 zwei Deponietypen:

(1) Mineralstoffdeponien (Deponieklasse I) für Abfälle mit besonders niedrigem Schadstoffgehalt, die ohne vorherige Behandlung abgelagert werden können oder die so behandelt werden, daß sie von erdkrusten- oder erzähnlicher Substanz sind - sie entsprechen quasi den bisherigen Erdaushub- und Bauschuttdeponien;

(2) Reststoffdeponien (Deponieklasse II) für Abfälle mit geringeren Anforderungen an die Beschaffenheit, aber dafür strengeren Anforderungen an den Deponie-

127 Vgl. UBA (1995), S. 339.
128 Vgl. BMU (1996 a).

standort und die Deponieabdichtung - sie lösen die bisherigen Reaktordeponien ab.[129]

Für die Ablagerung der nichtverwertbaren Aschen und Schlacken aus der thermischen Behandlung sind die Zuordnungswerte der Deponieklasse I anzustreben, diejenigen der Deponieklasse II jedoch mindestens einzuhalten (vgl. TASi Nr. 9.1.2.2). Des weiteren bestimmt TASi Nr. 4.2, daß Abfälle, für die ein nachteiliges Reaktionsverhalten mit anderen Abfallfraktionen angenommen werden kann, und speziell asbesthaltige Abfälle gesondert in sog. Monodeponien[130] abzulagern sind. Abfälle mit umweltbedenklichem Gehalt an langlebigen oder bioakkumulierbaren toxischen Stoffen hingegen fallen unter das Regime der Sonderabfallwirtschaft, wo sie in Untertagedeponien zu verbringen sind.

In Ergänzung zu den Anforderungen an die Eigenschaften des Restabfalls werden für die Deponien detaillierte Standort-, Errichtungs-, Stabilitäts- und Betriebsanforderungen gestellt (vgl. TASi Nr. 10).[131] Um eine mögliche Freisetzung und Ausbreitung von Schadstoffen zu verhindern, sind mittels geologisch und hydrogeologisch geeigneter Standorte[132], geeigneter Basis-, Oberflächenabdichtungs- und Entwässerungssysteme[133], geeigneter Einbautechnik der Abfälle[134] sowie durch die Einhaltung der Zuordnungswerte nach TASi Anhang B mehrere weitgehend voneinander unabhängige Barrieren nach dem Stand der Technik zu schaffen. Dieses sog. Multibarrierenkonzept[135] soll gewährleisten, daß selbst bei Ausfall einer Barriere noch ein wirkungsvoller Schutz für die Umgebung verbleibt. Nach Verfüllung und baulichem Abschluß der Deponie sind in der Nachsorgephase insbesondere Langzeitsicherungsmaßnahmen und Kontrollen des Deponieverhaltens durchzuführen.[136]

---

129 Vgl. HENSELDER-LUDWIG, R. (1993), S. 12; UHLMANN, B. / WUTTKE, J. (1993), S. 155.

130 Hierbei handelt es sich gem. TASi Nr. 2.2.1 um Deponien oder Deponiebereiche für die zeitlich unbegrenzte Ablagerung von Abfällen, die nach Art, Schadstoffgehalt und Reaktionsverhalten ähnlich und untereinander verträglich sind.

131 Dabei sind die Anforderungen für Deponien der Deponieklasse II im Vergleich zu Deponien der Klasse I teilweise geringer.

132 Die geologische Barriere stellt einen bedeutsamen Faktor für die Langzeitsicherheit einer Deponie dar. Als Deponiestandort sollen daher möglichst nur Gebiete mit naturdichten Böden gewählt werden. Vgl. TASi Nr. 10.3.

133 Die Deponiebasisabdichtung als Kombination aus mineralischer Dichtung und Kunststoffdichtungsbahn und ein effizientes Entwässerungssystem dienen dem Schutz des Grundwassers. Nach dem Verfüllen einzelner Deponieabschnitte ist als weitere Barriere eine ebenfalls mehrschichtige Oberflächenabdichtung vorgesehen. Vgl. TASi Nr. 10.4.

134 Vgl. hierzu die Bestimmungen in TASi Nr. 10.6.4.1.

135 Vgl. STIEF, K. (1986), S. 15 ff..

136 Die Dauer der Nachsorgephase wird in der TASi bewußt nicht konkretisiert, da sich das Verhalten der unterschiedlichen Deponien auch in Zukunft möglicherweise unterscheidet; vgl. BERGS, C.-G. et al. (1993), S. 130; STIEF, K. (1994 a), S. 28 f..

Für Altdeponien[137] gelten bestimmte Mindestanforderungen (vgl. TASi Nr. 11.2 i.v.m. TASi Anhang C). Gerade bei Hausmülldeponien sind die Stabilitäts- und Betriebsvorgaben einzuhalten, verfüllte Deponieabschnitte abzudichten und anfallende Sickerwässer aufzufangen und zu entsorgen. Zudem ist das Deponiegas aus betriebenen oder stillgelegten Deponieabschnitten nach Möglichkeit zu erfassen und zu verwerten. Die Verbrennung des erfaßten Deponiegases darf dabei nur in begründeten Ausnahmefällen ohne Energienutzung erfolgen.[138] Für sonstige Deponien, im wesentlichen Bodenaushub-, Bauschutt- und Klärschlammdeponien, können nach Ermessen der zuständigen Behörde auch geringere Anforderungen festgelegt werden.

3.4.2 Ergänzende Empfehlungen zur TASi

Zur Umsetzung des beschriebenen Systems an Verfahren und Techniken zur Entsorgung der unterschiedlichen Siedlungsabfälle werden den entsorgungspflichtige Gebietskörperschaften vom BMU "Ergänzende Empfehlungen zur TASi"[139] erteilt.

In diesen Empfehlungen wird einleitend bestimmt, daß die TASi-Vorgaben entsprechend der regionalen Gegebenheiten und Besonderheiten anzuwenden sind. Hinsichtlich des in der TASi nicht thematisierten Aspektes der Abfallvermeidung wird nachgetragen, daß die entsorgungspflichtigen Gebietskörperschaften darauf hinwirken sollen, daß möglichst wenig Abfall entsteht und unvermeidbarer Abfall möglichst verwertet wird. Für die konkrete Umsetzung des TASi-Entsorgungssystems wird zur Aufstellung eines "Integrierten Abfallwirtschaftskonzeptes" geraten.[140] Hiernach soll zunächst eine fundierte Datenbasis hinsichtlich der bereits vorhandenen Entsorgungsinfrastruktur, der anfallenden Abfallarten, -mengen und -zusammensetzungen, der Art und Menge bereits erfaßter Wertstoffe, der regionalen Absatzmöglichkeiten für Wertstoffe und der anfallenden schadstoffhaltigen Abfälle geschaffen werden. Auch sind die Vermeidungs- und Verwertungspotentiale aufzuzeigen. Erst danach können die erforderlichen Erfassungs-, Sortier-, Verwertungs-, Vorbehandlungs- und Deponiekapazitäten bedarfsnah quantifiziert werden. Unter den Aspekten der Entsorgungssicherheit und der Kostenbelastung sind dabei insbesondere Kooperationen mit benachbarten entsorgungspflichtigen Körperschaften in Betracht zu ziehen. - Im weiteren

---

137 Altdeponien im speziellen bzw. Altanlagen im allgemeinen sind nach TASi Nr. 2.2.1 Abfallentsorgungsanlagen, deren Betrieb noch nicht abgeschlossen ist, deren Errichtung und Betrieb zum Zeitpunkt des Inkrafttretens der TASi zugelassen sind oder deren Vorhaben im Rahmen eines Planfeststellungsverfahrens öffentlich bekannt gemacht worden sind.

138 Eine (potentielle) Verpflichtung zur Gasverwertung ergibt sich zudem aus § 5 Abs. 1 Nr. 3 BImSchG. Kriterien für die Pflichterfüllung sind hier die technische Möglichkeit und Zumutbarkeit.

139 Vgl. BMU (1993 a).

140 Vgl. BMU (1993 a), Anhang 1.

soll eine Entsorgungseinrichtung, die den Anforderungen der TASi vollständig oder weitgehend entspricht, als "Integrierte Abfallwirtschaft" bezeichnet werden.

3.4.3 Status quo und Übergangsregelungen

In *Tabelle 3.3* ist der Bestand an öffentlichen Entsorgungsanlagen für den Zeitraum 1977 bis 1990 laut Angaben des Statistischen Bundesamtes aufgeführt.

Jahr	Anlagen der öffentlichen Abfallentsorgung, 1977 - 1990 *)					
	Hausmüll-deponien 1)	Bauschutt-deponien 2)	sonstige Deponien 3)	Müllver-brennungs-anlagen	Kompo-stierungs-anlagen	Sonstige Anlagen 4)
1977	1.355	1.401	-	43	17	49
1980	530	2.388	-	44	16	55
1982	439	2.621	-	44	15	57
1984	385	2.699	34	46	28	19
1987	322	2.713	37	47	60	31
1990	290	2.543	41	50	218	89
1990 5)	2.622	3.454	1.238	52	231	95

*) Früheres Bundesgebiet.
1) Deponien für Hausmüll, hausmüllähnliche Gewerbeabfälle, Sperrmüll.
2) Deponien für Bauschutt und Bodenaushub sowie Deponien für Bodenaushub (ausschließlich).
3) Bis 1982 nicht gesondert erfragt, in sonstigen Entsorgungsanlagen enthalten.
4) Z.B. chemische oder physikalische Behandlungsanlagen, bis 1982 einschließlich sonstige Deponien.
5) Gesamt-Deutschland. - Deponien in den neuen Ländern und Berlin-Ost einschl. ungeordneter Ablagerungen.

Tab. 3.3: Anlagen der öffentlichen Abfallentsorgung, Zeitraum 1977 - 1990 [141]

Aus den Daten ist ersichtlich, daß die Anzahl der Hausmülldeponien bis 1990 um insgesamt 79 % zurückgegangen ist. Demgegenüber hat sich die Zahl der Bauschutt- und Bodenaushubdeponien bis 1987 fast verdoppelt. Ursächlich für diese Entwicklung ist, daß in Folge des Abfallbeseitigungsgesetzes von 1972 die Hausmülldeponien systematisch zentralisiert wurden, um eine bessere Ausstattung und Überwachung zu gewährleisten. Die Zunahme der Bauschuttdeponien läßt sich zurückführen auf die vergleichsweise geringeren Anforderungen an die Deponieausstattung sowie auf die verstärkte Nachfrage infolge länger gewordener Transportwege zu den zentralisierten Hausmülldeponien und deren höheren Deponierungskosten.[142] Für die Anzahl der Verbrennungsanlagen läßt sich nur ein mäßiges Wachstum konstatieren. Im Betrachtungszeitraum kamen im früheren bzw. im gesamten Bundesgebiet lediglich 7 bzw. 9 Anlagen hinzu.

---

141 Zur Datenbasis vgl. STATISTISCHES BUNDESAMT (1994 a), S. 14.
142 Vgl. SRU (1991), Tz. 561.

In welchem Ausmaß die Siedlungsabfälle im engeren Sinne die diversen Entsorgungsanlagen im betrachteten Zeitraum beansprucht haben, läßt sich *Tabelle 3.4* entnehmen. Es ist erkennbar, daß die dominierende Entsorgungsstrategie die unbehandelte Abfalldeponierung ist. Ihr Anteil von 80,37 % an der Entsorgung im Jahr 1977 ging zwar auf 70,12 % im Jahr 1990 zurück. Bei gesamtdeutscher Betrachtung jedoch ist für 1990 ein Anteilswert von 80,28 % anzusetzen. Im Vergleich hierzu nehmen sich die anderen Entsorgungsmöglichkeiten bescheiden aus. So wurden im Bundesgebiet 1990 lediglich 14,98 % der Siedlungsabfälle thermisch behandelt.[143]

Jahr	**An Anlagen der öffentlichen Abfallentsorgung angelieferte Siedlungsabfälle im engeren Sinne nach Art der Anlagen, 1977 - 1990 *)**				
	insgesamt angelieferte Abfallmengen 1)	Deponien 2)	Müllverbrennungsanlagen	Kompostierungsanlagen	Sonstige Beseitigungsanlagen 3)
	1.000 t				
1977	28.985	23.295	5.119	481	89
1980	31.698	24.876	6.253	442	127
1982	28.801	21.612	6.340	462	387
1984	29.604	21.704	7.185	546	169
1987	31.288	22.112	7.962	630	583
1990	35.966	25.221	8.198	1.361	1.186
1990 4)	55.217	44.329 5)	8.273	1.429	1.186

*) Früheres Bundesgebiet.
1) Einschl. der über Umladestationen u. Sammelstellen für Gewerbeabfall an Entsorgungsanlagen angelieferten Abfallmengen.
2) Ab 1984 einschl. sonst. Deponien. Ab 1990 bei den neuen Ländern einschl. ungeordneter Ablagerungen.
3) Z.B. chemische oder physikalische Behandlungsanlage, Sortieranlage, Bauschuttaufbereitungsanlage; 1977 und 1980 auch einschl. sonstiger Deponien.
4) Gesamt-Deutschland.
5) Einschl. ungeordneter Ablagerungen.

Tab. 3.4: An Anlagen der öffentlichen Abfallentsorgung angelieferte Siedlungsabfälle im engeren Sinne nach Art der Anlagen, Zeitraum 1977 - 1990 [144]

Diese Situation hat sich auch für den Zeitraum ab 1990 nicht grundlegend geändert. Trotz Intensivierung der thermischen Behandlung in einzelnen Bundesländern[145] wird

143 Anzumerken ist, daß hierbei zwischen den einzelnen Bundesländern erhebliche Unterschiede bestehen. Im Jahr 1990 wurden von den Siedlungsabfällen im engeren Sinne (ohne gesondert angelieferte kompostierbare organische Abfälle) in den Flächenstaaten der neuen Bundesländer 100 % unbehandelt deponiert, in denjenigen des früheren Bundesgebietes durchschnittlich über 74 %. In den Stadtstaaten hingegen wurden die Abfälle fast ausschließlich verbrannt. Vgl. hierzu STATISTISCHES BUNDESAMT (1994 a), S. 69 ff..

144 Zur Datenbasis vgl. STATISTISCHES BUNDESAMT (1994 a), S. 15.

145 Vgl. z.B. Bayern, wo die Anteilswerte der "unbehandelten Deponierung" bzw. "thermischen Behandlung" an der Restabfallentsorgung von 61,6 % bzw. 38,4 % im Jahr 1991 auf 31,0 % bzw. 69,0 % im Jahr 1993 verändert werden konnten. Vgl. BStMLU (1993), S. 100; BayLfU

nach wie vor der Restabfall überwiegend unbehandelt abgelagert.[146] Eine Abschätzung des Bedarfs an Neuanlagen zur thermischen Behandlung gestaltet sich jedoch schwierig. Laut Umweltbundesamt läßt sich in Abhängigkeit verschiedener Zukunftsszenarien hinsichtlich der Entwicklung der Restabfallmengen, dem kombinierten Einsatz von mechanisch-biologischen Behandlungsverfahren[147] und der Anlagenkapazität ein zusätzlicher Bedarf zwischen 0 und 161 Anlagen ermitteln (vgl. *Tab. 3.5*).

Basisdaten (Bezugsjahr 1994)				
Siedlungsabfall, gesamt		45 Mio. t/a 1)		
vorhandene Verbrennungskapazität		ca. 10,9 Mio t/a		
Zahl der existierenden Verbrennungsanlagen		52		
mittlere Kapazität der Neuanlagen		100.000 bzw. 200.000 t/a		
Abschätzung des Anlagenbedarfs				
Vermeidungs- und Verwertungsquote für Siedlungsabfälle (%)		40	50	60
resultierende Menge an Restabfällen (Mio. t/a)		27	22,5	18
Neuanlagenbedarf	bei vollständig thermischer Behandlung der Restabfälle	**161 / 81** 2)	**116 / 58** 2)	**71 / 36** 2)
	bei 20 %iger Reduzierung der Restabfälle durch Kombination mit mechanisch-biologischer Behandlung	**107 / 54** 2)	**71 / 36** 2)	**35 / 18** 2)
	bei 40 %iger Reduzierung der Restabfälle durch Kombination mit mechanisch-biologischer Behandlung	**53 / 27** 2)	**26 / 13** 2)	**0**

1) Schätzungen gemäß Daten des Statistischen Bundesamtes.
2) Kapazität der Neuanlagen von 100.000 t/a bzw. 200.000 t/a.

Tab. 3.5: Schätzungen des Bedarfs an Neuanlagen zur thermischen Behandlung von Siedlungsabfällen in Abhängigkeit von der Entwicklung der Restabfallmengen und der Anwendung kombinierter Behandlungskonzepte (Quelle: UBA (1995), S. 342)

Dabei wurde vereinfachend eine Vollauslastung der Anlagen unterstellt. Anzumerken ist jedoch, daß immer häufiger bestehende Müllverbrennungsanlagen aufgrund zurückgehender regionaler Restabfallmengen eine Unterauslastung zu verzeichnen haben.[148] Um den Zusatzbedarf an thermischen Behandlungsanlagen so gering wie

(1995), S. 52.

146 Vgl. hierzu die Übersicht von 10 Bundesländern für das Jahr 1993 in BayLfU (1995), S. 92. Für die unbehandelte Deponierung bzw. thermische Behandlung lassen sich durchschnittliche Anteilswerte an der Restabfallentsorgung - gewichtet mit den landesspezifischen Restabfallmengen - von 76,72 % bzw. 23,28 % ermitteln.

147 Einen Überblick der mechanisch-biologischen Abfallbehandlungsanlagen in Deutschland hinsichtlich Standort und Status (in Planung, im Bau, in der Versuchsphase oder in Betrieb) gibt WICKEREN, H. v. (1995), S. 105.

148 Vgl. die Übersicht der Leistungsdaten von 49 Verbrennungsanlagen für das Jahr 1992 in RHODOVI, A. (1993), S. 24 ff.. Danach weisen 25 Anlagen eine jahresbezogene Auslastung von 55 % bis 97 % auf (Mittelwert: 90,52 %). Nur 16 Anlagen werden mit voller Auslastung - davon zwei sogar mit Überlast - betrieben. Für die restlichen 7 Anlagen liegen keine Angaben vor.

möglich zu halten, wäre eine überregional effektivere Nutzung der vorhandenen Kapazitäten zweckmäßig.[149]

Hinsichtlich der sonstigen qualitativen Anforderungen an die Deponierung läßt sich für das Jahr 1993 feststellen, daß 53 % der Deponien über keine Basisabdichtung verfügen, bei 49 % der Deponien keine Sickerwässer erfaßt werden und aus 65 % der Deponien das Deponiegas ungefaßt entweicht. Auf 19 % der Deponien wird das gefaßte Deponiegas energetisch genutzt. Wie aus *Abbildung 3.8* ersichtlich, bestehen dabei zwischen den alten und den neuen Bundesländern erhebliche Unterschiede. Die noch in Betrieb befindlichen Übergangsdeponien in den neuen Bundesländern sind nur in wenigen Ausnahmefällen mit einer Basisabdichtung ausgestattet. Entsprechend gering ist eine an das Vorliegen von Dichtungssystemen gebundene Sickerwassererfassung. Bezüglich der Gaserfassung ist zu bemerken, daß in den neuen Bundesländern in der Vergangenheit überwiegend anorganische Abfälle abgelagert wurden, die kein Deponiegas produzieren.[150]

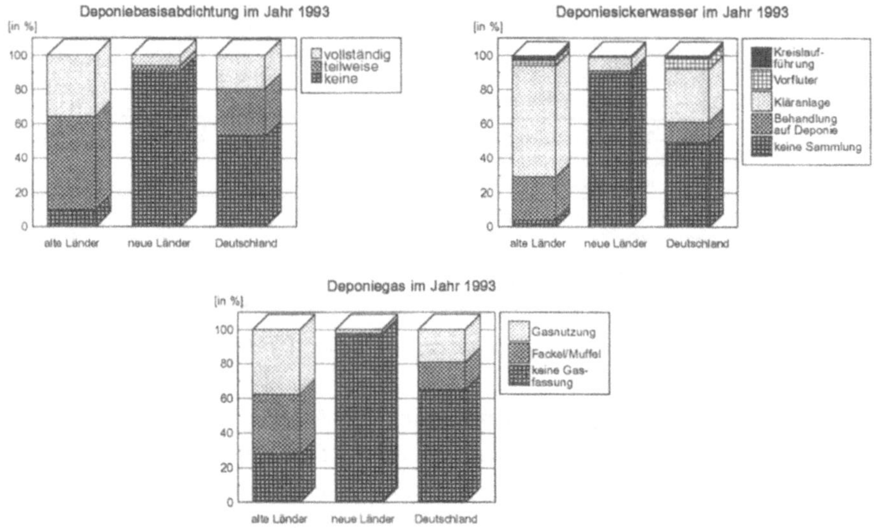

Abb. 3.8: Erfüllung ausgewählter Deponieanforderungen im Jahr 1993 (in Anlehnung an UBA (1994), S. 563)

Angesichts der bestehenden Entsorgungsquantitäten und -qualitäten, aber auch aufgrund des allgemeinen Planungs- und Abstimmungsbedarfs der entsorgungspflichtigen Gebietskörperschaften gelten zur Umsetzung der TASi-Anforderungen gewisse Übergangsbestimmungen (vgl. TASi Nr. 11 und 12). Während bei neu zu errichtenden

149 UBA (1995), S. 343.
150 Vgl. UBA (1994), S. 562.

Anlagen die Anforderungen sofort und ohne Abstriche eingehalten werden müssen, sind Altanlagen im Sinne von TASi Nr. 2.2.1 im wesentlichen wie folgt anzupassen:

- Die Anforderungen an die Aufbereitungsanlagen für Bioabfälle sowie die Anforderungen an die Infrastruktur von Behandlungsanlagen aller Art und Deponien sind bis spätestens 1.6.2002 zu erfüllen.

- Anforderungen an Altdeponien müssen - mit eventuell abgestuften Fristen - bis spätestens 1.6.1999 eingehalten werden.

- Hinsichtlich der Beschaffenheit der abzulagernden Abfälle können bei Hausmüll, hausmüllähnlichen Gewerbeabfällen, Klärschlamm und anderen organischen Abfällen bis spätestens 1.6.2005, bei Bodenaushub, Bauschutt und anderen mineralischen Abfällen bis spätestens 1.6.2001 Ausnahmen von den Ablagerungskriterien nach TASi Anhang B eingeräumt werden. - Eine Ausnahmegenehmigung ist dabei an zwei Voraussetzungen gebunden. Einerseits muß die Nichterfüllung der Zuordnungskriterien absehbar sein. BERGS et al. merken an, daß das Merkmal "absehbar" auch die mittelbare Pflicht der Entsorgungspflichtigen beinhalte, die Anforderungen der TASi schnellstmöglich umzusetzen.[151] Eine Verzögerungstaktik, beispielsweise in der Hoffnung einer zwischenzeitlichen Entschärfung der TASi-Vorgaben, sei nicht rechtmäßig. Andererseits müsse ein Mangel an Behandlungskapazität vorliegen. Bei Prüfung dieses Sachverhalts sei nicht lediglich auf das unmittelbare Gebiet der entsorgungspflichtigen Körperschaft abzustellen, sondern es müssen auch die umliegenden Regionen miteinbezogen werden.

Nach TASi Nr. 13 war im Jahr 1995 zu prüfen, ob eine Umsetzung des integrierten Entsorgungskonzeptes innerhalb der gewährten Fristen möglich ist. Nach Ansicht von BERGS et al. würde hierbei lediglich regionalen Umsetzungsproblemen keine Bedeutung zukommen.[152] Auch könne sich aus dieser Vorgabe keine "automatische" Verlängerung der Fristen ergeben. Hierzu wäre vielmehr eine formelle Änderung der TASi im Verfahren gemäß Art. 84 Abs. 2 GG bzw. § 4 Abs. 5 AbfG notwendig. - In ihrem Prüfungsbericht[153] vom 11. Januar 1996 bestätigt die Bundesregierung die Umsetzungsfristen der TASi. Bestehende Umsetzungsprobleme in einzelnen Gebietskörperschaften beruhen laut Prüfung nicht auf einer zu knappen Bemessung der Fristen, sondern basieren auf Finanzierungsschwierigkeiten und Irritationen hinsichtlich des Verbindlichkeitsgrades der TASi. Eine entsprechende Klarstellung hinsichtlich der

151 Vgl. BERGS, C.-G. et al. (1993), S. 133.
152 Vgl. BERGS, C.-G. et al. (1993), S. 134.
153 Vgl. BMU (1996 b).

Verbindlichkeit der TASi-Vorgaben erfolgt im o.g. Bericht zur Bewertung der kalten Verfahren[154].

Inwiefern die Anforderungen der TASi Bestand haben werden, hängt jedoch nicht nur von der nationalen Abfallpolitik ab, sondern auch von den Harmonisierungsbestrebungen im Rahmen der europäischen Union. So wird derzeit mit dem "Vorschlag für eine Richtlinie des Rates über Abfalldeponien"[155] angedacht, die europäischen Standards für die Deponierung von Abfällen zu vereinheitlichen. Gegenüber den Anforderungen der TASi ist dieser Vorschlag ein Rückschritt, da weder eine Aussonderung und Kompostierung organischer Abfallbestandteile noch eine Vorbehandlung der Restabfälle thematisiert werden. Zudem werden geringere Anforderungen an das Deponieabdichtungssystem gestellt und die Nachsorgepflichten auf einen Zeitraum von lediglich zehn Jahren begrenzt. Bei Erlaß der Richtlinie ergäbe sich für die Abfallpolitik der Bundesrepublik ein Dilemma.[156] Eine vollständige Übernahme der Richtlinien-Anforderungen in nationales Recht wäre eine Entscheidung zu Lasten der Umwelt. Außerdem würden sich bereits getätigte Investitionen zur Umsetzung der TASi letztlich als überstandardisiert erweisen. Ein Festhalten am anspruchsvolleren und gleichsam kostenintensiveren TASi-Standard hingegen würde Wettbewerbsverzerrungen zur Folge haben, welche gerade durch die einheitlichen EU-Regelungen verhindert werden sollen. - Inzwischen wurde die Deponierichtlinie in der erarbeiteten Fassung zwar vom Europäischen Parlament abgelehnt.[157] Eine Neufassung unterhalb TASi-Niveau ist jedoch wahrscheinlich.

3.5 Interkommunale Kooperationen

Angesichts der umfangreichen und entsprechend finanzierungsintensiven Vorgaben der TASi und unter dem Aspekt der Wirtschaftlichkeit kann nicht davon ausgegangen werden, daß von jeder entsorgungspflichtigen Körperschaft die diversen erforderlichen Abfallentsorgungsanlagen vorgehalten werden.[158]

---

154 Vgl. BMU (1996 a).

155 Vgl. BR-Drs. 484/93.

156 Vgl. SCHINK, A. (1995), S. 235.

157 Vgl. hierzu o.V. (1996 n).

158 Vgl. BERGS, C.-G. et al. (1993), S. 26 und 32. Der zur Ergänzung der vorhanden Anlagenstruktur notwendige Investitionsbedarf wurde von der Bundesregierung für den Bereich der Verbrennungsanlagen auf ca. 10 Milliarden DM und für den Bereich der Kompostierungsanlagen auf etwa 3 Milliarden DM beziffert. Für die Errichtung neuer Deponien hingegen entstehen im Fall von Deponien der Klasse II keine Mehrkosten, weil sich die Anforderungen am Stand der Technik orientieren, die auch ohne Geltung der TASi dem Zulassungs- bzw. Genehmigungsverfahren hätten zugrunde gelegt werden müssen. Demgegenüber lassen sich erhebliche Einsparungen bei der Errichtung der technisch weniger aufwendigen Deponien der Klasse I erreichen.

Bundesland	Landesgesetz*)	Möglichkeiten für interkommunale Zusammenarbeit	Notwendige und hinreichende Bedingungen für Pflichtvereinbarungen bzw. Pflichtverbände
Baden-Württemberg	LAbfG BW	Abfallverbände oder öffentlich-rechtliche Vereinbarungen nach dem Gesetz über komm. Zusammenarb. (§ 6a Abs. 2, § 7)	• Pflichterfüllungserforderlichkeit • Anlagenausfallwagnis
Bayern	BayAbfAIG	Zweckverbände und sonstige Kooperationen nach dem Gesetz über die kommunale Zusammenarbeit (Art. 8)	• Pflichterfüllungserforderlichkeit • Vermeidung der Beeinträchtigung des Wohls der Allgemeinheit • Wirtschaftlichkeitsvorteile
Berlin	LAbfG Berlin	Zweckverband (§ 10)	• Pflichterfüllungserforderlichkeit • Anlagenausfallwagnis • Wirtschaftlichk.- u. Umweltvorteile
Bremen	BremAGAbfG	-	-
Hamburg	HmbAbfG	länderübergreifende Verbundlös. zur Sicherstellung der Ents. (§ 8 Abs. 2)	-
Hessen	HAbfG	-	-
Niedersachsen	NAbfG	Zweckvereinbarungen oder Zweckverbände (§ 6 Abs. 2)	• Gefährdung der ordnungsgemäßen Abfallentsorgung
Nordrhein-Westfalen	LAbfG NW	Kooperationen nach Maßgabe des Gesetzes über komm. Zusammenarbeit (§ 5 Abs. 7), Abfallentsorgungsverbände (§ 6)	• Pflichterfüllungserforderlichkeit • Vermeidung der Beeinträchtigung des Wohls der Allgemeinheit
Rheinland-Pfalz	LAbfWAG RP	Kooperationen nach Maßgabe des Zweckverbandgesetzes (§3 Abs. 3)	Kooperationspflicht bei • Pflichterfüllungserforderlichkeit • Wirtschaftlichkeitserforderlichkeit • Wirtschaftlichkeitsvorteilen
Saarland	SAbfG	entsorgungspfl. Körperschaft = KABV	-
Schleswig-Holstein	LAbfG SH	öffentl.-rechtl. Vereinb. oder Zweckverb. nach Maßgabe des Gesetzes über die komm. Zusammenarbeit (§ 3 Abs. 6)	-
Brandenburg	BraLAbfVG	Abfallentsorgungsverband (§ 5)	• Pflichterfüllungserforderlichkeit • Vermeidung der Beeinträchtigung des Wohls der Allgemeinheit
Mecklenburg-Vorpommern	AbfAIG M-V	Zweckverbände (§ 7)	• Pflichterfüllungserforderlichkeit • Vermeidung der Beeinträchtigung des Wohls der Allgemeinheit • wesentl. Wirtschaftlichkeitsvorteile
Sachsen	SächsEGAB	regionale Abfallverbände in Form von Zweckverbänden (§ 4)	• Pflichterfüllungserforderlichkeit • Entsorgungssich.erforderlichkeit • wesentl. Wirtschaftlichkeitsvorteile u. Umweltvorteile
Sachsen-Anhalt	AbfG LSA	Zweckverbände (§ 3 Abs. 2)	• Gefährdung der ordnungsgemäßen Abfallentsorgung
Thüringen	ThAbfAG	Formen der kommunalen Geschäftsarbeit nach Maßgabe der Kommunalverfassung (§ 2 Abs. 2)	• Vermeidung der Beeinträchtigung des Wohls der Allgemeinheit

*) Vgl. Verzeichnis der verwendeten Gesetze, Rechtsverordnungen und Verwaltungsvorschriften.

Tab. 3.6: Bundeslandspezifische interkommunale Kooperationsmöglichkeiten für die Abfallentsorgung

Nach Maßgabe der Landesabfallgesetze i.V.m. kommunalrechtlichen Bestimmungen[159] besteht hierfür auch keine Notwendigkeit, da die Entsorgungsaufgaben - wie auch schon in der Vergangenheit üblich - mittels interkommunaler Kooperationen durchgeführt werden können bzw. unter bestimmten Voraussetzungen durchzuführen sind (vgl. hierzu *Tab. 3.6*).

Diese Kooperationen können dabei

- in Abhängigkeit des zeitlichen Zusammenwirkens der Beteiligten,
- der rechtlichen Bindung der Beteiligten,
- der Möglichkeit zu rechtsverbindlichen Beschlußfassung sowie
- der Möglichkeit der Ausgliederung von Aufgaben samt Ausübungsbefugnissen außerhalb der jeweiligen Gebietshoheit der Beteiligten

in entsprechenden Rechtsformen ausgestaltet werden (vgl. *Abb. 3.9*).[160]

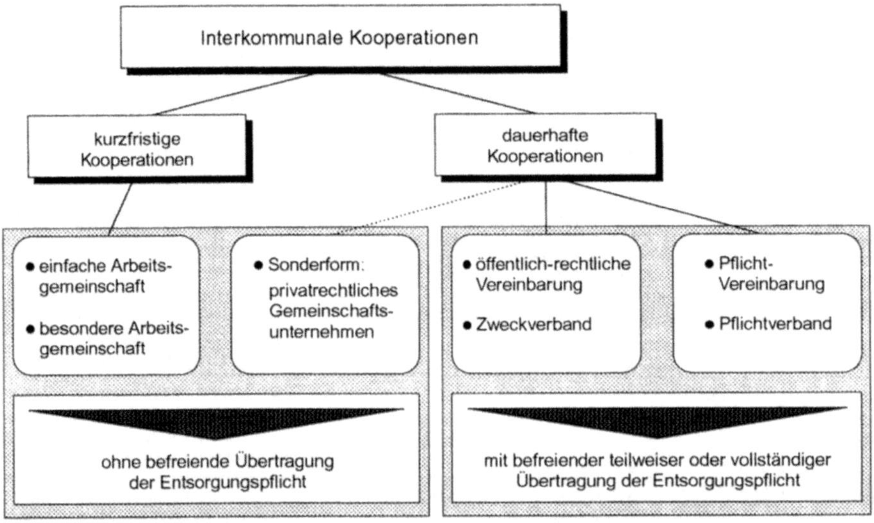

Abb. 3.9: Rechtsformen der interkommunalen Kooperation

Einfache und besondere Arbeitsgemeinschaften dienen der vorübergehenden Koordination bei der Aufgabenerfüllung der entsorgungspflichtigen Gebietskörperschaften. Einfache Arbeitsgemeinschaften kennzeichnen das formlose Zusammenwirken der

159 Vgl. z.B. für Bayern das BayKommZG - Gesetz über die kommunale Zusammenarbeit (KommZG) vom 12. Juli 1966 (BayRS 2020-6-1-I), zuletzt geändert durch Gesetz vom 20. Juni 1994 (GVBl Nr. 17/1994 S. 555).

160 Vgl. BAYERISCHE VERWALTUNGSSCHULE (1993), S. 154 ff.; CRONAUGE, U. (1995), S. 70 ff..

Beteiligten ohne rechtliche Bindung. Besondere Arbeitsgemeinschaften basieren auf einem öffentlich-rechtlichen Vertrag und eröffnen die Möglichkeit, rechtsverbindliche Beschlüsse zu fassen.

Dauerhafte Kooperationen hingegen werden mittels öffentlich-rechtlicher (Zweck-) Vereinbarungen oder Zweckverbänden durchgeführt. Bei Zweckvereinbarungen besteht die Möglichkeit, daß die Beteiligten Teile oder die Gesamtheit ihrer Entsorgungspflichten mit befreiender Wirkung auf den Leistungsfähigsten der Kooperationspartnern übertragen. Wird von den Beteiligten für die Pflichtenübertragung und -erfüllung eine eigenständige Körperschaft des öffentlichen Rechts geschaffen, handelt es sich um einen Zweck- bzw. Abfallverband. Besondere Formen der Zweckvereinbarungen und -verbände sind die sog. Pflichtvereinbarungen und Pflichtverbände. Sie sollen geschlossen bzw. gebildet werden, wenn dies zur Erfüllung der Aufgaben der entsorgungspflichtigen Körperschaften aus dringenden Gründen des "öffentlichen Wohls" geboten ist.[161] Die Aspekte des öffentlichen Wohls werden von den Bundesländern in den jeweiligen Landesabfallgesetzen mehr oder weniger konkretisiert (vgl. *Tab. 3.6*, rechte Sp.). Am häufigsten wird als kooperationsverpflichtender Umstand genannt, daß durch die Kooperation die Pflichterfüllung einer Körperschaft erst ermöglicht wird. Dies ist beispielsweise dann gegeben, wenn sich zwei entsorgungspflichtige Körperschaften, die eine mit akutem Engpaß an Ablagerungskapazitäten und die andere mit entsprechenden Leerkapazitäten, gegenüberstehen. Entsprechende Überlegungen liegen der Kooperationspflicht bei Anlagenausfallwagnissen zugrunde. Ebenfalls spricht für Verbundlösungen die Erzielung von größenbedingten Wirtschaftlichkeitsvorteilen.

Eine Sonderform der interkommunalen Kooperation stellt schließlich die Aufgabenerfüllung der entsorgungspflichtigen Körperschaften über ein Gemeinschaftsunternehmen in privatrechtlicher Ausgestaltung (z.B. Gesellschaft mit beschränkter Haftung oder Aktiengesellschaft) dar.[162] Trotz der Möglichkeit einer sowohl vollständigen als auch dauerhaften Aufgabenwahrnehmung des Gemeinschaftsunternehmens ist eine Pflichtenübertragung im Rahmen des AbfG hierbei nicht möglich.

161 Vgl. beispielhaft Art. 16 Abs. 1 und 28 Abs. 1 BayKommZG.
162 Vgl. CRONAUGE, U. (1995), S. 76.

3.6 Einbindung Dritter

Weitere Möglichkeiten für eine Unterstützung der entsorgungspflichtigen Körperschaften bei der Erfüllung ihrer Entsorgungspflichten eröffnet § 3 AbfG.

3.6.1 Beauftragte Dritte

Nach § 3 Abs. 2 S. 2 AbfG können sich die Entsorgungspflichtigen für die Erledigung ihrer Pflichtaufgaben sog. Dritter als "Erfüllungsgehilfen"[163] bedienen. Es ist davon auszugehen, daß sich dieser spezielle Typ von Leistungsbezug von einem Fremdbezug von "allgemeinen" Vorleistungen insofern unterscheidet, als daß die Leistungen des Dritten unmittelbar gegenüber den Anschluß- und Benutzungspflichtigen erbracht werden. Bei allgemeinen Vorleistungen hingegen ist der Entsorger selbst der direkte Nutznießer.[164] Dritter kann jede rechtsfähige Person sein - vor allem private Entsorgungsunternehmen, aber auch andere Gebietskörperschaften oder öffentlich-rechtliche Zweckverbände.[165] Kennzeichnend für das Verhältnis zwischen entsorgungspflichtiger Körperschaft und beauftragten Dritten ist, daß es sich lediglich um eine Aufgabendelegation, aber keine Übertragung der Entsorgungspflichten handelt.[166] Zweckverbände ohne Pflichtenübertragung[167], interkommunale Kooperationen mittels "gemischt-öffentlicher Unternehmen" sowie in die Entsorgung eingebundene "Eigengesellschaften" oder "gemischt-wirtschaftliche Unternehmen" der verpflichteten Körperschaften fungieren somit regelmäßig als beauftragte Dritte.[168] Eine gewisse Priorität der Beauftragung Dritter vor Eigenerledigung durch die Körperschaft besteht für die Schaffung neuer Verwertungsmärkte im Rahmen der Wertstoffentsorgung (vgl. § 3 Abs. 2 S. 3 AbfG).[169] Nach Kommentarmeinung ist aber die Möglichkeit der Beauftragung - insbesondere "privater" Dritter - rechts- und wirtschaftspolitisch stets so auszulegen, daß eine Beauftragung immer nur dann erfol-

---

163 Vgl. BMWi (1993), S. 4.

164 So auch STEINHEUER, W. (1991), S. 24.

165 Vgl. HÖSEL, G. / LERSNER, H. Freiherr v. (1996), Rdnr. 15 zu § 3 AbfG.

166 KUNIG, P. / SCHWERMER, G. / VERSTEYL, L.-A. (1992), Rdnr. 33 zu § 3 AbfG.

167 Hierbei ist ausschlaggebend, daß keine Übertragung der direkten Leistungsbeziehungen zu den anschluß- und benutzungspflichtigen Abfallbesitzern vorliegt.

168 Eine "Eigengesellschaft" ist ein Unternehmen des privaten Rechts (z.B. GmbH oder AG), das sich in alleiniger Trägerschaft des Entsorgungspflichtigen befindet. Sind an dem Unternehmen auch andere Entsorgungspflichtige beteiligt, spricht man von einem "gemischt-öffentlichen Unternehmen". Bei Beteiligung von Privatkapital handelt es sich um ein "gemischt-wirtschaftliches Unternehmen". Vgl. hierzu etwa HÄUSELMANN, H. (1983), S. 233. Auf diese und weitere Rechts- bzw. Organisationsformen im Rahmen der öffentlichen Abfallentsorgung wird noch detailliert in Kapitel 3.7 eingegangen.

169 Es wird angenommen, daß privatwirtschaftliche Verwertungsunternehmen gegenüber den staatlichen Entsorgern hinsichtlich der Technologieverfügbarkeit und der Marktnähe sowie in Hinblick auf das technische und kaufmännische Know-how im Vorteil sind. Vgl. BMWi (1993), S. 9.

gen soll, wenn der private Unternehmer die Aufgabe ordnungsgemäß im Sinne des Gesetzes und mindestens ebenso wirtschaftlich wie die Körperschaft selbst erfüllen kann.[170] Mehr oder weniger bestimmte Anforderungen bzw. Voraussetzungen für eine Beauftragung Dritter regeln, wie *Tabelle 3.7* zu entnehmen ist, auch diverse Landesabfallgesetze.

Bundesland	Landesgesetz*)	Beauftragung Dritter gemäß § 3 Abs. 2 AbfG
Bayern	BayAbfAlG	Aufgabendelegation bei Zuverlässigkeit u. Sachkundigkeit (Art. 4 Abs. 6)
Berlin	LAbfG Berlin	Aufgabendelegation (§ 6 Abs. 3)
Niedersachs.	NAbfG	Aufgbendelegation für Ents. von Wertstoffen, Sonderabfall u. Bauabfällen (§ 7)
Nordrh.-W.	LAbfG NW	Aufgabendelegation (§ 5 Abs. 7)
Rheinl.-Pf.	LAbfWAG RP	Aufgabendelegation für Wertstoffgewinnung (§ 3 Abs. 1), Aufgabendelegation an Gemeinden u. Gemeindeverbände für Entsorg. von Bauabf. u. Grüngut (§ 3 Abs. 2)
Brandenburg	BraLAbfVG	Aufgabendelegation (§ 3 Abs. 5)
Meckl.-Vorp	AbfAlG M-V	Aufgabendelegation bei Zuverlässigkeit u. Sachkundigkeit (Art. 4 Abs. 6)
Sachs.-Anh.	AbfG LSA	Aufgabendel. bei umweltgerechterer u. kostengünstigerer Entsorgung (§ 3 Abs. 3)

*) Vgl. Verzeichnis der verwendeten Gesetze, Rechtsverordnungen und Verwaltungsvorschriften.

Tab. 3.7: Beauftragung Dritter nach Landesrecht

Die rechtliche Bindung zwischen entsorgungspflichtiger Körperschaft und Dritten ist in der Regel privatrechtlicher Natur in Form eines Werkvertrages.[171] Wie bei allen öffentlichen Aufträgen richtet sich die Auftragsvergabe nach den VOL[172], die Entgeltung der Dritten erfolgt nach VO PR Nr. 30/53[173]. Letztere Verordnung sieht verschiedene Preistypen mit einer bestimmten Anwendungsrangfolge vor, welche sich in Form einer sog. Preistreppe darstellen läßt (vgl. *Abb. 3.10*). Die möglichen Preise stellen dabei gem. § 1 Abs. 3 VO PR Nr. 30/53 grundsätzlich Höchstpreise dar.

170 Vgl. HÖSEL, G. / LERSNER, H. Freiherr v. (1996), Rdnr. 15 zu § 3 AbfG.

171 Vgl. HÖSEL, G. / LERSNER, H. Freiherr v. (1996), Rdnr. 16 zu § 3 AbfG.

172 Vgl. Verdingungsordnung für Leistungen - ausgenommen Bauleistungen - (VOL); Teil A - (VOL/A) in der Fassung der Bekanntmachung vom 3. August 1993 (BAnz. Nr. 175a); Teil B - (VOL/B) in der Fassung der Bekanntmachung vom 1. Oktober 1991 (BAnz. Nr. 215 u. BAnz. 1993 Nr. 175 a). Nach § 3 VOL/A kann die Erteilung von staatlichen Aufträgen durch öffentliche und beschränkte Ausschreibung sowie durch freihändige Vergabe erfolgen. Während die öffentliche Ausschreibung, bei der die gewünschten Leistungsanforderungen einer unbeschränkten Zahl von Unternehmen nach vorgeschriebem Verfahren zur Einreichung von Angeboten unterbreitet werden, die Regelvergabe darstellt, können die beiden anderen Verfahren nur unter bestimmten Voraussetzungen zur Anwendung kommen. So soll etwa die beschränkte, an eine begrenzte Zahl von Unternehmen gerichtete Auftragsvergabe nur stattfinden, wenn z.B. die Leistungsausführung außergewöhnlicher Fachkunde und Leistungsfähigkeit oder Zuverlässigkeit bedarf (vgl. den Kriterienkatalog in § 3 Nr. 3 VOL/A). Ein gar freihändige Vergabe ist lediglich dann statthaft, wenn etwa für die Leistung aus besonderen Gründen (z.B. besondere Erfahrungen, Zuverlässigkeit oder Einrichtungen, bestimmte Ausführungsarten) nur ein bestimmtes Unternehmen in Betracht kommt (vgl. den Kriterienkatalog in § 3 Nr. 4 VOL/A).

173 Auf die grundlegenden Aspekte dieser Verordnung wurde bereits in den Anmerkungen in Fn. 85 in Kapitel 2.2.4.2 hingewiesen.

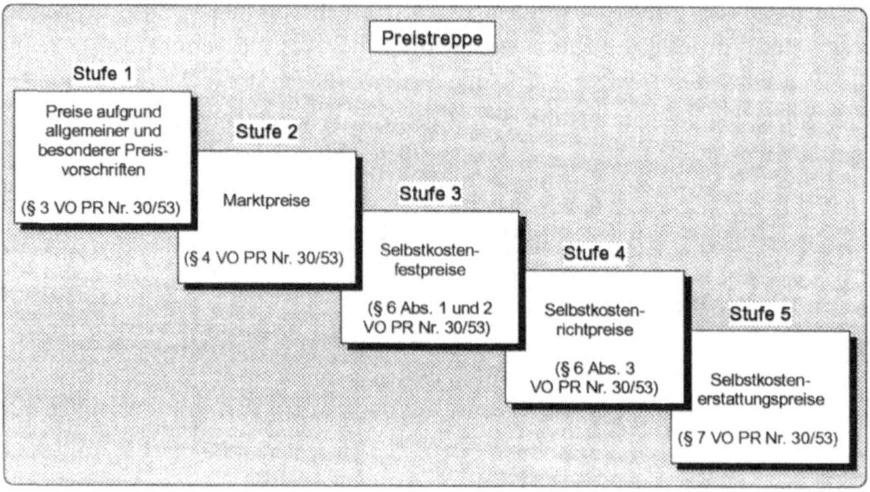

Abb. 3.10: Preistreppe bei öffentlichen Aufträgen (Quelle: MICHAELIS, H. / RHÖSA, C.A. (1994), Einführung S. 8)

Erste Priorität bei der Preisfestlegung besitzt die Beachtung und Anwendung von allgemeinen und besonderen Preisvorschriften[174] (Stufe 1). Dabei ist zu bemerken, daß eventuelle, für den i.S.d. § 3 Abs. 2 S. 2 AbfG leistenden Dritten geltende öffentlich-rechtliche Gebührenregelungen[175] nicht per se als besondere Preisvorschriften anzusehen sind, da sie nicht von dritter Seite, sondern vom Leistenden selbst erlassen worden sind. Nach Kommentarmeinung sind jedoch, sofern die Leistungsbeziehungen der Durchführung von hoheitlichen Pflichtaufgaben - wie eben der öffentlichen Abfallentsorgung - dienen, die Gebührenbestimmungen des Dritten als vorrangige Preisvorschriften zu qualifizieren.[176] In diesem Zusammenhang werden die Entgelte für beauftragte Zweckverbände als "Verbandsumlagen" bezeichnet.

Soweit jedoch keine übergeordneten Preisregeln bestehen, soll die Preisbildung zu "Marktpreisen" durchgeführt werden (Stufe 2). Dabei können in Abhängigkeit der Marktgängigkeit und der individuellen Besonderheiten der Leistungen tatsächliche, künstliche, abgeleitete oder modifizierte Marktpreise zur Anwendung kommen.[177] Die in der Praxis häufigste Erscheinungsform von Preisen für allgemein marktgängige

---

174 Vgl. hierzu noch einmal die Ausführungen in Kapitel 2.3.

175 Dies ist etwa dann der Fall, wenn der Dritte eine juristische Person des öffentlichen Rechts ist und die Beauftragung im Rahmen einer interkommunalen Kooperation erfolgt.

176 Vgl. EBISCH, H. / GOTTSCHALK, J. (1994), Rdnr. 10 zu § 4 VO PR Nr. 30/53 und Rdnr. 17 zu § 1 VO PR Nr. 30/53.

177 Vgl. für eine Übersicht COENENBERG, A.G. (1993), S. 134 f.; detalliert EBISCH, H. / GOTTSCHALK, J. (1994), Rdnr. 1 ff. zu § 4 VO PR Nr. 30/53.

Leistungen - d.h. von tatsächlichen Marktpreisen, wie sie sich am Markt durch Angebot und Nachfrage bilden - sind Listenpreise[178]. Voraussetzung ist dabei, daß sie allgemein und stetig Anwendung finden, d.h. regelmäßig gefordert, erzielt und publiziert werden. Wird im Rahmen einer öffentlichen Ausschreibung auf Grundlage einer genauen Leistungsbeschreibung ein "besonderer Markt" geschaffen, so werden die betriebssubjektiven Preise der Anbieter als sog. künstliche Marktpreise bezeichnet. Für an sich nicht marktgängige Leistungen, die aber marktgängigen Leistungen ähneln und für die daher "vergleichbare Märkte" existieren, sind per Zu- oder Abschläge von den Vergleichspreisen sog. abgeleitete Marktpreise anzusetzen. Werden durch die Leistungsvergabe besondere Kostenverhältnisse geschaffen (z.B. Kostendegressionen aufgrund des Auftragvolumens), sind die genannten Marktpreise in entsprechender Weise anzupassen. Es handelt sich dann um sog. modifizierte Marktpreise.

Nur für den Fall, daß übergeordnete Preisvorschriften nicht vorliegen, Marktpreise nicht festgestellt werden können oder erhebliche Beeinflussungen der Preisbildung durch Mangellage oder anbieterseitige Wettbewerbsbeschränkung zu erwarten sind, dürfen Preise auf Selbstkostenbasis vereinbart werden.[179] Dabei sind "feste Preise", die nachträglich weder nach oben noch nach unten korrigiert werden können, zu präferieren (Stufe 3).[180] Ist eine Preisfestlegung nicht möglich - insbesondere, weil zum Zeitpunkt des Vertragsabschlusses die Daten für eine hinreichend zuverlässige Vorkalkulation fehlen - kann ein Selbstkostenrichtpreis vereinbart werden (Stufe 4). Dieser ist, sobald die Grundlagen für eine Kalkulation überschaubar sind, in einen Festpreis zu überführen. Selbstkostenerstattungspreise als letzte Alternative können nur zur Anwendung kommen, wenn eine andere Preisermittlung nicht gangbar ist (Stufe 5). Sie basieren auf den tatsächlich entstandenen, per Nachkalkulation ermittelbaren Kosten. Dabei kann die Höhe der erstattungsfähigen Kosten jedoch ganz oder teilweise durch Vereinbarung begrenzt werden. Auch sollen für einzelne Kalkulationsbereiche nach Möglichkeit feste Sätze vereinbart werden. Konkrete Ermittlungsvorgaben für die Mengen- und Wertansätze der verschiedenen Selbstkostenpreise sind gem. § 8 VO PR Nr. 30/53 in den der Verordnung beigefügten LSP[181] festgelegt.[182] So wird unter anderem bestimmt, daß die kalkulatorischen Abschreibungen auf Basis der historischen Anschaffungs- oder Herstellungskosten der Anlagegüter zu ermitteln sind (vgl. LSP Nr. 38) und daß der kalkulatorische Zinssatz für die Verzinsung des

---

178 Vgl. zum Begriff noch einmal Fn. 65 in Kapitel 2.2.3.

179 Vgl. für eine Übersicht FRANZ, K.-P. (1992), S. 40 ff..

180 "Feste Preise" sind eine bindende Vertragsregelung hinsichtlich des Preises und somit keine staatlich vorgegebenen Festpreise. Vgl. hierzu EBISCH, H. / GOTTSCHALK, J. (1994), Rdnr. 33 ff. zu § 1 VO PR Nr. 30/53.

181 Vgl. Leitsätze für die Preisermittlung auf Grund von Selbstkosten (Anlage zur Verordnung PR Nr. 30/53).

182 Vgl. für eine Übersicht COENENBERG, A.G. (1993), S. 141 ff.; detailliert EBISCH, H. / GOTTSCHALK, J. (1994), S. 234 ff..

betriebsnotwendigen Vermögens mit höchstens 6,5 v.H. anzusetzen ist (vgl. LSP Nr. 43 Abs. 2 i.V.m. VO PR Nr. 4/72[183]). Des weiteren besteht die Möglichkeit, neben den Kosten als zusätzlichen Preisbestandteil einen kalkulatorischen Gewinn in Rechnung zu stellen, um - sofern gegeben - das allgemeine Unternehmerwagnis sowie besondere unternehmerische Mehrleistungen in wirtschaftlicher, technischer oder organisatorischer Hinsicht abzugelten (vgl. LSP Nr. 51 f.).

Welcher Preistyp bei der Beauftragung Dritter gem. § 3 Abs. 2 S. 2 AbfG nun anzuwenden ist, ist einzelfallabhängig und orientiert sich zunächst an der Rechtsform des Auftragnehmers. Handelt es sich beim Auftragnehmer um eine juristische Person des öffentlichen Rechts, etwa um eine andere entsorgungspflichtige Körperschaft oder einen beauftragten Zweckverband, so sind deren besondere Preisvorschriften für die Leistungsentgeltung maßgeblich. Diese sind, worauf in Kapitel 3.8 noch ausführlich eingegangen wird, die landesspezifischen Bestimmungen bezüglich öffentlich-rechtlicher Benutzungs- und im besonderen Abfallgebühren.

Bei Auftragsvergabe an natürliche oder juristische Personen des Privatrechts hingegen bestimmen die Marktcharakteristika der deligierten Entsorgungsleistung den Preistyp. Dabei ist im allgemeinen anzunehmen, daß von Dritten bezogene Logistik- und Verwertungsmaßnahmen als marktgängige Leistungen einzustufen sind, so daß hier der generelle Preistyp "Marktpreis" zur Anwendung kommt. Im Verwertungsbereich sind aufgrund privatwirtschaftlicher Angebots- und Nachfragebeziehungen nach Verwertungsleistungen "allgemeine Märkte" vorhanden.[184] Für die speziellen Logistikleistungen im Rahmen der öffentlichen Abfallentsorgung existieren zumindest "vergleichbare Märkte", da beispielsweise von der öffentlichen Logistik ausgeschlossene Gewerbebetriebe und Besitzer von Sonderabfällen vergleichbare Logistikleistungen nachfragen, die auch entsprechend in marktlichen Strukturen angeboten werden. Abgesehen davon läßt sich per Auftragsvergabe nach VOL ein "besonderer Markt" schaffen.

Anders verhält es sich bei den EOP-Entsorgungsleistungen, d.h. der Behandlung und Ablagerung der Restabfälle. Aufgrund institutioneller Marktzugangsbeschränkungen - man denke etwa an das generelle staatliche Entsorgungsmonopol (vgl. § 3 Abs. 2 S. 1 AbfG), die Reglementierungen hinsichtlich Anlagenstandort, -träger und -nachfragerkreis durch die Abfallentsorgungspläne der Länder (vgl. § 6 AbfG) und die strengen

---

183 Vgl. Verordnung PR Nr. 4/72 über die Bemessung des kalkulatorischen Zinssatzes vom 17. April 1972 (BAnz. Nr. 78).

184 Einschränkend ist hierbei auf die derzeitigen Konzentrationsprozesse im Verwertungssektor, gerade im Rahmen des Dualen Systems, hinzuweisen, wodurch die Funktionsfähigkeit dieses Marktes beeinträchtigt werden könnte. Vgl. hierzu MONOPOLKOMMISSION (1994), Rdnr. 32 ff..

Anlagenzulassungs- und Ressourcenerfordernisse insbesondere für Deponien (vgl. § 7 AbfG und TASi Nr. 10.3) - kann eine allgemeine oder vergleichbare Marktgängigkeit ausgeschlossen werden. Soweit hier eine Beauftragung von im vornherein bestimmten privaten Dritten erfolgt - so gerade bei Ausgliederungen der Entsorgungsaufgaben aus der unmittelbaren öffentlichen Verwaltung in privatrechtliche Eigengesellschaften oder gemischt-wirtschaftliche Unternehmen der entsorgungspflichtigen Körperschaften -[185] scheidet eine marktwirtschaftliche Preisbildung aus.[186] Stattdessen sind Selbstkostenpreise, möglichst in der Ausgestaltung von festen Preisen, auf Basis der LSP zu vereinbaren. Anders gestaltet sich die Sachlage, wenn die EOP-Entsorgung durch Auftragsvergabe nach VOL an den wirtschaftlichsten[187], d.h. bei identischen Leistungsstandards an den kostengünstigsten Dritten vergeben wird. In diesem Falle sind die relevanten Preise künstliche Marktpreise.

Es ist jedoch darauf hinzuweisen, daß die Entgeltfestlegung gerade bei beauftragten Eigen- oder kommunalen Mischgesellschaften in der Praxis nicht immer nach den preisrechtlichen Bestimmungen erfolgt.[188] Der Grund hierfür könnte in einer scheinbaren Unbestimmtheit der Anwendungspflicht der VO PR Nr. 30/53 für die Leistungsbeziehungen zwischen öffentlich-rechtlichen Auftraggebern und ihren ausgegliederten Unternehmen liegen. EBISCH/GOTTSCHALK geben zu bedenken, "daß bezüglich der Anwendbarkeit auf öffentlich-rechtlich geregelte Verhältnisse davon ausgegangen werden muß, daß die VO PR Nr. 30/53 ihren Geltungsbereich nicht in Anknüpfung an formale Kriterien, sondern zweckbezogen regelt. Entscheidend ist daher, ob die öffentlich-rechtliche Ausgestaltung und die Regelung durch ein privatwirtschaftliches Auftragsverhältnis grundsätzlich austauschbar sind oder nicht, ob also die Vertragsbeziehungen genauso gut privatrechtlich wie öffentlich-rechtlich ausgestaltet werden können."[189] Im hier betrachteten Fall der öffentlichen Abfallentsorgung ist das Kriterium der "Austauschbarkeit" stets erfüllt, denn die Option des § 3 Abs. 2 S.

---

185 Vgl. hierzu Kapitel 3.7.

186 Es handelt sich mithin um eine freihändige Vergabe im Sinne von § 3 Nr. 4 VOL/A. Da im hier betrachteten Fall der festgesetzte Anbieter aufgrund seiner monopolartigen Stellung nicht mit wirklichem Wettbewerb zu rechnen hat, scheidet ein Ansatz künstlicher Marktpreise aus. Vgl. EBISCH, H. / GOTTSCHALK, J. (1994), Rdnr. 74 zu § 4 VO PR Nr. 30/53.

187 Vgl. § 25 Nr. 3 VOL/A.

188 Vgl. hierzu etwa die Erfahrungsberichte von THOMAS, L. (1991), S. 95, UEBERHOLZ, R. (1991), S. 108 und CHICONSKI, P. / HEINRICHS, D. (1995), S. 497. So gibt THOMAS an, daß zur Vermeidung von steuerpflichtigen Jahresgewinnen zwischen der entsorgungspflichtigen Körperschaft und der Eigengesellschaft eine "Kostenerstattungsregelung" vereinbart wurde. Hiernach erhält die Eigengesellschaft für ihre Entsorgungsleistungen zunächst vierteljährliche Abschlagszahlungen, die dann bei Vorliegen einer "nach betriebswirtschaftlichen Gesichtspunkten erstellten Kostenrechnung" konsolidiert werden. Demgegenüber berichtet UEBERHOLZ, daß der Eigengesellschaft der für die Entsorgungsleistungen entstandene "Aufwand" auf Basis eines Erfolgs- und Finanzplans erstattet wird; die Beibehaltung dieser Praxis bestätigen neuerdings CHICONSKI/HEINRICHS.

189 EBISCH, H. / GOTTSCHALK, J. (1994), Rdnr. 17 zu § 1 VO PR Nr. 30/53.

2 AbfG schränkt den Kreis zu beauftragender Dritter in keiner Weise ein. Entsorgungsaufgaben, die von Eigen- oder kommunalen Mischgesellschaften erfüllt werden, können in gleicher Weise von sonstigen privaten Dritten wahrgenommen werden. Es bleibt insofern festzustellen, daß die VO PR Nr. 30/53 bei einer Drittbeauftragung i.S.d. AbfG stets anzuwenden ist.

3.6.2 Sonstige eingebundene Dritte

Eine besondere Einbindung von Dritten speziell für die EOP-Wertschöpfungsstufen der Entsorgung wird in § 3 Abs. 5, 6 und 7 AbfG vorgesehen.[190]

§ 3 Abs. 5 AbfG verpflichtet den Inhaber einer Abfallentsorgungsanlage zur Mitbenutzung durch die entsorgungspflichtige Körperschaft gegen "angemessenes Entgelt", sofern letztere die Abfälle nicht zweckmäßig oder nur mit erheblichen Mehrkosten entsorgen kann und die Mitbenutzung für den Inhaber nicht unzumutbar ist. Die Höhe des angemessenen Entgelts ist zwischen entsorgungspflichtigem Mitbenutzer und Anlagenbetreiber nach "betriebswirtschaftlicher Gesamtbetrachtung"[191] zu vereinbaren. Im Falle der Nichteinigung wird es durch Verwaltungsakt behördlich festgesetzt (vgl. § 3 Abs. 5 S. 2 AbfG). Bei der Festsetzung ist auch ein mit der Inanspruchnahme der Anlage eventuell erhöhtes Haftungsrisiko zu berücksichtigen.[192]

Gemäß § 3 Abs. 6 AbfG kann die zuständige Behörde auf Antrag dem Inhaber einer Abfallentsorgungsanlage die Entsorgungspflichten übertragen, wenn dieser (seine) Abfälle wirtschaftlicher als die entsorgungspflichtige Körperschaft entsorgen kann.[193] Eine wirtschaftlichere Entsorgung liegt vor, wenn die Entsorgung mit geringerem finanziellem Aufwand, aber für die Umwelt mindestens ebenso unschädlich wie durch die originär verpflichtete Körperschaft erfolgt. Ebenfalls dürfen der Übertragung keine überwiegend öffentliche Interessen, so auch wettbewerbsrechtlicher Art entgegenstehen.[194] Die Pflichtenübertragung kann mit der Auflage verbunden werden, daß der Antragsteller die Entsorgung jener Abfälle, die der verpflichteten Körperschaft nach Übertragung verbleiben, ganz oder teilweise übernimmt.[195] Voraussetzung

---

190 Vgl. KUNIG, P. / SCHWERMER, G. / VERSTEYL, L.-A. (1992), Rdnr. 52 zu § 3 AbfG.

191 Vgl. KUNIG, P. / SCHWERMER, G. / VERSTEYL, L.-A. (1992), Rdnr. 56 zu § 3 AbfG, die diesen unbestimmmten Begriff nicht näher beschreiben.

192 Vgl. HÖSEL, G. / LERSNER, H. Freiherr v. (1996), Rdnr. 49 zu § 3 AbfG.

193 Vgl. KUNIG, P. / SCHWERMER, G. / VERSTEYL, L.-A. (1992), Rdnr. 59 ff. zu § 3 AbfG. HÖSEL, G. / LERSNER, H. Freiherr v. (1996), Rdnr. 53 zu § 3 AbfG, merken an, daß sich diese Vorschrift hauptsächlich an private Abfallbesitzer richtet, bisher aber kaum praktiziert wurde.

194 Vgl. HÖSEL, G. / LERSNER, H. Freiherr v. (1996), Rdnr. 53 zu § 3 AbfG. Dieser Aspekt wird in Kapitel 6 noch eingehend betrachtet.

195 Hiermit wird bezweckt, eine Zersplitterung der Abfallentsorgung zu vermeiden; vgl. KLOEP-

hierzu ist, daß die Körperschaft diese Abfälle nicht oder nur unter unverhältnismäßigem Aufwand entsorgen kann und der Antragsteller nicht darlegt, daß die Übernahme für ihn unzumutbar ist. Die Abgeltung dieser Zusatzverpflichtung beschränkt sich auf Erstattung der "Kosten". Nach Kommentarmeinung können die Kosten Schuldzinsen enthalten, aber keinen angemessenen Gewinn.[196] Der Antragsteller habe den Vorteil der billigeren Entsorgung seiner Abfälle in seiner eigenen Anlage, so daß ihm die Mitentsorgung anderer Abfälle gegen Kostenerstattung zuzumuten sei.

§ 3 Abs. 7 AbfG schließlich sieht eine Verpflichtungsoption sämtlicher mit der Mineralgewinnung befaßten natürlichen oder juristischen Personen[197] vor, gegen Erstattung der "entstehenden Kosten"[198] vorhandenen Abraum für Entsorgungszwecke verfügbar zu machen. Dabei ist allerdings der Vorrang der Mineralgewinnung zu wahren. Aufgrund der einengenden Voraussetzung erachten HÖSEL/FREIHERR V. LERSNER[199] für diese Art der Aufgabendelegation geringe Praxisrelevanz.

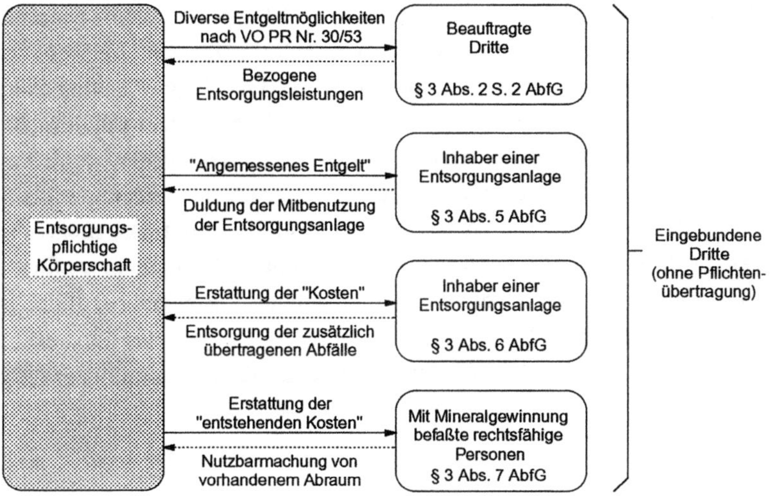

Abb. 3.11: Möglichkeiten der Einbindung Dritter in die öffentliche Abfallentsorgung nach § 3 AbfG

FER, M. (1989), § 12 Rdnr. 90.

196 Vgl. HÖSEL, G. / LERSNER, H. Freiherr v. (1996), Rdnr. 58 zu § 3 AbfG. Dieser Modus der Kostenerstattung ist allerdings äußerst fragwürdig, hängt doch die Höhe des Erstattungsbetrages von der individuellen Kapitalstruktur des eingebunden Dritten ab.

197 Hierbei kann es sich um Abbauberechtigte oder Unternehmer eines Mineralgewinnungbetriebes sowie Eigentümer, Besitzer oder in sonstiger Weise Verfügungsberechtigte eines zur Mineralgewinnung genutzten Grundstücks handeln. Vgl. § 3 Abs. 7 S. 1 AbfG.

198 Eine Spezifizierung der Kostenfestlegung erfolgt weder im Gesetz noch in den einschlägigen Kommentierungen.

199 Vgl. HÖSEL, G. / LERSNER, H. Freiherr v. (1996), Rdnr. 65 zu § 3 AbfG.

In *Abbildung 3.11* sind die Varianten der Einbindung Dritter in die öffentliche Abfallentsorgung - sei es durch Beauftragung, durch Verpflichtung zur aktiven oder passiven Duldung oder durch zwangsweise Entsorgungsverpflichtung - noch einmal zusammengefaßt. Die Pfeile symbolisieren dabei Leistung und Gegenleistung zwischen den diversen Dritten und der entsorgungspflichtigen Körperschaft. Der direkte Vergleich der verschiedenen Gegenleistungen verdeutlicht, daß die Maßgaben der Leistungsentgeltung von eingebundenen Dritten einerseits höchst unterschiedlich und andererseits teilweise auslegungsbedürftig sind.

3.7 Organisations- und Rechtsformen

Die entsorgungspflichtigen Körperschaften können ihre Pflichtaufgaben in unterschiedlichen Organisations- und Rechtsformen erfüllen. Im Rahmen der kommunalen Selbstverwaltungsgarantie nach Art. 28 Abs. 2 GG besitzen sie hierbei grundsätzlich Organisationshoheit.[200] Eine Spezifizierung möglicher Formen und gewisser Anwendungsanforderungen sind jedoch in den jeweiligen landesrechtlichen Kommunalgesetzen festgelegt und begrenzen insofern den Gestaltungsspielraum. Im weiteren soll auf das bayerische Kommunalrecht, speziell auf die BayGO[201] (bzw. analog BayLkrO[202]) Bezug genommen werden, da hier die gesamte Bandbreite der im Bundesgebiet für die Abfallentsorgung gebräuchlichen Organisations- und Rechtsformen, welche auch unter dem Begriff "öffentliche Einrichtungen"[203] subsumiert werden, zulässig ist.[204] Zunächst werden die möglichen Varianten vorgestellt. Daran anschließend ist auf deren Spezifika hinsichtlich Besteuerung und Rechnungslegung einzugehen. Auf eine Darstellung der Vor- oder Nachteile der einzelnen Varianten bezüglich der Steuerungs- und Einflußmöglichkeiten des kommunalen Trägers wird in dieser Untersuchung allerdings verzichtet. Hierfür sei auf die einschlägige Literatur verwiesen.[205]

---

200 Vgl. CRONAUGE, U. (1995), S. 26 ff..

201 Vgl. Gemeindeordnung für den Freistaat Bayern (GO) i.d.F. der Bek. vom 6. Januar 1993 (GVBl. S. 65, BayRS 2020-1-1-I), zuletzt geändert durch Gesetz vom 26. Juli 1995 (GVBl. S. 376).

202 Vgl. Landkreisordnung für den Freistaat Bayern (LkrO) in der Fassung der Bekanntmachung vom 6. Januar 1993 (GVBl. S. 65, BayRS 2020-3-1-I), zuletzt geändert durch Gesetz vom 26. Juli 1995 (GVBl. S. 376).

203 Vgl. CRONAUGE, U. (1995), S. 32 f..

204 So auch SCHOCH, F. (1992), S. 129.

205 Vgl. hierzu etwa HÄUSELMANN, H. (1983); ALTENMÜLLER, R. (1984); SCHOLZ, R. / PITSCHAS, R. (1984), S. 142 ff.; KGSt (1985 a), S. 14 ff.; SEIFERT, K. / METSCHKOLL, M. (1991), S. 2452 f.; CRONAUGE; U. (1995), S. 53 f..

3.7.1 Angewandte Organisations- und Rechtsformen im Bereich der öffentlichen Abfallentsorgung

Eine Übersicht der angewandten Organisations- und Rechtsformen im Rahmen der öffentlichen Abfallentsorgung bietet *Abbildung 3.12.* Dabei ist zwischen öffentlich-rechtlichen und privatrechtlichen Organisations- bzw. Rechtsformen zu unterscheiden.[206]

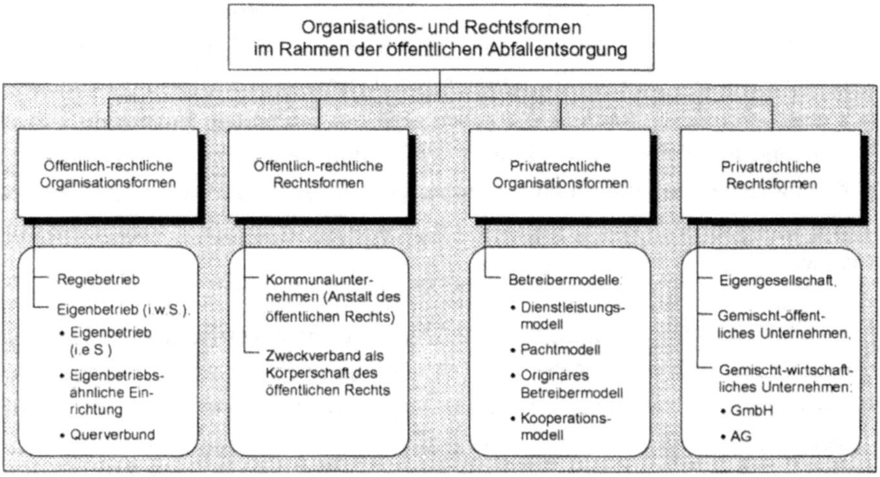

Abb. 3.12: Organisations- und Rechtsformen im Rahmen der öffentlichen Abfallentsorgung

Kennzeichen öffentlich-rechtlicher Organisations- und Rechtsformen ist, daß sie ausschließlich den Trägern der öffentlichen Verwaltung zur Verfügung stehen. Privatrechtliche Rechtsformen hingegen werden primär von Privatpersonen in Anspruch genommen, sie sind zugleich aber auch Trägern der öffentlichen Verwaltung zugänglich. Privatrechtliche Organisationsformen stellen Kooperationsformen zwischen Privaten und der öffentlichen Hand dar.

3.7.1.1 Öffentlich-rechtliche Organisations- und Rechtsformen

Öffentlich-rechtliche Organisationsformen im Bereich der Abfallentsorgung sind der "Regiebetrieb" und "Eigenbetrieb im weiteren Sinne".

- Beim "Regiebetrieb" handelt es sich um eine organisatorische Abteilung (sog. Amt) der öffentlichen Verwaltung, letztere in Ausgestaltung einer Körperschaft

206 Vgl. CRONAUGE, U. (1995), S. 57 f..

des öffentlichen Rechts.[207] Er ist rechtlich, wirtschaftlich und rechnungstechnisch unselbständig und unterliegt direkt den Weisungen der politischen Entscheidungsträger. Kostenrechnende Einrichtungen wie die öffentliche Abfallentsorgung (vgl. BayVVKommHV[208] Nr. 2. zu § 12 BayKommHV[209]), deren Leistungen den Benutzern gegen Entrichtung einer kostenorientierten Gebühr zur Verfügung gestellt werden, bezeichnet man dabei auch als "Bruttoregiebetriebe". Die Veranschlagung im kommunalen Haushalt führt zur Anwendung des haushaltsrechtlichen Gesamtdeckungsprinzips, so daß die erzielten Gebühreneinnahmen nicht dem Bruttoregiebetrieb verbleiben, sondern für anderweitige Zwecke im Rahmen des (Gesamt-)Haushalts eingesetzt werden können. Hierdurch kann sich ergeben, daß erwirtschaftete Finanzmittel für Ersatz- und Erweiterungsinvestitionen des Bruttoregiebetriebs nicht mehr zur Verfügung stehen und mithin eine Alternativfinanzierung, z.B. über Kredite, erforderlich wird. Auf diesen Aspekt wird in Kapitel 6.5.1.2.3.1 noch näher eingegangen.

- Ebenfalls eine Organisationsform stellt der sog. Eigenbetrieb dar.[210] Der Eigenbetrieb besitzt wie der Regiebetrieb keine eigene Rechtspersönlichkeit, ist aber innerhalb der Kommunalverwaltung organisatorisch und finanzwirtschaftlich weitgehend verselbständigt. Die organisatorische Selbständigkeit äußert sich im Vorhandensein eigener Organe, nämlich der Werksleitung und dem Werksausschuß. Die finanzwirtschaftliche Eigenstellung basiert darauf, daß der Eigenbetrieb als sog. Sondervermögen mit eigener Kassen- und Kreditwirtschaft, eigenem Rechnungswesen sowie eigenem haushaltsrechtlichem Wirtschafts-, Erfolgs-, Stellen- und Finanzplan geführt wird. Im kommunalen Haushalt erscheint der Eigenbetrieb nur als Gewinn- bzw. Verlustausweis (sog. Nettoprinzip). Dieser Organisationstyp ist regelmäßig nur für öffentliche Einrichtungen mit wirtschaftlicher Betätigung vorgesehen.[211] Eine Ausnahme hiervon gewähren in Baden-Württemberg die Bestimmungen des § 6 Abs. 5 Nr. 1 LAbfG BW, wonach auch Einrichtungen der Abfallentsorgung als Eigenbetriebe geführt wer-

---

207 Vgl. zum folgenden CRONAUGE, U. (1995), S. 34 ff..

208 Vgl. (Bayerische) Verwaltungsvorschriften zur Kommunalhaushaltsverordnung (VVKommHV) in der Bekanntmachung des Bayerischen Staatsministeriums des Innerern vom 10. Dezember 1976 (MABl. S. 1079), geändert mit Bekanntmachung vom 7. September 1983 (MABl. S. 770).

209 Vgl. (Bayerische) Verordnung über das Haushalts-, Kassen- und Rechnungswesen der Gemeinden, der Landkreise und Bezirke - Kommunalhaushaltsverordnung (KommHV) vom 16. Dezember 1982 (BayRS 2023 - 1 - I).

210 Vgl. zum folgenden CRONAUGE, U. (1995), S. 59 ff. und 77 ff.; SCHREML, A. / BAUER, S. / WESTNER, A. (1995), Erl. zu Art. 95 BayGO.

211 Unter sog. wirtschaftlichen Unternehmen werden solche Einrichtungen und Anlagen der öffentlichen Hand verstanden, die auch von einem Privatunternehmer mit der Absicht der Gewinnerzielung betrieben werden könnten. Vgl. CRONAUGE, U. (1995), S. 136; SCHREML, A. / BAUER, S. / WESTNER, A. (1995), Erl. zu Art. 89 BayGO.

den dürfen. Ansonsten, so insbesondere in Bayern gemäß Art. 95 Abs. 6 BayGO i.V.m. § 3 BayEBV[212], ist für nichtwirtschaftliche Aufgabenbereiche, wie sie die Abfallentsorgung darstellt,[213] lediglich eine Unternehmensführung ganz oder teilweise nach Eigenbetriebsrecht zulässig.[214] Man spricht hierbei auch von "eigenbetriebsähnlichen Einrichtungen".[215] In Zusammenhang mit dieser Option besteht aber auch die Möglichkeit, der Entsorgungspflicht in einem faktischen Eigenbetrieb nachzukommen. So soll nach § 4 Abs. 2 BayEBV ein nach Eigenbetriebsrecht geführter Regiebetrieb mit den Eigenbetrieben des kommunalen Trägers in einen gesamthaften Eigenbetrieb (sog. Querverbund) zusammengeführt werden. Voraussetzung hierbei ist jedoch, daß die wirtschaftlichen und nichtwirtschaftlichen Bereiche in engem wechselseitigen wirtschaftlichen oder technischen Zusammenhang stehen.[216] Ein enger wechselseitiger wirtschaftlicher Zusammenhang ist anzunehmen, wenn beide Betriebsbereiche derselben Leitung unterstehen, einheitlich Rechnung legen und einheitlich finanziert werden.[217] Ein entsprechend technischer Zusammenhang besteht, wenn die Betriebsbereiche energietechnisch oder durch den Produktionsverlauf miteinander verbunden sind.[218] Diese Bedingungen werden bei der Abfallentsorgung stets gegeben sein, nachdem sich das im Rahmen der VerpackV etablierte Duale System zur Erfüllung der Rücknahme- und Verwertungspflichten von Verpackungsabfällen im allgemeinen der kommunalen Entsorgungssysteme bedient. Die öffentlich-rechtlichen Entsorger werden in diesem Zusammenhang wirtschaftlich tätig, der Nexus zur öffentlichen Abfallentsorgung ist unmittelbar gegeben. Aber auch andere Konstellationen sind denkbar - so etwa, wenn im Rahmen der thermischen Abfallvorbehandlung gewonnene Energien an einen kommunalen Energieversorgungsbetrieb abgeführt werden.

Gegenüber der Kommunalverwaltung rechtlich verselbständigt sind im Rahmen der Abfallentsorgung das "Kommunalunternehmen" und der - in Kapitel 3.5 bereits genannte - Zweckverband.

---

212 Vgl. (Bayerische) Eigenbetriebsverordnung (EBV) vom 29. Mai 1987 (GVBl. S. 195), zuletzt geändert durch Verordnung vom 5. August 1993 (GVBl. S. 607, BayRS 2023-7-I).

213 Vgl. für eine Aufzählung nichtwirtschaftlicher kommunaler Einrichtungen BayVwvEBV Nr. 1. zu § 1 BayEBV. Dabei "BayVwvEBV": (Bayerische) Verwaltungsvorschriften zur Eigenbetriebsverordnung (VwvEBV) in der Bekanntmachung des Bayerische Staatsministeriums des Inneren vom 5. Juni 1987 (MABl. S. 428).

214 Aufgrund der Entgeltfinanzierung per Abfallgebühren werden gerade bei der öffentlichen Abfallentsorgung die Anwendungsvoraussetzungen des § 3 BayEBV erfüllt. Für eine Übersicht der Zulässigkeit des Eigenbetriebsrechts für nichtwirtschaftliche Unternehmen in anderen Bundesländern vgl. CRONAUGE, U. (1995), S. 93.

215 Vgl. SCHMEKEN, W. (1989), S. 241; SINZ, K. (1994), S. 60.

216 Vgl. SCHREML, A. / BAUER, S. / WESTNER, A. (1995), Erl. zu § 4 BayEBV.

217 Vgl. LENZ, U. / SCHIEDER, H. (1988), Rdnr. 3 zu § 3 BayEBV.

218 Vgl. LENZ, U. / SCHIEDER, H. (1988), Rdnr. 3 zu § 3 BayEBV.

- Das "Kommunalunternehmen" besitzt die Rechtsform einer Anstalt des öffentlichen Rechts. Es ist mit eigener Organschaft und Rechnungslegung ausgestattet. Die Kommune haftet allerdings in Gewährträgerschaft für die Verbindlichkeiten des Kommunalunternehmens. Für die Kommune besteht die Möglichkeit, Pflichtaufgaben einschließlich der Satzungs- und Abgabenhoheit teilweise oder vollständig auf das Kommunalunternehmen zu übertragen - so die Entsorgungspflicht nach § 3 Abs. 2 S. 1 AbfG. Diese Rechtsform ist außer in den Stadtstaaten Berlin und Hamburg neuerdings auch in Bayern (vgl. Art. 96 ff. BayGO) zulässig.

- Ebenso eine eigenständige Rechtsform ist der Zweckverband in Ausgestaltung einer öffentlich-rechtlichen Körperschaft. Er dient der gemeinschaftlichen Aufgabenerfüllung mehrerer Kommunen. Wie bereits in Kapitel 3.5 ausgeführt, kann auch hier eine teilweise oder vollständige Pflichtenübertragung von Seiten der originär entsorgungspflichtigen Körperschaften erfolgen.[219] Des weiteren besteht für Zweckverbände die Möglichkeit, ihre Aufgaben organisatorisch über Eigenbetriebe (vgl. Art. 40 KommZG) oder per privatrechtlicher Rechtsformen (z.B. mittels sog. gemischt-öffentlicher Unternehmen[220]) zu erfüllen.

3.7.1.2 Privatrechtliche Organisations- und Rechtsformen

Auch privatrechtliche Rechtsformen können für die Aufgabenerfüllung der öffentlichen Hand zur Anwendung kommen. Für nichtwirtschaftliche Aufgabenbereiche, so die Abfallentsorgung, gilt dabei nach Art. 91 Abs. 1 Nr. 1 BayGO als Voraussetzung, daß "der öffentliche Zweck das Unternehmen rechtfertigt". Laut Kommentarmeinung läßt sich ein entsprechender Nachweis in der Praxis nur schwer führen.[221] Zumindest muß aber bei der Wahl der geeigneten Rechts- bzw. Organisationsform der allgemeine haushaltsrechtliche Grundsatz der Sparsamkeit und Wirtschaftlichkeit beachtet werden.[222] - Hierauf ist in Kapitel 6.4.2 noch näher einzugehen. - Aufgrund des Gebots der kommunalen Haftungsbegrenzung nach Art. 91 Abs. 1 Nr. 4 BayGO sind als privatrechtliche Rechtsformen vor allem Kapitalgesellschaften, wie die Gesellschaft mit beschränkter Haftung (GmbH) gem. GmbHG[223] und die Aktiengesellschaft (AG)

---

219 Vgl. für Bayern Art. 17 ff. BayKommZG.

220 Vgl. die Ausführungen im folgenden Kapitel 3.7.1.2.

221 SCHREML, A. / BAUER, S. / WESTNER, A. (1995), Erl. zu Art. 91 BayGO.

222 Vgl. z.B. Art. 61 BayGO.

223 Vgl. Gesetz betreffend die Gesellschaften mit beschränkter Haftung vom 20. April 1892 (RGBl. S. 477) in der Fassung der Bekanntmachung vom 20. Mai 1898 (RGBl. S. 846), zuletzt geändert durch Art. 4 Gesetz zur Bereinigung des Umwandlungsrechts (UmwBerG) vom 28. Oktober 1994 (BGBl. I S. 3210).

gem. AktG[224], von Relevanz.[225] Da eine Übertragung von Pflichtaufgaben auf privatrechtliche Rechtsformen nach Rechtslage des AbfG nicht möglich ist,[226] kann die Erfüllung von Entsorgungsaufgaben durch eine kommunale GmbH oder AG nur im Sinne einer Beauftragung Dritter nach § 3 Abs. 2 S. 2 AbfG erfolgen.[227] Hinsichtlich der Beteiligungsverhältnisse lassen sich bei den privatrechtlichen Rechtsformen folgende Ausgestaltungen unterscheiden:[228]

- Bei der sog. Eigengesellschaft befindet sich das privatrechtliche Unternehmen in vollständigem Eigentum des öffentlichen Trägers.

- Das sog. gemischt-öffentliche Unternehmen gewährt mehreren Kommunen die Zusammenarbeit in einem privatrechtlichen Unternehmen.

- Beim sog. gemischt-wirtschaftlichen Unternehmen handelt sich um ein privatrechtliches Unternehmen eines oder mehrerer kommunaler Träger mit zusätzlicher Einbindung von privaten Dritten, wobei im allgemeinen eine Mehrheitsbeteiligung der öffentlichen Hand gegeben ist.[229]

Eine Einbindung privater Dritter kann auch organisatorisch im Rahmen sog. Betreibermodelle erfolgen. Dabei kann unterschieden werden in sog. Dienstleistungs-, Pacht-, originäre Betreiber- und Kooperationsmodelle, wobei die angegebene Reihenfolge auch die zunehmende Einbindungs-Intensität der Dritten wiedergibt (vgl. hierzu *Abb. 3.13* u. *Abb. 3.14*):[230]

---

224 Vgl. Aktiengesetz vom 6. September 1965 (BGBl. I S. 1089), zuletzt geändert durch Art. 6 Gesetz zur Bereinigung des Umwandlungsrechts (UmwBerG) vom 28. Oktober 1994 (BGBl. I S. 3210).

225 Beteiligungen der Kommune als Gesellschafterin an einer offenen Handelsgesellschaft (oHG) oder einer Gesellschaft des bürgerlichen Rechts, als persönlich haftende Gesellschafterin einer Kommanditgesellschaft (KG) sowie als Mitglied eines nichtrechtsfähigen Vereins sind grundsätzlich nicht zulässig. Statthaft hingegen ist die Rechtsform der GmbH & Co KG, bei der die Haftung auf das Gesellschaftsvermögen der GmbH beschränkt ist. Vgl. SCHREML, A. / BAUER, S. / WESTNER, A. (1995), Erl. zu Art. 91 BayGO.

226 Eine Änderung diesbezüglich ergibt sich neuerdings im Rahmen des KrW-/AbfG. Vgl. hierzu die Ausführungen in Kapitel 3.9.2.

227 Vgl. hierzu noch einmal die Ausführungen in Kapitel 3.6.1.

228 Vgl. HÄUSELMANN, H. (1983), S. 233; BAYERISCHE VERWALTUNGSSCHULE (1993), S. 149; CRONAUGE, U. (1995), S. 76.

229 Vgl. BMWi (1993), S. 22.

230 Vgl. DER NIEDERSÄCHSISCHE MINISTER FÜR WIRTSCHAFT, TECHNOLOGIE UND VERKEHR (1987); BELLEFONTAINE, K. (1988); KAMPHAUSEN, P. / VEELKEN, M. / SCHMEKEN, W. (1988), S. 216 ff.; BAUER, T. (1990), S. 293; BMWi (1993), S. 18 ff.; CRONAUGE, U. (1995), S. 220 ff..

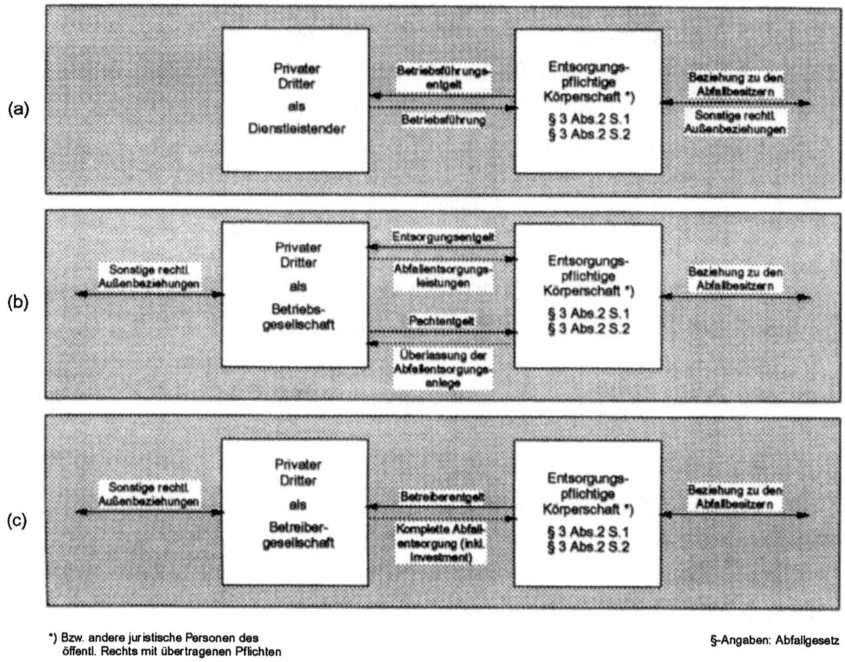

Abb. 3.13: Dienstleistungsmodell (a), Pachtmodell (b) und originäres Betreibermodell (c) (in Anlehnung an: BMWi (1993), S. 19 ff.)

- Beim "Dienstleistungsmodell" wird der private Dritte von der Körperschaft des öffentlichen Rechts mit der Betriebsleitung der Entsorgungseinrichtung beauftragt (vgl. *Abb. 3.13, Fall (a)*). Das Eigentum an der Einrichtung, welche als Eigen- oder Regiebetrieb organisiert wird, sowie alle vertraglichen Beziehungen hinsichtlich Beschaffung, Absatz, oder Personal verbleiben beim kommunalen Träger.

- Auch beim "Pachtmodell" ist der kommunale Träger der Eigentümer der Entsorgungseinrichtung (vgl. *Abb. 3.13, Fall (b)*). Gegenüber dem Dienstleistungsmodell wird hier jedoch die komplette Betriebsführung, inklusive Leitung, Organisation, Personalgestellung, Beschaffung, Absatz etc., dem privaten Dritten gegen Zahlung eines Pachtentgeltes überlassen. Dieser stellt wiederum der Kommune seine erbrachten Betreiberleistungen in Rechnung.

- Beim "originären Betreibermodell" kommt nicht nur die Betriebsführung, sondern auch das Eigentum an der Entsorgungsanlage einem privaten Dritten zu (vgl. *Abb. 3.13, Fall (c)*). Dieser erhält entsprechend der erbrachten kompletten Entsorgungsleistung von der entsorgungspflichtigen Körperschaft ein privatrechtliches Entgelt. Gegenüber einem sonstigen Bezug von Entsorgungsleistungen Dritter mit eigenen Anlagen unterscheidet sich das originäre Betreibermodell dadurch, daß einerseits eine langfristige vertragliche Bindung[231] zwischen dem staatlichem Entsorger und dem Betreiber besteht und andererseits die Leistung an eine ortsfeste Entsorgungsanlage, z.B. eine Deponie oder MVA, geknüpft ist.

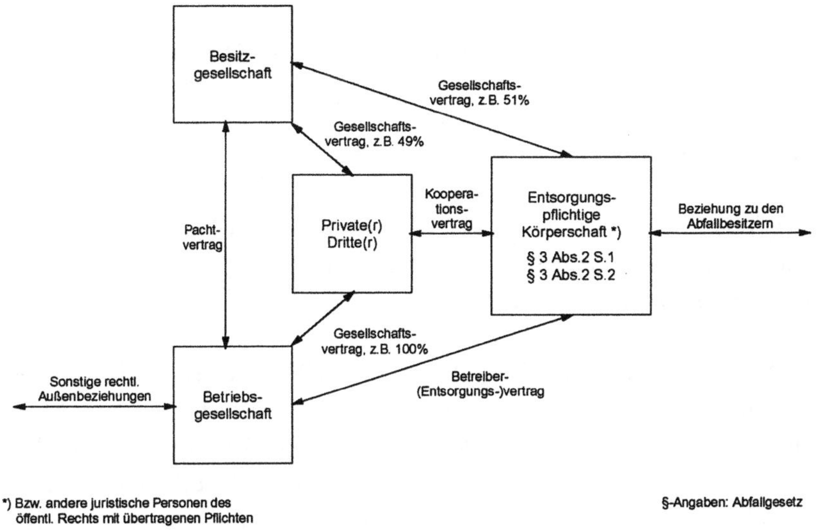

Abb. 3.14: Kooperationsmodell (in Anlehnung an: BMWi (1993), S. 22)

- Das "Kooperationsmodell" schließlich basiert auf der Gründung zweier privatrechtlicher Gesellschaften, einer Besitzgesellschaft und einer Betriebsgesellschaft (vgl. *Abb. 3.14*). Während das für die Erfüllung der Entsorgungsaufgabe erforderliche Anlagevermögen im Eigentum der Besitzgesellschaft gehalten wird, liegt das Eigentum am Umlaufvermögen bei der Betriebsgesellschaft. An beiden Gesellschaften können sowohl die Körperschaft des öffentlichen Rechts als auch der private Dritte mit unterschiedlichen Quoten beteiligt sein.[232] Der gesamte Betrieb der Entsorgungseinrichtung wird von der Betriebsgesellschaft geführt. Dabei entrichtet die Betriebsgesellschaft ein Pachtentgelt an die Besitzgesellschaft und stellt die komplette Entsorgungsleistungen der Körperschaft des öffentlichen Rechts in Rechnung. Das Kooperationsmodell eröffnet dem kommu-

231 Als Vertragsdauer wird in der Literatur stets ein Zeitraum von 20-30 Jahren angegeben; vgl. z.B. SCHWEISFURTH, T. (1991), S. 31. - Zu bemerken ist, daß sich diese Angabe auf Einrichtungen im Abwasserentsorgungsbereich bezieht.

232 Für eine Differenzierung zum Pachtmodell ist jedoch auf jeden Fall eine Beteiligung des privaten Dritten an der Besitzgesellschaft erforderlich.

nalen Träger auch die Möglichkeit, mehrere private Anteilseigner in beide Gesellschaften aufzunehmen. Eine weitere Variante besteht darin, die Besitz- und Betriebsgesellschaft in einem gemischt-wirtschaftlichen Unternehmen als Betreibergesellschaft zusammenzufassen.

3.7.2 Steuerrechtliche Besonderheiten

Für die aufgezeigten Organisations- und Rechtsformen im Rahmen der öffentlichen Abfallentsorgung ergeben sich in steuerrechtlicher Hinsicht erhebliche Unterschiede. Relevante Steuerarten sind in diesem Zusammenhang die Körperschaftsteuer, die Umsatzsteuer, die Gewerbesteuer sowie die Vermögensteuer.

Eine Steuerpflicht öffentlich-rechtlicher Organisations- und Rechtsformen hängt prinzipiell davon ab, ob es sich bei der Einrichtung um einen "Betrieb gewerblicher Art" oder um einen "Hoheitsbetrieb" handelt.[233]

- Nach der Legaldefinition des § 4 Abs. 1 KStG[234] handelt es sich bei Betrieben gewerblicher Art von juristischen Personen des öffentlichen Rechts um "alle Einrichtungen, die einer nachhaltigen wirtschaftlichen Tätigkeit zur Erzielung von Einnahmen außerhalb der Land- und Forstwirtschaft dienen und die sich innerhalb der Gesamtbetätigung der juristischen Person wirtschaftlich herausheben. Die Absicht, Gewinn zu erzielen, und die Beteiligung am allgemeinen wirtschaftlichen Verkehr sind nicht erforderlich." Ebenso ist die Beteiligung der öffentlichen Hand an einer Mitunternehmerschaft als Betrieb gewerblicher Art einzustufen.[235]

- Unter Hoheitsbetrieben hingegen werden jene Betriebe juristischer Personen des öffentlichen Rechts verstanden, die überwiegend der Ausübung der öffentlichen Gewalt dienen. Kennzeichen öffentlicher Gewalt ist im allgemeinen die Erfüllung öffentlich-rechtlicher Aufgaben, die aus der Staatsgewalt abgeleitet sind und staatlichen Zwecken dienen.[236] Dies ist insbesondere anzunehmen, wenn es sich um Leistungen handelt, zu deren Abnahme der Leistungsempfänger auf-

233 Vgl. HEIDEMANN, O. (1989), S. 57; SEIFERT, K. / METSCHKOLL, M. (1992), S. 1692.

234 Vgl. Körperschaftsteuergesetz 1991 (KStG 1991) in der Fassung der Bekanntmachung vom 11. März 1991 (BGBl. I S. 638), zuletzt geändert durch Jahresteuergesetz 1996 vom 11. Oktober 1995 (BGBl. I S. 1250) und Jahressteuer-Ergänzungsgesetz vom 18. Dezember 1995 (BGBl. I S. 1959).

235 Vgl. Abschn. 5 Abs. 1 KStR. Dabei "KStR": Körperschaftsteuer-Richtlinien 1990 (KStR 1990) in der Fassung der Bekanntmachung vom 14. März 1991 (BStBl. I Sondernummer 1).

236 Vgl. Abschn. 5 Abs. 13 KStR.

grund gesetzlicher oder behördlicher Anordnung verpflichtet ist.[237] Eine Verwertung bzw. Veräußerung von Material oder Gegenständen aus dem hoheitlichen Bereich gilt als Hilfsgeschäft und ist daher dem hoheitlichen Bereich zuzuordnen.[238]

In Anbetracht der genannten Anforderungen wird in Abschn. 5 Abs. 24 KStR die Abfallentsorgung in ihren sämtlichen Wertschöpfungsstufen als ("geborene") hoheitliche Tätigkeit klassifiziert.[239] Hierdurch ergibt sich in der Verwaltungspraxis für öffentlich-rechtliche Entsorger nicht nur eine Befreiung von der Körperschaftsteuerpflicht[240], sondern ebenso von der Umsatzsteuer-[241], der Gewerbesteuer-[242] und der Vermögensteuerpflicht[243]. Dies gilt auch für die spezielle Form des Querverbunds, wenn die hoheitliche Abfallentsorgung mit Betrieben gewerblicher Art in einem Eigenbetrieb zusammengefaßt ist.[244] Anders verhält es sich bei Entsorgungseinrichtungen in privatrechtlicher Ausgestaltung. Unabhängig von der Ausübung hoheitlicher Tätigkeit sind diese Einrichtungen kraft der privatrechtlichen Rechtsform bezüglich aller genannten Steuerarten unbeschränkt steuerpflichtig.[245] Eine Ausnahme könnte

237 Vgl. Abschn. 5 Abs. 14 KStR.

238 Vgl. Abschn. 5 Abs. 15 KStR.

239 Vgl. hierzu auch die Bestätigung im BMF-Schreiben vom 13.3.1987 - IV B 7 - S 2706 - 13/87 -, in: BStBl. I S. 373.

240 Vgl. § 1 Abs. 1 Nr. 6 KStG i.V.m. § 4 Abs. 5 KStG.

241 Vgl. § 2 Abs. 3 S. 1 UStG i.V.m. Abschn. 23 Abs. 3 UStR. Dabei "UStG": Umsatzsteuergesetz 1993 (UStG 1993) in der Fassung der Bekanntmachung vom 27. April 1993 (BGBl. I S. 565, ber. BGBl. 1993 I S. 1160); "UStR": Umsatzsteuer-Richtlinien 1996 (UStR 1996) vom 7. Dezember 1995 (BAnz. Nr. 239a, BStBl. I Sondernummer 4).

242 Vgl. § 2 Abs. 1 GewStG i.V.m. § 2 Abs. 2 S. 1 GewStDV und Abschn. 20 Abs. 1 GewStR. Dabei "GewStG": Gewerbesteuergesetz 1991 (GewStG 1991) in der Fassung der Bekanntmachung vom 21. März 1991 (BGBl. I S. 814), zuletzt geändert durch Jahressteuergesetz 1996 vom 11. Oktober 1995 (BGBl. I S. 1250) und Jahressteuer-Ergänzungsgesetz vom 18. Dezember 1995 (BGBl. I S. 1959); "GewStDV": Gewerbesteuer-Durchführungsverordnung (GewStDV 1991) in der Fassung der Bekanntmachung vom 21. März 1991 (BGBl. I S. 831), zuletzt geändert durch Jahressteuergesetz 1996 vom 11. Oktober 1995 (BGBl. I S. 1250); "GewStR": Gewerbesteuer-Richtlinien 1990 (GewStR 1990) vom 21. August 1990 (Banz. Nr. 166a, BStBl. I Sondernummer 2).

243 Vgl. § 1 Abs. 1 Nr. 2g) S. 1 VStG i.V.m. § 2 Abs. 1 GewStG, § 2 Abs. 2 S. 1 GewStDV und Abschn. 105 Abs. 2 S. 4 VStR. Dabei "VStG": Vermögensteuergesetz (VStG) in der Fassung der Bekanntmachung vom 14. November 1990 (BGBl. I S. 2467), zuletzt geändert durch Jahressteuergesetz 1996 vom 11. Oktober 1995 (BGBl. I S. 1250) und Jahressteuer-Ergänzungsgesetz vom 18. Dezember 1995 (BGBl. I S. 1959); "VStR": Vermögensteuer-Richtlinien (VStR 1995) vom 17. Januar 1995 (BStBl. Sondernummer 2).

244 Seit dem Grundsatzurteil des BFH vom 10.7.1962 (BStBl. III S. 448) ist eine Zusammenfassung von Hoheitsbetrieben und Betrieben gewerblicher Art steuerlich nicht mehr anerkannt. Hierdurch soll verhindert werden, daß durch eine Vereinigung verlustbringender Hoheitsbetriebe mit gewinnträchtigen Versorgungsbetrieben die gesetzmäßige Besteuerung willkürlich verringert wird. Vgl. HEIDEMANN, O. (1989), S. 107.

245 Vgl. § 1 Abs. 1 Nr. 1 KStG, § 1 Abs. 1 UStG, § 2 Abs. 2 GewStG, § 9 Nr. 1b VStG. Die Möglichkeit einer Steuerbeschränkung über die Anerkennung der Gemeinnützigkeit der Entsorgungstätigkeit wurde durch das BFH-Urteil vom 15.12.1993 (Az. X R 115/91) verneint. Vgl.

sich lediglich für die Vermögensteuerpflicht ergeben. Bei Anerkennung als Einrichtung zur Gesundheitspflege entfällt gemäß § 3 Abs. 1 Nr. 4 VStG für privatrechtliche Unternehmen im Eigentum der öffentlichen Hand die Steuerpflicht.[246] *Tabelle 3.8* zeigt die Steuerverhältnisse der einzelnen Organisations- und Rechtsformen im Überblick.

Organisat. - u. Rechtsformen	relevante Steuerarten	Körpersch.-steuer	Umsatz-steuer	Gewerbe-steuer	Vermögen-steuer
Öffentlich-rechtliche Organisations-formen	Regiebetrieb	□	□	□	□
	Eigenbetrieb (i.e.S.)	□	□	□	□
	Eigenbetriebsähnliche Einrichtung	□	□	□	□
	Querverbund	□	□	□	□
Öffentlich-rechtliche Rechtsformen	Kommunalunternehmen	□	□	□	□
	Zweckverband als Körperschaft des öffentlichen Rechts	□	□	□	□
Privatrechtl. Organisations-formen	Dienstleister im Dienstleistungsmodell	■ *)	■	■	■
	Betreiber im Pachtmodell	■ *)	■	■	■
	Betreiber im originären Betreibermodell	■ *)	■	■	■
	Besitzgesellschaft im Kooperationsmodell	■ *)	■	■	■ **)
	Betriebsgesellschaft im Kooperationsmodell	■	■	■	■ **)
	Betreibergesellschaft im Kooperationsmodell	■	■	■	■ **)
Privatrechtl. Rechtsformen	Eigengesellschaft	■	■	■	■ **)
	Gemischt-öffentliches Unternehmen	■	■	■	■ **)
	Gemischt-wirtschaftliches Unternehmen	■	■	■	■ **)

□ : Nicht steuerpflichtig.
■ : Steuerpflichtig.
*) : Sofern Personengesellschaft (z.B. oHG oder KG), gilt anstelle der Körperschaftsteuerpflicht die Einkommensteuerpflicht (vgl. §§ 2, 15 EStG).
**) : Befreiung von der Steuerpflicht bei Anerkennung als Einrichtung zur Gesundheitspflege (vgl. § 3 Abs. 1 Nr. 4 KStG).

Tab. 3.8: Steuerverhältnisse der Organisations- und Rechtsformen im Rahmen der öffentlichen Abfallentsorgung

---

hierzu auch o.V. (1994).

246 Nach Einschätzung von CRONAUGE, U. / DEDY, H. (1994), S. 100 müßte diese Befreiungsvoraussetzung gegeben sein, da die Abfallentsorgung der Seuchenbekämpfung diene und somit wichtige gesundheitspolitische Funktionen erfülle.

Anzumerken ist, daß die gängige Verwaltungspraxis, nach der die Abfallentsorgung dem hoheitlichen Bereich zugeordnet wird, seit geraumer Zeit vom BMF, in zunehmendem Maße von den landesrechtlichen Finanzgerichten und neuerdings auch vom BFH[247] in Frage gestellt wird. Um steuerbedingte Wettbewerbsverzerrungen zwischen den Entsorgern in öffentlich-rechtlichen und in privatrechtlichen Rechtsformen zu vermeiden, wird eine steuerliche Gleichbehandlung gefordert, indem die öffentlich-rechtliche Abfallentsorgung als "Betrieb gewerblicher Art" eingestuft wird. Auf diesen Aspekt wird gesondert in Kapitel 4.2.2.3.6.1 ff. eingegangen.

3.7.3 Rechnungstechnische Besonderheiten

Auch in Hinblick auf die Rechnungslegung existieren bei den möglichen Organisations- und Rechtsformen im Rahmen der öffentlichen Abfallentsorgung Besonderheiten. Während die unmittelbar mit der Körperschaft des öffentlichen Rechts verbundenen Regiebetriebe über ein sog. kameralistisches Rechnungswesen verfügen, ist für Eigenbetriebe, Kommunalunternehmen und privatrechtliche Unternehmen die kaufmännische Rechnungslegung (auch sog. Doppik) verbindlich.[248]

3.7.3.1 Kameralistisches Rechnungswesen

Zweckbestimmung des kameralistischen Rechnungswesen ist es, die Kontrolle der Wirtschaftsführung öffentlicher Institutionen zu erleichtern.[249] Als Instrumentarium dient hierbei im wesentlichen die sog. Haushaltsrechnung.[250] Ausgehend von der Ermächtigung eines jahresbezogenen Haushaltsplanes, Ausgaben zu leisten und Einnahmen zu erzielen, ist im Rahmen einer Soll-Ist-Vergleichsrechnung aufzuzeigen, ob die Budgetansätze ordnungsgemäß realisiert und durch die veranschlagten Einnahmen ge-

---

247 Vgl. BFH, Urteil vom 16. November 1995, Az. V R 122/93.

248 Vgl. hierzu die entsprechenden gesetzlichen Bestimmungen für Eigenbetriebe in § 18 BayEBV, für Kommunalunternehmen in Art. 98 Abs. 1 BayGO und für kommunale privatrechtliche Unternehmen in §§ 6 Abs. 1, 7 HGB bzw. § 5 EStG - jeweils mit implizitem Verweis auf die handelsrechtliche Rechnungslegung gem. §§ 238 ff. HGB. Dabei "HGB": Handelsgesetzbuch vom 10. Mai 1897 (RGBl. S. 219), zuletzt geändert durch Art. 40 Einführungsgesetz zur Insolvenzordnung (EGInsO) vom 5. Oktober 1994 (BGBl. I S. 2911) und Art. 3 Gesetz zur Bereinigung des Umwandlungsrechts (UmwBerG) vom 28. Oktober 1994 (BGBl. I S. 3210); "EStG": Einkommensteuergesetz 1990, in der Fassung der Bekanntmachung vom 7. Dezember 1990 (BGBl. I S. 1898, ber. 1991 I S. 808), zuletzt geändert durch Zweites Gesetz zur Änderung des Arbeitsförderungsgesetzes im Bereich des Baugewerbes vom 15. Dezember 1995 (BGBl. I S. 1809) und Jahressteuer-Ergänzungsgesetz vom 18. Dezember 1995 (BGBl. I S. 1959).

249 Vgl. WYSOCKI, K. v. (1965), S. 18 ff.; THIEMEYER, T. (1975), S. 238 ff.; OETTLE, K. (1976 c), S. 127; MÜLHAUPT, L. (1987), S. 79 f..

250 Vgl. zum folgenden OETTLE, K. (1981), Sp. 319 ff.; FLEIGE, T. (1989), S. 70 ff.; MÜLHAUPT, L. (1987), S. 95 ff.; OSSADNIK, W. (1991), S. 177 ff..

deckt worden sind. Ausschlaggebendes Kriterium für die Aufnahme von Einnahmen und Ausgaben in den Haushaltsplan ist deren voraussichtliche Kassenwirksamkeit in der zu planenden Rechnungsperiode.[251] Aus betriebswirtschaftlicher Sicht werden insofern Zahlungsvorgänge prognostiziert und entsprechende Ein- und Auszahlungen veranschlagt. Vom Prinzip der Kassenwirksamkeit ergeben sich jedoch Ausnahmen. Einmal sind im Haushaltsplan auch sog. Verpflichtungsermächtigungen aufzunehmen.[252] Diese berechtigen den Regiebetrieb Leistungsverpflichtungen für Investivmaßnahmen einzugehen, die aber erst in künftigen Rechnungsperioden zu erfüllen sind. Des weiteren sind speziell bei kostenrechnenden Einrichtungen, wie sie die öffentliche Abfallentsorgung darstellt, Erstattungen und kalkulatorische Kosten zu berücksichtigen. Erstattungen oder auch "innere Verrechnungen" stellen das monetäre Äquivalent von Leistungsbeziehungen zwischen verschiedenen Verwaltungseinheiten innerhalb der öffentlich-rechtlichen Körperschaft dar.[253] Die zu berücksichtigenden kalkulatorischen Kosten sind nach § 12 KommHV auf kalkulatorische Abschreibungen für abnutzbare Anlagegüter und kalkulatorische Zinsen für das Anlagekapital beschränkt. Durch die Aufnahme dieser Positionen in den Haushaltsplan soll eine Wirtschaftlichkeitskontrolle und - sofern Leistungen gegen Bezahlung abgegeben werden - eine Entgeltberechnung unter betriebswirtschaftlichen Gesichtspunkten verbessert werden.

In Hinblick auf die im Rahmen der öffentlichen Abfallentsorgung kostenorientierte Bepreisung mittels Abfallgebühren stellt die vornehmlich zahlungsorientierte Kameralistik keine ausreichende Basis für die erforderlichen Kosteninformationen dar. Die Informationsanforderungen lassen sich nur über eine Nebenrechung, die sog. erweiterte Kameralistik, erreichen.[254] Hier werden die Ausgaben- und Einnahmenpositionen des Haushaltsplans durch eventuelle Umbewertungen, durch Ausgliederung von betriebs-, periodenfremden und außerordentlichen Positionen sowie durch Eingliederungen von zusätzlichen kalkulatorischen Kostenarten, z.B. Wagnissen und Rückstellungen, in Kosten- bzw. Erlösdaten transformiert.[255]

---

251 Vgl. Art. 64 BayGO, § 7 KommHV sowie SCHREML, A. / BAUER, S. / WESTNER, A. (1995), Erl. zu Art. 64 BayGO u. § 7 KommHV.

252 Vgl. Art. 64 Abs. 1 BayGO i.V.m. Art. 67 BayGO, § 9 KommHV sowie sowie SCHREML, A. / BAUER, S. / WESTNER, A. (1995), Erl. zu Art. 67 BayGO u. § 9 KommHV.

253 Vgl. § 14 Abs. 3 KommHV sowie SCHREML, A. / BAUER, S. / WESTNER, A. (1995), Erl. zu § 14 KommHV.

254 Vgl. FUCHS, M. / ZENTGRAF, H. (1971), S. 14 ff.; KGSt (1982 c), S. 4 ff.; FLEIGE, T. (1989), S. 84 ff..

255 Hierzu speziell Kapitel 3.8.3.2.3.1.

3.7.3.2 Kaufmännisches Rechnungswesen

Aufgabe der kaufmännischen Rechnungslegung im Rahmen des externen Rechnungswesens - der sog. Finanzbuchhaltung - ist es, die Geschäftsvorfälle zwischen dem Unternehmen und der Außenwelt zahlenmäßig zu erfassen und diese Daten den interessierten außenstehenden Parteien, wie etwa den Eigentümern, Gläubigern, Arbeitnehmern und dem Fiskus, für Informationszwecke bzw. für Steuerbemessungszwecke zur Verfügung zu stellen.[256] Das Instrumentarium hierbei ist die Buchführung und der Jahresabschluß, letzterer bestehend aus der Gewinn- und Verlustrechnung (GuV) und der Bilanz. Anders als bei der zahlungsorientierten Kameralistik werden Vermögensgegenstände, Schulden, Güterströme und Zahlungen hier als Werte aufgefaßt. Die Erfassung sämtlicher Wertänderungen und deren Verteilung auf einzelne Rechnungsperioden, wobei bestimmte Bewertungs- und Abgrenzungsgrundsätze zu beachten sind,[257] erfolgt in der Buchführung. Dabei werden alle Vorgänge systematisch nach ihrer Vermögens- und ihrer Erfolgswirkung getrennt kontiert. Der periodenbezogene Unternehmenserfolg wird am Ende jeder Rechnungsperiode als Saldo der negativen und positiven Wertänderungen, d.h. von Aufwand und Ertrag, in der GuV ermittelt.[258] Korrespondierend hierzu werden in der Bilanz die Vermögens- und Schuldenwerte stichtags- und inventurbezogen gegenübergestellt.[259]

Neben dem externen Rechnungswesen verfügen gerade im Wettbewerb stehende Unternehmen regelmäßig auch über ein internes Rechnungswesen.[260] Dieses dient der unternehmensinternen Planung, Kontrolle und Dokumentation des Geschäftsablaufs. Grundausstattung ist dabei die sog. Kosten- und Leistungsrechnung (kurz: Kostenrechnung), in der eine Erfassung der geschäftsbedingten Wertänderungen unter bestimmten kostenrechnerischen Bewertungs- und Abgrenzungsgrundsätzen, die nur bedingt mit den finanzbuchhalterischen Kriterien übereinstimmen, erfolgt. Die Überleitung der Daten aus der Finanzbuchhaltung in die Kostenrechnung bedarf daher analog der Vorgehensweise der erweiterten Kameralistik einer Umbewertung, Ausgliederung und Eingliederung bestimmter Aufwands-/Ertragspositionen bzw. zusätzlicher kalkulatorischer Positionen.[261] Im Vergleich zur Kameralistik ergibt sich hier jedoch eine

256 Vgl. etwa HORVATH, P. (1981), Sp. 325; COENENBERG, A.G. (1994), S. 7 ff..

257 Dies sind zum einen die Grundsätze ordnungsgemäßer Buchführung (u.a. das Realisationsprinzip, die Grundsätze der zeitlichen und sachlichen Abgrenzung und das Imparitätsprinzip) und zum anderen die handelsrechtlichen Ansatz- und Bewertungsvorschriften (z.B. die Vorgaben zur Bildung von Rechnungsabgrenzungsposten nach § 250 HGB und das Anschaffungswertprinzip für Anlagegüter nach § 253 Abs. 2 HGB). Vgl. hierzu z.B. LEFFSON, U. (1987), S. 136 ff.; BÄHR, G. / FISCHER-WINKELMANN, W.F. (1992), S. 193 ff.; COENENBERG, A.G. (1994), S. 26 ff..

258 Vgl. COENENBERG, A.G. (1994), S. 247 ff..

259 Vgl. COENENBERG, A.G. (1994), S. 47 ff..

260 Vgl. COENENBERG, A.G. (1993), S. 25 ff..

261 Hierzu näheres im folgenden Kapitel 3.8.3.2.3.1.

andere Schnittstelle zwischen dem Grundrechenwerk und der Kostenrechnung. Im kaufmännischen Rechnungswesen wird Abgrenzung durch die Wertgrößen "Aufwand/Kosten" bzw. "Ertrag/Erlöse" definiert, in der Kameralistik hingegen durch die Zahlungs- und Wertgrößen "Ausgaben/Kosten" bzw. "Einnahmen/Erlöse".

3.8 Abfallgebühren

In den bisherigen Ausführungen wurde bereits verschiedentlich angesprochen, daß die entsorgungspflichtigen Körperschaften ihre im Rahmen der Leistungserbringung entstehenden Kosten durch Erhebung von speziellen Entgelten decken, welche von den Nutzern der Entsorgungseinrichtung zu bezahlen sind. Die korrespondierenden preisrechtlichen Bestimmungen sind in den landesspezifischen Abfallgesetzen festgelegt. Als vornehmliches Preisinstrument gilt hiernach die (öffentlich-rechtliche Benutzungs-)Gebühr, die dem Kontext entsprechend auch als "Abfallgebühr" oder "Müllgebühr" bezeichnet wird. In manchen Bundesländern besteht auch die Möglichkeit einer alternativen Erhebung von privatrechtlichen Entgelten[262] oder einer - insbesondere zur Deckung des Investitionsaufwands - Erhebung von (öffentlich-rechtlichen) Beiträgen[263] in Kombination mit den Abfallgebühren. Als rechtlicher Bezugsrahmen dieser Preisinstrumente wird regelmäßig auf die einschlägigen Vorschriften der landesrechtlichen Kommunalabgabengesetze (KAG) bzw. entsprechender Entgeltordnungen verwiesen (vgl. die Übersicht der Preisinstrumente in *Tab. 3.9*). Da privatrechtliche Entgelte und Beiträge im Abfallbereich jedoch üblicherweise keine Praxisrelevanz besitzen,[264] widmen sich die weiteren Betrachtungen dem Instrument "Abfallgebühr".

---

262 Kommunale privatrechtliche Entgelte beruhen auf einer vertraglichen Vereinbarung zwischen dem öffentlichen Leistungsgeber und den Leistungsnehmern nach den allgemeinen zivilrechtlichen Vorschriften. In der Regel werden sie entsprechend öffentlich-rechtlicher Entgelte kalkuliert; vgl. DAHMEN, A. (1996 b), Rdnr. 16. ff. zu § 6 KAG NW. Insofern ergibt sich sachlich kein Unterschied zur Gebühr.

263 In Ermangelung einer einheitlichen bundesverfassungsrechtlichen Begriffsfassung, an die der Gesetzgeber gebunden wäre, werden in der Rechtsprechung und Fachliteratur kommunale Beiträge als einmalige Geldleistungen verstanden, mit denen der Aufwand öffentlicher Einrichtungen ganz oder teilweise von denjenigen gedeckt werden soll, denen die Herstellung oder Existenz der Einrichtung besondere Vorteile gewährt. Dabei kommt es im Gegensatz zur Gebühr nicht darauf an, daß die Einrichtung tatsächlich genutzt wird (vgl. hierzu die Ausführungen im folgenden Kapitel 3.8.1), vielmehr genügt die Möglichkeit der Inanspruchnahme durch den Beitragspflichtigen. Vgl. SCHIEDER, H. / HAPP, M. (1994), Erl. Art. 5 BayKAG, Nr. 1.2; DRIEHAUS, H.-J. (1996), Rdnr. 9 ff. zu § 8 KAG NW.

264 SCHIEDER, H. / HAPP, M. (1994), Erl. Art. 8 BayKAG, Nr. 2.2 weisen darauf hin, daß bei öffentlich-rechtlicher Benutzungsregelung, so der abfall- und satzungsrechtliche Anschluß- und Benutzungszwang, die Erhebung privatrechtlicher Entgelte methodisch nicht begründbar ist. Eine Beitragserhebung im Abfallbereich ist insofern unrealistisch, als daß etwa im Gegensatz zur Abwasserentsorgung, bei welcher der Kanalanschluß der zu entsorgenden Grundstücke den Anknüpfungspunkt für den Beitrag darstellt, kein plausibler Beitragsmaßstab definiert werden kann. Im Vorgriff auf die Ausführungen in Kapitel 4.2.1.2 sei hier auch auf eine empirische Untersuchung der entsorgungspflichtigen Gebietskörperschaften in Bayern verwiesen (vgl. dazu den

Preisvorschriften	Bundesland u. Landesabfallgesetz *)	Baden-Württem.	Bayern	Berlin	Bremen	Hamburg	Hessen	Niedersachsen	Nordrhein-Westf.	Rheinland-Pfalz	Saarland	Schleswig-Holstein	Brandenburg	Mecklenburg-Vorp.	Sachsen	Sachsen-Anhalt	Thüringen
		LAbfG BW	BayAbfAlG	LAbfG Berlin	BremAGAbfG	HmbAbfG	HAbfG	NAbfG	LAbfG NW	LAbfWAG RP	SAbfG	LAbfG SH	BraLAbfVG	AbfAlG M-V	SächsEGAB	AbfG LSA	ThAbAG
Preis-instrumente	Gebühren (bzw. privatrechtliche Entgelte)	■ 8 (2)	■ 7 (2)	■ 24	▤ 2a (1)	■ 22 (1)	□ 2 (2)	▤ 12 (1)	■ 9 (2)	■ 5 (2)	■ 3 (3)	■ 5 (2)	■ 8 (1)	▤ 6 (2)	■ 3 (2)	▤ 6 (1)	■ 4 (2)
	Beiträge		□ 7 (3)											□ 6 (3)			
	Verweis auf KAG bzw. Entgeltordn.	■ 8 (2)	■ 7 (5)	▥ 24	▥ 2a (1)		■ 2 (2)	■ 12 (1)	■ 9 (2)	■ 5 (2)	■ 3 (3)	■ 5 (2)		■ 6 (4)		■ 6 (1)	■ 4 (2)
Kosten-ansatz neutraler Positionen	Nachsorge stillgelegter Anlagen	□ 8 (2)	□ 7 (5)		■ 2a (3)	■ 22 (1)	□ 2 (2)		□ 9 (2)	■ 5 (2)			□ 8 (2)			□ 6 (3)	■ 4 (2)
	wilde Ablagerungen u.a.								□ 9 (2)								
	Planung und Untersuchung für künftige Anlagen					■ 22 (1)						□ 5 (2)					
Kosten-ansatz	Kosten der Abfallberatung	□ 8 (2)	□ 7 (5)		■ 2a (3)	■ 22 (1)		■ 12 (3)	□ 9 (2)	□ 5 (2)		□ 5 (2)		□ 6 (4)		□ 6 (3)	
	Unterstützung privater Vermeid.- u. Vermind.maßn.		□ 7 (5)							□ 5 (2)							
	Kosten der Logistik				■ 2a (3)	■ 22 (1)		■ 12 (3)					□ 8 (2)			□ 6 (3)	
	Kosten der Wertstoffentsorgung				■ 2a (3)			■ 12 (3)					□ 8 (2)	□ 6 (4)		□ 6 (3)	
	Kosten d. Probl.-müllentsorgung							■ 12 (3)								□ 6 (3)	
	Kosten der Entsorgungsanlagen				■ 2a (3)			■ 12 (3)								□ 6 (3)	■ 4 (2)
	Rückstellungen für Nachsorge	□ 8 (2)	□ 7 (5)		■ 2a (3)	■ 22 (1)		■ 12 (3)	□ 9 (2)			□ 5 (2)	□ 8 (2)			□ 6 (3)	■ 4 (2)
	Ausgleichs- oder Ersatzmaßnahm. nach NatSchG				■ 2a (3)			■ 12 (3)								□ 6 (3)	
	Abfallabgabe								□ 9 (2)								
Kosten-umlage	Mengen- oder Gewichtmaßstab	□ 8 (2)			■ 2a (2)			■ 12 (5)								■ 6 (2)	
	progressive Mengentarifierung		□ 7 (5)					□ 12 (5)		□ 5 (2)				□ 6 (4)			
	Anreize zur Abfallvermeidung u. -verminderung	□ 2 (1)	□ 7 (5) 24	▒ 24	■ 2a (2)	■ 22 (2)		■ 12 (2)	▒ 9 (2)		■ 3 (3)		▒ 8 (3)		■ 3 (2)		■ 4 (4)
	Grundgebühr							□ 12 (5)									
	Mindestgebühr							□ 12 (5)									

Legende:
■ : Gebot
▒ : Gebot mit Ausnahmemöglichkeit
□ : Kann-Vorschrift
▤ : auch privatrechtliche Entgelte
▥ : sonst. Entgeltordnung
Zahl (Zahl) : § bzw. Art. (Abs.) im Gesetz
*) Vgl. Verzeichnis der verwendeten Gesetze

Tab. 3.9: Preisrechtliche Bestimmungen für die öffentliche Abfallentsorgung nach Maßgabe der Landesabfallgesetze

---

Fragebogen in Anhang I). Die Frage einer Beitragserhebung (vgl. Frage 49. des Fragebogens) wurde von den 88 antwortenden Entsorgern übereinstimmend verneint.

Preisvorschriften	Bundesland u. Landeskomm.-abgabengesetz bzw. Gebühren-gesetz *)	Baden-Württem KAG BW	Bayern BayKAG	Berlin GebG Berlin	Bremen BremGebBeitrG	Hamburg HmGebG	Hessen HKAG	Niedersachsen NKAG	Nordrhein-Westf KAG NW	Rheinland-Pfalz KAG RP	Saarland SKAG	Schleswig-Holstein KAG SH	Brandenburg BraKAG	Mecklenburg-Vorp. KAG M-V	Sachsen SächsKAG	Sachsen-Anhalt KAG-LSA	Thüringen TKAG
Preisrechtl. Grundlagen	Gebührensatzung bzw. -ordnung	■ 2	■ 2 (1)	■ 8 (1)	■ 3 (1)	■ 2	■ 2	■ 2 (1)	■ 2 (1)	■ 2 (1)	■ 2 (1)	■ 2 (1)	■ 2 (1)	■ 2 (1)	■ 2 (1)	■ 2 (1)	■ 2 (1)
	Satzungs- bzw. Ordnungsgenehmigung							▨ AB							▨ AH		▨ 2 (5)
Kalkulations-grundsätze u. -rahmen-vorgaben	Kostendeckungs-prinzip als Untergrenze				□ 12 (2)	□ 6 (1)											
	Kostendeckungs-prinzip als Obergrenze	■ 9 (2)		□ 8 (3) 8 (4)						■ 8 (1)		□ 6 (2) 6 (3)			■ 10 (1)		
	Kostendeck.p. als Ober- und Untergrenze		□ 8 (2)				□ 10 (2) AB	□ 5 (1)	□ 6 (1) **)		□ 6 (1)		□ 6 (1) **)	□ 6 (1)		□ 5 (1)	□ 12 (2)
	Vorkalkulation	■ 9 (2)	■ 8 (6)					■ 5 (2)	■ 6 (1)	■ 8 (1)	■ 6 (1)		■ 6 (1)	■ 6 (1)	■ 10 (2)	■ 5 (2)	■ 12 (6)
	mehrjähr. Kalkulationszeitraum	□ 9 (2)	□ 8 (6)					□ 5 (2)		□ 8 (1)	□ 6 (2)				□ 10 (2)	□ 5 (2)	□ 12 (6)
	Ausgleich von Kostenüberdeck.	■ 9 (2)	■ 8 (6)					■ 5 (2)		■ 8 (1)	■ 6 (2)			□ 6 (2)	■ 10 (2)	■ 5 (2)	■ 12 (6)
	Ausgleich von Kostenunterdeck	□ 9 (2)	□ 8 (6)					□ 5 (2)		■ 8 (1)	□ 6 (2)			□ 6 (2)	□ 10 (2)	□ 5 (2)	□ 12 (6)
	nach betriebsw. Grundsätzen ansatzfähige Kosten	■ 9 (2)	■ 8 (2)		■ 12 (2)	■ 6 (1)			■ 6 (2)				■ 6 (2)	■ 6 (2)			■ 12 (2)
	Kostenermittlung nach betriebsw. Grunds. / Method.						■ AB	■ 5 (2)		■ 8 (1)	■ 6 (2)	■ AA			■ 11 (1)	■ 5 (2)	
Methodik der Kosten-rechnung	Kostenarten/ -stellen/-träger-rechnung							■ AB	■ VVO			■ AA	■ VVO				
Kosten-ansatz neutraler Positionen	neutrale Positionen im allg.							● AB		● 8 (4)		● AA					
	Nachsorge-aufwand für still-gelegte Anlagen														■ 9 (2) 11 (2)		
Kosten-ansatz	lfd. Verwaltung u Unterhaltung		□ 8 (2)				■ 10 (2)					■ 6 (2)			■ 11 (2)		
	Fremd-leistungen				□ 12 (3)	□ 6 (2)	■ 10 (2)	■ 6 (2)	□ 8 (2)		■ 6 (2)		□ 6 (2)	□ 6 (2)	■ 11 (2)	■ 5 (2)	
	Abwasser-abgabe	□ 9 (3)								■ 8 (1)					■ 11 (2)		
	(kalkulatorische) Rückstellungen							□ AB							■ 11 (2)		
	kalkulatorische Wagnisse							□ AB							□ AH		
	kalkulatorische Miete							□ AB									

Legende:
- ■ : Gebot
- □ : Gebot mit Ausnahmemögl.
- □ : Kann-Vorschrift
- ▨ : lediglich Anzeigepflicht
- ● : Verbot
- Zahl (Zahl) : § bzw. Art. (Abs.) im Gesetz
- *) Vgl. Verzeichnis der verwendeten Gesetze
- AA : Ausführungsanweisung
- AB : Ausführungsbestimmung
- AH : Anwendungshinweise
- RdE : Runderlaß
- VA : Vollzugsanordnung
- VVO : Verwaltungsverordnung
- **) Gem. Auffassung von DAHMEN, A. (1996 b), Rdnr. 7 ff. zu § 6 KAG NW

Tab. 3.10: Preisrechtliche Bestimmungen für die öffentliche Abfallentsorgung nach Maßgabe der Landeskommunalabgabengesetze bzw. entsprechender Entgeltordnungen - Teil A

Preisvorschriften	Bundesland u Landeskomm.-abgabengesetz bzw. Gebühren-gesetz *)	Baden-Württem. KAG BW	Bayern BayKAG	Berlin GebG Berlin	Bremen BremGebBeitrG	Hamburg HmGebG	Hessen HKAG	Niedersachsen NKAG	Nordrhein-Westf. KAG NW	Rheinland-Pfalz KAG RP	Saarland SKAG	Schleswig-Holstein KAG SH	Brandenburg BraKAG	Mecklenburg-Vorp. KAG M-V	Sachsen SächsKAG	Sachsen-Anhalt KAG-LSA	Thüringen TKAG
kalkulator. Abschrei-bungen	Kostenansatz	□ 9 (3)	□ 8 (3)	□ 8 (3)	□ 12 (3)	□ 6 (2)	■ 10 (2)	■ 5 (2)	□ 6 (2)	■ 8 (2)	■ 6 (2)	■ 6 (2)	□ 6 (2)	□ 6 (2)	■ 11 (2)	■ 5 (2)	□ 12 (3)
	leistungsabh. Abschreibung					■ 6 (2)		■ 5 (2)	■ 6 (2)		■ 6 (2)	■ 6 (2)	■ 6 (1)	■ 6 (2)		■ 5 (2)	
	lineare Abschreibung	□ RdE	□ VA		■ 12 (3)	■ 6 (2)	□ AB	■ 5 (2)	■ 6 (2)		■ 6 (2)	■ 6 (2)	■ 6 (1)	■ 6 (2)	□ AH	■ 5 (2)	
	progressive Abschreibung							● AB	● VVO			● AA			□ AH		
	degressive Abschreibung		□ VA					● AB	● VVO			● AA			□ AH		
	kredittilgungs-bezogene Abschr.		□ VA					● AB				● AA					
	Abzug von Finanzhilfen	□ 9 (3)	□ 8 (3)							□ 8 (4)					□ 13 (1)		
	Anschaffungs-/Herstellungswerte	■ 9 (3)	■ 8 (3)	■ 8 (3)	■ 12 (3)		■ AB	■ 5 (2)	■ 1)	■ 8 (2)		■ 6 (2)	■ 6 (2)		■ 13 (1)	■ 5 (2)	■ 12 (3)
	Wiederbeschaf-fungszeitwerte			□ 8 (3)	■ 12 (3)	■ 6 (2)		■ 5 (2)	■ 1)	∅ 8 (2)		■ 6 (2)			■ 13 (1)	■ 5 (2)	□ 12 (3)
	Wiederbeschaf-fungswerte		● VA				■ AB			∅ 8 (2)							
	Abschreibungen unter Null	■ RdE						□ AB	● 1)						● AH		
	Sonder-abschreibungen											■ AA			□ AH		
kalkulator. Zinsen	Kostenansatz	□ 9 (3)	□ 8 (3)	□ 8 (3)	□ 12 (3)	□ 6 (2)	■ 10 (2)	■ 5 (2)	□ 6 (2)	■ 8 (3)	■ 6 (2)	■ 6 (2)	□ 6 (2)	□ 6 (2)	■ 11 (2)	■ 5 (2)	□ 12 (3)
	Gesamtkapital				■ 12 (3)	■ 6 (2)		■ 5 (2)	■ 6 (2)			■ 6 (2)	■ 6 (2)	■ 6 (2)		■ 5 (2)	
	Anlagekapital	■ 9 (3)	■ 8 (3)				■ 10 (2)			■ 8 (3)	■ 6 (2)				■ 11 (2)		■ 12 (3)
	Eigenkapital-verzinsung	■ RdE	■ 8 (3)	● 8 (3)	■ 12 (3)	■ 6 (2)	□ AB	■ AB	■ VVO	■ 8 (3)	■ 6 (2)	■ AA	■ VVO	■ 6 (2)	■ 11 (2)	■ 5 (2)	■ 12 (3)
	Abzugskapital (Finanzhilfen)	□ 9 (3)	■ 8 (3)		■ 12 (3)	■ 6 (2)	■ 10 (2)	■ 5 (2)	■ 6 (2)	■ 8 (3)	■ 6 (2)	■ 6 (2)	■ VVO	■ 6 (2)	■ 12 (1)	■ 5 (2)	■ 12 (3)
	Durchschnitts-wertmethode	■ RdE	□ VA					∅ AB						■ 6 (2)	□ 12 (2)		
	Restwertmethode	■ RdE	□ VA					■ AB		□ 8 (3)		■ AA			□ 12 (2)		
	Anschaffungs-/Herstellungswerte	■ 9 (3)	■ VA	□ 8 (3)	■ 12 (3)	■ 8 (2)		■ 5 (2) AB	■ 1)	■ 8 (3)		■ 6 (2) AA	■ 6 (2)	■ 6 (2)	■ 12 (2)	■ 5 (2)	■ 12 (3)
	Wiederbeschaf-fungszeitwerte			□ 8 (3)					● 1)					□ 6 (2)			□ 12 (3)
	kalkulatorischer Mischzinssatz	□ RdE						□ AB	■ VVO			■ AA	□ VVO				
	Sonderregelung für kalk. Zinssatz														■ AH		

Legende:

■ : Gebot
□ : Gebot mit Ausnahmemögl.
□ : Kann-Vorschrift
Zahl (Zahl) : § bzw. Art. (Abs.) im Gesetz
*) : Vgl. Verzeichnis der verwendeten Gesetze

● : Verbot
∅ : Verbot bei Pflichtaufgaben u. bei Anschl.- u. Benutz.zwang
∅ : "rechtlich bedenklich"
1) : Urteil des OVG NW vom 5.8.1994 (9 A 1248/92)

AA : Ausführungsanweisung
AB : Ausführungsbestimmung
AH : Anwendungshinweise
RdE : Runderlaß
VA : Vollzugsanordnung
VVO : Verwaltungsverordnung

Tab. 3.11: Preisrechtliche Bestimmungen für die öffentliche Abfallentsorgung nach Maßgabe der Landeskommunalabgabengesetze bzw. entsprechender Entgeltordnungen - Teil B

Preisvorschriften	Bundesland u. Landeskomm.-abgabengesetz bzw. Gebühren-gesetz *)	Baden-Württem. KAG BW	Bayern BayKAG	Berlin GebG Berlin	Bremen BremGebBeitrG	Hamburg HmGebG	Hessen HKAG	Niedersachsen NKAG	Nordrhein-Westf. KAG NW	Rheinland-Pfalz KAG RP	Saarland SKAG	Schleswig-Holstein KAG SH	Brandenburg BraKAG	Mecklenburg-Vorp. KAG M-V	Sachsen SächsKAG	Sachsen-Anhalt KAG-LSA	Thüringen TKAG
Kosten-umlage	Wirklichkeits-maßstab						□ AB	□ 5 (3)	□ 6 (3)	□ 7 (1)	□ 6 (3)	□ AA	■ 6 (3)		□ 14 (1)		
	allg. Lenkungs-möglichkeiten		□ 8 (4)	□ 8 (4)			□ 10 (2)					□ 6 (3)				□ 5 (1)	□ 12 (4)
	soziale Lenkungs-möglichkeiten			□ 8 (4)		□ 6 (3)		∅ 5 (3)			□ 4 (3)	□ 4 (2)		□ 6 (1)	□ 14 (2)	∅ 5 (3)	
	umweltpolitische Lenkungsmögl.									□ 7 (1)					□ 14 (2)	□ 3a	
	Grundgebühr		□ 8 (2)		□ 12 (4)		□ 10 (3)	□ 5 (4)	□ 6 (3)		□ 6 (3)	□ 6 (4)	□ 6 (3)	□ 6 (3)	□ 14 (1)	□ 5 (3)	□ 12 (2)
	Mindestgebühr		□ 8 (2)		□ 12 (4)		□ 10 (3)	□ 5 (4)	□ 6 (3)		□ 6 (3)			□ 6 (3)		□ 5 (3)	□ 12 (2)

Legende:
■ : Gebot
□ : Gebot mit Ausnahmemögl.
□ : Kann-Vorschrift
∅ : Verbot bei Anschl.- u. Benutz.zwang
*) Vgl. Verzeichnis der verwendeten Gesetze
Zahl (Zahl) : § bzw. Art. (Abs.) im Gesetz
AA : Ausführungsanweisung
AB : Ausführungsbestimmung
AH : Anwendungshinweise
RdE : Runderlaß
VA : Vollzugsanordnung
VVO : Verwaltungsverordnung

Tab. 3.12: Preisrechtliche Bestimmungen für die öffentliche Abfallentsorgung nach Maßgabe der Landeskommunalabgabengesetze bzw. entsprechender Entgeltordnungen - Teil C

3.8.1 Gebührenbegriff

Für kommunale Benutzungsgebühren existiert keine einheitliche Begriffsfassung.[265] In den landesrechtlichen Kommunalabgabengesetzen und Entgeltordnungen werden Legaldefinitionen (vgl. z.B. § 4 Abs. 2 KAG NW, § 4 Abs. 2 SKAG, § 4 Abs. 1 KAG M-V) oder Gebührenbegriffe (vgl. etwa § 9 Abs. 1 KAG BW, Art. 8. Abs. 2 S. 2 BayKAG, § 9 Abs. 1 SächsKAG) mit teilweise unterschiedlichen Inhalten verwendet.[266] Unabhängig davon besteht nach herrschender Meinung das Wesen der Gebühr darin, daß diese eine öffentlich-rechtliche Geldleistung ist, die aus Anlaß einer individuell zurechenbaren öffentlichen Leistung dem Gebührenschuldner durch eine öffent-

265 Obwohl die Gebühr wie Steuern, Beiträge und Sonderabgaben unter dem Oberbegriff "Abgabe" firmiert (vgl. hierzu MESSERSCHMIDT, K. (1986), S. 110 ff.), wird sie in der AO nicht definiert.

266 Auf eine Angabe der vollständigen Titel und Quellen der Landesgesetze sei an dieser Stelle verzichtet; vgl. daher die Angaben im Verzeichnis der verwendeten Gesetze, Rechtsverordnungen und Verwaltungsvorschriften.

lich-rechtliche Norm oder sonstige hoheitliche Maßnahme als Gegenleistung auferlegt wird und dazu bestimmt ist, in Anknüpfung an diese Leistung deren Kosten ganz oder teilweise zu decken.[267]

3.8.2 Gebührensatzung

Benutzungsgebühren sind somit der Preis für die tatsächliche Inanspruchnahme öffentlicher Dienste und Einrichtungen. Für ihre Erhebung sind sie nach Maßgabe der landesgesetzlichen Regelungen in Form von Gebührensatzungen (oder -ordnungen), im Kontext der Abfallentsorgung in sog. Abfallgebührensatzungen, festzulegen (vgl. die Übersicht der preisrechtlichen Grundlagen in *Tab. 3.10*). Satzungen sind Rechtsnormen kommunaler Körperschaften, die diese kraft ihrer Satzungsautonomie erlassen. Sie bedürfen dabei keinerlei Genehmigung durch die jeweilige Rechtsaufsichtsbehörde; in drei Bundesländern besteht allerdings eine Anzeigepflicht. Um Wirksamkeit entfalten zu können, müssen die Gebührensatzungen regelmäßig einen bestimmten Mindestinhalt aufweisen:[268]

- In der Satzung sind die "Gebührenpflichtigen" zu bezeichnen. Im hier betrachteten Fall der Abfallgebühren sind dies die anschluß- und benutzungspflichtigen Abfallbesitzer bzw. bei Abfällen im Holsytem in der Regel die anschluß- und benutzungspflichtigen Grundstückseigentümer (bzw. die Wohnungseigentümer oder Erbbauberechtigten).[269]

- Des weiteren sind die sog. Gebührentatbestände, d.h. die einzelnen Leistungstatbestände oder Amtshandlungen der öffentlichen Hand, an welche die Gebührenpflicht anknüpft, zu spezifizieren. Die Formulierung hat so zu erfolgen, daß aus der Satzung eindeutig entnehmbar ist, für welche in Anspruch genommene Leistung eine Gebühr zu entrichten ist. Werden beispielsweise die diversen zu entsorgenden Fraktionen mittels spezifischer "Einzelgebühren" (auch sog. Sondergebühren[270]) bepreist, sind als Gebührentatbestände die jeweiligen Entsorgungsaktivitäten zu benennen.

---

267 Vgl. DAHMEN, A. (1996 a), Rdnr. 2a zu § 4 KAG NW mit umfangreichen Nachweisen aus der Rechtsprechung - z.B. BVerfGE 50, 217, (226) - und der Fachliteratur.

268 Vgl. zum folgenden CHANTELAU, F. / MÖKER, U.-H. (1989), S. 20 f.; SCHIEDER, H. / HAPP, M. (1994), Erl. Art. 2 BayKAG, Nr. 2.1; BAUERNFEIND, E. (1996 b), Rdnr. 27 ff. zu § 2 KAG NW; LICHTENFELD, U. (1996), Rdnr. 232 ff..

269 In den neuen Bundesländern existieren wegen der teilweise noch ungeklärten Eigentumsverhältnisse an Grundstücken derzeit Sonderregelungen, nach denen als Abgabeschuldner auch Grundstücksbesitzer in Betracht kommen können; vgl. hierzu etwa die Bestimmungen des § 2 Abs. 3 TKAG.

270 Vgl. QUEITSCH, P. (1995 b), S. 179.

- Ferner müssen der "Gebührenmaßstab" und der "Gebührensatz" für die jeweilige Gebühr angegeben werden. Der "Gebührenmaßstab" ist die Bemessungsgrundlage oder Methode, mit der die Inanspruchnahme der Einrichtungsnutzer gemessen und unter Anwendung des Gebührensatzes die Höhe der Benutzungsgebühr für den einzelnen Gebührenschuldner bestimmt werden kann. Der "Gebührensatz" ist der Geldbetrag, der für eine Maßstabseinheit zu entrichten ist, oder - wenn die Maßstabseinheit selbst ein Geldbetrag ist - ein Bruchteil der Maßstabseinheit. Die funktionale Beziehung zwischen Gebührenmaßstab und Gebührensatz wird als "Tarif" bezeichnet. Man unterscheidet bei den Gebührenmaßstäben zwischen sog. Wirklichkeitsmaßstäben und Wahrscheinlichkeitsmaßstäben. Der Wirklichkeitsmaßstab entspricht genau dem Maß des vom einzelnen Gebührenschuldner verwirklichten Gebührentatbestands.[271] Ihm ist generell der Vorzug zu geben. Vielfach ist er jedoch nicht oder nur mit hohem oder gar unvertretbarem Aufwand zu ermitteln. So wird gerade bei der Abfallentsorgung das tatsächliche Maß der Inanspruchnahme durch das vielschichtige und oft veränderliche Abfallverhalten des einzelnen Abfallproduzenten (z.B. Menge, Qualität und Überlassungsort des Abfalls) determiniert, was eine exakte Messung stark limitiert. Der Wahrscheinlichkeitsmaßstab hingegen orientiert sich an der Typengerechtigkeit. So hat die Bemessung nur einem Durchschnittsfall nach den Gesetzen der Wahrscheinlichkeit Rechnung zu tragen, der einen im allgemeinen sicheren Schluß auf den Umfang der Verwirklichung des Gebührentatbestandes zuläßt. Art und Umfang der Leistungsinanspruchnahme werden aus mit der Benutzung mittelbar in Zusammenhang stehenden Indikatoren abgeleitet. Beispiele für solche Indikatoren sind die Haushaltsgröße des Abfallproduzenten (Haushalts- bzw. Personenmaßstab) oder die Größe, Anzahl und Abfuhrhäufigkeit der Abfallbehälter (Gefäß- oder Behältermaßstab).

- Schließlich sind in der Satzung die Entstehung und der Fälligkeitszeitpunkt der Gebührenschuld festzulegen. Der Fälligkeitszeitpunkt muß nicht mit dem Zeitpunkt der Entstehung der Gebührenpflicht, d.h. dem Zeitpunkt der gebührenpflichtigen Benutzung der öffentlichen Einrichtung, übereinstimmen, sondern kann ein früherer oder späterer sein. Fällt die Leistungsabgabe kontinuierlich an, so bei der turnusmäßigen Hausmüllabfuhr und -entsorgung, ist es üblich, bestimmte Zeitspannen (z.B. Quartale) festzulegen und für diese en bloc abzurechnen.

---

271 Ein Musterbeispiel für einen Wirklichkeitsmaßstab ist die Bemessung der Wasserbenutzungsgebühr nach dem mit dem Zähler festgestellten Bezug von Wasser aus einer Wasserversorgungsanlage.

3.8.3 Gebührenkalkulation

Zur Methodik der Ermittlung von Abfallgebühren und deren Umlage auf die Gebührenschuldner existieren sowohl generelle als auch landesspezifische Prinzipien und Vorgaben.

3.8.3.1 Gebührenprinzipien

Den konstituierenden Rahmen für die Gebührenbepreisung bilden sog. Gebührenprinzipien. Hierbei sind vor allem die beiden sog. Ausgleichsprinzipien, das "Äquivalenzprinzip" und das "Kostendeckungsprinzip", zu nennen (vgl. hierzu *Abb. 3.15*).

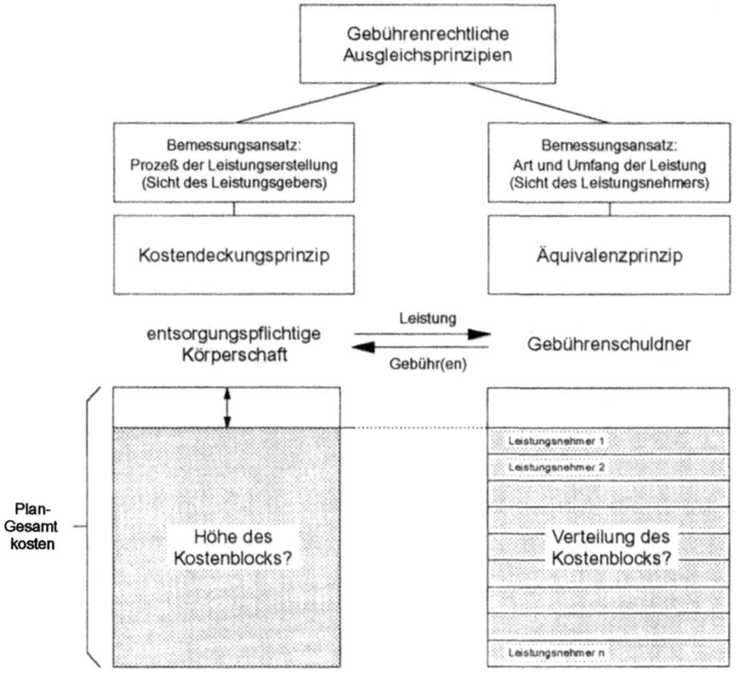

Abb. 3.15: Gebührenrechtliche Ausgleichsprinzipien (in Anlehnung an WITTMANN, R.G. (1994), S. 123)

Gerade in umweltrelevanten Leistungsbereichen wie der öffentlichen Abfallentsorgung kommt auch dem "Lenkungsprinzip" große Bedeutung zu. In der Literatur werden zudem noch weitere Gebührenprinzipien thematisiert.[272] Sie sind jedoch entweder in

272 Dies sind die Prinzipien der Vollständigkeit, Bestimmtheit und Normenklarheit, der Gleichbehandlung, der Systemgerechtigkeit, der Zwecktauglichkeit, der Praktikabilität und der Sozialstaatlichkeit. Vgl. hierzu etwa KIRCHHOF, F. (1981), S. 121 ff.; CORSTEN, R. /

den drei genannten Prinzipien implizit enthalten oder aber für die Zwecke der vorliegenden Untersuchung von untergeordneter Bedeutung. Es sei daher auf die Ausführungen im Schrifttum verwiesen.

3.8.3.1.1 Äquivalenzprinzip

Aufgrund des Gegenleistungscharakters hängt die Höhe der Gebühr grundsätzlich von der konkreten Leistungsinanspruchnahme durch die Nutzer ab. Rechtsprechung und Rechtslehre fordern daher und auch in Entsprechung mit dem allgemeinen verfassungsrechtlichen Verhältnismäßigkeitsgrundsatz, daß Gebühr und Leistung in einem "angemessenen Verhältnis" zueinander stehen müssen (sog. Äquivalenzprinzip).[273] Da das Äquivalenzprinzip am Ausgleichsgedanken orientiert ist, bezieht es sich in erster Linie auf das Verhältnis zwischen Staat und einzelnem Leistungsempfänger (vgl. *Abb. 3.15*), hingegen nur mittelbar auf die Beziehung zwischen den Leistungsempfängern untereinander.[274] Die Leistungsbemessung muß sich dabei auf die tatsächlich erbrachte Einzelleistung beziehen. Ein Abstellen auf Leistungsgesamtheiten, die in vielen Einzelvorgängen jeweils verschiedenen Nutzern erbracht werden, würde dagegen dem Ziel des speziellen Ausgleichs zuwiderlaufen. Der Veranschlagung einer "Pauschalgebühr", d.h. einer Gebühr, bei der das Entgelt für mehrere Einzelleistungen in einem allumfassenden Gebührensatz festgelegt ist, sind insofern Grenzen gesetzt.[275] Bei angebotenen Leistungsbündeln, so gerade bei den Leistungen der öffentlichen Abfallentsorgung, gebietet das Äquivalenzprinzip daher grundsätzlich eine differenzierte Preissetzung mittels Einzelgebühren.

Allerdings können bei entsprechenden Preisrelationen erwachsende Anreize für die Einrichtungsnutzer, ihre Abfälle kostengünstig aber gleichzeitig illegal zu entsorgen (so etwa durch die Nutzung der preisgünstigeren Biotonne zur Restmüllentsorgung), einer konsequenten Einzelbepreisung entgegenstehen. Aus Gründen der Objektivierbarkeit der Bemessung von Art und Umfang der individuellen Leistungsinanspruchnahme ist zudem anstelle subjektiver und personenbezogener Einschätzungen eine typisierende Betrachtung für die Gesamtheit der Leistungsempfänger erforderlich.[276] Eine Durchschnittsbetrachtung gewährleistet überdies eine flächendeckende Leistungsversorgung im Sinne der Daseinsvorsorge.[277] Würden etwa für Abfallsamm-

---

ENGELEN, W. (1992), S. 29 ff.; DAHMEN, A. (1996 a), Rdnr. 65 ff. zu § 4 KAG NW.

273 Vgl. DAHMEN, A. (1996 a), Rdnr. 48 zu § 4 KAG NW mit umfangreichen Nachweisen aus der Rechtsprechung.

274 Vgl. KIRCHHOF, F. (1981), S. 79 f..

275 Vgl. DAHMEN, A. (1996 a), Rdnr. 44d zu § 4 KAG NW.

276 Vgl. KIRCHHOF, F. (1981), S. 86 ff..

277 Vgl. KIRCHHOF, F. (1983), S. 512 f.; in diesem Sinne auch SCHIEDER, H. / HAPP, M. (1994), Erl. Art. 8 BayKAG, Nr. 8.5.

lung und -abfuhr in weit entlegenen Gebieten die tatsächlichen Logistikkosten in Rechnung gestellt, wären die dort ansässigen Abfallbesitzer u.U. wirtschaftlich von der Leistung ausgeschlossen. Schließlich erfordern die im Rahmen der öffentlichen Abfallentsorgung vorherrschenden "Massenleistungsrechtsverhältnisse" es auch, unter Wirtschaftlichkeitsaspekten die Gebühren zu pauschalisieren und nach Wahrscheinlichkeit und Vermutung vergröbernd, d.h. per Wahrscheinlichkeitsmaßstab, zu bemessen. Da sich mithin der Gehalt des Äquivalenzprinzips nur negativ bestimmen läßt, stellt es lediglich ein Korrektiv dar, das es gestattet, Exzessen des gebührenrechtlichen Normgebers entgegenzutreten.[278]

3.8.3.1.2 Kostendeckungsprinzip

Ebenfalls einem Ausgleichszweck dient das sog. Kostendeckungsprinzip. Dieses Prinzip stellt allerdings kein Wesensmerkmal der Gebühr dar, vielmehr muß seine Geltung gesetzlich vorgeschrieben sein (vgl. hierzu die landesrechtlichen Normierungen in *Tab. 3.10*, S. 104).[279] Anders als das Äquivalenzprinzip setzt es nicht an den individuellen Einzelleistungen, sondern an den durch den gesamthaften Leistungserstellungsprozeß verursachten Kosten an (vgl. *Abb. 3.15*).[280]

Das Kostendeckungsprinzip enthält zwei Ausprägungen, die einzeln oder in Kombination gelten können.[281] Als "Kostendeckungsgebot" legt es fest, daß innerhalb eines bestimmten Kalkulationszeitraums (auch: Bemessungszeitraum) das veranschlagte Gebührenaufkommen die korrespondierenden Gesamtkosten der öffentlichen Einrichtung decken soll (Kostendeckung als Untergrenze). Im Sinne eines "Kostenüberschreitungsverbotes" bestimmt es, daß das veranschlagte Gebührenaufkommen die voraussichtlichen Gesamtkosten nicht überschreiten darf (Kostendeckung als Obergrenze); eine Gewinnerzielung[282] ist damit ausgeschlossen. Letztgenannte Ausprägung des Kostendeckungsprinzips gilt in Bayern und Thüringen insbesondere für den Fall, daß die Gebührenschuldner zur Benutzung der öffentlichen Einrichtung verpflichtet sind - so gerade bei Anschluß- und Benutzungszwang an die öffentliche Abfallentsorgung. Hierdurch soll sichergestellt werden, daß aus der Benutzung einer Einrichtung, welcher

---

278 Vgl. CHANTELAU, F. / MÖKER, U.-H. (1989), S. 18 mit zahlreichen Verweisen auf die Rechtsprechung. Nach bisheriger Rechtsauffassung wird ein Verstoß gegen das Äquivalenzprinzip nur bei erkennbarer Willkür oder einem groben Mißverhältnis zwischen Leistung und Gegenleistung als gegeben angesehen.

279 Vgl. CORSTEN, R. / ENGELEN, W. (1992), S. 30 mit Verweis auf die Rechtsprechung. Dem entgegen finden sich in der Literatur auch Meinungen, wonach sich das Kostendeckungsprinzip auch direkt aus dem Verfassungsrecht ableiten lasse; vgl. etwa ROGOSCH, J.K. (1988).

280 Vgl. KIRCHHOF, F. (1981), S. 93.

281 Vgl. zum folgenden WILKE, D. (1973), S. 292 f.; SCHIEDER, H. / HAPP, M. (1994), Erl. Art. 8 BayKAG, Nr. 4; DAHMEN, A. (1996 b), Rdnr. 26 ff. zu § 6 KAG NW.

282 Gemeint ist hier ein kostenrechnerischer Gewinn im Sinne eines positiven Betriebsergebnisses.

die Gebührenschuldner nicht entgehen können, kein lukratives Geschäft für den Staat erwächst. Unabhängig davon gilt in den meisten Bundesländern generell das Kostenüberschreitungsverbot. Die Landesgesetze in Nordrhein-Westfalen und Brandenburg sehen dabei ergänzend vor, daß bei öffentlichen Einrichtungen, die überwiegend dem Vorteil einzelner Personen oder Personengruppen dienen, zudem auch die Kosten gedeckt werden sollen. Nach DAHMEN[283] ist das Kriterium der Gewährung von Einzelvorteilen jedoch gerade bei Einrichtungen, die allgemein zugänglich sind oder allgemeinen öffentlichen Interessen dienen (etwa der Gewährleistung der Daseinsvorsorge), nicht erfüllt.[284] Demgegenüber sind BAUERNFEIND/ZIMMERMANN der Auffassung, daß gerade Abfallentsorgungseinrichtungen nur oder jedenfalls überwiegend der Gruppe der angeschlossenen Grundstückseigentümer dienen und insofern der angesprochene Tatbestand gegeben ist.[285] In diesem Falle kommt es zu einer Kumulation von Kostenüberschreitungsverbot und Kostendeckungsgebot: die Kostengrenze stellt dann zugleich Ziel und Schranke für die Gebührenbemessung dar. Ebenfalls zur Prinzipienkumulation - aber unstrittig - gereicht das primäre Kostendeckungsgebot in Bayern und Thüringen. In Hessen, Saarland, Niedersachsen, Mecklenburg-Vorpommern und Sachsen-Anhalt gelten die beiden Prinzipienausprägungen ohnehin stets in Kombination. In den drei letztgenannten Bundesländern ist aus Gründen des "öffentlichen Interesses" allerdings auch eine Kostenunterdeckung statthaft. Bremen, Hamburg, Berlin und Schleswig-Holstein schließlich fordern singulär die Kostendekkung. In den beiden letztgenannten Bundesländern kann bei Anschluß- und Benutzungszwang auch ein verminderter Gebührenbedarf festgelegt werden. Hierdurch ergibt sich implizit ein Kostenüberschreitungverbot. WILKE merkt an, daß das Kostendeckungsprinzip in seinen drei Varianten meist nicht strikt verwirklicht ist.[286] Dies geschehe vornehmlich dadurch, daß es in den Landesgesetzen nur in Form von Sollvorschriften angeordnet oder der Zusatz "in der Regel" beigefügt wird. DAHMEN aber verweist auf zahlreiche Rechtsentscheide, wonach Sollvorschriften für die öffentliche Verwaltung derselbe Verbindlichkeitsgrad wie Mußvorschriften zugesprochen wird; etwas anderes könne nur gelten, wenn als atypisch anzusehende besondere Umstände dies rechtfertigen.[287]

Da die erforderlichen Gebühreneinnahmen für den jeweiligen Abrechnungszeitraum stets ex ante kalkuliert werden - so ist in den meisten Landesgesetzen explizit ein Vorkalkulationsgrundsatz festgelegt (vgl. die Übersicht in *Tab. 3.10*, S. 104) -, stellt

---

283 Vgl. DAHMEN, A. (1996 b), Rdnr. 7 ff. zu § 6 KAG NW mit weiteren Verweisen auf Literatur und Rechtsprechung.

284 Vgl. DAHMEN, A. (1996 b), Rdnr. 7 ff. zu § 6 KAG NW mit weiteren Verweisen auf Literatur und Rechtsprechung.

285 Vgl.BAUERNFEIND, E. / ZIMMERMANN, F. (1979), Rdnr. 8 zu § 6 KAG NW.

286 Vgl. WILKE, D. (1973), S. 293.

287 Vgl. DAHMEN, A. (1996 b), Rdnr. 50 zu § 6 KAG NW.

das Kostendeckungsprinzip lediglich eine Veranschlagungsmaxime dar. Realisierte Kostenüberschreitungen bzw. -unterschreitungen (d.h. Überschüsse bzw. Fehlbeträge) von geringem Umfang und ohne Beabsichtigung sind daher unschädlich.[288] Gleichwohl sehen manche Bundesländer Regelungen für den Ausgleich von Kostenüber- und -unterdeckungen vor (vgl. die Übersicht in *Tab. 3.10*, S. 104). Danach müssen Überdeckungen im nächsten Kalkulationszeitraum gebührenmindernd berücksichtigt werden. Der Ausgleich von Unterdeckungen hingegen ist in der Regel nicht zwingend, nur in Rheinland-Pfalz gilt er als streng verbindlich. In Mecklenburg-Vorpommern existiert eine besondere Regelung. Über- und Unterdeckungen eines abgelaufenen Jahres können hier zeitanteilig innerhalb von drei Jahren ausgeglichen werden.

Für die Dauer des Kalkulationszeitraums[289] werden in landesrechtlichen Kommunalabgabengesetzen, sofern denn eine Regelung existiert, mehrjährige Zeitspannen gewährt (vgl. hierzu die landesrechtlichen Normierungen in *Tab. 3.10*, S. 104). Diese betragen in Niedersachsen, Saarland und Sachsen-Anhalt bis zu drei Jahren. In Bayern und Thüringen sind auch maximal vier Jahre, in Baden-Württemberg und Sachsen sogar bis zu fünf Jahren rechtmäßig. Eine eigenständige Regelung trifft § 8 Abs. 2 KAG RP, wonach zur Ermittlung der Benutzungsgebühren die Kostenentwicklung der letzten drei und die zu erwartende Kostenentwicklung der kommenden drei Jahre berücksichtigt werden können. Mehrjährige Kalkulationsturni werden in der Literatur jedoch überwiegend kritisch beurteilt.[290] Vor allem werde bei Ausweitung des Zeitraums die Gefahr erhöht, daß der Ausgleich von Kostenüber- bzw. -unterdeckungen nicht-identische Leistungsempfänger trifft.

---

288 Vgl. DAHMEN, A. (1996 b), Rdnr. 33 zu § 6 KAG NW mit zahlreichen Verweisen auf die Rechtsprechung. Die Verletzung des Kostendeckungsprinzips führt nach der bisherigen Rechtsauffassung nur dann zur Ungültigkeit der festgelegten Gebührensätze, wenn eine gröbliche Verletzung vorliegt, z.B. wenn die Gebühr von vornherein als zusätzliche Einnahmequelle ausgestaltet worden ist oder die Gebührenkalkulation nicht sachgerecht erfolgte. Überdeckungen von bis zu 12 % der Gesamtkosten im jeweiligen Bemessungszeitraum wurden von den Verwaltungsgerichten bislang als unerheblich erachtet; vgl. etwa Urteil des BayVGH Nr. 23 N 88.306 vom 11. Juli 1991, in: Gemeindekasse, 55. Jg., 1992, Rdnr. 5.

289 Anzumerken ist, daß der Kalkulationszeitraum vom Veranlagungszeitraum als jener Zeitspanne, für welche die Gebühr satzungsgemäß erhoben wird, zu unterscheiden ist. Beide Zeiträume müssen nicht identisch sein. Diese Auffassung wird auch von der neueren Rechtsprechung vertreten (vgl. etwa OVG Münster, Urteil vom 21. Oktober 1991 - 9 A 208/90). Hiernach ist es für die gerichtliche Überprüfung ohne Bedeutung, wann der Gebührensatz beschlossen wurde oder ob die der Berechnung zugrundeliegende Kalkulationsperiode abgelaufen ist. Werde die Berechnung durch die Verhältnisse im Leistungszeitraum gerechtfertigt, sei gegen den Gebührensatz nichts einzuwenden. Insofern ist es auch zulässig, den veranschlagten Gebührensatz mit einer nach Abschluß der Veranlagungsperiode aufgestellten Betriebsabrechnung zu rechtfertigen. Vgl. hierzu DAHMEN, A. (1996 b), Rdnr. 41 ff. zu § 6 KAG NW mit weiteren Verweisen auf Rechtsprechung und Literatur.

290 Vgl. hierzu DAHMEN, A. (1996 b), Rdnr. 42 zu § 6 KAG NW mit weiteren Literaturangaben.

3.8.3.1.3 Lenkungsprinzip

Anders als das Äquivalenz- und das Kostendeckungsprinzip, die reine Ausgleichszwecke verfolgen, zielt das "Lenkungsprinzip" darauf ab, die Gebühr als sozial- und vor allem als allokationspolitisches Instrument dienstbar zu machen.[291] Gerade vor dem Hintergrund der allgemein zunehmenden Umweltproblematik wird in der Finanz- und Rechtswissenschaft seit geraumer Zeit diskutiert, die Benutzungsgebühr über bloße Refinanzierungszwecke hinaus als Anreizinstrument für umweltdienliches Verhalten der Einrichtungsnutzer einzusetzen. Gängige Schlagworte sind in diesem Zusammenhang die "Ökologisierung der kommunalen Gebührenpolitik"[292] oder allgemein "Umweltschutz durch Abgaben"[293]. Während nach älterer Rechtsprechung die Zulässigkeit lenkender Gebühren in Anlehnung an die verwaltungsrechtlichen Vorgaben oftmals verneint wurde,[294] besteht heute weithin Einigkeit, daß die sog. Lenkungsgebühr im Grundsatz zulässig ist.[295] In diesem Zusammenhang hat das BVerfG in seinem Urteil vom 6. Februar 1979 festgestellt, daß eine Gebührenregelung neben der Erzielung von Einnahmen zum Zwecke der vollständigen oder teilweisen Kostendeckung noch weitere Zwecke verfolgen darf.[296] Als Gestaltungsgrenzen der Lenkungsgebühr verweist das BVerfG insbesondere auf den Gleichheitssatz des Art. 3 Abs. 1 GG und den Grundsatz der Verhältnismäßigkeit.[297] Der Gleichheitssatz verbietet es, Gebühren völlig unabhängig von den Kosten der gebührenpflichtigen Staatsleistung festzusetzen; die Verknüpfung zwischen den Kosten und den dafür auferlegten Gebühren muß sich, bezogen auf den Zweck der gänzlichen oder teilweisen Kostendeckung, als sachgerecht erweisen. Nach dem Grundsatz der Verhältnismäßigkeit dürfen die mit der Gebührenregelung verfolgten Zwecke nicht außer Verhältnis zur auferlegten Gebühr stehen. ARNDT folgert daher, daß für lenkende Gebühren das Äquivalenz- und das Kostendeckungsprinzip an Aussagekraft verlieren; an deren Stelle treten nun der konturenärmere Gleichheitssatz und der Grundsatz der Verhält-

291 Vgl. KIRCHHOF, F. (1981), S. 131.

292 Aus der Vielzahl an Literaturbeiträgen vgl. insbesondere FÜRST, D. / KLEIN, R.R. (1972); DAHMEN, A. (1988); CHANTELAU, F. / MÖKER, U.-H. (1989); BALS, H. / NÖLKE, A. (1990); BALS, H. / LAHL, U. (1991); BRÜCKMANN, F. (1991); MOHL, H. / BACKES, J. (1991); LINDEMANN, H.-H. / WIEBE, A. (1991); TIEMANN, J. (1991); ZIMMERMANN, F. (1991); KÖCK, W. (1993); LANGENBRINCK, B. (1993), S. 125 ff.; VKS (1993); SIEKMANN, H. (1994); ZWEHL, W. v. / KAUFMANN, M. (1994); GAWEL, E. (1994 c) und (1995 b), S. 79 ff..

293 Vgl. z.B. MESSERSCHMIDT, K. (1986), S. 86 ff.; KLAGES, C. (1988), S. 485 f.; WEYREUTHER, F. (1988); JARON, A.A. (1989); KOBER, B. (1991), S. 75 f.; BREUER, R. (1992), S. 490 f.; KIRCHHOF, F. (1992), S. 237 f.; TRZASKALIK, C. (1992), S. 141 ff..

294 So wurden gerade Gebühren mit Strafcharakter und Gebühren, die prohibitive Zwecke verfolgen, als unzulässig erachtet. Vgl. etwa OVG Münster, Urteil vom 14.6.1961 - III A 358/58 -, in: KStZ, 10. Jg., 1961, S. 20.

295 Vgl. DAHMEN, A. (1996 a), Rdnr. 56 zu § 4 KAG mit zahlreichen Verweisen auf Literatur und Rechtsprechung.

296 Vgl. BVerfGE 50, 217, (226).

297 Vgl. BVerfGE 50, 217, (227).

nismäßigkeit.[298] Demgegenüber vertritt LANGENBRINCK die Auffassung, daß das bestimmende Kriterium der Gebühr, ein Entgelt für eine Leistungsinanspruchnahme zu sein, bei lenkungsinduzierter Kostenüberdeckung verwässert werde und die Konturen gegenüber der Abgabenart "Steuer" verloren gingen.[299] Ferner bestehe das Problem, daß eine praktisch durchführbare Grenzziehung, wann ein anerkennenswerter Rechtfertigungsgrund für eine lenkungsmotivierte Gebühr vorliegt, in der Praxis kaum möglich sei. Er fordert daher, daß die Ausgleichsprinzipien und dabei besonders das Kostendeckungsprinzip auch unter lenkungspolitischen Gesichtspunkten in vollem Umfang berücksichtigt werden müssen.

Für die Ausgestaltung einer Lenkungsgebühr kommen zwei Ansatzpunkte in Betracht (vgl. *Abb. 3.16*).[300] Einmal können bei der Auferlegung der Gebührentatbestände lenkungsdienlich Gebührenbefreiungen ausgesprochen werden. Zum anderen sind im Rahmen der Gebührenbemessung als Anreize für erwünschtes Verhalten die Anwendung geeigneter Gebührenmaßstäbe, Gebührenzu- und -abschläge, Staffelungen der Gebührensätze (z.B. progressive oder degressive Tarifierung) sowie die Gewährung von "negativen Gebühren" in Form von Subventionen möglich.

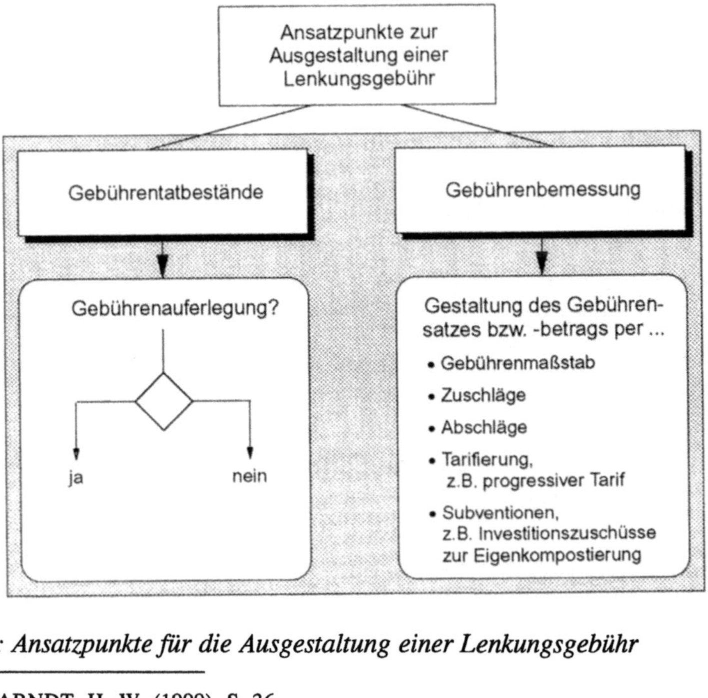

Abb. 3.16: Ansatzpunkte für die Ausgestaltung einer Lenkungsgebühr

298 Vgl. ARNDT, H.-W. (1990), S. 36.
299 Vgl. LANGENBRINCK, B. (1993), S. 136 f..
300 Vgl. CHANTELAU, F. / MÖKER, U.-H. (1989), S. 45 ff.; ARNDT, H.-W. (1990), S. 23; DAHMEN, A. (1996 b), Rdnr. 303 zu § 6 KAG NW.

Im Rahmen der Abfallentsorgung werden vielfach "freie Güter" der Natur, wie Boden, Wasser und Luft, in umweltbeeinträchtigender Weise in Anspruch genommen.[301] Intention einer Lenkung durch die Abfallgebühr ist daher die Dosierung der Nachfrage in der Art und Weise, daß anstelle der umweltintensiven EOP-Entsorgungsleistungen stärker die Maßnahmen der Abfallvermeidung und -verwertung zum Einsatz kommen. Voraussetzung für den Lenkungserfolg ist dabei, daß die Nachfrage hinreichend elastisch ist und die Gebührenmodifikationen für die Einrichtungsbenutzer auch spürbar sind.[302] Diese Prämissen werden allerdings in der Literatur für den Entsorgungsbereich oftmals als nicht gegeben angesehen. Gerade der Anschluß- und Benutzungszwang wird als Hemmnis für die gewünschte Verhaltenssteuerung erachtet.[303] Andererseits besteht bei gegebenfalls positiver Lenkungswirkung das Problem der Minderauslastung bestehender Entsorgungskapazitäten und damit verbundener Leerkosten. Werden die Leerkosten auf die Gebührenschuldner umgelegt, ergeben sich bei zunehmender Abfallvermeidung in den folgenden Bemessungszeiträumen überproportional steigende Gebührensätze (sog. intertemporale Vermeidungsfalle).[304] - Auf eine ausführliche Diskussion der Lenkungsmöglichkeiten und -effekte soll jedoch an dieser Stelle verzichtet werden, um den Ausführungen im späteren Kapitel 5.2.2.5 nicht vorzugreifen.

Rechtliche Vorgaben für lenkende Abfallgebühren finden sich vorwiegend in den Landesabfallgesetzen - vgl. hierzu die Übersicht in *Tab. 3.9*, S. 103 - wonach durch geeignete Ausgestaltung

- der "Entgelte" (Berlin),
- der "Gebühren" (Bremen, Niedersachsen, Sachsen),
- der "Gebührensysteme" (Hamburg),
- der "Gebührentatbestände" (Baden-Württemberg),
- der "Gebührenbemessung" (Saarland, Thüringen)
- der "Gebührenmaßstäbe" (Nordrhein-Westfalen, Brandenburg),
- der "Gebührentarife" (Bayern)
- sowie durch Gewährung von Investitionszuschüssen etwa für die Eigenkompostierung (Bayern)

"wirksame"[305] Vermeidungs- und Verwertungsanreize gesetzt werden können oder zu setzen sind. Speziell in Niedersachsen wird hierbei explizit ein Abweichen vom kom-

301 Vgl. dazu noch einmal die Ausführungen in Kapitel 3.4.

302 Vgl. BAHLS, H. / LAHL, U. (1991), S. 611 f.; LANGENBRINCK, B. (1993), S. 129 ff.; GAWEL, E. (1995 b), S. 234.

303 Vgl. CHANTELAU, F. / MÖKER, U.-H. (1989), S. 45; BALS, H. / NÖLKE, A. (1990), S. 203.

304 Vgl. WITTMANN, R.G. (1994), S. 133 f..

305 Nach Auffassung von DAHMEN, A. (1996 b), Rdnr. 303 zu § 6 KAG NW ist unter "wirksam" zu verstehen, daß die Anreizwirkung nachhaltig, d.h. bei aller Berücksichtigung der konkreten Gegebenheiten von längerer Dauer und von nicht unerheblicher Intensität sein soll.

munalabgabenrechtlichen Kostenüberschreitungsgebot eingeräumt. So darf das veranschlagte Gebührenaufkommen die "Aufwendungen" um bis zu 10 % übersteigen (vgl. § 12 Abs. 2 S. 3 NAbfG). - Insofern bestätigt sich die oben genannte Beurteilung von ARNDT. - In Bayern aber wird gem. Art. 7 Abs. 5 Nr. 6 BayAbfAlG eine progressive mengenabhängige Gebührenstaffelung nur im Rahmen des Äquivalenz- und des Kostendeckungsprinzips gestattet. - Dies wiederum spricht für die oben skizzierte Auffassung LANGENBRINCK's.

Lenkungsmöglichkeiten gewähren außerdem auch die Bestimmungen in den landesspezifischen Kommunalabgabengesetzen (vgl. die Übersicht in *Tab. 3.12*, S. 106). Eine Lenkung speziell unter umweltpolitischen Gesichtspunkten sehen § 7 Abs. 1 KAG RPf und § 5 Abs. 3a KAG-LSA sowie § 14 Abs. 2 SächsKAG vor. Sozialpolitisch motivierte Lenkungsgebühren sind in Berlin, Hamburg, Saarland, Schleswig-Holstein, Mecklenburg-Vorpommern und Sachsen statthaft,[306] in Niedersachsen und Sachsen-Anhalt jedoch bei öffentlichen Einrichtungen mit Anschluß- und Benutzungszwang explizit verboten. Schließlich sehen die KAG's diverser Bundesländer auch unspezifische Lenkungsspielräume vor.[307]

3.8.3.2 Selbstkostenermittlung

Aus den bisherigen Ausführungen wurde deutlich, daß Abfallgebühren, wenn nicht kostenidentisch, doch zumindest kostenorientiert zu kalkulieren sind. Voraussetzung für eine ordnungsgemäße Veranschlagung des Gebührenaufkommens ist daher grundsätzlich die Kenntnis der voraussichtlichen Selbstkosten im Bemessungszeitraum. Insofern ist unter methodischen Gesichtspunkten eine Plankostenrechnung auf Vollkostenbasis von Relevanz.[308] Die Kommunalabgabengesetze der Länder fordern hierzu eine Ermittlung der "nach betriebswirtschaftlichen Grundsätzen ansatzfähigen Kosten" bzw. eine Kostenermittlung nach "betriebswirtschaftlichen Grundsätzen" bzw. "be-

---

306 Denkbar ist etwa eine Staffelung der Benutzungsgebühren nach dem Einkommen oder der finanziellen Belastbarkeit des Gebührenschuldners. Hierdurch soll auch Beziehern niedriger oder mittlerer Einkommen die Nutzung der Einrichtung zugänglich bzw. - bei Anschluß- und Benutzungszwang - wirtschaftlich zumutbar gemacht werden. Als problematisch erweisen sich jedoch mögliche Konflikte mit dem Äquivalenzprinzip und mit anderen Lenkungszielen, vor allem umweltpolitischer Art. Vgl. hierzu GERN, A. (1984); ROGOSCH, J.K. (1987); BRÜCKMANN, F. (1988).

307 Vgl. etwa Art. 8 Abs. 4 BayKAG: " ... sonstige Merkmale können *[bei der Gebührenbemessung; Anm.d.Verf.]* zusätzlich berücksichtigt werden, wenn öffentliche Belange das rechtfertigen.".

308 "Plankostenrechnungen" stellen eine Vorrechnung dar, in welcher die Kosten für die zukünftigen leistungswirtschaftlichen Sachverhalte bestimmt werden. Bei "Vollkostenrechnungen" werden dabei die gesamten Kosten auf die Kostenträger bzw. Leistungen verrechnet. Vgl. hierzu und zu anderen Kostenrechnungssystemen z.B. SCHWEITZER, M. / KÜPPER, H.-U. (1995), S. 68 ff..

triebswirtschaftlichen Methoden" (vgl. hierzu *Tab. 3.10*, S. 104). Bemerkt sei, daß der Hinweis auf die betriebswirtschaftlichen Kosten bzw. -ermittlungsgrundsätze als Kalkulationsgrundlage erst seit Anfang der siebziger Jahren in den Kommunalabgabengesetzen der Bundesländer verankert ist. Dem vormaligen PrKAG[309] hingegen lag ein ausgabenorientierter Kostenbegriff zugrunde.[310] Durch den Rückgriff auf die Betriebswirtschaftslehre glaubte man, die im PrKAG bestehenden Unklarheiten über die wirklichen Kosten öffentlicher Einrichtungen beseitigen und die Forderung nach Kostendeckung in eine nunmehr konkretisierte Regel wandeln zu können.[311]

3.8.3.2.1 Betriebswirtschaftliche Kostenbegriffe

In der Betriebswirtschaftslehre wird der Begriff "Kosten" indessen nicht einheitlich verwendet.[312] Der Grund für die terminologischen Divergenzen liegt vor allem darin, daß die diversen Autoren mit der Begriffsbildung unterschiedliche Zwecke verfolgen oder unterschiedliche theoretische Ausgangspositionen für ihre Argumentation wählen.[313] Entsprechend der gemeinsamen Merkmale aller Definitionen aber lassen sich ganz allgemein "Kosten" umschreiben als "die bewerteten Verbrauchsmengen der zur Leistungserstellung eingesetzten Produktionsfaktoren".[314] Aus dieser Begriffsfassung, können zwei generelle Strukturelemente der Kosten abgeleitet werden: die "Mengenkomponente" und die "Wertkomponente".[315]

3.8.3.2.1.1 Mengenkomponente

Die "Mengenkomponente" bestimmt die Kosten über den zur Leistungserbringung erforderlichen Faktorverzehr. Hinsichtlich der inhaltlichen Ausgestaltung der beiden Merkmale "Faktorverzehr" und "Leistungsbezogenheit" gehen die Auffassungen in

---

309 Vgl. Preußisches Kommunalabgabengesetz (PrKAG) vom 14. Juli 1893 (GS S. 152/PrGS NW S. 7).

310 HANSMEYER, K.-H. / FÜRST, D. (1968), S. 126 sprechen mithin von einem "kameralistischen" Kostenbegriff.

311 Vgl. TRAUMANN-REINHEIMER, A. (1977), S. 26 ff..

312 Vgl. für einen Überblick der wesentlichen Literaturmeinungen LÖFFELHOLZ, J. (1980), S. 728 ff..

313 Vgl. hierzu auch die unterschiedlichen Systematisierungsansätze für die Kostenbegriffe in der Literatur; so etwa KOCH, H. (1958), S. 361; HEINEN, E. (1959), S. 98 ff.; FETTEL, J. (1959), S. 568; RAFFÉE, H. (1961), S. 16 ff.; THIELMANN, K. (1964), S. 184 ff.; MENRAD, S. (1965), S. 97 ff.; ADAM, D. (1976 a), S. 106 ff.; KRÖNUNG, H.-D. (1988), S. 84 ff..

314 Vgl. in diesem Sinne etwa ADAM, D. (1970), S. 18; SCHNEIDER, E. (1972), S. 96; KILGER, W. (1988 b), S. 858; GUTENBERG, E. (1983), S. 338; HUMMEL, S. / MÄNNEL, W. (1986), S. 69; SCHWEITZER, M. / KÜPPER, H.-U. (1995), S. 16 f..

315 Vgl. entsprechend ADAM, D. (1976 a), S. 107.

der Literatur auseinander.

So interpretieren etwa KOSIOL und MELLEROWICZ den Faktoreinsatz aus einer rein realwirtschaftlichen Sicht, d.h. Kosten setzen einen Verbrauch an realen Wirtschaftsgütern (z.B. Werkstoffe, Maschinen, Dienstleistungen) voraus.[316] SCHNEIDER erweitert diese Betrachtungsweise, indem er für Zinsen, Steuern etc. den Begriff "Als-ob-Kosten" einführt.[317] Bei den Anhängern des "pagatorischen Kostenbegriffs", der allein an Zahlungsvorgänge anknüpft, wird dagegen nur jener Faktorverbrauch in die Kostendefinition einbezogen, der mit Ausgaben verbunden ist.[318] Ein Kostenansatz bspw. für die Arbeitskraft des Unternehmers oder für zinsloses Eigenkapital scheidet somit aus. Beim sog. wertmäßigen Kostenbegriff schließlich rechnet jedweder Verbrauch von (knappen) Faktoren, also auch der entsprechende Verbrauch von Nominalgütern und ausgabenlosen Gütern, zur Mengenkomponente der Kosten.[319]

Abgesehen von diesen mehr oder weniger restriktiven Verzehrsinterpretationen erfährt die Mengenkomponente durch das Merkmal der Leistungsbezogenheit eine gewisse Einengung: der Faktorverzehr muß in Zusammenhang mit der Erreichung des betrieblichen Leistungs- bzw. Sachziels stehen. Gemäß dem in der Lehrmeinung gängigen "Kostenverursachungsprinzip" liegt diese Zielbezogenheit vor, wenn der Faktorverbrauch durch die betriebliche Leistungserstellung ausgelöst wird.[320] Da sich mit dieser kausalen Betrachtungsweise jedoch mittelbar und unmittelbar zielbezogene Gutsverzehre nicht separieren lassen, begründet KOSIOL das "Kosteneinwirkungsprinzip".[321] Hiernach ist ein Gutsverzehr nur dann leistungsbezogen, wenn das Ergebnis des Leistungsprozesses ohne ihn nicht zustande kommen würde. In diesem Kontext fassen einige Autoren die Mengenkomponente noch enger. So wird einmal der Standpunkt vertreten, daß nur dem "normalen", zur Leistungserstellung erfordlichen Faktorverzehr Kosteneigenschaft zukomme.[322] Einmaliger oder zufälliger, d.h. außergewöhnlicher Faktorverbrauch führt demnach nicht zu Kosten. Des weiteren findet sich die Sichtweise, daß nur der Faktorverbrauch für Leistungen, die am Markt abgesetzt werden, einen Kostenansatz begründen könne.[323]

---

316 Vgl. KOSIOL, E. (1958), S. 12; MELLEROWICZ, K. (1973), S. 3 f..

317 Vgl. SCHNEIDER, E. (1963), S. 35.

318 Vgl. FETTEL, J. (1954), S. 90 ff.; KOCH, H. (1958), S. 361 ff..

319 Vgl. grundlegend SCHMALENBACH, E. (1919), S. 268.

320 Vgl. etwa HABERSTOCK, L. (1987), S. 57. - Ähnlich das "Identitätsprinzip" von RIEBEL, P. (1990), S. 75 ff., nach dem Kosten und Leistungen gekoppelte Wirkungen von betrieblichen Entscheidungen sind; hier begründen die durch die jeweiligen Entscheidungen ausgelösten Gutsverzehre die Kosten.

321 Vgl. KOSIOL, E. (1969), S. 27 f..

322 Vgl. etwa KÄFER, K. (1964), S. 1 ff.; MELLEROWICZ, K. (1973), S. 5 f..

323 Vgl. BOSSHARDT, E. (1948), S. 32; SCHNUTENHAUS, O.R. (1948), S. 57 f..

3.8.3.2.1.2 Wertkomponente

Über die "Wertkomponente" werden die jeweiligen Kostenmengen durch geeignete Wertsätze, d.h. Preise, in einheitliche Maßgrößen transformiert (sog. Verrechnungsfunktion). Kommen dabei Wertansätze zur Anwendung, mittels derer sich die Einsatzfaktoren der optimalen Verwendung (in einem subjektiven Entscheidungsfeld) zuführen lassen, wird neben der Verrechungsfunktion zudem eine Informations- und Lenkungsfunktion erfüllt. Bei Zuordnung von empirisch beobachtbaren Wertgrößen hingegen handelt es sich um eine reine Abbildungsfunktion.[324] In diesem Zusammenhang werden insbesondere folgende, bereits oben erwähnte Kostenbegriffe thematisiert:

Der auf SCHMALENBACH zurückgehende, heute wohl überwiegend vertretene "wertmäßige Kostenbegriff" setzt bei der Ermittlung der Faktorwerte an der Berücksichtigung betriebsindividueller Gegebenheiten an.[325] Die Werte leiten sich aus dem Nutzen ab, den die Produktionsfaktoren bei gegebener Datenkonstellation in Abhängigkeit des unternehmensspezifischen Zielsystems besitzen. Besteht die Zielsetzung in der optimalen internen Faktorverwendung, hat sich die Bewertung an den sog. Opportunitätskosten auszurichten, welche dem entgangenen Zielbeitrag der besten aller unterlassenen Alternativverwendungen entsprechen (sog. Opportunitätskostenprinzip).[326] In diesem Sinne ist prinzipiell auch eine Kostenbewertung begründbar, die auf eine unternehmensbezogene Kapital- bzw. Substanzerhaltung abzielt. Man spricht in Zusammenhang mit dem Substanzerhaltungsziel auch vom "substantiellen Kostenbegriff".[327] Für die Zwecke der nominellen Kapitalerhaltung sind die realisierten Anschaffungspreise, zum Zwecke der (reproduktiven) Substanzerhaltung hingegen die gegenwärtigen Tagesbeschaffungspreise bzw. - falls keine kontinuierliche Re- oder vergleichbare Alternativinvestition der erwirtschafteten Gegenwerte erfolgt - die zukünftigen Wiederbeschaffungspreise als Kostenwerte maßgeblich.[328] Bei erweitertem

---

324 Vgl. zu den Bewertungsfunktionen etwa ADAM, D. (1976 a), S. 112; SCHWEITZER, M. / KÜPPER, U. (1995), S. 22 ff..

325 Vgl. SCHMALENBACH, E. (1963), S. 129 ff..

326 Vgl. zum Begriff der Opportunitätskosten und zum Opportunitätskostenprinzip MÜNSTERMANN, H. (1976); grundlegend SCHMALENBACH, E. (1947/48) bzw. GREEN, D.I. (1894). Entsprechende Kostenwerte lassen sich mithilfe der Marginalanalyse bestimmen; vgl. hierzu HAX, H. (1976), S. 103 ff..

327 Vgl. grundlegend SCHMIDT, F. (1930), S. 16 ff..

328 Vgl. zu den verschiedenen Erhaltungskonzeptionen im Überblick SIEBEN, G. / SCHILDBACH, T. (1981); COENENBERG, A.G. (1994), S. 657 ff.; ausführlich SCHILDBACH, T. (1979), S. 76 ff.. Da die ausgabegleichen und substantiellen Kosten stets beschaffungsmarktorientiert sind, können sie grundsätzlich nur dann den wertmäßigen Kosten entsprechen, wenn für die wertmäßigen Kosten Marktpreise relevant sind. Dies ist der Fall, wenn die Produktionsfaktoren am Markt beliebig beschaffbar sind und keine internen Kapazitätsrestriktionen wirksam werden; vgl. hierzu ADAM, D. (1976 b), S. 79 f.; DRUMM, H.J. (1976), S. 309; HAX, H. (1976), S. 98 f..

Zielsystem, bei dem die Optimierung einer auch betriebsextern orientierten Mittelverwendung angestrebt wird, sind zudem die durch die Entscheidungen des Unternehmens ausgelösten Werteverzehre (oder auch -mehrungen) bei anderen Wirtschaftssubjekten, d.h. die externen Effekte, ins Kalkül zu ziehen (sog. Internalisierung externer Effekte[329]). Insofern lassen sich über die Wertkomponente des betriebswirtschaftlichen Kostenbegriffs auch volkswirtschaftliche Kostengrößen - sog. soziale Kosten - ableiten, die sich aus den einzelwirtschaftlich anfallenden "privaten Kosten" und den extern verursachten "sozialen Zusatzkosten/-erlösen" zusammensetzen.[330]

Im Gegensatz zur wertmäßigen Kostentheorie knüpft der "pagatorische Kostenbegriff" an Zahlungsgrößen an. Kosten sind eine spezifische Ausgabenkategorie und erfassen "die mit Herstellung und Absatz einer Erzeugniseinheit bzw. einer Periode verbundenen "nicht kompensierten" Ausgaben."[331] Verzehrte Produktionsfaktoren sind demnach mit ihren beim Beschaffungsvorgang realisierten Anschaffungspreisen zu bewerten. Somit ist im Vergleich zum wertmäßigen Kostenbegriff der pagatorische Kostenbegriff einerseits enger gefaßt und andererseits - da nicht entscheidungsträger- und entscheidungsfeldabhängig - objektivierbar.[332] - Anzumerken ist, daß KOCH durch Einführung von "zweckbedingten" und "prämissenbedingten" Hypothesen den pagatorischen Kostenbegriff erweitert.[333] Hiermit lassen sich in einzelnen Anwendungsfällen auch ausgabenlose Werteverzehre als Kosten erfassen und Kostenbewertungen zu Wiederbeschaffungswerten begründen. Insofern verschwimmen die Konturen gegenüber dem wertmäßigen Kostenbegriff.

Für die im Rahmen der Wertkomponente argumentierbaren Kostenwerte geben SCHWEITZER/KÜPPER bestimmte Wert- bzw. Preiskategorien an (vgl. hierzu *Abb. 3.17*).[334] Hierbei wird unterschieden in "pagatorische Preise" und "nichtpagatorische Preise".

- "Pagatorische Preise" leiten sich aus den zwischenbetrieblichen Zahlungsvorgängen ab und sind folglich Marktpreise. Zu ihnen gehören die beim Beschaffungsvorgang realisierten Anschaffungspreise (auch: -werte) sowie die zu einem gegenwärtigen Stichtag beobachteten gegenwärtigen Tagesbeschaffungspreise (auch: Wiederbeschaffungszeitwerte) oder die für einen späteren Stichtag

329 Vgl. zum Begriff z.B. ENDRES, A. (1976), S. 10 ff.; zur Methodik vgl. die Ausführungen in Kapitel 4.1.3.2.

330 Vgl. hierzu HEINEN, E. / PICOT, A. (1974); WIDENMAYER, M. (1981), S. 208 ff.; PFRIEM, R. (1983), S. 177 ff. u. S. 184 ff.. Zum Begriff der "sozialen Kosten" vgl. KAPP, K.W. (1958), S. 12 ff.; LAUSCHMANN, E. (1959); MICHALSKI, W. (1965), S. 1 ff..

331 KOCH, H. (1958), S. 361.

332 Vgl. in diesem Sinne kritisch RIEBEL, P. (1990), S. 411 ff..

333 Vgl. KOCH, H. (1958), S. 369 ff..

334 Vgl. SCHWEITZER, M. / KÜPPER, H.-U. (1995), S. 25 f..

erwarteten zukünftigen Tagesbeschaffungspreise (auch: Wiederbeschaffungswerte). Da den Tagesbeschaffungspreisen kein Beschaffungsvorgang zugrunde liegt, handelt es sich um "nichtrealisierte" Marktpreise.

- Bei Werten, die nicht aus Zahlungsvorgängen abgeleitet sind, handelt es sich um "nichtpagatorische Preise" oder sog. (interne) Verrechnungspreise[335]. Sie werden im wesentlichen von der gewählten unternehmerischen Zielvorstellung und der zugrundeliegenden Entscheidungssituation bestimmt. Insofern handelt es sich um Lenkungspreise. Aus Gründen der Vereinfachung und Beschleunigung der Kostenberechnung kann aber auch ein Ansatz von Festpreisen, Durchschnittspreisen und Schätzpreisen zweckmäßig sein. Bei Festpreisen gibt man für einen längeren Zeitraum feste Preise vor, deren Höhe beim Vorgabezeitpunkt an Marktpreise angelehnt sein kann, aber unabhängig vom Marktpreisänderungen in diesem Zeitraum beibehalten wird. Durchschnittspreise hingegen werden als einfache, gewogene oder gleitende Durchschnitte aus den innerhalb einer vorzugebenden Zeitperiode realisierten Marktpreisen berrechnet. Schätzpreise schließlich werden verwendet, wenn für einen Faktorverbrauch keine Marktpreise vorliegen oder nur mit unverhältnismäßig hohem Aufwand ermittelt werden können.

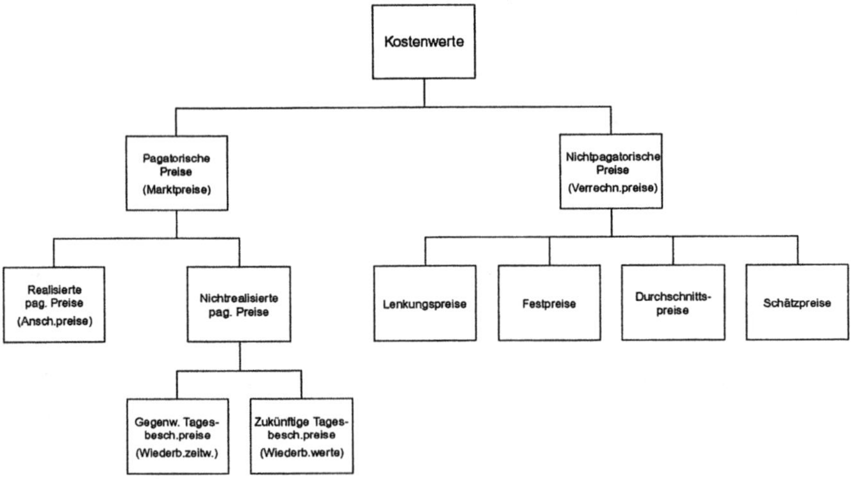

Abb. 3.17: Arten von Kostenwerten (in Anlehnung an: SCHWEITZER, M. / KÜPPER, H.-U. (1995), S. 25)

335 Vgl. hierzu DRUMM, H.J. (1976); HAX, H. (1981); COENENBERG, A.G. (1993), S. 423 ff..

3.8.3.2.2 Betriebswirtschaftliche Grundsätze zur Kostenermittlung

Korrespondierend zur terminologischen Entwicklung des variantenreichen Kostenbegriffs wurden für die Zwecke der Kostenermittlung und deren Integration in das betriebliche Rechnungswesen von der Wissenschaft[336], von Dach- und Fachverbänden der Wirtschaft[337], von speziellen Gemeinschaftsgründungen der gewerblichen und öffentlichen Wirtschaft[338], vom Staat[339] und auch von einzelnen Unternehmen bis dato eine Vielzahl von Grundsätzen und Richtlinien entwickelt. In Abhängigkeit der Urheberschaft stellen diese Gestaltungsvorgaben größtenteils Lehrmeinungen, unverbindliche verbandswirtschaftliche Empfehlungen oder betriebsinterne Anweisungen dar, nur selten sind sie rechtlich kodifiziert.[340] Wechselnde Bedürfnisse und Erkenntnisse bringen es mit sich, daß diese Regeln zwangsläufig gewissen Anpassungen unterliegen.[341] Sowohl in der Fachliteratur als auch in der Rechtsprechung wird daher der Vorwurf erhoben, daß es sich bei den kommunalabgabenrechtlichen geforderten "betriebswirtschaftlichen Grundsätzen", bezogen sowohl auf die Kostenermittlungsmethodik als auch auf den Kostenbegriff, um eine dynamische und gleichsam unbestimmte Fremdverweisung handele und insofern rechtlich bedenklich sei.[342] Ebenfalls wird vor einer unmodifizierten Übertragung privatwirtschaftlich orientierter Kostenrechnungssysteme auf das politisch-administrative System gewarnt.[343] Während die Zielsetzung erwerbswirtschaftlicher Unternehmen primär auf einzelwirtschaftliche Gewinnmaximierung ausgerichtet ist, verfolgt die öffentliche Hand im Rahmen der Wahrung von Gemeinwohlinteressen ein Bündel von Einzelzielen.[344] BUDÄUS merkt

---

336 Vgl. grundlegend SCHMALENBACH, E. (1919).

337 Vgl. z.B. BDI (1979/81).

338 Vgl. z.B. KGSt (1982 c).

339 Vgl. etwa die rechtlich normierten Bestimmungen der LSP.

340 Vgl. BERGER, K.-H. (1981). Vgl. überdies zur historischen Entwicklung der Kostenrechnung DORN, G. (1981).

341 So wurde z.B. mit der VO PR Nr. 1/86 - Verordnung zur Änderung preisrechtlicher Vorschriften (Verordnung PR Nr. 1/86) vom 15. April 1986 (BGBl. 1055) - und der VO PR Nr. 1/89 - Verordnung zur Änderung preisrechtlicher Vorschriften (Verordnung PR Nr. 1/89) vom 13. Juni 1989 (BGBl. I S. 1094) - die vormals zulässige Wertbasis "Wiederbeschaffungspreise" zur Bemessung der kalkulatorischen Abschreibungen nach LSP Nr. 38 aufgehoben. Die kalkulatorischen Abschreibungsgrundsätze entsprechen nunmehr den handels- und steuerrechtlichen Bewertungsgrundsätzen, speziell dem sog. Anschaffungswertprinzip.

342 Vgl. SCHOLL, C. (1973), S. 45; DAHMEN, A. (1990), S. 26 f.; SCHIEDER, H. / HAPP, M. (1994), Erl. Art. 5 BayKAG, Nr. 5.1. Ebenso OVG Münster, Urteil vom 5. August 1994, Az. 9 A 1248/92, S. 4 f..

343 Vgl. ELFERT, F.W. (1970); BUDÄUS, D. (1981); KNOBLOCH, G. (1985), S. 21; MÄNNEL, W. (1988); BRÜNING, G. (1990), S. 23 ff.; DAHMEN, A. (1990), S. 27 f.; GORNAS, J. / BORNHALM, W. (1990), S. 2.

344 Vgl. zu den Formalzielen in der Erwerbswirtschaft - i.e. "Liquidität", "Erfolg" und "Erfolgspotential" - z.B. GÄLWEILER, A. (1990), S. 28. Zum Zielpluralismus des politisch-administrativen Systems dagegen vgl. THIEMEYER, T. (1975), S. 25 ff.; OETTLE, K. (1976 a), S. 24 ff. und (1976 b), S. 101 ff.; GORNAS, J. / BEYER, W. (1991), S. 26 ff.. Oberziele sind hier sowohl "Leistungsziele" als auch "Erfolgsziele". Die "Leistungsziele" stehen in konkreten Bezug zu den öffentlichen (Pflicht-)Aufgaben und Aufgabengruppen. Als kontextspezifi-

an, daß die Schwierigkeit, die Ziele im politisch-administrativen System zu operationalisieren, sich in gleicher Weise auf die Erfassung der zielabhängigen, wesensverschiedenen Kosten niederschlage. Insofern bestehe die Gefahr, falsche wertmäßige Kostenelemente durch andere, relativ willkürlich begründbare zu ersetzen.[345]

Die Verweisung auf nicht kodifizierte Grundsätze ist dem deutschen Recht indessen nicht fremd. So hat sich etwa nach § 238 Abs. 1 HGB die Rechnungslegung der Kaufleute an den "Grundsätzen ordnungsgemäßer Buchführung" (GoB) auszurichten, welche nur zum Teil gesetzlich festgeschrieben sind (vgl. z.B. §§ 243 Abs. 2, 246 Abs. 2, 252 HGB) und ansonsten im Zusammenwirken von Rechtsprechung, fachkundigen Praktikern und Vertretern der Betriebswirtschaftslehre konkretisiert werden.[346] LEFFSON differenziert die GoB in "obere" und in "untere" Grundsätze.[347] Die oberen GoB enthalten die allgemeinen Rahmenvorgaben, aus denen konkrete Vorschriften zur Behandlung einzelner Geschäftsvorfälle in Buchhaltung, Inventar, Bilanz und GuV, d.h. die unteren GoB, erst noch abzuleiten sind. - Analog dieser Systematisierung lassen sich als "obere betriebswirtschaftliche Grundsätze zur Kostenermittlung" die folgenden, verschiedentlich im Schrifttum benannten Prinzipien bzw. Grundsätze definieren:[348]

(1) Prinzip der Wirtschaftlichkeit. Die Kostenrechnung soll so organisiert sein, daß die in Hinblick auf die betriebliche Zielsetzung und Rechtsordnung erforderli-

---

sches Beispiel läßt sich das Ziel der Steigerung von Entsorgungsqualität und -sicherheit im Rahmen der staatlichen Entsorgungspflicht nennen. Die "Erfolgsziele" hingegen sind aufgabenunabhängig bzw. aufgabenübergreifend. "Administrative Erfolgsziele" leiten sich im wesentlichen aus den ökonomischen Rahmenbedingungen des Verwaltungshandelns ab. Beispiele hierfür sind die Sicherung der sog. Eigenwirtschaftlichkeit, so etwa durch Erhöhung der laufenden Einnahmen oder durch Kosteneinsparungen, die Verminderung der Neuverschuldung oder die Steigerung der Bürgernähe und Bürgerfreundlichkeit der öffentlichen Einrichtung. In den "politischen Erfolgszielen" dagegen drücken sich die Intentionen der politischen Organe - auch unter Berücksichtigung ihrer persönlichen Interessenslage - aus, etwa die Intensivierung der Kontrolle der Verwaltung oder die Erhöhung der Wählerstimmen. Die Beziehungen zwischen den Einzelzielen können mitunter konträr sein. So kann etwa eine Erhöhung des Kostendeckungsgrades bei gebührenerhebenden öffentlichen Einrichtungen den politischen Vorstellungen entgegenstehen, wenn dadurch ein Verlust an Wählerstimmen zu befürchten ist (vgl. hierzu auch noch einmal die Ausführungen zum "politischen Preis" in Kapitel 2.1.2). Kollidieren hingegen Leistungs- und administrative Erfolgsziele miteinander, so besitzen erstere in der Regel Priorität, weil sie die Existenz öffentlicher Einrichtungen begründen und weil das Wirtschaftlichkeitsstreben nicht Selbstzweck, sondern nur Mittel zum Zweck ist.

345 Vgl. BUDÄUS, D. (1982), S. 154.

346 Vgl. etwa BAETGE, J. (1981); LEFFSON, U. (1987); COENENBERG, A.G. (1994), S. 26 f..

347 LEFFSON, U. (1987), S. 132 ff..

348 Vgl. hierzu z.B. KGSt (1982 c), S. 11 f.; HABERSTOCK, L. (1987), S. 56 ff.; KRESSE, W. (1993), S. 37 ff.; MICHAELIS, H. / RHÖSA, C.A. (1994), S. 11 ff. zu LSP Nr. 2; EBISCH, H. / GOTTSCHALK, J. (1994), Rdnr. 8 ff. zu LSP Nr. 2; MAYER, E. / LIESSMANN, K. / MERTENS, H.W. (1994), S. 84 ff; SCHWEITZER, M. / KÜPPER, H.-U. (1995), S. 85 ff.. - Dabei sei angemerkt, daß sich die einzelnen Prinzipien nicht immer scharf voneinander abgrenzen lassen.

chen Kosteninformationen mit einem Minimum an Aufwand erfüllt werden.

(2) Prinzip der Aktualität. Für die Terminierung der Abrechungsperiode gilt zu beachten, daß die Kosteninformationen umso aktueller sind, je kürzer der Zeitraum ist, der zwischen ihrem Bekanntwerden und denjenigen Ereignissen liegt, auf die sich die Information bezieht.

(3) Prinzip der Vollständigkeit. Alle in einer Abrechnungsperiode objektiv anfallenden, leistungsbedingten Werteverzehre sind in der Kostenrechnung vollständig zu erfassen und darzustellen.

(4) Prinzip der Einmaligkeit. Die vollständig erfaßten Kosten dürfen in der Kostenrechnung nur einmal, d.h. nur in einer Kostenart und nur in einem Abrechnungszeitraum, verrechnet werden.

(5) Prinzip der Periodengerechtigkeit für Mengen und Werte. Die leistungsbedingten Kostenmengen und -werte müssen in derjenigen Abrechnungsperiode in die Kostenrechnung eingehen, in der sie wirtschaftlich verursacht wurden. - Bezogen auf die Mengenkomponente der Kosten bedeutet dies, daß den in der Rechnungsperiode erstellten Leistungen jeweils kongruente Faktormengen gegenüberzustellen sind (Prinzip der Mengenkongruenz). Für die Wertkomponente der Kosten gilt entsprechend, daß kongruente Preise anzusetzen sind, d.h. Preise, die sich auf ein einheitliches Geldwertniveau in der Rechnungsperiode beziehen (Prinzip der Wertkongruenz).

(6) Prinzip der relativen Genauigkeit. Für bestimmte Kostenansätze ist die Kostenrechnung auf Schätzungen angewiesen, weshalb für die Ergebnisse der Kostenrechnung nur eine relative Genauigkeit erreichbar ist.

(7) Allgemeines Durchschnittsprinzip. Zur Eliminierung von Zufälligkeiten als Störfaktoren für den inner- und zwischenbetrieblichen Vergleich kann in der Kostenrechnung mit statistischen Mittelwerten gearbeitet werden.

(8) Prinzip der Ausschaltung außergewöhnlicher Ereignisse. Werteverzehre, die auf außerordentliche Ereignisse zurückzuführen sind, dürfen nicht in die Kostenrechnung übernommen werden.

(9) Verursachungs-, Durchschnitts- und Tragfähigkeitsprinzip. Die in einer Abrechungsperiode anfallenden Kosten sind genau denjenigen Bezugsobjekten bzw. Leistungen zuzurechnen, durch welche sie verursacht wurden (Verursachungs-

prinzip). Kosten, die sich nicht verursachungsgerecht zuordnen lassen, können nach der durchschnittlichen Verursachung (Durchschnittsprinzip) oder hinsichtlich ihrer Deckungsfähigkeit proportional zu den erzielten Umsätzen oder Deckungsbeiträgen (Deckungsprinzip) verteilt werden.

(10) Prinzip der Objektivität. Betriebliche Werteverzehre, die auf gleiche Ursachen zurückzuführen sind, müssen in der Kostenrechnung auch gleich behandelt werden.

(11) Grundsätze eines geordneten Rechnungswesens. Dies sind vor allem die Anforderungen von Klarheit, Wahrheit und Stetigkeit an Aufbau, Darstellungsweise und Rechenmethodik der Kostenrechnung.

Diese oberen Grundsätze haben sich - dies dokumentiert die kontinuierliche Nennung vor allem im praxisnahen Schrifttum - als zeitkonsistent und weitgehend unabhängig vom jeweiligen Kostenrechnungszweck erwiesen. Die Konkretisierung der "unteren betriebswirtschaftlichen Grundsätze zur Kostenermittlung" hingegen, im besonderen eine genaue Festlegung der Mengen- und Wertkomponenten, ist zweckabhängig. Für die Belange der Gebührenkalkulation finden sich entsprechende Vorgaben in den mehr oder weniger ausführlichen Bestimmungen der landesspezifischen Abfall- und Kommunalabgabengesetze.

3.8.3.2.3 Kostenrechnung

Nur in vier Bundesländern - und dort lediglich in den Verwaltungsanweisungen zum jeweiligen Kommunalabgabengesetz - wird auf die gängige Methodik der Kostenrechnung hingewiesen (vgl. *Tab. 3.10*, S. 104). Gemäß den Verrechnungsstufen sind hierbei die Teilbereiche der Kostenarten-, Kostenstellen- und Kostenträgerrechnung zu unterscheiden.[349]

3.8.3.2.3.1 Kostenartenrechnung

In der Kostenartenrechnung werden die Kostenmengen und -werte für sämtliche in der Rechnungsperiode anzusetzenden Kosten festgelegt. Aus Gründen der Informationsverbesserung erfolgt dabei eine Gliederung der Kostenpositionen nach bestimmten Kriterien, hauptsächlich nach dem Kriterium der Faktorart (z.B. Personalkosten,

---

349 Vgl. etwa KOCH, J. (1990), S. 8 ff.; OLFERT, K. (1991), S. 68 ff.; COENENBERG, A.G. (1993), S. 48 ff..

Sachkosten, etc.).[350] Weitere, sekundäre Gliederungskriterien sind beispielsweise die rechnungsmäßige Erfassung (sog. Grundkosten bzw. kalkulatorische Kosten), die Zurechenbarkeit auf eine Bezugsgröße (sog. Einzel- bzw. Gemeinkosten) oder das Kostenverhalten bei Beschäftigungs- oder Betriebsgrößenvariation (sog. fixe, intervallfixe bzw. variable Kosten).[351]

Bei Ableitung der Kostengrößen aus dem spezifischen Grundrechenwerk der Entsorgungseinrichtung ist - so wurde bereits in Kapitel 3.7.3 angesprochen - regelmäßig eine kostenrechnerische Abgrenzungsrechnung erforderlich. Aufgrund der andersartigen Zwecksetzung der Rechnungslegung umfassen die Ausgaben- bzw. Aufwandsgrößen der Kameralistik bzw. Finanzbuchhaltung mitunter Positionen, deren Mengen- und Wertansätze nicht als "Grundkosten" in die Kostenrechnung übernommen werden können.[352] Diese "neutralen Positionen" treten als "leistungsfremde" (auch: "betriebsfremde"), "periodenfremde", "außerordentliche" oder "rechentechnisch bedingte neutrale Ausgaben- bzw. Aufwandsgrößen" in Erscheinung. Leistungs- oder betriebsfremde Positionen resultieren aus Werteverzehren, die zwar mit dem Unternehmen, nicht aber mit dem betrieblichen Leistungszweck in Zusammenhang stehen. Periodenfremde Positionen sind hingegen zwar betriebsbezogen, die jeweiligen Werteverzehre betreffen jedoch wirtschaftlich eine andere Rechenperiode. Ebenfalls betriebsbezogen sind die außerordentlichen Positionen. Aufgrund der Unregelmäßigkeit ihres Auftretens bzw. ihrer Unbestimmheit und ihres Potentials zur Ergebnisverzerrung werden sie jedoch nicht als Grundkosten in der Kostenrechnung angesetzt. Rechentechnisch bedingte neutrale Positionen ergeben sich, wenn bestimmte Positionen aufgrund haushalts- bzw. handelsrechtlicher Vorgaben Mengen- und/oder Wertansätze aufweisen, die für die Zwecke der Kostenrechnung zu modifizieren sind. So werden insbesondere handelsrechtlicher Abschreibungs- und Zinsaufwand nicht als Grundkosten, sondern zweckentsprechend angepaßt als kalkulatorische Abschreibungen und kalkulatorische Zinsen in die Kostenrechnung überführt. Während für leistungs- und für periodenfremde Positionen nach herrschender Meinung ein Kostenansatz ausgeschlossen ist, besteht für die übrigen neutralen Kategorien die Möglichkeit, über den Ansatz von "kalkulatorischen Anderskosten" mit entsprechend veränderten Mengen- und/oder Wertkomponenten Eingang in die Kostenrechnung zu finden. Insofern lassen sich etwa außerordentliche Ausgaben- bzw. Aufwandsgrößen, wie etwa Katastrophenschäden oder Buchverluste aus Anlagenabgängen, indirekt und pauschalisiert über

350 Vgl. KLOOCK, J. / SIEBEN, G. / SCHILDBACH, T. (1991), S. 66 f..

351 Vgl. bspw. COENENBERG, A.G. (1993), S. 50 ff..

352 Entsprechendes gilt auch für Einnahmen- bzw. Ertragsgrößen. Deren Berücksichtigung ist jedoch für die Zwecke der Selbstkostenermittlung nur von vergleichsweise geringer Bedeutung, und zwar im Rahmen der Ermittlung und Veranschlagung von "negativen" Kosten, resultierend aus gebührenmindernden Erlösen und Finanzhilfen, und von Kostenüber- bzw. unterdeckungen aus der Vorperiode. Vgl. zu letzterem noch einmal die Ausführungen in Kapitel 3.8.3.1.2, zu Erstgenanntem die Erläuterungen im späteren Kapitel 3.8.3.2.3.1.2.

kalkulatorische Wagniskosten verrechnen. Überdies können in der Kostenrechnung auch "kalkulatorische Zusatzkosten", denen überhaupt keine Ausgaben- bzw. Aufwandsgrößen gegenüberstehen, berücksichtigt werden. Typische Beispiele in der Erwerbswirtschaft sind der kalkulatorische Unternehmerlohn und die kalkulatorischen Zinsen auf das Eigenkapital. Im politisch-administrativen Bereich sind insbesondere Kostenansätze für unentgeltlich überlassene Produktionsfaktoren anderer Verwaltungseinheiten (kalkulatorische Miete u.a.) oder für externe Werteverzehre (soziale Zusatzkosten) relevant. Bei kameralem Grundrechenwerk firmieren auch Rückstellungskosten für spätere, aber in der aktuellen Rechenperiode wirtschaftlich verursachte Ausgaben aufgrund des fehlenden Pendants im Haushaltsplan durchweg als kalkulatorische Zusatzkosten. Anders verhält es sich bei kaufmännischem Grundrechenwerk, sofern handelsrechtliche Rückstellungen und/oder antizipative passive Rechnungsabgrenzungsposten vorliegen.[353] Kostenrechnerische Rückstellungen nehmen dann je nach Übereinstimmung mit den beiden genannten Positionen den Charakter von Grundkosten, kalkulatorischen Anderskosten oder kalkulatorischen Zusatzkosten an. Auch können die handelsrechtlichen Rückstellungen periodenfremden Aufwand darstellen, wenn sie als sog. Aufwandsrückstellungen für Aufwendungen, die früheren Geschäftsjahren zuordenbar sind, gebildet werden (vgl. § 249 HGB). Die folgende *Abbildung 3.18* verdeutlicht die geschilderten Zusammenhänge im Überblick:[354]

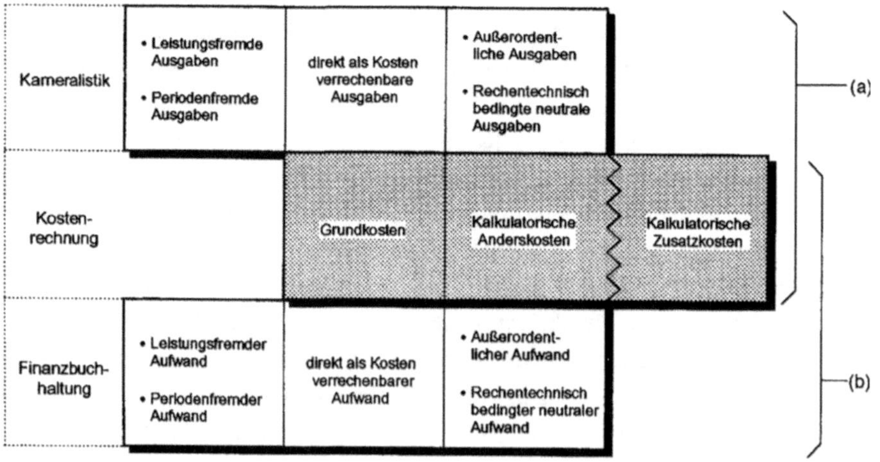

Abb. 3.18: Kostenrechnerische Abgrenzungsrechnung hinsichtlich Ausgaben/Kosten (a) und Aufwand/Kosten (b)

353 Zur Systematik handelsrechtlicher Rückstellungen und Abgrenzungsposten vgl. COENEBERG, A.G. (1994), S. 191 ff..

354 Vgl. zur praktischen Anwendung der Abgrenzungsrechnung hinsichtlich der Größen Ausgaben vs. Kosten z.B. KGSt (1981), S. 24 ff., hinsichtlich der Größen Aufwand vs. Kosten z.B. MAYER, E. / LIESSMANN, K. / MERTENS, H.W. (1994), S. 95 ff..

3.8.3.2.3.1.1 Preisrechtliche Bestimmungen zur Behandlung neutraler Positionen

Ein explizites Verbot für den (direkten) Kostenansatz neutraler Positionen findet sich in den kommunalabgabenrechtlichen Bestimmungen der Länder Niedersachsen, Rheinland-Pfalz und Schleswig-Holstein (vgl. hierzu *Tab. 3.10*, S. 104).

Demgegenüber wird in Sachsen gemäß §§ 9 Abs. 2 i.V.m. 11 Abs. 2 SächsKAG den an und für sich perioden- und gleichsam leistungsfremden und daher prinzipiell kostenunfähigen Ausgaben- bzw. Aufwandsgrößen für die Nachsorge stillgelegter Entsorgungsanlagen[355] Kostencharakter beigemessen. - Hierbei ist einzuwenden, daß stillgelegte Anlagen die Entsorgungsleistungen vergangener Rechenperioden betreffen.[356] Unter Beachtung des Prinzips der Periodengerechtigkeit hätten erforderliche Nachsorgemaßnahmen daher prinzipiell als Rückstellungskosten in den entsprechenden Rechenperioden berücksichtigt werden müssen. Bei unsicheren Nachsorgeverpflichtungen wäre ein pauschaler Ansatz von Wagniskosten in jeder Rechenperiode denkbar.[357] Auch ist ein mittelbarer Leistungszusammenhang mit der aktuellen Abfallentsorgung nicht begründbar, da die Nachsorge der stillgelegten Anlagen bei (hypothetischer) Einstellung des Entsorgungsbetriebes dennoch durchzuführen wäre. Insofern stellt sich auch die Frage der Gewährleistung des gebührenimmanenten Äquivalenzprinzips.[358] - Dieser Argumentation entzieht man sich jedoch in § 9 Abs. 2 SächsKAG mit der Festlegung, daß stillgelegte Entsorgungsanlagen als Teil der Entsorgungseinrichtung gelten. Hierzu finden sich auch befürwortende Stimmen in der Literatur.[359]

---

355 Dies sind in der Regel Deponien.

356 Vgl. ebenso LOHMANN, H.-H. (1996), Rdnr. 668a u. 695.

357 Näheres hierzu in Kapitel 3.8.3.2.3.1.2.

358 Vgl. in diesem Sinne BÖHM, M. (1990); ECKER, G. (1993), S. 356 f.; GAWEL, E. (1994 a), S. 2 f.; DAHMEN, A. (1996 b), Rdnr. 97, 110 u. 135 zu § 6 KAG NW.

359 Vgl. etwa BALS, H. / LAHL, U. (1991), S. 610, wonach stillgelegte Deponien zu einem üblichen Abfallwirtschaftsbetrieb gehören und daher die "normalen" Unterhaltungskosten dieser Anlagen im Rahmen eines erweiterten Leistungs- und Benutzungsbegriffs ansatzfähig sein sollten. Vgl. ähnlich PEINE, F.-J. (1989), S. 88, der über den Stand der Technik und dessen Weiterentwicklung einen Kausalzusammenhang zwischen der Nachsorge ehemaliger Deponien und der heutigen Abfallentsorgung konstruiert. Andere Autoren, z.B. WÖBBEKING, K.H. / FISCHER, T. / SCHMITT, C. (1995), S. 31, argumentieren die Kostenansatzfähigkeit mit einem "Generationenvertrag ...: Wenn eine heute betriebene Deponie nach Rekultivierung in ferner Zukunft zu einer Altlast werden sollte, wird dann zur Sanierung die nächste Gebührenzahlergeneration in Anspruch genommen, soweit dafür keine Rückstellungen (mehr) zur Verfügung stehen oder Versicherungslösungen greifen." Dem ist entgegenzuhalten, daß sich bei zusätzlicher Verrechnung von Rückstellungen oder Versicherungskosten der Generationenvertrag asymmetrisch zu Lasten der Gegenwartsgeneration gestaltet. Im übrigen ist ein solcher Vertrag nur unter der ceteris-paribus-Bedingung akzeptabel. Mit der TA Siedlungsabfall aber wurden jüngst die Technikanforderungen grundlegend verändert. Intention der TASi-Vorgaben bzgl. Vorbehandlung und Ablagerung ist gerade die Vermeidung künftiger Altlasten, so daß bei entsprechendem Entsorgungsbetrieb davon ausgegangen werden kann, daß für die Zukunft keine Belastungen

Vergleichbare Regelungen sind auch in den Abfallgesetzen verschiedener Bundesländer festgelegt, wobei ein Kostenansatz teils gefordert und teils nur gewährt wird (vgl. die Übersicht in *Tab. 3.9*, S. 103).[360] Speziell in Nordrhein-Westfalen zählen überdies die gemeinhin leistungsfremden Ausgaben-/Aufwandsgrößen für die Entsorgung wilder Ablagerungen und für die Aufstellung, Unterhaltung und Entleerung von Straßenpapierkörben zu den ansatzfähigen Kosten. - Dem entgegen führt etwa der BAYERISCHE KOMMUNALE PRÜFUNGSVERBAND aus, daß eine Umlage der Kosten für die Entsorgung wilder Ablagerungen auf die Gebührenschuldner nicht statthaft sei, da keine individuell zurechenbare Leistung vorliege.[361] Kostentragender wäre demnach die öffentliche Hand. Bei den Abfällen aus Straßenpapierkörben handelt es sich nach Ansicht von DAHMEN tendenziell um "Straßenkehricht" im Sinne des Straßenreinigungsrechts, der angefallen wäre, wenn keine Behälter aufgestellt worden wären.[362] Eine Kostenumlage müßte demzufolge über die Straßenreinigungsgebühr erfolgen.

In Hamburg und auch in Schleswig-Holstein[363] schließlich müssen bzw. können perioden- und gleichzeitig leistungsfremde Planungs- und Untersuchungsaufwendungen für künftige Abfallentsorgungsanlagen als Kosten verrechnet werden (vgl. die Übersicht in *Tab. 3.9*, S. 103). - Nun entstehen Kosten aber erst bei Inbetriebnahme bzw. Leistungsabgabe der Anlagen.[364] Insofern wären die im Vorfeld anfallenden Planungs- und Untersuchungsaufwendungen als sog. Anschaffungsnebenkosten in den Anschaffungswerten zu berücksichtigen.[365] Der Kostenansatz hätte dann später im Rahmen der kalkulatorischen Abschreibungen und Zinsen für die Anlagennutzung zu erfolgen.[366]

Diese Aufweichung der "oberen" kostenrechnerischen Grundsätze durch die neuere Landesgesetzesgebung wird in der Fachliteratur insgesamt kritisch beurteilt.[367] DAHMEN stellt fest, daß durch die Abkehr von betriebswirtschaftlichen Prinzipien

---

materieller bzw. finanzieller Art erwachsen.

360 Zu beachten ist in diesem Zusammenhang der Widerspruch zwischen den kommunalrechtlichen und den abfallrechtlichen Bestimmungen in Rheinland-Pfalz.

361 Vgl. BAYERISCHER KOMMUNALER PRÜFUNGSVERBAND (1994), S. 83.

362 Vgl. DAHMEN, A. (1996 a), Rdnr. 248 zu § 4 KAG NW; ebenso DEDY, H. (1993), S. 93.

363 Insofern ergibt sich auch für Schleswig-Holstein ein Widerspruch zwischen den kommunalrechtlichen und den abfallrechtlichen Bestimmungen hinsichtlich der Behandlung neutraler Positionen.

364 Vgl. hierzu etwa auch das Urteil des BayVG Ansbach vom 1.4.1992 (AN 21 K 89.00197).

365 Vgl. hierzu z.B. VORMBAUM, H. (1981), Sp. 79; GIEBLER, P. (1995), S. 22 ff..

366 Vgl. entsprechend DAHMEN, A. (1996 b), Rdnr. 118 zu § 6 KAG NW und LICHTENFELD, U. (1996), Rdnr. 733b mit Verweisen auf die Rechtsprechung.

367 Vgl. etwa PEINE, D.-J. (1989), S. 81 ff.; DAHMEN, A. (1992 a) u. (1992 b); BÖHM, M. (1992), S. 65; DEDY, H. (1993); DAHMEN, A. (1996 b), Rdnr. 293 zu § 6 KAG NW; LICHTENFELD, U. (1996), Rdnr. 739a.

sich die Abfallgebühr in eine Erstattungsvorschrift für finanzwirtschaftliche Aufwendungen verwandelt habe.[368] Mithin handele es sich um eine "Entgeltabgabe eigener Art mit einigen gebührenrechtlichen Grundzügen".[369]

In Zusammenhang mit der Abgrenzung neutraler Positionen ist auch der Ansatz von Ausgleichsbeträgen für Kostenüber- bzw. -unterdeckungen aus Vorperioden kritisch zu hinterfragen (vgl. hierzu noch einmal die landesspezifischen Regelungen im Überblick in *Tab. 3.10*, S. 104).[370] So stellt etwa das OVG Lüneburg in einer neueren Entscheidung fest, daß diese Positionen streng genommen keine Kosten bzw. gebührenmindernden Erlöse der Abrechnungsperiode darstellen. Bei Umlage auf die Gebührenschuldner werden diese mit Kosten belastet bzw. mit Erlösen entlastet, die im betreffenden Nutzungszeitraum gar nicht angefallen sind.[371]

3.8.3.2.3.1.2 Preisrechtliche Bestimmungen zum Kostenansatz

Abgesehen hiervon werden in den landesrechtlichen Abfall- und Kommunalabgabengesetzen aber auch zweifelsfreie Kostenarten - beispielhaft bzw. abschließend[372] - angeführt, deren Ansatz wiederum teilweise fakultativ und teilweise verbindlich ist (vgl. hierzu die Übersichten in *Tab. 3.9*, *3.10* u. *3.11*, S. 103-105). So umfaßt der Kostenkatalog in den Abfallgesetzen die Kosten bzw. "Aufwendungen"[373] für die Abfallberatung, die Unterstützung privater Abfallvermeidungs- und -verminderungsmaßnahmen, die Entsorgungslogistik, die Wertstoffentsorgung, die Problemmüllentsorgung, die Entsorgungsanlagen, die Nachsorgemaßnahmen, die gemäß BNatSchG[374] durchzuführenden Ausgleichs-, Ersatz- und Beseitigungsmaßnahmen[375] sowie die (landes-

---

368 Vgl. in diesem Sinne auch die Regierungsbegründung zu § 11 Abs. 2 SächsKAG (SÄCHSISCHER LANDTAG (1993), S. 16 f.): "Für den nicht durch entsprechende Rücklagen gedeckten Aufwand eröffnet das Gesetz die Möglichkeit der Nachfinanzierung. Insoweit wird der betriebswirtschaftliche Kostenbegriff zugunsten des Aufwandsbegriffs verlassen. Diese Möglichkeit liegt in der Hand des Gesetzgebers. Die Regelung ist notwendig, um die auch im Bereich der Abfallwirtschaft vorhandenen Altlasten im ökologischen Interesse beseitigen zu können."

369 Vgl. DAHMEN, A. (1992 a), S. 413 f..

370 So auch QUEITSCH, P. (1994), S. 96.

371 Vgl. OVG Lüneburg, Urteil v. 25. Oktober 1989 - Az. 9 L 32/89); gleicher Ansicht ist DAHMEN, A. (1996 b), Rdnr. 111 zu § 6 KAG NW.

372 So der sinngemäße Wortlaut in § 10 Abs. 2 HKAG.

373 Dieser Begriff liegt den Bestimmungen in Bayern, Hessen, Niedersachsen, Nordrhein-Westfalen sowie in den neuen Bundesländern zugrunde. Nach BÖLSENKÖTTER, H. (1978), S. 153 sind "Aufwendungen" pagatorisch definiert und orientieren sich daher an Zahlungsströmen, selbst wenn diese aus Gründen der zeitlichen Abgrenzung anderen Rechnungsperioden zugeordnet werden.

374 Vgl. Gesetz über Naturschutz und Landschaftspflege (Bundesnaturschutzgesetz - BNatSchG) in der Fassung der Bekanntmachung vom 12. März 1987 (BGBl. I S. 889), geändert durch Gesetz vom 12.2.1990 (BGBl. I S. 205).

375 Vgl. hierzu die Ausführungen in Kapitel 4.1.3.2.3.6.

spezifische) Abfallabgabe[376]. In den Kommunalabgabengesetzen und den korrespondierenden Verwaltungsanweisungen werden als relevante Kostenarten die Kosten für die laufende Verwaltung und Unterhaltung, die Kosten für Fremdleistungen, die gemäß AbwAG[377] zu entrichtende Abwasserabgabe[378], kalkulatorische Rückstellungen, Wagnisse und Mieten sowie regelmäßig kalkulatorische Abschreibungen und Zinsen aufgeführt.[379] - In Anbetracht der unterschiedlichen und unvollständigen landesgesetzlichen Kostenaufzählungen lassen sich zur Systematisierung und Vervollständigung folgende, für die öffentliche Abfallentsorgung typische Kostenarten definieren:[380]

(1) Grundkosten: umfassen Personal-, Sach- und Dienstleistungskosten. Bei diesen Kostenarten korrespondieren in der Regel die periodenbezogenen Faktorverzehre mit den jeweiligen Periodenausgaben.[381] Mengen- und Wertkomponente entsprechen somit dem (engen) pagatorischen Kostenbegriff.

(1.1) Personalkosten: entstehen durch den leistungsbezogenen Einsatz menschlicher Arbeitskraft und umfassen alle hiermit in Zusammenhang stehenden Ausgaben in der Abrechnungsperiode, im wesentlichen Löhne, Gehälter, Beamtenbezüge sowie Sozialkosten und sonstige Personalnebenkosten.

(1.2) Sachkosten: fallen an für Roh-, Hilfs- und Betriebsstoffe und für als "geringwertige Wirtschaftsgüter (GWG)"[382] einzustufende Anlagen, für Werkzeuge sowie für Betriebs- und Geschäftsausstattung, die im betrieblichen Leistungsprozeß zum Einsatz kommen. Kostenwerte sind die korrespondierenden Anschaffungsausgaben.

---

376 Vgl. hierzu die Ausführungen in Kapitel 4.1.3.2.3.3.

377 Vgl. Gesetz über Abgaben für das Einleiten von Abwasser in Gewässer (Abwasserabgabengesetz - AbwAG) vom 6. November 1990 (BGBl. I S. 2432) in der Fassung des 4. Änderungsgesetzes vom 5. Juli 1994 (BGBl. I S. 1453).

378 Vgl. hierzu die Ausführungen in Kapitel 4.1.3.2.3.3.

379 Speziell in Sachsen werden überdies in § 11 Abs. 2 SächsKAG entsorgungsspezifische Kostenarten benannt, so etwa die Kosten der Abfallberatung und Getrennterfassung.

380 Vgl. grundsätzlich TRAUMANN-REINHEIMER, A. (1977), S. 88 ff.; KGSt (1980 a), S. 61 ff.; KGSt (1981), S. 9 ff.; DAHMEN, A. (1996 b), Rdnr. 131 ff. zu § 6 KAG NW. Speziell für den Abfallbereich vgl. KGSt (1993 a), S. 58 ff.; WÖBBEKING, K.H. / FISCHER, T. / SCHMITT, C. (1995), S. 24 ff..

381 Gleichwohl sind in gewissem Umfang zeitliche Abgrenzungserfordernisse denkbar, bspw. bei überjährlichen Mietzahlungen, aber jahresbezogener Rechnungslegung.

382 Nach § 6 Abs. 2 EStG können sog. geringwertige Wirtschaftsgüter, die abnutzbar und einer selbständigen Nutzung fähig sind und deren um die Umsatzsteuer verminderten Anschaffungs- oder Herstellungskosten 800 DM nicht übersteigen, im Jahr des Zugangs vollständig abgeschrieben werden. Unter dem Aspekt des Maßgeblichkeitsprinzips und des Grundsatzes der Wesentlichkeit ist eine entsprechende Vorgehenweise in der handelsrechtlichen Rechnungslegung üblich. Gemäß dem Wirtschaftlichkeitsprinzip gilt gleiches für die Kostenrechnung. Vgl. in diesem Sinne EBISCH, H. / GOTTSCHALK, J. (1994), Rdnr. 12 zu LSP Nr. 39.

(1.3) Dienstleistungskosten: werden verursacht durch die Inanspruchnahme von Leistungen, die von anderen Wirtschaftseinheiten entgeltlich bezogen werden. Hierunter fallen z.B. Wartungs-, Reparatur-, Rechtsberatungs-, Prüfungs- und Versicherungskosten, Mieten und Pachten. Ebenfalls können öffentliche Abgaben, wie Gebühren, Beiträge, Sonderabgaben und Steuern, zu den Dienstleistungskosten im weiteren Sinne gerechnet werden.[383] Kostenansatzfähige Steuern sind dabei nach herrschender Meinung ausschließlich sog. Kostensteuern.[384] Des weiteren stellen die als "innere Verrechnungen" entgoltenen Leistungsbeziehungen zwischen verschiedenen Verwaltungseinheiten innerhalb der öffentlich-rechtlichen Körperschaft (z.B. Personalamt, Bauamt, Rechnungsprüfungsamt) Dienstleistungskosten dar.[385] Ein Spezialfall im Abfallbereich schließlich sind die bezogenen Entsorgungsleistungen im Rahmen der Einbindung Dritter gemäß § 3 AbfG. Im Grenzfall lassen sich durch eine vollständige Aufgabendelegation sämtliche Kostenarten in Dienstleistungskosten transformieren.

(2) Kalkulatorische Kosten: sind Anders- und Zusatzkosten, deren Mengen- und/oder Wertkomponenten sich abweichend von Ausgabe-/Aufwandsgrößen nach unternehmensbezogenen bzw. gesetzlichen Zielvorgaben konstituieren. Insofern liegt hier der wertmäßige Kostenbegriff zugrunde. Als Kostenarten sind zu nennen die kalkulatorischen Abschreibungen, Zinsen, Rückstellungen, Wagnisse sowie die kalkulatorische Miete und artverwandte Kosten.

(2.1) Kalkulatorische Abschreibungen: erfassen die Wertminderungen, die durch den leistungsbedingten Verzehr von begrenzt nutzbaren Anlagegütern, die dem Betrieb länger als eine Rechenperiode dienen (typischerweise Maschinen, Fahrzeuge, Gebäude, etc. - im besonderen Deponiegrundstücke[386]), verursacht wer-

---

383 Streng genommen wäre eine Zurechnung zu den Dienstleistungskosten nur dann plausibel, wenn mit den Abgaben unmittelbare Leistungsbezüge verbunden wären, so etwa bei öffentlich-rechtlichen Gebühren und Beiträgen.

384 "Kostensteuern" sind jene Steuern, die sich aufgrund des Nexus zur Leistungserstellung unter den Kostenbegriff subsumieren lassen. Für den politisch-administrativen Bereich sind hierbei insbesondere die Grundsteuer, die Kraftfahrzeugsteuer und Verbrauchssteuern von Relevanz. Ertragsteuern hingegen, wie sie bei kommunalen Betrieben gewerblicher Art als Körperschaftsteuer etwa aufgrund Kostenüberdeckungen anfallen könnten, werden aufgrund des fehlenden Leistungsbezugs nicht als Kosten, sondern als neutrale Aufwendungen eingestuft, die aus dem handelsrechtlichen Gewinn zu decken sind. Vgl. z.B. OLFERT, K. (1991), S. 114 f.; KRESSE, W. (1993), S. 82; ebenso die Bestimmungen in LSP Nr. 30.

385 Vgl. zur Festlegung geeigneter Verrechnungspreise für diverse erstattungsberechtigte Ämtertypen etwa KGSt (1985 b).

386 Grundstücke unterliegen in der Regel keinem Werteverzehr und sind daher nicht abschreibungsfähig. Gerade bei Deponiegrundstücken werden jedoch Abschreibungen als legitim erachtet, sofern das Grundstück nach der Inanspruchnahme einen geringeren Wert aufweist, den es ohne die Nutzung nicht gehabt hätte. Abschreibungsfähig ist demnach der Differenzbetrag, der sich aus dem allgemeinen Verkehrswert und dem Wert der später noch möglichen Nutzung (z.B. als Freizeit- und Erholungsfläche) ergibt. Vgl. etwa RILKE, H.-D. (1979), S. 22 f.; KORFF, S. /

den. Sie erfüllen mithin eine Verteilungs- und eine Finanzierungsfunktion. Die Verteilungsfunktion gewährleistet, daß die Werteverzehre verursachungsgerecht auf die einzelnen Abrechnungsperioden verteilt werden. Die Finanzierungsfunktion besteht darin, daß aus den per Gebührenerhebung erwirtschafteten, kumulierten Abschreibungsgegenwerten eine Refinanzierung des Anlagegutes ermöglicht wird. Beide Funktionen können, wie noch gezeigt wird, in einem Spannungsverhältnis stehen. Unter rein kostenrechnerischen Gesichtspunkten besitzt dabei die Verteilungsfunktion Priorität.

Für die Zuordnung der Werteverzehre auf die Rechenperioden und somit die Festlegung der Mengenkomponente der Abschreibungen existieren in Abhängigkeit der Verzehrsursachen verschiedene Abschreibungsmethoden.[387] Werteverzehre können gebrauchsbedingt (z.B. mengenmäßige Abnutzung durch Gebrauch, Zeitverschleiß, Substanzverringerung), wirtschaftlich bedingt (z.B. Entwertung durch technischen Fortschritt) und/oder zeitlich-rechtlich bedingt sein (z.B. Entwertung durch Fristablauf erworbener Nutzungsrechte). Entsprechend wird unterschieden in "zeitabhängige" und "leistungsabhängige" Abschreibungsmethoden. "Zeitabhängige" Methoden kommen zur Anwendung, wenn der leistungsbedingte Werteverzehr vorrangig eine Funktion des Zeitablaufs darstellt oder wenn der Werteverzehr zwar primär leistungsabhängig ist, aber der Leistungsverbrauch im Zeitablauf nur geringen Schwankungen unterliegt. Bezugsgröße für die Abschreibungsermittlung ist somit die Nutzungsdauer des Anlagegutes. Der Abschreibungsausgangsbetrag des Anlagegutes (sog. Abschreibungsbasis), gegebenenfalls vermindert um einen Restverkaufserlös und um andere Abzugspositionen[388], wird dementsprechend auf die geschätzten Perioden der Nutzung umgelegt. Dem "linearen" Abschreibungsverfahren liegt dabei die Annahme eines gleichmäßigen Werteverzehrs über die Nutzungsdauer zugrunde, so daß sich ein jährlich gleichbleibender Abschreibungssatz ergibt. Beim "progressiven" und beim "degressiven" Verfahren hingegegen wird von zunehmenden bzw. abnehmenden Werteverzehren im Zeitablauf ausgegangen. Dies wird in der Literatur jedoch als weithin unrealistisch erachtet.[389] Aus diesem Grund und unter dem Aspekt der einfachen rechnerischen Handhabung wird die lineare Methode als primär anzuwendendes Abschreibungsverfahren

---

STEINER-NATTERMANN, N. / MÜLLER-VELTEN, K.-H. (1993); SCHIEDER, H. / HAPP, M. (1994), Erl. zu Art. 8, Nr. 5.3.2; SCHIMA, N. / BOSCH, E. (1995), S. II.17.4 f.; hinsichtlich der Nutzungsmöglichkeiten stillgelegter Deponien vgl. STIEF, K. (1989), S. 117 f..

387 Vgl. etwa KLOOCK, J. / SIEBEN, G. / SCHILDBACH, T. (1991), S. 82 ff..

388 Hierbei handelt es sich um Finanzhilfen zum Zwecke der Gebührenminderung. Vgl. hierzu die Ausführungen zu den "negativen" Kosten weiter unten im Text.

389 Vgl. zur Kritik etwa TRAUMANN-REINHEIMER, A. (1977), S. 118 ff.; HABERSTOCK, L. (1987), S. 107; KLOOCK, J. / SIEBEN, G. / SCHILDBACH, T. (1991), S. 97; EBISCH, H. / GOTTSCHALK, J. (1994), Rdnr. 12 zu NR. 38 LSP.

empfohlen. Sofern allerdings der Zeitfaktor keinen nennenswerten Einfluß auf die Nutzungsdauer hat und vielmehr leistungsabhängige Verzehrsursachen im Vordergrund stehen, erweist sich die "leistungsabhängige" Abschreibungsmethode als verursachungsgerecht. Bezugsgröße ist hier das Nutzungspotential des Anlagegutes. Die Abschreibungsbeträge bestimmen sich gemäß der Inanspruchnahme der pro Perioden abgegebenen Leistungsmengen und sind mithin variabel. Die Gebührenbestimmungen der Bundesländer gebieten in der Regel, die Abschreibungsbeträge nach der linearen oder der leistungsabhängigen Methode zu ermitteln (vgl. die Übersicht in *Tab. 3.11*, S. 105). Dagegen werden progressive und degressive Abschreibungen teils explizit verboten, teils aber auch alternativ zugelassen. Speziell in Bayern ist bei kreditfinanzierten Anlagegütern auch die Tilgungsbelastung im Abschreibungssatz berücksichtigbar. Hierdurch wird allerdings die Intention einer kalkulatorischen, von Aufwands-/Ausgabengrößen unabhängigen Rechnung konterkarriert.

Da die Ermittlung der Abschreibungsbeträge auf Schätzwerten der Nutzungsdauer bzw. des Nutzungspotentials des Anlagegutes basiert, kann der Umstand eintreten, daß sich im Laufe der Anlagennutzung die Schätzungen als unrichtig erweisen. Das Anlagegut ist mithin entweder kürzer oder länger als geplant für die Leistungserstellung verwendbar. Die korrekte kostenrechnerische Vorgehensweise hierbei ist, den "richtigen" Abschreibungsbetrag aus der Abschreibungsbasis und der neuen Nutzungsdauer bzw. dem neuen Nutzungspotential zu ermitteln und in den weiteren Rechnungsperioden zu verrechnen.[390] Nur so werden die auf die veränderte Situation folgenden Perioden mit dem verursachungsgemäßen Werteverzehr belastet. Dabei ergibt sich jedoch, daß bezogen auf die Abschreibungsbasis insgesamt zu wenig (Abschreibungsverlust) oder zuviel (Abschreibungsgewinn) abgeschrieben wird. Der letzte Fall, man spricht auch von "Abschreibungen unter Null", würde dem Grundsatz der Einmaligkeit der Verrechnung widersprechen, da bereits alle verfügbaren Kostenmengen in früheren Abrechnungszeiträumen verrechnet worden sind. Daher sind Mehrabschreibungen, aber auch Minderabschreibungen im Rahmen kalkulatorischer Wagniskosten für sog. Anlagenwagnisse zu kompensieren. Sie werden als Gutschriften bzw. Belastungen auf einem zur Ermittlung der Wagniskosten zu führenden "Anlagenwagniskonto" gebucht.[391] In den gebührenrechtlichen Bestimmungen der Bundesländer wird dieser Sachverhalt - wenn überhaupt - lediglich

390 Vgl. hierzu HABERSTOCK, L. (1987), S. 103 ff.. Vgl. ebenso aus dem finanzwissenschaftlichen Schrifttum BALS, H. (1973 a), S. 78 f.; ZIMMERMANN, E. (1992); GAWEL, E. (1994 f); anderer Ansicht hingegen ist KGSt (1980 a), S. 66; STEENBOCK, R. (1984), S. 25.

391 Vgl. hierzu KLOOCK, J. / SIEBEN, G. / SCHILDBACH, T. (1991), S. 99; EBISCH, H. / GOTTSCHALK, J. (1994), Rdnr. 14 ff. zu LSP Nr. 39; MICHAELIS, H. / RHÖSA, C.A. (1994), S. 13 ff. zu LSP Nr. 39.

in den Verwaltungsvorschriften zum KAG geregelt. Dabei wird ein Ansatz von "Abschreibungen unter Null" entweder verboten, gewährt oder gefordert (vgl. die Übersicht in *Tab. 3.11*, S. 105). Ein entsprechender Wagnisausgleich wird nirgends thematisiert. In Schleswig-Holstein und Sachsen ist indessen bei verkürzter Nutzungsdauer auch eine Veranschlagung von sog. Sonderabschreibungen geboten bzw. gestattet. Hierbei handelt es sich um erhöhte Abschreibungen, die eine vollständige Verrechnung und somit gebührenmäßige Refinanzierung der Abschreibungsbasis gewährleisten.[392] Dies widerspricht aber den oberen kostenrechnerischen Grundsätzen, da den Rechenperioden überhöhte Werteverzehre zugeordnet werden. In Sachsen wird als (in diesem Zusammenhang unpassende) Alternative angeboten, für Anlagenwagnisse "angemessene kalkulatorische Rückstellungen" zu bilden.

Die Wertkomponente der Abschreibungen wird durch den Wertansatz der Abschreibungsbasis bestimmt. Insbesondere unter dem Aspekt der unternehmensbezogenen Substanzerhaltung kommen hierbei, wie in Kapitel 3.8.3.2.1.2 bereits erläutert wurde, grundsätzlich drei Wertansätze in Betracht: Anschaffungswerte (bzw. Herstellungswerte[393]), Wiederbeschaffungszeitwerte und Wiederbeschaffungswerte.[394] Die gebührenrechtlichen Bestimmungen der Bundesländer fallen diesbezüglich sehr unterschiedlich aus (vgl. die Übersicht in *Tab. 3.11*, S. 105). Während in Baden-Württemberg, Bayern, Rheinland-Pfalz und Brandenburg grundsätzlich nur vom Anschaffungs- bzw. Herstellungswert[395] abgeschrieben werden darf, ist in den anderen Bundesländern auch ein Ansatz zu Wiederbeschaffungszeitwerten - in Hessen zu Wiederbeschaffungswerten[396] - statthaft. Speziell in Hamburg sind überhaupt nur Wiederbeschaffungszeitwerte zulässig. Keine Regelung treffen indessen Sachsen und Mecklenburg-Vorpom-

392 Diese Vorgehensweise bei gleichzeitigem Verzicht auf "Abschreibungen unter Null" wird von der KGSt (1980 a), S. 66 empfohlen.

393 Der Herstellungswert bezieht sich auf Wirtschaftsgüter, die durch eigene Leistungen (Personal, Maschinen, etc.) geschaffen worden sind.

394 Die Ermittlung von Wiederbeschaffungszeitwerten kann auf unterschiedliche Art und Weise erfolgen. Zum einen besteht die Möglichkeit, die Werte anhand konkreter Vergleichsobjekte oder sonstiger objektiver Maßstäbe zu bestimmen. Zum anderen kommt auch eine Hochrechnung der historischen Anschaffungs- und Herstellungswerte mittels amtlicher Preisindizes in Betracht. Vgl. hierzu etwa EBISCH, H. / GOTTSCHALK, J. (1987), Rdnr. 7 ff. zu LSP (a.F.) Nr. 38, Rdnr. 1 ff. zu LSP (a.F.) Nr. 39 u. 40. Auf Details der Ermittlungsmethodik wird im späteren Kapitel 5.2.2.1.2 eingegangen.

395 In manchen Bundesländern, z.B. in Bayern, wird der im Handelsrecht gebräuchliche Begriff der "Anschaffungs- und Herstellungskosten" verwendet. Dieser Begriff stellt jedoch keine kostenrechnerische Kategorie dar, sondern umschreibt einen pagatorisch definierten Werteverzehr. Vgl. ADLER, H. / DÜRING, W. / SCHMALZ, K. (1996), Tz. 116 zu § 255 HGB.

396 Zu bemerken ist, daß der Terminus "Wiederbeschaffungswerte" oftmals unscharf verwendet wird. Insofern könnte die Regelung in Hessen auch auf Tagesbeschaffungspreise zum Kalkulationszeitpunkt abzielen.

mern. In der Fachliteratur ist die Frage hinsichtlich des "richtigen" Wertansatzes bis heute umstritten. So lautet das Hauptargument der Befürworter von historischen Wertansätzen, daß gerade für kommunale Einrichtungen mit Anschluß- und Benutzungszwang die Erforderlichkeit zur Substanzerhaltung entfalle, da das fehlende Absatz- und Preisrisiko der kommunalen Einrichtung einer Substanzerhaltungsgarantie gleichkomme. Ein Ansatz von Wiederbeschaffungs(zeit)werten bedeute mithin eine Gewinnerzielung.[397] Die Befürworter von Wiederbeschaffungszeitwerten hingegen führen neben dem Erhaltungsgedanken insbesondere an, daß bei Ansatz historischer Werte das Prinzip der Periodengerechtigkeit verletzt werde, da Mengenkongruenz und Wertkongruenz der verrechneten Kosten auseinanderfallen. Nur bei Ansatz von Wiederbeschaffungszeitwerten werden die aktuellen Nutzungswerte der Anlagen widergespiegelt und somit die jeweiligen Gebührenschuldner bzw. Schuldnergenerationen gerecht belastet.[398] Auf eine Aufzählung weiterer Für- und Gegenargumente sei hier verzichtet und stattdessen auf das Schrifttum verwiesen.[399] Die Frage des geeigneten Wertansatzes wird im späteren Kapitel 4.1.3.2.2.1 unter spezifischem Blickwinkel noch eingehend erörtert.

---

397 Vgl. etwa SCHOLL, C. (1973), S. 46 ff.; STEENBOCK, R. (1983), S. 107 und (1987), S. 653 f.; MEILICKE, H. (1989), S. 226; ZWEHL, W. v. / KAUFMANN, M. (1991), S. 13 ff.. Unabhängig davon wird auch in der allgemeinen Fachliteratur der erhaltungsmotivierte Ansatz von Wiederbeschaffungszeitwerten nicht uneingeschränkt befürwortet. So wird dargelegt, daß die Kombination des Ansatzes von Wiederbeschaffungswerten bei den Abschreibungen nach der Bruttosubstanzerhaltungsmethode (d.h. ohne Berücksichtigung der den Anlagegütern zugrundeliegenden Kapitalstruktur) und des entsprechenden Wertansatzes bei den kalkulatorischen Zinsen ohne gleichzeitige Ausgliederung der Inflationsrate aus dem Zinssatz zu einer Überkompensation des Substanzverlustes führt. Vgl. hierzu detailliert MICHAELIS, H. / RHÖSA, C.A. (1994), S. 3 ff. zu LSP Nr. 37-50. Aber auch die Methode der Nettosubstanzerhaltung, also die Berücksichtigung von Wiederbeschaffungszeitwerten ausschließlich beim eigenfinanzierten Anteil des Anlagevermögens, erweist sich aufgrund der unvermeidlichen Unschärfe bei der Zuordnung von Vermögen und Kapital nur bedingt tauglich. Überhaupt ist fraglich, ob das Erhaltungsproblem mit der mehr oder weniger willkürlichen Erhöhung einer Kostenart gelöst werden kann. Eher läßt sich der Unternehmenserhalt durch eine angemessene Gewinnerzielung gewährleisten. Vgl. hierzu EBISCH, H. / GOTTSCHALK, J. (1987), Rdnr. 6 zu LSP (a.F.) Nr. 38. Dieser Auffassung folgte der Gesetzgeber bei den LSP-Bestimmungen. Mit den Änderungsverordnungen VO PR Nr. 1/86 und VO PR Nr. 1/89 wurde die bis dahin eingeräumte Möglichkeit des Ansatzes von Wiederbeschaffungszeitwerten bei der Berechnung kalkulatorischer Abschreibungen und Zinsen widerufen. Die Aufhebung wurde damit begründet, daß die kostenrechnerische Intention der Erfassung des Werteverzehrs von Finanzierungsaspekten zu trennen sei. Eine per Ansatz von Wiederbeschaffungswerten erreichbare Kapital- bzw. Substanzerhaltung des eigenfinanzierten Vermögens sei vielmehr eine Frage der Gewinnvereinbarung und -verwendung; vgl. Amtliche Begründung zu VO PR Nr. 1/89, veröffentlicht in BAnz. 1989, S. 3042.

398 Vgl. in diesem Sinne BALS, H. (1973 b), S. 212; BARON, E. (1977), S. 158; GIESEN, K. (1985), S. 103; BALS, H. et al. (1990), S. 54 ff.; GAWEL, E. (1994 d), S. 84; GAWEL, E. (1995 a), S. 80.

399 Für eine Synopse der verschiedenen Argumente vgl. etwa TRAUMANN-REINHEIMER, A. (1977), S. 127 ff.; KGSt (1980 a), S. 46 ff.; LANGENBRINCK, B. (1993), S. 79 ff..

(2.2) Kalkulatorische Zinsen: stellen im Sinne des Opportunitätskostenprinzips den Gegenwert für den entgangenen Nutzen des für betriebliche Zwecke bereitgestellten Eigen- und Fremdkapitals dar. Insofern werden in der Kostenrechnung, ungeachtet der in den spezifischen Grundrechenwerken angesetzten Größen für effektive Fremdkapitalzinsen, die kalkulatorischen Zinsen auf das betriebsnotwendige Gesamtkapital berechnet.

Das betriebsnotwendige Kapital setzt sich aus den leistungsrelevanten Positionen des Anlage- und Umlaufvermögens, vermindert um bestimmte Abzugspositionen (sog. Abzugskapital), zusammen. Die Positionen des Anlagevermögens lassen sich unschwer aus den Anlagennachweisen bzw. der Anlagenbuchhaltung des kameralen bzw. kaufmännischen Grundrechenwerks entnehmen, die Positionen des Umlaufvermögens hingegen müssen - soweit keine Lagerbuchführung zur Verfügung steht - aus dem Haushaltsplan bzw. der Handelsbilanz extrahiert werden.[400] Darüberhinaus sind entsprechend dem Vollständigkeitsprinzip auch jene Vermögensgegenstände, die in den Rechenwerken nicht abgebildet sind, aber im Leistungsprozeß eingesetzt werden (z.B. bilanziell vollständig abgeschriebene, aber noch genutzte Anlagegegenstände), zu berücksichtigen.[401] Die gebührenrechtlichen Vorgaben der Bundesländer regeln die Bemessungsgrundlage indessen nicht einheitlich. So bezieht man sich teils auf das Gesamtkapital, teils nur auf das Anlagekapital (vgl. die Übersicht in *Tab. 3.11*, S. 105).[402] Übereinstimmung besteht jedoch darin, daß sowohl das Fremd- als auch das Eigenkapital der Verzinsung zu unterwerfen sind. Dies wird in der Literatur als Indiz dafür gesehen, daß sich der Gesetzgeber für den wertmäßigen Kostenbegriff entschieden hat.[403] Ausnahmen stellen lediglich Berlin und Hessen dar. In Berlin gilt ein explizites Ansatzverbot für Eigenkapitalzinsen, in Hessen ist die

400 Vgl. zur kameralen Vermögensrechnung: FÜRST, M. / ZENTGRAF, H. (1971), S. 32 ff.; WESTERKOWSKY, H. (1979), S. 31 ff.; STEENBOCK, R. (1984), S. 1 ff.; zur kaufmännischen Vermögensrechnung: KLOOCK, J. / SIEBEN, G. / SCHILDBACH, T. (1991), S. 101 f.; EBISCH, H. / GOTTSCHALK, J. (1994), Rdnr. 1 ff. zu LSP Nr. 44; MICHAELIS, H. / RHÖSA, C.A. (1994), S. 2 ff. zu LSP Nr. 44.

401 Vgl. MENRAD, S. (1981), Sp. 1847; ZIMMERMANN, E. (1992), S. 187; COENENBERG, A.G. (1993), S. 63 f.. - Es ergeben sich somit entsprechend den "Abschreibungen unter Null" gleichsam "Zinsen unter Null", die ebenfalls einer Kompensation per Gutschrift auf dem Anlagenwagniskonto bedürfen. Andererseits ist bei verkürzter Anlagennutzungsdauer der Verlust aufgrund nunmehr verminderter kalkulatorischer Zinsen entsprechend als Belastung auf dem Wagniskonto zu vermerken. (Diese Feinheit wird bspw. in den LSP nicht berücksichtigt).

402 TRAUMANN-REINHEIMER, A. (1977), S. 209 f. merkt hierzu an, daß gerade bei kommunalen Einrichtungen davon ausgegangen werden könne, daß das Gesamt- und das Anlagekapital identisch sind, da i.d.R. keine Vorräte vorhanden und andere dem Umlaufvermögen zuzurechnende Posten regelmäßig nicht oder nur in sehr geringem Umfang in Frage kommen. Entsprechend empfiehlt die KGSt (1981), S. 17 eine Berücksichtigung von Zinsen für das Umlaufvermögen nur in Ausnahmefällen.

403 Vgl. etwa TRAUMANN-REINHEIMER, A. (1977), S. 33; ZWEHL, W. v. (1989), S. 1346 f.; GAWEL, E. (1995 a), S. 78 f.; DAHMEN, A. (1996 b), Rdnr. 91 zu § 6 KAG NW.

Eigenkapitalverzinsung fakultativ vorgesehen. Die kalkulatorische Verzinsung von Eigenkapital öffentlicher Einrichtungen wird in der Literatur mitunter kritisch gesehen. Da die öffentliche Hand ausschließlich Pflichtaufgaben wahrzunehmen habe, bestehe keine Möglichkeit, ertragsbringende Alternativen wahrzunehmen. Der tendenzielle Ertragscharakter der Zinsen wird überdies als Verstoß gegen das Kostendeckungsprinzip erachtet.[404] Andererseits wird argumentiert, daß bei Verzicht von Eigenkapitalzinsen die Gebührenbelastungen für die Einrichtungsnutzer von der mehr oder weniger zufälligen Finanzierungsstruktur der Kommune abhängen würden. Überdies lasse sich im Sinne des Opportunitätskostenprinzips der Kostencharakter von Eigenkapitalzinsen rechtfertigen.[405]

Zur Festlegung der Mengenkomponente des abnutzbaren Anlagevermögens kommen zwei Varianten in Betracht.[406] Bei der "Restwertmethode" bestimmt sich der Mengenansatz der Anlagegüter durch die kalkulatorischen Restwerte zum Ende der Rechnungsperiode. Die kalkulatorischen Zinsen eines einzelnen Anlagegutes nehmen bei konstanter Wertbasis wegen des sinkenden Restwertes im Zeitablauf folglich ab. Eine Verfeinerung besteht darin, die mittleren Restwerte in der Rechenperiode anzusetzen (sog. verfeinerte Restwertmethode). Dabei ergeben sich größere Periodenrestwerte als bei der "normalen" Restwertmethode. Bei der sog. "Durchschnittswertmethode" hingegen geht man vereinfachend davon aus, daß - unter der Annahme eines stetigen, gleichbleibenden Werteverzehrs - durchschnittlich der halbe Ausgangswert des Anlagegutes im Unternehmen gebunden ist.[407] Hieraus erwächst bei zeitstabiler Wertbasis für das Anlagegut eine gleichmäßige Zinsbelastung in den einzelnen Rechenperioden.[408] Dem Vorteil der einfachen Rechenmethodik steht jedoch bei investitionstheoretischer Betrachtungsweise ein finanzieller Nachteil entgegen. Da die zeitliche Struktur der Kapitalbindung vernachlässigt wird, ergibt sich für die kumulierten Zinsbeträge ein geringerer Endwert als bei der Restwertmethode. Der Durchschnittswertmethode entsprechend gestaltet sich die Ermittlung der Mengenkomponente des Umlaufvermögens. Hier werden die Werte angesetzt, die während der Rechenperiode durchschnittlich im Betrieb gebunden sind. Nichtabnutzbare Anlagegüter schließlich werden mit ihren Ausgangswerten angesetzt. Unter dem "Abzugskapital" werden die zinsfrei zur Verfügung gestell-

---

404 Vgl. TRAUMANN-REINHEIMER, A. (1977), S. 199 ff.; BRENZKE, D. (1986), S. 97; ZWEHL, W. v. (1988), S. 165.

405 Vgl. BUDÄUS, D. (1978) S. 374 f.; LANGENBRINCK, B. (1993), S. 93; DAHMEN, A. (1996 b), Rdnr. 180 zu § 6 KAG NW.

406 Vgl. etwa HABERSTOCK, L. (1987), S. 109 f..

407 Zur (unüblichen) Durchschnittswertmethode bei Annahme eines diskontinuierlichen Werteverzehrs vgl. z.B. LÜCKE, W. (1965), S. 21. Hier ergibt sich für das gebundene Vermögen ein um den Faktor (ND+1)/ND höherer Durchschnittswert (dabei ND = Nutzungsdauer).

408 Vgl. hierzu BRÜNING, G. (1990), S. 44 f.; WITTMANN, R.G. (1994), S. 156 ff..

ten Kapitalien (im gewerblichen Bereich z.B. Kundenanzahlungen und Lieferantenschulden, im öffentlichen Bereich insbesondere Finanzhilfen[409] und unentgeltlich überlassene Vermögenswerte[410]) verstanden. Eine entsprechende Vermögenskürzung ist in der Literatur jedoch umstritten. So wird etwa einwendet, daß durch den Ansatz von Abzugskapital unerwünschterweise Finanzierungseinflüsse in die Kostenrechnung eingebracht werden.[411] Überhaupt könne jedwedes überlassene Kapital, soweit betriebsbezogen eingesetzt, im Sinne des Opportunitätskalküls Ertragschancen begründen.[412] Demgegenüber ist in der gesetzlich normierten Kostenrechung nach LSP der Ansatz von Abzugskapital zwingend geboten (vgl. LSP Nr. 44 Abs. 1). Auch wird in der Literatur darauf hingewiesen, daß gerade für Finanzhilfen ein Ansatz als Abzugskapital geboten erscheint, da aufgrund der Zweckbindung keine Alternativverwendung möglich sei.[413] Unstrittig ist hingegen, daß für in Zusammenhang mit dem Betriebszweck stehende Wertpapiere und andere Finanzanlagen (z.B. Bankguthaben) keine kalkulatorischen Zinsen berechnet werden dürfen, weil sie (unabhängig von der Leistungserstellung) selbständig Erträge erwirtschaften.[414] Da aber völlig unbestimmt ist, ob hiermit die Opportunität erfüllt ist, wird z.B. in den LSP als kostenrechnerische Behandlung folgerichtig ein Abzug der "Nebenerträge" (vgl. LSP Nr. 43 Abs. 4) bei gleichzeitiger Verzinsung der Vermögenswerte vorgeschrieben.[415] In den landesrechtlichen Gebührenbestimmungen finden sich indessen nur vereinzelt Vorgaben für die Ermittlung der Mengenkomponenten der kalkulatorischen Zinsen (vgl. die Übersicht in *Tab. 3.11*, S. 105). So wird hinsichtlich der Mengenbestimmung des Anlagevermögens tendenziell die (normale) Restwertmethode bevorzugt. Speziell in Niedersachsen wird die Durchschnittswertmethode als rechtlich bedenklich qualifiziert, "weil sie die künftigen Gebührenschuldner, welche die Einrichtung in der zweiten Hälfte ihrer Nutzungsdauer in Anspruch nehmen, in unzulässiger Weise belaste."[416]

Analog der Bewertungsmöglichkeiten der kalkulatorischen Abschreibungen kann die Wertkomponente der betriebsnotwendigen Vermögensteile an den Anschaf-

---

409 Vgl. hierzu die Ausführungen zu den "negativen" Kosten weiter unten im Text.

410 Vgl. hierzu die Ausführungen zur kalkulatorischen Miete und artverwandten Kosten weiter unten im Text.

411 Vgl. etwa LÜCKE, W. (1965), S. 10; HABERSTOCK, L. (1987), S. 111; KRESSE, W. (1993), S. 91.

412 Vgl. GAWEL, E. (1994 e), S. 225.

413 Vgl. GORNAS, J. / BORNHALM, W. (1990), S. 5 und OSTHOLTHOFF, K.H. / WIRZ, H. (1996), S. 33.

414 Vgl. LÜCKE, W. (1965), S. 9; KRESSE, W. (1993), S. 91.

415 Vgl. hierzu auch EBISCH, H. / GOTTSCHALK, J. (1994), Rdnr. 19 ff. zu LSP Nr. 43; MICHAELIS, H. / RHÖSA, C.A. (1994), S. 9 f. zu LSP Nr. 43.

416 Nr. 5.g) AB NKAG - Ausführungsbestimmungen zum Niedersächsischen Kommunalabgabengesetz (NKAG), RdErl. des MI vom 20. Juli 1993 - 33.2-10400/1 - (Nds. MBl. 1993 S. 1055).

fungs-/Herstellungs-, den Wiederbeschaffungs- oder Wiederbeschaffungszeitwerten festgemacht werden. Die Verzinsung eines mit Zeitwerten bewerteten Vermögens gereicht bei Verwendung eines Nominalzinssatzes allerdings zu einem doppelten Inflationsausgleich. In der Literatur besteht daher Einigkeit, daß unter Substanzerhaltungsaspekten entweder die Kombination "historische Anschaffungs-/Herstellungswerte i.V.m. dem Nominalzinssatz" oder die Kombination "Wiederbeschaffungszeitwerte i.V.m. dem inflationsbereinigten Realzinssatz" bei der Zinsermittlung zu verwenden ist.[417] In den landesspezifischen Gebührenbestimmungen ist die Vorgabe von Wiederbeschaffungszweitwerten allerdings die Ausnahme (vgl. die Übersicht in *Tab. 3.11*, S. 105). Lediglich in Berlin, Mecklenburg-Vorpommern und Thüringen wird ein entsprechender Wertansatz für das betriebsnotwendige Vermögen eingeräumt. Manche Bundesländer lassen die Bewertungsfrage auch offen, im übrigen wird auf Anschaffungs-/Herstellungswerte bzw. auf das "aufgewandte Kapital"[418] verwiesen. Der Terminus "aufgewandtes Kapital" wird in der neueren Rechtsprechung im Sinne einer Bewertung zu Anschaffungs-/Herstellungswerten interpretiert.[419]

Die kalkulatorischen Zinsen berechnen sich durch Multiplikation der betriebsnotwendigen Vermögenswerte mit dem kalkulatorischen Zinssatz. Dabei kommt sowohl die Form eines nach Kapitalherkunft gespaltenen Zinssatzes als auch ein einheitlicher Zinssatz (sog. Mischzinssatz) in Frage.[420] In der Literatur spricht man sich eindeutig zugunsten des Mischzinssatzes aus. Hierdurch werde der Finanzierungseinfluß auf die Gebührenbelastung ausgeblendet, ein gleichmäßiger Gebührensatz auch bei schwankenden Fremdkapitalzinssätzen ermöglicht und überdies dem Opportunitätsgedanken entsprochen.[421] Die Wahl des kalkulatorischen Zinssatzes bleibt in den landesrechtlichen Gebührenbestimmungen jedoch weitgehend offen (vgl. die Übersicht in *Tab. 3.11*, S. 105). Dort, wo Regelungen existieren, wird fast ausschließlich auf einen Mischzinssatz bzw. einen "einheitlichen" Zinssatz verwiesen. Dabei wird in Baden-Württemberg der Mischzinssatz als durchschnittlicher, kapitalanteiliger Satz aus den Zinssätzen für Geldanlagen und für Kommunalkredite mit 5-jähriger Laufzeit definiert. Insofern handelt es sich aber um einen gespaltenen Zinssatz.[422] Eine vergleichbare Regelung existiert in Niedersachsen. In Schleswig-Holstein hingegen gilt

417 Vgl. etwa ALVERMANN, F. / GEBERT, G. (1986); BRÜNING, G. (1990), S. 42; GAWEL, E. (1994 e), S. 227 ff..

418 So die Vorgaben in Bremen, Niedersachsen, Rheinland-Pfalz, Schleswig-Holstein und Sachsen-Anhalt.

419 Vgl. hierzu DAHMEN, A. (1996 b), Rdnr. 176 zu § 6 KAG NW.

420 Vgl. LOHMANN, H.-H. (1996), Rdnr. 675.

421 Vgl. BUDÄUS, D. (1978), S. 374; LANGENBRINCK, B. (1993), S. 96; GAWEL, E. (1994 e), S. 226 f.; DAHMEN, A. (1996 b), Rdnr. 184 zu § 6 KAG NW.

422 Vgl. in diesem Sinne auch LICHTENFELD, U. (1996), Rdnr. 735b.

als einheitlicher Zinssatz der Habenzinssatz, wie er sich durchschnittlich bei Kapitalanlage auf Festgeld- oder Rücklagekonten ergibt. Eine Sonderstellung nimmt das Bundesland Sachsen ein. Hier stehen für den kalkulatorischen Zinssatz drei Alternativen zur Disposition: der für langfristige Kommunalkredite übliche Zinssatz, der den tatsächlichen Zinsverpflichtungen entsprechende Zinssatz oder ein fester Zinssatz von 6 Prozent.

(2.3) Kalkulatorische Rückstellungen: werden verrechnet für zukünftig zu erbringende Leistungen, deren wirtschaftliche Begründung in der aktuellen Rechnungsperiode liegt. Anwendungsfälle im Rahmen der Abfallentsorgung sind insbesondere die turnusmäßig anfallenden Wartungs- und Instandhaltungsmaßnahmen für Müllverbrennungsanlagen und die Nachsorgemaßnahmen für Abfalldeponien.[423] In den kommunalrechtlichen Bestimmungen der Bundesländer findet sich diesbezüglich kaum eine Regelung. Nur in zwei Ländern werden kalkulatorische Rückstellungen explizit benannt (vgl. die Übersicht in *Tab. 3.10*, S. 104). In Niedersachsen zählen Rückstellungen kontextunspezifisch zu den ansatzfähigen Kosten, in Sachsen bezieht man sich ausschließlich auf die Rückstellungen für die Deponienachsorge. Letzterem entsprechend treffen auch weitere Bundesländer auf der Ebene des Landesabfallgesetzes Regelungen für Nachsorgerückstellungen (vgl. die Übersicht in *Tab. 3.9*, S. 103). Bemerkenswert ist, daß mit Ausnahme von Sachsen[424] in keinem der Bundesländer konkrete Ermittlungsvorgaben vorliegen, zumal sich die Betriebswirtschaftslehre zum Problem kalkulatorischer Rückstellungskosten bislang nicht geäußert hat. Zur systematischen Ermittlung des Kostenansatzes speziell von Deponierückstellungen hat die KGSt erst in jüngerer Zeit ein Gutachten vorgelegt.[425] Hierauf beziehen sich die folgenden Ausführungen.

Die Mengenkomponente der Rückstellungen leitet sich ausschließlich aus den "planmäßigen" Ausgaben ab, die im Rahmen der künftigen Nachsorgeleistungen für Investitionsmaßnahmen, Betrieb und Unterhaltung anfallen. Kriterium der "Planmäßigkeit" ist, daß die Ausgaben dem Grunde nach feststehen, hinsichtlich der Höhe und des Zeitpunktes der Entstehung aber ungewiß sein können. "Nichtplanmäßige" Ausgaben hingegen stellen Risiken dar, wie sie sich aus dem Betrieb der verfüllten Deponie (z.B. Explosionsgefahr, mögliche Sickerwasseraustritte) oder aus veränderten gesetzlichen Rahmenbedingungen (z.B. verschärfte Anforderungen zur Altlastensanierung, Weiterentwicklung des Standes

423 Vgl. KGSt (1981), S. 20.

424 Vgl. hierzu Nr. 11.2.6 ff. AnwHiSächsKAG - Hinweise des Sächsischen Staatsministeriums des Inneren zur Anwendung des Sächsischen Kommunalabgabengesetzes (AnwHiSächsKAG) vom 5. Mai 1994 (Sächsisches ABl. Nr. 38 v. 16.6.1994 S. 842).

425 Vgl. KGSt (1995).

der Technik) ergeben können.[426] Da es sich hierbei um klassische Gewährleistungswagnisse handelt, sind sie - sofern nicht versicherungstechnisch abgedeckt - als kalkulatorische Wagnisse kostenmäßig zu berücksichtigen.[427] Die Ermittlung der planmäßigen Ausgaben kann nur im Rahmen einer qualifizierten Schätzung erfolgen, wobei auf Planungsunterlagen (z.B. Rekultivierungsplan) und im übrigen auf internes oder externes Expertenwissen zurückzugreifen ist.[428] - Dies erweist sich allerdings unter dem Aspekt des kostenrechnerischen Vollständigkeitsprinzips als nicht unproblematisch, insbesondere in Hinblick auf den Zeithorizont. Laut KGSt beträgt die Spannweite der in der Praxis bekanntgewordenen geschätzten Nachsorgedauern 20 bis 100 Jahre. Entsprechend streuen die Kostenmengen. Mitunter kann sich ergeben, daß die Nachsorge im Vergleich zur Verfüllung einen größeren Kostenblock bedingt.

Zur Bestimmung des Wertansatzes der Rückstellungen können zwei Verfahren zur Anwendung kommen. Beim rechenintensiveren, aber genaueren Verfahren sind die in den einzelnen Jahren der Nachsorgezeit anfallenden Investitions-, Betriebs- und Unterhaltungsausgaben zunächst mit ihren künftigen Tagesbeschaffungspreisen[429] zu bewerten und durch Abzinsung[430] auf den Beginn der Nachsorgezeit zeitlich zu normieren (vgl. hierzu *Abb. 3.19*). Dieser "Basiswert" repräsentiert den Betrag, der bis zum Ende der Verfüllzeit über den Ansatz von kalkulatorischen Rückstellungskosten in den Perioden der Deponieverfüllung insgesamt erwirtschaftet werden muß, um bei verzinslicher Thesaurierung der Gebühreneinnahmen die Finanzierung der Nachsorgemaßnahmen zu gewährlei-

426 Vgl. KGSt (1995), S. 11 f..

427 Vgl. hierzu die Ausführungen zu den kalkulatorischen Wagnissen weiter unten im Text.

428 Vgl. KGSt (1995), S. 14 ff.. Nach SPECHT, N. (1995), S. 42 umfassen die Nachsorgekosten in der Regel folgende Funktionsbereiche: Grundwasserüberwachung, Oberflächenwasserableitung, Oberflächenabdichtung und -abdeckung, Rekultivierung, Sickerwasserbehandlung und -beseitigung, Entgasung, Rückbau der Betriebsanlagen, Deponiebetreuung und -überwachung, Ersatzbeschaffungen.

429 Für die Ermittlung dieser Zukunftswerte verweist die KGSt (1995), S. 17 auf entsprechende Index-Reihen der amtlichen Preisstatistiken, die auf die künftigen Zahlungszeitpunkte unter Berücksichtigung voraussichtlicher abweichender Entwicklungen fortzuschreiben sind. Der künftige Tagesbeschaffungspreis ergibt sich dann durch Multiplikation des aktuellen Anschaffungswertes mit der Relation "künftiger Preisindex zu aktuellem Preisindex" (sog. Indexverfahren). Beiden Indizes muß dabei das gleiche Basisjahr zugrunde liegen; vgl. hierzu STATISTISCHES BUNDESAMT (1989), S. 30. Abgesehen von Ungenauigkeiten bei Verwendung von unspezifischen Indizes und von Prognoseunsicherheiten bei der Indexfortschreibung haftet dieser Ermittlungsmethode jedoch der Mangel an, daß die amtlichen Indizes nur bedingt um die Komponente des technischen Fortschritts und sonstiger preisbestimmender Merkmale bereinigt sind (vgl. zur Indexermittlung STATISTISCHES BUNDESAMT (1989), S. 9 ff.; vgl. zur Kritik EBISCH, H. / GOTTSCHALK, J. (1987), Rdnr. 7 zu LSP (a.F.) Nr. 38). Insofern fließen in die Rückstellungsbeträge ggf. auch Mengenverzehre ein, die - wie bereits dargelegt - prinzipiell in den kalkulatorischen Gewährleistungswagnissen zu berücksichtigen wären.

430 Zur Methodik der Abzinsung von Zeitreihen auf einen Basiswert vgl. z.B. LOCAREK, H. (1992), S. 75.

sten. Bei Änderung etwa des Mengengerüstes oder der künftigen Tageswerte ist der Basiswert entsprechend fortzuschreiben. Die periodenbezogenen Rückstellungskosten werden ermittelt, indem der Basiswert als Barwert auf die einzelnen Rechnungsjahre abgezinst und proportional zur jeweiligen Verfüllmenge in Ansatz gebracht wird. Als Abzinsungssatz empfiehlt die KGSt einen Durchschnittswert aus dem Zinssatz für angelegte Rücklagenmittel und für Kreditaufnahmen.[431]

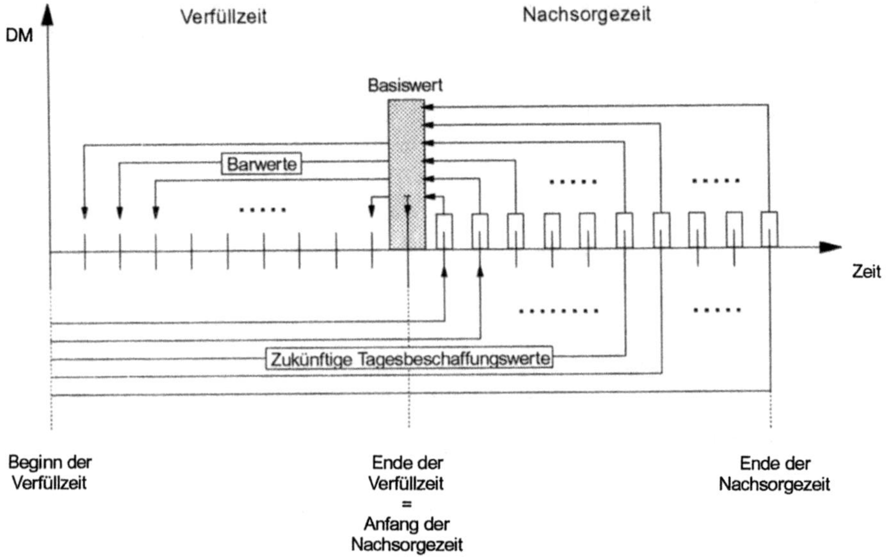

Abb. 3.19: Bestimmung des Wertansatzes kalkulatorischer Rückstellungen zur Deponienachsorge (in Anlehnung an: KGSt (1995), S. 18)

Unter der Annahme, daß sich der Abzinsungssatz und die künftigen Tageswerte der Nachsorgeausgaben im Zeitablauf identisch entwickeln, kann das Ermittlungsverfahren vereinfacht werden. Die Kostenmengen der künftigen Nachsorge lassen sich dann für jede Periode des Verfüllungszeitraums mit den aktuellen Anschaffungs-/Herstellungswerten bewerten und entsprechend der jeweiligen Verfüllmenge als Rückstellungskosten verrechnen. - Zu bemerken ist, daß die dargestellte Ermittlungsmethodik der Nachsorgerückstellung in gleicher Weise bei anderen Leistungen mit Rückstellungscharakter angewendet werden kann.

(2.4) Kalkulatorische Wagnisse: werden angesetzt, um spezielle betriebliche Einzelwagnisse, sofern diese nicht durch Fremdversicherungen gedeckt sind, abzugel-

431 Vgl. KGSt (1995), S. 18.

ten.[432] Hierdurch lassen sich auch die Auswirkungen außerordentlicher und mithin aperiodischer Werteverzehre, denen als neutrale Positionen der Zugang in die Kostenrechnung zunächst verwehrt ist, in Form von normalisierten und periodisierten "Wagnissätzen" in Rechnung bringen. Mengen- und Wertkomponente der kalkulatorischen Wagnisse bemessen sich mithin an den Durchschnittswerten der im Zeitablauf eingetretenen außerordentlichen Belastungen bzw. an Erfahrungswerten.[433] Entsprechende Regelungen sind indessen in den landesrechtlichen Gebührenbestimmungen nicht vorgesehen (vgl. die Übersicht in *Tab. 3.10*, S. 104). Ausnahme ist allein Niedersachsen. Hier wird in den Ausführungsbestimmungen zum KAG restriktiv festgelegt, daß kalkulatorische Wagnisse nur für ansonsten versicherbare Einzelrisiken (Feuer, Einbruch, Haftpflicht usw.) ansetzbar sind, wobei sich die Wagnissätze an vergleichbaren Versicherungsprämien orientieren sollen. Nichtversicherbare Risiken werden somit ausgeklammert. Konform zum kostenrechnerischen Vollständigkeitsprinzip wären jedoch sämtliche leistungsbedingten Einzelwagnisse zu berücksichtigen. Hierbei kommen im öffentlichen Bereich insbesondere Anlagenwagnisse und Gewährleistungswagnisse in Betracht.[434]

Anlagenwagnisse basieren auf außerordentlichen Wertverlusten der Anlagegüter etwa aufgrund von Störungen, technischer und wirtschaftlicher Veraltung, Katastrophen und insbesondere aufgrund von Fehleinschätzungen der Nutzungsdauer[435]. Hinsichtlich der Zweckmäßigkeit des Kostenansatzes bemerkt BALS, daß hierdurch der Neigung, Nutzungsdauern zu kurz zu schätzen und dadurch Abschreibungsgewinne zu realisieren, entgegengewirkt werden könne.[436] Die

432 "Allgemeine Unternehmerwagnisse" hingegen, die das Unternehmen als Ganzes betreffen (z.B. technischer Fortschritt, Nachfrageverschiebungen), sind nach herrschender Meinung aus der Kostenrechnung fernzuhalten und gegebenfalls über den Gewinn abzudecken. Vgl. etwa KLOOCK, J. / SIEBEN, G. / SCHILDBACH, T. (1991), S. 70; ECKER, G. (1993), S. 356 f.; SCHWEITZER, M. / KÜPPER, H.-U. (1995), S. 118. Vgl. ebenso LSP Nr. 48 Abs. 1.

433 Vgl. hierzu EBISCH, H. / GOTTSCHALK, J. (1994), Rdnr. 3 ff. zu LSP Nr. 49.

434 Vgl. TRAUMANN-REINHEIMER, A. (1977), S. 184 ff.; KGSt (1981), S. 17 ff.; DAHMEN, A. (1996 b), Rdnr. 152 zu § 6 KAG NW; LICHTENFELD, U. (1996), Rdnr. 735e. - Die mitunter thematisierten "Gebührenausfallwagnisse", bedingt durch Forderungsausfälle bei den Gebührenschuldnern, sind nach herrschender Meinung nicht kosten- und gebührenfähig. Ansonsten würden entgegen dem gebührenimmanenten Äquivalenzprinzip Leistungsempfänger mit Kosten belastet, die zur Erstellung von Leistungen anderer entstanden sind. Vgl. hierzu KGSt (1981), S. 19; BALS, H. et al. (1990), S. 65 f.; LANGENBRINCK, B. (1993), S. 102; WITTMANN, R.G. (1994), S. 160; DAHMEN, A. (1996 b), Rdnr. 152 zu § 6 KAG NW mit Verweisen auf entsprechende Rechtsurteile.

435 Bei Fehlschätzungen der Nutzungsdauer besteht - wie oben bereits ausgeführt wurde - die Möglichkeit, "Abschreibungen unter Null" vorzunehmen. Korrespondierend hierzu sind Wagnisgewinne anzusetzen, die mit entsprechenden Wagnisverlusten in einem Anlagenwagniskonto zu verrechnen sind. Der Saldo des Kontos ist Grundlage für die Ermittlung des Wagnissatzes. Ein Berechnungsbeispiel hierzu bietet z.B. COENENBERG, A.G. (1993), S. 144 f..

436 Vgl. BALS, H. (1973 a), S. 79.

KGSt hingegen empfiehlt, aus Vereinfachungsgründen auf den Ansatz von kalkulatorischen Anlagenwagnissen zu verzichten, da sich bei Ansatz von Wiederbeschaffungswerten Verluste und Gewinne häufig ausgleichen.[437]

Gewährleistungswagnisse ergeben sich insbesondere aus Haftungsansprüchen aufgrund mangelhafter Leistungserbringung. Im Zusammenhang mit den kalkulatorischen Rückstellungen wurde bereits erwähnt, daß bei Abfalldeponien Haftungsansprüche infolge von Betriebsrisiken und Risiken aus veränderten gesetzlichen Rahmenbedingungen erwachsen können. Dies gilt in gleicher Weise für die übrigen Wertschöpfungsstufen der Abfallentsorgung. Dabei sind insbesondere die Risiken der Gefährdungshaftung nach UmweltHG[438] und nach § 22 WHG von Relevanz. Eine verschuldensunabhängige Haftungspflicht tritt ein, wenn aus dem Anlagenbetrieb schädliche Umwelteinwirkungen resultieren.[439] Zwar finden sich im Abfallrecht Hinweise auf entsprechende Versicherungslösungen.[440] Falls die Entsorger hiervon jedoch keinen Gebrauch machen oder über die Versicherungen nur Teilrisiken abgedeckt werden können, ist ein entsprechender kalkulatorischer Wagniskostenansatz erforderlich.[441] Zur Kostenermittlung schlägt LANGENBRINCK vor, daß man sich an in der Vergangenheit bereits aufgetretenen Kosten für Umweltschäden, an Erfahrungswerten anderer öffentlicher Einrichtungen oder an den potentiellen Vermeidungskosten orientieren könne.[442] Da durch den Beurteilungsspielraum von Kostenrisiken jedoch fast beliebige Finanzierungseffekte erzielbar seien, wäre es zur rechtlichen Fundierung zweckmäßig, Sachverständige mit der Ermittlung eines Kalkulationssatzes zu betrauen. - Unterschiedliche Ansichten bestehen hingegen hinsichtlich der kostenrechnerischen Behandlung für Risiken verschärfter umweltrechtlicher Anforderungen.[443] So spricht sich GAWEL grundsätzlich für einen Wagnisansatz aus, verweist aber gleichzeitig auf die Problematik der Kostenermittlung.[444] Die KGSt hingegen ist der Auffassung, daß hierbei kein spezielles leistungsbedingtes Einzelwagnis, sondern vielmehr ein "allgemeines Unterneh-

437 Vgl. KGSt (1981), S. 18.

438 Vgl. Umwelthaftungsgesetz (UmweltHG), Art. 1 des Gesetzes über die Umwelthaftung vom 10. Dezember 1990 (BGBl. 1990 I S. 2634).

439 Vgl. hierzu SALJE, P. (1993).

440 Vgl. § 8 Abs. 2 AbfG (Sicherheitsleistungen für mögliche Spätschäden nach Stillegung einer Entsorgungsanlage) und § 26 AbfG LSA (Abschluß einer Betriebshaftpflichtversicherung).

441 Vgl. ZOPFS-FITHAL, F. (1994), S. 341 f.; KGSt (1995), S. 22. Zur Selbst- und Fremdversicherung sowie weiteren risikopolitischen Handlungsalternativen vgl. KGSt (1993 b), S. 16 ff.; ; speziell zur Risikoabschätzung bei Deponien vgl. LEUENBERGER, M. / GRUNDER, R. (1994).

442 Vgl. LANGENBRINCK, B. (1993), S. 106 ff..

443 Denkbar wäre aber auch eine Abschwächung der Umweltstandards, insbesondere vor dem Hintergrund der EU-Harmonisierungsbestrebungen.

444 Vgl. GAWEL, E. (1994 a), S. 2 ff..

merwagnis" vorliege, da der Entsorgungsbetrieb als Ganzes betroffen sei.[445] Ein Wagniskostenansatz sei daher ausgeschlossen.

(2.5) Kalkulatorische Miete und artverwandte Kosten: sind anzusetzen für (vollständig oder teilweise) unentgeltlich überlassene Räumlichkeiten, Gebäude, Grundstücke und andere Produktionsfaktoren, die im Rahmen des Leistungserstellungsprozesses eingesetzt werden. Der Kostenansatz orientiert sich an den Preisen, die bei alternativer entgeltlicher Beschaffung bezahlt werden müßten. Handelt es sich um abnutzbare Anlagegüter, sind entsprechend der kalkulatorischen Abschreibungen periodisierte Kostenwerte mit zielorientierten Wertbasen zu verrechnen. Der Ansatz von kalkulatorischen Zinsen für unentgeltlich überlassene Vermögenswerte indessen ist in der Literatur strittig.[446] In den landesrechtlichen Gebührenbestimmungen finden sich zu dieser Kostenart regelmäßig keine Angaben (vgl. die Übersicht in *Tab. 3.10*, S. 104). Einzige Ausnahme sind die Ausführungsbestimmungen zum Niedersächsischen KAG. Hier wird darauf hingewiesen, daß kalkulatorische Mieten in Höhe einer vergleichbaren Marktmiete grundsätzlich ansatzfähig sind.

(3) "Negative" Kosten: umfassen die im Rahmen der Leistungserstellung anfallenden Nebenerlöse sowie die von Dritten gewährten Finanzhilfen zur Unterstützung der Leistungserbringung.

(3.1) Nebenerlöse: basieren auf den Einnahmen bzw. Erträgen für Nebenprodukte oder Nebenleistungen, die in einem "Kuppelprozeß" zusätzlich zum Hauptprodukt oder zur Hauptleistung anfallen.[447] Im Rahmen der Abfallentsorgung sind hierbei insbesondere die Verkaufserlöse von Sekundärrohstoffen (z.B. Altpapier, Kompost) und Energien (Fernwärme, Strom) zu nennen, die bei der Verwertung und Behandlung von Abfällen gewonnen werden. Weitere Nebenerlöse können sich z.B. aus inneren Verrechnungen oder zusätzlichen Leistungsverkäufen gegen privatrechtliches Entgelt ergeben.[448] Im Sinne der sog. Restwert- oder Subtraktionsmethode sind die Nebenerlöse kostenmindernd für die Hauptleistung in Ansatz zu bringen.[449]

(3.2) Finanzhilfen: umfassen Finanzzuweisungen und Investitionszuschüsse überge-

---

445 Vgl. KGSt (1995), S. 23.

446 Vgl. etwa KGSt (1980 a), S. 79 f.; RAU, T. (1993), S. 199; SCHOLZ, J. (1996), Rdnr. 562. Die Für- und Gegenargumente entsprechen der Diskussion hinsichtlich des Ansatzes von Abzugskapital.

447 Vgl. zur Kuppelproduktion RIEBEL, P. (1955).

448 Vgl. hierzu KGSt (1981), S. 46 ff..

449 Vgl. etwa KILGER, W. (1987), S. 356 ff..

ordneter Gebietskörperschaften und sonstiger Dritter für einzelne Entsorgungsanlagen.[450] Bei Zweckbindung der Finanzhilfen an eine Entlastung der Gebührenschuldner gebieten die kommunalrechtlichen Bestimmungen speziell in den Ländern Baden-Württemberg, Bayern, Rheinland-Pfalz und Sachsen eine entsprechende Kürzung der Abschreibungsbasis der subventionierten Anlagen (vgl. die Übersicht in *Tab. 3.10*, S. 104). Dies gilt hingegen nicht für sog. Kapitalzuschüsse, bei denen es sich um Einlagen handelt, welche die Eigenkapitalausstattung der Entsorgungseinrichtung stärken sollen.[451] In fast allen Bundesländern sind allerdings die gewährten Finanzhilfen unabhängig von der Zweckbestimmung als Abzugskapital bei der Ermittlung der kalkulatorischen Zinsen zu berücksichtigen. Für die kostenrechnerische Behandlung des Abzugskapitals werden in den landesrechtlichen Kommunalabgabengesetzen an und für sich klare Anweisungen gegeben. So heißt es etwa in Art. 8 Abs. 3 BayKAG: "Bei Verzinsung des Anlagekapitals bleibt ... der aus Zuwendungen aufgebrachte Kapitalanteil außer Betracht." Nach Wortlaut sind die Ausgangswerte der bezuschußten Vermögenswerte vollständig um den jeweiligen Zuwendungsbetrag zu kürzen.[452] In der finanzwissenschaftlichen Literatur werden jedoch mitunter abweichende Vorgehensweisen mit Praxisrelevanz thematisiert. So wird vorgeschlagen, von den jeweiligen Restbuchwerten zum Periodenende das Abzugskapital in voller Höhe abzuziehen. Gegen Ende der Nutzungsdauer ergibt sich dabei aber zwangsläufig eine negative Verzinsungsbasis, die folgerichtig zu einer Zinsgutschrift für die Gebührenschuldner führt.[453] Eine weitere Variante besteht darin, das Abzugskapital anstelle eines Abzugs gebührenmindernd über die Nutzungsdauer des Anlagegutes aufzulösen. Schließlich findet sich auch die Auffassung, insbesondere bei Ansatz von Wiederbeschaffungszeitwerten für das zu verzinsende Kapital das Abzugskapital mit entsprechender Wertbasis zu berechnen, damit die Zuschußquote keiner Änderung unterliege.[454] Alle genannten Verfahren führen mithin zu einer unterschiedlichen Höhe der kalkulatorischen Zinskosten.[455]

Zusammenfassend läßt sich aussagen, daß die länderspezifischen Bestimmungen hinsichtlich des Mengen- und Wertgerüstes der Kosten sehr heterogen sind. Der Kostenansatz gilt teils als Pflicht, teils als Option. Kostenarten werden in der Regel nur beispielhaft benannt. Konkrete, aber unterschiedliche Vorgaben existieren allein zu den

---

450 Vgl. hierzu z.B. die Bestimmungen in Art. 23 BayAbfAlG.

451 Vgl. etwa SCHOLZ, J. (1996), Rdnr. 567.

452 Vgl. ebenso BROD, E. / STEENBOCK, R. (1980), S. 229 f.; STEENBOCK, R. (1984), S. 30 ff.; SCHIEDER, H. / HAPP, M. (1994), Erl. zu Art. 8 BayKAG, Nr. 5.4.

453 Vgl. KLÜMPER, B. (1994), S. 55.

454 Vgl. etwa BALS, H. (1975), S. 122; KGSt (1980 a), S. 77; RAU, T. (1993), S. 200.

455 Vgl. die Rechenbeispiele etwa bei ZAHNRADNIK, S. (1995); ROSE, J. (1996), S. 29.

kalkulatorischen Abschreibungen und Zinsen. Der Verweis auf den betriebswirtschaftlichen Kostenbegriff oder auf betriebswirtschaftliche Grundsätze kann das Regelungsdefizit nicht heilen, da in der Betriebswirtschaftslehre unterschiedliche Auffassungen existieren, wie Kosten zu definieren und im konkreten Fall zu spezifizieren sind.

3.8.3.2.3.2 Kostenstellenrechnung

Die Weiterverrechnung der Kostenmengen und -werte erfolgt bei "Mehrproduktunternehmen" in der Kostenstellenrechnung.[456] Das Rechnungsziel besteht darin, die Kosten dem Ort ihrer Entstehung, den sog. Kostenstellen, möglichst verursachungsgerecht zuzuweisen. Hierdurch läßt sich die anschließende Kostenverteilung auf die einzelnen Produkte bzw. erbrachten Leistungen, die sog. Kostenträger, verfeinern, da diese die betrieblichen Produktionsfaktoren bzw. Kostenstellen im Regelfall in unterschiedlichem Maße beanspruchen. In diesem Zusammenhang werden alle Kosten, die den Kostenträgern bzw. Kostenstellen nicht direkt zuordenbar sind, als "Gemeinkosten" bzw. "Kostenstellen-Gemeinkosten" bezeichnet. Andernfalls handelt es sich um "Einzelkosten" bzw. "Kostenstellen-Einzelkosten". Regeln zur Durchführung der Kostenstellenrechnung existieren in den gebührenrechtlichen Landesbestimmungen jedoch nicht. Lediglich in Niedersachsen wird in den Verwaltungsverordnungen zum KAG ein Hinweis auf die Verwendung dieses Rechenwerkes gegeben.

3.8.3.2.3.2.1 Kostenstellen

Für die Gliederung der Kostenstellen im Betriebsabrechnungsbogen (BAB), der rechentechnischen Umsetzung der Kostenstellenrechnung, empfieht die KGSt, eine Einteilung nach leistungs- und damit kostenträgerorientierten Kriterien in "Hauptkostenstellen", "Nebenkostenstellen", "Hilfskostenstellen" und "Allgemeine Kostenstellen" vorzunehmen.[457] Im Falle der öffentlichen Abfallentsorgung umfassen die "Hauptkostenstellen" mithin alle nach dem gebührenimmanenten Äquivalenzprinzip relevanten Abfallfraktionen (z.B. Restmüll von privaten Haushalten, Restmüll von Selbstanlieferern, Bioabfälle, Grüngut, Sperrmüll, Altpapier, Altglas, Problemmüll). In den "Nebenkostenstellen" werden die Kosten derjenigen Entsorgungsmaßnahmen erfaßt, mit denen die Entsorgungseinrichtung aus organisatorischen oder fachtechni-

456 Vgl. hierzu ausführlich etwa HABERSTOCK, L. (1987), S. 118 ff.; KLOOCK, J. / SIEBEN, G. / SCHILDBACH, T. (1991), S. 106 ff.; COENENBERG, A.G. (1993), S. 75 ff.; SCHWEITZER, M. / KÜPPER, H.-U. (1995), S. 126 ff..

457 Vgl. KGSt (1982 a), S. 12 ff.; KGSt (1993 a), S. 53 ff..

schen Gründen nebenbei befaßt ist (z.B. Wertstofferfassung für DSD, Beseitigung wilder Ablagerungen). Dem entspricht, daß auf Nebenkostenstellen die Kosten derjenigen Entsorgungsmaßnahmen gesammelt werden, die nicht in die Kalkulation der Gebührenleistungen einfließen dürfen oder sollen. "Hilfskostenstellen" bilden die Gemeinkosten-Pools für bestimmte Haupt- und Nebenkostenstellen, die im BAB per "innerbetrieblicher Leistungsverrechnung (ibL)" unter Verwendung geeigneter "Kostenschlüssel" umgelegt werden (z.B. Logistik, Verwertung, Behandlung, Ablagerung). In den "Allgemeinen Kostenstellen" werden alle übrigen Gemeinkosten gesammelt, die dem Gesamtbetrieb der Abfallwirtschaft dienen und ebenfalls mittels innerbetrieblicher Leistungsverrechnungen auf die Haupt,- Neben- und Hilfskostenstellen zu verrechnen sind (z.B. allgemeine Verwaltung, Abfallberatung, Öffentlichkeitsarbeit). Für die Zwecke der anschließenden Kostenträgerstückrechnung ist im weiteren eine Komprimierung diverser Hauptkostenstellen auf sog. Endkostenstellen erforderlich. "Endkostenstellen" sind die Kostenstellen für diejenigen Abfallfraktionen, für die satzungsgemäß eine eigene Gebühr festgelegt wird und die im Rahmen einer Mischkalkulation die Stückkostenbelastung nicht-satzungsmäßiger Kostenträger übernehmen können. Die Kostenstellenkomprimierung erfolgt wiederum mittels innerbetrieblicher Leistungsverrechnungen. Die folgende *Abbildung 3.20* verdeutlicht die Rechenmethodik der Kostenstellenrechnung:

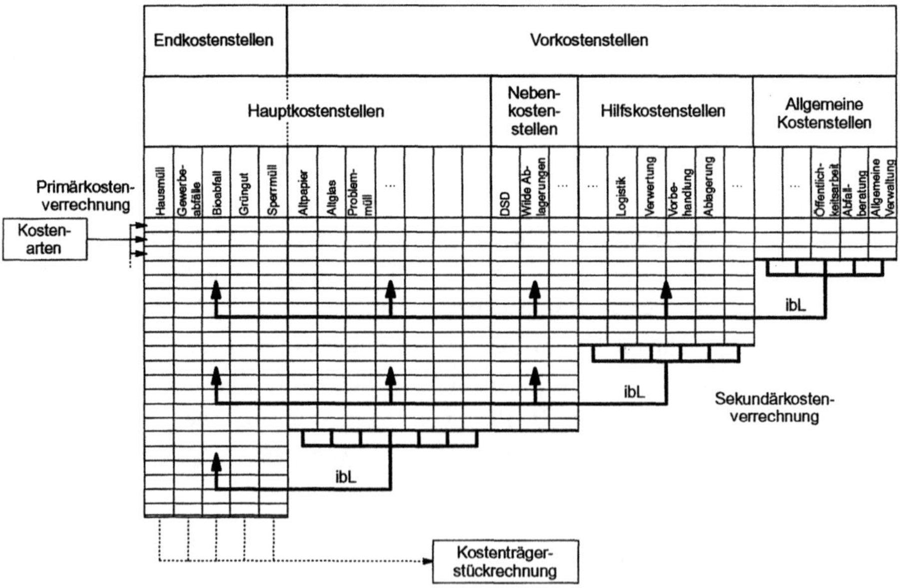

Abb. 3.20: Kostenstellenrechnung

3.8.3.2.3.2.2 Primärkostenverrechnung

Die Verteilung der (primären) Kostenarten auf die einzelnen Kostenstellen wird als "Primärkostenverrechnung" bezeichnet (vgl. *Abb. 3.20*). Kostenstellen-Einzelkosten können dabei direkt einzelnen Kostenstellen zugeordnet werden (z.B. Personalkosten anhand von Gehaltslisten oder Lohnzetteln, Dienstleistungskosten anhand Rechnungen). Kostenstellen-Gemeinkosten hingegen, die mehrere Kostenstellen betreffen (z.B. Mietkosten bei stellenübergreifender Raumnutzung), lassen sich nur indirekt über geeignete "Kostenschlüssel" auf die einzelnen Kostenstellen verteilen. Durch spaltenweise Addition ergeben sich die primären Kosten der Kostenstellen.

3.8.3.2.3.2.3 Sekundärkostenverrechnung

Im Rahmen der "Sekundärkostenverrechnung" (auch: "innerbetriebliche Leistungsverrechnung") werden die Kosten des innerbetrieblichen Leistungsaustauschs verrechnet. Unter dem Aspekt einseitiger oder wechselseitiger Leistungsbeziehungen zwischen den Kostenstellen existieren hierbei unterschiedliche Verfahren.[458] Für die öffentliche Abfallentsorgung ist indessen charakteristisch, daß zwischen den leistungs- und gleichsam prozeßdefinierten Kostenstellen im allgemeinen eindeutige Lieferer-Abnehmerbeziehungen bestehen. Wechselseitige Leistungsverflechtungen stellen mithin die Ausnahme dar.[459] Insofern kann zur Leistungsverrechnung das rechentechnisch einfache "Stufenleiterverfahren" zur Anwendung kommen, bei dem die Umlage der Stellenkosten in einer festgelegten Richtung und stufenförmig auf die empfangende(n) Kostenstelle(n) erfolgt.[460] Hierzu sind im BAB die Kostenstellen gemäß dem Leistungsfluß anzuordnen. Die umzulegenden Kostenstellen werden in diesem Zusammenhang als "Vorkostenstellen" bezeichnet. An äußerster Position wird dabei die Kostenstelle "Allgemeine Verwaltung" anzuordnen sein, da diese in der Regel an alle anderen Kostenstellen Vorleistungen erbringt (vgl. *Abb. 3.20*).

458 Vgl. z.B. HABERSTOCK, L. (1987), S. 143 ff. Für einseitige Leistungsbeziehungen empfiehlt sich das "Stufenleiterverfahren". Bei wechselseitigen Leistungsbeziehungen hingegen wird nur das rechentechnisch aufwendigere "Gleichungsverfahren" dem kostenrechnerischen Verursachungsprinzip gerecht. Unter Verwendung eines linearen Gleichungssystems lassen sich auf simultanem Wege die Interdependenzen berücksichtigen.

459 Vgl. entsprechend WÖBBEKING, K.H. / FISCHER, T. / SCHMITT, C. (1995), S. 85. Zur prozessualen Darstellung der öffentlichen Abfallentsorgung vgl. nochmals *Abb. 3.4*.

460 Vgl. hierzu auch KGSt (1982 b), S. 5 f..

3.8.3.2.3.2.4 Kostenschlüssel

Sowohl die Verteilung der Kostenstellen-Gemeinkosten als auch die Umlage der Kostenstellenkosten auf die empfangenden Stellen erfolgt mithilfe von sog. Kostenschlüsseln. Diese Schlüssel sind Bezugs- oder Maßgrößen, welche die Leistungsinanspruchnahme der Kostenstellen möglichst verursachungsgerecht widerspiegeln sollen. Es kann zwischen Mengenschlüsseln und Wertschlüsseln sowie daraus gebildeten Kombinationen unterschieden werden. Als Mengenschlüssel kommen Zählgrößen (z.B. Stückzahl, Kopfzahl), Zeitgrößen (z.B. Minuten, Stunden, Tage, Maschinenstunden), Längen- und Flächenmaße, Raum- und Gewichtsgrößen sowie Leistungs- und andere technische Größen in Betracht. Wertschlüssel können Kostengrößen, Einsatz-, Produktions- oder Vermögenswerte sein. COENENBERG gibt zu bedenken, daß Wertschlüssel dem Verursachungsprinzip in der Regel nicht genügen und zudem inflationsempfindlich seien. Eine Anwendung wäre daher nur in Ausnahmefällen rechtfertigbar.[461] Für die Belange der öffentlichen Abfallentsorgung sind bei der Wahl der Kostenschlüssel folgende Besonderheiten zu berücksichtigen:

(1) Umlage der Verwaltungskosten. Für allgemeine Verwaltungsleistungen lassen sich in der Regel nur schwerlich verursachungsgerechte Kostenschlüssel definieren, da sie überwiegend kostenstellen- und kostenträgerunspezifisch erbracht werden. Während bei geringer Verwaltungskostenintensität eine pragmatische Umlage etwa mittels Wert- oder Mengenschlüsseln unter dem Aspekt der Wirtschaftlichkeit kostenrechnerisch vertretbar erscheint, erhöht sich bei wachsendem Kostenblock die Tendenz zu einer willkürlichen, verursachungsunabhängigen Kostenzurechnung. Damit verbunden ist bei entsprechender Gebührenverrechnung ein Verstoß gegen das gebührenimmanente Äquivalenzprinzip. Ein möglicher Lösungsweg könnte darin bestehen, die in jüngerer Zeit für den erwerbswirtschaftlichen Sektor entwickelte Methodik der "Prozeßkostenrechnung" auf die Kostenrechnung öffentlicher Einrichtungen zu übertragen.[462] Grundidee der Prozeßkostenrechnung ist die kostenstellenbezogene und auch -übergreifende Bestimmung von kostenverursachenden Prozessen, die nunmehr als Bezugsgrößen für die Verrechnung der anfallenden Gemeinkosten auf Kostenstellen oder direkt auf Kostenträger dienen.[463] Die Prozeßkostensätze ergeben sich aus der Relation der Gesamtkosten einer Prozeßart und den dazugehörigen Prozeßmengen. Als prozessuale Verwaltungsleistungen im Rahmen der öffentlichen Abfallentsorgung wären beispielsweise denkbar:

---

461 Vgl. COENENBERG, A.G. (1993), S. 87.

462 Vgl. BUDÄUS, D. (1994), S. 248.

463 Vgl. hierzu ausführlich z.B. COENENBERG, A.G. (1993), S. 193 ff.; GLASER, H. (1992); REICHMANN, T. (1995), S. 429 ff..

(Haupt-)Prozesse	Prozeßmengen
• Gebührenbescheiderstellung	• Anzahl der Anschluß- und Benutzungspflichtigen
• Angebotseinholung für Vorleistungen und Leistungen Dritter gem. § 3 AbfG	• Anzahl der Angebote
• Materialbestellung	• Anzahl der Bestellpositionen
• ...	• ...

Tab. 3.13: Prozesse und Prozeßmengen - Kostenstelle "Allgemeine Verwaltung"

(2) Umlage der Kosten der Abfallberatung und Öffentlichkeitsarbeit. Hier stellt sich in ähnliches Zurechenbarkeitsproblem wie bei den Verwaltungskosten, da sich die Abfallvermeidungs- und -verminderungseffekte der Beratungs- und Werbeaktivitäten nur schwer quantifizieren und den einzelnen Abfallfraktionen zurechnen lassen. WÖBBEKING/FISCHER/SCHMITT empfehlen aufgrund der üblicherweise geringen Kostenintensität die Verwendung eines "einfacheren" Kostenschlüssels.[464] Andererseits wäre aber auch hier eine Bestimmung von Prozeßkostensätzen denkbar.

(3) Umlage der Kosten der unbehandelten Ablagerung auf Hausmülldeponien. Für die Vorkostenstelle "Unbehandelte Ablagerung" ergibt sich das Spezifikum, daß für die Inanspruchnahme durch die diversen Restabfälle mehrere Leistungskriterien in Betracht kommen.[465] Dies sind im wesentlichen das Abfallvolumen nach Verdichtung[466], der Einbauaufwand[467], der Verdichtungsaufwand[468] und das Gefährdungspotential[469]. Da sich entsprechende Kostenschlüssel in der Regel nicht oder nur schwer bestimmen lassen, wird in der Fachliteratur eine pragmatische Kostenzuweisung im Sinne einer Sortenkalkulation vorgeschlagen.[470] Hierbei sind die zu deponierenden Abfallfraktionen jeweils mit einer "Äquivalenzziffer" zu versehen. Die Äquivalenzziffer gibt an, in welchem Verhältnis die Deponiebeanspruchung gegenüber einer zu spezifizierenden "Einheitssorte", d.h. einer bestimmten Abfallfraktion mit der Äquivalenzziffer

464 Vgl. WÖBBEKING, K.H. / FISCHER, T. / SCHMITT, C. (1995), S. 88 f.. So schlagen etwa LEMSER, B. / TILLMANN, A. (1996), S. 68 eine Kombination aus Zeit- und Mengenschlüsseln vor.

465 Vgl. zum folgenden KABV (1990); KGSt (1993), S. 46 u. S. 111 f.; WÖBBEKING, K.H. / FISCHER, T. / SCHMITT, C. (1995), S. 91. ff..

466 So beansprucht etwa eine Gewichtstonne von verdichteten DSD-Sortierresten mehr Deponievolumen als eine Gewichtstonne Bauschutt.

467 Bpsw. ist der Einbau von Klärschlamm im Vergleich zu anderen Abfallarten aufwendiger.

468 Leichtfraktionen etwa können einen erhöhten Verdichtungsaufwand bedingen, um eine akzeptable Volumenreduktion zu erreichen.

469 Z.B. können Ausschwemmungen aus schadstoffhaltigem Erdaushub in den Folgejahren die Reinigung des Sickerwassers verteuern.

470 Vgl. zur Sortenkalkulation etwa HABERSTOCK, L. (1987), S. 173 ff..

1, ausfällt. Eine Äquivalenzziffer größer bzw. kleiner 1 bedeutet dabei eine höhere bzw. geringere Leistungsbeanspruchung. Die Ziffern werden einmalig (z.B. empirisch) ermittelt und - sofern sich das Leistungsprogramm nicht verändert - in den folgenden Rechenperioden weiterverwendet. Über die Äquivalenzziffern lassen sich alle Abfallfraktionen mengen- oder gewichtsmäßig auf die Einheitssorte umrechnen. Die Verteilung der Kostenstellenkosten auf die einzelnen Abfallfraktionen erfolgt in Relation der jeweiligen Einheitsprodukteinheiten. Im Rahmen einer schriftlichen Befragung der entsorgungspflichtigen Körperschaften in Rheinland-Pfalz haben WÖBBEKING/FISCHER/SCHMITT folgende Äquivalenzziffern, basierend auf Einschätzungen der Fachleute vor Ort, ermittelt:[471]

Leistungskriterien / Abfallfraktionen	Relativer Volumen-bedarf	Einbau-aufwand	Verdichtungs-aufwand	Gefährdungs-potential	Gewichtete Äquivalenz-ziffer
Gewichtungsfaktor	2	1	1	1	
Hausmüll *)	1,00	1,00	1,00	1,00	1,00
organische Abfälle - nicht kompostiert	1,04	1,14	1,00	1,06	1,06
Sperrmüll	1,20	1,39	1,29	0,86	1,19
schadstoffhaltiger Erdaushub	0,58	0,89	0,93	1,14	0,83
schadstoffhaltiger Straßenaufbruch	0,58	0,93	1,03	1,14	0,85
schadstoffhaltiger Bauschutt	0,66	0,86	1,03	1,06	0,85
Baustellenabfälle	0,86	1,23	1,06	1,11	1,02
Schlämme	1,10	1,42	1,07	1,09	1,16
Sandfang	0,85	0,99	1,03	1,09	0,96
Leichtfraktionen	1,82	1,40	1,05	0,98	1,41
Sonstiger Gewerbemüll	1,05	1,34	1,20	1,23	1,18

*) Einheitssorte.

Tab. 3.14: Äquivalenziffern für die Hausmülldeponierung (Quelle: WÖBBEKING, K.H. / FISCHER, T. / SCHMITT, C. (1995), S. 95)

Zu bemerken ist, daß eine Äquivalenziffernrechnung grundsätzlich auch für andere Vorkostenstellen in Betracht kommt, sofern eine verursachungsgerechtere Weiterverrechnung nicht möglich ist. So werden etwa bei der thermischen Abfallbehandlung gewisse Teilleistungen ebenfalls fraktionen- bzw. stoffspezifisch in unterschiedlichem Maße in Anspruch genommen.[472]

471 Vgl. WÖBBEKING, K.H. / FISCHER, T. / SCHMITT, C. (1995), S. 93 ff..

472 Z.B. müssen sperrige Abfallstoffe vor der Zuführung in den Verbrennungsprozeß mechanisch

3.8.3.2.3.3 Kostenträgerstückrechnung

In Anschluß an die Kostenstellenrechnung erfolgt in der Kostenträgerstückrechnung die Ermittlung der endkostenstellen- und somit kostenträgerbezogenen Selbstkosten pro Leistungseinheit (vgl. hierzu nochmals *Abb. 3.20*).[473] In den gebührenrechtlichen Bestimmungen der Bundesländer finden sich hierzu (mit Ausnahme eines Hinweises auf die Verwendung dieses Kostenrechnungsmoduls in Niedersachsen) keine Spezifikationen.

Bei "Einprodukt"-Betrieben bzw. -Betriebsbereichen und mithin homogener Kostenverursachung erweist sich die "einstufige Divisionskalkulation" als verursachungsgerechtes Ermittlungsverfahren.[474] Hierbei werden die Gesamtkosten der Endkostenstelle durch die periodenbezogenen Leistungsmengen dividiert. Problematisch hingegen erscheint die Bestimmung von Selbstkostensätzen für Endkostenstellen, die aufgrund der Erfordernisse der Gebührensatzung mehrere Hauptkostenstellen bündeln. Für eine verursachungsgerechte Divisionskalkulation wären Bezugsgrößen zu definieren, welche die Interdependenzen der zusammengefaßten Leistungstatbestände exakt widerspiegeln. Dies ist im Regelfall jedoch nicht möglich, da das fraktionenspezifische Abfallverhalten der Leistungsnehmer höchst unterschiedlich ist.[475] In praxi behilft man sich damit, daß ausschließlich die Leistungsmengen der Hauptleistung als Bezugsgröße dienen.[476] Diese Vorgehensweise entspricht der am Durchschnittsprinzip orientierten "Restwertmethode" für die Kalkulation von Kuppelprodukten.[477] Kuppelkalkulationsverfahren werden in der Fachliteratur jedoch durchweg als kritisch, da nicht verursachungsgerecht, erachtet.[478]

3.8.3.3 Kalkulation der Gebührensätze (Gebührenkalkulation i.e.S.)

Nachdem im Rahmen der betriebswirtschaftlichen Kostenrechnung die Plan-Selbstkosten und -kostensätze und somit der voraussichtliche Gebührenbedarf ermittelt worden ist, sind - unter Beachtung gebührenrechtlicher Bestimmungen zur Kostenumlage - die

---

zerkleinert werden.

473 Vgl. hierzu ausführlich etwa HABERSTOCK, L. (1987), S. 162 ff.; KLOOCK, J. / SIEBEN, G. / SCHILDBACH, T. (1991), S. 125 ff.; COENENBERG, A.G. (1993), S. 92 ff.; SCHWEITZER, M. / KÜPPER, H.-U. (1995), S. 166 ff..

474 Als weitere Anwendungsvoraussetzung für die einstufige Divisionskalkulation gilt, daß keine Produktion auf Lager erfolgt. Diese Prämisse ist bei der öffentlichen Abfallentsorgung aus produktionstechnischen Gründen stets erfüllt.

475 Vgl. in diesem Sinne auch DAHMEN, A. (1996 b), Rdnr. 306 zu § 6 KAG NW.

476 Mitunter entsprechen die kostenrechnerischen Bezugsgrößen den satzungsmäßigen Gebührenmaßstäben.

477 Vgl. hierzu etwa KILGER, W. (1987), S. 356 ff..

478 Vgl. KILGER, W. (1987), S. 355 f.; COENENBERG, A.G. (1993), S. 102 f.; SCHWEITZER, M. / KÜPPER, H.-U. (1995), S. 183.

satzungsmäßigen Gebührensätze zu kalkulieren. Dieser abschließende Rechenschritt stellt die Gebührenkalkulation im eigentlichen Sinne dar. DAHMEN gibt zu bedenken, daß zwischen der betriebswirtschaftlichen Selbstkostenermittlung mit dem Zweck der Feststellung einer kostendeckenden Gebühr und der preispolitischen Entscheidung über die konkrete Höhe der Benutzungsgebühr zu unterscheiden sei.[479] Beide Aspekte seien klar voneinander zu trennen, was in der Rechtsprechung und Rechtspraxis nicht immer klar zum Ausdruck komme.[480] *Abbildung 3.21* verdeutlicht die Abfolge des gesamten Kalkulationsprozesses.

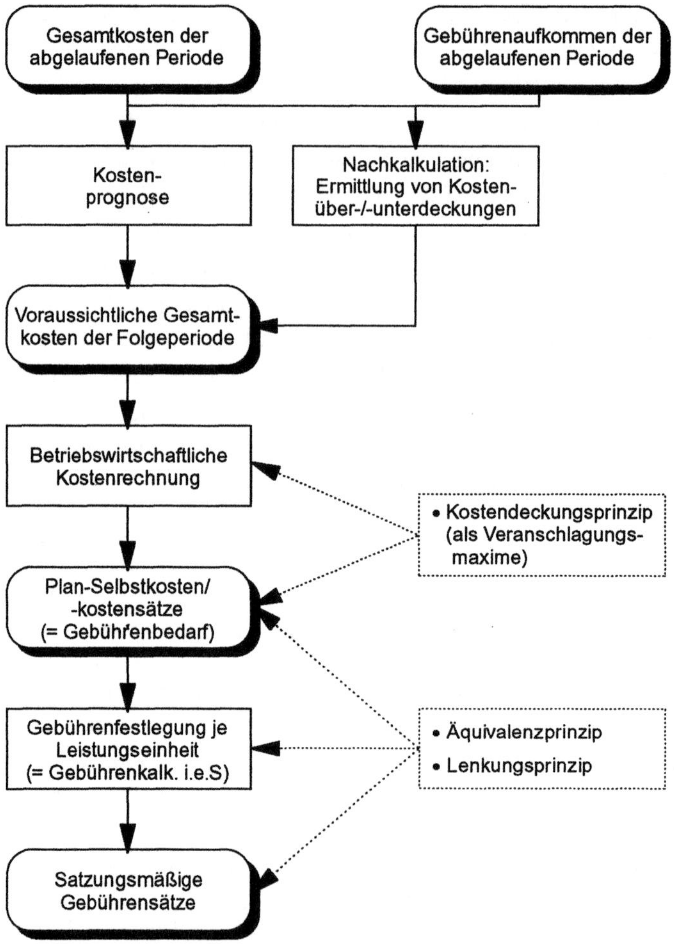

Abb. 3.21: Ablaufplan der Gebührenkalkulation (in Anlehnung an: TRAUMANN-REINHEIMER, A. (1977), S. 74)

479 Vgl. DAHMEN, A. (1996 b), Rdnr. 62 zu § 6 KAG NW.

480 Vgl. DAHMEN, A. (1996 b), Rdnr. 63 zu § 6 KAG NW.

Hinsichtlich Verfahren, Form und Inhalt der Gebührenkalkulation i.e.S. bestehen nur wenige gesetzliche Regelungen.[481] Diese beschränken sich auf Aspekte des Gebührenmaßstabes, auf Lenkungsmöglichkeiten bei der Gebührenbemessung und auf spezielle Umlageverfahren in Form von Grund-, Zusatz- und Mindestgebühren.

3.8.3.3.1 Gebührenmaßstäbe

In den kommunalrechtlichen Gebührenbestimmungen einiger Bundesländer wird gefordert, für die Ermittlung der Gebührensätze Wirklichkeitsmaßstäbe zugrundezulegen (vgl. die Übersicht in *Tab 3.12*, S. 106). Konkretere Vorgaben finden sich in den Landesabfallgesetzen. Hier wird in Baden-Württemberg, Bremen, Niedersachsen und Sachsen-Anhalt als Gebührenmaßstab die Menge (Volumen) oder das Gewicht der Abfälle festgelegt bzw. empfohlen (vgl. die Übersicht in *Tab 3.9*, S. 103).

Zu Recht stellt DAHMEN fest, daß der gerechte Maßstab in der Abfallentsorgung eine Illusion sei.[482] Die Entsorgungsleistungen sind mehrdimensional. Unterschiedliche Abfallstoffe erfordern eine unterschiedliche Behandlung in logistischer, verwertungs-, vorbehandlungs- und ablagerungstechnischer Hinsicht. Ein idealer Maßstab müßte neben Menge und Gewicht auch die stoffliche Komponente als Gebührendifferenzierungskriterium aufweisen. Dem stehen jedoch meßtechnische Probleme entgegen - insbesondere dann, wenn an sich abgrenzbare Einzelleistungen in pauschalen Gebührentatbeständen gebündelt werden. Insofern ist davon auszugehen, daß für die öffentliche Abfallentsorgung ausschließlich Wahrscheinlichkeitsmaßstäbe in Betracht kommen. Weitere Aspekte, die eine Verwendung von Wahrscheinlichkeitsmaßstäben begründen, wurden bereits in Kapitel 3.8.3.1.1 genannt. So erfordern die Belange der Objektivierbarkeit, der Daseinsvorsorge und der Wirtschaftlichkeit tendenziell eine pauschale Gebührenbemessung.

Hinsichtlich des konkreten Inhalts von Wahrscheinlichkeitsmaßstäben haben sich, sofern nicht gesetzlich festgelegt, in der kommunalen Praxis unterschiedliche Maßstabsmodelle herausgebildet. Für Entsorgungsleistungen, die eine logistische Erfassung und Abfuhr der Abfallfraktionen beinhalten, lassen sich die folgenden Modellkomponenten benennen. Sie können in den Maßstabsmodellen grundsätzlich leistungsspezifisch oder pauschal, in Reinform oder in Kombination zur Anwendung kommen.[483]

---

481 Insofern ist die Aussage von DAHMEN, A. (1996 b), Rdnr. 66 zu § 6 KAG NW, daß die Gebührenkalkulation (i.e.S.) gesetzlich unbestimmt sei, zu restriktiv.

482 Vgl. DAHMEN, A. (1996 b), Rdnr. 308 zu § 6 KAG NW.

483 Vgl. zum folgenden detailliert CHANTELAU, F. / MÖKER, U.-H. (1989), S. 59 ff.; CORSTEN, R. / ENGELEN, W. (1992), S. 52 ff.; DAHMEN, A. (1996 b), Rdnr. 310 ff. zu § 6

(1) Haushaltsmaßstab. Dieser Maßstab kommt speziell bei Wohnbebauungen in Betracht und bezieht sich auf die Anzahl der Haushalte. Andere, früher gebräuchliche Maßstäbe, die auf Geschoßflächen und Geschoßzahlen, Grundstücks-, Miet-, Pacht-, Einheits- oder Versicherungswerte rekurrieren, sind als zu wirklichkeitsfern und daher als unzulässig erachtet worden. Beim Haushaltsmaßstab wird die Abfallgebühr im Abrechnungszeitraum für jeden Haushalt im Entsorgungsgebiet in gleicher Höhe angesetzt. Die Gebührenhöhe entspricht den durchschnittlich pro Haushalt anfallenden Kosten der Entsorgungsleistung. Die Verwendung eines reinen Haushaltmaßstabs erweist sich jedoch als problematisch, da in Haushalten verschiedener Größe in der Regel unterschiedliche Abfallmengen anfallen. Somit besteht oftmals die Gefahr, das Äquivalenzprinzip zu verletzen.

(2) Personenmaßstab. Anknüpfungspunkt ist hierbei die Anzahl der Grundstücks-, Haus- oder Wohnungsbewohner. Von der Personenanzahl wird auf die durchschnittlich anfallende Abfallmenge im Bemessungszeitraum geschlossen und in entsprechender Relation die Gebührenhöhe festgelegt. Bei nicht für Wohnzwecke dienenden, mithin gewerblichen Grundstücken werden anstelle von Personenzahlen sog. Einwohnergleichwerte zugrundegelegt. Der Einwohnergleichwert stellt einen Faktor dar, der aus den für die Abfallmenge relevanten betrieblichen Merkmalen (z.B. Beschäftigtenzahl) ermittelt wird. Ebenso wie beim Haushaltsmaßstab wird bei Anwendung von reinen Personenmaßstäben jedoch tendenziell gegen das Äquivalenzprinzip verstoßen. Empirischen Untersuchungen zufolge nimmt die durchschnittlich je Person anfallende Abfallmenge mit steigender Personenanzahl in einem Haushalt nicht linear, sondern unterproportional zu.[484] Der durchschnittliche Abfallanfall pro Person ist danach in Ein- und Zweipersonenhaushalten am größten, nimmt bis zu einer Haushaltsgröße von 5-8 Personen kontinuierlich ab und bleibt ab dann konstant. Lineare Gebührensätze werden diesem Sachverhalt somit nicht gerecht. Eine Näherungslösung stellt die Kombination aus reinem Haushalts- und Personenmaßstab dar, indem die haushaltsbezogenen Gebührensätze in Relation zur Haushaltsgröße degressiv tarifiert werden.

(3) Behältermaßstab. Art, Größe und Anzahl der bereitgestellten Abfallbehälter bilden hier die Grundlage der Gebührenbemessung. Häufig wird auch die Abfuhrfrequenz der Behältnisse berücksichtigt. Der Gebührenmaßstab ist mithin das im Abrechnungszeitraum individuell zur Verfügung gestellte Behältervolumen. Um zu vermeiden, daß die Benutzer aus Gründen der Gebührenersparnis zu kleine

---

KAG NW; LOHMANN, H.-H. (1996), Rdnr. 685; SCHOLZ, J. (1996), Rdnr. 599 ff..

484 Vgl. hierzu DIETZ, H. (1980/81), S. 202 ff..

Behältergrößen vorhalten, wird im allgemeinen das Behältervolumen in Relation zur Haushaltsgröße per Satzung festgelegt. Insofern handelt es sich um eine Kombination aus Behälter- und Personenmaßstab.

Erfolgt die Andienung der Abfälle zur Entsorgung per Selbstanlieferung, bilden im Regelfall - da leicht erfaßbar - die Mengen- oder Gewichtseinheiten der Fraktionen den Gebührenmaßstab. Weitere Leistungskriterien lassen sich jedoch, wie in Kapitel 3.8.3.2.3.2.4 schon angesprochen, mittels Äquivalenzziffern in den Gebührenmaßstab integrieren.

3.8.3.3.2 Pauschal- und Einzelgebühren

Ein spezieller Aspekt bei der Festlegung der Gebührenmaßstäbe ist die Frage, ob die unterschiedlichen Entsorgungsleistungen mittels Einzelgebühren oder über generelle bzw. partielle Pauschalgebühren abzugelten sind. Hierzu bestehen keine gesetzlichen Regelungen.

Leistungstatbestände	Einzelgebühr (Leistung = Gebühren-tatbestand)	Pauschalgebühr	teilweise in Pauschalgebühr enthalten
Hausmüll, öffentl. Abfuhr		•	
Bioabfall, öffentl. Abfuhr		•	
Spermüll, öffentl. Abfuhr		•	
Altpapier, öffentl. Abfuhr		•	
Problemmüllsammlung		•	
Kühlgeräte, öffentl. Abfuhr	•		•
Bodenaushub, SA	•		
Schlämme, SA	•		
Leichtfraktionen, SA	•		
Bioabfall, SA	•		
Leichtfraktionen, SA	•		
Sonst. Gewerbeabfälle, SA	•		
...			

SA = Selbstanlieferung

Tab. 3.15: Kombination von Leistungstatbeständen und Gebührentatbeständen (Quelle: WÖBBEKING, K.H. / FISCHER, T. / SCHMITT, C. (1995), S. 153)

In Kapitel 3.8.3.1.1 wurde darauf hingewiesen, daß die konsequente Umsetzung des Äquivalenzprinzips eine differenzierte Preissetzung erfordert. Die Offenlegung der Preisrelationen kann jedoch Zielkonflikte in Hinblick auf das abfallwirtschaftliche

Leistungsprogramm induzieren, sofern die Benutzer aus Ersparnisgründen auf Leistungen verzichten (z.B. Abfallberatung, Öffentlichkeitsarbeit) oder sich illegal entsorgen (z.B. über die Entsorgungswege billigerer Fraktionen oder per illegaler Ablagerung). Mithin erweist sich die Situation als ein Dilemma. In der Literatur finden sich daher, wenn überhaupt, nur pragmatische Gestaltungsvorschläge.[485] Ein Beispiel zeigt die Übersicht in *Tabelle 3.15*.

3.8.3.3.3 Lenkungsmotivierte Gebührenbemessung

In Hinblick auf allokations- und sozialpolitische Lenkungserfordernisse werden sowohl in den abfall- als auch den kommunalrechtlichen Gebührenvorschriften diverse Möglichkeiten zur Gestaltung des Gebührensatzes bzw. -betrags eingeräumt (vgl. *Tab. 3.9*, S. 103 und *Tab. 3.12*, S. 106). Beispiele sind lenkungsdienliche Tarifierungen, Gebührenzu- und -abschläge oder Gebührenbefreiungen. Hierauf wurde bereits in Kapitel 3.8.3.1.3 näher eingegangen, so daß an dieser Stelle auf weitere Ausführungen verzichtet wird.

3.8.3.3.4 Grund- und Zusatzgebühr

Des weiteren besteht in nahezu allen Bundesländern die Option, die Kostenumlage in Form von sog. Grundgebühren in Kombination mit Zusatzgebühren (auch: Leistungs-, Verbrauchs- oder Arbeitsgebühren) auszugestalten (vgl. die Übersichten in *Tab. 3.9*, S. 103, *Tab. 3.12*, S. 106). Diese Aufspaltung beruht auf der Erwägung, daß Kostenanteile der Einrichtung nicht durch die tatsächliche Benutzung, sondern durch die Vorhaltung der Anlagenkapazitäten und die Unterhaltung der Anlagen verursacht werden. Dies rechtfertigt, die Vorhaltungskosten unabhängig vom Maß der individuellen Benutzung über eine Grundgebühr auf die Einrichtungsnutzer zu verteilen.[486] Die Grundgebühr dient somit zur Abgeltung der verbrauchsunabhängigen Kosten, d.h. der Fixkosten.[487] Über die Zusatzgebühr werden die verbleibenden variablen Kostenbestandteile umgelegt.

Zur Ermittlung der fixen und variablen Kostenbestandteile ist eine Kostentrennung erforderlich. In Betracht kommen dabei die buchtechnische oder die planmäßige Kostenauflösung oder auf Kostenzeitvergleichen basierende Methoden, wie die mathe-

485 Vgl. etwa KGSt, (1993), S. 40 ff.; WÖBBEKING, K.H. / FISCHER, T. / SCHMITT, C. (1995), S. 152 f.; LEMSER, B. / TILLMANN, A. (1996), S. 29.

486 Vgl. DAHMEN, A. (1996 b), Rdnr. 491 zu § 6 KAG NW.

487 Vgl. LOHMANN, H.-H. (1996), Rdnr. 693a; WIETHE-KÖRPRICH, H. (1996), Rdnr. 644.

matische oder die statistische Methode.[488] Die Verrechnung der fixen und variablen Kosten in der Kostenrechnung erfolgt analog der beschriebenen Vorgehensweise in den Kapiteln 3.8.3.2.3.2 und 3.8.3.2.3.3 - allerdings jeweils separat.

Laut Rechtsprechung hat sich der Maßstab der Grundgebühr an der Vorhalteleistung und der abrufbaren Lieferbereitschaft zu orientieren.[489] In der Literatur besteht Einigkeit, daß es sich dabei nur um einen Wahrscheinlichkeitsmaßstab handeln kann.[490]

3.8.3.3.5 Mindestgebühr

Als weitere Umlagemöglichkeit wird in den gebührenrechtlichen Bestimmungen zahlreicher Bundesländer die sog. Mindestgebühr vorgesehen (vgl. die Übersichten in *Tab. 3.9*, S. 103, *Tab. 3.12*, S. 106). Die Mindestgebühr dient der Vereinfachung des Abrechnungsverfahrens und orientiert sich an einer durchschnittlich angenommenen Mindestbenutzung der Entsorgungseinrichtung.[491] Mithin wird ein pauschalisierter Betrag erhoben. Erst wenn die Mindestbenutzung vom Einrichtungsnutzer überschritten wird, ist der kalkulierte Gebührensatz in Rechnung zu stellen.

3.8.4 Einordnung in das preisrechtliche Instrumentarium

Die vorangegangenen Ausführungen haben verdeutlicht, daß die preisrechtlichen Bestimmungen für den Bereich der öffentlichen Abfallentsorgung sehr vielschichtig sind. *Abbildung 3.22* zeigt die Bepreisungsvarianten für die jeweiligen Leistungsbeziehungen.

Eine Einordnung der Abfallgebühren in das preisrechtliche Instrumentarium erweist sich als schwierig, da ambivalent. Grundsätzlich gilt, daß die Abfallgebühren aufgrund der einseitigen Preissetzung durch die entsorgungspflichtigen Körperschaften in Verbindung mit der Anschluß- und Benutzungspflicht der Abfallproduzenten ein "direktes Preisinstrument mit Fixpreiswirkung" darstellen.[492] Im speziellen handelt es

---

488 Vgl. hierzu etwa KILGER, W. (1988 a), S. 360 ff.; COENENBERG, A.G. (1993), S. 55 ff.; SCHWEITZER, M. / KÜPPER, H.-U. (1995), S. 374 f..

489 Vgl. etwa BVerwG, Urteil vom 1. August 1986 - 8 C 112.84.

490 Vgl. CHANTELAU, F. / MÖKER, U.-H. (1989), S. 42 f.; SCHIEDER, H. / HAPP, M. (1994), Erl. Art. 5 BayKAG, Nr. 9.5; DAHMEN, A. (1996 b), Rdnr. 497 zu § 6 KAG NW.

491 Vgl. DAHMEN, A. (1996 b), Rdnr. 505 zu § 6 KAG NW. SCHIEDER, H. / HAPP, M. (1994), Erl. Art. 5 BayKAG, Nr. 9.3 bemerken, daß zur Festlegung der durchschnittlichen Mindestinanspruchnahme bei kommunalen Ver- und Entsorgungsleistungen in der Regel auf Einpersonenhaushalte abzustellen sei.

492 Vgl. hierzu nochmals die Ausführungen in Kapitel 2.2.4.1.

sich dabei um "Preise im Rahmen staatlicher Genehmigungspflicht und Aufsicht".[493] Es existieren gesetzliche Kalkulationsvorschriften. Die Preiskontrolle erfolgt zumindest als "Preisüberwachung" in Form fakultativer gerichtlicher Normenkontrollen.

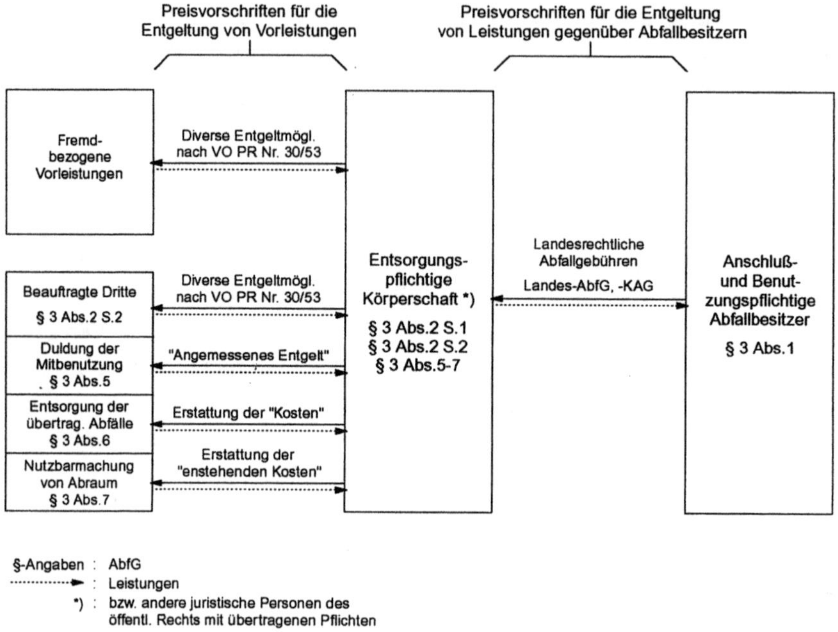

Abb. 3.22: Preisvorschriften für die Siedlungsabfallwirtschaft im Rahmen des AbfG

Bei differenzierter Betrachtung ergibt sich jedoch ein abweichende Beurteilung. Vor dem Hintergrund abfallrechtlicher Finanzierungs- und Lenkungsintentionen degeneriert das kommunalrechtliche Kostendeckungsprinzip von der Kalkulationsmaxime zur Kalkulationshilfe. Der Festpreischarakter der Gebühr ist mithin schwer erkennbar. Wegen der fehlenden Satzungs- bzw. Ordnungsgenehmigung durch eine übergeordnete Instanz besteht letztlich auch keine anderweitige Limitierung. Somit lassen sich die Abfallgebühren bzw. die gebührenrechtlichen Preisvorgaben eher als "staatliche Orientierungspreise" in Form von "staatlichen Preisempfehlungen" begreifen.[494] Die zum Teil erheblich divergierenden und in weiten Bereichen unpräzisen landesgesetzlichen Bestimmungen eröffnen einen weiten Gestaltungsspielraum, so daß sich die Gebühr erst in der Ausübung durch die jeweilige entsorgungspflichtige Körperschaft konkretisiert.[495] Hinzu kommen die unterschiedlichen Preisregelungen für die Entgeltung der in den Leistungserstellungsprozeß eingebunden Dritten und der sonstigen

493 Vgl. hierzu nochmals die Ausführungen in Kapitel 2.2.3.
494 Vgl. hierzu nochmals die Ausführungen in Kapitel 2.2.3.
495 Vgl. in diesem Sinne EICHHORN, P. (1981), S. 117 f..

Fremdleistungen.[496] Die korrespondierenden "Kosten"-Erstattungen, "angemessenen Entgelte" und Entgelte nach VO PR Nr. 30/53 fließen als Dienstleistungskosten in die Gebühr mit ein. Je nach Delegationsgrad können sie einen erheblichen Anteil der Entsorgungskosten ausmachen und somit die Abfallgebühr maßgeblich bestimmmen, im Grenzfall sogar quasi substituieren. Damit verbunden ist eine Übertragung der jeweiligen preisinstrumentellen Charakteristika.[497] So handelt es sich etwa bei den Preisen nach VO PR Nr. 30/53 um (regulierte) Marktpreise bzw. um staatlich administrierte Höchstpreise.

3.9 Öffentliche Abfallentsorgung im Rahmen des neuen Kreislaufwirtschafts- und Abfallgesetzes

Die in den letzten Jahren zunehmende Abfallproblematik, bedingt durch steigende Abfallmengen und unzureichende Entsorgungskapazitäten, in Verbindung mit den zahlreichen Strukturierungs-, Konkretisierungs- und Systematisierungsdefiziten des bestehenden AbfG gaben den Anlaß, das Abfallrecht einer grundsätzlichen Neugestaltung zu unterziehen.[498] Insbesondere wurde moniert, daß aufgrund der Trennung von privatwirtschaftlicher Produktion und öffentlicher Entsorgung die Abfallproblematik in den öffentlichen Sektor verdrängt oder verlagert, aber nicht als Ganzes gelöst werde. Die vorhandenen Pflichten richten sich in erster Linie an die entsorgungspflichtigen Körperschaften, nicht aber an die Verursacher des Abfallaufkommens.

Nach heftigen Debatten und diversen Entwurfsfassungen wurde am 8. Juli 1994 mit Zustimmung des Bundesrates das Kreislaufwirtschaft- und Abfallgesetz (KrW-/AbfG) verabschiedet, das als Art. 1 des GVVB-Abf am 7. Oktober 1996 in Kraft getreten ist und damit das AbfG ablöst hat.[499] Das abfallpolitische Ziel des KrW.-/AbfG liegt in der Ausschöpfung der Möglichkeiten der Vermeidung sowie der stofflichen und energetischen Verwertung von Abfällen unter technischen, ökonomischen und ökologischen Gesichtspunkten, um im Endergebnis möglichst wenig Abfälle (umweltverträglich) beseitigen zu müssen.[500] Zur Förderung der Zielerreichung wird der bisherige

---

496 Vgl. hierzu nochmals die Ausführungen in Kapitel 3.6.

497 Vgl. ebenso EICHHORN, P. (1981), S. 118.

498 Vgl. für einen Überblick hinsichtlich der Kritikpunkte an der aktuellen Rechtslage z.B. TETTINGER, P.J. (1988), S. 43 ff.; FRANSSEN, E. (1993); SCHENKEL, W. / REICHE, J. (1993); FRITZ, K. (1994), S. 431.

499 Vgl. für die Diskussion im Vorfeld der Gesetzesverabschiedung z.B. DITTMANN, B. (1992); DOOSE, U. (1992); TÖPFER, K. (1992); VAGEDES, M. (1992); BAUM, H.-G. / WITTMANN, R. (1993); SCHINK, A. / SCHWADE, W. (1993); SRU (1993). Einen Überblick des Entstehungsprozesses des KrW-/AbfG bietet KÖLLER, H. v. (1995), S. 59 ff..

500 Vgl. hierzu die Zweckbestimmung des Gesetzes gemäß § 1 KrW-/AbfG und die Zielhierarchie bzgl. Vermeidung, Verwertung und Beseitigung gemäß § 4 Abs. 1 i.V.m. § 10 Abs. 1 KrW-/AbfG.

Vorrang der öffentlichen Daseinsvorsorge aufgegeben. Stattdessen liegen die Grundpflichten der Vermeidung, der Verwertung und auch der Beseitigung der Abfälle bei den Abfallerzeugern[501] und den Abfallbesitzern[502] (sog. materielle Verursacherverantwortung).[503]

3.9.1 Abfalldefinition

Entsprechend der beiden generellen Entsorgungspfade[504] nicht vermeidbarer Abfälle wird dabei unterschieden in "Abfälle zur Verwertung" und "Abfälle zur Beseitigung" (vgl. § 3 Abs. 1 S. 2 KrW-/AbfG).[505] Hinsichtlich des Abfallbegriffs als solchem wird an die Systematik des bestehenden AbfG angeknüpft. Dabei ergeben sich in der Sache keine wesentlichen Unterschiede.[506] So sind nach § 3 Abs. 1 S. 1 KrW-/AbfG Abfälle alle beweglichen Sachen, die unter die in Anhang I KrW-/AbfG genannten Abfallgruppen fallen (sog. Listenprinzip) und deren sich der Abfallbesitzer entledigt, entledigen will oder entledigen muß. Im subjektiven Sinne sind Abfälle jene beweglichen Sachen, deren sich der Abfallbesitzer entledigt, indem er sie einer Verwertung oder Beseitigung gemäß der in den Anhängen II B bzw. II A KrW-/AbfG genannten Methoden zuführt oder die tatsächliche Sachherrschaft über die bewegliche Sache unter Wegfall jeder weiteren Zweckbestimmung aufgibt (vgl. § 3 Abs. 2 KrW-/AbfG). Ein Entledigungswille des Besitzers wird dabei angenommen, wenn die bewegliche Sache bei Handlungen angefallen ist, ohne daß der Zweck der Handlung darauf gerichtet war, oder die ursprüngliche Zweckbestimmung einer beweglichen Sache entfällt oder aufgegeben wird, ohne daß ein neuer Verwendungszweck unmittelbar an die Stelle der ursprünglichen Zweckbestimmung tritt (vgl. § 3 Abs. 3 KrW-/AbfG).[507] Für die Beurteilung der Zweckbestimmung ist dabei die Auffassung des Erzeugers

---

501 Vgl. zur Legaldefinition § 3 Abs. 5 KrW-/AbfG.

502 Vgl. zur Legaldefinition § 3 Abs. 6 KrW-/AbfG.

503 Vgl. §§ 4 ff. KrW-/AbfG. Gleichwohl werden auch gewisse Pflichten der entsorgungspflichtigen Körperschaften verschärft, indem jene zieldienlichen Vorgaben, die bisher nur fallweise in den Landesabfallgesetzen geregelt sind, nun einheitlich auf Bundesebene gelten: so die Abfallvermeidungspflichten der öffentlichen Hand (§ 37 KrW-/AbfG), die Abfallberatungspflicht (§ 38 KrW-/AbfG) und die Pflicht zur Erstellung von Abfallbilanzen (§ 20 Abs. 3 KrW-/AbfG). Zum materiellen Verursacherprinzip speziell im Kontext des KrW-/AbfG vgl. WAGNER, G.R. / MATTEN, D. (1995), S. 48. Vgl. außerdem die Ausführungen in Kapitel 5.2.1.2.3.

504 Vgl. zur Definition der Abfallentsorgung § 3 Abs. 7 KrW-/AbfG.

505 Diese Abfalldefinition folgt - zumindest weitgehend (vgl. kritisch DIECKMANN, M. (1995), S. 175) - den EG-rechtlichen Vorgaben der 1991 geänderten Abfallrichtlinie; vgl. Richtlinie des Rates 91/156/EWG vom 18. März 1991 (ABl. EG Nr. L 78 S. 32) zur Änderung der Richtlinie 75/442/EWG über Abfälle; Richtlinie des Rates 94/31/EG vom 27. Juni 1994 (ABl. EG Nr. L 168 S. 28) zur Änderung der Richtlinie 91/689/EWG über gefährliche Abfälle.

506 So auch SEIBERT, M.-J. (1994), S. 419.

507 SEIBERT, M.-J. (1994), S. 419 spricht in diesem Zusammenhang von einer "Verobjektivierung" des subjektiven Abfallbegriffs.

oder Besitzers unter Berücksichtigung der Verkehrsauffassung maßgeblich.[508] Als ergänzendes Korrektiv werden in § 3 Abs. 4 KrW-/AbfG Abfälle im objektiven Sinne mit korrespondierender Entsorgungspflicht festgelegt. Als Kriterien gelten dabei, daß die fraglichen Sachen nicht mehr ihrer ursprünglichen Zweckbestimmung entsprechend verwendet werden, gegenwärtig oder künftig das Wohl der Allgemeinheit, insbesondere die Umwelt gefährden und deren Gefährdungspotential nur durch eine ordnungsgemäße und schadlose Verwertung oder gemeinwohlverträgliche Beseitigung ausgeschlossen werden kann.

3.9.2 Entsorgungspfade

Die Grundpflichten für die Abfallerzeuger und -besitzer zur Verwertung und Beseitigung nichtvermiedener Abfälle bestimmen sich nach §§ 5 und 11 KrW-/AbfG:

- Das Verwertungsgebot nach § 5 Abs. 2 KrW-/AbfG räumt der Verwertung einen grundsätzlichen Vorrang gegenüber der Beseitigung ein und verpflichtet die Besitzer und Erzeuger von Abfällen, diese nach Maßgabe des § 6 KrW-/AbfG stofflich oder energetisch zu verwerten. Ausnahmen von der Verwertungspflicht ergeben sich in den nach § 5 Abs. 4-6 KrW-/AbfG festgelegten Fällen.[509]

- § 11 Abs. 1 KrW-/AbfG verpflichtet die Abfallerzeuger und -besitzer zur gemeinwohlverträglichen Beseitigung[510] jener Abfälle, die nicht verwertet werden.

---

508 Vgl. hierzu kritisch FRITZ, K. (1994); SEIBERT, M.-J. (1994), S. 419; VERSTEYL, L.-A. / WENDENBURG, H. (1994), S. 836. Mit dem neuen Abfallbegriff des KrW-/AbfG werden sich bisherige Auslegungs- und Anwendungsprobleme lediglich verschieben. Besteht beim Abfallbegriff des AbfG eine Abgrenzungsproblematik hinsichtlich Wirtschaftsgut und Abfall, gilt dies künftig für die Abgrenzung von Produkt und Abfall. Dem Erfindungsreichtum verwertungs- oder beseitigungsunwilliger Abfallbesitzer sind somit keine Grenzen gesetzt. Zudem wird die zu steuernde Abfallmenge gegenüber der aktuellen Rechtslage verdreifacht, was erhebliche Vollzugsdefizite der Überwachung zur Folge haben könnte.

509 Das sind: technische Unmöglichkeit, wirtschaftliche Unzumutbarkeit und mangelnde Absatzfähigkeit der gewonnenen Stoffe oder Energien (vgl. § 5 Abs. 4 KrW-/AbfG); Abfallbeseitigung als umweltverträglichere Lösung (vgl. § 5 Abs. 5 KrW-/AbfG); Forschungs- und Entwicklungsprivileg (vgl. § 5 Abs. 6 KrW-/AbfG). Eine zusätzliche Ausnahme ergibt sich speziell für Erzeuger und Besitzer von Abfällen zur Verwertung aus privaten Haushaltungen, für die nach § 13 Abs. 1 S. 1 KrW-/AbfG die Möglichkeit der Andienung bzw. die Pflicht der Überlassung an die öffentliche Abfallentsorgung besteht; vgl. hierzu die weiteren Ausführungen.

510 Vgl. hierzu die Bestimmungen in § 10 KrW-/AbfG.

Hierbei bestehen jedoch nach §§ 13-18 KrW-/AbfG für bestimmte Gruppen der originär Verpflichteten spezifische Ausnahmen.[511] Das KrW-/AbfG differenziert dabei in § 13 Abs. 1 die Gesamtheit der verpflichteten Abfallerzeuger und -besitzer in

(1) Erzeuger und Besitzer von Abfällen aus privaten Haushaltungen und

(2) Erzeuger und Besitzer von Abfällen zur Beseitigung aus anderen Herkunftsbereichen (als privaten Haushaltungen).

3.9.2.1 Entsorgungspfade für Siedlungsabfälle privater Haushaltungen

Nach § 13 Abs. 1 S. 1 KrW-/AbfG sind die Erzeuger oder Besitzer aus privaten Haushaltungen verpflichtet, ihre (Siedlungs-)Abfälle den nach Landesrecht zur Entsorgung verpflichteten juristischen Personen (öffentlich-rechtliche Entsorgungsträger gem. § 15 Abs.1 KrW-/AbfG) zu überlassen, die dann selbst oder mittels beauftragter Dritter (gem. § 16 Abs. 1 KrW-/AbfG[512]) bzw. speziell für EOP-Entsorgungsmaßnahmen mittels sonstiger eingebundener Dritter (gem. § 28 Abs. 1-3 KrW-/AbfG[513]) oder über verpflichtete Verbände und Entsorgungseinrichtungen der Selbstverwaltungskörperschaften der Wirtschaft (SVKdW)[514] (gem. §§ 17 Abs. 4, 18 Abs. 2 KrW-/AbfG) ihrer Entsorgungspflicht nachzukommen haben. Die Zusammenhänge sind in *Abbildung 3.23* dargestellt.

Grenzen für Überlassungspflicht der privaten Haushalte setzen zunächst

- § 13 Abs. 3 Nr. 1 KrW-/AbfG i.V.m. § 15 Abs. 3 S. 1 KrW-/AbfG für solche Abfälle, die aufgrund einer Rechtsverordnung nach § 24 KrW-/AbfG ohne Mitwirken der öffentlich-rechtlichen Entsorgungsträger zurückgenommen werden müssen (z.B. Verpackungsabfälle nach VerpackV), und
- § 13 Abs. 3 Nr. 2 u. 3 KrW-/AbfG[515] für solche Abfälle, die durch gemeinnützige oder gewerbliche Sammlung einer ordnungsgemäßen und schadlosen Verwertung zugeführt werden.[516]

---

511 Insofern relativiert sich die Intention des KrW-/AbfG, das materielle Verursacherprinzip zu forcieren.

512 Diese Option ist vergleichbar mit der Regelung in § 3 Abs. 2 S. 2 AbfG. Vgl. dazu nochmals zu Ausführungen in Kapitel 3.6.1.

513 Diese Bestimmungen entsprechen weitgehend den Vorgaben in § 3 Abs. 5-7 AbfG. Vgl. dazu nochmals zu Ausführungen in Kapitel 3.6.2.

514 Das sind die Industrie- und Handelskammern, Handwerkskammern und Landwirtschaftskammern.

515 Diese Möglichkeiten werden bislang im Rahmen der kommunalen Satzungsgestaltung fakultativ eingeräumt und stellen somit kein Novum dar.

516 Diese Fraktionen werden mitunter auch als "Altstoffe" bezeichnet.

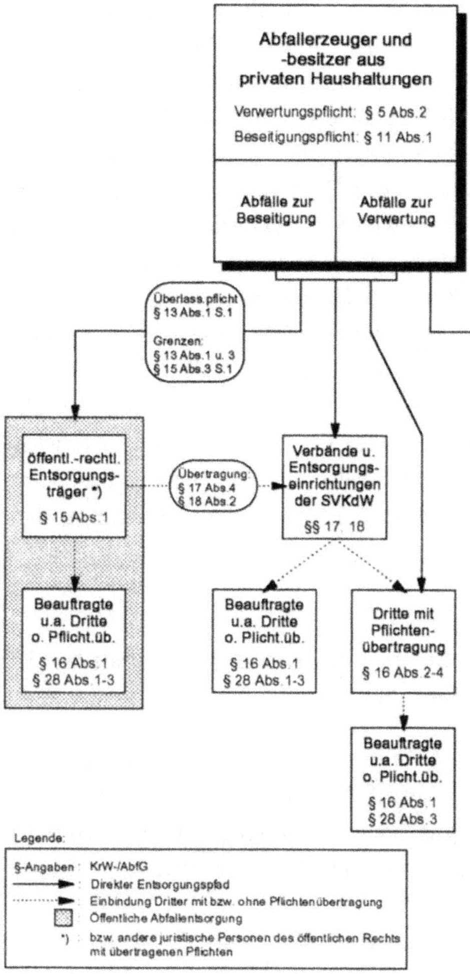

Abb. 3.23: Entsorgungspfade für Siedlungsabfälle privater Haushaltungen

Des weiteren entfällt im Umkehrschluß zu § 13 Abs. 1 S. 1 KrW-/AbfG die Überlassungspflicht von Abfällen zur Verwertung, soweit die privaten Haushalte zu einer Verwertung in der Lage sind oder diese beabsichtigen. Dies bedeutet gegenüber der uneingeschränkten Überlassungspflicht nach alter Rechtslage (vgl. § 3 Abs. 1 AbfG) eine Lockerung. In der Literatur[517] wird diese Überlassungsoption durchweg kritisch beurteilt, da hierdurch möglicherweise einer ungeordneten und damit illegalen Entsorgung Vorschub geleistet wird. So wäre denkbar, daß Erzeuger oder Besitzer von an

517 Vgl. SCHINK, A. (1994), S. 243 f.; QUEITSCH, P. (1995 c), S. 415 f.; o.V. (1996 b), S. 51; KÖLLER, H. v. (1996), S. 167 f..

und für sich zu beseitigenden Abfällen mit der Intention, Entsorgungsgebühren einzusparen, eine Eigenverwertung vorgeben, in Wirklichkeit aber eine Eigenbeseitigung vornehmen. Auch ein "privater Mülltourismus" durch eine Eigenverbringung der Abfälle an andere Orte oder durch Übergabe an Dritte, z.B. private Abfallentsorgungsunternehmen, wird als unzulässig erachtet. Es wird daher empfohlen, daß in den Landesabfallgesetzen an der grundsätzlichen Überlassungspflicht festgehalten werden soll. Lediglich für den Fall einer nachgewiesenen faktischen "Eigen"-Verwertung auf dem an die öffentliche Abfallentsorgung angeschlossenen Grundstück (z.B. Eigenkompostierung) ist im Rahmen des kommunalen Satzungsrechts eine fraktionenspezifische Befreiung vom Anschluß- und Benutzungszwang zu gewähren.[518] Dieser Auffassung ist jedoch entgegenzuhalten, daß in § 16 Abs. 1 KrW-/AbfG den "zur Verwertung und Beseitigung Verpflichteten" und somit auch den privaten Haushalten die Möglichkeit einräumt wird, Dritte, die über die erforderliche Zuverlässigkeit verfügen, mit der Erfüllung ihrer Pflichten zu beauftragen.[519] Insofern erscheint eine "Eigen"-Verwertung für die Befreiung von der Anschluß- und Benutzungspflicht gerade nicht zwingend.

3.9.2.2 Entsorgungspfade für Siedlungsabfälle aus anderen Herkunftsbereichen als privaten Haushaltungen

Die Erzeuger und Besitzer von Abfällen aus anderen Herkunftsbereichen als privaten Haushaltungen sind nach § 13 Abs. 1 S. 2 KrW-/AbfG ebenfalls verpflichtet, ihre (Siedlungs-)Abfälle zur Beseitigung den öffentlich-rechtlichen Entsorgungsträgern zu überlassen, die dann wiederum selbst oder durch beauftragte, sonstige eingebundene oder verpflichtete Dritte (gem. §§ 16 Abs. 1, 28 Abs. 1-3 KrW-/AbfG bzw. gem. § 16 Abs. 2-4 KrW-/AbfG) oder durch verpflichtete Verbände und Entsorgungseinrichtungen der SVKdW (gem. §§ 17 Abs. 4, 18 Abs. 2 KrW-/AbfG) ihre Entsorgungspflichten zu erfüllen haben. Die Verbände und Entsorgungseinrichtungen der SVKdW mit übertragenen Entsorgungspflichten können dabei ihrerseits Dritte nach §§ 16 Abs. 1 u. 28 Abs. 1-3 KrW-/AbfG für die Durchführung der Entsorgungsaufgaben einbinden. Für verpflichtete Dritte besteht die Möglichkeit einer Aufgabendelegation nach §§ 16 Abs. 1 und 28 Abs. 3 KrW-/AbfG. Die Zusammenhänge, auch hinsichtlich der weiteren Ausführungen, verdeutlicht *Abbildung 3.24*.

518 So auch ausdrücklich die BUNDESREGIERUNG (1995), S. 20.

519 Vgl. in diesem Sinne auch o.V. (1995 d); KÖLLER, H. v. (1996), S. 180. Für die Drittbeauftragung ist keine behördliche Genehmigung erforderlich. Als Dritte kommen in erster Linie private Entsorgungsunternehmen in Betracht, denkbar sind aber auch nicht-verpflichtete und gebietsfremde öffentlich-rechtliche Entsorger.

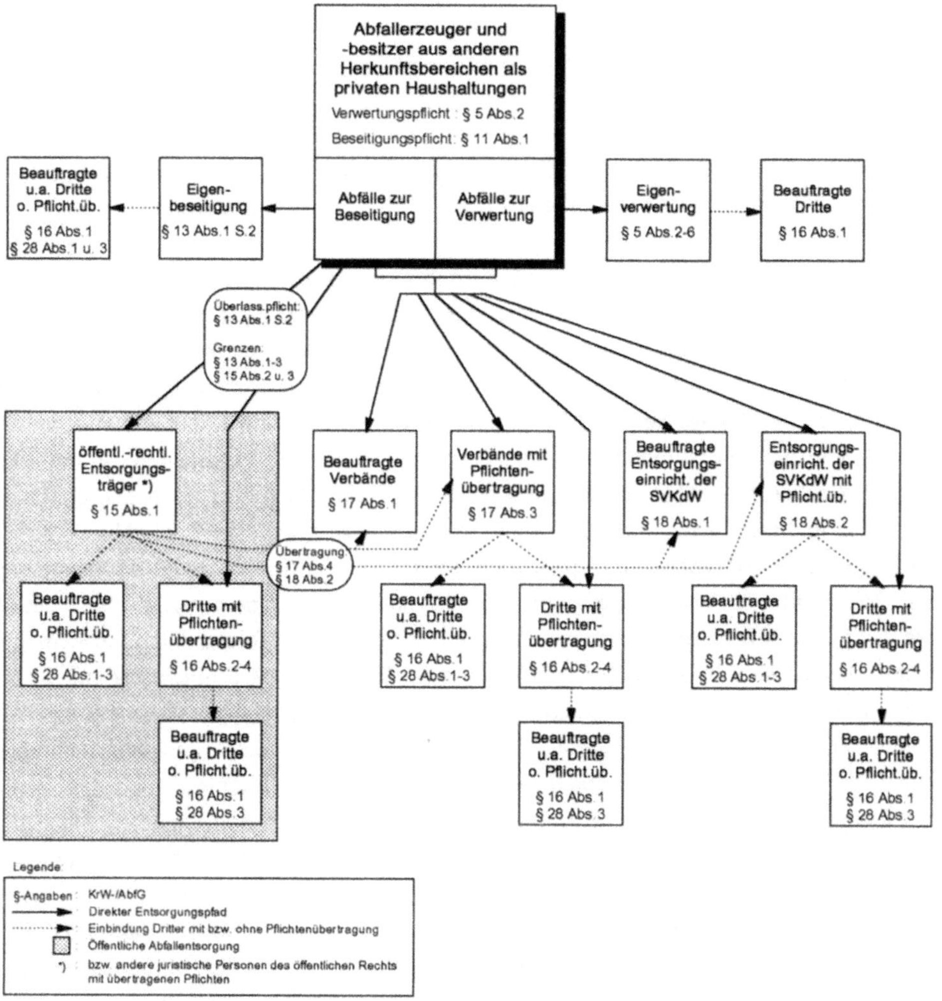

Abb. 3.24: Entsorgungspfade für Siedlungsabfälle aus anderen Herkunftsbereichen als privaten Haushaltungen

Von der Überlassungspflicht sind zunächst ausgenommen

- rücknahmepflichtige Abfälle gemäß § 13 Abs. 3 Nr. 1 KrW-/AbfG i.V.m. § 15 Abs. 3 S. 1 KrW-/AbfG (z.B. Verpackungsabfälle nach VerpackV),
- Abfälle, die im Rahmen gemeinnütziger oder gewerblicher Sammlungen gemäß § 13 Abs. 3 Nr. 2 u. 3 KrW-/AbfG entsorgt werden, sowie
- typische "Ausschlußabfälle", die nicht nach Art, Menge und Beschaffenheit zu-

sammen mit Hausmüll entsorgt werden können (vgl. § 15 Abs. 3 S. 2 KrW-/AbfG), daher keine Siedlungsabfälle sind und somit der Sonderabfallentsorgung zuzuführen sind (vgl. § 13 Abs. 4 KrW-/AbfG).

Des weiteren besteht nach § 13 Abs. 1 S. 2 KrW-/AbfG keine Überlassungspflicht von Abfällen zur Beseitigung, sofern die Beseitigung in "eigenen Anlagen" erfolgt und diesem "überwiegende öffentliche Interessen" nicht entgegenstehen.

In der Literatur wird mitunter gefordert, daß der Begriff der "eigenen Anlage" restriktiv dahingehend auszulegen sei, daß hierunter nur Anlagen fallen, die in der ausschließlichen Verfügungsgewalt des Abfallerzeugers bzw. -besitzers stehen.[520] Eine eigene Anlage könne vor allem nicht vorliegen, wenn der Abfallerzeuger/-besitzer bei dem Betrieb der Anlage auf die Mitwirkung Dritter (z.B. durch Mietkauf) angewiesen sei.[521] Anzumerken ist jedoch, daß der Forderung einer eng ausgelegten "Eigen"-Beseitigung die in § 16 Abs. 1 und § 28 Abs. 1 u. 3 KrW-/AbfG vorgesehenen Optionen einer Einbindung Dritter gegenüberstehen.[522] So wird gerade in § 28 Abs. 1 KrW-/AbfG explizit für Beseitigungspflichtige nach § 11 KrW-/AbfG die Mitbenutzung von Beseitigungsanlagen Dritter eingeräumt, sofern eine anderweitige Beseitigung nicht zweckmäßig oder nur mit erheblichen Mehrkosten erfolgen kann. Zudem gewährt das KrW-/AbfG den gewerblichen Abfallerzeugern und -besitzern in §§ 17 Abs. 1 u. 18 Abs. 1 die Möglichkeit, zur Erfüllung sowohl ihrer Beseitigungs- als auch Verwertungspflichten eigengebildete Verbände und Entsorgungseinrichtungen der SVKdW zu beauftragen. In diesem Sinne wird in der Literatur auch eine weite Auslegung der Begriffs "eigene Anlagen" vertreten.[523] Demnach handele es sich um solche Anlagen, an denen dem Abfallerzeuger bzw. -besitzer besondere Nutzungsbefugnisse zur eigenen Beseitigung seiner Abfälle zustehen, bedingt durch vertragliche, dingliche oder gesellschaftliche Rechtspositionen. Einen ganz anderen Interpretationsansatz wählen dagegen JUNGNICKEL/BREE, indem sie auf den immissionsschutzrechtlichen Begriff den Anlagenbetreibers verweisen.[524] Eine Anlage gelte dann als "eigen", wenn der Erzeuger oder Besitzer der Abfällen Betreiber dieser Anlage ist und in dieser Eigenschaft Adressat von anlagenbezogenen bzw. betreiberbezogenen Verwaltungsakten sein kann.

Mit den "überwiegenden öffentlichen Interessen" wird nach Literaturmeinung insbe-

---

520 Vgl. QUEITSCH, P. (1995 c), S. 416; KÖLLER, H. v. (1996), S. 170; o.V. (1996 a), S. 52.

521 So auch die Auffassung der BUNDESREGIERUNG (1995), S. 21, wonach unter "eigenen Anlagen" stets "betriebseigene Beseitigungsanlagen" zu verstehen sind.

522 Vgl. in diesem Zusammenhang KÖLLER, H. v. (1996), S. 180 und S. 219; o.V. (1995 d).

523 Vgl. BARTRAM, B. / SCHADE, R. (1995), S. 254 f.; FLUCK, J. (1996), Rdnr. 100 zu § 13 KrW-/AbfG.

524 Vgl. JUNGNICKEL, S. / BREE, A. (1996), S. 298 f..

sondere die Entsorgungssicherheit angesprochen. Darüber hinaus können diese Interessen aber auch wirtschaftlicher Natur sein, so daß die öffentlich-rechtlichen Entsorgungsträger bei mangelnder Auslastung ihrer Anlagen weiterhin eine Überlassungspflicht durchsetzen könnten.[525] In diesem Kontext ist auch die Berücksichtigung wettbewerbssichernder Aspekte denkbar, sofern durch die außerkommunale Beseitigung eine ohnehin schon marktbeherrschende Stellung eines Unternehmens erheblich verstärkt werden würde.[526]

Schließlich entfällt nach § 15 Abs. 2 KrW-/AbfG eine Überlassungspflicht an die öffentlich-rechtlichen Entsorgungsträger in den Fällen, in denen die Entsorgungspflichten auf Dritte und andere Entsorgungsträger gemäß §§ 16, 17 und 18 KrW-/AbfG übertragen werden.

§ 17 Abs. 3 KrW-/AbfG sieht vor, daß die gewerblichen Abfallerzeuger/-besitzer Verbände bilden können, die unter bestimmten Bedingungen[527] deren Pflichten ganz oder teilweise übernehmen können. Dies gilt nach § 18 Abs. 2 KrW-/AbfG in entsprechender Weise für die Entsorgungseinrichtungen der SVKdW. In § 16 Abs. 2-4 KrW-/AbfG wird die Möglichkeit gewährt, die Pflichten der öffentlich-rechtlichen Entsorgungsträger, der Verbände und der Entsorgungseinrichtungen der SVKdW unter strengen Voraussetzungen[528] und Auflagen[529] ganz oder teilweise auf Dritte zu übertragen.[530]

Gerade die Optionen zur Bildung privater Entsorgungsverbände nach §§ 17, 18 KrW-/AbfG werden in der Literatur kritisch beurteilt.[531] So wird die Befürchtung geäußert, daß aufgrund der Vielzahl an Entsorgungspfaden die Abfallwirtschaft an Übersichtlichkeit verliere, wodurch wiederum die Überwachung und Kontrolle der Abfall-

525 Vgl. QUEITSCH, P. (1995 c), S. 416.

526 In diesem Sinne KLOEPFER, M. (1981), S. 76.

527 Die Pflichtenübertragung bedarf der Zustimmung der öffentlich-rechtlichen Entsorgungsträger und ist im übrigen nur statthaft, wenn 1. auf andere Weise der Verbandszweck nicht erfüllt werden kann, 2. Entsorgungssicherheit und Abstimmung mit den Abfallwirtschaftsplänen der Länder besteht, und 3. keine überwiegenden öffentlichen Interessen entgegenstehen (vgl. § 17 Abs. 3 KrW-/AbfG).

528 Auch hier bedarf die Pflichtenübertragung der privaten Entsorgungsträger der Zustimmung der öffentlich-rechtlichen Entsorgungsträger (vgl. § 16 Abs. 2 S. 2 KrW-/AbfG). Überdies muß der Dritte über die erforderliche Sach- und Fachkunde und Zuverlässigkeit verfügen; hierzu ist ein detailliertes Abfallwirtschaftskonzept vorzulegen (vgl. §§ 16 Abs. 2 S. 1 und Abs. 3 KrW-/AbfG). Auch dürfen der Übertragung keine überwiegenden öffentlichen Interessen entgegenstehen.

529 Insbesondere ist die Pflichtenübertragung zu befristen (vgl. § 16 Abs. 4 KrW-/AbfG).

530 Speziell bei Privatpersonen oder juristischen Personen des Privatrechts wird die Pflichtenübertragung als "Beleihung", die Verpflichteten als "Beliehene" bezeichnet; vgl. MAURER, H. (1992), S. 539.

531 Vgl. z.B. BLEICHER, R (1994), S. 555; SCHINK, A. (1994), S. 243; QUEITSCH, P. (1995 c), S. 418 f..

ströme im Interesse einer gemeinwohlverträglichen Abfallentsorgung leide. Zudem würden die öffentlich-rechtlichen Entsorgungsträger mit erheblichen Planungsunsicherheiten bezüglich künftig vorzuhaltender Entsorgungskapazitäten konfrontiert, bereits getätigte Investitionen könnten bei Umleitung der Abfallströme nachträglich entwertet werden. Auch bestehe die Gefahr des "Rosinenpickens", indem von den privaten Entsorgern nur jene Abfallfraktionen übernommen werden, die aus ökonomischer Sicht der kostengünstigsten oder profitabelsten Entsorgung zugeführt werden können. Hierdurch sowie aufgrund der zahlenmäßigen Verringerung der Anschluß- und -Benutzungspflichtigen wäre schließlich mit entsprechenden Gebührensteigerungen zu rechnen.[532] Als Korrektiv verbleibe nur, daß die öffentlich-rechtlichen Entsorgungsträger von ihrem Veto-Recht Gebrauch machen.[533] Unabhängig von diesen Schwierigkeiten sei auch gegenwärtig ungeklärt, welche kartellrechtlichen Auswirkungen die Möglichkeiten der privaten Abfallentsorgung angesichts der aktuell zu beobachtenden Monopolisierungstendenzen vor allem im Rahmen des Dualen Systems[534] induzieren.[535]

3.9.3 Entsorgungspfadabhängige Bepreisung

Die beschriebene Fragmentierung der bestehenden Entsorgungspfade durch die interpretationsfähigen Bestimmungen des KrW-/AbfG ist gleichbedeutend mit einer partiellen und fallweisen De- bzw. Neuregulierung des bisherigen staatlichen Entsorgungsmonopols. Ob sich dies in Hinblick auf die Marktbesonderheiten des "Entsorgungssektors"[536] und speziell unter Kosten- und Preisaspekten als vorteihaft erweist, ist Gegenstand der Ausführungen in Kapitel 6. Für das bestehende, an sich schon vielgestaltige Preisrecht in Form von landesrechtlichen und letztlich kommunenspezifischen Abfallgebührenbestimmungen - was in Kapitel 3.8 aufgezeigt wurde - bewirkt das KrW-/AbfG jedenfalls eine weitergehende Heterogenisierung. Eine Vielzahl unterschiedlicher Preisvorschriften für ein und denselben Wirtschaftssektor wer-

532 Anzumerken ist, daß von der BUNDESREGIERUNG (1995), S. 24 die genannten Befürchtungen nicht geteilt werden. Aus der Nutzung der Optionen gem. §§ 17 u. 18 KrW-/AbfG werden keine nennenswerten Auswirkungen auf die kommunale Entsorgung erwartet.

533 Andererseits besteht für die öffentlich-rechtlichen Entsorgungsträger auch die Möglichkeit, ihre verbliebenen Entsorgungszuständigkeiten nach Maßgabe der §§ 17 Abs. 4, 18 Abs. 2 KrW-/AbfG auf die Verbände und Entsorgungseinrichtungen der SVKdW zu übertragen. In der Gesetzesbegründung des BT-UA wird ausgeführt, daß hierdurch "... eine "Aufsplitterung" der Entsorgung in einem Entsorgungsgebiet sowie eine "Rosinenpickerei" zu Lasten der öffentlich-rechtlichen Entsorgungsträger ausgeschlossen werden ..." soll (abgedruckt in KÖLLER, H. v. (1996), S. 184 f.).

534 Vgl. hierzu MONOPOLKOMMISSION (1994), Rdnr. 32 ff..

535 Die BUNDESREGIERUNG (1995), S. 25 jedoch erkennt bei "diesen Vorgaben für die Privatisierung" keine kartellrechtlichen Bedenken.

536 In der vorliegenden Untersuchung wird der Begriff "Entsorgungssektor" stets auf den Bereich der Siedlungsabfallwirtschaft bezogen.

den nebeneinander und in Kombination existieren. Einen Überblick der Bepreisungsvarianten in Abhängigkeit des Entsorgungspfades bietet *Abbildung 3.25* auf Seite 175.

Für die Entgeltung von Fremdleistungen speziell für EOP-Maßnahmen nach § 28 Abs. 1-3 KrW-/AbfG, die von den diversen Entsorgungspflichtigen in unterschiedlichem Umfang bezogen werden können, existieren unterschiedliche Preiskategorien. Diese - nämlich das "Angemessene Entgelt", die Erstattung der "Kosten" und der "entstehenden Kosten" - wurden bereits in Kapitel 3.6.2 im Kontext des AbfG[537] erläutert. Sie gelten in der Kreislaufwirtschaft analog.

Die Preise beim Leistungsbezug von beauftragten Dritten nach § 16 Abs. 1 KrW-/AbfG und beim Fremdbezug von sonstigen Vorleistungen unterliegen für öffentlich-rechtliche Auftraggeber den Bestimmungen der VO PR Nr. 30/53. Preistypen sind dabei - abgesehen vom Vorrang von Preisen aufgrund allgemeiner und besonderer Preisvorschriften - "Marktpreise", "Selbstkostenfestpreise", "Selbstkostenrichtpreise" und "Selbstkostenerstattungspreise", jeweils normiert als Höchstpreise. Hier sei auf die Ausführungen in Kapitel 3.6.1 verwiesen.[538] Für private Auftraggeber hingegen, d.h. verpflichtete private Dritte, privatrechtliche Verbände und (private) Abfallerzeuger/-besitzer, existieren keine vergleichbaren direkten Preisvorgaben. Gleichwohl können die Bestimmungen der VO PR Nr. 30/53 zum Gegenstand vertraglicher Entgeltvereinarungen gemacht werden. Dies ist besonders häufig bei Auslagerung hoheitlicher Funktionen auf juristische Personen des Privatrechts der Fall.[539]

Die Entgeltung der Leistungsbeziehung zwischen den öffentlich-rechtlichen Entsorgungsträgern und den Abfallerzeugern/-besitzern ergibt sich aus den diversen landesrechtlichen Bestimmungen bezüglich der Abfallgebühren. Gleiches gilt, wenn juristische Personen des öffentlichen Rechts als verpflichtete Dritte die Entsorgungsaufgaben wahrnehmen. Anders verhält es sich jedoch, wenn es sich um private Dritte handelt. Eine Entgeltung per Gebühr gemäß KAG scheidet aus, da der Adressatenkreis dieses Preistyps auf die öffentlich-rechtlichen Einrichtungen der landesrechtlich spezifizierten Gebietskörperschaften[540] beschränkt ist.[541] Hinsichtlich eines adäquaten

---

537 Vgl. § 3 Abs. 5-7 AbfG.

538 In diesem Zusammenhang stellt sich die Frage, ob sich die bisher nicht gegebene Marktgängigkeit von EOP-Entsorgungsleistungen durch die Öffnungsklauseln - insbesondere durch die Eigenbeseitigungsoption für die Abfallerzeuger/-besitzer aus anderen Herkunftsbereichen und die Option zur Beauftragung oder Verpflichtung von Verbänden und Entsorgungseinrichtungen der SVKdW - ändern wird. Bei Marktgängigkeit wären im Falle einer Bepreisung nach VO PR Nr. 30/53 tatsächliche Marktpreise anzuwenden.

539 Vgl. EBISCH, H. / GOTTSCHALK, J. (1994), Rdnr. 79 ff. zu § 2 VO PR Nr. 30/53.

540 Das sind z.B. in Bayern die Gemeinden, Landkreise und Bezirke (vgl. Art. 1 BayKAG).

541 Vgl. ebenso SCHIEDER, H. / HAPP, M. (1994), Erl. Art. 1 BayKAG, Nr. 1.1; BAUERNFEIND, E. (1996 a), Rdnr. 19 ff.; DAHMEN, A. (1996 a), Rdnr. 215; LICHTENFELD, U. (1996), Rdnr. 768; insbesondere LOHMANN, H.-H. (1996), Rdnr. 651b.

Preistyps nimmt das KrW-/AbfG keine Stellung. Insofern ist der Auffassung von PEINE[542] zuzustimmen, daß bei Privatisierung von Entsorgungsleistungen die preisliche Beziehung zu den Leistungsnehmern weiterhin auf kommunaler Ebene verbleiben wird.[543] Die Preise der verpflichteten Dritten haben sich dann - entsprechend einer Drittbeauftragung - an den Bestimmungen der VO PR Nr. 30/53 auszurichten.

Werden die Entsorgungsaufgaben von Verbänden oder Entsorgungseinrichungen der SVKdW wahrgenommen, eröffnen §§ 17 Abs. 5, 18 Abs. 2 KrW-/AbfG die Möglichkeit, "Gebühren" zu erheben.[544] Die Rechtsnatur dieser Gebühren und potentielle Bepreisungsalternativen werden jedoch nicht geregelt. Bestimmt wird lediglich, daß die Gebührensatzung der Genehmigung der zuständigen Behörde bedarf. Aufgrund der öffentlich-rechtlichen Ausgestaltung der SVKdW und des besonderen Charakters der Verbände, bei denen es sich der gesetzlichen Ermächtigung zufolge um sog. öffentlich anerkannte Verbände handelt, ist für eine Berechnungsgrundlage der Gebühren die Anwendung der VO PR Nr. 30/53 naheliegend.[545]

Mit welcher bzw. welchen dieser Preisvarianten nun der einzelne Abfallerzeuger/-besitzer nach Inkrafttreten des KrW-/AbfG konfrontiert wird, hängt davon ab, in welchem Maße von den kommunalen und außerkommunalen Entsorgungsmöglichkeiten Gebrauch gemacht wird bzw. werden kann. Die Frage läßt sich mithin nur fallbezogen beantworten. HÖLSCHER merkt an, daß zumindest ein Engagement der SVKdW als Entsorgungsträger aufgrund der Finanzierungserfordernisse sehr unwahrscheinlich sei.[546] Abgesehen davon forderte die Bundesvereinigung kommunaler Spitzenverbände (Deutscher Städtetag, Deutscher Städte- und Gemeindebund und Deutscher Landkreistag) das Inkrafttreten des KrW-/AbfG wenigstens um ein Jahr zu verschieben, da eine zeitlich ausreichende und sachgerechte Vorbereitung auf die Veränderungen durch das neue Gesetz nicht möglich sei. Ansonsten "könne dem gerne kolportierten Vorurteil, daß die öffentlich-rechtlichen Gebietskörperschaften ohnehin nicht in der Lage seien, eine sachgerechte und kostengünstige Abfallwirtschaft sicherzustellen, neue Nahrung gegeben werden."[547]

---

542 Vgl. PEINE, F.-J. (1994), S. I/38.

543 Anderer Ansicht ist QUEITSCH, P. (1995 a), S. 171.

544 Entsprechendes müßte für deren verpflichtete Dritte gelten.

545 Vgl. in diesem Sinne EBISCH, H. / GOTTSCHALK, J. (1994), Rdnr. 11 zu Einführung zu VO PR 30/53.

546 Vgl. HÖLSCHER, F. (1995), S. 181 f..

547 O.V. (1996 f); vgl. auch o.V. (1996 e).

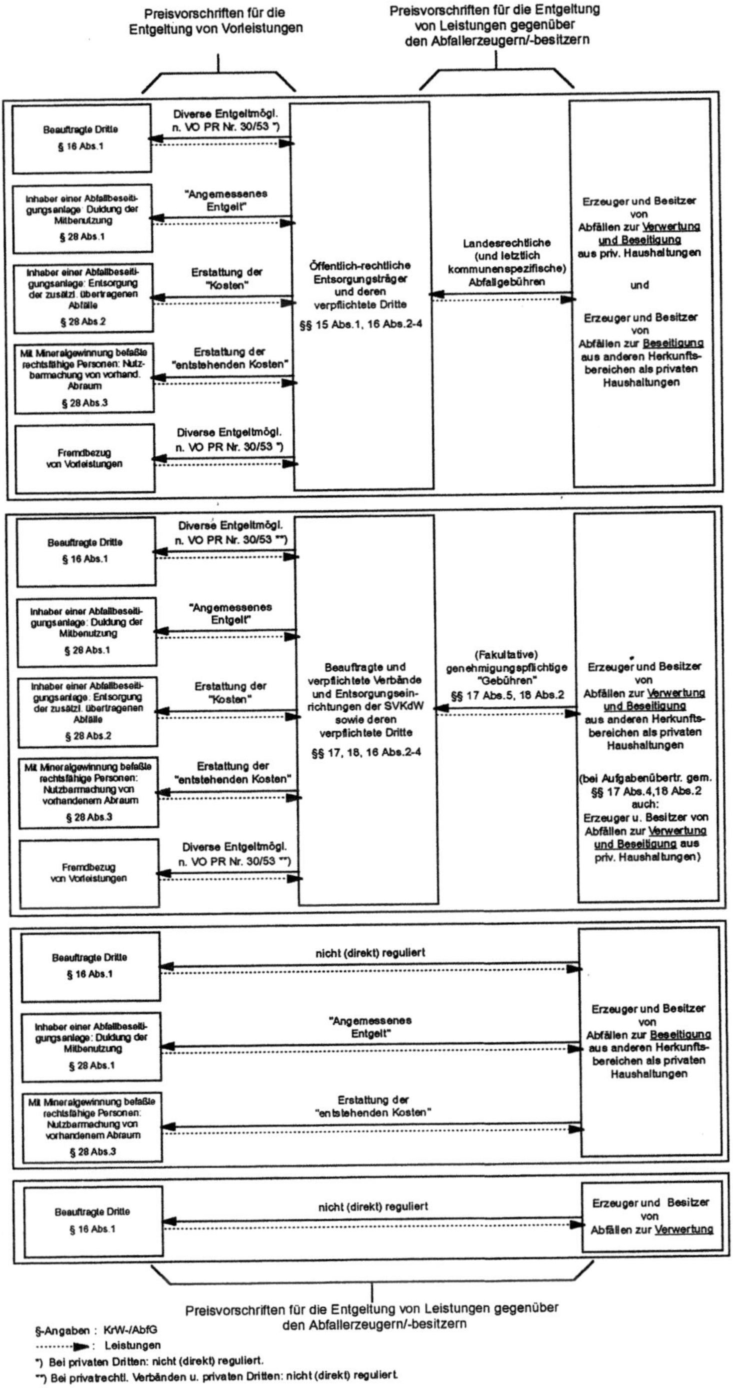

Abb. 3.25: Preisvorschriften im Rahmen des KrW-/AbfG

Kapitel 4: Unzureichende ökonomische Rahmenbedingungen in der Siedlungsabfallwirtschaft

Nach der detaillierten Darstellung der rechtlichen, technischen und wirtschaftlichen Dimensionen der öffentlichen Abfallentsorgung bzw. Siedlungsabfallwirtschaft soll im weiteren an die in Kapitel 2.5.3 aufgeworfene Problemskizze angeknüpft werden.

4.1 Problem der sozialen Zusatzkosten

Unter umweltpolitischen, insbesondere allokativen Gesichtspunkten wird in Fachkreisen die Forderung erhoben, daß im Preis für das Gut "Abfallentsorgung" neben den einzelwirtschaftlichen auch die sozialen Zusatzkosten zu berücksichtigen seien. Im Rahmen der Abfallentsorgung entstehen vielfach soziale Zusatzkosten, bedingt einerseits durch die negativen externen Effekte der "Umwelt"-Nutzung - dabei wird "Umwelt" verstanden als natürliche Umwelt in räumlicher, biologischer bzw. ökologischer Hinsicht -[1] und andererseits durch spürbar knapper werdende Beseitigungskapazitäten.[2]

4.1.1 Fehlallokationen

Im Rahmen des marktmäßigen Allokationsmechanismus kann der Entsorgungspreis nur insoweit als Knappheitsindikator fungieren, als die mit der Entsorgung verbundene Inanspruchnahme knapper Faktoren sich in der Kostenrechnung der entsorgungspflichtigen Körperschaft niederschlägt. Werden Kostenbestandteile unbeteiligten Dritten auferlegt, wird ein Teil der Entsorgungskosten externalisiert. Entsprechend spiegelt der Entsorgungspreis die Knappheit bestimmter Faktoren unzureichend oder überhaupt nicht wider.

Die Folge hiervon ist, daß mehr Entsorgungsleistungen nachgefragt werden, als dies bei vollständiger Kostenzurechnung der Fall wäre. Im Entsorgungssektor werden demnach zuviele Ressourcen gebunden. *Abbildung 4.1* zeigt den Sachverhalt im Marktgleichgewichtsmodell auf. Das Angebot an (periodenbezogenen) Entsorgungsleistungen bei gegebener einheitlicher Entsorgungstechnologie wird durch die privaten

---

1 Vgl. hierzu und für weitere Definitionsmöglichkeiten von "Umwelt" WICKE, L. (1993), S. 5 f..

2 Vgl. etwa FABER, M. / STEPHAN, G. / MICHAELIS, P. (1989), S. 63; HECHT, D. (1991), S. 191 f.; SRU (1991), Tz. 398; MICHAELIS, P. (1993), S. 7 ff.; COOPERS & LYBRAND (1993), S. 3; CSERGE / WARREN SPRING LABORATORY / EFTEC (1993), Rdnr. E1.1 f.; ZIMMERMANN, H. (1993), S. 147 ff..

Grenzkosten der Entsorgung **PGK** bestimmt.[3] Die Nachfragefunktion bildet den privaten Grenznutzen **PGN** der Entsorgungsleistungen für die Abfallbesitzer ab.[4] Bei Verrechnung der privaten Kosten zu linearem Tarif wird der Punkt **A** realisiert mit einem Preis von $\mathbf{p_0}$ und einer Menge an Entsorgungsleistungen von $\mathbf{x_0}$. Dieser Punkt ist unter gesamtwirtschaftlichen Wohlfahrtsaspekten jedoch nicht optimal, da der Preis den zusätzlichen sozialen Ressourcenverbrauch der Leistungserstellung nicht widergespiegelt. Sog. Paretooptimalität erfüllt nur der Gleichgewichtspunkt **B**, in dem der Preis den sozialen Grenzkosten **SGK** entspricht.[5] Ein Abweichen von **B** nach **A**, d.h. eine Ausdehnung der Menge an Entsorgungsleistungen von **x*** auf $\mathbf{x_0}$, bringt folglich einen Netto-Wohlfahrtsverlust im Umfang der Fläche **ABC** mit sich.

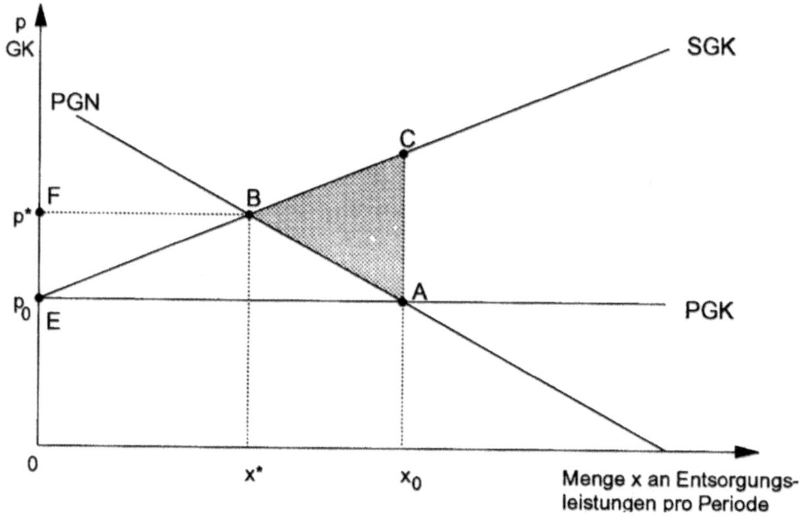

Abb. 4.1: Soziale Kosten im Marktgleichgewichtsmodell

Neben der erhöhten Ressourcenbindung im Entsorgungssektor induziert eine unsachgemäße Preissetzung auch Fehlallokationen in anderen Wirtschaftsbereichen.[6] Gerade im Bereich der privaten Abfallvermeidung und -verwertung verzerren zu niedrige Entsorgungspreise die einzelwirtschaftlichen Vorteilhaftigkeitsüberlegungen (vgl. zum

3 Im folgenden wird vereinfachend von konstanten privaten Grenzkosten ausgegangen. In Kapitel 6 wird diese Prämisse aufgehoben und der tatsächliche Kostenverlauf näher analysiert. Auch wird aufgezeigt, warum anstelle einer Grenzkosten- eine Durchschnittskostenbepreisung erforderlich ist.

4 Ein Schnittpunkt der Nachfragekurve mit der Abzisse ist plausibel, da bei einem Preis von Null die Faktorknappheit und die Begrenztheit an Nachfragern die maximal nachgefragte Menge an Entsorgungsleistungen bestimmen; vgl. HECHT, D. (1991), S. 137.

5 Zum Kurvenverlauf der **SGK** vgl. die Ausführungen in Kapitel 4.1.3.2.

6 Vgl. hierzu MICHAELIS, P. (1993), S. 11 ff..

Entscheidungskalkül *Tab. 4.1*).[7] An und für sich rentable Eigenmaßnahmen der Abfallbesitzer beim Umgang mit "Rückständen"[8] unterbleiben, weil die Kosten der Verwertung über den zu niedrig verrechneten Kosten der öffentlichen Abfallentsorgung liegen. Somit werden der Produktionswirtschaft wertvolle Einsatzmaterialien vorenthalten und stattdessen der scheinbar kostengünstigeren Abfallbeseitigung zugeführt.

Einzelwirtschaftliches Kosten-/Erlösverhältnis des Produkts bzw. Rückstands	► **Einzelwirtschaftliche Entscheidung zum Umgang mit dem Produkt bzw. Rückstand**
1. Markterlös vorhanden; er liegt über den (zurechenbaren) Produktionskosten	rentables Produkt; daher: • Produktionsanreize
2. Markterlös vorhanden; er liegt unter den (zurechenbaren) Produktionskosten	sofern Kuppel-Produkt in fixer Proportion: • weiterhin Tendenz zur Mehrproduktion soweit als Neben-Produkt einschränkbar: • wegen Unrentabilität Vermeidungsanreiz
3. kein Markterlös vorhanden: Kosten der (privaten) Verwertung liegen unter den Entsorgungskosten	zunächst Vermeidungsanreiz; sofern Rückstand vorhanden: • (private) interne Verwertung • (private) externe Verwertung
4. kein Markterlös vorhanden: Kosten der (privaten) Verwertung liegen über den Entsorgungskosten	zunächst Vermeidungsanreiz; sofern Rückstand vorhanden: • öffentliche Abfallentsorgung, insbesondere Beseitigung

Tab. 4.1: Einzelwirtschaftliches Entscheidungskalkül zum Umgang mit Produkten bzw. Rückständen (in Anlehnung an: BUNDE, J. / ZIMMERMANN, H. (1988), S. 178)

4.1.2 Marktkorrekturen und Problem des Zweitbesten

Zur Behebung der Fehlalloktionen ist eine Entzerrung der Preisrelationen erforderlich. Hierzu sind die sozialen Zusatzkosten der negativen externen Effekte und der speziellen Knappheitsbedingungen im Entsorgungspreis zu berücksichtigen (sog. Internalisierung). Dabei kann es sich aber prinzipiell nur um eine suboptimale Lösung handeln.

Um das gesamtwirtschaftliche Paretooptimum zu erreichen, wäre eine Korrektur

7 Vgl. BUNDE, J. / ZIMMERMANN, H. (1988), S. 179 ff.; HECHT, D. (1989), S. 139 ff.; SRU (1991), Tz. 401 ff.; TURNER, R.K. (1992), S. 89 ff.. Zur empirischen Evidenz eines positiven Wirkungszusammenhangs von relativen Entsorgungskosten und Recyclingaktivitäten bei Unternehmen vgl. COENENBERG A.G. et al. (1994), S. 89 f..

8 "Rückstände" bezeichnen den unerwünschten (festen) Output im Rahmen von Produktions- und Konsumptionsprozessen; vgl. z.B. GÜNTHER, E. / WITTMANN, R. (1995). Nach der Diktion des KrW-/AbfG handelt es sich dabei generell um Abfälle, die entweder der Verwertung oder der Beseitigung zuzuführen sind (vgl. nochmals die Ausführungen in Kapitel 3.9.1).

sämtlicher Marktunvollkommenheiten und -versagen (vor allem Monopole, Externalitäten, öffentliche Güter) und anderer Verzerrungen (z.B. Steuern, Subventionen) in der betrachteten Volkswirtschaft erforderlich. Das "Allgemeine Theorem vom Zweitbesten (Second-Best Theorem)" besagt, daß in einer Situation, in der mindestens eine der Optimalitätsbedingungen eines erstbesten Zustands nicht erfüllt werden kann, die Erfüllung aller anderen Optimalitätsbedingungen im allgemeinen nicht mehr wünschenswert sei.[9] Zur Maximierung der gesellschaftlichen Wohlfahrt wäre es daher erforderlich, auch von den anderen Pareto-Bedingungen abzuweichen, um insgesamt ein Zweitbesten-Wohlfahrtsoptimum zu erreichen. Die entsprechend zu modifizierenden Effizienzbedingungen werden dabei als "zweitbeste Pareto-Bedingungen" bezeichnet. Für wirtschaftspolitisches Eingreifen könnte nun hieraus der Schluß gezogen werden, daß die Einführung zusätzlicher Marktunvollkommenheiten als "Gegengift" die Situation verbessert. Hierdurch erwächst jedoch die Gefahr, daß man letztlich über keinerlei wirtschaftspolitische Leitlinie mehr verfügt.[10]

Es läßt sich indessen zeigen, daß auch im durch mannigfaltige Interdependenzen gekennzeichneten Modell der Volkswirtschaft eine gewisse Seperabilität möglich ist. Insofern kann sich in Teilbereichen auch bei Existenz von Unvollkomenheiten eine unveränderte Erfüllung der Bedingungen des Erstbesten als sinnvoll erweisen. So lautet denn auch die Empfehlung im Schrifttum, nur in wenigen Ausnahmefällen bewußt ein Second-Best anzustreben. Andererseits seien isolierte Marktkorrekturen umso zweckmäßiger, je kleiner der betroffene Wirtschaftsbereich ist und je größer die Verzerrungen dort sind.[11]

4.1.3 Negative externe Effekte

"Negative externe Effekte" (auch sog. spillovers oder Externalitäten) wurden in den bisherigen Ausführungen bereits mehrfach angesprochen. Ganz allgemein versteht man darunter die tatsächlichen oder möglichen negativen Wirkungen, die von den wirtschaftlichen Aktivitäten eines Wirtschaftssubjekts auf die Produktions- bzw. Konsumptionsmöglichkeiten anderer Wirtschaftsakteure ausgehen, aber nicht über Regeln oder Anreizmechanismen des Marktes gesteuert werden. Bei den für die Umweltpoli-

---

9 Vgl. grundlegend LIPSEY, R.G./ LANCASTER, K. (1957). Vgl. außerdem DAVIS, O.A. / WHINSTON, A.B. (1965) u. (1967); SCHLIEPER, U. (1969), S. 67 ff. u. (1982).

10 So stellt KAUFER, E. (1981), S. VII treffend fest: "Den Gipfel der analytischen Problematik erklimmen wir in der Allgemeinen Theorie der zweitbesten Optimierung. Dort oben angelangt, bleibt uns aber wirtschaftspolitisch nicht mehr zu tun, "als unter der brennenden Sonne des Zweitbesten untätig am Daumen zu lutschen" (*Mishan*)."

11 Vgl. etwa SCHLIEPER, U. (1982), S. 492; BRÜMMERHOFF, D. (1992), S. 100 f.; FRITSCH, M. / WEIN, T. / EWERS, H.-J. (1993), S. 36 f. u. S. 261 ff.; FREY, B. / KIRCHGÄSSNER, G. (1994), S. 102; WELZEL, P. (1994), S. 355 f..

tik bedeutsamen Effekten handelt es sich um sog. technologische, d.h. durch die Produktionstechnologie bedingte Externalitäten.[12] Hiervon zu unterscheiden sind sog. pekuniäre oder marktmäßige externe Effekte, die nicht direkt auf die Produktionsbedingungen anderer Wirtschaftsteilnehmer einwirken, sondern über die Veränderung von Marktpreisen deren Einkommen bzw. Gewinnlage beeinflussen.[13]

4.1.3.1 Entsorgungsbedingte Externalitäten

Die im Rahmen der umweltintensiven Siedlungsabfallwirtschaft auftretenden negativen externen Effekte können unterschieden werden in fixe und variable Bestandteile.[14] Fixe Externalitäten sind z.B. visuelle Beeinträchtigungen, Lärm, Gerüche und sonstige mehr oder weniger intangible Störungen, die auf die bloße Existenz einer Entsorgungsanlage zurückzuführen sind. Obwohl diese Effekte in Abhängigkeit von Anlagenart, -größe und -standort in gewissem Maße variieren können, besteht keine direkte Korrelation zum Abfalldurchsatz. Im Gegensatz dazu umfassen die variablen Externalitäten alle Beeinträchtigungen, die direkt mit Art und Menge der zu entsorgenden Abfälle in Verbindung gebracht werden können. Insbesondere bei den EOP-Entsorgungsleistungen "thermische Abfallbehandlung" und "unbehandelte Ablagerung" gelangen während des Normalbetriebs der Anlagen oder als Folge von Störfällen dauerhaft bzw. kurzfristig stoffliche Emissionen in die Umweltmedien "Boden", "Wasser" und "Luft". Hierbei sind speziell zu nennen

- die Kohlendioxid- (MVA u. Deponie) und Methan-Emissionen (Deponie), die als sog. Klimagase zum "Treibhauseffekt"[15] beitragen,
- die sonstigen Luftverunreinigungen durch Schwermetalle, Stäube und Gase, wie z.B. Stickstoffoxide, Kohlenmonoxid, Chlorwasserstoff und Kohlenwasserstoffverbindungen wie Dibenzodioxine und -furane (MVA),

---

12 Vgl. grundlegend MARSHALL, A. (1925); PIGOU, A.C. (1932). Vgl. außerdem ENDRES, A. (1976), S. 6 ff.; WEIMANN, J. (1990), S. 19 f.; BÖVENTER, E. v. (1993), Sp. 1000 f..

13 So erhöht sich z.B. durch den Eintritt eines weiteren, mengenmäßig bedeutsamen Nachfragers der Preis des Gutes auch für alle anderen Nachfrager. Pekuniäre externe Effekte können ebenfalls wirtschaftspolitischen Handlungsbedarf begründen, bspw. bei zunehmender Vermachtung der Märkte. Vgl. KOFNER, S. (1995), S. 415. Überdies weisen FRITSCH, M. / WEIN, T. / EWERS, H.-J. (1993), S. 115 ff. auf sog. psychologische externe Effekte hin, die bspw. aus ungleicher Einkommensverteilung resultieren können. Ausgeprägte psychologische externe Effekte können dazu führen, daß sich die gesamtgesellschaftliche Wohlfahrt durch Umverteilung von Einkommen oder von Gütern steigern läßt.

14 Vgl. in diesem Sinne CSERGE / WARREN SPRING LABORATORY / EFTEC (1993), Rdnr. E2.

15 Der "Treibhauseffekt" bezeichnet die Eigenschaft der Erdatmosphäre bzw. der Atmosphärengase (insbesondere Wasserdampf und Kohlendioxid), die langwellige Rückstrahlung des Sonnenlichtes zu absorbieren. Hiermit verbunden ist eine Anhebung der durchschnittlichen Temperatur der Erdoberfläche. Es wird postuliert, daß sich diese zunächst natürliche Aufwärmung durch die anthropogenen Kohlendioxid-, Methan-, FCKW- und Distickstoffoxidemissionen erheblich verstärkt. Vgl. FALBE, J. / REGITZ, M. (1992), S. 4686 ff..

- die schadstoffbefrachteten Sickerwässer (Deponie) und die im Rahmen der Rauchgasreinigung entstehenden schadstoffhaltigen Abwässer (MVA).[16]

Hinzu kommen die Externalitäten der Abfallzulieferung in Form von Straßenverschmutzung und -abnutzung, Verkehrslärm, Verkehrsstaus und Unfällen (MVA u. Deponie).

Der emissionsbedingte Eintrag von "Schadstoffen"[17] in die Umweltmedien kann über die Wirkungskette "Emission[18] → Diffusion[19] → Immission[20]" bei Menschen, Tieren, Pflanzen und Sachen entsprechend ihrer "Exposition"[21] zu kurz- oder langfristig auftretenden Schäden führen (vgl. *Abb. 4.2*). Bei anthropozentrischer Sichtweise handelt es sich dabei um

(1) gesundheitliche Schäden,

(2) materielle Schäden (z.B. Substanzverluste an Gebäuden, Wertverluste von Grundstücken) sowie

(3) immaterielle Schäden (z.B. ästhetische Einbußen, Verluste an Tier- und Pflan-

---

16 Vgl. aus dem umfangreichen Schrifttum detailliert z.B. BMU (1990 b), S. 25 ff.; SRU (1991), Tz. 1497 ff., Tz. 1680 ff., Tz. 1742 ff., 1913 ff. und Tz. 1963 ff.; FRANKE, B. / FRANKE, A. / KNAPPE, F. (1992); CSERGE / WARREN SPRING LABORATORY / EFTEC (1993), Main Report Rdnr. 4.1 ff.; FLOOD, M. (1993), S. 15; BStMLU (1994 d), Bl. 14 ff.. Vgl. außerdem nochmals die Ausführungen in Kapitel 3.4.1.4.

17 "Schadstoffe" bezeichnen solche Stoffe, "die das Potential haben, auf Menschen, auf andere Lebewesen, auf Ökosysteme oder auch auf Sachgüter schädlich zu wirken." (BUNDESREGIERUNG (1978), S. 18). Diese Stoffe sind teilweise bereits in den verschiedenen Abfallfraktionen enthalten, teilweise bilden sie sich erst im Rahmen des Verbrennungsprozesses bzw. durch die im (Reaktor-)Deponiekörper ablaufenden Umwandlungsprozesse. Die generelle Kennzeichnung einer Substanz als "Schadstoff" ist allerdings insofern unkorrekt, als sich diese Substanzen erst ab einer gewissen Mindestkonzentration oder nur in Kombination mit anderen Stoffen bzw. unter bestimmten Umständen als schädlich erweisen. Auch ist hierbei die sog. Assimilationskapazität der Umweltmedien zu berücksichtigen, also ihre Fähigkeit, Schadstoffe abzubauen oder umzuwandeln. Vgl. FRITSCH, M. / WEIN, T. / EWERS, H.-J. (1993), S. 104.

18 Vgl. hierzu nochmals die Ausführungen in Fn. 113 in Kapitel 3.

19 Als "Diffusion" wird der Verbreitungsprozeß der Schadstoffe in die Umweltmedien bezeichnet. Je nach Typ der Diffusion unterscheidet man zwischen "Globalschadstoffen" und "Oberflächenschadstoffen". Globalschadstoffe (z.B. Methan oder Kohlendyoxid) verbreiten sich nach der Emission gleichmäßig, so daß der Standort der Quelle für die Immissionswerte letztlich belanglos ist. Oberflächenschadstoffe hingegen breiten sich räumlich differenziert aus (z.B. Sikkerwässer aus Deponieleckagen), so daß hier der Immissionseintrag von der Standortstruktur der Quellen und der zeitlichen Verteilung der Emissionen abhängt. Vgl. FRITSCH, M. / WEIN, T. / EWERS, H.-J. (1993), S. 104; WELSCH, H. (1994), S. 186 ff..

20 Unter "Immissionen" werden gemäß der Legaldefinition des § 3 Abs. 4 BImSchG die auf Menschen sowie Tiere, Planzen oder andere Sachen einwirkende Luftverunreinigungen, Geräusche, Erschütterungen, Licht, Wärme, Strahlen und ähnliche Umwelteinwirkungen verstanden. Immissionrelevant sind aber auch die sonstigen Schadstoffeinträge im Rahmen der Abfallentsorgung. Vgl. hierzu KNEBEL, J. (1994).

21 Hierunter werden Ort, Dosis und Zeitdauer der Schadstoffeinwirkung subsumiert. Vgl. WERBECK, N. (1993), S. 41.

zenarten, Risiken).[22]

Diese Strukturierung ist nicht trennscharf, da zwischen einzelnen Schäden mitunter Wechselwirkungen bestehen. So kann sich beispielweise die Gefährdung der Artenvielfalt in einer psychischen Beeinträchtigung von Menschen auswirken, wodurch wiederum Gesundheitsschäden entstehen können. Ebenso können Boden- und Wasserbeeinträchtigungen zunächst zu Schäden bei Nutztieren und Pflanzen führen, die über die Nahrungskette wiederum Gesundheitsschäden beim Menschen induzieren.

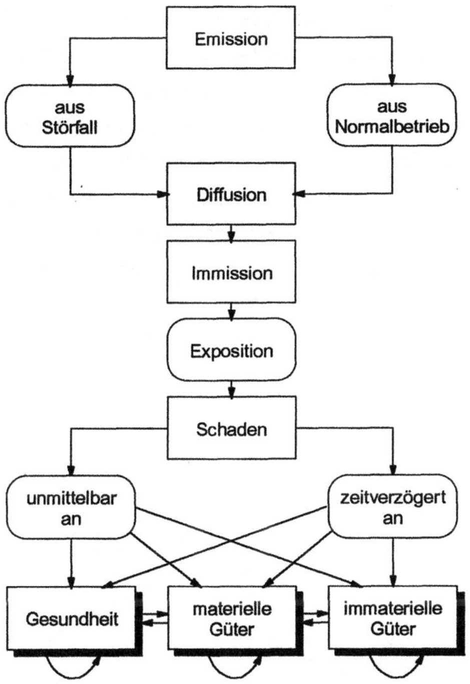

Abb. 4.2: Schadwirkungen von Emissionen (in Anlehnung an: WERBECK, N. (1993), S. 44)

4.1.3.2 Internalisierungsstrategien

Obwohl die Externalitäten oftmals erhebliche Beeinträchtigungen darstellen, ist es unter rein ökonomischen Gesichtspunkten nicht sinnvoll, jede Schädigung vollständig zu vermeiden, so etwa durch Veränderung von Menge und Art der zu entsorgenden

22 Vgl. ENDRES, A. (1981/82), S. 259 f.; MASUHR, K.P. / WOLFF, H. / KEPPLER, J. (1992), S. 26; HECHT, D. / WERBECK, N. (1993), S. 3 f..

Abfälle, durch Variation von Ausstattung und Betrieb der Entsorgungsanlagen und/oder durch Behandlung der Emissionen.[23] Das paretooptimale, d.h. effiziente Niveau der Umweltbelastung bestimmt sich dadurch, daß die marginalen Schadenskosten der Umweltbelastung genau den marginalen Kosten entsprechen, die für die Vermeidung der Umweltbeeinträchtigung anfallen.[24] In diesem Falle halten sich Kosten und Nutzen des Umweltschutzes genau die Waage. Der Sachverhalt ist in *Abbildung 4.3* dargestellt. Unter der Annahme, daß die Grenzkosten für die Vermeidung einer Schadenseinheit umso höher sind, je weiter die Schädigung bereits reduziert worden ist, ergibt sich ein mit der Schadensreduktion ansteigender Verlauf der Grenzvermeidungskosten **GVK**.[25] Für die Grenzschadenskosten **GSK** ist ein umgekehrter Verlauf plausibel: die mit der Externalität verbundene Beeinträchtigung wird bei den Betroffenen um so größer sein, je höher das Niveau der Schädigung bereits ist. Der Schnittpunkt von **GVK** und **GSK** definiert die paretooptimale Umweltbelastung **UB***. Insofern kann unterschieden werden zwischen pareto-relevanten und pareto-irrelevanten externen Effekten. Während die Vermeidung der pareto-relevanten Externalitäten per Saldo zu gesamtwirtschaftlichen Wohlfahrtsgewinnen führt, wäre eine weitergehende Eindämmung der pareto-irrelevanten externen Effekte entsprechend mit Wohlfahrtseinbußen verbunden.

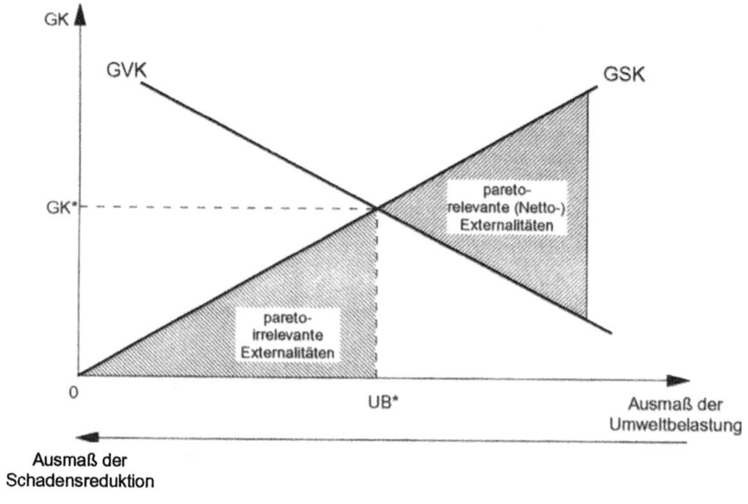

Abb. 4.3: Paretooptimale Internalisierung negativer externer Effekte

23 Eine vollständige Vermeidung würde überdies implizieren, daß tendenziell jedweder abfallerzeugende Transformationsprozeß zu unterbleiben hätte. Dem stehen aber naturgesetzliche Zwänge entgegen. Vgl. hierzu nochmals die Ausführungen in Kapitel 3.4.1.1.

24 Vgl. zum folgenden aus der Vielzahl an Literaturbeiträgen etwa ENDRES, A. (1976), S. 6 ff.; KEMPER, M. (1989), S. 11 ff.; WEIMANN, J. (1990), S. 110 ff.; HECHT, D. (1993), S. 192 f.; FRITSCH, M. / WEIN, T. / EWERS, H.-J. (1993), S. 61 ff..

25 So ist bspw. die Reduktion der Anzahl von Staubpartikeln je m^3 Luft um einen bestimmten Prozentsatz in der Regel umso teurer, je weniger Partikel in der Luft enthalten sind.

4.1.3.2.1 Grundlegende Internalisierungsmechanismen

Das Vorhandensein technologischer Externalitäten bedeutet, daß das sog. Ausschlußprinzip nicht auf alle Kostenbestandteile des korrespondierenden Gutes angewendet wird. Solange für die Umweltnutzung nicht gezahlt werden muß, fehlt für den Emittenten jeglicher ökonomische Anreiz, diese Nutzung einzuschränken. Ursächlich hierfür ist vordergründig eine unzureichende Preissetzung, die sich aber letztlich auf unbestimmte Eigentumsrechte (sog. Property-Rights) am Gut "Umwelt" zurückführen läßt.[26] Bei unzureichend definierten Property-Rights muß der Schädiger nicht für sämtliche Folgen seines Handelns aufkommen, der Geschädigte kann sich mangels entsprechender (durchsetzbarer) Rechte nicht hinreichend vor der Schädigung schützen. Eine Internalisierung externer Effekte soll nun diese Lücke im Allokationssystem des Marktes schließen. Grundlegende Internalisierungsmechanismen sind die Ansätze von PIGOU und von COASE.

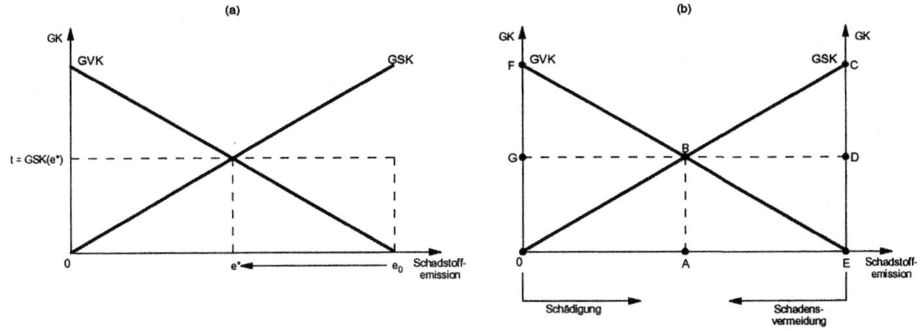

Abb. 4.4: Internalisierung externer Effekte nach PIGOU (a) und nach COASE (b)

4.1.3.2.1.1 Pigou-Steuer

Der Gedanke, externe Effekte über staatliche Eingriffe in das Wirtschaftsgeschehen zu beseitigen, geht auf das Werk von PIGOU zurück.[27] Der Marktdefekt soll dadurch behoben werden, daß den Schädigern eine Steuer (sog. Pigou-Steuer) in Höhe der Grenzschadenskosten jener Umweltbelastung auferlegt wird, die als gesellschaftlich optimal empfunden wird, d.h. bei der sich die Grenzschadens- und Grenzvermeidungskosten entsprechen. In *Abbildung 4.4, Fall (a)* ist der Wirkungsmechanismus der Pigou-Steuer dargestellt.[28] Die unkorrigierte Gleichgewichtsemission des Verur-

---

26 Vgl. z.B. ENDRES, A. (1985), S. 12 ff.; KEMPER, M. (1989), S. 6 ff.; FRITSCH, M. / WEIN, T. / EWERS, H.-J. (1993), S. 64 f..

27 Vgl. PIGOU, A.C. (1932).

28 Vgl. zum folgenden z.B. KEMPER, M. (1989), S. 29 f.; WEIMANN, J. (1990), S. 110 ff.;

sachers der Externalität betrage e_0, die volkswirtschaftlich optimale Emissionsmenge hingegen **e***. Wird der Verursacher nun für jede emittierte Schadstoffeinheit mit einer Pigou-Steuer in Höhe von **t = GSK(e*)** belastet, so entstehen ihm, wenn er die Emissionsmenge e_0 beibehält, zusätzliche Kosten in Höhe von $e_0 \cdot t$. Bei Zielsetzung von Gewinn- bzw. Kostenoptimierung wird der Verursacher nun bestrebt sein, durch entsprechende Vermeidungsmaßnahmen die Emissionsmenge soweit zu reduzieren (**e***), wie seine Grenzvermeidungkosten unter dem Steuersatz **t** liegen. Da der Steuersatz gerade den Grenzschadenskosten im Paretooptimum entspricht, gilt in der neuen Gleichgewichtssituation auch, daß die Grenzvermeidungskosten den Grenzschäden entsprechen. Die Externalitäten sind damit paretooptimal internalisiert.
Überträgt man dieses Ergebnis auf das in Kapitel 4.1.1 aufgezeigte Marktgleichgewichtsmodell des Entsorgungssektors (vgl. *Abb. 4.1*), so korrespondiert die Erhebung der Pigou-Steuer mit einer Preisanhebung von p_0 auf **p*** pro Mengeneinheit nachgefragter Entsorgungsleistung. Hierdurch erwächst für die Abfallbesitzer der Anreiz, den Faktor Umweltqualität bei ihren Entscheidungen hinsichtlich des Umgangs mit Rückständen stärker zu berücksichtigen, d.h. in verstärktem Maße private Vermeidungs- und Verwertungsaktivitäten zu entfalten und dementsprechend auf umweltintensive öffentlich-rechtliche Entsorgungsleistungen (insbesondere EOP-Leistungen) zu verzichten ($x_0 \rightarrow x^*$).[29]

Gegen eine direkte Anwendbarkeit des Internalisierungskonzeptes der Pigou-Steuer lassen sich jedoch diverse Einwände vorbringen:[30]

- Wird die Pigou-Steuer für die gesamte Nachfragemenge **x*** in der Höhe **EF** erhoben, so ist das gesamte Steueraufkommen - da von einem ansteigenden Verlauf der sozialen Grenzkosten ausgegangen wird - um die Fläche **BEF** zu hoch (vgl. *Abb. 4.1*). Die steuerliche Überbelastung der Abfallbesitzer würde langfristig einen Nachfragerückgang über **x*** hinaus induzieren. Somit erfüllt die Pigou-Steuer zwar die Marginal-, aber nicht immer die Totalbedingungen für eine optimale Allokation. Mit einem fixen Steuersatz läßt sich ein paretooptimales Ergebnis nur für den Fall einer vollkommen elastischen **SGK**- bzw. **GSK**-Kurve erreichen. In Fällen steigender oder sinkender Grenzschadenskosten müßte die Steuer entsprechend tarifiert werden.[31]

ENDRES, A. (1994), S. 91 ff..

29 Voraussetzung ist dabei allerdings eine entsprechend der Umweltintensität differenzierte Preissetzung für verschiedene Einzelleistungen im Rahmen der öffentlichen Abfallentsorgung.

30 Vgl. etwa ENDRES, A. (1985), S. 28 f.; KEMPER, M. (1989), S. 30 f.; FRITSCH, M. / WEIN, T. / EWERS, H.-J. (1993), S. 76 f.; STREISSLER, E. (1993), S. 94 ff..

31 Vgl. hierzu die Ansätze bei ROSE-ACKERMANN, S. (1973), S. 515 ff. und COLLINGE, R.A. / OATES, W.E. (1982).

- Der Verursacher der externen Effekte und somit der Adressat der Steuerbelastung muß eindeutig bestimmbar bzw. von anderen Verursachern vergleichbarer Externalitäten abgrenzbar sein. Dies ist in praxi jedoch dann nicht gewährleistet, wenn für Schäden Verursachungsalternativen in Frage kommen und/oder die Ursache-Wirkungszusammenhänge unsicher oder gar unbekannt sind.

- Insofern ergeben sich auch Probleme bei der Festlegung der Bezugsgröße, an welcher die Pigou-Steuer anzuknüpfen hat. Denkbar wären die Outputs (z.B. Emissions-, Immissionsmenge), die Inputs (Abfallmenge, Abfallart) oder die Technologie (z.B. Deponierungs-, Vorbehandlungstechnologie) des mit den Externalitäten behafteten Prozesses.[32] Allgemein gilt, daß eine Größe um so besser als Bemessungsgrundlage geeignet ist, je stärker sie in einem proportionalen und im Zeitablauf konstanten Verhältnis zu den sozialen Zusatzkosten steht.
- Für die Festlegung des Steuersatzes ist die Kenntnis des paretooptimalen Umweltniveaus und damit der Grenzschadens- und auch der Grenzvermeidungskostenfunktion erforderlich. Die Monetarisierung externer Effekte, besonders die Ermittlung und Bewertung der Schäden, ist indessen mit erheblichen methodischen und praktischen Problemen behaftet. Hierauf wird noch ausführlich in Kapitel 4.1.3.2.2 einzugehen sein.

- Grundsätzlich läßt sich einwenden, daß die bei der Pigou-Steuer implizierte monetäre Bewertung von Umweltschäden, die letztlich ein Abwägen von Umweltqualität und Verfügbarkeit an Konsumgütern beinhaltet, immer dann als unzulässig erachtet werden sollte, wenn die Emissionen das ökologische Gleichgewicht gefährden. Dies gilt gerade dann, wenn sich die externen Effekte als irreversibel erweisen.[33] Hinzu kommt, daß die Anreizwirkung der Pigou-Steuer auf die Verursacher entscheidend von deren Nachfrageverhalten nach Umweltnutzung abhängt. So gilt für das Internalisierungsproblem im Abfallbereich, daß der gewünschte Lenkungseffekt umso geringer ausfällt, je geringer die Preiselastizität der Nachfrage nach Entsorgungsleistungen ist.

- Selbst wenn die Probleme der Verursacher-, Bezugsgrößen- und Kostenbestimmung gelöst wären und von hinreichenden Lenkungseffekten ausgegangen werden könnte, ergibt sich ein weiteres Problem aus dem Umstand, daß der einmal festgelegte Steuersatz nur für eine ganz bestimmte Vermeidungs-/Schadenskosten- bzw. Angebots-/Nachfrage-Konstellation gilt. Er müßte daher

---

32 Vgl. etwa SIEBERT, H. (1976), S. 22 ff..

33 Dieser Kritikpunkt wird im Schrifttum verstärkt zum Anlaß genommen, das neoklassische Paradigma insgesamt zu hinterfragen. Vgl. etwa BLUM, R. (1986); LEIPERT, C. / STEPPACHER, R. (1987); MAIER-RIGAUD, G. (1992); SÖLLNER, F. (1993); BRÖSSE, U. / LOHMANN, D. (1994), S. 457 ff.; KNORRING, E. v. (1995).

im Prinzip permanent überprüft und etwa bei Änderungen der externen Effekte, bei Konjunkturschwankungen oder bei inflationären Entwicklungen entsprechend revidiert werden.

4.1.3.2.1.2 Verhandlungslösungen nach COASE

Während im Falle der Pigou-Steuer die Internalisierung externer Effekte über einen hoheitlichen Akt erreicht werden soll, besteht die Internalisierungslösung von COASE darin, daß durch Verhandlungen der beiden involvierten Beteiligten, dem Verursacher der Externalitäten und dem Geschädigten, ein Interessensausgleich herbeigeführt wird.[34] Sofern klar definierte Eigentumsrechte existieren, verständigen sich Schädiger und Geschädigter auf Zahlungen für die Nutzung des knappen Gutes "Umwelt". Marktversagen liegt somit nicht vor. Außer einer entsprechenden Zuteilung der Property-Rights ist staatlicher Eingriff daher nicht erforderlich. Für COASE sind - im Gegensatz zu PIGOU - externe Effekte nicht Ergebnisse einseitiger, d.h. asymmetrischer Schadensfälle, sondern reziproker Natur: alle an einer Externalität beteiligten Parteien sind für deren Entstehen verantwortlich. Unter diesem Blickwinkel werden für die Verteilung der Eigentumsrechte zwei grundsätzliche Haftungsregeln formuliert, welche für die jeweilige Verhandlungsposition den Extrempunkt darstellen:

(1) Nach der "Verursacher-Regel" sind die (eindeutig feststellbaren) Verursacher einer Externalität den Geschädigten gegenüber ersatzpflichtig. Eine Internalisierung der externen Effekte kann durch Verhandlungen über die Höhe der Kompensationszahlungen erreicht werden.

(2) Demgegenüber steht nach der "Laissez-faire-Regel" jedem Individuum das Recht auf eine beliebige Umweltnutzung zu. Die Geschädigten können durch Kompensationsangebote an die Verursacher ("Bestechungen") eine Einschränkung der Externalitäten bewirken.

Sofern diese Eigentumsrechte auf einem vollkommenen Konkurrenzmarkt frei handelbar sind, die Erzielung und Durchführung von Vereinbarungen keine "Transaktionskosten"[35] erfordern und die Wirtschaftssubjekte sich rational im Sinne ihrer Zielsetzungen (Gewinn- bzw. Nutzenmaximierung) verhalten, führen Verhandlungen über die Eigentumsrechte zwischen den Parteien für jede anfängliche Verteilung der Rechtstitel zu einer paretooptimalen Allokation des Umweltgutes (sog. COASE-Theo-

---

34 Vgl. COASE, R.H. (1960). Vgl. zum folgenden außerdem RANDALL, A. (1974); ASCHINGER, G. (1985); ENDRES, A. (1994), S. 33 ff..

35 "Transaktionskosten" beinhalten Such-, Verhandlungs- und Kontrakterstellungskosten sowie die Kosten für die Kontrolle der getroffenen Abmachungen.

rem). Die Erreichung der paretooptimalen Allokation wird dabei als "Optimalitätsthese", die Ergebnisunabhängigkeit von der Aufteilung der Eigentumsrechte als "Invarianzthese" bezeichnet.[36]

Die Wirkungsweise solcher Verhandlungslösungen ist in *Abbildung 4.4, Fall (b)* illustriert. Das Verhandlungskalkül der beteiligten Parteien orientiert sich an den marginalen Schäden einer zusätzlich emittierten Schadstoffeinheit und den entsprechenden Grenzvermeidungkosten. Im Falle einer Laissez-faire-Regelung zahlt der Geschädigte an den Schädiger die Summe **AB** pro Einheit Schadensvermeidung, worauf der Schädiger Emissionen im Umfang **AE** reduziert. Für den Schädiger bedeutet dies einen Gewinn im Umfang der Fläche der Dreiecks **BDE** und für den Geschädigten einen Netto-Nutzenzuwachs im Umfang der Fläche **BCD**. Bei Gültigkeit der Verursacher-Regel hingegen zahlt der Emittent an den Geschädigten die Summe **AB** pro emittierter Schadstoffeinheit, um Schadstoffe im Umfang **0A** emittieren zu dürfen. Hierdurch erzielt der Geschädigte per Saldo einen Nutzenzuwachs im Umfang der Dreiecksfläche **0BG**, der Schädiger einen Gewinn im Umfang der Dreiecksfläche **BFG**. Somit haben in den beiden Extremfällen der Property-Rights-Verteilung und folglich auch in allen dazwischen liegenden Regelungsfällen sowohl der Geschädigte als auch der Schädiger durch die jeweiligen Kompensationszahlungen insgesamt Vorteile. Insofern werden sie sich freiwillig auf diese Verhandlungslösungen einigen.

Die Gültigkeit des COASE-Theorems wird im Schrifttum jedoch bezweifelt. Die wesentlichen Kritikpunkte sind die folgenden:[37]

- Die Invarianzthese des COASE-Theorems setzt die Unabhängigkeit zwischen Allokation und Verteilung voraus. Private Haushalte aber reagieren im allgemeinen auf verändertes Einkommen bzw. eine veränderte Erstaustattung mit veränderter Nachfrage (sog. Einkommenseffekt). Entsprechend variiert die Höhe der Zahlungsbereitschaft bzw. Entschädigungsforderung.[38] Bei Unternehmen stellt sich das Problem, daß die kurzfristige Produktionsentscheidung zwar von der Ausgangsverteilung unabhängig ist, nicht aber die langfristige Branchenstruktur. Verschmutzende Branchen machen bei der Laissez-faire-Regel im Vergleich zur Verursacher-Regel mehr Gewinn. Daraus folgt, daß bspw. Grenzanbieter, die sich im einen Fall noch halten können, im anderen Fall aus dem Markt ausscheiden. Langfristig beeinflußt die Verteilung die Anzahl der Marktteilnehmer und verändert somit das Allokationsergebnis.

---

36 Vgl. REGAN, D.H. (1972), S. 427.

37 Vgl. hierzu etwa ENDRES, A. (1977) u. (1994), S. 41 ff.; WEGEHENKEL, L. (1980), S. 45 ff.; ASCHINGER, G. (1985), S. 24; KEMPER, M. (1989), S. 25 ff.; BAUER, A. / ILLING, G. (1992), S. 98 ff..

38 Vgl. hierzu detailliert die Ausführungen in Kapitel 4.1.3.2.2.2.2.

- Das COASE-Theorem postuliert für die Verhandlungslösung einen vollkommenen Markt, realiter handelt es sich bei der Verhandlungssituation jedoch um die Marktform eines bilateralen Monopols. Während im konkurrenzwirtschaftlichen Marktmodell der Preis als Datum feststeht, sind im COASE'schen Verhandlungsmodell mit den Grenzschadens- und -vermeidungskosten lediglich die Grenzen bestimmt, innerhalb derer der zu vereinbarende Preis variieren kann. Welche Einigung über die tatsächlichen Kompensationszahlungen erzielt wird, ist infolge der Möglichkeit der Beteiligten zu strategischem Verhalten weitgehend unbestimmt. Bei sehr ungleicher Marktmacht ist davon auszugehen, daß für das zustandegekommene Verhandlungsergebnis die Optimalitätsthese nicht gilt.

- Aber auch die Verursacher bzw. Geschädigten untereinander bilden keine homogene Gruppe. So erweist sich bspw. für jedes Mitglied der Geschädigtengruppe die Reduktion der Emissionen unter der Laissez-faire-Regel als öffentliches Gut.[39] Insofern ist es für jeden einzelnen attraktiv, bei der Sammlung der Kompensationssumme das eigene Interesse an der Emissionsvermeidung zu untertreiben, um so kostengünstig in deren Genuß zu kommen. Hierdurch erwächst die Gefahr, daß die aufgebrachte Kompensationssumme und die Wertschätzung der Geschädigten auseinanderfallen und somit die Optimalität der Verhandlungslösung verfehlt wird (sog. Gefangenendilemma).

- Unter realen Bedingungen werden im Verhandlungsprozeß zwischen den Beteiligten in aller Regel Transaktionskosten entstehen, die bei zunehmender Gruppengröße überproportional ansteigen. Lassen sich aufgrund dieser Kosten Effizienzgewinne nicht mehr realisieren, werden die Verhandlungen obsolet.

Abgesehen von diesen speziellen Modellkomplikationen stellen sich beim Internalisierungsansatz von COASE dieselben Probleme wie beim Ansatz von PIGOU - so insbesondere die Informationsprobleme hinsichtlich der Kostenbelastungen durch Schäden bzw. Vermeidungsaktivitäten.

4.1.3.2.2 Monetarisierung externer Effekte

Voraussetzung für eine Internalisierung der negativen externen Effekte im Rahmen ökonomischer Überlegungen und Instrumente ist die Erfassung und Bewertung der

39 Die Problematik "öffentlicher Güter" besteht in den Merkmalen der Nichtrivalität im Konsum und der Nichtanwendbarkeit des Ausschlußprinzips. Vgl. hierzu die detaillierten Ausführungen in Kapitel 6.2.

durch die Externalitäten verursachten Schäden und der für ihre Vermeidung erforderlichen Faktorverzehre (sog. Monetarisierung externer Effekte). Der amerikanische Council of Environmental Quality (CEQ) unterscheidet in diesem Zusammenhang vier Kostenkategorien:[40]

- Damage costs: bezeichnen die Kosten, die direkt aus einer umweltbeanspruchenden Aktivität resultieren. Dies sind mithin die Kosten der gesundheitlichen, materiellen und immateriellen Schäden für die Betroffenen.

- Avoidance costs: beinhalten jene Kosten, die den Betroffenen durch Ausweichmaßnahmen entstehen, z.B. durch Errichtung von geeigneten Schutzbarrieren oder durch Vergrößerung des Abstands zur Belastungsquelle.

- Transaction costs: sind die Kosten, die im Rahmen der Planung, Durchsetzung und Überwachung von Umweltschutz- bzw. Internalisierungsregelungen erwachsen.

- Abatement costs: umfassen die Kosten der Vermeidung bzw. Beseitigung einer Umweltbelastung bzw. -verschmutzung, die von Seiten der Verursacher der Externalitäten oder aber vom Staat ergriffen werden.

Bei der erstgenannten Kostenkategorie handelt es sich somit um Kosten, die anfallen, wenn die Umweltbelastung nicht an der Quelle verhindert wird oder ein erfolgreiches Ausweichen nach Auftreten der Belastung nicht möglich ist. Die anderen drei Kategorien stellen die Kosten der Vermeidung, des Beseitigens und des Ausweichens dar, die von den Verursachern und den Betroffenen in Kauf genommen werden, um gegebenenfalls noch höhere Folgekosten zu verhindern.[41]

4.1.3.2.2.1 Vermeidungskosten

Entsprechend dieser Kostenklassifizierung lassen sich unter den der Verursacherseite zurechenbaren Vermeidungskosten die transaction costs und abatement costs subsumieren.[42] Die Mengen- und Wertkomponenten dieser Kostenkategorien lassen sich relativ problemlos aus den entsprechenden realisierten bzw. potentiellen Faktorverzeh-

---

40 Vgl. CEQ (1973), S. 74 ff. sowie MASUHR, K.P. / WOLFF, H. / KEPPLER, J. (1992), S. 315. Diese Definitionen wurden vom SRU (1974) übernommen und haben sich in der umweltpolitischen Diskussion mittlerweile als feststehende Begriffe etabliert.

41 Vgl. SCHULZ, W. (1989), S. 58.

42 Vgl. MASUHR, K.P. / WOLFF, H. / KEPPLER, J. (1992), S. 316. Abweichend hiervon rechnet der SRU (1974), S. 607 ff. die transaction costs den "Kosten der Umweltpolitik" zu, also weder zu den Vermeidungs- noch zu den Schadenskosten.

ren (z.B. für Schadstoffentfrachtung bei der Abfallerfassung, Abfallvorbehandlung, Rauchgasreinigung, Vorhaltung von Multibarrierensystemen zur Abfallablagerung, Deponieentgasung, Deponienachsorge) und deren aktuellen Knappheitspreisen, d.h. den Marktpreisen, bestimmen.[43]

Zur Ermittlungs- und Verrechnungsmethodik sei auf die Ausführungen in Kapitel 3.8.3.2.3 verwiesen. Dabei gilt jedoch zu beachten, daß sich die Bewertungsfrage der Abschreibungs- und Verzinsungsbasis der kalkulatorischen Kosten nun unter einem anderen Blickwinkel stellt. Während bei rein betriebswirtschaftlicher Betrachtungsweise die Wertbasis unter Substanzerhaltungsaspekten diskutiert wird, ist im Kontext einer sozialkostenintendierten Preissetzung ausschließlich die Funktion des Preises als Knappheitsanzeiger von Bedeutung. Diese Funktion wird erfüllt, wenn bei der Ermittlung kostenidentischer Preise das Prinzip der Periodengerechtigkeit in seiner engen Auslegung, d.h. bei Einhaltung der Kriterien der Mengen- und der Wertkongruenz, verwirklicht ist.[44] Die Wertbasis bilden mithin Tages- bzw. Zeitwerte, sowohl bei Verzehr von Gütern des Umlaufvermögens als auch des Anlagevermögens. Die Debatte hinsichtlich der Erforderlichkeit der Substanzerhaltung ist folglich irrelevant.[45] Auch die Frage hinsichtlich des Umfangs der Kostenmengen ist kontextspezifisch zu beantworten. Unter Berücksichtigung der kostenrechnerischen Abgrenzungsgrundsätze ist jedweder Faktorverzehr für die Knappheitsbepreisung von Relevanz. Dies gilt gerade auch für den opportunitätsbedingten Verbrauch von zinsfrei überlassenem Eigenkapital und für den per Finanzhilfen subventionierten Faktorverzehr, jeweils unabhängig von der politisch definierten Zwecksetzung der Finanzmittel.[46]

4.1.3.2.2.2 Schadenskosten

Die Erfassung der Schadenskosten, d.h. der damage costs und avoidance costs, bereitet hingegen größere Probleme sowohl in methodischer als auch praktischer Hinsicht. In der Finanzwissenschaft wurde eine Fülle an Verfahren und Techniken zur Aufdekkung von Präferenzen für öffentliche Güter entwickelt,[47] die in die Umweltökonomie Eingang gefunden haben. *Abbildung 4.5* gibt einen Überblick der im Schrifttum dis-

---

43 Dabei sei angemerkt, daß Marktpreise nicht in allen Fällen Knappheitspreise im Sinne der ökonomischen Theorie darstellen müssen. So ergeben sich Verzerrungen etwa durch andere Marktunvollkommenheiten oder durch politisch-institutionelle Einflüsse. Mithin handelt es sich um das bereits erläuterte Problem des Zweitbesten.

44 Vgl. hierzu auch TRAUMANN-REINHEIMER, A. (1977), S. 171 ff.; BALS, H. / NÖLKE, A. (1990), S. 215 ff.; GAWEL, E. (1995 b), S. 202 ff..

45 Vgl. hierzu nochmals die Ausführungen in Kapitel 3.8.3.2.3.1.2.

46 Vgl. ebenso TRAUMANN-REINHEIMER, A. (1977), S. 204 ff.; BALS, H. / NÖLKE, A. (1990), S. 206 ff. u. 218 f.; GAWEL, E. (1995 b), S. 202 ff..

47 Vgl. hierzu z.B. MISHAN, E.J. (1975); REINERMANN, H. (1981); HANUSCH, H. (1994).

kutierten Methoden.

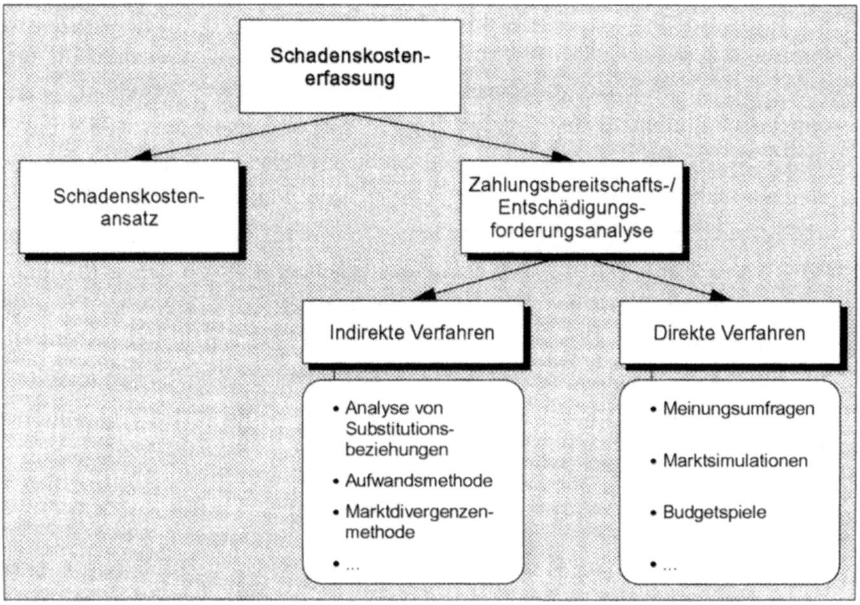

Abb. 4.5: Ermittlungskonzepte für Schadenskosten

4.1.3.2.2.2.1 Schadenskostenansatz

Intention des sog. Schadenskostenansatzes (auch: "dose-response-technique") ist es, mittels direkter Erfassung der Schadensmengen und deren Bewertung die (Grenz-) Schadenskosten zu bestimmen.[48] Ausgangspunkt bei der Ermittlung der Mengenkomponente sind die emittierten Schadstoffeinheiten, die kontaminierten Bodenflächen, die Lärmentwicklung etc. sowie insbesondere deren beobachtbaren Schadwirkungen. Die Schadensbewertung erfolgt über gutachterlich gesetzte Preise, vorhandene Marktpreise oder aber über "Schattenpreise"[49] der verzehrten Faktoren.

---

48 Vgl. hierzu etwa SCHULZ, W. (1989), S. 65; GRASKAMP, R. et al. (1992), S. 38 f.; CSERGE / WARREN SPRING LABORATORY / EFTEC (1993), Annex 7.

49 "Schattenpreise" sind Knappheitsindikatoren, mittels derer eine gegebene Zielfunktion unter Berücksichtigung bestimmter Nebenbedingungen optimiert wird. Vgl. hierzu die Modellansätze von BONUS, H. (1972) und - speziell im Kontext der Abfallentsorgung - von MICHAELIS, P. (1991), S. 19 ff.. Als Zielfunktion dient eine soziale Wohlfahrtsfunktion, konstruiert als gewogener Durchschnitt der Nutzenfunktionen der Individuen einer Volkswirtschaft, die unter Umwelt-Nebenbedingungen maximiert wird. Die Lagrangemultiplikatoren der Nebenbedingungen geben die marginale soziale Wertschätzung der Umweltressourcen und somit deren "Schattenpreise" wieder. Diese würden sich in einer Konkurrenzwirtschaft, in der das Gut "Umwelt" gehandelt wird, als relative Preise herausbilden.

Probleme ergeben sich allerdings dadurch, daß der ursächliche Zusammenhang zwischen verschiedenen Umweltsituationen und dem Schadenseintritt aufgrund von "Diffusions-", "Synergie-", "Akkumulations"-, "Langzeit-" und "Distanzeffekten" in der Regel nicht adäquat erfaßt werden kann.[50] So können sich etwa die Luftverunreinigungen der EOP-Entsorgungsmaßnahmen als "Saurer Regen"[51] und als (anthropogener) Treibhauseffekt europa- bzw. weltweit auswirken, wobei das Schadensausmaß zum aktuellen Zeitpunkt noch nicht absehbar ist.[52] Die Mengenkomponente ist also nicht zweifelsfrei und vollständig bestimmbar.[53] Auch bei der Bewertung ergeben sich erhebliche Einschränkungen. So wird bei pagatorisch orientierter Bewertung auf gegenwärtige Verbraucherpräferenzen, Einkommensstrukturen und Marktkonstellationen rekurriert. Für intangible Schäden (z.B. seelische Beeinträchtigung oder Reduktion der Artenvielfalt) lassen sich in praxi nur schwerlich Preise ermitteln.[54] Eine Berücksichtigung spezieller Wertkategorien von Umweltqualität, den sog. non-user-benefits (Existenz-, Options- und Vermächtniswert)[55], ist mithin weitgehend ausgeschlossen.

---

50 Vgl. EWERS, H.-J. (1986), S. 14; SIEBERT, H. (1988), S. 116 f.; GÜNTHER, E. (1994), S. 141 f.. "Diffusionseffekte" bezeichnen den Umstand, daß die Ausbreitung der Schadstoffe in den Umweltmedien teilweise mit Ungewißheit belastet ist, da die bestehenden Ausbreitungsrechnungen in den Naturwissenschaften die Realität nur unvollständig wiedergeben. Werden mehrere Schadstoffe emittiert, können "Synergieeffekte" auftreten, indem die Schadstoffe kumulativ zu einem höheren Schaden führen als die Summe der einzeln verursachten Schäden. "Akkumulationseffekte" treten auf, wenn sich Schäden erst nach Anreicherung der Schadstoffe offenbaren. Tritt die Wirkung zwischen Schadensquelle und Schaden erst nach mehreren Jahren auf, handelt es sich um "Langzeiteffekte". "Distanzeffekte" schließlich kennzeichnet, daß zwischen der Schadensquelle und den ausgelösten Belastungen große Entfernungen liegen.

51 Unter "Saurem Regen" wird die Zunahme von Depositionen aus der Atmosphäre verstanden. Hauptbestandteile von Saurem Regen sind Säuren, die sich aus Schwefel- und Stickstoffoxiden gebildet haben und mit dem Regen ausgewaschen werden bzw. sich als trockene Niederschläge, z.B. aus Aerosolen, absetzen. Ein Teil dieser Stoffe wird durch anthropogene Emissionen in die Atmospäre gebracht. Die Wirkungen finden sich z.B. als Schäden an Bauwerken, als Störungen des ökologischen Gleichgewichts infolge von Versauerung von Gewässern und Böden mit geringer Pufferkapazität und insbesondere in Form der neuartigen Waldschäden. Vgl. FALBE, J. / REGITZ, M. (1992), S. 4005.

52 Vgl. CSERGE / WARREN SPRING LABORATORY / EFTEC (1993), Rdnr. E3.11.

53 Vgl. hierzu die Unwägbarkeiten einer Mengenabschätzung der Emissionen und korrespondierenden Schäden von Deponien, Verbrennungsanlagen und Abfall-Logistik von CSERGE / WARREN SPRING LABORATORY / EFTEC (1993), Main Report Rdnr. 4.1 ff. und Annex 2, 3 u. 6.

54 Vgl. hierzu WICKE, L. (1993), 64 f..

55 Der "Existenzwert" der Umwelt resultiert aus dem Wissen um den Bestand an lebender und nichtlebender Umwelt ("Schutz der Umwelt um ihrer selbst willen"). Der "Optionswert" bezieht sich auf einen möglichen, aber noch unbekannten künftigen Nutzen einer intakten Umwelt. So werden etwa Berufstätige, die aus Zeitgründen heute nicht in der Lage sind, ein Waldgebiet für Erholungs- und Freizeitzwecke zu nutzen, sich vorsorglich eine zukünftige Nutzung sichern, unabhängig davon, ob sie die Nachfrage jemals ausnutzen werden. Der "Vermächtniswert" schließlich betrifft den Nutzen, den künftige Generationen aus dem Gut "Umwelt" ziehen können. Das Bewertungsmotiv ist hier altruistischer Art. Vgl. WICKE, L. (1993), S. 65 f. u. 81.

Untersuchung **Jahr:**	**$ pro t C**			
	1991 - 2000	**2001 -2010**	**2011 - 2020**	**2021 - 2030**
NORDHAUS, W.D. (1991 a) u. (1991 b); CO_2 als C	0,3 - 65,9 (7,3)			
NORDHAUS, W.D. (1992 a) u. (1992 b); CO_2 als C	5,3	6,8	8,6	10,0
PECK, S.C. / TEISBERG, T.J. (1992); CO_2 als C	10 - 12	12 -14	14 -18	3,4 - 57,6 (18 - 22)
FANKHAUSER, S. (1992); CO_2 als C	6,3 - 47,7 (20,4)	7,2 -53,8 (22,9)	8,1 - 60,3 (25,4)	8,8 - 66,2 (27,8)
FANKHAUSER, S. (1992); CH_4	49 - 213 (110)	59 - 259 (132)	70 - 297 (155)	79 - 359 (179)

Anmerkung: Spannweiten bedeuten 90% Konfidenzintervalle (bzw. obere und untere Grenzen in NORDHAUS (1991 a u. b). Werte in Klammern stellen Erwartungswerte dar.

Tab. 4.2: Amerikanische Studien zur dose-response-technique (Quelle: CSERGE / WARREN SPRING LABORATORY / EFTEC (1993), Main Report Rdnr. 5.36)

Als Beispiele einer Schadensmonetarisierung nach der dose-response-technique mit Bezug auf die Abfallentsorgung können amerikanische Untersuchungen zum Treibhauseffekt angeführt werden.[56] Wie bereits erwähnt, tragen die Kohlendioxid- und Methanemissionen aus EOP-Entsorgungsanlagen als Klimagase zur globalen Erwärmung bei. Die Aufheizung birgt eine Vielzahl an Schadenspotentialen, so etwa Ernteeinbußen, Waldschäden, Gesundheitsschäden und insbesondere die Meeresspiegelerhöhung mit allen ihren Folgen. In den amerikanischen Studien wurden die physikalischen Auswirkungen einer Verdoppelung der Kohlendioxid-Konzentration in der Atmosphäre untersucht (dose-response) und anschließend bewertet. Für Methanemissionen (CH_4) wurde dabei angenommen, daß die "direkten Effekte"[57] einer Mengeneinheit CH_4 genau denen von elf Mengeneinheiten Kohlendioxid (CO_2) entsprechen. In *Tabelle 4.2* sind die Untersuchungsergebnisse zusammengestellt. So ermittelte etwa FANKHAUSER für den Zeitraum 1991 bis 2000 Schadenskosten in Höhe von $ 20 pro Gewichtstonne C und von $ 110 pro Gewichtstonne CH_4. Die erheblichen Unterschiede der Wertansätze zwischen den einzelnen Studien verdeutlicht die Unschärfen des Schadenskostenansatzes.

56 Vgl. hierzu CSERGE / WARREN SPRING LABORATORY / EFTEC (1993), Main Report Rdnr. 5.26 ff..

57 Von Methan gehen überdies indirekte Effekte aus durch Konzentrationsbeeinflussungen anderer Spurengase in der Atmosphäre.

4.1.3.2.2.2.2 Analyse der Zahlungsbereitschaft und Entschädigungsforderung

Ein weiterer Ansatz zur Schadenskostenermittlung ist die Analyse der Zahlungsbereitschaft bzw. Entschädigungsforderung. Hier wird die Schadensbewertung aus den Präferenzen der von den Externalitäten Betroffenen für das Gut "Umwelt", d.h. den Genuß von intakter Umwelt, abgeleitet.[58]

Der Präferenzenermittlung können unterschiedliche normative Wohlfahrtskonzepte zugrundegelegt werden, welche verschiedene Wohlfahrtsniveaus definieren und somit abweichende Wertgrößen induzieren (vgl. *Abb. 4.6*).[59] So läßt sich einmal ermitteln, wieviel die Betroffenen bereit wären, für eine definierte Qualitätsverbesserung der Umwelt maximal zu bezahlen ("willingness to pay") bzw. wieviel sie mindestens verlangen würden, um für eine definierte Qualitätseinbuße ausgeglichen zu werden ("willingness to sell"). Beide Frageformen unterscheiden sich in der Zuordnung des Eigentumsrechtes an der zu bewertenden Änderung. Den Präferenzen liegt dabei ein Einkommensniveau bezogen auf einen Zustand vor der Veränderung der Umweltqualität zugrunde. Die korrespondierenden Zahlungen entsprechen dann einer "compensating variation (CV)". Die CV ist definiert als Maß für den Geldtransfer, der notwendig ist, um die Wohlfahrt eines Individuums nach der Änderung der Situation auf dem ursprünglichen Niveau zu halten. Wird hingegen untersucht, wieviel die Betroffenen maximal zahlen würden ("willingness to pay") bzw. mindestens verlangen würden ("willingness to sell"), daß eine Umweltverschlechterung bzw. -verbesserung nicht eintritt, wird von einem Einkommensniveau nach Veränderung der Umweltqualität ausgegangen. Die Zahlungen entsprechen hier einer "equivalent variation (EV)". Die EV ist definiert als Maß für einen Geldtransfer, der bei Nichteintritt der betrachteten Änderung und an ihrer statt notwendig ist, um die Wohlfahrt eines Individuums auf jenes Niveau anzuheben oder zu senken, das erreicht würde, wenn die Änderung einträte. Der Wohlfahrtsgewinn bzw. -verlust von Umweltveränderungen wird bei diesen Konzepten somit einmal ausgehend vom Einkommensniveau des Status quo ante, andererseits auf Basis des Einkommensniveaus zum Status quo des veränderten Zustands gemessen. Bei Gültigkeit der Prämisse, daß es sich beim Gut "Umwelt" um ein superiores Gut (d.h. Einkommenselastizität > 0) handelt, so daß dessen Wertschätzung bei höherem Gesamteinkommen größer ist (d.h. ansteigende marginale Substitutionsrate),[60] ergibt sich, daß die equivalent variation im Falle einer Verbesserung der Umweltqualität im allgemeinen höher ist als die compensation variation. Bei einer Qualitätsverschlechterung verhält es sich umgekehrt. Darüber hinaus gilt, daß

58 Der Kreis der "Betroffenen" wird dabei regelmäßig auf die privaten Haushalte beschränkt.

59 Vgl. zum folgenden WIESE, H. (1986); APPEL, V. (1988), S. 142 ff.; KEPPLER, J. (1991); MASUHR, K.P. / WOLFF, H. / KEPPLER, J. (1992), S. 318 ff..

60 Vgl. zur mikroökonomischen Fundierung superiorer Güter etwa BÖVENTER, E. v. (1984), S. 98 ff..

eine compensating variation für eine Änderung der Umweltqualität von einem Qualitätszustand A nach einem Zustand B genauso groß ist, wie die entsprechende equivalent variation von B nach A.

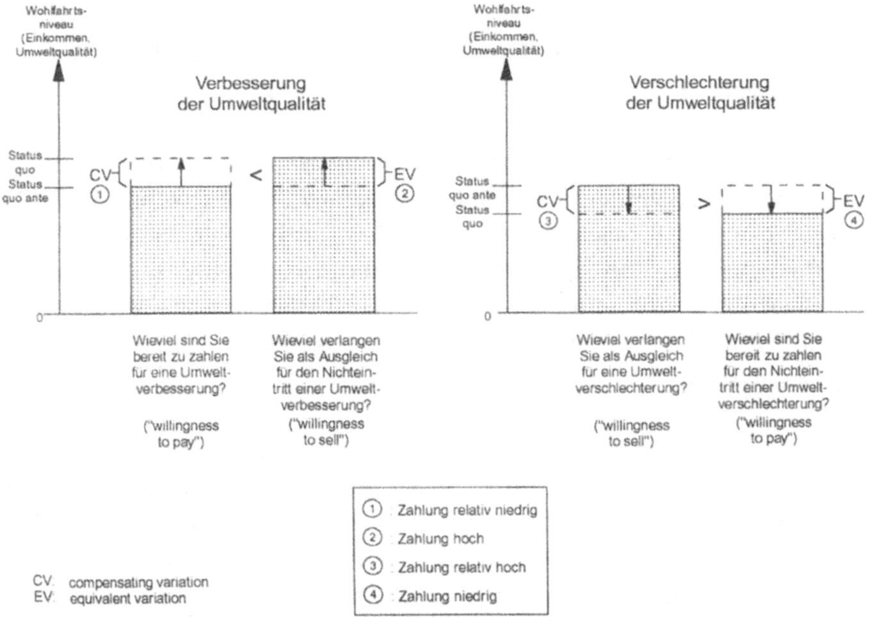

Abb. 4.6: Relation verschiedener Enschädigungskonzepte

Es ist somit offensichtlich, daß in Abhängigkeit des gewählten Bewertungskonzeptes die Höhe der Schadensbewertung höchst unterschiedlich ausfallen kann. Insofern gilt die Aussage: "Die Kosten der Umweltverschmutzung gibt es grundsätzlich nicht."[61] Für die Festlegung eines verbindlichen Schadensmaßes wäre daher ein gesellschaftlicher Konsens hinsichtlich der Frage erforderlich, welcher Umweltstandard als das natürliche Eigentum eines Individuums bzw. der Gesellschaft anzusehen ist. In der Literatur spricht man sich aus normativen und praktischen Gründen für eine "Status-quo-Entscheidung" aus. Hier hat jedes Indiviuum ein verbrieftes Recht auf eine Nichtverschlechterung der gegenwärtigen Umweltsituation, aber auch kein kostenloses Anrecht auf eine Verbesserung. Umweltveränderungen sind daher stets nach Maßgabe der compensating variation und somit auf Basis des tatsächlichen Einkommensniveaus zu bewerten.[62] Bei Umweltverschlechterungen stellt dabei die Entschädigungsforde-

61 SCHULZ, W. (1989), S. 55.

62 Vgl. KEPPELER, J. (1991), S. 406 ff.; MASUHR, K.P. / WOLFF, H. / KEPPLER, J. (1992), S. 322 f.. Andere denkbare Bezugsrahmen sind die "Haftungsentscheidung" und die "Laissez-faire-Entscheidung". Bei der Haftungs-Entscheidung hätten die Individuen einen Anspruch auf ein sehr hohes Umweltqualitätsniveau. Würde dieses Niveau durch einen Emittenten gestört,

rung ("willingness to sell"), bei Umweltverbesserungen die Zahlungsbereitschaft ("willingness to pay") die Kostengröße dar.

Dieser Entscheidungsansatz liegt in der Regel auch den im Schrifttum thematisierten Methoden zur Präferenzenermittlung zugrunde. Dabei wird überwiegend auf die Analyse der Zahlungsbereitschaft ("willingness to pay") abgestellt.[63] Es kann unterschieden werden zwischen indirekten und direkten Methoden.

(1) Indirekte Methoden: knüpfen an das beobachtbare Marktverhalten der von den Externalitäten Betroffenen an, um hieraus auf die Präferenzen für das Gut "Umwelt" bzw. die Schadenskosten zu schließen. In der Regel ist jedoch nur eine Offenlegung der "revealed preferences" möglich, non-user-benefits von Umweltqualität bleiben somit unerfaßt. Gängige Verfahren sind etwa die "Analyse von Substitutionsbeziehungen", die "Aufwandsmethode" und die "Marktdivergenzenmethode".[64]

(1.1) Die Analyse von Substitutionsbeziehungen basiert auf der Überlegung, aus den bekannten Nachfragedaten privater Güter über die Substitutionsbeziehungen auf die Präferenzen für die Umweltressourcen zu schließen. Aufgrund der Schwierigkeit der Bestimmung von Substitutionsraten ist dieses Verfahren vornehmlich für den Spezialfall relevant, daß Umwelt- und privates Gut perfekte Substitute darstellen. Als Beispiele lassen sich die Aufwendungen für Freizeitgeräte, Höhensonnen, Bräunungsstudios etc. nennen, die zwar nur Teilaspekte der Substitution mit der Umwelt erfassen, aber dennoch Hinweise auf die Nutzenverluste von Umweltbelastungen geben.

(1.2) Bei der Aufwandsmethode werden die zur Erlangung des Umweltgutes aufgewendeten komplementären privaten Kosten als Indikator für dessen Mindestwertschätzung herangezogen. Im Kontext externer Effekte sind dies insbesondere die Kosten der Prohibitiv-, Ausweich- und Reparaturaktivitäten der von den Externalitäten Betroffenen. Voraussetzung für die Anwendbarkeit der Auf-

---

hätte dieser die Individuen mit hohen equivalent variations zu kompensieren. Im Falle der Laissez-faire-Entscheidung würden die Individuen keinerlei Anrecht auf eine angemessene Umweltqualität besitzen. Verbesserungen müßten daher nach Maßgabe der compensating variation bezahlt werden, für eine Vermeidung von Verschlechterungen wären die Zahlungen als equivalent variation zu entrichten.

63 Vgl. KEPPLER, J. (1991), S. 409; KLEMMER, P. (1992), S. 29; MASUHR, K.P. / WOLFF, H. / KEPPLER, J. (1992), S. 323.

64 Vgl. hierzu und zu weiteren indirekten Methoden ENDRES, A. (1981/82), S. 263 ff.; APPEL, V. (1988), S. 147 ff.; POMMEREHNE, W.W. / RÖMER, A.U. (1988), S. 223 ff.; PALMQUIST, R.B. (1991); EWERS, H.-J. / RENNINGS, K. (1992), S. 159 f.; MASUHR, K.P. / WOLFF, H. / KEPPLER, J. (1992), S. 328 ff.; CSERGE / WARREN SPRING LABORATORY / EFTEC (1993), Main Report Rdnr. 5.3 ff. u. Annex 7.

wandsmethode ist, daß die Kostengrößen dem Umweltgut bzw. den Schäden eindeutig zuordenbar sind. Dies ist indessen nicht immer gegeben. So leisten z.B. Schallschutzfenster zur Reduktion von Lärmbelästigungen gleichzeitig als Wärmedämmung einen Beitrag zur Heizkosteneinsparung.

(1.3) Die Marktdivergenzenmethode (auch: "hedonistische Preisanalyse") beruht auf dem Sachverhalt, daß die Marktpreise von Gütern auch vom Niveau der Umweltqualität determiniert werden.

Untersuchung	Untersuchungsdesign	Ergebnisse *)
NELSON, A.C. et al. (1992) Deponie in Ramsey / Minnesota	Preisrecherche von 708 Hausverkäufen im Zeitraum 1979-1989, Entfernung zur Deponie bis zu 2 Meilen	Anstieg der Immobilienpreise um 6,2% pro Meile Deponieabstand
HAVLICEK, J. / RICHARDSON, R. / DAVIES, L. (1971) 5 Deponien in Fort Wayne / Indiana	Preisrecherche von 182 Hausverkäufen im Zeitraum 1962-1979, in Nachbarschaft zur Deponie	Anstieg der Immobilienpreise um $ 9800 pro Meile Deponieabstand
HAVLICEK, J. (1985) 5 Deponien nahe Fort Wayne / Indiana	Preisrecherche	Anstieg der Immobilienpreise um 5% pro Meile Deponieabstand
ADLER, K.J. et al. (1982) Gewässerkontamination einer Sonderabfalldeponie in Pleasant Plains, New Jersey	Preisrecherche von Hausverkäufen vor und nach 1974 (Zeitpunkt des Bekanntwerdens der Kontamination)	Abnahme der Immobilienpreise um 10% für Häuser mit Deponieabstand von 1,5 bis 2,25 Meilen
GAMBLE, H.B. et al. (1982) Deponie in Montgomery County / Pennsylvania	Preisrecherche von 137 Hausverkäufen im Zeitraum 1977-1979, Entfernung zur Deponie bis zu 1 Meile	Abnahme der Immobilienpreise um 5-7% ($ 7700 - $ 11000) für Häuser mit Deponieabstand innerhalb 1 Meile
MENDELSOHN, R. et al. (1992) PCB-Kontamination einer Sonderabfalldeponie in New Bedford Harbour / Massachusetts	Preisrecherereche von 1916 Hausverkäufen im Zeitraum 1969-1988, Entfernung zur Deponie bis zu 2 Meilen, Preisvergleiche vor und nach 1982 (Zeitpunkt des Bekanntwerdens der Kontamination)	Abnahme der Immobilienpreise um 7-8% für Häuser mit Deponieabstand innerhalb 2 Meilen
KOHLHASE, J.E. (1989) 10 Sonderabfalldeponien in Harris County / Houston	Preisrecherereche von je 1000 Hausverkäufen innerhalb dreier Zeitperioden (1976, 1980, 1985)	1976 u. 1980: Abnahme der Immobilienpreise um $ 906 - $ 1215 pro Meile Deponienähe 1985: Abnahme der Immobilienpreise um $ 2435 pro Meile Deponienähe
MICHAELS, R.G. / SMITH, V.K. (1990) 11 Sonderabfalldeponien nahe Boston	Preisrecherche von 2182 Hausverkäufen (Einfamilienhäuser) im Zeitraum 1977-1981	Zunahme der Immobilienpreise um durchschnittlich $ 253 pro Haus bei Nichtexistenz der nächstgelegenen Deponie
BAKER, B.P. (1982) Deponie nahe Dryden / New York	Preisrecherche	Abnahme der Immobilienpreise um 21% bei 0,25 Meilen, bis zu 0,55% bei 2 Meilen Deponienähe
HIRSHFELD, S. et al. (1992) Hausmülldeponie (Modell)	8 Maklergutachten	Abnahme der Immobilienpreise um 30% bei 0,5 Meilen, um 13% bei 1,25 Meilen Deponienähe

*) Anmerkung: Sämtliche Werte zu Preisen von 1992.

Tab. 4.3: Amerikanische Studien zur hedonistischen Preisanalyse (Quelle: CSERGE / WARREN SPRING LABORATORY / EFTEC (1993), Main Report Rdnr. 5.15)

Mit Hilfe ökonometrischer Methoden (Querschnitts- oder Zeitreihenanalysen) läßt sich ermitteln, ob und in welchen Quantitäten eine unterschiedliche Umweltausstattung Einfluß auf die Preise hat. Preisdifferenzen erweisen sich mithin als Indikator für die Umweltpräferenzen bzw. Schadenskosten. Anwendungsfälle sind vor allem die Kauf- bzw. Mietpreise von Grundstücken und Gebäuden, deren Niveau unter anderem von Lärmbelästigungen, Luft- und anderen Umweltqualitäten abhängt.[65] Um valide Ergebnisse zu erhalten, müssen allerdings bestimmte Voraussetzungen erfüllt sein, was in praxi nicht immer gegeben ist. Der erforderlichen Aktualität der Bewertung steht oftmals die Immobilität und die umweltbezogene Desinformation der Hausbesitzer und Mieter entgegen, wodurch sich systematische Unterschätzungen der Umweltpräferenzen ergeben können. Auch ist zu berücksichtigen, daß der Wohnungsmarkt aufgrund lokaler Mietpreisregelungen oder aufgrund von Monopolen von der Gleichgewichtssituation abweichen kann (Problem des Zweitbesten).

In amerikanischen Studien wurde die Marktdivergenzenmethode zur Abschätzung der durch die fixen Externalitäten von Hausmüll- und Sonderabfalldeponien bedingten Schadenskosten eingesetzt. *Tabelle 4.3* gibt einen Überblick der wesentlichen Ergebnisse der Untersuchungen. Es konnte in allen Fällen ein signifikanter Zusammenhang zwischen dem Vorhandensein der Deponie(n) und den Immobilienpreisen der nahegelegenen Häuser festgestellt werden. Preiseffekte ließen sich für eine Entfernung von bis zu vier Meilen vom Anlagenstandort nachweisen, wobei die Preise um 5-7 % pro Meile Deponieabstand ansteigen. In Untersuchungen, die sich auf kürzere Distanzen beziehen, war hingegen ein erheblich größerer Preisanstieg zu verzeichnen (21-30 % pro 1/4-1/2 Meile Deponieabstand).[66]

(2) Direkte Methoden (auch: "Zahlungsbereitschaftsanalyse", "contingent valuation method (CVM)"): zielen darauf ab, durch iterative Befragungen oder kontrollierte Experimente (Marktsimulationen, Budgetspiele etc.) die maximale Zahlungsbereitschaft (bzw. minimale Entschädigungsforderung) der von den Externalitäten Betroffenen für eine Umweltverbesserung (bzw. -verschlechterung) zu

65 Ein weiterer Anwendungsfall ist das Lohn- und Gehaltsniveau bestimmter Berufsgruppen, das maßgeblich durch die Gesundheitsrisiken am Arbeitsplatz bestimmt wird. Über ein entsprechendes Regressionsmodell läßt sich aus diesen Daten der statistische Wert eines Menschenleben berechnen. Somit können dann Umweltschäden, die einen tödlichen Ausgang für die Betroffenen bedingen, monetarisiert werden. Vgl. hierzu EWERS, H.-J. / RENNINGS, K. (1992), S. 159; CSERGE / WARREN SPRING LABORATORY / EFTEC (1993), Annex 7.

66 Vgl. CSERGE / WARREN SPRING LABORATORY / EFTEC (1993), Main Report Rdnr. 5.16.

ermitteln.[67] Die individuellen Zahlungsgrößen lassen sich mithilfe von Regressionsmodellen zu gesamtwirtschaftlich konsistenten Nutzeneinschätzungen für das Gut "Umwelt" verdichten. Diese Verfahren eignen sich besonders, um Gesundheitsschäden und intangible Schäden - speziell die non-user-benefits von Umweltqualität - zu monetarisieren. Gleichwohl existieren auch hier methodische Probleme, insbesondere folgender Art:[68]

- Informationsverzerrungen können sich aus dem Informationsstand der Auskunftspersonen ergeben. Im allgemeinen wird bei Befragungen das Informationsniveau der Probanden erhöht, wobei Art und Umfang der Zusatzinformationen exogen festgelegt werden.
- Abstraktionsverzerrungen können auftreten, wenn Güterwerte zu bestimmen sind, die keinen Marktpreis besitzen. Es ist fraglich, ob sich die Auskunftspersonen den Nutzen einer Umweltverbesserung - etwa auch unter intergenerativen Aspekten - überhaupt vorstellen und überdies in einen Geldbetrag übersetzen können.
- Strategische Verzerrungen ergeben sich, wenn die Auskunftspersonen ihre wahren Wertvorstellungen übertreiben, weil sie etwa glauben, daß eine intakte Umwelt kostenlos bereitgestellt würde, sobald die Summe der geäußerten Zahlungsbereitschaften die Kosten der Verbesserungsmaßnahmen übersteigt.
- Einkommensbedingte Verzerrungen werden induziert, wenn die geäußerten Zahlungsbereitschaften vom Niveau bzw. der Verteilung des Einkommens abhängen.

Eine gewisse Reduktion der Verzerrungen läßt sich allerdings durch eine geeignete Ausgestaltung des Untersuchungsdesigns bewerkstelligen. So kann z.B. die Zahlungsbereitschaft anstelle einer direkten Betragsangabe als Anteilswert vom Einkommen oder durch Vorgabe verschiedener Betragsalternativen (sog. contingent ranking method) abgefragt werden.

In *Tabelle 4.4* findet sich ein Überblick amerikanischer Studien zur contingent evaluation method im Abfallbereich.[69] Die beiden erstgenannten Untersuchun-

67 Vgl. detailliert ENDRES, A. (1981/82), S. 266 f.; CARSON, R.T. (1991); RÖMER, A.U. (1991); MASUHR, K.P. / WOLFF, H. / KEPPLER, J. (1992), S. 331 ff.; HOLM-MÜLLER, K. et al. (1992), S. 36 ff.; EWERS, H.-J. / RENNINGS, K. (1992), S. 158 f.; CSERGE / WARREN SPRING LABORATORY / EFTEC (1993), Main Report Rdnr. 5.3 ff. u. Annex 7; PRUCKNER, G.J. (1995).

68 Vgl. zu den generellen Reabilitäts- und Validitätsproblemen empirischer Untersuchungen bspw. ATTESLANDER, P. (1984), S. 140 ff. u. S. 203 ff..

69 Vgl. hierzu CSERGE / WARREN SPRING LABORATORY / EFTEC (1993), Main Report Rdnr. 5.19 ff..

gen widmen sich der Monetarisierung der fixen Externalitäten von Hausmüll- und Sonderabfalldeponien. In der Studie von ROBERTS et al. wurde auch festgestellt, daß die Zahlungbereitschaften bei abnehmender Distanz zwischen Wohnort und Deponie ansteigen: Probanden, die weniger als eine Meile von der Deponie entfernt wohnen, waren bereit, zwischen $ 230 und $ 340 mehr zu bezahlen als jene Probanden, deren Wohnort einen Abstand von zwei oder drei Meilen zur Deponie aufweist. Allerdings war auch eine positive Korrelation zwischen der Zahlungshöhe und dem Haushaltseinkommen zu verzeichnen. Speziell für das Risiko eines Sickerwasseraustritts wurde eine Zahlungsbereitschaft von durchschnittlich $ 161 ermittelt. Dieses Leckagerisiko bzw. die Qualität des Grund- und Oberflächenwassers wurde in der Untersuchung von OPALUCH et al. als bedeutendster Einflußfaktor für eine deponiebedingte Zahlungsbereitschaft identifiziert.

Untersuchung	Untersuchungsdesign	Ergebnisse *)
ROBERTS, R.K. et al. (1991) Deponie in Knox County / Tennessee	CVM-Befragung von 150 Probanden hinsichtlich ihrer Zahlungsbereitschaft für eine Standortverlagerung der Deponie	Durchschnittliche Zahlungsbereitschaft: $ 260 pro Haushalt pro Jahr für bis zu 4 Meilen Deponieabstand
SMITH, V.K. / DESVOUSGES, W. (1986) Sondermülldeponie in Boston	CVM-Untersuchung von 609 Haushalten hinsichtlich der Wahl zwischen zwei Wohnorten mit identischer Ausstattung mit Ausnahme der Entfernung zur Deponie	Durchschnittliche Konsumentenrente: $ 420 - $ 630 pro Jahr pro Meile Deponieabstand
OPALUCH, J.J. et al. (1993) Deponie in Rhode Island	CVM-Untersuchung zur Identifikation von Einflußfaktoren für die Präferenzenbildung auf Basis eines Vergleichs zweier möglicher Deponiestandorte	Bedeutendster Einflußfaktor: Qualität des Grund- und Oberflächenwassers

*) Anmerkung: Sämtliche Werte zu Preisen von 1992.

Tab. 4.4: Amerikanische Studien zur contingent valuation method (CVM) (Quelle: CSERGE / WARREN SPRING LABORATORY / EFTEC (1993), Main Report Rdnr. 5.19)

4.1.3.2.3 Anwendungsorientierte Internalisierungsinstrumente

In Anbetracht der konzeptionellen Schwächen der grundlegenden Internalisierungsmechanismen von PIGOU und COASE, insbesondere der aufgezeigten Problematik der Bestimmung von Schadenkosten, beschränken sich die in der umweltpolitischen Praxis angewandten Internalisierungsinstrumente (fast) ausschließlich auf Kostenüberlegungen, die auf die Vermeidungskosten abstellen.[70] Dabei ist zwangsläufig hinzunehmen,

70 Eine Ausnahme stellt das Haftungsrecht dar.

daß eine paretooptimale Internalisierung allenfalls zufällig erreicht werden kann. So sind die Vermeidungskosten zwar ein essentieller Indikator für die Ausgestaltung von Internalisierungsstrategien, ohne die Referenz der Schadenskosten aber ist die gesamtwirtschaftliche Optimalität dieser Strategien prinzipiell unbestimmt. Ausnahmen bzw. Entbehrlichkeiten ergeben sich indessen in folgenden Fällen:

- Besteht die berechtigte Vermutung, daß die aktuellen und zukünftigen Schadenskosten einer Externalität wesentlich höher sind als die Vermeidungskosten (z.B. die Schäden des anthropogenen Treibhauseffekts), läßt sich auch ohne explizite Monetarisierung der Schäden ein näherungsweise optimales Umweltbelastungsniveau festlegen. Die in diesem Fall als sehr steil verlaufend anzunehmende Grenzschadenskostenkurve braucht lediglich in Bandbreiten abgeschätzt werden. Auch wenn das optimale Umweltniveau nicht getroffen wird, ist aufgrund des steilen Kurvenverlaufs der Fehler relativ gering (vgl. *Abb. 4.7, Fall (a)*).[71]

- Sofern den non-user-benefits von Umweltqualität, insbesondere dem Existenz- und dem Vermächtniswert, gesellschaftlich ein absoluter oder sehr hoher Stellenwert eingeräumt wird, stellt die intakte Umwelt ein meritorisches Gut dar.[72] In diesem Fall ist das Umweltqualitätsniveau unabhängig von den Schadenskosten als politischer Umweltstandard festzulegen. Dieser Standard wird von den Wirtschaftsakteuren in Form von Nebenbedingungen ins Entscheidungskalkül einbezogen, so daß sich für die Umweltressourcen Schattenpreise bilden (vgl. *Abb. 4.7, Fall (b)*).[73]

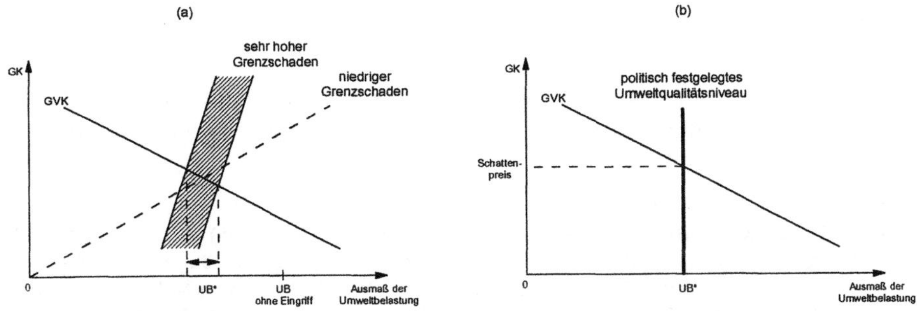

Abb. 4.7: Vermeidungskostenkonzept bei sehr hohen Schäden (a) und bei politisch festgelegtem Umweltstandard (b)

71 Vgl. MASUHR, K.P. / WOLFF, H. / KEPPLER, J. (1992), S. 337 ff..
72 Vgl. ENDRES, A. (1976), S. 185.
73 Vgl. KEMPER, M. (1989), S. 13 f..

Im weiteren sollen die anwendungsorientierten und für den Abfallbereich relevanten Internalisierungsinstrumente in ihren Grundzügen beschrieben und hinsichtlich ihrer Effizienz charakterisiert werden. Die bedeutsamsten Instrumente, die auch in Kombination Anwendung finden können (sog. Policy-Mix), sind

- die staatliche Bereitstellung von Umweltqualität,
- Umweltnormen,
- Umweltabgaben
- Umweltsubventionen,
- handelbare Emissionsrechte sowie
- Haftungsregeln.[74]

Da das Kriterium der Paretoeffizienz als Beurteilungsmaßstab für die Instrumentengüte aus genannten Gründen ausscheidet, werden im Schrifttum üblicherweise folgende Ersatz- bzw. Zusatzkriterien herangezogen:[75]

(1) Das Kriterium der "statischen Effizienz" betrifft die Eignung des Instruments, ein vorgegebenes Umweltqualitätsziel mit den geringstmöglichen (Vermeidungs-)Kosten zu erreichen.

(2) Das Kriterium der "dynamischen Effizienz" bezieht sich auf die Fähigkeit des Instruments, die Entwicklung und Einführung von umwelttechnischem Fortschritt zu initiieren, so etwa neuer oder kostengünstiger Methoden zur Vermeidung und Verwertung von Abfällen.

(3) Das Kriterium der "ökologischen Treffsicherheit" schließlich stellt auf die Eignung des Instruments ab, einen vorgegebenen Umweltstandard exakt zu erreichen.

Anhand dieser Kriterien werden in der Literatur vornehmlich die Einzelinstrumente bewertet. Die Beurteilung von definierten Mischlösungen hingegen ist die Ausnahme.[76]

---

74 Vgl. hierzu etwa SIEBERT, H. (1976), S. 11 ff.; ENDRES, A. (1985), S. 23 ff.; BAUMOL, W.J. / OATES, W.E. (1988), S. 155 ff.; KEMPER, M. (1989), S. 33 ff.; WEIMANN, J. (1990), S. 136 ff.; HECHT, D. (1991), S. 198 ff.; SRU (1991), Tz. 892 ff.; MUSGRAVE, R.A. / MUSGRAVE, P.B. / KULLMER, L. (1992), S. 178 ff.; FRITSCH, M. / WEIN, T. / EWERS, H.-J. (1993), S. 67 ff.. Für das Gesamtspektrum an umweltpolitischen Instrumenten vgl. WICKE, L. (1993), S. 195 ff..

75 Vgl. z.B. ENDRES, A. (1985), S. 51 ff. u. (1994), S. 100 f.; MASUHR, K.P. / WOLFF, H. / KEPPLER, J. (1992), S. 222 f.; FRITSCH, M. / WEIN, T. / EWERS, H.-J. (1993), S. 66 f.. Für weitere Kriterien (z.B. Durchsetzbarkeit, administrative Praktikabilität, nationale u. internationale Zielkonformität, Verteilungswirkungen) vgl. etwa SIEBERT, H. (1976), S. 111 f.; SPRENGER, R.U. (1984), S. 42; GAWEL, E. (1991), S. 19 ff..

76 Vgl. hierzu etwa GAWEL, E. (1991), S. 68 ff.; MUSGRAVE, R.A. / MUSGRAVE, P.B. /

4.1.3.2.3.1 Staatliche Bereitstellung von Umweltqualität

Eine praxisnahe Möglichkeit zur Internalisierung negativer externer Effekte besteht einmal darin, daß der Staat Vermeidungsaktivitäten in eigener Regie unternimmt. Es handelt sich hierbei gewissermaßen um eine staatlicherseits durchgeführte Produktion von Umweltqualität. Dies ist unter normativen Gesichtspunkten gegenüber einer alternativen privaten Bereitstellung insofern rechtfertigbar, als das Gut "Umwelt" bei fehlender Ausschließbarkeit ein öffentliches Gut darstellt. Eine Versorgung über den Markt wäre nicht sichergestellt.[77]

Speziell im Abfallbereich wird diese Aufgabe im Sinne der Daseinsvorsorge von den nach Landesrecht definierten entsorgungspflichtigen Körperschaften wahrgenommen. Die ordnungsgemäße Entsorgung im Rahmen verbindlicher Institutionen (u.a. Anschluß- und Benutzungszwang an die Entsorgungseinrichtung) und Umweltqualitätsstandards (vor allem durch Vorgaben der TA Siedlungsabfall) verringert die ansonsten anfallenden Externalitäten einer ungeordneten Eigenbeseitigung durch die Abfallbesitzer und -erzeuger.[78] Alle anderweitigen, noch aufzuzeigenden Internalisierungsmaßnahmen beziehen sich somit auf die verbleibende "Restverschmutzung".

In der Literatur wird die staatliche Bereitstellung von Umweltqualität mitunter als Lösungsansatz COASE'scher Prägung interpretiert:[79] die Verhandlungslösung spiegelt sich im Prozeß der politisch-demokratischen Konsensfindung hinsichtlich - sofern nicht von übergeordneter Instanz verbindlich vorgegeben - Art und Umfang der regional dargebotenen Entsorgungleistungen wider. Daher stellen sich auch die mit dem COASE-Ansatz verbundenen Probleme. Hohe Transaktionskosten der Informationsbeschaffung und Verhandlungsführung, Unzulänglichkeiten bei der Zuweisung von Eigentumsrechten (z.B. hinsichtlich des Umweltmediums "Luft") und geringe Zahlungsbereitschaften infolge einer direkten Gebührenfinanzierung bedingen, daß das realisierte Umweltqualitätsniveau tendenziell zu niedrig ausfällt. Die ökologische Treffsicherheit staatlicher Vermeidungsmaßnahmen ist daher fraglich.[80]

Aufgrund der Darbietung der Entsorgungsleistungen in Monopolstrukturen besteht überdies die Gefahr sowohl statischer als auch dynamischer Ineffizienz.[81] Bei fehlen-

---

KULLMER, L. (1992), S. 189 ff..

77 Vgl. hierzu ausführlich die Erläuterungen zu öffentlichen Gütern in Kapitel 6.2.

78 Im Rahmen der abfallrechtlichen Neuordnung durch das neue KrW-/AbfG wird diese Form der Internalisierung merklich eingeschränkt, da der Anschluß- und Benutzungszwang in Teilbereichen entfällt; vgl. hierzu nochmals die Ausführungen in Kapitel 3.9.

79 Vgl. z.B. FRITSCH, M. / WEIN, T. / EWERS, H.-J. (1993), S. 71 f.; MICHAELIS, P. (1993), S. 21; WITTMANN, R.G. (1994), S. 86 f..

80 Auf diesen Aspekt wird in Kapitel 5.2.2.1.1.1.1 noch näher eingegangen.

81 Vgl. hierzu ausführlich die Erläuterungen zum "natürlichen Monopol" (Kapitel 6, insbesondere

dem Wettbewerbsdruck bestehen wenig Anreize zur Realisierung der kostengünstigsten Produktionsweise. Auch ist davon auszugehen, daß das Interesse der Bürokratien gering ist, nach neuen, wirtschaftlich vertretbaren Ausschlußtechniken zu suchen, bedeutet die Bereitstellung über den Markt doch eine Beschneidung der staatlichen Einflußsphäre. Vor diesem Hintergrund wird seit geraumer Zeit in zunehmendem Maße die Forderung erhoben, Staatsleistungen auf den Prüfstand zu stellen und soweit wie möglich zu privatisieren.[82]

4.1.3.2.3.2 Umweltnormen

In enger Verbindung mit der staatlichen Bereitstellung von Umweltressourcen steht die Internalisierung per Umweltnormen, d.h. Ge- und Verboten bzw. konditionierenden Vorschriften (sog. Auflagen[83]). So wird das Internalisierungsniveau der öffentlichen Abfallentsorgung - wie oben erläutert - maßgeblich durch die Verpflichtung der Abfallbesitzer zum Anschluß und zur Benutzung sowie durch die organisations- und prozeßtechnischen Vorgaben der TASi determiniert. Weitere Vorgaben stellen die Emissionsnormen der 17. BImSchV und des § 7a WHG dar. Umweltnormen, die sich hingegen unmittelbar an die Abfallbesitzer bzw.- erzeuger richten, sind Rückgaberechte/Rücknahmepflichten und Verwendungsgebote für definierte Abfallfraktionen.[84] So bestimmt etwa die VerpackV, daß Transport-, Um- und Verkaufsverpackungen nach Gebrauch zurückzunehmen und unter Einhaltung bestimmter Quoten einer erneuten Verwendung oder einer stofflichen Verwertung außerhalb der öffentlichen Abfallentsorgung zuzuführen sind.

Sieht man von der Frage der richtigen Eingriffsintensität ab, erweisen sich Umweltnormen im allgemeinen als ökologisch treffsicher. Einschränkungen jedoch ergeben sich insbesondere bei Auflagen, wenn die Vorgaben - wie im Falle der TASi - lange Umsetzungsfristen gewähren. Zu beachten gilt auch, daß das Ordnungsrecht keine vollständige Kosteninternalisierung im PIGOU'schen Sinne gestattet, da die bei Erfüllung des Standards noch verbleibenden Externalitäten den Verursachern nicht in Rechnung gestellt und somit nicht in einzelwirtschaftliche Kosten transformiert werden.[85]

---

die Ausführungen in Kapitel 6.1.2.3).

82 Dieser Problematik widmen sich die Ausführungen in Kapitel 6.5.1.

83 Hierbei kann unterschieden werden zwischen Emissionsauflagen (z.B. Grenzwerteinhaltungen, Reduzierungsverpflichtungen), Auflagen für Produktionsverfahren (z.B. Vorschriften hinsichtlich zu verwendender Inputfaktoren oder Verfahrenstechniken) sowie Produktionsauflagen (z.B. Mengenlimitierungen). Vgl. FRITSCH, M. / WEIN, T. / EWERS, H.-J. (1993), S. 107.

84 Vgl. MARX, D. (1993), S. 169; SPIES, E. (1994), S. 331 ff..

85 Vgl. MICHAELIS, P. (1993), S. 20. - Einschränkend sei angemerkt, daß bei einer Normeninternalisierung, die das Paretooptimum überschreitet, die vom Verursacher zu tragenden zusätzli-

Bei undifferenzierter Anwendung von Umweltnormen, was unter dem Aspekt administrativer Praktikabilität den Regelfall darstellt, werden individuelle Gegebenheiten nicht berücksichtigt. Dies betrifft einerseits die Umweltbelastungen, die regional sehr unterschiedlich ausfallen können, und andererseits die Kostensituation der einzelnen Verursacher. Divergierende Grenzvermeidungskosten bedingen, daß die kostengünstigste Vermeidungslösung, d.h. statische Effizienz, nicht erreicht wird. Verursacher mit hohen Grenzkosten werden zur selben Belastungsverminderung veranlaßt wie Verursacher mit geringen Grenzkosten.[86]

Ferner setzen Umweltnormen keine Anreize, die Belastungen über das vorgegebene Maß hinaus zu reduzieren. Ursächlich hierfür ist die unvollständige Kosteninternalisierung, so daß bei Einhaltung der Normen die Umweltnutzung ansonsten kostenfrei ist.[87] Des weiteren kann eine Koppelung der Auflagen an den Stand der Technik bewirken, daß partiell erreichbare Technik- und gleichsam Kostenverbesserungen unterbleiben, um jene potentiellen Kostennachteile zu vermeiden, die sich aus den entsprechend angepaßten Auflagen insgesamt ergeben würden. Somit besteht die Tendenz, daß der technische Fortschritt für Vermeidungsmaßnahmen nur noch extern vorangetrieben wird, aber nicht von den Verursachern selbst.[88]
Im folgenden sei noch auf einen diskutablen Sonderfall der Anwendung von internalisierenden Umweltnormen im Abfallbereich eingegangen:

- Nach § 5 Abs. 1 Nr. 4 BImSchG besteht die Verpflichtung zur internen oder externen Anlagenwärmenutzung, sofern dies nicht technisch unmöglich oder unzumutbar ist.[89] Bei Restmüllentsorgungsanlagen fällt Abwärme bei der Deponiegasverbrennung und bei der thermischen Vorbehandlung an. Nach § 8 der 17. BImSchV kommt für eine technische Nutzung der Abwärme zunächst die Wärmeversorgung für interne oder externe Zwecke in Betracht. Darüber hinaus ist die Abwärme in elektrische Energie umzuwandeln, soweit dabei eine Klemmleistung von 0,5 Megawatt erreichbar ist. Die an die öffentliche Abfallentsorgung angeschlossenen Abfallbesitzer profitieren von dieser Wärmenut-

---

chen Vermeidungskosten die verbleibenden Schadenskosten teilweise oder vollständig ausgleichen oder sogar überkompensieren können.

86 Vgl. in dieser Hinsicht zur Kritik an der VerpackV und weiteren geplanten Rücknahmeverordnungen etwa HANSMEYER, K.-H. (1993); MICHAELIS, P. (1993), S. 61 ff..

87 Hier sind die Schattenpreise gleich Null; vgl. CROPPER, M.L. / OATES, W.E. (1992), S. 699.

88 Man bezeichnet diese Verhinderungsstrategie auch als "Schweigekartell der Oberingenieure". Vgl. BONUS, H. (1980), S. 36; ENDRES, A. (1988 a), S. 84. - Dies erweist sich indessen nicht als gravierendes Problem, gibt es doch spezialisierte Unternehmen, die sich der Umweltschonungstechnologie widmen und naturgemäß ein ausgeprägtes Interesse besitzen, daß der Ankauf ihrer neuesten Produkte von den Umweltbehörden empfohlen wird. Vgl. STREISSLER, E. (1993), S. 100.

89 Ähnliche Forderungen finden sich in TASi Nr. 9.1, Nr. 10.6.5.2 u. Nr. 11.2.1 Buchstabe f).

zung, sofern die erzielbaren Energieeinnahmen die Ausgaben für die Energiebereitstellung übersteigen und sich somit als "negative" Kosten gebührenmindernd auswirken. Energieeinnahmen können einerseits bei externer Energienutzung über Abnahmeentgelte und andererseits bei interner Energienutzung durch Ausgabeneinsparungen für den Bezug von Energien erzielt werden. Ausgaben für die Energiebereitstellung entstehen für die Transformation von Wärme in Strom sowie für die Errichtung und Unterhaltung einer geeigneten Infrastruktur zur Belieferung des spezifischen Abnehmers mit Strom bzw. Wärme. Ist die Energienutzung hingegen defizitär, stellt sie für den Abfallbesitzer eine zusätzliche, gebührenerhöhende Belastung dar. Diese finanzielle Zusatzlast steht jedoch nicht in direktem Zusammenhang mit der Entsorgungsleistung. Die Qualität der originären Restmüllentsorgung bliebe unbeinträchtigt, würde man die Abwärme ungenutzt in die Atmosphäre entlassen.[90] Unter wirtschaftlichen Kriterien müßte daher eine defizitäre Energierückgewinnung aus Restmüll unterbleiben. Nach der Intention des Gesetzgebers stehen allerdings rein wirtschaftliche Aspekte der Pflicht der Abwärmenutzung nicht entgegen. Die Wärmenutzung soll dazu beitragen, eine Senkung des Primärenergieverbrauchs und damit eine Verringerung der allgemeinen Luftbelastung zu erreichen.[91] Ein Defizit bei der Abwärmenutzung läßt sich folglich unter den Vermeidungsausgaben für.jene negativen externen Effekte subsumieren, die im Rahmen der Primärenergiegewinnung anfallen. Nach dem umweltpolitischen Verursacherprinzip aber, einem der Leitgedanken deutscher Umweltpolitik, dürfte die Zurechnung dieser Vermeidungsausgaben nicht auf die Abfallproduzenten erfolgen.[92] Es müßte ein anderer Verursacherkreis belastet werden, nämlich die Gesamtheit der Konsumenten von Primärenergie.[93] Andererseits wäre jedoch eine per Saldo gewinnbringende Energierückgewinnung in der kommunalen Kostenrechnung in Form von gebührenmindernden Nebenerlösen zu berücksichtigen, da sich die Verwertungsmaßnahme nunmehr unter rein einzelwirtschaftlichem Kalkül begründen läßt.[94]

---

90 Bei "Punktquellen" sind durch die Abwärmeeinleitung in die Atmosphäre in der Regel keine klimatischen Beeinträchtigungen zu erwarten; vgl. BECK, P. (1994), Sp. 48.

91 Vgl. hierzu STICH, R. / PORGER, K.W. (1993), Rdnr. 20 ff. zu § 5 BImSchG.

92 Gemäß dem umweltpolitischen Verursacherprinzip, verstanden als "Kostenzurechnungsprinzip", sind dem Abfallproduzenten alle, aber auch nur diejenigen Kosten anzulasten, die im Rahmen der Entsorgung seiner Abfälle entstehen. Vgl. hierzu auch die Ausführungen in Kapitel 5.2.1.2.1.

93 Vgl. in diesem Sinne auch GAWEL, E. (1995 c), S. 78.

94 Vgl. hierzu nochmals die Ausführungen in Kapitel 3.4.1.3. und 4.1.1.

4.1.3.2.3.3 Umweltabgaben

Als weiteres Internalisierungsinstrument ist die anwendungsorientierte Version der Pigou-Steuer zu nennen, nämlich "Umweltabgaben"[95] nach dem sog. Standard-Preis-Ansatz[96]. Hier werden Abgabenhöhe und Bemessungsgrundlage an einem bestimmten politisch festgelegten Umweltstandard bzw. korrespondierenden Bezugsgrößen (Outputs, Inputs, Technologie) ausgerichtet.[97] Da die individuellen Grenzvermeidungskosten der einzelnen Verursacher in der Regel unbekannt sind, ist die richtige Abgabenhöhe nur auf iterativem Wege im Sinne eines "trial and error"-Prozesses bestimmbar.[98] Überdies ist zur dauerhaften Einhaltung des Standards eine periodische Anpassung entsprechend dem Bevölkerungs- und Wirtschaftswachstum und der allgemeinen Preisentwicklung erforderlich. Theoretisch wäre die Abgabenhöhe auch räumlich und zeitlich differenziert auszugestalten, wenn der Grenzschaden je nach Standort der Entsorgungsanlage, Emissionsmenge, Jahreszeit etc. unterschiedlich hoch ausfällt.[99] Dem stehen jedoch gemeinhin Informationsprobleme bezüglich der genauen Ursache-Wirkungszusammenhänge sowie Praktikabilitätsaspekte entgegen. Abgesehen davon hängt das erreichbare Umweltqualitätsniveau letztlich von den Vorteilshaftigkeitsüberlegungen der Verursacher ab, entweder entsprechende Vermeidungsmaßnahmen zu unternehmen oder stattdessen die Abgabe zu bezahlen. Insofern läßt sich feststellen, daß die ökologische Treffsicherheit von Umweltabgaben mit großer Unsicherheit behaftet ist.

Andererseits gereicht die Abgabenlösung zu einer effizienten Internalisierung, da Art und Umfang der Vermeidungsmaßnahmen im Rahmen individueller Entscheidungskalküle festgelegt werden können.[100] Auch gelingt - im Gegensatz zur Internalisierungslösung per Umweltnormen - stets eine vollständige Kostenanlastung bei den Verursachern. Insofern besteht ein dauerhafter Anreiz, kostengünstigere Alternativen zur

---

95 Im Vergleich zu sonstigen Abgaben tritt bei "Umweltabgaben" die fiskalische Funktion gegenüber der unmittelbaren Lenkungsfunktion ganz oder teilweise in den Hintergrund. Vgl. etwa MESSERSCHMIDT, K. (1986), S. 42 ff.; HANSMEYER, K.-H. (1987), S. 251 f..

96 Vgl. grundlegend BAUMOL, W.J. / OATES, W.E. (1971). Vgl. außerdem BAUMOL, W.J. / OATES, W.E. (1988), S. 159 ff.; KEMPER, M. (1989), S. 40 f.; WEIMANN, J. (1990), S. 136 ff..

97 Vgl. hierzu speziell im Kontext der Abfallentsorgung BENKERT, W. / BUNDE, J. (1990), S. 284 ff.; EBERHARDT, A. / KEPPLER, J. (1992), S. 361 ff.; MARK, M. v. (1993), S. 142 ff.; ZIMMERMANN, H. (1993), S. 142 ff..

98 Dies ist allerdings für die Verursacher, sofern sie ihre Emissionsniveaus entsprechend nach oben bzw. unten anpassen, mit zusätzlichen "Flexibilitätskosten" verbunden. Der "trial and error"-Prozeß könnte entfallen, wenn sich die Abgabenhöhe an den Grenzkosten eines bereits bekannten Standards orientiert. Vgl. FRITSCH, M. / WEIN, T. / EWERS, H.-J. (1993), S. 83.

99 Vgl. hierzu z.B. TIETENBERG, T.H. (1973); CONRAD, K. (1985); KEMPER, M. (1989), S. 81 ff..

100 BAUMOL, W.J. / OATES, W.E. (1988), S. 159 sprechen in diesem Zusammenhang von "efficiency without optimality".

Reduzierung der Umweltbelastungen hervorzubringen.

Im Bereich der öffentlichen Abfallentsorgung treten Umweltabgaben in verschiedenen Formen in Erscheinung:

- Zu nennen sind hier zunächst einmal als "Umweltabgaben in einem weiteren Sinne" die Abfallgebühren, die den Abfallbesitzern von den entsorgungspflichtigen Gebietskörperschaften für die Entsorgungsleistungen in Rechnung gestellt werden.[101] Dabei dienen Gebührenzuschläge und entsprechende -tarifierungen, mittels derer die entsorgungspflichtigen Körperschaften Vermeidungs- und Verwertungsanreize für die Abfallbesitzer setzen sollen bzw. können, einer weitergehenden Internalisierung.

- In Baden-Württemberg, Bremen, Hessen, Niedersachsen und Nordrhein-Westfalen werden im Rahmen der Sonderabfallentsorgung über die Entsorgungsentgelte hinaus "Abfallabgaben" in Form einer Sonderabgabe (in NW: "Lizenzentgelt"[102]) zur Mengeneinschränkung der schädlichen Abfallfraktionen erhoben.[103] Die Siedlungsabfallwirtschaft kann hiervon tangiert werden, da entsprechender Problemmüll logistisch entsorgt wird und im Entsorgungsprozeß Sonderabfälle generiert werden (z.B. schadstoffhaltige Aschen bei der thermischen Vorbehandlung). Während in Hessen und Niedersachsen die Sonderabfälle der Siedlungsabfallwirtschaft aufgrund bestimmter Ausnahmeregelungen von der Abgabepflicht entbunden sind, erwächst in den anderen Ländern insbesondere für die prozeßbedingten Sonderabfälle eine Abgabeschuld (vgl. *Tab. 4.5*). Je nach Abfallkategorie betragen die Abgabesätze bis zu 300 DM pro angefangener Gewichtstonne.[104] Die Beträge sind von den entsorgungspflichtigen Gebietskörperschaften zu entrichten und werden über die Abfallgebühr - in Abhängigkeit der Preisgestaltung -[105] auf die Gebührenschuldner umgelegt.

---

101 OBERHAUSER, A. (1974 a), S. 43 bemerkt in diesem Zusammenhang, daß es sich bei der Gebührenfinanzierung staatlicher Einrichtungen zur Vermeidung von Umweltbelastungen formal um Abgaben handele, faktisch jedoch um eine Umlage der Vermeidungskosten.

102 Das Lizenzentgelt wird mitunter als Benutzungsgebühr interpretiert. Vgl. hierzu SANDHÖVEL, A. (1994), S. 299 ff..

103 Vgl. hierzu etwa SCHULZ, E. (1992); KOSS, K.-D. / WENDER, A. (1993).

104 Vgl. kritisch zur Entgelthöhe speziell in Nordrhein-Westfalen SANDHÖVEL, A. (1994), S. 236 ff.. Die finanzielle Belastung der Abfallerzeuger durch die Entgelte dürfte im gesamten Preisgefüge der Entsorgung eine zu vernachlässigende Größe sein, so daß die Anreizwirkung zur Abfallvermeidung fragwürdig sei.

105 Vgl. hierzu nochmals die Ausführungen in Kapitel 3.8.

Bundesland	Gesetz *)	Abgabe-pflichtige Abfallarten	Abgabebe-zeichnung	Siedlungsabfallwirtschaft				
				Logistik: Problemmüll	Verwertung: prozeßbed. SoAbf	Verbrenn.: prozeßbed. SoAbf	Ablagerung: prozeßbed. SoAbf	Abgabesatz
Baden-Württemb.	LAbfAG BW	Sonderabfall § 1 (1)	Abfallabgabe	befreit § 1 (3)	**§ 1 (1), (2)**	**§ 1 (1), (2)**	befreit § 1 (3)	**100-300 DM/t §§ 4 u. 5**
Bremen	Brem-AbfAG	Sonderabfall § 1 (1)	Abfallabgabe	befreit § 2 (2), (3)	befreit § 2 (1)	**§ 1 (1), (2)**	befreit § 2 (1)	**100-300 DM/t § 3**
Hessen	HSondAbf-AbgG	Sonderabfall § 1 (1)	Abfallabgabe	befreit §1 (2)	befreit § 1 (2)	befreit § 1 (2)	befreit § 1 (2)	-
Niedersachsen	NAbfAbgG	Sonderabfall § 1 (1)	Abfallabgabe	befreit § 2 (2), (3)	befreit § 2 (1)	befreit § 2 (1)	befreit § 2 (1)	-
Nordrhein-Westfalen	Lizenzent-geltVO NW	Sonderabfall § 10 (1) LAbfG NW	Lizenz-entgelt	**§ 5**	**§ 5**	**§ 5**	**§ 5**	**0,1-35 DM/t §§ 3-6**

*) Vgl. Gesetzes- und Verordnungsverzeichnis.

Tab. 4.5: Bundeslandspezifische Abfallabgaben für Sonderfälle

- Speziell in Schleswig-Holstein existieren für die gesamte Abfallentsorgung, d.h. sowohl für die Sonder- als auch für die Siedlungsabfallwirtschaft, mehrere lenkungsmotivierte Sonderabgaben (sog. Erzeugungs-, Verbrennungs- und Deponieabgabe). Siedlungsabfälle werden durch die Verbrennungs- und die Deponieabgabe mit einem Abgabesatz von bis zu 100 DM/t belastet, prozeßbedingte Sonderabfälle und Problemmüll hingegen sind abgabebefreit (vgl. *Tab. 4.6*). Die Abgabeschuld wird auch hier über die Abfallgebühr an die Abfallbesitzer weiterverrechnet.

Bundesland	Gesetz *)	Abgabe-pflichtige Abfallarten	Abgabebe-zeichnung	Siedlungsabfallwirtschaft				
				Logistik	Verwertung	Verbrennung	Ablagerung	Abgabesatz
Schleswig-Holstein	LAbfAG SH	erzeugte Sonder-abfälle	Erzeuger-abgabe	befreit § 2 (1)	befreit § 2 (1)	befreit § 2 (1)	befreit § 2 (1)	-
		Verbren-nungsabfälle	Verbren-nungs-abgabe	-	-	**§ 6 (1): hausmüll-ähnliche Gewerbeab-fälle, Bau-stellenab-fälle**	-	**25-50 DM/t § 7**
		unbehan-delte, abzu-lagernde Ab-fälle	Deponie-abgabe	-	-	-	**§ 6 (1): Siedlungs-abfälle**	**25-100 DM/t § 7**

*) Vgl. Gesetzes- und Verordnungsverzeichnis.

Tab. 4.6: Abfallabgabe in Schleswig-Holstein

- Ferner ist für das Einleiten von Abwässern in das Grundwasser oder in Oberflächengewässer eine von den Ländern zu erhebende Sonderabgabe, die sog. Abwasserabgabe, zu entrichten. Lenkungsintention hierbei ist die Schadstoffreduktion im Abwasser. Bewertungsgrundlage für den Abgabesatz ist die Schädlichkeit des Abwassers, die in definierten Schadeinheiten zu bestimmen ist (vgl. § 3 AbwAG). Relevanz der Abwasserabgabe für die öffentliche Abfallentsorgung bedingen die im Entsorgungsprozeß anfallenden Abwässer, insbesondere die im Normalbetrieb zu entsorgenden schadstoffhaltigen Sickerwässer von Deponien. Entsprechend zu entrichtende Abgabebeträge werden von den entsorgungspflichtigen Körperschaften über die Abfallgebühren den Abfallbesitzern in Rechnung gestellt.

- Als weitere Umweltabgabe im Abfallbereich ist schließlich die "Kommunale Verpackungssteuer" zu nennen. Diese kommunalrechtliche Steuer kann von den Städten und Gemeinden auf Einwegverpackungen, -geschirr und -besteckteile von Endverkäufern erhoben werden, die Speisen und Getränke zum Verzehr an Ort und Stelle anbieten.[106]

4.1.3.2.3.4 Umweltsubventionen

Derselbe Effekt wie bei Umweltabgaben läßt sich auch durch Gewährung von Umweltsubventionen erzielen. Den Verursachern wird pro vermiedener Schadenseinheit eine Subvention in Höhe des Standard-Preis-Satzes bezahlt. Liegt der Subventionsbetrag über den individuellen Grenzvermeidungskosten, so lohnt sich eine entsprechende Reduktion der Schädigung. Andernfalls ist es vorteilhaft, die Schädigung nicht weiter zu verringern.

Gegenüber Abgabenlösungen besteht jedoch der Nachteil, daß für die Subventionszahlungen finanzielle Mittel benötigt werden. Die Aufbringung der Mittel kann Allokationsverzerrungen und damit Wohlfahrtsverluste bedingen. Dies ist im hier betrachteten Abfallbereich besonders dann der Fall, wenn die Subventionsfinanzierung

106 Zu bemerken ist, daß seit mehreren Jahren eine kontroverse Diskussion zu der Frage geführt wird, ob Gemeinden unter ökologischen Gesichtspunkten die Verwendung von Einwegverpackungen mit einer gemeindlichen Abgabe belegen können; vgl. hierzu etwa KOPPELMANN, U. (1985); OSTERLOH, L. / BRODERSEN, C. (1986); KÖCK, W. / SCHWANENFLÜGEL, M. v. (1990); ESCHENBACH, J. (1994); RUMMLER, T. (1994); KONRAD, K. (1995); o.V. (1995 b). Die Stadt Kassel initiierte durch den Erlaß einer Verpackungssteuersatzung, die am 1.7.1992 in Kraft getreten ist, ein Musterverfahren. Das BVerwG kam in seinem Beschluß vom 19. August 1994 (BVerG 8 N 1.93) zu dem Ergebnis, daß die Kasseler Verpackungssteuer eine grundsätzlich zulässige örtliche Verbrauchssteuer darstelle, die über das landesrechtlich eingeräumte Steuerfindungsrecht hinaus keiner weiteren Rechtsgrundlage bedürfe. Vgl. zur Kommentierung o.V. (1995 a), Rdnr. 4.

über das allgemeine Gebührenaufkommen und insbesondere durch die nichtsubventionierten Gebührenschuldner erfolgt.[107] Typische Anwendungsfälle für Subventionen sind Investitionszuschüsse an die Abfallbesitzer für Eigenkompostierung und sonstige private Abfallvermeidungs- und -verminderungsmaßnahmen. Ähnlich zu werten sind auch lenkungsdienliche Gebührenbefreiungen, -abschläge und -tarifierungen. Darüberhinaus könnten die Öffentlichkeitsarbeit und die Beratungsleistungen zur umweltbezogenen Verhaltensbeeinflussung der Abfallproduzenten durchaus als nichtmonetäre Subventionen verstanden werden.[108]

Weitere Nachteile der Subventionslösungen im Vergleich zu den Abgabenlösungen ergeben sich in Hinblick auf die dynamische Anreizwirkung.[109] Da der Subventionssatz an den Grenzvermeidungskosten anknüpft, ist aus Sicht der Subventionsempfänger tendenziell ein hohes Grenzvermeidungskostenniveau erwünscht, wodurch die Entwicklung von kostengünstigeren Vermeidungstechnologien gehemmt wird. Außerdem besteht die Gefahr, daß die Aussicht auf Subventionszahlungen die Errichtung weiterer Schädigungsquellen stimuliert.

4.1.3.2.3.5 Handelbare Schädigungsrechte

Eine praxisnahe Version der COASE'schen Verhandlungslösung ist das Konzept der handelbaren Schädigungsrechte.[110] Die Grundidee dieses Konzepts besteht darin, daß staatlicherseits eine Emissionshöchstgrenze bezüglich eines bestimmten Schadstoffs in einem definierten Raum festgelegt und die entsprechend zulässige Gesamtemissionsmenge in gestückelten Schädigungsrechten (sog. Zertifikaten) verbrieft wird. Nach einer bestimmten "Erstverteilung"[111] der Schädigungsrechte an die aktuellen Verursacher wird die weitere Verteilung dem Markt überlassen. Jeder Zertifikatsinhaber steht vor der Entscheidung, das Recht zur Schädigung zu nutzen oder an Dritte weiterzuverkaufen. Für den einzelnen Verursacher lohnt sich der Verkauf, wenn der zu erzielende Preis über seinen individuellen Grenzvermeidungkosten liegt. Für die potentiellen Verursacher hingegen ist ein Erwerb vorteilhaft, wenn der Preis ist niedriger als

---

107 Anders verhält es sich jedoch, wenn die Mittel ausschließlich aus pagatorischen Überschüssen stammen, bedingt etwa durch lenkungsinduzierte Gebührenzuschläge oder Wiederbeschaffungswertansätze bei den kalkulatorischen Abschreibungen und Zinsen.

108 Vgl. hierzu z.B. JARRE, J. (1993), S. 464 ff.. - Ein Kostenansatz in der Gebührenkalkulation, verbunden mit den bereits genannten Zurechnungsproblemen (vgl. Kapitel 3.8.3.2.3.2.4), müßte dann aber aufgrund der oben genannten Finanzierungsproblematik entfallen.

109 Vgl. FRITSCH, M. / WEIN, T. / EWERS, H.-J. (1993), S. 83.

110 Vgl. grundlegend insbesondere DALES, J.H. (1968); MISHAN, E.J. (1969), S. 36 ff.; BONUS, H. (1972), S. 349 ff..

111 Diese "Erstverteilung" kann durch Versteigerung, durch Verkauf zu einem staatlich administrierten Festpreis oder durch eine an die bisher erlaubten Emissionen anknüpfende Gratisvergabe (sog. Grandfathering) erfolgen. Vgl. KEMPER, M. (1989), S. 44.

die jeweiligen Grenzvermeidungskosten. Insofern wird sich über den Marktprozeß ein Zertifikatskurs ergeben, bei dem die Grenzkosten der letzten vermiedenen Schadenseinheit bei allen aktuellen und potentiellen Verursachern gleich ist. Statische Effizienz ist mithin gewährleistet. Überdies besteht ökologische Treffsicherheit, da die erlaubte Schädigungsmenge auch bei sich verändernden Rahmenbedingungen (Wirtschaftswachstum, steigende Anzahl der Verursacher, Preissteigerungen etc.) fixiert ist. Zur Erreichung hoher dynamischer Effizienz ist es allerdings erforderlich, daß der Staat eine "Offenmarktpolitik"[112] betreibt, so daß der Zertifikatskurs infolge des Einsatzes innovativer Technologien nicht längerfristig sinkt bzw. Kurssenkungen nicht allgemein erwartet werden. Andernfalls würde die Entwertung der Zertifikate den technischen Fortschritt bremsen.[113]

In praxi ergeben sich für den Handel von Schädigungsrechten jedoch erhebliche Einschränkungen. Die allgemein ökologische Notwendigkeit einer zeitlichen und räumlichen Differenzierung der Emissionsmengen induziert eine Aufsplitterung in Einzelmärkte mit geringer Teilnehmerzahl.[114] Auf solchen spezifizierten Märkten ist mit hohen Informations- und Verhandlungskosten zu rechnen.[115] Überdies besteht die Gefahr des Hortens, da Zertifikate den Charakter von Potentialfaktoren besitzen.[116] Insofern sind die Voraussetzungen für einen kompetitiven Markt ungünstig. Die Zertifikatslösung besitzt daher für den Abfallbereich, insbesondere bei isolierter Anwendung, wenig Relevanz.[117] Eine Einsatzmöglichkeit ergibt sich jedoch für den Fall, daß die sozialen Zusatzkosten infolge von Verknappungen der Beseitigungskapazitäten auftreten. Hierauf wird in Kapitel 4.1.4.4.2 eingegangen.

4.1.3.2.3.6 Haftungsregeln

Ein dem COASE'schen Internalisierungsansatz verwandtes Instrument stellt schließlich das Haftungsrecht dar.[118] Es umfaßt Regeln, die bestimmen, unter welchen Voraussetzungen (Haftungsmaßstab) und in welchem Umfang (Haftungsumfang) ein Ge-

---

112 Hierunter versteht man ganz allgemein den Kauf bzw. Verkauf von Wertpapieren durch die Regulierungsinstanz. Vgl. im Kontext der Geldmarktpolitik etwa HANUSCH, H. / KUHN, T. (1994), S. 254 f..

113 Vgl. FRITSCH, M. / WEIN, T. / EWERS, H.-J. (1993), S. 93.

114 Vgl. WEIMANN, J. (1990), S. 173. Eine Ausnahme ergibt sich bei Globalschadstoffen, wie etwa CO_2.

115 Vgl. STREISSLER, E. (1993), S. 98.

116 Vgl. BONUS, H. (1984), S. 117.

117 Vgl. HECHT, D. (1991), S. 209.

118 Vgl. hierzu z.B. HECHT, D. (1991), S. 198 ff.; KIRCHGÄSSNER, G. (1992); FRITSCH, M. / WEIN, T. / EWERS, H.-J. (1993), S. 94 ff.; ENDRES, A. (1994), S. 55 ff.. Speziell zu den Unterschieden zwischen haftungsrechtlichem und eigentumsrechtlichem Ansatz vgl. ENDRES, A. (1994), S. 58 ff..

schädigter vom Verursacher zu kompensieren ist. Da die Haftung erst ex post eintritt, ist eine Schädigung grundsätzlich zulässig. Berücksichtigt der Verursacher jedoch bereits bei seinen mit Externalitäten behafteten Aktivitäten die künftig zu erwartenden Schadensersatzzahlungen, wirken die Haftungsregeln auch ex ante und somit internalisierend. In diesem Zusammenhang sind zwei Haftungsmaßstäbe zu unterscheiden:

(1) Bei der sog. Verschuldungshaftung wird der Verursacher zur Haftung herangezogen, wenn er gegen rechtlich vorgegebene Sorgfaltspflichten vorsätzlich oder fahrlässig verstößt.

(2) Die sog. Gefährdungshaftung sieht vor, daß der Verursacher unabhängig von einem schuldhaften Verhalten für die Schäden haften muß.

Bei Schäden insbesondere infolge von Störfällen handelt es sich oftmals um sog. Risikoexternalitäten, so daß der Verursacher nur bedingt mittels entsprechender "Sorgfaltsmaßnahmen" einen Einfluß auf die Wahrscheinlichkeit des Schadenseintritts und auf das Schadensausmaß hat.[119] Während im Falle der Verschuldungshaftung das erforderliche Sorgfaltsniveau gesetzlich definiert ist und bei paretooptimaler Festlegung vom rational handelnden Verursacher auch nicht unterschritten wird, bestimmt sich im Falle der Gefährdungshaftung das optimale Sorgfaltsniveau S^* für den Verursacher dadurch, daß die Gesamtkosten der Sorgfaltsmaßnahmen und der korrespondierenden, zu erwartenden Schäden minimal sind (vgl. *Abb. 4.8*).[120] Sofern sich Versicherungsmärkte zur Abdeckung von Risiken aus Schadensersatzansprüchen bilden, übernehmen die Kosten der Versicherungsprämien die Internalisierungsfunktion.[121] Im Interesse der Geschädigten schreibt der Gesetzgeber bei potentiell besonders gefährlichen Aktivitäten für den Verursacher sogar zwingend eine Deckungsvorsorge vor.[122]

---

119 Dabei sei angenommen, daß es sich um eine "unilaterale" Externalität handelt, so daß nur der Verursacher, nicht aber der Geschädigte Einfluß auf Schadenseintritt und -höhe nehmen kann. Dies ist gerade für Umweltexternalitäten typisch; vgl. ENDRES, A. (1994), S. 57.

120 Für die Realisierung dieses Optimums, welches in gesamtwirtschaftlicher Sicht auch ein Paretooptimum darstellt, sind jedoch bestimmte Voraussetzungen notwendig, die in der Realität gemeinhin nicht erfüllt sind. So müssen etwa die erforderlichen Informationen verfügbar und die Schäden und Schadensersatzzahlungen identisch sein.

121 Vgl. hierzu ENDRES, A. / SCHWARZE, R. (1991).

122 Vgl. HECHT, D. (1991), S. 202 ff..

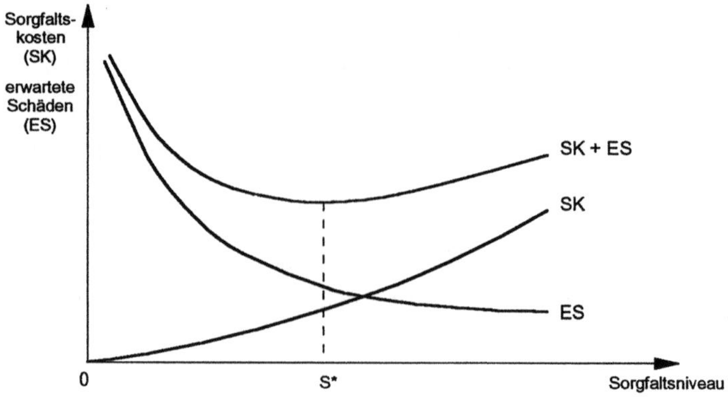

Abb. 4.8: Optimales Sorgfaltsniveau und Haftungsrecht (Quelle: FRITSCH, M. / WEIN, T. / EWERS, H.-J. (1993), S. 95)

In Hinblick auf die Kriterien der statischen und dynamischen Effizienz erweist sich die Gefährdungshaftung aufgrund der Möglichkeit zur individuellen Festlegung des Sorgfaltsniveaus als optimal. Demgegenüber hängt bei der Verschuldungshaftung die Effizienz der Schadensvermeidung von den konkreten gesetzlichen Sorgfaltsanforderungen ab. Da überdies die bei Einhaltung der Sorgfaltspflichten eintretenden Schäden nicht vom Verursacher zu tragen sind, d.h. die Kosteninternalisierung im PIGOU'schen Sinne unvollständig ist,[123] bestehen auch geringe Anreize, das Sorgfaltsniveau zu verbessern.

Ökologische Treffsicherheit ist sowohl bei der Verschuldungs- als auch bei der Gefährdungshaftung nur eingeschränkt gewährleistet. Sie bestimmt sich bei der Verschuldungshaftung über das gesetzlich fixierte Sorgfaltsniveau. Hier stellt sich nun die Frage, inwieweit dieses Niveau dem gesamtgesellschaftlichen Optimum entspricht. In der Rechtspraxis orientiert man sich an gruppenspezifischen und somit lediglich an durchschnittlichen Sorgfaltspflichten. Auch bereitet es mitunter erhebliche Probleme, dem Verursacher eine Verletzung der Sorgfaltspflicht nachzuweisen.[124] Bei der Gefährdungshaftung hingegen bestehen zwar starke Anreize, das individuelle und gleichsam gesamtwirtschaftliche optimale Sorgfaltsniveau zu erreichen. Doch können die Schäden ex ante unterschätzt werden, wenn sie aufgrund unbekannter Ursache-Wirkungszusammenhänge nicht ermittelbar oder bei Monetarisierungsproblemen nicht explizit im Kalkül berücksichtigbar sind. Hinzu kommt, daß Schäden nur insoweit zu

123 Insofern kommt die Verschuldungshaftung einem mit Haftungsandrohungen sanktionierten Auflagensystem gleich; vgl. ENDRES, A. (1994), S. 66.

124 Hier könnte eine (partielle) Beweislastumkehr Abhilfe schaffen. Dabei wandelt sich die Verschuldungshaftung aber tendenziell zur Gefährdungshaftung.

entgelten sind, wie sie vom Gesetzgeber als ersatzfähig genannt sind.[125] Nach herrschender Meinung hat das Haftungsrecht jedoch gegenüber anderen umweltpolitischen Internalisierungsinstrumenten vor allem dort komparative Vorteile, wo es um kleinräumige, unsichere Wirkungszusammenhänge geht, an denen nur wenige Emittenten beteiligt sind.[126]

Haftungsregeln im Bereich der öffentlichen Abfallentsorgung stellen, wie bereits in Kapitel 3.8.3.2.3.1.2 erläutert wurde, vor allem die Gefährdungshaftung nach UmweltHG und nach § 22 Abs. 1 u. Abs. 2 WHG für die Betreiber (bzw. Unternehmensmitarbeiter) der Entsorgungsanlagen dar. Während der Haftungsbereich des WHG nur das Umweltmedium "Wasser" umfaßt, bezieht sich das UmweltHG auch auf die Medien "Luft" und "Boden".[127] Ferner ergibt sich eine verschuldensabhängige Haftung insbesondere aus § 823 Abs. 1 u. Abs. 2 BGB ("Schadensersatzpflicht"). Als spezielle Haftungsform ist außerdem die sog. Aufopferung zu nennen, wonach eine Entschädigung an denjenigen zu zahlen ist, der gesetzesbedingt eigene Rechtspositionen für andere aufgeben muß. Dies ist gerade im Nachbarschaftsrecht von Bedeutung. Entsprechende Normen hierzu sind § 906 BGB ("Einwirkungen vom Nachbargrundstück") und speziell § 14 BImSchG. So sieht § 14 S. 2 BImSchG für alle in der 4. BImSchV[128] aufgeführten genehmigungsbedürftigen Anlagen - u.a. Abfallentsorgungsanlagen - eine verschuldensunabhängige Haftung vor, wenn von der Anlage ausgehende Emissionen sich im nachbarlichen Bereich schädigend auswirken.[129] Darüber hinaus ist als haftungsähnliches Internalisierungsinstrument die Kompensationsverpflichtung nach § 8 BNatSchG zu nennen, die im Rahmen der Abfallentsorgungsplanung und Anlagengenehmigung den entsorgungspflichtigen Körperschaften auferlegt werden kann.[130] Nach § 8 Abs. 1 u. 2 BNatSchG ist der Verursacher von Eingriffen in Natur und Landschaft - so etwa der Entsorger bei Errichtung und Betrieb einer Entsorgungsanlage - verpflichtet, unvermeidbare Beeinträchtigungen durch Maßnahmen des Naturschutzes und der Landschaftspflege zu kompensieren. Als Beispiele für entsprechende Maßnahmen können die Vorhaltung von Biotopen als Ausgleichsfläche oder die - ebenfalls nach TASi verbindlichen - Rekultivierungsmaßnahmen im Rahmen der Deponienachsorge genannt werden. In den meisten Bundesländern ist alternativ auch die Entrichtung einer sog. Ausgleichsabgabe vorgesehen.[131]

---

125 Vgl. ENDRES, A. (1994), S. 68 f..

126 Vgl. TEGNER, H. / GREWING, D. (1996), S. 466 f..

127 Vgl. hierzu z.B. RHODE-LIEBENAU, W. (1992); speziell für den Abfallbereich mit zahlreichen Fallbeispielen SALJE, P. (1993).

128 Vgl. Vierte Verordnung zur Durchführung des Bundes-Immissionsschutzgesetzes (Verordnung über genehmigungsbedürftige Anlagen - 4. BImSchV) vom 24. Juli 1985 (BGBl. I S. 1586), zuletzt geändert durch Verordnung vom 28. August 1991 (BGBl. I S. 1838, ber. S. 2044).

129 Vgl. SALJE, P. (1993), S. 84.

130 Vgl. hierzu SRU (1991), Tz. 238 ff..

131 Vgl. hierzu etwa GASSNER, E. (1985), S. 180 f..

	UmweltHG	§ 22 Abs. 1 WHG	§ 22 Abs. 2 WHG	§ 906 BGB	§ 14 BImSchG	§ 823 Abs.1 BGB	§ 823 Abs. 2 BGB
Anwendungsbereich	bei allen Umweltschäden, gleichgültig ob sie auf dem Boden-, Luft- oder Wasser-(Gewässer-)Pfad verursacht sind	nur bei Verunreinigung eines Gewässers (Fluß, Bach, See, Grundwasser, Küstengewässer)		nur Schäden, welche durch die in § 906 aufgeführten sog. unwägbaren Stoffe (d.h. weder feste noch flüssige Stoffe) verursacht sind	wie UmweltHG	wie UmweltHG	
Haftende Person	Inhaber von Anlagen, die in Anhang 1 zum UmweltHG aufgezählt sind	jede Person (auch Unternehmensmitarb.), welche die Gewässerverunreinigung verursacht hat	Inhaber der Anlage	Benutzer des Grundstückes, vom dem die Emissionen ausgehen	Betreiber der Anlage	jeder Täter; der Betrieb haftet für seine verfassungsmäßigen Vertreter (§§ 30, 31, 89 BGB) und für sonstige Mitarbeiter, wenn er letztere nicht sorgfältig ausgewählt, angeleitet u. überwacht hat (§ 831 BGB)	
Haftung bei mehreren Schädigern	streitig	als Gesamtschuldner		je nach Fall als Gesamtschuldner oder anteilig	u.U. wie bei § 906 BGB	als Gesamtschuldner	
Anspruchsvoraussetzungen	von einer Anlage i.S.d. UmweltHG gehen Umwelteinwirkungen aus und dadurch entsteht ein Schaden	durch Einbringen, Einleiten von Stoffen oder durch sonstiges Einwirken wird ein Gewässer verunreinigt und dadurch entsteht ein Schaden	aus einer Anlage, die z.B. zur Lagerung von Stoffen bestimmt ist, gelangen Stoffe in ein Gewässer (kein Einbringen oder Einleiten) und dadurch entsteht ein Schaden	ein Grundstück wird durch Gase etc. wesentlich aber ortsüblich beeinträchtigt, ohne daß sich dies durch zumutbare Maßnahmen vermeiden läßt	von einer Anlage, deren Genehmigung unanfechtbar geworden ist, gehen Emissionen auf ein benachbartes Grundstück aus, ohne daß Schutzvorkehrungen möglich sind	widerrechtliche und schuldhafte (vorsätzliche oder fahrlässige) Verletzung insbesondere des Lebens, Körpers, der Gesundheit oder des Eigentums	widerrechtlicher und schuldhafter Verstoß gegen ein sog. Schutzgesetz (z.B. §§ 211 ff. und 223 ff. StGB, § 5 BImSchG)
Umfang des Schadensersatzes	Personen- und Sachschäden sowie unechte Vermögensschäden; beachte auch § 16 (Öko-Schäden)	Personen- und Sachschäden, unechte u. echte (reine) Vermögensschäden sowie Rettungskosten	wie bei § 22 Abs. 1 WHG	Sach- und Vermögensschäden: Ausgleich für eine Beeinträchtigung der Substanz oder Nutzung des Grundstückes		Personen- und Sachschäden sowie unechte Vermögensschäden	Personen- und Sachschäden, echte und unechte Vermögensschäden
Haftungshöchstgrenze	160 Mio DM jew. für Personen- u. Sachschäden	nein	nein	nein	nein	nein	nein
Haftung für Normalbetriebsschäden	ja	grundsätzlich ja		ja	ja	nein	nein
Haftung für Entwickl.- u. Verborgenheitsrisiko	ja	ja	ja	ja	ja	nein	nein
Haftung für Schäden d. höh. Gewalt	nein	nein	nein	ja	ja	nein	nein
Haftung auf Schmerzensgeld	nein	nein	nein	nein	nein	ja (i.V.m. § 847 BGB)	ja (i.V.m. § 847 BGB)
Beginn der Haftung (in den alten Bundesländern)	Haftung für ab 1.1.1991 verursachte Schäden	Haftung für ab 1.3.1960 verursachte Schäden		die derzeitige Fassung des § 906 gilt für ab 1.6.1960 verursachte Schäden	Haftung für ab 1.4.1974 genehmigte Anlagen	Haftung für ab 1.1.1900 begangene unerlaubte Handlungen	
Ende der Haftung (Verjährung)	3 Jahre seit Kenntnis des Schadens u. des Schädigers, spätestens 30 Jahre seit der Tat	wie bei UmweltHG	wie bei UmweltHG	in 30 Jahren	mindestens in 30 Jahren	wie bei UmweltHG	wie bei UmweltHG

Tab. 4.7: Haftungsregeln (Quelle: DVS (1994), S. 12 f.)

In *Tabelle 4.7* sind die genannten Haftungsregeln mit ihren wichtigsten Bestimmungen zusammengefaßt.[132] In der Regel besteht zwischen den Haftungsnormen Anspruchskonkurrenz.[133]

Für eine Versicherungsdeckung der Haftungsrisiken bestehen z.Zt. folgende Möglichkeiten.[134] Die "Betriebshaftpflicht-Versicherung" gewährt im Rahmen der vereinbarten Deckungssumme Versicherungsschutz für jene Umweltschäden, für die der Verursacher aufgrund gesetzlicher Haftpflichtbestimmungen privatrechtlichen Inhalts auf Schadensersatz in Anspruch genommen wird. Schadensersatzansprüche aus dem UmweltHG, aus § 22 WHG und § 823 BGB sind damit grundsätzlich erfaßt, jedoch nicht die Ausgleichsansprüche nach § 906 BGB und § 14 BImSchG. Eine weitergehende Versicherung läßt sich durch sog. Deckungserweiterungen erreichen. So stellt die "WHG-Deckung" eine Deckungserweiterung für die reinen Vermögensschäden durch Gewässerverunreinigungen und für die Eigenschäden des Versicherungsnehmers dar. Mittels der "Restrisiko-Deckung" läßt sich der Restbestand an Gewässerschadensrisiken versichern. Die "Umweltschaden-Deckung" schließlich ist eine Deckungserweiterung für sonstige Schäden durch störfallbedingte Kontaminationen der Umweltmedien "Boden", "Luft" und "Wasser".

4.1.3.2.3.7 Zusammenfassender Instrumentenvergleich

In den vorangegangenen Ausführungen wurde aufgezeigt, daß für Internalisierungszwecke ein umfangreiches Repertoire an anwendungsorientierten Instrumenten existiert. Hinsichtlich ihrer Eignung gemäß den Beurteilungskriterien "statische Effizienz", "dynamische Effizienz" und "ökologische Treffsicherheit" bestehen teilweise große Unterschiede.

Tabelle 4.8 zeigt im Überblick, inwieweit die verschiedenen Instrumente den Kriterien genügen. Eine zusammenfassende Instrumentenbeurteilung aus der Sicht von FRITSCH/WEIN/EWERS, die im übrigen der herrschenden Meinung entspricht, ist

---

132 Hierzu seien folgende Begriffe erläutert:
- Aus Personen- oder Sachschäden entstehen häufig Vermögensfolgeschäden, bspw. Verdienstausfälle infolge von Gesundheitsschäden. Man spricht hierbei von "unechten Vermögensschäden".
- Demgegenüber stellen "reine Vermögensschäden" Vermögenseinbußen dar, ohne daß zuvor persönliche oder sachliche Rechtsgüter beeinträchtigt wurden. Ein Beispiel hierfür sind die Werteinbußen von Immobilien aufgrund der fixen Externalitäten von Entsorgungsanlagen.
- "Entwicklungs- und Verborgenheitsrisiken" sind die besonderen Schadensrisiken bei Diffusions-, Synergie-, Akkumulations-, Langzeit- und Distanzeffekten der Emissionen bzw. Immissionen.

133 Vgl. SALJE, P. (1993), S. 81.

134 Vgl. detailliert DVS (1994), S. 21 ff..

in der Spalte "Gesamteinschätzung" wiedergegeben.[135] Des weiteren werden in den beiden letzten Tabellenspalten die konkreten Einzelinstrumente, die derzeit in der öffentlichen Abfallentsorgung Anwendung finden, den jeweiligen Instrumententypen zugeordnet. Dabei wird danach differenziert, ob die Instrumente gegenüber den Abfallbesitzern direkt oder indirekt, d.h. über die entsorgungspflichtigen Körperschaften, ihre internalisierende Wirkung entfalten.

Anwendungsorientierte Instrumente zur Internalisierung negativer externer Effekte	Statische Effizienz	Dynamische Effizienz	Ökologische Treffsicherheit	Gesamteinschätzung	Konkreter Instrumenteneinsatz in der Siedlungsabfallwirtschaft	
					direkte Verursacheradressierung	indirekte Verursacheradressierung
Staatliche Bereitstellung	in der Regel eingeschränkt	in der Regel eingeschränkt	in der Regel eingeschränkt	nur, wenn nicht anders möglich		• Staatliche Entsorgungspflicht
Umweltnormen	in der Regel schlecht	schlecht	eingeschränkt	nur in Ausnahmefällen geeignet	• Abfallwirtschaftssatzung • Rückgaberechte/ -pflichten u. Verwendungsgebote	• TASi • 17. BImSchV • WHG • Sonderfall: § 5 (1) BImSchG
Umweltabgaben	gut	gut	eingeschränkt	gut geeignet; Problem der geeigneten Bezugsgröße	• Abfallgebühren • Lenkungsdienliche Gebührenzuschläge, -tarifierungen • Kommunale Verpackungssteuer	• Landesspezifische Sonderabfallabgabe • Landesspezifische Abfallabgabe • Abwasserabgabe
Umweltsubventionen	gut	fragwürdig	eingeschränkt	theoretisch bedingt geeignet; Problem der geeigneten Bezugsgröße	• Investitionszuschüsse für Maßnahmen der Abfallvermeidung u. -verwertung • Lenkungsdienliche Gebührenbefreiungen, -abschläge u. -tarifierungen • Öffentlichkeitsarbeit u. Beratung	-
Handelbare Schädigungsrechte	sehr gut	gut (bei entsprechender Kurspflege)	gut	konzeptionell gut geeignetes Verfahren; Problem der praktischen Anwendung	-	-
Haftungsregeln • Gefährdungshaftung • Verschuldungshaftung	 sehr gut in der Regel schlecht	 relativ gut relativ schlecht	 eingeschränkt eingeschränkt	prinzipiell geeignet; praktisch ist in der Regel nur eine teilweise Internalisierung zu erreichen; schafft die Basis zu ggf. sinnvollen Anwendung weiterer Internalisierungsverfahren	-	• UmweltHG • § 22 WHG • § 823 BGB • § 906 BGB • § 14 BImSchG • § 8 BNatSchG

Tab. 4.8: Angewandte Internalisierungsinstrumente in der Siedlungsabfallwirtschaft (in Anlehnung an: FRITSCH, M. / WEIN, T. / EWERS, H.-J. (1993), S. 101)

135 Vgl. FRITSCH, M. / WEIN, T. / EWERS, H.-J. (1993), S. 99 ff..

Anzumerken ist, daß es sich bei den abfallwirtschaftlichen Instrumenten jedoch um keine Internalisierungsinstrumente in der beschriebenen Reinform handelt. Sie wirken zusammen im Verbund, so daß ihre konkrete Eignung hinsichtlich der drei Beurteilungskriterien nur in einer Gesamtschau analysiert werden könnte. Die Schwierigkeit dieses Unterfangens dokumentieren FRITSCH/WEIN/EWERS mit der Aussage, "... daß sich die besten Ergebnisse durch einen "intelligenten Mix" der verschiedenen Instrumente erreichen lassen."[136] Aufgrund der Unsicherheit, wie einzelne Internalisierungsmaßnahmen tatsächlich wirken, wird indessen prinzipiell ein umfassender Policy-Mix erforderlich sein.[137] Festzustellen bleibt, daß die Maßnahmen der staatlichen Entsorgungspflicht in Kombination mit den ordnungsrechtlichen Vorgaben (speziell der TA Siedlungsabfall) und den Haftungsregeln sowie einer entsprechenden Gebührenbepreisung die dominierenden Internalisierungsinstrumente für normalbetrieb- und für störfallbedingte negative externe Effekte im Abfallbereich darstellen.

4.1.4 Knappheit des Ablagerungsraumes für Abfälle

Eine weitere Ursache für soziale Zusatzkosten im Abfallbereich stellt das seit Anfang der 70er Jahre zu beobachtende Phänomen knapper werdender Beseitigungskapazitäten dar, insbesondere in Hinblick auf den Ablagerungsraum für Abfälle.

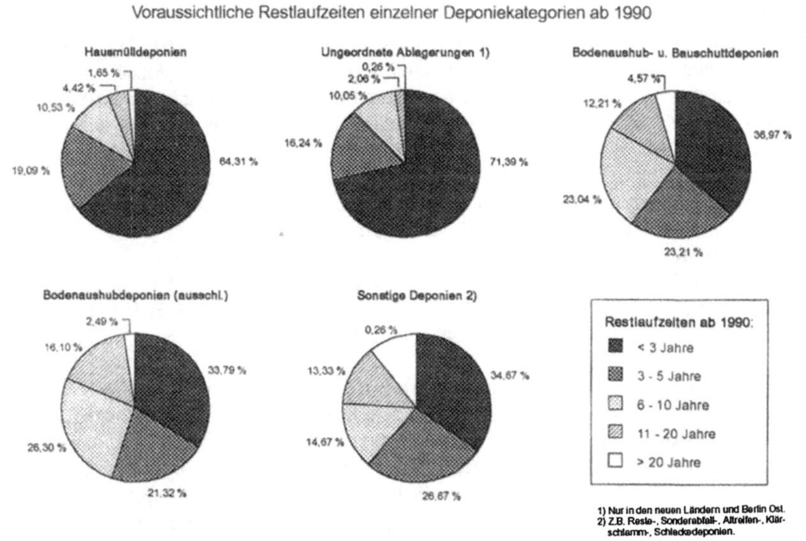

Abb. 4.9: Voraussichtliche Restnutzungsdauern einzelner Deponiekategorien ab 1990

---

136 FRITSCH, M. / WEIN, T. / EWERS, H.-J. (1993), S. 103.

137 STREISSLER, E. (1993), S. 102 bemerkt in diesem Zusammenhang, daß man sich am Prinzip der Schrotflinte orientiere: "Man feuert viele Körner zugleich ab, damit eines wenigstens den Vogel abschießt."

Abbildung 4.9 gibt einen Überblick der ab 1990 voraussichtlich verbleibenden Restnutzungsdauern für einzelne Deponiekategorien in der Bundesrepublik Deutschland.[138]

Gerade bei den für Siedlungsabfälle im engeren Sinne zuständigen Hausmülldeponien und ungeordneten Deponien zeichnete sich zum damaligen Zeitpunkt eine signifikante Verknappung der Kapazitäten ab. Diese Entwicklung ist in den Folgejahren auch tatsächlich eingetreten, da neue Deponierungsflächen nicht in erforderlichem Umfang ausgewiesen oder zusätzliche Verbrennungsanlagen zur Mengenreduktion nicht geschaffen werden konnten.[139] Ursächlich hierfür sind einerseits Planungsversäumnisse der zuständigen Behörden, andererseits der bis heute anhaltende heftige Widerstand in der Bevölkerung vor allem gegenüber den konventionellen Entsorgungsstrategien, bedingt durch die Schäden und Risiken der externen Effekte.[140] Auch eine Mengeneinsparung über die verstärkte Verpflichtung der Produzenten zur Abfallvermeidung und -verwertung, z.B. im Rahmen der VerpackV, brachte keine kurzfristige Entlastung. Denn diese Maßnahmen können erst auf Sicht greifen, da ein Großteil der in naher Zukunft zu entsorgenden Abfälle bereits produziert ist bzw. nach getätigten Investitionen auch produziert wird.[141] Hinzu kommt, daß bisherige Ausweichmöglichkeiten durch den Abfallexport in andere Bundesländer mit freien Kapazitäten oder ins Ausland aufgrund länderspezifischer Ex- oder Importeinschränkungen[142] bzw. durch die EWG-VO Nr. 259/93[143] und das seit 13.10.1994 in Kraft befindliche AbfverbrG[144]

---

138 Zur Datenbasis vgl. STATISTISCHES BUNDESAMT (1994 a), S. 64. Die in der Abbildung ausgewiesenen Anteilswerte ergeben sich durch Gegenüberstellung der Anzahl eines Deponietyps - abzüglich der Antwortausfälle - und der Anzahl der Nennungen des jeweiligen Zeitintervalls hinsichtlich der Restnutzungsdauer. - Im Rahmen einer Arbeitsbesprechung der LAGA-ad hoc-Arbeitsgruppe "Gebührenentwicklung" am 18. September 1996 in Potsdam stellte sich heraus, daß sich dieses Engpaß-Szenario zwischenzeitlich in gewisser Weise relativiert hat. Durch Maßnahmen der Abfallvermeidung, -verwertung und thermischen Vorbehandlung konnten mancherorts die Deponierestlaufzeiten erheblich verlängert werden.

139 Vgl. FISCHER, G. (1992), S. 747.

140 Vgl. hierzu HOLST, M. (1989), S. 192 ff.; WALPRECHT, D. (1989), S. 2; BAUM, H.-G. (1990), S. 10; KLOCKOW, S. / EBERHARDT, A. (1992), S. 694; HECHT, D. / WERBECK, N. (1993), S. 6 f.; MICHAELIS, P. (1993), S. 6 f..

141 Vgl. BAUM, H.-G. (1990), S. 13.

142 Vgl. die Autarkie-Gebote in Bayern (§ 11 Abs. 4 u. 5 BayAbfPV), Hessen (§ 3 Nr. 2.1.1 Siedlungsabfallplan-Verordnung), Rheinland-Pfalz (Nr. 1 Abs. 4 Nr. 2 Abfallentsorgungsplan des Landes Rheinland-Pfalz) und Saarland (§ 1 Abs. 2 Rechtsverordnung über den Abfallentsorgungsplan Saarland, Teilplan Hausabfall), die Möglichkeiten der Importkontrolle in Bremen (§ 14 BremAGAbfG), Nordrhein-Westfalen (§ 19a LAbfG NW) und Brandenburg (§ 13 LAbfVG BB) sowie die Möglichkeiten der Ex- und Importkontrolle in Niedersachsen (§ 23 f. NAbfG), Schleswig-Holstein (§ 9 LAbfG SH), Sachsen-Anhalt (§ 20 f. AbfG LSA) und Thüringen (§ 9 Abs. 6 THAbfAG). Siehe hierzu auch *Tab. 6.8* in Kapitel 6.5.2.2.

143 Vgl. Verordnung (EWG) Nr. 259/93 des Rates vom 1. Februar 1993 zur Überwachung und Kontrolle der Verbringung von Abfällen in der, in die und aus der Europäischen Gemeinschaft (ABl. Nr. L 30 v. 6.2.1993 S. 1, berichtigt ABl. L 18 v. 26.1.1995 S. 38).

144 Vgl. Gesetz über die Überwachung und Kontrolle der grenzüberschreitenden Verbringung von Abfällen (Abfallverbringungsgesetz - AbfverbrG), Artikel 1 des Ausführungsgesetzes zu dem

zunehmend verhindert bzw. eingeschränkt werden. Die somit entstandene Knappheit an Entsorgungsmöglichkeiten macht sich bei vielen entsorgungspflichtigen Körperschaften zwischenzeitlich in einem solchen Ausmaß bemerkbar, daß die Situation nicht nur in den Medien, sondern auch in der Fachliteratur mit den Schlagwörtern "Müllnotstand" oder "Müllinfarkt" belegt wird.[145]

So ergab sich beispielweise für Bayern im Jahr 1994 folgende Engpaßsituation:[146] nur 70 % der entsorgungspflichtigen Körperschaften wiesen Deponierestlaufzeiten von mindestens sechs Jahren auf, wie sie in Art. 4 BayAbfAlG gefordert werden. 16 % der Körperschaften verfügten über Restlaufzeiten zwischen einem und sechs Jahren, 14 % der Körperschaften hatten keine verfügbaren Deponiekapazitäten. Eine behelfsweise, außerordentliche Engpaßbehebung erfolgte im Rahmen von Nachbarschaftshilfen durch Mitbenutzung der Deponien anderer Körperschaften bzw. durch Restmüllverbringung in andere Bundesländer. Da sich der bisherige Trend einer rückläufigen Mengenentwicklung der Restabfälle durch Vermeidungs- und Verwertungsmaßnahmen aller Voraussicht nach zukünftig nicht mehr fortsetzen wird,[147] besteht keine Hoffnung, daß sich die Knappheitsprobleme von allein lösen werden.

4.1.4.1 Erschöpfbare Ressourcen

Während etwa Verbrennungskapazitäten an einem Standort beliebig lange bereitgehalten werden können, indem technisch verschlissene Anlagen an gleichem Ort durch neue ersetzt werden, ist der Deponieraum nach erfolgter Verfüllung nicht mehr für Ablagerungszwecke verfügbar. Durch die sicherheitstechnisch motivierten Vorgaben der TA Siedlungsabfall hinsichtlich der geologischen und hydrogeologischen Anforderungen an den Deponiestandort (vgl. TASi Nr. 10.3) ergeben sich weitere faktische Restriktionen für die Ausweisung neuer Deponiekapazitäten. Diese Anforderungen sind, wie GASSNER feststellt, in etlichen Bundesländern praktisch kaum erfüllbar.[148] Mithin nimmt der Entsorgungsfaktor "Deponie" den Charakter einer "erschöpfbaren Ressource" an.[149]

Baseler Übereinkommen vom 22. März 1989 über die Kontrolle der grenzüberschreitenden Verbringung gefährlicher Abfälle und ihrer Entsorgung (Ausführungsgesetz zum Baseler Übereinkommen) vom 30. September 1994 (BGBl. I S. 2771). Siehe hier den "Grundsatz der Beseitigungsautarkie" (§ 2 AbfverbrG).

145 Vgl. etwa BAUM, H.-G. / BECKORD, E. (1990), S. 9; HECHT, D. (1991), S. 129; KLOCKOW, S. / EBERHARDT, A. (1992), S. 964; MICHAELIS, P. (1993), S. 7.

146 Vgl. BayLfU (1995), S. 101 ff..

147 Vgl. hierzu noch einmal die Ausführungen in Kapitel 3.3.2.

148 Vgl. GASSNER, H. (1995), S. 400. Allerdings wird die Forderung erhoben, daß bei geologisch weniger geeigneten Standorten eine bautechnische Nachbesserung gemäß TASi Nr. 10.3.2 zulässig sein sollte.

149 Vgl. hierzu grundlegend HOTELLING, H. (1931). Im Kontext der Abfallablagerung vgl.

Allgemein besteht das Wesensmerkmal erschöpfbarer Ressourcen darin, daß eine begrenzte, nichtregenerierbare Menge von Ressourcen vorhanden ist, deren Nutzung durch die gegenwärtige Generation die Nutzungsmöglichkeiten zukünftiger Generationen teilweise oder ganz beschneidet.[150] Insofern handelt es sich um ein den negativen externen Effekten eng verwandtes Problem. Ein Indikator für die Ressourcenverfügbarkeit ist neben der statischen und dynamischen Reichweite, den Abbaukosten und den künftigen Explorationsgrenzkosten insbesondere der reale Ressourcenpreis.[151]

Ein sich rational verhaltender Anbieter einer erschöpfbaren Ressource wird bei seiner Entscheidung über das Ausmaß der Ressourcenverwendung berücksichtigen, daß eine heute abgebaute und verkaufte Ressourceneinheit ihm für künftige Nutzungen nicht mehr zur Verfügung steht, das Gesamtangebot also verknappt ist. Bei unveränderter Nachfrage könnte dann ein höherer Preis erzielt werden. Folglich ergeben sich zeitliche Opportunitätskosten der Nutzung (sog. Nutzungskosten, "user cost" oder "royalty"). Diese geben an, wie hoch der Gegenwartswert des zukünftigen Gewinns ist, auf den der Anbieter verzichtet, wenn er eine zusätzliche Ressourceneinheit in der Gegenwart abbaut. Sofern nun der Anbieter seine Nutzungskosten in der Preiskalkulation berücksichtigt, spiegelt der reale Ressourcenpreis die erwartete Knappheit der Ressource wider. - Dabei ist einschränkend anzumerken, daß "reale Ressourcenpreise" durch falsche Erwartungen, durch einbezogene anderweitige Kostenfaktoren mit gegenläufiger Preistendenz (Problem der Mischkalkulation) oder durch Marktunvollkommenheiten bzw. politisch-institutionelle Einflüsse (Problem des Zweitbesten) verzerrt sein können.[152]

HECHT, D. (1991), S. 143; SRU (1991), Tz. 408; RENTZ, H. / WEILAND, R. (1993), S. 224.

150 Vgl. SCHUMANN, J. (1987), S. 352 ff.. Zu den erschöpfbaren Ressourcen werden mitunter auch solche natürliche Ressourcen gezählt, die sich zwar prinzipiell regenerieren oder vermehren können, die jedoch bei bei zu starker Nutzung schrumpfen oder sich aufbrauchen (z.B. Fisch- und Waldbestände).

151 Vgl. hierzu etwa MÜLLER, F.G. (1981); SIEBERT, H. (1983), S. 40 ff.; ENDRES, A. / QUERNER, I. (1993), S. 9 ff.. Beim Indikator "Reichweite" wird die noch vorhandene Menge der Ressource mit den statisch oder dynamisch definierten Jahresverbrauchsmengen in Beziehung gesetzt und somit die Anzahl der Verfügbarkeitsjahre abgeschätzt. Abgesehen davon, daß ein Ressourcenbestand nur schwer bestimmbar ist (z.B. aufgrund bislang unentdeckter Ressourcenmengen), bleibt bei dieser Kennzahl jedoch der Aspekt unberücksichtigt, inwieweit die Ressource in Zukunft überhaupt produktionsnotwendig ist (z.B. aufgrund von Sättigungstendenzen oder Substitutionsmöglichkeiten). Der Indiktor "Abbaukosten" basiert auf der Überlegung, daß man bei fortschreitendem Bestandsabbau auf qualitativ immer schlechtere (z.B. immer ungünstiger gelegene) Ressourcenlager übergehen muß. Allerdings kann die korrespondierende Kostensteigerung durch den technischen Fortschritt in der Abbauweise und steigende Skalenerträge tendenziell kompensiert werden. Die "Explorationsgrenzkosten" geben an, wieviel aufgewendet werden muß, um eine zusätzliche Ressourceneinheit für die künftige Nutzung zu erschließen. Als problematisch für eine Indikatorfunktion erweisen sich jedoch die Unsicherheiten bei der Exploration.

152 Vgl. SIEBERT, H. (1983), S. 46 f.; ENDRES, A. / QUERNER, I. (1993), S. 19 ff..

4.1.4.2 Optimaler Preispfad

Die Bestimmung des Preispfades, der die gewinn- und gleichsam allokationsoptimale intertemporale Nutzung der erschöpfbaren Ressource sicherstellt, basiert auf der sog. Hotelling-Regel. Für den Anbieter lohnt sich eine Ressourcenschonung nur dann, wenn der Wert des Ressourcenvorkommens mindestens mit einer Rate anwächst, die sich bei alternativer Gewinnrealisierung und -verwendung erzielen läßt.[153] Es handelt sich mithin um die Problemstellung der einzelwirtschaftlichen Kapitalwertmaximierung bei Investitionsalternativen.[154] Indifferenz zwischen dem Ressourcenverkauf heute ($t = 0$) und morgen ($t = 1$) besteht, wenn - unter einfachsten Modellannahmen - die sog. Arbitragegleichung gilt:

$$\mathbf{p}_0 = \mathbf{p}_1 \cdot (1+\mathbf{r})^{-1} \quad \text{bzw.} \quad \mathbf{p}_1 = \mathbf{p}_0 \cdot (1+\mathbf{r})$$

mit

p Preis (bzw. Kapitalwert) pro Ressourceneinheit
r Opportunitätszinssatz (z.B. Kapitalmarktzinssatz)

Liegt hingegen der Opportunitätszinssatz über der erwarteten Wachstumsrate des Ressourcenwertes (d.h. des Preises), wird der Anbieter das Ressourcenvorkommen schnellstmöglich ausbeuten und den Gewinn in die Alternativanlage investieren.[155] Im umgekehrten Fall wird der Abbau aufgeschoben, die Ressource dient dann als Wertspeicher.[156] Besteht jedoch Indifferenz, richtet sich die Abbaumenge allein an der herrschenden Ressourcennachfrage aus.

Bei mehrperiodiger, kontinuierlicher Betrachtung und unter Berücksichtigung kon-

153 Vgl. SIEBERT, H. (1983), S. 62 ff.; SCHUMANN, J. (1987), S. 354 ff.; ENDRES, A. / QUERNER, I. (1993), S. 36 ff.. - Ein alternativer, aber gewissermaßen zum selben Ergebnis führender Ansatz ist das "Konzept der sozial optimalen Abbaurate" (auch: "cake-eating"-Problem); vgl. etwa DASGUPTA, P. / HEAL, G.M. (1974), S. 5 ff.; ENDRES, A. (1985), S. 128 ff. u. S. 141 f.; ENDRES, A. / QUERNER, I. (1993), S. 25 ff.. Hier wird jene zeitliche Verteilung der Ressourcenextraktion ermittelt, die den bis zu einem bestimmten Planungshorizont betrachteten Nutzen aus der Ressource für die Gesellschaft maximiert. Im Unterschied zum Hotelling'schen Marktmodell wird der Entscheidungssituation anstelle der privaten Rate eine (zeitinvariate) soziale Rate zugrundegelegt. Hinsichtlich der Wahl der geeigneten sozialen Rate bestehen im Schrifttum indessen unterschiedliche Ansichten. Vgl. hierzu die Erläuterungen in Kapitel 4.1.4.4.1.

154 Vgl. SIEBERT, H. (1983), S. 23 f.. Vgl. im betriebswirtschaftlichen Schrifttum etwa BREALEY, R.A. / MYERS, S.C. (1991), S. 10 ff..

155 Dem wirkt jedoch das Absinken von $\mathbf{p}_0$ infolge des erhöhten Ressourcenangebotes tendenziell entgegen; vgl. SIEBERT, H. (1983), S. 25.

156 Voraussetzung hierbei ist allerdings, daß der Anbieter auf die Einnahmen des Ressourcenverkaufs nicht angewiesen ist, sondern sich beliebig verschulden kann. Vgl. KROMPHARDT, J. / SPELTHAHN, S. (1988), S. 173 f. Die Reduktion des Ressourcenangebotes bewirkt im übrigen eine Zunahme von $\mathbf{p}_0$ und bremst somit dem Arbitrageprozeß; vgl. SIEBERT, H. (1983), S. 25.

stanter Abbaugrenzkosten **AGK** ergibt sich für den Indifferenzpreis folgender Zeitpfad:[157]

$$p_t = AGK + (p_0 - AGK) \cdot e^{rt}$$

Bezeichnet man im speziellen Kontext der Abfalldeponierung den Gegenwartswert einer noch nicht genutzten Deponieeinheit mit **d** (Preis in situ) und setzt als Abbaugrenzkosten die Deponieverfüllungsgrenzkosten GK_{Dep} an, bestimmt sich der gleichgewichtige Preispfad wie folgt:[158]

$$p_t = GK_{Dep} + d \cdot e^{rt}$$

Zur Ermittlung des optimalen Preispfades, der die Verfügbarkeit der Deponieressource mit dem Anfangsbestand B_0 zum Zeitpunkt $t = 0$ bis zu einem vorzugebenden Erschöpfungszeitpunkt $T \in [0; \infty[$ sicherstellt, sind bestimmte Annahmen hinsichtlich des Nachfrageverhaltens der Abfallproduzenten nach Deponievolumen erforderlich. Insbesondere für $T < \infty$ muß ein Prohibitivpreis p_{max} existieren, bei dessen Erreichen die Nachfrage vollständig erliegt.[159] Des weiteren muß für die Gesamtheit der periodisch nachgefragten Mengen x_t an Deponievolumen folgende Bestandsrestriktion erfüllt sein:

$$\int_0^T x_t \, dt = B_0$$

Bei bekannter Nachfragefunktion läßt sich nun ein optimaler Anfangspreis $p_0^* = GK_{Dep} + d$ ermitteln, dessen Setzung dazu führt, daß im Zeitpunkt **T**, zu dem der über den Zeitpfad mit der Rate **r** anwachsende Preis die Höhe p_{max} erreicht, die anfänglich vorhandene Deponiekapazität in Höhe von B_0 erschöpft ist. Ein höherer bzw. niedrigerer Anfangspreis als p_0^* hätte zur Folge, daß c.p. der Ressourcenbestand nicht vollständig bzw. zu einem früheren Zeitpunkt als **T** erschöpft wird. In *Abbildung 4.10* sind die Zusammenhänge dargestellt.

157 Vgl. ENDRES, A. / QUERNER, I. (1993), S. 41.

158 Vgl. zum folgenden HECHT, D. (1991), S. 145; entsprechend STRÖBELE, W. (1987), 41 ff..

159 Eine vollständige Nachfrageeinschränkung ist indessen nur möglich, wenn Entsorgungsalternativen z.B. in Form von Vermeidungs- und Verwertungsmöglichkeiten existieren; vgl. HECHT, D. (1991), S. 137 f..

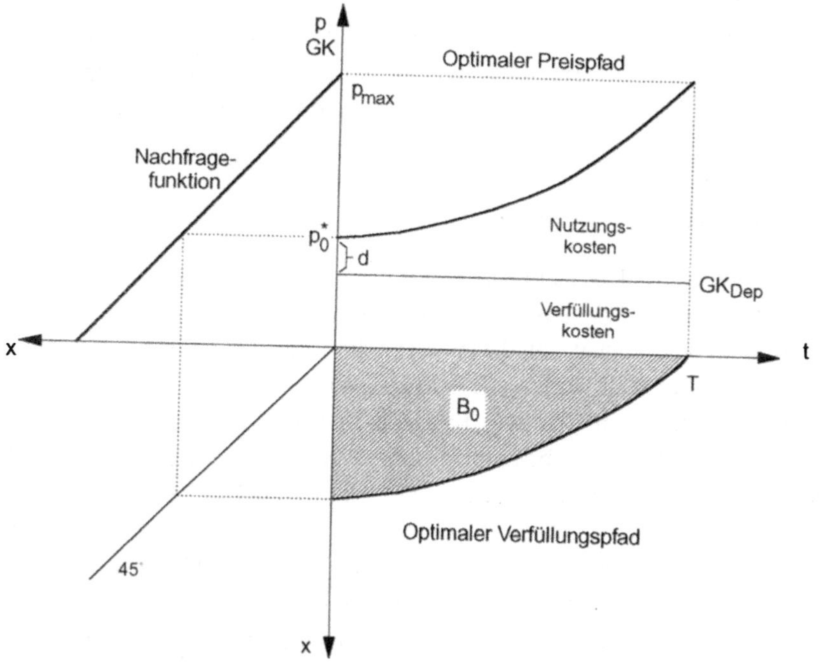

Abb. 4.10: Optimaler Preispfad für erschöpfbare Deponieressourcen (in Anlehnung an: STRÖBELE, W. (1987), S. 42)

Neben diesem einfachen Grundmodell der erschöpfbaren Ressourcen findet sich im Schrifttum eine Vielzahl von Modellvarianten, bei denen mögliche reale Komplikationen berücksichtigt werden. So stellen sich etwa die Probleme

- qualitativ unterschiedlicher Ressourcenlager,
- bestandsabhängiger Abbaukosten,
- einmaliger Investitionsausgaben, deren Höhe durch die Förderkapazität bestimmt wird,
- ungewisser Ressourcenbestände,
- unerwarteter Bestandsmehrungen der Ressource oder
- autonomen bzw. durch die Ressourcenknappheit induzierten technischen Fortschritts.[160]

160 Vgl. detailliert SIEBERT, H. (1983), S. 71 ff.; STRÖBELE, W. (1987), S. 42 ff.; ENDRES, A. / QUERNER, I. (1993), S. 45 ff..

Hinzu kommen die Sonderprobleme bei Marktversagen, so etwa bei Ungleichheit von privaten und sozialen Abbaukosten, bei Disparität von privatem Opportunitätszinssatz und sozialer Rate oder bei Marktmacht, wodurch der Preis- und Abbaupfad der Ressource gegenüber den Optimalbedingungen erheblich verzerrt sein kann.[161]

4.1.4.3 Backstop-Technologie

Von den genannten Modellkomplikationen sind im Rahmen der vorliegenden Untersuchung speziell die Aspekte des technischen Fortschritts von Interesse. Technischer Fortschritt kann sich einmal auf die Verbesserung der Abbautechnik für die betreffende Ressource beziehen. Eine andere Möglichkeit besteht in der Entwicklung von substitutiven Technologien. Als sog. Backstop-Technologie (auch: "Auffang-Technologie") wird jene Technologie bezeichnet, mittels derer ein perfektes Substitut für eine erschöpfbare Ressource hergestellt und somit die Endlichkeit der Ressourcenverfügbarkeit überwunden werden kann.[162] Dabei sind zwei Varianten denkbar. So ließe sich mithilfe der Backstop-Technologie einerseits die erschöpfbare Ressource direkt substituieren. Andererseits könnte die Bereitstellung und Nutzung der Ressource in einen geschlossenen und damit gewissermaßen niemals endenden Recycling-Kreislauf überführt werden.[163]

Unter ökonomischen Aspekten ist der Übergang von der erschöpfbaren Ressource auf ihr Backstop-Substitut dann sinnvoll, wenn das Substitut gegenüber dem Ressourcenabbau kostengünstiger bereitgestellt werden kann. In allgemeinen wird dabei von konstanten Grenzkosten der Backstop-Technologie (**GK_{BSt}**) ausgegangen.[164] Diese stellen dann - sofern sie unterhalb des ursprünglichen Prohibitivpreisniveaus der erschöpfbaren Ressource liegen - quasi den neuen Prohibitivpreis dar (vgl. *Abb. 4.11*). Der optimale Anfangspreis **p_0*** ist dabei so zu setzen, daß bei mit **r** anwachsendem Preis zum Zeitpunkt **T** der Ressourcenerschöpfung bzw. des Technologieübergangs gilt: **$p_T = GK_{BSt}$**.

161 Vgl. hierzu SIEBERT, H. (1983), S. 244 ff.; STRÖBELE, W. (1987), S. 48 ff.; ENDRES, A. / QUERNER, I. (1993), S. 67 ff..

162 Ein wesentliches Merkmal einer Backstop-Technologie besteht somit darin, daß sie selbst auf einer unerschöpflichen Ressourcenbasis beruht. Vgl. hierzu grundlegend NORDHAUS, W.D. (1973). Vgl. außerdem FISHER, A.C. (1981), S. 18 ff.; SAUTER-SERVAES, F. (1982), S. 35 ff.; ENDRES, A. / QUERNER, I. (1993), S. 60 ff..

163 Grenzen setzen hierbei die thermodynamischen Gesetzmäßigkeiten und der Stand von Wissenschaft und Technik; vgl. nochmals die Ausführungen in Kapitel 3.4.1.1.

164 Bei steigenden Grenzkosten hingegen kann eine simultane Verwendung der erschöpflichen Ressourcen und des Backstop-Substituts optimal sein; vgl. hierzu SAUTER-SERVAES, F. (1982), S. 41 ff..

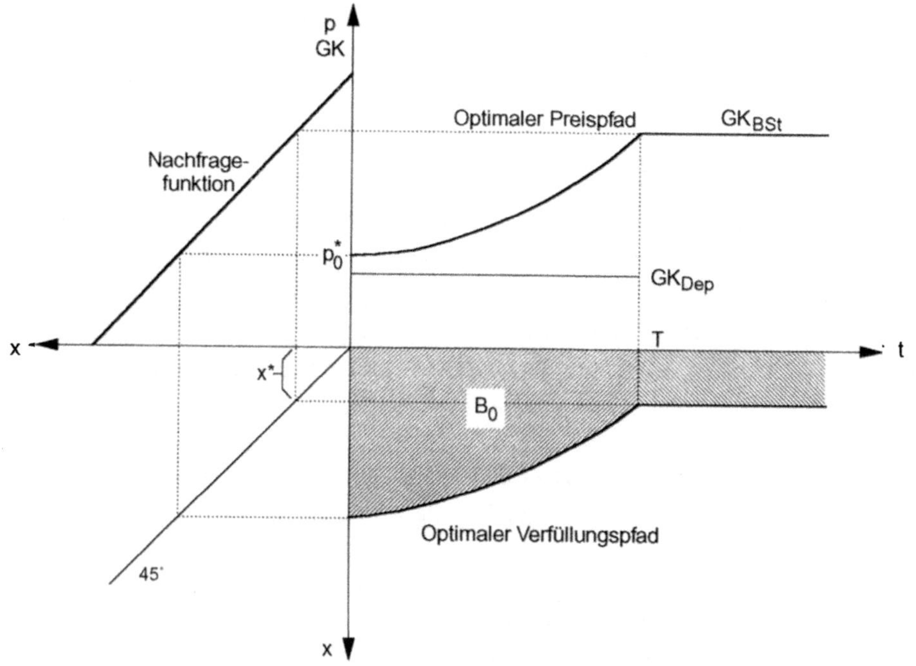

Abb. 4.11: Übergang auf die Backstop-Technologie (in Anlehnung an: HECHT, D. (1991), S. 149)

Im speziellen Kontext der Abfallentsorgung wäre als Backstop-Technologie etwa vorstellbar, daß Abfälle durch Behandlung in eine Form überführt werden, für die Deponiekapazitäten auf beliebig lange Zeit vermehrbar sind bzw. überhaupt nicht mehr benötigt werden.[165] Somit wäre gemäß der Darstellung in *Abbildung 4.11* ab dem Zeitpunkt des Technologiewechsels eine langfristige Entsorgung von Abfällen in periodischer Höhe von **x*** Volumeneinheiten möglich.

4.1.4.4 Ressourcenpolitik

Besteht die Zielsetzung staatlicher Ressourcenpolitik in der zeitlichen Streckung des Bestandes erschöpfbarer Ressourcen,[166] kommen hierfür unterschiedliche Maßnahmen in Betracht. Im Schrifttum werden Marktlösungen, ordnungspolitische Maßnahmen, preis- und mengenpolitische Instrumente sowie technologiefördende Maßnahmen dis-

165 Vgl. HECHT, D. (1991), S. 149.

166 Die Ressourcenpolitik kann auch gegenteilige Ziele anstreben. So ist bspw. denkbar, daß in rohstoffreichen Entwicklungsländern ein schnellerer Ressourcenabbau erwünscht ist, um die wirtschaftliche Entwicklung voranzutreiben. Vgl. CANSIER, D. (1987), S. 47.

kutiert.[167] Im folgenden werden die für den Abfallbereich in Betracht kommenden Ressourcenpolitiken erläutert.

4.1.4.4.1 Privatisierungslösung

Unter der Annahme, daß private Betreiber von Entsorgungsanlagen die Knappheit der verfügbaren Beseitigungskapazitäten entsprechend des oben beschriebenen Hotelling-Kalküls in die Kostenkalkulation bzw. Preissetzung miteinbeziehen, bestünde die naheliegende Entknappungslösung darin, den Wertschöpfungsbereich "Ablagerung" aus der öffentlichen Abfallentsorgung herauszulösen und der Privatwirtschaft zu überantworten.[168]

Indessen lassen sich verschiedene Gründe dafür anführen, daß eine Privatisierungs- bzw. Marktlösung der sozial-optimalen Lösung im allgemeinen nicht genügt:[169]

- Sofern die langfristigen Knappheiten unbekannt sind, können sie von den privaten Unternehmern auch nicht ins Kalkül gezogen werden. So ist gerade die dynamische Reichweite von Deponiekapazitäten nicht abschließend geklärt.

- Unsicherheiten hinsichtlich zukünftiger Preise, Absatzmengen und Kosten induzieren bei den privaten Unternehmern Risikoaversität. Infolge entsprechender Risikoabschläge verschiebt sich die Ertragsbewertung zugunsten der aktuellen Erträge, wodurch der Ressourcenabbau, d.h. die Deponieverfüllung, beschleunigt wird.

- Gemäß dem Hotelling'schen Entscheidungskalkül diskontieren die privaten Unternehmer die erwarteten user cost mit ihrem individuellen Opportunitätszinssatz. Allerdings ist umstritten, ob die Nutzen künftiger Generationen abdiskontiert werden dürfen. So lassen sich etwa unter intergenerativen Gerechtigkeitsaspekten sowohl hohe positive Diskontraten (Annahme: technologische Weiterentwicklung vermindert zukünftigen Bedarf) als auch Raten gleich oder gar kleiner Null (Annahme: intertemporale Verknappung erfordert Ressourcenschonung) argumentieren.[170]

---

167 Vgl. etwa SIEBERT, H. (1983), S. 274 ff.; CANSIER, D. (1987), S. 54 ff.; ENDRES, A. / QUERNER, I. (1993), S. 67 ff.; MICHAELIS, P. (1993), S. 21 ff..

168 Vgl. in diesem Sinne KARL, H. (1989), S. 88; MICHAELIS, P. (1993), S. 22.

169 Vgl. SIEBERT, H. (1983), S. 274 ff.; CANSIER, D. (1987), S. 48 ff.; ENDRES, A. / QUERNER, I. (1993), S. 67 ff..

170 Vgl. hierzu und zur weiteren Diskussion z.B. FISHER, A.C. (1981), S. 68 ff.; HAMPICKE, U. (1992); MUSGRAVE, R.A. / MUSGRAVE, P.B. / KULLMER, L. (1994), S. 213 ff..

- Wird ein privater Unternehmer als (gemeinhin unerwünschter) Monopolist tätig, so könnte aufgrund der Monopolpreissetzung und der entsprechend geringeren Nachfrage zwar mit einer Verlangsamung des Ressourcenabbaus gerechnet werden.[171] Allerdings läßt sich zeigen, daß dies nicht generell gelten muß.[172]

Speziell im Bereich der öffentlichen Abfallentsorgung kommen noch weitere Aspekte hinsichtlich Marktunvollkommenheiten bzw. -versagen hinzu, die eine Privatisierungslösung ungünstig erscheinen lassen. Diesem Problemkreis widmet sich ausführlich Kapitel 6.

4.1.4.4.2 Internalisierung der externen user cost

Eine andere Möglichkeit, sparsameren Ressourcenverbrauch zu initiieren, besteht darin, die externen user cost mittels Preis- oder Mengenlösungen zu internalisieren.

- Intention von Preislösungen ist es, analog des Konzepts der Pigou-Steuer die aktuellen Ressourcenpreise mittels einer Abgabe zu verteuern und damit die Nachfrage nach Deponiekapazität einzuschränken. Bezugsgrößen können dabei die Ressourcenmengen (beanspruchtes Deponievolumen bzw. zu deponierende Abfallmengen) oder korrespondierende Größen (z.B. Deponierungskosten bzw. -preise) sein.[173] Unter den stark vereinfachten Annahmen des Hotelling'schen Grundmodells (keine Deponieverfüllungskosten, keine Ausweisung neuer Deponiekapazitäten, kein technischer Fortschritt, perfekte Voraussicht etc.) müßten die Abgabesätze im Zeitablauf mit dem Kapitalmarktzinssatz anwachsen. Bei Modellerweiterungen aber ergeben sich komplexe dynamische Wechselwirkungen, die keine allgemeingültigen Aussagen über den optimalen Zeitpfad der Abgabensätze mehr zulassen.[174] Insofern lassen sich im Sinne eines Standard-Preis-Ansatzes allenfalls pragmatische Tarifierungen bestimmen.[175]

- Als alternativer Internalisierungsansatz kommen sog. mengenpolitische Instrumente in Betracht.[176] Speziell für den Abfallbereich schlagen RENTZ/WEILAND in Analogie zu den handelbaren Schädigungsrechten bei Externalitäten eine "Lizenzlösung" vor, bei der für das Quantum an vorhan-

---

171 So gilt der Monopolist nach SOLOW, R.M. (1974) als "the conservationist's friend".

172 Vgl. hierzu STRÖBELE, W. (1987), S. 66 ff..

173 Vgl. hierzu CANSIER, D. (1987), S. 56 ff..

174 Vgl. CANSIER, D. (1987), S. 50; ENDRES, A. / QUERNER, P. (1993), S. 88 f.; MICHAELIS, P. (1993), S. 25.

175 So bemerkt etwa WITTMANN, R.G. (1993), S. 173 f. (sehr vereinfachend), daß bei Ansatz von Wiederbeschaffungswerten in der Gebührenkalkulation Knappheitskosten bereits berücksichtigt seien.

denen Deponiekapazitäten staatlicherseits deponiebezogene Nutzungsrechte (Lizenzen) zu definieren sind, die in jährlichem Turnus per Versteigerung an die regionalen Entsorger vergeben werden.[177] Eine Aufteilung der Deponiekapazitäten wäre dabei in drei Verfahrensschritten vorzunehmen:

- Schritt 1: Bestimmung der noch zur Verfügung stehenden Restkapazität pro Deponie und der verbleibenden Nutzungsdauer bei unveränderter Politik.
- Schritt 2: Politische Bestimmung eines Zeitfaktors zur Verlängerung der Nutzung der Deponiekapazitäten.
- Schritt 3: Berechnung der jährlich zu deponierenden Gesamtmengen pro Deponie mit degressiver Staffelung über die Zeit, die als Lizenzen ausgegeben werden.

Im weiteren könnte bspw. über die Abfallbörsen der regionalen Industrie- und Handelskammern ein Handel für Deponierungslizenzen initiiert werden, wobei zur Erhöhung der Planungssicherheit der Entsorger auch ein Optionshandel in Erwägung gezogen werden sollte. - Wie RENTZ/WEILAND konzedieren, ist dieses Modell "in vielen Bereichen noch ergänzungs- und ausbaufähig".[178] Bislang jedenfalls konnte in praxi noch kein erfolgreiches Mengenkonzept zur Internalisierung sozialer Zusatzkosten implementiert werden.[179] Referenzmodelle sind mithin nicht verfügbar.

4.1.4.4.3 Technologieförderung

Während die genannten Ressourcenpolitiken auf eine sozial-optimale Verteilung der vorhanden Knappheiten abzielen, wird mit dem Instrument der Technologieförderung beabsichtigt, die Knappheiten zu beseitigen, indem Forschungs- und Entwicklungsaktivitäten für Backstop-Technologien und deren Markteinführung unterstützt werden.[180] In Betracht kommt einmal eine Subventionierung von Alternativtechnologien. So wurden im Abfallbereich die entsorgungspflichtigen Körperschaften in der Vergangenheit mitunter mit entsprechenden Finanzhilfen versehen.[181] Denkbar ist aber auch eine eigenständige staatliche Forschungspolitik. In diesem Zusammenhang fordert GAWEL, daß die Planungs- und Entwicklungsaufwendungen neuer Entsorgungs-

176 Vgl. hierzu SIEBERT, H. (1983), S. 301 ff..

177 Vgl. RENTZ, H. / WEILAND, R. (1993), S. 228 ff.; ebenso SRU (1991), Tz. 921. Vgl. außerdem nochmals die Ausführungen in Kapitel 4.1.3.2.3.5.

178 RENTZ, H. / WEILAND, R. (1993), S. 234.

179 Vgl. hierzu etwa STAEHELIN-WITT, E. / SPILLMANN, A. (1994).

180 Vgl. SIEBERT, H. (1983), S. 318 f.; CANSIER, D. (1987), S. 50 f.; ENDRES, E. / QUERNER, I. (1993), S 92 f..

181 Vgl. hierzu etwa die Bestimmungen zur Technologieförderung in Art. 23 BayAbfAlG.

anlagen, die unter rein betriebswirtschaftlicher Sichtweise zunächst neutrale Positionen darstellen,[182] als knappheitsorientierte Kosten der Gewährleistung von Entsorgungssicherheit in die aktuelle Gebührenkalkulation miteinzubeziehen seien.[183]

Es stellt sich jedoch die Frage, ob im Abfallbereich nicht bereits entsprechende Backstop-Technologien zur Verfügung stehen:

- In Betracht kommt zunächst die Technologie des sog. Deponie-Rückbaus (auch: "Deponie-Recycling"), bei der aus bereits verfüllten Deponien oder Deponieabschnitten die Abfälle wieder entnommen (sog. Auskoffern) und entsprechend dem aktuellen Stand der Verwertungs- und Deponieeinbautechnik einer erneuten Entsorgung unterzogen werden.[184] Infolge der hierbei erreichbaren Mengen- und Volumenreduktion der wieder abzulagernden Abfälle entsteht quasi neuer Deponieraum.[185] - Diese Technologie ist jedoch einerseits unter ökolologischen Gesichtspunkten bedenklich,[186] andererseits stellt sie keine nachhaltige Lösung für das Knappheitsproblem dar. Da die Anzahl auskofferbarer Deponien begrenzt ist, läßt sich die Erschöpfung der Deponiekapazitäten lediglich hinauszögern. Insofern erweist sich Deponie-Recycling nicht als perfektes Substitut für die Abfallablagerung.

- Weitaus besser als Backstop-Technologie geeignet erscheint hingegen die Technologie der thermischen Abfallbehandlung. Nach den Vorgaben von TASi Nr. 9.1.2.2 sind die im Rahmen des Verbrennungsprozesses anfallenden inerten Rückstände vorrangig zu verwerten. Dies gilt insbesondere für die Verbrennungsschlacken, die ansonsten den knappen Deponieraum beanspruchen würden. Mögliche Einsatzbereiche für aufbereitete Verbrennungsschlacken sind die Verwendung als Bau- und Abdeckmaterial bzw. Dränschichten im Deponiebau oder die Verwendung als Frostschutz- und Tragschicht im Straßen- und Wegebau.[187] Derzeit liegt die Verwertungsquote für Schlacken bundesweit bei 50 %.[188] Nach KLOCKOW ist davon auszugehen, daß unter konservativen Annahmen künftig nur noch 5-10 % der festen Rückstände aus Hausmüllverbrennungsanlagen ab-

182 Vgl. nochmals die Ausführungen in Kapitel 3.8.3.2.3.1.1.

183 Vgl. GAWEL, E. (1994 b), S. 486 ff.. - Dies ist in Hamburg und Schleswig-Holstein nach Landesabfallgesetz bereits vorgesehen; vgl. nochmals *Tab. 3.9* in Kapitel 3.8.

184 Vgl. hierzu etwa STIEF, K. (1994 b); GUERRIERO, J.R. (1995); STRASSER, K.-H. (1995).

185 Fachleute sprechen von bis zu 50 % an bereits verfülltem Deponieraum, der durch ein sorgfältig geplantes und durchgeführtes Rückbau-Projekt wiedergewonnen werden kann.

186 Bei der Deponieöffnung werden flüssige und gasförmige Emissionen freigesetzt, die nur bedingt zu kontrollieren sind. Vgl. STIEF, K. (1994 b), S. 9.

187 Vgl. BayLfU (1995), S. 57.

188 Vgl. SCHUMACHER, W. (1994).

zulagern seien.[189] Der Einwand von HECHT, daß verbleibende Sonderabfälle (z.B. Aschen aus der Rauchgasreinigung[190]) und nichtbrennbare Abfallbestandteile (z.B. Bauschutt, Erdaushub) weiterhin einer Deponierung bedürfen und folglich die Müllverbrennung das Deponierungsproblem nicht vollständig löse, ist indessen nur bei einem weiten Systembegriff der Abfallentsorgung bzw. bei undifferenzierter Betrachtungsweise zutreffend.[191]

Sonderabfälle fallen unter das Regime der Sonderabfallwirtschaft. Bei Fokussierung auf den Bereich der Siedlungsabfallwirtschaft - dies entspricht dem Rahmen der vorliegenden Untersuchung - sind mögliche Deponierungsprobleme im Sonderabfallbereich irrelevant. Aus der Übersicht der Deponierestlaufzeiten in *Abb. 4.9* kann entnommen werden, daß im Sonderabfallbereich das Knappheitsproblem hinsichtlich der Ablagerungskapazitäten weniger dringlich erscheint als in der Siedlungsabfallwirtschaft. Im übrigen wären entsprechende Knappheitskosten gegebenenfalls in den Entsorgungsentgelten der Sonderabfallentsorgung zu berücksichtigen.

Nichtbrennbare Siedlungsabfälle sind in bestehenden Bodenaushub- und Bauschuttdeponien bzw. in neu zu errichtenden Mineralstoffdeponien abzulagern. Wie die Übersicht der Deponierestlaufzeiten in *Abb. 4.9* zeigt, ist bei den Bodenaushub- und Bauschuttdeponien das Knappheitsproblem tendenziell geringer als bei den Hausmülldeponien. An neu zu errichtende Mineralstoffdeponien werden gemäß TASi Nr. 10 geringere Anforderungen - insbesondere hinsichtlich der geologischen Barriere - gestellt als bei Reststoffdeponien. Die Standortfindung ist also weniger problematisch. Auch werden laut KLOCKOW in vielen Gebietskörperschaften große Teile der anfallenden originären inerten Abfälle verwertet. Bereits heute seien Verwertungsquoten von 80-100 % erreichbar.[192] Insofern kann davon ausgegangen werden, daß sich für nichtbrennbare Abfälle die Problematik erschöpfbarer Ressourcen gar nicht stellt.[193]

4.1.4.4.4 Zusammenfassende Beurteilung

Kommt man nun zu dem Ergebnis, daß die Vorgaben der TA Siedlungsabfall, speziell die Bestimmungen zur thermischen Vorbehandlung und Reststoffverwertung, die Deponierungsnotwendigkeit für Abfälle sehr stark reduzieren, wäre es Aufgabe der Res-

189 Vgl. KLOCKOW, S. (1995), S. 696.
190 KLOCKOW, S. (1995), S. 696 konstatiert hierfür übrigens einen relativ geringen Mengenanfall.
191 Vgl. HECHT, D. (1991), S. 150.
192 Vgl. KLOCKOW, S. (1995), S. 694 ff..
193 Vgl. in diesem Sinne TIEBEL-PAHLKE, C. (1995).

sourcenpolitik, die Einführung entsprechender Technologien bei den entsorgungspflichtigen Körperschaften zu forcieren. Mithin wären die in TASi Nr. 12 gewährten Übergangsfristen zu revidieren und stattdessen ein beschleunigter Vollzug anzuordnen. Da sich die Kombination aus Abfallverbrennung und Reststoffverwertung zumindest tendenziell als Backstop-Technologie zur Abfallablagerung erweist, erübrigen sich auch die dargestellten, mitunter nicht zielführenden oder nur schwerlich realisierbaren Privatisierungs-, Preis- und Mengenlösungen zur intertemporalen Verteilung der Ablagerungsknappheiten.

4.2 Problem der kommunalen Kostenrechnung und Kostenumlage

In den vorangegangenen Ausführungen wurden die grundlegenden Internalisierungs- bzw. Verteilungs- und Ausweichmechanismen für negative externe Effekte und für besondere Ressourcenknappheiten dargestellt und die speziell für den Abfallbereich relevanten, anwendungsorientierten Instrumente erörtert. Dabei wurde auch aufgezeigt, daß in weiten Bereichen bereits entsprechende Maßnahmen existieren bzw. vorgesehen sind. Insofern könnte durchaus der Eindruck entstehen, daß das in Kapitel 4.1.1 dargelegte Problem der Fehlallokationen, bedingt durch mangelnde Berücksichtigung sozialer Zusatzkosten in den Entsorgungspreisen, weitgehend gelöst wäre.

Als schwerwiegender Mangel stellt sich jedoch heraus, daß die Internalisierungsmaßnahmen bundesland-, vor allem aber auch kommunenspezifisch überaus unterschiedlich gehandhabt werden:

- So gelten etwa Sonderabfallabgaben für die Siedlungsabfallwirtschaft defacto nur in drei Bundesländern. Einzig in Schleswig-Holstein wird eine Verbrennungs- und Deponieabgabe für Gewerbe- und Baustellenabfälle bzw. für Siedlungsabfälle erhoben.[194]

  Eine bundeseinheitliche Abfallabgabe in Form einer Sonderabgabe hingegen sah der Referentenentwurf der Bundesregierung für ein "Abfallabgabengesetz (AbfAG)"aus dem Jahr 1991 vor.[195] Dabei galt die Zielsetzung, "Anreize für die Vermeidung einschließlich Verwertung sowie eine umweltverträglichere Entsorgung von Abfall und die verminderte Inanspruchnahme von Deponieraum zu schaffen."[196] Dies sollte mittels einer kombinierten Vermeidungs- und De-

---

194 Vgl. hierzu nochmals *Tab. 4.5*.

195 Vgl. BMU (1991).

196 § 1 AbfAG (Entwurf). - Auch in der Fachliteratur wurden zum damaligen Zeitpunkt insbesondere Abgabenlösungen zur Internalisierung der Externalitäten und Deponieknappheiten thematisiert (- die TA Siedlungsabfall trat erst 1993 in Kraft). Vgl. hierzu insbesondere FABER, M. /

ponieabgabe, differenziert nach Abfallkategorien und zeitlich progressiv tarifiert, erreicht werden. Das Abgabenaufkommen sollte den Ländern zustehen, wobei allerdings jeweils ein Anteil von 40 % einem Fonds für die Altlastensanierung in den neuen Bundesländern zuzuführen gewesen wäre. Nicht zuletzt aufgrund verfassungsrechtlicher Bedenken wurde aus dem Entwurf kein Gesetz.[197] Einen erneuten Anlauf hat im Jahr 1995 das Land Baden-Württemberg mit einem modifizierten Arbeitsentwurf gestartet.[198] Infolge der positiven Erfahrungen mit der baden-württembergischen Sonderabfallabgabe wurde eine entsprechende Gesetzesfassung auf Bundesniveau vorgeschlagen.[199] - Eine bundesweite Harmonisierung der Abfallabgabe wäre jedoch nur ein erster, bescheidener Schritt. Überdies müßte gewährleistet sein, daß bestehende Bundesvorgaben zur Internalisierung sozialer Zusatzkosten, so gerade die Vorschriften der TA Siedlungsabfall, einheitlich zur Anwendung kommen.

- Wie in den Kapiteln 4.1.3.2.3 und 4.1.4.4 erläutert wurde, sind die im Abfallbereich angewandten Internalisierungsmaßnahmen überwiegend mit einer indirekten Verursacheradressierung versehen. Sie setzen zunächst bei den entsorgungspflichtigen Körperschaften an, welche die entsprechenden Preissignale über die Abfallgebühren an die originären Adressaten der abfallbedingten Umweltinanspruchnahme - die Abfallbesitzer - weiterzuleiten haben. Ob diese Signale unverfälscht bei den Abfallbesitzern ankommen, ist in Anbetracht der Ausführungen in Kapitel 3.8, in dem die vielfältigen bundeslandspezifischen Gestaltungsspielräume zur Gebührenkalkulation und -anlastung dargestellt wurden, mehr als fraglich. Für eine empirische Überprüfung wurden hierzu im Rahmen eines Forschungsprojektes des Bayerischen Instituts für Abfallforschung (BIfA) im Auftrag des BStMLU diverse Untersuchungen speziell bei den entsorgungspflichtigen Gebietskörperschaften in Bayern im Zeitraum 1994 und 1995 durchgeführt.

STEPHAN, G. / MICHAELIS, P. (1989), S. 33 ff.; SRU (1991), Tz. 444 ff. u. 921 ff.; MICHAELIS, P. (1991), S. 19 ff..

197 So läuft man Gefahr, gegen die Anforderung der "gruppennützigen Aufkommensverwendung" von Sonderabgaben zu verstoßen. Vgl. hierzu z.B. JARASS, H.D. (1989), S. 1017 ff.; KLOEPFER, M. (1991); FELDEN, B. v.d. (1992). Zur Kritik unter ökonomischem Blickwinkel (u.a. hinsichtlich der Bezugsgrößen und der Lenkungswirkung der Abfallabgabe) vgl. etwa DIENES, K. (1991); MICHAELIS, P. (1993), S. 40 ff..

198 Vgl. UMWELTMINISTERIUM BADEN-WÜRTTEMBERG (1995).

199 Zur Bewertung der Auswirkungen des LAbfAG BW vgl. BIZER, K. / DOPFER, J. / EWEN, C. (1994); ÖKO-INSTITUT e.V. (1994). Hierbei wurde festgestellt, daß die Abgabe vor allem in mittel- und langfristiger Perspektive bei bestimmten Abfallkategorien entscheidenden Einfluß auf betriebliche Umstellungen zur Abfallvermeidung und -verwertung hat und somit die Lenkungsfunktion erfüllt wird. Zur Stärkung der Lenkungseffekte wird eine Intensivierung der Beratungs- und Förderungsmaßnahmen empfohlen.

4.2.1 Empirische Studien

Diese Untersuchungen umfassen drei Ziel- bzw. Themenbereiche. Im folgenden sei in knapper Form die Vorgehensweise und das jeweilige Untersuchungsdesign dargestellt.

4.2.1.1 Empirie I: Einzelfallstudien ausgewählter Entsorgungseinrichtungen in Bayern

Zunächst wurden von April bis September 1994 Einzelfallstudien bei sechs ausgewählten Entsorgungseinrichtungen in Bayern durchgeführt. Die Auswahl der Untersuchungsobjekte erfolgte bei Fokussierung auf den Restmüllbereich aus einer dichotom klassifizierten Grundgesamtheit mit den Entsorgungskategorien "Restmülldeponierung" und "Thermische Vorbehandlung und Reststoffdeponierung". Untersucht wurden je drei "Deponierer" und drei "Verbrenner".

4.2.1.1.1 Vorbereitung einer bayernweiten Untersuchung

Primäres Ziel der Studien war es, die Informationsbasis für die Zwecke einer anschließenden bayernweiten Befragung der entsorgungspflichtigen Gebietskörperschaften zu schaffen. Dazu wurde vor Ort das Informationspotential, das Leistungsangebot, die Organisationsstrukturen und -abläufe sowie die Kosten- und Gebührendaten der Probanden analysiert, um entsprechende Untersuchungsziele und -schwerpunkte für den gesamthaften Entsorgungssektor festlegen zu können.

4.2.1.1.2 Betriebsvergleiche und technologiespezifische Kostenstrukturermittlung

Des weiteren wurden im Rahmen der Fallstudien zwischenbetriebliche Gebühren- und Kostenvergleiche angestellt und die technologiespezifischen Kostenstrukturen ermittelt. Die hierzu erforderlichen Kosten-/Erlösdaten wurden aus den Ausgaben- und Einnahmenpositionen der Haushaltspläne bzw. Jahresergebnisrechnungen sowie den Positionen der Anlagennachweise und Kalkulationsaufzeichnungen der jeweiligen Entsorgungseinrichtung aus dem Jahr 1993 extrahiert. Somit konnte die Kostenanalyse einerseits basierend auf Planzahlen, andererseits auf Basis von Istzahlen durchgeführt werden.

Für die Überführung der kommunalen Daten in Kosten und Erlöse wurde eine Abgrenzungsrechnung durchgeführt. Maßgabe der Abgrenzungsrechnung war neben kostenrechnerischen Grundsätzen das umweltpolitische Verursacherprinzip. Entsprechend der Datenlage bei den Probanden ließen sich folgende neutrale Positionen aus der Kostenuntersuchung ausgrenzen:

- Periodenfremde Positionen:
  - Nachzahlungen für Aufwendungen aus Vorperioden,
  - Nebenerlöse für Leistungen aus Vorperioden und
  - Ausgaben für Nachsorge/Sanierung von Altdeponien.[200]

- Betriebsfremde Positionen:
  - Ausgaben für die Entsorgung wilder Ablagerungen,[201]
  - Ausgaben, die nicht den speziell untersuchten Leistungsbereich Restmüllentsorgung betreffen und die nicht schon im vornherein aus der leistungsbereichsspezifischen Kostenbetrachtung ausgeklammert werden konnten,
  - Ausgaben für Leistungen an Dritte sowie
  - Ausgaben und Erlöse für eine per Saldo defizitäre Energierückgewinnung im Rahmen des Entsorgungsprozesses.[202]

- Außerordentliche Positionen:
  - Instandhaltungsausgaben wegen Katastrophenverschleiß,
  - Ausgaben für Fehlplanungen,
  - einmalige Einnahmen,
  - Regreßansprüche sowie
  - Zuweisungen und zinsverbilligte Darlehen für Investionen.[203]

Die Gliederung der nach Abgrenzung verbliebenen Positionen orientierte sich an der in Kapitel 3.8.3.2.3.1.2 dargestellten Kostenartensystematik. Abweichend davon wurden die Dienstleistungskosten für beauftragte Dritte nach § 3 Abs. 2 AbfG und die

200 Während nach Art. 7 BayAbfAlG die nicht durch Rücklagen gedeckten Aufwendungen für notwendige Vorkehrungen an stillgelegten Entsorgungsanlagen zu den ansatzfähigen Kosten zählen, ist sowohl unter dem Aspekt des kostenrechnerischen Verursachungsprinzips als auch unter dem Aspekt des umweltpolitischen Verursacherprinzips eine Belastung der Abfallproduzenten mit Umweltkosten früherer Rechnungsperioden nicht vereinbar. Vgl. hierzu auch noch einmal die Ausführungen in Kapitel 3.8.3.2.3.1.1.

201 Vgl. hierzu auch noch einmal die Ausführungen in Kapitel 3.8.3.2.3.1.1.

202 Eine nicht einzelwirtschaftlich, sondern umweltpolitisch motivierte Energierückgewinnung dient der Internalisierung von negativen externen Effekten der Primärenergiegewinnung. Verursacher der Externalitäten sind dabei die Produzenten bzw. Konsumenten von Primärenergie. Folglich wäre die Kostenanlastung auch auf diesen Verursacherkreis zu beziehen. Vgl. hierzu nochmals die Ausführungen in Kapitel 4.1.3.2.3.2.

203 Unter dem Aspekt des umweltpolitischen Verursacherprinzps ist eine die Abschreibungs- und Zinsbasis verkürzende Berücksichtigung von Finanzhilfen nicht rechtfertigbar. Für eine verursachergerechte Preissetzung ist der Ressourcenverzehr kostenrechnerisch vollständig zu erfassen und umzulegen. Vgl. auch nochmals die Ausführungen in Kapitel 4.1.3.2.2.1.

Kosten der allgemeinen Verwaltung als spezielle Kostenarten ausgewiesen. Für die Zwecke interkommunaler und technologiespezifischer Vergleiche wurden die Informationen der Kostenartenrechnung im weiteren kostenstellenbezogen zu Kennzahlen verdichtet. Insbesondere wurden Kostenstruktur-Kennzahlen (Kostenartenintensitäten) und Kennzahlen für das Kostenverhalten bei Beschäftigungsveränderung (Fix- und Proportionalkostenanteile) ermittelt. Eine Trennung in fixe und variable Bestandteile erfolgte dabei im Sinne einer planmäßigen Kostenauflösung.[204] In Abstimmung mit den Fachleuten vor Ort wurde angenommen, daß Personal-, Verwaltungs- und kalkulatorische Kosten sowie die Rückstellungen unabhängig vom Restmülldurchsatz anfallen und somit als Fixkosten deklariert werden können. Sach- und Dienstleistungskosten, inbesondere auch die Dienstleistungskosten durch beauftragte Dritte im Sinne des AbfG, wurden als beschäftigungsabhängig und somit als variabel erachtet. *Abbildung 4.12* zeigt die Vorgehensweise der Kostenanalyse im Überblick.

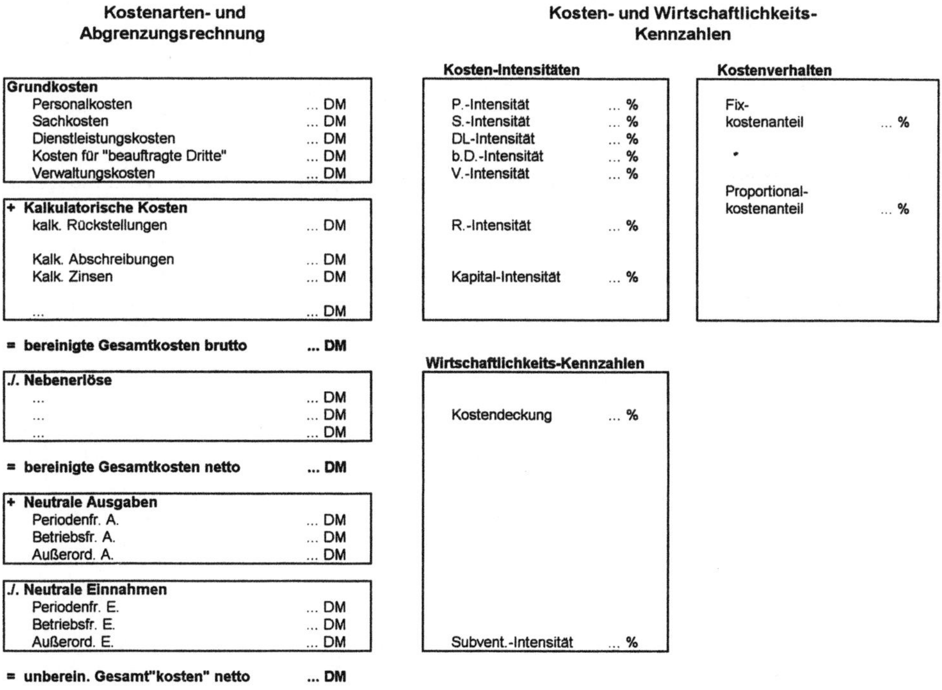

Abb. 4.12: Kostenartenrechnung und Kennzahlen

204 Vgl. für einen Überblick möglicher Verfahren der Kostentrennung COENENBERG, A.G. (1993), S. 55 ff.. Auf Kostenzeitvergleichen basierende Verfahren, wie beispielsweise die mathematische oder die statistische Methode, konnten aufgrund der bei den Probanden teilweise erheblichen Veränderungen in der Leistungsstruktur in den vergangenen Jahren nicht angewendet werden.

Die Kostenermittlung, -gliederung und -verdichtung zu Kennzahlen wurden nicht nur pauschal für den gesamten Leistungsbereich "Restmüllentsorgung", sondern differenziert nach Kostenentstehungsbereichen durchgeführt.

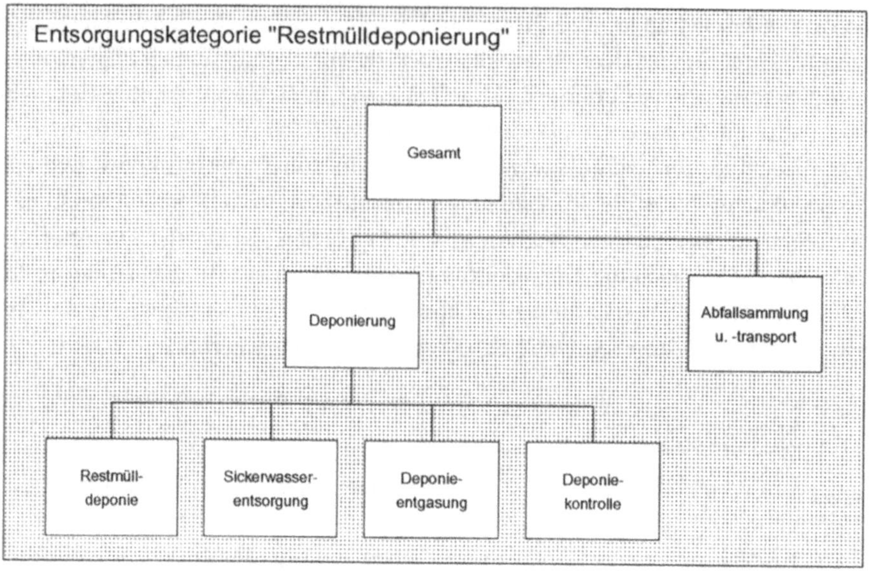

Abb. 4.13: Kostenstellen-Dendrogramm für die Entsorgungskategorie "Restmülldeponierung"

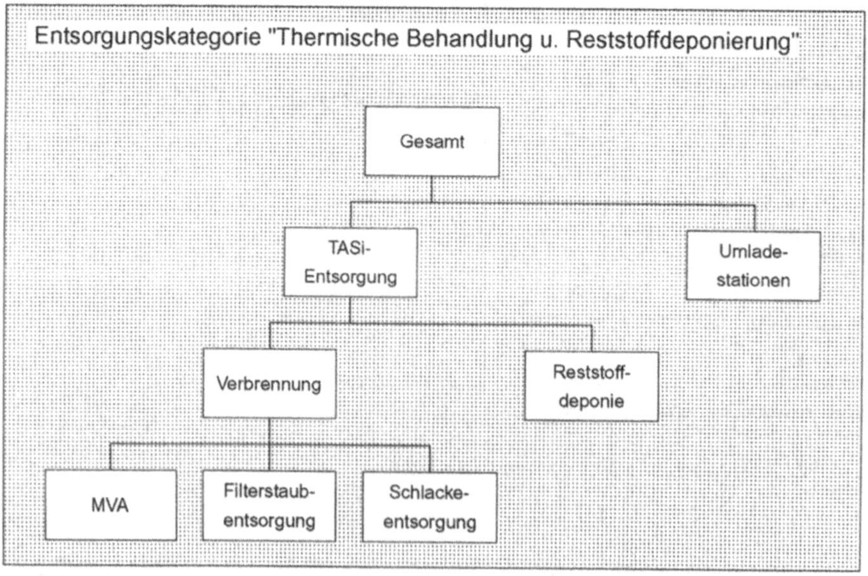

Abb. 4.14: Kostenstellen-Dendrogramm für die Entsorgungskategorie "Thermische Vorbehandlung und Reststoffdeponierung"

Für die Entsorgungskategorie "Restmülldeponierung" wurden hierbei als Kostenstellen "Restmülldeponie", "Sickerwasserentsorgung", "Deponieentgasung", "Deponiekontrolle" und "Abfallsammlung und -transport" spezifiziert und durch die übergeordneten Kostenstellen "Deponierung" bzw. "Gesamt" zusammengefaßt (vgl. *Abb. 4.13*). In entsprechender Weise wurden für die Entsorgungskategorie "Thermische Vorbehandlung und Reststoffdeponierung" die Kostenstellen "MVA", "Filterstaubentsorgung", "Schlackeentsorgung", "Reststoffdeponierung" und "Umladestationen" differenziert. Eine Bündelung erfolgte hier mittels der übergreifenden Kostenstellen "Verbrennung", "TASi-Entsorgung" und "Gesamt" (vgl. *Abb. 4.14*).

4.2.1.2 Empirie II: Bayernweite Befragung der entsorgungspflichtigen Gebietskörperschaften

Die in den Fallstudien gewonnenen Erkentnisse wurden im weiteren genutzt, um Hypothesen über den Ist-Zustand der gesamten bayerischen Siedlungsabfallwirtschaft hinsichtlich der praktizierten Kostenermittlungs- und Kostenumlagemethoden sowie der angewandten Entsorgungstechnologien und Organisationsformen abzuleiten und den zu erhebenden Datenpool zu spezifizieren.

4.2.1.2.1 Konstruktion des Fragebogens

Zur Ermittlung der Daten wurde ein Fragenkatalog entwickelt. Planung und Entwurf des Fragebogens bezogen sich zunächst auf die Konstruktion der einzelnen Fragen.[205] In Relation zu den gesuchten Informationen wurden überwiegend "Eigenschaftsfragen" formuliert. Zur Ermittlung einiger weniger Sachverhalte wurden "Meinungsfragen" gebildet. Die Struktur der Fragen orientierte sich am Strukturtyp "geschlossene Frage", bei welchem der Befragte zwischen Antwortenalternativen entscheiden kann. Der Vorteil dieses Strukturtyps im Vergleich zum Typ "offene Frage", bei dem der Befragte die Formulierung seiner Antwort selbst übernimmt, liegt darin, daß Verzerrungen aufgrund möglicher Unterschiede in der Artikulationsfähigkeit vermieden werden können. Entsprechend des zu untersuchenden Sachverhaltes wurden folgende Vorgabearten für die Antwortenalternativen gewählt:

- dichotome Alternativvorgaben (z.B. *ja / nein*),
- Mehrfachvorgaben mit Rangordnung (z.B. *trifft voll zu / trifft eher zu / trifft weniger zu / trifft nicht zu*),
- ungeordnete Mehrfachvorgaben,

---

205 Vgl. zur Methodik z.B. BERDIE, D.R. / ANDERSON, J.F. (1974); ATTESLANDER, P. (1984), S. 135 ff.; SCHNELL, R. / HILL, P.B. / ESSER, E. (1992), S. 333 ff..

- Mehrfachnennungen sowie
- sog. Hybridfragen[206] (z.B. *ja, beispielsweise für: ... / nein*).

Darüber hinaus wurden für den Fall, daß einige Fragen oder ganze Fragenkomplexe nicht für alle Befragten relevant sind, sog. "Filterfragen" vorgesehen (z.B. *ja / nein → Bitte weiter mit Frage ...*).

4.2.1.2.2 Pretests

Im weiteren wurden die Einzelfragen nach inhaltlichen Kriterien geordnet und in einem ersten Fragebogenentwurf zusammengefaßt. Um die Brauchbarkeit und Gültigkeit des Entwurfs zu überprüfen, erfolgten insgesamt 10 Pretests. Hierbei wurden "Ernstbedingungen" simuliert, indem der Fragebogen diversen Entsorgungseinrichtungen zur Beantwortung und Beurteilung der Fragebogengüte vorgelegt wurde. Die Qualitätsbeurteilung orientierte sich an folgenden Kriterien:

- benötigte Bearbeitungszeit,
- Fehlinterpretation von Fragen,
- Unvollständigkeit von Fragen,
- Unerwünschtheit von Fragen,
- Layout-Wirkung des Fragebogens.

Außerdem wurde der Fragebogen mit den Bayerischen Kommunalen Spitzenverbänden[207] diskutiert und abgestimmt. Entsprechend der Ergebnisse dieser einzelnen Voruntersuchungen wurde der Fragebogen sukzessive angepaßt und hinsichtlich der Beurteilungskriterien optimiert. Die resultierende Endfassung mit über 60 Einzelfragen bzw. Fragenkomplexen ist im Anhang I dargestellt.

4.2.1.2.3 Fragebogenversand und Antwortenrücklauf

Der Fragebogen wurde Anfang November 1994 zusammen mit einem Motivationsschreiben des BStMLU an die relevanten Entsorgungseinrichtungen in Bayern versandt. Diese Grundgesamtheit (**n** = 133) setzt sich zusammen aus

- 85 entsorgungspflichtigen Gebietskörperschaften (davon: 21 kreisfreie Städte und 64 Landkreise),
- 5 Zweckverbänden mit vollständiger Aufgabenübertragung,

---

206 Bei "Hybridfragen" handelt es sich um eine Kombination von offener und geschlossener Antwortvorgabe.

207 I.e. der Bayerische Städtetag, der Bayerische Landkreistag und der Bayerische Gemeindetag.

- 11 Zweckverbänden mit unvollständiger Aufgabenübertragung,
- 29 kreisangehörigen Gemeinden mit (nahezu) vollständiger Aufgabenübertragung und
- 3 kommunalen Zusammenschlüssen in Form einer Eigengesellschaft.

Als "deadline" für den Antwortenrücklauf war zunächst der 5. Dezember 1994 vorgesehen, dennoch wurden sämtliche Antworteneingänge bis Ende März 1995 in der Auswertung berücksichtigt. Hierdurch konnte eine Rücklaufquote von 70 % erzielt werden. Der folgenden *Abbildung 4.15* ist die Anzahl der antwortenden Entsorgungseinrichtungen und deren Zusammensetzung hinsichtlich der Körperschaftsart zu entnehmen.

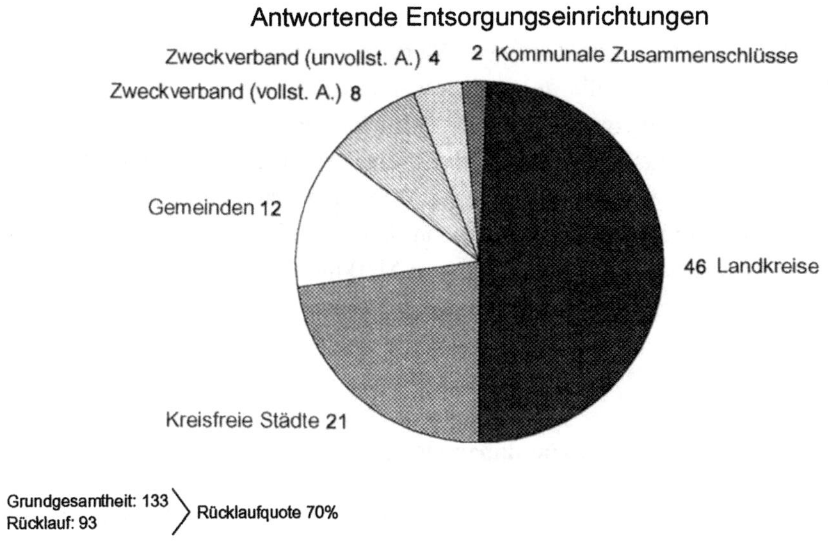

Abb. 4.15: Anzahl und Körperschaftsart der antwortenden Entsorgungseinrichtungen

4.2.1.2.4 Datenauswertung

Zur Auswertung des Datenpools mit über 170 abgefragten Merkmalen (auch: sog. Variable) wurden verschiedene Verfahren der deskriptiven und induktiven Statistik herangezogen. Zur rechentechnischen Unterstützung dienten dabei die EDV-Programme NCSS Vs. 5.03 und SPSS Vs. 5.0.1.

4.2.1.2.4.1 Deskriptive Statistik

Für eine beschreibende univariate Darstellung des Datenmaterials kamen neben statistischen Kennwerten wie

- Maximum-/Minimum-/Durchschnittswerten,
- Spannweiten,
- Standardabweichungen und
- Steigerungsraten

insbesondere

- Häufigkeitsauszählungen der jeweiligen Merkmalsausprägungen

zur Anwendung.[208]

Bivariate Analysen für nominalskalierte Merkmale wurden mittels Kreuztabellen durchgeführt. Dabei werden die diversen Ausprägungen zweier Merkmale in Tabellenform einander gegenübergestellt und die gemeinsamen Merkmalshäufigkeiten ermittelt.[209] Bei kardinalskalierten Daten und ordinalskalierten (Sekundär-)Daten hingegen kam eine entsprechende Analyse per Streuungsdiagramm zur Anwendung. Hierbei wurde auch mittels des Bravais-Person- bzw. des Spearman-Korrelationskoeffizienten ϵ [-1; 1] die Stärke und Richtung von Merkmalsinterdependenzen berechnet: so verhalten sich die Merkmale bei Extremwerten von +1 bzw. -1 völlig gleich- bzw. gegensinnig.[210]

4.2.1.2.4.2 Cluster- und Diskriminanzanalyse

Mit Hilfe der sog. Clusteranalyse wurden die untersuchten Entsorgungseinrichtungen in Hinblick auf die Ausprägungen bestimmter Merkmale zu Klassen (Cluster) zusammengefaßt, so daß die Mitglieder einer Klasse möglichst homogene, die Mitglieder verschiedener Klassen möglichst heterogene Merkmalsausprägungen aufweisen.[211]

Als spezieller Partitionierungsalgorithmus wurde hierbei das "Medoid-Verfahren" gewählt, bei dem eine Zielfunktion **D** der Form

---

208 Vgl. hierzu z.B. BAUSCH, T. / HAUKE, W. (1988), S. 19 ff.; BAMBERG, G. / BAUR, F. (1991), S. 11 ff.; HARTUNG, J. / ELPELT, B. / KLÖSENER, K.-H. (1991), S. 20 ff..

209 Vgl. hierzu etwa BAUSCH, T. / HAUKE, W. (1988), S. 24 ff.; BAMBERG, G. / BAUR, F. (1991), S. 31 ff.; HARTUNG, J. / ELPELT, B. / KLÖSENER, K.-H. (1991), S. 72.

210 Vgl. hierzu z.B. BAMBERG, G. / BAUR, F. (1991), S. 36 ff.; BOHLEY, P. (1991), S. 231 ff.; HARTUNG, J. / ELPELT, B. / KLÖSENER, K.-H. (1991), S. 73 ff..

211 Vgl. hierzu OPITZ, O. (1980), S. 65 ff.; HARTUNG, J. / ELPELT, B. (1989), S. 443 ff.; BACKHAUS, K. et al. (1990), S. 115 ff..

$$D(C) = \sum_{k} \left(\sum_{i \in C_k} \sum_{\substack{j \in C_k \\ j > i}} d(i,j) \right)$$

durch iterativen Austausch der Klassenmitglieder zwischen den verschiedenen Klassen C_k minimiert wird.[212] Dabei ist **d(i,j)** das Distanzmaß für zwei Klassenmitglieder **i** und **j** hinsichtlich aller zu betrachtenden Merkmale **m**. Bei ordinaler Merkmalsausprägung **a** bietet sich als Maß die sog. City-Block-Metrik an, bei der alle Differenzen gleich behandelt werden:

$$d(i,j) = \sum_{m} \left| a_{im} - a_{jm} \right|$$

Die Optimalität einer Klassifikation zeichnet sich einerseits durch einen möglichst kleinen Funktionswert **D(C)**, andererseits durch eine möglichst kleine Klassenanzahl $s = |k|$ aus.[213] Hierbei besteht ein Zielkonflikt, da der Funktionswert mit abnehmender Klassenanzahl im wesentlichen monoton anwächst. Ein pragmatischer Lösungsansatz stellt das sog. Elbow-Kriterium dar. Hiernach ist die optimale Klassenanzahl **s*** bestimmt, wenn bei Vergrößerung der Klassenanzahl der Zielfunktionswert nur noch geringfügig abnimmt.

Die Beurteilung der Trennschärfe der Klassifikation erfolgte im weiteren mithilfe der Diskriminanzanalyse.[214] Hierbei werden die Klassifikationsmerkmale sukzessive durch eine Linearkombination zu einer einzigen Variablen verdichtet (sog. Diskriminanzfunktion). Als Gütemaß für die jeweilige Diskriminanzfunktion läßt sich das sog. Wilks'Lamda $\in [0; 1]$ berechnen. Werte nahe 0 kennzeichnen dabei eine gute Trennschärfe der kombinierten Klassifikationsmerkmale.

4.2.1.2.4.3 Signifikanztests

Die Überprüfung aufgestellter Hypothesen, nämlich daß bestimmte Merkmale **X** und **Y** in der Grundgesamtheit **G** voneinander abhängig sind, erfolgte mittels sog. Signifi-

212 Vgl. hierzu SPÄTH, H. (1983), S. 92 ff.; HINTZE, J.L. (1992 b), S. 237 ff..

213 Vgl. zum folgenden OPITZ, O. (1980), S. 85 f.; BACKHAUS, K. et al. (1990), S. 147.

214 Vgl. HINTZE, J.L. (1992 a), S. 218 u. S. 185 ff.; detailliert HARTUNG, J. / ELPELT, B. (1989), S. 240 ff.; BACKHAUS, K. et al. (1990), S. 162 ff.; BÜHL, A. (1995), S. 433 ff.. Während die Clusteranalyse Klassen generiert, werden mithilfe der Diskriminanzanalyse bestehende Klassen untersucht. Ziel ist es, eine Diskriminanzfunktion abzuleiten, mittels derer Objekte, deren Klassenzugehörigkeit zunächst unbekannt ist, gemäß ihren Merkmalsausprägungen den bekannten Klassen zugeordnet werden können.

kanztests.[215] Hierbei wird zunächst eine Nullhypothese $\mathbf{H_0}$ und die entsprechende Gegenhypothese $\mathbf{H_1}$ formuliert in der Form:

$\mathbf{H_0}$: die beiden Merkmale **X** und **Y** sind in **G** unabhängig,
$\mathbf{H_1}$: die beiden Merkmale **X** und **Y** sind in **G** abhängig.

Im weiteren läßt sich aus einer speziellen Stichprobenfunktion die Wahrscheinlichkeit **p** berechnen, bei der die Nullhypothese mit dem empirischen Testwert als Grenzwert gerade noch abgelehnt wird, obwohl sie richtig ist. Sofern die Irrtumswahrscheinlichkeit ein vorzugebendes Signifikanzniveau α unterschreitet, wird der bei Ablehnung entstehende α-Fehler akzeptiert und die Nullhypothese verworfen. Dies impliziert dann eine Bestätigung der Gegenhypothese. Kann hingegen die Nullhypothese nicht verworfen werden, bedeutet dies allerdings keine Bestätigung von $\mathbf{H_0}$, sondern nur, daß die Beobachtungsdaten zu einer Ablehnung nicht ausreichen. Je kleiner das Signifikanzniveau α gewählt wird, desto geringer ist die Wahrscheinlichkeit, daß $\mathbf{H_0}$ zu Unrecht abgelehnt wird. Gebräuchlich sind α-Werte zwischen 0,1 und 0,01.

Im Rahmen der vorliegenden Untersuchung wurde ein Signifikanzniveau von $\alpha = 0{,}075$ zugrundegelegt. Als spezielles Testverfahren kam der nichtparametrische "Kruskal-Wallis-Hypothesentest" für $\mathbf{n} > 2$ unabhängige Stichproben (also verschiedene Probanden) zur Anwendung.[216] Vorteil des Verfahrens ist, daß das zu testende Datenmaterial keine Normalverteilung aufweisen muß. Da nicht die Meßwerte selbst, sondern deren Rangplätze verarbeitet werden, ist das Verfahren zudem unempfindlich bei "Daten-Ausreißern". Des weiteren können außer intervallskalierten Merkmalen auch Variablen mit Ordinalskalenniveau analysiert werden.

4.2.1.3 Empirie III: Einzelfallstudien zur Steuerharmonisierung

Vor dem Hintergrund einer seit geraumer Zeit diskutierten und nunmehr konkret geplanten Steuerharmonisierung von öffentlich-rechtlichen und privatrechtlichen Entsorgungsbetrieben (vgl. hierzu die Ausführungen in Kapitel 4.2.2.3.6.1) wurden Mitte 1995 Einzelfallstudien bei drei ausgewählten bayerischen Entsorgungseinrichtungen durchgeführt. Speziell wurde untersucht, welche Auswirkungen die Einführung einer Umsatzsteuerpflicht auf die Kosten bzw. Gebühren der öffentlich-rechtlichen Entsorger und auf die Gebührenbelastungen der Abfallproduzenten haben wird. Als Datenbasis dienten Istwerte aus dem Jahr 1993.

---

215 Vgl. zum folgenden BAMBERG, G. / BAUR, F. (1991), S. 179 ff.; BOHLEY, P. (1991), S. 567 ff.; SACHS, L. (1992), S. 177 ff..

216 Vgl. zur Methodik etwa HARTUNG, J. / ELPELT, B. / KLÖSENER, K.-H. (1991), S. 613 ff.; SACHS, L. (1992), S. 393 ff.; BÜHL, A. (1995), S. 278 ff..

4.2.1.3.1 Wirkungssystem bei Umsatzsteuerpflicht

Abbildung 4.16 verdeutlicht das Wirkungssystem bei Umsatzsteuerpflicht. Der Umsatzsteuerpflicht unterliegen alle Umsätze, die ein Unternehmer als Lieferungen und sonstige Leistungen im Inland gegen Entgelt im Rahmen seines Unternehmens ausführt oder im Rahmen eines Eigenverbrauchs vornimmt (sog. steuerbare Umsätze im Sinne des § 1 UStG). Die Bemessungsgrundlage für die Umsatzsteuer bei Lieferungen und sonstigen Leistungen ist das Entgelt (§ 10 Abs.1 UStG). Aufgrund der Ausgestaltung der Umsatzbesteuerung im Sinne des "Netto-Allphasenprinzips" gilt gemäß § 10 Abs. 1 S. 2 UStG als Entgelt jener Betrag, den der Leistungsempfänger aufwendet, um die Leistung zu erhalten, jedoch abzüglich der Umsatzsteuer.[217] Aus der Sicht des Leistungsnehmers handelt es sich hierbei um die "Vorsteuer (VoSt)", aus der Sicht des Leistungsgebers hat sich der Begriff "Mehrwertsteuer (MwSt)" etabliert.

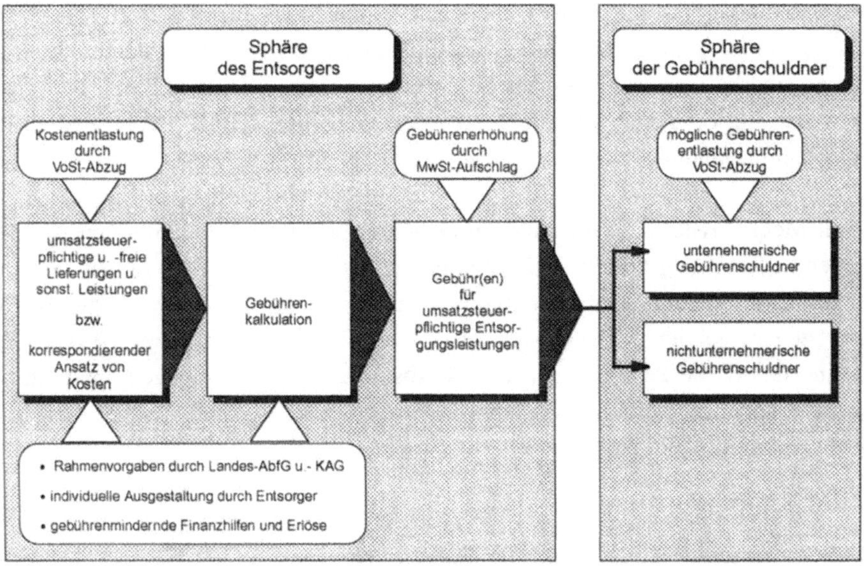

Abb. 4.16: Wirkungssystem bei Umsatzsteuerpflicht für den Entsorgungssektor

Bei einer Umsatzsteuerpflicht für den Entsorgungssektor sind die in den Entsorgungsprozeß eingebrachten Lieferungen und sonstigen Leistungen Anknüpfungspunkt für den möglichen Vorsteuerabzug beim Entsorger. Im Rechnungswesen des Entsorgers, speziell in der Kostenrechnung, werden diese Leistungen in Kostengrößen transformiert. Für einen Vorsteuerabzug bei den Leistungen ist es u.a. notwendig, daß diese

217 Das Netto-Allphasenprinzip entspricht der Intention von Wettbewerbsneutralität: innerhalb der Unternehmerkette stellt die Umsatzsteuer keinen Kostenfaktor dar, auf der Endstufe liegt stets dieselbe Steuerlast. Bis zum Jahre 1967 galt hingegen das Brutto-Allphasenprinzip. Vgl. hierzu z.B. JAKOB, W. (1992), S. 8 ff..

Leistungen zur Ausführung steuerpflichtiger Umsätze verwendet werden, in diesem Kontext für Entsorgungsleistungen. Nicht jeder Leistungsbezug ist umsatzsteuerlich relevant (z.B. Eigenleistungen, vgl. § 1 Abs. 1 UStG). Auch gibt es steuerbefreite Leistungsbezüge (z.B. Gewährung von Krediten, vgl. § 4 UStG). Zudem werden gerade im Entsorgungssektor Leistungen nicht selten entgeltlos bezogen (z.B. Reinigung der Müllfahrzeuge durch eine andere Verwaltungseinheit, vgl. § 1 Abs. 1 UStG).

Bemessungsgrundlage für die Mehrwertsteuer der Entsorgungsleistungen ist die (Netto-)Gebühr, die auf Basis der Entsorgungskosten im Rahmen der Gebührenkalkulation ermittelt wird. Gegenüber dem Status quo, d.h. einer Situation ohne Umsatzsteuerpflicht der Entsorgungsleistungen, ergeben sich keine Auswirkungen auf die Höhe der Gebühr, sofern der Mehrwertsteueraufschlag bei der Netto-Gebühr durch den Vorsteuerabzug bei den Leistungen bzw. korrespondierenden Kosten ausgeglichen wird. Gebührenerhöhende Effekte hingegen können sich ergeben, wenn im Kostenblock des Entsorgers umsatzsteuerfreie Leistungen bzw. korrespondierende Kosten enthalten sind. Andererseits können gebührenmindernde Effekte erwachsen, wenn die Kosten des Entsorgers unvollständig in Netto-Gebühren transformiert werden (z.B. bei Gebührennachlässen).

Die mit Mehrwertsteuer beaufschlagten Gebühren werden im weiteren den Abfallproduzenten in Rechnung gestellt. Hinsichtlich der Gebührenbelastung ist nun ausschlaggebend, inwiefern der Gebührenschuldner zum Vorsteuerabzug berechtigt ist. Vorsteuerabzugsberechtigt ist nach § 15 Abs. 1 UStG der Unternehmer - private Haushalte und juristische Personen gemäß § 2 Abs. 2 u. 3 UStG hingegen nicht. Insofern kann unterschieden werden zwischen "unternehmerischen" und "nichtunternehmerischen" Gebührenschuldnern.

4.2.1.3.2 Untersuchungsdesign der Fallstudien

Im Rahmen der Fallstudienuntersuchungen wurde als Arbeitshypothese festgelegt, daß zum 1.1.1993 die Umsatzsteuerpflicht im Entsorgungssektor in Kraft getreten sei. In diesem Sinne wurden für die Analyse die gebührenrelevanten Kostenpositionen der Probanden aus den jeweiligen Ergebnisrechnungen und Anlagennachweisen des Jahres 1993 extrahiert und nach produktionsfaktorbezogenen Kriterien sowie nach der Umsatzsteuerrelevanz in entsprechenden Kostenarten und -klassen gebündelt. Hinsichtlich des Kriteriums der Faktorbezogenheit wurden folgende Kostenarten gebildet: Personal-, Sach- und Dienstleistungskosten sowie kalkulatorische Rückstellungen, Abschreibungen, Zinsen, Wagnisse, Mieten und artverwandte Kosten. Im weiteren wurden die Kostenarten korrespondierend zu den umsatzsteuerlichen Kategorien "nicht steuerbare Eigenleistung", "steuerbefreite Fremdleistung" sowie "steuerpflichtige Fremdleistungen" in Kostenklassen mit und ohne direkte bzw. indirekte (d.h. rechnerische) Vorsteuerabzugsmöglichkeit unterteilt. Speziell für die kalkulatorischen Abschreibungs- und Zinskosten von sog. Alt-Investitionen, d.h. Investitionen, die vor Einführung der Umsatzsteuerpflicht getätigt wurden und deren (nachträgliche) Vorsteuerabzugsmöglichkeit vom Gesetzgeber in unterschiedlicher Weise geregelt werden könnte,[218] wurde eine gesonderte Kostenklasse gebildet. Für die Klasseneinteilung gilt folgendes zu beachten:

(1) Personalkosten: beziehen sich auf Leistungen, die von Nichtunternehmern erbracht werden. Sie sind daher umsatzsteuerlich irrelevant, die Frage des Vorsteuerabzugs stellt sich nicht.

(2) Dienstleistungskosten: werden verursacht durch Inanspruchnahme von Fremdleistungen. Neben umsatzsteuerpflichtigen Dienstleistungen (z.B. Leasingraten, Frachtspesen) gibt es umsatzsteuerbefreite Dienstleistungen (z.B. Versicherungsprämien, öffentliche Abgaben) sowie Dienstleistungen mit ermäßigtem Umsatzsteuersatz (z.B. bezogene Leistungen von gemeinnützigen Unternehmen, vgl. hierzu § 12 Abs. 2 UStG).

(3) Sachkosten: basieren in der Regel auf einem umsatzsteuerlichen Leistungsaustausch. Ebenso wie bei den Dienstleistungen können diverse Sachleistungen auch mit einem ermäßigten Umsatzsteuersatz bezogen werden (vgl. hierzu § 12 Abs. 2 UStG).

(4) Kalkulatorische Rückstellungen: werden gebildet für zukünftige Eigen- und/oder Fremdleistungen, insbesondere für die Nachsorgeleistungen bei verfüllten Deponien. Im Falle einer nicht steuerbaren Eigenleistung sind die Nachsorgeaufwendungen ohne Umsatzsteueranteil über die Verfüllungsperioden der Deponie anzusammeln. Bei umsatzsteuerpflichtigen Fremdleistungen genügt eine ratierliche Ansparung der Rückstellungsbeträge auf Nettobasis, da zum Zeitpunkt der zukünftigen Nachsorgemaßnahmen die in Rechnung gestellte Umsatzsteuer mit einem Vorsteuererstattungsanspruch korrespondiert.

(5) Kalkulatorische Wagnisse: sind mit einem umsatzsteuerrelevanten Leistungsaustausch verknüpft, sofern sie sich auf vergangene oder zukünftige umsatzsteuerpflichtige Leistungen beziehen (z.B. Beschaffung außerordentlich verbrauchter Anlagegegenstände, Dienstleistungen für außerordentlichen Reparaturbedarf). Mithin ist bei Umsatzsteuerpflicht ein kostenrechnerischer Ansatz zu Nettower-

---

218 Vgl. hierzu näheres in Kapitel 4.2.2.3.6.1 ff..

ten angezeigt.

(6) Kalkulatorische Miete und artverwandte Kosten: werden angesetzt für (vollständig oder teilweise) unentgeltlich überlassene Produktionsfaktoren. Diese Sachverhalte begründen keine steuerbaren Umsätze. Sofern ein alternativer entgeltlicher Leistungsbezug zum Vorsteuerabzug berechtigen würde, ist kostenrechnerisch ein Ansatz zu Nettowerten vorzunehmen.

(7) Kalkulatorische Abschreibungen. Für die Bemessungsgrundlage der periodisierten Abschreibungsbeträge ist entscheidend, ob das korrespondierende abnutzbare Anlagegut als umsatzsteuerliche Fremdleistung bezogen wurde oder Ausfluß einer umsatzsteuerfreien Leistung darstellt.[219] Entsprechend ist die Abschreibungsbasis entweder zu Netto- oder zu Bruttowerten anzusetzen. Für die "Substanzerhaltungsabschreibung"[220], die einen künftigen Leistungsaustausch betrifft und folglich die aktuelle Umsatzsteuerzahllast nicht berührt, ist im Falle der Umsatzsteuerpflicht rechentechnisch in gleicher Weise zu verfahren. Entsprechendes gilt für die "Abschreibung unter Null".

(8) Kalkulatorische Zinsen. Obgleich Zinsen keine direkte umsatzsteuerliche Relevanz besitzen,[221] ergibt sich ein Nexus indirekt über das zu finanzierende Vermögen. Entsprechend ist die jeweilige Bemessungsbasis mit Brutto- oder Nettowerten zu veranschlagen.

Durch Gegenüberstellung der Gesamtsumme aller Kostenarten zu Status-quo-Werten auf der einen Seite und der Gesamtsumme der Kostenarten nach Vorsteuerbereinigung und anschließender Mehrwertsteuerbeaufschlagung auf der anderen Seite ließ sich im weiteren ermitteln, welche konkreten Kosten- bzw. Gebührenveränderungen bei den untersuchten Entsorgungseinrichtungen durch die Umsatzbesteuerung induziert werden und welche Be- oder Entlastungen bei den Gebührenschuldnern damit verbunden sind. Um verzerrende Effekte gebührenrechtlich bedingter Gestaltungsspielräume in gewisser Weise auszublenden, wurden dabei folgende vereinfachende Annahmen zugrundegelegt:

1. Die bei den Entsorgungseinrichtungen anfallenden Kosten werden vollständig in Gebühren transformiert.

---

219 Letzteres ist gegeben bei eigenerstellten oder umsatzsteuerfreien bzw. entgeltlos erworbenen Potentialfaktoren.

220 Dies ist die (in der Regel) resultierende Mehrabschreibung, wenn Abschreibungen anstelle von Anschaffungswerten zu Wiederbeschaffungszeitwerten angesetzt werden.

221 Zinszahlungen an den Fremdkapitalgeber sind zwar grundsätzlich steuerbare Leistungen, aber nach § 4 Nr. 8 Buchstabe a) UStG steuerbefreit. Ebenso ist die Überlassung von Eigenkapital als nicht steuerbarer Gesellschafterbeitrag zu qualifizieren.

2. Die Gebühr wird in Form eines einheitlichen Divisionskalkulationssatzes ermittelt und undifferenziert an die unternehmerischen und nichtunternehmerischen Gebührenschuldner weitergegeben - d.h., es existiert nur eine Abfallfraktion mit einem homogenen Leistungsmaß.

4.2.2 Kommunale Gebührenpraxis

Im weiteren soll anhand der Ergebnisse der Studien sowie einiger Sekundärdaten aufgezeigt werden, wie in praxi die Gebühren von den entsorgungspflichtigen Gebietskörperschaften festgelegt werden. Dabei sei zunächst die Entwicklung der Gebührenpreise im Zeitablauf und in Abhängigkeit der eingesetzten Technologie dargestellt.

4.2.2.1 Gebührenentwicklung

Empirische Untersuchungen auf Bundes- und Landesebene belegen gerade im Bereich der Siedlungsabfälle teilweise drastische Gebührensprünge und -differenzierungen.

VAN MARK/NELLESSEN weisen in ihrer Untersuchung für eine Stichprobe von 43 Deponierungsanlagen und 20 Verbrennungsanlagen im Gebiet der alten Bundesländer folgende Preisentwicklungen bei den Selbstanlieferergebühren für Restmüll nach:[222] Für den Leistungsbereich Deponierung betrug im Zeitraum 1991 bis 1992 die durchschnittliche Preissteigerungsrate 57%. Bei der Verbrennung war für den Zeitraum von 1990 bis 1992 eine Preissteigerung von durchschnittlich 135% zu verzeichnen. Darüber hinaus wurde festgestellt, daß sich erhebliche regionale Preisdifferenzen für vergleichbare abfallwirtschaftliche Leistungen der Kommunen entwickelt haben. Während 1991 die Deponierungspreise zwischen 20 DM/t und 285 DM/t betrugen, variierten die Werte im Jahr 1992 bereits zwischen 27 DM/t und 380 DM/t. Bei der Verbrennung zeigt sich ein ähnliches Bild. Lagen im Jahr 1990 die Preise noch zwischen 48 DM/t und 215 DM/t, reichten dagegen 1992 die Preise von 123 DM/t bis hin zu 697 DM/t.

Eine bundesweite Umfrage des Kommunalen Abfallentsorgungsverbandes Saar (KABV) hinsichtlich der Direktanlieferergebühren für das Jahr 1994 kam zu ähnlichen Preisspannen.[223] Die Deponierungspreise reichten dort von 20 DM/t bis zu 700

222 Vgl. MARK, M. v. / NELLESSEN, K. (1993). Datengrundlage dieser Untersuchung sind telefonisch ermittelte Betreiberangaben der Entsorgungspreise für die Deponierung bzw. Verbrennung einer Gewichtstonne ungepreßten und außerhalb der kommunalen Abfallentsorgung angelieferten gemischten Gewerbeabfalls.

223 Vgl. KABV (1995). Die Umfragedaten sind die Preisangaben von 79 entsorgungspflichtigen Gebietskörperschaften in den alten und neuen Bundesländern für selbstangelieferte hausmüllähnli-

DM/t, die Verbrennungspreise lagen zwischen 250 DM/t und 861 DM/t, die Preise für die kombinierte Entsorgung (d.h. Verbrennung und Deponierung) schließlich schwankten zwischen 125 DM/t und 882 DM/t.

Die geschilderten Entwicklungen auf Bundesebene konnten im speziellen für Bayern im Rahmen der landesweiten Befragung (Empirie II) bestätigt werden. Hierbei wurden die Gebührenhöhen für selbstangelieferten Hausmüll und hausmüllähnlichen Gewerbeabfall in den Jahren 1989, 1991, 1993 und 1994 in DM pro Gewichtstonne abgefragt.[224] Als auswertbare Daten standen die Angaben von 64 Entsorgern zur Verfügung. Wie in *Abbildung 4.17, Fall (a)* ersichtlich, kam es im betrachteten Zeitraum zu erheblichen Preissteigerungen. Zwischen den Jahren 1989 und 1991 betrug die durchschnittliche Steigerung der Selbstanlieferergebühren 105,50%, zwischen den Jahren 1991 und 1993 57,07% und zwischen den Jahren 1993 und 1994 schließlich 21,11%. Für den gesamten Untersuchungszeitraum 1989 bis 1994 ließ sich eine durchschnittliche Gebührensteigerungsrate von 290,90% errechnen. Für die zukünftige Entwicklung der Abfallgebühren rechnen die meisten der befragten Entsorger mit weiteren Steigerungen.[225]

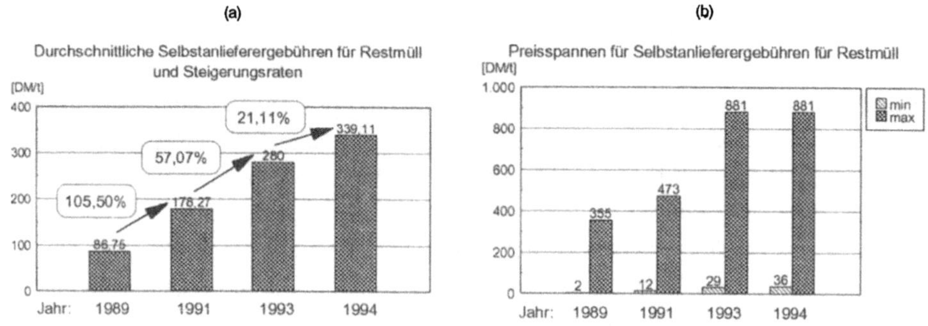

Grundgesamtheit: 133
Rücklauf: 93
Antwortenanzahl: 64
Missing values: 29
(Frage 58.)

Abb. 4.17: Durchschnittliche Selbstanlieferergebühren für Restmüll und Steigerungsraten (a) sowie Preisspannen (b)

---

che Gewerbeabfälle in DM pro Gewichtstonne.

224 Vgl. Frage 58. im Fragebogen, Anhang I. Soweit erforderlich wurden volumenbezogene Preisangaben unter der Annahme eines mittleren Abfallgewichtes von 1,25 t/m^3 in gewichtsbezogene Preise umgerechnet.

225 Vgl. hierzu Frage 59. im Fragebogen, Anhang I. Auf die Frage der Gebührenentwicklung für selbstangelieferten Restmüll gaben von 76 Antwortenden 79 % "steigend", 18 % "gleichbleibend" und 3 % "sinkend" an. Bei der entsprechenden Frage für abgeholten Restmüll ließen sich bei 86 Antwortenden ähnliche Anteilswerte ermitteln: 77 % "steigend", 22 % "gleichbleibend", 1 % "sinkend".

Auch für Bayern ließen sich enorme Preisdifferenzen ausmachen (vgl. *Abb. 4.17, Fall (b)*). So variierten die erhobenen Entsorgungspreise im Jahr 1989 zwischen 2 DM/t und 355 DM/t, im Jahr 1991 bereits zwischen 12 DM/t und 473 DM/t, im Jahr 1993 sogar zwischen 29 DM/t und 881 DM/t. Im Jahr 1994 war gegenüber 1993 ein leichter Rückgang der Preisspanne zu verzeichnen; die Gebührenhöhen bewegten sich nunmehr zwischen 36 DM/t und 881 DM/t.[226]

4.2.2.2 Einzelfallbetrachtungen

In den Einzelfallstudien ausgewählter Entsorgungseinrichtungen (Empirie I) wurden diese Preisunterschiede bei sechs Entsorgungseinrichtungen genauer analysiert.[227] In *Abbildung 4.18* sind die (Selbstanlieferer-)Gebührensätze, die korrespondierenden unbereinigten "Kosten" laut Haushaltsplan sowie die bereinigten Stückkosten sowohl auf Plan- als auch auf Istbasis der untersuchten Deponierer und Verbrenner dargestellt.

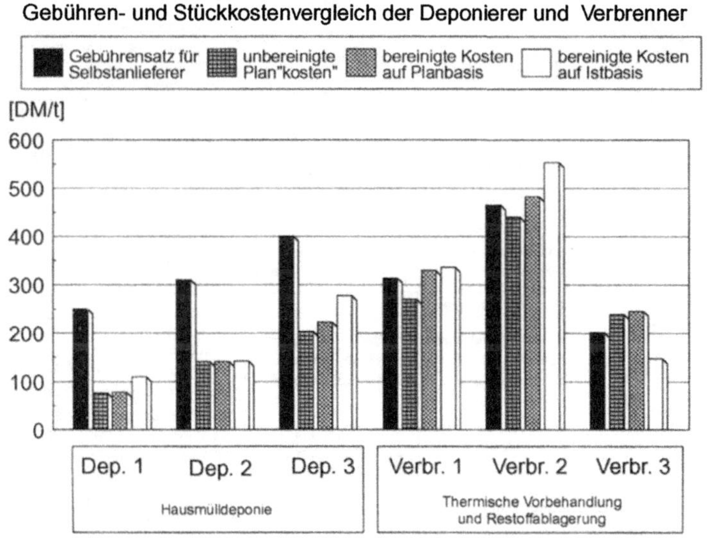

Abb. 4.18: Gebühren- und Stückkostenvergleich der Deponierer und Verbrenner

226 Dabei sei auf die Umrechnungsvorschrift für Preisangaben von DM/m^3 in DM/t in Frage 58., Fragebogen Anhang I hingewiesen, wonach gilt: 1 m^3 = 1,25 t, d.h. 1 DM/m^3 = 0,8 DM/t. Diese Konvention wurde von den "Deponierern" in der Fallstudien ausgewählter Entsorgungseinrichtungen (Empirie I), die nach Volumen abrechnen, verwendet. Mittlerweile setzt sich zunehmend eine Abrechnung nach Gewicht durch. So verfügen insbesondere "Verbrenner" regelmäßig über Eingangswaagen. Zu bemerken ist, daß die gewählte Umrechnungsvorschrift für teilverdichtete Abfälle gilt. Wird hingegen vom sog. Schüttgewicht ausgegangen, so reduziert sich das Verhältnis auf 0,35 - 0,25 t/m^3, d.h. 1 DM/m^3 entspricht 2,86 - 4,00 DM/t.

227 Vgl. hierzu ausführlich BIfA (1994).

Dabei ist ersichtlich, daß entgegen der allgemeinen Erwartung, eine zunehmende Technologiekomplexität würde auch entsprechende Kosten- und damit Preisintensitäten bedingen, die Müllverbrennung gegenüber der Hausmülldeponierung nicht unbedingt die teurere Variante darstellt: Verbrenner 3 verrechnet mit knapp 200 DM/t den niedrigsten Entsorgungspreis im Vergleich zu den anderen Probanden. Für die Divergenzen sind die in *Tabellen 4.9* und *4.10* aufgeführten anlagen- und rechentechnischen Besonderheiten der Probanden maßgebend.

Kriterien			Deponierer 1	Deponierer 2	Deponierer 3
Kostenarten	Anlagenbuchhaltung von externem Büro		nein	nein	nein
Kostenarten	Kalkulatorische Abschreibungen	Ermittl.-Methode	lineare Methode	lineare Methode	lineare Methode
Kostenarten	Kalkulatorische Abschreibungen	Nutzungsdauer	Tabellen, Expertisen	Schätzungen	generell 30 a
Kostenarten	Kalkulatorische Abschreibungen	Deponiegrundstücksabschr.	ja; Abschreibung auf Restwert = 0; ND = 6 a	nein, da gepachtet	nein, da Zahlung von Nutzungsentschäd.
Kostenarten	Kalkulatorische Zinsen	Ermittl.-Methode	Restwertmethode	Durchschnittswertmeth.	Durchschnittswertmeth.
Kostenarten	Kalkulatorische Zinsen	Zinssatz	7,5 %	6 %	8 % für EK, spezifischer Zinssatz für FK
Kostenarten	Kalkulatorische Rückstellungen	Ermittl.-Methode	"gestaltet"	Schätzungen	Expertisen
Kostenarten	Kalkulatorische Rückstellungen	Kostenmengen (Rückst.-Ursache)	nicht spezifiziert	für unterlassene Aufwendungen und Nachsorgemaßnahmen für 20 a	für Nachsorgemaßnahmen (ohne Sickerwassernachsorge) für 20 a
Kostenarten	Verwaltungskosten	Organisation	zentral	zentral	dezentral (3 Verwaltungseinheiten)
Kostenarten	Verwaltungskosten	innere Verrechn.	ja; z.T. überhöht	ja	ja; z.T. "gestaltet"
Kostenstellen	Kostenstelle Deponierung	abbaubare Fixkosten	Deponieabdichtung u. -deckelung, Sickerwasserentsorgung	Deponiebau, Sickerwasserentsorgung, Entgasung	k.A.
Kostenstellen	Kostenstelle Deponierung	nichtabbaubare Fixkosten	Deponiepersonal (mind. 3 Personen), Kontrolle	Deponiepersonal, best. Deponieanlagen (z.B. Deponiehaus, Waage)	k.A.
Kostenstellen	Kostenstelle Deponierung	Personal (Anzahl)	4	3,5	k.A.
Kostenstellen	Kostenstelle Deponierung	standortabhängige Kosten oder Einsparungen	Kosten für Wasserleitung wegen Trinkwasserschutz	Einsparungen an Abdichtungskosten wegen vorhandener geologischer Barriere	Kosten für kompletten Ausbau der gesamten Deponiefläche aufgrund von Setzungsproblemen
Kostenstellen	Kostenstelle Deponierung	externe Effekte	Gefahr von Sickerwässerschäden	Geruchsbelästigungen, die jedoch mittels Entschädigungszahlungen abgegolten werden	Geruchsbelästigungen, die jedoch mittels Entschädigungszahlungen abgegolten werden
Kostenstellen	Kostenstelle Sickerwasserentsorgung		k.A.	Abfuhr u. Entsorgung durch priv. Unternehm.	Anschluß an kommunale Kläranlage
Kostenstellen	Kostenstelle Deponieentgasung		Anlage derzeit gemietet; keine Energienutzung	nicht installiert	Gewinne aus Deponiegasverstromung
Kostenstellen	Verwendung eines BAB		ja (für nachträgliche Kalkulation)	nein	bedingt
Kostenträger	Gebührensatz	Restmüll Haushalte	Mischkalkulation	Mischkalkulation; Lenkungsabschlag	Mischkalkulation
Kostenträger	Gebührensatz	Restmüll Selbstanlieferer	Mischkalkulation	Einzelkalkulation; Lenkungszuschlag von über 100%	Mischkalkulation

Tab. 4.9: Anlagen- und rechentechnische Besonderheiten der Deponierer

Kriterien			Verbrenner 1	Verbrenner 2	Verbrenner 3
Kostenarten	Anlagenbuchhaltung von externem Büro		ja; time-lag für Ermittlung der kalk. Kosten = 1 a	ja (neuerdings); time-lag für Ermittlung der kalk. Kosten = 1 a	ja; kein time-lag, da für Kalkulation eigene Aufzeichnungen vorhanden
	Kalkulatorische Abschreibungen	Ermittl.-Methode	lineare Methode	lineare Methode	lineare Methode
		Nutzungsdauer	Tabellen, Expertenschätzungen	Ansatz erheblich verkürzter ND wg. techn. Veraltung des MVA-Anlageverm. (Sonderabschreibungen)	Expertenschätzungen
		Deponiegrundstücksabschreibungen	ja; Abschreibungen auf Restwert = 0; ND = Gebäude-ND	-	ja; Abschreibungen auf Restwert = 0; ND = Expertenschätzung
	Kalkulatorische Zinsen	Ermittl.-Methode	verf. Restwertmethode	Restwertmethode	Durchschnittswertmeth.
		Zinssatz	6,5 %	7 %	6,5 %
	Kalkulatorische Rückstellungen	Ermittl.-Methode	Schätzungen	aktueller Werteverzehr des Abfallexports	Expertenschätzungen
		Kostenmengen (Rückst.-Ursache)	für Nachsorge der Rest-stoffdeponie für 15 a	für spätere Rücknahmeverpflichtungen aus Abfallexport	für Nachsorge der Reststoffdeponie
	Verwaltungskosten	Organisation	zentral	zentral	zentral
		innere Verrechn.	ja	ja	ja
Kostenstellen	Kostenstelle MVA	TASi-konform	ja	ja	ja
		abbaubare Fixkosten	2. Waage, Personal bis Standardbelegschaft d. kleinstmöglichen Anlagentyps (70.000 t/a)	k.A.	sprungfix: Anlagekosten und Personalkosten
		nichtabbaubare Fixkosten	Standardbelegschaft des kleinstmöglichen Anlagentyps, 1 Waage	k.A.	Grundstück, kleinstmöglicher Anlagentyp und Standardbelegschaft
		Personal (Anzahl)	45	35	45
		standortabhängige Kosten bzw. Einsparungen	Kosten des Fernwärmenetzes aufgrund dezentraler Lage der MVA	k.A.	-
		externe Effekte	nicht bekannt	nicht bekannt	nicht bekannt
		Energierückgewinnung	Verstromung, Fernwärmeversorgung; kostendeckend nur mithilfe Subventionen	Verstromung, Fernwärmeversorgung; kostendeckend nur mithilfe Subventionen	Verstromung, Fernwärmeversorgung; gewinnbringend
	Kostenstelle Filterstaubentsorgung		Sonderabfallentsorgung	Sonderabfallentsorgung	Sonderabfallentsorgung
	Kostenstelle Schlackeentsorgung		Entsorgung in gebietsfremden Anlagen zum Zwecke der Schonung der eigenen Deponie	externe Aufbereitung und Verwertung (nicht kostendeckend)	Entsorgung in gebietsfremder Hausmülldeponie zum Zwecke der Schonung der eigenen Deponie
	Kostenstelle Umladestationen		3 Stck.; politisch bedingt; mindern die neg. externen Effekte des Straßentransports	3 Stck.	-
	Kostenstelle Reststoffdeponie	Nutzung	z.Zt. nur für Ablagerung nichtbrennbarer Abfälle	eigene Deponie nicht vorhanden; daher Fremdablagerung	z.Zt. nur für Ablagerung nichtbrennbarer Abfälle
		abbaubare Fixkosten	Entgasung, Sickerwasserents., Deponiedeckelung	-	keine, da Deponie in Mindestaustattung
		nichtabbaubare Fixkosten	Deponiepersonal (mind. 1,5 Personen), best. Deponieanlagen (z.B. Verdichter), Kontrolle	-	Deponiemindestaustattung
		Personal (Anzahl)	2	-	0,5
		standortabhängige Kosten bzw. Einsparungen	nicht bekannt	-	Beobachtungsbrunnen
		externe Effekte	positiver externer Effekt: Umgebungsland wird als Gewerbegebiet ausgewiesen	-	Verdacht auf Sickerwasserschäden
	Verwendung eines BAB		nein	nein	k.A.
Kostenträger	Gebührensatz	Restmüll Haushalte	Mischkalkulation; Lenkungsabschläge	Mischkalkulation	Einzelkalkulation
		Restmüll Selbstanlieferer	Mischkalkulation; Lenkungszuschlag; zusätzl. Zuschlag für Finanzierung von Altlastensanierung	Mischkalkulation	Einzelkalkulation

Tab. 4.10: Anlagen- und rechentechnische Besonderheiten der Verbrenner

Der relativ günstige Entsorgungspreis von Deponierer 1 basiert insbesondere auf dem Umstand, daß hier anders als bei den beiden anderen Deponierern für die Deponienachsorge keine Rückstellungen veranschlagt werden. Zwar finden sich in der (nachträglichen) Kalkulation von Deponierer 1 in geringem Umfang "Rückstellungskosten"; diese dienen aber ausschließlich dazu, Kostenüberdeckungen der Gebühreneinnahmen in Kosten zu transformieren. Hingegen ist der sehr hohe Entsorgungspreis von Deponierer 3 vor allem durch erhebliche Standortnachteile bedingt. Während Deponierer 1 und 2 lediglich für Teilabschnitte des Deponiegeländes die vorgeschriebenen Anlagesysteme errichten,[228] hatte Deponierer 3 wegen der ungünstigen Setzungsverhältnisse des Deponiekörpers die gesamte Deponiefläche auszubauen. Die somit erheblich längere Verfülldauer und die korrespondierende längerfristige Kapitalbindung bewirken entsprechend höhere Zinskosten.[229] Mögliche Losgrößenvorteile bei der Investitionsgüterbeschaffung, welche die hohen Kapitalkosten relativieren könnten, wurden bei Deponierer 3 zumindest nicht in bemerkbarer Weise erzielt. Hinzu kommt, daß bei Deponierer 3 ein relativ hoher Verwaltungskostenblock anfällt, da drei getrennte Verwaltungseinheiten zum Einsatz kommen.[230] Deponierer 1 und 2 werden hingegen zentral und mithin kostengünstiger verwaltet.

Vergleicht man die in den Gebührensatzungen der Deponierer festgeschriebenen Gebührensätze für Selbstanlieferer mit den jeweiligen Stückkosten in den drei genannten Varianten (vgl. *Abb. 4.18*), so sind in allen Fällen erhebliche Kostenüberdeckungen auszumachen. Diese Überdeckungen betragen in Relation der bereinigten Istkosten zwischen 144 % und 229 %. Bei Ansatz von unbereinigten Planwerten, in denen auch gewährte Finanzhilfen zur Geltung kommen,[231] ergeben sich noch höhere Überdeckungen von 197-329 %. Diese Abweichungen resultieren einerseits aus den im Rahmen der Fallstudien vorgenommenen Abgrenzungsrechnungen,[232] andererseits aber auch aus den Kalkulationsmethoden der Probanden. Deponierer 1 und 3 wenden eine Mischkalkulation an. Somit fließen in die Restmüllentsorgungspreise auch Kostenbestandteile anderer Entsorgungsbereiche mit ein, die den Selbstanlieferen in der Regel auch zur Nutzung vorgehalten werden. Deponierer 2 hingegen begründet die Abweichung von Kosten und Gebühren mit einem (willkürlichen) Lenkungszuschlag von über 100 %. Bemerkenswert ist, daß für eine verursachungsgerechte Kostenzurechnung keiner der Probanden einen BAB verwendet.[233]

---

228 Diese Vorgehensweise entspricht den Vorgaben nach TASi Nr. 10.6.4.1 Buchstabe b).

229 Diese höheren Zinskosten besitzen mithin den Charakter von Leerkosten. Vgl. hierzu ein numerisches Fallbeispiel bei BAUM, H.-G. / CANTNER, J. / WITTMANN, R. (1993), S. 296 ff..

230 Dies sind die Gemeindeverwaltung des Deponiestandortes, die entsorgungspflichtige Gebietskörperschaft sowie eine Eigengesellschaft, die weitgehend mit den Entsorgungsaufgaben betraut ist.

231 Diese betragen bei den Deponierern durchschnittlich 4 %.

232 Vgl. hierzu nochmals das Untersuchungsdesign in Kapitel 4.2.1.1.

233 Dies gilt auch - soweit Angaben gemacht wurden - bei den Verbrennern. Vgl. *Tab. 4.10*.

Bei den Verbrennern werden die Preisunterschiede vornehmlich durch die Abschreibungsstrategien und durch die fallweise Erlöserzielung im Rahmen der Energierückgewinnung determiniert. So weist der teuerste unter den Probanden, Verbrenner 2, für den Kostenbereich der MVA die höchste Kapitalintensität (66 %) auf - bedingt durch den Ansatz von stark erhöhten Abschreibungen aufgrund vorzeitiger Anlagenveraltung.[234] Dabei fließen jedoch in die Kalkulation die Abschreibungsbeträge des Vorjahres ein, da infolge einer extern durchgeführten Anlagenbuchhaltung die notwendigen Informationen nicht zeitnah zur Verfügung stehen.[235] Andererseits hält Verbrenner 2 keine eigene Reststoffdeponie vor. Die Schlacken werden extern aufbereitet und verwertet. Im Gegensatz hierzu betreiben Verbrenner 1 und 3 eigene Reststoffdeponien, für deren spätere Nachsorge auch Rückstellungen angesetzt werden. Genutzt werden die Deponien allerdings nur für nichtbrennbare Abfälle, die Rückstände aus der thermischen Vorbehandlung hingegen werden in gebietsfremden Anlagen entsorgt. Die Fachleute vor Ort begründen die Deponieschonung mit dem Motiv der Vorratshaltung, um den Forderungen des Art. 4 Abs. 3 BayAbfAlG hinsichtlich einer Verfügbarkeitsdauer von mindestens sechs Jahren nachzukommen. Eine Errichtung von Nachfolgedeponien sei mit (politischen) Unwägbarkeiten behaftet und daher unsicher. Der Kosten- und Gebührenvorteil von Verbrenner 3 resultiert primär aus den Energieerlösen der Fernwärme- und Stromproduktion im Rahmen des Verbrennungsprozesses. Im MVA-Bereich wird dadurch bezogen auf die bereinigten Istkosten ein Kostendeckungsgrad von 31 % erreicht. Bei den Verbrennern 1 und 2, die ebenfalls eine Energierückgewinnung betreiben, wurden in der Untersuchung die hierfür anfallenden Ausgaben und Einnahmen als betriebsfremde Positionen aus der Kostenbetrachtung ausgeschlossen. Läßt man nämlich außerordentliche Einnahmen in Form von Finanzhilfen außer Acht,[236] unterschreiten bei beiden Probanden die Energieeinnahmen die Ausgaben für die Energiegewinnung und -bereitstellung.[237] Als eine mögliche Ursache für diese per Saldo defizitäre Energierückgewinnung konnten bei Verbrenner 1 besonders hohe, standortbedingte Bereitstellungsausgaben identifiziert werden. Aufgrund der dezentralen Lage der MVA bestehen weite Distanzen zu den Energienachfragern, die mit einer kostenträchtigen Infrastruktur zu überbrücken sind. Bei Verbrenner 2 hingegen könnten die Defizite aus der oben geschilderten Abschreibungspolitik resultieren.

---

234 Die Datenlage ließ eine Bereinigung dieser außerordentlichen Einflüsse zu Analysezwecken allerdings nicht zu. Verbrenner 2 verfügte über keine valide Anlagenbuchhaltung.

235 Gleiches gilt bei Verbrenner 2.

236 Bei Verbrenner 1 bzw. 2 beträgt die Subventionsintensität im Kostenbereich MVA 33 % bzw. 44 % (bezogen auf bereinigten Kosten auf Istbasis).

237 Dieses Ergebnis lieferten sowohl die auf Planzahlen als auch die auf Istzahlen basierenden Kostendaten.

In welchem Maße die Entsorgungskosten von den Verbrennern per Gebühr umgelegt werden, zeigt ein Vergleich der in den Gebührensatzungen festgelegten Gebührenansätze für Selbstanlieferer mit den korrespondierenden Stückkosten in den drei genannten Varianten (vgl. *Abb. 4.18*):

- Bei Kostenansatz auf bereinigter Planbasis sowie auf Istbasis reicht der Gebührensatz von Verbrenner 1 nicht zur Kostendeckung. Werden hingegen die unbereinigten Planzahlen zugrundegelegt, ergibt sich eine Kostenüberdeckung von 16 %. Ursächlich für diese Überdeckung ist zum einen, daß Verbrenner 1 im Sinne einer Mischkalkulation außer den Verbrennungs- und Ablagerungskosten auch die Kostenbestandteile anderer Entsorgungsbereiche in die Rechnung miteinbezieht. Außerdem gehen in den Gebührensatz Lenkungszuschläge ein.
- Für Verbrenner 2 ergeben sich bei Stückkostenansatz zu bereinigten Plan- und Istdaten ebenfalls Kostenunterdeckungen, bei Stückkosten basierend auf unbereinigten Plangrößen dagegen resultiert eine Kostenüberdeckung von 6 %. Diese Überdeckung ergibt sich auch hier aufgrund einer Mischkalkulation.
- Verbrenner 3 erzielt bei Stückkostenansatz auf Grundlage sowohl von bereinigten als auch unbereinigten Planzahlen keine Kostendeckung. Bei Ansatz der Stückkosten auf Istbasis hingegen wird eine Kostenüberdeckung von 37 % erreicht. Im Gegensatz zu den beiden anderen Probanden führt Verbrenner 3 eine Einzel(kostenträger)kalkulation durch. Ausschlaggebend für die Kostenüberdekkungen dürften - neben den Einflüssen der im Rahmen der Untersuchung durchgeführten Abgrenzungsrechnung - Prognoseabweichungen hinsichtlich der Kostenentwicklung sein.[238]

4.2.2.3 Einflußfaktoren für Kosten und Gebühren

Zusammenfassend läßt sich aus den Einzelfallstudien folgendes zentrale Ergebnis ableiten:

- Die Abfallgebühren sind in der Regel kein Indikator für die Entsorgungskosten. - Dabei existiert allerdings kein Referenzmaß: aufgrund der regulatorischen Freiräume ist sowohl die Kosten- als auch die Gebührenseite von den Entsorgern gestaltbar, sei es auf dem Wege des Leistungsangebotes (u.a. Technologiewahl) oder durch die gebührenrechtlichen Kalkulationsspielräume.

---

238 Laut Auskunft der Fachleute vor Ort wurde zwar eine gewisse Relativierung der Werte gemäß Haushaltsplan in der zeitlich nachgelagerten Gebührenkalkulation und Preissetzung antizipiert (hierdurch erklären sich auch die Unterdeckungen der Kosten auf Basis von bereinigten und unbereinigten Planwerten), dies reichte aber letztlich nicht aus, um eine Kostenüberdeckung zu vermeiden.

Im Rahmen der bayernweiten Befragung (Empirie II) wurde nun im weiteren großzahlig recherchiert, in welcher Weise von den Entsorgern auf die Kostenmengen und -werte und auf die Gebührensätze Einfluß genommen wird.[239] Im folgenden werden die Ergebnisse dargestellt, geordnet nach den Aspekten

- Kostenrechnungsgrundlagen,
- Behandlung neutraler Positionen
- Ansatz ausgewählter Kostenarten,
- Internalisierung sozialer Zusatzkosten sowie
- Kostenumlage.

Außerdem wird auf das Sonderproblem der Aufgabendelegation von Entsorgungsleistungen eingegangen.

4.2.2.3.1 Grundlagen der Kostenrechnung

Als Grundrechenwerk halten über 42 % der antwortenden Entsorger ein rein kameralistisches Rechnungswesen vor, der verbleibende Anteil verfügt über das System der erweiterten Kameralistik oder über ein kaufmännisches Rechnungswesen (vgl. *Abb. 4.19, Fall (a)*).

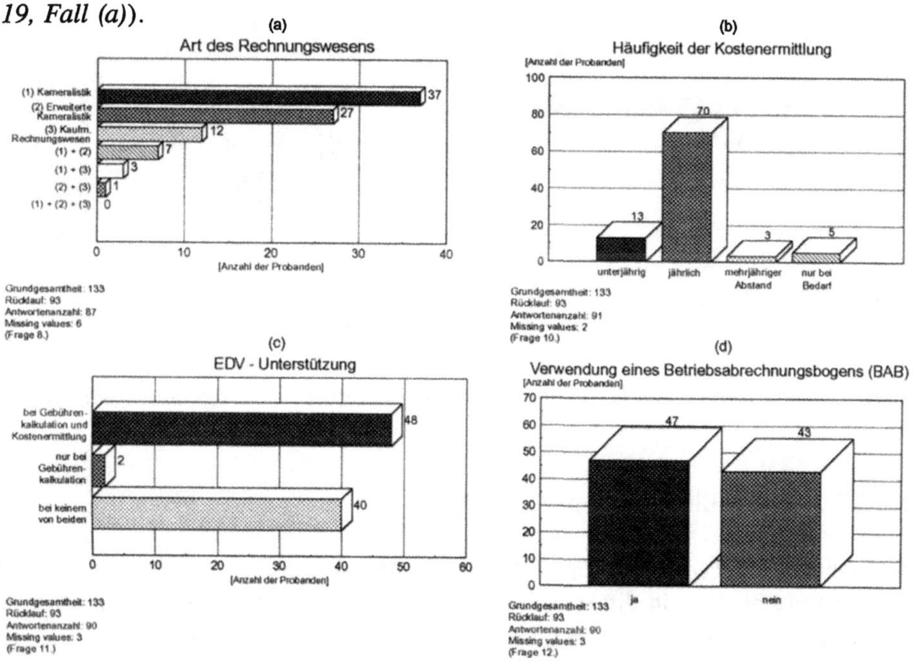

Abb. 4.19: Art des Rechnungswesens (a), Häufigkeit der Kostenermittlung (b), EDV-Unterstützung (c) und Verwendung eines BAB (d)

239 Vgl. hierzu den Fragebogen in Anhang I.

Das Instrument der Kostenrechnung wird von den befragten Entsorgern zur Überprüfung, ob eine Gebührenanpassung erforderlich ist, überwiegend in jährlichem Turnus eingesetzt (vgl. *Abb. 4.19, Fall (b)*). Auf eine EDV-technische Unterstützung verzichtet knapp die Hälfte der Entsorger (vgl. *Abb. 4.19, Fall (c)*). Ebenso verhält es sich bei Verwendung eines für die verursachergerechte Kostenermittlung und -zuweisung erforderlichen Betriebsabrechnungsbogens (vgl. *Abb. 4.19, Fall (d)*).

Zur Ermittlung der kalkulatorischen Abschreibungen und Zinsen sind die Informationen einer Anlagenbuchhaltung bzw. von Anlagennachweisen erforderlich. Knapp 10 % der antwortenden Entsorger kalkulieren die Gebühren ohne dieses Informationsinstrument; 89 % dagegen verfügen über ein entsprechendes Rechenwerk, entweder gemäß der Vorgaben der VV-Mu-KommHV[240] oder in vereinfachter Form (vgl. *Abb. 4.20, Fall (a)*). Davon lassen 18 % die Rechnung durch externe Einrichtungen (z.B. die AKDB) erstellen. Dabei kommt es in nahezu der Hälfte der Fälle zu time-lags bei der Informationsbereitstellung (vgl. *Abb. 4.20, Fall (b)*), infolgedessen die Anlagenwerte des Vorjahres entgegen dem Prinzip der Periodengerechtigkeit in die Gebührenbedarfsrechnung einfließen.

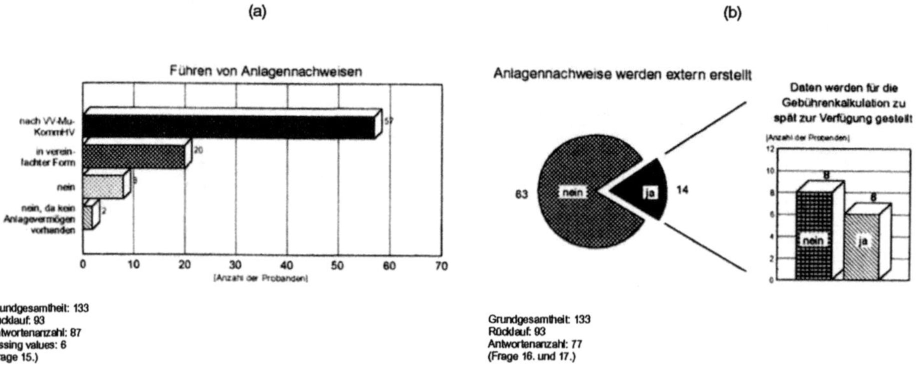

Abb. 4.20: Führen von Anlagennachweisen (a) und externe Anlagenbuchhaltung (b)

4.2.2.3.2 Behandlung neutraler Positionen

Hinsichtlich der Ausgliederung neutraler Positionen im Rahmen der Abgrenzungsrechnung ergibt sich ein differenziertes Bild (vgl. *Abb. 4.21*). Eine vollständige oder überwiegende Elimination zeitraumfremder bzw. außerordentlicher Positionen nehmen lediglich 45 % bzw. 41 % der antwortenden Entsorger vor. Bei der Ausgliede-

240 Vgl. Verwaltungsvorschriften über die Muster zum kommunalen Haushalts-, Kassen- und Rechnungswesen (VV-Mu-KommHV) vom 11. Juli 1973 (MABl. S. 615), zuletzt geändert durch Bekanntmachung vom 4. September 1986 (MABl. S. 445).

rung betriebsfremder Ausgaben und Einnahmen beträgt der entsprechende Anteil jedoch immerhin 67 %.

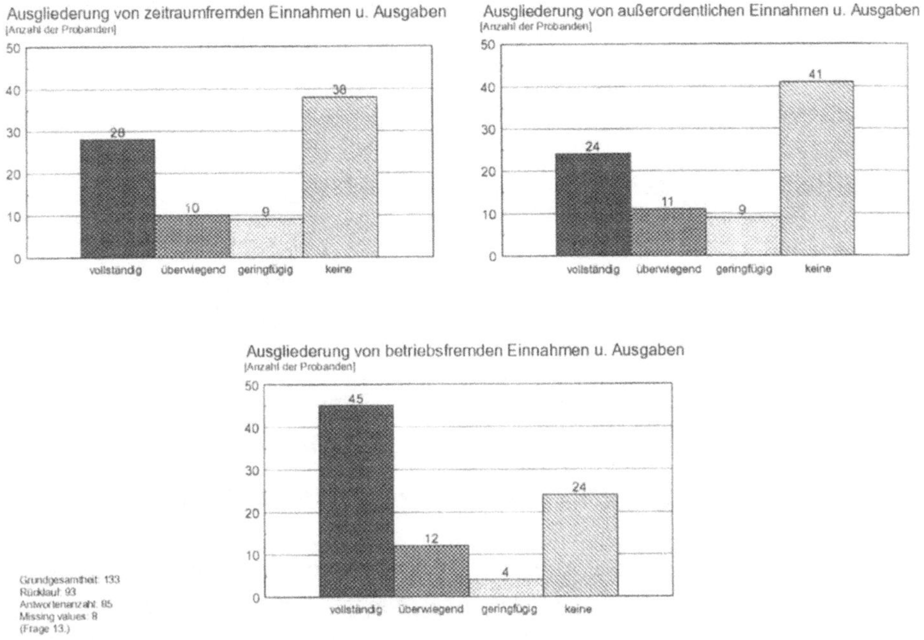

Abb. 4.21: Ausgliederung neutraler Positionen

Bestimmte Positionen, die unter dem Aspekt des kostenrechnerischen Verursachungs- und des umweltpolitischen Verursacherprinzips zu neutralisieren wären, sind indessen nach den gebührenrechtlichen Bestimmungen ansatzfähig bzw. -pflichtig:[241]

(1) Sanierungsausgaben für aktuelle Altlasten werden von 35 % der antwortenden Entsorger in der Gebührenbedarfsrechnung berücksichtigt (vgl. *Abb. 4.22*).

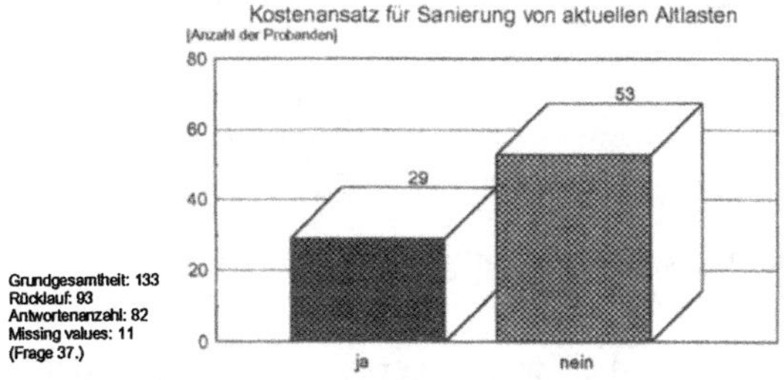

Abb. 4.22: Kostenansatz der Altlastensanierung

241 Vgl. hierzu nochmals die Ausführungen in den Kapiteln 3.8.3.2.3.1.1, 4.1.3.2.3.2 sowie 4.1.3.2.2.1.

(2) In Form von Zuweisungen, zinsverbilligten Darlehen und anderen Fördermitteln beziehen knapp 58 % der Entsorger staatliche Finanzhilfen (vgl. *Abb. 4.23, Fall (a)*). Hierdurch ergeben sich Gesamtkostenminderungen von bis zu 50 % (vgl. *Abb. 4.23, Fall (b)*).

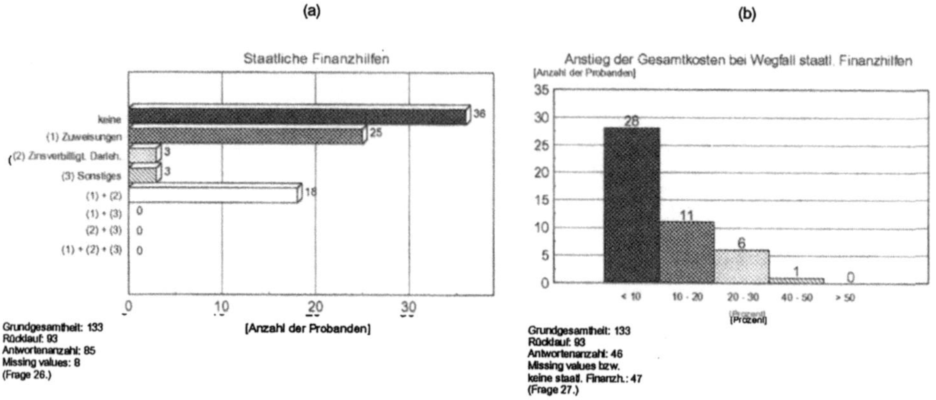

Abb. 4.23: Staatliche Finanzhilfen (a) und korrespondierende Kosteneffekte (b)

(3) Die im Rahmen der Entsorgungsprozesse vorzunehmende Energierückgewinnung ist bei der Mehrzahl der antwortenden Entsorger defizitär (vgl. *Abb. 4.24*). Auch wird in einigen Fällen eine noch gewinnbringende Situation als labil erachtet.

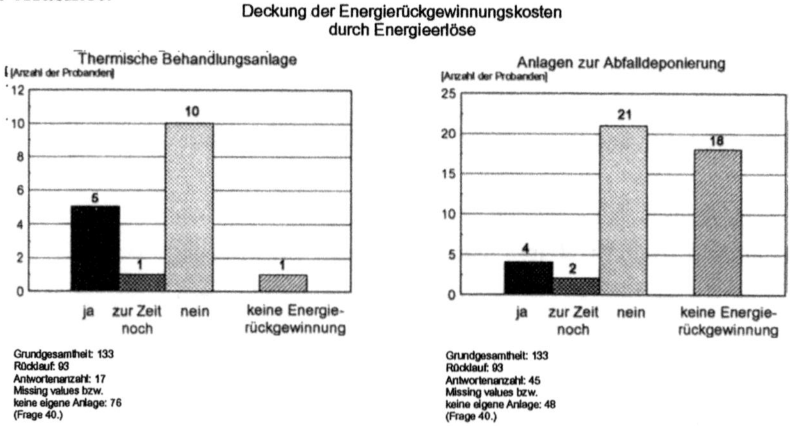

Abb. 4.24: Kostendeckung der Energierückgewinnung

(4) Ein spezielles Problem - dies wurde gerade im Rahmen der Einzelfallstudien aufgezeigt (vgl. nochmals Kapitel 4.2.2.2) - stellen "Leerkosten"[242] dar, die

242 "Leerkosten" sind der Teil der Fixkosten, der durch die real beanspruchte Kapazität im Verhältnis zur geplanten Kapazität nicht genutzt wird. Vgl. COENENBERG, A.G. (1993), S. 400.

den Abfallbesitzern in Ermangelung regulatorischer Restriktionen weiterverrechnet werden. So ist bei den antwortenden Entsorgern eine zeitnahe Vorhaltung der zu verfüllenden Deponievolumina nicht immer gegeben (vgl. *Abb. 4.25*). Entsprechend entstehen Leerkosten für die ungenutzten Kapazitäten.

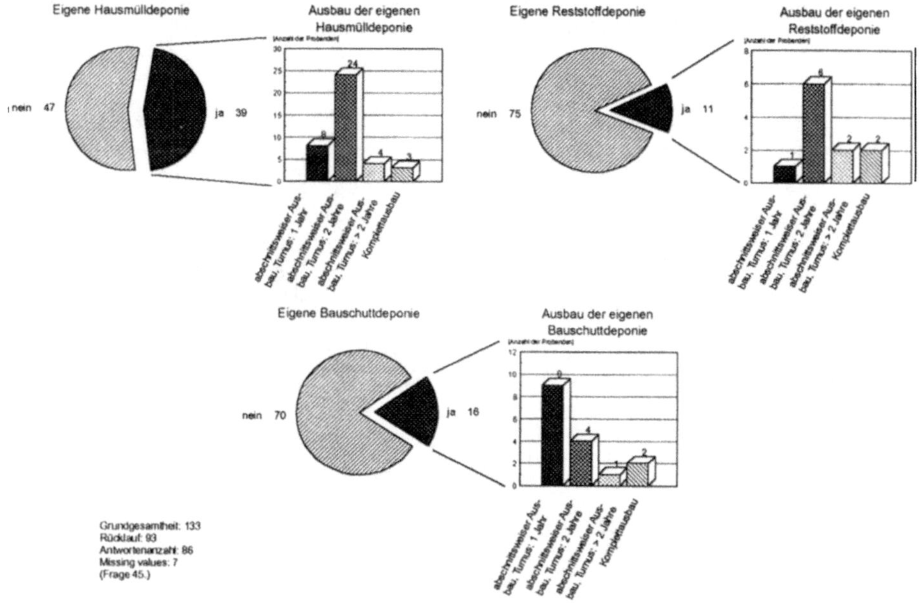

Abb. 4.25: Leerkostenpotential bei Hausmüll-, Reststoff- und Bauschuttdeponien

Für die Auslastung der MVA's im Zeitablauf und somit für das Verhältnis von Nutz- und Leerkosten ergibt sich folgendes Bild: Während die Auslastungsgrade im betrachteten Zeitraum zwar durchschnittlich ein hohes Niveau aufweisen, gibt es vereinzelt Entsorger mit eklatanten Leerkapazitäten (vgl. *Abb. 4.26*).

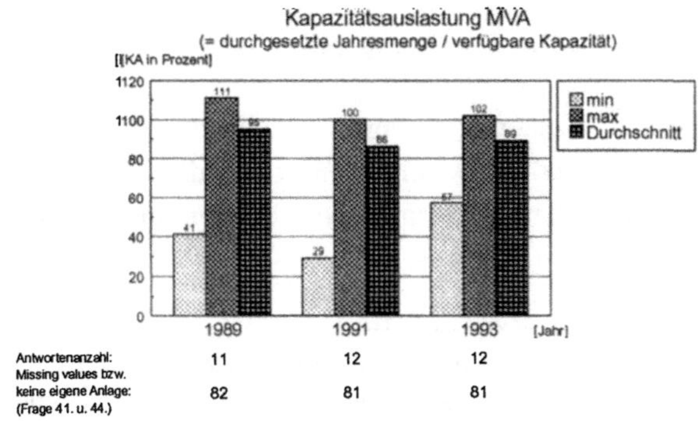

Abb. 4.26: Anlagenauslastung MVA [243]

243 Dabei wird unter "verfügbarer Kapazität" die Maximalkapazität der Anlage abzüglich der Puf-

Des weiteren läßt sich bei den EOP-Anlagen eine über die Zeit sinkende Arbeitsproduktivität feststellen (vgl. *Abb. 4.27*).[244] Ursächlich hierfür sind tendenziell steigende Belegschaftszahlen (insbesondere bei den MVA's) bei gleichzeitig sinkendem Abfalldurchsatz. Dieser Trend könnte sich fortsetzen. Von 58 Entsorgern mit eigenen Anlagen rechnen 29 mit sinkenden, 24 mit stagnierenden und nur 5 mit steigenden Abfallmengen für die Zukunft.[245]

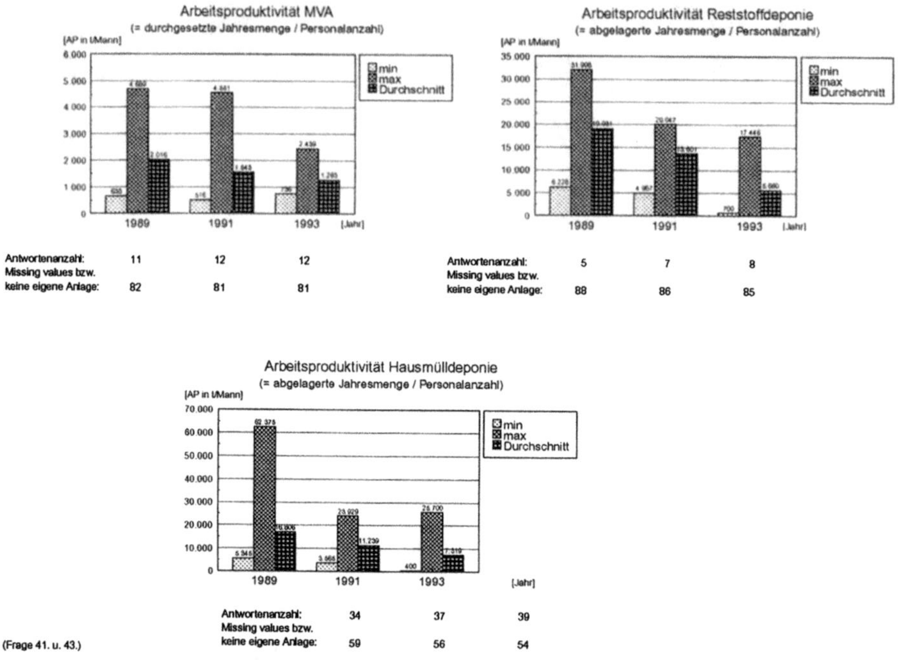

Abb. 4.27: Arbeitsproduktivitäten bei EOP-Anlagen

4.2.2.3.3 Ansatz ausgewählter Kostenarten

Bei den "zweifelsfreien" Kostenarten wurde speziell der Ansatz von kalkulatorischen Abschreibungen, Zinsen und Rückstellungen sowie die kostenrechnerische Behandlung von Wagnissen und internen Leistungsbeziehungen untersucht:

---

ferkapazitäten für planmäßige Wartungs- und Reservezwecke verstanden.

244 Zu bemerken ist, daß für die Angaben der durchgesetzten bzw. abgelagerten Abfallmengen (vgl. Frage 41., Fragebogen Anhang I) eine Umrechnungsvorschrift von Volumen- in Gewichtsdimension vorgegebenen wurde in der Form: 1 m^3 = 1,25 t. Denkbar wären natürlich auch andere Verhältnisse; vgl. hierzu nochmals die Erläuterungen in Fn. 226.

245 Vgl. hierzu Frage 46. im Fragebogen, Anhang I.

(1) Unter dem Aspekt des Vollständigkeitsprinzips sind die internen Leistungsbeziehungen zwischen den verschiedenen Verwaltungseinheiten innerhalb öffentlich-rechtlicher Körperschaften kostenrechnerisch als "innere Verrechnungen" abzubilden. Knapp 89 % der antwortenden Entsorger gaben an, diese Positionen bei der Kostenermittlung vollständig oder überwiegend zu berücksichtigen (vgl. *Abb. 4.28*).

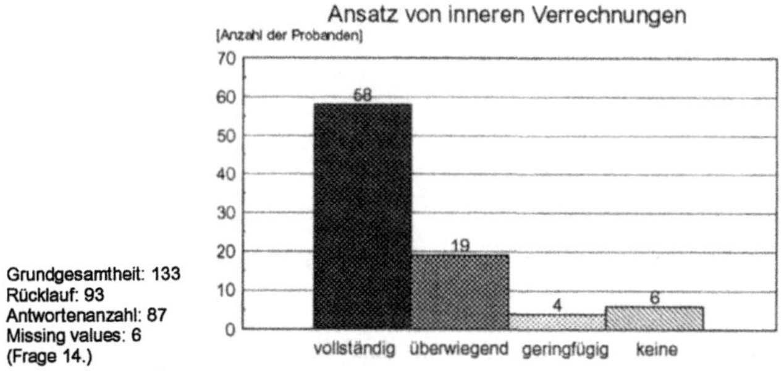

Abb. 4.28: Innere Verrechnungen

(2) Ein Kostenansatz für Wagnisse stellt bei den antwortenden Entsorgern die Ausnahme dar. So werden für typische Wagnistatbestände (vgl. hierzu *Abb. 4.29*) in der Regel weder Wagnis- noch entsprechende Versicherungskosten veranschlagt.

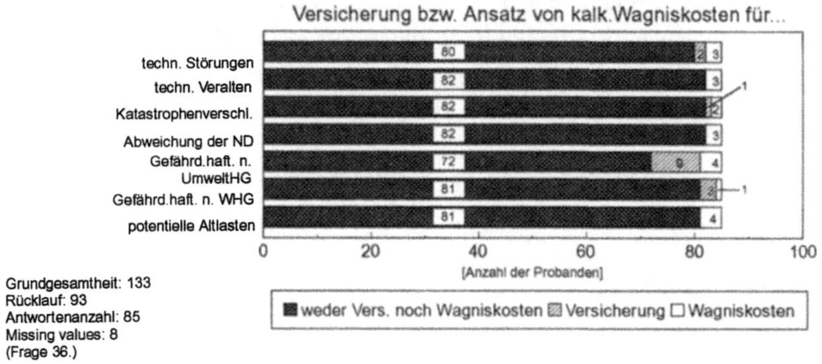

Abb. 4.29: Kostenansatz für Wagnisse

(3) Zur Ermittlung der Abschreibungskosten - der Wertansatz ist dabei gemäß Art. 8 Abs. 3 BayKAG stets der Anschaffungs- oder Herstellungswert - verwenden die antwortenden Entsorger als zeitabhängiges Verfahren fast ausschließlich die lineare Methode (vgl. *Abb. 4.30, Fall (a)*). Vereinzelt kommt die degressive Methode zur Anwendung.[246] Auch setzt ein einzelner Entsorger anstelle kalkulatorischer Beträge die tatsächlichen Tilgungsausgaben für korrespondierende

246 Vgl. hierzu nochmals die Ausführungen in Kapitel 3.8.3.2.3.1.2.

Darlehen an.[247] Mangels verbindlicher Referenzwerte werden die Nutzungsdauern der Anlagegüter vorwiegend aus amtlichen AfA-Tabellen abgeleitet oder intern geschätzt (vgl. *Abb. 4.30, Fall (b)*). Hierdurch können bei den einzelnen Entsorgern die Kostenmengen für dasselbe Anlagegut erheblich streuen.[248]

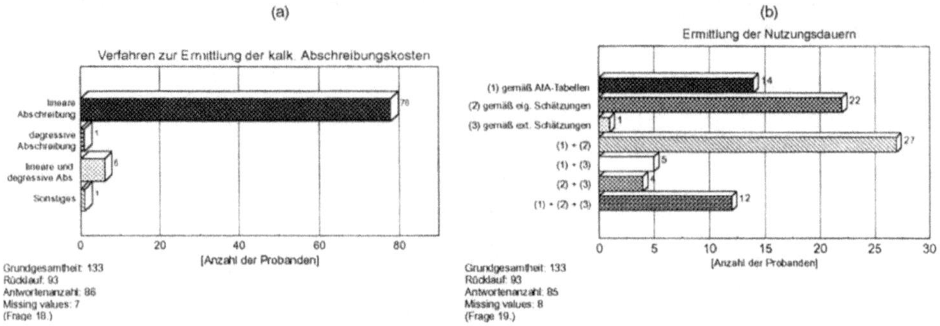

Abb. 4.30: Zeitabhängige Abschreibungsmethoden (a) und Ermittlung der Nutzungsdauern (b)

Bei Prognoseabweichungen in Form von verkürzten Nutzungsdauern setzt knapp die Hälfte der Antwortenden entgegen dem kostenrechnerischen Verursachungsprinzip Sonderabschreibungen an (vgl. *Abb. 4.31, Fall (a)*). Bei längerer Verfügbarkeit der Anlagegüter werden Abschreibungen unter Null nur vereinzelt angesetzt. Ein korrespondierender Ausgleich bei den Wagniskosten wird dabei allerdings in keinem Fall vorgenommen *(vgl. Abb. 4.31, Fall (b))*. "Geringwertige Wirtschaftsgüter" werden entsprechend steuerlicher Gepflogenheiten in der Regel einjährig abgeschrieben.[249]

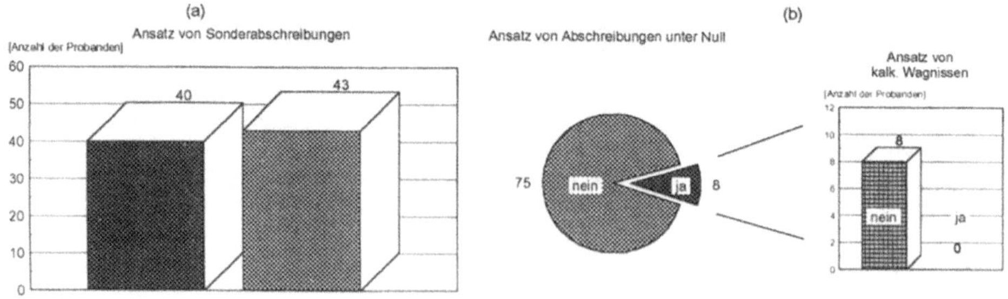

Abb. 4.31: Sonderabschreibungen (a) und Abschreibungen unter Null i.V.m. Wagnisausgleich (b)

247 Diese Variante ist in Bayern gebührenrechtlich zulässig; vgl. nochmals Kapitel 3.8.3.2.3.1.2.

248 Vgl. hierzu auch ZIMMERMANN, E. (1992); DUDEY, J. (1994).

249 Vgl. hierzu Frage 22. im Fragebogen, Anhang I. Von insgesamt 86 antwortenden Entsorgern verrechnen 63 bzw. 14 die GWG generell bzw. fallweise einjährig.

Leistungsabhängige Abschreibungsverfahren setzen nur wenige Entsorger ein (vgl. *Abb. 4.32, Fall (a)*). Abschreibungsobjekte sind dabei in der Regel die Deponierungsanlagen mit dem Leistungsmaß "Verfüllungsvolumen". Für Deponiegrundstücke kommen nur in knapp der Hälfte der Fälle kalkulatorische Abschreibungen zum Ansatz. Dabei werden zum Teil auch Restnutzungswerte für die verfüllten Flächen berücksichtigt (vgl. *Abb. 4.32, Fall (b)*).[250]

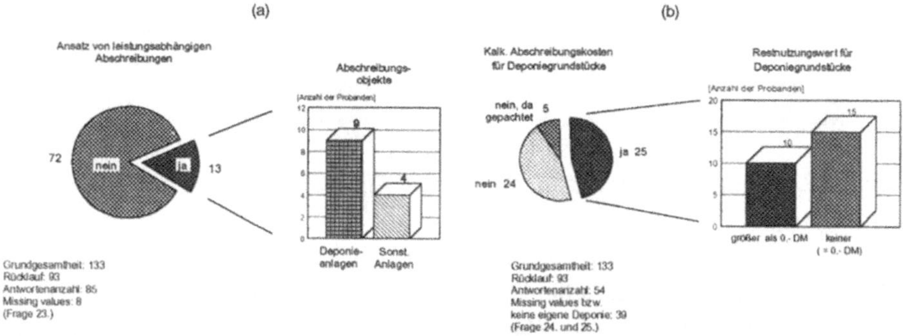

Abb. 4.32: Leistungsabhängige Abschreibungen (a) und Deponiegrundstücksabschreibungen (b)

(4) Die Ermittlung kalkulatorischer Zinsen erfolgt überwiegend nach der Durchschnittswertmethode, häufig werden aber auch die normale und die verfeinerte Restwertmethode eingesetzt (vgl. *Abb. 4.33, Fall (a)*).[251] Wertbasis ist dabei gemäß Art. 8 Abs. 3 BayKAG stets der Anschaffungs- bzw. Herstellungswert. Die Höhe des kalkulatorischen Zinssatzes streut zwischen den antwortenden Entsorgern erheblich (vgl. *Abb. 4.33, Fall (b)*). Der Minimum- bzw. Maximumwert beträgt 3 % bzw. 8,3 %, der Durchschnittswert 6,49 %. Mittels des Kruskal-Wallis-Hypothesentests konnte eine statistische Abhängigkeit zwischen Zinssatzhöhe und Zinsermittlungsmethodik festgestellt werden (Irrtumswahrscheinlichkeit **p** = 0,060). So werden insbesondere bei Anwendung der normalen Restwertmethode hohe Zinssätze angesetzt.[252] Nur ein geringer positiver Zusammenhang konnte indessen für die Zinssatzhöhe und die Kapitalintensität (vgl. hierzu Frage 30. im Fragebogen) ermittelt werden.[253]

---

250 Als Restnutzungsmöglichkeiten werden u.a. land- und forstwirtschaftliche Verwendungen genannt.

251 "Sonstiges" sind: Kreditzinsen, Zinsen aus der Annuitätenrechnung und die Durchschnittsmethode bei Annahme eines diskontinuierlichen Werteverzehrs. Vgl. zu letzterem Fn. 406 in Kapitel 3.

252 Hier ist der im Rahmen des Kruskal-Wallis-Tests ermittelte Rangplatz am höchsten.

253 Der Bravais-Pearson-Korrelationskoeffizient ϵ [-1; 1] beträgt hier 0,2378.

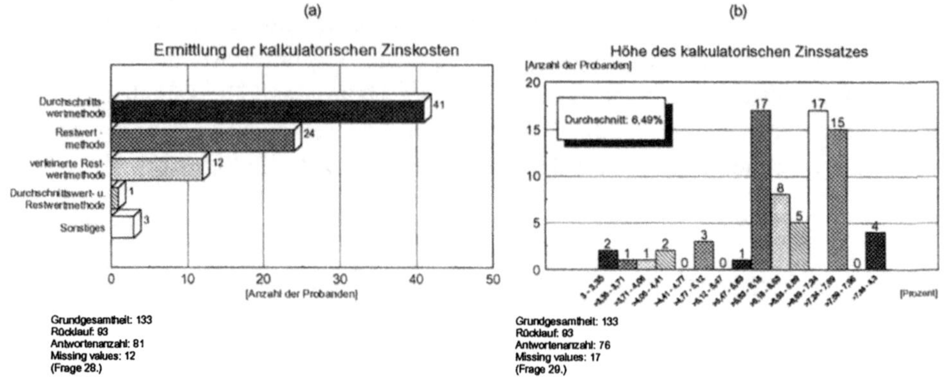

Abb. 4.33: Ermittlung der kalkulatorischen Zinsen (a) und Höhe des kalkulatorischen Zinssatzes (b)

(5) Kalkulatorische Rückstellungen werden von den antwortenden Entsorgern überwiegend für die Zwecke einer künftigen Deponienachsorge veranschlagt (vgl. *Abb. 4.34*). Ein Ansatz für sonstige Zwecke stellt hingegen die Ausnahme dar. Als rückstellungsbedürftige Tatbestände wurden dabei benannt

- Rücknahmeverpflichtungen aus Entsorgungskooperationen,
- Großreparaturen,
- Sanierungsmaßnahmen für Altlasten,
- Verpflichtungen nach UmweltHG und auch
- allgemeine Wagnisse.

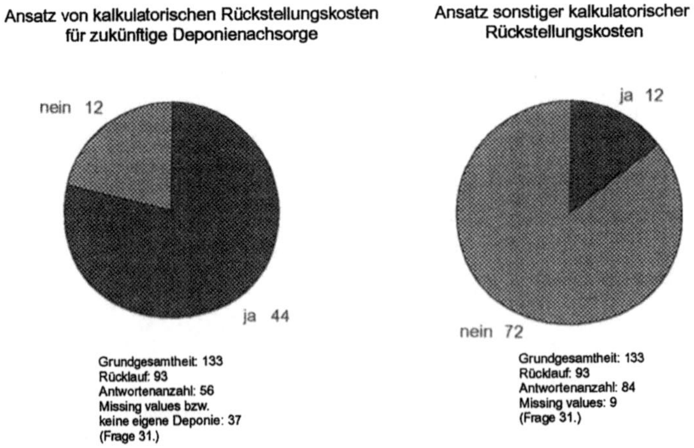

Abb. 4.34: Ansatz kalkulatorischer Rückstellungen

Die Ermittlung der Rückstellungsbeträge erfolgt dabei mittels Schätzungen, eigener Berechnungen oder Expertisen Dritter (vgl. *Abb. 4.35, Fall (a)*). Dabei werden in der Mehrzahl der Fälle keine Zinseffekte berücksichtigt (vgl. *Abb. 4.35, Fall (b)*). Für die Deponierückstellungen werden Nachsorgedauern bis zu 50 Jahren veranschlagt (vgl. *Abb. 4.35, Fall (c)*).

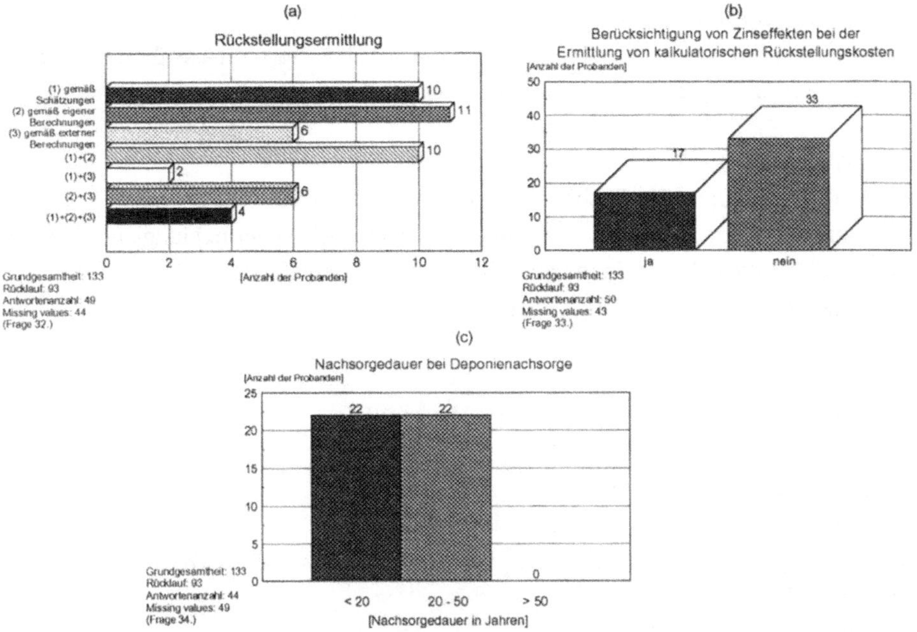

Abb. 4.35: Rückstellungsermittlung (a), Berücksichtigung von Zinseffekten (b) und Deponienachsorgedauern (c)

4.2.2.3.4 Internalisierung sozialer Zusatzkosten

Für eine Internalisierung sozialer Zusatzkosten in der Siedlungsabfallwirtschaft ist neben der staatlichen Bereitstellungspflicht insbesondere die TASi mit ihren organisations- und prozeßtechnischen Vorgaben das zentrale Instrument. Ergänzend kommen Kompensations-, Abgaben- und Subventionslösungen zur Anwendung.

4.2.2.3.4.1 Integrierte Abfallwirtschaft

In welchem Maße die entsorgungspflichtigen Gebietsköperschaften in Bayern die Anforderungen der TASi und weiterer Umweltnormen erfüllen, konnte mittels des Fragenkomplexes 3. im Erhebungsbogen recherchiert werden.[254] Entsprechend der Wertschöpfungsstufen des Entsorgungsprozesses (vgl. hierzu nochmals Kapitel 3.4.1) wurden die präventiven Maßnahmen der Abfallvermeidung, der Getrennthaltung und -erfassung, der Sortierung, Aufbereitung und stofflichen Verwertung sowie die EOP-Maßnahmen der thermischen Abfallbehandlung und Abfallablagerung auf ihre aktuelle (bzw. geplante) Vollständigkeit hinsichtlich der Referenzgröße "Integrierte Abfallwirtschaft" im Sinne der TASi überprüft. Die entsprechenden Angaben der auf diese Frage insgesamt 65 antwortenden Probanden waren für Vergleichs- und Interpretationszwecke im weiteren aufzubereiten. Hierzu wurden die ordinalskalierten[255] Einzelmerkmale nach folgenden Aggregations- und Normierungsvorschriften verdichtet:

Abfallvermeidung:[256]
Merkmal a11 $\in \{0; 1; 2\}$: Fachberatung der Abfallbesitzer
Merkmal a12 $\in \{0; 1; 2\}$: Subventionierung privater Abfallvermeidungsmaßnahmen
Merkmal a13 $\in \{0; 1; 2\}$: Sonstige Abfallvermeidungsmaßnahmen[257]
$A1 = (a11/2 + a12/2 + a13/2)/3 \quad \in [0; 1]$ [258]

Getrennthaltung und -erfassung:[259]
Merkmal a21 $\in \{0; 1; 2\}$: Wertstoffe im Hausmüll
Merkmal a22 $\in \{0; 1; 2\}$: Bioabfälle
Merkmal a23 $\in \{0; 1; 2\}$: Wertstoffe im Sperrmüll
Merkmal a24 $\in \{0; 1; 2\}$: Problem- und Sondermüll
Merkmal a25 $\in \{0; 1; 2\}$: Wertstoffe in hausmüllähnlichen Gewerbeabfällen
Merkmal a26 $\in \{0; 1; 2\}$: Grüngut
Merkmal a27 $\in \{0; 1; 2\}$: Wertstoffe in Bauabfällen
Merkmal a28 $\in \{0; 1; 2\}$: Schadstoffbelastete Bauabfälle
Merkmal a29 $\in \{0; 1; 2\}$: Sonstiges[260]
$A2 = (a21/2 + a22/2 + \ldots + a29/2)/9 \quad \in [0; 1]$ [261]

254 Zweckverbände mit unvollständiger Aufgabenübertragung und kommunale Zusammenschlüsse, die lediglich im Rahmen einer Aufgabendelegation tätig werden, wurden bei dieser Frage ausgeschlossen.

255 Den verschiedenen Antwortkategorien wurden folgende Ordinalwerte zugeordnet: "bisher nicht" = 0, "teilweise vorhanden" = 1, "ausreichend vorhanden" = 2, "ja" = 1, "nein" = 0. Die Antwortkategorie "in Planung" wurde erst in einer erweiterten Analyse einbezogen; vgl. hierzu die Ausführungen in Kapitel 5.2.2.1.1.1.1.

256 Vgl. hierzu Frage 3.1 im Fragebogen, Anhang I.

257 Hier gaben die antwortenden Entsorger u.a. folgende Maßnahmen an: umweltfreundliche Beschaffung, Bereitstellung von Geschirrmobilen zur Vermeidung von Einweggeschirr, Veranstaltung von Verwertungsbörsen.

258 Hier wurde für die Einzelmaßnahmen Gleichrangigkeit angenommen.

259 Vgl. Frage 3.2 im Fragebogen, Anhang I.

260 Hier gaben die antwortenden Entsorger u.a. folgende Fraktionen an: Elektronikschrott, Kühlgeräte, Altkleider und -schuhe, Altmedikamente.

261 Für die Einzelmaßnahmen wurde Gleichrangigkeit angenommen.

Sortierung und Aufbereitung:[262]
Merkmal a31 $\in \{0; 1; 2\}$: Sortierung Wertstoffe aus Hausmüll
Merkmal a32 $\in \{0; 1; 2\}$: Sortierung Wertstoffe aus hausmüllähnl. Gewerbeabfällen
Merkmal a33 $\in \{0; 1; 2\}$: Sortierung von Wertstoffen aus Bauabfällen
Merkmal a34 $\in \{0; 1; 2\}$: Aufbereitung von Bauabfällen
Merkmal a35 $\in \{0; 1; 2\}$: Aufbereitung von Bioabfällen
Merkmal a36 $\in \{0; 1; 2\}$: Aufbereitung von Grüngut
Merkmal a37 $\in \{0; 1; 2\}$: Aufbereitung Sonstiges[263]
$A3 = (a31/2 + a32/2 + \ldots + a37/2)/7 \quad \in [0; 1]$ [264]

Stoffliche Verwertung:[265]
Merkmal a41 $\in \{0; 1; 2\}$: Wertstoffe aus Hausmüll
Merkmal a42 $\in \{0; 1; 2\}$: Aufbereitete Bioabfälle
Merkmal a43 $\in \{0; 1; 2\}$: Verwertbarer Spermüll
Merkmal a44 $\in \{0; 1; 2\}$: Wertstoffe aus hausmüllähnlichen Gewerbeabfällen
Merkmal a45 $\in \{0; 1; 2\}$: Grüngut
Merkmal a46 $\in \{0; 1; 2\}$: Verwertbare Bauabfälle
Merkmal a47 $\in \{0; 1; 2\}$: Verwertbare Rückstände aus der therm. Abfallbehandlung
$A4 = (a41/2 + a42/2 + \ldots + a47/2)/7 \quad \in [0; 1]$ [266]

Thermische Abfallbehandlung:[267]
Merkmal b11 $\in \{0; 1; 2\}$: Verfügbarkeit von Anlagen zur Thermischen Behandlung
Merkmal b12 $\in \{0; 1\}$: Erreichung der Zuordnungswerte gem. TASi Anhang B
Merkmal b13 $\in \{0; 1\}$: Einhaltung der Emissionswerte der 17. BImSchV
Merkmal b14 $\in \{0; 1\}$: Abwärmenutzung
$B1 = b11/2 \cdot (b12 + b13 + b14 + 1)/4 + b11 \cdot (b11 - 1)/2 \cdot 0{,}125 \cdot (3 - b12 - b13 - b14) \quad \in [0; 1]$ [268]

262 Vgl. Fragen 3.3 - 3.5 im Fragebogen, Anhang I.
263 Die antwortenden Entsorger gaben hier folgende Fraktionen an: Klärschlamm, Altholz.
264 Für die Einzelmaßnahmen wurde Gleichrangigkeit angenommen.
265 Vgl. Frage 3.6 im Fragebogen, Anhang I.
266 Für die Einzelmaßnahmen wurde Gleichrangigkeit angenommen.
267 Vgl. Fragen 3.7 u. 3.8 im Fragebogen, Anhang I.
268 Durch diese Aggregations- und Normierungsvorschrift lassen sich für die möglichen Merkmalskombinationen folgende Wertezuweisungen erreichen:

	B1	(b12 + b13 + b14) = 0	(b12 + b13 + b14) = 1	(b12 + b13 + b14) = 2	(b12 + b13 + b14) = 3
	0	0	0	0	0
b11	1	0,125	0,25	0,375	0,5
	2	0,625	0,75	0,875	1

Dieser Ordnung liegt die Annahme zugrunde, daß eine lediglich "teilweise" vorhandene MVA

Abfallablagerung:[269]
Merkmal b21 ϵ {0; 1; 2}: Verfügbarkeit von Anlagen zur Abfallablagerung
Merkmal b22 ϵ {0; 1}: Einhaltung der Zuordnungswerte gemäß TASi Anhang B
Merkmal b23 ϵ {0; 1}: Einhaltung der Standortanforderungen gemäß TASi
Merkmal b24 ϵ {0; 1}: Einh. der Errichtungs-, Stabilitäts- u. Betriebsanf. gem. TASi
Merkmal b25 ϵ {0; 1}: Verwertung der Deponiegase

$$B2 = b21/2 \cdot (b22 + b23 + b24 + b25 + 1)/5 + b21 \cdot (b21 - 1)/2 \cdot 0{,}1 \cdot (4 - b22 - b23 - b24 - b25) \quad \epsilon\ [0;\ 1]$$ [270]

Die so gewonnenen Aggregations-Variablen A1, A2, A3, A4, B1 und B2 ϵ [0; 1] der einzelnen Entsorger für die Güte der Wertschöpfungsstufen wurden im weiteren der in Kapitel 4.2.1.2.4.2 beschriebenen Clusteranalyse unterzogen. Hiermit ließen sich die Entsorger mit möglichst homogener Leistungsstruktur jeweils zu einer Klasse C_k zusammenfassen. Nach dem Elbow-Kriterium ergab sich eine optimale Klassenanzahl von **s*** = 4 bei einem Zielfunktionswert **D*** = 57,5 (vgl. *Abb. 4.36, Fall (a)*).

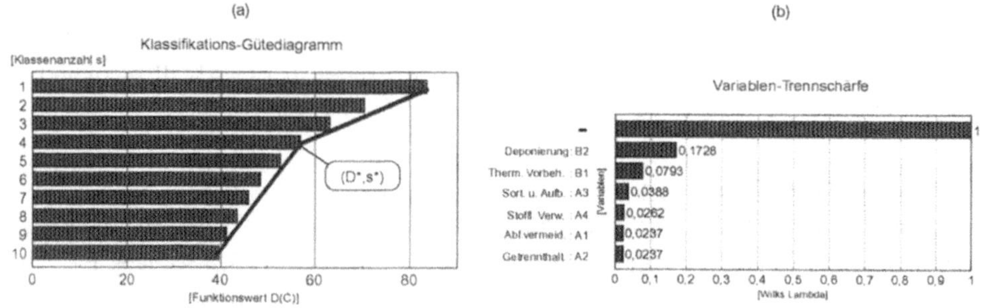

(Fragenkomplex 3.)

Abb. 4.36: Klassifikations-Gütediagramm (a) und Variablen-Trennschärfe (b)

---

stets schlechter einzustufen ist wie eine "ausreichend" vorhandene, da im Extremfall die Abfälle unbehandelt zwischen- oder endgelagert werden müßten. Für die Qualitätskriterien der thermischen Behandlung (b12, b13, b14) wurde Gleichrangigkeit angenommen.

269 Vgl. Fragen 3.9 u. 3.10 im Fragebogen, Anhang I.

270 Durch diese Aggregations- und Normierungsvorschrift lassen sich für die möglichen Merkmalskombinationen folgende Wertezuweisungen erreichen:

	B2	(b22 + b23 + b24 + b25) = 0	(b22 + b23 + b24 + b25) = 1	(b22 + b23 + b24 + b25) = 2	(b22 + b23 + b24 + b25) = 3	(b22 + b23 + b24 + b25) = 4
b21	0	0	0	0	0	0
	1	0,1	0,2	0,3	0,4	0,5
	2	0,6	0,7	0,8	0,9	1

Dieser Ordnung liegt die Annahme zugrunde, daß eine lediglich "teilweise" vorhandene Deponie stets schlechter einzustufen ist wie eine "ausreichend" vorhandene, da im Extremfall die Abfälle ungeordnet zwischen- oder endgelagert werden müßten. Für die Qualitätskriterien der Deponierung (b22, b23, b24, b25) wurde Gleichrangigkeit angenommen.

Mithilfe der Diskriminanzanalyse ließ sich ermitteln, daß speziell die Variablen B2 und B1 zur Verbesserung der Diskriminanzfunktion und damit zur Klassifikationsgüte beitragen (vgl. *Abb. 4.36, Fall (b)*). Die Reduktion von Wilks' Lamda $\in$ [0; 1] auf den Wert 0,0237 bei Einbezug aller Variablen in die Diskriminanzfunktion bestätigt die gute Trennschärfe der ermittelten Klassifikation.

In *Tabelle 4.11* sind für die vier Klassen jeweils die Anzahl der Klassenmitglieder (**n**) sowie die Klassenmittelwerte (**μ**) und -standardabweichungen (**s**) für die Aggregationsvariablen zusammengestellt:

	Klasse C1		Klasse C2		Klasse C3		Klasse C4	
	μ	s	μ	s	μ	s	μ	s
A1	0,6863	0,1654	0,5313	0,2598	0,7188	0,2083	0,8229	0,1873
A2	0,7255	0,1540	0,5556	0,0907	0,6354	0,1014	0,7500	0,1477
A3	0,4286	0,1515	0,2946	0,1879	0,4509	0,1373	0,7009	0,1503
A4	0,7185	0,1275	0,5848	0,1457	0,7277	0,1284	0,8348	0,1270
B1	0,0515	0,1470	0,8438	0,2642	0,7188	0,3694	0,7109	0,3527
B2	0,7529	0,1179	0,8125	0,1708	0,1125	0,1147	0,7438	0,1263
n	17		16		16		16	

Tab. 4.11: Mittelwerte und Standardabweichungen der Klassen

Eine Visualisierung der diversen Klassenmittelwerte ist in *Abbildung 4.37* in Form von Radargraphiken dargeboten. Hierdurch kann ein besserer Eindruck der entsorgungswirtschaftlichen Leistungsspezifikas der einzelnen Klassen gewonnen werden. In der Radargraphik besitzt jede Aggregationsvariable eine eigene Achse, die dem Mittelpunkt entspringt und die entsprechende Ordinalbewertung anzeigt. Die schraffierte Radarfläche, die sich durch die Linienverbindung der Variablenwerte ergibt, bildet die durchschnittliche klassenspezifische Leistungsstruktur ab. Referenzgröße für die Leistungsstrukturen ist die "Integrierte Abfallwirtschaft" im Sinne der TASi. Hier sind die Variablenwerte jeweils maximal (vgl. die Fläche mit der gestrichelten Begrenzungslinie).

Die einzelnen Klassen zeichnen sich durch folgende Besonderheiten aus:

- Die Klasse C1 ist durch relativ hohe Ordinalwerte bei den Maßnahmen der Abfallvermeidung, Logistik, stofflichen Verwertung und Deponierung gekennzeichnet. Da die Aktivitäten zur Sortierung und Aufbereitung relativ gering sind, kann davon ausgegangen werden, daß die Verwertungserfolge insbesondere durch die Maßnahmen der Getrennthaltung und -sammlung erreicht werden. Die thermischen Vorbehandlung der Restabfälle kommt nur sehr begrenzt zur Anwendung. Demnach können die Entsorger der Klasse C1 als "Logistikintensive Deponierer" charakterisiert werden.

- In der Klasse C2 weisen die Vermeidungs-, Sortierungs- und Aufbereitungsmaßnahmen im Vergleich zu den anderen Klassen die geringsten Ordinalwerte auf. Hingegen kommen den EOP-Maßnahmen die höchsten Werte zu. Insofern lassen sich hier die Klassenmitglieder als "Technologieintensive Entsorger" umschreiben.
- Hinsichtlich der Variablen A1 bis A4 weist die Klasse C3 ein ähnliches Profil auf wie Klasse C1. Unterschiede bestehen jedoch bei den EOP-Maßnahmen. Hier sind bei C3 die Aktivitäten zur thermischen Abfallbehandlung relativ ausgeprägt, den Deponierungsmaßnahmen hingegen kommt nur ein geringer Ordinalwert zu. Die Entsorger dieser Klasse stellen mithin "Logistikintensive Verbrenner" dar.
- Eine ausgeglichene Leistungsstruktur findet sich bei Klasse C4. Alle Entsorgungsmaßnahmen besitzen relativ hohe Ordinalwerte. Insofern lassen sich die Entsorger der Klasse C4 tendenziell als "Integrierte Abfallwirtschaften" im Sinne der TASi bezeichnen.

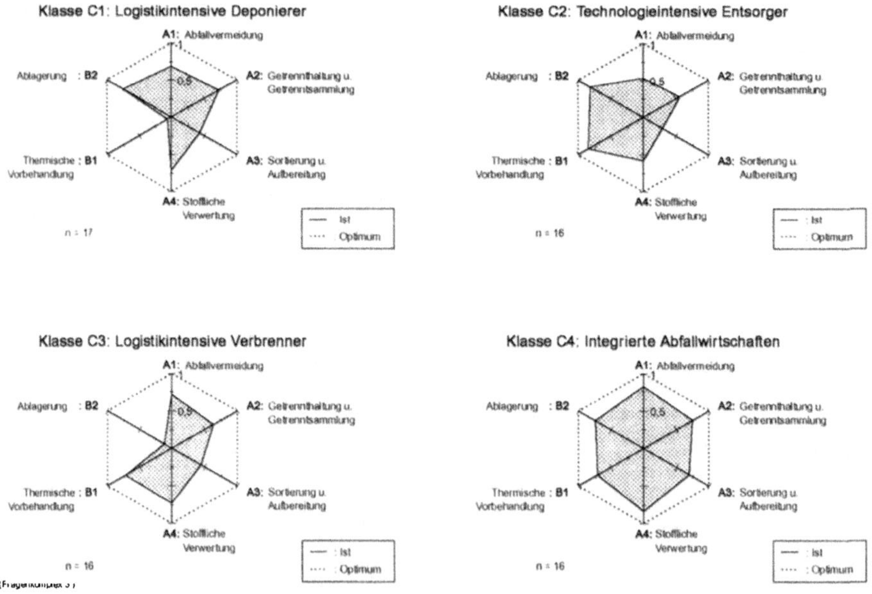

Abb. 4.37: Radardiagramme der Leistungsstrukturen der Klassen

Man könnte nun annehmen, daß eine Internalisierung per Umweltnormen bei den Entsorgern der Klasse C4 weitestgehend umgesetzt sei. Zu beachten gilt aber, daß die negativen externen Effekte in der Siedlungsabfallwirtschaft vornehmlich im EOP-Bereich auftreten. Unter diesem Blickwinkel erweisen sich die Entsorger der Klasse C2 als die besten Internalisierer.

4.2.2.3.4.2 Kompensations-, Abgaben- und Subventionslösungen

Kompensierende Haftungsregeln wirken bei den antwortenden Entsorgern nur vereinzelt ex ante. Speziell für die Risiken der Gefährdungshaftung nach UmweltHG bzw. WHG werden von 85 % bzw. 95 % der antwortenden Entsorger weder Versicherungkosten noch kalkulatorische Wagniskosten veranschlagt. Für potentielle Sanierungspflichten künftiger Altlasten setzen knapp 5 % der Entsorger Wagniskosten an (vgl. nochmals *Abb. 4.29*).

Kostenwirksame Entschädigungszahlungen für Nachbarschaftsstörungen leisten knapp 12 % der Antwortenden (vgl. *Abb. 4.38, Fall (a)*). Ausgleichsmaßnahmen nach BNatSchG bzw. Art. 6a BayNatSchG[271] nehmen immerhin 22 % der Entsorger vor. Dabei stellt eine kostenmäßige Periodisierung der entstehenden Ausgaben entsprechend der Zeitdauer der auszugleichenden Umweltbeanspruchung allerdings nicht den Regelfall dar (vgl. *Abb. 4.38, Fall (b)*).

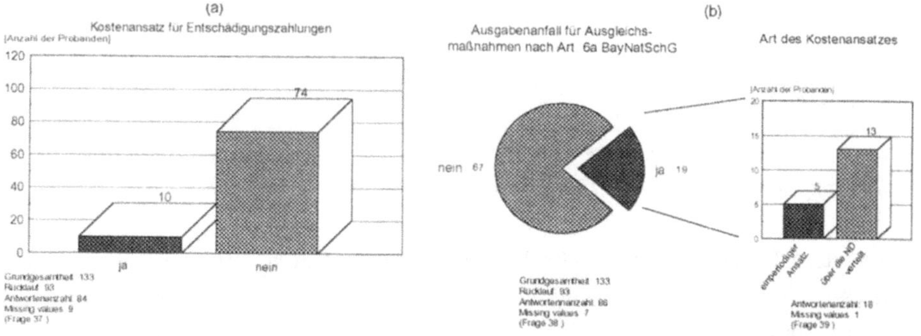

Abb. 4.38: Entschädigungszahlungen (a) und naturschutzrechtliche Ausgleichsmaßnahmen (b)

Internalisierende Abgabenlösungen sind in Bayern in erster Linie die Abfallgebühren selbst, dabei insbesondere lenkungsdienliche Gebührenzu- und -abschläge. 26 % der antwortenden Entsorger versehen ihre Gebühren mit Lenkungszuschlägen, 22 % mit Lenkungsabschlägen (vgl. *Abb. 4.39, Fall (a) u. (b)*). Einen speziellen Knappheitszuschlag für zunehmend erschöpften Deponieraum verrechnet nur ein einziger Entsorger

271 Vgl. Gesetz über den Schutz der Natur, die Pflege der Landschaft und die Erholung in der freien Natur (Bayerisches Naturschutzgesetz - BayNatSchG) (BayRS 791-1-U), zuletzt geändert durch Gesetz vom 16. Juli 1986 (GVBl. S. 135).

(vgl. *Abb. 4.39, Fall (c)*). Gleichzeitig gaben aber auf die Frage, ob Hilfestellungen bei akut auftretenden Entsorgungsengpässen benötigt werden, immerhin 26 von 92 antwortenden Entsorgern die Antwortkategorie "trifft voll zu" an.[272] Kommunale Verpackungssteuern schließlich waren zum Zeitpunkt der Erhebung zwar geplant, aber noch nicht realisiert (vgl. *Abb. 4.39, Fall (d)*).[273]

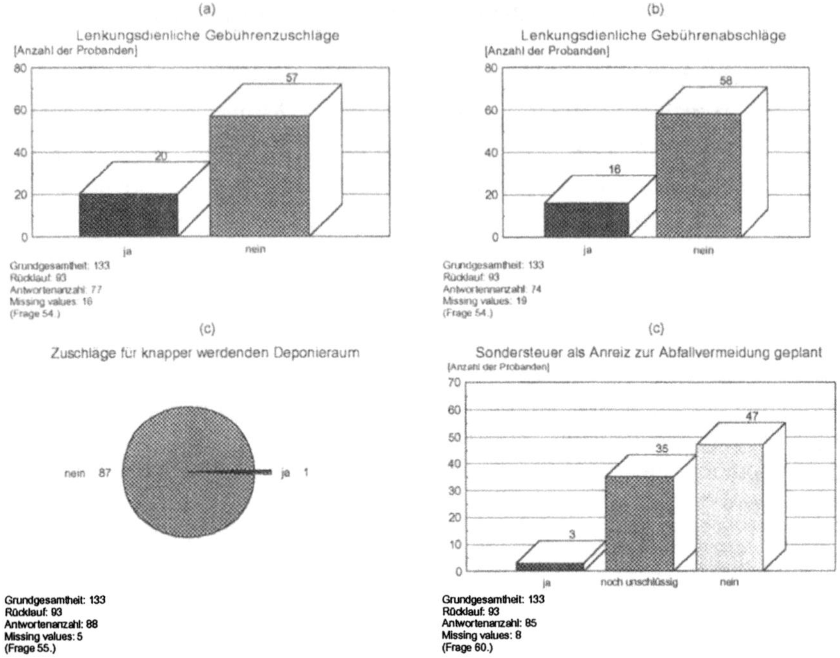

Abb. 4.39: Lenkungsdienliche Gebührenzuschläge (a), Gebührenabschläge (b), spezielle Knappheitszuschläge (c) und Sondersteuern (d)

Als weitere Internalisierungsmaßnahme werden von den bayerischen Entsorgern zum Teil Umweltsubventionen gewährt. So unterstützen 46 von 79 antwortenden Entsorger die Abfallbesitzer mit Investitionszuschüssen für private Abfallvermeidungs- und -verwertungsmaßnahmen.[274]

---

272 Vgl. hierzu Frage 1. im Fragebogen, Anhang I. Die übrigen Antwortkategorien - "trifft eher zu", "trifft weniger zu" und "trifft nicht zu" - wählten 13, 31 bzw. 22 der antwortenden Entsorger.

273 Zwischenzeitlich hat sich die Situation nicht wesentlich verändert. So wurde in Bayern bislang nur in einer einzigen Stadt eine Verpackungssteuer genehmigt. Bundesweit erheben derzeit 43 Kommunen entsprechende Abgaben. Vgl. hierzu o.V. (1996 g).

274 Vgl. hierzu Frage 54. im Fragebogen, Anhang I.

4.2.2.3.5 Kostenumlage

Sowohl im Sinne des gebührenrechtlichen Äquivalenzprinzips als auch unter dem Aspekt einer kostenrechnerisch verursachungs- und umweltpolitisch verursachergerechten Kostenanlastung ist es notwendig, soweit als möglich Einzelgebühren zu erheben. Ausnahmen kommen in Betracht, wenn aus den entsprechenden Preisrelationen für die Abfallbesitzer Anreize erwachsen, gegen die Anschluß- und Benutzungsvorgaben zu verstoßen,[275] und sich dieses nicht durch andere Maßnahmen vermeiden läßt. Mittels Frage 47. des Erhebungsbogens wurde recherchiert, in welchem Maße die Entsorger in ihren Satzungen differenzierte Gebührentatbestände ausweisen. In *Abbildung 4.40, Fall (a)* ist für die antwortenden Entsorger der "Entbündelungsgrad" angegeben, definiert als Quotient aus der Anzahl der neben den Restmüllgebühren zusätzlich erhobenen Einzelgebühren und der Anzahl der entsorgten Abfallfraktionen (außer Restmüll). Es ist ersichtlich, daß lediglich zwei Entsorger eine selektive Kostenanlastung (Entbündelungsgrad = 80-100 %) vornehmen. Des weiteren ließ sich feststellen, daß Träger der Nichtentbündelung tendenziell die Gebühren für abgeholte Restabfälle sind. Speziell für die bereits in Kapitel 4.2.2.1 dargelegten Selbstanlierferergebühren wurde das "Reinheitmaß" ermittelt, definiert als Anzahl der in die Restmüllgebühr zusätzlich einkalkulierten Leistungen (vgl. *Abb. 4.40, Fall (b)*). Dabei ergibt sich bspw. für das Rechnungsjahr 1994, daß 45 % der Entsorger ein Reinheitsmaß von 0 aufweisen. Bei 14 % bzw. 15 % beträgt das Reinheitsmaß 1 bzw. 2. Die restlichen 26 % weisen ein Reinheitsmaß zwischen 6 und 13 auf. Betrachtet man die Selbstanlieferergebührenspannen im Jahr 1994 (vgl. hierzu nochmals *Abb. 4.17, Fall (b)*) lediglich für die Entsorger mit einem Reinheitsmaß von 0, so relativieren sich die Ergebnisse allerdings nur geringfügig. Die "reinen" Selbstanlieferergebühren variieren nunmehr zwischen 36 DM/t und 580 DM/t.

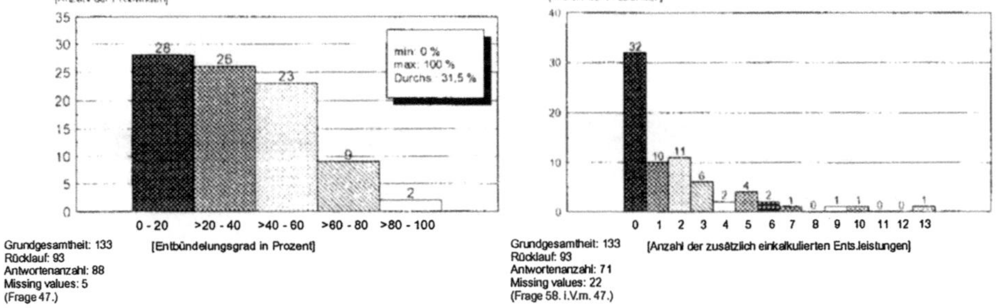

Abb. 4.40: Entbündelungsgrad (a) und Reinheitsmaß (b)

275 Vgl. hierzu nochmals die Ausführungen in Kapitel 3.8.3.1.1.

Gemäß Art. 8 Abs. 2 BayKAG ist es in Bayern zulässig, die Gebühren differenziert in Grund- und Zusatzgebühren sowie als Mindestgebühren zu erheben. Hiervon machen die Entsorger in unterschiedlicher Weise Gebrauch (vgl. *Abb. 4.41*). Eine Mindestgebühr wird vorwiegend für Selbstanlieferer-Abfälle erhoben. Leistungs- und Grundgebühren hingegegen werden mehrheitlich bei den privaten Haushalten veranschlagt.

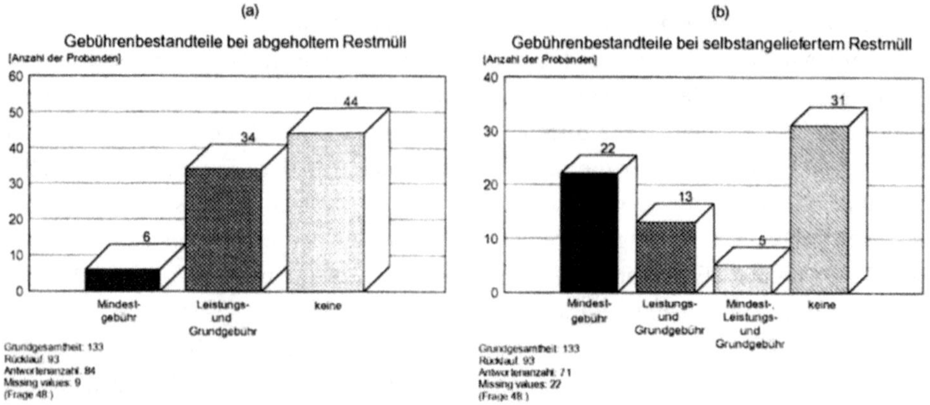

Abb. 4.41: Gebührenbestandteile bei abgeholten (a) u. selbstangelieferten Abfällen (b)

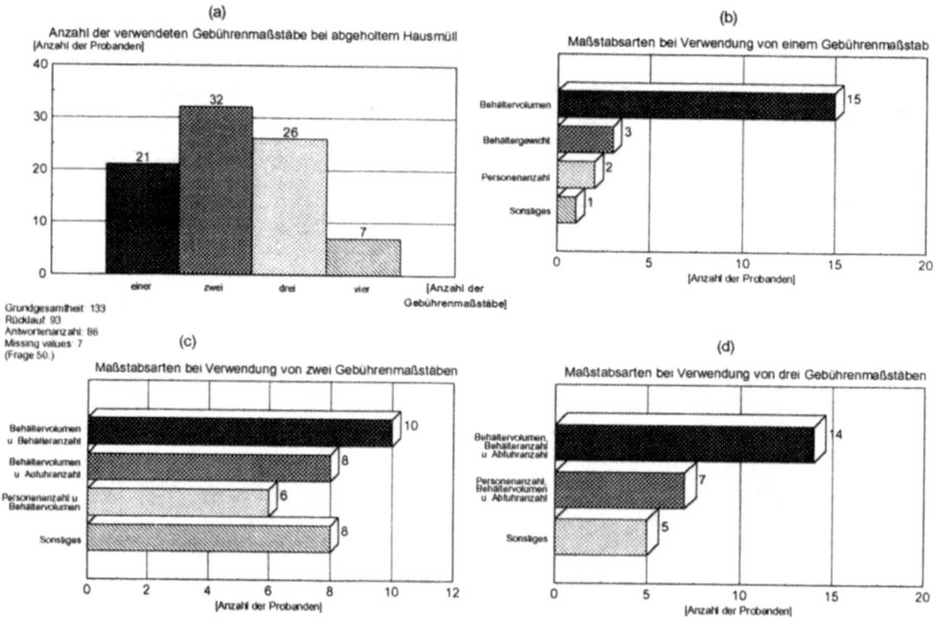

Abb. 4.42: Maßstabskombinationen und -arten für abgeholte Abfälle

Auch die Verwendung von Gebührenmaßstäben wird in Ermangelung gesetzlicher

Konkretisierung sehr unterschiedlich gehandhabt. So sind sind zum Teil einzelne Maßstäbe, aber auch Maßstabskombinationen gebräuchlich. Bei den abgeholten Haushaltsabfällen wird am häufigsten eine Zweierkombination eingesetzt (vgl. *Abb. 4.42, Fall (a)*). In den *Abbildungen 4.42, Fall (b)-(d)* sind die diversen verwendeten Maßstabsarten bei Einzelanwendung, Zweier- und Dreierkombinationen angegeben.[276] Eine Zusammenstellung der entsprechenden Maßstabsangaben für selbstangelieferte Abfälle findet sich in *Abbildung 4.43, Fall (a)-(c)*. Bei Bemessung nach Mengenanfall (d.h. Volumen oder Gewicht) kalkulieren die antwortenden Entsorger die Gebührensätze überwiegend mit linearen Tarifen. Beobachtbar sind aber auch progressive, regressive und gemischte Tarifierungen (vgl. *Abb. 4.43, Fall (d)*).

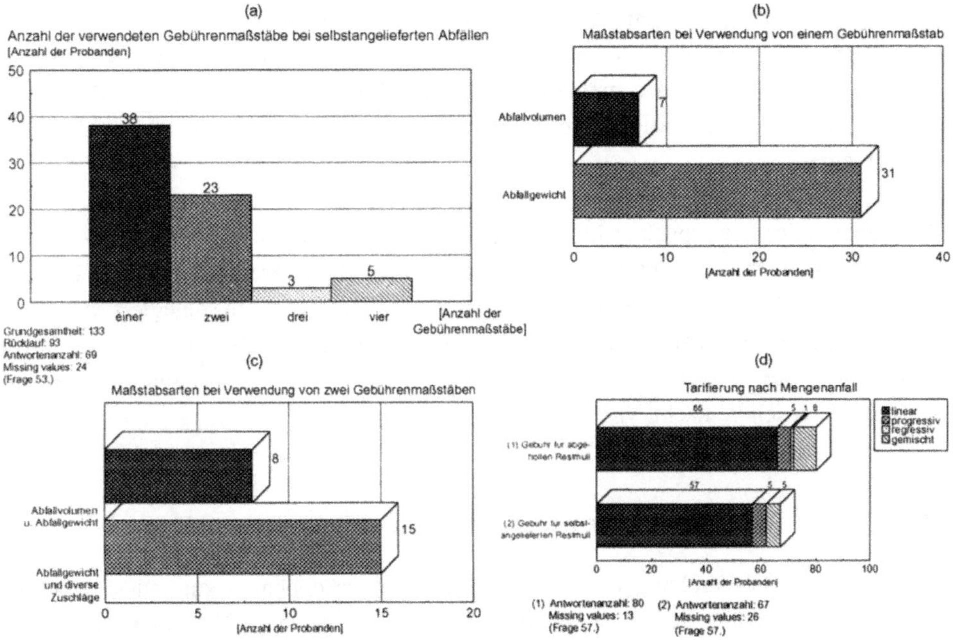

Abb. 4.43: Maßstabskombinationen und -arten für selbstangelieferte Abfälle (a-c) und Tarifierungen (d)

Aufgrund der unterschiedlichen Entbündelungsgrade und der Vielfalt an Bemessungs- und Tarifierungsvarianten erscheint die Aussagefähigkeit von interkommunalen Gebührenvergleichen insbesondere bei den abgeholten Abfällen mehr als fraglich.[277]

---

276 Als "Sonstige Maßstäbe" bei den Einerkombinationen gaben die Entsorger an: "Abfall- und Wertstoffart", "angelieferte Mengen in Tonnen", "Sperrmüllanteil und Erstattungen an Gemeinden".

277 Vgl. hierzu etwa die bundes- bzw. bayernweiten Gebührenvergleiche für abgeholten Abfall von KABV (1995); o.V. (1995 f), S. 257 ff.; GAPPA-LANGER, H. (1996).

4.2.2.3.6 Sonderproblem der Einbindung Dritter

Unterschiedliche Kostenquellen und mithin unterschiedliche Entsorgungspreise ergeben sich schließlich auch dadurch, daß Entsorgungsaufgaben nach § 3 AbfG auf Dritte verlagert werden können. Für diese eingebundenen Dritten gelten, wie bereits in Kapitel 3.6 ausgeführt wurde, spezielle preisrechtliche, mit den Gebührenregelungen nur bedingt korrespondierende Bestimmungen. So können etwa bei Anwendung der VO PR Nr. 30/53 "Marktpreise", "Selbstkostenfestpreise", "Selbstkostenrichtpreise" und "Selbstkostenerstattungspreise" zur Anwendung kommen, die dann den entsorgungspflichtigen Körperschaften in Rechnung gestellt werden und in der Gebührenkalkulation als ansatzfähige Dienstleistungskosten erscheinen. Je nach Grad der Aufgabendelegation können diese Dienstleistungskosten mehr oder weniger große Kostenblöcke darstellen. Im Grenzfall, d.h. bei einer 100 %igen Aufgabendelegation, wird die öffentlich-rechtliche Kostenrechnung durch die des Dritten quasi substituiert. Damit verbunden ist ein vollständiger Austausch der gesetzlichen kostenrechnerischen Bestimmungen.

Im Rahmen der bayernweiten Befragung konnte etwa festgestellt werden, daß 8 % der antwortenden Entsorger ihr Leistungsspektrum gesamthaft oder nahezu vollständig an Eigengesellschaften und gemischt-wirtschaftliche Unternehmen delegiert haben.[278] Eine bundesweite Erhebung des VKS aus dem Jahre 1991 erbrachte, daß vor allem hinsichtlich der präventiven Wertschöpfungsbereiche von der Einbindung privater Dritter Gebrauch gemacht wird.[279]

4.2.2.3.6.1 Steuerliche Ungleichbehandlung und Reformvorschläge

Harmonisierungsbestrebungen waren bislang nicht erkennbar - zumindest nicht für den Problembereich der Kostenrechnung bzw. Bepreisung. Vielmehr rückte der Aspekt der steuerlichen Ungleichbehandlung von öffentlich-rechtlichen und privatrechtlichen Organisations- und Rechtsformen in den Fokus der allgemeinen Diskussion.[280] Aufgrund der derzeitigen steuerrechtlichen Bestimmungen werden privatrechtlich organisierte Entsorgungseinrichtungen benachteiligt (vgl. *Abb. 4.44*). Als "Betriebe gewerblicher Art" unterliegen sie der vollständigen Steuerpflicht. Die öffentlich-rechtlich durchgeführte Abfallentsorgung hingegen wird aufgrund ihres Charakters der Daseinsvorsorge als "Hoheitsbetrieb" qualifiziert. Hiermit verbunden ist eine Befreiung von der Körperschaft-, Gewerbe-, Vermögen- und Umsatzsteuer.[281]

---

278 Vgl. Frage 7. im Fragebogen, Anhang I. Vgl. auch *Abb. 6.24* in Kapitel 6.5.1.1.3.

279 Vgl. hierzu detailliert die Ausführungen nebst *Abb. 6.22* in Kapitel 6.5.1.1.3.

280 Einen Überblick für diese Diskussion bieten CRONAUGE, U. / DEDY, H. (1994).

281 Vgl. hierzu nochmals die Ausführungen in Kapitel 3.7.2.

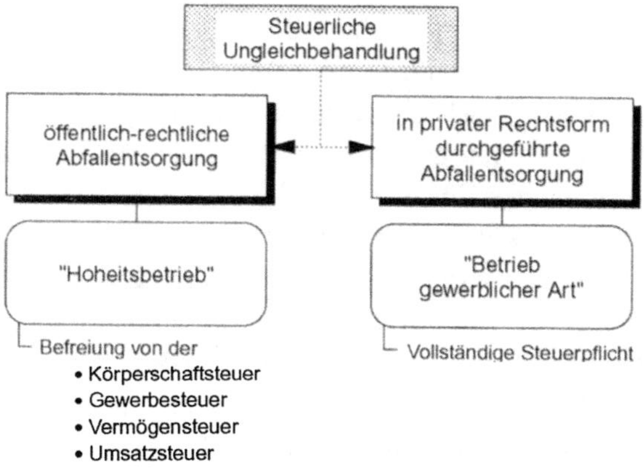

Abb. 4.44: Steuerliche Ungleichbehandlung

Für eine steuerliche Gleichbehandlung stellt das Bundesministerium der Finanzen zwei Alternativen zur Diskussion.[282] Der erste Reformvorschlag sieht vor, öffentlich-rechtliche Entsorger einer generellen Steuerpflicht zu unterwerfen ("große Lösung"). Hierzu wäre es erforderlich, die Entsorgung durch die Gebietskörperschaften als wirtschaftliche Tätigkeit im Sinne eines Betriebs gewerblicher Art (§ 4 Abs. 1 KStG) einzustufen und die Aufzählung der Betriebe gewerblicher Art in den einschlägigen Steuervorschriften (u.a. § 4 Abs. 3 KStG, § 2 Abs. 1 GewStDV) um den Bereich der Abfallentsorgung zu erweitern. Im zweiten Reformvorschlag wird erwogen, die Steuerpflicht auf die Umsatzsteuer zu beschränken ("kleine Lösung"). Dazu wäre es notwendig, den Bereich der Abfallentsorgung in den Katalog der Betriebe gewerblicher Art im Sinne des Umsatzsteuerrechts (§ 2 Abs. 3 S. 2 UStG) aufzunehmen. Während sich die Verbände der privaten Betreiber, das Bundesministerium für Umwelt, Naturschutz und Reaktorsicherheit, das Bundesministerium für Wirtschaft sowie der Verband kommunaler Unternehmen für die Reformvorschläge aussprechen, wird von den Innenministerien des Bundes und der Länder sowie von den kommunalen Spitzenverbänden die Befürchtung geäußert, daß eine generelle Steuerpflicht zu merklichen Kosten- und damit Gebührensteigerungen führe.[283]

Bezogen auf die Umsatzsteuer macht die Harmonisierungsintention an dem Tatbestand fest, daß die Leistungserstellung im Rahmen öffentlich-rechtlicher Organisations- und Rechtsformen c.p. umsatzsteuerbedingt zu anderen Kostenpreisen für die Gebührenschuldner führt, als wenn diese im Wege der Beauftragung durch privatrechtliche Einheiten erbracht würde. Der umsatzsteuerliche Systembruch gründet auf dem Um-

282 Vgl. hierzu die Ausführungen von MOHL, H. / DICKEN, C. (1994), S. 165 ff..

283 Vgl. MOHL, H. / DICKEN, C. (1994), S. 166 ff.; CRONAUGE, U. / DEDY, H. (1994), S. 98 f..

stand, daß eine privatrechtlich erbrachte Leistung im Rahmen der Abfallentsorgung wegen der Zwangsklassifizierung als "hoheitlich" rechentechnisch über den öffentlichen Sektor geschleust werden muß. Damit gehen die Vorsteuerabzugsbeträge bei den entsorgungspflichtigen Körperschaften verlustig. Die Folge ist, daß die derzeitig umsatzsteuerfreien Abfallgebühren bei vorsteuerabzugsberechtigten Gebührenschuldnern kumulative Doppelbelastungen induzieren.[284] Die Kumulation läuft aber gerade der Umsatzsteuersystematik zuwider, nach welcher allein dem letztverbrauchenden Nichtunternehmer zwar gänzlich, aber letztlich nur einmal bezogen auf den Gesamtwertschöpfungsbeitrag die Umsatzsteuerzahllast aufgebürdet werden soll. Jedes Unternehmen in der Gesamtwertschöpfungskette soll im Grundsatz nur insoweit zur Umsatzsteuer auf der letzten Stufe "Unternehmen - Konsument" beitragen, wie es seinem individuellen Wertschöpfungsanteil (umsatzsteuerlich: seinem "eigenerwirtschafteten Mehrwert") entspricht (sog. Netto-Allphasenprinzip).[285]

4.2.2.3.6.2 Alt-Investitionen

Bislang wurden in der Literatur die von einer Umsatzsteuerpflicht ausgehenden Belastungs- bzw. Entlastungswirkungen, so einmal auf die Entsorgungskosten und -gebühren und im weiteren auf die Gebührenschuldner, nur punktuell aufgezeigt.[286] Vernachlässigt wurde insbesondere die spezielle Problematik der Steuereffekte bei "Alt-Investitionen". Alt-Investitionen sind im hier betrachteten Kontext solche Anlagegüter, die vor dem Zeitpunkt der Einführung einer Umsatzsteuerpflicht im Entsorgungsbereich bezogen wurden. In Ermangelung der Unternehmereigenschaft der Entsorger zum Beschaffungszeitpunkt (vgl. hierzu § 2 Abs. 3 UStG) konnte von den Anschaffungs(brutto)werten dieser Investitionen keine Vorsteuerberichtigung geltend gemacht werden. In den Rechnungsperioden ab dem Zeitpunkt der Umsatzsteuerpflicht erfolgt nun jedoch eine Mehrwertsteuerbeaufschlagung derjenigen Kostenbestandteile der Netto-Gebühr, welche sich auf die kalkulatorischen Zinsen und - soweit es sich um ein abnutzbares Anlagegut handelt - kalkulatorische Abschreibungen beziehen. Während sich für Neu-Investitionen die Umsatzbesteuerung aufgrund der korrespondierenden Wirkung von Mehrwertsteueraufschlag und Vorsteuerabzug hinsichtlich der Gebührenhöhe als neutral erweist (von Liquiditäts- und Zinseffekten divergierender Zahlungsfristen sei einmal abgesehen)[287], verbleibt bei Alt-Investitionen ein gebührenerhöhender Effekt. Dieser Umstand bewirkt, daß für Entsorger mit identischer

---

284 Vgl. BACH, S. (1994), S. 55.

285 Eine Ausnahme vom Grundsatz stellen bspw. Lieferungen und Leistungen dar, welche die Unternehmen umsatzsteuerfrei bezogen haben.

286 Vgl. KRÄHMER, R. (1993); BACH, S. (1994); CRONAUGE, U. / DEDY, H. (1994); MOHL, H. / DICKEN, C. (1994); HÜHN, R. (1995); JUNGBLUT, E.W. (1996).

287 Vgl. CRONAUGE, U. / DEDY, H. (1994), S. 100.

Entsorgungsinfrastruktur unter ansonsten gleichen Bedingungen der Investitionszeitpunkt und die davon abhängende Möglichkeit der Vorsteuerberichtigung zum Kriterium der relativen Gebührenhöhe wird.

4.2.2.3.6.3 Vorschläge zur Beseitigung/Milderung der Problemlage

Von den Interessenverbänden und in der Fachliteratur wurden bereits Maßnahmen angedacht, um möglichen Gebührenerhöhungen der Umsatzbesteuerung sowohl im allgemeinen als auch speziell hinsichtlich der Problematik von Alt-Investitionen begegnen zu können. Hierzu zählen die Anwendung eines ermäßigten Mehrwertsteuersatzes sowie die Gewährung eines nachträglichen Vorsteuerabzugs analog § 15a UStG.[288] Im folgenden werden diese sowie weitere Entlastungsalternativen vorgestellt und diskutiert.

4.2.2.3.6.3.1 Ermäßigter Mehrwertsteuersatz

Eine Möglichkeit wäre, Entsorgungsleistungen mit einem ermäßigten Mehrwertsteuersatz zu belegen und den Vorsteuerabzug in vollem Umfang beizubehalten. CRONAUGE/DEDY weisen auf zwei Möglichkeiten hin, diesen ermäßigten Satz rechtlich zu fundieren.[289] Einerseits könnten die Entsorgungsleistungen als ausschließlich und unmittelbar gemeinnützige Leistungen deklariert werden, so daß ein MwSt-Satz von 7 % durch § 12 Abs. 2 Nr. 8a) UStG legitimiert würde. Andererseits könnten die in der Anlage zu § 12 Abs. 2 Nr. 1 UStG aufgeführten steuerermäßigten Versorgungsleistungen - d.h. Frischwasser - um entsprechende Entsorgungsleistungen ergänzt werden. Eine Steuerermäßigung im Abfallbereich wäre auch durch das EU-Recht gedeckt.[290]

Kritisch anzumerken ist, daß die Gewährung eines reduzierten Mehrwertsteuersatzes einer Subventionierung des Entsorgungssektors gleichkäme.[291] Eine solche Maßnahme würde das umweltpolitische Verursacherprinzip unterlaufen, da keine adäquaten Knappheitspreise gesetzt werden. Zwar bedeutet die Erhebung von Steuern für fiskalische Zwecke generell eine Verzerrung des marktwirtschaftlichen Allokationssy-

---

288 Vgl. BACH, S. (1994), S. 56; CRONAUGE, U. / DEDY, H. (1994), S. 99 ff.; MOHL, H. / DICKEN, C. (1994), S. 169.

289 Vgl. CRONAUGE, U. / DEDY, H. (1994), S. 100.

290 Vgl. Anhang H, Kategorie 17 der 6. EG-Richtlinie zur Harmonisierung der Umsatzsteuer vom 17. Mai 1977, AblEG Nr. L 145 S. 1 in der ab 1.1.1993 geltenden Fassung. Hier ist die Möglichkeit einer Umsatzsteuerermäßigung für "Leistungen in Zusammenhang mit der ... Abfuhr von Hausmüll und Abfallbeseitigung" vorgesehen.

291 Vgl. MOHL, H. / DICKEN, C. (1994), S. 169.

stems. Wird die Besteuerung jedoch einheitlich auf alle Wirtschaftsbereiche angewandt, wird zumindest die relative Informationsfunktion der Preise nicht beeinträchtigt.

4.2.2.3.6.3.2 Vermeidung von Alt-Investitionen

Gesetzt den Fall, daß mit der Einführung einer Umsatzsteuerpflicht zu rechnen ist, handeln Entsorger, deren Entsorgungsinfrastrukturen sich derzeit in einer Aufbau- oder Ausbauphase befinden, insofern rational, als daß sie ihre Investitionen solange zurückhalten, bis die Steuerpflicht tatsächlich in Kraft tritt. Problematisch hierbei ist jedoch die Unsicherheit, ob bzw. wann die Besteuerung eingeführt wird. Dringend erforderliche Entsorgungsquantitäten und -qualitäten werden u.U. erst mit erheblicher Zeitverzögerung geschaffen und dadurch mögliche Umweltbeeinträchtigungen und/oder (einzelwirtschaftlich) teure Zwischenlösungen in Kauf genommen. Um einen taktisch motivierten Investitionsstau zu vermeiden, käme folgende Vorgehensweise in Betracht:

Mit dem Auf- oder Ausbau der Entsorgungsinfrastruktur wird ein Dritter gemäß § 3 Abs. 2 S. 1 AbfG mit Unternehmereigenschaft im Sinne des § 2 UStG beauftragt. Der Unternehmerstatus ermöglicht dem Erfüllungsgehilfen unabhängig von einer generellen Umsatzbesteuerung des Entsorgungssektors, die Investitionen zu Nettowerten durchzuführen. Die periodisierten Investment- und sonstigen Entsorgungsleistungen des Erfüllungsgehilfen werden der entsorgungspflichtigen Körperschaft mit Mehrwertsteuer in Rechnung gestellt. Besteht für den Entsorgungssektor noch keine Umsatzsteuerpflicht, geht der Rechnungsbetrag brutto in die Gebührenkalkulation ein. Bei Einführung der Umsatzsteuerpflicht kann nun von den aktuell fremdbezogenen Leistungen die Vorsteuer abgezogen werden. Das Problem von Alt-Investitionen stellt sich für den öffentlich-rechtlichen Entsorger somit nicht.

Die Vorteilhaftigkeit dieser Methode erfährt allerdings Einschränkungen aufgrund zusätzlicher Kosten, die etwa durch die sonstigen Steuerbelastungen, denen der Erfüllungsgehilfe unterworfen ist, durch die zusätzlichen Aufwendungen für die privatrechtliche Rechtsform (z.B. Gründungsaufwendungen, Rechnungswesen, Publizitätspflicht), durch ungünstigere Bedingungen bei der Kreditbeschaffung und durch die Gewinnerzielung induziert werden.[292]

292 Vgl. hierzu detailliert die Ausführungen in Kapitel 6.5.1.2.2.2.

4.2.2.3.6.3.3 Billigkeitsregelungen

Zur Kompensation der Umsatzsteuernachteile speziell bei Alt-Investitionen wird mitunter in der Literatur gefordert, eine nachträgliche Vorsteuerberichtigung zu gewähren. Diese Nachholung wäre durch eine Billigkeitsregelung, die den § 15a UStG für analog anwendbar erklärt, rechtlich zu legitimieren.[293] § 15a UStG sieht eine anteilige Berichtigung der auf die Anschaffungswerte einer Alt-Investition entfallenden Vorsteuerbeträge vor, wenn sich innerhalb eines Zeitraums von grundsätzlich fünf Jahren die Verhältnisse ändern, die im ersten Kalenderjahr der erstmaligen Verwendung für den Vorsteuerabzug maßgebend waren.[294] Eine unmittelbare Anwendung des § 15a UStG ist jedoch nicht möglich, weil für Anlagegüter, die aus einem im Sinne des Umsatzsteuerrechtes nichtunternehmerischen Bereich später in den unternehmerischen Bereich überführt oder dort verwendet werden, ein nachträglicher Vorsteuerabzug unzulässig ist (vgl. Abschn. 212 Abs. 2 UStR).[295]

Einzuwenden gegen eine "Billigkeitsregelung analog § 15a UStG" ist jedoch, daß die Höchstgrenzen des Berichtigungszeitraums im Hinblick auf die langen Nutzungsdauern von Entsorgungseinrichtungen äußerst knapp bemessen sind. Auch hier gäbe letztlich wieder der Investitionszeitpunkt c.p. den Ausschlag für die relative Gebührenhöhe. Aus diesem Grund bietet sich eine "Zeitnahe Regelung" an, bei welcher der Vorsteuerberichtigungszeitraum und die Nutzungsdauer der Investition korrespondieren.

Im folgenden werden die Entlastungswirkungen der "Billigkeitsregelung analog § 15a UStG" und der "Zeitnahen Regelung" für die kalkulatorischen Abschreibungen eines abnutzbaren Anlagegutes anhand eines Zahlenbeispiels dargestellt (vgl. hierzu auch die *Abb. 4.45, 4.46 u. 4.47*). Für die Auswirkungen auf die kalkulatorischen Zinsen sowie für die Anwendung der Billigkeitsregelungen bei nichtabnutzbaren Anlagegütern sei auf die formalen Darstellungen in Anhang II verwiesen.

Zum 1.1.01 (Anschaffungsjahr **AJ**) erfolgt die Beschaffung eines beweglichen abnutzbaren Anlagegutes zum Anschaffungswert **AW** von brutto 1.150 DM. Die Nutzungsdauer **ND** beträgt 10 Jahre. Das Anlagegut ist linear über die Nutzungsdauer auf den Restbuchwert **RBW** von 0 DM abzuschreiben. Nach **D** = 3 realisierten Nut-

293 Vgl. MOHL, H. / DICKEN, C. (1994), S. 169.

294 Bei Grundstücken einschließlich ihrer wesentlichen Bestandteile, bei grundstücksgleichen Rechten und bei Gebäuden auf fremden Boden beträgt der Berichtigungszeitraum 10 Jahre (vgl. § 15a Abs. 1 S. 2 UStG). Bei Wirtschaftsgütern mit einer kürzeren Verwendungsdauer ist der entsprechend kürzere Berichtigungszeitraum anzusetzen (vgl. Abschn. 216 Abs. 1 UStR).

295 Dieselbe Auffassung vertritt der EuGH in der Auslegung von Art. 20 der 6. EG-Richtlinie - dem der § 15a UStG entspricht - in seinem Urteil vom 11. Juli 1991 (Rechtssache C-97/90, EuGHE 1991 S. 3795).

zungsjahren wird zum 1.1.04 für den Entsorgungssektor die Umsatzsteuerpflicht mit einem Umsatzsteuersatz **u** von 15 % in Kraft gesetzt. Für die Höhe der Abschreibungen in der Periode 1.1.04 - 31.12.04 (aktuelle Rechnungsperiode) und in den weiteren Rechnungsperioden ergeben sich folgende Auswirkungen:

(1) Wird keine Billigkeitsregelung gewährt, so entfällt eine Vorsteuerberichtigung (vgl. *Abb. 4.45*). Die jährliche Abschreibung beträgt weiterhin **AW/ND = 115 DM**.

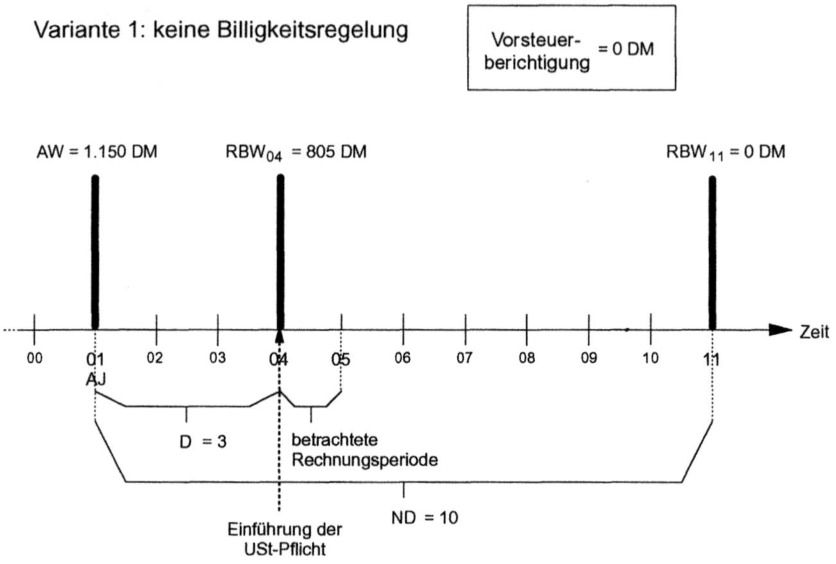

Abb. 4.45: Alt-Investition ohne Billigkeitsregelung

(2) Besteht hingegen eine "Billigkeitsregelung analog § 15a UStG", ist zunächst zu überprüfen, ob die Voraussetzung für einen nachträglichen Vorsteuerabzug gegeben ist (vgl. *Abb. 4.46*). Im Fallbeispiel liegt die betrachtete Rechnungsperiode innerhalb des für die Korrektur maßgeblichen Bemessungszeitraumes **B** von fünf Jahren (vgl. § 15a Abs. 1 S. 1 UStG i.V.m. Abschn. 216 Abs.1 UStR).[296] Die Zeitspanne **E** zwischen erstmaliger Verwendung des Anlagegutes und der "Änderung der Verhältnisse" (hier: Einführung der Umsatzsteuerpflicht) beträgt drei Jahre. Nach Maßgabe der Bestimmungen in § 15a Abs. 2 UStG kann ein nachträglicher Vorsteuerabzug für den Anteil von **(B-E)/B** des Anschaffungs-

296 Wäre das Anlagegut c.p. zu einem Zeitpunkt vor **AJ*** (vgl. *Abb. 4.46*) beschafft worden, würde die aktuelle Rechnungsperiode außerhalb von **B** liegen. Ein nachträglicher Vorsteuerabzug wäre dann ausgeschlossen.

wertes vorgenommen werden. Er beträgt, sofern man aus Vereinfachungsgründen anstelle einer ratierlichen Erstattung eine Gesamterstattung unterstellt, im Fallbeispiel 60 DM. Eine Anpassung der Abschreibungsbeträge hat nun derart zu erfolgen, daß die Gesamterstattung korrespondierend zum angenommenen linearen Nutzungsverzehr des Anlagegutes gleichmäßig auf die Restnutzungsdauer aufgeteilt wird.[297] Im Beispiel wird somit ab dem Jahr 04 jeder Abschreibungsbetrag um **60 DM/(ND-D) = 8,57 DM** entlastet.

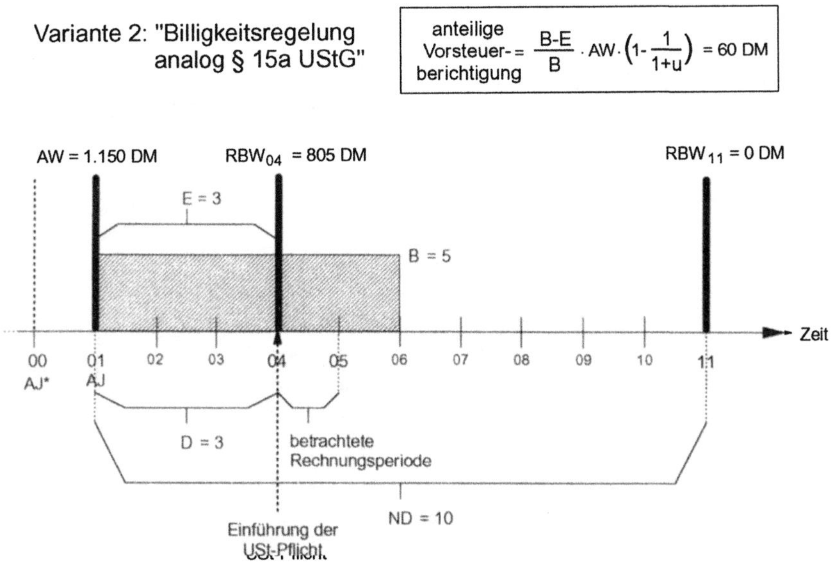

Abb. 4.46: Alt-Investition mit "Billigkeitsregelung analog § 15a UStG"

(3) Bei der "Zeitnahen Regelung" erstreckt sich der Bemessungszeitraum **B** für eine Vorsteuerberichtigung auf die gesamte Nutzungsdauer **ND** des Anlagegutes (vgl. *Abb. 4.47*).[298] Die Zeitspanne **F** zwischen erstmaliger Verwendung des Anlagegutes und Einführung der Umsatzsteuerpflicht beläuft sich auf drei Jahre. Um eine Vorsteuerentlastung für die umsatzsteuerpflichtigen Nutzungsjahre des Anlagegutes zu erreichen, ist der entsprechende Anteil **(B-F)/F** des Anschaffungswertes von der Vorsteuer zu bereinigen. Es ergibt sich somit eine Gesamterstat-

297 Vgl. hinsichtlich möglicher Kostenanpassungsalternativen für Abschreibungen bei Änderungen der Datenlage z.B. HABERSTOCK, L. (1987), S. 103 ff.. Der vorliegende Fall einer nachträglichen Vorsteuerberichtigung per Gesetzesänderung läßt sich kostenrechnerisch nicht antizipieren. Insofern erweist sich gerade die Ausblendung vergangener Rechnungsperioden bei der Kostenanpassung als verursachungsgerecht.

298 Insofern existiert hier auch kein kritischer Anschaffungszeitpunkt **AJ*** wie bei der "Billigkeitsregelung analog § 15a UStG". Vgl. Fn. 296.

tung von 105 DM. Bei verursachungsgerechter Kostenanpassung[299] werden die Abschreibungsbeträge der Restnutzungsperioden jeweils um **105 DM/(ND-D) = 15 DM** gemindert. Dies entspricht genau der Vorsteuerentlastung der kalkulatorischen Abschreibungen im Falle einer "Neu-Investition" - d.h. einer Investition, die nach dem Zeitpunkt der Einführung einer Umsatzbesteuerung getätigt wird. Insofern ermöglicht die "Zeitnahe Regelung" eine umsatzsteuerliche Gleichstellung von Alt- und Neu-Investitionen.[300] Die "Billigkeitsregelung analog § 15a UStG" hingegen erreicht selbst im günstigsten Fall keine hundertprozentige Angleichung.[301]

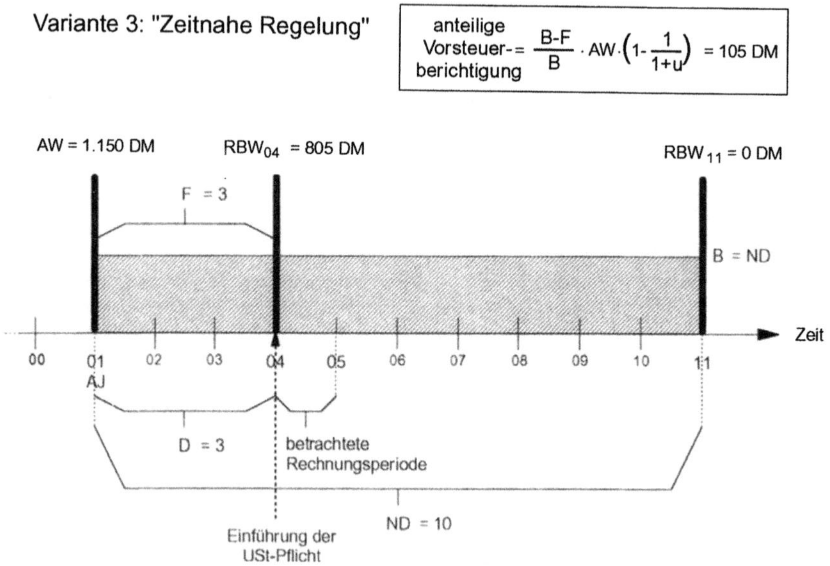

Abb. 4.47: Alt-Investition mit "Zeitnaher Regelung"

299 Vgl. Fn. 297.

300 Ein formaler Nachweis hierfür findet sich in Anhang II, Fall (a). Für die korrespondierenden kalkulatorischen Zinsen zeigt sich, daß eine Gleichstellung mit den Neu-Investitionen lediglich für den Fall der Zinsermittlung nach der Durchschnittswertmethode nicht gelingt. Ursächlich hierfür ist, daß das Durchschnittsprinzip dieser Methode die zeitliche Struktur der Kapitalbindung nicht berücksichtigt und somit eine in diesem Kontext verursachungsgerechte Kostenanpassung nicht zuläßt. Der nachträgliche zeitanteilige Vorsteuerabzugsbetrag wird nicht mit dem Restbuchwert, sondern dem Anschaffungswert des Anlagegutes verrechnet und somit kostenmäßig auf alle Rechnungsperioden verteilt. Die Zinskosten sind dann im Vergleich zu einer Neu-Investition entsprechend höher.

301 Vgl. hierzu die Detailregelungen hinsichtlich Berichtigungszeitraum und -verfahren in Abschn. 216 Abs. 1 UStR und Abschn. 217 Abs. 1 UStR. Die günstigste Konstellation für eine Vorsteuerentlastung ist gegeben, wenn die Beschaffung des Anlagegutes zum 1.1. des Beschaffungsjahres erfolgte und der vorgegebene Berichtigungszeitraum der Nutzungsdauer des Anlagegutes entspricht. Ein Entlastungseffekt wie bei Neu-Investitionen wird aufgrund der ratierlichen Erstattung des nachträglichen Vorsteuerbetrages dennoch nicht erreicht.

4.2.2.3.6.4 Empirische Evidenz

In Form von Einzelfallstudien bei drei ausgewählten Entsorgungseinrichtungen in Bayern (Empirie III) wurde untersucht, welche Auswirkungen die Einführung einer Umsatzsteuerpflicht für den Entsorgungssektor haben könnte, insbesondere im Hinblick auf die drei genannten Varianten einer gewährten bzw. nichtgewährten Vorsteuerberichtigung bei Alt-Investitionen. *Tabelle 4.12* bietet einen Überblick der Strukturdaten der untersuchten Entsorger (Proband A, B und C).

	Proband A	Proband B	Proband C
Rechts- und Organisationsform	Körperschaft des öffentlichen Rechts, Zweckverband	Körperschaft des öffentlichen Rechts, Zweckverband	Regiebetrieb
Leistungsspektrum	• Restmülldeponierung • Sperrmüllentsorgung • Wertstoffentsorgung • Grüngutentsorgung • Problemmüllentsorgung	• Thermische Restmüll- und Sperrmüllvorbehandlung • Reststoffdeponierung • Wertstoffentsorgung • Grüngutentsorgung • Bioabfallentsorgung • Problemmüllentsorgung	• Restmülldeponierung • Wertstoffentsorgung • Grüngutentsorgung • Bioabfallentsorgung • Problemmüllentsorgung
Kostenstruktur	• Dominanz von Kostenarten mit enthaltener Vorsteuer (73% der Gesamtkosten)	• Dominanz von Kostenarten, deren Vorsteuerabzugsfähigkeit per Billigkeitsregelung zu spezifizieren ist (63% der Gesamtkosten)	• Kostenarten mit enthaltener Vorsteuer : 52% der Gesamtkosten • Kostenarten ohne Vorsteueranteil: 38% der Gesamtkosten
Anlagevermögen (AV)	„junges" AV: • 61,34% des AV bewertet zu Restbuchwerten Anfang 1993 mit Anschaffungsjahr = 1993	„relativ junges" AV: • 76,75% des AV bewertet zu Restbuchwerten Anfang 1993 mit Anschaffungsjahr = 1988	„relativ junges" AV: • 89,42% des AV bewertet zu Restbuchwerten Anfang 1993 mit Anschaffungsjahr = 1988 bis 1992
Abschr.methode	lineare Abschreibung	lineare Abschreibung	lineare Abschreibung
Zinsermittl.methode	verfeinerte Restwertmethode	verfeinerte Restwertmethode	normale Restwertmethode
kalk. Zinssatz	6,5%	6,5%	7,5%
Gebühren	• Sondergebühr für Grüngut • Pauschalgebühren für private Haushalte und Selbstanlieferer von Restmüll	• Pauschalgebühren für private Haushalte und Selbstanlieferer von Restmüll	• Pauschalgebühren für private Haushalte und Selbstanlieferer von Restmüll
Gebührensatz für selbstangel. Restm.	ca.310 DM/t	314 DM/t	250 DM/t
entsorgte Restmüllmengen	59.900 t	99.890 t	17.640 t

Tab. 4.12: Strukturdaten der Probanden

4.2.2.3.6.4.1 Analyse der Kostendaten

Die Analyse der Kostendaten der Entsorger zeigt auf, daß die für eine Vorsteuerentlastung maßgeblichen Leistungsbezüge bzw. korrespondierenden Kosten bei den Probanden sehr unterschiedlich sind (vgl. *Abb. 4.48, 4.49 u. 4.50*).

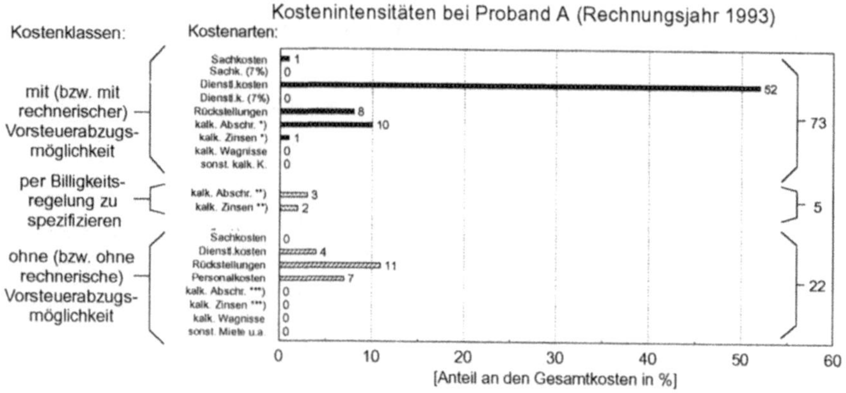

*) für umsatzsteuerpflichtig erworbenes Anlagevermögen mit AJ = 1993

**) in Abhängigkeit der Gewährung u. Ausgestaltung einer Billigkeitsregelung für Altinvestitionen

***) für eigenerstelltes oder für umsatzsteuerbefreit oder (teilweise) unentgeltlich erworbenes Anlagevermögen; dabei gilt für einen entgeltlosen Erwerb die Annahme, daß eine alternative entgeltliche Beschaffung umsatzsteuerfrei erfolgen würde - andernfalls: rechentechnische Behandlung wie Anlagegüter, die umsatzsteuerpflichtig beschafft wurden

Abb. 4.48: Kostenintensitäten bei Proband A

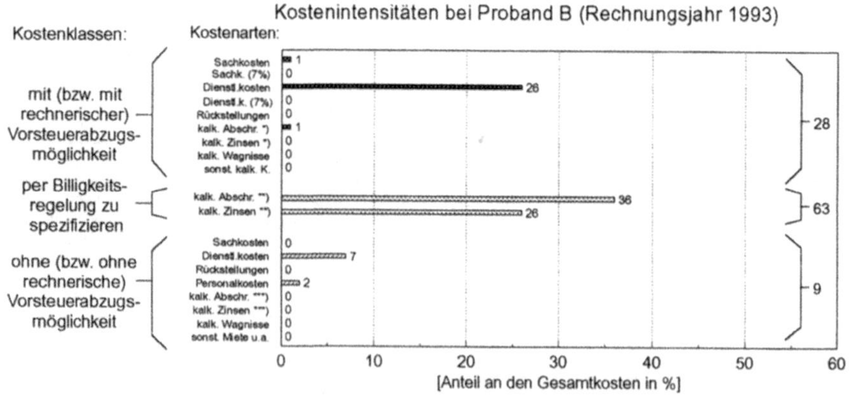

*) für umsatzsteuerpflichtig erworbenes Anlagevermögen mit AJ = 1993

**) in Abhängigkeit der Gewährung u. Ausgestaltung einer Billigkeitsregelung für Altinvestitionen

***) für eigenerstelltes oder für umsatzsteuerbefreit oder (teilweise) unentgeltlich erworbenes Anlagevermögen; dabei gilt für einen entgeltlosen Erwerb die Annahme, daß eine alternative entgeltliche Beschaffung umsatzsteuerfrei erfolgen würde - andernfalls: rechentechnische Behandlung wie Anlagegüter, die umsatzsteuerpflichtig beschafft wurden

Abb. 4.49: Kostenintensitäten von Proband B

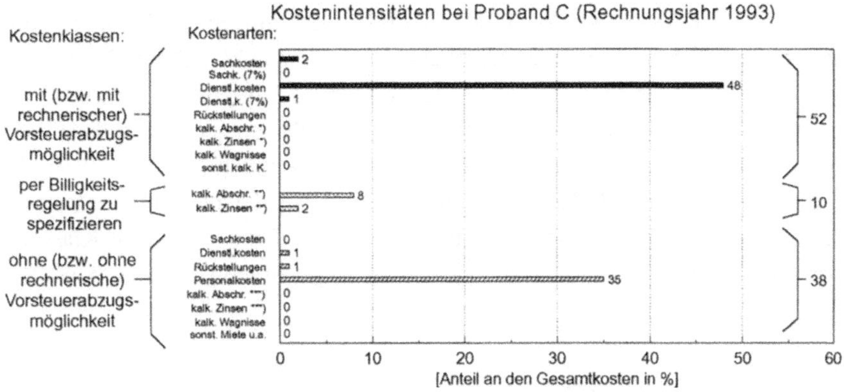

*) für umsatzsteuerpflichtig erworbenes Anlagevermögen mit AJ = 1993

**) in Abhängigkeit der Gewährung u. Ausgestaltung einer Billigkeitsregelung für Altinvestitionen

***) für eigenerstelltes oder für umsatzsteuerbefreit oder (teilweise) unentgeltlich erworbenes Anlagevermögen; dabei gilt für einen entgeltlosen Erwerb die Annahme, daß eine alternative entgeltliche Beschaffung umsatzsteuerfrei erfolgen würde - andernfalls: rechentechnische Behandlung wie Anlagegüter, die umsatzsteuerpflichtig beschafft wurden

Abb. 4.50: Kostenintensitäten von Proband C

Bei Proband A dominieren die Kostenarten mit enthaltener Vorsteuer (73 % der Gesamtkosten). Verantwortlich dafür sind insbesondere Dienstleistungskosten (Kostenintensität von 52 %). Die kalkulatorischen Kosten für Alt-Investitionen, deren Vorsteuerabzugsmöglichkeit per Billigkeitsregelung spezifiziert werden könnte, machen lediglich einen Anteil von 5 % an den Gesamtkosten aus. Kostenarten ohne Vorsteuerabzugmöglichkeit fallen in Form von Personal- und Dienstleistungskosten sowie Rückstellungen an. Zusammen weisen sie einen Anteil an den Gesamtkosten von 22 % auf.

Ganz anders stellen sich die Kostenintensitäten bei Proband B dar. Kostentreiber sind hier die kalkulatorischen Kosten für Alt-Investitionen mit einem Anteil von 63 % an den Gesamtkosten. Dementsprechend gering fallen die Anteile für die beiden anderen Kostenklassen aus. Für Kostenarten mit Vorsteuerabzugsmöglichkeit beträgt die Kostenintensität 28 %, für Kostenarten ohne Vorsteuerabzugsmöglichkeit 9 %.

Bei Proband C sind ebenfalls wie bei Proband A die Kostenarten mit Vorsteuerabzugsmöglichkeit, vornehmlich die Dienstleistungskosten, herausragend - hier allerdings nur mit einem Klassenanteil von 52 % an den Gesamtkosten. Entsprechend höher sind die Kostenintensitäten der beiden anderen Kostenklassen. Bei den Kostenarten ohne Vorsteuerabzugsmöglichkeit fallen insbesondere die Personalkosten mit einer Kostenintensität von 35 % ins Gewicht. Der Anteil der kalkulatorischen Kosten für Alt-Investitionen beträgt 10 % der Gesamtkosten.

In *Abbildung 4.51* sind die Intensitäten der Kostenklassen der drei Probanden noch einmal in Kreisdiagrammen dargestellt. Auffällig ist zum einen der hohe Anteil der Kostenarten ohne Vorsteuerabzugsmöglichkeit bei Proband C. Dieser Umstand könnte darauf zurückzuführen sein, daß die Abfallentsorgung bei diesem Probanden in einem Regiebetrieb durchgeführt wird und diverse Personalleistungen, die andernorts fremdbezogen werden, hier von weiteren Amtsstellen im Rahmen der allgemeinen Verwaltung erbracht werden.[302] Zum anderen fällt auf, daß die per Billigkeitsregelung zu spezifizierenden Kostenarten für Alt-Investitionen bei Proband B eine Klassenintensität von 63 % aufweisen, bei Proband A bzw. C dagegen lediglich 5 % bzw. 10 %.

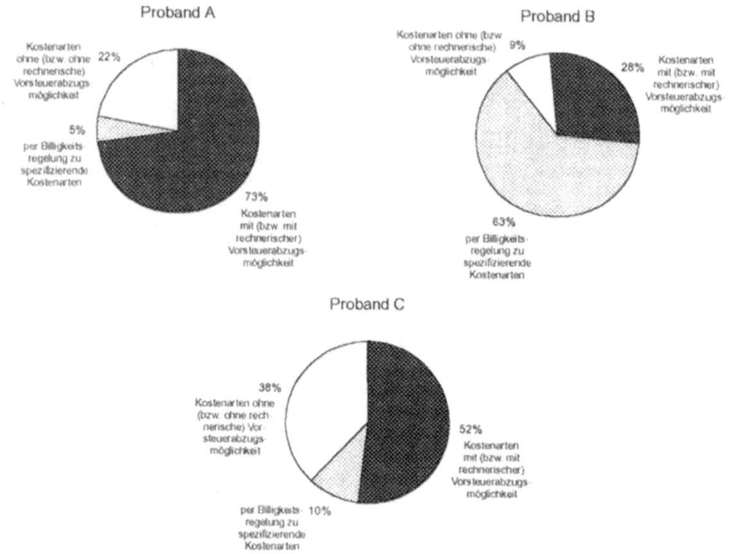

Abb. 4.51: Intensitäten der Kostenklassen bei Proband A, B und C

Ursächlich hierfür ist zunächst die Altersstruktur der Entsorgungsanlagen. Aus *Abbildung 4.52* ist ersichtlich, daß Proband A ein "junges", die Probanden B und C ein "relativ junges" Anlagevermögen besitzen.[303] Bei unterstellter Einführung der Umsatzsteuerpflicht im Entsorgungssektor zum 1.1.1993 können 98,44 % bzw. 93,62 %

---

302 In diesem Zusammenhang sei auch auf die Problematik hingewiesen, nach welchen Kriterien bei Regiebetrieben zweckmäßigerweise eine Abgrenzung von unternehmerischem und nichtunternehmerischem Bereich festgelegt werden müßte, um unerwünschte Gestaltungsspielräume zu vermeiden. Zweckmäßig wäre es, rechtlich und organisatorisch getrennte Bereiche zu schaffen. Hierzu müßte die Abfallentsorgung als eigenständiger Betrieb aus der allgemeinen Verwaltung ausgegliedert werden.

303 Von Proband A wurden 61,34 % des zu Restbuchwerten Anfang 1993 bewerteten Anlagevermögens im Jahr 1993 beschafft. Bei Proband B stammen 76,75 % des entsprechenden Anlagevermögens aus dem Jahr 1988. Für 89,42 % des Anlagevermögens von Proband C sind die Anschaffungsjahre 1988-1992.

des Anlagevermögens zu Restbuchwerten von Proband B bzw. C als Alt-Investitionen" deklariert werden. Bei Proband A belaufen sich die Alt-Investitionen anteilsmäßig nur auf 38,66 %. Den Ausschlag für die Sonderstellung von Proband B - vor allem gegenüber Proband C - gibt nun letztlich die Tatsache, daß Proband B im Vergleich zu den beiden anderen Probanden die aufwendigste Entsorgungsinfrastruktur vorhält. Die entsprechend hohe Kapitalintensität verleiht der nachteiligen Altersstruktur besonderes Gewicht.

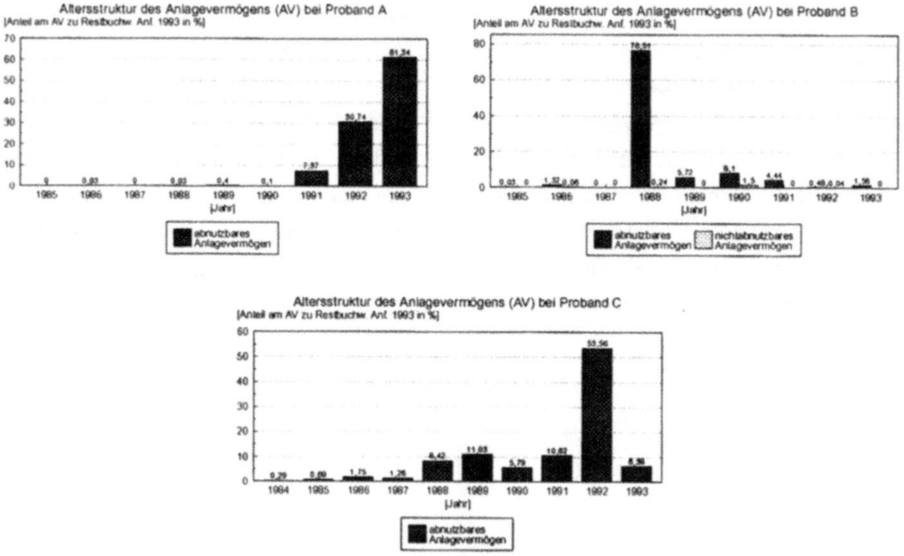

Abb. 4.52: Altersstruktur der Anlagevermögen bei Proband A, B und C

4.2.2.3.6.4.2 Gebühreneffekte

Die Effekte einer Umsatzbesteuerung auf die Kosten bzw. Gebühren beim Entsorger und die Gebührenbelastungen bei den Gebührenschuldnern wurden nun in drei Fallvarianten hinsichtlich der Vorsteuerkorrektur untersucht:[304]

- Variante 1: Vorsteuerbereinigung aller Kostenarten mit Vorsteuerabzugsmöglichkeit; dabei besteht keine Billigkeitsregelung für Alt-Investitionen.

304 Vgl. hierzu nochmals die Ausführungen in Kapitel 4.2.1.3 zum Wirkungssystem bei Umsatzsteuerpflicht und zum Untersuchungsdesign der Fallstudien. Die formalen Rechenvorschriften zur Ermittlung der kalkulatorischen Abschreibungen und Zinsen bei abnutzbaren bzw. nichtabnutzbaren, umsatzsteuerpflichtigen bzw. umsatzsteuerlosen Anlagegütern, jeweils in Abhängigkeit der Gewährung bzw. Nichtgewährung einer Billigkeitsregelung in den genannten Varianten, findet sich in Anhang II.

- Variante 2: Vorsteuerbereinigung aller Kostenarten mit Vorsteuerabzugsmöglichkeit; dabei gilt für Alt-Investitionen die "Billigkeitsregelung analog § 15a UStG".

- Variante 3: Vorsteuerbereinigung aller Kostenarten mit Vorsteuerabzugsmöglichkeit; dabei gilt für Alt-Investitionen die "Zeitnahe Regelung".

Aus *Abbildung 4.53* ist ersichtlich, daß die umsatzsteuerbedingten Kosten- bzw. Gebühreneffekte bei den drei Probanden variantenspezifisch erheblich streuen. Ursächlich hierfür ist - wie gezeigt - die Heterogenität der für den Vorsteuerabzug maßgeblichen Leistungsstrukturen. Für das Sonderproblem der Alt-Investitionen kann mit einer Billigkeitsregelung in Ausgestaltung der zeitnahen Variante eine gewisse Gleichstellung der Entsorger erreicht werden. Unterschiede resultieren dann nur noch aus den individuellen Verhältnissen von Kostenarten mit und ohne Vorsteuerabzugsmöglichkeit. Das generelle Vorhandensein letzterer Kostenart bewirkt - unabhängig von der Gewährung und Ausgestaltung einer Billigkeitsregelung für Alt-Investitionen - bei allen Probanden umsatzsteuerbedingte Gebührenerhöhungen.

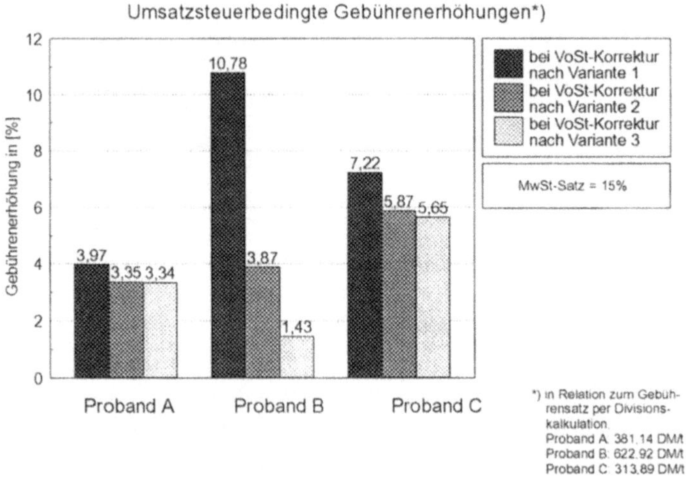

Abb. 4.53: Umsatzsteuerbedingte Gebührenerhöhungen bei Proband A, B und C

Während die Gebührensteigerungen sich bei den nichtunternehmerischen Gebührenschuldnern direkt als Zusatzbelastung auswirken, können die unternehmerischen Gebührenschuldner diesen Gebührenanstieg unter dem Aspekt des Netto-Allphasenprinzips neutralisieren. Gegenüber dem Status quo, d.h. einer Situation ohne Umsatzbesteuerung, erfahren sie Gebührenentlastungen bis zu 11,8 %.(vgl. *Abb. 4.54*).

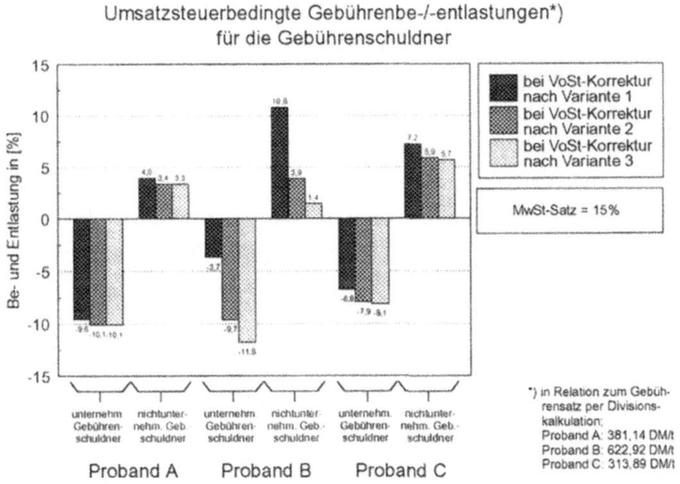

Abb. 4.54: Umsatzsteuerbedingte Gebührenbe- und -entlastungen für die Gebührenschuldner bei Proband A, B und C

Die unterschiedlichen Ergebnisse bei den Probanden machen deutlich, daß sich Trendaussagen, in welcher Größenordnung eine Umsatzbesteuerung - in welcher Ausgestaltung auch immer - die einzelnen Entsorgungseinrichtungen und ihre Gebührenschuldner sowie den Entsorgungssektor insgesamt tangieren wird, aus wenigen Einzelfallstudien nicht ableiten läßt. Der Intention des Netto-Allphasenprinzips zufolge ist eine einheitliche Umsatzbesteuerung des Entsorgungssektors jedoch in jedem Falle rechtfertigbar. Zu beachten gilt aber, daß bei Nichtgewährung einer Billigkeitsregelung nach der "Zeitnahen Regelung" mit erheblichen, weitergehenden Verzerrungen der Entsorgungspreise zwischen den Kommunen zu rechnen ist. Die Harmonisierungsintention, die einer gesamthaften Einführung der Umsatzsteuerpflicht für den Entsorgungssektor zugrundeliegt, würde somit konterkarriert.[305] Nachdem die Einführung der Umsatzsteuerpflicht im Rahmen des Gesetzgebungsverfahrens des Jahressteuergesetzes 1996 gescheitert ist, wären nun bei einem zu erwartenden zweiten Anlauf diese Aspekte zu berücksichtigen.[306]

---

305 Zur weiteren Diskussion speziell unter dem Aspekt der wettbewerblichen Auswirkungen einer Umsatzbesteuerung bei Marktöffnung im Rahmen des KrW-/AbfG vgl. BAUM, H.-G. / CANTNER, J. et al. (1996), S. 76 f.. - In Kapitel 6 wird untersucht, ob die Marktbesonderheiten des Entsorgungssektors überhaupt eine undifferenzierte Öffnung für die Privatwirtschaft zulassen.

306 So könnte die Einführung einer allgemeinen Steuerpflicht für den Entsorgungssektor nun über das BFH-Urteil vom 16. November 1995 (Az. V R 122/93) initiiert werden; vgl. hierzu o.V. (1996 m). Der BFH kommt zu dem Ergebnis, daß sämtliche Aufgaben einer Entsorgungseinrichtung Teil eines Betriebes gewerblicher Art und auch nicht teilweise steuerfreie Hoheitsbetriebe seien. Dies ist nach dem Gerichtsbescheid immer dann der Fall, wenn Tätigkeiten, die

4.3 Wirkung von Kosten- und Gebührenheterogenitäten

Die vorangegangenen Ausführungen machen deutlich, daß die ökonomischen Verzerrungen im Entsorgungsbereich letztlich dadurch bedingt sind, daß die Verwendung von bestehenden Internalisierungsinstrumenten für Externalitäten und Deponieknappheiten und die einzelwirtschaftliche Kalkulation korrespondierender Kosten und Gebühren von den entsorgungspflichtigen Körperschaften sehr unterschiedlich gehandhabt wird. Die Folge hiervon sind die aufgezeigten Gebührenheterogenitäten mit Preisunterschieden etwa bei den bayerischen Selbstanlieferergebühren von bis zu knapp 2.500 % im Jahr 1994.[307]

Demzufolge wird der Entsorgungspreis für abfallintensive Anschluß- und Benutzungsnehmer zu einem nicht unerheblichen Standortfaktor.[308] So merken etwa MUSGRAVE/MUSGRAVE/KULLMER an: "Wenn in einer Gebietskörperschaft strenge Umweltstandards und Reduktionsanforderungen auferlegt werden, in einer anderen jedoch nicht, so wird die industrielle Entwicklung in diesem Gebiet reduziert, und diese Schmälerung belastet nicht nur die Investoren, sondern auch die in den betroffenen Industrien Beschäftigten. Werden einschlägige Standards auf breiterer Basis angelegt, so werden diese Einflüsse weniger schwerwiegend sein, da man den Kosten nicht durch Wanderung von einer Gebietskörperschaft in die andere entgehen kann."[309]

Vom Lehrstuhl für Wirtschaftsprüfung und Controlling der Universität Augsburg in Zusammenarbeit mit dem Bayerischen Institut für Abfallforschung wurde im Rahmen einer Befragung von 1167 bundesdeutschen Unternehmen zum Thema "Unternehmenspolitik und Umweltschutz" u.a. festgestellt, daß der Anteil der Entsorgungskosten an den gesamten Herstellungskosten im Branchendurchschnitt 2,90 % beträgt (vgl. *Abb. 4.55*).[310] Der wettbewerbsverzerrende Einfluß erheblicher Gebüh-

---

bisher nur juristische Personen des öffentlichen Rechts übernehmen durften, auch von Personen des privaten Rechts ausgeübt werden dürfen und diese es auch tun. - Zwischenzeitlich wurde diese Ansicht im abschließenden BFH-Urteil vom 24. Oktober 1996 relativiert.

307 Wird bei volumenbezogenen Preisangaben eine Umrechnungskonvention auf Basis des Schüttgewichtes gewählt (vgl. nochmals die Ausführungen in Fn. 226), so relativiert sich die prozentuale Preisspanne auf rd. 500-700 %.

308 Für den Hausmüllbereich kursiert in den Medien das Schlagwort der "zweiten Miete".

309 MUSGRAVE, R.A. / MUSGRAVE, P.B. / KULLMER, L. (1992), S. 193. Vgl. in diesem Sinne auch OBERHAUSER, A. (1974 b), S. 59 f.; ZOHLNHÖFER, W. (1981), S. 51 ff.; NIEDERSÄCHSISCHES MINISTERIUM DER FINANZEN (1988), S. 5; NORDRHEIN-WESTFÄLISCHER HANDWERKERBUND (1992), S. 23. Eine regionale Differenzierung der umweltpolitischen Instrumente ließe sich indessen nur rechtfertigen, wenn die negativen externen Effekte und die besonderen Knappheitsbedingungen der Abfallentsorgung regional unterschiedlich auftreten würden. Hierfür gibt es aber keine Anhaltspunkte. - Anderer Ansicht ist etwa ZIMMERMANN, H. (1993), S. 155 ff., der regionale Kosten- und Abgabenunterschiede grundsätzlich positiv beurteilt und sogar eine Verstärkung durch Differenzierung überregionaler Abgaben in Erwägung zieht.

310 Vgl. hierzu COENENBERG, A.G. et al. (1994). Vgl. außerdem BAUM, H.G. / CANTNER, J.

renspannen wird deutlich, wenn man bedenkt, daß bei einem unterstellten Personalkostenanteil von 40 % und einem Entsorgungskostenanteil von 2 % ein Anstieg der Entsorgungskosten um 100 % (also eine Verdoppelung) denselben Effekt besitzt, wie eine 5 %ige Zunahme der Personalkosten. Letzteren wird bei der derzeitigen kontextübergreifenden Standortdiskussion ein hoher Stellenwert beigemessen.[311]

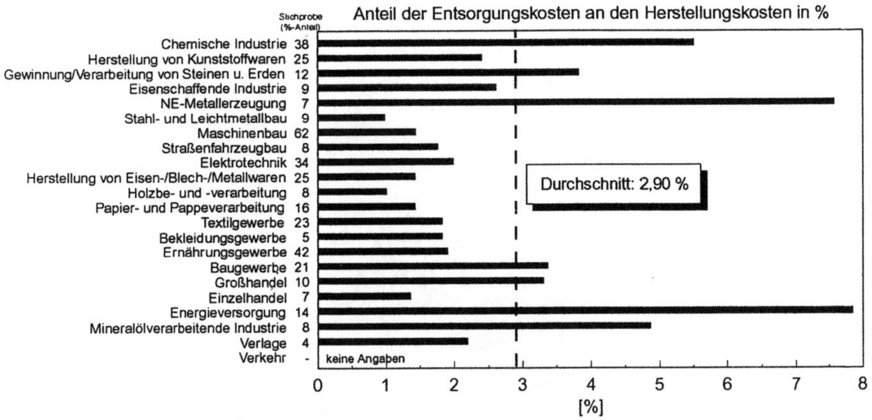

Abb. 4.55: Entsorgungskostenintensitäten bundesdeutscher Unternehmen (Quelle: COENENBERG, A.G. et al. (1994), S. 90)

Erschwerend kommt hinzu, daß aufgrund der komplexen mehrschichtigen Gebührenstrukturen, bedingt durch geringe Leistungsentbündelungen, Mehrfachmaßstäbe, lenkende Gebührenzu- und -abschläge sowie mehrgliedrige und variable Tarifierungen das Verhältnis von Leistung und Gegenleistung für die Einrichtungsnutzer kaum mehr erkennbar ist.[312] Die notwendige Indikatorfunktion des Entsorgungspreises zur Behebung von Fehlallokationen, wie in Kapitel 4.1.1 dargelegt, wird auf diese Weise - selbst bei ggf. "richtiger" Preishöhe - nicht erreicht. Im Gegenteil, die Entwicklung der Entsorgungspreise hat dazu geführt, daß immer öfter die Gebührensatzungen der entsorgungspflichtigen Gebietskörperschaften von den Gebührenschuldnern in Zweifel gezogen werden. Beschränkten sich dabei anfangs die Einwendungen der Betroffenen auf Protestaktionen, scheint nunmehr verstärkt die Anfechtung im Wege von Normenkontrollverfahren auf die kommunalen Entsorger zuzukommen. Im Rahmen der bayernweiten Befragung (Empirie II) konnte ermittelt werden, daß die Akzeptanz der Gebührenschuldner hinsichtlich weiterer Abfallgebührenerhöhungen merklich ein-

/ WITTMANN, R. (1993), S. 293 ff..

311 Vgl. etwa KANTZENBACH, E. (1993), S. 630; HEISE, M. (1993), S. 630.

312 Vgl. in diesem Sinne auch MICHAELIS, P. (1993), S. 13 f..

schränkt ist (vgl. *Abb. 4.56*). Zwischen der Gebührenakzeptanz und etwa der Höhe der Entsorgungsgebühren 1994 (vgl. Frage 58. im Fragebogen, Anhang I sowie *Abb. 4.17* in Kapitel 4.2.2.1) ließ sich beim festgesetzten Signifikanzniveau von $\alpha = 0{,}075$ allerdings kein signifikanter statistischer Zusammenhang feststellen (Kruskal-Wallis-Hypothesentest, Irrtumswahrscheinlichkeit $\mathbf{p} = 0{,}1175$). Insofern läßt sich vermuten, daß die mangelnde Akzeptanz wohl nicht so sehr am Gebührenniveau, sondern vielmehr an der Art und Weise der Kalkulation der Gebühren festmacht.

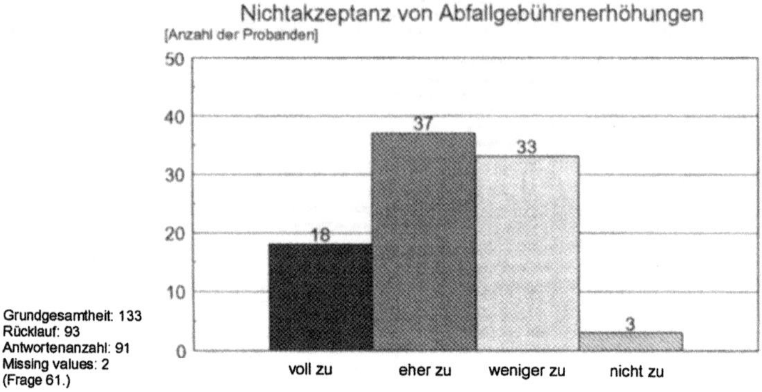

Abb. 4.56: Nichtakzeptanz von Abfallgebührenerhöhungen

Kapitel 5: Korrektur der unzureichenden ökonomischen Rahmenbedingungen

Nicht zuletzt die zunehmende und gleichsam berechtigte Kritik an den Entsorgungspreisen von Seiten der Gebührenschuldner und auch der allgemeinen Öffentlichkeit macht es dringend erforderlich, die dargelegten unzureichenden ökonomischen Rahmenbedingungen in der Siedlungsabfallwirtschaft zu korrigieren.[1] Die Kommunen selbst zeigen ebenfalls starkes Interesse an einer Problemlösung. So gaben im Rahmen der bayernweiten Befragung (Empirie II) über 80 % der antwortenden Entsorger an, tendenziell Hilfestellung bei der Gebührenkalkulation und -umlage zu benötigen (vgl. *Abb. 5.1*).

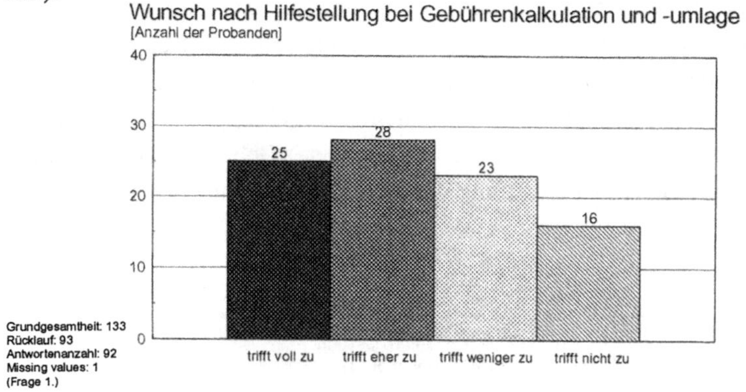

Abb. 5.1: Wunsch nach Hilfestellung bei der Gebührenkalkulation und -umlage

5.1 Reziprozität preisrechtlicher Regelungen für den öffentlichen Sektor

Die beiden wohl bedeutendsten Preisregelungen für den öffentlichen Sektor sind die Preisvorschriften bei öffentlichen Aufträgen (VO PR Nr. 30/53 i.V.m. LSP bzw. VO PR Nr. 1/72 i.V.m. LSP-Bau) und die Bestimmungen für öffentlich-rechtliche Gebühren. Beide Preisformen regeln die Entgeltbeziehungen zwischen dem öffentlichen Sektor und dem privaten Sektor, mit dem Staat einmal als Entgeltgeber und einmal als Entgeltnehmer (vgl. *Abb. 5.2*). Beachtlich ist, daß hierbei die Regelungsintensitäten erhebliche Unterschiede aufweisen und mithin keine Reziprozität herrscht.

Für die Fälle, in denen der Staat als Leistungsnehmer und damit als Entgeltgeber auftritt, wird mit den LSP i.V.m. VO PR Nr. 30/53 ein Regelwerk aus konkreten und insbesondere bundeseinheitlichen Kalkulationsvorschriften zugrundegelegt.[2] Darüber hinaus bestehen definierte prüfungsrechtliche Vorgaben, wodurch konformes

1 Vgl. zur Kritik in den Medien etwa o.V. (1996 h).

2 Vgl. hierzu insbesondere LSP Nr. 11 ff..

Kalkulationsverhalten der Auftragnehmer zu einem gewissen Grade gewährleistet wird.[3] Tritt der Staat hingegen als Leistungsgeber und damit als Entgeltnehmer auf, gelten landesspezifische Gebührenregelungen, die in der Regel lediglich fakultative Vorgaben darstellen und auf kommunaler Ebene satzungsrechtlich zu konkretisieren sind.[4] Der Verweis auf die unbestimmten Rechtsbegriffe "betriebswirtschaftliche Kosten" bzw. "betriebswirtschaftliche Grundsätze" ermöglicht - dem wertmäßigen Kostenbegriff entsprechend - eine zweckorientierte Kosten- und damit Preisbestimmung. Hierdurch wird eine Objektivierbarkeit weitgehend ausgeschlossen. Auch sieht das Gebührenrecht im Gegensatz zu den Preisbestimmungen bei öffentlichen Aufträgen keine ordentliche Revisionsinstanz vor. Eine Überprüfung der Rechtmäßigkeit der nicht genehmigungspflichtigen Gebührensatzungen läßt sich nur im Rahmen einer Normenkontrollklage initiieren. Allerdings kann sich dieses Instrument im konkreten Einzelfall als stumpfes Schwert erweisen, ist doch im Sinne des gebührenrechtlichen Lenkungsprinzips letztlich jedwedes Kalkulationsergebnis argumentierbar. Hinzu kommt, daß es oftmals genügt, wenn eine (zutreffende) Gebührenkalkulation erst zum Zeitpunkt der gerichtlichen Überprüfung der Satzungsbestimmungen vorliegt.[5]

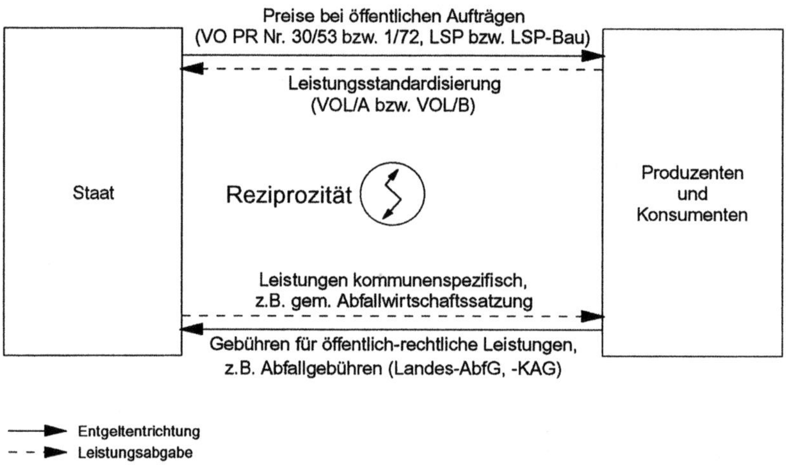

Abb. 5.2: Entgeltbeziehungen zwischen öffentlichem und privatem Sektor

Eine der notwendigen Korrekturmaßnahmen für die unzureichenden ökonomischen Rahmenbedigungen der Siedlungsabfallwirtschaft ist somit offensichtlich: zur Ge-

3 Vgl. hierzu §§ 9 f. VO PR Nr. 30/53. Vgl. außerdem BEISSL, H. (1992 b).

4 Vgl. hierzu nochmals die Ausführungen zum Gebührenrecht in Kapitel 3.8 und zur empirischen Evidenz der kommunalen Gebührenpraxis in Kapitel 4.2.2.

5 Vgl. DAHMEN, A. (1996 b), Rdnr. 46 zu KAG NW; LOHMANN, H.-H. (1996), Rdnr. 677; WIETHE-KÖRPRICH, H. (1996), Rdnr. 639; anderer Ansicht hingegen LICHTENFELD, U. (1996), Rdnr. 732 f..

währleistung der Reziprozität preisrechtlicher Bestimmungen für den öffentlichen Sektor ist speziell für die Bepreisung in der öffentlichen Abfallentsorgung ein Regelwerk vorzugeben, das einen entsprechenden Konkretisierungs- und Verbindlichkeitsgrad wie die Preisvorschriften bei öffentlichen Aufträgen besitzt (vgl. *Abb. 5.3*, Nr. 1). Nur hierdurch läßt sich eine interkommunal einheitliche Kalkulation der Kostenmengen und -werte und deren Transformation in Gebühren gewährleisten. Im übrigen wird mit einer entsprechenden Korrektur der Preisvorschriften auch den in Kapitel 2.3.2.1 dargelegten Leitsätzen für staatliche Preisregeln ("Beschluß des Bundeskabinetts betr. Grundsätze für staatliche Preisregelungen in Hinblick auf wirtschaftspolitische Ziele") entsprochen, wonach gemäß Punkt 5. die Regelungen regelmäßig hinsichtlich ihrer Zweckmäßigkeit zu überprüfen und ggf. anzupassen sind.

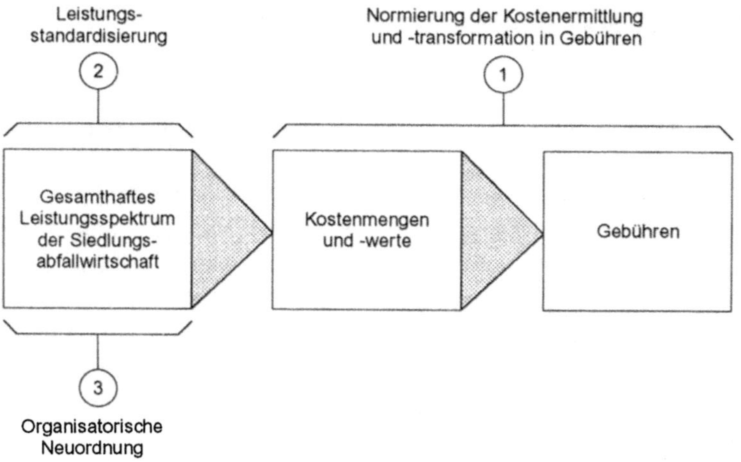

Abb. 5.3: Korrekturmaßnahmen der unzureichenden ökonomischen Rahmenbedingungen in der Siedlungsabfallwirtschaft

Ein Reziprozitätsproblem existiert indessen auch auf der Leistungsseite (vgl. *Abb. 5.2*). Während im Falle öffentlicher Aufträge die staatlicherseits nachgefragten Leistungen im Wege der Auftragsvergabe nach den Verdingungsordnungen für Leistungen (VOL bzw. VOB[6]) zu standardisieren sind,[7] wird gerade im Abfallbereich das von den Kommunen angebotene Leistungspektrum individuell in der jeweiligen Abfallwirtschaftssatzung festgelegt. In Kapitel 4.2.2.3.4.1 wurde aufgezeigt, daß insbesondere die Anforderungen des bedeutsamsten Internalisierungsinstruments, der TA Siedlungsabfall, von den entsorgungspflichtigen Körperschaften äußerst uneinheitlich

6 Vgl. Verdingungsordnung für Bauleistungen (VOB), Ausgabe 1990/1992; Teil A in der Fassung der Bekanntmachung vom 12. November 1992 (BAnz. Nr. 223a); Teil B in der Fassung der Bekanntmachung vom 19. Juli 1990 (BAnz. Nr. 132a), geändert durch Bekanntmachung vom 12. November 1992 (BAnz. Nr. 223a).

7 Vgl. hierzu die etwa Bestimmungen in § 8 VOL/A.

erfüllt werden. Entsprechend streuen die per Gebühr umzulegenden Kostenmengen. Für eine Entzerrung ist daher korrespondierend zur Normierung der Kalkulationsvorgaben eine Normierung des gesamthaften entsorgungswirtschaftlichen Leistungspektrums, d.h. sämtlicher kostenwirksamer Internalisierungsmaßnahmen, erforderlich (vgl. *Abb. 5.3*, Nr. 2).

Im folgenden sollen die grundlegenden Aspekte und bestimmte Detailprobleme dieser beiden Korrekturmaßnahmen im Rahmen eines "Norm-Kostenrechnungssystems für die Siedlungsabfallwirtschaft" erörtert werden.[8] Ein weiterer Problembereich mit erheblichen Auswirkungen auf die Entsorgungskosten und -preise (vgl. *Abb. 5.3*, Nr. 3), nämlich die organisatorische Durchführung der Abfallentsorgung in öffentlich-rechtlicher oder privatrechtlicher Form[9] bzw. in kommunalen oder überregionalen Strukturen, wird hingegen gesondert in Kapitel 6 diskutiert.

5.2 Norm-Kostenrechnungssystem für die Siedlungsabfallwirtschaft

Ganz allgemein versteht man unter einem "Kostenrechnungssystem" (auch sog. Kostenrechnungskonzeption, -modell) ein spezifisches Verfahren, mit dessen Hilfe bestimmte Kosten unter speziellen Zielsetzungen und unter Beachtung technisch-ökonomischer Überlegungen sowie rechtlicher Vorgaben bestimmten Bezugsgrößen zugerechnet werden.[10] Die öffentliche Abfallentsorgung stellt einen Teilbereich der Umweltpolitik dar. Nach dem Umweltprogramm der Bundesregierung von 1971 und dessen Fortschreibung im Umweltbericht '76 beruht die Durchsetzung der Umweltpolitik in der Bundesrepublik Deutschland auf dem Prinzipientrias des sog. Verursacher-, Vorsorge- und Kooperationsprinzips, wobei für den Bereich der öffentlichen Abfallentsorgung gerade die beiden erstgenannten Prinzipien relevant sind.[11] Insofern lassen sich als grundlegende Zielvorgaben des hier zu erörternden "Norm-Kostenrech-

---

8 Entsprechende Reformvorschläge wurden in der Literatur bislang nur angedacht. Vgl. hierzu etwa DAHMEN, A. (1994), S. 26 f.; LANGENBRINCK, B. (1994), S. 148 ff.; MOHL, H. / SCHICK, R. (1995), S. 43 f.; GAWEL, E. (1996).

9 Vgl. hierzu nochmals die Ausführungen in Kapitel 4.2.2.3.6.

10 Vgl. SCHWEITZER, M. / KÜPPER, H.-U. (1995), S. 26.

11 Vgl. BUNDESREGIERUNG (1971), S. 9 ff. und BUNDESREGIERUNG (1976), S. 8 f.. Speziell das Kooperationsprinzip besagt, daß der Staat auf dem Gebiet des Umweltschutzes möglichst umfassend mit allen betroffenen oder interessierten gesellschaftlichen Kräften (Unternehmen, Industrie- und Umweltschutzverbänden usw.) zusammenarbeiten soll; vgl. etwa BENDER, B. / SPARWASSER, R. (1990), S. 55. Im Abfallbereich findet dieses Prinzip jenseits der Systemgrenzen der öffentlichen Abfallentsorgung Anwendung, bspw. in Form von freiwilligen Selbstverpflichtungen der Wirtschaft zur Rücknahme und Verwertung von bestimmten Abfallfraktionen. - Anzumerken ist, daß der genannte Prinzipientrias im Schrifttum um zahlreiche weitere umweltpolitische Prinzipien ergänzt wird, die Konkretisierungen oder Ausnahmen zu den drei Hauptprinzipien bilden oder lediglich für spezifische Bereiche der Umweltpolitik Bedeutung haben. Vgl. hierzu etwa KLOEPFER, M. (1989), Rdnr. 1 zu § 3.

nungssystems für die Siedlungsabfallwirtschaft" das umweltpolitische Vorsorge- und Verursacherprinzip benennen.

5.2.1 Vorsorge- und Verursacherprinzip

Im folgenden werden die beiden Prinzipien näher erläutert. Dabei wird zuerst das Vorsorgeprinzip behandelt, das als umweltpolitisches Primärziel gilt.[12]

5.2.1.1 Vorsorgeprinzip

In den "Leitlinien Umweltvorsorge" subsumiert die Bundesregierung unter der Vorsorge als umweltpolitisches Handlungsprinzip alle Handlungen,

- die der Abwehr konkreter Umweltgefahren,
- die im Vorfeld der Gefahrenabwehr der Vermeidung oder Verminderungen von Risiken für die Umwelt
- und die vorausschauend der Gestaltung der zukünftigen Umwelt, insbesondere dem Schutz und der Entwicklung der natürlichen Lebensgrundlagen

dienen.[13]

Abweichend von diesem weiten Vorsorgebegriff wird in der Literatur überwiegend eine engere Interpretation des Vorsorgeprinzips gewählt.[14] Hierbei umfaßt die Vorsorge als umweltpolitisches Handlungsprinzip nur diejenigen der oben genannten Maßnahmen, die über den Bereich der reinen Gefahrenabwehr hinausgehen. Gefahrenabwehr bezieht sich auf die Abwendung von konkreten Gefahren, d.h. Sachlagen, die bei ungehindertem Geschehensverlauf mit einer bestimmten Wahrscheinlichkeit zu einer Rechtsverletzung bzw. einer Minderung von Rechtsgütern führen würden.[15] Vorsorge hingegen zielt darauf ab, das Auftreten von möglichen Gefahren von vornherein zu verhindern.[16] Anzumerken ist, daß der Übergang zwischen beiden Sachverhalten fließend ist, sofern - bspw. aufgrund unzureichender Kenntnis über die Wirkungszusammenhänge von Stoffen - keine Gefahrenschwelle definiert werden kann.[17] Gemäß seiner engeren Interpretation lassen sich dem Vorsorgeprinzip die Zielbereiche

---

12 Vgl. KLOEPFER, M. (1989), Rdnr. 4 zu § 3.

13 Vgl. BMU (1986), S. 12.

14 Vgl. z.B. SALZWEDEL, J. (1988), S. 13; KLOEPFER, M. (1989), Rdnr. 6 zu § 3; S. 66; PRÜMM, H.P. (1989), S. 66; ILLIG, C.S. (1992), S. 9.

15 Vgl. KLOEPFER, M. (1989), Rdnr. 9 zu § 3.

16 KLOEPFER spricht in diesem Zusammenhang von der Steuerung von "Noch-nicht-Gefahren" bzw. noch nicht "gefährlichen" Risiken. Vgl. KLOEPFER, M. (1989), Rdnr. 11 zu § 3.

17 Vgl. ILLIG, C.S. (1992), S. 9.

der sog. Bestandsvorsorge, Risikovorsorge und Ressourcenvorsorge zuordnen.

5.2.1.1.1 Bestandsvorsorge

"Bestandsvorsorge" bedeutet, daß der Status quo der vorhandenen Umweltqualität zu garantieren ist. Zielt das Vorsorgeprinzip im allgemeinen auf eine Verbesserung der Umweltsituation ab, so stellt die Bestandsvorsorge somit die Untergrenze des Umweltschutzes dar.[18] Eine strikte Durchsetzung dieses Vorsorgeaspektes wäre jedoch wenig praktikabel, weil dadurch jegliche Verschlechterung einer Umweltsituation ausgeschlossen und somit auch jedwedes emissionserzeugende menschliche Handeln unterbunden würde. Aus diesem Grunde ist das Verschlechterungsverbot in dem allgemeinen Sinne zu verstehen, daß der Zustand der Umwelt insgesamt nicht gemindert werden darf und entstandene Umweltbeinträchtigungen durch geeignete naturale Maßnahmen ausgeglichen werden müssen.[19] Die umweltpolitische Umsetzung dieses Vorsorgeaspektes findet sich vor allem in § 8 BNatSchG.[20]

5.2.1.1.2 Risikovorsorge

"Risikovorsorge" richtet sich auf die Vermeidung oder Verminderung von Umweltrisiken, die nach Art und Umfang etwaiger Schäden sowie nach der Wahrscheinlichkeit ihres Eintritts noch keine Gefahr begründen oder gegenwärtig noch nicht genau abschätzbar sind.[21] Diese Umweltrisiken sind auf mehrere, sich überschneidende Teilrisiken zurückführbar:[22]

- Inzidenz- oder Schadensrisiken liegen vor, wenn die emissionsspezifischen Schadensfunktionen unbekannt sind. Die Höhe der durch die Emissionen verursachten Schäden ist dann ex ante nicht bestimmbar.
- Unsicherheiten bzgl. der räumlichen Ausbreitung und Interaktion von Schadstoffen in den Umweltmedien begründen Diffussionsrisiken.
- Aufgrund langfristiger und nicht vorhersehbarer Anreicherung von Schadstoffen in den Umweltmedien ergeben sich Akkumulationsrisiken. In diesem Zusammenhang ist auch das Risiko der verzögerten Inzidenz zu nennen, d.h., daß sich Schäden aufgrund der Akkumulationsprozesse erst nach zeitlicher Verzögerung bemerkbar machen.

---

18 Vgl. KLOEPFER, M. (1989), Rdnr. 25 zu § 3.
19 Vgl. KLOEPFER, M. (1989), Rdnr. 25 f. zu § 3; BENDER, B. / SPARWASSER, R. (1990), Rdnr. 50.
20 Vgl. hierzu nochmals die Ausführungen in Kapitel 4.1.3.2.3.6.
21 Vgl. BMU (1986), S. 12.
22 Vgl. hierzu SIEBERT, H. (1988), S. 116 f..

- Das Risiko der Irreversibilität ist gegeben, wenn ein geschädigter Umweltzustand nicht wiederhergestellt werden kann.
- Entstehungsrisiken schließlich beziehen sich auf Unsicherheiten bei der Entstehung von Schadstoffen. Dies ist vor allem dann der Fall, wenn Schadstoffe nicht kontinuierlich als Kuppelprodukte ökonomischer Prozesse, sondern diskontinuierlich - bspw. in Folge von Störfällen - auftreten.

Zur Eindämmung dieser Risiken empfiehlt sich die Strategie einer Emissionsreduzierung auch unterhalb der Gefährlichkeitsschwelle. In diesem Sinne läßt sich Risikovorsorge als "Gebot der Emmissionsminimierung" interpretieren.[23] Die Durchsetzung dieses Gebotes sieht die Bundesregierung in einer konsequenten Emissionsminderung insbesondere nach dem Stand der Technik.[24] Im Abfallbereich finden sich entsprechende Vorgaben in TASi Nr. 1.2 i.V.m. Nr. 2.1.[25]

5.2.1.1.3 Ressourcenvorsorge

"Ressourcenvorsorge" schließlich fordert eine vorausschauende Bewirtschaftung der Umwelt. Gemäß der sog. Freiraum-These sollen Umweltressourcen im Interesse zukünftiger Nutzungen geschont werden, um hierdurch Freiräume sowohl für künftige Lebensräume aber auch für künftige Umweltbelastungen zu schaffen.[26] Eine entsprechende Umweltpolitik zeichnet sich verwaltungsmäßig insbesondere durch raumbedeutsame und längerfristige Planungen aus.[27] So verpflichtet im Abfallbereich etwa § 6 AbfG die Länder zum Erlaß von entsprechenden überörtlichen Abfallentsorgungsplänen. Nach TASi Nr. 1.1 "soll die Ablagerung so erfolgen, daß die Entsorgungsprobleme von heute nicht auf künftige Generationen verlagert werden."

5.2.1.1.4 Grenzen des Vorsorgeprinzips

Wie bereits erwähnt, ist das Vorsorgeprinzip nicht in einem absoluten Sinne zu verstehen. Grenzen ergeben sich insbesondere dann, wenn restriktive Umweltschutzverpflichtungen zur Beschneidung von Grundrechten führen würden.[28] Folglich ist bei der umweltpolitischen Instrumentalisierung des Vorsorgeprinzips der Grundsatz der

---

23 Vgl. KLOEPFER, M. (1989), Rdnr. 17 zu § 3.
24 Vgl. BMU (1990 c), S. 26.
25 Vgl. hierzu nochmals Kapitel 3.4.
26 Vgl. KLOEPFER, M. (1989), Rdnr. 18 f. zu § 3.
27 Vgl. PRÜMM, H.P. (1989), S. 67.
28 So sind insbesondere zu nennen die Grundrechte der Eigentumsgarantie nach Art. 14 GG, der Berufsfreiheit nach Art. 12 GG sowie das allgemeine Freiheitsrecht nach Art. 2 Abs. 1 GG.

Verhältnismäßigkeit (Übermaßverbot) zu berücksichtigen.[29] Dem wird im Abfallbereich etwa dadurch entsprochen, daß konditionierende Auflagen durch die Kriterien der technischen und der wirtschaftlichen Zumutbarkeit limitiert werden. Beispiele hierfür sind die entsprechend eingeschränkten Verwertungsgebote nach § 5 Abs. 1 Nr. 3 u. 4 BImSchG und TASi Nr. 4.1.3.

5.2.1.2 Verursacherprinzip

Während die Umweltvorsorge das Primärziel des Umweltschutzes darstellt, bezieht sich das Verursacherprinzip auf das Sekundärziel der Verteilung der Lasten des Umweltschutzes und auf die instrumentellen Aspekte der umweltpolitischen Zielerreichung.[30] Eine allgemeingültige Definition des Verursacherprinzips existiert allerdings nicht, vielmehr werden in Abhängigkeit vom jeweiligen fachspezifischen Kontext unterschiedliche Interpretationsmöglichkeiten dargeboten.[31] Entsprechend der jeweiligen Interpretation variieren Status, Inhalt und Tragweite dieses Prinzips.[32]

5.2.1.2.1 Kostenzurechnungsprinzip

Seine Hauptrolle spielt das Verursacherprinzip als Regelungsmodell für die Kostenbelastung externer Effekte. In diesem Sinne versteht die Bundesregierung das Verursacherprinzip als "Kostenzurechnungsprinzip".[33] Hiernach sind die Kosten zur Vermeidung, zur Beseitigung oder zum Ausgleich von Umweltbelastungen von demjenigen zu tragen, der für ihre Entstehung verantwortlich ist. Dadurch werden bisherige soziale Zusatzkosten in betriebswirtschaftliche Kosten transformiert, wobei sich letztere in einer marktwirtschaftlichen Ordnung in den Preisen widerspiegeln.[34] Die Preise bringen den Grad der Knappheit der korrespondierenden Güter zum Ausdruck. Der Steuerungsmechanismus des Marktes über Knappheitspreise führt zur optimalen Allokation der Güter. Entsprechend gewährleistet die Bepreisung des Gutes Umwelt

---

29 Vgl. KLOEPFER, M. / MALORNY, M. (1984), S. 40.

30 Vgl. KLOEPFER, M. (1989), Rdnr. 4 zu § 3. - Der Stellenwert des Verursacherprinzips als umweltpolitische Leitmaxime wird aktuell von Umweltministerin MERKEL, A. (1995) bestätigt.

31 Vgl. KLOEPFER, M. (1989), S. Rdnr. 31 ff. zu § 3. Hier wird unterschieden in vier Deutungsvarianten nach ökonomisch-zweckrationaler Dimension, normativ-sozialethischer Dimension, umweltpolitischer Dimension und normativ-rechtlicher Dimension.

32 Vgl. MESSERSCHMIDT, K. (1986), S. 89.

33 Vgl. BMI (1973), S. 5.

34 Insofern entspricht das "Kostenzurechnungsprinzip" einer Kosteninternalisierung im PIGOU'schen Sinne. Eine COASE'sche Lösung hingegen ist nur in Ausgestaltung nach der "Verursacher-Regel" prinzipienkonform. Bei Ausgestaltung nach der "Laissez-faire-Regel" handelt es sich um ein "Nutznießerprinzip", bei Zwischenformen um ein "Aufteilungsprinzip". Vgl. hierzu LINTZ, G. (1994).

dessen volkswirtschaftlich effiziente Nutzung.[35] Mithin erweist sich das Verursacherprinzip als ökonomisches Effizienzkriterium und entspricht damit dem Grundgedanken der Marktwirtschaft.[36]

5.2.1.2.1.1 Varianten der Kostenzurechnung

Hinsichtlich des zuzurechnenden Kostenumfangs werden im Schrifttum drei Systemvarianten des Verursacherprinzips unterschieden (vgl. *Abb. 5.4*).[37]

(1) Nach der ersten Systemvariante hat der Verursacher lediglich für die Vermeidungskosten aufzukommen, d.h. für alle Kosten, die dadurch entstehen, daß die Externalitäten auf ein rechtlich vorgegebenes oder angestrebtes Ausmaß begrenzt werden. Dabei kann es sich entweder um die effektiv entstandenen Vermeidungskosten (Ist-Vermeidungskosten) handeln, oder aber um die Kosten, die bei pflichtgemäßer Vermeidung entstanden wären (Soll-Vermeidungkosten). Entsprechende Internalisierungsinstrumente stellen Umweltnormen und verschuldungsabhängige Haftungsregeln dar. Die Kosten der Restverschmutzung sind hier weiterhin extern zu tragen.[38] Sofern es nur gelingt, die Ist-Vermeidungskosten zu internalisieren, obwohl höhere Soll-Vermeidungskosten anstehen (z.B. bei konditionierenden Umweltauflagen mit Übergangsfristen, so etwa die TASi[39]), kommt eine zusätzliche Abgabenerhebung in Betracht. Die Abgabe dient in diesem Fall einerseits als Anreiz, um die Umsetzungen der Auflagen zu beschleunigen. Andererseits schöpft sie beim Verursacher jenen kostenmäßigen Vorteil ab, den dieser hat, wenn er mit der Ist-Vermeidung hinter der Soll-Vermeidung zurückbleibt.

(2) Die zweite Systemvariante sieht vor, daß der Verursacher außer den Vermeidungskosten auch die sozialen Zusatzkosten der verbleibenden externen Effekte abzugelten hat. Als typischer umweltpolitischer Instrumentenmix kommen hierfür Auflagen in Verbindung mit Emissionsabgaben für die Restverschmutzung in Betracht. Dabei ist das Abgabeaufkommen, abgesehen von der Deckung der Kontrollkosten, entweder zur Entschädigung der Belasteten oder für weitergehende Emissionsverminderungen bzw. für Immissionsschutzmaßnahmen zu verwenden.

---

35 Vgl. BEA, F.X. (1973), S. 453.

36 Vgl. BMU (1990), S. 27.

37 Vgl. BULLINGER, M. (1974), S. 70 f.; OBERHAUSER, A. (1974 a), S. 45 f.; BREUER, R. (1985), S. 546 f..

38 Vgl. hierzu nochmals die Ausführungen in Kapitel 4.1.3.2.3.2 und Kapitel 4.1.3.2.3.6.

39 Vgl. nochmals die Ausführungen in Kapitel 3.4.3.

(3) Bei der dritten Systemvariante schließlich ist die Kostenbelastung von den Maximen des Aufwands und des Ausgleich entkoppelt. Die Umwelt wird hier als öffentliches Gut betrachtet, für dessen Nutzung der Verursacher einen politisch festgesetzten Knappheitspreis zu entrichten hat. Eine Zweckbindung der entsprechenden Beträge ist hierbei nicht erforderlich.

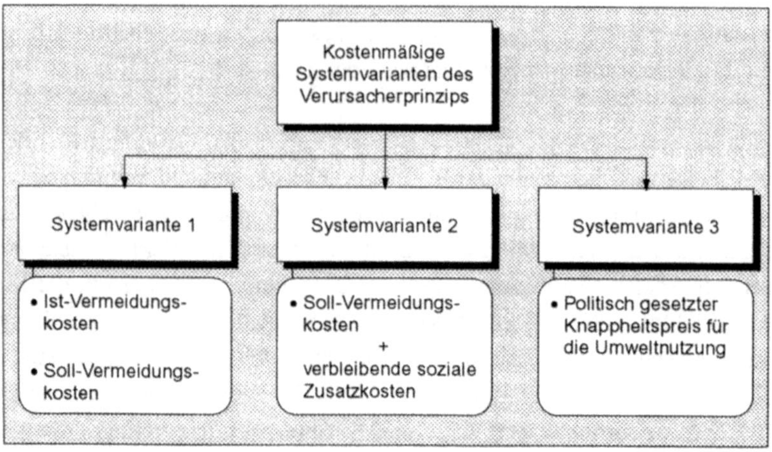

Abb. 5.4: Kostenmäßige Systemvarianten des Verursacherprinzips

Nach KLOEPFER geht jede dieser Systemvarianten mit dem Verursacherprinzip konform. Die Varianten lassen sich nach gesetzgeberischem Ermessen sowohl alternativ als auch kumulativ (zumindest im Sinne einer Kombination der ersten mit der zweiten bzw. dritten Systemvariante) einsetzen.[40] Eine spezielle Ausprägung der ersten Systemvariante liegt vor, wenn mehrere oder eine größere Anzahl von Verursachern zusammengefaßt werden, um gemeinsam eine Verminderung der Emissionsbelastungen durchzuführen. Hierzu zählt insbesondere die Zwangsbeteiligung an öffentlichen Institutionen zur Vermeidung oder Verminderung umweltbelastender Stoffe, so etwa der Anschluß- und Benutzungszwang an die öffentliche Abfallentsorgung mit entsprechender Gebührenfinanzierung.[41]

5.2.1.2.1.2 Verursacherbegriff

Als "Verursacher" gilt, wer die Umwelt direkt belastet oder eine Bedingung für Umweltbelastungen setzt.[42] Dabei können Umweltbelastungen durch mehrere gleichzeitig gesetzte (sog. Verursacherkumulation) oder durch mehrere hintereinander gesetzte

40 Vgl. KLOEPFER, M. (1989), Rdnr. 29 zu § 3.
41 Vgl. OBERHAUSER, A. (1974 a), S. 47.
42 Vgl. BMI (1973), S. 6 f..

Bedingungen (sog. Verursacherkette) entstehen. So lassen sich gerade im Abfallbereich nicht nur die Letztbesitzer der Abfälle, sondern auch die Produzenten der ausgedienten Produkte als Verursacher auffassen.[43] Mithin ergeben sich verschiedene Adressierungsmöglichkeiten für das Verursacherprinzip, verbunden mit einer entsprechenden Kostenanlastung:[44]

- Adressierungsalternative 1: Verursacher ist derjenige, aus dessen Einflußbereich der belastende Stoff in die Umwelt entlassen wird. Im Abfallbereich ist der Verursacher demnach der Abfallbesitzer. Nach § 3 Abs. 1 u. 2 AbfG besteht für ihn die Anschluß- und Benutzungspflicht an die öffentliche Abfallentsorgung.

- Adressierungsalternative 2: Verursacher ist zunächst derjenige, bei dem die Umweltbelastung auftritt; aber durch gegen die Produzenten gerichtete Maßnahmen, die auf eine Verringerung von Umweltbelastungen durch die konsumierten Produkte abzielen, wird das Verursacherprinzip gegenüber dem Konsumenten mittelbar durchgesetzt. Im Abfallbereich geschieht dies etwa über die Rücknahmepflichten der VerpackV.

- Adressierungsalternative 3: Verursacher ist derjenige, der die Umweltbelastung mitverursacht hat und in der Lage ist, sie entsprechend staatlicher Zielvorstellungen abzustellen. Nach dieser Auffassung ist der Verursacher nur der "geeignete" Adressat staatlicher Umweltschutzmaßnahmen. So beziehen sich etwa schadstoffvermeidende Produktnormen auf die Produzenten, weil hier die Bedingungen am günstigsten sind, die später zu Abfall werdenden Produkte in geeigneter Weise zu modifizieren. Bei dieser Variante kann eine Verursacheranlastung auch entfallen.

- Adressierungsalternative 4: Verursacher sind alle diejenigen, die in einer konsekutiven Verursacherkette zur Umweltbelastung beitragen. Hier ist der Adressat noch festzulegen, aber eine externe Kostenanlastung wird ausgeschlossen.

Für eine konkrete Auswahl der Adressaten des Verursacherprinzips kommen folgende Kriterien in Betracht:[45]

- Effizienz im Sinne einer Optimierung des Umweltqualitätsziels (d.h. ökologische Treffsicherheit);
- Effizienz im Sinne einer ökonomischen Kostenminimierung (d.h. statische und dynamische Effizienz);

---

43 Vgl. HÖSEL, G. / LERSNER, H. Freiherr v. (1996), Rdnr. 2 zu § 3 AbfG.
44 Vgl. REHBINDER, E. (1973), S. 30 f..
45 Vgl. REHBINDER, E. (1973), S. 34.

- Verwaltungsaufwand, Praktikabilität und Informationsbedarf der Behörde;
- Zumutbarkeit für die Betroffenen;
- rechtliche, insbesondere verfassungsrechtliche Schranken für die einzelnen Maßnahmen;
- politische Durchsetzungschancen.

5.2.1.2.2 Gemeinlastprinzip

Soweit eine Kostenanlastung nach dem Verursacherprinzip unterbleibt - sei es, daß geeignete Verursacher nicht bestimmbar sind oder die Vermeidungskosten nur unvollständig auferlegt werden - und somit die verbleibenden Kosten für die Vermeidung, Verminderung und Beseitigung von Umweltbelastungen von der öffenlichen Hand zu tragen sind, handelt es sich um das sog. Gemeinlastprinzip. Zu den umweltpolitischen Maßnahmen im Sinne des Gemeinlastprinzips werden auch direkte oder indirekte Subventionen oder Finanzhilfen gerechnet.[46] Außerdem wird als Gemeinlastprinzip in einem weiteren Sinne der unterlassene Umweltschutz bzw. die unterlassene Internalisierung sozialer Zusatzkosten verstanden. Insofern stellt das Gemeinlastprinzip das Komplement zum Verursacherprinzip dar.[47]

Dem Umweltbericht '76 der Bundesregierung zufolge soll das Gemeinlastprinzip nur dann Anwendung finden, wenn der Verursacher nicht festgestellt werden kann oder akute Notstände zu beseitigen sind und dies unter Heranziehung des Verursachers nicht rasch genug erreicht werden kann.[48] Grenzen des Verursacherprinzips ergeben sich allerdings auch aufgrund von Informationsproblemen der Bestimmung und Zurechnung der sozialen Zusatzkosten.[49]

5.2.1.2.3 Materielle Verursacherverantwortung

Neben der Auslegung des Verursacherprinzips als reines Kostenzurechnungsprinzip existiert auch die Variante der materiellen Verursacherverantwortung.[50] Hiernach ist der Verursacher für die Vermeidung, Verminderung oder nachträgliche Beseitigung seiner Umweltbelastungen nicht (nur) kostenmäßig, sondern primär materiell verantwortlich. Im Abfallbereich kommt diese Prinzipienvariante im Rahmen des neuen

46 Vgl. KLOEPFER, M. (1989), Rdnr. 39 zu § 3.
47 Vgl. BENDER, B. / SPARWASSER, R. (1990), Rdnr. 53.
48 Vgl. BUNDESREGIERUNG (1976), S. 8 f..
49 Vgl. OBERHAUSER, A. (1974 a), S. 48 f.. Vgl. außerdem nochmals die Ausführungen in Kapitel 4.1.3.2.2.
50 Vgl. REHBINDER, E. (1973), S. 34 ff..

Kreislaufwirtschafts- und Abfallgesetzes zur Anwendung. So verpflichtet zunächst § 11 Abs. 1 KrW-/AbfG die Abfallerzeuger und -besitzer zur gemeinwohlverträglichen Beseitigung der nichtverwerteten Abfälle. Diese materielle Verantwortung wird durch die Vorgaben der §§ 13-18 KrW-/AbfG jedoch partiell aufgehoben.[51]

5.2.2 Module des Norm-Kostenrechnungssystems

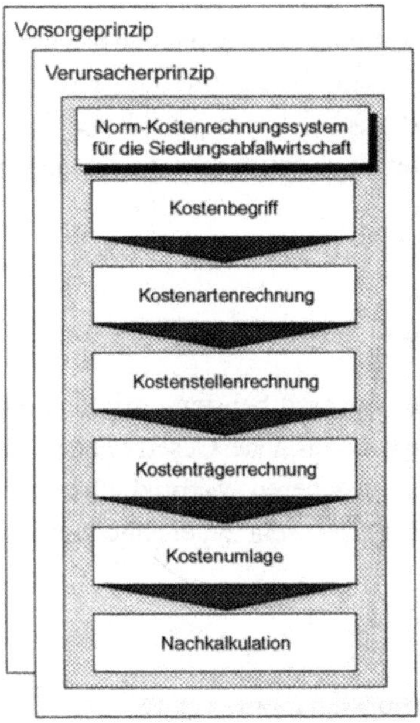

Entsprechend der Zielvorgaben der beiden umweltpolitischen Prinzipien lassen sich im weiteren die einzelnen Module des Norm-Kostenrechnungssystems spezifizieren. Diese Module umfassen sämtliche Stufen der Preisbildung und Preissetzung, angefangen beim Kostenbegriff über die Kostenarten-, -stellen- und -trägerrechnung bis hin zur Kostenumlage und Nachkalkulation (vgl. *Abb. 5.5*).

Abb. 5.5: Module des Norm-Kostenrechnungssystems

5.2.2.1 Vorsorge- und verursachergerechter Kostenbegriff

Im Rahmen des Norm-Kostenrechnungssystems ist zunächst ein geeigneter Kostenbegriff zu definieren. Hierbei handelt es sich um einen spezifischen wertmäßigen Kostenbegriff mit dem Rechnungsziel, das umweltpolitische Vorsorge- und Verursacherprinzip abzubilden. Die Mengenkomponente dieses "vorsorge- und verursachergerechten Kostenbegriffs" umfaßt mithin alle Gütermengen, die in der Siedlungsabfallwirtschaft unter dem Aspekt der beiden Umweltprinzipien eingesetzt werden. In entsprechender Weise spiegelt die Wertkomponente die aktuellen Knappheitspreise dieser Gutsverbräuche wider. Unter methodischen Gesichtspunkten hat somit das Norm-Ko-

51 Vgl. hierzu nochmals die Ausführungen in Kapitel 3.9.2.

stenrechnungssystem eine Ermittlung und Umlage der Ist-Kosten zu gewährleisten.[52] Da aber die Entsorgungspreise ex ante zu setzen sind, damit sich ihre Informations- und Lenkungswirkungen entfalten können, ist eine vorläufige Kalkulation und Umlage auf Planbasis unumgänglich. Die Möglichkeiten einer Konsolidierung zur Gewährleistung speziell des Verursacherprinzips werden in Kapitel 5.2.2.6 aufgezeigt.

5.2.2.1.1 Kostenmengen

Die Kostenmengen im Sinne des vorsorge- und verursachergerechten Kostenbegriffs bestimmen sich durch die in Kapitel 4.1.3.2.3 beschriebenen Internalisierungsmaßnahmen im Rahmen der Siedlungsabfallwirtschaft. Dabei treten jedoch gewisse Detailprobleme auf. Diese sollen im folgenden erörtert und entsprechende Lösungsmöglichkeiten aufgezeigt werden.

5.2.2.1.1.1 Problem des Internalisierungsgrades

Ein erster Problembereich betrifft den Internalisierungsgrad bei den einzelnen entsorgungspflichtigen Körperschaften, der bedingt durch heterogene Gesetzeslagen in den Ländern, durch Umweltnormen mit langen oder unsicheren Verbindlichkeitsfristen und/oder durch individuelle kostenrechnerische Praktiken sehr unterschiedlich ausfallen kann.

5.2.2.1.1.1.1 Entsorgungswirtschaftliche Leistungsharmonisierung

So wurde in Kapitel 4.2.2.3.4.1 exemplarisch für Bayern gezeigt, daß von den kommunalen Entsorgern das entsorgungswirtschaftliche Leistungsspektrum im Sinne der TA Siedlungsabfall (und weiterer begleitender Umweltnormen) keineswegs einheitlich vorgehalten wird. Per Clusteranalyse ließen sich die vier Klassen "Logistikintensive Deponierer", "Technologieintensive Entsorger", "Logistikintensive Verbrenner" und "Integrierte Abfallwirtschaften" ermitteln, wobei die technologieintensiven Entsorger den höchsten Internalisierungsgrad im besonders umweltproblematischen EOP-Bereich aufweisen. Da die TASi gewisse Übergangsfristen vorsieht, könnte man meinen, daß sich die Leistungsheterogenitäten im Laufe der Zeit relativieren würden. In *Abbildung 5.6* sind für die einzelnen Leistungsklassen nochmals die jeweiligen Radargraphiken dargestellt. Neben den durchschnittlichen Ist-Ausprägungen in den entsorgungswirt-

52 Als "Ist-Kostenrechnung" bezeichnete Kostenrechnungssysteme beziehen sich stets auf vergangene Abrechnungsperioden und dienen der Erfassung und Verteilung von realisierten Kosten. Vgl. SCHWEITZER, M. / KÜPPER, H.-U. (1991), S. 201.

schaftlichen Wertschöpfungsbereichen sind hier zusätzlich die von den entsorgungspflichtigen Körperschaften geäußerten Planwerte angegeben.[53] Die Entsorger der Klassen C1 und C3 beabsichtigen demnach, inbesondere den EOP-Bereich stärker auszubauen. Die Entsorger der Klasse C2 sehen Erweiterungen in allen Wertschöpfungbereichen mit Ausnahme der Ablagerung vor. Kaum Veränderungen in der Leistungsstruktur sind hingegen von den Entsorgern der Klasse C4 geplant. Es ist ersichtlich, daß auch nach Realisierung der Planvorhaben große Leistungsunterschiede zwischen den Entsorgungswirtschaften bestehen bleiben werden.

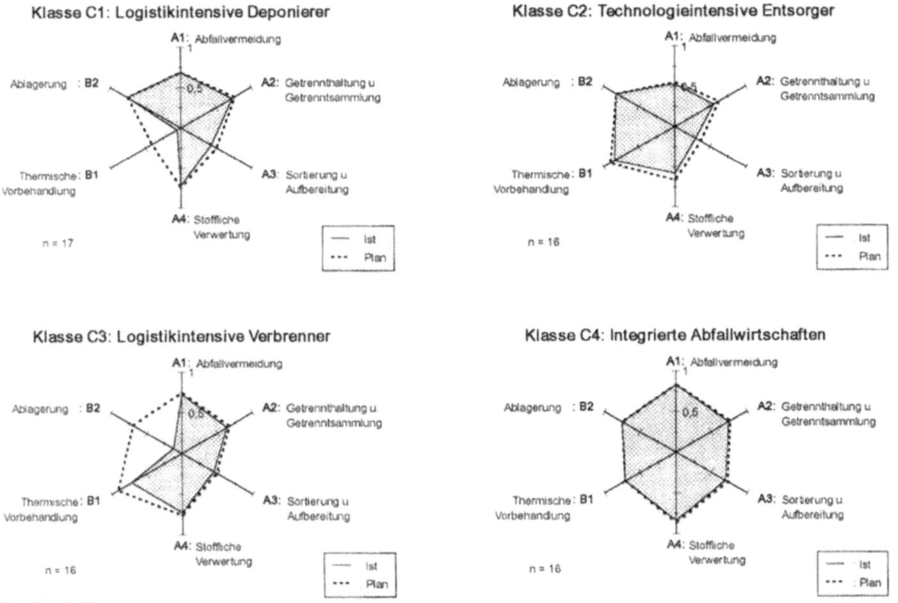

(Fragenkomplex 3.)

Abb. 5.6: Radardiagramme der Leistungsstrukturen der Klassen auf Ist- und Planbasis

Für eine Ursachenforschung der unterschiedlichen Leistungsstrukturen wurde untersucht, ob zwischen den durchschnittlichen Leistungsniveaus der vier Klassen und diversen Umfeldgrößen, wie die öffentliche Meinung, der Bestand an entsorgungswirtschaftlichen Naturressourcen, die Verfügbarkeit von Wertstoffmärkten etc. (vgl. *Abb. 5.7* sowie Frage 61. im Fragebogen, Anhang I), signifikante Zusammenhänge bestehen.

53 Vgl. hierzu Fragenkomplex 3. im Fragebogen, Anhang I. Für die Ermittlung der Planwerte der einzelnen Entsorger wurden bei zusätzlicher Angabe der Antwortkategorie "in Planung" die Ordinalwerte der Kategorien "bisher nicht" oder "teilweise vorhanden" auf den Maximalwert "2", der Ordinalwert der Kategorie "nein" (vgl. speziell Fragen 3.7 i.V.m. 3.8 und 3.9 i.V.m. 3.10) auf den Maximalwert "1" gesetzt. Ansonsten entspricht die Ermittlungsmethodik der in Kapitel 4.2.2.3.4.1 dargestellten Vorgehensweise.

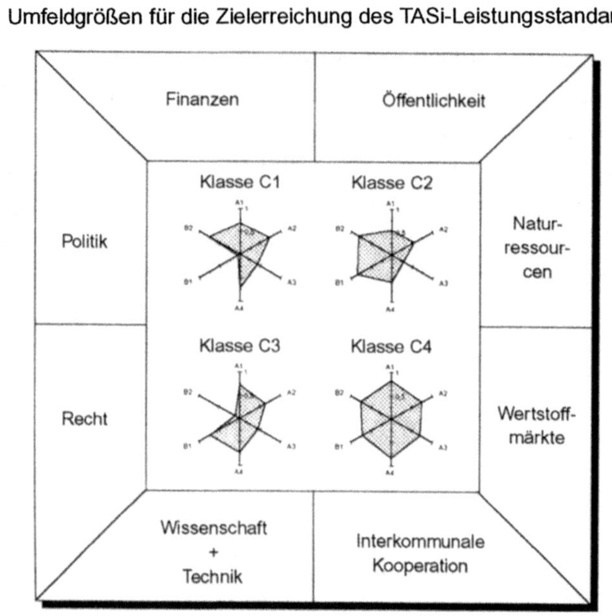

Abb. 5.7: Umfeldgrößen für die Zielerreichung des TASi-Leistungsstandards

In *Tabelle 5.1* sind die Ergebnisse der entsprechenden Kruskal-Wallis-Hypothesentests aufgeführt. Unter Zugrundelegung eines Signifikanzniveaus von $\alpha = 0{,}075$ lassen sich zwischen den vier Leistungsklassen nur für die Umfeldgrößen "Nichtakzeptanz von Deponien", "Nichtakzeptanz von Fremdabfallentsorgung" und "Hindernisse im politischen Entscheidungsprozeß" signifikante statistische Unterschiede ausmachen. Aus den Rangplätzen des Testverfahrens läßt sich entnehmen, daß sowohl die Ablehnung von Deponien als auch die Hindernisse im politischen Entscheidungsprozeß bei den "Logistikintensiven Verbrennern" am meisten ausgeprägt sind. Mit Akzeptanzproblemen hinsichtlich der Entsorgung von gebietsfremden Abfall sind hingegen die "Logistikintensiven Deponierer" am stärksten konfrontiert.[54] Insofern ist erkennbar, daß die limitierenden Faktoren bei der Umsetzung des TASi-Standards primär im öffentlichen/politischen Bereich liegen. Dies korrespondiert mit der Tatsache, daß Umweltstandards im allgemeinen nicht aus sicherem Wissen logisch ableitbar sind, sondern in einem politischen Prozeß (in weitestem Sinne) gesetzt werden müssen.[55]

---

54 Hinsichtlich dieser drei Umweltgrößen ergaben sich für die Antwortenkategorien "trifft voll zu", "trifft eher zu", "trifft weniger zu" und "trifft nicht zu" insgesamt folgende Häufigkeiten:
- Nichtakzeptanz von Deponien: 22 / 41 / 25 / 4 (Antwortenanzahl 91);
- Nichtakzeptanz von Fremdabfallentsorgung: 36 / 37 / 12 / 6 (Antwortenanzahl 91);
- Hindernisse im politischen Entscheidungsprozeß: 16 / 21 / 35 / 16 (Antwortenanzahl 88).

55 Vgl. MAJONE, G. (1982), S. 306 f.; MAYNTZ, R. (1990), S. 141; LERSNER, H. Freiherr v. (1990), S. 193.

Signifikanz des Zusammenhangs zwischen Umfeldgröße und Leistungsniveau

H_0: Die Klassen C1-C4 unterscheiden sich nicht hinsichtlich der mittleren Ausprägungen bzgl. Variable i

H_1: Die Klassen C1-C4 unterscheiden sich hinsichtlich der mittleren Ausprägungen bzgl. Variable i

Variable i		Logistik-intensive Deponierer Cluster 1	Technologie-intensive Entsorger Cluster 2	Logistik-intensive Verbrenner Cluster 3	Integrierte Abfall-wirtschaften Cluster 4	Irrtumswahr-scheinlichkeit p bei Verwer-fung von H_0
		Rang *) (Kruskal-Wallis-Test)				
Öffentlichkeit	Nichtakzeptanz therm. Behandlung	35,68	25,75	35,06	35,34	0,3260
	Nichtakzeptanz Deponien	**29,41**	**30,22**	**43,50**	**29,09**	**0,0585**
	Nichtakzeptanz Fremdabfall-entsorgung	**40,82**	**36,34**	**25,34**	**29,00**	**0,0549**
	Wunsch nach alterna-tiven Entsorgungs-technologien	35,62	31,75	35,31	29,16	0,6679
	Nichtakzeptanz Ge-bührenerhöhungen	35,91	35,38	31,94	26,78	0,4315
Natur-ressourcen	Mangel an Deponie-standorten	33,66	33,13	31,53	31,69	0,9827
Wertstoff-märkte	Mangel an Wertstoff-märkten	32,47	33,34	28,00	34,33	0,7267
Interkomm. Kooperation	Mangel an Kooperati-onsbereitschaft	27,13	31,75	38,06	33,06	0,3803
Wissensch. + Technik	Mangel an wissen-schaftl. Erkenntnissen	34,00	32,91	27,72	35,38	0,6338
Recht	zu lange Planungs- u. Genehmigungsphase	28,78	28,13	37,47	35,63	0,2060
Politik	**Hindernisse im polit. Entscheidungs-prozeß**	**29,72**	**34,38**	**40,66**	**22,67**	**0,0312**
Finanzen	Finanzierungsengpaß	33,82	32,13	31,13	34,88	0,9237

*) Hohe Rangplätze entsprechen großen Werten in den Variablenausprägungen.

Tab. 5.1: Signifikanz des statistischen Zusammenhangs zwischen Umfeldgröße und Leistungsniveau

In Kapitel 3.4.1.4 wurde bereits dargelegt, daß die Vorgaben der TASi insbesondere hinsichtlich der thermischen Vorbehandlung der Restabfälle auf breiter Basis wenig Zustimmung erfahren. So wird vielfach die Forderung erhoben, als Alternative zur Verbrennung die mechanisch-biologische Vorbehandlung zuzulassen. Diesen "kalten Verfahren" erteilte allerdings die Bundesregierung in ihrem Bericht vom 11. Januar

1996 eine klare Absage, da sie nicht dem geforderten Stand der Technik entsprechen. Während der Wunsch nach alternativen Entsorgungstechnologien in Bayern eher schwach ausgeprägt zu sein scheint (vgl. *Abb. 5.8* und Frage 61. im Fragebogen, Anhang I), werden in anderen Bundesländern - so insbesondere in Baden-Württemberg, Niedersachsen und Schleswig-Holstein - entsprechende Technologien befürwortet und sogar finanziell gefördert.[56]

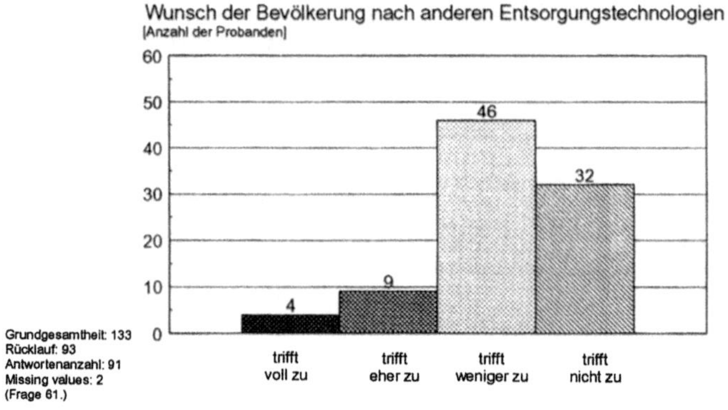

Abb. 5.8: Befürwortung alternativer Entsorgungstechnologien in Bayern

Sowohl in der Literatur als auch in der Rechtsprechung wird mitunter die rechtliche Bindungswirkung der TA Siedlungsabfall in Zweifel gezogen.[57] So wird argumentiert, daß es nicht zulässig sein könne, eine derart weitreichende Grundsatzentscheidung in einer Verwaltungsvorschrift festzulegen. Nach der vom BVerfG entwickelten "Wesentlichkeitstheorie"[58] wären alle grundsätzlichen Entscheidungen von den hierfür demokratisch legitimierten Parlamenten zu treffen. Zudem seien Verwaltungsvorschriften keine Gesetze, sondern lediglich interne Handlungsanweisungen für Mitarbeiter von Behörden, wodurch eine Außenwirkung stark eingeschränkt sei.[59] Auch vor dem Hintergund der EU-Harmonisierungsbestrebungen scheint der TASi-Standard fraglich. In Kapitel 3.4.3 wurde dazu ausgeführt, daß bei Umsetzung des (nun zu modifizierenden) "Vorschlags für eine Richtlinie des Rates über Abfalldeponien" die TASi einen zu hohen Umweltstandard darstellen würde, mit der Folge, daß es bei Festhalten zu EU-weiten Wettbewerbsverzerrungen kommen könnte. Insofern ist RO-

56 Vgl. hierzu o.V. (1995 g); o.V. (1996 i); (o.V. (1996 j).

57 Vgl. KREMER, P. (1995), S. 60 f.. - Anderer Ansicht sind etwa MÜLLMANN, C. / LOHMANN, H. (1995), S. 169 f..

58 Vgl. BVerfGE 40, 237 (248 ff.).

59 Vgl. VGH Kassel in seinem Beschluß vom 14. Dezember 1993 (Az. 14 TH 1250/93), wonach die Bindungswirkung der TASi außerhalb der Behörden, d.h. für Bürger und Gerichte, abgesprochen wird. Auch der EuGH verlangt, daß Grundsatzentscheidungen nicht in Verwaltungsvorschriften, sondern in verbindlichen Normen festzulegen sind (vgl. EuGH, Urteil vom 30. Mai 1991, NVwZ 1991, S. 866 ff.).

CHLITZ zuzustimmen, der feststellt, daß trotz des (oben genannten) Kabinettsbeschlusses vom 11. Januar 1996 die Diskussion um die TASi noch lange nicht abgeschlossen sei.[60] Abgesehen davon geben MÜLLMANN/LOHMANN zu bedenken, daß von den Übergangsfristen der TASi insbesondere die neuen Bundesländer Gebrauch machen werden müssen.[61] Bei derzeitigem Planungsstand sei es unwahrscheinlich, daß selbst die äußerste Frist des Jahres 2005 bundesweit eingehalten werde. Hinzu kommt, daß die Laufzeiten TASi-suboptimaler Anlagen oftmals die Übergangsdauer überschreiten. Zur Vermeidung von "sunk cost"[62] werden die Anlagenbetreiber daher bestrebt sein, an ihrer Technologie so lange als möglich festzuhalten.[63]

Unter diesen Umständen ist davon auszugehen, daß eine Angleichung der Entsorgungsstandards der entsorgungspflichtigen Gebietskörperschaften ausbleiben wird. Somit kann auch eine Nivellierung des technologiebedingten Preisgefälles nicht gelingen. Als Ausweg wäre zunächst denkbar, im Sinne der ersten Systemvariante des Verursacherprinzips[64] all diejenigen entsorgungspflichtigen Gebietskörperschaften, welche die Anforderungen der TASi nicht erfüllen, mit einer Abgabe entsprechend der Kostendifferenz, d.h. in Höhe der individuellen "Technologie-Opportunitätskosten", zu belasten.[65] In praxi wird diese Lösung jedoch an der Bestimmung des Abgabesatzes scheitern. Einmal existiert keine Referenztechnologie, da die TASi lediglich auf den Stand der Technik verweist, der aber in unterschiedlicher Weise umgesetzt werden kann. So werden sich in der Bundesrepublik Deutschland etwa keine zwei MVA's finden lassen, die einander in größen-, bau- und verfahrenstechnischer Hinsicht exakt entsprechen. Hinzu kommt, daß selbst bei identischer Anlagenausstattung aufgrund unterschiedlicher Faktorpreise die Kostenniveaus divergieren können. Ein andere Lösungsmöglichkeit würde darin bestehen, daß man sämtliche kommunalen Entsorgungsmaßnahmen kostenrechnerisch auf Bundesebene poolt und einen bundesweit einheitlichen Mischpreis setzt. Innerstaatliche Wettbewerbsverzerrungen divergierender Entsorgungspreise wären somit gänzlich ausgeschlossen. In Kapitel 6.5.2.3 werden weitere Argumente angeführt, die für eine solche Hochzonung der Entsorgungszuständigkeit sprechen.

---

60 Vgl. ROCHLITZ, J. (1996).

61 Vgl. MÜLLMANN, C. / LOHMANN, H. (1995), S. 173.

62 Zum Begriff vgl. ausführlich Kapitel 6.1.2.2.

63 Vgl. hierzu o.V. (1996 k), wonach z.B. in einer Zentraldeponie in Rheinland-Pfalz aufgrund sinkender Abfallmengen und hoher Kapazitäten bei Nachbarschaftsanlagen noch für mindestens 30 Jahre Verfüllvolumen zur Verfügung steht.

64 Vgl. nochmals die Ausführungen in Kapitel 5.2.1.2.1.1.

65 Vgl. in diesem Sinne BAUM, H.-G. (1990), S. 15; vgl. auch GAWEL, E. (1994 a), S. 5, der die Kostendifferenz als Position kalkulatorischer Wagniskosten aufgrund verschärfter Anforderungen als ansatzfähig erachtet.

5.2.2.1.1.1.2 Abgabenharmonisierung

Ebenfalls unterschiedlich kommt in den Bundesländern das Internalisierungsinstrument der Umweltabgaben (im engeren Sinne) zur Anwendung. In Baden-Württemberg, Bremen und Nordrhein-Westfalen wird die Siedlungsabfallwirtschaft mit einer Abgabe für Sonderabfälle konfrontiert, speziell in Schleswig-Holstein existiert eine Verbrennungs- und Deponieabgabe für Siedlungsabfälle. Auch die Erhebung der Abwasserabgabe sowie überhaupt die gesamthafte Abwasserbepreisung wird bundeslandspezifisch gehandhabt. Darüber hinaus werden kommunenindividuell Sondersteuern und lenkungsdienliche Gebührenzuschläge und -tarifierungen eingesetzt.[66]

Die Problematik einer Angleichung der Entsorgungspreise für Sonderabfälle aus der Siedlungsabfallwirtschaft betrifft indessen nicht nur die Abgaben, sondern auch die bundesland- bzw. einrichtungsspezifischen Sonderabfallentgelte. Insofern wäre auch für diesen Bereich entsprechend der vorliegenden Untersuchung eine kritische Überprüfung der Preissetzung erforderlich. Unter dem Aspekt der Harmonisierung ist zumindest die Initiative des Bundeslandes Baden-Württemberg zu begrüßen, eine bundeseinheitliche Sonderabfallabgabe einzuführen.[67]

Für die Verbrennungs- und Deponierungsabgaben in Schleswig-Holstein stellt sich die Frage, ob bei einer Internalisierung gemäß TASi überhaupt die Notwendigkeit einer zusätzlichen Abgabenerhebung besteht. Gleiches gilt für kommunale Sondersteuern und lenkungsdienliche Gebührengestaltungen.

Für den Abwasserbereich existieren dieselben Probleme wie bei der Bepreisung der Sonderabfallfraktionen. Hier stellt sich nicht nur die Frage einer Harmonisierung der landesrechtlichen Abwasserabgaben, sondern ebenfalls die Frage einer Vereinheitlichung der auf den landesrechtlichen KAG's basierenden Kalkulationsvorschriften der kommunalen Abwassergebühren. Letzterer Poblembereich ist nahezu deckungsgleich mit der Problematik der Abfallgebühren.[68] So wäre auch hier die Schaffung einheitlicher Kalkulationsvorgaben naheliegend.

5.2.2.1.1.1.3 Subventionsharmonisierung

Wie in Kapitel 4.1.3.2.3.4 dargelegt wurde, ist als ein den Umweltabgaben vergleichbares Internalisierungsinstrument die Gewährung von Umweltsubventionen möglich, so in Form von Investitionszuschüssen an die Abfallbesitzer für private Ab-

---

66 Vgl. hierzu nochmals die Ausführungen in Kapitel 4.1.3.2.3.3.
67 Vgl. hierzu nochmals die Ausführungen in Kapitel 4.2.
68 Vgl. hierzu SCHULZ, U. (1996); MOHL, H. / WEGENER, U. (1996 b).

fallvermeidungs- und -verminderungsmaßnahmen, lenkungsdienlichen Gebührenbefreiungen, -abschlägen und -tarifierungen sowie nichtmonetären Subventionen (i.e. Öffentlichkeitsarbeit, Beratungsleistungen). Auch wurde in Kapitel 4.2.2.3.4.2 aufgezeigt, daß die bayerischen Entsorger von diesem Instrumentarium in unterschiedlicher Weise Gebrauch machen.

Sofern nun diese Maßnahmen finanziell aus allgemeinen Haushaltsmitteln zu bestreiten wären - so sieht es auch die theoretische Konzeption vor - ist eine uneinheitliche Vorgehensweise eher unkritisch zu sehen. Verzerrungen in den Entsorgungspreisen sind dann ausgeschlossen. Da die Finanzmittel der kommunalen Haushalte im allgemeinen knapp sind,[69] ist überdies ein sparsamer Umgang mit entsprechenden Maßnahmen wahrscheinlich.

5.2.2.1.1.1.4 Haftungsharmonisierung

In Kapitel 4.2.2.3.4.2 wurde beispielhaft für das Bundesland Bayern aufgezeigt, daß eine Internalisierung per Haftungsregeln die Ausnahme darstellt. Die wenigsten Entsorger haben entsprechende Fremdversicherungen abgeschlossen oder alternativ kosten- und gebührenmäßig Eigenversicherungen vorgesehen.

Eine Harmonisierung wäre hier relativ problemlos zu bewerkstelligen, wenn gesetzlich vorgeschrieben würde, daß entsprechende Pflichtversicherungen abzuschließen sind. Dies ist bspw. nach §§ 19 u. 20 UmweltHG im Rahmen einer obligatorischen Deckungsvorsorge vorgesehen. Diese Vorgaben gelten jedoch nur für kommunale Unternehmen in besonderer Rechtsform (z.B. GmbH oder AG). § 19 Abs. 3 UmweltHG indessen verweist auf § 2 Abs. 1-5 PflichtVersG[70] und statuiert für die dort aufgeführten Gemeinden, Gemeindeverbände und bestimmte Zweckverbände eine Befreiung von der Deckungsvorsorgepflicht.[71] Insofern müßte eine Pflichtversicherung, zumindest hinsichtlich der Kostenwirksamkeit, auf preisrechtlichem Wege verbindlich vorgeschrieben werden. Gleiches sollte für die Kompensationsleistungen nach § 8 BNatSchG gelten.

69 Vgl. hierzu auch die Ausführungen in Kapitel 6.5.1.2.3.

70 Vgl. Pflichtversicherungsgesetz in der Fassung der Bekanntmachung vom 5. April 1965 (BGBl. I S. 213), zuletzt geändert durch Gesetz vom 22. März 1988 (BGBl. I S. 358).

71 Vgl. hierzu auch SALJE, P. (1993), S. 80.

5.2.2.1.1.2 Leerkostenproblematik

Einen weiteren Problembereich stellen Leerkosten dar. Sowohl in den Einzelfallstudien (Empirie I) als auch im Rahmen der bayernweiten Befragung (Empirie II) konnte speziell für den EOP-Bereich festgestellt werden, daß von den Entsorgern oftmals ungenutzte Kapazitäten vorgehalten werden, bedingt durch kapazitive Überplanungen und/oder durch Unterauslastung vorhandener Anlagenkapazitäten infolge eines Rückgangs des Abfallaufkommens.[72] Letzteres könnte sich in verstärktem Maße in allen entsorgungswirtschaftlichen Wertschöpfungsbereichen bemerkbar machen, wenn im Rahmen des KrW-/AbfG von den Abfallerzeugern und -besitzern neue Entsorgungspfade beschritten werden und somit die Inanspruchnahme der öffentlichen Abfallentsorgung eingeschränkt wird.[73] Derzeitige Kalkulationspraxis ist es, die korrespondierenden Leerkosten in der Gebührenkalkulation anzusetzen und über die Entsorgungspreise an die Gebührenschuldner weiterzuverrechnen. Unter dem Aspekt sowohl des kostenrechnerischen Verursachungsprinzips als auch des umweltpolitischen Verursacherprinzips ist eine Gebührenumlage jedoch nicht rechtfertigbar. Zum einen werden entsprechende Entsorgungsleistungen nicht erbracht. Zum anderen erfahren die Gebührenschuldner, die durch private Vermeidungs- und Verwertungsmaßnahmen ihr Abfallaufkommen reduzieren, in zunehmendem und gleichsam selbstverstärkendem Maße falsche Preissignale ("intertemporale Vermeidungsfalle").[74] Als Konsequenz derartiger Preissignale wäre zunächst ein Absinken der Nachfrage nach Entsorgungsleistungen bei gleichzeitig ansteigenden Leerkosten wahrscheinlich. Nach einer gewissen Lernphase könnten die Abfallproduzenten diesem Wirkungsmechanismus mit einem vollständig unelastischen Nachfrageverhalten entgegentreten. Der Preis als Knappheitsindikator und gleichsam Lenkungsmittel hätte im Entsorgungssektor somit seine Funktion verloren. Ein Nichtansatz von Leerkosten erscheint daher dringend geboten.

Gerade in den LSP, dem Pedant zu den Kalkulationsvorschriften der öffentlich-rechtlichen Gebühren, wird ein Leerkostenansatz in der Preiskalkulation ausgeschlossen. So heißt es in LSP Nr. 4 Abs. 2: "In der Preisermittlung auf Grund von Selbstkosten im Sinne dieser Leitsätze sind nach Art und Höhe nur diejenigen Kosten zu berücksichtigen, die bei wirtschaftlicher Betriebsführung zur Erstellung der Leistungen entstehen." Nach Kommentarmeinung wird dabei nicht nur auf eine Unterbeschäftigung abgestellt, die auf eine mangelhafte Wahrnehmung der Unternehmerfunktion zurück-

---

72 Vgl. nochmals die Ausführungen in Kapitel 4.2.2.2 und Kapitel 4.2.2.3.2.

73 Vgl. hinsichtlich der neuen Entsorgungspfade nochmals die Ausführungen in Kapitel 3.9.2. Auf die durch das KrW-/AbfG induzierte Leerkostenproblematik der öffentlichen Abfallentsorgung wird in Kapitel 6.4.4.1 noch detailliert eingegangen.

74 Vgl. hierzu auch noch einmal die Ausführungen in Kapitel 3.8.3.1.3.

zuführen ist.[75] Angesprochen sind auch Unterauslastungen aus anderen Gründen, so etwa nachfragebedingter Art. Als problematisch erweist sich indessen die Festlegung eines Beschäftigungsgrades (definiert als prozentuales Verhältnis der tatsächlichen Beschäftigung zu einer Basisbeschäftigung), bei dessen Unterschreitung eine volle Verrechnung der Fixkosten nicht mehr als angemessen erscheint. Mögliche Basiszahlen sind die durchschnittliche bzw. normale Beschäftigung, die maximale Beschäftigung oder die kostenmäßig optimale Beschäftigung. Für die Zwecke der Kostenrechnung im Rahmen der Selbstkostenermittlung erachten EBISCH/GOTTSCHALK letztere Basiszahl als am besten geeignet.[76]

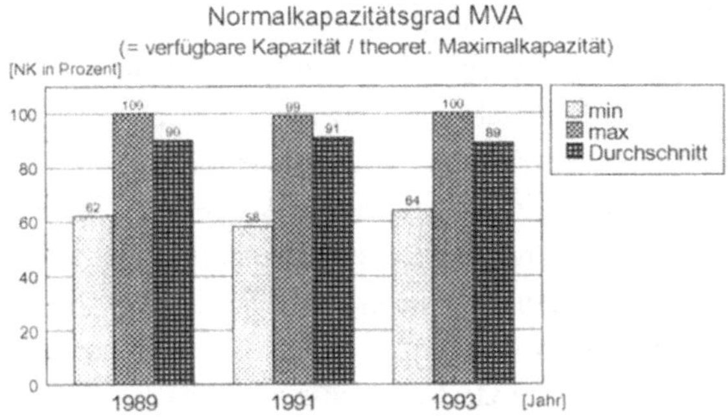

	1989	1991	1993
Antwortenanzahl:	11	12	12
Missing values bzw. keine eigene Anlage: (Frage 44.)	82	81	81

Abb. 5.9: Normalkapazitätsgrad bayerischer MVA's

Unter dem Aspekt des umweltpolitischen Vorsorgeprinzips ist jedoch zu berücksichtigen, daß Anlagenkapazitäten nicht auf kostenoptimale oder durchschnittliche Abfalldurchsätze, sondern - um unerwünschte Engpässe zu vermeiden - auf Spitzenbelastungen auszurichten sind.[77] Leerkosten, die sich aufgrund derartiger Beschäftigungsschwankungen ergeben, sind folglich als ansatzpflichtig zu erachten. Sie korrespondieren mit der speziellen Leistung der "Entsorgungssicherheit" (vgl. TASi Nr. 1.1). Im Rahmen der bayernweiten Befragung (Emipirie II) konnte ermittelt werden, daß bei den Verbrennungsanlagen der antwortenden Entsorger ein Normalbeschäftigungsgrad, definiert als Quotient aus "verfügbarer Kapazität" und "theoretischer Maximalkapazität", von durchschnittlich 90 % erreicht wird (vgl. *Abb. 5.9*). Dabei ergibt sich die "verfügbare Kapazität" aus der Maximalkapazität abzüglich der durchnittlich benötigten Pufferkapazitäten für wartungs- und störfallbedingte Anlagenstillstände. Als ein dem Vorsorgeprinzip angemessener Beschäftigungsgrad wäre demnach ein

75 EBISCH, H. / GOTTSCHALK, J. (1994), Rdnr. 10 ff. zu LSP Nr. 4; MICHAELIS, H. / RHÖSA, C.A. (1994), S. 17 ff. zu LSP Nr. 4.

76 Vgl. EBISCH, H. / GOTTSCHALK, J. (1994), Rdnr. 16 zu LSP Nr. 4.

77 Vgl. in diesem Sinne auch ZWEHL, W. v. (1989), S. 1350.

Satz von (90 - x) % der Maximalkapazität festzulegen. VON ZWEHL etwa benennt eine Untergrenze von 85 %.[78] Bei Leistungen für öffentliche Aufträge wird die Unterschreitung eines Beschäftigungsgrades von 80 % für einen Vollkostenansatz als preisrechtlich unzulässig erachtet.[79]

Für eine Elimination der ansonsten nicht rechtfertigbaren Leerkosten aus der Preiskalkulation ist eine Kostentrennung in fixe und variable Bestandteile erforderlich.[80] Während die variablen Kosten unverändert in die Kalkulation einfließen, sind die fixen Bestandteile nur auf Basis des vorsorgegerechten Beschäftigungsgrades und mithin unabhängig von der tatsächlichen Beschäftigung weiterzuverrechenen. Ausnahmen ergeben sich jedoch bei Kostenbestandteilen, die zwar fix, aber gänzlich kapazitätsunabhängig sind.[81] So sind etwa für bestimmte Anlagen der Entsorgungseinrichtung einzelne Module in Mindestgröße sowie ein Personalmindestbestand erforderlich. Auch die Kosten der Kostenstelle "Allgemeine Verwaltung" erweisen sich tendenziell als kapazitätsunabhängig.[82] Kriterium der Abgrenzung gegenüber kapazitätsabhängigen Fixkosten ist die Unmöglichkeit einer (theoretischen) Kostenabbaubarkeit.[83] Die unveränderbaren Fixkosten sind in gleicher Weise wie die variablen Kostenbestandteile ohne Modifikationen weiterzuverrechnen. Zusammenfassend ergibt sich für eine Leerkostenelimination folgende Notwendigkeit einer Kostentrennung:

Kostengliederung	**Kapazitätsabhängige Fixkosten**	**Kapazitätsunabhängige Fixkosten**	**Beschäftigungsabhängige (variable) Kosten**
Beispiele	• Fixe Anlagenkosten • ...	• Fixkosten von Anlagen mit Mindestgröße und Personalkosten bei Mindestbestand • Kosten der „Allgemeinen Verwaltung“ • ...	• Material • Leistungsbezogene Abschreibungen (z.B. Deponie) • ...
Bezugsgröße	Vorsorge-Plan-Kapazität	Ist-Kapazität	Ist-Kapazität

Tab. 5.2: Kostentrennung zur Elimination von Leerkosten

Die Verrechnung der kapazitätsabhängigen Fixkosten in Relation zur vorsorgegerechten Plankapazität $x_{Vorsorge}$ entspricht im übrigen der Methodik der sog. starren Plankostenrechnung.[84] Hier werden die fixen Plankosten zusammen mit den variablen Plankosten kostenstellenbezogen durch die jeweilige Planbeschäftigung dividiert und

78 Vgl. ZWEHL, W. v. (1989), S. 1350.
79 Vgl. EBISCH, H. / GOTTSCHALK, J. (1994), Rdnr. 17 zu LSP Nr. 4.
80 Vgl. EBISCH, H. / GOTTSCHALK, J. (1994), Rdnr. 18 zu LSP Nr. 4.
81 Vgl. hierzu MAYER, E. / LIESSMANN, K. / MERTENS, H.W. (1994), S. 67.
82 Vgl. hierzu auch die Ausführungen in Kapitel 6.3.1.2.
83 Vgl. hierzu KÜPPER, H.-U. (1981), Sp. 960; COENENBERG, A.G. (1993), S. 233 f..
84 Vgl. hierzu etwa HABERSTOCK, L. (1986), S. 18 ff.; KILGER, W. (1988 a), S. 48 ff.; COENENBERG, A.G. (1993), S. 343 ff..

man erhält den sog. Plankostenverrechnungssatz **P** pro Beschäftigungseinheit. Mit der jeweiligen Istbeschäftigung $\mathbf{x_{Ist}}$ muliplizert ergibt der Plankostenverrechnungssatz dann die entsprechende Kostensumme je Kostenstelle, die sog. verrechneten Plankosten. Der starre Plankostensatz bewirkt somit eine "Variabilisierung" der kapazitätsabhängig fixen Kostenbestandteile (vgl. *Abb. 5.10*).

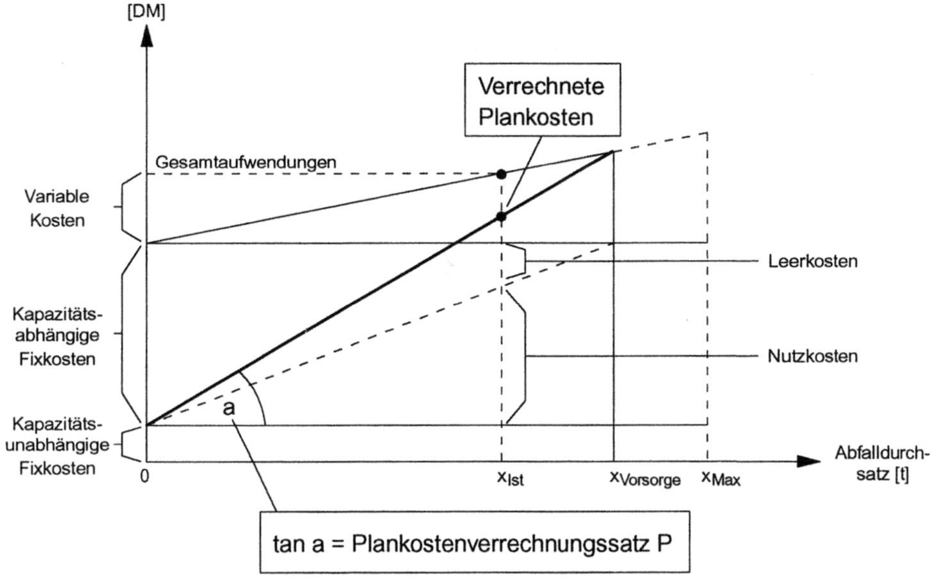

Abb. 5.10: Vorsorge- und verursachergerechter Plankostenverrechnungssatz

Für eine exemplarische Darstellung der Leerkostenelimination lassen sich etwa die Daten von "Verbrenner 1" im Rahmen der Einzelfallstudien ausgewählter Entsorgungseinrichtungen (Empirie I) heranziehen. Die Analyse beschränkt sich hierbei auf den Leistungsbereich "MVA". Diese Kostenstelle besitzt gemäß der gewählten Kostentrennungsmethodik[85] bezogen auf die (bereinigten) Istkosten einen Fixkostenanteil von 71 %. Die verfügbare Kapazität, die hier vereinfachend mit der vorsorgegerechten Plankapazität gleichgesetzt wird, betrug laut Angabe der Fachleute vor Ort für die betrachtete Rechnungsperiode 125.000 Gewichtstonnen. Die tatsächlich genutzte Kapazität bzw. Istmenge des Abfalldurchsatzes belief sich auf 105.546 Gewichtstonnen, so daß eine Leerkapazität von 19.545 Gewichtstonnen bzw. von knapp 16 % verblieb.[86]

Zur Bereinigung der Stückkosten des betrachteten Leistungsbereichs um die Leerkosten wird folgender Plankostenverrechnungssatz **P** ermittelt:

85 Vgl. hierzu nochmals die Ausführungen in Kapitel 4.2.1.1.2.

86 Kapazitätsunabhängige Fixkosten wurden nicht identifiziert.

P = (bereinigte) Istkosten · (Fixkostenanteil : vorsorgegerechte Kapazität + Proportionalkostenanteil : Istmenge)

Der Nutzkostenanteil als Maß der Kapazitätsauslastung und der Leerkostenanteil als Maß der Unterauslastung lassen sich - bezogen auf die Gesamtkosten - wie folgt berechnen:

$$\textbf{Nutzkostenanteil} = \frac{\textbf{P} \cdot \textbf{Istmenge}}{\textbf{(bereinigte) Istkosten}} \cdot \textbf{100}$$

$$\textbf{Leerkostenanteil} = \frac{\textbf{(bereinigte) Istkosten} - \textbf{P} \cdot \textbf{Istmenge}}{\textbf{(bereinigte) Istkosten}} \cdot \textbf{100}$$

In *Tabelle 5.3* sind für die betrachtete Kostenstelle "MVA" von Verbrenner 1 die Stückkosten auf Basis von

- unbereinigten Plan"kosten" und Planmengen,
- (bereinigten) Plankosten und Planmengen,
- (bereinigten) Istkosten und Istmengen und
- verrechneten Plankosten (bezogen auf bereinigte Istkosten)

gegenübergestellt.

Berechnungs-basis	**unbereinigte Plan"kosten"**	**(bereinigte) Plankosten**	**(bereinigte) Istkosten**	**verrechnete Plankosten (bez. auf bereinigte Istkosten)**
Kostenstellenkosten	16.301.853 DM	25.404.442 DM	25.536.876 DM	22.692.390 DM
vorsorgegerechte Kapazität				125.000 t
geplante Beschäftigung	108.000 t	108.000 t		
tatsächliche Beschäftigung			105.546 t	105.546 t
Fixkostenanteil				0,71
Proportionalkosten-anteil				0,29
Kostensatz	151 DM/t	235 DM/t	242 DM/t	**P = 215 DM/t**
Nutzkostenanteil				88,86 %
Leerkostenanteil				11,14 %

Tab. 5.3: Leerkostenelimination für Kostenbereich "MVA" bei Verbrenner 1

Es ist ersichtlich, daß der Plankostenverrechnungssatz **P** den Kostensatz auf Basis unbereinigter Planwerte, was der Kalkulationspraxis von Verbrenner 1 entspricht, bei weitem übersteigt. Eine Leerkostenelimination in Verbindung mit weiteren vorsorge- und verursachergerechten Kostenanpassungen würde hier gegenüber dem Status quo erhebliche Gebührensteigerungen induzieren. Gegenüber dem Kostensatz auf Basis bereinigter Istwerte hingegen ist eine Unterschreitung entsprechend dem Leerkostenanteil von 11,14 % zu verzeichnen. Knapp 3 Millionen DM sind demnach anderweitig zu finanzieren.

5.2.2.1.1.3 Grenzkosten versus Vollkosten

Die Notwendigkeit einer Leerkostenbereinigung würde indessen entfallen, wenn die Bepreisung der entsorgungswirtschaftlichen Leistungen an der sog. Grenzkostenpreisregel ausgerichtet würde. In der Theorie zur Preisbildung öffentlicher Unternehmen wird im allgemeinen die Forderung gestellt, daß unter dem Aspekt der allokationsoptimalen Ressourcennutzung die Preise öffentlicher Leistungen entsprechend dem marktlichen Preismechanismus den "Grenzkosten"[87] der Leistungserstellung entsprechen müssen.[88] Man spricht hierbei auch von der sog. apriorischen Preistheorie.[89] Im Schrifttum ist jedoch umstritten, um welche Grenzkosten es sich hierbei handeln soll.[90] Einige Autoren stellen auf die kurzfristigen Grenzkosten ab, d.h. auf die Grenzkosten der Teilanpassung bei bestehenden Anlagenkapazitäten.[91] Andere Autoren beziehen sich auf die langfristigen Grenzkosten, d.h. die Kosten der Totalanpassung bei hypothetischer Kapazitätsplanung, welche im Falle der kostenoptimalen Anlagenkapazität den minimalen Durchschnittskosten entsprechen.[92]

Gegen eine Bepreisung zu Grenzkosten lassen sich jedoch diverse Argumente anführen. Entsprechend dieser Kritik wird im Schrifttum ein sog. empirisch-kasuistischer Preisansatz für öffentliche Leistungen gefordert, nach dem in Abhängigkeit des jeweiligen Zielsystems jedwede Preisgestaltung möglich sein soll.[93] Im folgenden seien die

---

87 Die "Grenzkosten" geben nach GUTENBERG, E. (1983), S. 169 an, "um wieviel die Gesamtkosten zunehmen, wenn von einer bestimmten Produktionsmenge an die Ausbringung um einen sehr kleinen Betrag vermehrt wird." Dabei ist zu unterscheiden, ob die Variation der Ausbringung durch eine Teilanpassung oder Totalanpassung der Produktionsfaktoren erfolgt. Im ersten Fall spricht man von "kurzfristigen", im zweiten Fall von "langfristigen" Grenzkosten. vgl. hierzu auch MÄNNEL, W. (1981), Sp. 962 f..

88 Vgl. grundlegend HOTELLING, H. (1938); LERNER, A.P. (1944); DUPUIT, J. (1952).

89 Vgl. THIEMEYER, T. (1978), S. 36 ff..

90 Vgl. BLANKART, C.B. (1986), S. 456.

91 So etwa HOTELLING, H. (1938).

92 So etwa LÖSENBECK, H.-D. (1963), S.74 ff. und ROLLE, E. (1970), S. 88 ff.. BOITEUX, M. (1982) zeigt, daß sich bei vollständiger Voraussicht kurz- und langfristige Grenzkosten genau entsprechen.

93 Vgl. OETTLE, K. (1976 b), S. 91 ff.; EICHHORN, P. (1978), S. 137 ff.; EYERN, G. v.

wichtigsten Kritikpunkte angeführt:[94]

- Liegt in der Volkswirtschaft eine "unvollkommene Umgebung" mit Abweichungen zwischen den Preisen und den gesamtwirtschaftlichen Grenzkosten vor (z.B. aufgrund von Steuern, Monopolen, externen Effekten), so wird der Gültigkeitsanspruch der Grenzkostenpreisregel aufgehoben.[95]

- Bei einer Bepreisung zu kurzfristigen Grenzkosten ist das Auftreten von Defiziten die Regel, insbesondere aufgrund fixer Kosten. Liegen steigende Skalenerträge in der Produktion vor, stellt sich auch bei der Bepreisung zu langfristigen Grenzkosten ein Defizitproblem, da die Grenzkosten in diesem Falle stets geringer sind als die Durchschnittskosten.[96]

- Eine Bepreisung zu kurzfristigen Grenzkosten zielt auf die Auslastung einer bestehenden Anlage ab. Damit werden den Nachfragern aber nicht alle Kosten, welche für die Produktion des Gutes anfallen, angelastet.[97]

Die Argumente zeigen auf, daß speziell unter dem Aspekt des umweltpolitischen Verursacherprinzips für eine Anwendung der Grenzkostenpreisregel - sofern das Problem des Zweitbestens vernachlässigt wird - nur die langfristigen Grenzkosten in Betracht kommen. In Kapitel 6.3 wird jedoch dargelegt werden, daß gerade im Entsorgungssektor eine Kostenkonstellation vorherrschend ist, bei der eine Bepreisung entsprechend der langfristigen Grenzkosten zu Verlusten für die Entsorger führt. Entsprechend der empirisch-kasuistischen Preistheorie bleibt daher nur die second-best Variante einer Vollkostenkalkulation bzw. Durchschnittskostenbepreisung übrig,[98] wobei allerdings durch Preisdifferenzierung z.B. durch getrennte Verrechnung von fixen und variablen Kostenbestandteilen eine first-best Lösung erreicht werden kann.[99] Im übrigen sind Durchschnittskosten jedoch nur dann eine zulässige Annäherung an die langfristigen Grenzkosten, wenn die zur Verfügung stehenden Kapazitäten weitgehend op-

(1978), S. 184 f.; THIEMEYER, T. (1978), S. 52 ff..

94 Vgl. zur weiteren Kritik etwa THIEMEYER, T. (1964), S. 73 ff..

95 Vgl. SCHNEIDER, H.K. (1963), S. 212 f.; THIEMEYER, T. (1964), S. 87 f.; KAUFER, E. (1981), S. 61. Vgl. außerdem nochmals die Ausführung zum Theorem des Zweitbesten in Kapitel 4.1.2.

96 Vgl. THIEMEYER, T. (1964), S. 75 f.; MUSGRAVE, R.A. / MUSGRAVE, P.B. / KULLMER, L. (1992), S. 65 ff.. Vgl. außerdem die Ausführungen in Kapitel 6.1.2.1.

97 Vgl. THIEMEYER, T. (1964), S. 149.

98 So forderte auch der Wissenschaftliche Beirat beim Bundesministerium für Wirtschaft in seiner Stellungnahme vom 8. Januar 1976, daß grundsätzlich die Preise öffentlicher Unternehmen an die Kostenentwicklung anzupassen seien. Durch defizitäre Preise würden die Nachfrage und damit knappe Faktoren fehlgeleitet. Überdies würde ein fehlender Zwang zur Kostendeckung unrationelles Wirtschaften begünstigen. Vgl. WISSENSCHAFTLICHER BEIRAT BEIM BMWi (1976), S. 36 ff..

99 Vgl. hierzu die Ausführungen in Kapitel 6.1.3.1.3.

timal ausgelastet werden.[100] Insofern empfiehlt sich die im vorigen Kapitel 5.2.2.1.1.2 beschriebene kostenrechnerische Behandlung der Leerkosten.

5.2.2.1.2 Kostenwerte

Die Bewertung der im entsorgungswirtschaftlichen Prozeß anfallenden Kostenmengen hat sich der Intention des Verursacherprinzips zufolge an den aktuellen Knappheitspreisen auszurichten. Dies entspricht auch der Intention der in Kapitel 2.3.2.1 dargelegten Leitsätze für staatliche Preisregeln ("Beschluß des Bundeskabinetts betr. Grundsätze für staatliche Preisregelungen in Hinblick auf wirtschaftspolitische Ziele"), wonach sich gemäß Punkt 3. die Preishöhe am Markttrend zu orientieren hat. In Kapitel 4.1.3.2.2.1 wurde in diesem Zusammenhang bereits ausgeführt, daß für Güter des Umlaufvermögens sowie des Anlagevermögens mithin Tages- bzw. Zeitwerte die Wertbasis bilden.[101]

Diese Vorgehensweise ist hinsichtlich der Bewertung von Gütern des Umlaufvermögens allgemein üblich. Grundlage sind hier die durchschnittlichen Beschaffungspreise in der Rechnungsperiode. Die Bewertung der Anlagegüter zu Zeitwerten ist indessen im aktuellen Gebührenrecht nur in einigen Bundesländern und in der Regel nur bezogen auf die kalkulatorischen Abschreibungs-, nicht aber auf die Zinskosten zulässig.[102] Gemäß den LSP ist seit der Novellierung der Vorschriften in den Jahren 1986 bzw. 1989 für die Kapitalkosten nur der Wertansatz zu Anschaffungspreisen oder Herstellungskosten statthaft.[103] Aus Gründen der Objektivierbarkeit und Kontrollierbarkeit der Kostenansätze soll eine (Netto-)Substanzerhaltung - soweit erforderlich - nunmehr über den Gewinnbestandteil der Selbstkosten gewährleistet werden.[104] Solch ein Kostenbestandteil existiert indessen nicht bei öffentlich-rechtlichen Leistungen. Überdies ist das Motiv einer Tagespreisbewertung nicht die Substanzerhaltung, sondern die Knappheitsbepreisung.

---

100 Vgl. GAWEL, E. (1995 b), S. 134.

101 In diesem Zusammenhang sei erwähnt, daß im Schrifttum mitunter das Argument angeführt wird, daß ein Ansatz von Tageswerten den allgemeinen Inflationsprozeß beschleunigen würde, eine Indexierung sogar gegen das Verbot von Wertsicherungsklauseln im Sinne des Währungsgesetzes verstoße; vgl. etwa SCHOLL, C. (1973), S. 47 f.; SCHWARZ, W. (1976), S. 246; DEPIEREUX, S. (1987), S. 9. Dem entgegnet GAWEL, E. (1995 b), S. 151 ff. treffend, daß eine allokativ legitimierte Preisstrukturanpassung anders zu werten sei, wie ein originärer, durch Kaufkraftüberhang zustande gekommener Preisniveauschub. Mithin erscheine eine Einrede der Zielverletzung stabilisierungspolitischer Anliegen als zu eng. Vgl. ebenso BARON, E. (1977), S. 158; BALS, H. / NÖLKE, A. (1990), S. 217.

102 Vgl. hierzu nochmals die Ausführungen in Kapitel 3.8.3.2.3.1.2.

103 Vgl. hierzu VO PR Nr. 1/86 und VO PR Nr. 1/89.

104 Vgl. EBISCH, H. / GOTTSCHALK, J. (1994), Rdnr. 18 ff. zu LSP Nr. 38. Vgl. außerdem Amtliche Begründung zu VO PR Nr. 1/89, veröffentlicht in BAnz. 1989, S. 3042.

Die Ermittlung der Wiederbeschaffungspreise (auch sog. Tagesneuwerte) für Anlagegüter nach LSP a.F.[105] regelt eine von den Wirtschaftsressorts des Bundes und der Länder entwickelte "Arbeitsanleitung für die Prüfung der Bewertung zu Wiederbeschaffungspreisen nach der Verordnung PR Nr. 30/53", die ihrerseits auf ein "Rundschreiben des Bundesministers für Wirtschaft betr. Bewertung des Anlagevermögens für die Errechnung der kalkulatorischen Abschreibungen und Zinsen vom 3. März 1961 - I B 1 - I B 8 - 439/61" zurückgreift.[106] Diese Anweisungen lassen sich als Referenz für eine Ermittlung der Tages- bzw. Zeitwerte im Rahmen des Norm-Kostenrechnungssystems für die Siedlungsabfallwirtschaft heranziehen.

Die Ermittlung von Tagesneuwerten kann mit zwei unterschiedlichen Methoden erfolgen, zum einen per Einzelnachweis anhand konkreter Vergleichsobjekte oder sonstiger objektiver Maßstäbe und zum anderen per Umrechnung der historischen Anschaffungswerte anhand von amtlichen Preisindizes (vgl. *Abb. 5.11*). Auf dieser Basis erfolgt dann die zeitanteilige Berechnung der kalkulatorischen Abschreibungen und Zinsen der neubewerteten Anlagegüter nach den gängigen Methoden.[107]

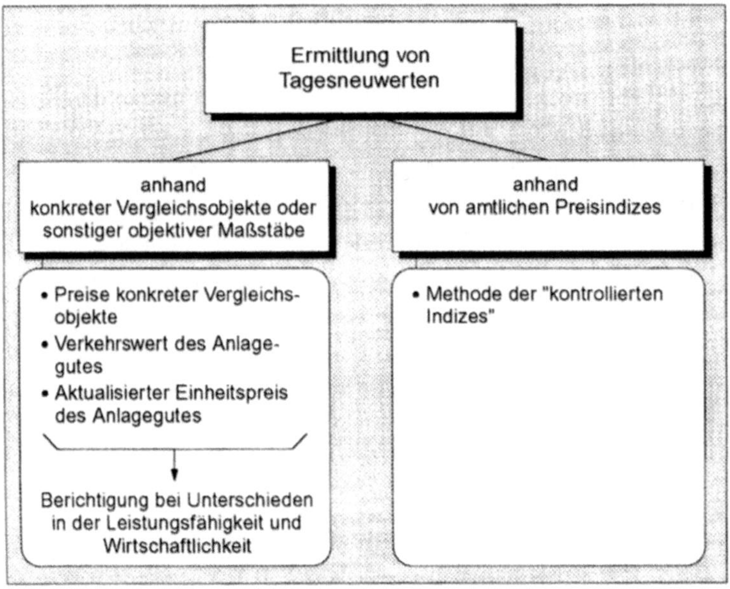

Abb. 5.11: Ermittlung von Tagesneuwerten

105 Vgl. hierzu LSP a.F. Nr. 38, 40, 42 sowie 45 in EBISCH, H. / GOTTSCHALK, J. (1987). Diese Vorgaben sind heute nur noch (für abnutzbare Anlagegüter) im Rahmen der Übergangsregelungen des Art. 4 Abs. 2 VO PR Nr. 1/89 anwendbar.

106 Vgl. den Abdruck in EBISCH, H. / GOTTSCHALK, J. (1994), Anhang 13 a bzw. Anhang 9.

107 Vgl. hierzu Nr. 7 in "Arbeitsanleitung für die Prüfung der Bewertung zu Wiederbeschaffungspreisen nach der Verordnung PR Nr. 30/53", abgedruckt in EBISCH, H. / GOTTSCHALK, J. (1994), Anhang 13 a.

5.2.2.1.2.1 Ermittlung von Tagesneuwerten anhand konkreter Vergleichsobjekte oder sonstiger objektiver Maßstäbe

Bei der Tagesneuwertbestimmung anhand konkreter Vergleichsobjekte werden die Preise aus Rechnungen, Angeboten oder Preislisten und unter Berücksichtigung von Rabatten und anderen Einkaufsvorteilen abgeleitet, die sich auf identische oder möglichst ähnliche Anlagegüter beziehen. Sofern keine Vergleichsobjekte vorhanden sind, aber ein Markt besteht (z.B. bei Grundstücken mit Gebäuden), kann vom sog. Verkehrswert des Anlagegutes ausgegangen werden. Dies ist der Preis, der am Wertermittlungsstichtag in der Rechnungsperiode entsprechend dem Zustand des Anlagegutes ohne Rücksicht auf ungewöhnliche oder persönliche Verhältnisse zu erzielen wäre. Zur Ermittlung des Tagesneuwertes ist der Verkehrswert in entsprechender Weise auf den Neuwert umzurechnen.[108] Für die Fälle schließlich, in denen weder Vergleichsobjekte noch Verkehrswerte vorliegen, etwa bei Einzelmaschinen oder Sonderanfertigungen, lassen sich als Tagesneuwerte aktualisierte "Einheitswerte" heranziehen. Hierbei werden die Einheitspreise z.B. je Kubikmeter umbauten Raums, Quadratmeter Nutzfläche, Kilogramm verarbeiteten Materials etc. für eine neue Anlage hochgerechnet.

Bei derartig ermittelten Tagesneuwerten sind jedoch unter Umständen gewisse Korrekturen erforderlich. So müssen Wertänderungen bei den Verkehrswerten, die auf Sonderumstände zurückzuführen sind und daher für das in Frage stehende Anlagegut nicht typisch sind, durch Zu- oder Abschläge bereinigt werden. Bei den Tageneuwerten anhand konkreter Vergleichsobjekte und aktualisierten Einheitswerten sind Unterschiede in der Leistungsfähigkeit und Wirtschaftlichkeit zwischen dem betrachteten Anlagegut und dem Referenzobjekt zu elimieren.[109] Bei der Leistungsfähigkeit sind Abweichungen insbesondere hinsichtlich Ausstoßmenge, Stoffeinsatz, Ausbringungsqualitäten, Fertigungszeiten, Sondereinrichtungen und Werkzeugen zu berücksichtigen.[110] Mögliche Wirtschaftlichkeitsunterschiede sind anhand einer Betriebskostendifferenzrechnung zu ermitteln, wobei die "Betriebskosten" die einer Anlage direkt zure-

---

108 So etwa nach folgender Formel: Tagesneuwert = Verkehrswert · Gesamtnutzungsdauer / Restnutzungsdauer. Vgl. Nr. 5.1.2 in "Arbeitsanleitung für die Prüfung der Bewertung zu Wiederbeschaffungspreisen nach der Verordnung PR Nr. 30/53", abgedruckt in EBISCH, H. / GOTTSCHALK, J. (1994), Anhang 13 a.

109 Vgl. Nr. 5.2 in "Arbeitsanleitung für die Prüfung der Bewertung zu Wiederbeschaffungspreisen nach der Verordnung PR Nr. 30/53", abgedruckt in EBISCH, H. / GOTTSCHALK, J. (1994), Anhang 13 a. EBISCH, H. / GOTTSCHALK, J. (1987), Rdnr. 4 zu LSP (a.F.) Nr. 40 merken jedoch an, daß bei der Bewertung mit aktualisierten Einheitswerten eine entsprechende Korrektur gegenstandslos sei, da in diesen Fällen kein Vergleich mit bestimmten Anlagegütern stattfinde, sondern die Einheitswerte des vorhandenen Anlagegutes aktualisiert werden.

110 Vgl. Nr. 5.2.1 in "Arbeitsanleitung für die Prüfung der Bewertung zu Wiederbeschaffungspreisen nach der Verordnung PR Nr. 30/53", abgedruckt in EBISCH, H. / GOTTSCHALK, J. (1994), Anhang 13 a.

chenbaren Kosten des Betriebs sind, wie etwa Lohnkosten, Energiekosten, Kosten für Hilfsstoffe, Instandhaltungskosten und Raumkosten.[111] Die Betriebskostendifferenz errechnet sich aus dem Unterschied zwischen den jährlichen Betriebskosten des alten, zu bewertenden Anlagegutes und des neuen Referenz-Anlagegutes. Dabei ist beim Referenz-Anlagegut auf die während der anzunehmenden Gesamtnutzungsdauer voraussichtlich anfallenden durchschnittlichen Betriebskosten abzustellen.[112] Zur Ermittlung des bereinigten Tagesneuwertes kann die folgende Rechenvorschrift Anwendung finden.[113] Dabei liegt die Überlegung zugrunde, daß die Summe aus kalkulatorischen Abschreibungen, kalkulatorischen Zinsen[114] und Betriebskosten des neubewerteten Anlagegutes der vergleichbaren Kostensumme des neuen Referenz-Anlagegutes unter Berücksichtigung der veränderten Leistungsfähigkeit genau zu entsprechen hat:

Mit

$\mathbf{WB_b}$	berichtigter Wiederbeschaffungspreis
$\mathbf{WB_u}$	ursprünglicher, unberichtigter Wiederbeschaffungspreis
$\mathbf{L_f}$	Leistungsfähigkeit der alten Anlage / Leistungsfähigkeit der neuen Anlage $\varepsilon\ ]0;1]$
$\mathbf{n_a}$	Nutzungdauer der alten Anlage
$\mathbf{n}$	Nutzungsdauer der neuen Referenz-Anlage
$\mathbf{i}$	kalkulatorischer Zinssatz
$\mathbf{BK_a}$	Betriebskosten der alten Anlage
$\mathbf{BK}$	Betriebskosten der neuen Anlage

gilt:

$$\mathbf{L_f \cdot \left(\frac{WB_u}{n} + WB_u \cdot \frac{i}{2} + BK \right) \stackrel{!}{=} \frac{WB_b}{n_a} + WB_b \cdot \frac{i}{2} + BK_a}$$

$$\mathbf{WB_b = \frac{L_f \cdot \left(\frac{WB_u}{n} + WB_u \cdot \frac{i}{2} + BK \right) - BK_a}{\frac{1}{n_a} + \frac{i}{2}}} = \ldots$$

$$\ldots = \mathbf{\frac{n_a}{n} \cdot \frac{L_f \cdot WB_u \cdot (2 + i \cdot n) - 2 \cdot n \cdot (BK_a - BK \cdot L_f)}{2 + i \cdot n_a}}$$

---

111 Vgl. Nr. 5.2.2 in "Arbeitsanleitung für die Prüfung der Bewertung zu Wiederbeschaffungspreisen nach der Verordnung PR Nr. 30/53", abgedruckt in EBISCH, H. / GOTTSCHALK, J. (1994), Anhang 13 a.

112 Vgl. EBISCH, H. / GOTTSCHALK, J. (1987), Rdnr. 2 zu LSP (a.F.) Nr. 40.

113 In Anlehnung an Anlage 1 der "Arbeitsanleitung für die Prüfung der Bewertung zu Wiederbeschaffungspreisen nach der Verordnung PR Nr. 30/53", abgedruckt in EBISCH, H. / GOTTSCHALK, J. (1994), Anhang 13 a.

114 Dabei wird eine Zinsermittlung nach der Durchschnittswertmethode zugrundegelegt.

5.2.2.1.2.2 Ermittlung von Tagesneuwerten anhand amtlicher Preisindizes

Als Alternative zur dargestellten Ermittlungsmethodik lassen sich Tagesneuwerte auch anhand amtlicher Preisindizes ermitteln. Bei der Methode der "kontrollierten Indizes" werden die Anlagegüter des Betriebes so zu Gruppen zusammengefaßt, daß sie sich unter einen amtlichen Index (Preisindex des Statistischen Bundesamtes oder der Statistischen Landesämter) subsumieren lassen.[115] Die per "Indexrechnung"[116] ermittelten Tagesneuwerte sind ohne Abschlag gültig, sofern für eine repräsentative Auswahl von Anlagegütern der Nachweis erbracht wird, daß die Werte nicht höher liegen, als dies bei einer Bewertung per Einzelnachweis der Fall wäre.[117] Hierdurch sowie durch den Umstand, daß die amtlichen Indizes in gewisser Weise um die Komponente des technischen Fortschritts und sonstiger preisbestimmender Merkmale bereinigt sind,[118] wird die Methode der "kontrollierten Indizes" den Anforderungen der Berücksichtigung einer veränderten Leistungsfähigkeit oder Wirtschaftlichkeit gerecht.[119]

Da sich das hier vorgestellte Norm-Kostenrechnungssystem auf den leistungsmäßig begrenzten und daher überschaubaren Bereich des Entsorgungssektors bezieht, wäre indessen anzudenken, ob von den Statistischen Ämtern, Fachämtern oder einem Expertengremium nicht spezielle Indexreihen für die entsorgungswirtschaftlichen Anlagegüter erstellt werden könnten, die unabhängig von Einzelnachweisen als Rechenbasis Gültigkeit besitzen. Hierdurch ließe sich das Ermittlungsverfahren der Tagesneuwerte einerseits vereinfachen[120] und andererseits weitgehend standardisieren, um somit eine möglichst homogene und zeitnahe Bepreisung der einzelnen Entsorger zu gewährleisten.

Als Beispiel für eine Tagesbewertung auf Indexbasis sei wiederum auf die Daten von "Verbrenner 1" im Rahmen der Einzelfallstudien ausgewählter Entsorgungseinrichtungen (Empirie I) zurückgegriffen. Dabei beschränkt sich die Analyse entsprechend der in Kapitel 5.2.2.1.1.2 vorgenommenen Leerkostenbereinigung auf den Leistungsbereich "MVA". Um die erforderlichen Tageswerte der Kostenstellenkosten (auf Basis bereinigter Istkosten) zu erhalten, sind diejenigen Kostenpositionen, deren Wertkomponenten der aktuellen Marktbewertung nicht entsprechen, in erfor-

115 Vgl. EBISCH, H. / GOTTSCHALK, J. (1987), Rdnr. 7 zu LSP (a.F.) Nr. 38.

116 D.h. Multiplikation des historischen Anschaffungswertes mit der Relation "aktueller Preisindex zu historischer Preisindex"; beiden Indizes muß dabei das gleiche Basisjahr zugrunde liegen.

117 Vgl. hierzu das Schema einer Vergleichsrechnung in Anlage 2 der "Arbeitsanleitung für die Prüfung der Bewertung zu Wiederbeschaffungspreisen nach der Verordnung PR Nr. 30/53", abgedruckt in EBISCH, H. / GOTTSCHALK, J. (1994), Anhang 13 a.

118 Vgl. zur Indexermittlung STATISTISCHES BUNDESAMT (1989), S. 9 ff..

119 Vgl. EBISCH, H. / GOTTSCHALK, J. (1987), Rdnr. 7 zu LSP (a.F.) Nr. 38.

120 So geben auch EBISCH, H. / GOTTSCHALK, J. (1987), Rdnr. 9 zu LSP (a.F.) Nr. 38 zu bedenken, daß die Ermittlung der Tagesneuwerte nach LSP mit einem hohen Rechenaufwand verbunden ist.

derlich Weise umzubewerten. Bei Personal-, Sach-, Dienstleistungskosten und Kosten für beauftragte Dritte nach § 3 AbfG kann davon ausgegangen werden, daß Kostenmengen und Periodenverzehr übereinstimmen. Insofern erübrigt sich eine Wertanpassung. Anders verhält es sich bei den Kapitalkosten, deren Wertkomponente kraft Gesetz an die historischen Anschaffungswerte der Anlagegüter gekoppelt ist.[121] Für die Ermittlung der Tageszeitwerte werden zunächst die historischen Anschaffungswerte der Anlagegüter nach der Rechenvorschrift

Tagesneuwert (TNW) = historischer Anschaffungswert * Preisindex der aktuellen Rechnungsperiode / Preisindex des Anschaffungsjahres

umbewertet. Dann erfolgt entsprechend der vom Probanden angewandten Methode die Berechnung der Periodenabschreibungen und -zinsen.

Ermittlung der kalkulatorischen Abschreibungen eines Anlagegutes mittels linearem Abschreibungsverfahren:

$$\mathbf{A} = \frac{\mathbf{TNW}}{\mathbf{n}}$$

Ermittlung der kalkulatorischen Zinsen eines Anlagegutes mittels verfeinerter Restbuchwertmethode:

$$\mathbf{Z}_t = \frac{2 \cdot \mathbf{TNW} - 2 \cdot \frac{\mathbf{TNW}}{\mathbf{n}} \cdot (\mathbf{t} - \mathbf{t}_A) + \frac{\mathbf{TNW}}{\mathbf{n}}}{2} \cdot \mathbf{z}_t$$

mit

A	Kalk. Abschreibungskosten des Anlagegutes
TNW	Tagesneuwert
$\mathbf{Z_t}$	Kalk. Zinskosten des Anlagegutes in der aktuellen Rechnungsperiode
$\mathbf{t_A}$	Anschaffungsjahr
t	aktuelle Rechnungsperiode
n	Nutzungsdauer des Anlagegutes
$\mathbf{z_t}$	Kalk. Zinssatz in der aktuellen Rechnungsperiode

Als Preisindizes für das bewegliche Anlagevermögen lassen sich (behelfsweise) die Indexzahlen des Statistischen Bundesamtes für gewerbliche Produkte zugrundelegen.[122] Für Gebäude und sonstige Bauleistungen können entsprechende Globalindizes des Statistischen Bundesamtes sowie des Bayerischen Landesamtes für Statistik und

121 Vgl. Art. 8 Abs. 3 BayKAG.

122 Vgl. STATISTISCHES BUNDESAMT (1994 c).

Datenverarbeitung herangezogen werden.[123] Grundstücke indessen lassen sich in Ermangelung geeigneter Indexwerte nicht auf aktuelle Werte umrechnen. Dies erscheint jedoch vernachlässigbar in Anbetracht der Tatsache, daß bei Verbrenner 1 der Anteil der Grundstückswerte am Anlagevermögen lediglich knapp 3 % beträgt.

	(bereinigte) Istkosten auf Basis Anschaffungswerte	(bereinigte) Istkosten auf Basis Tagesneuwerte	verrechnete Plankosten auf Basis Tagesneuwerte
Kostensatz	242 DM/t	273 DM/t	P = 241 DM/t

Tab. 5.4: Tagesneubewertung für Kostenbereich "MVA" bei Verbrenner 1

Aus *Tabelle 5.4* ist ersichtlich, daß die Tagesbewertung für die Kostenstelle "MVA" eine Kostensteigerung von 31 DM/t bzw. knapp 13 % bewirkt. Hierzu ist zu bemerken, daß Verbrenner 1 ein "relativ junges" Anlagevermögen besitzt, keines der wertberichtigten Anlagegüter ist älter als Jahrgang 1988. Die durchschnittliche Veränderung der Indexpunkte liegt bei +7,94, die maximale Zunahme bei +25,70 (für Anlagegut "gewerbliche Betriebsgebäude aus Stahlbeton"), die maximale Abnahme bei -9,60 (für Anlagegut "Flachpaletten"). Allgemein hängt die Stückkostenänderung durch die Tagesbewertung von der Höhe des Preisindizes des jeweiligen Anlagegutes im Rechnungsjahr sowie der Kostenintensität der neubewerteten Anlagegüter ab. Des weiteren ist aus der Tabelle ablesbar, daß bei Verbrenner 1 der Planverrechnungssatz zu Tageswerten nahezu dem Kostensatz zu Istwerten auf Anschaffungswertbasis entspricht. Die Effekte des Nichtansatzes von Leerkosten und der Tagesbewertung heben sich hier also auf.

5.2.2.2 Vorsorge und verursachergerechte Kostenartenrechnung

In der Kostenartenrechnung des Norm-Kostenrechnungssystems für die Siedlungsabfallwirtschaft werden nun die vorsorge- und verursachergerechten Kostenmengen und -werte erfaßt und ggf. zweckadäquat angepaßt.

5.2.2.2.1 Neutrale Positionen

In diesem Zusammenhang sind alle neutralen Positionen aus der Rechnung auszugrenzen. Dabei ist insbesondere auf folgende Positionen hinzuweisen:[124]

---

123 Vgl. STATISTISCHES BUNDESAMT (1994 b); BAYERISCHES LANDESAMT FÜR STATISTIK UND DATENVERARBEITUNG (1994).

124 Vgl. hierzu nochmals die Ausführungen in Kapitel 3.8.3.2.3.1.1, Kapitel 4.1.3.2.2.1, Kapitel

- Finanzhilfen (Zuweisungen, zinsverbilligte Darlehen und andere Fördermittel) an die entsorgungspflichtigen Körperschaften;[125]
- Aufwendungen für Altlastensanierungen;
- Leerkosten ohne Vorsorgecharakter;
- Aufwendungen für die Aufstellung, Unterhaltung und Entleerung von Straßenpapierkörben;
- Aufwendungen für Leistungen an sonstige Dritte (z.B. DSD);
- Aufwendungen und Einnahmen einer per Saldo defizitären Energierückgewinnung;
- Planungs- und Untersuchungsaufwendungen für künftige Abfallentsorgungsanlagen;
- Aufwendungen für die Entsorgung wilder Ablagerungen;
- finanzielle und materielle Subventionen an die Abfallbesitzer.

Eine Finanzierung der ausgabewirksamen neutralen Positionen müßte über andere Einnahmeninstrumente als die Entsorgungsgebühren oder über sonstige Maßnahmen erfolgen. So wäre etwa denkbar, daß mit den gebührenmäßigen Differenzbeträgen der wertmäßigen und pagatorischen Kosten aktuell betriebener Entsorgungsanlagen ein Bundesfonds gespeist wird, aus dem die Mittel für die Sanierung stillgelegter Entsorgungsanlagen, für die keine Rückstellungen gebildet wurden, nach Dringlichkeit aufgebracht werden.[126] Eine Umwandlung bestehender Leerkosten in Nutzkosten könnte gelingen, wenn Körperschaften mit Überangebot und Körperschaften mit Unterangebot fusionieren und in einem Entsorgungsverbund die Leistungen darbieten.[127] Hierauf soll in Kapitel 6.5.2.2 noch näher eingegangen werden. Betriebsfremde Leistungen, wie die Entsorgung von Straßenpapierkörben oder von DSD-Fraktionen, wären vollständig über eigenständige Gebühren bzw. Entgelte zu decken. Für die Deckung defizitärer Maßnahmen der Energierückgewinnung könnte man erwägen, eine Umlage über die Stromtarife festzusetzen. Planungs- und Untersuchungsaufwendungen schließlich müßten in die Anschaffungskosten der später zu installierenden Anlagen einfließen. Nur die Entsorgungsaufwendungen wilder Ablagerungen und die Subventionen an die Abfallbesitzer wären im Sinne des Gemeinlastprinzips aus dem allge-

---

4.1.3.2.3.2, Kapitel 4.1.4.4.3, Kapitel 4.2.1.1.2 sowie Kapitel 4.2.2.3.2.

125 Hierdurch entfällt auch die im Schrifttum kontrovers diskutierte Berücksichtigung von Abzugskapital bei den kalkulatorischen Abschreibungen und Zinsen. Vgl. hierzu nochmals die Ausführungen in Kapitel 3.8.3.2.3.1.2.

126 Einen entsprechenden Nachsorgefonds sieht auch der "Vorschlag für eine Richtlinie des Rates über Abfalldeponien" in Artikel 17 und 18 vor (vgl. BR-Drs. 484/93).

127 Wie etwa die Radardiagramme der Leistungsstrukturen der bayerischen Entsorger zeigen, wäre eine Kapazitätsnachfrage durchaus vorhanden (vgl. nochmals *Abb. 5.6*).

meinen Steueraufkommen (bzw. aus Finanzhilfen) zu finanzieren.

Die nach der Abgrenzungsrechnung verbleibenden Kostenarten entsprechen der in Kapitel 3.8.3.2.3.1.2 dargeboteten Auflistung. Hier wurden auch bereits die entsprechenden Kostenansätze nach betriebswirtschaftlichen Grundsätzen erläutert. Unter dem Aspekt des Vorsorge- und Verursacherprinzips gelten indessen für gewisse Kostenarten weitergehende Anforderungen.

5.2.2.2.2 Kalkulatorische Abschreibungen

Hinsichtlich der Wahl des Abschreibungsverfahrens wurde schon dargelegt, daß bei zeitabhängigem Anlagenverschleiß sowohl in der Theorie als auch in der Praxis die lineare Methode präferiert wird.[128] Bei dieser Methode liegt die Annahme zugrunde, daß das Ausmaß der Abnahme des Nutzungspotentials des Anlagegutes in jeder Periode gleich hoch ist, woraus eine im Zeitablauf gleichmäßige Kostenbelastung resultiert.[129] Einflüsse des Anlagenalters werden somit ausgeblendet, was gerade unter dem Aspekt des umweltpolitischen Verursacherprinzips auch erforderlich ist. Insofern wäre im Norm-Kostenrechnungssystem für die Siedlungsabfallwirtschaft ausschließlich die lineare Abschreibung anzuwenden.

Werden die Nutzungsdauern der Anlagegüter fehlgeschätzt, ergibt sich fallweise entweder die Notwendigkeit von Abschreibungen unter Null mit korresponierendem Wagnisausgleich oder das Problem von Sonderabschreibungen. Letztere sind kostenrechnerisch nicht rechtfertigbar und demnach auch nicht ansatzfähig. Eine Kompensation hat stattdessen über einen entsprechenden Wagniskostenansatz zu erfolgen. Diese Komplikationen könnten indessen vermieden werden, wenn im Norm-Kostenrechnungssystem für die Siedlungsabfallwirtschaft verbindliche Referenzwerte für die Nutzungsdauern der Anlagegüter vorgeben würden, die von einer Fachbehörde oder einem Expertengremium zu ermitteln wären. Ein Rückgriff hingegen etwa auf steuerliche AfA-Tabellen würde das Problem nicht beheben, da hier die Gebrauchsdauern primär unter fiskalischen Apekten festgelegt sind. So merken EBISCH/ GOTTSCHALK an, daß steuerliche AfA-Sätze in der Kostenrechnung nur als sehr grobe Anhaltswerte bei der Schätzung der Gesamtnutzung dienen können.[130] Im übrigen würden keinerlei preisrechtlich verbindliche Abschreibungstabellen existieren.

---

128 Vgl. nochmals Kapitel 3.8.3.2.3.1.2 und Kapitel 4.2.2.3.3.

129 Von den Effekten einer Tagesbewertung sei einmal abgesehen.

130 EBISCH, H. / GOTTSCHALK, J. (1994), Rdnr. 8 zu LSP Nr. 39. Im Rahmen der bayernweiten Befragung (Empirie II) gaben über 60 % der antwortenden Entsorger an, bei der Ermittlung der Nutzungsdauern auf amtliche AfA-Tabellen zurückzugreifen (vgl. nochmals *Abb. 4.30, Fall (b)* in Kapitel 4.2.2.3.3).

Bei leistungsbedingter Abnutzung hingegen entspricht nur das leistungsabhängige Abschreibungsverfahren dem Verursacherprinzip. Dabei erweist es sich auch als vorteilig, daß eine Verrechnung von Leerkosten ausgeschlossen ist. In Kapitel 4.2.2.3.3 wurde offengelegt, daß diese Methode in praxi nur sehr begrenzt zur Anwendung kommt. An das Norm-Kostenrechnungssystem für die Siedlungsabfallwirtschaft wäre daher die Forderung zu stellen, daß ein Pflichtenkatalog für variabel abzuschreibende Anlagegüter (so insbesondere Deponieanlagen[131]) vorgesehen wird. Dieser Katalog könnte ebenfalls von jenen Fachbehörden oder Expertengremien erarbeitet und fortgeschrieben werden, die auch mit der Ermittlung der Indexreihen und Nutzungsdauern für die entsorgungswirtschaftlichen Anlagegüter zu betrauen wären.

5.2.2.2.3 Kalkulatorische Zinsen

Dem Opportunitätskostenprinzip zufolge haben sich die kalkulatorischen Zinsen auf das gesamte betriebsnotwendige Kapital zu beziehen. Hiermit wird ebenfalls den Anforderungen des umweltpolitischen Verursacherprinzips entsprochen. Wie in Kapitel 3.8.3.2.3.1.2 dargelegt, wird jedoch in den derzeitigen gebührenrechtlichen Bestimmungen die Bemessungsrundlage oftmals auf das Anlagevermögen beschränkt. Gerade bei den technologieintensiven EOP-Entsorgungsleistungen ist davon auszugehen, daß in umfangreichem Maße Betriebsstoffe vorzuhalten sind, so daß das Umlaufvermögen hier keine zu vernachlässigende Größe darstellt. Im Norm-Kostenrechnungssystem für die Siedlungsabfallwirtschaft ist daher explizit eine Verzinsung des Gesamtkapitals festzuschreiben.

Die Ermittlung der Mengenkomponente der kalkulatorischen Zinsen kann bei abnutzbaren Anlagegegenständen nach der Durchschnittswert- oder nach der Restwertmethode erfolgen. Die Ausführungen in Kapitel 4.2.2.3.3 zeigten auf, daß in der Praxis von beiden Methoden in annähernd gleichem Maße Gebrauch gemacht wird. Ein Problem der kostenrechnerisch verursachungsgerechten Restwertmethode stellt jedoch dar, daß die Zinskostenhöhe mit zunehmendem Alter der Anlagen abnimmt. Somit wird das Anlagenalter zur Determinante der Kostenbelastung für die Abfallbesitzer, was jedoch der Intention des umweltpolitischen Verursacherprinzips zuwiderläuft.[132] So ist entsprechend der linearen Methode für kalkulatorische Abschreibungen die Anwendung der Durchschnittswertmethode für die kalkulatorischen Zinsen zu fordern. Nur hier wird eine zeitstabile Kostenbelastung gewährleistet.[133]

---

131 Vgl. in diesem Sinne BILGER, K.-G. (1992), S. 52 f.; WÖBBEKING, K.H. / FISCHER, T. / SCHMITT, C. (1995), S. 33 ff..

132 So auch TRAUMANN-REINHIMER, A. (1977), S. 226 f..

133 Von den Effekten einer Tagesbewertung sei abgesehen. Bei der Restwertmethode ist eine stabile Zinsbelastung nur für den Spezialfall einer entsprechend heterogenen Alterszusammensetzung

Als nachteilig erweist sich jedoch, daß unter investitionstheoretischem Blickwinkel die Durchschnittswertmethode im Vergleich zur Restwertmethode einen geringeren Endwert der kumulierten Zinsbeträge erbringt.[134] Auch können sich Finanzierungslücken ergeben, wenn die Kreditfinanzierung einer Anlage auf Basis eines Ratentilgungsvertrags vereinbart ist.[135] Diese unerwünschten Effekte ließen sich jedoch über einen entsprechend angepaßten kalkulatorischen Zinssatz kompensieren.

In Kapitel 4.2.2.3.3 wurde dargelegt, daß bei den bayerischen Entsorgern hinsichtlich der Höhe des Zinssatzes erhebliche Bandbreiten bestehen. Der Minimum- bzw. Maximumwert beträgt 3 % bzw. 8,3 %, der Durchschnittswert knapp 6,5 %. Während in den derzeitigen kommunalrechtlichen Bestimmungen Ansatz und Höhe des kalkulatorischen Zinssatzes weitgehend unbestimmt ist, wird im Schrifttum überwiegend die Verwendung eines einheitlichen kalkulatorischen Mischzinssatzes empfohlen.[136] Dabei stellt sich jedoch die Frage, welchen alternativen Verwendungen das "Eigenkapital" der Staatshaushalte (treffender wäre es, von "Gesellschafts-Vermögen" zu sprechen) zugeführt werden könnte. So bemerkt BUDÄUS, daß im politisch-administrativen System im Gegensatz zur Erwerbswirtschaft davon auszugehen sei, daß eine Alternative, das verfügbare Eigenkapital in Finanzanlagen zu investieren, zumindest langfristig nicht existiere.[137] Opportunitätskosten entstünden allerdings dann, wenn bei begrenzten finanziellen Ressourcen auf die Durchführung anderer staatlicher Projekte verzichtet werden müßte. Im Falle unbegrenzter Möglichkeiten einer Fremdfinanzierung wäre demnach der Nutzenentgang höchstens gleich der Höhe der marktüblichen Fremdkapitalzinsen. Bei begrenztem Verschuldungsspielraum hingegen müßte der zu berücksichtigende Nutzenentgang größer oder gleich den Fremdkapitalzinsen sein. Inwieweit der öffentliche Verschuldensspielraum begrenzt ist, läßt sich nicht beantworten. Die kontinuierliche Zunahme der Staatsverschuldung in den vergangenen Jahrzehnten und die finanzwirtschaftliche Sonderstellung "rentierlicher" Schulden (d.h. über Gebühreneinnahmen finanzierbare Kredite) auf der einen Seite und die Verschuldungsrestriktionen im Rahmen der Europäischen Währungsunion auf der anderen Seite lassen keine klare Tendenz erkennen.[138] So läßt sich pragmatisch argumentieren, daß aufgrund der allgemeinen Verschuldungssituation der öffentlichen Haushalte die Eigenfinanzierung der Entsorgungsaufgaben eine Fremdfinanzierung anderer öffentlicher Aufgaben induziert.[139] Hieraus folgt, daß der Opportunitätszins-

---

des gesamten Anlagenbestandes der Entsorgungseinrichtung gegeben; vgl. GAWEL, E. (1994 e), S. 229.

134 Vgl. BRÜNING, G. (1990), S. 44 f..

135 Vgl. hierzu WITTMANN, R.W. (1994), S. 158 f..

136 Vgl. hierzu nochmals die Ausführungen in Kapitel 3.8.3.2.3.1.2.

137 Vgl. BUDÄUS, D. (1978), S. 374 f..

138 Vgl. hierzu auch die Ausführungen in Kapitel 6.5.1.2.3.

139 So wurde im Rahmen der bayernweiten Befragung (Empirie II) die These, daß die finanzielle Belastbarkeit des öffentlichen Haushalts ihre Grenzen erreicht habe (vgl. Frage 61. im Fragebo-

satz des Eigenkapitals im Norm-Kostenrechnungssystem für die Siedlungsabfallwirtschaft genau dem Fremdkapitalzinssatz der entsorgungspflichtigen Körperschaften entsprechen sollte. Mithin gilt ein einheitlicher Zinssatz. Unter Kompatibilitätsgesichtspunkten wäre als Referenz der Zinssatz bei Leistungen für öffentliche Aufträge heranzuziehen, der gemäß Abs. 1 VO PR Nr. 4/72 die Grenze von 6,5 % nicht überschreiten darf.[140] Um eine einheitliche Gebührenkalkulation der öffentlich-rechtlichen Entsorger zu gewährleisten, wäre dieser (Nominal-)Satz nicht als Höchst-, sondern als Fixwert festzulegen. In Hinblick auf die Tagesbewertung des zu verzinsenden Gesamtkapitals bzw. korrespondierenden Vermögens ist zu bemerken, daß die Verwendung eines Nominalkapitalzinssatzes hier keine Doppelbelastung für die Gebührenschuldner induziert.[141] Denn Maßgabe für die zeitnahe Bewertung ist nicht der Inflationsausgleich, sondern die Setzung aktueller Knappheitspreise für die eingesetzten entsorgungswirtschaftlichen Ressourcen.[142]

5.2.2.2.4 Kalkulatorische Wagnisse

Der Ansatz kalkulatorischer Wagniskosten scheint, wie die Daten der bayerischen Entsorger zeigen, in der Gebührenpraxis die Ausnahme darzustellen. Bedarf ist jedoch vorhanden, gaben doch knapp 50 % der antwortenden Entsorger an, Sonderabschreibungen in der Gebührenkalkulation anzusetzen.[143] Vor diesem Hintergrund und unter dem Aspekt des umweltpolitischen Verursacherprinzips besteht die Notwendigkeit, im Rahmen des Norm-Kostenrechnungssystems für die Siedlungsabfallwirtschaft standardisierte Verfahren zur Kalkulation der im Entsorgungsbereich typischerweise auftretenden Einzelwagnisse festzuschreiben, so etwa für außergewöhnliche Anlagenabnutzungen aufgrund technischer Störungen, technischen Veraltens oder Katastrophenverschleißes, für Fehlschätzungen von Anlagennutzungsdauern, für Umwelthaftungserfordernisse und potentielle Altlasten.[144] Als Orientierung könnten hierbei die Vorgaben in LSP Nr. 48-50 nebst den einschlägigen Kommentierungen[145] dienen.

---

gen Anhang I), von 48 mit "trifft voll zu", von 34 mit "trifft eher zu", von 8 mit "trifft weniger zu" und von nur 1 mit "trifft nicht zu" beantwortet.

140 Dem entspricht auch der beobachtete durchschnittliche Zinssatz von knapp 6,5 % bei den bayerischen Entsorgern.

141 Vgl. zu dieser Argumentation nochmals die Ausführungen in Kapitel 3.8.3.2.3.1.2.

142 Vgl. in diesem Sinne auch BALS, H. / NÖLKE, A. (1990), S. 219 f.. Anderer Ansicht ist GAWEL, E. (1996), S. 37.

143 Vgl. hierzu nochmals die Ausführungen in Kapitel 4.2.2.3.3.

144 Zu den Gefährdungs-, Sanierungs- und Finanzierungsfragen speziell von Altlasten vgl. BRANDT, E. (1990).

145 Vgl. insbesondere EBISCH, H. / GOTTSCHALK, J. (1994); MICHAELIS, H. / RHÖSA, C.A. (1994).

5.2.2.2.5 Kalkulatorische Rückstellungen

Besondere Beachtung verdient die Kostenart der kalkulatorischen Rückstellungen, deren Mengen- und Wertkomponente aufgrund der Prognosenotwendigkeit in weiten Bandbreiten gestaltbar ist. Diese Kostenart wurde im betriebswirtschaftlichen Schrifttum bislang nur am Rande thematisiert, rechtlich fundierte Kalkulationsvorgaben existieren nicht. Mögliche Kalkulationsmethoden nach den Vorschlägen der KGSt wurden bereits in Kapitel 3.8.3.2.3.1.2 vorgestellt. Unter dem Aspekt der rechentechnisch einfachen Handhabung wäre das "vereinfachte Verfahren" zu präferieren, bei der die periodenbezogenen Kostenmengen der Rückstellungen mit den jeweils aktuellen Anschaffungs-/Herstellungswerten zu bewerten sind.

Gerade bei den Rückstellungen für die Deponienachsorge stellt sich das Problem der Bestimmung der Nachsorgedauer. Im Rahmen der bayernweiten Befragung (Empirie II) ließ sich feststellen, daß Nachsorgedauern bis zu 50 Jahren angesetzt werden.[146] Auch wurden andernorts Nachsorgedauern von bis zu 100 Jahren publik. Insofern ist im Rahmen des Norm-Kostenrechnungssystems für Siedlungsabfallwirtschaft eine verbindliche Zeitdauer für die Deponienachsorge festzulegen. Dabei sei nochmals auf den (zwischenzeitlich abgelehnten) "Vorschlag für eine Richtlinie des Rates über Abfalldeponien"[147] hingewiesen, der in Art. 13 für Nachsorgepflichten einen Zeitraum von höchstens zehn Jahren vorsieht. Um EU-rechtliche Friktionen zu vermeiden, wäre hier eine entsprechende Abstimmung notwendig.

5.2.2.2.6 Kostentrennung

Für die Zwecke der in Kapitel 5.2.2.1.1.2 beschriebenen Leerkostenelimination ist eine Gliederung der einzelnen Kostenpositionen in variable, kapazitätsabhängige fixe und kapazitätsunabhängige fixe Bestandteile vorzunehmen. Methoden zur Kostentrennung, darauf wurde bereits in Kapitel 3.8.3.3.4 hingewiesen, sind die buchtechnische oder die planmäßige Kostenauflösung oder auf Kostenzeitvergleichen basierende Methoden, wie die mathematische oder die statistische Methode.[148] Aus der Notwendigkeit einer Standardisierung wäre im Norm-Kostenrechnungssystem für die Siedlungsabfallwirtschaft eine pragmatische, an Kostenarten anknüpfende Kostenaufteilung sinnvoll, die etwa der Vorgehensweise in den Einzelfallstudien ausgewählter bayerischer Entsorgungseinrichtungen (Empirie I) entsprechen könnte.[149] Im übrigen dient

---

146 Vgl. hierzu nochmals die Ausführungen in Kapitel 4.2.2.3.3.

147 Vgl. BR-Drs. 484/93.

148 Vgl. hierzu etwa KILGER, W. (1988 a), S. 360 ff.; COENENBERG, A.G. (1993), S. 55 ff.; SCHWEITZER, M. / KÜPPER, H.-U. (1995), S. 374 f..

149 Vgl hierzu die Ausführungen im späteren Kapitel 6.3.1.1.

die Kostentrennung auch der Kostenumlage mit zweiteiligen Tarifen, d.h. einer Grund- und einer Zusatzgebühr.

5.2.2.3 Vorsorge- und verursachergerechte Kostenstellenrechnung

Im weiteren sind die vorsorge- und verursachergerechten Kostenarten in der Kostenstellenrechnung den jeweiligen Kostenentstehungsbereichen zuzuordnen. Aufgrund der komplexen Leistungsstruktur moderner Entsorgungswirtschaften ist hierbei die rechentechnische Unterstützung eines Betriebsabrechnungsbogens unabdingbar.[150] Ein entsprechendes Gliederungsschema der entsorgungswirtschaftlichen Kostenstellen wurde bereits in Kapitel 3.8.3.2.3.2.1 vorgestellt, das in einer ausdifferenzierten Form als Standard im Rahmen des Norm-Kostenrechnungssystems für die Siedlungsabfallwirtschaft festgelegt werden sollte. Hierbei ist auch zu berücksichtigen, daß in den Kostenstellen eine getrennte Erfassung und Weiterverrechnung der Kostenarten nach dem Kostenverhalten (variabel, kapazitätsabhängig fix, kapazitätsunabhängig fix) gewährleistet ist. Ebenfalls normiert werden sollte die Verwendung von Kostenschlüsseln bei der Primär- und insbesondere der Sekundärkostenverrechnung. Hierbei kommen, wie in Kapitel 3.8.3.2.3.2.4 dargelegt wurde, zweckmäßigerweise Mengenschlüssel in Betracht. Außerdem wäre zu erwägen, für bestimmte Kostenbereiche eine Verteilungstechnik per Prozeßkosten- und Äquivalenzziffernrechnung zu integrieren. Zu bemerken bleibt, daß eine kostenrechnerisch verursachungsgerechte Kostenzurechnung aufgrund der Gemeinkostenproblematik nie vollständig erreichbar ist. Insofern sind hier auch dem umweltpolitischen Verursacherprinzip Grenzen gesetzt.

5.2.2.4 Vorsorge- und verursachergerechte Kostenträgerstückrechnung

Eine Komprimierung der Hauptkostenstellen auf gebührenbezogene Endkostenstellen sollte zunächst unterbleiben, um einerseits im Rahmen der Kostenträgerstückrechnung vorsorge- und verursachergerechte Selbstkostensätze für die einzelnen Kostenstellen berechnen und andererseits für Controllingzwecke[151] entsprechend differenzierte kostenstellenbezogene Informationen gewinnen zu können. Als Ermittlungsverfahren wäre im Norm-Kostenrechnungssystem für die Siedlungsabfallwirtschaft die einstufige Divisionskalkulation mit geeigneten Bezugsgrößen (i.d.R. die fraktionenspezifischen Abfallmengen) verbindlich vorzuschreiben.

---

150 So sei nochmals darauf hingewiesen, daß knapp 50 % der bayerischen Entsorger keinen BAB verwenden; vgl. Kapitel 4.2.2.3.1.

151 Vgl. hierzu die Ausführungen im späteren Kapitel 6.5.3.2.

5.2.2.5 Vorsorge- und verursachergerechte Kostenumlage

Im Zuge der Umstrukturierung der Abfallentsorgung von der bloßen "Müllabfuhr" hin zu modernen Entsorgungswirtschaften mit einer Vielzahl von Einzelleistungen und entsprechenden Kostensteigerungen gewinnt die Methodik der Kostenumlage zunehmend an Bedeutung. In den Kapiteln 3.8.2, 3.8.3.1.1 und 3.8.3.4 wurde schon angesprochen, daß eine verursachergerechte Umlage mit vollständig entbündelten Gebührentatbeständen und Wirklichkeitsmaßstäben aufgrund meßtechnischer, wirtschaftlicher, daseins- und umweltvorsorgebedingter Restriktionen nur sehr eingeschränkt möglich ist.

5.2.2.5.1 Neue Gebührenmodelle

Die vorsorge- und verursachergerechte Kostenumlage war in der jüngeren Vergangenheit das Thema zahlreicher Fachpublikationen. Unter dem Schlagwort "Neue Gebührenmodelle" wurde angedacht und teilweise auch in Pilotprojekten erprobt, welcher Abrechnungsmodus im Hausmüllbereich den umweltpolitischen Prinzipien am besten gerecht wird - wobei die Frage der Kostenentstehung regelmäßig übergangen wurde.[152]

Allen Modellen ist gemein, daß ein zweiteiliger Gebührentarif, d.h. eine Grund- und eine Zusatzgebühr erhoben wird. Unterschiede bestehen in der grundsätzlichen Ausrichtung des Maßstabs für die Zusatzgebühr, die einmal nach dem Volumen und andererseits nach dem Gewicht der zu entsorgenden Abfälle erfolgt. Eine Abrechnung nach Volumen (d.h. nach der Größe des Abfallbehälters) wird bei den "mengenbezogenen Gebührensystemen", nämlich dem sog. Banderolen-, Gebührenmarken- sowie Abfallsacksystem angewandt. Bei den ersten beiden Systemen muß der Nutzer des Abfallbehälters vor jeder Entleerung eine gebührenpflichtige Banderole oder Marke am Behälter anbringen, die von den Müllwerkern entwertet wird. Beim Abfallsacksystem wird der Abfall in speziellen, gegen Gebühr erhältlichen Abfallsäcken zur Abholung bereitgestellt. Gebühreneinsparungen kann der Abfallproduzent dadurch realisieren, daß er durch geringeres Abfallaufkommen oder durch vollständige Ausnutzung des Abfallbehälters die Abfuhrhäufigkeit reduziert und somit weniger Banderolen, Wertmarken oder Abfallsäcke kaufen muß. Bei den "gewichtsbezogenen Systemen"

---

152 Vgl. hierzu etwa WIEBE, A. / LAHL, U. (1988); ALBERS, H. (1989); SCHEFFOLD, K. / FÜLLE-SCHEFFOLD, I. (1990); GAPPA-LANGER, H. (1991); EICHHORN, H. / GURLIT, W. (1992); GLASER, P. (1992); HAHN, G. (1992); MARBACH, K. (1992); MATTL, R. (1992); SCHEFFOLD, K. (1992 a), (1992 b) und (1993); SCHIRMER, P. (1992); SCHWAMMEL, R. (1992); WEBER, G. (1992); FILSER, E. (1993); LAHL, U. (1993); OECHLER, A. (1993); GRAHL, A. / BÜLL, U. (1994); MÜTER-ZWISELE, B. / STUHR, R. (1995).

hingegen wird als Gebührenmaßstab das Abfallgewicht herangezogen. Die Erfassung des Abfallgewichts ist bei der Einsammlung über eine automatische Verwiegung beim Einschüttvorgang am Entsorgungsfahrzeug vorzunehmen.[153] Die zu entrichtende Zusatzgebühr bestimmt sich als Produkt aus der Summe der Gewichte aller Einzelentleerungen pro Rechnungsperiode und dem Gebührensatz. Gebühreneinsparungen kann der Abfallproduzent folglich über ein geringeres Abfallgewicht erzielen. Die leistungsunabhängigen Kosten der Restmüllentsorgung sowie die Kosten für additive abfallwirtschaftliche Maßnahmen (Wertstoffhöfe, Kompostierung, Sperrmüllentsorgung, Problemmüllentsorgung etc.) sind sowohl in den mengen- als auch den gewichtsbezogenen Modellen über die Grundgebühr zu entgelten. - Anzumerken ist, daß diese Festlegung von Grund- und Zusatzgebühren nicht den gesetzlichen Vorgaben entspricht, welche als differenzierendes Kriterium der Gebührenbestandteile ausschließlich das Kostenverhalten, nicht aber die Leistungsart vorsehen.[154] Insofern nähert sich hier die Grundgebühr der Abgabeart "Beitrag" an.

Aufgrund ihrer Wahrscheinlichkeitsmaßstäbe setzen die Modelle das Verursacherprinzip nicht vollständig um. Demgegenüber wird als Vorteil erachtet, daß über die Möglichkeiten zur individuellen Kosteneinsparung bei der Zusatzgebühr ein Anreiz zur Abfallvermeidung und -verminderung gesetzt wird und somit dem Vorsorgeprinzip entsprochen werden kann. Die Erfahrungen in jenen entsorgungspflichtigen Gebietskörperschaften, in denen die Modelle zu Testzwecken eingesetzt wurden,[155] ergaben, daß eine signifikante Abnahme der Restabfallmengen zu verzeichnen war. Dies wurde einerseits auf verstärkte Eigen- und Fremdkompostierung, Wertstoffbereitstellung sowie abfallvermeidendes Verhalten zurückgeführt. Andererseits ließ sich aber auch eine teilweise drastische Zunahme illegaler Beseitigung beobachten - so etwa per Hausbrand, wilder Ablagerung, Abstellen von Müllsäcken außerhalb der Versuchsgebiete, erhöhtem zweckfremdem Abfallaufkommen bei der Sperrmüllabfuhr sowie Zugabe von Hausmüll in unbewachte Container bei Baustellen und Gewerbebetrieben. Insofern relativieren sich die erzielten Abfallvermeidungs- und -verminderungserfolge. Darüber hinaus stellt sich die Frage, in welchem Ausmaß die in den Modellen vorgenommene Aufteilung in Grund- und Zusatzgebühren einen Anreiz im Sinne des Vorsorgeprinzips erlaubt. Geht man von einem Anteil der Zusatzgebühr von 20 % und der Grundgebühr von 80 % an den Gesamtgebühren der Entsorgung aus und bedenkt, daß die Entsorgungsaufwendungen im Durchschnitt aller privaten Haushalte weniger als 1 % der Lebenshaltungskosten betragen (vgl. *Abb. 5.12*), scheint eine dauerhafte

---

153 Dieses Verfahren scheint mittlerweile technisch ausgereift zu sein. Vgl. für einen Überblick der gängigen Systeme ELMER, A. (1996).

154 Vgl. hierzu nochmals die Ausführungen in Kapitel 3.8.3.3.4.

155 Vgl. GAPPA-LANGER, H. (1991); BARTL, U. (1992); GLASER,P. (1992); HAHN, G. (1992); MATTL, R. (1992); MARBACH, K. (1992); SCHIRMER, P. (1992); SCHWAMMEL, R. (1992); WEBER, G. (1992).

Anreizwirkung unrealistisch.[156]

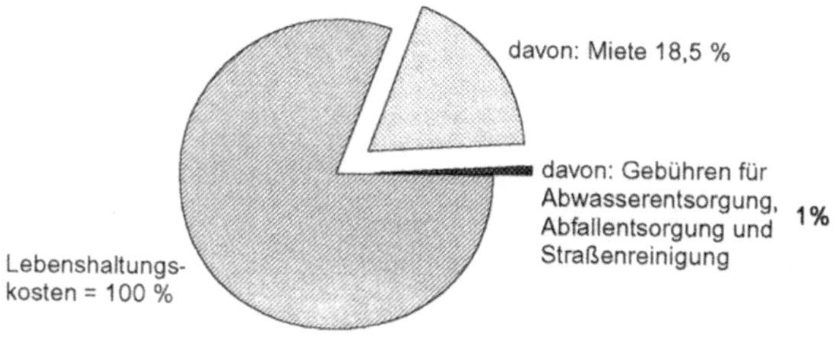

Abb. 5.12: Anteil der Entsorgungskosten an den Lebenshaltungskosten (Quelle: BALS, H. / LAHL, U. (1991), S. 612)

Neben diesen Wirkungscharakteristika zeigten die Erfahrungen in den Versuchsgebieten folgende Besonderheiten und Effekte der Gebührenmodelle auf:

- Die unterschiedliche Struktur der Entsorgungsgebiete - ländliche, kleinstädtische und metropolartige Räume - erfordert auf die Regionalspezifika abgestimmte Gebührenmodelle. So scheidet eine Anknüpfung der Gebührenhöhe an das Abfallgewicht oder -volumen von vornherein dort aus, wo die Abfallbehälter nicht einzelnen Gebührenschuldnern zugeordnet werden können, weil sie von mehreren gemeinsam genutzt werden. Sonst nämlich hängt die konkrete Gebührenhöhe nicht mehr vom individuellen, sondern vom gemeinsamen Benutzerverhalten ab. Zudem ist zu berücksichtigen, daß in Abhängigkeit von der Siedlungsstruktur unterschiedliche Vermeidungs- und Verminderungspotentiale bestehen. So ist z.B. die Eigenkompostierung in Großstädten keine realistische Alternative.

- Sowohl bei den mengen- als auch den gewichtsbezogenen Gebührensystemen besteht die Gefahr von Manipulationen durch Dritte, die sich durch Nutzung fremder Abfallbehälter Gebühreneinsparungen verschaffen. Diese Gefahr könnte man durch eine entsprechend hohe Grundgebühr entschärfen, wodurch jedoch der Lenkungsanreiz über die Zusatzgebühr gegen Null tendiert.

- Die Einführung der neuen Gebührenmodelle veranlaßt beträchtliche Aufwendungen, etwa für aufklärende und werbende Öffentlichkeitsarbeit, für die Ein-

156 Vgl. BALS, H. / LAHL, U. (1991), S. 612; GAPPA-LANGER, H. (1991), S. 114; WEBER, G. (1992), S. 124. - Diese Relation hat sich jedoch zwischenzeitlich aufgrund der mancherorts rapide gestiegenen Entsorgungspreise verändert.

führung eines gänzlich neuen Abbuchungsmodus in der Verwaltung sowie für die Anschaffung entsprechender Behälter und Müllfahrzeuge.[157] Ein finanziell positiver Nettoeffekt ist nur dann gegeben, wenn diesen Kostensteigerungen größere Einsparungen auf der Entsorgungsseite gegenüberstehen.

- Bei den mengenbezogenen Systemen läßt sich eine unerwünschte Überfüllung und Verpressung des Abfalls in den Gefäßen beobachten, was zu einer Behinderung der Entleerung führt. Außerdem treten bei langer Standzeit in der Sommerzeit Hygiene- und Geruchsprobleme auf.

- Beim Banderolensystem besteht die Gefahr der Vortäuschung oder des tatsächlichen Diebstahls der Banderole aus Gründen der Gebührenersparnis. Dies könnte allerdings durch eine automatische Gefäßidentifikation per codiertem Gefäßaufkleber umgangen werden, wie die Ergebnisse eines Pilotprojektes in Bremen ergaben.[158]

- Durch Verwendung von Abfallsäcken produziert das Sacksystem selbsttätig Abfall. Des weiteren sind die Nachteile einer möglichen Beschädigung der Säcke und einem für die Müllwerker erschwerten Handling gegeben.[159]

5.2.2.5.2 Prinzipien-Dilemma und Anpassung des Verursacherprinzips

Die Wirkungscharakteristika der "Neuen Gebührenmodelle" zeigen auf, daß im Bereich der Abfallentsorgung zwischen dem umweltpolitischen Vorsorge- und dem Verursacherprinzip ein schwer auflösbares Spannungsverhältnis besteht.[160] Auf dieses Dilemma wurde bereits in Kapitel 3.8.3.2.3 zu den Einzel- und Pauschalgebühren hingewiesen. SCHREINER bemerkt: "Ein Gebührenmodell, das die steigenden Systemkosten den sinkenden Restmüllmengen zurechnet, wird hypersensibel und führt zu Fehllenkungen der Abfallströme. Darüberhinaus wird es von den Betroffenen als ungerecht empfunden und verliert zunehmend an Akzeptanz. Verbunden damit nimmt die Bereitschaft ab, sich an den für den Bürger aufwendigeren Separatsammlungen zu

157 Vgl. hierzu etwa die Auflistung der Kostenfaktoren zur Einführung elektronischer Behälterwiege- und -identifikationssysteme bei GRAHL, A. / BÜLL, U. (1994), S. 63.

158 Vgl. EICHHORN, H. / GURLIT, W. (1992), S. 482 ff..

159 Dem entgegen stehen auch die Vorgaben der Richtlinie des Rates vom 29. Mai 1990 über die Mindestvorschriften bezüglich der Sicherheit und des Gesundheitsschutzes bei der manuellen Handhabung von Lasten, die für die Arbeitnehmer insbesondere eine Gefährung der Lendenwirbelsäule mit sich bringt (90/269/EWG - Vierte Einzelrichtlinie im Sinne von Artikel 16 Absatz 1 der Richlinie 89/391/EWG, in: AblEG, 33. Jg., 1996, Nr. L 156, S. 9-13). Insofern sind auch einer Staffelung von Abfallbehältergrößen nach unten und damit einer verursachergerechten Mengentarifierung Grenzen gesetzt.

160 Vgl. in diesem Sinne auch MOHL, H. / WEGENER, U. (1996 a), S. 90.

beteiligen (Protesthaltung). Andererseits läuft eine kostenverursachungsgerechte, differenzierte Gebührenerhebung für einzelne Systemleistungen (zumindest teilweise) den abfallwirtschaftlichen Zielen zuwider. Es wird zunehmend deutlich, daß sich alle unsere bisherigen Gebührensysteme nicht mehr eignen."[161] Aus dieser Problematik wird auch deutlich, daß es sich bei der Abfallentsorgung tendenziell um kein privates Gut, sondern um ein öffentliches Gut handelt. Hierauf wird noch ausführlich in Kapitel 6.3.3 einzugehen sein.

Die Schaffung wirklichkeitsnah bemessener und selektiver Gebührentatbestände kann nur dort vorsorgegerecht erfolgen, wo Mißbräuche - so etwa durch Entsorgung von Restabfällen im evtl. billigeren Bioabfallbehälter - weitestgehend auszuschließen sind. Eine Kontrolle und Durchsetzung der Ordnungsmäßigkeit der Entsorgung läßt sich am effektivsten bewerkstelligen, wenn die Abfallfraktionen von den Abfallbesitzern selbst an den Entsorgungsanlagen anzuliefern sind und unmittelbar gesichtet und entsprechend abgerechnet werden können. So wird denn auch, wie in Kapitel 3.8.3.2.3 dargelegt wurde, in der Literatur empfohlen, Einzelgebühren ausschließlich bei Selbstanlieferer-Fraktionen zu gewähren. In diesem Sinne sollten die Bestrebungen dahin gehen, möglichst viele Abfallfraktionen in entsprechenden Selbstanlieferersystemen zu führen. Ein naheliegende Möglichkeit wäre - dies zeigen die Erfahrungen mit den Verpackungsabfällen - weitergehende Rücknahmepflichten für das Gewerbe und die Industrie einzuführen, die dann ihrerseits die Fraktionen gebündelt und gebührenpflichtig bei den öffentlich-rechtlichen Entsorgern abzuliefern haben.[162] Dabei sollte allerdings auf Verwertungsquoten oder andere Mengenziele wie im Falle der VerpackV verzichtet werden, da bei vorsorge- und verursachergerechter Kostenkalkulation und -bepreisung der Marktmechanismus gewährleistet, daß die jeweils effiziente Vermeidungs-, Verwertungs- und Entsorgungsstruktur realisiert wird.[163]

Somit besteht die Forderung in einer Modifikation der derzeitigen Handhabung des Verursacherprinzips nach der "Adressierungsalternative 1", wonach Verursacher derjenige ist, aus dessen Einflußbereich der belastende Stoff in die Umwelt entlassen wird.[164] Die Umstellung hat so zu erfolgen, daß in der konsekutiven Verursacherkette der Abfallerzeugung nunmehr die vorgelagerten Abfallproduzenten gänzlich oder partiell zur Verantwortung gezogen werden ("Adressierungsalternativen 2-4"). MICHAELIS merkt an, daß angesichts der Kosten der hierfür erforderlichen Rückführlogistik

---

161 SCHREINER, M. (1993), S. 9.

162 Diese Auffassung wird allmählich auch im Schrifttum vertreten. Vgl. etwa IHMELS, K. (1993), S. 436 f.; MICHAELIS, P. (1993), S. 31 ff.; SCHREINER, M. (1993), S. 2 f.; SCHEFFOLD, K. (1994), S. I/90.

163 Vgl. MICHAELIS, P. (1993), S. 33. Vgl. außerdem nochmals die Ausführungen in Kapitel 4.1.3.2.3.2 zur statischen Ineffizienz von undifferenzierten Umweltnormen.

164 Vgl. hierzu nochmals die Ausführungen in Kapitel 5.2.1.2.1.2.

eine solche Vorgehensweise nur für eine begrenzte Auswahl von Produktgruppen empfohlen werden könne, die aufgrund ihrer Mengen oder aufgrund ihrer Schadstoffgehalte von besonderer umweltpolitischer Relevanz sind.[165] Dieses Problem könnte jedoch umgangen werden, wenn man sich wie im Falle der Verpackungsabfälle der öffentlich-rechtlichen Entsorgungslogistik bedient.

Für jene Abfallfraktionen aber, bei denen unter Praktikabilitätsgesichtspunkten die Verursacherverantwortung bei den Abfallbesitzern verbleiben muß und auch eine Selbstanlieferung ausscheidet, wird man, um dem umweltpolitischen Vorsorgeprinzip zu entsprechen, nicht umhin können, an pauschalisierten Gebührentatbeständen festzuhalten. In Anlehnung an die Empfehlungen von SCHREINER könnte hierbei ein "Mehrkomponenten-Gebührenmodell" dienlich sein, das sich aus einer mehrgliedrigen, beitragsähnlichen Grundgebühr und einer Zusatzgebühr zusammensetzt (vgl. *Abb. 5.13*).[166]

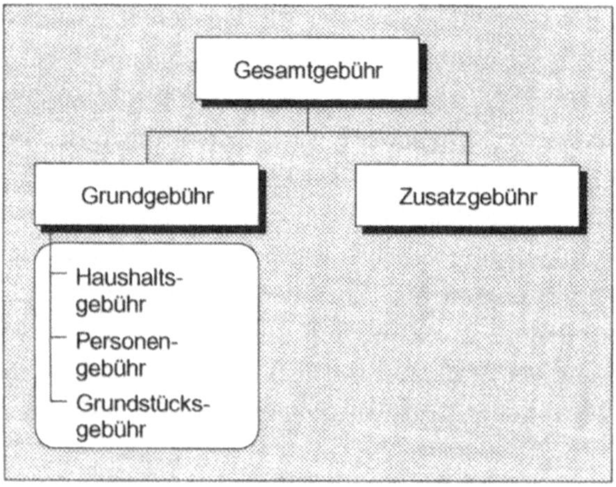

Abb. 5.13: Mehrkomponenten-Gebührenmodell (in Anlehnung an: SCHREINER, M. (1993), S. 23)

Die Grundgebühr würde in Analogie zu den "Neuen Gebührenmodellen" die Fixkosten der verbleibenden Restmüllentsorgung sowie die Kosten der verbleibenden additiven Entsorgungsleistungen umfassen. Dabei könnte die Gebührenbemessung aufgesplittet nach mehreren Wahrscheinlichkeitsmaßstäben, z.B. nach den Bezugsgrößen "Haushalt", "Personenanzahl" und "Grundstück" erfolgen. Nach SCHREINER gibt es eine Reihe von Anhaltspunkten dafür, daß bestimmte Abfallfraktionen in einer begrenzten Abhängigkeit von der Anzahl der Haushalte bzw. Wohnungen entstehen,

165 Vgl. MICHAELIS, P. (1993), S. 33.
166 Vgl. SCHREINER, M. (1993), S. 22 f..

z.B. Papier, Sperrmüll, Speisereste u.a..[167] Auch für die Abhängigkeit bestimmter Abfallfraktionen von der Anzahl und der Nutzung der Grundstücke gäbe es Plausibilitätserklärungen, was insbesondere auf die Fraktionen Gartenabfälle, Hofkehricht und Abfälle aus Instandhaltungsaufwendungen zuträfe. Um die Tariftransparenz und gleichermaßen die Akzeptanz bei den Gebührenschuldnern zu erhöhen, wäre die Grundgebühr entsprechend der einzelnen einbezogenen Komponenten differenziert auszuweisen. Mit der Zusatzgebühr würden die leistungsabhängigen Kosten der Restmüllentsorgung umgelegt. Dabei wäre eine gewichtsbezogene Bemessung zu favorisieren, die zwar technisch aufwendig ist, aber nicht die dargelegten Nachteile der Mengensysteme aufweist. Mithilfe der in Kapitel 5.2.2.1.1.2 beschriebenen Leerkostenelimination und gleichzeitigen Variabilisierung der kapazitätsabhängigen Fixkosten könnte sich die in Kapitel 5.2.2.5.1 benannte anreizuntaugliche Relation von Grund- und Zusatzgebühr relativieren, wenn nicht sogar ins Gegenteil verkehren.

Um im Gegensatz zur gängigen Praxis - vgl. hierzu nochmals die Ausführungen in Kapitel 4.2.2.3.5 - eine einheitliche Umlagepraxis der öffentlich-rechtlichen Entsorger zu gewährleisten, ist ein entsprechendes, konsensfähiges Umlagesystem sowohl für die Verursacher nach der "Adressierungsalternative 1" als auch für die Verursacher nach den "Adressierungsalternativen 2-4" zu spezifizieren und im Rahmen des Norm-Kostenrechnungssystems verbindlich festzuschreiben.

5.2.2.5.3 Tarifierung der Gebührensätze

Abschließend sei noch auf mögliche Tarifierungen der Gebührensätze eingegangen. In Kapitel 3.8.3.1.3 wurde angesprochen, daß die derzeitigen gebührenrechtlichen Bestimmungen für die Ausgestaltung einer lenkungsdienlichen Abfallgebühr progressive oder auch degressive Tarifierungen, Gebührenzu- und -abschläge sowie Gebührenbefreiungen (Nulltarif) vorsehen. Des weiteren wurde in Kapitel 4.2.2.3.4.2 und Kapitel 4.2.2.3.5 am Beispiel der bayerischen Entsorger aufgezeigt, daß diese Maßnahmen in sehr unterschiedlichem Maße ausgeübt werden. Es ist indessen fraglich, ob auf Basis der beschriebenen vorsorge- und verursachergerechten Kostenkalkulation und Gebührenumlage weitere Anreize bei der Tarifierung der Gebührensätze zu setzen sind.[168]

So läßt sich gegen progressive Tarife und Gebührenzuschläge einwenden, daß sie die Kostenentwicklung nicht in entsprechender Weise abbilden. Wie in Kapitel 6.3 aufzuzeigen ist, sind für den Entsorgungssektor tendenziell degressive Stückkostenverläufe anzunehmen. Insofern würde eine Gebührenprogression gegen das Verursacherprinzip

167 Vgl. SCHREINER, M. (1993), S. 19 f..
168 Vgl. hierzu auch noch einmal die Ausführungen in den Kapiteln 5.2.2.1.1.1.2 und 5.2.2.1.1.1.3.

verstoßen.[169] Degressive Tarifierungen hingegen würden zwar die genannte Kostenentwicklung abbilden, hätten aber den Nachteil, daß Verursacher mit hohem Abfallaufkommen gegenüber Verursachern mit niedrigem Abfallaufkommen bevorzugt werden, wodurch sich negative Anreizeffekte entfalten könnten.[170] Insofern erscheint der lineare Tarif, d.h. der reine Divisionskalkulationssatz, als der geeignete Mittelweg. Gebührenabschläge und -befreiungen schließlich sind aus denselben Gründen abzulehnen, wie eine Berücksichtigung von Finanzhilfen in der Gebührenkalkulation.[171]

5.2.2.6 Vorsorge- und verursachergerechte Nachkalkulation

In Kapitel 5.2.2.1 wurde bereits darauf hingewiesen, daß die vorsorge- und verursachergerechte Kostenkalkulation und -umlage zunächst auf Basis von Planwerten zu erfolgen hat, um den Abfallproduzenten zu Beginn der Abrechnungsperiode die entsprechenden Preisinformationen mitteilen zu können. Im Laufe der Rechnungsperiode konkretisieren sich im Rahmen der Leistungserstellung die tatsächlich anfallenden Kosten, die aufgrund von Prognoseunschärfen in aller Regel von den Plankosten abweichen werden. Nach der Diktion des derzeitigen Gebührenrechts sind realisierte Kostenüber- und -unterdeckungen im folgenden Abrechnungszeitraum gebührenmindernd auszugleichen.[172] Neben dem unerwünschten Effekt, daß bei langen Kalkulationszeiträumen möglicherweise nicht-identische Leistungsempfänger kompensiert werden, wird bei dieser Praxis außerdem gegen kostenrechnerische Grundsätze und insofern auch gegen das umweltpolitische Verursacherprinzip verstoßen.[173]

Für eine vorsorge- und verursachergerechte Kostenanlastung im Rahmen des Norm-Kostenrechnungssystems für die Siedlungsabfallwirtschaft empfiehlt sich daher eine entsprechende Gebührenkorrektur in der laufenden Rechnungsperiode. Damit die Abweichungen so gering wie möglich ausfallen, wäre die Abrechnungsperiode bzw. der Kalkulationszeitraum auf 1 Jahr zu beschränken.[174] Die auf Basis der Planwerte ermittelten Gebühren wären bspw. in Form von quartalsmäßigen Abschlagszahlungen zu erheben. Mögliche Über- bzw. Unterdeckungen, die im Rahmen einer Nachkalkulation zu ermitteln sind, wären am Ende der Rechnungsperiode bei der letzten Zahlung auszugleichen. Hierdurch ist im Gegensatz zur gängigen Gebührenpraxis ge-

---

169 Vgl. in diesem Sinne auch VKS (1990), S. 7; QUEITSCH, P. (1994), S. 92.

170 So auch QUEITSCH, P. (1994), S. 92.

171 Vgl. hierzu nochmals die Ausführungen in Kapitel 4.1.3.2.2.1. - BALS, H. / NÖLKE, A. (1990), S. 206 bemerken, daß eine Gebührenermäßigung oder -befreiung aus sozialen Gründen unter wohlfahrtstheoretischen Aspekten abzulehnen sei. Anstelle eine Objektförderung sollte vielmehr eine Subjektförderung mittels direkter Transferzahlungen erfolgen.

172 Vgl. hierzu nochmals die Ausführungen in Kapitel 3.8.3.1.2.

173 Vgl. hierzu nochmals die Ausführungen in Kapitel 3.8.3.2.2 und Kapitel 3.8.3.2.3.1.1.

174 QUEITSCH, P. (1994), S. 97 empfiehlt sogar das Kalenderhalbjahr.

währleistet, daß die vorsorge- und verursachergerechten Kosten periodengenau umgelegt werden. Im übrigen ist in den LSP, dem Pendant zum Gebührenrecht, für Selbstkostenerstattungspreise in entsprechender Weise eine Nachkalkulation und ein Kalkulationsausgleich vorgeschrieben (vgl. LSP Nr. 5 Abs. 1).[175]

5.3 Ansatzpunkte für eine Implementation des Norm-Kostenrechnungssystems

Für eine Kodifizierung des Norm-Kostenrechnungssystems für die Siedlungsabfallwirtschaft kommen unterschiedliche Möglichkeiten in Betracht. Naheliegend wäre eine entsprechende Anpassung der derzeitigen Bestimmungen für Abfallgebühren. Als Alternative wäre aber auch die Generierung einer eigenständigen Preisverordnung nach dem Preisgesetz oder auf spezialgesetzlicher Ermächtigungsgrundlage zu erwägen.

5.3.1 Inkrementale Anpassung der geltenden Preisvorschriften

Eine Anpassung der gebührenrechtlichen Vorschriften an ökologische Erfordernisse wurde mitunter auch schon in der Literatur gefordert.[176] Notwendig hierzu wäre, daß die 16 Bundesländer zunächst einen Konsens finden über die konkrete Ausgestaltung des Norm-Kostenrechnungssystems für die Siedlungsabfallwirtschaft. Daran anschließend wären jeweils 16 Landesabfallgesetze, Kommunalabgabengesetze und korrespondierende Verwaltungsanweisungen in entsprechender Weise zu modifizieren, wozu eine immense Anzahl von Beschlußfassungen erforderlich wird. Bei Anpassung der KAG's und der Verwaltungsanweisungen könnte es zu erheblichen Kompatibilitätsproblemen mit anderen Gebührentatbeständen kommen, die aufgrund ihrer geringen Bedeutung für den Fiskus und für die Gebührenschuldner keines derartig spezifischen Regelwerkes bedürfen. MOHL/BACKES geben überdies zu bedenken, daß sich das Problem des Formenmißbrauchs stellen könnte, wenn das allgemeine Finanzierungsinstrument "Gebühr" mit Belangen aus speziellen Sachmaterien befrachtet würde.[177] So ist es wahrscheinlich, daß das Norm-Kostenrechnungssystem bundeslandspezifisch gewisse Abstriche erfahren würde. Mithin ist zu erwarten, daß auf dieser Basis keine einheitliche Umsetzung des Norm-Kostenrechnungssystems erreicht werden kann.

---

175 Vgl. hierzu auch EBISCH, H. / GOTTSCHALK, J. (1994), Rdnr. 10 ff. zu LSP Nr. 5.

176 Vgl. etwa DAHMEN, A. (1994), S. 26 f.; LANGENBRINCK, B. (1994), S. 148 ff.; MOHL, H. / SCHICK, R. (1995), S. 43 f.; GAWEL, E. (1996), S. 39 ff..

177 Vgl. MOHL, H. / BACKES, J. (1991), S. 52 f..

5.3.2 Generierung einer "Allgemeinen abfallwirtschaftlichen Preisordnung"

Die aufgezeigten Nachteile einer inkrementalen Anpassung der aktuell geltenden Preisregeln könnten vermieden werden, wenn letztere durch eine länderübergreifende abfallwirtschaftliche Preisordnung ersetzt würden. Hierzu wäre zunächst erforderlich, daß die Länder ihre derzeitige, im Rahmen der konkurrierenden Gesetzgebung[178] ausgeübte Zuständigkeit hinsichtlich der rechtlichen Ausgestaltung der Entsorgungspreise dem Bund überlassen. Gemäß Art. 72 Abs. 2 GG wäre für eine Gesetzgebungskompetenz des Bundes jedoch notwendig, daß

"ein Bedürfnis nach bundesgesetzlicher Regelung besteht, weil

1. eine Angelegenheit durch die Gesetzgebung einzelner Länder nicht wirksam geregelt werden kann oder

2. die Regelung einer Angelegenheit durch ein Landesgesetz die Interessen anderer Länder oder der Gesamtheit beeinträchtigen könnte oder

3. die Wahrung der Rechts- und Wirtschaftseinheit, insbesondere die Wahrung der Einheitlichkeit der Lebensverhältnisse über das Gebiet eines Landes hinaus sie erfordert."

Hierzu bemerken SEIFERT/HÖMIG[179] mit Verweis auf die Rechtsprechung des Bundesverfassungsgerichts[180], daß in der Praxis lediglich die Bedingung Nr. 3 eine Rolle spiele. Im übrigen sei die Entscheidung des Bundesgesetzgebers über das Vorliegen eines Bedürfnisses nach bundesgesetzlicher Regelung eine echte Ermessensentscheidung.

Inwieweit unter diesen Voraussetzungen das Gesetzgebungsrecht für die Entsorgungsbepreisung dem Bund zuzusprechen ist, kann hier nicht beantwortet werden. Die in Kapitel 4 der vorliegenden Untersuchung aufgezeigten Wirkungen der derzeitigen Preisvorschriften der öffentlichen Abfallentsorgung in Form von beträchtlichen raumübergreifenden allokativen Verzerrungen könnten jedoch durchaus eine bundeseinheitliche Regelungserfordernis rechtfertigen. So bemerkt LUCKENBACH, daß der räumliche Zuständigkeitsbereich der wirtschafts- bzw. umweltpolitischen Institution zumindest ebenso groß sein sollte, wie der Wirkungsbereich des Marktversagens.[181] In diesem Sinne fordert auch der SRU eine Einflußnahme der abfallrechtlichen Gesetzgebungskompetenz des Bundes auf die Preisgestaltung.[182] Auch bereits bei der Planung des ersten Abfallgesetzes von 1972 (vgl. AbfG a.F.) wurde überwiegend befürwortet, daß der Bund die Bemessungsgrundlagen für die Entsorgungspreise auf-

178 Vgl. Art. 74 Nr. 24 GG i.V.m. Art. 72 GG. Vgl. außerdem nochmals die Ausführungen in Kapitel 2.3.

179 Vgl. SEIFERT, K.-H. / HÖMIG, D. (1994), Rdnr. 3 zu Art. 72 GG.

180 Vgl. BVerfGE 18, 415; BVerfGE 26, 383.

181 Vgl. LUCKENBACH, H. (1991), S. 230.

182 Vgl. SRU (1993), S. 176 f..

stellen solle.[183]

Käme nun dem Bund die Gesetzgebungsbefugnis zu, könnte dieser auf Basis eines geeigneten Rahmengesetzes eine entsprechende Rechtsverordnung[184] mit bundesweiter Gültigkeit erlassen. Als Ermächtigungsgrundlage für eine solche "Allgemeine abfallwirtschaftliche Preisordnung" kommt einmal das KrW-/AbfG in Betracht. Für eine Alternative wäre zu prüfen, inwieweit § 2 Abs. 1 Preisgesetz anwendbar ist.

5.3.2.1 Ermächtigungsgrundlage: Preisgesetz

Der Vorteil der Verordnungsermächtigung des § 2 Abs. 1 Preisgesetz liegt darin, daß diese Norm bereits existiert. Im Gegensatz hierzu müßte für eine Ermächtigung im Rahmen des KrW-/AbfG ein entsprechender Passus erst noch geschaffen werden.

In Kapitel 2.3 wurde dargelegt, daß § 2 Abs. 1 Preisgesetz im Wortlaut scheinbar jegliche Möglichkeit staatlicher Preisregulierungen eröffnet. Aufgrund des Bundesverfassungsgerichtsentscheids vom 12.11.1958 wurde diese Regelungsweite jedoch insoweit beschnitten, als daß Verordnungsvorhaben mit der Intention einer aktiven Umgestaltung der Preis- und Wirtschaftsordnung nicht mehr durch das Preisgesetz legitimiert werden können. Rechtsverordnungen auf Basis des Preisgesetzes müssen ausschließlich der Aufrechterhaltung des Preisstandes dienen. Da die im Rahmen der vorliegenden Untersuchung formulierten Preisregeln für die Siedlungsabfallwirtschaft insbesondere unter allokationstheoretischen Aspekten abgeleitet wurden, liegt es nahe, daß das Preisgesetz als Ermächtigungsgrundlage ausscheidet.[185]

5.3.2.2 Ermächtigungsgrundlage: Kreislaufwirtschafts- und Abfallgesetz

Insofern verbleibt als Legitimationsgrundlage für eine "Allgemeine abfallwirtschaftliche Preisordnung" nur das KrW-/AbfG. Hierzu müßte, wie bereits angemerkt, erst noch eine entsprechende Verordnungsermächtigung in den Gesetzestext aufgenommen

183 Vgl. hierzu das "Protokoll über die 7. öffentliche Sitzung des Innenausschusses zu Fragen des Umweltschutzes am Montag, dem 29. November 1971", Deutscher Bundestag, Protokoll Nr. 66.

184 Vgl. Art. 80 GG. Bei Einsatz des Instruments der Rechtsverordnung - insbesondere für den Erlaß von Detailregelungen - kann durch die hiermit verbundene Übertragung rechtsetzender Gewalt auf die Exekutive die Legislative entlastet werden; vgl. SEIFERT, K.-H. / HÖMIG, D. (1994), Rdnr. 1 zu Art. 80 GG.

185 Zum selben Ergebnis gelangt LUKES bei seiner Untersuchung hinsichtlich preisrechtlicher Möglichkeiten zur Angleichung regional unterschiedlicher Energiepreise; vgl. LUKES, R. (1980), S. 1595 f..

werden.[186] Da das KrW-/AbfG bereits über 20 Verordnungsverweise enthält und insofern den Charakter einer Rahmenvorschrift - ähnlich dem Preisgesetz - annimmt, würde die Aufnahme eines weiteren Verweises keine störende Zergliederung des Gesetzes darstellen.

In einem Vorschritt hierzu wäre der konkrete Regelungsinhalt der Verordnung festzulegen. Neben der inhaltlichen Detaillierung des Norm-Kostenrechnungssystems, bei der auch eine Abstimmung mit dem EU-Recht zu erfolgen hat, wären die Anforderungen und institutionellen Bedingungen einer korrespondierenden Preisprüfungsbehörde zu spezifizieren.[187] Durch diese Maßnahmen ließen sich neben einer einheitlichen und marktgerechten Bepreisung für den Bereich der Siedlungsabfallwirtschaft auch (partiell) die in Kapitel 5.1 dargelegten Reziprozitätserfordernisse preisrechtlicher Regelungen für den öffentlichen Sektor erfüllen.

In diesem Zusammenhang sei auch noch einmal auf die Problematik einer uneinheitlichen Leistungsvorhaltung der entsorgungspflichtigen Gebietskörperschaften und der damit verbundenen Kosten- und Preisdivergenzen hingewiesen (vgl. Kapitel 5.2.2.1.1.1.1). Da eine Leistungsstandardisierung bei Orientierung am Stand der Technik ausscheidet, wäre es für eine Preisharmonisierung erforderlich, eine "Preiszentrale" auf Bundesniveau zu institutionalisieren. Diese hätte die Aufgabe, die im Rahmen des Norm-Kostenrechnungssystems für die Siedlungsabfallwirtschaft ermittelten Kostendaten der Entsorger zu bündeln und in Form einheitlicher Mischpreise an die Gebührenschuldner weiterzuverrechnen.

---

186 In § 17 Abs. 5 und § 18 Abs. 2 S. 2 KrW-/AbfG wird lediglich darauf verwiesen, daß "Gebühren" erhoben werden können und daß die Gebührensatzung der Genehmigung der zuständigen Behörde bedarf. Zudem bezieht sich dieser Verweis lediglich auf die im Rahmen der Siedlungsabfallwirtschaft beauftragten oder beliehenen Entsorgungsverbände und Entsorgungseinrichtungen der Selbstverwaltungskörperschaften.

187 Vgl. hierzu auch KGSt (1980 b); BEISSL, H. (1992 a).

Kapitel 6: Kostenoptimierung

Die folgenden Ausführungen widmen sich der Fragestellung, welche grundlegenden Möglichkeiten existieren, um das allgemein als zu hoch empfundene Gebührenniveau[1] in der öffentlichen Abfallentsorgung zu senken bzw. die korrespondierenden Kosten zu optimieren. Die Tendenz im Entsorgungssektor geht derzeit verstärkt dahin, einzelne Entsorgungsbereiche bzw. sogar gesamte Entsorgungseinrichtungen in die Privatwirtschaft zu entlassen. Dies geschieht offenbar in der Hoffung, effizientere und somit kostengünstigere Leistungen zu erhalten. Die rechtlichen Bedingungen dazu sind im aktuellen Abfallrecht durch die Möglichkeit der Beauftragung insbesondere privater Dritter gegeben. Das neue KrW-/AbfG erweitert diese Option um diverse Varianten der Pflichtenübertragung und sieht außerdem gewisse Pflichtenbefreiungen für die öffentliche Hand vor, die einer Liberalisierung des Entsorgungssektors gleichkommen.

In Kapitel 3.2.1 f. wurde dargelegt, daß im Laufe der historischen Entwicklung die Entsorgung von Siedlungsabfällen sukzessive in den Aufgabenbereich der öffentlichen Daseinsvorsorge integriert wurde und sich somit ein staatliches Entsorgungsmonopol etablierte. Unabhängig davon finden sich in der ökonomischen Theorie allgemeinere Begründungen und Empfehlungen für das Tätigwerden des Staates in einer Marktwirtschaft. Regulierende Eingriffe sind notwendig, wenn der Marktmechanismus eine optimale Ressourcenallokation nicht oder nur unzureichend garantiert. Marktunvollkommenheiten oder gar Marktversagen treten insbesondere bei Marktmacht, öffentlichen Gütern und externen Effekten auf.[2] Es stellt sich die Frage, ob diese Phänomene im Entsorgungssektor vorzufinden sind. Während die Probleme der externen Effekte, die im Entsorgungsprozeß auftreten, bereits diskutiert wurden und daher auf die Ausführungen in Kapitel 4.1 verwiesen werden kann, sollen im weiteren die Phänomene

---

1 Vgl. hierzu die bayernweite Befragung der entsorgungspflichtigen Körperschaften, Frage 61. im Fragebogen, Anhang I, bei der die These überprüft wurde, daß Erhöhungen der Abfallgebühren von den Gebührenschuldnern abgelehnt werden. Die Antwortenkategorien, die These "trifft voll zu", "trifft eher zu", "trifft weniger zu" bzw. "trifft nicht zu" wurde von den 91 antwortenden Entsorgern mit Anteilswerten von 20 %, 41 %, 36 % bzw. 3 % gewählt (vgl. auch *Abb. 4.56* in Kapitel 4.3). Für die Kategorienwahl konnten beim festgesetzten Signifikanzniveau von α = 0,075 keine signifikanten statistischen Zusammenhänge mit den Entsorgungsquantitäten und -qualitäten (vgl. Fragenkomplex 3. im Fragebogen bzw. die vier entsprechend ermittelten Leistungs-Cluster in Kapitel 4.2.2.3.4.1) oder mit den (Selbstanlieferer-)Gebührenniveaus in den Jahren 1989 - 1994 (vgl. Frage 58. im Fragebogen) festgestellt werden; Irrtumswahrscheinlichkeiten **p** des Kruskal-Wallis-Hypothesentests: 0,4383 (Leistungsniveau) bzw. 0,8814 (Gebühren 1989), 0,4673 (Gebühren 1991), 0,3122 (Gebühren 1993) 0,1175 (Gebühren 1994). Interessant erscheint jedoch in Hinblick auf den Zusammenhang Gebührenakzeptanz/-niveau die Abnahme von **p** über die einzelnen Jahre, nahm doch das durchschnittliche Gebüreniveau im betrachteten Zeitraum kontinuierlich zu (vgl. hierzu noch einmal *Abb. 4.17, Fall (a)* in Kapitel 4.2.2.1). So kann zumindest tendenziell eine Abhängigkeit der Merkmale "Gebührenakzeptanz" und "Gebührenniveau" angenommen werden.

2 Vgl. LUCKENBACH, H. (1986), S. 133 ff..

der anbieterseitigen Marktmacht und der öffentlichen Güter näher beschrieben und die entsprechenden Möglichkeiten staatlicher Korrektur aufgezeigt werden. Dies geschieht zunächst kontextunspezifisch, um sowohl die begriffliche Basis zu schaffen als auch die grundsätzlichen Wirkungsmechanismen und Eingriffsmöglichkeiten darzustellen. Daran anschließend wird untersucht, welche empirischen Fakten für das Vorliegen von Markthemmnissen im Entsorgungsbereich sprechen und wie sich diesbezüglich die aktuelle staatliche Regulierung gestaltet. Vor diesem Hintergrund ist im weiteren zu diskutieren, inwiefern die aktuellen Privatisierungsbestrebungen in der Abfallwirtschaft hierbei zieldienlich sind. Abschließend werden Ansätze sowohl auf sektoraler als auch auf einzelwirtschaftlicher Ebene für eine Kostenoptimierung in der öffentlichen Abfallentsorgung aufgezeigt.

6.1 Natürliches Monopol

Im allgemeinen wird postuliert, daß Marktmacht positiv mit dem Marktanteil der Anbieter bzw. der Nachfrager korreliert ist. Den klassischen Fall der angebotsseitigen Marktmacht stellt die Marktform des "Monopols" dar. Der Begriff "Monopol" stammt aus dem griechischen und bedeutet "Alleinverkauf".[3] Auf dem "relevanten Markt"[4] steht demnach ein einziger großer Anbieter, der "Monopolist", vielen kleinen Nachfragern gegenüber. Im Gegensatz zur idealtypischen Situation "vollständiger Konkurrenz"[5], bei der sich der Güterpreis den Marktteilnehmer als Datum präsentiert, eröffnet die Monopolsituation dem Alleinanbieter die Möglichkeit, Preise zu setzen. Bei gewinnmaximierendem Verhalten des Monopolisten übersteigt der Monopolpreis regelmäßig den vergleichbaren Preis eines Wettbewerbsmarktes. Daher ist das Monopol, wie in Kapitel 6.1.2 noch näher aufzuzeigen sein wird, mit einem gesamtwirtschaftlichen Wohlfahrtsverlust und einer wohlfahrtsmäßigen Umverteilung zu Lasten der Konsumenten verbunden. Hinzu kommt, daß die Monopolstellung meist die Kostendisziplin sowie die Anreize für Innovationen und für die Anpassung der Produktmerkmale an die Präferenzen der Nachfrager vermindert.

---

3 Vgl. OTT, A.E. (1991), S. 39.

4 Die Bestimmung der Marktform hängt im allgemeinen außer von der Anzahl der Marktteilnehmer auch von der sachlichen, zeitlichen und räumlichen Abgrenzung des betrachteten Marktes ab, d.h. von der Festlegung des sog. relevanten Marktes. Eine Übersicht und Diskussion diverser Abgrenzungsansätze, z.B. die "Theorie der Substitutionslücken" (grundlegend ROBINSON, J. (1933), S. 17; ROBINSON, E.A.G. (1949), S. 4 ff.) oder die "Theorie der Marktbeziehungen" (grundlegend STACKELBERG, H. v. (1934)), bieten z.B. KRUSE, J. (1985), S. 14 ff.; OTT, A.E. (1991), S. 45 ff.; WIED-NEBBELING, S. (1993), S. 10 ff..

5 Die Marktform der vollständigen Konkurrenz ist durch zwei Merkmale gekennzeichnet. Erstens handelt es sich um ein Polypol mit vielen kleinen Anbietern und Nachfragern. Zweitens liegt ein vollkommener Markt vor mit der Folge eines einheitlichen Preises. Anpassungsreaktionen der Marktteilnehmer sind lediglich über die Gütermenge möglich. Vgl. hierzu detailliert OTT, A.E. (1991), S. 32 ff..

Monopole entstehen üblicherweise infolge unternehmerischer Innovationsprozesse.[6] Ein neugeneriertes Produkt wird zunächst von einem einzigen Unternehmen, dem Innovator, angeboten. Sofern das Produkt durch ein Patent geschützt werden kann oder sich nicht leicht imitieren läßt, ist diese Monopolstellung für eine gewisse Zeit stabil. Über den Monopolpreis lassen sich dann einerseits die in der Forschungs- und Entwicklungsphase entstandenen Vorlaufkosten des Innovators wieder am Markt zurückverdienen. Andererseits wirken überdurchschnittliche Gewinne als nachhaltiger Anreiz für volkswirtschaftlich erwünschte und einzelwirtschaftlich mit Chancen und Risiken behaftete Forschungs- und Entwicklungsaktivitäten. Der Zutritt weiterer Anbieter am Markt und die hiermit verbundene Senkung des Marktpreises auf Kostenniveau sorgen schließlich dafür, daß die Monopolgewinne des Innovators abgebaut werden.[7] Das Problem der monopolistischen statischen Ineffizienz löst sich in diesem Fall von alleine.[8]

Dieser Konsolidierungsprozeß kann jedoch aus verschiedenen Gründen unterbleiben.[9] Erstens ist es mitunter möglich, daß es dem Monopolisten gelingt, seinen Markt gegenüber Konkurrenten völlig abzuschotten.[10] Zum zweiten ist eine gemeinsame Gewinnmaximierung der Anbieter in einem Kartell denkbar. Drittens schließlich kann es sein, daß nur ein einziger Anbieter auf dem Markt Bestand hat. Dieser Spezialfall des Monopols in struktureller Hinsicht wird als "natürliches Monopol" bezeichnet.[11] Er ist überdies das klassische und allgemein akzeptierte Konzept zur Begründung von Monopoleigenschaften bestimmter Sektoren und zur Legitimierung ihrer Regulierung.[12] Ganz allgemein liegt ein natürliches Monopol vor, wenn in einem ökonomischen Sektor die Produktion des betreffenden Gutes für die gesamte Marktnachfrage durch ein einziges Unternehmen mit geringeren Kosten hergestellt werden kann als durch mehrere Unternehmen.[13]

---

6 Vgl. zum Innovationsprozeß grundlegend SCHUMPETER, J.A. (1935).

7 Vgl. hinsichtlich der Entwicklung des Marktprozesses über den Produktlebenszyklus ausführlich KAUFER, E. (1980), 145 ff..

8 Prozessuale Monopole stellen folglich kein Problem für die staatliche Ordnungspolitik dar. Für die innovationsbedingte Steigerung technischer Effizienzen werden temporäre allokative Ineffizienzen in Kauf genommen.

9 Vgl. WIED-NEBBELING, S. (1993), S. 35.

10 Z.B. mittels geeigneter Differenzierungsstrategien oder Patentpolitik.

11 Vgl. grundlegend ELY, R.T. (1937), S. 623 ff..

12 Vgl. etwa KAYSEN, C. / TURNER, D.F. (1959); KAHN, A.E. (1971) S. 113 ff.; SCHMALENSEE, R. (1979); KRUSE, J. (1985); FINSINGER, J. (1991), S. 79 ff.; FRITSCH, M. / WEIN, T. / EWERS, H.-J. (1993), S. 123 ff..

13 Vgl. KRUSE, J. (1985), S. 19. Damit ist allerdings noch nicht gesagt, daß auch wirklich nur ein Unternehmen auf dem betreffenden Markt existiert.

6.1.1 Subadditivität der Kosten

Man spricht hierbei auch von "Subadditivität der Kosten"[14], von "subadditiven Kostenfunktionen"[15] oder kurz von "Subadditivität"[16]. Es gilt

$$\mathbf{K(x) < K(x_1) + K(x_2) + \ldots + K(x_n)},$$

wobei **x** die Gütermenge ist, die ein einzelner Anbieter herstellt, $\Sigma \mathbf{x_i} = \mathbf{x}$ die Mengen sind, die **n** Anbieter produzieren würden, und $\mathbf{K(x_i)}$ die einheitliche Kostenfunktion der Anbieter darstellt.[17] Dies ist gleichbedeutend damit, daß für einen Anbieter bei steigender Produktion die Durchschnittskosten über den gesamten oder zumindest einen weiten Bereich der Nachfrage sinken. Für dieses Phänomen lassen sich (unter der Annahme eines ansonsten vollkommenen Marktes)[18] folgende Ursachen anführen.

6.1.1.1 Unteilbarkeiten

Subadditivität kann einmal bedingt sein durch sog. Unteilbarkeiten.[19] Unteilbarkeiten liegen vor, wenn für die Leistungserstellung gewisse Mindesteinsatzmengen von Produktionsfaktoren erforderlich sind (z.B. einzelne Maschinen, Produktionsanlagen oder Verwaltungsgebäude). Bei anwachsendem Auslastungsgrad verteilen sich die fixen Kosten für diese Ressourcen auf eine größere Produktionsmenge (sog. Fixkostendegressionseffekt oder "economies of density"[20]). Ist der Anteil der Fixkosten $\mathbf{K_f}$ an den gesamten Produktionskosten **K** relativ hoch, kann dies dazu führen, daß die Fixkostendegression die (kurzfristigen) Stückkosten **KDK** über den gesamten Bereich der Marktnachfrage stärker sinken läßt, als diese aufgrund steigender (kurzfristiger) Grenzkosten **KGK** zunehmen (vgl. die Situation in *Abb. 6.1, Fall (a)*).

Ein Spezialfall von Unteilbarkeiten basiert auf sog. Dichteeffekten.[21] Typische Beispiele hierfür sind die Leitungs- bzw. Schienennetze der Strom- und Wasserversorgung, der Telekommunikation und der Eisenbahn. Unteilbarkeiten ergeben sich hier

---

14 Vgl. WIED-NEBBELING, S. (1993), S. 37.

15 Vgl. CEZANNE, W. (1993), S. 62.

16 Vgl. FRITSCH, M. / WEIN, T. (1994), S. 336.

17 Vgl. BRAEUTIGAM, R.R. (1989), S. 1294 f.. Für Subadditivität im Mehrproduktfall vgl. z.B. KRAKOWSKI, M. (1988), S. 35 ff..

18 Mithin soll das Problem des Zweitbesten ausgeblendet werden (vgl. hierzu nochmals die Ausführungen in Kapitel 4.1.1). Ansonsten könnten andere Kosteneffekte die Subadditivität überlagern. So wirken beispielsweise bei externen Effekten, die mit anwachsender Produktionsmenge überproportional zunehmen, die korrespondierenden Schadenskosten bzw. Vermeidungskosten den dauerhaft sinkenden Durchschnittskosten entgegen. Vgl. HECHT, D. (1991), S. 162 f..

19 Vgl. PFÄHLER, W. (1984), S. 470.

20 Vgl. ABERLE, G. / HEDDERICH, A. (1995), S. 352.

21 Vgl. FRITSCH, M. / WEIN, T. (1994), S. 336 f..

im besonderen durch die Kostenvorteile einer höheren Versorgungsdichte. So ist die gesamthafte Nachfragebedienung eines einzelnen Anbieters über eine seriell ausgelegte Infrastruktur stets kostengünstiger als die Versorgung einzelner Nachfrager durch mehrere Anbieter mittels Parallelnetzen. Überdies ist bei der Telekommunikation und der Eisenbahn ein essentielles Leistungsmerkmal gerade das Vorhalten einer flächendeckenden Infrastruktur.[22]

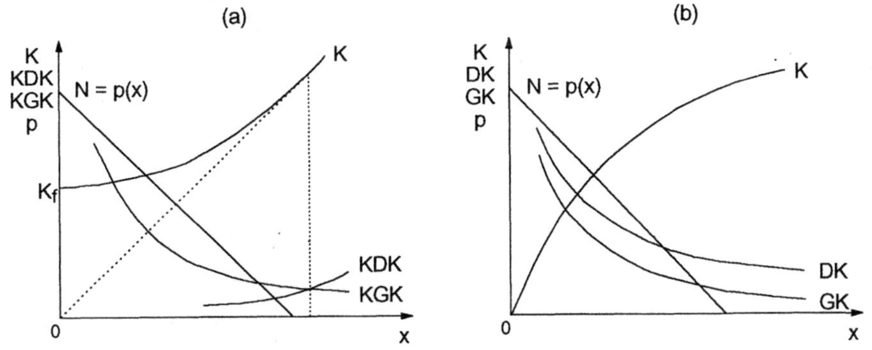

Abb. 6.1: Unteilbarkeiten (a) und steigende Skalenerträge (b) als Ursachen sinkender Durchschnittskosten (Quelle: PFÄHLER, W. (1984), S. 470)

6.1.1.2 Steigende Skalenerträge

Eine weitere Ursache für Subadditivität können steigende Skalenerträge im Leistungserstellungsprozeß sein.[23] Diese implizieren, daß - bei gleichbleibenden Faktorpreisen - die gesamten Kosten unterproportional zur Produktionsmenge anwachsen und infolgedessen die (langfristigen) Durchschnitts- und Grenzkosten über den gesamten Nach-

22 Der Nutzen des Netzes nimmt für sämtliche Teilnehmer zu, je vollkommener das Netz ausgebaut ist. Mit jedem zusätzlichen Anschluß erhöht sich die Zahl der potentiellen Kommunikationspartner bzw. Beförderungsstart- und -zielorte. Das Netz besitzt mithin positive Externalitäten.

23 Der Begriff "Skalenertrag" bezeichnet den Zusammenhang zwischen den Faktoreinsatzmengen und der Produktion. Steigende Skalenerträge (auch: economies of scale) liegen vor, wenn durch eine proportionale Vermehrung sämtlicher Einsatzfaktoren eine überproportionale Steigerung der Produktionsmenge erreicht werden kann; vgl. SCHUMANN, J. (1987), S. 115 f.. Anzumerken ist, daß in der Literatur die bereits angesprochenen Unteilbarkeiten bei einer langfristigen Betrachtung mit variablen Betriebsgrößen - welche dem Konzept der economies of scale zugrundeliegt - ebenfalls als steigende Skalenerträge interpretiert werden; vgl. z.B. CEZANNE, W. (1993), S. 136 f.. Andererseits werden im Schrifttum Skalenerträge auch unter (allgemeinen) Unteilbarkeiten subsumiert; vgl. z.B. FRITSCH, M. / WEIN, T. / EWERS, H.-J. (1993), S. 124 f.. Des weiteren sei erwähnt, daß im Falle einer Mehrgüterproduktion außerdem Synergieeffekte oder sog. economies of scope für eine Subadditivität von Kosten ursächlich sein können. Vgl. hierzu KRAKOWSKI, M. (1988), S. 37; FRITSCH, M. / WEIN, T. / EWERS, H.-J. (1993), S. 131 ff..

fragebereich sinken können (vgl. die Situation in *Abb. 6.1, Fall (b)*).[24] Diese Größenvorteile sind allerdings aufgrund von Faktorrestriktionen nicht unerschöpflich, so daß die Durchschnittskosten mit zunehmendem Output ab einem bestimmten Punkt wieder ansteigen.

Steigende Skalenerträge können sowohl unternehmensintern als auch unternehmensextern begründet sein.[25] Extern bedingt basieren sie auf positiven externen Effekten, ausgelöst durch die Aktivitäten anderer Marktteilnehmer oder (bewußt) intendiert durch staatliche Maßnahmen.[26] Intern bedingt lassen sie sich auf organisatorische und technische Umstände zurückführen. So handelt es sich um sog. managerial economies of scale, wenn der Management- oder Verwaltungsbereich eines Unternehmens mit zunehmender Produktionsmenge nur unterproportional anwächst. Technische Skaleneffekte können zum einen aus den mit wachsender Betriebsgröße zunehmenden Möglichkeiten der Arbeitsteilung und Spezialisierung der Einsatzfaktoren resultieren (sog. Skaleneffekte der Spezialisierung). Zum anderen ergeben sich Skaleneffekte auch aufgrund technisch-physikalischer Besonderheiten (sog. Skaleneffekte der dritten Dimension). So wächst bei diversen Produkten (z.B. bei Behältern oder Röhren) der Materialverbrauch annähernd proportional zu deren Oberfläche. Die Leistung hingegen, die die Produkte als Produktionsfaktoren erbringen können (z.B. die Aufbewahrung oder Durchleitung von Stoffen), steigt proportional zu ihrem Volumen (d.h. in ihrer dritten Dimension) und damit schneller als der zur Herstellung notwendige Materialeinsatz an.[27] Schließlich sei noch auf sog. stochastische Skaleneffekte hingewiesen. Sie basieren auf dem Umstand, daß mit ansteigender Betriebsgröße zufallsbedingte Ereignisse in der Regel leichter zu kalkulieren sind, da sich einzelne Abweichungen vom Durchschnitt gemäß dem Gesetz der großen Zahl tendenziell ausgleichen. Denkbar sind derartige Größenersparnisse beispielsweise in Hinblick auf den Umfang erforderlicher Reservekapazitäten.[28]

---

24 Es sei darauf hingewiesen, daß die hier betrachteten economies of scale nur bedingt den sog. economies of firm size entsprechen. Letztere begründen zwar auch sinkende Durchschnittskosten bei Betriebsgrößenvariation, umfassen aber auch andere Kosteneinsparungspotentiale, bspw. sinkende Faktorpreise aufgrund betriebsgrößenabhängiger nachfrageseitiger Marktmacht. Vgl. ABERLE, G. / HEDDERICH, A. (1995), S. 356 f..

25 Vgl. HESSE, H. / LINDE, R. (1979), S. 503 ff..

26 So kann bspw. ein Kraftwerk mit seiner Abwärme positive externe Effekte auf die benachbarte Landwirtschaft ausüben und steigende Skalenerträge induzieren. Entsprechende Wirkungen können vom Wetterdienst der Fernseh- und Rundfunkanstalten ausgehen.

27 Auch der in Kapitel 6.1.1.1 als Spezialfall von Unteilbarkeiten angesprochene Dichteeffekt läßt sich als Skaleneffekt der "dritten Dimension" interpretieren.

28 Vgl. FRITSCH, M. / WEIN, T. / EWERS, H.-J. (1993), S. 125 in Hinblick auf die Energiewirtschaft.

6.1.1.3 Grenzbereiche

Subadditivität kann auch dann vorliegen, wenn die Durchschnittskosten im relevanten Nachfragebereich wieder ansteigen.[29] Zur Illustration dient *Abbildung 6.2, Fall (a)*. Die Marktnachfrage beträgt x_M. Hier führt beispielsweise eine Produktion im Minimum der Durchschnittskosten durch einen Anbieter (x_1) und die Befriedigung der restlichen Marktnachfrage (x_M-x_1) durch einen weiteren Anbieter zu höheren Gesamtkosten als im Monopolfall ($k_1 \cdot x_1 + k_2 \cdot (x_M - x_1) > k_M \cdot x_M$). Die Kostenfunktion ist also zumindest bis zur relevanten Menge x_M subadditiv. Das kostengünstigere, aber "schwache" natürliche Monopol ist jedoch nur dann tragfähig, wenn für potentielle Konkurrenten sog. Markteintrittsbarrieren existieren, beispielsweise in Form von drohenden "sunk cost".[30] Ansonsten wäre es möglich, daß ein Konkurrent die kostenminimale Menge x_1 zum Preis $p = k_1$ anbietet und dadurch das volkswirtschaftlich erwünschte Monopol verdrängt.[31] Ein Teil der Nachfrage (x_M-x_1) bliebe dann unbefriedigt.

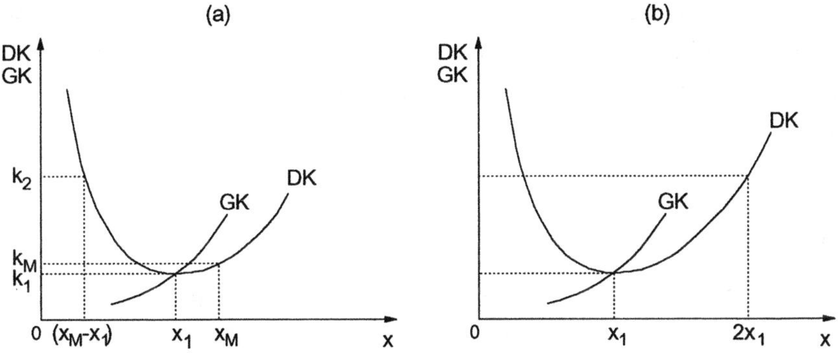

Abb. 6.2: Instabilität (a) und Grenzen (b) des natürlichen Monopols (in Anlehnung an: FRITSCH, M. / WEIN, T. / EWERS, H.-J. (1994), S. 128 und 147)

Andererseits ist aber auch eine Marktkonstellation mit mehreren Anbietern denkbar,

---

29 Damit sind globale economies of scale keine notwendige, sondern nur eine hinreichende Bedingung für Subadditivität. Vgl. KRAKOWSKI, M. (1988), S. 48 f.; FRITSCH, M. / WEIN, T. / EWERS, H.-J. (1993), S. 146 f..

30 Unter "Markteintrittsbarrieren" werden alle entscheidungsrelevanten Faktoren verstanden, die einen Newcomer am Markteintritt hindern. Vgl. hierzu auch die Erläuterungen in Fn. 43. Zum Aspekt der "sunk cost" vgl. Kapitel 6.1.2.2.

31 Voraussetzung für dieses Marktergebnis ist allerdings eine bestimmte Verhaltensweise des (ehemaligen) Monopolisten. Insbesondere ist es notwendig, daß er bei Marktzutritt des Newcomers seinen Angebotspreis unverändert läßt (sog. Bertrand-Annahme). Wird die Bertrand-Annahme fallengelassen, könnte der Monopolist den Newcomer durch Preissenkung bis oder unter k_1 (bzw. durch Produktionsmengenfixierung auf x_M bei korrespondierendem Preisverfall) abwehren (sog. Cournot-Annahme). Vgl. CLARKE, R. (1985), S. 82 ff.; KRAKOWSKI, M. (1988), S. 48 ff..

sofern die Nachfrage ein Vielfaches des kostenminimalen Outputs $\mathbf{x_1}$ beträgt.[32] Subadditivität ist dann jedoch nicht mehr gegeben. In der in *Abbildung 6.2, Fall (b)* dargestellten Situation können zwei Anbieter auf dem Markt dauerhaft bestehen, da sie in der Lage sind, die insgesamt nachgefragte Menge $\mathbf{2x_1}$ in zwei getrennten Produktionen mit Mengen von je $\mathbf{x_1}$ zu geringeren Kosten als ein Monopolist bereitzustellen.

Weitere Faktoren, die die Existenz eines natürlichen Monopols beeinflussen, sind die Inputpreise und der technische Fortschritt. Veränderungen wirken sich hier in der Kostenfunktion aus, wodurch gegebenenfalls die Bedingungen der Subadditivität aufgehoben werden.[33]

6.1.2 Wohlfahrtseffekte

Die wohlfahrtstheoretische Beurteilung von Marktergebnissen bezieht sich an erster Stelle auf den Aspekt der Allokationseffizienz. Allokationseffizienz ist gegeben, wenn auf einem Markt das nachgefragte Gut zum Grenzkostenpreis angeboten und in entsprechenden Mengen nachgefragt wird.[34] Einer solchen sog. first-best oder paretooptimalen Lösung stehen im Falle des natürlichen Monopols jedoch folgende Umstände entgegen.

6.1.2.1 Defizitproblem

Bei sinkenden Durchschnittskosten im Nachfragebereich liegen die Grenzkosten **GK** stets unterhalb der Durchschnittskosten **DK**. Würde der Monopolist den Preis konform der wohlfahrtsoptimalen Grenzkostenpreisregel[35] in Höhe von $\mathbf{p_{GK}}$ setzen, könnte er seine insgesamt anfallenden Kosten nicht decken. In der in *Abbildung 6.3* dargestellten Situation ergäbe sich ein Defizit im Ausmaß der schraffierten Fläche. Ohne adäquaten Defizitausgleich ist der Monopolist folglich gezwungen, einen von den Grenzkosten abweichenden Preis mindestens in Höhe der Durchschnittskosten zu setzen ($\mathbf{p_{DK}}$). Diese sog. second-best Lösung ist jedoch mit gesamtwirtschaftlichen Wohlfahrtsverlusten verbunden. Bedingt durch den im Vergleich zur first-best Lösung höheren Preis und die entsprechend geringere Menge geht ein Teil der Konsumentenrente als sog. dead-weight loss verloren (vgl. die Fläche **DEF** in *Abb. 6.3*).[36]

---

32 Vgl. ASCHINGER, G. (1984), S. 220 f.; FRITSCH, M. / WEIN, T. / EWERS, H.-J. (1993), S. 128 f..

33 Vgl. KRAKOWSKI, M. (1988), S. 39 f..

34 Vgl. WIED-NEBBELING, S. (1993), S. 52.

35 Vgl. hierzu nochmals die Ausführungen in Kapitel 5.2.2.1.1.3.

36 Vgl. WIED-NEBBELING, S. (1993), S. 52. Die "Konsumentenrente" ist dabei der über den relevanten Marktbereich aggregierte Vorteil der Nachfrager, der durch die Differenz zwischen

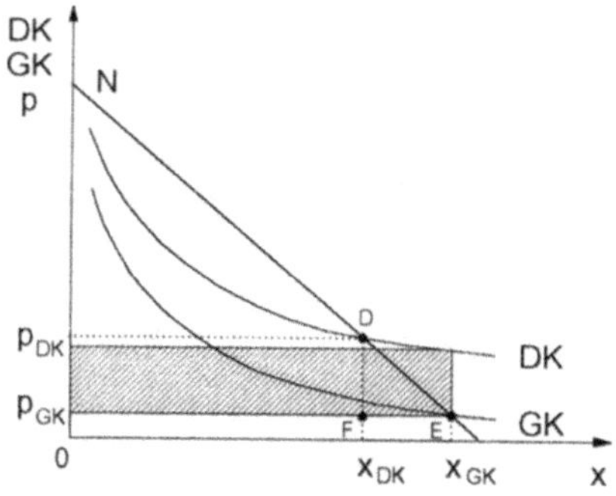

Abb. 6.3: Defizitproblem im natürlichen Monopol (in Anlehnung an: FRITSCH, M. / WEIN, T. / EWERS, H.-J. (1993), S. 135)

Anzumerken ist, daß sich das Defizitproblem nicht in jedem Fall des natürlichen Monopols stellen muß. Wenn im Mengenbereich bereits ausgeschöpfter economies of scale die Grenz- und Durchschnittskosten zusammenfallen bzw. die Grenzkosten die Durchschnittskosten übersteigen, reicht die Grenzkostenpreissetzung mindestens zur Kostendeckung.

6.1.2.2 Irreversibilitäten und ruinöse Konkurrenz

Für den Fall, daß auf dem Markt des natürlichen Monopols mehrere Anbieter agieren, ergeben sich weitere Probleme. Um die Durchschnittskosten beständig senken und über entsprechende Preise Marktanteile gewinnen zu können, werden alle Anbieter bestrebt sein, ihre Kapazitäten weitestmöglich auszudehnen. Sobald jedoch nachfragebedingte Überkapazitäten drohen, sind die Konkurrenten mehr oder weniger gezwungen, ihre Kapazitäten in geeigneter Weise zu reduzieren bzw. im Extremfall sogar vollständig aus dem Markt auszutreten.

Besondere Bedeutung besitzen in diesem Zusammenhang sog. sunk cost (auch: versunkene, verlorene oder nicht rückholbare Kosten).[37] Sunk cost bezeichnen die Werteinbußen von Produktionsfaktoren, die bei einem Marktaustritt anfallen, weil die Faktoren für andere Verwendungszwecke weniger wirtschaftlich einsetzbar sind. Sie sind tendenziell um so höher, je spezialisierter die betreffenden Produktionsfaktoren sind bzw. je schwieriger sich eine alternative Verwendung gestaltet. Im Grenzfall sind

---

jeweiliger Zahlungsbereitschaft und dem realisierten Preis repräsentiert wird.

37 Vgl. KRUSE, J. (1985), S. 43 f.; KNAUTH, P. (1992), S. 76 f.; FRITSCH, M. / WEIN, T. (1994), S. 338.

einmal getätigte Investitionen mithin irreversibel.[38] In Abhängigkeit der geplanten Verwendung des betrachteten Produktionsfaktors kann dabei unterschieden werden in sog. Industrie-, Markt- bzw. Transaktionsirreversibilitäten.[39] "Industrieirreversibilität" liegt vor, wenn der Produktionsfaktor nur in einer bestimmten Industrie (d.h. Branche) einsetzbar ist. Bei gezielter Ausrichtung des Produktionsfaktors auf einen nachfrageseitig, in der Regel nach produktspezifischen und zugleich räumlichen Kriterien abgegrenzten Markt, handelt es sich um "Marktirreversibilität". "Transaktionsirreversibilität" kennzeichnet den Fall, daß sich der Einsatzbereich des Produktionsfaktors nur auf Transaktionen mit einem bestimmten Marktpartner beschränkt. Außerdem können einzelwirtschaftlich bedeutsame Irreversibilitäten auch durch institutionelle oder ordnungspolitische Maßgaben begründet sein.[40]

Hohe sunk cost bzw. Irreversibilitäten implizieren, daß die Anbieter im natürlichen Monopol drohenden Überkapazitäten nicht mit Kapazitätsabbau begegnen können. Stattdessen entwickelt sich zwischen den Konkurrenten ein Preiswettbewerb, bei dem Preissenkungen bis zur Höhe der variablen Stückkosten, dem sog. Betriebsminimum, zu erwarten sind. Dies ist inbesondere dann der Fall, wenn die ökonomische Restnutzungsdauer der irreversiblen Investitionen noch hoch ist, aber gleichzeitig Chancen für eine Verbesserung der Absatzlage innerhalb der Nutzungszeit bestehen. Denkbar sind sogar Preissenkungen bis unterhalb des Betriebsminimums. Begünstigt wird eine derartige Preisstrategie, wenn die Möglichkeit besteht, die Defizite per interner Subventionierung aus anderen, gewinnbringenden Geschäftsbereichen abzudecken (sog. predatory pricing).[41] Entsprechend dem Durchhaltevermögen der einzelnen Anbieter dauert dieser Ausscheidungswettbewerb, der in der Fachliteratur als "ruinöse Konkurrenz" bezeichnet wird, so lange an, bis ein letzter Anbieter als Monopolist auf dem Markt verbleibt.[42] Im Gegensatz zur "normalen", erwünschten Konkurrenz werden bei der ruinösen Konkurrenz aufgrund der Irreversibilitäten Kapital vernichtet und damit Ressourcen verschwendet. Zudem muß nicht unbedingt der effizienteste Anbieter überleben, es kann auch der lediglich finanzstärkste sein. Dessen Monopolstellung ist auf Dauer garantiert, da die Irreversibilitäten, die im ruinösen Wettbewerb als Marktaustrittsbarrieren fungierten, für potentielle neue Konkurrenten nunmehr Mark-

---

38 Neben Produktionsanlagen als Inbegriff dauerhafter Investitionsgüter können andere Arten von Produktionsfaktoren ebenfalls Irreversibilitäten implizieren. Beispiele hierfür sind die Qualifizierungsmaßnahmen von Mitarbeitern für spezifische Aufgaben oder Forschungs- und Entwicklungsaktivitäten für ein Produkt. Vgl. KRUSE, J. (1985), S. 42.

39 Vgl. KRUSE, J. (1985), S. 59 ff..

40 So induzieren bspw. die institutionellen Gebietsmonopole in vertikal integrierten Elektrizitätswirtschaften Marktirreversibilitäten für die einzelnen Kraftwerke, denn ein Einsatz in anderen Versorgungsgebieten ist rechtlich ausgeschlossen.

41 Vgl. KRUSE, J. (1985), S. 54 und 328.

42 Vgl. z.B. KAUFER, E. (1981), S. 87 f.; KRUSE, J. (1985), S. 67; KRAKOWSKI, M. (1988), S. 59 ff.; FRITSCH, M. / WEIN, T. / EWERS, H.-J. (1993), S. 144 ff. und S. 231 ff..

teintrittsbarrieren darstellen.[43] Gerade bei natürlichen Monopolen würde ein Newcomer aufgrund der subadditiven Kostenstruktur zwangsläufig Überkapazitäten schaffen. Während jedoch der Newcomer für einen Markteintritt mit den totalen Stückkosten kalkulieren muß, sind für eine Preisreaktion des etablierten Anbieters lediglich die noch reversiblen Stückkosten relevant.[44]

6.1.2.3 Marktmacht

Falls somit für andere Anbieter der Markzutritt verwehrt ist, kann davon ausgegangen werden, daß der Monopolist konform der im allgemeinen Monopolfall geltenden Gewinnmaximierungsbedingung "Grenzerlös **GE** = Grenzkosten **GK**" den sog. Cournot-Preis $\mathbf{p_C}$ setzt.[45] In der Situation in *Abbildung 6.4* liegt $\mathbf{p_C}$ weit über dem second-best-Preis $\mathbf{p_{DK}}$, der Output reduziert sich auf $\mathbf{x_C}$. Entsprechend höher fällt der deadweight loss und damit die Allokationsineffizienz aus (vgl. Fläche **GEH** respektive Fläche **DEF**).[46] Zudem verändert sich durch den im Vergleich zur Wettbewerbssituation höheren Monopolpreis das Preisverhältnis zwischen Güterkonsum und Faktorangebot (bzw. Eigennutzung des Faktors) zu Lasten des letzteren. Mit einem demzufolge geringeren Faktorangebot lassen sich dann von dem Monopolgut bzw. allen anderen Gütern entsprechend geringere Mengen herstellen (sog. Ineffizienz des Faktorangebots).[47]

---

43 Irreversibilitäten werden auch als "natürliche Eintrittsbarrieren" bezeichnet. Weitere Barrieren können auch unternehmensstrategisch oder institutionell bedingt sein. "Strategische Eintrittsbarrieren" stellen alle Arten gezielter Behinderungspraktiken des etablierten Unternehmens dar, um den Newcomer abzuschrecken. "Institutionelle Eintrittsbarieren" hingegen werden vom Staat durch legislative oder administrative Maßnahmen errichtet. Vgl. CLARKE, R. (1985), S. 71 ff.; ähnlich SCHMIDT, I. / ENGELKE, H. (1989), S. 399 ff..

44 KRUSE, J. (1985), S. 58 f. bemerkt, daß anders als in normalen Märkten für den Newcomer keine Unsicherheiten über den Erfolg eines Markteintritts, sondern nahezu Sicherheit über seinen Mißerfolg bestehe. Bei hoher Irreversibilität werde ein Newcomer-Eintritt nicht einmal dann profitabel sein können, wenn das Monopolunternehmen ineffizient produziere. Mögliche Ausnahmen sind allenfalls in Bereichen mit starken Veränderungen in der Technologie oder hinsichtlich der Konsumentenpräferenzen gegeben.

45 Vgl. zur monopolistischen Preisbildung OTT, A.E. (1991), S. 179 ff.. Neben der Cournot-Preissetzung besteht bei der Monopolpreisbildung auch die Möglichkeit zur Preisdifferenzierung. Preisdifferenzierung liegt vor, wenn das Monopolgut zu unterschiedlichen Preisen verkauft wird, wobei sich die Preisunterschiede nicht bzw. nicht gänzlich durch Kostenunterschiede begründen lassen, sondern an den individuellen Zahlungsbereitschaften oder Nachfrageelastizitäten der Konsumenten anknüpfen.

46 Im Gegensatz zur Cournot-Preisbildung läßt sich mittels Preisdifferenzierung eine paretooptimale Allokation erreichen (vgl. Menge $\mathbf{x_{GK}}$ in *Abb. 6.4*). Dies ist dann der Fall, wenn die Konsumentenrente vollständig abgeschöpft werden kann (sog. vollkommene Preisdifferenzierung). Vgl. OTT, A.E. (1991), S. 195.

47 Vgl. PFÄHLER, W. (1984), S. 472; WIED-NEBBELING, S. (1993), S. 32 f..

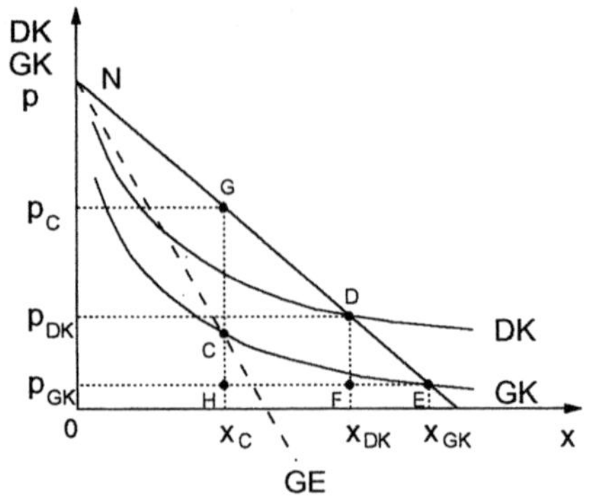

Abb. 6.4: Cournot-Preisbildung im natürlichen Monopol (in Anlehnung an: FRITSCH, M. / WEIN, T. / EWERS, H.-J. (1993), S. 138)

Neben diesen allokativen Ineffizienzen können sich durch die Monopolstellung weitere Wohlfahrtsverluste durch technische und qualitative Ineffizienzen ergeben.[48]

- Aufgrund mangelnder Konkurrenz besteht für den Monopolisten kein unmittelbarer Zwang, die nachgefragte Menge mit der minimalen Faktorkombination, d.h. technisch effizient, zu produzieren. Es lassen sich hierbei zwei Typen von Ineffizienzen unterscheiden.

  "Technische Ineffizienzen vom Typ I" oder sog. X-Ineffizienzen entstehen durch überhöhten Verbrauch an Produktionsfaktoren und/oder überhöhte Inputfaktorpreise bei gegebenen Produktionsmengen, -kapazitäten und -technologien.[49] Erklärt werden können diese Ineffizienzen mit dem Insider-Konzept, wonach die Manager und sonstigen Beschäftigten des Monopolunternehmens (sog. Unternehmensinsider) bestrebt sind, ihre "Insiderrenten" zu erhöhen. Insiderrenten umfassen alle pekuniären und nicht-pekuniären Vorteile, welche die Insider aufgrund der besonderen Stellung des Monopolunternehmens gegenüber der idealen Referenzsituation bei vollkommenen Wettbewerb erlangen können. Folgende Insiderziele kommen in Betracht:

  - Einkommensziele: überhöhte Gehälter und Löhne, überhöhte Sozial- und Sonderleistungen, privater Aufwand auf Unternehmenskosten etc.;

---

48 Vgl. FRITSCH, M. / WEIN, T. / EWERS, H.-J. (1993), S. 141; WIED-NEBBELING, S. (1993), S. 26 ff.; im besonderen KRUSE, J. (1985), S. 96 ff..

49 Vgl. grundlegend LEIBENSTEIN, H. (1966); vgl. außerdem LINSENBÜHLER, G. (1984); KRUSE, J. (1985), S. 97 ff.; SCHMIDT, I. / SCHMIDT, A. (1996).

- Status- und Prestigeziele: überhöht ausgestattete Verwaltungsgebäude, Dienstzimmer und -wagen, unverhältnismäßig aufwendige Repräsentation und Public Relations, überdimensionierte Verwaltungs- und Beraterstäbe, Spenden für gemeinnützige und wohltätige Zwecke etc.;
- Budgetmaximierung: Anreize zur Budgetmaximierung und ggf. zur Ausweitung des Zuständigkeitsbereichs, sofern Entlohnung und Status von der Höhe des Budgets abhängen;
- Verbesserung der Arbeitsqualität: geringere Arbeitsbelastung, angenehme Bedingungen und Bequemlichkeit bei der Arbeit, Abwesenheit von Streß, Leistungsdruck und Anpassungerfordernissen, Schutz vor Sanktionen bei Faulheit, Mängeln und Fehlern, Schutz vor Entlassung, Versetzung und Gehaltsreduzierung, geregelte Arbeitsabläufe, Abwesenheit von Wettbewerbssituationen und Rivalität unter Kollegen sowie von Konflikten mit Vorgesetzten und Untergebenen etc..

Anzumerken ist, daß sich die zieldienlichen Faktorgestaltungen in der Regel nicht vollständig in Insiderrenten umwandeln lassen. Insofern stellen die korrespondierenden technischen Ineffizienzen bzw. Kosteneffekte neben den Renten auch reine Ressourcenverschwendung dar.

"Technische Ineffizienzen vom Typ II" liegen vor, wenn der Monopolist infolge einer zu kleinen oder zu großen Betriebsgröße oder einer suboptimalen Technologiewahl über den minimalen Durchschnittskosten produziert.[50] Ursächlich hierfür können unerwartete Nachfrage-, Kosten- und Technologieänderungen sein. Speziell für den Fall von Überkapazitäten können auch strategische Erwägungen des etablierten Unternehmens maßgeblich sein, da Überkapazitäten die Eintrittsbarrieren für Newcomer erhöhen. Voraussetzung für beständige Ineffizienzen vom Typ II ist das Vorliegen von signifikanten Irreversibilitäten hinsichtlich der eingesetzten Produktionsfaktoren. Zu kleine Betriebsgrößen werden dann, sofern die Nachfrage den Marktzutritt eines oder mehrerer zusätzlicher Anbieter erlaubt, aufgrund der Gefahr eines ruinösen Preiskampfes nicht angepaßt. Eine solche Situation ist in *Abbildung 6.5, Fall (a)* dargestellt. Hier ergibt sich für das etablierte Unternehmen aufgrund einer unerwarteten Nachfrageausdehnung von $\mathbf{N_1}$ auf $\mathbf{N_2}$ eine suboptimale Betriebsgröße $\mathbf{x_1}$. Der neue Nachfragebereich $\mathbf{2x_1}$ läßt jetzt Raum für zwei Anbieter, die auf dem ursprünglichen, nunmehr jedoch gesamtwirtschaftlich ineffizienten Niveau jeweils die Menge $\mathbf{x_1}$ produzieren. Die Höhe der technischen Ineffizienzen vom Typ II beträgt **AB** pro Stück.

50 Vgl. KRUSE, J. (1985), S. 108 ff..

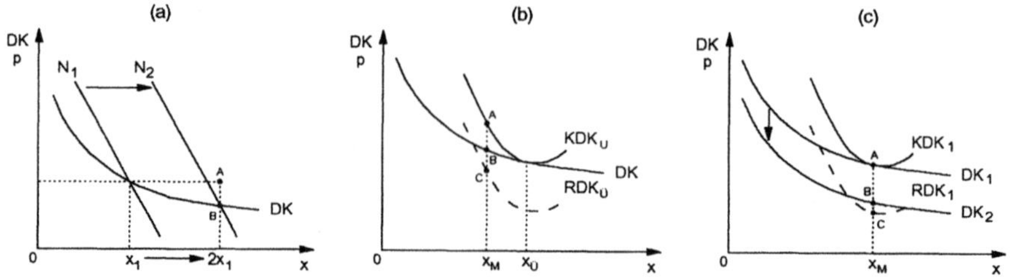

Abb. 6.5: Technische Ineffizienzen vom Typ II (in Anlehnung an: KRUSE, J. (1985), S. 109)

Überkapazitäten oder suboptimale Technologien hingegen werden beibehalten, sofern im Entscheidungskalkül des Monopolisten die Stückkosten der angepaßten Anlage größer sind als die reversiblen Stückkosten der bestehenden Anlage. Eine Situation mit Überkapazitäten ist in *Abbildung 6.5, Fall (b)* dargestellt. Die nachgefragte Menge **x_M** wird von einem Unternehmen produziert, dessen Anlage für eine Produktionsmenge von **$x_Ü$** ausgelegt ist und dessen kurzfristige Durchschnittskostenkurve durch **$KDK_Ü$** repräsentiert wird. Es liegen folglich technische Ineffizienzen in Höhe von **AB** pro Stück vor. Die Fortführung der alten überdimensionierten Anlage ist kostengünstiger als die Anschaffung einer neuen Anlage mit optimaler Kapazität, da die reversiblen Stückkosten **$RDK_Ü(x_M)$** geringer sind als die gesamten Stückkosten **$DK(x_M)$** der neuen Anlage (Punkt **C** vs. Punkt **B**). Den analogen Sachverhalt für eine Situation mit suboptimaler Technologie zeigt *Abbildung 6.5, Fall (c)*. Die nachgefragte Menge **x_M** wird von einem Unternehmen mit einer vormals optimalen Technologie zu **DK_1** produziert. Aufgrund technischen Fortschritts oder einer Veränderung der relativen Faktorpreise haben sich die langfristigen Durchschnittskosten im relevanten Nachfragebereich von **DK_1** auf **DK_2** vermindert, demzufolge bestehen technische Ineffizienzen in Höhe von **AB** pro Stück. Ein Technologieübergang ist jedoch aufgrund der Irreversibilitäten nicht lohnenswert, da **$RDK_1(x_M) < DK_2(x_M)$** (Punkt **C** vs. Punkt **B**). Anzumerken ist, daß unter den durch die Irreversibilitäten gegebenen Bedingungen in den Fällen (b) und (c) die Idealsituation technischer Effizienz unerreichbar ist. Ein Verbleiben bei den alten Anlagen ist daher nicht nur einzelwirtschaftlich, sondern auch gesamtwirtschaftlich optimal.

- Qualitative Ineffizienzen liegen dagegen vor, wenn unter gegebenen Kosten- bzw. Preisbedingungen die relevanten Merkmale des angebotenen Gutes von den Präferenzen der Nachfrager abweichen.[51] Dieses Problem stellt sich im Monopolfall besonders bei hohen qualitätsspezifischen, aber auch sonstigen Irreversibilitäten. Aufgrund der kostenmäßigen Mobilitätsbarrieren kann der Monopolist auf Veränderungen der Nachfragerpräferenzen oder der Konkurrenzsituation nicht mit einer Anpassung der Produktqualitäten, sondern nur über den Preis und die damit verbundenen Mengen reagieren. Daneben können Qualitätsineffizienzen auch durch Insiderinteressen bedingt sein. Je nachdem, in welcher Weise die Qualität mit den diversen Insiderzielen, z.B. dem Arbeits- oder Kapitaleinsatz, verknüpft ist, werden zu hohe oder zu geringe Qualitäten realisiert. Schließlich sei noch erwähnt, daß sich bei heterogenen Nachfragerpräferenzen trade-off-Probleme ergeben können, da bei entsprechender Produktdifferenzierung eventuell auf die Subadditivitätsvorteile, die bei Bereitstellung lediglich einer Produktvariante erzielt werden können, verzichtet werden muß. Die möglichen Nachteile einer Produktdifferenzierung hängen davon ab, welche Merkmale variiert werden bzw. inwiefern die Produktionsstufen bzw. -faktoren, die für die Subadditivität des Gesamtbereichs ursächlich sind, hiervon tangiert werden.

6.1.3 Monopolregulierung

Die aufgezeigten Marktunvollkommenheiten des natürlichen Monopols rufen staatliche Korrekturmaßnahmen auf den Plan. Während für die Sicherstellung allokativer Effizienz generelle ökonomische Regeln verfügbar sind, lassen sich technische und qualitative Effizienzkriterien nur bei Kenntnis der jeweiligen Kosten- und Nachfragefunktionen ableiten.[52] Als gewisse Abhilfe werden jedoch allgemeine Anreizmechanismen, insbesondere zur Verbesserung der technischen Effizienz, ins Feld geführt.

6.1.3.1 Allokationsregeln und Regulierungsvarianten

Zur Erreichung allokativer Effizienz werden in der normativen Regulierungstheorie in Abhängigkeit der spezifischen Marktkonstellation diverse Eingriffsmöglichkeiten und -intensitäten empfohlen. Einen Überblick bietet *Abbildung 6.6*.

Ausgangspunkt der "Policy Roadmap" ist die Frage, ob im betrachteten Sektor ein natürliches Monopol vorliegt. Sofern der Output eines einzelnen Anbieters im Betriebsoptimum (d.h. im Minimum der gesamten Durchschnittskosten) in Relation zur gesamten Nachfrage unerheblich ist, kann der Markt von vielen Anbietern im Sinne

51 Vgl. KRUSE, J. (1985), S. 117 ff..
52 Vgl. KRUSE, J. (1985), S. 214 f..

vollständiger Konkurrenz bedient werden. Befindet sich das Betriebsoptimum bzw. der korrespondierende Output hingegen in relativer Nähe zur Marktnachfrage, so handelt es sich um ein natürliches Monopol. Ist in dieser Situation anzunehmen, daß die Wohlfahrtsverluste von second-best Preisen tolerierbar sind, kommen außer entsprechenden staatlichen Preisvorgaben für den Monopolisten auch Marktlösungen oder marktnahe Lösungen mit ähnlich disziplinierender Wirkung in Betracht.

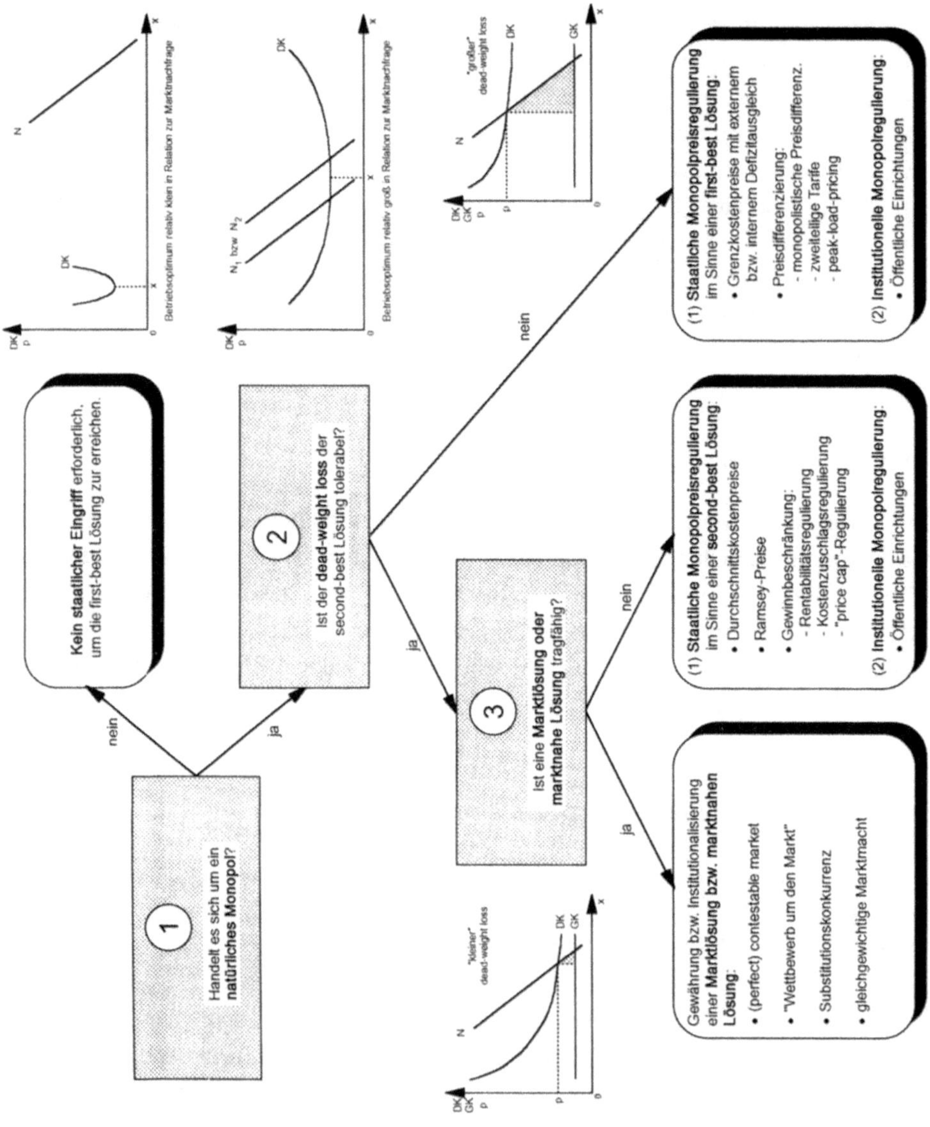

Abb. 6.6: "Policy Roadmap for Regulation" (in Anlehnung an: BRAEUTIGAM, R.R. (1989), S. 1308)

6.1.3.1.1 Marktbezogene Lösungen

Intention der marktbezogenen Lösungen ist es, daß in dem an und für sich wettbewerbsfreien Monopolbereich zumindest ein Wettbewerb zwischen potentiellen Konkurrenten stattfindet.[53] Muß der Monopolist damit rechnen, daß andere Anbieter in der Lage sind, ihm wirksam Konkurrenz zu machen, so ist er gezwungen, einen niedrigeren Preis als den Cournot-Preis anzusetzen. Je stärker der Druck potentieller Konkurrenz ist, desto eher wird der Preis den Durchschnittskosten entsprechen.[54] Zudem besteht die Notwendigkeit, mit der Minimalkostenkombination zu produzieren.

Das Ausmaß an potentieller Konkurrenz hängt von den Markzutritts- bzw. -austrittsbedingungen sowie dem Verhalten des etablierten Unternehmens ab. Sofern für Newcomer ein problemloser Zugang zu den Beschaffungs- und Absatzmärkten und zur kostenminimalen Produktionstechnologie möglich ist, keinerlei Irreversibilitäten existieren und der Monopolist bei einem Markteintritt seinen Preis hinreichend unverändert läßt, handelt es sich um einen "perfect contestable market".[55] Ein Konkurrent kann in diesem Fall schlagartig in den Markt eintreten, die gesamte Nachfrage auf sich ziehen und diesen Markt ohne Kosten wieder verlassen (sog. "hit and run"-Konkurrenz).[56] In der Realität bestehen jedoch zumeist verschiedene, mehr oder weniger stark ausgeprägte Marktzugangsbarrieren, so daß die perfekte Bestreitbarkeit eines Marktes eher die Ausnahme darstellt.[57]

Um den Markt bestreitbarer zu machen, bietet sich eine marktnahe Lösung an, indem das natürliche Monopol durch öffentliche Ausschreibung und zeitlich befristete Vergabe an den kostengünstigsten Anbieter institutionalisiert wird.[58] Statt "Wettbewerb innerhalb des Marktes" besteht dann "Wettbewerb um den Markt". Durch die zeitliche Befristung wird der Gefahr begegnet, daß der Monopolist nach erfolgtem Zuschlag unklar spezifizierte Vertragsbedingungen bzw. unzureichende Kontrollmöglichkeiten zu seinem Vorteil ausnutzt.[59] Die Option einer Vertragsverlängerung wirkt als Anreiz, effizient zu wirtschaften und überdies Innovationen zu generieren. Der

---

53 Vgl. TRAIN, K.E. (1991), S. 297 f..

54 Noch niedrigere Preise könnten erzwungen werden, wenn die Bedingungen ruinöser Konkurrenz vorliegen. Vgl. nochmals die Ausführungen in Kapitel 6.1.2.2.

55 Vgl. BAUMOL, W. (1982), S. 1 ff..

56 Vgl. FRITSCH, M. / WEIN, T. / EWERS, H.-J. (1993), S. 143.

57 Vgl. hierzu und zu weiteren Annahmen des "contestable markets"-Konzeptes ASCHINGER, G. (1984), S. 218 f.; KRUSE, J. (1985), S. 306 ff.; TRAIN, K.E. (1991), S. 305 ff.; FINSINGER, J. (1991), S. 160 ff.; FRITSCH, M. / WEIN, T. / EWERS, H.-J. (1993), S. 143.

58 Vgl. DEMSETZ, H. (1968), S. 55 ff.. Ein Variante wäre die Versteigerung der Monopolposition an den Meistbietenden; vgl. FRITSCH, M. / WEIN, T. / EWERS, H.-J. (1993), S. 160.

59 Förderlich erweist sich in diesem Zusammenhang auch eine Kombination der Ausschreibung mit den in Kapiteln 6.1.3.1.2 und 6.1.3.1.2 beschriebenen Varianten staatlicher Preisregulierung. Vgl. FRITSCH, M. / WEIN, T. / EWERS, H.-J. (1993), S. 161.

Anreiz ist umso stärker, je kürzer die Dauer der Ausschreibungsperiode ist.[60]

Probleme ergeben sich indessen, wenn das natürliche Monopol mit Irreversibilitäten behaftet ist und die wirtschaftliche Nutzungsdauer der irreversiblen Produktionsfaktoren die Vertragsdauer übersteigt. Bei Neuvergabe wäre der etablierte Monopolist in der bevorzugten Situation, effizientere Konkurrenten durch ein Angebot, das sich an der Höhe seiner reversiblen Kosten orientiert, abzuwehren. Gelingt dies nicht und wechseln die Monopolisten, droht Kostenduplizierung und damit Ressourcenverschwendung. Naheliegend wäre daher ein Transfer der irreversiblen Produktionsfaktoren vom ehemaligen zum neuen Monopolisten.[61] Um hierbei aber strategisches Verhalten und daraus resultierende exzessive oder unzureichende Investitionen des Altmonopolisten zu vermeiden, wären zum einen die Übernahmewerte apriori zu fixieren. Allerdings existiert keine eindeutige Methode zur Bestimmung objektiver Werte.[62] Zum anderen müßte die Übernahme für den Nachfolger verbindlich sein. Hierdurch werden jedoch die Effizienzziele des Ausschreibungsprozesses verzerrt, da unter Umständen Produktionsfaktoren übernommen werden müßten, die aufgrund einer anderen, besseren technischen Konzeption nicht verwendet würden. Auch eine Koppelung der Vergabedauer an die Nutzungsdauer der irreversiblen Produktionsfaktoren erweist sich nicht als praktikabel, da erstens bei langer Vergabedauer die Effizienzeffekte obsolet würden, zweitens die Nutzungsdauern der diversen Faktoren in der Regel unterschiedlich lang sind und drittens die Nutzungsdauern - vor allem bei signifikantem technischem Fortschritt - oft nicht zuverlässig abgeschätzt werden können.[63] Als gangbarer Ausweg kommt in Betracht, lediglich die Betriebsführungsrechte im Ausschreibungsverfahren zu vergeben und die Anlagen in staatlichem Eigentum zu halten.[64] Voraussetzung dabei ist allerdings, daß die wesentlichen Effizienzspielräume im Betriebsführungsbereich und nicht in der Anlagentechnologie gegeben sind. Auch ist hierbei erforderlich, daß zwischen privater Betriebsführung und staatlicher Anlagenverwaltung keine bzw. allenfalls geringe ökonomische Interdependenzen bestehen. Der Erfolg der Betriebsführungs-Unternehmen wäre ansonsten stark von Art und Ausmaß der Anlageninvestitionen abhängig. Abhilfe ließe sich zwar über eine integrierte Produktions- und Investitionsplanung schaffen. Die hierzu notwendige "gute" Interaktion zwischen staatlichen Investitions- und privaten Produktions-Entscheidungsträgern aber brächte wiederum Probleme einer Präjudizierung für zukünftige Ausschreibungsverfahren mit sich.

---

60 Vgl. KRUSE, J. (1985), S. 358.

61 Vgl. KRUSE, J. (1985), S. 360 ff..

62 Vgl. für einen Überblick hinsichtlich der Vielzahl objektivierter Bewertungsmethoden MOXTER, A. (1987), S. 33 ff..

63 Vgl. KRUSE, J. (1985), S. 364.

64 Vgl. KRUSE, J. (1985), S. 368 f..

Weitere Probleme können sich hinsichtlich der qualitativen Effizienz ergeben.[65] Die Produktspezifizierung kann entweder den Bietern überlassen oder von der Ausschreibungsinstanz verbindlich vorgeben werden. In beiden Fällen besteht für die Ausschreibungsinstanz - einerseits zur Qualitätsbewertung und andererseits zur Qualitätsfixierung - Informationsbedarf hinsichtlich der Kundenpräferenzen und der Kostenimplikationen bestimmter Qualitätsvariationen. Nur für den Fall, daß die Branche etabliert ist und nur wenig technologische Veränderungen aufweist und außerdem die Kundenpräferenzen relativ homogen und im Zeitablauf stabil sind, dürfte sich das Informationsproblem als lösbar erweisen.

Eine weitere Form der marktlichen Monopoldisziplinierung basiert auf der Existenz von verwandten Märkten, deren Produkte dieselben oder sehr ähnliche Bedürfnisse befriedigen, wie die des Monopolmarktes. Eine solche Substitutionskonkurrenz bietet den Nachfragern die Möglichkeit, dem Monopolisten auszuweichen, und kann somit zur Begrenzung des Machtproblems beitragen.[66]

Schließlich wird in der Literatur[67] noch auf die Möglichkeiten der Schaffung gleichgewichtiger Marktmacht hingewiesen. Verfügen beide Marktseiten über dieselbe Machtstellung, so existieren keine wesentlichen Ausbeutungsspielräume. In der wirtschaftspolitischen Praxis findet diese Strategie jedoch aufgrund der Gefahr des Aufbaus von Machtspiralen, bei der auf jede Zunahme von Konzentration mit einer Erhöhung der Konzentration auf der Marktgegenseite reagiert wird, selten Anwendung.

6.1.3.1.2 Staatliche Preisregulierung im Sinne einer second-best Lösung

Erweisen sich die genannten Wettbewerbskonzepte zur Monopoldisziplinierung als unzureichend bzw. nicht gangbar, sind ergänzend bzw. stattdessen die im second-best Fall angestrebten Durchschnittskostenpreise mithilfe staatlicher Preisvorgaben durchzusetzen (vgl. für einen Überblick noch einmal *Abb. 6.6*). Für eine Operationalisierung ist dabei hilfreich, daß bei effizienter Betriebsgröße die kurzfristigen Durchschnittskosten (**KDK**) genau den langfristigen Durchschnittskosten (**DK**) entsprechen (vgl. *Abb. 6.7, Fall (a)*). Im Einproduktfall läßt sich dann der Durchschnittskostenpreis $\mathbf{p_{DK}}$ relativ einfach per Division der anfallenden Gesamtkosten durch die Anzahl

65 Vgl. KRUSE, J. (1985), S. 370.

66 Vgl. BRAEUTIGAM, R.R. (1989), S. 1306; FRITSCH, M. / WEIN, T. / EWERS, H.-J. (1993), S. 144. Ein typisches Beispiel hierfür ist der Verkehrsbereich. In Abhängigkeit der Charakteristika der zu transportierenden Güter und der zu bewältigenden Strecken besteht zwischen den verschiedenen Verkehrsträgern wie Auto, Bus, Bahn, Flugzeug oder Schiff intermodaler Wettbewerb.

67 Vgl. KRAKOWSKI, M. (1988), S. 45 f.; FRITSCH, M. / WEIN, T. / EWERS, H.-J. (1993), S. 159.

der produzierten Einheiten ermitteln.[68] Bei Mehrprodukt-Unternehmen hingegen besteht das allgemeine kostenrechnerische Problem der Gemeinkostenverteilung auf die einzelnen Kostenträger. Unter wohlfahrtstheoretischen Aspekten gilt hier jene Aufteilung als optimal, bei der diejenigen Produkte, welche die geringsten Preiselastizitäten der Nachfrage besitzen, die höchsten Gemeinkostenzuschläge und somit Preise (sog. Ramsey-Preise) erhalten.[69]

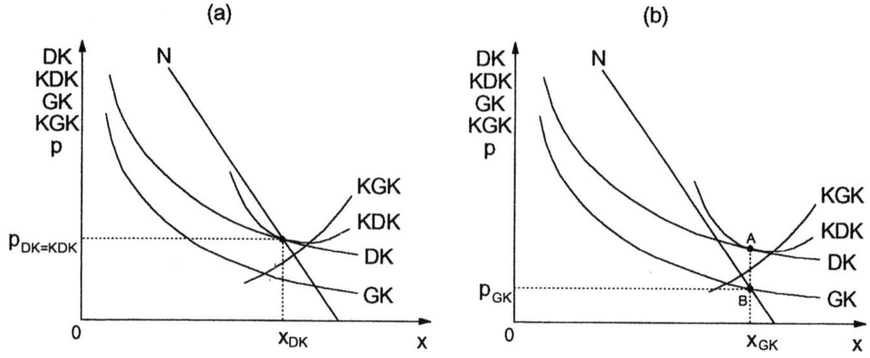

Abb. 6.7: Durchschnittskostenpreis (a) und Grenzkostenpreis (b) im natürlichen Monopol (in Anlehnung an: SCHNELLHAASS, H. (1982), S. 134)

In der Regulierungspraxis ist es indes üblich, daß die Vorgaben kostendeckender Höchstpreise über die bloße Stückkostendeckung hinaus auch die Erzielung einer Gewinnmarge gewähren (sog. cost-plus Preise).[70] Folgende Hauptvarianten lassen sich unterscheiden:[71]

- Bei der vornehmlich in den USA angewandten Rentabilitäts- oder "rate of return"-Regulierung wird der Gewinn des Monopolisten proportional zum Umfang des eingesetzten Kapitals beschränkt. Da die zugestandene Kapitalverzinsung in der Regel über dem Marktzins einer risikolosen Anlage liegt, besteht für den Monopolisten demzufolge der Anreiz, die Anzahl der Kapitaleinheiten zu maxi-

68 Von den Schwierigkeiten einer objektiven Kostendefinition und -ermittlung sei einmal abgesehen. Vgl. hierzu nochmals die Ausführungen in Kapitel 3.8.3.2.1.

69 Gegenüber anderen Aufteilungsmethoden wird bei Ramsey-Preisen der dead-weight loss minimiert. Nachteilig ist jedoch die hierbei induzierte interne Subventionierung von Kundengruppen. Vgl. für eine analytische Darstellung BRAEUTIGAM, R.R. (1989), S. 1320 ff.. Eine Übersicht alternativer Aufteilungsmethoden findet sich bei FINSINGER, J. (1991), S. 102 f..

70 Laut KAUFER, E. (1981), S. 108 liegt diese Vorgehensweise darin begründet, daß für die Regulierungsinstanz eine Gewinnregulierung leichter handzuhaben sei als eine detaillierte Kostenkontrolle.

71 Vgl. KAUFER, E. (1981), S. 108 ff.; KRUSE, J. (1985), S. 236 ff.; FINSINGER, J. (1991), S. 168 ff.; KNIEPS, G. (1995), S. 619 f..

mieren. Die resultierende Überkapitalisierung wirkt sich als Inputverzerrung und entsprechende Abweichung von der Minimalkostenkombination aus.[72] Da überdies alle Kosten über den Preis auf die Kunden abgewälzt werden können, sind insbesondere insiderbedingte Ineffizienzen vorprogrammiert.

- Im europäischen Raum hingegen verfahren die Preisaufsichtsbehörden vorwiegend nach der Kostenzuschlags- oder "mark up"-Methode. Hier ist der zulässige Preis durch einen vorgegebenen Aufschlag auf die tatsächlichen Produktionskosten beschränkt. Diese Konstruktion wirkt wie eine Begrenzung der Umsatzrendite und provoziert den Monopolisten zur gewinnmaximalen Ausdehnung des Umsatzes. Unter bestimmten Bedingungen kann dabei die optimale Umsatzausdehnung jedoch nur über "Kostenmachen" bei fixer Ausbringungsmenge, d.h. über reine Ressourcenverschwendung erreicht werden.[73] Im übrigen besteht analog zur Rentabilitätsregulierung aufgrund der Kostendeckungsgarantie die Tendenz zu Insiderineffizienzen.

- Schließlich sei noch eine dritte, neuere Variante zur Gewinnbeschränkung erwähnt, die sog. "price cap"-Regulierung.[74] Die Vorgabe besteht darin, daß das Monopolunternehmen in der Regulierungsperiode jede gewünschte Preisänderung durchführen darf, sofern der Preis nicht schneller ansteigt als die Differenz zwischen der Veränderung des Konsumentenpreisindexes und der Produktivitätsveränderung, dem sog. X-Faktor, im regulierten Sektor. Die price cap ist somit ein Index, der nicht überschritten werden darf. Die Vorteile dieser Tarifregulierungsvariante liegt in der Vermeidung der Nachteile der beiden anderen genannten Methoden. Probleme ergeben sich jedoch bei der Bestimmung der price cap insbesondere aufgrund der schwierigen Abschätzbarkeit des X-Faktors, der nicht nur vom technischen Fortschritt, sondern auch von Skalen- und Verbundvorteilen und von der Kapazitätsauslastung des Monopolisten determiniert wird. Sehr niedrige Werte bescheren dem Monopolisten hohe Gewinnspannen, zu hohe Werte hingegen führen zu Verlusten und erzwingen dann kostensparende Qualitätsminderungen, Investitionsstops oder gar den Marktaustritt. Die "price cap"-Regulierung wird daher für solche Monopolbereiche empfohlen, in denen stabile Verhältnisse in Hinblick auf eine Vorhersehbarkeit des technischen Fortschritts und der Mengenentwicklung gegeben sind.

---

72 Bezieht sich die Inputverzerrung auf die Substitution der Produktionsfaktoren Arbeit und Kapital, handelt es sich um den sog. Averch-Johnson-Effekt. Vgl. hierzu AVERCH, H. / JOHNSON, L.L. (1962), S. 1052 ff.. Weitere Verzerrungen können sich ergeben hinsichtlich Investment-/Leasing- und "make or buy"-Entscheidungen; vgl. KRUSE, J. (1985), S. 245.

73 Dies ist dann der Fall, wenn das Umsatzmaximum die korrespondierenden Kosten um mehr als die Kostenzuschlagsrate übersteigt. Vgl. für eine analytische Ableitung FINSINGER, J. (1991), S. 173 ff..

74 Vgl. ACTON, J.P. / VOGELSANG, I. (1989); BRENNAN, T.J. (1989); LANG, G. (1995).

6.1.3.1.3 Staatliche Preisregulierung im Sinne einer first-best Lösung

Sofern bei second-best Preisen - ungeachtet der dargestellten Gewinn- und damit verbundenen Effizienzprobleme - zu hohe Wohlfahrtsverluste zu erwarten sind, ist mittels staatlicher Vorgaben von Grenzkostenpreisen die first-best Lösung anzustreben (vgl. für einen Überblick noch einmal *Abb. 6.6*). Aufgrund der Regulierungsintention, ein möglichst effizientes bzw. preisgünstiges Angebot zu gewährleisten, ist die Grenzkostenpreisregel im Falle natürlicher Monopole auf die langfristigen Grenzkosten zu beziehen.[75] Dabei umfassen die langfristigen Grenzkosten (**GK**) alle Faktorverbräuche, welche - unter Einbeziehung sämtlicher fixer Produktionsfaktoren - für die Bereitstellung einer zusätzlichen Ouput-Einheit bei optimaler Kapazitätsausstattung aufzubringen sind (vgl. *Abb. 6.7, Fall (b)*).[76]

Wie bereits in Kapitel 6.1.2.1 ausgeführt, stellt sich bei der Grenzkostenpreissetzung mitunter ein Defizitproblem (vgl. in *Abb. 6.7, Fall (b)* die Strecke **AB**). Im Schrifttum finden sich diverse Vorschläge, wie ein solches Defizit gedeckt bzw. vermieden und somit die Eigenwirtschaftlichkeit des Monopolisten gesichert werden kann:[77]

- Einmal ist denkbar, daß der Fehlbetrag aus allgemeinen Steuermitteln finanziert wird (sog. externe Subventionierung). Gegen diese Lösung spricht indessen, daß das Steuersystem im allgemeinen nicht allokationsneutral ist.[78] Die hierdurch induzierten Wohlfahrtsverluste könnten höher sein als bei Aufgabe der Grenzkostenpreise zugunsten kostendeckender second-best Preise. Zudem findet eine Einkommensumverteilung von der Gesamtheit der Steuerzahler auf die Gesamtheit der Konsumenten des Monopolgutes statt, was sich insbesondere, wenn

75 Vgl. RITTIG, G. (1978), S. 21. Nur für den Spezialfall, daß Nachfrage und Minimum der langfristigen Grenzkosten zusammenfallen, erfüllen auch die kurzfristigen Grenzkosten die Optimalitätsforderung; vgl. SCHNELLHASS, H. (1982), S. 133.

76 Vgl. FRITSCH, M. / WEIN, T. / EWERS, H.-J. (1993), S. 154 f.. Insofern stellt die Grenzkostenpreisregel nicht nur eine Preissetzungsanweisung, sondern darüber hinaus auch eine Investitionsanweisung dar. Probleme hinsichtlich der Umsetzung ergeben sich jedoch, wenn sich die Kapazität nicht marginal, sondern nur sprungfix variieren läßt.

77 Vgl. z.B. KAUFER, E. (1981), 59 ff.; KRUSE, J. (1985), S. 78 ff.; KRAKOWSKI, M. (1988), S. 85 ff.; FINSINGER, J. (1991), S. 107 ff.; MUSGRAVE, R.A. / MUSGRAVE, P.B. / KULLMER, L. (1992), S. 167 ff.; BÖLSENKÖTTER, H. (1978), S. 157 f..

78 In einem neutralen Steuersystem wären die Steuern so bemessen, daß sie die allokativen Entscheidungen der Wirtschaftsteilnehmer nicht beeinflussen. Dies könnte näherungsweise mit einer Pauschalsteuer erreicht werden, bei der die Steuerzahlung unabhängig vom Verhalten der Steuerpflichtigen erhoben wird und diese keine Möglichkeit haben, ihre Höhe durch Einschränkung oder Umstrukturierung des Konsums zu beeinflussen. Die relativen Preise bleiben gegenüber einer steuerlosen Referenzsituation somit unverändert. Im Gegensatz zu einer Verbrauchssteuer, bei der sowohl Einkommenseffekte als auch Substitutionseffekte (sog. excess burden oder Zusatzlast) induziert werden, treten lediglich Einkommenseffekte auf. Vgl. im einzelnen z.B. MUSGRAVE, R.A. / MUSGRAVE, P.B. / KULLMER, L. (1988), S. 97 ff.; HUBER, B. (1989), S. 569 f.; AHLHEIM, M. (1991), S. 920 ff..

beide Gruppen auseinanderfallen, nicht rechtfertigen läßt. Und schließlich setzt die Garantie einer Defizitübernahme keine Anreize zu effizientem Verhalten. Einer Aufsichtsbehörde wird nur schwerlich der Nachweis gelingen, daß ein Teil der Defizite des Monopolunternehmens nicht aus der Grenzkostenbepreisung, sondern aus unwirtschaftlichem Verhalten resultiert.

- Auch im Falle einer "internen Subventionierung", bei der die Mittel zur Defizitdeckung durch die Belastung anderer Produkte (ohne Monopoleigenschaft) des gleichen Unternehmens gewonnen werden, sind Allokationsverzerrungen die Folge. Beeinträchtigt werden die Produktionsstrukturen der subventionierenden Bereiche. Eine Abschätzung der Auswirkungen ist jedoch nicht möglich, da die beinträchtigten Bereiche mit dem Produktprogramm des jeweiligen Unternehmens korrespondieren und somit zufallsbedingt sind.

- Eine weitere Möglichkeit zum Defizitausgleich besteht in der Erhöhung der Grenzkostenpreise um bestimmte Zuschläge (sog. péages). In Monopolbereichen mit mehreren bzw. substituierbaren Gütern werden dabei drei Varianten der Zuschlagsbemessung diskutiert:[79]
  - prozentual gleiche péages derart, daß für die einzelnen Produkte das Verhältnis der Grenzkosten und das Verhältnis der Preise übereinstimmen;
  - absolut gleiche péages, so daß sich die Differenz der Grenzkosten und die Differenz der Preise der einzelnen Produkte entsprechen;
  - péages, deren Bemessung sich nach den Nachfrageelastizitäten der einzelnen Produkte richtet.

  Einzuwenden ist, daß diese Verfahren zwar die gewünschte Kostendeckung gewährleisten, aber die Paretobedingung einer first-best Lösung verletzen. Sie sind allenfalls als second-best Lösungen empfehlenswert.[80]

- Kostendeckung und Paretooptimalität zugleich lassen sich nur mittels Preisdifferenzierung erreichen. Bei der sog. monopolistischen Preisdifferenzierung[81] werden die potentiellen Konsumenten entsprechend ihrer Zahlungsbereitschaft oder Nachfrageelastizitäten in zwei oder mehrere Gruppen aufgeteilt und für diese unterschiedliche Preise festgesetzt. Voraussetzung hierbei ist, daß zwischen den Nachfragern keine Arbitragegeschäfte stattfinden, und daß sich die Zahlungsbe-

---

79 Vgl. für eine zusammenfassende Darstellung BÄTZ, K. (1979), S. 116 ff. mit weiteren Literaturnachweisen.

80 Hierbei ist letzterer Variante der Vorzug zu geben. Diese Variante entspricht der Gemeinkostenaufteilung mittels Ramsey-Preisen (vgl. nochmals Kapitel 6.1.3.1.2).

81 Vgl. hierzu auch Fn. 45 u. 46 in Kapitel 6.1.2.3.

reitschaften mit vertretbarem Aufwand hinreichend genau ermitteln lassen. (Relative) Paretooptimalität wird erreicht, wenn die Konsumentenrente bezogen auf den Gesamtmarkt vollständig abgeschöpft werden kann. Kostendeckung ist gewährleistet, wenn mit der Rente die Defizite, die bei gruppenspezifischen Preisen unterhalb der jeweiligen Durchschnittskosten entstehen, ausgeglichen werden können.

- Einen Spezialfall der Preisdifferenzierung stellen zwei- oder mehrgliedrige Tarife dar (auch: "Preisspaltung" oder "nichtlineare Tarife"). Häufig beruht Subadditivität auf relativ hohen Fixkostenanteilen und entsprechender Fixkostendegression bei steigendem Output. Zweiteilige Tarife entsprechen dieser Kostenstruktur in Form eines mengenunabhängigen Grundpreises und eines mengenabhängigen Leistungspreises. Wird der Leistungspreis durch die Höhe der Grenzkosten bestimmt und der Grundpreis so festgelegt, daß die daraus erzielten Erlöse gleich der Gesamtheit aller nicht-marginalen Kosten sind, orientieren sich die Entscheidungen der Konsumenten nur an den marginalen Kostenbestandteilen, während gleichzeitig der Grundpreis die Gesamtkostendeckung gewährleistet.[82]

- Eine weitergehende Preisgliederung bzw. -differenzierung findet insbesondere bei "Spitzenlastproblemen" Anwendung (sog. peak-load-pricing). Spitzenlastprobleme treten auf, wenn erstens die Nachfrage zeitlich periodisch schwankt, zweitens der Anbieter eine konstante Kapazität wählen muß, weil die Kapazität kurzfristig nicht auf- oder abbaubar ist, und drittens das Gut nicht oder nicht kostengünstig gespeichert werden kann. Diese Besonderheiten stellen sich vor allem bei der Versorgung mit Strom, Telekommunikation oder Bahndiensten ein. Durch eine geeignete Staffelung der Preise kann erreicht werden, daß Nachfrage zeitlich umgelenkt, Kapazität eingespart und die vorhandene Kapazität gleichmäßiger und damit besser genutzt wird.[83]

---

82 Im Kontext der oben beschriebenen externen Subventionierung läßt sich der Grundpreis wie eine Kopfsteuer auf alle Nachfrager des Monopolgutes interpretieren. Allokative Effizienz läßt sich allerdings nur dann erreichen, solange der Grundpreis kleiner ist als die Konsumentenrente des Nachfragers mit der niedrigsten Zahlungsbereitschaft. Eine Gewähr hierfür bietet eine Differenzierung des Grundpreises nach Kundengruppen mit unterschiedlicher Zahlungsbereitschaft. Vgl. FINSINGER, J. (1991), S. 113 ff..

83 Vgl. für Einzelheiten bspw. BÄTZ, K. (1979), S. 121 ff.; KAUFER, E. (1981), S. 69 ff.; FINSINGER, J. (1991), S. 127 ff..

6.1.3.1.4 Öffentliche Unternehmen als institutionelle Monopolregulierung

In Ergänzung zu den Maßnahmen staatlicher Preisregulierung - unabhängig davon, ob first- oder second-best Preise angestrebt werden - ist es oftmals Regulierungspraxis, die Produktionserlaubnis von Monopolgütern auf öffentliche Einrichtungen zu beschränken.[84] Ein wesentliches Merkmal dieser institutionellen Form der Monopolregulierung ist es, daß auf eine generelle Regulierungsinstanz verzichtet wird. Die entsprechenden Funktionen werden stattdessen von unterschiedlichen Einheiten wie Aufsichts- und Verwaltungsräten, Werksausschüssen und Gemeinderäten sowie verschiedenen Verwaltungsorganen wahrgenommen. Hierdurch lassen sich einerseits zwar Koordinations- und Kontrollkosten einsparen, andererseits aber stellt sich das grundsätzliche Problem, daß der Staat gleichzeitig die Rolle des "Spielers" und des "Schiedsrichters" ausübt.[85] Die Konsequenzen hieraus sind offensichtlich: Erstens erweitern sich tendenziell die diskretionären Freiräume für Insider, so daß größere technische Ineffizienzen als bei kontrollierter privater Bereitstellung des Monopolgutes zu erwarten sind. Zweitens besteht die Gefahr, daß die Regulierungspolitik zum Parameter allgemein-politischer Interessen degeneriert. Ursächlich hierfür sind die Möglichkeiten bzw. Rechte der Politiker zur Einflußnahme auf die Regulierungsorgane sowie auf die öffentlichen Einrichtungen und Unternehmen. Infolgedessen ist drittens schließlich zu erwarten, daß die bezweckte Effizienzorientierung der Regulierungsmaßnahmen durch eine Verteilungsorientierung zugunsten von Interessensgruppen mit geeigneter Stimmenstärke verdrängt wird.[86]

6.1.3.2 Effizienzanreize

Aus den bisherigen Ausführungen wurde deutlich, daß die Allokationsregeln für das natürliche Monopol und die korrespondierenden Regulierungsvarianten ausschließlich der (vollständigen bzw. näherungsweisen) Gewährleistung von Allokationseffizienz dienen. Lediglich bei den Marktlösungen entfalten sich nebenbei Anreize, möglicherweise vorhandene technische und auch qualitative Ineffizienzen zu minimieren. Bei den institutionellen und ordnungsrechtlichen Regulierungsvarianten hingegen ergeben sich diesbezüglich keine oder eben gerade unerwünschte Nebeneffekte.

---

84 Diese sog. doppelte Bindung war - bis vor kurzem - insbesondere für die Bundesrepublik Deutschland charakteristisch; vgl. KAUFER, E. (1981), S. 167 ff.; KRUSE, J. (1985), S. 257 ff.; KRAKOWSKI, M. (1988), S. 93 f.. Zwischenzeitlich findet in diversen Bereichen ein Deregulierungsprozeß zugunsten von Marktlösungen bzw. marktnahen Lösungen statt. Vgl. hierzu nochmals die Ausführungen in Kapitel 2.2.4.

85 Vgl. KRUSE, J. (1985), S. 266.

86 Vgl. hierzu auch die Ausführungen in Kapitel 2.1.2.

Nach herrschender Meinung[87] sind die Probleme der technischen Ineffizienzen in der derzeitigen Regulierungspolitik am schwerwiegendsten. Dies gilt insbesondere für die technischen Ineffizienzen vom Typ I, von denen angenommen wird, daß sie umso größer sind, je geringer der Wettbewerbsdruck ist.[88] Das natürliche Monopol offenbart sich somit als Dilemma von Marktmacht und Effizienz.[89] Bei entsprechender Datenkonstellation kann es unter Kostenaspekten vorteilhafter sein, auf die Skalenerträge der Monopollösung zu verzichten und stattdessen eine von Insiderrenten freie Wettbewerbslösung zu etablieren.[90] Nicht zuletzt vor diesem Hintergrund sind auch die aktuellen Deregulierungsmaßnahmen in diversen Monopolbereichen zu sehen.[91]

Bei natürlichen Monopolen mit Marktzugangsbarrieren, insbesondere bedingt durch ausgeprägte Irrversibilitäten, sind marktbezogene Lösungen jedoch nicht tragfähig. Effizienzanreize sind daher über regulatorische Maßnahmen zu setzen. Eine Möglichkeit hierzu besteht in der kosten- und leistungsbezogenen Managementkontrolle des Monopolunternehmens.[92] Auf diese Aspekte ist in Kapitel 6.5.1.3 noch näher einzugehen. Eine weitergehende Variante stellt der sog. Kontroll-Wettbewerb dar, bei dem die Mitglieder der Regulierungsinstanz, d.h. die "Kontrolleure" des Monopolunternehmens, über einen Wahlprozeß der Kunden konstituiert werden. Die jederzeitige Ersetzbarkeit der aktuellen Kontrolleure durch potentielle Nachfolger schafft entsprechende Leistungsanreize.[93]

6.2 Öffentliche Güter

Ebenfalls Regulierungsbedarf besteht bei der Versorgung der Gesellschaft mit sog. öffentlichen Gütern bzw. Kollektivgütern.[94] Öffentliche Güter zeichnen sich durch zwei konstituierende Merkmale aus:[95]

---

87 Vgl. KRUSE, J. (1985), S. 108 und die dort angegebene Literatur.

88 Vgl. LINSENBÜHLER, G. (1984), S. 426; KRUSE, J. (1985), S. 106.

89 Vgl. LINDE, R. / ALTENBURG, L. (1991), S. 761.

90 Siehe hierzu exemplarisch die Situation in *Abb. 6.5, Fall (a)* in Kapitel 6.1.2.3. Sofern die Ineffizienzen vom Typ I bei monopolistischer Produktion von $\mathbf{2x_1}$ systematisch um mehr als **AB** pro Stück größer sind als bei der Duopollösung (2 Anbieter mit Produktionsmengen von je $\mathbf{x_1}$), erweist sich die Wettbewerbslösung als kostengünstiger. Vgl. KRUSE, J. (1985), S. 110 f..

91 Vgl. hierzu die Begründungen der DEREGULIERUNGSKOMMISSION (1991), S. 6 ff..

92 Vgl. KRUSE, J. (1985), S. 170 ff.; KRAKOWSKI, M. (1988), S. 93.

93 Vgl. im einzelnen KRUSE, J. (1985), S. 390 ff..

94 Vgl. zur Theorie der öffentlichen Güter grundlegend SAMUELSON, P.A. (1954). Die Begriffe "öffentliche Güter" und "Kollektivgüter" werden im Schrifttum oftmals synonym verwendet; vgl. z.B. HANUSCH, H. (1972), S. 12; GSCHWENDTNER, H. (1993), S. 58; WICKE, L. (1993), S. 41. Hingegen fungiert bspw. bei MÜNCH, K.N. (1976), S. 39 ff. die Bezeichnung "Kollektivgüter" als Oberbegriff; "öffentliche Güter" sind nur jene Güter, die bei Marktversagen vom Staat bereitgestellt werden. Im weiteren wird jedoch auf diese Differenzierung verzichtet.

95 Vgl. MUSGRAVE, M.A. / MUSGRAVE, P.B. / KULLMER, L. (1994), S. 69 ff.. Für eine Berücksichtigung weiterer Gütermerkmale, so etwa positive und negative externe Effekte, stei-

(1) Nichtrivalität im Konsum: das Gut kann von mehreren Nutzern gleichzeitig in Anspruch genommen werden, ohne daß diese sich gegenseitig behindern.

(2) Nichtausschließbarkeit: ein Ausschluß einzelner Benutzer vom Konsum des Gutes - z.B. über den Preis - ist technisch nicht oder nur mit einem unverhältnismäßig hohen Aufwand möglich.

Aufgrund dieser beiden Eigenschaften lassen sich öffentliche Güter nicht über den Marktmechanismus bereitstellen. Die Konsumenten sind nicht gezwungen, ihre Zahlungsbereitschaft zu offenbaren. Jeder Interessent hofft, daß ein anderer für das Gut bezahlt, er selber aber kostenlos am Konsum teilhaben kann (sog. free rider strategy oder "Trittbrettfahrerverhalten"). Eine Erzielung von Verkaufserlösen wird somit unmöglich. Folglich unterbleiben Produktion und Angebot durch Privatunternehmen.[96]

6.2.1 Reine und gemischte öffentliche Güter

In praxi existieren jedoch nur wenige Fälle "reiner" öffentlicher Güter. So beschränken sich die Beispiele in der Literatur auf die Bereitstellung von rechtlichen und institutionellen Rahmenbedingungen, von äußerer und innerer Sicherheit und von besonderen Einrichtungen wie Leuchttürmen oder Deichanlagen.[97]

Entsprechend der (dichotomen[98]) Ausprägungen der beiden Merkmale Rivalität und Ausschlußmöglichkeit lassen sich weitere Gütertypen unterscheiden. Eine Klassifikationsmatrix ist in *Tabelle 6.1* dargestellt.

		Rivalität im Konsum	
		ja	nein
Ausschließbarkeit vom Konsum	ja	Fall 1: private Güter	Fall 2: Mischgüter mit Ausschlußmöglichkeit
	nein	Fall 3: Mischgüter mit Rivalität im Konsum	Fall 4: reine öffentliche Güter

Tab. 6.1: Öffentliche Güter, private Güter und Mischgüter

gende Skalenerträge und meritorische Aspekte, vgl. RITTIG, G. (1984), S. 16 ff..

96 Vgl. HANUSCH, H. (1972), S. 92.

97 Vgl. z.B. MÜNCH, K.N. (1976), S. 54 ff.; CEZANNE, W. (1993), S. 48 ff.; MUSGRAVE, R.A. / MUSGRAVE, P.B. / KULLMER, L. (1994), S. 71.

98 Eine differenziertere Betrachtung der Merkmalsausprägungen findet sich bei GROSSEKETTLER, H. (1985).

Zwischen den beiden Extremen des "privaten Gutes" (Fall 1) und des "öffentlichen Gutes" (Fall 4) liegt die Güterkategorie der sog. gemischten öffentlichen Güter.

Bei Mischgütern mit Ausschlußmöglichkeit (Fall 2), auch sog. Klubgüter[99], können Interessenten zwar über den Preis vom Konsum abgehalten werden, aber das Merkmal der Nichtrivalität bleibt zumindest bis zu einer gewissen Kapazitätsgrenze[100], ab der sich die Nutzer wiederum gegenseitig im Konsum beeinträchtigen, bestehen. Als typische Beispiele können das Straßenverkehrsnetz, kulturelle Veranstaltungen oder das Kabelfernsehen genannt werden.[101] Mithin lassen sich dieser Güterkategorie die Fälle positiver externer Effekte und natürlicher Monopole zuordnen.[102]

Besteht hingegen Konsumbeeinträchtigung, wobei aber gleichzeitig ein Ausschluß von "Trittbrettfahrern" nicht möglich ist, handelt es sich um Mischgüter mit Rivalität im Konsum (Fall 3). Beispiele hierfür sind natürliche Ressourcen, wie das Gut "Umwelt".[103] Insofern läßt sich das Phänomen der negativen externen Effekte auch mit der Theorie der öffentlichen Güter erklären.[104]

6.2.2 Wohlfahrtseffekte und staatliche Regulierung

Im Falle von rein öffentlichen Gütern ist aufgrund des Marktversagens eine Versorgung durch den Staat erforderlich. Staatliche Eigenproduktion birgt jedoch aufgrund mangelnder Konkurrenz die Gefahr technischer Ineffizienzen und dadurch überhöhter Kosten. Zudem ergeben sich bei Bereitstellung zum Nulltarif und bei unbekannten Konsumentenpräferenzen tendenziell zu hohe Produktionsmengen.[105] Eine gewisse

---

99 Vgl. grundlegend BUCHANAN, J.A. (1965), S. 1; OLSON, M. (1965).

100 MÜNCH, K.N. (1976), S. 26 f. unterscheidet in diesem Zusammenhang zwischen "polaren" und "nicht-polaren" Kollektivgütern. Im Gegensatz zu ersteren werden bei den nicht-polaren Kollektivgütern die Kosten der Bereitstellung durch die Anzahl der Nutzer beeinflußt. So hängt beispielsweise bei dem Kollektivgut "Straßenverkehrsnetz" der Oberflächenverschleiß maßgeblich von der Anzahl der Verkehrsteilnehmer ab. Des weiteren besitzen nicht-polare Kollektivgüter nach erfolgter Bereitstellung in der Regel Kapazitätsgrenzen, so daß zwar viele, aber nicht unendlich viele Personen das Gut ohne Rivalität nutzen können. Dies macht sich im Beispiel des Straßenverkehrsnetzes durch Stauungen des Verkehrsflusses und entsprechende Beeinträchtigungen für die Verkehrsteilnehmer bemerkbar.

101 Vgl. z.B. MÜNCH, K.N. (1976), S. 54 ff.; KRAKOWSKI, M. (1988), S. 77 f.; CEZANNE, W. (1993), S. 51.

102 Vgl. BELLEN, A. v. der (1977), S. 7; THIEMEYER, T. (1984), S. 76; CEZANNE, W. (1993), S. 231.

103 Vgl. MÜNCH, K.N. (1976), S. 54 ff.; CEZANNE, W. (1993), S. 51.

104 Vgl. SIEBERT, H. (1976), S. 3 ff.; CEZANNE, W. (1993), S. 231; GSCHWENDTNER, H. (1993).

105 Vgl. für einen Überblick möglicher Ansätze zur Erfassung der Präferenzen für öffentliche Güter und der damit verbundenen Schwierigkeiten bspw. POMMEREHNE, W.W. / RÖMER, A.U. (1988); MACKSCHEIDT, K. / STÖRMANN, W. (1994); vgl. außerdem analog die Ausfüh-

Abhilfe könnte hier bspw. durch "Wettbewerb um den Markt" geschaffen werden, indem der Staat Privatunternehmen unter Konkurrenzbedingungen mit der Produktion beauftragt und im übrigen das Steueraufkommen die Finanzierung sichert.[106]

Bei Mischgütern mit Ausschlußmöglichkeit hingegen kann prinzipiell sowohl Produktion als auch Angebot durch private Unternehmen erfolgen. Aufgrund der Nichtrivalität im Konsum besteht allerdings die Gefahr gesamtwirtschaftlicher Ineffizienzen. Die Möglichkeit, daß ein zusätzlicher Nutzer praktisch ohne zusätzliche Kosten mit dem Gut versorgt werden kann, impliziert sinkende Durchschnittskosten und damit die Tendenz zur Monopolisierung.[107] Die hiermit verbundenen Probleme, nämlich Unterproduktion bei überhöhten Preisen, und entsprechende Lösungsmöglichkeiten wurden bereits in Kapitel 6.1 zum natürlichen Monopol erläutert.

Mischgüter mit Rivalität im Konsum schließlich besitzen die Tendenz zur Übernutzung. Staatliche Eingriffe sind erforderlich, um die kostenlosen Nutzungsmöglichkeiten von Trittbrettfahrern einzuschränken. Hinsichtlich entsprechender Strategien zur Kosteninternalisierung im besonderen für das Mischgut "Umwelt" sei auf die Ausführungen in Kapitel 4.1.3.2 verwiesen.

6.3 Ökonomische Besonderheiten in der Abfallentsorgung

Im weiteren soll analysiert werden, inwiefern der Entsorgungssektor durch die Eigenschaften des natürlichen Monopols und der öffentlichen Güter charakterisiert ist.

6.3.1 Subadditivität

Laut KRAKOWSKI lassen sich natürliche Monopole empirisch nur schwerlich eindeutig feststellen.[108] Für das Vorliegen von Subadditivität in der Abfallentsorgung können aber zumindest folgende Indizien angeführt werden.

---

rungen in Kapitel 4.1.3.1.1.2. Ein alternativer Weg zur Ermittlung der gewünschten Kollektivgütermengen knüpft an den politischen Wahlvorgang an. Vgl. hierzu bspw. TIDEMAN, T.N. / TULLOCK, G. (1976); NOLL, W. (1979), S. 77 ff..

106 Vgl. CEZANNE, W. (1993), S. 229 f.. Als problemetisch erweist sich jedoch die mangelnde Allokationsneutralität der Besteuerung. Vgl. hierzu LÜDEKE, R. (1991), S. 769 ff. und die in Fn. 78 angegebene Literatur.

107 Vgl. CEZANNE, W. (1993), S. 231.

108 Vgl. KRAKOWSKI, M. (1988), S. 39 f.. So kann etwa technischer Fortschritt als dynamisches Element dazu führen, daß sich die Kostenfunktion für die Produktion auf einem Markt ändert und die Bedingungen für ein natürliches Monopol nicht mehr erfüllt sind. Ein Beispiel hierfür ist der Telekommunikationssektor, bei dem das herkömmliche leitungsgebundene Fernnetz um ein Funk- und Satellitennetz erweitert werden konnte.

6.3.1.1 Fixkosten

Unter der Annahme, daß beschäftigungsunabhängige Kosten insbesondere durch hohe Kapital- und Rückstellungskosten verursacht werden, läßt sich für den Gesamtbereich der Abfallentsorgung nur eine mäßige Fixkostenbelastung konstatieren. Im Rahmen der bayernweiten Befragung (Empirie II) konnten für die Intensitäten der beiden Kostenarten in den Entsorgungseinrichtungen die in *Abbildung 6.8* dargestellten Häufigkeitsverteilungen ermittelt werden.[109] In der überwiegenden Zahl der Fälle liegen die Kapital- und Rückstellungskostenanteile an den Gesamtkosten jeweils unter 20 %.

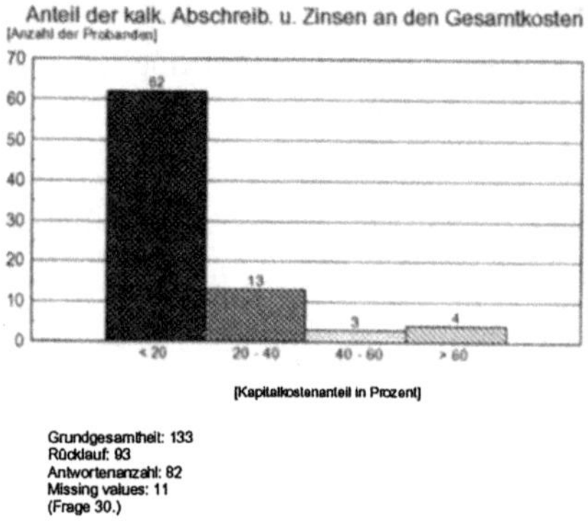

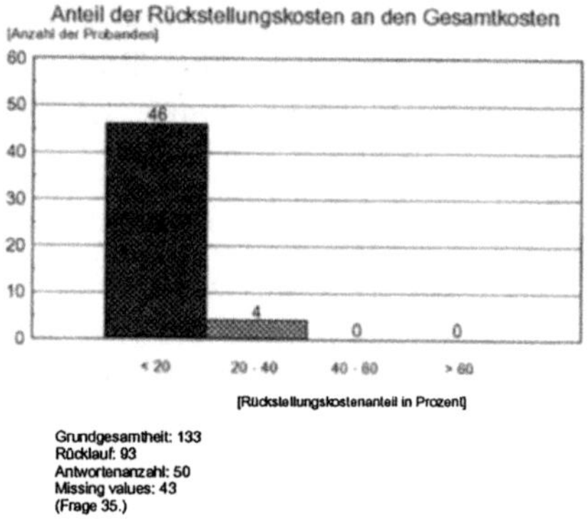

Abb. 6.8: Kapital- und Rückstellungsintensitäten in der öffentlichen Abfallentsorgung

Bei Betrachtung einzelner Wertschöpfungsbereiche hingegen relativieren sich diese Ergebnisse. In den Einzelfallstudien ausgewählter Entsorgungseinrichtungen in Bayern (Empirie I)[110] wurde unter anderem das Kostenverhalten in den EOP-Entsorgungsstufen Restmüllbehandlung und Restmüllablagerung in Abhängigkeit des Abfalldurchsatzes untersucht. Eine Trennung der (um neutrale Positionen bereinigten) Istkosten in fixe und variable Bestandteile erfolgte dabei im Sinne einer planmäßigen Kostenauflösung, wie in Kapitel 4.2.1.1.2 beschrieben. Danach ergibt sich für die untersuchten Hausmüll- und Reststoffdeponien ein durchschnittlicher Fixkostenanteil von 81 % bzw. 86 % (Spannweiten: 77-85 % bzw. 77-95 %). Ursächlich hierfür sind vor allem die Kapital- und Rückstellungskostenanteile von 47 % und 25 % bzw. 54 % und 17 % (vgl. *Abb. 6.9*). Ähnlich fallen die Ergebnisse bei der thermischen Behandlung (inklusive externer Schlackeentsorgung) aus. Hier beträgt der durchschnittliche Fixkostenanteil 64 % (Spannweite: 55-76 %), vornehmlich bedingt durch die Intensitäten der Kapital- und Personalkosten von 49 % und 10 %.

---

109 Vgl. hierzu die Fragen 30. und 35. im Fragebogen, Anhang I.

110 Vgl. zum Untersuchungsdesign noch einmal Kapitel 4.2.1.1.

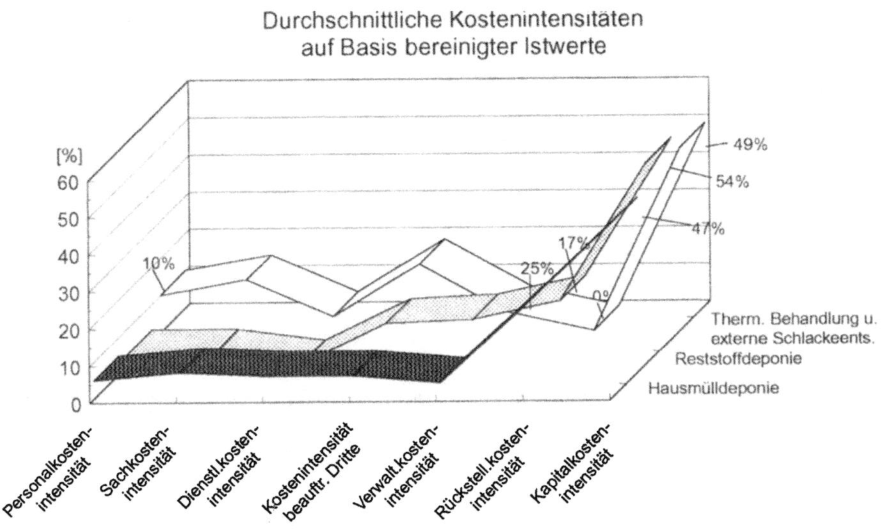

Abb. 6.9: Durchschnittliche Kostenintensitäten verschiedener Restmüllentsorgungseinrichtungen auf Basis bereinigter Ist-Werte

6.3.1.2 Unteilbarkeiten

Hohe Fixkostenbelastungen sind für das Vorliegen von Unteilbarkeiten zwar ein Indikator, aber keine hinreichende Bedingung. Es lassen sich jedoch weiterführende Argumente anbringen.

So stellt MICHAELIS fest, daß Müllverbrennungsanlagen aus technologischen und wirtschaftlichen Gründen erst ab einer bestimmten Größenordnung realisiert werden können.[111] In Expertenkreisen wird als Mindestgröße eine Anlagenauslegung für einen Jahresdurchsatz von 100.000 Gewichtstonnen Abfall angenommen.[112] Aus wirtschaftlicher Sicht dürften hierfür insbesondere vollständig oder weitgehend kapazitätsunabhängige Betriebsbereiche und Anlagenmodule ursächlich sein. Als Beispiele lassen sich der Verwaltungs- und der Überwachungsbereich, die Logistik zur Abfallannahme oder Anlagenmodule zur Rauchgasreinigung nennen. Eine Zusammenstellung der Kapazitäten der bundesdeutschen MVA's zeigt, daß bei annähernd 75 % der Anlagen die empfohlene Mindestgröße vorliegt (vgl. *Abb. 6.10 (a)*). Für aktuell in Planung befindliche MVA's ist generell eine Anlagenauslegung ab 100.000 t/a vorgesehen (vgl. *Abb. 6.10 (b)*).

111 Vgl. MICHAELIS, P. (1991), S. 58.
112 Vgl. KLOCKOW, S. (1995), S. 698 und in diesem Sinne auch BMWi (1993), S. 15.

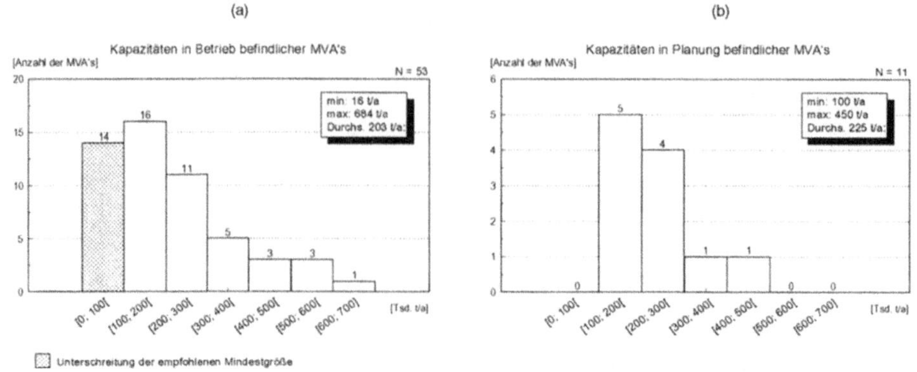

Abb. 6.10: Kapazitäten der in Betrieb (a) und der in Planung (b) befindlichen MVA's in der Bundesrepublik Deutschland[113]

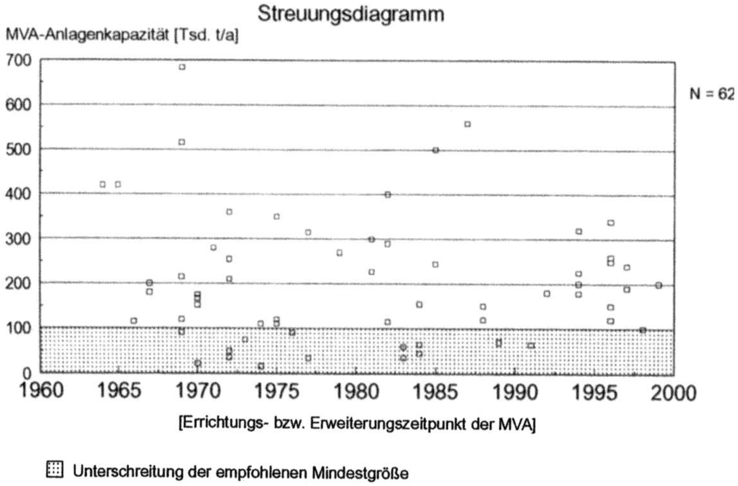

Abb. 6.11: Streuungsdiagramm für den Zusammenhang zwischen Kapazität und Errichtungs- bzw. Erweiterungszeitpunkt der MVA's in der Bundesrepublik Deutschland[114]

Die naheliegende Vermutung, daß gerade ältere Anlagen aufgrund mangelnder technischer Erfahrungen zum Errichtungs- oder Erweiterungszeitpunkt die Mindestgröße unterschreiten, läßt sich allerdings statistisch nicht nachweisen. In *Abbildung 6.11* ist die Beziehung in einem Streuungsdiagramm dargestellt. Ein Hypothesentest nach Kruskal-Wallis[115] mit den Anlagenkapazitäten als Gruppenvariable - klassiert in die

113 Zur Datenbasis vgl. RHODOVI, A. (1993), S. 24 ff..
114 Zur Datenbasis vgl. RHODOVI, A. (1993), S. 24 ff..
115 Vgl. zur Methodik nochmals die Ausführungen in Kapitel 4.2.1.2.4.3.

Kategorien "Unterschreitung der Mindestgröße" und "Einhaltung der Mindestgröße" - und den Zeitdaten als abhängige Variable schließt signifikante Unterschiede aus (Irrtumswahrscheinlichkeit **p** = 0,6369). Der Spearman-Korrelationskoeffizient ε [-1; 1] weist mit 0,0604 auf eine sehr geringe positive Korrelation hin.

Für Deponien konstatiert MICHAELIS ebenfalls technologisch und wirtschaftlich bedingte Unteilbarkeiten.[116] Entsprechend den Verbrennungsanlagen können auch hier kapazitätsunabhängige Betriebsbereiche und Anlagenteile ausgemacht werden. Im besonderen aber können sich Unteilbarkeiten aus den Schwierigkeiten bei der Erlangung der behördlichen Anlagengenehmigung ergeben. Naturgegebene und akzeptanzbedingte Restriktionen erzwingen es, die realisierten Deponiestandorte maximal zu nutzen, um die Erforderlichkeit unsicherer Neugenehmigungen so gering wie möglich zu halten.[117] Die Nutzungsoptimierung kann einerseits eine entsprechende Ausdehnung des Entsorgungsgebietes bedingen. Andererseits besteht aber auch die Möglichkeit, die Beseitigungskapazität für ein bestehendes Entsorgungsgebiet zeitlich zu strecken. In beiden Fällen wird ein mögliches Angebot an zusätzlichen Deponien im jeweiligen Entsorgungsgebiet beschnitten. Im Rahmen der bayernweiten Befragung der Entsorgungseinrichtungen (Empirie II) ließ sich ermitteln, daß die Einschränkungen für Anlagengenehmigungen nicht unerheblich sind (vgl. *Abb. 6.12*).[118] Tendenziell sind 42 % der Entsorger mit Engpässen hinsichtlich geologisch und hydrogeologisch geeigneter Standorte und 68 % mit Akzeptanzproblemen in der Bevölkerung konfrontiert.

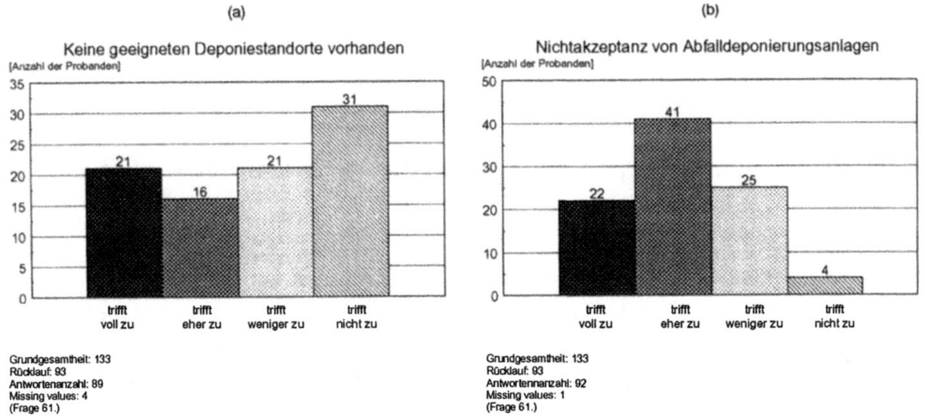

Abb. 6.12: Natur- (a) und akzeptanzbedingte (b) Restriktionen für Deponiestandorte

---

116 Vgl. MICHAELIS, P. (1991), S. 41.

117 Speziell bei naturgegebenen Angebotsrestriktionen, die darauf beruhen, daß bestimmte Produktionsfaktoren nicht beliebig vermehrbar bzw. immobil sind, spricht man auch von einem Faktor- oder Ressourcenmonopol. Vgl. KRUSE, J. (1985), S. 332.

118 Vgl. hierzu die Frage 61. im Fragebogen, Anhang I.

Auch bei der thermischen Abfallbehandlung kann mangelnde Anlagenakzeptanz Unteilbarkeiten provozieren. Mit Akzeptanzproblemen (d.h. Antwortenkategorien "trifft voll zu" und "trifft eher zu") sind rd. 55 % der befragten Entsorger konfrontiert (vgl. *Abb. 6.13 (a)*). Anders als bei der Deponierung ist es hier jedoch nicht möglich, Entsorgungskapazität auf Vorrat zu schaffen. Stattdessen äußern sich die Unteilbarkeiten ausschließlich darin, über einen einmal genehmigten Anlagenstandort ein möglichst großräumiges Gebiet zu entsorgen. Eingeschränkt wird eine Ausdehnung des Einzugsbereichs allerdings durch anderweitige Akzeptanzprobleme in der Bevölkerung, nämlich einer Ablehnung der Entsorgung von Abfällen, die außerhalb der Gebietsgrenzen der Standortkommune anfallen (vgl. *Abb. 6.13 (b)*). Eine tendenzielle Ablehnung (d.h. Antwortenkategorien "trifft voll zu" und "trifft eher zu") besteht bei 80 % der befragten Entsorger.[119]

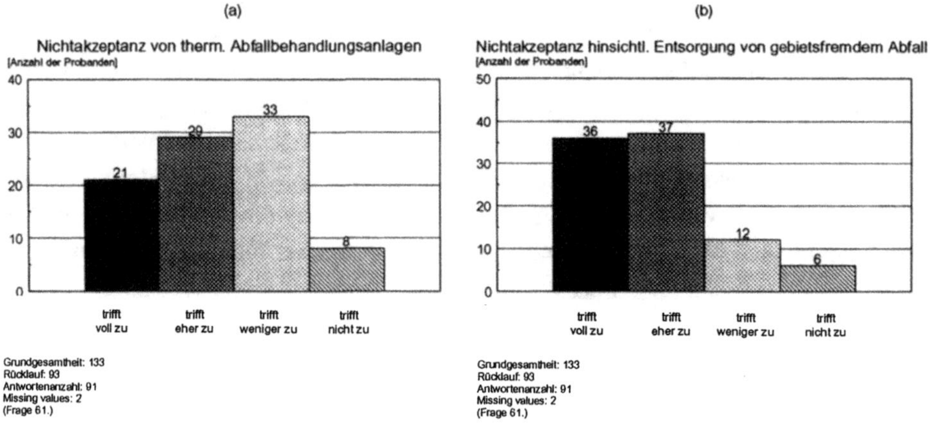

Abb. 6.13: Akzeptanzprobleme bzgl. thermischer Abfallbehandlung (a) und Entsorgung gebietsfremden Abfalls (b)

Des weiteren können Unteilbarkeiten auch von Friktionen im administrativen Bereich ausgehen. So gaben 42 % der Befragten an, daß die Errichtung von Entsorgungsanlagen tendenziell (d.h. Antwortenkategorien "trifft voll zu" und "trifft eher zu") durch den politischen Entscheidungsprozeß behindert wird (vgl. *Abb. 6.14, Fall (a)*). Na-

119 Interessant erscheint in diesem Zusammenhang, daß die Akzeptanzprobleme hinsichtlich MVA's bzw. Deponien und die Akzeptanzprobleme hinsichtlich der Entsorgung von Fremdabfall nicht unabhängig voneinander sind (Hypothesentest nach Kruskal-Wallis: Irrtumswahrscheinlichkeit **p** = 0,0131 bei Gruppenvariable "MVA-Ablehnung" bzw. 0,0091 bei Gruppenvariable "Deponie-Ablehnung"; Spearmann-Korrelationskoeffizient = 0,3039 bzw. 0,3065, d.h. schwache positive Korrelation). Hiermit findet sich eine Bestätigung des sog. NIMBY-Syndroms ("Not In My Back Yard"), wonach bei den Abfallproduzenten zwar Bedarf an Entsorgungsleistungen besteht, aber entsprechende Standorte für Entsorgungsanlagen im unmittelbaren Lebensraum abgelehnt werden; vgl. WHITE, M.A. / WITTMANN, R. (1993), S. 15.

hezu 87 % der Entsorger empfinden den Zeitbedarf der Planungs- und Genehmigungsverfahren tendenziell (d.h. Antwortenkategorien "trifft voll zu" und "trifft eher zu") als zu hoch (vgl. *Abb. 6.14, Fall (b)*).

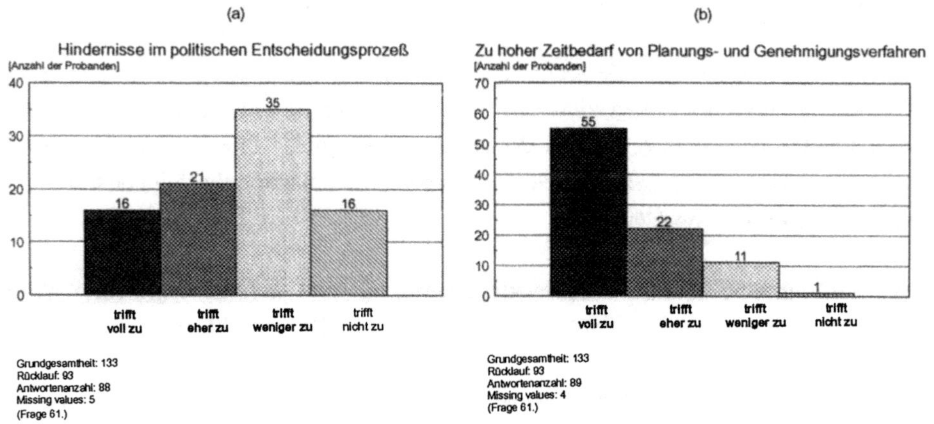

Abb. 6.14: Administrative Hemmnisse für die Errichtung von Entsorgungsanlagen

Speziell im Wertschöpfungsbereich "Entsorgungslogistik" werden Unteilbarkeiten durch Dichteeffekte bedingt.[120] Nur durch die Bedienung kompletter Straßenzüge, Stadtgebiete bzw. Siedlungsagglomerationen lassen sich kostenträchtige Leerfahrten bei der Hausmüllabfuhr vermeiden. Zudem verkürzen sich die Einsammelzeiten mit wachsender Abfallmenge je lfdm Straße. Für die Logistik anderer Fraktionen hingegen können sich Ausnahmen ergeben. Ist z.B. die notwendige Entsorgungshäufigkeit gering und der Entsorgungsbedarf gleichzeitig hoch, erweisen sich Einzelanfahrten auf Abruf kostengünstiger (z.B. bei der Sperrmüll- oder Grüngutabfuhr).[121] Hinsichtlich der im Rahmen der Entsorgungslogistik mancherorts eingesetzten Umladestationen nimmt DIRUF an, daß zumindestens in den "unteren Kapazitätsbereichen" von mutativer Größenanpassung und entsprechenden Kostendegressionen ausgegangen werden kann.[122]

120 Vgl. KRUSE, J. (1985), S. 37 mit Verweis auf Studien im englischen Sprachraum von SCHREINER, D. / MUNCRIEF, G. / DAVIS, R. (1973); KEMPER, P. / QUIGLEY, J.M. (1976); STEVENS, B.J. (1977); COLLINS, J.N. / DOWNES, B.T. (1977); STEVENS, B.J. (1978). So auch GALLENKEMPER, B. (1996), S. 16 ff.; SCHUBERT, O. (1996), S. 11; SHIN, K.-C. (1996), S. 16. In der Studie von POMMEREHNE, W.W. (1976), S. 283 ff. hingegen - vgl. hierzu Fn. 129 - findet sich für Dichteeffekte nur schwache empirische Evidenz.

121 Vgl. HAHN, H.H. / BENDER, A. (1982), S. 22.

122 Vgl. DIRUF, G. (1980), S. 24 f..

6.3.1.3 Steigende Skalenerträge

Neben Unteilbarkeiten existieren für einzelne Bereiche der Abfallentsorgung auch steigende Skalenerträge. Ein Nachweis für die Bereiche "Verbrennung" und "Ablagerung" kann anhand der Daten der Studie von HILLEBRAND erbracht werden.[123]

In der Studie wurden u.a. die technischen Spezifikationen und Kostenstrukturen von 54 bzw. 40 hinsichtlich Kapazität und Funktionenumfang unterschiedlichen Modell-Verbrennungsanlagen bzw. Modell-Deponien aufgezeigt.[124] Für die Zwecke der vorliegenden Untersuchung seien aus dem Datenpool exemplarisch die folgenden funktionalen Varianten herausgegriffen:

(1) Verbrennung inklusive Fernwärmeerzeugung und Schlackenaufbereitung bei Einheitsleistungen der Verbrennungsroste von 6, 10 bzw. 20 t/h;

(2) Deponierung mit Böschungswinkel von 1:5, künstlicher Bodenabdichtung und Sickerwasserbehandlung.

Eine Vergleich der anlagen- und betriebstechnischen Daten bei Variation der Kapazitäten offenbart für beide Verfahren Skaleneffekte.[125]

Für die Verbrennung ergeben sich leistungs- bzw. kapazitätsabhängige economies of scale vor allem beim Grundstücksbedarf, beim umbauten Raum, bei der Schornsteinhöhe, beim Personalbestand, beim Brauchwasserverbrauch und bei der Fernwärmeerzeugung (vgl. *Abb. 6.15, Fall (a)-(f)*). Entsprechend wirken sich die Skaleneffekte auf die Kostenfunktionen für das Investment und für die jährlichen Gesamtkosten aus (vgl. *Abb. 6.15, Fall (g) und (h)*). Nach MILLER sind solche Degressionseffekte bis zu einer Kapazität von 600.000 t Jahresdurchsatz zu erwarten.[126]

---

123 Vgl. HILLEBRAND, P. (1982), basierend auf den Untersuchungen von GOEPFERT, P. / REIMER, H. (1978).

124 Vgl. die Varianten-Beschreibungen in HILLEBRAND, P. (1992), S. 7 ff. und S. 11 f.. Aufgrund der bis dato lediglich inkrementalen Technologieentwicklung im Entsorgungsbereich kann davon ausgegangen werden, daß die in der Studie ermittelten Kostenstrukturen analog für moderne Anlagen gelten; in diesem Sinne auch LEY, K. (1987), S. K 8 f.; SRU (1991), S. 429; REIMER, H. (1996).

125 Dies gilt in gleicher Weise für die anderen, hier nicht betrachteten Verfahren. Es sei an dieser Stelle allerdings kritisch angemerkt, daß die methodische Vorgehensweise der zugrundeliegenden Studie weder bei HILLEBRAND, P. (1982) noch bei GOEPFERT, P. / REIMER, H. (1978) oder REIMER, H. (1996) ausgiebig dokumentiert ist. Insofern kann nicht ausgeschlossen werden, daß die ausgewiesenen Skaleneffekte der diversen Entsorgungskapazitäten und -varianten bereits Grundlage der Modellierung waren.

126 Vgl. MILLER, C.W. (1988), S. 696.

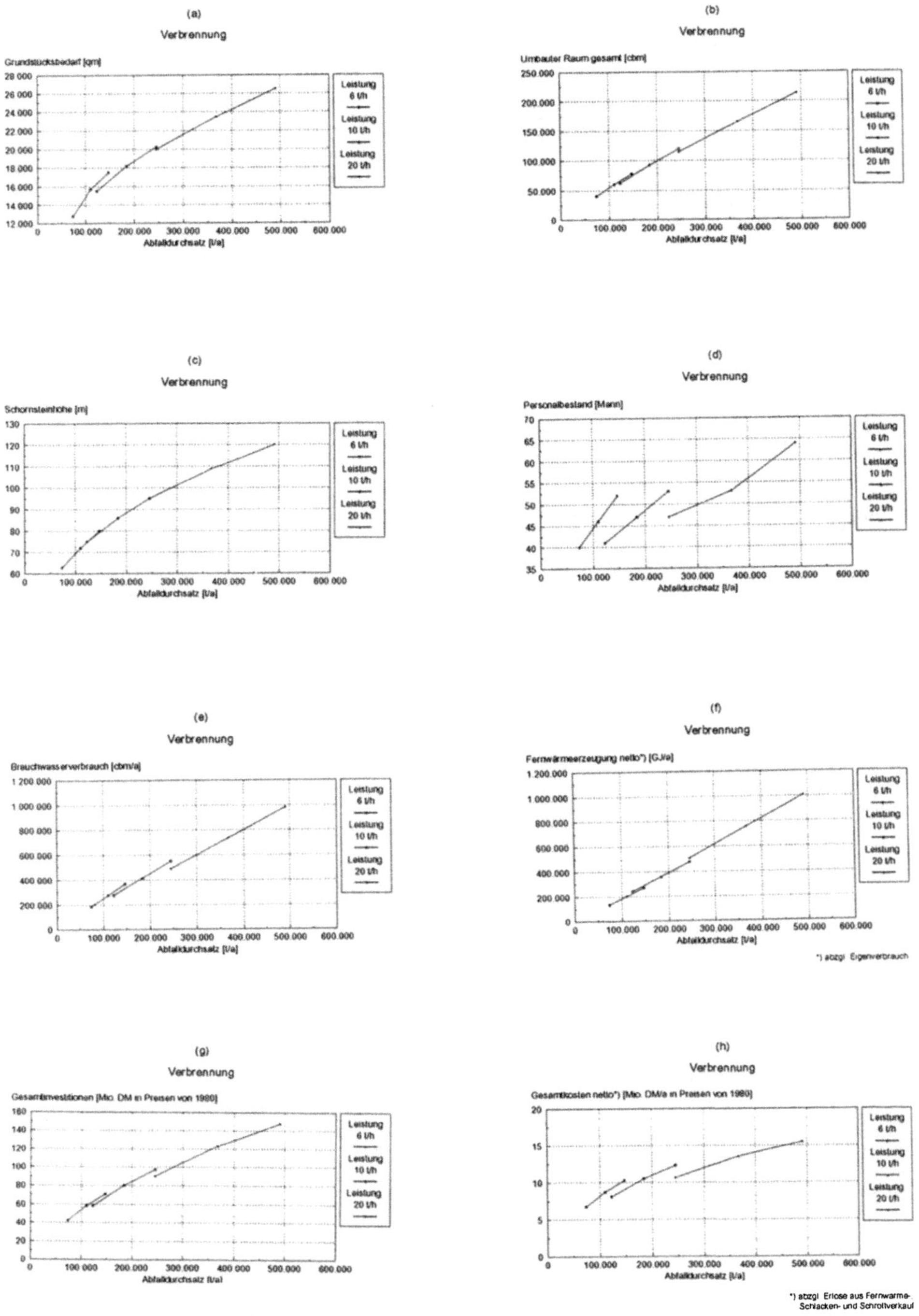

Abb. 6.15: Steigende Skalenerträge bei der Müllverbrennung[127]

---

127 Vgl. zur Datenbasis HILLEBRAND, P. (1982), Tab. 4 ff., A 6 ff. und A 24 ff..

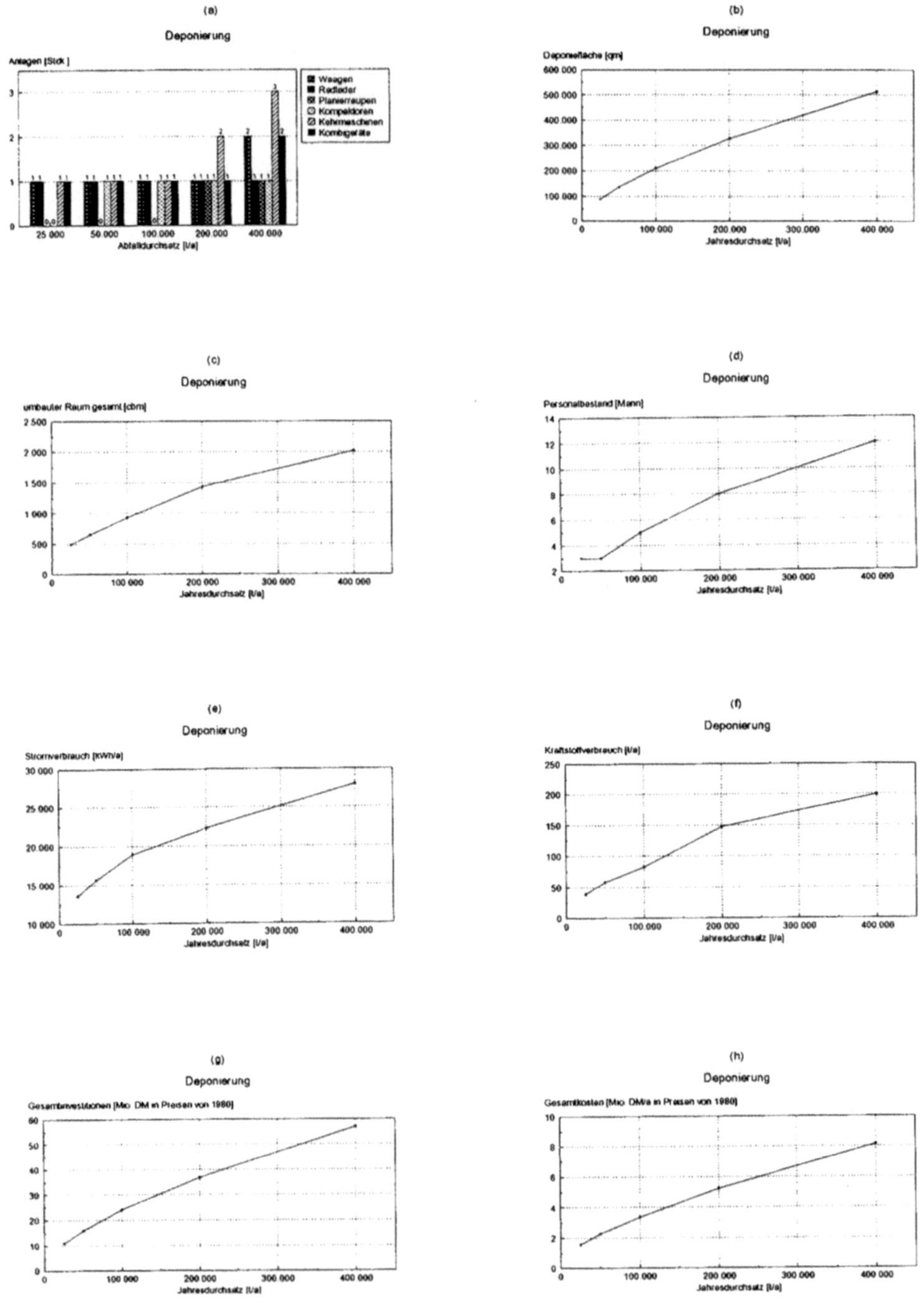

Abb. 6.16: Steigende Skalenerträge bei der Ablagerung[128]

128 Vgl. zur Datenbasis HILLEBRAND, P. (1982), Tab. 36, A 68 und A 76.

Bei der Deponierung treten economies of scale insbesondere bei den maschinentechnischen Anlagegegenständen, bei der Deponiefläche, beim umbauten Raum, beim Personalbestand und beim Strom- und Kraftstoffverbrauch auf (vgl. *Abb. 6.16, Fall (a)-(f)*). *Abbildungen 6.16, Fall (g) und (h)* zeigen die korrespondierenden Kostenfunktionen für das Investment und für die jährlichen Gesamtkosten.

Für andere Wertschöpfungsstufen der öffentlichen Abfallentsorgung wird in der Literatur ebenfalls das Vorliegen von Skaleneffekten konstatiert. Empirische Untersuchungen - bspw. von POMMEREHNE - belegen steigende Skalenerträge bei der Abfallsammlung und -abfuhr.[129] Entsprechende Effekte sind auch - mit Ausnahmen (z.B. bei Einzelanfahrten auf Abruf) - bei der erweiterten Logistik im Rahmen der Getrennthaltung und -sammlung zu erwarten.

Das BMWi rechnet bei Bauschuttaufbereitungsanlagen damit, daß bei Ausweitung der Anlagenkapazität von 50.000 auf 200.000 t/a sich das Investment von 50 auf 20 DM/t, der Kapitaldienst von 10 auf 5 DM/t und die Betriebskosten von 15 auf 7 DM/t reduzieren.[130] Von noch stärkeren Größeneffekten wird bei Aufbereitungs- und Sortieranlagen für Baustellenabfälle ausgegangen.

6.3.2 Irreversibilitäten

Aufgrund mangelnder empirischer Evidenz lassen sich Irreversibilitäten im Bereich der öffentlichen Abfallentsorgung lediglich anhand von Plausibilitätsüberlegungen begründen. Ein tatsächlicher Nachweis wäre nur über einen Markttest möglich. Dieser aber scheidet gerade in der Bundesrepublik Deutschland infolge des bisherigen staatlichen Entsorgungsmonopols nach AbfG aus. Aufgrund der gesetzlich festgelegten Gebietsmonopole ergeben sich generelle, institutionell bedingte Marktirreversibilitäten. Zudem birgt die garantierte Monopolstellung die Gefahr von Anpassungsrigiditäten bei Überkapazitäten.[131] Diese Aspekte werden jedoch bei der folgenden Betrachtung ausgeklammert, da sie durch die bestehende Regulierung begründet sind.

---

129 Vgl. die Regressionsanalyse von POMMEREHNE, W.W. (1976), S. 283 ff. mit den abfuhrspezifischen Kosten- und Betriebsdaten der 112 größten Städte in der Schweiz. Hier wurde festgestellt, daß die Zunahme der Abfallmengen über einen weiten Bereich mit abnehmenden und erst bei sehr großer Tonnage mit steigenden Durchschnittskosten verbunden ist. Auf folgende Studien aus dem englischen Sprachraum mit vergleichbaren Ergebnissen verweist KRUSE, J. (1985), S. 37: HIRSCH, W.Z. (1965); KITCHEN, H.M. (1976); KEMPER, P. / QUIGLEY, J.M. (1976); STEVENS, B.J. (1976); COLLINS, J.N. / DOWNES, B.T. (1977); STEVENS, B.J. (1978).

130 Vgl. BMWi (1993), S. 15.

131 Eine mögliche Ausnahme hiervon wären mit Fluktuationen behaftete Entsorgungsbereiche, in denen beauftragte Dritte mit eigenem Investment befristet tätig sind.

Die geringsten Irreversibilitäten - hier findet sich auch Bestätigung in der Literatur[132] - sind für die Produktionsfaktoren der Wertschöpfungsstufe "Entsorgungslogistik" zu erwarten. Hier ist anzunehmen, daß ein Einsatz für anderweitigen Logistikbedarf ohne grundlegende Anpassungsaufwendungen möglich ist. Dies gilt insbesondere für den Teilbereich der Sammlung und Abfuhr. Bei der erweiterten Logistik hinsichtlich Getrennthaltung und -sammlung hingegen können sich aufgrund des höheren Spezialisierungsgrades gewisse Einschränkungen ergeben.[133] Zudem ist die Nutzungsdauer der investierten Anlagegüter in der Regel relativ gering,[134] so daß selbst bei schwieriger Alternativverwendung der Marktaustritt als nicht behindert erachtet werden kann.
Bei allen anderen Wertschöpfungsstufen hingegen kann grundsätzlich von Industrieirreversibilität ausgegangen werden. So sind denn Anlagen zur Sortierung, Aufbereitung und Ablagerung von Siedlungsabfällen aufgrund ihrer produktspezifischen Ausrichtung letztlich nur in der Entsorgungsbranche, sei es privat oder staatlich, einsetzbar.[135] Speziell bei der Abfallablagerung ist auch der Faktor "Boden" irreversibel. Anderweitige wirtschaftliche Nutzungsmöglichkeiten von bereits verfüllten Deponieabschnitten können insbesondere aufgrund der Nachsorgeverpflichtungen nach TASi Nr. 10.7 und 11.2 weitestgehend ausgeschlossen werden. Noch nicht verfülltes oder nicht zur Verfüllung bestimmtes Deponiegelände erfährt aufgrund der unmittelbaren Nähe zum bereits verfüllten Deponiekörper entsprechende Wertminderungen. Hinzu kommt die Standortgebundenheit des Deponiegeländes, wodurch ein Einsatz in anderen Entsorgungsgebieten ausscheidet. Insofern läßt sich für Deponien sogar Marktirreversibilität konstatieren.

Als generelle Einschränkung macht sich auch bemerkbar, daß aufgrund der nicht vorhandenen Standardisierung der Entsorgungsanlagen in aller Regel Individuallösungen installiert werden, die zum vorhandenen Anlagenbestand anderer Entsorgungseinrichtungen nur bedingt kompatibel und damit transferierbar sind. Außerdem kann die Koppelung der Anlagenqualität an den Stand der Technik (vgl. TASi 1.2, TA Abfall[136] Nr. 1. und § 5 Abs. 1 Nr. 2 BImSchG) bewirken, daß Anlagen mit veralteter Technik insbesondere bei Eigentümerwechsel die behördliche Genehmigung einbüßen. So sieht etwa § 15 Abs. 1 BImSchG vor, daß die wesentliche Änderung der Lage, der Beschaffenheit oder des Betriebs einer genehmigungsbedürftigen Anlage der (erneuten) Genehmigung bedarf. Nach JARASS ist eine Änderung dann als wesentlich einzustufen, wenn die immissionsschutzrechtlichen Grundpflichten nach § 5 BImSchG

132 Vgl. KRUSE, J. (1985), S. 66 und 385; ebenso FRITSCH, M. / WEIN, T. / EWERS, H.-J. (1993), S. 150.

133 So wäre bspw. eine Alternativverwendung von Wertstoffinseln fraglich.

134 Vgl. etwa LEY, K. (1987), S. K 6, der für Sammel- und Abfuhrfahrzeuge eine Nutzungszeit von 5-7 Jahren annimmt.

135 Vgl. in diesem Sinne KRUSE, J. (1985), S. 42 f. und HECHT, D. (1991), S. 167.

136 Vgl. Zweite allgemeine Verwaltungsvorschrift zum Abfallgesetz (TA Abfall) vom 12. März 1991 (GMBl. S. 139, ber. S. 469).

oder Anforderungen der die Grundpflichten konkretisierenden Rechtsverordnungen tangiert werden.[137] Bei Abfallentsorgungsanlagen mit immissionsschutzrechtlicher Genehmigungspflicht (vgl. § 4 BImSchG) ist eine Änderung auch dann wesentlich, wenn die aus dem Abfallrecht folgenden Genehmigungsvoraussetzungen beeinträchtigt werden. Aufgrund dieser Einschränkungen könnte man hier sogar von einer Art Transaktionsirreversibilität sprechen.

6.3.3 Nicht-Rivalität und Nicht-Ausschließbarkeit

Für eine Beurteilung, inwiefern sich die Leistung "Abfallentsorgung" von privaten Gütern unterscheidet, ist zunächst auf eine gesamthafte Betrachtung abzustellen.

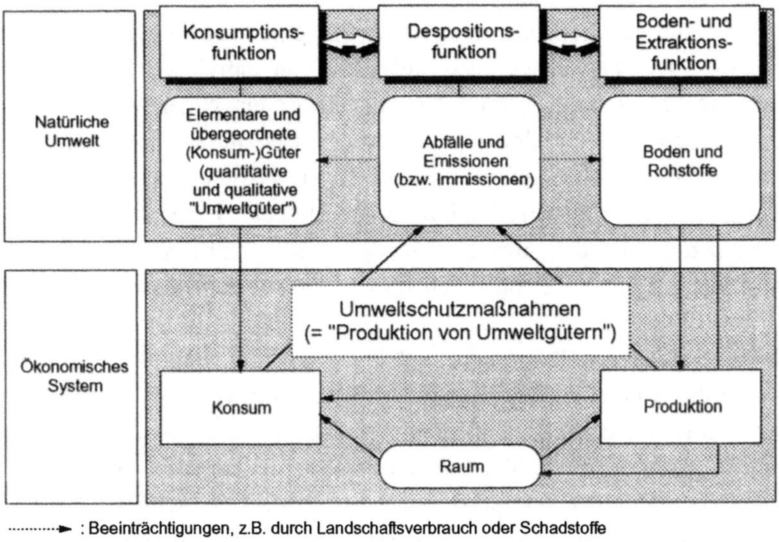

Abb. 6.17: Funktionen der Umwelt für das ökonomische System

Die "Umwelt", verstanden als natürliche Umwelt in räumlicher, biologischer bzw. ökologischer Hinsicht,[138] besitzt für das ökonomische System drei Funktionen (vgl. *Abb. 6.17*).[139] Erstens erfüllt sie eine Konsumptionsfunktion, indem sie elementare Lebensgrundlagen wie bspw. Sauerstoff und Wasser (sog. quantitative Umweltgüter), aber auch übergeordnete "Güter" wie landschaftliche Schönheit und Erholungswerte den Individuen zur Verfügung stellt (sog. qualitative Umweltgüter). Zweitens liefert sie im Sinne einer Boden- und Extraktionsfunktion jene Ressourcen, die als Input in

137 Vgl. JARASS, H.D. (1993), S. 318 f..

138 Vgl. hierzu und für weitere Definitionsmöglichkeiten von "Umwelt" WICKE, L. (1993), S. 5 f..

139 Vgl. SIEBERT, H. (1976), S. 1 f. und (1992), S. 10 ff..

den Produktionsaktivitäten eingesetzt werden. Speziell der Faktor Boden ist darüber hinaus auch die räumliche Grundlage für Besiedlung, Infrastruktur sowie Landschaft an sich. Und drittens kommt ihr eine Despositionsfunktion zu, indem sie als Aufnahmemedium für die im Rahmen von Produktions- und Konsumprozessen anfallenden Abfälle und Emissionen bzw. deren korrespondierenden Immissionen dient. Da hierdurch insbesondere die Qualität der umweltlichen Konsumgüter beeinträchtigt wird, stehen die Despositions- und die Konsumptionsfunktion in Konkurrenzbeziehung.[140] Eine gewisse Entspannung dieses Verhältnisses gewähren Umweltschutzmaßnahmen, im speziellen eine umweltgerechte Abfallentsorgung. Hierdurch lassen sich die Qualitäten der Umweltgüter tendenziell erhalten oder wiederherstellen. Mit anderen Worten, es handelt sich dabei gewissermaßen um eine Produktion des Gutes "Umwelt".

Als problematisch erweist sich jedoch in diesem Zusammenhang, daß die Umweltgüter wie Luft oder Landschaftsschönheit den Charakter von reinen öffentlichen Gütern besitzen. Einerseits können sie nicht aufgeteilt und individuell genutzt werden, d.h. sie rivalisieren nicht im Konsum. Andererseits ist ein Nutzungsausschluß technisch nicht möglich oder, da die Umwelt als meritorisches Gut erachtet wird, gesellschaftspolitisch unerwünscht.[141] Aufgrund dieser Eigenschaften werden rational handelnde Individuen, sofern sie zur Produktion der öffentlichen Umweltgüter durch Geldzahlung herangezogen werden, ihre Präferenzen nicht offenbaren. Infolge des scheinbaren Nachfragemangels bildet sich auch kein entsprechender Markt.[142]

Für die Umweltgüterproduktion speziell im Rahmen der Abfallentsorgung bedarf es hierbei allerdings einer differenzierteren Betrachtungsweise. Wie in Kapitel 3.4.1.1 bereits beschrieben, entstehen mit naturgesetzlicher Zwangsläufigkeit durch jedwede menschliche Aktivitäten Abfälle. Für die abfallproduzierenden Individuen ergibt sich daher die unausweichliche und permanente Notwendigkeit, sich ihrer Abfall-Lasten zu entledigen. Die einfachste Möglichkeit einer Entledigung besteht darin, den Abfall unverändert an Ort und Stelle des Anfalls zu belassen. Hierdurch wird jedoch in zunehmendem Maße der individuelle, unmittelbare Lebensraum beschnitten. Hinzu kommen weitere negative Effekte, wie unangenehme Gerüche, das Entstehen von Keimherden, das Aufkommen von Ungeziefer usw., von denen bei Kumulation der Abfallmengen eine progressive Zunahme erwartet werden kann. Das Mindestinteresse der Abfallerzeuger und -besitzer wird daher sein, ihre Abfälle aus dem direkten

140 Die Konkurrenzbeziehung zwischen der Despositionsfunktion und der Boden- und Extraktionsfunktion wird im Kontext der öffentlichen Güter in der Literatur regelmäßig ausgeblendet und stattdessen im Rahmen der Problematik negativer externer Effekte abgehandelt. Vgl. entsprechend SIEBERT, H. (1976), S. 2 und (1992), S. 10 ff.; ENDRES, A. (1985), S. 13 f.; GSCHWENDTNER, H. (1993), S. 58 f..

141 Vgl. allgemein für die Fälle der Nichtanwendbarkeit des Ausschlußprinzips BELLEN, A. v. der (1977), S. 15; RITTIG, G. (1984), S. 24 ff..

142 Vgl. ENDRES, A. (1985), S. 13 f.; WICKE, L. (1993), S. 41 f..

Wohn- und Arbeitsbereich zu entfernen, d.h. zu "ent"-sorgen nach dem Motto "aus den Augen - aus dem Sinn". Insofern besteht ein Bedarf an einer regelmäßigen eigen- oder fremddurchgeführten Abfallabfuhr (inklusive einer ungeordneten oder gar wilden Ablagerung), wofür auch entsprechende Präferenzen bzw. Zahlungsbereitschaften geäußert werden. Da somit ein Ausschluß über den Preis möglich ist und zudem weitgehend Nutzungskonkurrenz hinsichtlich der Abfallbehälter und der Transportkapazitäten besteht, besitzt die basale Sammlung und Abfuhr bzw. Selbstanlieferung praktisch keine Eigenschaften eines öffentlichen Gutes.[143] Für weitergehende Maßnahmen der Abfallentsorgung hingegen, wie die Getrennthaltung und -sammlung unterschiedlicher Abfallfraktionen im Rahmen der Logistik, die Sortierungs-, Aufbereitungs- und Vermarktungsaktivitäten für Wertstoffe sowie die umweltgerechte Behandlung und Ablagerung der Restabfälle, kann nur in Ausnahmefällen[144] mit dem direkten Interesse der Abfallbesitzer gerechnet werden. Der Nutzen dieser Maßnahmen kann in der Regel nicht individuell beansprucht werden, sondern manifestiert sich in der Qualität öffentlicher Umweltgüter. Je stärker der Kostendruck für Gewerbe- und Industrieunternehmen und je niedriger das allgemeine Wohlstandsniveau ist, desto größer wird hier die Bereitschaft der Abfallbesitzer zu Trittbrettfahrerverhalten sein.[145]

6.4 Staatliche Regulierung der Abfallentsorgung

Die aufgezeigten Befunde hinsichtlich ökonomischer Besonderheiten im öffentlichen Entsorgungssektor lassen sich wie folgt zusammenfassen (vgl. auch *Tab. 6.2*):

Für alle Wertschöpfungsstufen[146] der Abfallentsorgung kann davon ausgegangen werden, daß subadditive Kostenfunktionen vorliegen. Dies basiert im allgemeinen auf Skaleneffekten. Die Entsorgungsstufe "Logistik" weist zudem durch Dichteeffekte bedingte Unteilbarkeiten auf. In den Bereichen "Behandlung" und "Ablagerung" begründen sich Unteilbarkeiten durch hohe Fixkostenintensitäten und Anlagenmindest-

143 Vgl. in diesem Sinne auch POMMEREHNE, W.W. (1976), S. 273. Eine Einschränkung der Nutzungskonkurrenz bei der Sammlung und Abfuhr ergibt sich im Rahmen freier Behälter- und Transportkapazitäten sowie bei erheblichen Skalenerträgen. Die Bedienung eines zusätzlichen Abfallproduzenten ist dann vollständig oder nahezu kostenlos.

144 So haben bspw. die Anwohner in der Nachbarschaft einer Deponie oder einer MVA unmittelbares Eigeninteresse an einem umweltgerechten Betrieb, um für sich die korrespondierenden negativen externen Effekte zu minimieren.

145 Vgl. hierzu auch noch einmal die Ausführungen in Kapitel 5.2.2.5.1 zu den "Neuen Gebührenmodellen". Ein oftmals geforderter "Qualitäts-Wettbewerb" in der Abfallwirtschaft erweist sich folglich als unrealistisch. Vielmehr ist von einem reinen Kostenführerwettbewerb auszugehen, bei dem allein Volumenstrategien zieldienlich sind.

146 Die Wertschöpfungsstufe "Vermeidung" wurde von der Betrachtung ausgeklammert, da von Seiten der Entsorger zur Abfallvermeidung nur Impulse gegeben, die eigentlichen Maßnahmen jedoch außerhalb der öffentlichen Abfallentsorgung von den Abfallbesitzern bzw. -erzeugern selbst ergriffen werden.

größen sowie durch Restriktionen in Hinblick auf die Anlagengenehmigung. Insofern weist das gesamte Leistungsspektrum der öffentlichen Abfallentsorgung die Eigenschaften eines natürlichen Monopols auf. Für eine entsprechende Regulierungspolitik ist bedeutsam, daß nur für den Bereich "Logistik" keine oder geringe Irreversibilitäten anzunehmen sind. Bei allen anderen Bereichen ist von Industrie-, Markt- bis hin zu Transaktionsirreversibilitäten auszugehen.

Ökonomische Besonderheiten / Wertschöpfungsstufen		Natürliches Monopol		Öffentliches Gut	
		Subadditivität	Irreversibilität	Nicht-Rivalität	Nicht-Ausschließbarkeit
Logistik 1:	Sammlung und Abfuhr	++	+/0	0/+	0
Logistik 2:	Getrennthaltung und -sammlung	++/+	+/0	+	+
Verwertung		+	+/++	+	+
Behandlung		++	+/++	+	+
Ablagerung		++	++	+	+

Legende: 0 keine, + signifikante, ++ sehr signifikante Ausprägung

Tab. 6.2: Ausprägungen ökonomischer Besonderheiten in den einzelnen Teilfunktionen der Abfallentsorgung

In *Abbildung 6.18* sind die verschiedenen Kombinationen von Subadditivität und Irreversibilität in einer Matrix zusammengestellt. Feld VI, gekennzeichnet von geringen Irreversibilitäten und unwesentlicher Subadditivität, repräsentiert einen "normalen" Markt. Der Markt gemäß Feld I hingegen erweist sich aufgrund hoher Irreversibilitäten zwar als schwer bestreitbar, Wettbewerb zwischen verschiedenen Anbietern ist aber grundsätzlich möglich. In Feld II handelt es sich um ein vor Konkurrenz geschütztes natürliches Monopol mit den entsprechenden Gefahren der Ausnutzung von Macht- und Ausbeutungsspielräumen. Feld III schließlich stellt den Fall des natürlichen Monopols ohne Machtprobleme dar. Hier kann der Monopolist aufgrund geringer Irreversibilitäten durch potentielle Anbieter diszipliniert werden. Eine Plazierung der einzelnen Wertschöpfungsbereiche in der Matrix entsprechend ihrer Ausprägungen in den beiden Merkmalen macht deutlich, daß lediglich der Bereich "Logistik" in wettbewerblichen Strukturen angeboten werden kann. Dies korrespondiert auch mit den Befunden hinsichtlich der Eigenschaften öffentlicher Güter (vgl. *Tab. 6.2*). Nur die basale Logistikleistung weist aufgrund der in erster Linie individuellen Nutzenstiftung die Eigenschaften der "Rivalität" und "Ausschließbarkeit" eines privaten

Gutes auf. Für die Leistungsbereiche "Verwertung", "Behandlung" und "Ablagerung" hingegen, bei denen die Eigenschaften sowohl eines geschützten natürlichen Monopols als auch einer Umweltgüter-Produktion in hinreichender Ausprägung vorliegen, kommt die Bereitstellung grundsätzlich nur über ein staatlich institutionalisiertes Monopol in Betracht.[147] Zur Eindämmung von potentiellen korrespondierenden technischen Ineffizienzen vom Typ I wäre jedoch zu prüfen, inwiefern sich öffentliche Ausschreibungen der Betriebsführung mit zeitlich befristeter Vergabe als zielführend erweisen. Nach obigen Ausführungen ist grundlegende Voraussetzung für derartige "Betreibermodelle"[148], daß die wesentlichen Effizienzspielräume bei den reversiblen Produktionsfaktoren, also im Betriebsführungsbereich liegen. Aus den Daten der Einzelfallstudien ausgewählter Entsorgungseinrichtungen in Bayern (Empirie I) läßt sich ableiten, daß speziell bei den EOP-Entsorgungsleistungen "Hausmülldeponierung" und "Reststoffdeponierung" das Potential der per Betriebsführung beeinflußbaren Kosten relativ gering ist. Geht man vereinfachend davon aus, daß über die Betriebsführung alle Kosten mit Ausnahme der Kapital- und Rückstellungskosten gestaltbar sind, so liegt bei beiden EOP-Maßnahmen die durchschnittliche Intensität der beeinflußbaren Kosten unter 30 %. Bei der "Thermischen Behandlung inkl. externer Schlackeentsorgung" liegen die Verhältnisse hingegen günstiger. Hier beträgt die entsprechende Intensität über 50 % (vgl. hierzu nochmal *Abb. 6.9* in Kapitel 6.3.1.1).

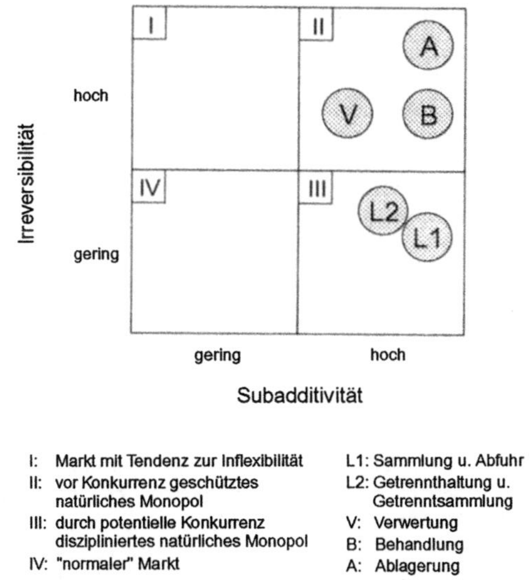

Abb. 6.18: Subadditivitäts-/Irreversibilitäts-Matrix (in Anlehnung an: FRITSCH, M. / WEIN, T. / EWERS, H.-J. (1993), S. 149)

147 Auf mögliche Ausnahmen speziell für den Wertschöpfungsbereich "Verwertung" wird in Kapitel 6.5.1.2.2.1 bzw. 6.5.1.3 eingegangen.

148 Vgl. hierzu nochmals die Ausführungen in Kapitel 3.7.1.2. Im betrachteten Kontext relevante Betreibermodelle sind mithin das Dienstleistungs- und das Pachtmodell.

Vor dem Hintergrund der aufgezeigten ökonomischen Besonderheiten läßt sich die bisherige Regulierungsausgestaltung in der Abfallentsorgung nach AbfG, die ja vor allem unter den Aspekten der Daseinsvorsorge[149] festgelegt wurde, interpretieren und hinsichtlich der Effizienzanforderungen auf Zweckmäßigkeit und Vollständigkeit überprüfen (vgl. hierzu *Tab. 6.3* auf S. 399 und die weiteren Ausführungen). In diesem Kontext ist auch die aktuelle De- bzw. Neuregulierung des staatlichen Entsorgungsmonopols im Rahmen des KrW-/AbfG, die sich am materiellen Verursacherprinzip orientiert, zu beurteilen.

6.4.1 Allokationseffizienz

Konform zu den normativen Vorgaben bei Marktversagen bzw. -unvollkommenheiten werden die Entsorgungsleistungen grundsätzlich staatlicherseits im Rahmen regionaler Gebietsmonopole angeboten. Unter dem Aspekt der Produktion öffentlicher Umweltgüter wird Trittbrettfahrerverhalten durch die Anschluß- und Benutzungspflicht ausgeschlossen. Die Abfallbesitzer sind gezwungen, neben der originär nachgefragten Abfallsammlung und -abfuhr bzw. selbst durchgeführten Abfallanlieferung und -übergabe die übrigen Entsorgungsleistungen "im Paket" abzunehmen.[150] Da somit neben den freiwilligen auch die "verordneten" Präferenzen offengelegt werden, erübrigt sich eine Finanzierung über das allgemeine Steueraufkommen. Stattdessen können alle Leistungen entsprechend der individuellen Inanspruchnahme den Abfallbesitzern direkt per Gebührenbescheid in Rechnung gestellt werden.[151] Die hiermit verbundenen Probleme, nämlich die Möglichkeiten und Grenzen einer umweltpolitisch und kostenrechnerisch sachgerechten Bepreisung, sowie die Notwendigkeit einer Revision und Neuordnung der aktuellen Gebührenvorschriften wurden ja bereits in den Kapiteln 4 und 5 aufgezeigt.

---

149 Anzumerken ist, daß gewisse Aspekte der Daseinsvorsorge, wie z.B. die unmittelbare quantitative und qualitative Entsorgungssicherheit, direkt mit dem Problem der Kollektivgut-Eigenschaften der Abfallentsorgung korrespondieren. Vgl. in diesem Sinne auch BULL, H.-P. (1973), S. 240 ff., der unter "Daseinsvorsorge" u.a. die Sicherung des Zugangs zu nicht marktgängigen Gütern versteht.

150 In diesem Zusammenhang sei erwähnt, daß in der Literatur für eine weitergehende Differenzierung öffentlicher Güter neben den Ausprägungen hinsichtlich der "Nicht-Rivalität" und der "Nicht-Ausschließbarkeit" als drittes, ergänzendes Merkmal die sog. Nichtzurückweisbarkeit genannt wird; vgl. z.B. MÜNCH, K.N. (1976), S. 33 ff.. Nichtzurückweisbarkeit liegt dann vor, wenn das öffentliche Gut unabhängig von den Präferenzen der Nachfrager vollständig im bereitgestellten Umfang konsumiert werden muß. Im betrachteten Fall wird eine Nichtzurückweisbarkeit durch die Anschluß- und Benutzungspflicht konstituiert.

151 Vgl. hierzu auch die Ausführungen von BOHLEY, P. (1977), S. 26 ff., wonach die Gebührenerhebung das Vorliegen einer besonderen Art von Kollektivgütern voraussetzt, deren Effekte partiell an die Allgemeinheit und partiell an die Adresse Einzelner gerichtet ist und für die bezüglich eines Teils der Komponenten des Effektvektors die Ausschließbarkeit vom Konsum vorliegen muß. - Diese Kriterien werden, wie gezeigt, gerade im betrachteten Fall der Abfallentsorgung erfüllt.

Regulierungs-begründungen	Regulierungs-kriterien	Regulierungsmaßnahmen
rein öffentliches Gut	Allokations-effizienz	• Institution: Anschluß- und Benutzungspflicht i.V. m. staatlicher Entsorgungspflicht (§ 3 Abs. 1 u. 2 AbfG) • Finanzierung: Abfallgebühren (Landes-AbfG i.V.m. Landes-KAG bzw. -Gebührengesetz) • Tarifierung: Option zur Preisspaltung (Landes-KAG)
	Technische Effizienz, Typ I	• „Allgemeine Haushaltsgrundsätze" (landespezifisches kommunales Wirtschafts- u. Haushaltsrecht)
	Technische Effizienz, Typ II	• TASi u.a. Umwelt- und Sicherheitsstandards • Gebietsmonopole (Landes-AbfG)
	Qualitätseffizienz	• TASi u.a. Umwelt- und Sicherheitsstandards
geschütztes natürliches Monopol	Allokations-effizienz	• Institution: regionale staatliche Entsorgungsmonopole (§ 3 Abs. 2 AbfG) • Preis: Abfallgebühren = Durchschnittskostenpreise ohne Gewinnbestandteil (Landes-AbfG i.V.m. Landes-KAG bzw. -Gebührengesetz) • Tarifierung: Option zur Preisspaltung (Landes-KAG)
	Technische Effizienz, Typ I	• „Allgemeine Haushaltsgrundsätze" (landespezifisches kommunales Wirtschafts- u. Haushaltsrecht)
	Technische Effizienz, Typ II	• TASi u.a. Umwelt- und Sicherheitsstandards • Gebietsmonopole (Landes-AbfG)
	Qualitätseffizienz	• TASi u.a. Umwelt- und Sicherheitsstandards
bestreitbares natürliches Monopol	Allokations-effizienz	• Institution: regionale staatliche Entsorgungsmonopole i.V.m. Beauftragung Dritter (§ 3 Abs. 2; landesspezifisch auch „Allgemeine Haushaltsgrundsätze") • Preis: Marktpreise bzw. Durchschnittkostenpreise mit möglichen Gewinnbestandteilen (VO PR Nr. 30/53) • Tarifierung: Option zur Preisspaltung (Landes-KAG)
	Technische Effizienz, Typ I	• „Allgemeine Haushaltsgrundsätze" (landespezifisches kommunales Wirtschafts- u. Haushaltsrecht) • öffentliche und beschränkte Ausschreibung sowie freihändige Vergabe (VOL)
	Technische Effizienz, Typ II	• TASi u.a. Umwelt- und Sicherheitsstandards • Gebietsmonopole (Landes-AbfG)
	Qualitätseffizienz	• TASi u.a. Umwelt- und Sicherheitsstandards

Tab. 6.3: Ökonomische Besonderheiten und korrespondierende Regulierungsmaßnahmen in der Abfallentsorgung

Im Kontext des natürlichen Monopols stellt sich die vollkostenorientierte Gebührenfinanzierung als second-best Bepreisung dar. Inwiefern diese Lösung in Hinblick auf den damit verbundenen dead-weight loss gegenüber einer Grenzkostenbepreisung akzeptabel ist, bleibt fraglich. Unter dem zusätzlichen Aspekt einer Kostenanlastung gemäß dem umweltpolitischen Verursacherprinzip aber erweisen sich, wie in Kapitel 5.2.2.1.1.3 ausgeführt, gerade Durchschnittskostenpreise als zielführend. Sofern die öffentlich-rechtlichen Entsorger von dem Instrument der Preisspaltung, wie in den meisten Landeskommunalabgabengesetzen vorgesehen,[152] Gebrauch machen und kostenträgerbezogene Grund- und Zusatzgebühren in Relation der spezifischen fixen und variablen Kosten verrechnen, läßt sich tendenziell auch Allokationseffizienz erreichen. Dies trifft insbesondere für die Bepreisung der EOP-Entsorgungsleistungen zu, die - wie gezeigt - von hohen Fixkostenbelastungen geprägt sind.[153]

Ebenfalls als first-best Preise sind die tatsächlichen oder abgeleiteten Marktpreise nach VO PR Nr. 30/53 bei Aufgabenerfüllung durch beauftragte Dritte einzustufen, soweit im Rahmen der öffentlichen Ausschreibung der Grenzanbieter zum Zuge kommt. Andernfalls, insbesondere bei Selbstkostenpreisen, handelt es sich um second-best Preise. Im direkten Vergleich zu den gebührenrechtlichen Durchschnittskostenpreisen sind sie aufgrund ihrer Gewinnbestandteile und deren Bestimmung im Sinne der Kostenzuschlags-Methode[154] sogar als "third-best" einzustufen.[155] Insofern kann selbst über eine Preisspaltung keine first-best Lösung erreicht werden.

Auf eine Beurteilung der Bepreisungsvarianten bei Einbindung Dritter nach § 3 Abs. 5-7 AbfG sei hier verzichtet. Auch im weiteren sollen diese Fälle bzw. die analogen Varianten nach § 28 Abs. 1-3 KrW-/AbfG nicht weiter betrachtet werden.

---

152 Vgl. hierzu nochmals *Tab. 3.12* in Kapitel 3.8.

153 Genau genommen sind für die Preisspaltung nicht die fixen und variablen Kosten der bestehenden Anlage maßgeblich, sondern die langfristigen Grenz- und Durchschnittskosten. Vgl. hierzu noch einmal *Abb. 6.7, Fall (b)* in Kapitel 6.1.3.1.2.

154 Vgl. hierzu die umsatz- und somit indirekt kostengebundene Gewinnbemessungsvorschrift nach LSP Nr. 52 Abs. 1. Zwar sind auch alternative Bemessungsmöglichkeiten vorgesehen, so bspw. als Hundertsatz vom betriebsnotwendigen Vermögen. Nach EBISCH, H. / GOTTSCHALK, J. (1994), Rdnr. 4 zu LSP Nr. 52 ist jedoch die umsatzgebundene Bemessung die übliche Variante.

155 Gegen diese "third-best"-Einstufung könnte eingewendet werden, daß aufgrund der LSP-Vorgaben, die kalkulatorischen Abschreibungen und Zinsen auf Basis der Anschaffungs- und Herstellungswerte und einem beschränkten Zinssatz von höchstens 6,5 % zu bestimmen (vgl. nochmals die Ausführungen in Kapitel 3.6.1), der Gewinnbestandteil in gewisser Weise kompensiert wird. Es wäre folglich denkbar, daß die LSP-Selbstkostenpreise c.p. niedriger sind, als unter Beachtung der Substanzerhaltung oder des Tageswertprinzips kalkulierte Abfallgebührensätze. Dem ist aber entgegenzuhalten, daß unter dem Aspekt der Unternehmensfortführung die Gewinnmarge sicherlich so hoch ausgehandelt wird, daß sie mindestens zur Substanzerhaltung gereicht.

6.4.2 Technische Effizienz vom Typ I

Auf eine Gewährleistung technischer Effizienz vom Typ I zielen die "Allgemeinen Haushaltsgrundsätze" ab, nach denen die entsorgungspflichtigen Körperschaften ihr Verwaltungs- und Leistungshandeln auszurichten haben. Diese Grundsätze finden sich im gesamten Haushaltsrecht, so bspw. auf Bundes- und Länderebene in § 6 HGrG[156] und auf kommunaler Ebene in Bayern in Art. 53 Abs. 2 BayLKrO bzw. Art. 61 Abs. 2 BayGO. Insbesondere gilt das Gebot zur Wirtschaftlichkeit und Sparsamkeit bei der Planung und Ausführung der Haushaltswirtschaft.[157] "Sparsamkeit" erfordert, daß die zu erfüllenden Aufgaben und die damit verbundenen Ausgaben auf das notwendigste zu beschränken sind. "Wirtschaftlichkeit" bedeutet, daß für quantitativ und qualitativ festgelegte Aufgaben die günstigste Relation zwischen dem verfolgten Zweck und den eingesetzten Mittel anzustreben ist (sog. Ökonomisches Prinzip). Speziell in Bayern besteht dabei die Pflicht, die Möglichkeiten einer Einbindung privater Dritter in die Aufgabenerfüllung zu überprüfen. Die Möglichkeiten reichen dabei von der Vergabe von Hilfstätigkeiten an Private über private Finanzierungsmodelle bis hin zur Errichtung und zum Betrieb kommunaler Einrichtungen durch Private im Auftrag der Kommune.[158] Voraussetzung für die Erfüllung des Wirtschaftlichkeits- und Sparsamkeitsgebotes ist mithin, daß die entsorgungspflichtigen Körperschaften über ein geeignetes (internes) Controllingwesen verfügen. Einen Überblick hinsichtlich der Funktionen und der zweckdienlichen Ausgestaltung eines solchen Controllingkonzeptes sowie eine Bestandsaufnahme der aktuellen Verfügbarkeit bei den Entsorgern in Bayern bietet Kapitel 6.5.3.

In Hinblick auf die Eigenschaften eines natürlichen Monopols der öffentlichen Abfallentsorgung ist eine undifferenzierte Einbindung privater Dritter jedoch kritisch zu beurteilen. Wie gezeigt, existiert nur für die Entsorgungsstufe "Logistik" ein bestreitbarer Monopolmarkt. Dabei ist - korrespondierend zur grundsätzlichen Entsorgungspflicht der öffentlich-rechtlichen Körperschaften - die regulatorische Indikation, einen "Wettbewerb um den Markt" via öffentlicher Ausschreibung und zeitlich befristeter

---

156 Vgl. Gesetz über die Grundsätze des Haushaltsrechts des Bundes und der Länder (Haushaltsgrundsätzegesetz - HGrG) vom 19. August 1969 (BGBl. I S. 1273), zuletzt geändert durch Gesetz vom 26. November 1993 (BGBl. I S. 1928).

157 Vgl. zum folgenden SCHREML, A. / BAUER, S. / WESTNER, A. (1995), Nr. 8 f. zu Art. 61 BayGO. Anzumerken ist jedoch, daß sich aufgrund der landesabfallrechtlichen Vorgaben zur Abfallvermeidung bei Beschaffungsmaßnahmen - vgl. hierzu die Ausführungen in Kapitel 3.4.1.1 - hinsichtlich der Sparsamkeit und Wirtschaftlichkeit gewisse Einschränkungen ergeben können. Mit Abfallvermeidungsmaßnahmen korrespondierende Mehrkostenbelastungen sind, sofern nicht unverhältnismäßig, hinzunehmen. Vgl. hierzu ABEL-LORENZ, E. / BRÖNNEKE, T. / SCHILLER, T. (1994), S. 182 ff..

158 Die Einbindung Dritter ist hier also weiter gefaßt als die entsprechende Option des § 3 Abs. 2 AbfG. Sie bezieht sich nicht nur auf eine Delegation von Pflichtaufgaben, sondern auch auf den Fremdbezug von Vorleistungen.

Vergabe an den kostengünstigsten Anbieter zu veranstalten.[159] Für die anderen Wertschöpfungsstufen wäre einzelfallbezogen die Vorteilhaftigkeit einer marktlichen Vergabe lediglich der Betriebsführung oder Betriebsleitung zu überprüfen.

Eine gegenüber den Bestimmungen des AbfG[160], der Landes-AbfG[161] und der "Allgemeinen Haushaltsgrundsätze" weitergehende Einbindung privater Dritter sehen die Regelungen des neuen KrW-/AbfG vor. Dabei bestehen gemäß den Ausführungen in Kapitel 3.9.2 folgende Varianten:

Weitergehende Einbindung privater Dritter in die öffentliche Abfallentsorgung nach KrW-/AbfG
• Teilweise oder vollständige Übertragung der Entsorgungspflichten*) der öffentlich-rechtlichen Entsorgungsträger auf **Dritte** (vgl. § 16 Abs. 2-4 KrW-/AbfG)
• Teilweise oder vollständige Übertragung der Entsorgungspflichten der öffentlich-rechtlichen Entsorgungsträger auf **Verbände oder Entsorgungseinrichtungen der SVKdW** (vgl. §§ 17 Abs. 4, 18 Abs. 2 KrW-/AbfG)

*) Nur bzgl. der Entsorgung von Abfällen aus anderen Herkunftsbereichen als privaten Haushaltungen (vgl. § 15 Abs. 2 KrW-/AbfG)

Tab. 6.4: Weitergehende Einbindung von Dritten in die öffentliche Abfallentsorgung nach KrW-/AbfG

Diese Optionen ermöglichen mitunter eine vollständige Übertragung der staatlichen Entsorgungspflichten auf private Institutionen. Als Hintergrund der neuen Bestimmungen ist die allgemeine Tendenz zur Verlagerung öffentlicher Aufgaben in den Privatsektor (sog. Privatisierung) zu sehen. Intention der "Privatisierung" ist mitunter die finanzielle Entlastung der öffentlichen Haushalte. Eine umfassende kritische Würdigung der weitergehenden, aber auch der konventionellen Einbindung Dritter in die öffentliche Abfallentsorgung soll daher in diesem speziellen Kontext erfolgen. Dies geschieht in Kapitel 6.5.1.

6.4.3 Technische Effizienz vom Typ II und Qualitätseffizienz

Die Gewährleistung technischer Effizienz vom Typ II und qualitativer Effizienz schließlich erfolgt im Rahmen vielfältiger Umwelt- und Sicherheitsstandards, insbesondere durch die Regelungen der TASi.[162] Die Koppelung der Anforderungen an den Stand der Technik (vgl. TASi Nr. 1.2) ist unter dem Aspekt dynamischer Effizienzerreichung zwar begrüßenswert, bewirkt aber gerade bei Technologiesprüngen, die

159 So auch KRUSE, J. (1985), S. 315 f.; MÖSCHEL, W. (1988), S. 886.
160 Vgl. insbesondere § 3 Abs. 2 AbfG.
161 Vgl. hierzu noch einmal *Tab. 3.7* in Kapitel 3.6.1.
162 Vgl. dazu nochmals die Ausführungen in Kapitel 3.4.

keine inkrementale Anpassung der Alttechnologien zulassen, Spreizungen in den Technik- und Qualitätsniveaus der einzelnen Gebietsmonopole. Da die Investitionszyklen der Entsorger in der Regel unterschiedlich verlaufen, besteht stets ein gewisser Altanlagenbestand. Bei rechtlich garantiertem Bestandsschutz[163], langen Nutzungsdauern und hohen sunk cost ist eine Angleichung der Entsorgungsqualitäten unwahrscheinlich.[164] Entsprechend der andauernden technologischen und qualitativen Unterschiede bestehen folglich auch permanente Kosten- und somit Preisdifferenzen zwischen den Gebietsmonopolen. Die negativen Auswirkungen von eklatanten Gebührenunterschieden auf die räumliche Wirtschaftsentwicklung wurden bereits in Kapitel 4.3 aufgezeigt.

Eine Lösungsmöglichkeit dieses Problems wurde bereits in Kapitel 5.2.2.1.1.1.1 dargelegt. So wäre es denkbar, sämtliche Entsorgungsmaßnahmen kostenrechnerisch auf Bundesebene zu bündeln und über entsprechende Mischpreise an die Abfallproduzenten zu verrechnen. Alternativ könnte auch in Erwägung gezogen werden, die Leistungsvorgaben für einen bestimmten Zeitraum zu fixieren und gleichzeitig zu konkretisieren[165] und zu harmonisieren[166]. Hierdurch läßt sich einerseits die Investitionstätigkeit der Entsorger synchronisieren, so daß bei einer Standarderhöhung eine gleichmäßige und einheitliche Technologieanpassung erfolgen kann. Andererseits wird dadurch auch eine Vergleichbarkeit sowohl der Leistungsbündel als auch der Einzelmaßnahmen der Entsorger gewährleistet. Mögliche Gebührenunterschiede basieren dann letztlich nur auf wirtschaftlichen Gegebenheiten, wodurch sich eine Ursachenforschung und Heilung vereinfacht.

Eindeutig und durchwegs kontraproduktiv für die Erreichung technischer Effizienz vom Typ II, aber auch für die Gewährleistung der allokativen Effizienz, erweist sich hingegen die landesrechtliche Festlegung der staatlichen Gebietsmonopole. Hiernach werden die räumlichen Dimensionen der Entsorgungsmonopole durch die historisch-politisch bedingten Landesgrenzen definiert. Zur Ausschöpfung von subadditivitätsbedingten Kostenvorteilen hingegen wäre eine Festlegung der einzelnen Monopolgebiete entsprechend der jeweiligen Kosten- und Nachfragedaten erforderlich.[167] Hierauf wird in Kapitel 6.5.2 noch näher eingegangen.

---

163 Vgl. hierzu § 17 BImSchG.

164 Vgl. hierzu nochmals die Ausführungen in Kapitel 5.2.2.1.1.1.1.

165 Aktuell handelt es sich bei den Technik- und Qualitätsvorgaben oftmals um bloße Rahmenvorgaben mit deklaratorischem Charakter, die von den Entsorgungspflichtigen entsprechend des jeweiligen Standes der Technik umzusetzen sind. Beispiele hierfür sind die vagen Bestimmungen für die Bereiche Getrennthaltung und -sammlung oder Verwertung in TASi Nr. 5.2 bzw. 5.3.

166 So auch der VKS (1996 b) in seinen Positionen Nr. 3 und Nr. 7 zum KrW-/AbfG, in denen allgemein eine Vereinheitlichung der Vorgaben in den Landesabfallgesetzen und insbesondere eine Systemvereinheitlichung bei der Logistik gefordert wird.

167 Natürliche Entsorgungsmonopole bedürfen demgemäß "natürlicher" Einzugsgebiete.

6.4.4 Probleme der Marktöffnung nach KrW-/AbfG

Vor diesem Hintergrund sind auch die Öffnungsklauseln des neuen KrW-/AbfG kritisch zu hinterfragen. Entsprechend den Ausführungen in Kapitel 3.9.2 basiert eine Marktöffnung des bestehenden staatlichen Entsorgungsmonopols auf folgenden Möglichkeiten:

Marktöffnung nach KrW-/AbfG
• **Eigenverwertung der Abfallerzeuger/-besitzer aus anderen Herkunftsbereichen als privaten Haushaltungen** (vgl. § 5 Abs. 2-6 KrW-/AbfG), insbesondere durch - Beauftragung von **Dritten** (vgl. § 16 Abs. 1 KrW-/AbfG) - Beauftragung oder Verpflichtung von **eigengebildeten Verbänden und Entsorgungseinrichtungen der SVKdW** (vgl. §§ 17 u. 18 KrW-/AbfG)
• **Eigenverwertung der Abfallerzeuger/-besitzer aus privaten Haushaltungen** (vgl. § 13 Abs. 1 S. 1 KrW-/AbfG), insbesondere durch - Beauftragung von **Dritten** (vgl. § 16 Abs. 1 KrW-/AbfG)
• **Eigenbeseitigung der Abfallerzeuger/-besitzer aus anderen Herkunftsbereichen als privaten Haushaltungen** (vgl. § 13 Abs. 1 S. 2 KrW-/AbfG), insbesondere durch - Beauftragung von **Dritten** (vgl. § 16 Abs. 1 KrW-/AbfG) - Beauftragung oder Verpflichtung von **eigengebildeten Verbänden und Entsorgungseinrichtungen der SVKdW** (vgl. §§ 17 u. 18 KrW-/AbfG)

Tab. 6.5: Marktöffnung des Entsorgungssektors nach KrW-/AbfG

6.4.4.1 Ruinöser Wettbewerb

Würden sich diese Optionen als Substitutionskonkurrenz zur öffentlichen Abfallentsorgung erweisen, könnte die Marktöffnung durchaus zur Effizienzverbesserung des verbleibenden Entsorgungsmonopols beitragen. Eigenverwertung und -beseitigung unterscheiden sich aber nicht vom Leistungsbündel der öffentlichen Abfallentsorgung, zumal die technologischen Anforderungen der TASi auch bei privater Entsorgung im Rahmen der Anlagenzulassung und der abfallrechtlichen Überwachung der Entsorgungsdurchführung Verbindlichkeit besitzen.[168] Selbst wenn infolge der Marktöffnung TASi-kompatible Innovationen hervorgebracht würden, die als tatsächliche Substitute zum öffentlichen Entsorgungsangebot eingestuft werden könnten, wäre kraft des TASi-Gebotes hinsichtlich des Standes der Technik (vgl. TASi Nr. 1.2 i.V.m. TASi Nr. 2.1) eine Angleichung der Leistungsspektren im Entsorgungssektor unausweichlich.[169] Der relevante Markt ist folglich identisch. Somit erwächst aus der

168 Vgl. den umfangreichen Anwendungsbereich der TASi als Prüfungs- und Entscheidungsgrundlage der Vollzugsbehörden gem. TASi Nr. 1.2.

169 Von der Möglichkeit des Bestandsschutzes für Altanlagen (vgl. § 17 BImSchG) sowie der even-

Marktöffnung direkte Konkurrenz für das etablierte staatliche Monopol. Die möglichen, aber aufgrund der Fakten durchaus wahrscheinlichen Auswirkungen hiervon können mit folgendem Szenario beschrieben werden:

- Gelingt es der privaten Konkurrenz, Nachfrage auf sich zu ziehen, kommt es zu einer Zersplitterung der bestehenden Entsorgungsgebiete. Hiermit verbunden ist ein Verlust von gesamtwirtschaftlich erwünschten Größeneffekten. Durch Aufhebung der institutionellen Marktzugangsbarrieren verlieren die irreversiblen Investitionen, welche die staatlichen Entsorger mit der Perspektive einer gesicherten Monopolstellung bislang getätigt haben, ihre weitgehende Beschäftigungsgarantie. Sobald die Newcomer Überkapazitäten generieren, kommt es aufgrund der Anpassungshemmnisse zur Kostenduplizierung und damit zur Ressourcenverschwendung. Bei gegebener Preisregulierung in Form von öffentlich-rechtlichen Abfallgebühren sind die Chancen der staatlichen Entsorger, in dem sich entfachenden ruinösen Preiskampf als Sieger hervorzugehen, denkbar gering.[170] Denn das gebührenrechtliche Kostendeckungsprinzip - ggf. in Verbindung mit einer sehr begrenzten Alternativ-Finanzierung über den allgemeinen Staatshaushalt - gewährt kaum Möglichkeiten für preisliche Wettbewerbsstrategien.[171] So konnten vor der Marktöffnung keine signifikanten Gewinne erwirtschaftet werden,[172] die sich nun nach Aufhebung der institutionellen Marktzugangsbarrieren zur Kompensation der entstehenden sunk cost oder als "Kriegskasse" im Preiswettbewerb einsetzen ließen. Nach Marktöffnung aber ist aus den genannten Gründen ohnehin eine Preissenkung unter Stückkostenniveau kaum realisierbar. Hierdurch entfaltet sich eine verhängnisvolle Eigendynamik. Die Umlage von Leerkosten bedingt steigende Gebührensätze, wodurch sich die Grenznachfrager bei rationalem Verhalten veranlaßt sehen, preisgünstigere alternative Entsorgungsmöglichkeiten wahrzunehmen. Dies induziert bei den staatlichen Entsorgern weitere Kapazitätsüberschüsse und damit verbundene Leerkosten- und Gebührensteigerungen. Die Newcomer im Entsorgungssektor haben somit leichtes Spiel, insbesondere wenn es sich um Anbieter mit angestammten Geschäftsbereichen in anderen Monopolmärkten (z.B. dem Energie-

---

tuellen Langfristigkeit von Anpassungsprozessen sei einmal abgesehen.

170 So auch KRUSE, J. (1985), S. 339.

171 Zur Finanzierungsproblematik aus allgemeinen Haushaltsmitteln vgl. die Ausführungen in Kapitel 6.5.1.2.3.

172 Trotz des Kostenüberschreitungsverbotes ist in gewisser Weise die Erzielung von cost-plus Gewinnen möglich - etwa durch kalkulatorische Abschreibungen und Zinsen zu Wiederbeschaffungszeitwerten, durch Anwendung überdimensionierter kalkulatorischer Zinssätze, durch erhöhte Kostenmengen und -werte bei den kalkulatorischen Wagnissen und Rückstellungen oder gar durch lenkungsmotivierte Gebührenzuschläge. Vgl. hierzu nochmals die Ausführungen in Kapitel 3.8.

versorgungssektor[173]) und mit entsprechender Kapitalbasis für eine "predatory pricing"-Strategie handelt. Eine preisliche Deregulierung würde zwar den Handlungsspielraum der staatlichen Entsorger tendenziell verbessern, aber das Grundproblem der ruinösen Konkurrenz nicht beheben.[174] Am Ende des Preiskampfes werden der öffentlichen Abfallentsorgung im Grenzfall lediglich jene der liberalisierten Abfallerzeuger/-besitzer als Nachfrager verbleiben, die nach dem "Rosinenpicken" der privaten Konkurrenten aufgrund mangelnder ökonomischer Lukrativität übrig geblieben sind.[175] Die Kosten- und Preisnachteile eines derartig gestutzten staatlichen Entsorgungsmonopols haben dann die nichtliberalisierten anschluß- und benutzungspflichtigen Erzeuger und Besitzer von Abfällen zur Beseitigung aus privaten Haushaltungen zu tragen. Dies läßt sich verteilungspolitisch nicht rechtfertigen. Sofern die staatlichen Entsorger denn von der Option des § 28 Abs. 1 KrW-/AbfG Gebrauch machen und den stärksten am Markt verbliebenen Konkurrenten[176] zur kostengünstigeren Entsorgung der restlichen Abfälle verpflichten, hat sich das originäre staatliche Entsorgungsmonopol vollständig in ein unkontrolliertes privates Entsorgungsmonopol verwandelt.[177] Für die abgewanderten und verwiesenen Abfallerzeuger und -besitzer aber sind die Preisvorteile beim privaten Monopolisten nicht auf Dauer garantiert. Denn ohne jedwede Form einer Preisregulierung kann dieser seine Marktmacht nach Belieben ausüben.

6.4.4.2 Negativauslese

Unter umweltpolitischen Aspekten ist die Marktöffnung ebenfalls kritisch zu beurteilen. Den Ausführungen in Kapitel 6.3.3 zufolge ist im allgemeinen davon auszugehen, daß den Abfallerzeugern und -besitzern eher an einer preisgünstigen, denn an einer qualitativ hochwertigen Entsorgung gelegen ist. Aber selbst wenn Interesse an einer möglichst umweltverträglichen Entsorgung besteht, sind Qualitätseinbußen zu erwarten. Denn die Abfallerzeuger/-besitzer sind aufgrund der zwischenzeitlich erwachsenen Technologiekomplexität in der Entsorgung kaum in der Lage, die mitunter unterschiedlichen Qualitäten der angebotenen Entsorgungsleistungen zu beurteilen. Inso-

---

173 Vgl. MONOPOLKOMMISSION (1994), Rdnr. 37 hinsichtlich der sukzessiven Markteintritte der Stromversorger in die (gesamthafte) Entsorgungsbranche.

174 In diesem Sinne auch KRUSE, J. (1985), S. 340.

175 Dabei wird es sich um die Abfallerzeuger/-besitzer aus dünnbesiedelten Entsorgungsregionen mit mangelnden Dichteeffekten handeln. Vgl. zum Begriff des "Rosinenpickens" bzw. des "cream skimmung" KRAKOWSKI, M. (1988), S. 55 f..

176 Von kartellrechtlichen Maßnahmen zur Verhinderung der Monopolisierung sei hier abgesehen.

177 Gleiches gilt für eine Verpflichtung nach §§ 17 Abs. 4, 18 Abs. 2 KrW-/AbfG, wenn es sich bei dem verbliebenen Monopolisten um Verbände oder Entsorgungseinrichtungen der SVKdW handelt.

fern bestehen auch Probleme, adäquate Zahlungsbereitschaften zu äußern. Ein plausibles Nachfragerverhalten ist daher, sich an der durchschnittlich zu erwartenden Qualität auszurichten und einen für diese Durchschnittsqualität angemessenen Preis zu bieten. Die Qualität der jeweils realisierten Entsorgungsleistungen wird dann aber vom Zufall bestimmt (vgl. hierzu *Abb. 6.19*).

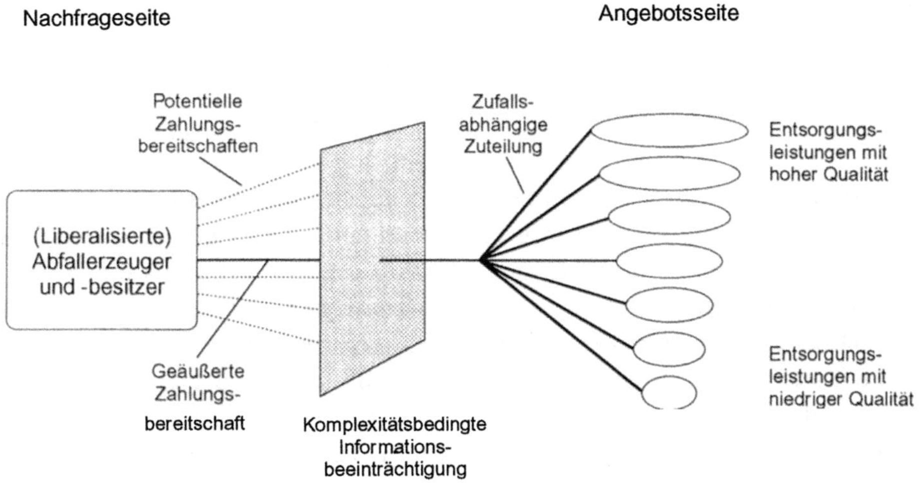

Abb. 6.19: Nachfrageverhalten bei asymmetrischer Informationsverteilung (in Anlehnung an: FRITSCH, M. / WEIN, T. / EWERS, H.-J. (1993), S. 189)

Diese mithin asymmetrische Informationsverteilung hat auch zur Folge, daß das Angebot von überdurchschnittlicher Entsorgungsqualität, das nur zu entsprechend höheren Kosten bereitgestellt werden kann, mit relativ geringen Gewinnen oder sogar Verlusten verbunden ist. Im weiteren kommt es zu einem Prozeß der "Negativauslese" (auch sog. adverse selection).[178] Die Anbieter werden, um in der Gewinnzone zu bleiben, Leistungen mit geringerer Qualität bereitstellen. Aufgrund der verminderten Durchschnittsqualität des Angebotes sinkt die Zahlungsbereitschaft der Nachfrager entsprechend, was weitere Qualitätsreduktionen auf der Angebotsseite induziert. Dieser Prozeß setzt sich so lange fort, bis das Angebot mit der schlechtest möglichen Qualität verbleibt. Die Qualität könnte - aufgrund der bereits angesprochenen Bestandsschutzgarantien von Altanlagen - durchaus unterhalb des TASi-Niveaus liegen.[179]

---

178 Hypothetischer Grenzfall der Negativauslese wäre, daß der Markt bei einem degenerierten Gleichgewicht mit Null-Preis und Null-Menge erliegt. Vgl. hierzu grundlegend AKERLOF, G.A. (1970); außerdem BROLL, U. / GILROY, M.B. (1985); KRAKOWSKI, M. (1988), S. 65 ff; MILDE, H. (1988); FRITSCH, M. / WEIN, T. / EWERS, H.-J. (1993), S. 188 ff..

179 Anzumerken ist, daß ein Abbau von Informationsasymmetrien und damit eine Verhinderung der Negativauslese auf marktlicher Basis grundsätzlich möglich ist. So kann die schlecht informierte

6.4.4.3 Liberalisierungs-/Deliberalisierungs-Kriterien

Nach Ansicht von KRUSE ist eine Markteintritts-Liberalisierung für ein natürliches Monopol wenig erfolgversprechend, wenn

(1) das Potential für technische Effizienzsteigerungen gering ist,

(2) die Kundenpräferenzen relativ homogen sind,

(3) die Branche geringen technischen Fortschritt aufweist und

(4) das bestehende Regulierungssystem ausreichend intakt ist.[180]

Für den betrachteten Entsorgungssektor treffen gerade die Kriterien (2) und (3) zu. Homogene Kundenpräferenzen lassen sich sowohl aus der Kollektivgut- als auch aus der Negativauslese-Problematik ableiten. Geringes technisches Entwicklungspotential gründet auf der Tatsache, daß in der Abfallentsorgung, die unabdingbar an die Menschheitsgeschichte gekoppelt ist und ein entsprechendes Alter aufweist, nach wie vor die Basisstrategien "Verbrennung"[181] und "Ablagerung" zum Einsatz kommen. Eine Entfaltung höherwertiger Entsorgungsvarianten ist aufgrund der Entropie-Restriktion[182] stark eingeschränkt. Revolutionäre Technologieinnovationen sind daher kaum zu erwarten.[183] Eine signifikante Kontraindikation hingegen ist bei Kriterium (4) gegeben. Das aktuelle Regulierungssystem ist in mancherlei Hinsicht, insbesondere bei der Preisadministration, stark verbesserungswürdig. Dies läßt sich für den marktlichen Ausnahmebereich der Abfallentsorgung aber gerade nicht durch eine weitreichende Liberalisierung, sondern nur über eine detaillierte und bundeseinheitliche Regulierung bewerkstelligen. Die Ansatzpunkte einer zieldienlichen Preisregulierung wurde in Kapitel 5 aufgezeigt. Es bleibt somit festzustellen, daß die Marktöffnung des Entsorgungssektors durch die Optionen des KrW-/AbfG sowohl in wirtschafts- als auch umweltpolitischer Hinsicht erhebliche Probleme bereiten könnte. Insofern wäre zu erwägen, das KrW-/AbfG rechtzeitig, d.h. vor der empirischen Be-

---

Marktseite versuchen, zusätzliche Informationen zu gewinnen (sog. screening), und die gut informierte Marktseite sich bemühen, möglichst glaubwürdige Informationen über die von ihr angebotene Qualität zu verbreiten (sog. signaling). Erweisen sich diese Möglichkeiten jedoch nicht als gangbar - so werden etwa die diversen Methoden des "screening" aufgrund von Unteilbarkeiten und Externalitäten bei der Informationserzeugung und -verbreitung stark begrenzt -, stellt sich die Frage nach wirtschaftspolitischen Eingriffen. Vgl. im einzelnen FRITSCH, M. / WEIN, T. / EWERS, H.-J. (1993), S. 193 ff..

180 Vgl. KRUSE, J. (1985), S. 340 f..

181 Gemeint ist hier "Verbrennung" im weiteren Sinne, so etwa auch die Verschwelung von Abfällen.

182 Vgl. nochmals Kapitel 3.4.1.1.

183 Vgl. im Gegensatz hierzu die Telekommunikation, bei der das Leitungs- um ein Funk- und Satellitennetz bereichert werden konnte und sich somit die Bedingungen eines natürlichen Monopols grundlegend änderten.

stätigung des oben geschilderten Marktöffnungs-Szenarios, in entsprechender Weise anzupassen.

Hinsichtlich des für eine Monopollösung geforderten hohen Effizienzniveaus gemäß Kriterium (1) sollen im folgenden gangbare Optimierungsstrategien aufgezeigt werden.

6.5 Kostenoptimierungsstrategien

Die Varianten für eine Effizienz- bzw. Kostenoptimierung[184] können unterschieden werden in sektorale und in einzelwirtschaftliche Strategien. Während die sektoralen Kostenoptimierungsstrategien auf eine zieladäquate Regulierungsausgestaltung des Entsorgungssektors abzielen, sollen im Rahmen der einzelwirtschaftlichen Strategien die fallspezifischen Kostensenkungspotentiale bei den einzelnen Entsorgern ausgeschöpft werden. Einen Sonderbereich stellt die derzeit viel diskutierte "Privatisierung" von Entsorgungsaufgaben dar, der sowohl in sektoraler als auch in einzelwirtschaftlicher Hinsicht Bedeutung zukommt.

6.5.1 Privatisierungsstrategien

Die "Privatisierung" öffentlicher Aufgaben und Besitzstände hat eine lange Tradition.[185] Schon vor Beginn des modernen Staates und vor der Trennung in private und öffentliche Bereiche fanden Verteilungen öffentlichen Vermögens an Privatpersonen statt. Im zeitgeschichtlichen Verlauf kam es zu regelrechten "Privatisierungswellen", so bei der Auflösung von Monarchien, im Zusammenhang mit der Säkularisierung des Kirchenbesitzes und beim Übergang vom Merkantilismus zum liberalen Wirtschaftsprinzip. Im Gegenzug aber gab es auch Phasen der Verstaatlichung und Kommunalisierung, beispielsweise im Rahmen des Eisenbahnbaus, im Zusammenhang des Entstehens moderner Großstädte und aufgrund militärischer Vorhaben. In der Bundesrepublik Deutschland kam es vor dem Hintergrund der negativen Erfahrungen, die mit der Zwangsbewirtschaftung in den Besatzungszonen nach dem 2. Weltkrieg gemacht wurden, erstmalig im Jahre 1951 zu einer öffentlichen Privatisierungsdebatte. Später erfuhren die Privatisierungsforderungen in Zusammenhang mit der Emission von Volksaktien eine große Breitenwirkung. So sollte aus kapitalmarkttheoretischen Gründen das Börsenkapital durch Privatisierungsaktionen verstärkt und dabei gleichzeitig

---

184 Die bedeutungs- und gleichsam begriffsmäßig synonyme Verwendung von "Effizienz" und "Kosten", wie bereits in den vorangegangenen Ausführungen implizit geschehen, wird in Kapitel 6.5.1.2.2 begründet.

185 Vgl. zum folgenden LOESCH, A. v. (1983), S. 13 ff..

die Vermögensbildung der Arbeitnehmer unterstützt werden. In den siebziger Jahren lebte die Privatisierungsdiskussion erneut auf, diesmal unter vornehmlich haushalts- und finanzpolitischen Gesichtspunkten. Ursächlich für diese bis heute andauernde Diskussion ist die allgemeine Verknappung der Finanzmittel im öffentlichen Bereich, die zunehmende Verschuldung öffentlicher Haushalte sowie der steigende Staatsanteil am Bruttosozialprodukt. Gegenstand der Debatte ist daher die Frage der Zweckmäßigkeit einer Überführung von bislang staatlicherseits wahrgenommenen Aufgaben in den privatwirtschaftlichen Bereich.[186] Der Diskussion folgten auch Taten, so etwa die Privatisierungen der Deutschen Bundesbahn und der Deutschen Bundespost im Rahmen der Deregulierung des Eisenbahn- und des Telekommunikationssektors.[187]

Neue Impulse gaben der Privatisierungsdiskussion die in jüngerer Zeit verschärften qualitativen und quantitativen Anforderungen in der Abfall- und auch der Abwasserentsorgung. Gerade im Bereich der Abfallentsorgung erzwingen die anspruchsvollen Vorgaben der TASi einen Wandel der herkömmlichen staatlichen Beseitigungsbetriebe hin zur integrierten Abfallwirtschaft. Der hierbei erwachsende hohe Finanzbedarf - Pessimisten[188] gehen von dreistelligen Milliardenbeträgen alleine für den Ausbau, die Modernisierung und den Neubau von MVA's aus - sowie die Komplexität der Aufgabenbewältigung innerhalb eines eng gesteckten Zeitrahmens werden als maßgebliche Gründe für eine Privatisierung der öffentlichen Abfallentsorgung gesehen.[189] Gleichzeitig werden die Argumente der allgemeinen Privatisierungsdiskussion aufgegriffen, nach denen private Wirtschaftsunternehmen per se effizienter und daher kostengünstiger wirtschaften können als kommunale Organisationseinheiten.[190]

6.5.1.1 Privatisierungsformen

Aus den obigen Ausführungen wird deutlich, daß der Begriff "Privatisierung" in vielfältiger Weise verwendet wird. Im Kontext der jüngeren Privatisierungsdiskussion wird unter Privatisierung die "Übertragung bisher staatlicher Aufgaben oder Leistungen oder die Übertragung der Durchführung bisher durch Behörden selbst vorgenommener Aufgaben oder Leistungen oder die Übertragung von Staatsvermögen auf

---

186 Für eine Übersicht hinsichtlich der an der Diskussion beteiligten Interessensgruppen - wissenschaftliche Gremien, politische Parteien und diverse Interessensverbände - und deren Argumente vgl. BUDÄUS, D. (1982), S. 62 ff.; LOESCH, A. v. (1983), S. 24 ff.; FLUHRER, H. (1984), S. 71 ff.; HAGEMEISTER, A. v. (1992), S. 72 ff..

187 Vgl. hierzu auch noch einmal die Ausführungen in Kapitel 2.2.4.1.

188 Vgl. SCHREIBER, R. (1995), S. 581.

189 Vgl. JÜRGENLIMEK, R. (1990), S. 87 f.; HIMMELMANN, G. (1991), S. 35 ff.; BMWi (1993), S. 4; BMU (1995 a), S. XV f.; KLINKERT, U. (1996), S. 12.

190 Vgl. SCHOCH, F. (1992), S. 27.

private Träger"[191] verstanden. Für eine differenziertere Systematisierung der Privatisierungsformen kann hierbei zunächst unterschieden werden zwischen der formalen und der materiellen Privatisierung.[192] *Abbildung 6.20* verdeutlicht die Zusammenhänge.

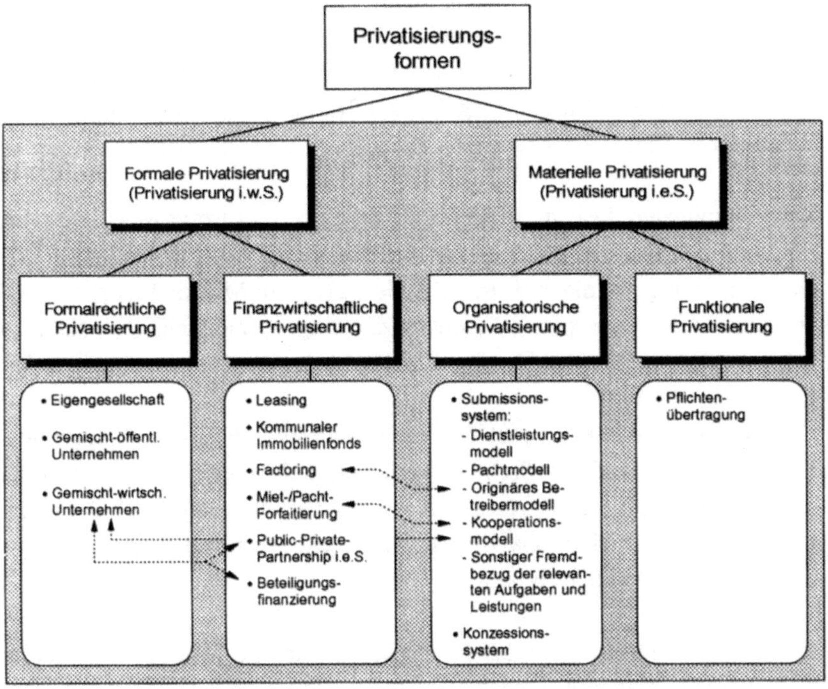

Abb. 6.20: Privatisierungsformen

6.5.1.1.1 Formale Privatisierung

Die formale Privatisierung (auch sog. Privatisierung im weiteren Sinne) ist dadurch gekennzeichnet, daß die Aufgaben oder Leistungen unter Beibehaltung der öffentlichen Trägerschaft über privatrechtliche Rechtsformen, z.B. einer GmbH oder AG, oder mit Unterstützung privatwirtschaftlicher Finanzierungsinstrumente abgewickelt werden.

Der erstgenannte Fall kommt einem Austausch der Rechtsform gleich. Man spricht

191 HAGEMEISTER, A. v. (1992), S. 40.

192 Vgl. zum folgenden BUDÄUS, D. (1982), S. 62 f.; FLUHRER, H. (1984), S. 11 ff.; STEINHEUER, W. (1991), S. 24 ff.; HAGEMEISTER, A. v. (1992), S. 43 ff.; SCHOCH, F. (1992), S. 35 ff..

daher auch von einer "formalrechtlichen Privatisierung". Realiter ist jedoch eine Neugründung erforderlich. Das privatrechtliche Unternehmen ist dann eine Eigengesellschaft des kommunalen Trägers bzw. - bei mehreren öffentlich-rechtlichen Trägern - ein gemischt-öffentliches Unternehmen.

Der zweite Fall, die sog. finanzwirtschaftliche Privatisierung, liegt vor, wenn der zur staatlichen Aufgabenerfüllung notwendige Finanzbedarf über Finanzierungsinstrumente des privaten Sektors gedeckt wird. In der Literatur werden als mögliche Instrumente die sog. Sonderfinanzierungsformen "Leasing", "Kommunaler Immobilienfonds", "Factoring" und "Miet-/Pacht-Forfaitierung" thematisiert:[193]

- Bei kommunalen Leasing-Modellen übernehmen Privatpersonen die Finanzierung und den Bau von Anlagen und Gebäuden, die anschließend an die öffentliche Einrichtung vermietet werden. Anders als beim Mietkauf ist für die öffentliche Einrichtung eine spätere Eigentumsübertragung möglich, aber nicht verbindlich. Insofern kommt das Leasing wirtschaftlich einer Kreditaufnahme gleich.

- Eine Variante des Leasing ist der kommunale (geschlossene) Immobilienfonds. Hier wird eine Fondsgesellschaft gegründet, welche die Investitionsmaßnahmen sowohl aus dem Verkauf von Anteilszertifikaten als auch durch Aufnahme von Bankkrediten finanziert. Das Investitionsobjekt wird nach Fertigstellung an die öffentliche Einrichtung verleast.

- Im Rahmen von Factoring-Modellen werden private Unternehmen als Investor und gleichzeitig Betreiber der öffentlichen Anlagen eingebunden. Die Anlagenfinanzierung erfolgt durch den Verkauf der Bertreiberentgelt-Forderungen an eine Kreditbank, die wiederum die notwendigen Finanzierungsmittel in Höhe des Forderungsverkaufspreises zur Verfügung stellt.

- Ähnlich verhält es sich bei der Miet-/Pacht-Forfaitierung. Anstelle der Einbindung eines privaten Betreibers wird hier eine Besitzgesellschaft (auch: Objektgesellschaft) gegründet, welche die Investitionsmaßnahmen durchführt und das Investitionsobjekt anschließend an die öffentliche Einrichtung vermietet oder verpachtet. Die Finanzierung erfolgt über eine Forderungsabtretung der künftigen Miet- oder Pachtentgelte an eine Kreditbank.

Eine weitere Sonderfinanzierungsform in Kombination mit der formalrechtlichen Pri-

193 Einen Überblick der finanzwirtschaftlicher Privatisierungsformen bieten z.B. SCHWEISFURTH, T. (1991), S. 20 ff.; REHM, H. (1994), S. 238 ff.; CRONAUGE, U. (1995), S. 222 ff..

vatisierung ist die Einbringung von Privatkapital in gemischt-wirtschaftliche Unternehmen, die in diesem Kontext auch als "Public-Private-Partnership"[194] (im engsten Sinne) bezeichnet werden, gebräuchlich. Ist der Private lediglich "stiller Gesellschafter" ohne Mitwirkungsrechte, handelt es sich um eine sog. Beteiligungsfinanzierung.

6.5.1.1.2 Materielle Privatisierung

Bei der materiellen Privatisierung hingegen werden die öffentlichen Aufgaben als solche auf private Aufgabenträger zur Wahrnehmung übertragen. Es handelt sich somit um "Privatisierung im engeren Sinne".

Werden dabei die Aufgaben im Rahmen eines Submissions- oder Konzessionssystems vergeben, bezeichnet man dies als "organisatorische Privatisierung". Gängige Varianten der Submission, die sog. Betreibermodelle, wurden bereits in Kapitel 3.7.1.2 vorgestellt. Insbesondere das originäre Betreiber- und das Kooperationsmodell kann dabei auch für die Zwecke der finanzwirtschaftlichen Privatisierung eingesetzt werden. Das Kooperationsmodell kommt überdies aufgrund der Einbindung einer Objektgesellschaft einer formalrechtlichen Privatisierung gleich. Des weiteren gehört zum Submissionssystem auch der sonstige Fremdbezug der relevanten Aufgaben und Leistungen.

Im Unterschied zum Submissionssystem wird beim Konzessionssystem nicht nur die sachliche Durchführungskompetenz, sondern auch das finanzielle Risiko auf den privaten Leistungserbringer übertragen. Dafür kann der Private mehr oder minder über die Charakteristika der Leistungen sowie über die Preisgestaltung entscheiden. Dennoch verbleibt auch bei dieser Variante eine rechtliche Leistungsverantwortung der öffentlichen Hand, indem sie die Kontrolle hinsichtlich der Kontinuität und Ordnungsmäßigkeit der Aufgabenerfüllung wahrnimmt.

Die sog. funktionale Privatisierung schließlich stellt die weitestgehende Form der Privatisierung dar. Hier wird außer der Aufgabendurchführung auch die öffentlich-rechtliche Aufgabenverantwortung auf den Privaten übertragen.

---

194 Vgl. SCHWEISFURTH, T. (1991), S. 38 ff.. Unter dem weitergefaßten Terminus "Public-Private-Partnership(PPP)-Modelle" hingegen werden in der Literatur sämtliche organisatorischen Privatisierungsformen (so etwa WITTE, G. (1994), S. 525) oder auch sämtliche organisatorischen und finanzwirtschaftlichen Privatisierungsformen (so etwa CRONAUGE, U. (1995), S. 219 ff.) verstanden.

6.5.1.1.3 Privatisierungsformen in der öffentlichen Abfallentsorgung

Die dargestellten Privatisierungsformen lassen sich den diversen Möglichkeiten[195] der Einbindung Dritter nach AbfG bzw. neuem KrW-/AbfG und den jeweiligen spezischen Organisations- bzw. Rechtsformen wie folgt zuordnen:

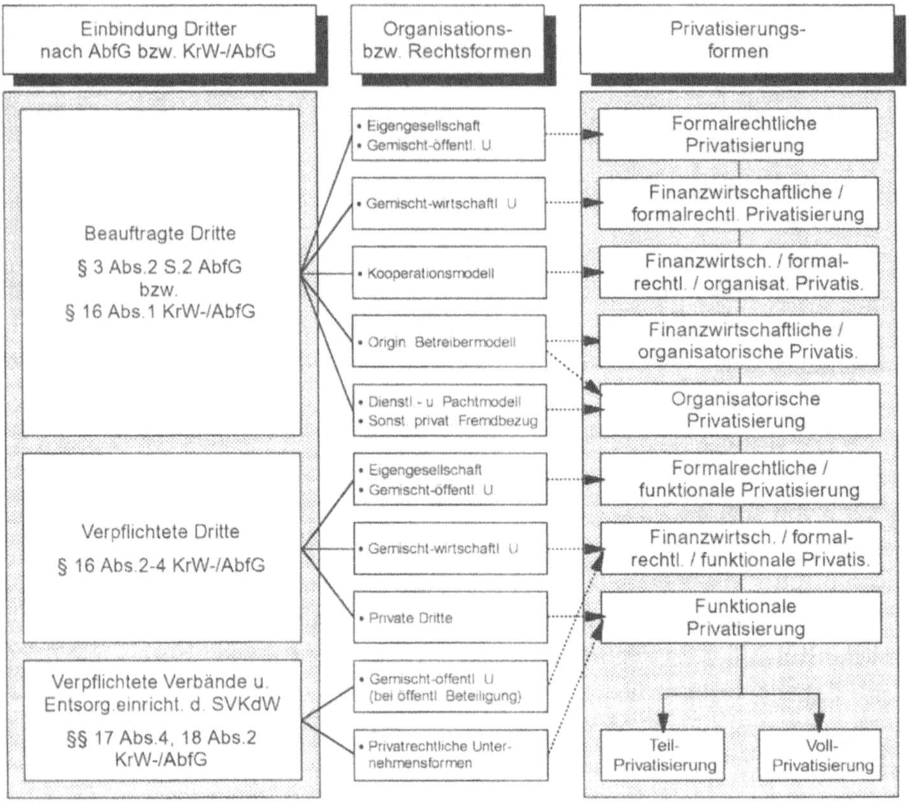

Abb. 6.21: Einbindung von Dritten nach AbfG bzw. KrW-/AbfG und korrespondierende Privatisierungsformen

Eine Beauftragung Dritter kann je nach gewählter Rechts- und Organisationsform einer formalrechtlichen, finanzwirtschaftlichen und/oder organisatorischen Privatisierung entsprechen.[196] Ähnlich verhält es sich bei einer Verpflichtung (privatrecht-

---

195 Von der Betrachtung ausgeschlossen werden jedoch die Möglichkeiten der Einbindung Dritter bei EOP-Maßnahmen gemäß § 3 Abs. 5-7 AbfG bzw. § 28 Abs. 1-3 KrW-/AbfG, da es sich dabei eher um Behelfsmaßnahmen als um Privatisierungen im hier betrachteten Kontext handelt.

196 Die Drittbeauftragung nach dem originären Betreibermodell erweist sich hierbei als ambivalent. Wird vom Finanzierungsinstrument "Factoring" kein Gebrauch gemacht, handelt es sich um eine rein organisatorische Privatisierung.

licher) Dritter nach KrW-/AbfG. Grundsätzlich handelt es sich hierbei um eine funktionale Privatisierung. Speziell bei der Verpflichtung von kommunalen privatrechtlichen Unternehmen kommt noch der formalrechtliche, bei einer Beteiligung privater Dritter überdies auch noch der finanzwirtschaftliche Privatisierungsaspekt hinzu. Die Verpflichtung von Verbänden und Entsorgungseinrichtungen der SVKdW nach KrW-/AbfG schließlich stellt zunächst eine rein funktionale Privatisierung dar. Sofern jedoch die staatlichen Entsorger von der Beteiligungsoption speziell bei den Verbänden gemäß § 17 Abs. 2 KrW-/AbfG Gebrauch machen, ist die Privatisierung auch hier zusätzlich in finanzwirtschaftlicher und formalrechtlicher Hinsicht geprägt. Da sich die Beauftragung oder Verpflichtung Dritter nicht notwendigerweise auf den kompletten Leistungsumfang innerhalb der einzelnen Wertschöpfungsbereiche bzw. der gesamthaften Entsorgungseinrichtung beziehen muß, sondern auch nur Teilaufgaben delegiert bzw. übertragen werden können, kann des weiteren zwischen einer Voll- und einer Teilprivatisierung unterschieden werden.

In welchem Maße und in welchen Privatisierungsformen die Einbindung Dritter in den diversen Wertschöpfungsstufen der öffentlichen Abfallentsorgung Anwendung findet, kann nur unspezifisch und exemplarisch aufgezeigt werden. In den amtlichen Statistiken finden sich hierzu nur unzureichende Angaben. Die von HIMMELMANN durchgeführte Auswertung der Daten einer Erhebung des VKS aus dem Jahre 1991 ergibt, daß bei 309 Zweckverbänden, Landkreisen, kreisfreien Städten und kreisangehörigen Städten und Gemeinden im Bundesgebiet folgende Anteilswerte einer Drittbeteiligung zu verzeichnen sind:[197]

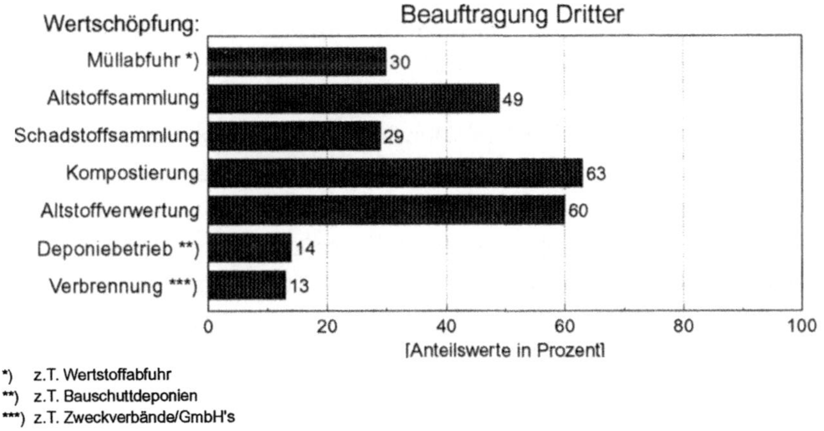

Abb. 6.22: Einbindung Dritter in ausgewählten Wertschöpfungsbereichen der öffentlichen Abfallentsorgung, Stand 1991 [198]

197 Vgl. HIMMELMANN, G. (1994), S. 137.
198 Zur Datenbasis vgl. HIMMELMANN, G. (1994), S. 137.

Es ist ersichtlich, daß inbesondere bei der Wertschöpfungsstufe "Verwertung" von der Beauftragung Dritter Gebrauch gemacht wird. Aus den Daten einer Bestandsaufnahme des BStMLU zur "Privatisierung und Kommunalisierung von Entsorgungsdienstleistungen" aus dem Jahre 1994, ausgewertet durch das Bayerische Institut für Abfallforschung (BIfA)[199], kann entnommen werden, daß hierbei die organisatorische gegenüber der formalrechtlichen Teilprivatisierung im Vordergrund steht (vgl. dazu *Abb. 6.23*).

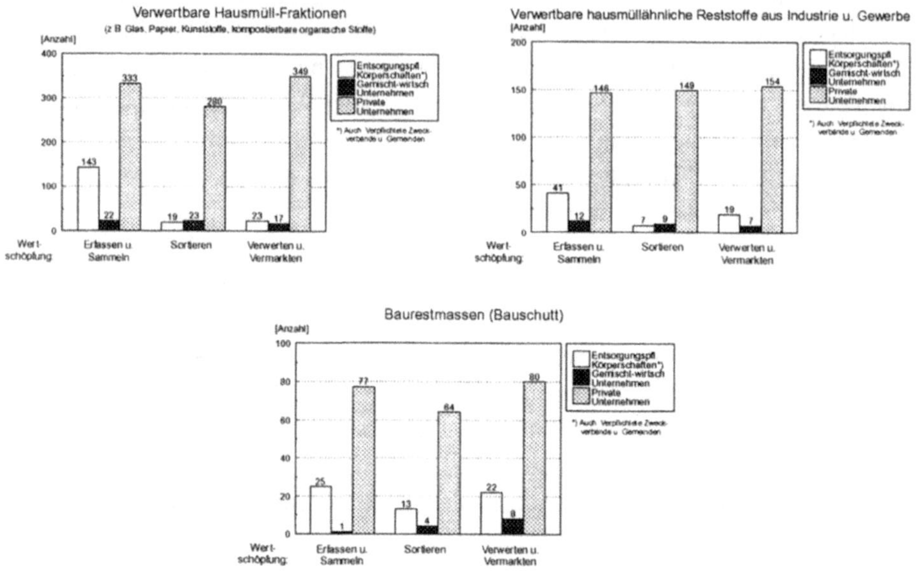

Abb. 6.23: Kommunalisierung und Privatisierung im Verwertungsbereich der öffentlichen Abfallentsorgung in Bayern, Stand 1994

Der Umfang von formalrechtlichen Vollprivatisierungen bezogen auf die gesamte Entsorgungseinrichtung wurde im Rahmen der bayernweiten empirischen Untersuchung (Empirie II) erhoben.[200] Die Ergebnisse, dargestellt in *Abbildung 6.24*, zeigen, daß zum Zeitpunkt der Erhebung immerhin 8 % der antwortenden Entsorger mittels Eigengesellschaften oder gemischt-wirtschaftlichen Unternehmen das gesamte oder nahezu gesamte Aufgabenspektrum der Abfallentsorgung wahrnehmen. Dieser Anteil

---

199 Vgl. BIfA (1995). Gegenstand dieser Untersuchung war festzustellen, welche Aufgaben in den Tätigkeitsbereichen "Erfassen und Sammeln", "Sortieren" sowie "Verwerten und Vermarkten" - jeweils aufgeschlüsselt nach den Abfallarten "verwertbare Hausmüll-Fraktionen", "verwertbare hausmüllähnliche Reststoffe aus Industrie und Gewerbe" und "Baurestmassen" - von den entsorgungspflichtigen Körperschaften selbst, von gemischt-wirtschaftlichen Unternehmen oder von sonstigen privaten Unternehmen wahrgenommen werden. Befragte waren dabei die entsorgungspflichtigen Körperschaften, einschließlich der verpflichteten Zweckverbände und Gemeinden, in Bayern.

200 Vgl. hierzu die Frage 7. des Fragebogens, Anhang I.

hat sich zwischenzeitlich erhöht.

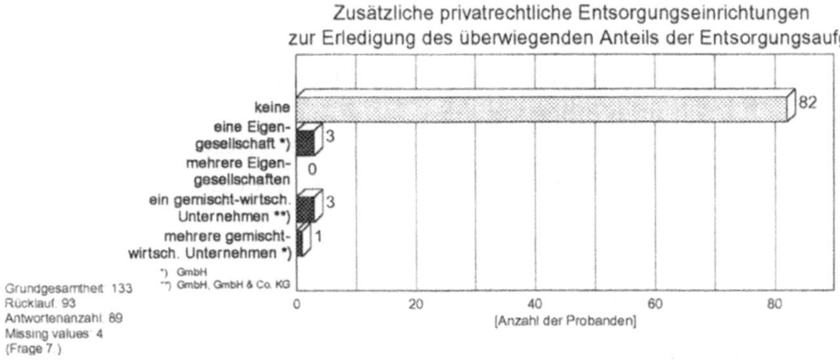

Abb. 6.24: Formalrechtliche Vollprivatisierungen in der öffentlichen Abfallentsorgung in Bayern, Stand 1993

6.5.1.2 Privatisierungsbegründungen

Die Kriterien hinsichtlich der Privatisierungswürdigkeit staatlicher Aufgaben lassen sich im wesentlichen drei verschieden Argumentationsbereichen zuordnen.[201] Dies ist erstens die Frage der normativen Indikation im Rahmen der "Theorie der Staatstätigkeit", zweitens die Effizienzfrage vor dem Hintergrund der positiven "ökonomischen Theorie der Bürokratie" und drittens - mit besonderer Relevanz im Kontext der Finanzintensität der öffentlichen Abfallentsorgung - die Finanzierungsfrage in Hinblick auf die Belastbarkeit der öffentlichen Haushalte.

6.5.1.2.1 Theorie der Staatstätigkeit

Zentraler Gedanke der Theorie der Staatstätigkeit ist, daß sich öffentliches Handeln unter wohlfahrtstheoretischen Gesichtspunkten auf jene Bereiche in einem ökonomischen System zu beschränken hat, in denen der Marktmechanismus versagt oder unzureichende Ergebnisse hervorbringt.[202] Im Umkehrschluß sind daher aus einem gegebenen öffentlichen Leistungsprogramm sämtliche Aktivitäten, die marktliches Steuerungspotential beinhalten, in das ökonomische System zurückzuverlagern.

Maßgebliche Ursachen von Marktversagen und -unvollkommenheiten sind, so wurde bereits ausführlich erläutert, die Phänomene der Marktmacht, der externen Effekte

201 Eine differenziertere Betrachtung bietet bspw. LOESCH, A. v. (1983), S. 43 ff..

202 Vgl. hierzu ausführlich LOESCH, A. v. (1982), S. 53 ff.; BUDÄUS, D. (1982), S. 69 ff.; FRIEDRICH, P. (1987), S. 19 ff..

und der Kollektivgüter. Gerade für den Bereich der öffentlichen Abfallentsorgung konnte aufgezeigt werden, daß aufgrund der strukturellen Bedingungen eines natürlichen Monopols und der besonderen Art der Wertschöpfung, nämlich der Produktion von Umweltqualität, bei alternativer marktlicher Bereitstellung mit Marktmacht- und Kollektivgut-Problemen zu rechnen ist. Eine Privatisierung der staatlichen Entsorgung sollte daher nur in Erwägung gezogen werden, wenn die privaten Entsorger den gleichen ordnungspolitischen Reglementierungen unterworfen werden.

6.5.1.2.2 Effizienzkriterien

Die Grundaussage der diversen Ansätze im Rahmen der ökonomischen Theorie der Bürokratie, welchen auch das in Kapitel 6.1.2.3 thematisierte Konzept der X-Ineffizienzen angehört, besteht darin, daß die Verhaltensweisen der öffentlichen Bediensteten eine wesentliche Komponente für zunehmende Staatsausgaben und für Ineffizienzen im öffentlichen Bereich darstellen.[203] Aufgrund ihres positivistischen Gehalts kann aus der Bürokratie-Theorie jedoch keine unmittelbare Begründung für Privatisierungsforderungen abgeleitet werden. Gleichwohl gibt sie Anlaß, öffentliche und private Leistungserbringung unter Effizienzkriterien zu vergleichen. Auf dieser Basis lassen sich dann gegebenenfalls Privatisierungsempfehlungen aussprechen.

Als problematisch erweist sich jedoch die Operabilität von "Effizienz". Nach BUDÄUS umfaßt das Konstrukt "Effizienz" Werturteile über Organisationen und Handlungen. "Effizienz" ist demgemäß mehrdimensional.[204] So können in Abhängigkeit des jeweiligen Ziel- oder Systemmodells bspw. einzelwirtschaftliche, gesamtwirtschaftliche, sozialpolitische oder ordnungspolitische Dimensionen von Relevanz sein. Die Festlegung der Effizienzdimensionen stellt daher ein Wertproblem dar. Eine Beschränkung auf die betriebliche Dimension und hier wiederum auf die "Kosten" als Effizienzindikator ist dann eine stark wertende und vereinfachende Betrachtung. Gleichwohl ist es in den Wirtschaftswissenschaften allgemein üblich, den "Kosten" als Effizienzkriterium den höchsten Stellenwert beizumessen. An dieser Methodik soll im Rahmen der vorliegenden Untersuchung, bei der ja insbesondere "Kosten" und die damit verbundenen "Preise" fokussiert werden, festgehalten werden.

Einschränkend ist jedoch anzumerken, daß hinsichtlich der Privatisierungswürdigkeit der öffentlichen Abfallentsorgung direkte Effizienz- bzw. Kostenvergleiche mit allgemeingültiger Aussagekraft nicht möglich sind.[205] Ursächlich hierfür ist einmal der

---

203 Vgl. für einen Überblick der verschiedenen Ansätze FLUHRER, H. (1983), S. 26 ff.; FRIEDRICH, P. (1987), S. 25 f..

204 Vgl. BUDÄUS, D. (1987), S. 178 ff..

205 Denkbar wären sowohl zwischenbetriebliche als auch zeitliche Kostenvergleiche. Bei der ersten

Umstand, daß sich die Leistungsprogramme der öffentlichen und bereits privatisierten Entsorgungseinrichtungen aufgrund der TASi-Vorgaben in einer Entwicklungsphase befinden.[206] Notwendig für einen Kostenvergleich ist aber gerade ein identischer Leistungsstandard der Vergleichsobjekte. Außerdem werden die speziellen Privatisierungsoptionen nach Maßgabe des KrW-/AbfG aktuell noch nicht angewendet, so daß ein Vergleich realer Gegebenheiten hier von vornherein ausscheidet. Im folgenden soll daher ein Vorteilsvergleich zwischen öffentlicher und privatisierter Abfallentsorgung einerseits am Effizienzverhalten in bürokratie- bzw. wohlfahrtstheoretischer Hinsicht und andererseits an ausgewählten Kostenparametern in betriebswirtschaftlicher Hinsicht festgemacht werden.

6.5.1.2.2.1 Effizienzverhalten

Wie bereits erwähnt, wird in der Bürokratie-Theorie die im öffentlichen Sektor beobachtbare Neigung zu ineffizienter Ressourcenallokation mit den eigennützigen Verhaltensweisen der Bediensteten begründet. Dieses Phänomen kann allerdings gleichermaßen im privatwirtschaftlichen Bereich auftreten. So wurde in Kapitel 6.1.2.3 aufgezeigt, daß in einer beständigen Monopolsituation stets Potential für Ineffizienzen vorhanden ist. Insofern macht es keinen Unterschied, ob es sich nun um einen staatlichen oder einen privaten Monopolisten handelt. Im Rahmen einer Regulierung bestehen beim staatlichen Monopol aufgrund der Identität von Kontrollobjekt und Kontrollinstanz zwar tendenziell größere Freiräume für diskretionäres Handeln. Dies könnte sich jedoch bei höheren Kontrollkosten im Falle eines privaten Monopols relativieren. Unter diesem Aspekt erweist sich c.p. die funktionale Privatisierung der öffentlichen Abfallentsorgung als indifferent zur staatlichen Aufgabenerfüllung, bedeutet sie doch lediglich eine Auswechselung des Monopolisten.[207]

Variante werden staatliche und privatisierte Entsorgungseinrichtungen zeitpunktbezogen gegenübergestellt, bei der zweiten Variante erfolgt der Betriebsvergleich einzelfallbezogen in Hinblick auf die Datenlage vor und nach Privatisierung.

206 Vgl. zur empirischen Evidenz nochmals die Darstellung der nach Leistungsniveau geclusterten bayerischen Entsorgungseinrichtungen in Kapitel 4.2.2.3.4.1 bzw. 5.2.2.1.1.1.1.

207 Zu bemerken ist, daß bei Aufgabe der c.p.-Bedingung die privatisierte Entsorgung aufgrund fehlender oder schwächerer Reglementierungen tatsächliche, aber auch vermeintliche Effizienzvorteile aufweisen kann. So ist bspw. denkbar, daß mehrere Gebietsmonopole durch ein- und denselben Privaten bedient und somit in stärkerem Maße Kostendegressionen realisiert werden können. Eine derartige Effizienzverbesserung ist jedoch auch bei staatlicher Entsorgung durch Neudefinition der Entsorgungsgebiete und -zuständigkeiten erreichbar. Auf diesen Aspekt wird in Kapitel 6.5.2 näher eingegangen. Auch spezielle rechtliche Vorgaben für staatliche Entsorger, wie z.B. das Gebot zum abfallvermeidenden Verwaltungshandeln unter Inkaufnahme finanzieller Mehrbelastungen, können dem unreglementierten Privaten einen Kostenvorteil verschaffen. Hier basiert der Vorteil allerdings nicht auf einer effizienteren Leistungserbringung, sondern auf einem geringeren (ökologischen) Leistungsniveau.

Aufgrund der schwächeren Preisregulierung der verpflichteten Dritten im Vergleich zu den öffentlich-rechtlichen Entsorgungsträgern aber kommt die funktionale Privatisierung einer unbegründeten Monopolderegulierung gleich. Die schwächere Preisregulierung basiert auf dem Umstand, daß die jeweiligen verpflichteten Dritten von vornherein festgelegt sind - so bei der Verpflichtung von Eigengesellschaften, von gemischt-öffentlichen und gemischt-wirtschaftlichen Unternehmen sowie von Verbänden und Entsorgungseinrichtungen der SVdK. Eine marktliche Preisbildung scheidet somit aus. Bei Anwendung der VO PR Nr. 30/53 - sei es zur Bestimmung von Verrechnungspreisen oder zur Entgeltfestlegung bei direkter Beziehung zu den Abfallerzeugern/-besitzern - verbleibt daher als Preistyp lediglich der Selbstkostenpreis inklusive Gewinnbestandteil. Dieser Preistyp ist im Vergleich zur kostenorientierten öffentlich-rechtlichen Abfallgebühr als "third-best" einzustufen.[208] Eine Ausnahme ergibt sich nur, wenn die Verpflichtung per öffentlicher Ausschreibung initiiert und zeitlich limitiert wird. Dann aber besteht materiell kein Unterschied zur Beauftragung Dritter nach § 3 Abs. 2 S. 2 AbfG bzw. § 16 Abs. 1 KrW-/AbfG; eine Verpflichtung erscheint dann unnötig. Man kommt somit zum Schluß, daß unter Effizienzgesichtspunkten sämtliche funktionalen Privatisierungsformen gegenüber der staatlichen Entsorgung eine Verschlechterung darstellen bzw. gegenüber einer organisatorischen Privatisierung keine Verbesserungen erbringen. Gleiches gilt für die drei formalrechtlichen Privatisierungsvarianten im Rahmen der Drittbeauftragung, die ja unter Effizienzaspekten nichts anderes darstellen wie die formalrechtlich-funktionale Privatisierungsvariante (vgl. hierzu nochmals *Abb. 6.20* in Kapitel 6.5.1.1).

Nach den Ausführungen in Kapitel 6.1.3.1.1 ist eine Verbesserung des Effizienzverhaltens nur zu erreichen, wenn für die monopolistische Leistungserbringung ein "Wettbewerb um den Markt" geschaffen wird. Aufgrund des Irreversibilitätsproblems kommt für eine Vollprivatisierung grundsätzlich nur die Wertschöpfungsstufe "Logistik" in Betracht. Als Privatisierungsform steht der "Sonstige Fremdbezug" von privaten Dritten zur Verfügung (vgl. hierzu nochmals *Abb. 6.20*). Das originäre Betreibermodell hingegen scheidet aufgrund der langfristigen vertraglichen Bindung und anderer monopolbegünstigender Spezifika[209] aus. Ein Sonderfall stellt der Wertschöpfungsbereich "Verwertung" dar. Unabhängig von Irreversibilitätsproblemen ist auch hier ein kompletter Fremdbezug möglich, da auf einen bereits bestehenden Verwertungsmarkt zugegriffen werden kann. Dieser Markt konstituiert sich aus dem allgemeinen Sekundärrohstoffmarkt sowie aus den gesetzlich begründeten "Zwangsmärk-

208 Vgl. in diesem Sinne auch die Einschätzung von STEINHEUER, W. (1991), S. 40 f., wonach bei monopolartiger Stellung des privaten Leistungsübernehmers Preissteigerungen sehr wahrscheinlich seien.

209 So können bspw. dem Betreiber aufgrund seines Insiderwissens Vorteile gegenüber potentiellen Mitbewerbern im Erweiterungs- oder Erneuerungsfall erwachsen. Vgl. hierzu BELLEFONTAINE, K. (1988), S. 269 f..

ten" im Rahmen der VerpackV und der Reststoff-Verwertungspflicht gemäß § 5 Abs. 1 Nr. 3 BImSchG.[210] Es wurde bereits aufgezeigt, daß in der Praxis im Rahmen der Drittbeauftragung gerade von der Fremdverwertung am meisten Gebrauch gemacht wird. Für die verbleibenden Wertschöpfungsbereiche ist lediglich eine Teilprivatisierung angezeigt. Relevante Privatisierungsformen sind daher das Pacht- und das Dienstleistungsmodell.

6.5.1.2.2.2 Ausgewählte Kostenparameter

Neben dieser volkswirtschaftlich fundierten Vorteilsabschätzung von staatlicher vs. privatisierter Abfallentsorgung lassen sich entsprechende Aussagen auch anhand betriebswirtschaftlicher Kostenparameter, d.h. durch Vergleich von signifikanten Kostenmengen und -werten bzw. -treibern, ableiten. Im folgenden werden hierzu die Kostenparameter "Gewinnerzielung", "Besteuerung", "Finanzierung", "Personalwirtschaft" und "Beschaffungswesen" betrachtet.

- Gewinnerzielung. Bei der Bepreisung staatlicher Entsorgungsleistungen mittels öffentlich-rechtlicher Abfallgebühren ist aufgrund des gebührenrechtlichen Kostendeckungsprinzips eine Gewinnerzielung ausgeschlossen.[211] Die Entgeltgestaltung der privatisierten Entsorgung hingegen läßt nach Maßgabe der VO PR Nr. 30/53 eine Gewinnerwirtschaftung zu. Bei Anwendung von tatsächlichen oder abgeleiteten Marktpreisen ist der Gewinn implizit im Preis enthalten. Werden Selbstkostenpreise vereinbart, so handelt es sich nach LSP Nr. 51 um einen kalkulatorischen Gewinn, welcher der Abgeltung des allgemeinen Unternehmerwagnisses sowie besonderer unternehmerischer Mehrleistungen dient. In Kapitel 3.6.1 wurde erläutert, daß Selbstkostenpreise nur zur Anwendung kommen können, wenn infolge mangelnder Funktionsfähigkeit des Marktes eine marktliche Preisbildung ausscheidet. Dies ist im betrachteten Kontext insbesondere dann der Fall, wenn die Leistungsvergabe im Rahmen einer formalrechtlichen oder funktionalen Privatisierung erfolgt, bei welcher die Leistungsübernehmenden von vornherein bestimmt sind. Da im Rahmen der Privatisierung auch der öffentlich-rechtliche Anschluß- und Benutzungszwang weiterhin besteht oder an die Privaten übertragen wird, stellt sich mithin die Frage, inwieweit ein allgemeines Unternehmerwagnis überhaupt gegeben ist. Die Nachfrage ist weitge-

---

210 Das Verwertungsgebot des neuen KrW-/AbfG wird möglicherweise eine Ausweitung der "Zwangsmärkte" bewirken.

211 Gemeint ist hier ein kostenrechnerischer Gewinn im Sinne eines positiven Betriebsergebnisses. Von einer verdeckten Gewinnerwirtschaftung, bspw. durch erhöhten Ansatz von Kostenwerten und -mengen (was jedoch auch im Rahmen der privatisierten Entsorgung möglich ist) oder einer lenkungsmotivierten Kostenüberdeckung, sei hier abgesehen.

hend gesichert und die Kostendeckung bei wirtschaftlicher Betriebsführung garantiert.[212] EBISCH/GOTTSCHALK geben jedoch zu bedenken, daß aus dem Gewinnbestandteil für das allgemeine Unternehmerwagnis auch jene Aufwendungen gedeckt werden müssen, die nach den Vorgaben der LSP nicht zu den Kosten gehören, wie bspw. die Körperschaftsteuer.[213] Für eine Quantifizierung des allgemeinen Unternehmerwagnisses gewährt LSP Nr. 52 Abs. 2 vier Varianten, nämlich die Bemessung in einem Hundertsatz vom betriebsnotwendigen Vermögen, die Bemessung in einem Hundertsatz vom Umsatz, die Bemessung in der Verknüpfung dieser beiden Hundertsätze und die Bemessung in einem festen Betrag.[214] Der Ansatz eines Leistungsgewinns hingegegen wird nicht spezifiziert. Nach Auffassung von EBISCH/GOTTSCHALK kann ein Leistungsgewinn - sofern die Voraussetzungen für eine Gewährung überhaupt vorliegen - als zusätzliches Entgelt neben dem allgemeinen Unternehmerwagnis nur eine vergleichsweise bescheidene Größenordnung besitzen.[215] Besondere unternehmerische Leistungen können in wirtschaftlicher, technischer und organisatorischer Hinsicht gegeben sein, was sich letztlich im Preis/Leistungsverhältnis bzw. in verminderten Kosten ausdrücken muß. Insofern läßt sich ein Leistungsgewinn bei der privatisierten Entsorgung nur rechtfertigen, wenn die Kosten inklusive Wagnis- und Leistungsgewinn niedriger sind, als die Gebühren bei alternativer staatlicher Entsorgung.

- Besteuerung. Nach derzeitiger Rechtsauffassung stellt die staatlicherseits durchgeführte Abfallentsorgung eine hoheitliche Tätigkeit dar.[216] Bei Privatisierung der Entsorgungsaufgaben entfällt aufgrund der - im Regelfall - privatrechtlichen Rechtsform des Leistungsübernehmers dieser hoheitliche Charakter. Die privatisierte Entsorgung unterliegt folglich als Betrieb gewerblicher Art der vollen Besteuerung in allen Steuerarten. Gegenüber der hoheitlichen Entsorgung kommen als zusätzliche Steuerarten die Körperschaft-[217], die Umsatz-, die Gewerbe- und die Vermögensteuer hinzu, welche entweder direkt als sog. kalkulierbare Steuern im Sinne von LSP Nr. 30 oder indirekt über die beabsichtigte Gewinnmarge

---

212 Im Zuge der Marktöffnung nach KrW-/AbfG könnten sich jedoch die Bedingungen grundlegend ändern. Vgl. nochmals die Ausführungen in Kapitel 6.4.4.1.

213 Vgl. EBISCH, H. / GOTTSCHALK, J. (1994), Rdnr. 6 zu LSP Nr. 51.

214 Auf die negativen Sekundäreffekte eines vermögens- bzw. umsatzabhängigen Gewinnzuschlags, so etwa die Anreize zu Inputverzerrungen, wurde bereits in Kapitel 6.1.3.1.2 hingewiesen.

215 Vgl. EBISCH, H. / GOTTSCHALK, J. (1994), Rdnr. 11 zu LSP Nr. 52.

216 Wie schon in Kapitel 4.2.2.3.6.1 ff. ausgeführt wurde, könnte sich allerdings in näherer Zukunft die Rechtslage ändern. Aus Gründen einer steuerlichen Gleichbehandlung öffentlich-rechtlicher und privatrechtlicher Organisations- und Rechtsformen wird angedacht, die öffentliche Abfallentsorgung nicht mehr als hoheitliche Tätigkeit anzuerkennen.

217 Bei Personengesellschaften handelt es sich anstelle der Körperschaftsteuer um die Einkommensteuer der konstituierenden Gesellschafter.

vor Steuern einen Kostennachteil induzieren.[218] Als "kalkulierbare Steuern" (auch sog. Kostensteuern) gelten die Gewerbekapitalsteuer und die Vermögensteuer. Ebenfalls Kostencharakter kommt der auf die "betriebliche Wertschöpfung"[219] und auf die mehr oder weniger umsatzsteuerlosen Vorleistungen[220] bezogenen Umsatzsteuer zu, die letztlich beim Endverbraucher zur Belastung führt.[221] Körperschaft- und Gewerbeertragsteuer hingegen schlagen sich im Gewinnbestandteil der Selbstkosten nieder. Zu bemerken ist, daß selbst bei Gewinnverzicht Gewerbeertragsteuerbelastungen anfallen können, da die gewerbesteuerliche Bemessungsgrundlage außer auf den Gewinn auch auf die Dauerschuldzinsen abstellt.

- Finanzierung. Die Finanzmittelbeschaffung für Investitionsmaßnahmen im Rahmen der staatlichen Entsorgung erfolgt, sofern nicht auf Eigenmittel[222] zurückgegriffen werden kann, über den sog. Kommunalkredit. Aufgrund der erstklassigen Bonität der nicht-konkursfähigen Kommunen sowie anderer Vorteile für die kreditgewährende Bank[223] ist davon auszugehen, daß der Kommunalkredit gegenüber einer privaten Kreditfinanzierung stets günstigere Konditionen aufweist.[224] Dies gilt insbesondere auch gegenüber den Sonderfinanzierungsformen "Leasing", "Kommunaler Immobilienfonds", "Factoring" und "Miet-/Pacht-Forfaitierung". So weist SCHWEISFURTH darauf hin, daß alle bisherigen Kostenvergleiche in der Praxis gezeigt haben, daß die Leasing-Finanzierung infolge leasing-spezifischer Zusatzkosten wie Gewinnaufschlag und Verwaltungskosten sowie relativ höherer Refinanzierungskosten des Leasingunternehmens in der Regel zu höheren Finanzierungsaufwendungen führt als die klassische Kreditfinanzierung.[225] Auch die Fonds-Finanzierung schneidet, wenn man als Vergleich einen langfristigen Kapitalmarktzins gegenüberstellt, regelmäßig

218 Auf die LSP wird hier generell Bezug genommen, um die Kostenwirkung der zusätzlichen Steuerlasten zu systematisieren. Kommen bei der Privatisierung hingegen tatsächliche oder abgeleitete Marktpreise nach VO PR Nr. 30/53 zur Anwendung, könnte natürlich auch eine abweichende Kalkulationsmethodik des Privaten zum Tragen kommen. Vgl. zum folgenden ausführlich EBISCH, H. / GOTTSCHALK, J. (1994), Rdnr. 1 ff. zu LSP Nr. 30 und Rdnr. 6 zu LSP Nr. 51.

219 Gemäß der sog. Entstehungsrechnung ist die "betriebliche Wertschöpfung" der Produktionswert abzüglich der Vorleistungen; vgl. etwa COENENBERG, A.G. (1994), S. 621.

220 Das sind jene Vorleistungen, die umsatzsteuerlos (z.B. Vorleistungen von hoheitlichen Betrieben) bzw. umsatzsteuerbefreit (z.B. Kredite) sind oder mit ermäßigtem Umsatzsteuersatz (z.B. Wasserbezug) belastet sind.

221 Vgl. hierzu nochmals die Ausführungen in Kapitel 4.2.2.3.6.1 ff..

222 Dies sind Rücklagen oder laufende Einnahmen aus Gebühren bzw. allgemeinen Steuern. Vgl. für einen Überblick kommunaler Finanzierungsformen GORNAS, J. / BEYER, W. (1991), S. 122 ff.; SCHWARTING, G. (1984), S. 623 f..

223 So entfällt beim Kommunalkredit für das Kreditinstitut bspw. eine Eigenkapitalbindung.

224 Vgl. BAUER, T. (1990), S. 295.

225 Vgl. die detaillierte Vorteilhaftigkeitsanalyse privatwirtschaftlicher Finanzierungsformen von SCHWEISFURT, T. (1991), S. 20 ff..

schlechter ab. Praxisbeispiele belegen, daß sich eine Finanzierung per Kommunalkredit bis zu rd. 20 % als günstiger erweist.[226] Abgesehen von diesen finanzwirtschaftlichen Nachteilen scheitern Leasing- und Fondsfinanzierungen in der kommunalen Praxis häufig an steuerlichen, zuwendungsrechtlichen und aufsichtsbehördlichen Restriktionen.[227] Bei den Finanzierungsmodellen des Factoring und der Miet-/Pacht-Forfaitierung bestehen die finanzwirtschaftlichen Vorteile lediglich darin, daß der private Betreiber bzw. die privatrechtliche Besitzgesellschaft für die Investitionsfinanzierung keine Eigenmittel aufzubringen hat. Echte finanzwirtschaftliche Entlastungen für die Kommune können daher nur im Rahmen einer wirtschaftlicheren Betriebsführung des Betreiberunternehmens erwartet werden. Insofern ist die eigentliche Zweckbestimmung dieser beiden Instrumente hinfällig. Unabhängig von den genannten Einwänden ist zu bemerken, daß potentielle Vorteile der diversen Sonderfinanzierungsformen vornehmlich in Steuerersparniseffekten begründet sind. Dies setzt freilich voraus, daß die Entsorgungsaufgaben in steuerpflichtigen Organisations- bzw. Rechtsformen erfüllt werden. Dann aber gereichen die Sonderfinanzierungsvorteile lediglich zur (partiellen) Kompensation der generellen Steuernachteile der privatrechtlichen Unternehmensformen.[228] Werden die Steuerersparnisse hingegen extern realisiert (so bei der Fondsfinanzierung) und bei entsprechend geringeren Renditeforderungen die Finanzierungskonditionen für die Entsorger verbessert, handelt es sich quasi um eine Subventionierung - erkauft durch steuerliche Mindereinnahmen. Dies erweist sich aber bei Betrachtung des Gesamtstaatshaushalts als "Spiel unter Null".

- Personalwirtschaft. Im Rahmen der staatlichen Entsorgung werden die Belange der Personalwirtschaft über das öffentliche Dienstrecht geregelt. Die hiermit verbundenen Starrheiten, vor allem in Hinblick auf einen flexiblen Personaleinsatz, und die Bindung der Arbeitnehmerentgelte an besoldungsrechtliche und tarifvertragliche Bestimmungen werden oft als Begründung für mangelnde Effizienz in der öffentlichen Verwaltung angeführt.[229] Von einer Privatisierung und

226 Indessen wird als aktuelles Gegenbeispiel in den Medien der Finanzierungsweg des Restmüllheizkraftwerkes des Zweckverbandes für Abfallwirtschaft Kempten (ZAK) genannt. So heißt es in o.V. (1996 l): "Im Vergleich zu einem ausschließlichen Kommunaldarlehen fährt die ZAK mit der Kombination aus Leasingfonds und Bankdarlehen nach eigenen Angaben bei der Finanzierung deutlich günstiger. Die ZAK Energie bezahlt in neun Jahren rund 153 Mio DM Leasingraten. Mit dem Rückkaufpreis von 76,7 Mio sowie 16,7 Mio DM Zinsen für das sechsjährige Rückkaufdarlehen ergeben sich somit Gesamtkosten von rund 247 Mio DM. Ein Kommunaldarlehen mit einer Laufzeit von 15 Jahren für das Müllheizkraftwerk hätte dagegen rund 23 Mio DM mehr gekostet."

227 Vgl. hinsichtlich der aufsichtsbehördlichen Restriktionen etwa die Bestimmungen des Art. 72 BayGO.

228 In diesem Sinne auch BRITSCH, W. (1991), S. 79 u. 84.

229 Vgl. etwa KIRCHZARTEN, F. / MÜLLER, J. (1985), S. 177; SÜSS, S. (1986), S. 259;

der damit verbundenen Flexibilisierung der Personalwirtschaft, so etwa

- durch stärkere Leistungsorientierung von Entlohnung und Beförderung,
- durch Verzicht von Arbeitsplatz- bzw. Beschäftigungsgarantien, die über die gesetzlichen Vorschriften hinausgehen,
- durch die Möglichkeit, Personal mit speziellen Kenntnissen und Erfahrungen unbehindert durch Laufbahnvorschriften oder Stellenobergrenzen einzustellen bzw. dessen Abwanderung in die Privatwirtschaft zu verhindern,
- durch Anschluß an Tarifverträge, die dem spezifischen Aufgabengebiet besser entsprechen,
- durch stärkere Nutzung der Möglichkeiten von Teilzeitarbeit und anderen Arbeitszeitflexibilisierungen,
- durch eine aufgrund größerer Betriebsnähe bessere Personalauswahl und -disposition sowie
- durch schnellere Durchsetzung personalwirtschaftlicher Maßnahmen aufgrund kürzerer Entscheidungswege

erhofft man sich daher eine wesentliche Verbesserung der Effizienz.[230] Es gilt jedoch zu bedenken, daß das Effizienzverhalten in erster Linie von den Marktgegebenheiten abhängt. So nützt eine flexible Organisationsstruktur wenig, wenn die Ineffizienzen durch eine Monopolstellung begründet sind. Eine höhere Arbeitnehmervergütung beispielsweise wirkt dann lediglich kostensteigernd. So bemerkt denn auch SCHOCH:[231] "Ein Mißverständnis im Hinblick auf die rechtliche Zulässigkeit der Organisationsprivatisierung *[gemeint sind die formalrechtlichen Privatisierungsvarianten; Anm.d. Verf.]* wäre es, wenn damit die Erwägung verknüpft sein sollte, man könnte dadurch für bestimmte Personen lukrative Versorgungsposten schaffen." Kostenvorteile einer Flexibilisierung der Personalwirtschaft sind folglich nur in solchen Privatisierungsformen zu erwarten, die durch Wettbewerbsbedingungen dauerhaft unter Leistungsdruck gesetzt werden können.[232]

- Beschaffungswesen: Ebenfalls vordergründig wird als Kostennachteil der öffentlichen Abfallentsorgung die Bindung an die strengen Ausschreibungs- und Vergabevorschriften der VOL und VOB im Rahmen des Beschaffungswesens gesehen.[233] Es wird argumentiert, daß den privatisierten Entsorgern im Gegensatz

---

BANNER, G. (1991), S. 6 ff.; HIMMELMANN, G. (1991), S. 35 ff.; SEIFERT, K. / METSCHKOLL, M. (1991), S. 2454; WITTE, G. (1994), S. 527.

230 Vgl. KGSt (1986), S. 17 f..

231 SCHOCH, F. (1992), S. 102.

232 So auch KGSt (1986), S. 18.

233 Vgl. hierzu auch die Muster-Leistungsverzeichnisse des VKS (1996 a) für Ausschreibungen im Abfallwirtschaftsbereich.

zur öffentlichen Hand die Möglichkeit offen stehe, mit den Bietern frei zu verhandeln, was zu Einsparungen vor allem im Investitionsbereich führen könne.[234] Dem ist jedoch entgegenzuhalten, daß Preisverhandlungen lediglich eine Chance, aber keine Garantie für eine Verringerung des Investitionsaufwands bieten. Mögliche Kosteneinsparungen sind daher stets vom individuellen Verhandlungsgeschick abhängig. Zudem besteht bei freier Absprache die Gefahr, daß die Verhandlungsgewinne nicht unbedingt der Entsorgungseinrichtung zugute kommen. Intention der Verdingungsordnungen ist es aber gerade, eine objektivierte, marktgerechte Auftragsvergabe zu gewährleisten.[235] Im übrigen wurden längst im Rahmen der letzten Novellierung der VOB die Beschaffungsbedingungen dahingehend verbessert, daß im Vorfeld der Investitionsausschreibungen Planungswettbewerbe initiiert werden können.[236] Für einen größstmöglichen Wettbewerb wäre es dabei förderlich, wenn keine individuelle Anlagenplanung vor Ort erstellt, sondern eine "Anlage von der Stange" gekauft würde.[237] Ebenfalls Kosteneinsparpotentiale eröffnet die novellierte Honorarordnung für Architekten und Ingenieure (HOAI[238]), derzufolge die Honorarberechnung nunmehr auf Basis der geplanten anstatt der realisierten Baukosten zu erfolgen hat (vgl. §§ 4a und 10 Abs. 2 HOAI).[239] Insofern relativiert sich diese Privatisierungsbegründung.

Eine Zusammenfassung der Ergebnisse des Vergleichs "staatliche vs. privatisierte Abfallentsorgung" hinsichtlich der ausgewählten Kostenparameter bietet *Tabelle 6.6.* Es zeigt sich, daß die Privatisierung generell mit Mehrkosten verbunden ist. Eindeutige Kostentreiber sind hier der (Wagnis-)Gewinn, die Kostensteuern, die Umsatzsteuer auf die betriebliche Wertschöpfung und auf umsatzsteuerlose Vorleistungen sowie die Differenzen zwischen dem Zins für Kommunalkredite und den regelmäßig höheren Zinsen für privatwirtschaftliche Finanzierungsvarianten. Der Bereich "Personalwirtschaft" hingegen erweist sich als ambivalent. Im Falle einer Privatisierung in marktlichen Strukturen sind durch die Kombination von Wettbewerbsdruck und interner Organisationsflexibilität Effizienzsteigerungen und somit Kosteneinsparungen realistisch. Bei Privatisierungsformen, die einer Auswechslung des Monopolisten gleich-

---

234 Vgl. KGSt (1986), S. 21; BMWi (1993), S. 24 f..

235 So auch SÜSS, S. (1986), S. 260, der feststellt, daß die Privatisierung "zu einem Ausweichen aus den im öffentlichen Interesse normierten Bindungen führt.".

236 Vgl. § 9 Nr. 10 ff. VOB/A; hierzu die Kommentierung von KORBION, H. (1974), S. 79.

237 Vgl. MARTINI, K. (1995), S. 10.

238 Vgl. Verordnung über die Honorare für Leistungen der Architekten und der Ingenieure (Honorarordnung für Architekten und Ingenieure) in der Fassung der Bekanntmachung vom 4. März 1991 (BGBl. I S. 533), geänd. durch VO vom 21. September 1995 (BGBl. I S. 1174).

239 Vgl. hierzu EMBSER, W. (1995). Für eine zukünftige Neufassung der HOAI wird derzeit untersucht, ob eine Honorarermittlung nicht gänzlich losgelöst von den Baukosten vorgeschrieben werden könnte.

kommen, gereicht die Flexibilisierung lediglich zur Erweiterung diskretionärer Handlungsspielräume. Gleiches gilt tendenziell für ein privatisiertes Beschaffungswesen. In Hinblick auf den haushaltsrechtlichen Grundsatz der Wirtschaftlichkeit und Sparsamkeit[240], der, wie in Kapitel 3.7.1.2 bzw. 6.4.2 ausgeführt wurde, auch bei der Wahl der Rechts- und Organisationsform zu beachten ist, erscheint somit eine Privatisierung außerhalb wettbewerblicher Strukturen ausgeschlossen. Anwendbare Privatisierungsformen sind dann lediglich Pacht- und Dienstleistungsmodelle und der sonstige Fremdbezug von Entsorgungsleistungen (vgl. nochmals *Abb. 6.20* in Kapitel 6.5.1.1).

Kostenparameter	Öffentliche Abfallentsorgung	Privatisierung der Abfallentsorgung
Gewinnerzielung	●	
Besteuerung	●	
Finanzierung	●	
Personalwirtschaft	● 1)	● 2)
Beschaffungswesen		o

●: Kostenvorteile.
O: Kostenvorteile ungewiß.
1) Bei Privatisierungsformen in monopolistischen Strukturen.
2) Bei Privatisierungsformen in wettbewerblichen Strukturen.

Tab. 6.6: Vorteilhaftigkeit von öffentlicher und privatisierter Abfallentsorgung bezüglich ausgewählter Kostenparameter

Abschließend sei auf zwei weitere Aspekte mit Kostenrelevanz hingewiesen, die im Rahmen der Privatisierungsdiskussion thematisiert werden. Zum einen wird argumentiert, daß sich unpopuläre Entscheidungen, z.B. Preisanpassungen, in privatisierten Einrichtungen leichter durchsetzen lassen, da der Nexus zur Politik entfällt. Zum anderen wird auf die Vorzüge eines im Zuge der Privatisierung einzuführenden kaufmännischen Rechnungswesens hingewiesen, wodurch eine bessere Kostenermittlung und -kontrolle verbunden sei.[241] Hierzu ist zu bemerken, daß es verfehlt wäre, die Probleme einer ungenügenden Kostenermittlung, -kontrolle und Preisdurchsetzung in einem - wie gezeigt - wettbewerblichen Ausnahmebereich durch Privatisierungen beheben zu wollen. Stattdessen sind die ordnungspolitischen Regeln zu verbessern. Entsprechende Ansatzpunkte zur Kostenermittlung und Preisdurchsetzung wurden in Kapitel 5 aufgezeigt. Der Aspekt der Kostenkontrolle ist Gegenstand des Kapitels 6.5.3.

240 Vgl. z.B. Art. 61 BayGO.
241 Vgl. KGSt (1986), S. 13 f. und 23 f.; SCHREIBER, R. (1995), S. 582.

6.5.1.2.3 Finanzierungsproblematik

Besondere Bedeutung im Rahmen der Privatisierungsdiskussion kommt der Frage der finanziellen Belastbarkeit der öffentlichen Haushalte zu. Die mögliche Vorteilhaftigkeit finanzwirtschaftlicher Privatisierungskonzepte wird sowohl an haushaltsspezifischen als auch gesamtwirtschaftlichen Finanzrestriktionen festgemacht.

6.5.1.2.3.1 Haushaltsspezifische Finanzrestriktionen

Nach Ansicht der Bundesregierung sollen speziell im Bereich der kommunalen Abfall- und auch Abwasserentsorgung die erforderlichen "Infrastruktur"-Investitionen[242] durch privatwirtschaftlichen Kapitaleinsatz unterstützt werden.[243] Als Begründung hierfür wird der Umstand angeführt, daß eine alternative kommunale Kreditfinanzierung infolge der haushaltsrechtlichen "Kreditdeckelung"[244] durch die jeweiligen Genehmigungsinstanzen oftmals ausscheidet. Die Privatisierung ermöglicht quasi eine Erweiterung des kommunalen Verschuldungsspielraums.

Diese Argumentation ist indessen nicht schlüssig, handelt es sich doch gerade bei der kommunalen Kreditfinanzierung von Entsorgungsleistungen um "rentierliche" Schulden. Aufgrund der Refinanzierungsgarantie über kostendeckende Abfallgebühren (sog. Nachdeckung) wird die finanzielle Leistungsfähigkeit und damit die Verschuldungskapazität der öffentlichen Haushalte grundsätzlich nicht beeinträchtigt.[245] Ausnahmen ergeben sich, wenn aus politischen Erwägungen auf eine kostendeckende Gebührenerhebung verzichtet wird.[246] Eine Abkehr vom

---

242 Die Infrastrukturausstattung einer Volkswirtschaft umfaßt sämtliche materiellen, personellen und institutionellen Produktionsvoraussetzungen für eine private Wirtschaftstätigkeit. Sie erweist sich mithin als volkswirtschaftlicher Potentialfaktor für die wirtschaftliche Entwicklung. Vgl. KLÖS, H.-P. (1991), S. 303.

243 Vgl. BMU (1990 a), S. 140 ff.; BMWi (1993), S. 32; KLINKERT, U. (1996), S. 12.

244 Vgl. bspw. in Bayern Art. 71 Abs. 2 BayGO, wonach der Gesamtbetrag der vorgesehenen (Netto-)Kreditaufnahme für Investitionen und Investitionsförderungsmaßnahmen im Rahmen der Haushaltssatzung der Genehmigung bedarf. Die Gesamtgenehmigung ist zu versagen, wenn die Kreditverpflichtung mit der dauernden (finanziellen) Leistungsfähigkeit der Kommune nicht im Einklang steht. Als Indikator der "Leistungsfähigkeit" dienen pauschalierende statistische Maße, wie etwa die "Verschuldung pro Kopf" oder die "freie Spitze", d.h. der bereinigte Überschuß des Verwaltungshaushaltes. Vgl. hierzu SCHWARTING, G. (1984), S. 628 f.; SCHREML, A. / BAUER, S. / WESTNER, A. (1995), Nr. 6 zu Art. 71 BayGO und Nr. 6 zu § 4 BayKommHV. Vergleichbare Regelungen existieren für den Bund und die Länder. So hat sich gem. Art. 115 Abs. 1 GG die Kreditaufnahme des Bundes grundsätzlich an den veranschlagten Investitionen auszurichten (sog. goldene Regel staatlicher Kreditaufnahme). Vgl. hierzu kritisch CAESAR, R. (1993), S. 141 f.; JÄGERS, T. (1995).

245 Vgl. BAUER, T. (1990), S. 295; SCHWEISFURTH, T. (1991), S. 13 ff.; BRITSCH, W. (1991), S. 76 f..

246 Vgl. hierzu die Übersicht der Kostendeckungsgrade ausgewählter Gebührenhaushalte von KARRENBERG, H. / MÜNSTERMANN, E. (1996), S. 153. Danach erreichen die Abfallgebühren

Kostendeckungsgebot ist aber - wie in den bisherigen Ausführungen herausgestellt wurde - insbesondere wegen umweltpolitischen Lenkungserfordernissen abzulehnen. Eine begründete Einschränkung der Refinanzierung ergibt sich jedoch für Leerkapazitäten, die aus einer Mangelauslastung oder Fehlplanung resultieren. Hier läßt sich, wie in Kapitel 5.2.2.1.1.2 bereits diskutiert, eine Gebührenfinanzierung nicht rechtfertigen. Eine Privatfinanzierung aber stellt mithin keine finanzwirtschaftliche Alternative dar, vielmehr ist eine weitsichtige Anlagen- und Kapazitätsplanung erforderlich.[247]

		Grenze der finanziellen Belastbarkeit erreicht				
	Beobachtete Anzahl *Erwartete Anzahl*	trifft nicht zu	trifft weniger zu	trifft eher zu	trifft voll zu	Reihensummen
Organisationsform	Regiebetrieb	**0** *0,9*	**5** *5,4*	**25** *24,3*	**33** *32,4*	63 (90,0 %)
	Eigenbetrieb	**1** *0,1*	**1** *0,6*	**2** *0,7*	**3** *3,6*	7 (10,0%)
	Spaltensummen	1 (1,4 %)	6 (8,6 %)	27 (38,6 %)	36 (51,4 %)	n = 70 (100 %)

Kruskal-Wallis-Hypothesentest, **p** = 0,3429

Grundgesamtheit: 133
Rücklauf: 93
Antwortenanzahl: 70
(Frage 6. i.V.m. 61.)

Missing values bzw. (da andere Rechtsform) von der Untersuchung ausgeschlossen: 23

Tab. 6.7: Kreuztabelle hinsichtlich der Kriterien "Organisationsform" und "finanzielle Belastbarkeit"[248]

War die rentierliche Kreditaufnahme vor Einführung des Gesamtdeckungsprinzips in der Gemeindehaushaltsreform von 1974 noch explizit von der aufsichtsbehördlichen Genehmigung ausgenommen, ist nun aufgrund der pauschalisierenden Vorgehensweise bei der Leistungsfähigkeitsprüfung die finanzwirtschaftliche Nachdeckungsfähigkeit rentierlicher Schulden schwerer erkennbar. Zur Wiederherstellung der Transparenz wird in der Fachliteratur[249] empfohlen, die Gebührenhaushalte als Sondervermögen bzw. eigenständige (öffentlich-rechtliche) Rechtsform aus dem allgemeinen Haushalt auszugliedern. Ob dies allein ausreicht, ist fraglich. Im Rahmen der bayernweiten Befragung der Entsorgungseinrichtungen (Empirie II) konnte jedenfalls nicht nachgewiesen werden, daß zwischen dem Typ der Organisationsform und dem Grad

in den alten Bundesländern eine Kostendeckung von durchschnittlich 90 %.

247 Zu bemerken ist, daß bei Marktöffnung des Entsorgungssektors nach KrW-/AbfG eine weitsichtige Planung unmöglich wird.

248 Die weitgehende Übereinstimmung von festgestellter und (bei Unabhängigkeit) erwarteter Beobachtungsanzahl in den einzelnen Zellen weist auf einen geringen Zusammenhang der beiden Merkmale hin. Dies bestätigt die Irrtumswahrscheinlichkeit **p** des Kruskal-Wallis-Hypothesentests im Vergleich zum vorgegebenen Signifikanzniveau α von 0,075 %.

249 Vgl. KGSt (1986), S. 27 f.; BRITSCH, W. (1991), S. 77; BMWi (1993), S. 32.

der finanziellen Belastbarkeit ein signifikanter Zusammenhang besteht (vgl. hierzu *Tab. 6.7* und die Fragen 6. und 61. im Fragebogen, Anhang I).[250] Es wäre daher förderlich, eine Deklaration der Ausnahmefähigkeit der Genehmigungspflicht rentierlicher Kredite in den haushaltsrechtlichen Bestimmungen aufzunehmen.[251]

6.5.1.2.3.2 Gesamtwirtschaftliche Finanzrestriktionen

Neben den haushaltsspezifischen Genehmigungsvorbehalten können auch gesamtwirtschaftliche Umstände die staatliche Kreditfinanzierung beschränken. Die gesamthafte Staatsverschuldung befindet sich derzeit auf dem höchsten Niveau seit Bestehen der Bundesrepublik Deutschland. Für 1995 wird der Schuldenstand mit 59,2 %, die Nettoneuverschuldung mit 3,1 % des nominalen BIP veranschlagt.[252] Wegen mangelnder Kongruenz von Finanzbedarf und Staatseinahmen - ursächlich sind vor allem der Förderungsbedarf der neuen Bundesländer, der rapide Strukturwandel und die rückläufige Konjunktur mit korrespondierenden Steuerausfällen und steigenden Sozialausgaben - ist ein weiteres Anwachsen des Schuldenstandes nicht auszuschließen.[253]

Grenzen der Staatsverschuldung ergeben sich zunächst aus Stabilitätserwägungen. So sieht Art. 109 Abs. 4 Nr. 2 GG zur Abwehr einer Störung des "gesamtwirtschaftlichen Gleichgewichts"[254] die Möglichkeit einer Beschränkung der staatlichen Kreditaufnahme vor.[255] Eine entsprechende Verordnungsoption ergibt sich aus §§ 19 f. StWG, wonach speziell für den hoheitlichen Aufgabenbereich die Kreditermächtigungen von

250 Dieses Ergebnis könnte allerdings durch den Umstand bedingt sein, daß in Bayern für hoheitliche Aufgabenbereiche nur die eigenbetriebsähnliche Organisationsform gestattet ist und insofern die finanzielle Eigenständigkeit nicht unbedingt gegeben sein muß.

251 Dies ist in einigen Bundesländern bereits Praxis, so etwa in Nordrhein-Westfalen nach § 72 Abs. 2 GO. Vgl. hierzu die Ausführungen von SCHWEISFURTH, T. (1991), S. 15.

252 Vgl. SACHVERSTÄNDIGENRAT (1996), Rdnr. 179. Die Angaben sind Schätzungen auf Basis der Berichterstattung im Haushaltüberwachungsverfahren nach Art. 104 c Abs. 2 EGV nebst zugehörigem Protokoll. Schuldenübernahmen der Treuhandanstalt und Teile der Altschulden der ostdeutschen Wohnungswirtschaft in den Erblastentilgungsfonds, die im Rahmen der Volkswirtschaftlichen Gesamtrechnung defizitwirksam als Vermögensübertragungen des öffentlichen Sektors an Unternehmen gebucht werden, sind demgemäß nicht berücksichtigt.

253 Vgl. SACHVERSTÄNDIGENRAT (1996), Rdnr. 177 ff., 208 ff. und 298 ff.; speziell für die kommunale Ebene KARRENBERG, H. / MÜNSTERMANN, E. (1996), S. 128 f..

254 Vgl. hierzu die Legaldefinition in § 1 StWG. Danach umfaßt "gesamtwirtschaftliches Gleichgewicht" ein stabiles Preisniveau, einen hohen Beschäftigungsstand, außenwirtschaftliches Gleichgewicht sowie stetiges und angemessenes Wirtschaftswachstum.

255 Negative gesamtwirtschaftliche Effekte der (internen) staatlichen Kreditfinanzierung gehen u.a. von der tendenziellen Erhöhung des Kapitalmarktzinses aus. Der Preisanstieg für Kredite bewirkt einen Rückgang privater Investitionen (sog. crowding out). Demzufolge wächst der Kapitalstock der Volkswirtschaft langsamer, wodurch die Produktionsmöglichkeiten späterer Generationen geschmälert werden. Vgl. hierzu und zu weiteren negativen Effekten staatlicher Kreditfinanzierung etwa FISCHER, H. (1986), S. 66 f.; CAESAR, R. (1994), S. 237 ff.; JÄGERS, T. (1995), S. 415.

Bund, Ländern, Gemeinden und Gemeindeverbänden sowie den öffentlichen Sondervermögen und Zweckverbänden limitiert werden können.[256] Solche "Schuldendeckelverordnungen" sind bisher jedoch nur selten erlassen worden. Die Koordination einer Kreditbeschränkung erfolgt eher auf Basis freiwilliger Absprachen von Bund, Länder und Gemeinden.[257] Zur Quantifizierung der ökonomischen Grenzen der Staatsverschuldung bedient man sich diverser Verhältniszahlen, so etwa die Beziehung Schuldenstand/Staatsvermögen, Zinszahlungen/Staatsausgaben oder Schuldenstand/BSP.[258] So gilt denn im Sinne der "Gewöhnungsthese", wonach sich die privaten Wirtschaftssubjekte an eine bestimmte staatliche Kreditfinanzierungsquote gewöhnt hätten und jede Abweichung davon konjunkturelle (erwünschte oder unerwünschte) Wirkungen besäße, die sog. Normalverschuldung als bestimmter Anteil am BSP, korrigiert um eventuelle konjunkturell bedingte und außerordentliche Mehr- oder Mindereinnahmen, als stabilitätsneutral (Wert für 1995: 1,33 %).[259] Als weitere Restriktionen für die staatlichen Kreditfinanzierung erweisen sich die fiskalischen Konvergenzkriterien für potentielle Mitglieder einer künftigen Europäischen Währungsunion. Danach soll die geplante oder tatsächliche staatliche Nettoneuverschuldung 3 %, die Gesamtverschuldung 60 % des BIP zu Marktpreisen nicht überschreiten.[260]

Zur Erreichung der genannten Zielquoten bieten sich mehrere Maßnahmen an. Neben Steuererhöhungen[261], Veranschlagung öffentlicher Kreditaufnahmen in außerbudgetären Sonderhaushalten[262] und/oder Ausgabeneinsparungen[263] kommt insbesondere die Rückführung der Staatsquote durch Privatisierung staatlicher Aufgaben in Betracht.[264] Dies ist indessen nur zu befürworten, sofern es sich um Aufgabenbereiche handelt,

---

256 Vgl. hierzu auch die korrespondierenden Bestimmungen im Kommunalrecht, bspw. in Art. 71 Abs. 4 BayGO.

257 Vgl. FISCHER, H. (1986), S. 65.

258 Vgl. hierzu kritisch FISCHER, H. (1986), S. 66.

259 Vgl. SACHVERSTÄNDIGENRAT (1996), Anhang V, Buchst. D; kritisch SUNTUM, U. v. (1988), S. 587 ff.; SCHLESINGER, H. (1989), S. 253 f.; CAESAR, R. (1993), S. 144.

260 Vgl. hierzu Art. 109 j EGV i.V.m. den Protokollen über die Konvergenzkriterien (hier: Art. 2) und über das Verfahren bei einem übermäßigen Defizit (hier: Art. 1). Gleichwohl erlaubt Art. 104 c EVG erhebliche Flexibilität bei der Einhaltung der beiden Kriterien. - Gemäß den Schätzungen des SACHVERSTÄNDIGENRATES (vgl. im Text oben) wäre für die Bundesrepublik Deutschland im Jahr 1995 nur das Schuldenkriterium erfüllt.

261 Dies scheint aber in Anbetracht der gegenwärtigen Standortnachteile der Bundesrepublik Deutschland im internationalen Vergleich auszuscheiden. Vgl. auch SACHVERSTÄNDIGENRAT (1996), Rdnr. 298.

262 Hierdurch besteht die Möglichkeit, einen (scheinbaren) Ausgleich des Haushalts vorzugeben bzw. ein verbleibendes Haushaltsdefizit zu niedrig auszuweisen. Vgl. kritisch SMEKAL, C. (1996).

263 Vgl. hierzu kritisch POMMEREHNE, W.W. (1994), S. 84, der insbesondere in Zusammenhang mit den Konvergenzkriterien einen Rückgang der staatlichen Infrastrukturinvestitionen befürchtet, wodurch langfristige Folgeschäden (Hysteresis-Effekte) hervorgerufen werden können. So stellt denn auch der SACHVERSTÄNDIGENRAT (1996), Rdnr. 193 einen stetigen Rückgang der Investitionstätigkeit von Ländern und Kommunen in den letzten Jahren fest.

264 Vgl. SACHVERSTÄNDIGENRAT (1996), Rdnr. 299.

bei denen die Marktversagenshypothesen widerlegt werden können und somit eine staatliche Betätigung nicht rechtfertigbar ist.[265] Im Falle der öffentlichen Abfallentsorgung aber ist aufgrund der aufgezeigten Marktmacht- und Kollektivgut-Problematik gerade staatlicher Handlungsbedarf angezeigt. Es wäre höchst bedenklich, sollten insbesondere in Hinblick auf die fiskalischen Anforderungen der künftigen Europäischen Währungsunion die ökonomischen Erfordernisse der Staatstätigkeit außer Acht gelassen werden.[266]

6.5.1.3 Privatisierungsempfehlungen

Vor dem Hintergrund der angeführten Argumention lassen sich folgende Empfehlungen für eine Privatisierung der öffentlichen Abfallentsorgung aussprechen:[267]

(1) Aufgrund der Marktmacht- und Kollektivgut-Problematik ist die Abfallentsorgung mit den Wertschöpfungsbereichen "Verwertung", "Vorbehandlung" und "Ablagerung" eine originäre Staatsaufgabe. Unter Effizienzaspekten sind sämtliche funktionalen Privatisierungsvarianten mit ihrer "third-best"-Bepreisung abzulehnen. Gemessen an betriebswirtschaftlichen Kostenparametern erweisen sich alle formalrechtlichen und finanzwirtschaftlichen Privatisierungsformen als unvorteilhaft (vgl. hierzu noch einmal *Abb. 6.20* in Kapitel 6.5.1.1). Gerade die rein formalrechtliche Privatisierung in Form der Eigengesellschaft steht sogar in begründetem Verdacht, lediglich einer Ausweitung diskretionärer Handlungsspielräume zu dienen. Es gebietet sich daher eine Rückverstaatlichung der bereits ausgegliederten Bereiche. Um genehmigungsbedingte, aber fiskalisch unbegründete Finanzierungsrestriktionen zu umgehen, sollte dabei die Organisations- bzw. Rechtsform "Eigenbetrieb" oder "Kommunalunternehmen" gewählt werden. Bestehende Regiebetriebe sollten in entsprechender Weise ausgegliedert werden.[268]

---

265 So handelt es sich bei staatlichen Infrastrukturleistungen oftmals nicht um "geborene", sondern um "gekorene" öffentliche Güter; vgl. KLÖS, H.-P. (1991), S. 303 f..

266 Aus diesen und auch anderen Gründen wird die Europäische Währungsunion in den Wissenschaftskreisen äußerst skeptisch beurteilt. Einen Überblick der Diskussion bieten die Einzelbeiträge in CAESAR, R. / SCHARRER, H.-E. (1994); vgl. außerdem POMMEREHNE, W.W. (1994), OHR, R. (1996). Andererseits lassen sich auch außerökonomische Begründungen für eine Währungsunion mit erheblicher Bedeutung anführen, so etwa sicherheitsstrategische Erwägungen; vgl. hierzu SCHMIDT, H. (1996).

267 Damit soll auch dem weitgehenden Wunsch der entsorgungspflichtigen Körperschaften entsprochen werden, sie bei der Wahl der geeigneten Rechts- und Organisationsform zu unterstützen - vgl. hierzu die bayernweite Befragung, Frage 1. im Fragebogen, Anhang I. Von den 92 antwortenden Entsorgern forderten 27 % volle, 31 % weitgehende, 25 % periphere und 17 % keine Unterstützung.

268 Vgl. in diesem Sinne auch den SACHVERSTÄNDIGENRAT (1996), Rdnr. 304.

(2) Als kostenoptimierende Privatisierungsform verbleibt lediglich die organisatorische Privatisierung. Für eine entsprechende Vollprivatisierung bietet sich der Wertschöpfungsbereich "Logistik" an. Die entsorgungspflichtigen Körperschaften sollten gesetzlich verpflichtet werden, durch öffentliche Ausschreibung und zeitlich befristete Vergabe einen "Wettbewerb um die Entsorgungslogistik" zu generieren. Nur bei Nachweis einer kostengünstigeren Eigenerledigung wäre dieser Bereich in der öffentlich-rechtlichen Sphäre weiterzuführen. Daß dies kein hypothetischer Grenzfall sein muß, ergibt sich aus dem Umstand, daß die Effizienzgewinne der Marktlösung außer den beschriebenen Kostennachteilen einer privatrechtlichen Unternehmensform, Finanzierung und Bepreisung auch noch die "Transaktionskosten"[269] der Privatisierung abdecken müssen. Diese Transaktionskosten umfassen die Such-, Informations- und Verhandlungskosten bei der Anbahnung des Privatisierungsvertrages, die Kosten der Vertragsdurchsetzung und der Anpassung an die veränderten Rahmenbedingungen sowie die zusätzlichen Kontrollkosten.[270] Je größer jedoch die Ineffizienzen bei den staatlichen Entsorgern sind, desto wahrscheinlicher ist eine Kostenvorteilhaftigkeit der Privaten. Als Instrument zur Entscheidungsfindung hinsichtlich der relevanten Alternativen "make or buy" ist ein Controllingsystem erforderlich, auf das in Kapitel 6.5.3 noch näher eingegangen wird.

Für die Kontraktgestaltung mit den privaten Dritten können folgende Empfehlungen gegeben werden:[271]

- Zur Gewährleistung einer Wettbewerbssituation zwischen potentiellen Anbietern sollten sich die Kontrakte auf kurze Perioden (ca. 4-5 Jahre) erstrekken.[272]
- Anfang und Ende der Kontraktlaufzeiten sollten bei den entsorgungspflichtigen Körperschaften voneinander abweichen, um so den privaten Dritten kontinuierlich die Möglichkeit zu geben, sich an dem "Wettbewerb um den Markt" zu beteiligen.
- Zur Risikominimierung einer Kontraktverletzung des Privaten, beispielsweise aufgrund eines Konkurses, wären entsprechende Leistungsbürgschaften zu

---

269 "Transaktionskosten" sind Kosten, die bei der Bestimmung von Verfügungsrechten ("Property Rights"), bei deren Übertragung und Durchsetzung entstehen. Vgl. hierzu nochmals die Ausführungen in Kapitel 4.1.3.2.1.2.

270 Vgl. KARRENBERG, H. / MÜNSTERMANN, E. (1996), S. 152.

271 Vgl. POMMEREHNE, W.W. (1976), S. 293 f.; JEBENS, C.T. (1995).

272 Dies entspricht auch der steuerlich ansatzfähigen Nutzungsdauer von Transportfahrzeugen; vgl. BMF (1995). Insofern ergeben sich im Falle einer Ablösung selbst bei auftretenden Irrversibilitäten keine sunk cost-Probleme.

vereinbaren.[273]

- Überdies wäre notwendig, um eine vorsorge- und verursachergerechte Gebührenkalkulation der entsorgungspflichtigen Körperschaften zu gewährleisten, daß die Leistungen entsprechend der Strukturen des Norm-Kostenrechnungssystems für die Siedlungsabfallwirtschaft (vgl. Kapitel 5.2) entbündelt ausgeschrieben werden. Dies hätte den Vorteil, daß die vereinbarten Preise für den Fremdbezug direkt den relevanten Kostenstellen und Kostenträgern bzw. Gebührentatbeständen als Kosten zugeordnet werden könnten.

(3) Ebenfalls einer Vollprivatisierung zugänglich ist der Entsorgungsbereich "Verwertung". Wie in Kapitel 6.5.1.2.2.1 bereits ausgeführt wurde, kann hier - zumindest partiell - auf funktionierende Verwertungsmärkte zurückgegriffen werden. Auch hier sollte eine Prüfung der Privatisierung bzw. Neuvergabe in regelmäßigen Zeitabständen Pflicht sein. Es gelten mithin die obigen Ausführungen.

(4) Für die übrigen Wertschöpfungsstufen ist aufgrund des Irreversibilitätsproblems das Investment von den entsorgungspflichtigen Körperschaften vorzunehmen. Der Anlagenbetrieb hingegen steht einer Beauftragung Dritter per Dienstleistungs- oder Pachtmodell offen. Sofern dabei Personal zur Verfügung steht, das bereits im ehedem öffentlich-rechtlichen Entsorgungsbetrieb tätig war und über eine entsprechende langjährige, mit irrversersiblen Lernkosten verbundene Berufserfahrung verfügt, ist das Dienstleistungsmodell zu präferieren, bei dem lediglich die Betriebsleitung der Entsorgungseinrichtung ausgeschrieben und zeitlich befristet vergeben wird. Diese Privatisierungsvariante wird auch in der Literatur zur (allgemeinen) Monopolregulierung unter dem Terminus "Markt für Manager" empfohlen.[274] Durch die Konkurrenz auf den Managermärkten werden in Form von Reputationsrisiken und Übernahmedrohungen für die Führungskräfte des Entsorgungsbetriebes Anreize zur Durchsetzung technischer Effizienz gesetzt. Analog zu oben wäre für diese Teilprivatisierung ebenfalls eine turnusmäßige "make or buy"-Abwägung bzw. eine erneuter "Wettbewerb um den Betrieb" verbindlich vorzuschreiben.

In *Abbildung 6.25* sind die kostenoptimierenden Privatisierungsvarianten im Überblick dargestellt. Es ist ersichtlich, daß bei einer optimalen Wettbewerbssituation, bei

---

273 Ein vergleichbares Konstrukt stellt der sog. Heimfall dar, der bei Leistungserbringung i.V.m. einer ortsfesten Entsorgungsanlage auf kommunalem Grund in einem Erbbaurechtsvertrag vereinbart werden kann. Vgl. hierzu DER NIEDERSÄCHSISCHE MINISTER FÜR WIRTSCHAFT, TECHNOLOGIE UND VERKEHR (1987), S. 41; BMWi (1993), S. 46.

274 Vgl. KRUSE, J. (1985), S. 172 ff. und 365 ff.; WATERSON, M. (1988), S. 42 f..

welcher der Fremdbezug aller Wahrscheinlichkeit nach stets die billigere Variante sein wird, die entsorgungspflichtigen Körperschaften lediglich mit dem Investment der EOP-Entsorgungsmaßnahmen, der Überwachung der Privaten und der Gebührenabwicklung betraut sind.

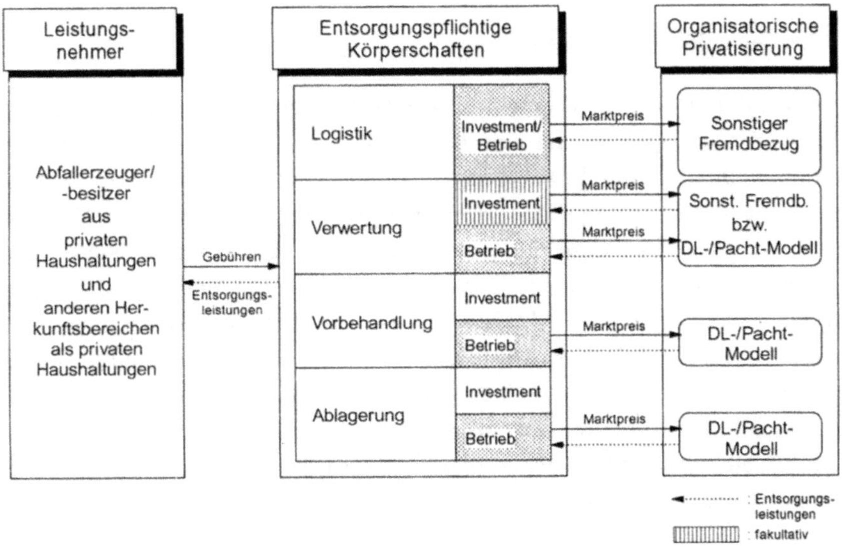

Abb. 6.25: Privatisierungsstrategien unter dem Aspekt der Kostenoptimierung

Des weiteren wird auch deutlich, daß einer geforderten Steuerharmonisierung von öffentlich-rechtlicher und privater Abfallentsorgung gemäß der "großen Lösung" - vgl. hierzu nochmals die Ausführungen in Kapitel 4.2.2.3.6.1 - die Rechtfertigungsgrundlage entzogen wird. Eine einheitliche Besteuerung wäre nur erforderlich, wenn die öffentlich-rechtlichen und die privaten Entsorger miteinander im Wettbewerb stehen würden. Dies ist aber in dem hier vorgeschlagenen Modell nicht der Fall. Die staatlichen Entsorger nehmen nur jene Aufgabenbereiche im Rahmen der gesamthaften Entsorgung wahr, die der Markt ohne Friktionen nicht bereitzustellen vermag. Somit wird von der öffentlichen Hand ausschließlich originäre Staatstätigkeit verrichtet. Eine Besteuerung der staatlichen Entsorger ist folglich irrelevant bzw. - da mit der Steuererhebung und -verteilung Wohlfahrtsminderungen verbunden sind - sogar kontraproduktiv.[275]

275 Vgl. zum kommunalen "excess burden" der Besteuerung öffentlicher Einrichtungen FRIEDRICH, P. / KUPSCH, P. (1981), S. 30 ff..

6.5.2 Sektorale Kostenoptimierungsstrategien

Für die den entsorgungspflichtigen Körperschaften verbleibenden Investmentbereiche ist eine Kostenoptimierung auf sektoraler Ebene anzustreben.

6.5.2.1 Gegenläufige Kosteneffekte

Zur Ausschöpfung der in Kapitel 6.3.1.3 aufgezeigten Kostendegressionspotentiale der Entsorgungsanlagen bis hin zum Betriebsoptimum liegt es nahe, möglichst große Entsorgungseinrichtungen bzw. -anlagen zu installieren. Jedoch erfordern größere Anlagenkapazitäten auch größere Abfallmengen. Bei konstantem Abfallaufkommen lassen sich diese Mengen nur durch Ausdehnung des Einzugsgebietes erreichen. Damit verbunden sind auch höhere Transportkosten, bedingt durch zunehmend größere Distanzen zwischen Ort des Abfallanfalls und Ort der Abfallentsorgung. Es stehen sich somit zwei gegenläufige Tendenzen gegenüber: eine Ausweitung des Entsorgungsgebietes erlaubt größere Anlagenkapazitäten mit sinkendenden Durchschnittskosten, induziert dafür aber im Gegenzug progressiv steigende Transportkosten.[276] Die Gebietsausdehnung ist daher bis zu einem Ausmaß sinnvoll, bei dem sich beide Kosteneffekte gerade ausgleichen.

In einem sehr vereinfachten Modell stellt sich das Optimierungsproblem wie folgt dar.

Mit

e Stückkosten der Entsorgungsanlage **E** in DM/t bei Anlagenmindesgröße $\mathbf{x}_{\min}$,

d Degressionskoeffizient zur Abbildung steigender Skalenerträge bei Vergrößerung der Anlagenkapazität, wobei $0 < \mathbf{d} < 1$ ($\mathbf{d} \to 0$ niedrige, $\mathbf{d} \to 1$ hohe Kostendegression),

t Stückkosten für den Transport **T** zur Entsorgungsanlage in DM/t bei einem Einzugsgebiet, das zur Auslastung der Anlagengröße $\mathbf{x}_{\min}$ gereicht,

p Progressionskoeffizient zur Abbildung überproportional steigender Transport-(gesamt)kosten bei Erweiterung des Einzugsgebiets, wobei $0 < \mathbf{p} < \infty$ ($\mathbf{p} \to 0$ niedrige, $\mathbf{p} \to \infty$ große Kostenprogression) und

x jährlicher Abfalldurchsatz bzw. -umschlag in Gewichtstonnen

können die relevanten Durchschnittskostenfunktionen formuliert werden:

276 Vgl. zur Annahme bzw. zur empirischen Evidenz progressiver Transportkosten HÖHR, H. (1988), S. 44 f.; SCHUBERT, O. (1996), S. 13 f.; SHIN, K.-C. (1996), S. 19 f..

Durchschnittskostenfunktion der Entsorgungsanlage:

$$\mathbf{DK^E(x) = e \cdot \frac{x^{(1-d)}}{x} = e \cdot x^{-d}}$$

Durchschnittskostenfunktion des Abfalltransports:

$$\mathbf{DK^T(x) = t \cdot \frac{x^{(1+p)}}{x} = t \cdot x^p}$$

Gesamtdurchschnittskostenfunktion:

$$\mathbf{DK^G(x) = DK^E(x) + DK^T(x) = e \cdot x^{-d} + t \cdot x^p}$$

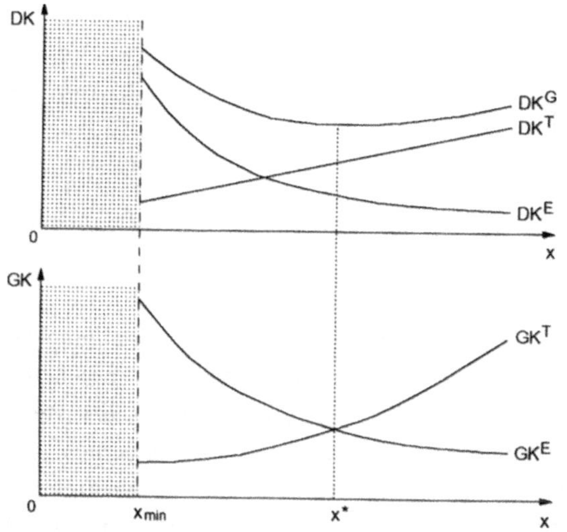

Abb. 6.26: Bestimmung der optimalen Kapazität der Entsorgungsanlage

Abbildung 6.26 zeigt einen exemplarischen Kurvenverlauf für die Kostenfunktionen. Der optimale jährliche Abfalldurchsatz bzw. -umschlag und damit die optimale Anlagenkapazität **x*** wird durch den Schnittpunkt der Grenzkostenfunktionen GK der Entsorgungs- und Transportdurchschnittskosten bzw. das Betriebsoptimum, d.h. das Minimum der gesamten Durchschnittskosten, bestimmt. Für das Modell gilt:

Betriebsoptimum:

$$\mathbf{x^* = \sqrt[(-d-p)]{p \cdot t / d \cdot e}}$$

In Wirklichkeit gestalten sich die Zusammenhänge jedoch äußerst komplex. Das Ausmaß der Kostenprogression des Transports hängt von mehreren, teilweise untereinander korrelierten Faktoren ab.

So wird die Zunahme der Transportdistanzen neben dem absoluten Flächenbetrag auch durch die Art der Ausdehnung des Einzugsbereichs beeinflußt - etwa kreis- oder tropfenförmig oder aber auch unförmig entsprechend kommunaler Gebietsgrenzen (vgl. das Beispiel in *Abb. 6.27*).

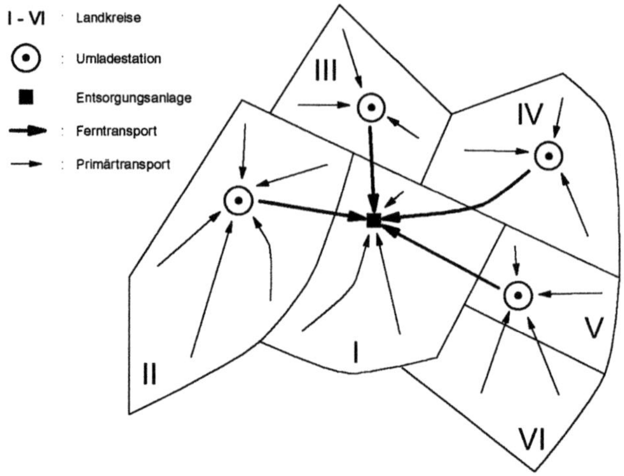

Abb. 6.27: Ausdehnung des Entsorgungsgebietes zur Realisierung von Größeneffekten (in Anlehnung an: HÖHR, H. (1988), S. 45)

Maßgeblich hierbei ist insbesondere die geographische Verteilung des Müllaufkommens und deren zeitliche Entwicklung. Daneben kommt der verkehrsbezogenen Infrastruktur große Bedeutung zu. Für Sammlung und Transport des Abfalls aus dem erweiterten Entsorgungsgebiet kommen diverse Systemalternativen struktureller und technischer Art in Betracht. Zum einen kann der Abfall im Direkttransport mit den Sammelfahrzeugen angeliefert werden.[277] Andererseits bietet sich gerade bei größeren Distanzen ein "gebrochener Transport" an.[278] Hier befördern die Sammelfahrzeuge den Abfall zu einer Umladestation (sog. Primärtransport). Von dort aus wird der Abfall in Großraumbehältern über das Straßennetz oder per Schienenverkehr an die Entsorgungsanlage angeliefert (sog. Sekundärtransport oder Ferntransport).[279] Sofern sich in den Erweiterungsbereichen die Kosten des Primärtransportes von den Kosten des bisherigen Abfuhrsystems nicht oder nur unwesentlich unterscheiden, vereinfacht sich das Optimierungsproblem. Die Kosten des Primärtransportes erweisen sich dann als entscheidungsirrelevant. Relevant hingegen bleiben Anzahl, Standorte und Kosten der Umladestationen und die hiervon zahlen- und distanzmäßig determinierten Ferntransporte und deren verkehrsträgerspezifischen Kosten.[280] Zu beachten ist, daß

277 Vgl. im Beispiel in *Abb. 6.27* die Logistik in Landkreis I.

278 Vgl. im Beispiel in *Abb. 6.27* die Logistik der Landkreise II-VI.

279 Zur Transport- und Umschlagtechnik vgl. LAGA (1996).

280 Im Beispiel in *Abb. 6.27* sind für eine gemeinschaftliche Entsorgung von 6 Landkreisen 4 Umla-

sich auch hier systemspezifische Größeneffekte in den Kosten niederschlagen und einer Progression entgegenwirken können. Ferner spielen für die Wahl des Transportssystems neben den jeweiligen betriebswirtschaftlichen Kosten auch mögliche externe Effekte, z.B. Lärm, Abgase oder Energieverbrauch, eine Rolle.[281]

Des weiteren ist einschränkend anzumerken, daß die economies of scale der Entsorgungsanlagen nicht in jedem Fall realisierbar sind. Während bei Neueröffnung eines Standortes die Kapazitäten idealtypisch mit entsprechenden Kostendegressionen eingerichtet werden können, ist bei Kapazitätserweiterungen an einem bereits bestehenden Standort stattdessen auch ein progressiver Gesamtkostenverlauf denkbar. So könnte bspw. das zusätzliche Aggregat erhebliche Anpassungsmaßnahmen bedingen und dadurch die Fixkostenbelastung gegenüber dem Status quo überproportional erhöhen.[282]

Schließlich sei noch darauf hingewiesen, daß bei einer Anlagenplanung außer den größenbestimmenden Faktoren auch alle anderen Aspekte mit Kostenrelevanz zu berücksichtigen sind.[283] So kommt ebenfalls der Standortwahl erhebliche Bedeutung zu. Kostenentscheidend ist hierbei etwa, ob auf eine bestehende Verkehrsanbindung zurückgegriffen oder ob die im Rahmen des Anlagenbetriebs rückgewinnbare Energie ohne große Leitungserfordernisse -kosteneinsparend an nahegelegene Abnehmer (insbesondere auch Entsorgungsanlagen anderer Wertschöpfungsstufen) abgesetzt werden kann.[284]

Zusammenfassend läßt sich feststellen, daß eine konkrete Ableitung kostenoptimaler Anlagenkapazitäten und die damit verbundene Festlegung geeigneter Entsorgungsgebietsgrößen erst bei Spezifizierung der relevanten Strukturparameter möglich ist.[285] Annahmengestützte formale Modellierungen finden sich - isoliert für den Logistikbereich - bei DIRUF[286] und WIP[287], numerische Fallbeispiele für das Gesamtproblem bieten HÖHR[288] und WÖBBEKING/THOMAT[289]. Diesen Studien ist der Nachweis gemein, daß großräumige Entsorgungsstrategien erhebliche Kostenvorteile erbringen können.

---

destationen vorgesehen. Sofern an den Stationen keine Zwischenlagerung erfolgt, ergibt sich pro Werktag eine entsprechende Anzahl an Ferntransporten.

281 Vgl. für einen Überblick verkehrsbedingter externer Effekte WICKE, L. (1993), S. 68 ff..
282 Vgl. LUDWIG, R. (1978), S. 103 f..
283 Vgl. hierzu HAHN, H.H. / BENDER, A. (1982), S. 2 f..
284 Für eine allgemeine Systematik von Standortfaktoren vgl. z.B. BEHRENS, K.C. (1971), S. 47 ff..
285 Vgl. ebenso BMU (1990 b), S. 22.
286 Vgl. DIRUF, G. (1980).
287 Vgl. WIP (1978).
288 Vgl. HÖHR, H. (1988).
289 Vgl. WÖBBEKING, K.H. / THOMAT, W. (1988).

6.5.2.2 Interkommunale Kooperationslösungen

Für eine Realisierung kostenoptimaler Anlagengrößen ist i.d.R. eine Erweiterung der derzeitigen Entsorgungsgebietsgrößen notwendig. Aktuell sind die Einzugsgebiete der Entsorgungsanlagen entsprechend des sog. Grundsatzes der Gebietsbezogenheit der (öffentlichen) Abfallentsorgung an die historisch-politisch festgelegten Landesgrenzen gebunden.[290] Es liegt nahe, die kostenoptimale Gebietsausweitung durch interkommunale Kooperationsvereinbarungen zu erreichen.[291]

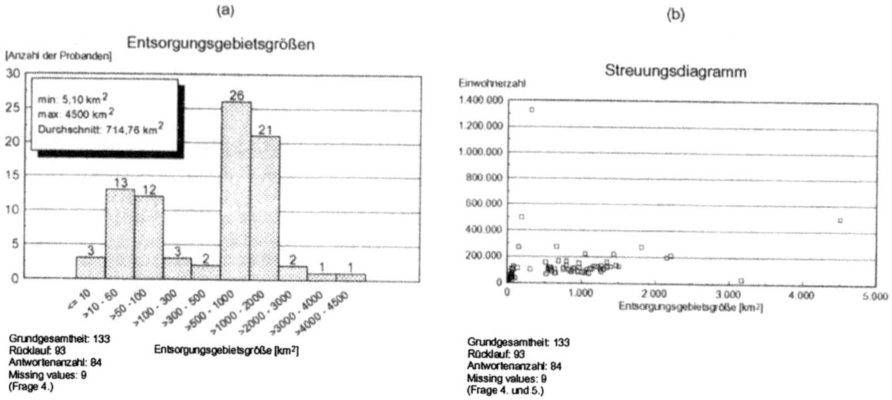

Abb. 6.28: Entsorgungsgebietsgrößen in Bayern (a) und Korrelation mit der Einwohnerzahl (b)

Beispielhaft ist in *Abbildung 6.28, Fall (a)* ein Überblick der im Rahmen der bayernweiten Befragung (Empirie II) recherchierten Gebietsgrößen angegeben. Zu beachten gilt aber, daß bei wachsender Gebietsgröße das Abfallaufkommen nicht unbedingt in gleicher Weise ansteigt.[292] So besteht etwa zwischen den angegebenen Gebietsgrößen und den korrespondierenden Einwohnerzahlen nur ein geringer positiver Zusammenhang (vgl. *Abb. 6.28, Fall (b)*).[293]

---

290 Vgl. noch einmal *Tab. 3.1* mit den bundeslandspezifischen entsorgungspflichtigen Körperschaften des öffentlichen Rechts in Kapitel 3.2.3. Es handelt sich dabei regelmäßig um Gebietskörperschaften. Zum Grundsatz der Gebietsbezogenheit vgl. OVG NW, Urteil vom 18.8.1994 - 20 AK 21/87 - mit Bezugnahme auf §§ 3 Abs. 2 S. 1, 6 Abs. 1 S. 5, 7 Abs. 1, 8 Abs. 3 und 12 Abs. 1 AbfG.

291 In diesem Zusammenhang erwägt die rheinland-pfälzische Umweltministerin MARTINI die Bildung regionaler "Abfallmanagementgesellschaften" (vgl. MARTINI, K. (1995), S. 10).

292 Vgl. hierzu Frage 4. und 5. im Fragebogen, Anhang I.

293 Der Bravais-Pearson-Korrelationskoeffizient ϵ [-1; 1] weist mit 0,2506 auf eine sehr geringe positive Korrelation hin.

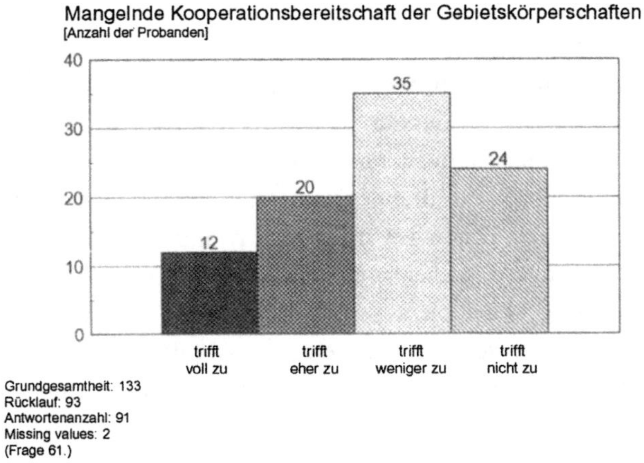

Abb. 6.29: Kooperationsbereitschaft

Als problematisch erweist sich jedoch die weitgehende Freiwilligkeit interkommunaler Vereinbarungen. Zwar sehen die Bestimmungen in den Abfallgesetzen mancher Bundesländer Pflichtvereinbarungen und -verbände insbesondere unter Wirtschaftlichkeitsaspekten vor.[294] Die praktische Umsetzung dürfte aber eher unzureichend sein. So konnte im Rahmen der bayernweiten Befragung ermittelt werden, daß sich Bedarf und Angebot für ein gebietsübergreifendes Zusammenwirken nur bedingt entsprechen (vgl. *Abb. 6.29* und die Frage 61. im Fragebogen, Anhang I). Interessanterweise ließ sich für dieses Ergebnis kein Zusammenhang mit der Bevölkerungsakzeptanz hinsichtlich der Entsorgung von gebietsfremden Abfällen nachweisen (vgl. hierzu nochmals *Abb. 6.13, Fall (b)* in Kapitel 6.3.1.1).[295] Andererseits wurde eine statistische Wechselwirkung mit der Bewertung der zu veranschlagenden Zeitdauer im Rahmen der Anlagenplanung und -genehmigung festgestellt (vgl. hierzu nochmals *Abb. 6.14, Fall (b)* in Kapitel 6.3.2.1; Kruskal-Wallis-Hypothesentest, Irrtumswahrscheinlichkeit **p** = 0,0671).[296]

Als weiteres Hindernis für Kooperationslösungen erweisen sich die Autarkiebestrebungen bzw. die explizit in den landesspezifischen Abfallentsorgungsplänen oder kor-

294 Vgl. noch einmal *Tab. 3.6* mit den bundeslandspezifischen interkommunalen Kooperationsmöglichkeiten für die Abfallentsorgung in Kapitel 3.5 mit der Rubrik "Notwendige und hinreichende Bedingungen für Pflichtvereinbarungen bzw. Pflichtverbände". In Bayern etwa heißt es in Art. 8 BayAbfAlG: "Entsorgungspflichtige können auch zu Zweckverbänden zusammengeschlossen werden, sofern dies aus zwingenden Gründen des öffentlichen Wohls geboten ist, insbesondere wenn dadurch (...) 3. die Entsorgung insgesamt wesentlich wirtschaftlicher gestaltet werden kann."

295 Der Kruskal-Wallis-Hypothesentest erbrachte eine Irrtumswahrscheinlichkeit **p** von 0,7322.

296 Der Zusammenhang gestaltet sich derart, daß bei den Befragten beide Merkmale mit tendenziell denselben Ausprägungen vorliegen.

respondierenden Rechtsverordnungen festgelegten Autarkieklauseln mancher Bundesländern (vgl. *Tab. 6.8*).[297] So wird etwa in Bayern in § 11 Abs. 4 BayAbfPV[298] die Beseitigung von kommunalen Abfällen außerhalb der Landesgrenzen grundsätzlich untersagt. Etwaige Mehrkosten müssen, sofern sie im bayernweiten Vergleich nicht unverhältnismäßig hoch sind, hingenommen werden (sog. wirtschaftliche Zumutbarkeit). Als Begründung hierfür wird angegeben, daß große Transportentfernungen für die Umwelt nachteilig seien. Zudem würden jene Kommunen benachteiligt, die ihrer Entsorgungspflicht in Bayern mit entsprechender Kostenbelastung *(sic)* ordnungsgemäß nachgekommen sind. Und nicht zuletzt schade der Abfallexport dem Ansehen Bayerns, weil die Probleme der ordnungsgemäßen Abfallbeseitigung auf andere Länder verlagert würden.[299] - Landesübergreifende kostenoptimale Entsorgungsverbunde werden damit verhindert.

Bundesland	Rechtsgrundlage	Autarkie-Bestimmungen
Bayern	Verordnung über den Abfallentsorgungsplan Bayern (AbfPV) vom 25.7.1995 (GVBl. 1995 S. 412)	§ 11 Abs. 4: Exportverbot von Abfällen zur Beseitigung in anderen Bundesländern bei wirtschaftlicher Zumutbarkeit
Hessen	Siedlungsabfallplan-Verordnung (Hessen) vom 5.10.1994 (GVBl. S. 447)	§ 3 Nr. 2.1.1: „Grundsatz der gebietsbezogenen Entsorgung in Hessen".
Rheinland-Pfalz	Abfallentsorgungsplan des Landes Rheinland-Pfalz vom 3.5.1993 (GVBl. S. 247)	Nr. 1 Abs. 4 S. 2: „Die entsorgungspflichtigen Gebietskörperschaften sind verpflichtet, sich der für ihr Gebiet festgesetzten Entsorgungsanlagen zu bedienen."
Saarland	Rechtsverordnung über den Abfallentsorgungsplan Saarland, Teilplan Hausabfall vom 22.10.1991 (Amtsbl. S. 1126)	§ 1 Abs.2: „Einzugsgebiet der ... Abfallentsorgungsanlagen ist das Saarland."

Tab. 6.8: Autarkie-Bestimmungen für die öffentliche Abfallentsorgung in diversen Bundesländern

Eine Verbesserung der Bedingungen ist auch im Rahmen des neuen KrW-/AbfG nicht zu erwarten. In § 29 KrW-/AbfG, der Nachfolgebestimmung von § 6 AbfG, werden

297 Vgl. zur Rechtsgrundlage der Landesabfallentsorgungspläne § 6 AbfG. Laut KUNIG, P. /SCHWERMER, G. / VERSTEYL, L.-A. (1992), Rdnr. 2 ff. zu § 6 AbfG ist die Intention dieser Planungsvorschrift, eine Konzeption der Entsorgungsinfrastruktur nach überörtlichen Gesichtspunkten zu ermöglichen. Es soll erreicht werden, daß unbehindert von Gebietsgrenzen unter Berücksichtigung des regionalen Abfallaufkommens, der Transportwege und einer rationellen Zusammenfassung zu wirtschaftlichen Anlagengrößen geeignete Standorte festgelegt und ggf. für verbindlich erklärt werden. § 6 AbfG stellt jedoch lediglich den Rahmen für eine zentrale Steuerung dar, der in erheblichem Umfang durch die Länder ausfüllungsbedürftig ist. WEIDEMANN, C. (1992), S. XVII merkt an, daß de facto die Landespläne eher die Summe der teilräumlich ohnehin praktizierten Lösungen und Planungen darstellen. Ein wirksamer Beitrag zur Standortsicherung sei von der Abfallentsorgungsplanung daher nicht zu erwarten.

298 Vgl. Verordnung über den Abfallentsorgungsplan Bayern (AbfPV) vom 25. Juli 1995 (GVBl. 1995 S. 412).

299 Vgl. BStMLU (1996), S. 26.

lediglich die inhaltlichen Anforderungen an die Abfallentsorgungpläne präziser gefaßt, das föderale Zusammenwirken bleibt weiterhin unbestimmt.[300]

6.5.2.3 Zentralisierung der öffentlichen Abfallentsorgung

Im Kontext der Frage einer zieladäquaten Normierung der Preisregulierung für die öffentliche Abfallentsorgung wurde in Kapitel 5.3.2 bereits darauf hingewiesen, daß der räumliche Zuständigkeitsbereich der wirtschafts- bzw. umweltpolitischen Institution dem Wirkungsbereich des Marktversagens zu entsprechen hat. Diese Aussage trifft in gleicher Weise auf die hier betrachtete Problemlage zu. Anstatt auf ein koordiniertes Zusammenwirken der Bundesländer und der einzelnen entsorgungspflichtigen Körperschaften zu vertrauen, sollte zur Ausschöpfung der Subadditivitätsvorteile die Planung und ebenso die Bereitstellung der Entsorgungsanlagen auf Bundesebene hochgezont werden.[301]

Neben den Möglichkeiten der größenbezogenen Kostenoptimierung[302] ergeben sich durch die Zentralisierung weitere Chancen. Da regionale und kommunalpolitische Erwägungen an Stellenwert verlieren, könnten eventuelle Leerkostenprobleme bestehender Anlagen gezielt angegangen und im Rahmen der überörtlichen Anlagenverteilung behoben werden.[303] Bevölkerungsbedingte Akzeptanzprobleme hinsichtlich neuer Anlagenstandorte ließen sich durch den Ausbau bestehender Standorte vermeiden. Durch die gebündelte Zuständigkeit könnte des weiteren die Umsetzung der TASi-Anforderungen beschleunigt und harmonisiert werden.[304]

Es drängt sich mithin der Gedanke auf, die Bundeszuständigkeit noch weiter auszudehnen. So wäre es denkbar, außer der Anlagenplanung und -bereitstellung auch den

---

300 Überdies wird durch die Schaffung neuer Entsorgungszuständigkeiten nach §§ 11, 13, 15-18 KrW-/AbfG und der damit verbundenen Fragmentierung der bestehenden Entsorgungspfade einer kostenoptimierenden Anlagenzentralisierung entgegengewirkt.

301 Vgl. ebenso HIMMELMANN, G. (1994), S. 140, der die dezentrale Abfallentsorgung in kommunaler Hoheit sachlich und wirtschaftlich für unvertretbar hält. - Befürworter von dezentralen Lösungen hingegen argumentieren u.a. mit der Bürgernähe der Entscheidungsfindung, der individuellen Anpassungsfähigkeit, Überschaubarkeit und Kontrollierbarkeit der Entsorgungslösung und der Erhöhung der Handlungsautonomie und -flexibilität der kommunalen Gebietskörperschaften. Vgl. für einen Überblick der Argumentation GATHER, M. (1992), S. 180 f..

302 Hier ist auch an die Größeneffekte im Rahmen der Beschaffung zu denken.

303 Vgl. hierzu auch die Ausführungen von EPPING, B. (1995), wonach der Neubau von teurer und überflüssiger Verbrennungskapazität drohe, sofern keine regionalen Verbundlösungen institutionalisiert werden.

304 Vgl. hierzu z.B. o.V. (1996 d), der berichtet, daß für die diversen Verbrennungsanlagen im Rheinland Überkapazitäten von 350.000 - 430.000 t/a entstünden, weil die Städte und Kreise, die ihre Abfälle derzeit noch (unbehandelt) einer Deponie zuführen, aus wirtschaftlichen und gebührenpolitischen Gesichtspunkten nicht bereit seien, sich in absehbarer Zeit an eine Verbrennungsanlage zu binden.

kompletten Anlagenbetrieb in den Aufgabenbereich des Bundes zu überführen. Für die seither entsorgungspflichtigen Körperschaften verblieben die Aufgaben der regionalen und kommunalen Koordination sowie die abrechnungstechnischen Funktionen gegenüber den Abfallerzeugern und -besitzern. Der entscheidende Vorteil dieser Lösung liegt darin, daß für die Gebührenschuldner einheitliche Tarife gesetzt werden könnten. So würde auch schon zum jetzigen Zeitpunkt, d.h. vor Ablauf der Umsetzungfrist der TASi-Anforderungen, der wettbewerbsverzerrende Effekt regionen- und kommunenspezifischer Gebührenunterschiede unterbunden werden. Korrespondierend hierzu ließe sich auch eine gleichmäßige und dynamische Internalisierung negativer externer Effekte der Einzeleinrichtungen und -anlagen erreichen. Umweltpolitisch suboptimale Entsorgungsbetriebe würden bereits vor Realisierung der erforderlichen Vermeidungsmaßnahmen mit Umweltkosten belastet und den Anlagenbenutzern somit tendenziell die wahren (second-best) Knappheitspreise gesetzt. Im Zuge der flächendeckenden Umsetzung des Umweltstandards wären die durchschnittlichen Knappheitspreise dann sukzessive an das TASi-konforme Niveau heranzuführen.

In Erweiterung von *Abbildung 6.25*, Kapitel 6.5.1.3 läßt sich die zu modifizierende Aufgabenzuständigkeit wie folgt veranschaulichen:

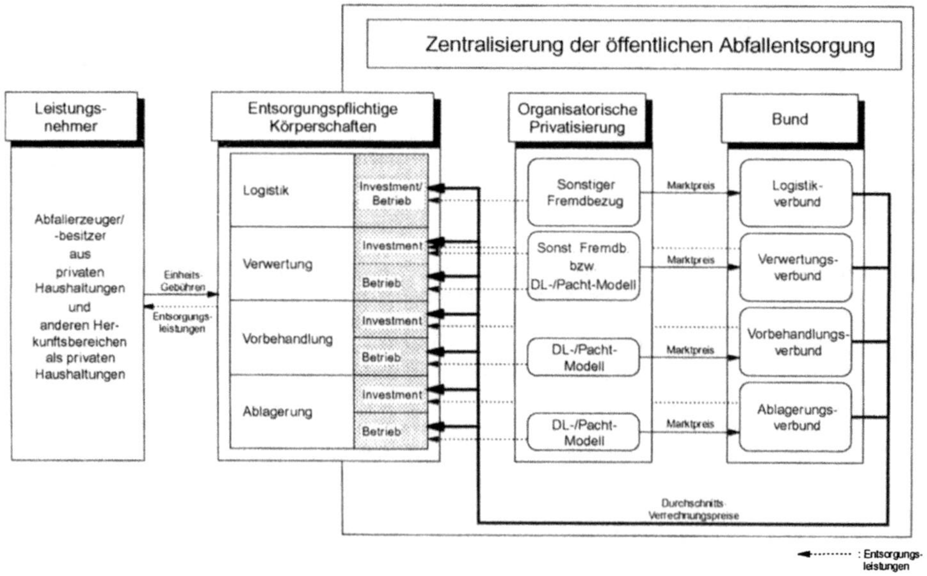

Abb. 6.30: Zentralisierung der öffentlichen Abfallentsorgung

Durch die Zentralisierung könnten auch jene abrechnungstechnischen Komplikationen vermieden werden, die gegeben wären, wenn - wie in Kapitel 5.2.2.2.1 angedacht - ein Bundesfonds zur Altlastensanierung stillgelegter Entsorgungsanlagen, gespeist aus den gebührenmäßigen Differenzbeträgen der wertmäßigen und pagatorischen Kosten aktuell betriebener Entsorgungsanlagen, eingerichtet werden würde. Die Notwendigkeit von unzähligen Einzelabrechnungen und Transferzahlungen der entsorgungspflichtigen Gebietskörperschaften würde entfallen. Neben der Fondsverwendung könnte somit auch die Fondsspeisung direkt vom Bund koordiniert werden.

6.5.3 Einzelwirtschaftliche Kostenoptimierungsstrategien

Wie bereits angesprochen wurde, sind im Rahmen der einzelwirtschaftlichen Kostenoptimierungsstrategien die fallspezifischen Kostensenkungspotentiale bei den einzelnen Entsorgungseinrichtungen auszuschöpfen. Hierdurch wird dem im Haushaltsrecht verankerten Gebot der Wirtschaftlichkeit und Sparsamkeit - d.h. dem ökonomischen Prinzip, das im Bereich der öffentlichen Abfallentsorgung aufgrund der gesetzlich definierten Pflichtaufgaben als "Minimalprinzip"[305] zu verstehen ist - Rechnung getragen.[306]

6.5.3.1 Controlling

Das hierzu erforderliche Instrumentarium wird als sog. Controlling bezeichnet. Dabei existiert allerdings keine eindeutige Begriffsdefinition.[307] Gemeinhin verbindet man mit "Controlling" eine Denkhaltung, wie ein Unternehmen (einzelwirtschaftlich) zu steuern bzw. zu führen ist. Da die Controllingidee der eines kybernetischen Systems entspricht, lassen sich als originäre Aufgabenbereiche die Planung und die Kontrolle des Betriebsablaufs benennen. Ein entsprechender Regelkreislauf mit Ausrichtung gemäß dem Minimalprinzip ist in *Abbildung 6.31* dargestellt.

Das Hauptaugenmerk liegt dabei auf dem durch unternehmens- und umfeldbezogene Störeinflüsse bedingten Abweichungsimpuls. Die Zielsetzung des Controlling besteht demnach darin,

- die Abweichung zwischen Zielvorgabe und -realisierung zu ermitteln und ent-

---

305 Das "Minimalprinzip" besagt, daß ein bestimmtes Produktionsergebnis mit dem geringstmöglichen Einsatz an Ressourcen hervorzubringen ist; vgl. etwa HANUSCH, H. / KUHN, T. (1994), S. 13.

306 Vgl. hierzu nochmals die Ausführungen in Kapitel 6.4.2.

307 Vgl. hierzu etwa COENENBERG, A.G. / BAUM, H.G. (1987), S. 1 ff.; HORVATH, P. (1991), S. 25 ff.; SERFLING, K. (1992), S. 16 ff..

sprechende Anpassungserfordernisse zu identifizieren,

- ausreichende Gegensteuerungszeiträume sicherzustellen,
- Impulse für die Beseitigung der Abweichung zu geben,
- Hilfestellungen bei der Zielaufgliederung hinsichtlich der Sollvorgaben zu leisten,
- eine zweckadäquate Planungsstruktur zu schaffen, den Planungsprozeß zu aktivieren sowie einheitliche Rahmendaten für die Planung vorzuhalten.[308]

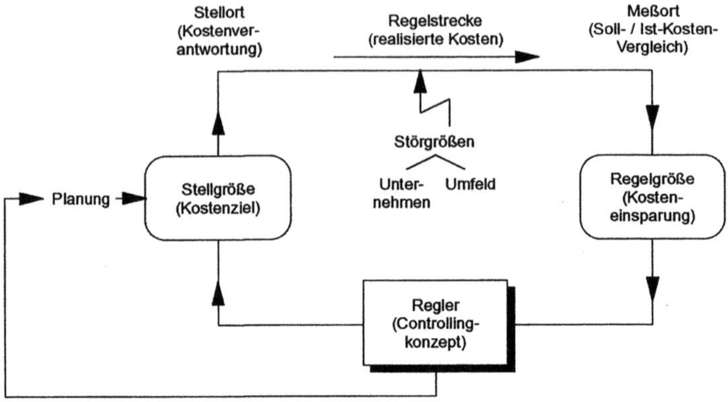

Abb. 6.31: Controlling als Regelkreislauf (in Anlehnung an: COENENBERG, A.G. / BAUM, H.G. (1987), S. 10)

Im Rahmen der bayernweiten Befragung (Empirie II) ließ sich ermitteln, daß dementsprechende Controllingmaßnahmen nur bedingt in den Entsorgungseinrichtungen zur Anwendung kommen. So gaben lediglich 28 von 85 antwortenden Entsorger (d.h. knapp 1/3) an, die Kostenrechnung über die Zwecke der Gebührenkalkulation hinaus für Wirtschaftlichkeits- und Planungsrechnungen einzusetzen (vgl. *Abb. 6.32*).

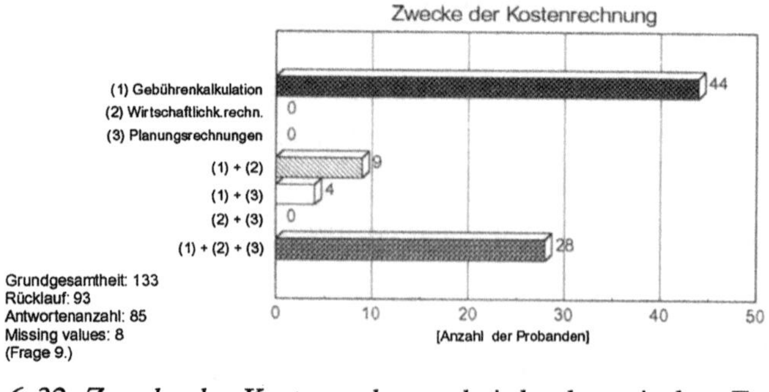

Abb. 6.32: Zwecke der Kostenrechnung bei den bayerischen Entsorgern

308 Vgl. COENENBERG, A.G. / BAUM, H.G. (1987), S. 11.

6.5.3.2 Entsorgungswirtschaftliche Controllingkonzepte

Im Zuge der seit geraumer Zeit voranschreitenden Entwicklung sog. neuer Steuerungsmodelle für den öffentlichen Sektor (Schlagworte: "Controlling statt Kameralistik", "Eigenverantwortung statt starrer Hierarchie", "Reduzierung klassischer Ämter alten Zuschnitts zugunsten autonomer Fachbetriebe"),[309] wurden im Schrifttum auch für den Bereich der öffentlichen Abfallentsorgung spezielle Controllingkonzepte vorgeschlagen.[310] Folgende typische Entscheidungssituationen, die einer entsprechenden kontinuierlichen oder fallweisen Planungs- und Kontrollunterstützung bedürfen, lassen sich für den Abfallbereich nennen:

- Effizienzbeurteilung der betrieblichen Abläufe;
- Projekt-Überwachung während der Planungs- und Bauphase von Entsorgungsanlagen;
- Auswahl der wirtschaftlichsten Investitionsalternative;
- Ermittlung des optimalen Ersatzzeitpunktes von Entsorgungsanlagen;
- Kontrolle des Auslastungsgrades von Entsorgungsanlagen;
- Aufgabenkritik und Änderung des entsorgungswirtschaftlichen Leistungsspektrums im Sinne eines "least-cost planning"[311];
- Auswahl der wirtschaftlichsten Organisations- und Verfahrensvariante zur Aufgabenerfüllung;
- "make or buy"-Entscheidungen, insbesondere in Hinblick auf die Generierung eines "Wettbewerbs um den Markt";
- Planung und Implementierung kostenminimaler interkommunaler Kooperationslösungen.

---

309 Vgl. KARRENBERG, H. / MÜNSTERMANN, E. (1996), S. 152. Zur mittlerweile umfangreichen Literatur vgl. etwa REINERMANN, H. (1984); VOLZ, J. (1989); WEBER, J. / TYLKOWSKI, O. (1990); BRÜGGEMEIER, M. (1991); MORATH, K. (1994); BERGER, M. (1995).

310 Vgl. insbesondere KGSt (1993 a); WÖBBEKING, K.H. (1995); WÖBBEKING, K.H. / FISCHER, T. / SCHMITT, C. (1995).

311 Das Konzept des "least-cost planning" ist ein betriebswirtschaftliches Planungsinstrument, in das volkswirtschaftliche Elemente integriert sind. Anwendung findet es primär im Bereich der Energieversorgung; vgl. hierzu etwa HENNICKE, P. (1991). Mitunter wird die Anwendbarkeit des "Minimalkosten-Konzepts" auch für den Bereich der Abfallentsorgung thematisisert. Mit Hilfe einer vergleichenden Bewertung sind hierbei im Einzelfall Kriterien zu entwickeln, die eine gesamthafte Kostenabwägung (d.h. sowohl der einzelwirtschaftlichen Kosten als auch der sozialen Zusatzkosten) zwischen Abfallvermeidungs- bzw. -verwertungsmaßnahmen einerseits und Abfallbeseitigungsmaßnahmen andererseits ermöglicht. Vgl. hierzu z.B. BÖHM, M. (1992), S. 95 f..

Für die Belange einer Wirtschaftlichkeitssteuerung werden als geeignete Controllingkonzepte sog. Kennzahlensysteme empfohlen.[312]

Nr.	Kennzahl	Vergleichswerte		
		Mittelwerte	Standard-abweichung	Betrachteter AWB
1.	Gesamtkosten DM/Ew DM/t (Gesamtabfallmenge)			
2.	von 1.: - Eigenbetrieb - beauftragte Dritte - Entsorgungsverbund			
4.	Kosten für Erfassung von Abfällen (ohne Verwaltungs-kostenumlage) DM/Ew DM/t (Abfallmenge)			
5.	von 4.: - Hausmüll (Restmüll) DM/t - Sperrmüll DM/t - hausmüllähnl. Gewerbeabf. DM/t - sonstige Abfälle DM/t			
6.	Kosten der Wertstofferfassung und -verwertung (ohne Verwaltungskostenumlage) DM(Ew DM/t (Wertstoffmenge)			
7.	von 6.: - Altpapier DM/t - Bioabfälle u. Grünschnitt DM/t - sonstige Werstoffe DM/t			
8.	Kosten der allgemeinen Verwaltung DM/Ew DM/t			
9.	anlagenbezogene Kosten: - Deponierung DM/t - anteilige Betriebskosten - Kapitalkosten - Kompostierung DM/t - Verbrennung DM/t - Bauschuttrecycling DM/t - sonst. Entsorgung/Verwert. DM/t			

Legende:
- AWB: Abfallwirtschaftsbetrieb
- Ew: Einwohner

Tab. 6.9: Kennzahlensystem für den interkommunalen Kostenvergleich (Quelle: WÖBBEKING, K.H. / FISCHER, T. / SCHMITT, C. (1995), S. 116)

Hierbei sind die Einzeldaten der Kostenrechnung (Kosten- und Mengendaten) zu geeigneten, logisch miteinander verknüpften Kennzahlen zu aggregieren. Dabei kann unterschieden werden zwischen absoluten Kennziffern (Einzelzahlen, Summen und Differenzen) und relativen Kennziffern (Beziehungen von mindestens zwei Werten zu-

312 Vgl. KGSt (1993 a), S. 31 ff.; WÖBBEKING, K.H. / FISCHER, T. / SCHMITT, C. (1995), S. 106 ff..

einander).[313] Im weiteren lassen sich die Kennzahlen zu innerbetrieblichen Soll/Ist- und Zeitvergleichen (sog. Abweichungsanalyse[314]) sowie zu interkommunalen und sonstigen zwischenbetrieblichen Vergleichen heranziehen, um eventuelle Unwirtschaftlichkeiten aufzudecken.[315] Für kostenbezogene Alternativen-Entscheidungen hingegen sind die jeweils "(entscheidungs-)relevanten Kosten" zu extrahieren und gegenüberzustellen. In *Tabelle 6.9* ist exemplarisch das von WÖBBEKING/FISCHER/SCHMITT empfohlene Kennzahlensystem dargestellt.

Als schwerwiegender Einwand gegen diese Controllingkonzeption läßt sich jedoch anbringen, daß im Abfallbereich aufgrund des derzeitigen Regulierungsdefizits weder die Leistungs- noch die Kostenseite normiert ist. Die dementsprechend in praxi auftretenden Divergenzen hinsichtlich der Kostenmengen und -werte bei den Entsorgern wurden ausführlich in Kapitel 4.2.2 aufgezeigt. Somit sind für die Belange des Controlling sowohl die Stell- als auch die Regelgrößen unterbestimmt (vgl. hierzu nochmals *Abb. 6.31*). Mithin stellt sich die Forderung, daß im Entsorgungssektor zunächst entsprechende Maßnahmen der Regulierung zu ergreifen sind. Hierzu sei nochmals auf die Ausführungen zum Norm-Kostenrechnungssystem für die Siedlungsabfallwirtschaft in Kapitel 5.2 verwiesen. Erst auf dieser Basis erweisen sich die beschriebenen Controllingkonzepte als zielführend.

---

313 Vgl. hierzu detailliert REICHMANN, T. (1995), S. 18 ff..

314 vgl. hierzu etwa COENENBERG, A.G. (1993), S. 370 ff..

315 Diese Art von Controlling wird für den erwerbswirtschaftlichen Bereich neuerdings unter dem Schlagwort "cost benchmarking" thematisiert; vgl. hierzu etwa HOFFJAN, A. (1995).

Kapitel 7: Zusammenfassung der Ergebnisse und Ausblick

In der vorliegenden Untersuchung wurde aufgezeigt, daß für den Bereich der öffentlichen Abfallentsorgung tendenziell alle gängigen Erscheinungsformen von Marktversagen und deren Folgeprobleme vorliegen, nämlich:

(1) Negative externe Effekte im Rahmen des Entsorgungsprozesses, vor allem auf der Wertschöpfungsstufe "unbehandelte Ablagerung";

(2) Erschöpfbare Ressourcen in Form beschränkter Deponiekapazitäten und -standortbedingungen;

(3) Gefahr von Marktmacht aufgrund der Bedingungen eines natürlichen Monopols, gekennzeichnet durch Unteilbarkeiten und steigende Skalenerträge;

(4) Kollektivgutcharakter der Abfallentsorgung in allen Wertschöpfungsbereichen mit Ausnahme der basalen Logistik;

(5) Problem einer adäquaten staatlichen Preisregulierung, basierend auf einer entsprechenden Kostenermittlung und -zurechnung.

Während sich die vier erstgenannten Problembereiche aufgrund der derzeitigen institutionellen und ordnungsrechtlichen Bedingungen gewissermaßen relativieren (zu (1): Kosteninternalisierung per staatlicher Bereitstellung der Entsorgungsleistungen und begleitender Umweltnormen, -abgaben, -subventionen und -haftungsregeln; zu (2): Überwindung der Ressourcenknappheit per Backstop-Technologie "thermische Abfallbehandlung"; zu (3) und (4): Monopolinstitutionalisierung in Form staatlicher Entsorgungsmonopole bzw. staatliche Bereitstellung der Entsorgungsleistungen - was sich jedoch im Rahmen des neuen KrW-/AbfG grundlegend ändern könnte), erweist sich gerade die Bepreisung in der Siedlungsabfallwirtschaft als unterreguliert. Die gebührenrechtlichen Bestimmungen sind in weiten Bereichen auslegbar oder unvollständig und überdies bundesweit außerordentlich heterogen (so etwa hinsichtlich der Wertbasis der kalkulatorischen Zinsen und Abschreibungen).

Im Rahmen von Einzelfallstudien vor Ort bei sechs ausgewählten entsorgungspflichtigen Gebietskörperschaften in Bayern (je drei "Deponierer" und "Verbrenner") ließ sich feststellen, daß die Abfallgebühren in der Regel keinen Indikator für die Entsorgungskosten darstellen. Allerdings existiert hierbei kein Referenzmaß, da sowohl die Leistungsseite und damit die Kostenentstehung als auch die Seite der Gebührenumlage aufgrund der geringen Regulierungsintensität von den Entsorgern nahezu beliebig gestaltbar sind. Im Rahmen einer bayernweiten Befragung der relevanten Entsorgungseinrichtungen (Grundgesamtheit 133 Stck., Rücklaufquote 70 %) ließ sich dieses Ergebnis in der großen Zahl bestätigen. Mit Hilfe von 61 Fragen bzw. Fragenkomplexen wurde ermittelt, in welcher Art und Weise bei den Entsorgern

- die Grundlagen der Kostenrechnung (u.a. Kalkulationsturnus, EDV-Unterstützung, Verwendung des Instruments BAB)
- die Abgrenzung bzw. der Ansatz neutraler und damit kostenfremder Positionen (u.a. perioden- und betriebsfremde sowie außerordentliche Positionen, Leerkosten),
- der Ansatz und die Ermittlung insbesondere kalkulatorischer Kostenarten (Abschreibungen, Zinsen, Rückstellungen, Wagnisse),
- die Internalisierung sozialer Zusatzkosten (u.a. per Technologie, Haftungsregeln, Gebührenlenkung) sowie
- die Gebührenumlage (u.a. Leistungsentbündelung, Maßstäbe und Tarifierung)

gegeben sind bzw. durchgeführt werden. Die hierbei festgestellte Bandbreite an Vorgehensweisen ist immens, was sich etwa in Gebührenspannen von 36 bis 900 DM/t für selbstangelieferte Restabfälle und somit in Gebührenunterschieden von bis zu rd. 2.500 % im Jahr 1994 bemerkbar macht. Bei derartigen Preisrelationen kommt dem Entsorgungspreis eine nicht unerhebliche Bedeutung als Standortfaktor zu.

Insofern empfiehlt sich als geeignete Problemlösung, im Rahmen einer "Allgemeinen abfallwirtschaftlichen Preisordnung" den Prozeß der Leistungserbringung und korrespondierenden Kostenentstehung, der Kalkulation der Kostenmengen und -werte und der Kostenumlage via Gebühren zu standardisieren. Hierzu wurden ein Norm-Kostenrechnungssystem für die Siedlungsabfallwirtschaft sowie begleitende institutionelle Rahmenbedingungen konzipiert, die den genannten Aspekten des Marktversagens - insbesondere den umweltpolitischen Belangen - Rechnung tragen.

Erst auf Basis eines Norm-Kostenrechnungssystems erweisen sich einzelwirtschaftliche Kostenoptimierungsstrategien, so etwa mittels interkommunaler Betriebsvergleiche zur Aufdeckung eventueller Unwirtschaftlichkeiten, als zielführend. In Hinblick auf eine sektorale Kostenoptimierung empfiehlt es sich, die positiven Effekte des natürlichen Monopols, d.h. die subadditivitätsbedingten Kostenvorteile zu nutzen. Hierzu sind die politisch-historisch vorgegebenen Gebietsgrenzen der Entsorgungsmonopole aufzugeben und stattdessen auf dem Wege interkommunaler Kooperationen oder per Zentralisierung kostenoptimale Anlagen- und Gebietsgrößen festzulegen. Für eine Effizienzverbesserung der Entsorgungsmonopole erweisen sich in Anbetracht der Marktmacht- und Kollektivgutproblematik nur differenzierte Privatisierungsstrategien als zweckdienlich. Aufgrund der geringen Marktaustrittsbarrieren läßt sich für die Wertschöpfungsstufen "Logistik" und "Verwertung" durch Ausschreibung und zeitlich befristete Vergabe ein "Wettbewerb um den Markt" generieren. Für die übrigen Wertschöpfungsstufen, so insbesondere für die EOP-Entsorgungmaßnahmen "Vorbehandlung" und "Ablagerung", ist aufgrund des Irreversibilitätsproblems das Investment grundsätzlich von den entsorgungspflichtigen Gebietskörperschaften vorzunehmen. Der Anlagenbetrieb hingegen steht einer Beauftragung Dritter per Dienstleistungs- oder Pachtmodell offen.

An einer Lösung der aufgezeigten Problematik in der Siedlungsabfallwirtschaft besteht nicht nur Interesse auf Landes-, sondern zwischenzeitlich auch auf Bundesebene. So wurde aufgrund einer Besprechung des Bundeskanzlers und der Regierungschefs der Länder zum Thema "Gebührenentwicklung im kommunalen Bereich" die länderübergreifende LAGA-ad hoc-Arbeitsgruppe "Gebührenentwicklung" gebildet. Dieser Arbeitsgruppe kommt die Aufgabe zu, entsprechende Forschungsprojekte und -ergebnisse in der Bundesrepublik Deutschland zu evaluieren, zu koordinieren und ggf. aufzugreifen und umzusetzen. Im Rahmen einer Arbeitsbesprechung der LAGA-ad hoc-Arbeitsgruppe "Gebührenentwicklung" am 18. September 1996 in Potsdam wurden vom Autor die grundlegenden Aspekte der vorliegenden Untersuchung und speziell die Notwendigkeit und die Konzeption eines Norm-Kostenrechnungssystems für die Siedlungsabfallwirtschaft vorgestellt. Die Ausführungen fanden allgemeine Anerkennung und Zustimmung. Insofern besteht berechtigte Hoffnung, daß die vorliegende Untersuchung nicht das Schicksal vieler anderer wissenschaftlicher Abhandlungen teilen muß, indem sie unbeachtet im Aktenschrank verschwindet, sondern vielmehr einen Beitrag für die Praxis liefern könnte.

Anhang I

Fragebogen

für eine empirische Untersuchung im Rahmen des Forschungsprojektes
"Neue Perspektiven in der Kostenerfassung, -optimierung und -umlage in der Abfallwirtschaft insbesondere in Bayern"

im Auftrag des

Bayerischen Staatsministeriums für Landesentwicklung und Umweltfragen,

mit Unterstützung der

Bayerischen Kommunalen Spitzenverbände,

bearbeitet durch das

Bayerische Institut für Abfallforschung (BIfA GmbH), Augsburg

Projektleiter: Prof. Dr. H.-G. Baum

Wissenschaftlicher Mitarbeiter: Dipl.oec. J. Cantner

November 1994

Bearbeitungshinweise:

1. Bitte beantworten Sie alle Fragen in der angegebenen Reihenfolge.

2. Für nahezu alle Fragen sind vorformulierte Antwortenalternativen angegeben. Bitte kreuzen Sie die für Sie zutreffende Antwort in dem dafür vorgesehenen Kästchen an: ☒

   Bei einigen Fragen ist auch - soweit angegeben - mehr als 1 Antwort möglich. Nichtzutreffende Antwortenalternativen lassen Sie bitte unausgefüllt.

3. Bitte antworten Sie so genau wie möglich. Beachten Sie, daß Sie anhand Ihrer Antworten nicht identifiziert werden können. Die Auswertung Ihrer Daten erfolgt ausschließlich in Durchschnittsform.

4. Bitte tragen Sie Ihre **Stichprobennummer**, die in unserem Anschreiben an Sie in der untersten Zeile angegeben ist, in folgendes Feld ein: ☐

5. Für eventuelle **Rückfragen** steht Ihnen **Herr Cantner** unter der Telefonnummer **0821/27083-33** zur Verfügung.

6. Bitte schicken Sie den Fragebogen **bis spätestens 5. Dezember 1994** formlos und ohne Angabe des Absenders an folgende Adresse:

   Bayerisches Institut für Abfallforschung (BIfA GmbH)
   z. Hd. Herrn J. Cantner
   Am Mittleren Moos 46B
   86167 Augsburg

Neue Perspektiven in der Kostenerfassung, -optimierung und -umlage in der Abfallwirtschaft insbesondere in Bayern *1*

1. In der jüngsten Vergangenheit wurden von der Gesetzgebung für den Bereich der öffentlichen Abfallwirtschaft umfangreiche Rechtsvorschriften erlassen. Hiernach sollen im Rahmen **integrierter Abfallentsorgungskonzepte** die Maßnahmen zur Abfallvermeidung, Schadstoffminimierung, stofflichen Abfallverwertung, Abfallbehandlung sowie Abfallablagerung unter ökologischen und ökonomischen Aspekten optimiert werden. Die entsorgungspflichtigen Gebietskörperschaften sowie ihre Zweckverbände und sonstigen Zusammenschlüsse sind mit der Aufgabe betraut, diese Vorgaben in erforderlichem Maße und innerhalb der gewährten Fristen umzusetzen.

Wünschen Sie sich für diese Aufgabenbewältigung eine **stärkere Unterstützung** in den folgenden Bereichen?

	trifft voll zu	trifft eher zu	trifft weniger zu	trifft nicht zu
- Hilfestellung bei der **Gebührenkalkulation und -umlage** in der Abfallwirtschaft	☐	☐	☐	☐
- Hilfestellung bei der Wahl der geeigneten **Rechts- und Organisationsform** für die Abfallwirtschaft	☐	☐	☐	☐
- Hilfestellung bei akut auftretenden **Entsorgungsengpässen** in der Abfallwirtschaft	☐	☐	☐	☐
- Sonstiges:	☐	☐	☐	☐

2. Sind Sie ...

☐ **Zweckverband** mit **unvollständiger** Aufgabenübertragung?

➡ Bitte weiter mit **Frage 6.** auf Seite 4!

☐ **Kommunaler Zusammenschluß** in privatrechtlicher Gesellschaftsform (z.B. GmbH)?

➡ Bitte weiter mit **Frage 6.** auf Seite 4!

☐ **Zweckverband** mit **vollständiger** Aufgabenübertragung?

☐ **kreisangehörige Gemeinde** mit (nahezu) vollständiger Aufgabenübertragung?

☐ **entsorgungspflichtige Gebietskörperschaft?**

3. In welchem Maße verfügen Sie über die in den folgenden Fragen 3.1 bis 3.10 aufgeführten **Entsorgungsmaßnahmen, -systeme und -anlagen** bzw. kann von Ihnen auf solche **dauerhaft** zurückgegriffen werden (z.B. im Rahmen eines kommunalen Zweckverbandes/Zusammenschlusses, per Aufgabenübertragung an kreisangehörige Gemeinden oder per Beauftragung Dritter)?

(Mehr als 1 Antwort möglich!)

3.1 Maßnahmen zur Abfallvermeidung:	ausreichend vorhanden	teilweise vorhanden	in Planung	bisher nicht
- Fachberatung der Abfallbesitzer („Abfallberatung") gemäß Art.3 Abs.4 BayAbfAlG	☐	☐	☐	☐
- Subventionierung privater Maßnahmen zur Abfallvermeidung gemäß Art.24 BayAbfAlG (z.B. Eigenkomposter-Zuschüsse)	☐	☐	☐	☐
- Sonstiges (z.B. Maßnahmen der öffentlichen Hand gemäß Art.2 BayAbfAlG):	☐	☐	☐	☐

3.2 **Systeme zur Getrennthaltung u. Getrenntsammlung** folgender Abfallfraktionen gemäß TASi Nr.5.2 und Art.4 Abs.1 BayAbfAIG:	ausreichend vorhanden	teilweise vorhanden	in Planung	bisher nicht
- Wertstoffe im Hausmüll (z.B. Glas, Papier, Metall)	☐	☐	☐	☐
- Bioabfälle	☐	☐	☐	☐
- wiederverwendbare und verwertbare Anteile von Sperrmüll	☐	☐	☐	☐
- Problemmüll aus Haushalten und Sondermüll	☐	☐	☐	☐
- Wertstoffe in hausmüllähnlichen Gewerbeabfällen (z.B. Glas, Papier, Metall)	☐	☐	☐	☐
- Grüngut	☐	☐	☐	☐
- verwertbare Anteile von Bauabfällen	☐	☐	☐	☐
- schadstoffbelastete Bauabfälle	☐	☐	☐	☐
- Sonstiges:	☐	☐	☐	☐

3.3 **Anlagen zur Sortierung** gemäß TASi Nr.5.2.1.1 und Nr.5.3 von:	ausreichend vorhanden	teilweise vorhanden	in Planung	bisher nicht
- Wertstoffen aus Hausmüll	☐	☐	☐	☐
- verwertbaren Anteilen aus hausmüllähnlichen Gewerbeabfällen	☐	☐	☐	☐
- verwertbaren Anteilen aus Baustellenabfällen	☐	☐	☐	☐

3.4 **Anlagen zur Aufbereitung von Bauabfällen** gemäß TASi Nr.5.3.2:	ausreichend vorhanden	teilweise vorhanden	in Planung	bisher nicht
	☐	☐	☐	☐

3.5 **Anlagen zur Aufbereitung von biologisch abbaubaren organischen Abfällen** gemäß TASi Nr.5.4, für:	ausreichend vorhanden	teilweise vorhanden	in Planung	bisher nicht
- Bioabfälle	☐	☐	☐	☐
- Grüngut	☐	☐	☐	☐
- Sonstiges:	☐	☐	☐	☐

3.6 In welchem Umfang führen Sie folgende Abfallfraktionen gemäß TASi Nr.4.1 einer **stofflichen Verwertung** zu?	ausreichend	teilweise	in Planung	bisher nicht
- Wertstoffe aus Hausmüll	☐	☐	☐	☐
- aufbereitete Bioabfälle	☐	☐	☐	☐
- verwertbarer Sperrmüll	☐	☐	☐	☐
- Wertstoffe aus hausmüllähnlichen Gewerbeabfällen	☐	☐	☐	☐
- Grüngut	☐	☐	☐	☐
- verwertbare Bauabfälle	☐	☐	☐	☐
- verwertbare Rückstände aus der thermischen Abfallbehandlung	☐	☐	☐	☐

3.7 Verfügbarkeit von **Anlagen zur thermischen Behandlung von Abfällen** gemäß TASi Nr.9.1 und Art.4 Abs.2 BayAbfAlG:	ausreichend vorhanden	teilweise vorhanden	in Planung	bisher nicht
	☐	☐	☐	☐

3.8 Falls für Sie thermische Behandlungsanlagen "ausreichend vorhanden" oder „teilweise vorhanden" sind, werden ...	ja	nein
- für die nichtverwertbaren Aschen und Schlacken die **Zuordnungswerte** gemäß TASi Anhang B erreicht?	☐	☐
- die **Vorgaben der 17. BImSchV** erfüllt?	☐	☐
- die **Abwärme** gemäß § 5 Abs.1 Nr.4 BImSchG und TASi Nr.9.1 genutzt?	☐	☐

3.9 Verfügbarkeit von **Anlagen zur Deponierung von Abfällen**:	ausreichend vorhanden	teilweise vorhanden	in Planung	bisher nicht
	☐	☐	☐	☐

3.10 Falls für Sie Deponierungsanlagen „ausreichend vorhanden" oder „teilweise vorhanden" sind, werden ...	bereits heute	noch nicht vollständig
- für die abzulagernden Abfälle die **Zuordnungskriterien** gemäß TASi Anhang B eingehalten?	☐	☐
- die **Standortanforderungen** gemäß TASi Nr.10.3 erfüllt?	☐	☐
- die **Errichtungs-, Stabilitäts- und Betriebsanforderungen** gemäß TASi Nr.10.4 bis 10.6 erfüllt?	☐	☐
- anfallende **Deponiegase** gemäß § 5 Abs.1 Nr.3 BImSchG und TASi Nr.10.6.5.2 u. Nr.11.2.1 f) verwertet?	☐	☐

➡ Falls **keine** Deponiegase anfallen, bitte hier ankreuzen: ☐

4. Wie groß ist Ihr **Entsorgungsgebiet?**

.... [km^2]

5. Wie hoch ist die **Einwohnerzahl** in Ihrem Entsorgungsgebiet?

.... [Anzahl]

6. In welcher **Rechts- und Organisationsform** werden Sie geführt?

- ☐ Regiebetrieb
- ☐ Eigenbetrieb
- ☐ GmbH

7. Führen Sie zur Erfüllung Ihrer Entsorgungsaufgaben **zusätzlich** eine oder mehrere Entsorgungseinrichtungen in privater Rechtsform, welche **den überwiegenden Teil** Ihrer Entsorgungsaufgaben wahrnehmen ? (Mehr als 1 Antwort möglich!)

☐ nein

	GmbH	GmbH & Co. KG	AG
☐ ja, und zwar **eine Eigengesellschaft** in der Rechtsform ...	☐	☐	☐
☐ ja, und zwar **mehrere Eigengesellschaften** in der (den) Rechtsform(en) ...	☐	☐	☐
☐ ja, und zwar **ein gemischt-wirtschaftliches Unternehmen** in der Rechtsform ...	☐	☐	☐
☐ ja, und zwar **mehrere gemischt-wirtschaftliche Unternehmen** in der (den) Rechtsform(en) ...	☐	☐	☐

➧ <u>Bearbeitungshinweis:</u>
Wenn Sie mit **"ja"** geantwortet haben, beziehen sich **alle weiteren Fragen (sofern zutreffend)** auf Ihre zusätzliche Entsorgungseinrichtung in privater Rechtsform. Falls Sie **mehrere** zusätzliche Entsorgungseinrichtungen in privater Rechtsform führen, beziehen sich die Fragen auf diejenige Entsorgungseinrichtung, die Ihrer Meinung nach **den bedeutendsten Aufgabenteil** erfüllt.

8. Welche **Art des Rechnungswesens** praktizieren Sie in Ihrer Entsorgungseinrichtung? (Mehr als 1 Antwort möglich!)

- ☐ Kameralistik
- ☐ Erweiterte Kameralistik (Kameralistik und zusätzliche betriebswirtschaftliche Kostenrechnung)
- ☐ Kaufmännisches Rechnungswesen

9. Für welche **Zwecke** führen Sie Kostenrechnungen durch? (Mehr als 1 Antwort möglich!)

- ☐ Kostenermittlung für die Gebührenkalkulation
- ☐ Wirtschaftlichkeitsrechnungen
- ☐ Planungsrechnungen

10. **Wie oft** ermitteln Sie die Kosten, um zu überprüfen, ob eine Gebührenanpassung notwendig ist?

- ☐ unterjährig
- ☐ jährlich
- ☐ in mehrjährigem Abstand
- ☐ nur bei Bedarf

	ja	nein
11. Führen Sie die Kostenermittlung und Gebührenkalkulation mittels **computergestützter Tabellenkalkulation** oder vergleichbarer EDV-Unterstützung durch?	☐	☐
12. Erstellen Sie für die im Rahmen der Kostenermittlung durchzuführende Kostenstellenrechnung einen **Betriebsabrechnungsbogen** (= tabellarische Kostenstellenrechnung)?	☐	☐

13. Gliedern Sie für die Kostenermittlung die folgenden neutralen Einnahme- und Ausgabepositionen aus?	voll-ständig	über-wiegend	gering-fügig	nicht
- **Zeitraumfremde** Einnahmen oder Ausgaben (z.B. Vorauszahlungen von Versicherungsprämien oder Lohnnachzahlungen eines vorhergehenden Jahres)	☐	☐	☐	☐
- **Außerordentliche** Einnahmen oder Ausgaben (z.B. vorzeitiger Verschleiß von Anlagegütern)	☐	☐	☐	☐
- **Betriebsfremde** Einnahmen oder Ausgaben (z.B. Ausgaben für die Entsorgung von „wilden" Abfallablagerungen oder Ausgaben für Leistungen, die für andere Verwaltungseinheiten erbracht wurden)	☐	☐	☐	☐

14. Berücksichtigen Sie in Ihrer Kostenermittlung Kosten für Leistungen, die **von anderen Verwaltungseinheiten** für Ihre Entsorgungswirtschaft erbracht werden?	voll-ständig	über-wiegend	gering-fügig	nicht
	☐	☐	☐	☐

15. Führen Sie **Anlagennachweise**, anhand derer Sie die Kosten des Anlagevermögens (= Vermögenshaushalt) ermitteln?

- ☐ ja, nach den Vorgaben der VV-Mu-KommHV
- ☐ ja, in vereinfachter Form
- ☐ nein ➡ Bitte weiter mit **Frage 18.** auf Seite 6!

16. Lassen Sie Ihre Anlagennachweise von einer **externen Einrichtung** (z.B. der AKDB) erstellen?

- ☐ ja
- ☐ nein ➡ Bitte weiter mit **Frage 18.** auf Seite 6!

17. Stellt Ihnen die externe Einrichtung (vgl. Frage 16.) die Daten so spät zur Verfügung, daß Sie für die Gebührenkalkulation die **Anlagewerte des Vorjahres** zugrundelegen müssen?

- ☐ ja
- ☐ nein

18. Welches **Verfahren** verwenden Sie **zur Ermittlung der (zeitabhängigen) Abschreibungskosten** für das Anlagevermögen?

- ☐ lineare Abschreibung
- ☐ degressive Abschreibung
- ☐ Sonstiges: ....

19. Welche **Nutzungsdauern** legen Sie dabei für die abzuschreibenden Anlagegüter bzw. für die Ermittlung der Abschreibungssätze zugrunde? (Mehr als 1 Antwort möglich!)

- ☐ Werte aus amtlichen AfA-Tabellen
- ☐ Werte gemäß eigener Schätzungen
- ☐ Werte gemäß Schätzungen externer Einrichtungen (z.B. Ingenieurbüro)

20. Falls die tatsächliche Nutzungsdauer eines Anlagegutes **kürzer** ist als die ursprünglich veranschlagte, setzen Sie dann weiterhin Abschreibungskosten an, bis das Anlagegut über die Abschreibungen vollständig refinanziert ist?

- ☐ ja
- ☐ nein

21. Falls der entgegengesetzte Fall eintritt (vgl. Frage 20.) und das Anlagegut über die ursprünglich angesetzte Nutzungsdauer hinaus verwendet werden kann, setzen Sie dann **zusätzliche** Abschreibungen bis an das tatsächliche Nutzungsende an?

- ☐ ja
- ☐ nein

22. Schreiben Sie **„geringwertige Wirtschaftsgüter"** im Jahr des Zugangs vollständig ab?

- ☐ generell
- ☐ fallweise
- ☐ nein

➡ <u>Erläuterung:</u> Geringwertige Wirtschaftsgüter sind abnutzbare und selbständig nutzungsfähige Güter, deren Anschaffungskosten 800,- DM nicht übersteigen (z.B. Tischrechner, Schreibtischlampe oder Werkzeug).

23. Nehmen Sie auch sogenannte **leistungsabhängige Abschreibungen** vor, die sich am Umfang der Beanspruchung des jeweiligen Anlagegutes orientieren?

- ☐ ja, z.B. für: ....
- ☐ nein

24. Setzen Sie für **Deponiegrundstücke**, die sich im Eigentum Ihrer Entsorgungseinrichtung befinden und derzeit genutzt werden, Abschreibungskosten an?

- ☐ ja
- ☐ nein ➧ Bitte weiter mit **Frage 26.** auf Seite 7!

25. Welchen **Restnutzungswert** legen Sie dem Deponiegrundstück dabei zugrunde?

- ☐ keinen, d.h. 0,- DM
- ☐ größer als 0,- DM, weil die Deponiefläche nach der Deponierekultivierung als .... weiterverwendet werden kann.

26. Erhalten Sie für die Finanzierung Ihrer Entsorgungseinrichtungen **Subventionen?** (Mehr als 1 Antwort möglich!)

- ☐ nein ➧ Bitte weiter mit **Frage 28.** auf Seite 7!
- ☐ Zuweisungen
- ☐ zinsverbilligte Darlehen
- ☐ Sonstiges: ....

27. Um wieviel Prozent wären Ihre **jährlichen Gesamtkosten** höher, wenn Sie **keine** Subventionen erhalten würden?

- ☐ < 10 Prozent
- ☐ 10 - 20 Prozent
- ☐ 20 - 30 Prozent
- ☐ 40 - 50 Prozent
- ☐ > 50 Prozent

28. Welches **Verfahren** verwenden Sie **zur Ermittlung der kalkulatorischen Zinskosten** für das Anlagevermögen?

- ☐ Durchschnitts-Methode (= Halbwert-Methode)
- ☐ Restwert-Methode
- ☐ verfeinerte Restwert-Methode
- ☐ Sonstiges: ....

➧ Hinweis: Die genannten Zinsermittlungsverfahren sind im **Anhang auf Seite 15** näher erläutert, da sie in der Literatur zum Teil unterschiedlich benannt werden!

29. Der **kalkulatorische Zinssatz** beträgt dabei .... Prozent.

30. Wie hoch schätzen Sie den **Anteil der kalkulatorischen Kapitaldienstkosten**, d.h. der Summe der kalkulatorischen Zinskosten und Abschreibungskosten, **an Ihren jährlichen Gesamtkosten** ein?

- ☐ < 20 Prozent
- ☐ 20 - 40 Prozent
- ☐ 40 - 60 Prozent
- ☐ > 60 Prozent

31. Setzen Sie für zukünftige Ausgaben, deren Verursachung in der aktuellen Rechnungsperiode liegt, **kalkulatorische Rückstellungskosten** an? (Mehr als 1 Anwort möglich!)

- ☐ nein ➧ Bitte weiter mit **Frage 36.** auf Seite 8!
- ☐ Rückstellungskosten für zukünftige Deponienachsorge
- ☐ sonstige Rückstellungskosten, z.B. für: ....

32. Nach welcher **Maßgabe** setzen Sie die Kostenwerte für diese Rückstellungen an? (Mehr als 1 Antwort möglich!)

- ☐ gemäß Schätzungen
- ☐ gemäß eigener Berechnungen
- ☐ gemäß Berechnungen externer Einrichtungen (z.B. Ingenieurbüro)

33. Berücksichtigen Sie bei der Ermittlung der Rückstellungskosten die **Zinseffekte**, die bei mehrperiodiger Betrachtung auftreten?

- ☐ ja
- ☐ nein

34. Welche **Nachsorgedauer** legen Sie bei der Ermittlung der Rückstellungskosten für die Deponienachsorge zugrunde?

- ☐ kürzer als 20 Jahre
- ☐ zwischen 20 und 50 Jahren
- ☐ länger als 50 Jahre

35. Wie hoch schätzen Sie den **Anteil der Rückstellungskosten an Ihren jährlichen Gesamtkosten** ein?

- ☐ < 20 Prozent
- ☐ 20 - 40 Prozent
- ☐ 40 - 60 Prozent
- ☐ > 60 Prozent

36. Setzen Sie **kalkulatorische Wagniskosten** an, um Auswirkungen außerordentlicher Geschehnisse aus der Kostenermittlung herauszuhalten?

- ☐ nein
- ☐ ja, und zwar - sofern nicht durch Versicherungen abgedeckt - für folgende Wagnisse:

	Ansatz von Wagniskosten	durch Versicherungen abgedeckt
- technische Störungen von Anlagegütern	☐	☐
- technisches Veralten von Anlagegütern	☐	☐
- Zerstörung von Anlagegütern durch Katastrophen	☐	☐
- Prognoseabweichungen der Nutzungsdauer von Anlagegütern	☐	☐

	Ansatz von Wagniskosten	durch Versicherungen abgedeckt
- Gefährdungshaftung nach UmweltHG	☐	☐
- Gefährdungshaftung nach WHG	☐	☐
- potentielle Verpflichtungen zur Altlastensanierung von derzeit in Betrieb befindlichen Entsorgungsanlagen	☐	☐
- Sonstiges:	☐	☐

37. Setzen Sie Kosten an ...

	ja	nein
- für **Entschädigungszahlungen**, welche belästigten Anwohnern in der Nähe Ihrer Entsorgungsanlagen gewährt werden?	☐	☐
- für die **Sanierung von aktuellen Altlasten**?	☐	☐

38. Sind für Ihre eigenen Entsorgungsmaßnahmen, -systeme und -anlagen **Ausgaben für Eingriffsausgleich, Ersatzmaßnahmen oder Erstattungen** nach Maßgabe des **Art.6a BayNatSchG** angefallen (z.B. Erwerb von Grundstücksflächen mit Biotopen)?

☐ ja
☐ nein ➡ Bitte weiter mit **Frage 40.** auf Seite 9!

39. In welcher Weise haben Sie die hierfür angefallenen Ausgaben als Kosten angesetzt?

☐ Die Ausgaben wurden **vollständig als Kosten in der Rechnungsperiode des Ausgabenanfalls** angesetzt.

☐ Die Ausgaben wurden **als Kostenanteile über die gesamte Nutzungsdauer** der Entsorgungsmaßnahmen, -systeme bzw. -anlagen gleichmäßig verteilt.

☐ Sonstiges: ....

40. Falls Sie bei Ihren **eigenen** Entsorgungsanlagen eine **Energierückgewinnung** gemäß § 5 Abs.1 Nr.3 u. Nr.4 BImSchG durchführen: **Decken die Energieerlöse die Teilkosten der Energierückgewinnung**, wenn mögliche Anlagensubventionen bei diesem Vergleich außer Acht gelassen werden?

	ja	zur Zeit noch	nein
- thermische Behandlungsanlage	☐	☐	☐
- Anlagen zur Abfalldeponierung	☐	☐	☐

➡ Falls Sie **keine Energierückgewinnung**, durchführen, bitte hier ankreuzen: ☐

41. Welches **Abfallaufkommen** in Gewichtstonnen wurde im Zeitraum 1989 bis 1993 in Ihren **eigenen** Entsorgungsanlagen durchgesetzt bzw. abgelagert?

	1989	1991	1993
- thermische Behandlungsanlage	.... [t]	.... [t]	.... [t]
- Reststoffdeponie	.... [t]	.... [t]	.... [t]
- Hausmülldeponie	.... [t]	.... [t]	.... [t]

➡ <u>Hinweis:</u> Rechnen Sie bitte Volumenmengen in Gewichtsmengen um, sofern Ihnen in den jeweiligen Jahren keine Waage zur Gewichtsermittlung zur Verfügung stand! Verwenden Sie dabei bitte aus Gründen der Vergleichbarkeit folgende Umrechnungsvorschrift: **1 [m³] = 1,25 [t]**.

➡ Falls Sie über **keine eigene** der drei genannten Entsorgungsanlagen verfügen, bitte hier ankreuzen: ☐

42. Welche **Anteile** des von Ihnen in Frage 41. angegebenen Abfallaufkommens entfallen auf ...

	1989	1991	1993
- **abgeholten Hausmüll?**	.... [%]	.... [%]	.... [%]
- **selbstangelieferten Hausmüll bzw. hausmüllähnliche Gewerbeabfälle?**	.... [%]	.... [%]	.... [%]

43. Wieviele **Personen** beschäftigten Sie im Zeitraum 1989 bis 1993 in Ihren **eigenen** Entsorgungsanlagen?

	1989	1991	1993
- thermische Behandlungsanlage	....	....	....
- Reststoffdeponie	....	....	....
- Hausmülldeponie	....	....	....

➡ Falls Sie über **keine eigene** der drei genannten Entsorgungsanlagen verfügen, bitte hier ankreuzen: ☐

44. Für Ihre **eigene thermische Behandlungsanlage** betrug im Zeitraum 1989 bis 1993 (in Gewichtstonnen pro Jahr) ...

	1989	1991	1993
- die **theoretisch maximale Kapazität**:	.... [t/a]	.... [t/a]	.... [t/a]
- die **verfügbare Kapazität**:	.... [t/a]	.... [t/a]	.... [t/a]

➡ Falls Sie über **keine eigene** thermische Behandlungsanlage verfügen, bitte hier ankreuzen: ☐

45. Wie bauen Sie bei Ihren **eigenen Deponien** die insgesamt verfügbare Deponiefläche aus?

	Hausmülldeponie	Reststoffdeponie	Bauschuttdeponie
- **abschnittsweiser Ausbau** mit geplanter Abschnitts-Verfüllungsperiode von **1 Jahr**	☐	☐	☐
- **abschnittsweiser Ausbau** mit geplanter Abschnitts-Verfüllungsperiode von **2 Jahren**	☐	☐	☐
- **abschnittsweiser Ausbau** mit geplanter Abschnitts-Verfüllungsperiode von **mehr als 2 Jahren**	☐	☐	☐
- **Komplettausbau**	☐	☐	☐

➡ Falls Sie über **keine eigene** der drei genannten Deponiearten verfügen, bitte hier ankreuzen: ☐

46. Mit welcher **Entwicklung** rechnen Sie zukünftig bezüglich der in Ihren **eigenen** Entsorgungsanlagen zu behandelnden bzw. abzulagernden **Abfallmengen**?

- ☐ sinkend
- ☐ gleichbleibend
- ☐ steigend

➧ Falls Sie über **keine eigenen** Entsorgungsanlagen verfügen, bitte hier ankreuzen: ☐

47. Erheben Sie für folgende Abfallfraktionen - falls sie im Rahmen Ihres Abfallwirtschaftssystems entsorgt werden - eine **eigenständige Gebühr bzw. Verbandsumlage**, oder werden deren Kosten ...

Fall 1: ... in die Gebühr/Verbandsumlage für **eingesammelten Hausmüll einkalkuliert?**

und/oder

Fall 2: ... in die Gebühr für **Selbstanlieferer** von Hausmüll bzw. von hausmüllähnlichen Gewerbeabfällen **einkalkuliert?**

	eigene Gebühr	Fall 1	Fall 2
- Wertstoffe aus Hausmüll im Bring- oder Holsystem	☐	☐	☐
- selbstangelieferte Wertstoffe im Hausmüll	☐	☐	☐
- Bioabfälle im Bring- oder Holsystem	☐	☐	☐
- selbstangelieferte Bioabfälle	☐	☐	☐
- Sperrmüll im Bring- oder Holsystem	☐	☐	☐
- selbstangelieferter Sperrmüll	☐	☐	☐
- Problemmüll aus Haushalten	☐	☐	☐
- Sondermüll	☐	☐	☐
- Wertstoffe aus Gewerbeabfällen	☐	☐	☐
- nichtbrennbare hausmüllähnliche Gewerbeabfälle	☐	☐	☐
- Grüngut im Bring- oder Holsystem	☐	☐	☐
- selbstangeliefertes Grüngut	☐	☐	☐
- Bauabfälle	☐	☐	☐
- Sonstiges:	☐	☐	☐

➧ Falls bei Ihnen **keine** dieser Abfallfraktionen entsorgt wird, bitte hier ankreuzen: ☐

48. Welche **Bestandteile** enthält die Gebühr bzw. Verbandsumlage ...

	Grundgebühr	Leistungsgebühr	Mindestgebühr	keine
- für abgeholten Hausmüll?	☐	☐	☐	☐
- für Selbstanlieferer von Hausmüll bzw. hausmüllähnlichen Gewerbeabfällen?	☐	☐	☐	☐

(Mehr als 1 Antwort möglich!)

➧ Hinweis: Die genannten Gebührenbestandteile sind im **Anhang auf Seite 15** näher erläutert!

49. Erheben Sie neben Gebühren bzw. Verbandsumlagen auch **Beiträge?**

- ☐ ja
- ☐ nein

50. Welche **Gebührenmaßstäbe** legen Sie der Gebühr bzw. Verbandsumlage **für abgeholten Hausmüll** zugrunde? (Mehr als 1 Anwort möglich!)

- ☐ Personenmaßstab
- ☐ Haushaltsmaßstab
- ☐ Grundstücksmaßstab
- ☐ Volumen des Abfallbehältnisses
- ☐ Gewicht des (befüllten) Abfallbehältnisses
- ☐ Anzahl der Abfallbehältnisse
- ☐ Anzahl der Abfuhren
- ☐ Sonstiges: ....

51. In welchem **Turnus** wird bei Ihnen der Hausmüll abgeholt? (Mehr als 1 Antwort möglich!)

- ☐ wöchentlich
- ☐ 14-tägig
- ☐ Sonstiges (z.B. Wertmarkensystem): ....

52. Falls Sie in ihrem Entsorgungsgebiet den Hausmüll **sowohl wöchentlich als auch 14-tägig** abholen lassen: **Wie hoch** ist die Hausmüllgebühr bzw. die entsprechende Verbandsumlage **bei wöchentlicher Abfuhr** gegenüber derjenigen bei 14-tägiger Abfuhr?

- ☐ weniger als doppelt so hoch
- ☐ doppelt so hoch
- ☐ mehr als doppelt so hoch

53. Welche **Gebührenmaßstäbe** legen Sie der Gebühr **für Selbstanlieferer** von Hausmüll bzw. hausmüllähnlichen Gewerbeabfällen zugrunde? (Mehr als 1 Antwort möglich!)

- ☐ Volumen des Abfalls
- ☐ Gewicht des Abfalls
- ☐ zusätzlicher Sortieraufwand für Wertstoffabtrennung
- ☐ zusätzlicher Behandlungsaufwand
- ☐ Leichtstoff-Zuschlag
- ☐ Sonstiges: ....

54. Setzen Sie **Lenkungsanreize** für abfallvermeidendes Verhalten?

	ja	nein
- **Gebühren-/Verbandsumlagen-Zuschläge** für bestimmte Abfallfraktionen	☐	☐
- **Gebühren-/Verbandsumlagen-Abschläge** für bestimmte Abfallfraktionen	☐	☐
- **Investitionszuschüsse** gemäß Art.24 BayAbfAIG (z.B. Zuschüsse für Eigenkompostierer)	☐	☐

55. Erheben Sie **Gebühren-/Verbandsumlagenzuschläge** für zunehmend **knapper** werdenden Deponieraum?

- ☐ ja
- ☐ nein ➧ Bitte weiter mit **Frage 57.** auf Seite 13!

56. **Steigern** Sie diese „Knappheits-Zuschläge" von Rechnungsperiode zu Rechnungsperiode entsprechend des zur Neige gehenden Deponievolumens?

- ☐ ja
- ☐ nein

57. Wie sind die Gebühren-/Verbandsumlagensätze **nach Mengenanfall tarifiert** ...

	linear	pro-gressiv	re-gressiv	ge-mischt
- für abgeholten Hausmüll?	☐	☐	☐	☐
- für Selbstanlieferer von Hausmüll bzw. hausmüllähnlichen Gewerbeabfällen?	☐	☐	☐	☐

58. Wie hoch waren die **Abfallgebühren** in DM pro Gewichtstonne im Zeitraum 1989 bis 1994 **für selbstangelieferten Hausmüll und hausmüllähnliche Gewerbeabfälle?**

1989: .... [DM/t]

1991: .... [DM/t]

1993: .... [DM/t]

1994: .... [DM/t]

➧ Hinweis: Rechnen Sie bitte DM/Volumenmengen in DM/Gewichtsmengen um, sofern Ihnen in den jeweiligen Jahren keine Waage zur Gewichtsermittlung zur Verfügung stand! Verwenden Sie dabei bitte aus Gründen der Vergleichbarkeit folgende Umrechnungsvorschrift:
1 [m^3] = 1,25 [t], das heißt **1 [DM/m^3] = 0,8 [DM/t]**.

59. Wie schätzen Sie die **zukünftige Entwicklung** Ihrer **Abfallgebühren** ein ...

	sinkend	gleich-bleibend	steigend
- für abgeholten Hausmüll?	☐	☐	☐
- für selbstangelieferten Hausmüll und hausmüllähnliche Gewerbeabfälle?	☐	☐	☐

60. Planen Sie eine **Sondersteuer** zum Anreiz zur Abfallvermeidung einzuführen (z.B. eine kommunale Verpackungssteuer für die Verwendung von Einwegverpackungen und -geschirr)?

- ☐ ja
- ☐ noch unschlüssig
- ☐ nein

61. Inwieweit treffen **Ihrer Meinung nach** die folgenden **Aussagen** auf Ihre Gebietskörperschaft bzw. Ihr Entsorgungsgebiet zu?

	trifft voll zu	trifft eher zu	trifft weniger zu	trifft nicht zu
- In der Bevölkerung werden **Anlagen zur thermischen Abfallbehandlung** nicht akzeptiert.	☐	☐	☐	☐
- In der Bevölkerung werden **Anlagen zur Abfalldeponierung** nicht akzeptiert.	☐	☐	☐	☐
- In der Bevölkerung wird die **Entsorgung von gebietsfremdem Abfall** nicht akzeptiert.	☐	☐	☐	☐
- Die Bevölkerung wünscht sich **andere, derzeit gesetzlich nicht zugelassene Entsorgungstechnologien.**	☐	☐	☐	☐
- **Erhöhungen der Abfallgebühren** werden von den Gebührenschuldnern nicht akzeptiert.	☐	☐	☐	☐
- Geologisch und hydrogeologisch geeignete **Standorte für Abfalldeponien** sind nicht vorhanden.	☐	☐	☐	☐
- **Märkte für verwertbare Abfälle** sind nicht vorhanden oder können nicht geschaffen werden.	☐	☐	☐	☐
- Die **Kooperationsbereitschaft zwischen den Gebietskörperschaften** bei der Aufgabenerfüllung in der Abfallwirtschaft ist ungenügend.	☐	☐	☐	☐
- Die **Wissenschaft** liefert den entsorgungspflichtigen Gebietskörperschaften derzeit **keinen gesicherten Kenntnisstand** hinsichtlich ökologisch und ökonomisch optimaler Entsorgungstechnologien.	☐	☐	☐	☐
- Der **Zeitbedarf von Planungs- und Genehmigungsverfahren** für Entsorgungsanlagen ist zu hoch.	☐	☐	☐	☐
- Bei uns bestehen **Hindernisse im politischen Entscheidungsprozeß** für die Errichtung von Entsorgungsanlagen.	☐	☐	☐	☐
- Die **finanzielle Belastbarkeit des öffentlichen Haushalts** hat ihre Grenzen erreicht.	☐	☐	☐	☐

Der Fragebogen ist nun zu Ende.

Wir danken Ihnen vielmals für Ihre Bemühungen und Ihre Unterstützung!

Anhang

Verfahren zur Ermittlung der kalkulatorischen Zinskosten:

1. Durchschnitts-Methode (= Halbwert-Methode):

$$\text{kalkulatorische Zinskosten} = \frac{\text{Anschaffungswerte}}{2} \cdot \frac{\text{kalkulatorischer Zinssatz}}{100}$$

2. Restwert-Methode:

$$\text{kalkulatorische Zinskosten} = \text{Restbuchwerte} \cdot \frac{\text{kalkulatorischer Zinssatz}}{100}$$

3. verfeinerte Restwert-Methode:

$$\text{kalkulatorische Zinskosten} = \frac{(\text{Restbuchwerte zu Periodenanfang} + \text{Restbuchwerte zu Periodenende})}{2} \cdot \frac{\text{kalkulatorischer Zinssatz}}{100}$$

Gebührenbestandteile:

1. Grundgebühr:

   In jeder Entsorgungseinrichtung entstehen Kosten, die unabhängig von den zu entsorgenden Abfallmengen anfallen (z.B. kalkulatorische Abschreibungen und Zinsen). Diese sogenannten **Fixkosten** können mithilfe einer **Grundgebühr** gleichmäßig auf die Abfallproduzenten umgelegt werden. Die Grundgebühr wird folglich für die Inanspruchnahme der **Leistungsbereitschaft** der Entsorgungseinrichtung erhoben.

2. Leistungsgebühr (= Zusatz-, Verbrauchs- oder Arbeitsgebühr):

   Für die Entsorgungseinrichtungen entstehen darüber hinaus auch Kosten, die unmittelbar für die jeweils zu entsorgenden Abfallmengen der Abfallproduzenten anfallen (z.B. Treibstoffkosten beim Abfalltransport). Diese sogenannten **variablen Kosten** können auf die Abfallproduzenten mithilfe einer **Leistungsgebühr** umgelegt werden. Die Leistungsgebühr wird somit für die **tatsächliche Benutzung** der Entsorgungseinrichtung erhoben.

   Leistungsgebühr und Grundgebühr werden **stets in Kombination** erhoben.

3. Mindestgebühr:

   Die **Mindestgebühr** dient der **Vereinfachung der Gebührenerhebung**. So könnte beispielsweise für Hausmüll, der mittels PKW selbstangeliefert wird, eine pauschale Mindestgebühr erhoben werden. Erst bei größeren Anliefermengen würde der Abfall verwogen und eine dem Gewicht entsprechende Gebühr verrechnet werden.

Anhang II, Fall (a)

Vorsteuerberichtigung:

Kalkulatorische Abschreibungen und Zinsen für umsatzsteuerpflichtig erworbene abnutzbare Anlagegüter

<u>**Annahme:**</u> **Einführung der USt-Pflicht im Entsorgungssektor zum 1.1. des aktuellen Rechnungsjahres**

mit

AW Anschaffungswert des abnutzbaren Anlagegutes

AJ Anschaffungsjahr des abnutzbaren Anlagegutes; Annahme: Beschaffung erfolgt zum 1.1. des **AJ**

AJ* „kritisches" Anschaffungsjahr bei Variante 2, ab dem für das abnutzbare Anlagegut eine Vorsteuerabzugberechtigung gewährt wird

ND Nutzungsdauer des abnutzbaren Anlagegutes

D Anzahl der bereits realisierten Nutzungsjahre (ohne aktuelle Rechnungsperiode) des abnutzbaren Anlagegutes; **D** = aktuelles Rechnungsjahr - **AJ** ; **D** ≤ **ND**

B Vorsteuerberichtigungszeitraum des abnutzbaren Anlagegutes bei Variante 2, sofern **AJ*** ≤ **AJ** < aktuelles Rechnungsjahr; **B** = min(5; **ND**) bzw. **B** = min(10; **ND**) bei Grundstücken und ihren wesentlichen Bestandteilen, grundstücksgleichen Rechten und Gebäuden auf fremden Grund und Boden

E Anzahl der nichtvorsteuerberichtigbaren Jahre des abnutzbaren Anlagegutes bei Variante 2, sofern **AJ*** ≤ **AJ** < aktuelles Rechnungsjahr

F Anzahl der nichtvorsteuerberichtigbaren Jahre des abnutzbaren Anlagegutes bei Variante 3 **F** = aktuelles Rechnungsjahr ./. **AJ**; Vorsteuerberichtigungszeitraum = **ND**

i kalkulatorischer Zinssatz

u Umsatzsteuersatz

gilt:

Variante 1, keine Billigkeitsregelung:

(1) für abnutzbare Anlagegüter mit AJ = aktuelles Rechnungsjahr (Neu-Investitionen)

kalkulatorische (lineare) Abschreibungen:

$$a = AW \cdot \frac{1}{1+u} \cdot \frac{1}{ND}$$

kalk. Zinsen nach der Durchschnittswertmethode:

$$z = AW \cdot \frac{1}{1+u} \cdot \frac{i}{2}$$

kalk. Zinsen nach der normalen Restwertmethode:

$$z = \left(AW \cdot \frac{1}{1+u} - D \cdot a \right) \cdot i$$

kalk. Zinsen nach der verfeinerten Restwertmethode:

$$z = \left(2 \cdot AW \cdot \frac{1}{1+u} - D \cdot a - (D+1) \cdot a \right) \cdot \frac{i}{2}$$

(2) für abnutzbare Anlagegüter mit AJ < aktuelles Rechnungsjahr (Alt-Investitionen)

kalkulatorische (lineare) Abschreibungen:

$$a = \frac{AW}{ND}$$

kalkulatorische Zinsen nach Durchschnittswertmethode:

$$z = AW \cdot \frac{i}{2}$$

kalkulatorische Zinsen nach der normalen Restwertmethode:

$$z = (AW - D \cdot a) \cdot i$$

kalkulatorische Zinsen nach der verfeinerten Restwertmethode:

$$z = (2 \cdot AW - D \cdot a - (D+1) \cdot a) \cdot \frac{i}{2}$$

Variante 2, „Billigkeitsregelung analog § 15a Abs. 1 UStG":

(1) für abnutzbare Anlagegüter mit AJ = aktuelles Rechnungsjahr (Neu-Investitionen)

kalkulatorische (lineare) Abschreibungen:

$$a = AW \cdot \frac{1}{1+u} \cdot \frac{1}{ND}$$

kalkulatorische Zinsen nach der Durchschnittswertmethode:

$$z = AW \cdot \frac{1}{1+u} \cdot \frac{i}{2}$$

kalkulatorische Zinsen nach der normalen Restwertmethode:

$$z = \left(AW \cdot \frac{1}{1+u} - D \cdot a \right) \cdot i$$

kalkulatorische Zinsen nach der verfeinerten Restwertmethode:

$$z = \left(2 \cdot AW \cdot \frac{1}{1+u} - D \cdot a - (D+1) \cdot a \right) \cdot \frac{i}{2}$$

(2) für abnutzbare Anlagegüter mit AJ < aktuelles Rechnungsjahr (Alt-Investitionen)

für abnutzbare Anlagegüter mit **AJ*** ≤ **AJ** < aktuelles Rechnungsjahr; für **AJ** < **AJ*** wie Variante 1 (2)

kalkulatorische (lineare) Abschreibungen:

$$a = \left[\left(AW - AW \cdot \frac{E}{ND} \right) - \frac{B-E}{B} \cdot AW \cdot \left(1 - \frac{1}{1+u} \right) \right] \cdot \frac{1}{ND-E} =$$

$$= AW \cdot \left[\frac{ND-E}{ND} - \frac{B-E}{B} \cdot \left(1 - \frac{1}{1+u} \right) \right] \cdot \frac{1}{ND-E}$$

kalkulatorische Zinsen nach der Durchschnittswertmethode:

$$z = AW \cdot \left[1 - \frac{B-E}{B} \cdot \left(1 - \frac{1}{1+u} \right) \right] \cdot \frac{i}{2}$$

kalkulatorische Zinsen nach der normalen Restwertmethode:

$$z = \left\{ AW \cdot \left[\frac{ND-E}{ND} - \frac{B-E}{B} \cdot \left(1 - \frac{1}{1+u} \right) \right] - (D-E) \cdot a \right\} \cdot i$$

kalkulatorische Zinsen nach der verfeinerten Restwertmethode:

$$z = \left\{ 2 \cdot AW \cdot \left[\frac{ND-E}{ND} - \frac{B-E}{B} \cdot \left(1 - \frac{1}{1+u} \right) \right] - (D-E) \cdot a - (D-E+1) \cdot a \right\} \cdot \frac{i}{2}$$

Variante 3, „Zeitnahe Regelung“:

(1) für abnutzbare Anlagegüter mit AJ = aktuelles Rechnungsjahr (Neu-Investitionen)

kalkulatorische (lineare) Abschreibungen:

$$a = AW \cdot \frac{1}{1+u} \cdot \frac{1}{ND}$$

kalkulatorische Zinsen nach der Durchschnittswertmethode:

$$z = AW \cdot \frac{1}{1+u} \cdot \frac{i}{2}$$

kalkulatorische Zinsen nach der normalen Restwertmethode:

$$z = \left(AW \cdot \frac{1}{1+u} - D \cdot a \right) \cdot i$$

kalkulatorische Zinsen nach der verfeinerten Restwertmethode:

$$z = \left(2 \cdot AW \cdot \frac{1}{1+u} - D \cdot a - (D+1) \cdot a \right) \cdot \frac{i}{2}$$

(2) für abnutzbare Anlagegüter mit AJ < aktuelles Rechnungsjahr (Alt-Investitionen)

kalkulatorische (lineare) Abschreibungen:

$$a = \left[\left(AW - AW \cdot \frac{F}{ND} \right) - \frac{ND-F}{ND} \cdot AW \cdot \left(1 - \frac{1}{1+u} \right) \right] \cdot \frac{1}{ND-F} =$$

$$= AW \cdot \frac{ND-F}{ND} \cdot \frac{1}{1+u} \cdot \frac{1}{ND-F} = AW \cdot \frac{1}{1+u} \cdot \frac{1}{ND}$$

kalkulatorische Zinsen nach der Durchschnittswertmethode:

$$z = AW \cdot \left[1 - \frac{ND-F}{ND} \cdot \left(1 - \frac{1}{1+u} \right) \right] \cdot \frac{i}{2}$$

kalkulatorische Zinsen nach der normalen Restwertmethode:

$$z = \left[AW \cdot \frac{ND-F}{ND} \cdot \frac{1}{1+u} - (D-F) \cdot a \right] \cdot i = \left[AW \cdot \frac{1}{1+u} - F \cdot AW \cdot \frac{1}{1+u} \cdot \frac{1}{ND} - D \cdot a + F \cdot a \right] \cdot i =$$

$$= \left(AW \cdot \frac{1}{1+u} - F \cdot a - D \cdot a + F \cdot a \right) \cdot i = \left(AW \cdot \frac{1}{1+u} - D \cdot a \right) \cdot i$$

kalkulatorische Zinsen nach der verfeinerten Restwertmethode:

$$z = \left[2 \cdot AW \cdot \frac{ND-F}{ND} \cdot \frac{1}{1+u} - (D-F) \cdot a - (D-F+1) \cdot a \right] \cdot \frac{i}{2} =$$

$$= \left[2 \cdot AW \cdot \frac{1}{1+u} - 2 \cdot F \cdot AW \cdot \frac{1}{1+u} \cdot \frac{1}{ND} - D \cdot a + 2 \cdot F \cdot a - (D+1) \cdot a \right] \cdot \frac{1}{2} =$$

$$= \left[2 \cdot AW \cdot \frac{1}{1+u} - 2 \cdot F \cdot a - D \cdot a + 2 \cdot F \cdot a - (D+1) \cdot a \right] \cdot \frac{1}{2} = \left[2 \cdot AW \cdot \frac{1}{1+u} - D \cdot a - (D+1) \cdot a \right] \cdot \frac{i}{2}$$

Anhang II, Fall (b)

Vorsteuerberichtigung:

Kalkulatorische Zinsen für umsatzsteuerpflichtig erworbene nichtabnutzbare Anlagegüter

<u>**Annahme:**</u> **Einführung der USt-Pflicht im Entsorgungssektor zum 1.1. des aktuellen Rechnungsjahres**

mit

AW Anschaffungswert des nichtabnutzbaren Anlagegutes

AJ Anschaffungsjahr des nichtabnutzbaren Anlagegutes; Annahme: Beschaffung erfolgt zum 1.1. des **AJ**

AJ* erforderliches Anschaffungsjahr bei Variante 2, ab dem für das nichtabnutzbare Anlagegut eine Vorsteuerabzugberechtigung gewährt wird

B Vorsteuerberichtigungszeitraum des nichtabnutzbaren Anlagegutes bei Variante 2, sofern **AJ*** ≤ **AJ** < aktuelles Rechnungsjahr; **B** = 10 bei Grundstücken und ihren wesentlichen Bestandteilen sowie grundstücksgleichen Rechten

E Anzahl der nichtvorsteuerberichtigbaren Jahre des nichtabnutzbaren Anlagegutes bei Variante 2, sofern **AJ*** ≤ **AJ** < aktuelles Rechnungsjahr

F Anzahl der nichtvorsteuerberichtigbaren Jahre des abnutzbaren Anlagegutes bei Variante 3 **F** = aktuelles Rechnungsjahr ./. **AJ**; Vorsteuerberichtigungszeitraum = **ND**

i kalkulatorischer Zinssatz

u Umsatzsteuersatz

gilt:

Variante 1, keine Billigkeitsregelung:

(1) für nichtabnutzbare Anlagegüter mit AJ = aktuelles Rechnungsjahr (Neu-Investitionen)

kalkulatorische Zinsen:

$$z = AW \cdot \frac{1}{1+u} \cdot i$$

(2) für nichtabnutzbare Anlagegüter mit AJ < aktuelles Rechnungsjahr (Alt-Investitionen)

kalkulatorische Zinsen:

$$z = AW \cdot i$$

Variante 2, „Billigkeitsregelung analog § 15a Abs. 1 UStG":

(1) für nichtabnutzbare Anlagegüter mit AJ = aktuelles Rechnungsjahr (Neu-Investitionen)

kalkulatorische Zinsen:

$$z = AW \cdot \frac{1}{1+u} \cdot i$$

(2) für nichtabnutzbare Anlagegüter mit AJ < aktuelles Rechnungsjahr (Alt-Investitionen)

für nichtabnutzbare Anlagegüter mit **AJ*** ≤ **AJ** < aktuelles Rechnungsjahr; für **AJ** < **AJ*** wie Variante 1 (2)

kalkulatorische Zinsen:

$$z = \left[AW - \frac{B-E}{B} \cdot AW \cdot \left(1 - \frac{1}{1+u}\right)\right] \cdot i = AW \cdot \left[1 - \frac{B-E}{B} \cdot \left(1 - \frac{1}{1+u}\right)\right] \cdot i$$

Variante 3, „Zeitnahe Regelung":

(1) für nichtabnutzbare Anlagegüter mit AJ = aktuelles Rechnungsjahr (Neu-Investitionen)

kalkulatorische Zinsen:

$$z = AW \cdot \frac{1}{1+u} \cdot i$$

(2) für nichtabnutzbare Anlagegüter mit AJ < aktuelles Rechnungsjahr (Alt-Investitionen)

kalkulatorische Zinsen, mit **ND** → ∞ gilt:

$$z = \left[AW - \frac{ND-F}{ND} \cdot AW \cdot \left(1 - \frac{1}{1+u}\right)\right] \cdot i \rightarrow AW \cdot \frac{1}{1+u} \cdot i$$

Anhang II, Fall (c)

Keine Vorsteuerberichtigung:

Kalkulatorische Abschreibungen und Zinsen für eigenerstellte oder für umsatzsteuerbefreit oder (teilweise) entgeltlos erworbene abnutzbare Anlagegüter

*) dabei gilt für den entgeltlosen Erwerb die Annahme, daß eine alternative entgeltliche Beschaffung umsatzsteuerfrei erfolgen würde; andernfalls: rechentechnische Behandlung wie abnutzbare Anlagegüter, die umsatzsteuerpflichtig erworben wurden

__Annahme:__ **Einführung der USt-Pflicht im Entsorgungssektor zum 1.1. des aktuellen Rechnungsjahres**

mit

AW Anschaffungswert des abnutzbaren Anlagegutes

AJ Anschaffungsjahr des abnutzbaren Anlagegutes; Annahme: Eigenerstellung bzw. Beschaffung erfolgt zum 1.1. des **AJ**

ND Nutzungsdauer des abnutzbaren Anlagegutes

D Anzahl der bereits realisierten Nutzungsjahre (ohne aktuelle Rechnungsperiode) des abnutzbaren Anlagegutes; **D** = aktuelles Rechnungsjahr ./. **AJ** ; **D** ≤ **ND**

i kalkulatorischer Zinssatz

gilt:

Varianten 1 - 3:

kalkulatorische (lineare) Abschreibungen:

$$\mathbf{a} = \frac{\mathbf{AW}}{\mathbf{ND}}$$

kalk. Zinsen nach Durchschnittswertmethode:

$$\mathbf{z} = \mathbf{AW} \cdot \frac{\mathbf{i}}{2}$$

kalkulatorische Zinsen nach der normalen Restwertmethode:

$$\mathbf{z} = (\mathbf{AW} - \mathbf{D} \cdot \mathbf{a}) \cdot \mathbf{i}$$

kalkulatorische Zinsen nach der verfeinerten Restwertmethode:

$$\mathbf{z} = (2 \cdot \mathbf{AW} - \mathbf{D} \cdot \mathbf{a} - (\mathbf{D} + 1) \cdot \mathbf{a}) \cdot \frac{\mathbf{i}}{2}$$

Anhang II, Fall (d)

Keine Vorsteuerberichtigung:

Kalkulatorische Zinsen für eigenerstellte oder für umsatzsteuerbefreit oder entgeltlos erworbene nichtabnutzbare Anlagegüter

*) dabei gilt für den entgeltlosen Erwerb die Annahme, daß eine alternative entgeltliche Beschaffung umsatzsteuerfrei erfolgen würde; andernfalls: rechentechnische Behandlung wie nichtabnutzbare Anlagegüter, die umsatzsteuerpflichtig erworben wurden

Annahme: **Einführung der USt-Pflicht im Entsorgungssektor zum 1.1. des aktuellen Rechnungsjahres**

mit

AW Anschaffungswert des nichtabnutzbaren Anlagegutes

i kalkulatorischer Zinssatz

gilt:

Varianten 1 - 3:

kalkulatorische Zinsen:

$$\mathbf{z = AW \cdot i}$$

Abbildungsverzeichnis

Tabellenverzeichnis

Abkürzungsverzeichnis

a	annum (Jahr)
a.F.	alte Fassung
AA	Ausführungsanweisung
AB	Ausführungsbestimmungen
Abb.	Abbildung
AbfAG	Abfallabgabengesetz
AblEG	Amtsblatt der Europäischen Gemeinschaften
Abs.	Absatz
Abschn.	Abschnitt
ABW	Abfallwirtschaftbetrieb
AfA	Absetzung für Abnutzung
AG	Aktiengesellschaft
AH	Anwendungshinweise
AKDB	Anstalt für kommunale Datenverarbeitung Bayern
AllMBl.	Allgemeines Ministerialblatt der Bayerischen Staatsregierung (seit 1988)
Amtsbl.	Amtblatt
Anm.d.Verf.	Anmerkung des Verfassers
ARL	Akademie für Raumforschung und Landesplanung
Art.	Artikel
Aufl.	Auflage
Az.	Aktenzeichen
BAB	Betriebsabrechnungsbogen
BAnz.	Bundesanzeiger
BayLfU	Bayerisches Landesamt für Umweltschutz
BayRS	Bayerische Rechtssammlung
BayVG	Bayerisches Verwaltungsgericht
Bd.	Band
BdSt	Bund der Steuerzahler
bearb.	bearbeitet(-e)
Beil.	Beilage
Bek.	Bekanntmachung
ber.	bereinigt(e), berichtigt
best.	bestimmte
betr.	betreffend
bez.	bezüglich
BFH	Bundesfinanzhof
BGBl.	Bundesgesetzblatt
BGH	Bundesgerichtshof
BIfA	Bayerisches Institut für Abfallforschung
BIP	Bruttoinlandsprodukt
Bl.	Blatt
BMF	Bundesministerium der Finanzen
BMI	Bundesministerium des Inneren
BML	Bundesministerium für Ernährung, Landwirtschaft und Forsten
BMU	Bundesministerium für Umwelt, Naturschutz und Reaktorsicherheit
BMV	Bundesministerium für Verkehr
BMWi	Bundesministerium für Wirtschaft
BR-Drs.	Bundesrat-Drucksache
Brem.GBl.	Bremisches Gesetzblatt
BSP	Bruttosozialprodukt
bspw.	beispielsweise
BStBl.	Bundessteuerblatt
BStMLU	Bayerisches Staatsministerium für Landesentwicklung und Umweltfragen

BT-Drs.	Bundestag-Drucksache
BT-UA	Umweltausschuß des Deutschen Bundestages
Buchst.	Buchstabe
BVerfG	Bundesverfassungsgericht
BVerfGE	Entscheidungssammlung des Bundesverfassungsgerichts
BVerWG	Bundesverwaltungsgericht
bzw.	beziehungsweise
c.p.	ceteris paribus
cbm	Kubikmeter
CEQ	Council of Environmental Quality
CSERGE	Centre for Social and Economic Research on the Global Environment
d.h.	das heißt
Diss.	Dissertation
DM	Deutsche Mark
durchges.	durchgesehen(-e)
DVS	Deutscher Versicherungsschutzverband e.V.
e.V.	eingetragener Verein
EDV	Elektronische Datenverarbeitung
EFTEC	Economics For the Environmental Consultancy
EG	Europäische Gemeinschaft
Einl.	Einleitung
einschl.	einschließlich
EOP	end-of-pipe
erg.	ergänzt(-e)
Erg. Lfg.	Ergänzungs-Lieferung
Erl.	Erläuterungen
Ermittl.	Ermittlung
erw.	erweitert(-e)
et al.	et alii
EU	Europäische Union
EuGH	Europäischer Gerichtshof
Ew	Einwohner
EWG	Europäische Wirtschaftsgemeinschaft
f.	folgende
Fass.	Fassung
ff.	fortfolgend
Fn.	Fußnote
G	Gesetz
GBl.	Gesetzblatt
geänd.	geändert
gem.	gemäß
ggf.	gegebenenfalls
GJ	Giga-Joule
GmbH	Gesellschaft mit beschränkter Haftung
GMBl.	Gemeinsames Ministerialblatt
GO	Gemeindeordnung
GoB	Grundsätze ordnungsgemäßer Buchführung
GV.NW.	Gesetz- und Verordnungsblatt Nordrhein-Westfalen
GVBl.	Gesetz- und Verordnungsblatt
GVOBl.	Gesetzes- und Verordnungsblatt
GWG	Geringwertige Wirtschaftsgüter
h	Stunde
H.	Heft
Hrsg.	Herausgeber
i.d.F.	in der Fassung

i.d.R.	in der Regel
i.e.	id est
i.e.S.	im engeren Sinne, im eigentlichen Sinne
i.S.d.	im Sinne des
i.V.m.	in Verbindung mit
i.w.S.	im weiteren Sinne
IÖW	Institut für ökologische Wirtschaftsforschung
Jg.	Jahrgang
k.A.	keine Angaben
KABV	Kommunaler Abfallversorgungsverband Saar KABV
KAG	Kommunalabgabengesetz
KG	Kommanditgesellschaft
KGSt	Kommunale Gemeinschaftsstelle für Verwaltungsvereinfachung
KStZ	Kommunale Steuer-Zeitschrift
kWh	Kilowattstunde
Kz.	Kennzahl
LAGA	Länderarbeitsgemeinschaft Abfall
LAI	Länderauschuß für Imissionsschutz
lfdm	laufender Meter
lin.	linear(-e, -en, -er)
lt.	laut
m.E.	meines Erachtens
m^3	Kubikmeter
MABl.	Ministerialamtsblatt der inneren Verwaltung (bis einschl. 1987; dann AllMBl.)
Mass.	Massachusetts
Meckl.-Vorp.	Mecklenburg-Vorpommern
Meth.	Methode
MHKW	Müllheizkraftwerk
mind.	mindestens
Mio.	Million
MVA	Müllverbrennungsanlage
MwSt	Mehrwertsteuer
n.	nach
n.-w.	nordrhein-westfälisch(-e)
N.F.	Neue Folge
NCSS	Number Cruncher Statistical System
ND	Nutzungsdauer
neubearb.	neubearbeitet(-e)
Neudr.	Neudruck
NK	Normalkapazitätsgrad
No.	numero
Nr.	Nummer
NVwZ	Neue Zeitschrift für Verwaltungsrecht
NW	Nordrhein-Westfalen
O.V., o.V.	ohne Verfasser
oHG	offene Handelsgesellschaft
p.a.	pro anno
qm	Quadratmeter
rd.	rund
RdE	Runderlaß
Rdnr.	Randnummer
rev.	revidiert(-e)
RGBl.	Reichsgesetzblatt
RP	Rheinland-Pfalz
RWI	Rheinisch-Westfälisches Institut für Wirtschaftsforschung

S.	Seite
SACHVERSTÄN-DIGENRAT	Sachverständigenrat zur Begutachtung der gesamtwirtschaftlichen Entwicklung
SH	Schleswig-Holstein
sog.	sogenannt(-e, -en, -er)
Sp.	Spalte
SPSS	Superior Performing Software Systems
SRU	Der Rat von Sachverständigen für Umweltfragen
Stck.	Stück
SVKdW	Selbstverwaltungskörperschaften der Wirtschaft
t	Gewichtstonnen
TA	Technische Anleitung
Tab.	Tabelle
tatsächl.	tatsächlich(-e, -en, -er, -es)
techn.	technisch(-e, -en, -er, -es)
Tsd.	Tausend
Tz.	Textziffer
u.	und
U.	Unternehmen
u.a.	und andere(s), unter anderem
U.A.N.	Kommunale Umwelt-AktioN U.A.N.
u.U.	unter Umständen
UBA	Umweltbundesamt
überarb.	überarbeitet(-e)
UHG	Umwelthaftungsgesetz (auch: UmweltHG)
v.	von, vom, van
v.H.	vom Hundert
VA	Vollzugsanordnung
verb.	verbessert(-e)
Verrechn.	Verrechnungen
VGH	Verwaltungsgerichtshof
vgl.	vergleiche
VKS	Verband Kommunale Abfallwirtschaft und Stadtreinigung e.V.
VO	Verordnung
Vol.	Volume
vollst.	vollständig
Vorbem.	Vorbemerkung
VoSt	Vorsteuer
Vs.	Version
vs.	versus
VVKB	vorsorge- und verursachergerechter Kostenbegriff
VVO	Verwaltungsverordnung
WARMER	World Action for Recycling Materials and Energy from Rubbish
WBW	Wiederbeschaffungszeitwerte
WEKA	WEKA Fachverlag für technische Führungskräfte GmbH
wesentl.	wesentlich(-e, -en)
WIP	Wirtschaft und Infrastruktur GmbH & Co. PlanungsKG
wirtschaftl.	wirtschaftlich(-e, -en, -es)
z.B.	zum Beispiel
z.T.	zum Teil
z.Zt.	zur Zeit

Verzeichnis der verwendeten Gesetze, Rechtsverordnungen und Verwaltungsvorschriften

17. BImSchV (1990): Siebzehnte Verordnung zur Durchführung des Bundes-Immissionsschutzgesetzes (Verordnung über Verbrennungsanlagen für Abfälle und ähnliche brennbare Stoffe - 17. BImSchV) vom 23. November 1990 (BGBl. I S. 2545, ber. S. 2832).

4. BImSchV (1991): Vierte Verordnung zur Durchführung des Bundes-Immissionsschutzgesetzes (Verordnung über genehmigungsbedürftige Anlagen - 4. BImSchV) vom 24. Juli 1985 (BGBl. I S. 1586), zuletzt geändert durch Verordnung vom 28. August 1991 (BGBl. I S. 1838, ber. S. 2044).

AB NKAG (1993): Ausführungsbestimmungen zum Niedersächsischen Kommunalabgabengesetz (NKAG), RdErl. des MI vom 20. Juli 1993 - 33.2-10400/1 - (Nds. MBl. 1993 S. 1055).

AbfAlG M-V (1993): Abfallwirtschafts- und Altlastengesetz für Mecklenburg-Vorpommern (AbfAlG M-V) vom 4. August 1992 (GVBl. S. 450, GS Meckl.-Vorp. Gl.Nr.2129-1), geändert durch § 15 des Enteignungsgesetzes vom 2. März 1993 (GVBl. S. 178).

AbfBestV (1990): Verordnung zur Bestimmung von Abfällen nach § 2 Abs. 2 des Abfallgesetzes (Abfallbestimmungs-Verordnung - AbfBestV) vom 3. April 1990 (BGBl. I S. 614).

AbfG (1994): Gesetz über die Vermeidung und Entsorgung von Abfällen (Abfallgesetz - AbfG) vom 27. August 1986 (BGBl. I S. 1410, ber. S. 1501), geändert durch Gesetze vom 12. Februar 1990 (BGBl. I S. 205), vom 11. Mai 1990 (BGBl. I S. 870), vom 18. September 1990 (BGBl. II S. 885), vom 25. September 1990 (BGBl. I S. 2106), vom 26. Juni 1992 (BGBl. I S. 1161), vom 22. April 1993 (BGBl. I S. 466), vom 13. August 1993 (BGBl. I S. 1489), vom 27. Juni 1994 (BGBl. I S. 1440) und vom 30. September 1994 (BGBl. I S. 2771).

AbfG a.F. (1972): Gesetz über die Beseitigung von Abfall (Abfallbeseitigungsgesetz - AbfG) vom 7. Juni 1972 (BGBl. I S. 873).

AbfG LSA (1993): Abfallgesetz des Landes Sachsen-Anhalt vom 14. November 1991 (GVBl. S. 422), geändert durch Gesetz vom 18. August 1993 (GVBl. S. 412).

AbfverbrG (1994): Gesetz über die Überwachung und Kontrolle der grenzüberschreitenden Verbringung von Abfällen (Abfallverbringungsgesetz - AbfverbrG), Art. 1 des Ausführungsgesetzes zu dem Baseler Übereinkommen vom 22. März 1989 über die Kontrolle der grenzüberschreitenden Verbringung gefährlicher Abfälle und ihrer Entsorgung (Ausführungsgesetz zum Baseler Übereinkommen) vom 30. September 1994 (BGBl. I S. 2771).

AbwAG (1994): Gesetz über Abgaben für das Einleiten von Abwasser in Gewässer (Abwasserabgabengesetz - AbwAG) vom 6. November 1990 (BGBl. I S. 2432) in der Fassung des 4. Änderungsgesetzes vom 5. Juli 1994 (BGBl. I S. 1453).

AktG (1994): Aktiengesetz vom 6. September 1965 (BGBl. I S. 1089), zuletzt geändert durch Art. 6 Gesetz zur Bereinigung des Umwandlungsrechts (UmwBerG) vom 28. Oktober 1994 (BGBl. I S. 3210).

AltölV (1987): Altölverordnung (AltölV) vom 27. Oktober 1987 (BGBl. I S. 2335).

AnwHiSächsKAG (1994): Hinweise des Sächsischen Staatsministeriums des Inneren zur Anwendung des Sächsischen Kommunalabgabengesetzes (AnwHiSächsKAG) vom 5. Mai 1994 (Sächsisches ABl. Nr. 38 v. 16.6.1994 S. 842).

AO (1994): Abgabenordnung (AO 1977) vom 16. März 1976 (BGBl. I S. 6113, ber. 1977 I S. 269), zuletzt geändert durch Gesetz vom 14. September 1994 (BGBl. I S. 2325, 2388).

AuskunftspflichtVO (1974): Verordnung über Auskunftspflicht vom 13. Juli 1923 (RGBl. I S. 699), zuletzt geändert durch Einführungsgesetz zum Strafgesetzbuch vom 2. März 1974 (BGBl. I S. 469).

BayAbfAlG (1991): Gesetz zur Vermeidung, Verwertung und sonstigen Entsorgung von Abfällen und zur Erfassung und Überwachung von Altlasten in Bayern (Bayerisches Abfallwirtschafts- und Altlastengesetz - BayAbfAlG) vom 27. Februar 1991 (GVBl. S. 64).

BayAbfPV (1995): Verordnung über den Abfallentsorgungsplan Bayern (AbfPV) vom 25. Juli 1995 (GVBl. 1995 S. 412).

BayÄndG (1996): Gesetz zur Änderung abfallrechtlicher und imissionsschutzrechtlicher Vorschriften *[für den Freistaat Bayern]* (BayÄndG) vom 24. Juli 1996 (GVBl. S. 290).

BayEBV (1993): (Bayerische) Eigenbetriebsverordnung (EBV) vom 29. Mai 1987 (GVBl. S. 195), zuletzt geändert durch Verordnung vom 5. August 1993 (GVBl. S. 607, BayRS 2023-7-I).

BayGO (1995): Gemeindeordnung für den Freistaat Bayern (GO) in der Fassung der Bekanntmachung vom 6. Januar 1993 (GVBl. S. 65, BayRS 2020-1-1-I), zuletzt geändert durch Gesetz vom 26. Juli 1995 (GVBl. S. 376).

BayKAG (1996): Bayerisches Kommunalabgabengesetz in der Fassung der Bekanntmachung vom 4. April 1993 (GVBl. S. 264), geändert durch das Gesetz zur Änderung des Kommunalabgabengesetzes vom 24. Dezember 1993 (GVBl. S. 1063) und durch das Gesetz zur Änderung des Kommunalabgabengesetzes vom 8. Juli 1994 (GVBl. S. 553) und durch das Gesetz zur Änderung des Bayerischen Feuerwehrgesetzes und des Kommunalabgabengesetzes vom 26. April 1996 (GVBl. S. 152).

BayKommHV (1982): (Bayerische) Verordnung über das Haushalts-, Kassen- und Rechnungswesen der Gemeinden, der Landkreise und Bezirke - Kommunalhaushaltsverordnung (KommHV) vom 16. Dezember 1982 (BayRS 2023 - 1 - I).

BayKommZG (1994): (Bayerisches) Gesetz über die kommunale Zusammenarbeit (KommZG) vom 12. Juli 1966 (BayRS 2020-6-1-I), zuletzt geändert durch Gesetz vom 20. Juni 1994 (GVBl. Nr. 17/1994 S. 555).

BayLkrO (1995): Landkreisordnung für den Freistaat Bayern (LkrO) in der Fassung der Bekanntmachung vom 6. Januar 1993 (GVBl. S. 65, BayRS 2020-3-1-I), zuletzt geändert durch Gesetz vom 26. Juli 1995 (GVBl. S. 376).

BayNatSchG (1986): Gesetz über den Schutz der Natur, die Pflege der Landschaft und die Erholung in der freien Natur (Bayerisches Naturschutzgesetz - BayNatSchG) (BayRS 791-1-U), zuletzt geändert durch Gesetz vom 16. Juli 1986 (GVBl. S. 135).

BayVVKommHV (1983): (Bayerische) Verwaltungsvorschriften zur Kommunalhaushaltsverordnung (VVKommHV) in der Bekanntmachung des Bayerischen Staatsministeriums des Innerern vom 10. Dezember 1976 (MABl. S. 1079), geändert mit Bekanntmachung vom 7. September 1983 (MABl. S. 770).

BayVwvEBV (1987): (Bayerische) Verwaltungsvorschriften zur Eigenbetriebsverordnung (VwvEBV) in der Bekanntmachung des Bayerischen Staatsministeriums des Inneren vom 5. Juni 1987 (MABl. S. 428).

BGB (1991): Bürgerliches Gesetzbuch vom 18. August 1896 (RGBl. S. 195), zuletzt geändert durch Gesetz vom 25. Juli 1991 (BGBl. I S. 1606).

BImSchG (1994): Gesetz zum Schutz vor schädlichen Umwelteinwirkungen durch Luftverunreinigungen, Geräusche, Erschütterungen und ähnliche Vorgänge (Bundes-Immissionsschutzgesetz - BImSchG) in der Fassung der Bekanntmachung vom 14. Mai 1990 (BGBl. I S. 880), zuletzt geändert durch Gesetz vom 27. September 1994 (BGBl. I S. 2705).

BNatSchG (1990): Gesetz über Naturschutz und Landschaftspflege (Bundesnaturschutzgesetz - BNatSchG) in der Fassung der Bekanntmachung vom 12. März 1987 (BGBl. I S. 889), geändert durch Gesetz vom 12. Februar 1990 (BGBl. I S. 205).

BraKAG (1995): Gesetz über Kommunalabgaben, Vergnügungssteuer und zur Übertragung der Gewerbesteuer auf die Gemeinden für das Land Brandenburg vom 27. Juni 1991 (GVBl. I S. 200), geändert durch das Gesetz zur Änderung des Kommunalabgabengesetzes für das Land Brandenburg vom 27. Juni 1995 (GVBl. I S. 145).

BraLAbfVG (1995): Vorschaltgesetz zum Abfallgesetz für das Land Brandenburg (Landesabfallvorschaltgesetz - LAbfVG) vom 20. Januar 1992 (GVBl. S. 16), geändert durch Gesetze vom 13. Juni 1994 (GVBl. I S. 376) und vom 11. Mai 1995 (GVBl. I S. 87).

BremAbfAG (1992): Bremisches Abfallabgabengesetz (BremAbfAG) vom 24. November 1992 (GBl. S. 639).

BremAGAbfG (1993): Bremisches Ausführungsgesetz zum Gesetz über die Vermeidung und Entsorgung von Abfällen (BremAGAbfG) in der Fassung der Bekanntmachung vom 15. September 1988 (Brem.GBl. S. 241), geändert durch Gesetz vom 31. August 1993 (GBl. S. 277).

BremGebBeitrG (1979): Bremisches Gebühren- und Beitragsgesetz (BremGebBeitrG) vom 16. Juli 1979 (Brem.GBl. S. 279).

BTO Elt 1990 (1989): Bundestarifordnung Elektrizität 1990 (BTO Elt 1990) vom 18. Dezember 1989 (BGBl. I S. 2255).

DVORabattG (1934): Verordnung zur Durchführung des Gesetzes über Preisnachlässe (Rabattgesetz) vom 21. Februar 1934 (RGBl. I S. 120).

EGV (1995): Vertrag zur Gründung der europäischen Gemeinschaft vom 25. März 1957 (BGBl. II Nr. 23 vom 19.8.1957 S. 766; Berichtigung BGBl. II Nr. 35 vom 5.11.1957 S. 1678 und Nr. 3 vom 5.2.1958 S. 64), zuletzt geändert Beschluß 95/1/EG, Euratom, EGKS des Rates vom 1. Januar 1995 (ABl. Nr. L 1 S. 1).

EnWG (1984): Gesetz zur Förderung der Energiewirtschaft (Energiewirtschaftsgesetz) vom 13. Dezember 1935 (RGBl. I S. 1451) in der Fassung vom 20. März 1984 (BGBl. I S. 651).

EStG (1995): Einkommensteuergesetz 1990, in der Fassung der Bekanntmachung vom 7. Dezember 1990 (BGBl. I S. 1898, ber. 1991 BGBl. I S. 808), zuletzt geändert durch Jahressteuer-Ergänzungsgesetz vom 18. Dezember 1995 (BGBl. I S. 1959).

EWG-VO Nr. 259/93 (1995): Verordnung (EWG) Nr. 259/93 des Rates vom 1. Februar 1993 zur Überwachung und Kontrolle der Verbringung von Abfällen in der, in die und aus der Europäischen Gemeinschaft (ABl. Nr. L 30 v. 6.2.1993 S. 1, ber. ABl. L 18 v. 26.1.1995 S. 38).

FCKW-V (1991): Verordnung zum Verbot von bestimmten die Ozonschicht abbauenden Halogenkohlenwasserstoffen (FCKW-Halon-Verbots-Verordnung) vom 6. Mai 1991 (BGBl. I S. 1090, BGBl. III 8053-6-17).

GebG Berlin (1969): Gesetz über Gebühren und Beiträge vom 22. Mai 1957 (GVBl. S. 516), zuletzt geändert durch Änderungsgesetz vom 30. Oktober 1969 (GVBl. S. 2252).

GewStDV (1995): Gewerbesteuer-Durchführungsverordnung (GewStDV 1991) in der Fassung der Bekanntmachung vom 21. März 1991 (BGBl. I S. 831), zuletzt geändert durch Jahressteuergesetz 1996 vom 11. Oktober 1995 (BGBl. I S. 1250).

GewStG (1995): Gewerbesteuergesetz 1991 (GewStG 1991) in der Fassung der Bekanntmachung vom 21. März 1991 (BGBl. I S. 814), zuletzt geändert durch Jahressteuergesetz 1996 vom 11. Oktober 1995 (BGBl. I S. 1250) und Jahressteuer-Ergänzungsgesetz vom 18. Dezember 1995 (BGBl. I S. 1959).

GewStR (1990): Gewerbesteuer-Richtlinien 1990 (GewStR 1990) vom 21. August 1990 (Banz. Nr. 166a, BStBl. I Sondernummer 2).

GG (1994): Grundgesetz für die Bundesrepublik Deutschland vom 23. Mai 1949 (BGBl. S. 1), zuletzt geändert durch Gesetz vom 27. Oktober 1994 (BGBl. I S. 3146).

GmbHG (1994): Gesetz betreffend die Gesellschaften mit beschränkter Haftung vom 20. April 1892 (RGBl. S. 477) in der Fassung der Bekanntmachung vom 20. Mai 1898 (RGBl. S. 846), zuletzt geändert durch Art. 4 Gesetz zur Bereinigung des Umwandlungsrechts (UmwBerG) vom 28. Oktober 1994 (BGBl. I S. 3210).

GRG (1993): Gesetz zur Strukturreform im Gesundheitswesen (Gesundheits-Reformgesetz - GRG) vom 20. Dezember 1988 (BGBl. I S. 2477), zuletzt geändert durch Gesetz vom 27. April 1993 (BGBl. I S. 512).

GSG (1992): Gesetz zur Sicherung und Strukturverbesserung der gesetzlichen Krankenversicherung (Gesundheitsstrukturgesetz) vom 21. Dezember 1992 (BGBl. I S. 2266).

GVVB-Abf (1994): Gesetz zur Vermeidung, Verwertung und Beseitigung von Abfällen (GVVB-Abf) vom 27. September 1994 (BGBl. I S. 2705).

GWB (1994): Gesetz gegen Wettbewerbsbeschränkungen (Kartellgesetz) in der Fassung der Bekanntmachung vom 20. Februar 1990 (BGBl. I S. 235), zuletzt geändert durch Gesetz vom 28. Oktober 1994 (BGBl. I S. 3210).

HAbfG (1994): Gesetz über die Vermeidung, Verminderung, Verwertung und Beseitigung von Abfällen (Hessisches Abfallwirtschaftsgesetz - HAbfG -) in der Fassung vom 26. Februar 1991 (GVBl. I S. 106, GVBl. II 89-1), geändert durch Sonderabfallabgabengesetz vom 26. Juni 1991 (GVBl. I S. 218), durch Gesetze vom 15. Dezember 1992 (GVBl. I S. 634), vom 25. Februar 1993 (GVBl. I S. 49) und vom 20. Dezember 1994 (GVBl. I S. 764).

HGB (1994): Handelsgesetzbuch vom 10. Mai 1897 (RGBl. S. 219), zuletzt geändert durch Art. 40 Einführungsgesetz zur Insolvenzordnung (EGInsO) vom 5. Oktober 1994 (BGBl. I S. 2911) und Art. 3 Gesetz zur Bereinigung des Umwandlungsrechts (UmwBerG) vom 28. Oktober 1994 (BGBl. I S. 3210).

HGrG (1993): Gesetz über die Grundsätze des Haushaltsrechts des Bundes und der Länder (Haushaltsgrundsätzegesetz - HGrG) vom 19. August 1969 (BGBl. I S. 1273), zuletzt geändert durch Gesetz vom 26. November 1993 (BGBl. I S. 1928).

HKAG (1994): Hessisches Gesetz über kommunale Abgaben (KAG) vom 17. März 1970 (GVBl. S. 225), zuletzt geändert durch Gesetz vom 1. Dezember 1994 (GVBl. S. 677).

HKWAbfV (1989): Verordnung über die Entsorgung gebrauchter halogenierter Lösemittel (HKWAbfV) vom 23. Oktober 1989 (BGBl. I S. 1918).

HmbAbfG (1994): Hamburgisches Abfallgesetz (HmbAbfG) vom 1. Dezember 1992 (GVBl. S. 251), geändert durch Gesetz vom 9. März 1994 (GVBl. S. 79).

HmGebG (1986): Gebührengesetz Hamburg (Ham.GVBl. Nr. 10 1986).

HOAI (1995): Verordnung über die Honorare für Leistungen der Architekten und der Ingenieure (Honorarordnung für Architekten und Ingenieure) in der Fassung der Bekanntmachung vom 4. März 1991 (BGBl. I S. 533), geändert durch VO vom 21. September 1995 (BGBl. I S. 1174).

HSondAbfAbgG (1994): Hessisches Sonderabfallabgabengesetz (HSondAbfAbgG) in der Fassung der Bekanntmachung vom 18. November 1993 (GVBl. I S. 612), geändert durch Gesetz vom 20. November 1994 (GVBl. I S. 764).

KAG BW (1996): Kommunalabgabengesetz (KAG) für Baden-Württemberg in der Fassung vom 28. Mai 1996 (GBl. S. 481).

KAG M-V (1993): Kommunalabgabengesetz für das Land Mecklenburg-Vorpommern (KAG) vom 1. Juni 1993 (GVBl. S. 522).

KAG NW (1992): Kommunalabgabengesetz für das Land Nordrhein-Westfalen (KAG) vom 21. Oktober 1969 (GV. NW. S. 712), zuletzt geändert durch Gesetz vom 16. Dezember 1992 (GVBl. I S. 561).

KAG RP (1995): Kommunalabgabengesetz für das Land Rheinland-Pfalz (KAG) vom 20. Juni 1995 (GVBl. S. 175).

KAG SH (1996): Kommunalabgabengesetz des Landes Schleswig-Holstein (KAG) in der Fassung vom 22. Juli 1996 (GVOBl. Sch.-H. S. 564).

KAG-LSA (1996): Kommunalabgabengesetz für das Land Sachsen-Anhalt (KAG-LSA) vom 11. Juni 1991 (GVBl. S. 105), geändert durch das Gesetz zur Änderung des Kommunalabgabengesetzes vom 13. Juni 1996 (GVBl. LSA S. 200).

KrW-/AbfG (1994): Gesetz zur Förderung der Kreislaufwirtschaft und Sicherung der umweltverträglichen Beseitigung von Abfällen (Kreislaufwirtschafts- und Abfallgesetz - KrW-/AbfG), Art. 1 des Gesetzes zur Vermeidung, Verwertung und Beseitigung von Abfällen (GVVB-Abf) vom 27. September 1994 (BGBl. I S. 2705).

KStG (1995): Körperschaftsteuergesetz 1991 (KStG 1991) in der Fassung der Bekanntmachung vom 11. März 1991 (BGBl. I S. 638), zuletzt geändert durch Jahresteuergesetz 1996 vom 11. Oktober 1995 (BGBl. I S. 1250) und Jahressteuer-Ergänzungsgesetz vom 18. Dezember 1995 (BGBl. I S. 1959).

KStR (1990): Körperschaftsteuer-Richtlinien 1990 (KStR 1990) in der Fassung der Bekanntmachung vom 14. März 1991 (BStBl. I Sondernummer 1).

LAbfAG BW (1991): Landesabfallabgabengesetz (LAbfAG) *[für das Land Baden-Württemberg]* vom 11. März 1991 (GBl. S. 133).

LAbfAG SH (1994): Gesetz über die Erhebung einer Abfallabgabe (Landesabfallabgabengesetz - LAbfAG) *[für das Land Schleswig-Holstein]* vom 22. Juli 1994 (GS Schl.-H. II, Gl.Nr. 2129-4 - GVBl. S. 395).

LAbfG Berlin (1993): Gesetz über die Vermeidung von Abfällen in Berlin (Landesabfallgesetz - LAbfG) vom 21. Dezember 1993 (GVBl. S. 651).

LAbfG BW (1994): Gesetz über die Vermeidung und Entsorgung von Abfällen und die Behandlung von Altlasten in Baden-Württemberg (Landesabfallgesetz - LAbfG) vom 8. Januar 1990 (GBl. S. 1), geändert durch Bodenschutzgesetz vom 24. Juni 1991 (GBl. S. 434), durch Gesetze vom 7. Februar 1994 (GBl. S. 92) und vom 12. Dezember 1994 (GBl. S. 653).

LAbfG NW (1995): Abfallgesetz für das Land Nordrhein-Westfalen (Landesabfallgesetz - LAbfG) vom 21. Juni 1988 (GVBl. S. 250), geändert durch Gesetze vom 20. Juni 1989 (GVBl. S. 366), vom 14. Januar 1992 (GVBl. S. 32), vom 15. Dezember 1993 (GVBl. S. 987) und vom 7. Februar 1995 (GV. NW. S. 134).

LAbfG SH (1993): Abfallwirtschaftsgesetz für das Land Schleswig-Holstein (Landesabfallwirtschaftsgesetz - LAbfWG) vom 6. Dezember 1991 (GVOBl. S. 640, GS Schl.-H. II, Gl.Nr. 2129-3), geändert durch Gesetz vom 17. April 1993 (GVOBl. S. 172).

LAbfWAG RPf (1995): Landesabfallwirtschafts- und Altlastengesetz *[für das Land Rheinland-Pfalz]* (LAbfWAG) in der Fassung vom 30. April 1991 (GVBl. S. 251), geändert durch Gesetze vom 14. Juni 1993 (GVBl. S. 396) und vom 5. April 1995 (GVBl. S. 71).

LizenzentgeltVO NW (1992): Verordnung über die Festsetzung der Lizenzentgelte nach dem Landesabfallgesetz (Lizenzentgelt-Verordnung) *[für das Land Nordrhein-Westfalen]* vom 24. Juni 1992 (GVBl. S. 254).

LSP (1989): Leitsätze für die Preisermittlung auf Grund von Selbstkosten (Anlage zur VO PR Nr. 30/53 vom 13. Juni 1989)

LSP-Bau (1993): Leitsätze für die Ermittlung von Preisen für Bauleistungen auf Grund von Selbstkosten (Anlage zur VO PR Nr. 1/72 vom 27. Dezember 1993)

MHG (1993): Gesetz zur Regelung der Miethöhe vom 18. Dezember 1974 (BGBl. I S. 3603), zuletzt geändert durch Gesetz vom 21. Juli 1993 (BGBl. I S. 1257).

NAbfAbgG (1991): Niedersächsisches Abfallabgabengesetz (NAbfAbgG) vom 17. Dezember 1991 (GVBl. S. 373).

NAbfG (1994): Niedersächsisches Abfallgesetz (NAbfG) in der Fassung vom 14. Oktober 1994 (GVBl. S. 468).

NKAG (1996): Niedersächsisches Kommunalabgabengesetz (NKAG) in der Fassung vom 11. Februar 1992 (Nieders. GVBl. S. 29), geändert durch Art. 5 des Gesetzes zur Verbesserung der kommunalen Handlungsfähigkeit vom 28. Mai 1996 (Nieders. GVBl. S. 242).

OWiG (1992): Gesetz über Ordnungswidrigkeiten (OWiG) in der Fassung der Bekanntmachung vom 19. Februar 1987 (BGBl. I S. 602), zuletzt geändert durch das Gesetz vom 15. Juli 1992 (BGBl. I S. 1302).

PAngVO (1992): Verordnung zur Regelung der Preisangaben vom 14. März 1985 (BGBl. I S. 580), zuletzt geändert durch Zweite Verordnung zur Änderung der Preisfreigabenverordnung vom 14. Oktober 1992 (BGBl. I S. 1765).

PflichtVersG (1988): Pflichtversicherungsgesetz in der Fassung der Bekanntmachung vom 5. April 1965 (BGBl. I S. 213), zuletzt geändert durch Gesetz vom 22. März 1988 (BGBl. I S. 358).

PR Nr. 1/82 (1986): Zweite Preisfreigabeverordnung (PR Nr. 1/82) vom 12. Mai 1982 (BGBl. I S. 617), zuletzt geändert durch Erstes Rechtsbereinigungsgesetz vom 24. Juni 1986 (BGBl. I S. 933).

PreisangabenG (1984): Gesetz zur Regelung von Preisangaben vom 3. Dezember 1984 (BGBl. I S. 1429).

Preisgesetz (1986): Übergangsgesetz über Preisbildung und Preisüberwachung (Preisgesetz), in der im Bundesgesetzblatt Teil III, Gliederungsnummer 720-1, veröffentlichten bereinigten Fassung, geändert durch Gesetz vom 18. Februar 1986 (BGBl. I S. 265).

PrKAG (1893): Preußisches Kommunalabgabengesetz (PrKAG) vom 14. Juli 1893 (GS S. 152/PrGS NW S. 7).

RabattG (1933): Gesetz über Preisnachlässe (Rabattgesetz) vom 25. November 1933 (RGBl. I S. 1011).

SAbfG (1994): Gesetz Nr. 1217 Saarländisches Abfallgesetz (SAbfG) vom 3. Juni 1987 (Amtsbl. S. 849), geändert durch Gesetz Nr. 1341 vom 1. Juni 1994 (Amtsbl. S. 982).

SächsEGAB (1991): Erstes Gesetz zur Abfallwirtschaft und zum Bodenschutz im Freisstaat Sachsen (EGAB) vom 12. August 1991 (GVBl. S. 306).

SächsKAG (1993): Sächsisches Kommunalabgabengesetz (SächsKAG) vom 16. Juni 1993 (GVBl. S. 502).

SKAG (1994): Kommunalabgabengesetz für das Saarland (KAG) in der Fassung der Bekanntmachung vom 15. Juni 1985 (ABl. S. 730), geändert durch Gesetz Nr. 1315 zur Änderung des Kommunalabgabengesetzes vom 9. Juli 1993 (ABl. S. 806) und durch Gesetz Nr. 1327 Viertes Rechtsbereinigungsgesetz vom 26. Januar 1994 (ABl. S. 509).

StGB (1995): Strafgesetzbuch (StGB) in der Fassung der Bekanntmachung vom 10. März 1987 (BGBl. I S. 945, ber. S. 1160), zuletzt geändert durch Gesetz vom 1. Juni 1995 (BGBl. I S. 747).

StWG (1967): Gesetz zur Förderung der Stabilität und des Wachstums der Wirtschaft vom 8. Juli 1967 (BGBl. I S. 582).

TA Abfall (1991): Zweite allgemeine Verwaltungsvorschrift zum Abfallgesetz (TA Abfall) vom 12. März 1991 (GMBl. S. 139, ber. S. 469).

TA Luft (1986): Erste Allgemeine Verwaltungsvorschrift zum Bundes-Immissionsschutzgesetz (Technische Anleitung zur Reinhaltung der Luft) vom 27. Februar 1986 (GMBl. S. 95, 202).

TASi (1993): Dritte Allgemeine Verwaltungsvorschrift zum Abfallgesetz (TA Siedlungsabfall) - Technische Anleitung zur Verwertung, Behandlung und sonstigen Entsorgung von Siedlungsabfällen - vom 14. Mai 1993 (Beil. BAnz. Nr. 99).

THAbfAG (1991): Gesetz über die Vermeidung, Verminderung und Beseitigung von Abfällen und die Sanierung von Altlasten (Thüringer Abfallwirtschafts- und Altlastengesetz - ThAbfAG) vom 31. Juli 1991 (GVBl. S. 273).

TKAG (1995): Thüringer Kommunalabgabengesetz vom 7. August 1991 (GVBl. S. 329), geändert durch das Erste Gesetz zur Änderung des Thüringer Kommunalabgabengesetzes vom 28. Juni 1994 (GVBl. S. 796) und durch das Zweite Gesetz zur Änderung des Thüringer Kommunalabgabengesetzes vom 10. November 1995 (GVBl. S. 342).

UmweltHG (1990): Umwelthaftungsgesetz (UmweltHG), Art. 1 des Gesetzes über die Umwelthaftung vom 10. Dezember 1990 (BGBl. I S. 2634).

UStatG (1991): Gesetz über Umweltstatistiken in der Fassung der Bekanntmachung vom 14. März 1980 (BGBl. I S. 311), zuletzt geändert durch Verordnung vom 26. März 1991 (BGBl. I S. 846).

UStG (1993): Umsatzsteuergesetz 1993 (UStG 1993) in der Fassung der Bekanntmachung vom 27. April 1993 (BGBl. I S. 565, ber. BGBl. 1993 I S. 1160).

UStR (1996): Umsatzsteuer-Richtlinien 1996 (UStR 1996) vom 7. Dezember 1995 (BAnz. Nr. 239a, BStBl. I Sondernummer 4).

UWG (1909): Gesetz gegen den unlauteren Wettbewerb vom 7. Juni 1909 (RGBl. S. 499).

VerpackV (1991): Verordnung über die Vermeidung von Verpackungsabfällen (Verpackungsverordnung - VerpackV) vom 12. Juni 1991 (BGBl. I S. 1234).

VO PR Nr. 1/72 (1993): Verordnung PR Nr. 1/72 über die Preise von Bauleistungen bei öffentlichen Aufträgen oder mit öffentlichen Mitteln finanzierten Aufträgen vom 6. März 1972 (BGBl. I S. 293), zuletzt geändert durch Gesetz vom 27. Dezember 1993 (BGBl. I S. 2378).

VO PR Nr. 1/86 (1986): Verordnung zur Änderung preisrechtlicher Vorschriften (Verordnung PR Nr. 1/86) vom 15. April 1986 (BGBl. 1055).

VO PR Nr. 1/89 (1989): Verordnung zur Änderung preisrechtlicher Vorschriften (Verordnung PR Nr. 1/89) vom 13. Juni 1989 (BGBl. I S. 1094).

VO PR Nr. 30/53 (1989): Verordnung PR Nr. 30/53 über Preise bei öffentlichen Aufträgen vom 21. November 1953 (BAnz. Nr. 244), zuletzt geändert durch Verordnung PR Nr. 1/89 vom 13. Juni 1989 (BGBl. I S. 1094).

VO PR Nr. 4/72 (1972): Verordnung PR Nr. 4/72 über die Bemessung des kalkulatorischen Zinssatzes vom 17. April 1972 (BAnz. Nr. 78).

VOB (1992): Verdingungsordnung für Bauleistungen (VOB), Ausgabe 1990/1992; Teil A in der Fassung der Bekanntmachung vom 12. November 1992 (BAnz. Nr. 223a); Teil B in der Fassung der Bekanntmachung vom 19. Juli 1990 (BAnz. Nr. 132a), geändert durch Bekanntmachung vom 12. November 1992 (BAnz. Nr. 223a).

VOL (1993): Verdingungsordnung für Leistungen - ausgenommen Bauleistungen - (VOL); Teil A - (VOL/A) in der Fassung der Bekanntmachung vom 3. August 1993 (BAnz. Nr. 175a); Teil B - (VOL/B) in der Fassung der Bekanntmachung vom 1. Oktober 1991 (BAnz. Nr. 215 u. BAnz. 1993 Nr. 175 a).

VStG (1995): Vermögensteuergesetz (VStG) in der Fassung der Bekanntmachung vom 14. November 1990 (BGBl. I S. 2467), zuletzt geändert durch Jahressteuergesetz 1996 vom 11. Oktober 1995 (BGBl. I S. 1250) und Jahressteuer-Ergänzungsgesetz vom 18. Dezember 1995 (BGBl. I S. 1959).

VStR (1995): Vermögensteuer-Richtlinien (VStR 1995) vom 17. Januar 1995 (BStBl. Sondernummer 2).

VV-Mu-KommHV (1986): Verwaltungsvorschriften über die Muster zum kommunalen Haushalts-, Kassen- und Rechnungswesen (VV-Mu-KommHV) vom 11. Juli 1973 (MABl. S. 615), zuletzt geändert durch Bekanntmachung vom 4. September 1986 (MABl. S. 445).

WHG (1994): Gesetz zur Ordnung des Wasserhaushaltes (Wasserhaushaltsgesetz - WHG) in der Fassung der Bekanntmachung vom 23. September 1986 (BGBl. I S. 1529, ber. S. 1654), geändert durch Gesetze vom 12. Februar 1990 (BGBl. I S. 205), vom 26. August 1992 (BGBl. I S. 1564) und vom 27. Juni 1994 (BGBl. I S. 1440).

WiStG (1993): Gesetz zur weiteren Vereinfachung des Wirtschaftsstrafrechts (Wirtschaftsstrafgesetz 1954) in der Fassung der Bekanntmachung vom 3. Juni 1975 (BGBl. I S. 1313), zuletzt geändert durch das Gesetz vom 21. Juli 1993 (BGBl. I S. 1257).

WoBindG (1994): Gesetz zur Sicherung der Zweckbestimmung von Sozialwohnungen (Wohnbindungsgesetz - WoBindG) in der Fassung der Bekanntmachung vom 19. August 1994 (BGBl. I S. 2166, ber. S. 2319).

ZugabeVO (1994): Gesetz des Reichspräsidenten zum Schutze der Wirtschaft, Erster Teil: Zugabewesen (Zugabeverordnung) vom 9. März 1932 (RGBl. I S. 121), zuletzt geändert durch Gesetz vom 25. Juli 1994 (BGBl. I S. 1688).

Literaturverzeichnis

ABEL-LORENZ, E. / BRÖNNEKE, T. / SCHILLER, T. (1994): Abfallvermeidung, Handlungspotentiale der Kommunen, Taunusstein 1994.

ABERELE, G. / HEDDERICH, A. (1995): Von Ertragsfunktionen zu den Kostenfunktionen, in: Das Wirtschaftsstudium, 24. Jg., 1995, H. 4, S. 348-360.

ABERLE, G. (1992): Wettbewerbstheorie und Wettbewerbspolitik, 2. Aufl., Stuttgart, Berlin, Köln 1992.

ACTON, J.P. / VOGELSANG, I. (1989): Introduction to the Symposium on Price-Cap Regulation, in: Rand Journal of Economics, Vol. 20, 1989, S. 369-372.

ADAM, D. (1970): Entscheidungsorientierte Kostenbewertung, Wiesbaden 1970.

ADAM, D. (1976 a): Produktionspolitik, Wiesbaden 1976.

ADAM, D. (1976 b): Der Zusammenhang zwischen Gewinnmaximierung und Substanzerhaltung in statischen Entscheidungsfeldern bei frei verfügbaren Produktionsfaktoren, in: COENENBERG, A.G. (Hrsg.): Unternehmensrechnung, München 1976, S. 74-80.

ADLER, H. / DÜRING, W. / SCHMALZ, K. (1996): Rechnungslegung und Prüfung der Unternehmen - Kommentar, 6. Aufl., Stuttgart 1996.

ADLER, K.J. (1982): The Benefits of Regulating Hazardous Disposal: Land Values as an Estimator, Washington D.C. 1982.

AHLHEIM, M. (1991): Die Zusatzlast der Besteuerung, in: Das Wirtschaftsstudium, 20. Jg., 1991, H. 12, S. 920-925.

AHRNS, H.-J. / FESER, H.-D. (1986): Wirtschaftspolitik, 4. Aufl., München, Wien 1986.

AKERLOF, G.A. (1970): The Market for "Lemons": Quality Uncertainty and the Market Mechanism, in: Quaterly Journal of Economics, Vol. 94, 1970, S. 488-500.

ALBERS, H. (1989): Satzungs- und Gebührenrecht bei der getrennten Sammlung, in: GALLENKEMPER, B. / DOEDENS, H. / STEGMANN, R. (Hrsg.): Stoffliche Abfallverwertung - Getrennte Sammlung - Vermarktung - Bioabfall, Münster 1989, S. 42-50.

ALTENMÜLLER, R. (1984): Privatrechtliche oder öffentlich-rechtliche Form für kommunale Unternehmen, in: Verwaltungsblätter Baden-Württemberg, 5. Jg., 1984, H. 2, S. 61-63.

ALVERMANN, F. / GEBERT, G. (1986): Zur Festsetzung der Höhe des kalkulatorischen Zinsatzes für die Zwecke der Gebührenkalkulation, in: Der Gemeindehaushalt, 87. Jg., 1986, H. 7, S. 157-158.

ANTES, R. (1988): Umweltschutzinnovationen als Chancen des aktiven Umweltschutzes für Unternehmen im sozialen Wandel, Berlin 1988.

APPEL, V. (1988): Ökonomische Konzepte zur Bewertung von Umweltqualität, in: Zeitschrift für Umweltpolitik und Umweltrecht, 11. Jg., 1988, H. 2, S. 137-156.

ARNDT, H.-W. (1990): Lenkung durch Steuern und sonstige Abgaben auf dem Gebiet des Wirtschaftsverwaltungsrechts - Bestandsaufnahme und Perspektiven, in: Wirtschaft und Verwaltung, 12. Jg., 1990, H. 1, S. 1-49.

ASCHINGER, G. (1984): Contestable Markets, in: Wirtschaftswissenschaftliches Studium, 13. Jg., 1984, H. 5, S. 217-223.

ASCHINGER, G. (1985): Das COASE-Theorem, in: Das Wirtschaftsstudium, 14. Jg., 1985, H. 2, S. 97-103.

ATTESLANDER, P. (1984): Methoden der empirischen Sozialforschung, 5., völlig neu bearb. und erw. Aufl., Berlin, New York 1984.

AVERCH, H. / JOHNSON, L.L. (1962): Behavior of the Firm under Regulatory Constraint, in: American Economic Review, Vol. 52, 1962, S. 1052-1069.

BACH, S. (1994): Umsatzsteuerliche Konsequenzen der privaten Bereitstellung öffentlicher Leistungen im Bereich hoheitlicher Aufgaben, in: Steuer und Wirtschaft, 71. Jg., 1994, Nr. 1, S. 51-57.

BACKHAUS, K. et al. (1990): Multivariate Analysemethoden, 6., überarb. Aufl., Heidelberg u.a. 1990.

BADURA, P. (1966): Die Daseinsvorsorge als Verwaltungszweck der Leistungsverwaltung und der soziale Rechtsstaat, in: Die Öffentliche Verwaltung, 19. Jg., 1966, H. 17/18, S. 624-633.

BAETGE, J. (1981): Grundsätze ordnungsmäßiger Buchführung und Bilanzierung, in: KOSIOL, E. et al. (Hrsg.): Handwörterbuch des Rechnungswesens, 2., völlig neu gestaltete Aufl., Stuttgart 1981, Sp. 702-714.

BÄHR, G. / FISCHER-WINKELMANN, W.F. (1992): Buchführung und Jahresabschluß, 4., überarb. und erw. Aufl., Wiesbaden 1992.

BAKER, B.P. (1982): Land Values Surrounding Waste Disposal Facilities, Cornell University, Ithaca/New York 1982.

BALS, H. (1973 a): Abschreibungen und Zinsen in der Kostenrechnung der Gemeinden, in: Der Gemeindehaushalt, 74. Jg., 1973, H. 4, S. 78-83.

BALS, H. (1973 b): Benutzungsgebühren und Beiträge - eine Erwiderung, in: Kommunale Steuer-Zeitschrift, 22. Jg., 1973, H. 11, S. 211-213.

BALS, H. (1975): Beiträge und Zuschüsse Dritter in der Gebührenkalkulation und in der Kostenrechnung der Gemeinden, in: Der Gemeindehaushalt, 76. Jg., 1975, H. 6, S. 121-127.

BALS, H. / LAHL, U. (1991): Gebührenpolitik im Dienste des Umweltschutzes, in: Der Städtetag, N.F. 44. Jg., 1991, H. 9, S. 608-614.

BALS, H. / NÖLKE, A. (1990): Volkswirtschaftliche Kosten und kommunale Gebühren - Ansätze für eine ökologische Neuorientierung des Kommunalabgabenrechts, in: Kommunale Steuer-Zeitschrift, 39. Jg., 1990, H. 11/12, S. 201-225.

BALS, H. et al. (1990): Entgelte öffentlicher Leistungen - Meinungsspiegel, in: Betriebswirtschaftliche Forschung und Praxis, 42. Jg., 1990, H. 1, S. 52-72.

BAMBERG, G. / BAUR, F. (1991): Statistik, 7., durchges. und aktualisierte Aufl., München, Wien 1991.

BANNER, G. (1991): Von der Behörde zum Dienstleistungsunternehmen, in: Verwaltungsführung, Organisation, Personal, 13. Jg., 1991, H. 1, S. 6-11.

BARON, E. (1977): Abschreibungen von Herstellungs- oder Wiederbeschaffungswerten?, in: Der Gemeindehaushalt, 78. Jg., 1977, H. 7, S. 157-159.

BARTL, U. (1992): Mengenabhängiger Müllgebührentarif im Landkreis Esslingen, in: UMWELTMINISTERIUM BADEN-WÜRTTEMBERG (Hrsg.): Neue Gebührenmodelle in der kommunalen Abfallentsorgung, Beiträge zur Fachtagung am 5. Oktober 1992 in Ludwigshafen, Stuttgart 1992, S. 83-94.

BARTLING, H. (1987): EG-Agrarreform - Erhaltungsinterventionen oder Anpassungs- und Gestaltungsinterventionen?, in: Wirtschaftswissenschaftliches Studium, 16. Jg., 1987, H. 3, S. 105-112.

BARTLING, H. (1993): EG-Agrarreform 1992 - ein Fortschritt?, in: Wirtschaftswissenschaftliches Studium, 22. Jg., 1993, H. 4, S. 157 u. 162.

BARTRAM, B. / SCHADE, R. (1995): Andienungs- und Überlassungpflichten contra Eigenverantwortung, in: Umwelt- und Planungsrecht, 15. Jg., 1995, H. 7, S. 253-257.

BÄTZ, K. (1979): Administrative Preispolitik öffentlicher Unternehmen, Baden-Baden 1979.

BAUER, A. / ILLING, G. (1992): Das COASE-Theorem, in: Das Wirtschaftsstudium, 21. Jg., 1992, H. 2, S. 97-102.

BAUER, T. (1990): Privatisierung der Abwasserbeseitigung - das sog. "Niedersächsische Betreibermodell", in: Bayerische Verwaltungsblätter, 36. Jg., 1990, H. 10, S. 292-296.

BAUERNFEIND, E. (1996 a): Kommunalabgaben, in: DRIEHAUS, H.-J. (Hrsg.): Kommunalabgabenrecht - Kommentar, Berlin 1989, Loseblattsammlung, Stand März 1996, Erl. zu § 1 KAG NW.

BAUERNFEIND, E. (1996 b): Rechtsgrundlagen, in: DRIEHAUS, H.-J. (Hrsg.): Kommunalabgabenrecht - Kommentar, Berlin 1989, Loseblattsammlung, Stand März 1996, Erl. zu § 2 KAG NW.

BAUERNFEIND, E. / ZIMMERMANN, F. (1979): Kommunalabgabengesetz für das Land Nordrhein-Westfalen, 2., völlig neu bearb. Aufl., Köln 1979.

BAUM, H. (1980): Staatlich administrierte Preise als Mittel der Wirtschaftspolitik, Baden-Baden 1980.

BAUM, H.-G. (1990): Ist die Müll-Lawine zu stoppen - Ansätze für eine Lösung, in: Industrie und Handelskammer für Augsburg und Schwaben (Hrsg.): Müllentsorgung in Schwaben, 2., erw. Aufl., Augsburg 1990, S. 9-16.

BAUM, H.-G. / BECKORD, E. (1990): Zur Lage der Müllentsorgung in Schwaben, in: Industrie und Handelskammer für Augsburg und Schwaben (Hrsg.): Müllentsorgung in Schwaben, 2., erw. Aufl., Augsburg 1990, S. 4-9.

BAUM, H.-G. / CANTNER, J. / WITTMANN, R. (1993): Entwicklung der Kostenstrukturen bei der Rückstandsbehandlung, in: THOMÉ-KOZMIENSKY, K.J. (Hrsg.): Modelle für eine künftige Siedlungsabfallwirtschaft, Berlin-Neuruppin, 1993, S. 277-308.

BAUM, H.-G. / CANTNER, J. et al. (1996): Auswirkungen einer Umsatzsteuerpflicht für die öffentliche Abfallentsorgung auf die Gebührenschuldner, BIfA-Texte Nr. 6, Augsburg 1996.

BAUM, H.-G. / WITTMANN, R. (1993): Die Betriebswirtschaft in der Wiederverwertung: Vollständige Kreisläufe sind unmöglich, in: Entsorga-Magazin, 12. Jg., 1993, H. 5, S. 39-46.

BAUMOL, W. (1982): Contestable Markets: An Uprising in the Theory of Industry Structure, in: American Economic Review, Vol. 72, 1982, S. 1-15.

BAUMOL, W.J. / OATES, W.E. (1971): The Use of Standards and Prices for Protection of the Environment, in: Swedish Journal of Economics, Vol. 73, 1971, S. 42-54.

BAUMOL, W.J. / OATES, W.E. (1988): The Theory of the Environmental Policy, 2. Aufl., Cambridge 1988.

BAUSCH, T. / HAUKE, W. (1988): Angewandte Statistik auf PC, Institut für Statistik und mathematische Wirtschaftstheorie, Universität Augsburg, Augsburg 1988.

BAYERISCHE VERWALTUNGSSCHULE (Hrsg.) (1993): Bayerisches Kommunalrecht, München 1993.

BAYERISCHER KOMMUNALER PRÜFUNGSVERBAND (1994): Geschäftsbericht 1993, München 1994.

BAYERISCHES LANDESAMT FÜR STATISTIK UND DATENVERARBEITUNG (1994): Statistische Berichte des Bayerischen Landesamtes für Statistik und Datenverarbeitung: Preisindizes für Bauwerke und Meßzahlen für Bauleistungen in Bayern, Februar 1994.

BayLfU (1995): Abfallwirtschaft: Hausmüll in Bayern - Bilanzen 1994, München 1995.

BDI (Hrsg.) (1979/80): Empfehlungen zur Kosten- und Leistungsrechnung, 3 Bände, Köln 1979/81.

BEA, F.X. (1973): Die Verteilung der Lasten des Umweltschutzes nach dem Verursacherprinzip, in: Wirtschaftswissenschaftliches Studium, 2. Jg., 1973, H. 10, S. 453-457.

BECK, P. (1994): Abwärme, in: KIMMINICH, O. / LERSNER, H. Freiherr v. / STORM, P.-C. (Hrsg.): Handwörterbuch des Umweltrechts, Bd. I, 2., überarb. Aufl., Berlin 1994, Sp. 46-52.

BEHRENS, K.C. (1971): Allgemeine Standortbestimmungslehre, 2. Aufl., Berlin 1971.

BEHRENS, S. (1993): Recyclingquote bei begrenzter Anzahl von Umläufen - Mathematische Berechnungen zu den Grenzen des Recyclings, in: Wirtschaftswissenschaftliches Studium, 22. Jg., 1993, H. 3, S. 150-152.

BEISSL, H. (1992 a): Prüfungsrechte der Preisbehörden, in: COENENBERG, A.G. / WYSOCKI, K. v. (Hrsg.): Handwörterbuch der Revision, 2., neugestaltete und erg. Aufl., Stuttgart 1992, Sp. 1416-1420.

BEISSL, H. (1992 b): Preisprüfung, in: COENENBERG, A.G. / WYSOCKI, K. v. (Hrsg.): Handwörterbuch der Revision, 2., neugestaltete und erg. Aufl., Stuttgart 1992, Sp. 1420-1428.

BELLEFONTAINE, K. (1988): Abwasserbeseitigung nach dem Niedersächsischen Betreibermodell, in: Der Gemeindehaushalt, 89. Jg., 1988, H. 12, S. 265-272.

BELLEN, A. v. der (1977): Öffentliche Unternehmen zwischen Markt und Staat, Köln 1977.

BENDER, B. / SPARWASSER, R. (1990): Umweltrecht, 2., neubearb. und erw. Aufl., Heidelberg 1990.

BENKERT, W. / BUNDE, J. (1990): Abgaben im Abfallbereich, in: Zeitschrift für angewandte Umweltforschung, 3. Jg., 1990, H. 3, S. 280-292.

BERDIE, D.R. / ANDERSON, J.F. (1974): Questionnaires: Design and Use, Metuchen/N.J. 1974.

BERG, C.C. (1979): Recycling in betriebswirtschaflicher Sicht, in: Wirtschaftswissenschaftliches Studium, 8. Jg., 1979, H. 5, S. 201-205.

BERG, H. (1981): Wettbewerbspolitik, in: Vahlens Kompendium der Wirtschaftstheorie und Wirtschaftspolitik, Bd. 2, München 1981, S. 215-265.

BERGER, K.-H. (1981): Grundsätze und Richtlinien für das Rechnungswesen der Unternehmung, in: KOSIOL, E. et al. (Hrsg.): Handwörterbuch des Rechnungswesens, 2., völlig neu gestaltete Aufl., Stuttgart 1981, Sp. 714-724.

BERGER, M. (1995): Kostenrechnung für die Wirtschaftlichkeitssteuerung in der öffentlichen Verwaltung, in: Kostenrechnungs-Praxis, 35. Jg., 1995, H. 3, S. 167-170.

BERGS, C.-G. et al. (1993): TA Siedlungsabfall, Berlin 1993.

BERNRATH, H.G. (1994): Notwendigkeit einer Postreform II, in: Wirtschaftsdienst, 74. Jg., 1994, H. 2, S. 67.

BIfA (1994): Zweiter Zwischenbericht zum Forschungsprojekt "Neue Perspektiven in der Kostenerfassung, -optimierung und -umlage in der Abfallwirtschaft insbesondere in Bayern" im Auftrag des BStMLU, Augsburg 1994, unveröffentlicht.

BIfA (1995): Privatisierung und Kommunalisierung von Entsorgungsdienstleistungen, Augsburg 1995, unveröffentlicht.

BILGER, K.-G. (1992): Betriebswirtschaftliche Grundlagen leistungsabhängiger Gebührensysteme, in: UMWELTMINISTERIUM BADEN-WÜRTTEMBERG (Hrsg.): Neue Gebührenmodelle in der kommunalen Abfallentsorgung, Beiträge zur Fachtagung am 5. Oktober 1992 in Ludwigshafen, Stuttgart 1992, S. 47-57.

BILITEWSKI, B. / HÄRDTLE, G. / MAREK, K. (1991): Abfallwirtschaft, Zweiter korrigierter Nachdruck, Berlin u.a. 1991.

BIZER, K. / DOPFER, J. / EWEN, C. (1994): Die Abgabe auf Sonderabfall in Baden-Württemberg - eine empirische Analyse, in: Zeitschrift für angewandte Umweltforschung, 7. Jg., 1994, H. 4, S. 554-564.

BLANK, H. (1995): Mietrecht von A-Z, 15., neubearb. und erg. Aufl., Nördlingen 1995.

BLANKART, C.B. (1986): Die Grenzkostenpreisregel, in: Wirtschaftswissenschaftliches Studium, 15. Jg., 1986, H. 9, S. 456-458.

BLEICHER, R. (1994): Auswirkungen des Kreislaufwirtschafts- und Abfallgesetzes auf die Abfallwirtschaft, in: Der Landkreis, 64. Jg., 1994, H. 12, S. 552-556.

BLUM, R. (1984): Mehr Markt: Problemlösung oder Flucht aus der politischen Verantwortung, in: BLUM, R. / STEINER, M. (Hrsg.): Aktuelle Probleme der Marktwirtschaft in gesamt- und einzelwirtschaftlicher Sicht, Festgabe zum 65. Geburtstag von Louis Perridon, Berlin 1984, S. 13-23.

BLUM, R. (1986): Das Bild der Umwelt in der Wissenschaft, in: UniPress (Universität Augsburg), 1986, H. 4, S. 12-15.

BMF (1995): AfA-Tabelle Abfallentsorgung, Abfallbearbeitung und Abfallverwertung, in: WACHSMANN VERLAG (Hrsg.): Die amtlichen AfA-Tabellen des Bundesministers der Finanzen, Mönchengladbach 1989, Loseblattsammlung, Stand April 1995.

BMI (1973): Das Verursacherprinzip - Möglichkeiten und Empfehlungen zur Durchsetzung, Umweltbrief Nr. 1, Bonn 1973, S. 5-17.

BML (1996): Agrarbericht der Bundesregierung 1996, Bonn 1996.

BMU (1986): Leitlinien Umweltvorsorge - Leitlinien der Bundesregierung zur Umweltvorsorge durch Vermeidung und stufenweise Verminderung von Schadstoffen, Bonn 1986.

BMU (1990 a): Eckwerte der ökologischen Sanierung und Entwicklung in den neuen Bundesländern, Bonn 1990.

BMU (1990 b): Stellenwert der Hausmüllverbrennung in der Abfallentsorgung, Bericht des Umweltbundesamtes, Bonn 1990.

BMU (1990 c): Umweltbericht 1990 des Bundesministers für Umwelt, Naturschutz und Reaktorsicherheit, in: BAnz. Nr. 145a vom 7. August 1990.

BMU (1991): Entwurf eines Abfallabgabengesetzes (AbfAG), Stand: 11.9.1991, Bonn 1991.

BMU (1993 a): Ergänzende Empfehlungen zur TA Siedlungsabfall, in: BAnz. Nr. 99 vom 29. Mai 1993.

BMU (1993 b): Umweltpolitik TA Siedlungsabfall, Bonn 1993.

BMU (1995 a): Bericht über die ökologische Sanierung und die Entwicklung zum fünften Jahrestag der Deutschen Einheit, in: Umwelt, 1995, Nr. 9.

BMU (1995 b): Novelle VerpackV - Referentenentwurf - vom 20.12.1995, Bonn 1995.

BMU (1996 a): Bericht der Bundesregierung über die Bewertung der Ablagerung von mechanisch-biologisch behandelten Abfällen, Bonn am 28. Dezember 1995 - vom Bundeskabinett beschlossen am 11. Januar 1996.

BMU (1996 b): Bericht der Bundesregierung: Durchführbarkeit der Dritten Allgemeinen Verwaltungsvorschrift zum Abfallgesetz (TA Siedlungsabfall) innerhalb der gesetzten Fristen, Ergebnis der Überprüfung nach Nr. 13 Abs. 2 TA Siedlungsabfall, Bonn am 28. Dezember 1995 - vom Bundeskabinett beschlossen am 11. Januar 1996.

BMWi (1993): Abfallentsorgung - Leitfaden zur Einbeziehung Privater in die kommunale Abfallentsorgung, Bonn 1993.

BMWi (1996 a): Gesetz zur Neuregelung des Energiewirtschaftsrechts, Entwurf: Stand 30. April 1996, Bonn 1996.

BMWi (1996 b): Amtliche Begründung des Gesetzes zur Neuregelung des Energiewirtschaftsrechts, Entwurf: Stand 6. Mai 1996, Bonn 1996.

BOHLEY, P. (1977): Gebühren und Beiträge, Tübingen 1977.

BOHLEY, P. (1991): Statistik, 4., verb. Aufl., München, Wien 1991.

BÖHM, M. (1990): Kommunale Gebühren und Altlastensanierung, in: Neue Zeitschrift für Verwaltungsrecht, 9. Jg., 1990, H. 4, S. 340-342.

BÖHM, M. (1992): Müllvermeidung - Müllverwertung: Möglichkeiten und Grenzen kommunalen Handelns, Karlsruhe 1992.

BOITEUX, M. (1982): Die französischen Arbeiten über die Strompreisbildung nach Grenzkosten, in: BLANKART, C.B. / FABER, M. (Hrsg): Regulierung öffentlicher Unternehmen, Königstein/Ts. 1982, S. 78-90.

BÖLSENKÖTTER, H. (1978): Betriebswirtschaftliche Aspekte der Preisbildung öffentlicher Unternehmen, in: Gesellschaft für öffentliche Wirtschaft und Gemeinwirtschaft (Hrsg.): Kosten und Preise öffentlicher Unternehmen - Eine Diskussion, Berlin 1978, S. 144-168.

BONUS, H. (1972): Über Schattenpreise von Umweltressourcen, in: Jahrbuch für Sozialwissenschaften, Bd. 23, 1972, S. 324-354.

BONUS, H. (1980): Umwelt und soziale Marktwirtschaft, Köln 1980.

BONUS, H. (1984): Marktwirtschaftliche Konzepte im Umweltschutz, Stuttgart 1984.

BOSSHARDT, E. (1948): Leistungsmäßige Kostenrechnung, Zürich 1948.

BÖTSCH, W. (1994): Wichtige Weichenstellung im Post- und Telekommunikationsbereich, in: Wirtschaftsdienst, 74. Jg., 1994, H. 2, S. 63-71.

BÖVENTER, E. v. (1984): Einführung in die Mikroökonomie, 3., überarb. Aufl., München 1984.

BÖVENTER, E. v. (1993): Externe Effekte, in: WITTMANN, W. et al. (Hrsg.): Handwörterbuch der Betriebswirtschaft, Bd. 1, Stuttgart 1993, Sp. 1000-1010.

BRAEUTIGAM, R.R. (1989): Optimal Policies for Natural Monopolies, in: SCHMALENSEE, R. / WILLIG, R.D. (Hrsg.): Handbook of Industrial Organisation, Volume II, Amsterdam u.a. 1989, S. 1289-1346.

BRANDT, E. (Hrsg.) (1990): Altlasten - Bewertung, Sanierung und Finanzierung, 2., vollst. neu bearb. und erw. Aufl., Taunusstein 1990.

BREALEY, R.A. / MYERS, S.C. (1991): Principles of Corporate Finance, 4. Aufl., New York 1991.

BREITENSTEIN, P. (1977): Staatlich administrierte Preise, Baden-Baden 1977.

BRENNAN, T.J. (1989): Regulating by Capping Prices, in: Journal of Regulatory Economics, Vol. 1, 1989, S. 133-147.

BRENZKE, D. (1986): Zur Fragwürdigkeit des Ansatzes kalkulatorischer Zinsen in öffentlichen Betrieben, in: Verwaltungsführung, Organisation, Personal, 8. Jg., 1986, H. 3, S. 93-98.

BREUER, R. (1985): Umweltschutzrecht, in: MÜNCH, I. v. (Hrsg.): Besonderes Verwaltungsrecht, 7. Aufl., Berlin 1985, S. 535-614.

BREUER, R. (1992): Umweltrechtliche und wirtschaftslenkende Abgaben im europäischen Binnenmarkt, in: Deutsches Verwaltungsblatt, 107. Jg., 1992, H. 4, S. 485-496.

BREUER, R. (1994): Stand der Technik, in: KIMMINICH, O. / LERSNER, H. Freiherr v. / STORM, P.-C. (Hrsg.): Handwörterbuch des Umweltrechts, Bd. II, 2., überarb. Aufl., Berlin 1994, Sp. 1869-1882.

BRITSCH, W. (1991): Finanzierungsfragen in der öffentlichen Abfallentsorgung, in: HIMMELMANN, G. (Hrsg.): Öffentliche Unternehmen in der Abfallwirtschaft, Baden-Baden 1991, S. 63-85.

BROD, E. / STEENBOCK, R. (1980): Preiskalkulation bei Wasser und Abwasser, Köln u.a. 1980.

BROLL, U. / GILROY, M.B. (1985): Marktverhalten bei Qualitätsunterschieden, in: Wirtschaftswissenschaftliches Studium, 14. Jg., 1985, H. 6, S. 307-309.

BRÖSSE, U. / LOHMANN, D. (1994): Nachhaltige Entwicklung und Umweltökonomie, in: Zeitschrift für angewandte Umweltforschung, 7. Jg., 1994, H. 4, S. 456-465.

BRÜCKMANN, F. (1988): Die verteilungspolitische Staffelung gemeindlicher Gebühren - Eine finanzwissenschaftliche Sicht, in: Kommunale Steuer-Zeitschrift, 37. Jg., 1988, H. 2, S. 21-25.

BRÜCKMANN, F. (1991): Möglichkeiten und Schwierigkeiten einer Umweltorientierung der gemeindlichen Gebührenkalkulation, in: Kommunale Steuer-Zeitschrift, 40. Jg., 1991, H. 8, S. 141-148.

BRÜGGEMEIER, M. (1991): Controlling in der öffentlichen Verwaltung, München, Mering 1991.

BRÜMMERHOFF, D. (1992): Finanzwissenschaft, 6., durchges. Aufl., München 1992.

BRÜNING, G. (1990): Elementare Mängel der Gebührenkalkulation kommunaler Einrichtungen - Der zulässige Rahmen für den Ansatz kalkulatorischer Kosten, in: Kommunale Steuer-Zeitschrift, 39. Jg., 1990, H. 2, S. 21-25, H. 3, S. 41-45.

BStMLU (1990): Thermische Abfallbehandlung, München 1990.

BStMLU (1992): Abfallwirtschaft: Hausmüll in Bayern - Bilanzen 1991, München 1992.

BStMLU (1993): Abfallwirtschaft: Hausmüll in Bayern - Bilanzen 1992, München 1993.

BStMLU (1994 a): Vermeidung und Verwertung hausmüllähnlicher Gewerbeabfälle, München 1994.

BStMLU (1994 b): Umweltschutz in Bayern '94, München 1994.

BStMLU (1994 c): Abfallwirtschaft: Hausmüll in Bayern - Bilanzen 1993, München 1994.

BStMLU (1994 d): Deponierisikostudie, München 1994.

BStMLU (1994 e): Verwertung von Baurestmassen in ausgewählten Gebietskörperschaften, München 1994.

BStMLU (1996): Umwelt und Abfall, in: Umwelt & Entwicklung in Bayern, 1996, Nr. 1, S. 23-26.

BUCHANAN, J.A. (1965): An Economic Theory of Clubs, in: Economica, Vol. 32, 1965, S. 1-14.

BUDÄUS, D. (1978): Finanzierungspotential einer kostendeckenden Gebührenpolitik öffentlicher Einrichtungen aufgrund von Spielräumen bei der Kostenerfassung und -bewertung, in: Verwaltungsarchiv, Bd. 69, 1978, S. 361-376.

BUDÄUS, D. (1981): Entwicklungstendenzen und Probleme der Kostenrechnung in öffentlichen Organisationen, in: RÜHLI, E. / THOMMEN, J.-P. (Hrsg.): Unternehmensführung aus finanz- und bankwirtschaftlicher Sicht, Stuttgart 1981, S. 417-430.

BUDÄUS, D. (1982): Betriebswirtschaftliche Instrumente zur Entlastung kommunaler Haushalte, Baden-Baden 1982.

BUDÄUS, D. (1987): Problematik einzelwirtschaftlicher Effizienzkriterien bei öffentlichen Unternehmen, in: THIEMEYER, T. (Hrsg.): Öffentliche Unternehmen und ökonomische Theorie, Baden-Baden 1987, S. 175-194.

BUDÄUS, D. (1994): Prozeßkostenrechnung in öffentlichen Unternehmen, in: EICHHORN, P. / ENGELHARDT, W.W. (Hrsg.): Standortbestimmung öffentlicher Unternehmen in der Sozialen MArktwirtschaft, Baden-Baden 1994, S. 247-258.

BÜHL, A. (1995): SPSS für Windows Version 6.1, 2., überarb. und erw. Aufl., Bonn u.a. 1995.

BULL, H.-P. (1973): Die Staatsaufgaben nach dem Grundgesetz, Frankfurt/Main 1973.

BULLINGER, M. (1974): Rechtsfragen des Verursacherprinzips beim Umweltschutz, in: BULLINGER, M. et al.: Das Verursacherprinzip und seine Instrumente, Berlin 1974, S. 69-108.

BUNDE, J. / ZIMMERMANN, H. (1988): Abfall in ökonomischer Sicht, in: Zeitschrift für angewandte Umweltforschung, 1. Jg., 1988, H. 2, S. 175-182.

BUNDESREGIERUNG (1971): Umweltprogramm der Bundesregierung, BT-Drs. VI/2710, Bonn 1971.

BUNDESREGIERUNG (1976): Umweltbericht '76, BT-Drs. 7/5684, Bonn 1976.

BUNDESREGIERUNG (1978): Unterichtung der Bundesregierung: Umweltgutachten 1978, BT-Drs. 8/1938, Bonn 1978.

BUNDESREGIERUNG (1995): Antwort der Bundesregierung auf die Große Anfrage der Abgeordneten Marion Caspers-Merk, Lilo Blunck, Dr. Ulrich Böhme (Unna), weiterer Abgeordneter und der Fraktion der SPD - Drucksache 13/1971 - (Umsetzung des Kreislaufwirtschafts- und Abfallgesetzes), BT-Drs. 13/3368 vom 18. Dezember 1995.

BUNTE, H.-J. (1994): Ein Votum für eine 6. GWB-Novelle, in: Wirtschaft und Wettbewerb, 44. Jg., 1994, S. 5-21.

CAESAR, R. (1993): Rechtfertigungsansätze öffentlicher Verschuldung, in: Das Wirtschaftsstudium, 22. Jg., 1993, H. 2, S. 140-145.

CAESAR, R. (1994): Koordinierung der nationalen Finanzpolitiken in der Wirtschafts- und Währungsunion ?, in: CAESAR, R. / SCHARRER, H.-E. (Hrsg.): Mastricht: Königsweg oder Irrweg zur Wirtschafts- und Währungsunion?, Bonn 1994, S. 236-268.

CAESAR, R. / SCHARRER, H.-E. (Hrsg.) (1994): Mastricht: Königsweg oder Irrweg zur Wirtschafts- und Währungsunion?, Bonn 1994.

CANSIER, D. (1987): Besteuerung von Rohstoffen, Berlin 1987.

CARSON, R.T. (1991): Constructed Marktes, in: BRADEN, J.B. / KOLSTADT, C.D. (Hrsg.): Measuring the Demand for Environmental Quality, Amsterdam u.a. 1991, S. 121-162.

CEQ (Hrsg.) (1973): Environmental Quality, The Fourth Annual Report of the Council of Environmental Quality, Washington D.C. 1973.

CEZANNE, W. (1993): Allgemeine Volkswirtschaftslehre, München u.a. 1993.

CHANTELAU, F. / MÖKER, U.-H. (1989): Ökologisierung kommunaler Abgaben, Taunusstein 1989.

CHICONSKI, P. / HEINRICHS, D. (1995): Die GmbH - zeitgemäße Organisationsform für Entsorgungsbetriebe, in: Müll und Abfall, 27. Jg., 1995, H. 7, S. 490-498.

CLARKE, R. (1985): Industrial Economics, Oxford, New York 1985.

COASE, R.H. (1960): The Problem of the Social Cost, in: Journal of Law and Economics, Vol. 3, 1960, S. 1-44.

COENENBERG, A.G. (1993): Kostenrechnung und Kostenanalyse, 2., durchges. Aufl., Landsberg a.L. 1993.

COENENBERG, A.G. (1994): Jahresabschluß- und Jahresabschlußanalyse, 15., überarb. Aufl., Landsberg a.L. 1994.

COENENBERG, A.G. / BAUM, H.G. (1987): Strategisches Controlling, Stuttgart 1987.

COENENBERG, A.G. et al. (1994): Unternehmenspolitik und Umweltschutz, in: Zeitschrift für betriebswirtschaftliche Forschung, 46. Jg., 1994, H. 1, S. 81-100.

COLLINGE, R.A. / OATES, W.E. (1982): Efficiency in Pollution in the Short and Long Runs: A System of Rental Emission Permits, in: Canadian Journal of Economics, Vol. 15, 1982, S. 346-354.

COLLINS, J.N. / DOWNES, B.T. (1977): The Effects of Size on the Provision of Public Services. The Case of Solid Waste Collection in Smaller Cities, in: Urban Affairs Quarterly, Vol. 12, 1977, S. 333-347.

CONRAD, K. (1985): The Use of Standards and Prices For Environment Protection and their Impact on Costs, in: Zeitschrift für die gesamte Staatswissenschaft, 141. Jg., 1985, H. 3, S. 390-400.

COOPERS & LYBRAND (1993): Landfill Costs and Prices: Correcting Possible Market Distortions, London 1993.

CORSTEN, H. / RIEGER, H. (1994): Das Entropiegesetz - Begriff und Anwendung aus betriebswirtschaftlicher Perspektive, in: Das Wirtschaftsstudium, 23. Jg., 1994, H. 3, S. 218-227.

CORSTEN, R. / ENGELEN, W. (1992): Kommunale Gebühren und Beiträge im Umweltschutz, Berlin 1992.

CRONAUGE, U. (1995): Kommunale Unternehmen, 2., aktualisierte und erw. Aufl., Berlin 1995.

CRONAUGE, U. / DEDY, H. (1994): Die Stadt, der Müll und das Steuerrecht - Zur steuerlichen Behandlung der kommunalen Entsorgung, in: Der Gemeindehaushalt, 95. Jg., 1994, H. 5, S. 97-100.

CROPPER, M.L. / OATES, W.E. (1992): Enivronmental Economics: A Survey, in: Journal of Economic Literature, Vol. 30, S. 675-740.

CSERGE / WARREN SPRING LABORATORY / EFTEC (1993): Externalities from Landfill and Incineration, London 1993.

DAHMEN, A. (1988): Zur Förderung der Abfallvermeidung und Abfallverwertung durch Maßnahmen des kommunalen Abgabenrechts, in: Kommunale Steuer-Zeitschrift, 37. Jg., 1988, Nr. 7/8, S. 132-134.

DAHMEN, A. (1990): Betriebswirtschaftlicher Kostenbegriff im Kommunalabgabenrecht der Benutzungsgebühren, in: Kommunale Steuer-Zeitschrift, 39. Jg., 1990, H. 2, S. 25-28.

DAHMEN, A. (1992 a): Abfallwirtschaftliche Ziele im Rahmen des Gebührenrechts, in: Der Städtetag, N.F. 45. Jg., 1992, H. 5, S. 412-418.

DAHMEN, A. (1992 b): Abfallgebühr - quo vadis?, in: Kommunale Steuer-Zeitschrift, 41. Jg., 1992, H. 7, S. 121-148.

DAHMEN, A. (1994): Kommunale Benutzungsgebühren - Wende hinsichtlich Wirksamkeit und Verständnis der betriebswirtschaftlichen Grundsätze?, in: Kommunale Steuer-Zeitschrift, 43. Jg., 1994, H. 1, S. 21-27.

DAHMEN, A. (1996 a): Gebühren, in: DRIEHAUS, H.-J. (Hrsg.): Kommunalabgabenrecht - Kommentar, Berlin 1989, Loseblattsammlung, Stand März 1996, Erl. zu § 4 KAG NW.

DAHMEN, A. (1996 b): Benutzungsgebühren, in: DRIEHAUS, H.-J. (Hrsg.): Kommunalabgabenrecht - Kommentar, Berlin 1989, Loseblattsammlung, Stand März 1996, Erl. zu § 6 KAG NW.

DALES, J.H. (1968): Pollution, Property and Prices, Toronto 1968.

DASGUPTA, P. / HEAL, G.M. (1974): The Optimal Depletion of Exhaustible Ressources, in: The Review of Economic Studies, Symposium, Vol. 41, 1974, S. 3-28.

DAVIS, O.A. / WHINSTON, A.B. (1965): Welfare Economics and the Theory of Second Best, in: Review of Economic Studies, Vol. 32, 1965, S. 1-14.

DAVIS, O.A. / WHINSTON, A.B. (1967): Piecemeal Policy in the Theory of Second Best, in: Review of Economic Studies, Vol. 34, 1967, S. 323-331.

DEDY, H. (1993): Mögliche Auswirkungen des § 9 Abs. 2 LAfG auf die gemeindlichen Abfallgebühren, in: Städte- und Gemeinderat, 47. Jg., 1993, H. 3, S. 88-99.

DEMSETZ, H. (1968): Why Regulate Utilities?, in: Journal of Law and Economics, Vol. II, 1968, S. 55-65.

DEPIEREUX, S. (1987): Senkung kommunaler Gebühren durch Ansatz von Anschaffungskosten bei kalklatorischen Kosten, in: Deutsche Wohnungswirtschaft, 39. Jg., 1987, H. 1, S. 9-12.

DER NIEDERSÄCHSISCHE MINISTER FÜR WIRTSCHAFT, TECHNOLOGIE UND VERKEHR (Hrsg.) (1987): Privatisierung kommunaler Kläranlagen - Erfahrungen mit dem Betreibermodell in Niedersachsen, Hannover 1987.

DEREGULIERUNGSKOMMISSION (1991): Marktöffnung und Wettbewerb, Stuttgart 1991.

DICKERTMANN, D. / DILLER, K.D. (1986): Der Subventionsbericht des Bundes, in: Wirtschaftswissenschaftliches Studium, 15. Jg., 1986, H. 12, S. 601-608.

DICKERTMANN, D. / DILLER, K.D. (1989): Subventionen als Mittel der Wirtschaftspolitik, in: Wirtschaftswissenschaftliches Studium, 18. Jg., 1989, H. 11, S. 537-543.

DICKERTMANN, D. / DILLER, K.D. (1990): Subventionswirkungen, in: Wirtschaftswissenschaftliches Studium, 19. Jg., 1990, H. 10, S. 478-484.

DIECKMANN, M. (1995): Was ist "Abfall"? - Anwendungsbereich und Gehalt der geltenden und zukünftigen Abfalldefinitionen nach europäischem und deutschem Recht, in: Zeitschrift für Umweltrecht, 6. Jg., 1995, H. 4, S. 169-175.

DIEDERICH, H. (1969): Preisforderungen in Form von Tarifen, in: Zeitschrift für Betriebswirtschaft, 39. Jg., 1969, H. 3, S. 139-152.

DIENES, K. (1991): Umweltabgaben im Meinungsstreit, in: Energiewirtschaftliche Tagesfragen, 41. Jg., 1991, H. 12, S. 796-803.

DIERKES, H. (1993): Die TA Siedlungsabfall: eine zukunftsorientierte Verwaltungsvorschrift?, in: Neue Zeitschrift für Verwaltungsrecht, 12. Jg., 1993, H. 10, S. 951-954.

DIETZ, H. (1980/81): Gewichtsorientierter Volumen-Dichte-Maßstab als Alternative zum Personentarif bei der Müllabfuhr, in: Kommunale Steuer-Zeitschrift, 29. Jg., 1980, H. 11, S. 201-208, H. 12, S. 225-230, 30. Jg., 1981, H. 1, S. 5-9.

DILLER, K.D. (1993): Autobahngebühr, in: Das Wirtschaftsstudium, 22. Jg., 1993, H. 3, S. 185.

DIRUF, G. (1980): Kostenanalyse eines zweistufigen Müllentsorgungssystems mit Hilfe eines Grobmodells, in: Zeitschrift für betriebswirtschaftliche Forschung, 32. Jg., 1980, H. 5, S. 419-429.

DITTMANN, B. (1992): Die Novelle des Abfallgesetzes aus der Sicht der Industrie, in: Zeitschrift für angewandte Umweltforschung, 5. Jg., 1992, H. 4, S. 447-450.

DOOSE, U. (1992): Der Entwurf des Kreislaufwirtschafts- und Abfallgesetzes aus kommunaler Sicht, in: Zeitschrift für angewandte Umweltforschung, 5. Jg., 1992, H. 4, S. 450-454.

DORN, G. (1981): Geschichte der Kostenrechnung, in: KOSIOL, E. et al. (Hrsg.): Handwörterbuch des Rechnungswesens, 2., völlig neu gestaltete Aufl., Stuttgart 1981, Sp. 630-637.

DRIEHAUS, H.-G. (1996): Beiträge, in: DRIEHAUS, H.-J. (Hrsg.): Kommunalabgabenrecht - Kommentar, Berlin 1989, Loseblattsammlung, Stand März 1996, Erl. zu § 8 KAG NW.

DRUMM, H.J. (1976): Zu Stand und Problematik der Verrechnungspreisbildung in deutschen Industrieunternehmungen, in: COENENBERG, A.G. (Hrsg.): Unternehmensrechnung, München 1976, S. 305-320.

DUDEY, J. (1994): Abhängigkeit der kalkulatorischen Kosten von der Nutzungsdauer eines Kanalnetzes, in: Der Gemeindehaushalt, 95. Jg., 1994, H. 1, S. 1-4.

DUPUIT, J. (1952): On the Measurement of the Utility of Public Works, in: International Economic Papers, No. 2, London 1952, S. 83-110.

DVS (1994): Wie Sie die Umwelthaftung Ihres Betriebes richtig versichern, 4., aktualisierte Aufl., Bonn 1994.

EBERHARDT, A. / KEPPLER, J. (1992): Abfallabgabentarifierung vor dem Hintergrund konkreter Gesetzesvorgaben, in: Zeitschrift für angewandte Umweltforschung, 5. Jg., 1992, H. 3, S. 360-373.

EBISCH, H. / GOTTSCHALK, J. (1987): Preise und Preisprüfungen bei öffentlichen Aufträgen einschließlich Bauaufträge, 5., neubearb. Aufl., München 1987.

EBISCH, H. / GOTTSCHALK, J. (1994): Preise und Preisprüfungen bei öffentlichen Aufträgen einschließlich Bauaufträge, 6., neubearb. Aufl., München 1994.

ECKER, G. (1993): Nichtigkeit einer Abfallgebührensatzung wegen Verletzung des Kostenüberdekkungsverbotes des Art. 8 Abs. 2 Satz 3 KAG, in: Kommunal-Praxis, 15. Jg., 1993, Nr. 10, S. 355-357.

EDER, G. / BRAHMS, E. (1989): Prognoseszenarien zur Entwicklung des Hausmüllaufkommens in der Bundesrepublik Deutschland, in: SCHENKEL, W. / THOMÉ-KOZMIENSKY, K.J. (Hrsg.): Konzepte in der Abfallwirtschaft 2, Berlin 1989, S. 83-103.

EICHHORN, H. / GURLIT, W. (1992): Verursachergerechte Entsorgungsgebühren bei der Hausmüllabfuhr, in: Müll und Abfall, 24. Jg., 1992, H. 7, S. 481-485.

EICHHORN, P. (1978): Die unterschiedliche Auffassung von Volks- und Betriebswirten zur Anwendbarkeit des Marginalprinzips für die Preisbildung öffentlicher Unternehmen, in: GESELLSCHAFT FÜR ÖFFENTLICHE WIRTSCHAFT UND GEMEINWIRTSCHAFT (Hrsg.): Kosten und Preise öffentlicher Unternehmen, Berlin 1978, S. 130-143.

EICHHORN, P. (1981): Kostendeckung als Unternehmensziel, in: HAHN, O. / SCHUSTER, L. (Hrsg.): Mut zur Kritik. Hanns Linhardt zum 80. Geburtstag, Bern, Stuttgart 1981, S. 115-128.

EICHHORN, P. et al. (Hrsg.) (1985): Verwaltungslexikon, Baden-Baden 1985.

EICHHORN, W. (1982): Vertikale Preisbindung, in: BÖCKER, F. (Hrsg.): Preistheorie und Preisverhalten, München 1982, S. 249-262.

EICKHOF, N. (1993 a): Verkehrspolitische Reformerfordernisse, in: Das Wirtschaftsstudium, 22. Jg., 1993, H. 5, S. 453-460.

EICKHOF, N. (1993 b): Verkehrsmarktordnungen und Güterverkehrsentwicklung, in: Das Wirtschaftsstudium, 22. Jg., 1993, H. 5, Das Wirtschaftsstudium-Studienblatt.

EICKHOF, N. (1994): Die neue Autobahngebühr, in: Wirtschaftswissenschaftliches Studium, 23. Jg., 1994, H. 12, S. 597.

ELFERT, F.W. (1970): Finanz- oder betriebswirtschaftliche Kalkulation von Preisen für Leistungen (Benutzungsgebühren) öffentlicher - überwiegend nicht gewerblicher - Einrichtungen? in: Der öffentliche Haushalt, 11. Jg., 1970, H. 5, S. 149-159.

ELMER, A. (1996): Praxisvergleich elektronischer Wäge- und Gefäßidentifikationssysteme, in: Entsorgungspraxis, 14. Jg., 1996, H. 9, S. 20-26.

ELY, R.T. (1937): Outlines of Economics, New York 1937.

EMBSER, W. (1995): Höhere Kosten bedingen höhere Honorare - Anmerkungen zur Honorarordnung für Architekten und Ingenieure, in: Frankfurter Allgemeine Zeitung v. 18. Oktober 1994, Nr. 242, S. 24.

ENDRES, A. (1976): Die pareto-optimale Internalisierung externer Effekte, Frankfurt/M., Bern 1976.

ENDRES, A. (1977): Die Coase-Kontroverse, in: Zeitschrift für die gesamte Staatswissenschaft, Bd. 133, 1977, S. 637-651.

ENDRES, A. (1981/82): Ökonomische Grundprobleme der Messung sozialer Kosten, in: List Forum, Bd. 11, 1981/82, S. 251-269.

ENDRES, A. (1985): Umwelt- und Ressourcenökonomie, Darmstadt 1985.

ENDRES, A. (1988 a): Der "Stand der Technik" in der Umweltpolitik, in: Wirtschaftswissenschaftliches Studium, 17. Jg., 1988, H. 2, S. 83-84.

ENDRES, A. (1988 b): Staatliche Regulierung und ökonomische Theorie, in: Wirtschaftswissenschaftliches Studium, 17. Jg., 1988, H. 4, S. 197-198.

ENDRES, A. (1994): Umweltökonomie, Darmstadt 1994.

ENDRES, A. / QUERNER, I. (1993): Die Ökonomie natürlicher Ressourcen, Darmstadt 1993.

ENDRES, A. / SCHWARZE, R. (1991): Allokationswirkung einer Umwelthaftpflichtversicherung, in: Zeitschrift für Umweltpolitik und Umweltrecht, 14. Jg., 1991, H. 1, S. 1-25.

EPPING, B. (1995): Müllverbrennung - Heiße Öfen: kaltgestellt, in: Bild der Wissenschaft, 20. Jg., 1995, H. 10, S. 14.

ESCHENBACH, J. (1994): Der Unterschied zwischen Absicht und Erfolg - Über die Örtlichkeit der kommunalen Verpackungssteuer, in: Kommunale Steuer-Zeitschrift, 43. Jg., 1994, H. 1, S. 5-9.

EWERS, H.-J. (1986): Kosten der Umweltverschmutzung - Probleme ihrer Erfassung, Quantifizierung und Bewertung, in: UBA (Hrsg.): Kosten der Umweltverschmutzung, Berichte 7/86 des Umweltbundesamtes, Berlin 1986, S. 9-19.

EWERS, H.-J. (1990): Warum die Regulierung im Verkehrswesen obsolet ist, in: Wirtschaftsdienst, 70. Jg., 1990, H. 10, S. 500-506.

EWERS, H.-J. / RENNINGS, K. (1992): Die Kosten möglicher Schäden durch einen sogenannten "Super-GAU" - monetäre Bewertung und umweltpolitische Implikationen, in: Zeitschrift für angewandte Umweltforschung, Sonderheft 3, 1992, S. 155-167.

EYERN, G. v. (1978): Politische und methodische Bemerkungen zur Preisbildung öffentlicher Unternehmen, in: GESELLSCHAFT FÜR ÖFFENTLICHE WIRTSCHAFT UND GEMEINWIRTSCHAFT (Hrsg.): Kosten und Preise öffentlicher Unternehmen, Berlin 1978, S. 178-185.

FABER, M. / STEPHAN, G. / MICHAELIS, P. (1989): Umdenken in der Abfallwirtschaft, 2., überarb. und erg. Aufl., Berlin u.a. 1989.

FALBE, J. / REGITZ, M. (Hrsg.) (1992): Römpp Chemie Lexikon, Bd. 5 u. 6, 9., erw. und neubearb. Aufl., Stuttgart, New York 1992.

FANKHAUSER, S. (1992): Global Warming Damage Costs: Some Monetary Estimates, CSERGE-GEC Working Paper 92-29, London 1992.

FELDEN, B. v. der (1992): Marktwirtschaftliche Anreize zur Vermeidung und Verwertung von Abfällen - Das Abfallabgabengesetz, in: WEKA (Hrsg.): Symposium Recycling Praxis 92, Augsburg am 21./22. September 1992.

FETTEL, J. (1954): Marktpreis und Kostenpreis, 2. Aufl., Meisenheim am Glan 1954.

FETTEL, J. (1959): Ein Beitrag zur Diskussion über den Kostenbegriff, in: Zeitschrift für Betriebswirtschaft, 29. Jg., 1959, S. 567-569.

FICHTNER, S. (1992): Sonderabfallwirtschaft als Handlungsfeld des Ökonomen, Diss., Essen 1991.

FILSER, E. (1993): Das Landsberger Abfallgebührenmodell, in: Der Bayerische Bürgermeister, 1993, H. 5, S. 193-195.

FINSINGER, J. (1991): Wettbewerb und Regulierung, München 1991.

FISCHER, G. (1992): Brauchen wir noch Deponien?, in: Entsorgungspraxis, 10. Jg., 1992, H. 11, S. 747.

FISCHER, H. (1986): Grenzen der Staatsverschuldung, in: Wirtschaftswissenschaftliches Studium, 15. Jg., 1986, H. 2, S. 61-67.

FISCHERHOF, H. (1960): "Daseinsvorsorge" und wirtschaftliche Betätigung der Gemeinden, in: Die Öffentliche Verwaltung, 13. Jg., 1960, H. 2, S. 41-46.

FISHER, A.C. (1981): Ressource and Environmental Economics, Cambridge u.a. 1981.

FLEIGE, T. (1989): Zielbezogene Rechnungslegung und Berichterstattung von Kommunen, Münster 1989.

FLOOD, M. (1993): Umweltindikatoren, in: WARMER Bulletin, Nr. 38, August 1993, S. 14-17.

FLUCK, J. (Hrsg.) (1996): Kreislaufwirtschafts- und Abfallrecht, Heidelberg 1995, Loseblattsammlung, Stand Juni 1996.

FLUHRER, H. (1984): "Weniger Staat - Mehr Privat" - Die Befürwortung der Privatisierung im kommunalen Bereich, München 1984.

FORSTHOFF, E. (1938): Die Verwaltung als Leistungsträger, Stuttgart und Berlin 1938.

FORSTHOFF, E. (1973): Lehrbuch des Verwaltungsrechts, Erster Bd., 10., neubearb. Aufl., München 1973.

FRANKE, B. / FRANKE, A. / KNAPPE, F. (1992): Vergleich der Auswirkungen verschiedener Verfahren der Restmüllbehandlung auf die Umwelt und die menschliche Gesundheit, Forschungsbericht im Auftrag des Ministeriums für Umwelt in Baden-Württemberg, Heidelberg 1992.

FRANSSEN, E. (1993): Vom Elend des (Bundes-)Abfallgesetzes, in: BENDER, B. (Hrsg.): Rechtsstaat zwischen Sozialgestaltung und Rechtsschutz, München 1993, S. 457-473.

FRANZ, K.-P. (1992): Kalkulation von Selbstkostenpreisen für öffentliche Aufträge, in: Das Wirtschaftsstudium, 21. Jg., 1992, H. 1, S. 40-45.

FREY, B. / KIRCHGÄSSNER, G. (1994): Demokratische Wirtschaftspolitik, 2., völlig neubearb. Aufl., München 1994.

FRIEDRICH, P. (1987): Ordnungspolitische Rahmenbedingungen und öffentliche Unternehmenstätigkeit, in: THIEMEYER, T. (Hrsg.): Öffentliche Unternehmen und ökonomische Theorie, Baden-Baden 1987, S. 15-51.

FRIEDRICH, P. / KUPSCH, P. (1981): Betriebswirtschaftliche und finanzwissenschaftliche Aspekte der Besteuerung öffentlicher Unternehmen, in: FRIEDRICH, P. / KUPSCH, P. (Hrsg.): Die Besteuerung öffentlicher Unternehmen, Baden-Baden 1981, S. 13-43.

FRITSCH, M. / WEIN, T. (1994): Marktversagen infolge von Unteilbarkeiten, in: Wirtschaftswissenschaftliches Studium, 23. Jg., 1994, H. 7, S. 336-341.

FRITSCH, M. / WEIN, T. / EWERS, H.-J. (1993): Marktversagen und Wirtschaftspolitik, München 1993.

FRITZ, K. (1994): Kreislauf oder Kollaps im Abfallwirtschaftsrecht?, in: Umwelt- und Planungsrecht, 14. Jg., 1994, H. 11/12, S. 431-437.

FUCHS, M. / ZENTGRAF, H. (1971): Betriebsabrechnung in öffentlichen Einrichtungen, Göttingen 1971.

FÜRST, D. / KLEIN, R.R. (1972): Finanzierungsalternativen bei der Abfallbeseitigung, in: Der Städtetag, N.F. 25. Jg. 1972, H. 5, S. 241-245.

FÜRST, M. / ZENTGRAF, H. (1971): Betriebsabrechnung in öffentlichen Einrichtungen, 3. Aufl., Göttingen 1971.

GALLENKEMPER, B. (1996): Behälterwahl für die Sammlung von Hausmüll, in: HÖSEL, G. et al. (Hrsg.): Müll-Handbuch, Berlin 1964, Loseblattsammlung, Stand Februar 1996, Kz. 2565.

GÄLWEILER, A. (1990): Strategische Unternehmensführung, 2. Aufl., Frankfurt 1990.

GAMBLE, H.B. et al. (1982): Effects of Solid Waste Disposal Sites on Community Development and Residential Property Values, Institute for Research on Land and Water Ressources, The Pennsylvania State University 1982.

GAPPA-LANGER, H. (1991): Anreiz zur Abfallvermeidung und Verwertung - Das Gebührenmodell im Landkreis Landsberg/Lech, in: BÜRGERAKTION "DAS BESSERE MÜLLKONZEPT e.V." (Hrsg.): Müll vermeiden, verwerten, vergessen?, Bd. 3, Ulm 1991, S. 105-115.

GAPPA-LANGER, H. (1996): Die Entsorgungsgebühren in Bayern, Statusbericht auf Basis einer Kurzumfrage im Auftrag des BStMLU, München 1996.

GASSNER, E. (1985): Systematische Aspekte der naturschutzrechtlichen Ausgleichsabgabe, in: Natur + Recht, 7. Jg., 1985, H. 5, S. 180-186.

GASSNER, H. (1995): Standortsuche und Geologie - Anforderungen an die TA Siedlungsabfall für Deponien, in: Abfallwirtschaftsjournal, 7. Jg., 1995, Nr. 6, S. 400-403.

GATHER, M. (1992): Kommunale Handlungsspielräume in der öffentlichen Abfallentsorgung, Frankfurt/M. u.a. 1992.

GAWEL, E. (1991): Umweltpolitik durch gemischten Instrumenteneinsatz, Berlin 1991.

GAWEL, E. (1994 a): Das Wagnis verschärfter Anforderungen - Ökonomische Anmerkungen zur Gebührenfähigkeit rechtsinduzierter Sanierungsaufwendungen am Beispiel der Abfalldeponierung, in: Kommunale Steuer-Zeitschrift, 43. Jg., 1994, H. 1, S. 1-5.

GAWEL, E. (1994 b): Langfristige Grenzkosten als Maßstab der Gebührenkalkulation anlagenintensiver Entsorgungsbetriebe, in: Zeitschrift für öffentliche und gemeinwirtschaftliche Unternehmen, Bd. 17, 1994, H. 4, S. 479-489.

GAWEL, E. (1994 c): Ökologische Kalkulation in der kommunalen Daseinsvorsorge, in: Zeitschrift für öffentliche und gemeinwirtschaftliche Unternehmen, Bd. 18, 1994, H. 4, S. 416-436.

GAWEL, E. (1994 d): Zur Rechtfertigung von Wiederbeschaffungszeitwerten in der Kalkulation kommunaler Benutzungsgebühren, in: Kommunale Steuer-Zeitschrift, 43. Jg, 1994, H. 5, S. 83-89.

GAWEL, E. (1994 e): Zur kalkulatorischen Verzinsung des Kapitals kommunaler Gebührenhaushalte, in: Der Gemeindehaushalt, 95. Jg., 1994, H. 10, S. 222-232.

GAWEL, E. (1994 f): Zur Kostenrelevanz voll abgeschriebener Anlagegüter in der Kalkulation kommunaler Benutzungsgebühren, in: Zeitschrift für Kommunalfinanzen, 44. Jg., 1994, Nr. 11, S. 248-251.

GAWEL, E. (1995 a): Gebührenrecht und betriebswirtschaftliche Grundsätze, in: Verwaltungs-Archiv, 86. Jg., 1994, H. 6, S. 69-87.

GAWEL, E. (1995 b): Die kommunalen Gebühren, Berlin 1995.

GAWEL, E. (1995 c): Ökologisch orientierte Entsorgungsgebühren, Berlin 1995.

GAWEL, E. (1996): Die Gebühren vor der ökologischen Herausforderung, in: Kommunale Steuerzeitschrift, 45. Jg., 1996, H. 2/3, S. 21-41.

GELDERN, W. v. (1993): Wege aus dem Wohlstandsmüll, Mainz 1993.

GEORGESCU-ROEGEN, N. (1987): The Entropy Law and the Economic Process in Retrospect, Berlin 1987.

GERN, A. (1984): Sozialtarife im Kommunalabgabenrecht, in: Deutsches Verwaltungsblatt, 100. Jg., 1984, H. 12, S. 1164-1170.

GIEBLER, P. (1995): Vorfinanzierungskosten als Herstellungsaufwand - Finanzwirtschaftliche Behandlung und Auswirkungen auf die Gebühren, in: Kommunale Steuer-Zeitschrift, 44. Jg., 1995, H. 2, S. 21-28.

GIESEN, K. (1985): Kostendeckung und "Steuerfinanzierung", in: Kommunale Steuerzeitschrift, 34. Jg., 1985, H. 6, S. 101-103.

GLASER, H. (1992): Prozeßkostenrechnung - Darstellung und Kritik, in: Zeitschrift für betriebswirtschaftliche Forschung, 44. Jg., 1992, H. 3, S. 275-293.

GLASER, P. (1992): Neues Gebührenmodell im Landkreis Ludwighafen, in: UMWELTMINISTERIUM BADEN-WÜRTTEMBERG (Hrsg.): Neue Gebührenmodelle in der kommunalen Abfallentsorgung, Beiträge zur Fachtagung am 5. Oktober 1992 in Ludwigshafen, Stuttgart 1992, S. 95-97.

GOEPFERT, P. / REIMER, H. (1978): Kostenstrukturuntersuchungen verschiedener Verfahren zur Beseitigung von Siedlungsabfällen, Berlin 1978.

GORNAS, J. / BEYER, W. (1991): Betriebswirtschaft in der öffentlichen Verwaltung, Köln 1991.

GORNAS, J. / BORNHALM, W. (1990): Die finanziellen Effekte der Benutzungsgebühren für die kommunalen Haushalte, in: Betriebswirtschaftliche Forschung und Praxis, 42. Jg., 1990, H. 1, S. 1-9.

GRAHL, A. / BÜLL, U. (1994): Sorgfältig abgewogen - Elektronische Mülltonnenidentifikationssysteme sind nicht in jedem Fall zu empfehlen, in: Müllmagazin, 7. Jg., 1994, Nr. 1, S. 61-65.

GRASKAMP, R. et al. (1992): Umweltschutz, Strukturwandel und Wirtschaftswachstum, Essen 1992.

GREEN, D.I. (1894): Pain-Cost and Opportunity-Cost, in: Quarterly Journal of Economics, Vol. 8, 1894, S. 218-229.

GRÖNER, H. (1982): Energiepolitik, in: ISSING, O. (Hrsg.): Spezielle Wirtschaftspolitik, München 1982, S. 1-20.

GROSSEKETTLER, H. (1985): Options- und Grenzkostenpreise für Kollektivgüter unterschiedlicher Art und Ordnung, in: Finanzarchiv, N.F. Bd. 43, 1985, S. 211-252.

GSCHWENDTNER, H. (1993): Umwelt als Kollektivgut, in: Zeitschrift für Umweltpolitik und Umweltrecht, 16. Jg., 1993, H. 1, S. 55-71.

GUERRIERO, J.R. (1995): Deponierückbau: eine Machbarkeitsstudie, in: WARMER Bulletin, Nr. 45, Mai 1995, S. 10-11.

GÜNTHER, E. (1994): Ökologieorientiertes Controlling, München 1994.

GÜNTHER, E. / WITTMANN, R. (1995): Kondukte, in: Die Betriebswirtschaft, 55. Jg., 1995, H. 1, S. 119-120.

GUTENBERG, E. (1983): Grundlagen der Betriebswirtschaftslehre, Band I: Die Produktion, 24., unveränderte Aufl., Berlin, Heidelberg, New York, 1983.

HABERSTOCK, L. (1986): Kostenrechnung II, 7., durchges. Aufl., Hamburg 1986.

HABERSTOCK, L. (1987): Kostenrechnung I, 8., durchges. Aufl., Hamburg 1987.

HAGEMEISTER, A. v. (1992): Die Privatisierung öffentlicher Aufgaben, München 1992.

HAHN, G. (1992): Erfahrungsbericht des Landkreises Bad Dürkheim mit dem Banderolensystem, in: UMWELTMINISTERIUM BADEN-WÜRTTEMBERG (Hrsg.): Neue Gebührenmodelle in der kommunalen Abfallentsorgung, Beiträge zur Fachtagung am 5. Oktober 1992 in Ludwigshafen, Stuttgart 1992, S. 99-102.

HAHN, H.H. / BENDER, A. (1982): Die Bedeutung der Tourenplanung in der Abfallwirtschaft, in: HAHN, H.H. / PAESSENS, H. (Hrsg.): Tourenplanung in der Abfallwirtschaft II, Karlsruhe 1992, S. 1-24.

HAMPICKE, U. (1992): Neoklassik und Zeitpräferenz - der Diskontierungsnebel, IÖW (Hrsg.): Die ökologische Herausforderung für die ökonomische Theorie, Marburg 1992, S. 127-149.

HANSMEYER, K.-H. (1987): Abgaben und steuerliche Instrumente der Umweltpolitik - Wirkungsweise, Erfahrungen, Möglichkeiten, in: Zeitschrift für Umweltpolitik und Umweltrecht, 10. Jg., 1987, H. 3, S. 251-266.

HANSMEYER, K.-H. (1993): Das Duale System und die Verpackungsverordnung, in: Wirtschaftsdienst, 73. Jg., 1993, H. 9, S. 232-236.

HANSMEYER, K.-H. / FÜRST, D. (1968): Die Gebühren. Zur Theorie eines Instrumentariums der Nachfragelenkung bei öffentlichen Leistungen, Stuttgart u.a. 1968.

HANUSCH, H. (1972): Theorie der öffentlichen Güter, Göttingen 1972.

HANUSCH, H. (1994): Nutzen-Kosten-Analyse, 2., überarb. Aufl., München 1994.

HANUSCH, H. / KUHN, T. (1994): Einführung in die Volkswirtschaftslehre, 3., überarb. Aufl., Berlin u.a. 1994.

HARDES, H.-D. (1994 a): De-Regulierung aus wettbewerbstheoretischer Sicht - Das Beispiel Bahnreform, in: Das Wirtschaftsstudium, 23. Jg., 1994, H. 8/9, S. 710-715.

HARDES, H.-D. (1994 b): Wettbewerbspolitik in Deutschland und in der EU, in: Wirtschaftswissenschaftliches Studium, 23. Jg., 1994, H. 9, S. 440-445.

HARTUNG, J. / ELPELT, B. (1989): Multivariate Statistik, 3., durchges. Aufl., München, Wien 1989.

HARTUNG, J. / ELPELT, B. / KLÖSENER, K.-H. (1991): Statistik, 8., durchges. Aufl., München, Wien, 1991.

HÄUSELMANN, H. (1983): Kommunale Unternehmensformen, in: Verwaltungsblätter Baden-Württemberg, 4. Jg., 1983, H. 7, S. 230-235.

HAVLICEK, J. (1985): Impacts of Solid Waste Disposal Sites on Property Values, in: Environmental Policy: Solid Waste, No. 4, Cambridge/MA 1985.

HAVLICEK, J. / RICHARDSON, R. / DAVIES, L. (1971): Measuring the Impacts of Solid Waste Disposal Site Location on Property Values, in: American Journal of Agricultural Economics, Vol. 53, 1971, S. 896-875.

HAX, H. (1976): Kostenbewertung mit Hilfe der mathematischen Programmierung, in: COENENBERG, A.G. (Hrsg.): Unternehmensrechnung, München 1976, S. 97-107.

HAX, H. (1981): Verrechnungspreise, in: KOSIOL, E. et al. (Hrsg.): Handwörterbuch des Rechnungswesens, 2., völlig neu gestaltete Aufl., Stuttgart 1981, Sp. 1688-1699.

HECHT, D. (1989): Abfallprobleme - Ansatzpunkte für marktwirtschaftliche Lösungen, in: Bürgeraktion das bessere Müllkonzept e.V. (Hrsg.): Das bessere Müllkonzept, Bd. 2, Ulm 1989, S. 138-145.

HECHT, D. (1991): Möglichkeiten und Grenzen der Steuerung von Rückstandsmaterialströmen über den Abfallbeseitigungspreis, Berlin 1991.

HECHT, D. / WERBECK, N. (1993): Ökonomie der Bereitstellung und Verteilung von Abfallbeseitigungskapazitäten - ein theoretischer Problemaufriß, in: RWI-Mitteilungen, 44. Jg., 1993, H. 1, S. 1-21.

HEDRICH, C.-C. (1994): Deregulierung, in: Das Wirtschaftsstudium, 23. Jg., 1994, H. 1, S. 33.

HEFERMEHL, W. (1995): Einführung, in: Wettbewerbsrecht und Kartellrecht, 17., neubearb. Aufl., München 1995, S. IX-XLIV.

HEIDEMANN, O. (1989): Steuerliche Aspekte zur Wahl der Organisationsform kommunaler Einrichtungen, in: Zeitschrift für Kommunalfinanzen, 39. Jg., 1989, Nr. 3, S. 57-60, Nr. 4, S. 83-86, Nr. 5, S. 107-109, Nr. 7, S. 152-156.

HEIL, J. (1994): Charakterisierung neuer thermischer Abfallbehandlungsverfahren, in: THOMÉ-KOZMIENSKY, K.J. (Hrsg.): Kreislaufwirtschaft, Berlin 1994, S. I/608-I/616.

HEINEN, E. (1959): Betriebswirtschaftliche Kostenlehre, Bd. 1: Grundlagen, Wiesbaden 1959.

HEINEN, E. / PICOT, A. (1974): Können in betriebswirtschaftlichen Kostenauffassungen soziale Kosten berücksichtigt werden?, in: Betriebswirtschaftliche Forschung und Praxis, 26. Jg., 1974, H. 26, S. 345-366.

HEISE, M. (1993): Die deutsche Wirtschaft im internationalen Standortwettbewerb, in: Wirtschaftsdienst, 73. Jg., 1993, H. 7, S. 348-354.

HENNICKE, P. (Hrsg.) (1991): Den Wettbewerb im Energiesektor planen, Berlin u.a. 1991.

HENSELDER-LUDWIG, R. (1993): TA Siedlungsabfall, Köln 1993.

HESSE, H. / LINDE, R. (1979): Steigende Skalenerträge - Ursachen und wirtschaftspolitische Bedeutung, in: Das Wirtschaftsstudium, 8. Jg., 1979, H. 10, S. 502-505, H. 11, S. 554-559.

HEUSS, E. (1981): Grundelemente der Wirtschaftstheorie, 2. Aufl., Göttingen 1981.

HILLEBRAND, P. (1982): Erweiterung und Aktualisierung der Kostenstrukturuntersuchung verschiedener Verfahren zur Beseitigung von Siedlungsabfällen, Berlin 1982.

HIMMELMANN, G. (1991): Sach- und Organisationsprobleme der modernen Abfallwirtschaft - Problemskizze, in: HIMMELMANN, G. (Hrsg.): Öffentliche Unternehmen in der Abfallwirtschaft, Baden-Baden 1991, S. 11-44.

HIMMELMANN, G. (1994): Öffentliche Unternehmen und die politische Regulierung in der Abfallwirtschaft, in: EICHHORN, P. / ENGELHARDT, W.W. (Hrsg.): Standortbestimmung öffentlicher Unternehmen in der Sozialen Marktwirtschaft, Baden-Baden 1994, S. 133-143.

HINTZE, J.L. (1992 a): Number Cruncher Statistical System Product 5.3, Kaysville/Utah 1992.

HINTZE, J.L. (1992 b): Number Cruncher Statistical System Product 5.3 - Advanced Statistics, Kaysville/Utah 1992.

HIRSCH, W.Z. (1965): Cost Functions of an Urban Government Service: Refuse Collection, in: Review of Economics and Statistics, Vol. 47, 1965, S. 87-92.

HIRSHFELD, S. et al. (1992): Assessing the True Cost of Landfills, in: Waste and Management & Research, Vol. 10, 1992, S. 471-484.

HOFFJAN, A. (1995): Cost Benchmarking als Instrument des strategischen Kostenmanagement, in: Zeitschrift für Planung, 7. Jg., 1996, H. 6, S. 155-166.

HÖHR, H. (1988): Thermische Müllverwertung außerhalb von Ballungsgebieten - Einfluß der Mülltransportkosten, in: Müll und Abfall, 20. Jg., 1988, H. 2, S. 41-46.

HOLM-MÜLLER, K. et al. (1992): Die Nachfrage nach Umweltqualität in der Bundesrepublik Deutschland, in: Zeitschrift für angewandte Umweltforschung, Sonderheft 3, 1992, S. 35-46.

HÖLSCHER, F. (1995): Öffentliche und private Abfallentsorgung - Ihre Stellung nach dem Abfallgesetz und dem Kreislaufwirtschaftsgesetz, in: Zeitschrift für Umweltrecht, 6. Jg., 1995, H. 4, S. 176-182.

HOLST, M. (1989): Durchsetzungsprobleme von Abfallentsorgungsanlagen - Sachstand, Ursachen und Wege zur Problembewältigung, in: Zeitschrift für Umweltpolitik und Umweltrecht, 12. Jg., 1989, H. 2, S. 185-202.

HORVATH, P. (1981): Kaufmännische Buchhaltung, in: KOSIOL, E. et al. (Hrsg.): Handwörterbuch des Rechnungswesens, 2., völlig neu gestaltete Aufl., Stuttgart 1981, Sp. 324-340.

HORVATH, P. (1991): Controlling, 4., überarb. Aufl., München 1991.

HÖSEL, G. (1987): Unser Abfall aller Zeiten. Eine Kulturgeschichte der Städtereinigung, München 1987.

HÖSEL, G. / LERSNER, H. Freiherr v. (1996): Recht der Abfallbeseitigung des Bundes und der Länder, Berlin 1972, Loseblattsammlung, Stand März 1996.

HOTELLING, H. (1931): The Economics of Exhaustible Ressources, in: The Journal of Political Economy, Vol. 39, 1931, S. 135-175.

HOTELLING, H. (1938): The General Welfare in Relation to Problems of Taxation and of Railway an Utility Rates, in: Econometrica, Vol. 6, 1938, S. 242-269.

HUBER, B. (1989): Excess Burden - Konzept und Messung, in: Wirtschaftswissenschaftliches Studium, 18. Jg., 1989, H. 11, S. 569-572.

HUBERT, F. (1990): Die Diskussion um die Mietrechtsreform, in: Wirtschaftsdienst, 70. Jg., 1990, H. 11, S. 576-580.

HÜHN, R. (1995): Aspekte der Steuerpflicht für die kommunale Abfallwirtschaft, in: Der Städtetag, N.F. 48. Jg., 1995, H. 5, S. 374-376.

HUMMEL, S. / MÄNNEL, W. (1986): Kostenrechnung, Bd. 1: Grundlagen, Aufbau und Anwendung, 4., völlig neu bearb. u. erw. Aufl., Wiesbaden 1986.

IHMELS, K. (1993): Wider die Illusion der Müllvermeidung durch Gebührenanreize in der Hausmüllentsorgung, in: Müll und Abfall, 25. Jg., 1993, H. 6, S. 434-438.

ILLIG, C.S. (1992): Das Vorsorgeprinzip im Abfallrecht, Berlin 1992.

JÄGERS, T. (1995): Die "goldene Regel" staatlicher Kreditaufnahme, in: Wirtschaftswissenschaftliches Studium, 24. Jg., 1995, H. 8, S. 414-416.

JAKOB, W. (1992): Umsatzsteuer, München 1992.

JARASS, H.D. (1989): Verfassungsrechtliche Grenzen für die Erhebung nichtsteuerlicher Abgaben, in: Die öffentliche Verwaltung, 21. Jg., 1989, H. 23, S. 1013-1022.

JARASS, H.D. (1993): Bundes-Immissionsschutzgesetz (BImSchG) - Kommentar, 2., vollst. überarb. Aufl., München 1993.

JARON, A.A. (1989): Ökonomische Instrumente in der Abfallwirtschaft, in: Müll und Abfall, 21. Jg., 1989, H. 12, S. 629-635.

JARRE, J. (1993): Belohnungen: ein noch zu entdeckendes Instrument zur umweltbezogenen Verhaltensbeeinflussung privater Haushalte, in: Zeitschrift für angewandte Umweltforschung, 6. Jg., 1993, H. 4, S. 459-474.

JEBENS, C.T. (1995): Vertragsgestaltung für Vergütungsregelungen bei der Übertragung öffentlicher Aufgaben auf private Unternehmen, in: Der Betrieb, 48. Jg., 1995, H. 43, S. 2125-2129.

JUNGBLUT, E.W. (1996): Umsatzsteuer (Mehrwertsteuer) für kommunale Eigenbetriebe eine finanziell-vorteilhafte Entlastung?, in: Kommunale Steuer-Zeitschrift, 45. Jg., 1996, H. 6, S. 104-106.

JUNGNICKEL, S. / BREE, A. (1996): Wann ist eine Anlage "eigen" im Sinne des § 13 Abs. 1 S. 2 KrW-/AbfG?, in: Umwelt- und Planungsrecht, 16. Jg., 1996, H. 8, S. 297-299.

JÜRGENLIMEK, R. (1990): Finanzielle Instrumente der gemeindlichen Entsorgungswirtschaft, in: Entsorga-Magazin, 9. Jg., 1990, H. 4, S. 87-88, H. 5, S. 131-141, H. 6, S. 49-50, H. 7/8, S. 30-33.

KABV (1990): Gutachten über die Gestaltung von Äquivalenzkennziffern im Hinblick auf eine abfallspezifische Gebührenerhebung, Riegelsberg 1990.

KABV (1995): Abfallentsorgungsgebühren 1994, in: VKS-aktuell, 1995, Nr. 9.

KÄFER, K. (1964): Standardkostenrechnung, 2. Aufl., Stuttgart 1964.

KAHN, A.E. (1971): The Economics of Regulation, 2. Aufl., New York 1971.

KAMPHAUSEN, P. / VEELKEN, M. / SCHMEKEN, W. (1988): Abfallentsorgung und Abwasserbeseitigung: Das Niedersächsische Betreibermodell - Modell auch in Nordrhein-Westfalen?, in: Städte- und Gemeinderat 42. Jg., 1988, H. 8, S. 215-219.

KANTZENBACH, E. (1993): Der Wirtschaftsstandort Deutschland im internationalen Wettbewerb, in: Wirtschaftsdienst, 73. Jg., 1993, H. 12, S. 625-632.

KAPP, K.W. (1958): Volkswirtschaftliche Kosten der Privatwirtschaft, Tübingen, Zürich 1958.

KARL, H. (1989): Deregulierung der Abfallwirtschaft, in: Zeitschrift für angewandte Umweltforschung, 2. Jg., 1989, H. 1, S. 83-88.

KARRENBERG, H. / MÜNSTERMANN, E. (1996): Gemeindefinanzbericht 1996, in: Der Städtetag, N.F. 49. Jg., 1996, H. 3, S. 119-211.

KAUFER, E. (1980): Industrieökonomik, München 1980.

KAUFER, E. (1981): Theorie der Öffentlichen Regulierung, München 1981.

KAYSEN, C. / TURNER, D.F. (1959): Antitrust Policy - An Economic and Legal Analysis, Cambridge/Mass. 1959.

KEMPER, M. (1989): Das Umweltproblem in der Marktwirtschaft, Berlin 1989.

KEMPER, P. / QUIGLEY, J.M. (1976): The Economies of Refuse Collection, Cambridge/Mass. 1976.

KEPPLER, J. (1991): Wieviel Geld für wieviel Umwelt? - Entschädigungskonzepte und ihre normativen Grundlagen, in: Zeitschrift für Umweltpolitik und Umweltrecht, 14. Jg., 1991, H. 4, S. 397-410.

KGSt (1980 a): Kostenrechnung in der Kommunalverwaltung, Teil I.7: Anlagenrechnung, Bericht Nr. 9/1980, Köln 1980.

KGSt (1980 b): Kostenrechnung in der Kommunalverwaltung, Teil I.13: Prüfung der Kostenrechnung, Bericht Nr. 10/1980, Köln 1980.

KGSt (1981): Kostenrechnung in der Kommunalverwaltung, Teil I.3: Kostenartenrechnung, Bericht Nr. 13/1981, Köln 1981.

KGSt (1982 a): Kostenrechnung in der Kommunalverwaltung, Teil I.4: Kostenstellenrechnung, Bericht Nr. 7/1982, Köln 1982.

KGSt (1982 b): Kostenrechnung in der Kommunalverwaltung, Teil I.4: Umlagerechnung und Betriebsabrechnungsbogen, Bericht Nr. 8/1982, Köln 1982.

KGSt (1982 c): Kostenrechnung in der Kommunalverwaltung, Teil I.2: Systematische Grundlagen der Kostenrechnung, Bericht Nr. 20/1982, Köln 1982.

KGSt (1985 a): Kommunale Beteiligungen I: Steuerung und Kontrolle der Beteiligungen, Bericht Nr. 8/1985, Köln 1985.

KGSt (1985 b): Verwaltungskostenerstattungen (VKE), Bericht Nr. 15/1985, Köln 1985.

KGSt (1986): Kommunale Beteiligungen III: Verselbständigung kommunaler Einrichtungen?, Bericht Nr. 7/1986, Köln 1986.

KGSt (1993 a): Kostenrechnung in der Kommunalverwaltung, Teil II.8: Kommunale Abfallwirtschaft: Wirtschaftlichkeitssteuerung und Entgeltgestaltung, Bericht Nr. 8/1993, Köln 1993.

KGSt (1993 b): Wirtschaftlicher Versicherungsschutz und Risikomanagement, Bericht Nr. 9/1993, Köln 1993.

KGSt (1995): Kostenrechnung in der Kommunalverwaltung, Teil II.4: Ausgaben für die Rekultivierung und Nachsorge kommunaler Deponien, Bericht Nr. 2/1995, Köln 1995.

KILGER, W. (1987): Einführung in die Kostenrechnung, 3., durchges. Aufl., Wiesbaden 1987.

KILGER, W. (1988 a): Flexible Plankostenrechnung und Deckungsbeitragsrechnung, 9., verb. Aufl., Wiesbaden, 1988.

KILGER, W. (1988 b): Betriebliches Rechnungswesen, in: JACOB, H. (Hrsg.): Allgemeine Betriebswirtschaftslehre, 5. Aufl., Wiesbaden 1988.

KIRCHGÄSSNER, G. (1992): Haftungsrecht und Schadensersatzansprüche als umweltpolitische Instrumente, in: Zeitschrift für Umweltpolitik und Umweltrecht, 15. Jg., 1992, H. 1, S. 15-44.

KIRCHHOF, F. (1981): Die Höhe der Gebühr, Berlin 1981.

KIRCHHOF, F. (1983): Die Finanzierung des Leistungstaates, in: Jura, 5. Jg., 1983, H. 10, S. 505-517.

KIRCHHOF, F. (1992): Leistungsfähigkeit und Wirkungsweise von Umweltabgaben an ausgewählten Beispielen, in: Die öffentliche Verwaltung, 45. Jg., 1992, H. 6, S. 233-241.

KIRCHZARTEN, F. / MÜLLER, J. (1985): Die Unternehmereigenschaft von kommunalen Müllverbrennungsgesellschaften, in: Zeitschrift für Kommunalfinanzen, 35. Jg., 1985, Nr. 7, S. 151-153, Nr. 8, S. 174-178.

KITCHEN, H.M. (1976): A Statistical Estimation of an Operating Cost Function for Municipal Refuse Collection, in: Public Finance Quarterly, Vol. 4, 1976, S. 56-76.

KLAGES, C. (1988): Rechtliche Instrumente zur Abfallvermeidung, in: Neue Zeitschrift für Verwaltungsrecht, 7. Jg., 1988, H. 6, S. 481-487.

KLEMMER, P. (1992): Nutzen des Umweltschutzes, in: Zeitschrift für angewandte Umweltforschung, Sonderheft 3, 1992, S. 21-34.

KLEPS, K. (1984): Staatliche Preispolitik, München 1984.

KLINKERT, U. (1996): Privatisierung und private Finanzierung von staatlichen und kommunalen Aufgaben im Umweltbereich, in: Umwelt, 1996, Nr. 1, S. 12-15.

KLOCKOW, S. (1995): TA Siedlungsabfall: Brauchen wir zukünftig noch Abfalldeponien?, in: Müll und Abfall, 27. Jg., 1995, H. 10, S. 692-700.

KLOCKOW, S. / EBERHARDT, A. (1992): Einsatz von Umsetzungsinstrumenten bei der Ausgestaltung zukunftsweisender abfallwirtschaftlicher Strategien, in: Müll und Abfall, 24. Jg., 1992, H. 10, S. 694-709.

KLOEPFER, M. (1981): Kartellrecht und Umweltrecht, in: GÜTZLER, H. (Hrsg.): Umweltpolitik und Wettbewerb, Baden-Baden 1981, S. 57-102.

KLOEPFER, M. (1989): Umweltrecht, München 1989.

KLOEPFER, M. (1991): Zur verfassungsrechtlichen Zulässigkeit des Abfallabgabengesetzes, Rechtsgutachten im Auftrage des Bundesministers für Umwelt, Naturschutz und Reaktorsicherheit, Trier 1991.

KLOEPFER, M. / MALORNY, M. (1984): Öffentliches Recht, 3., neubearb. und erw. Aufl., Düsseldorf 1984.

KLOOCK, J. / SIEBEN, G. / SCHILDBACH, T. (1991): Kosten- und Leistungsrechnung, 6., überarb. und erw. Aufl., Düsseldorf 1991.

KLÖS, H.-P. (1991): Privates Infrastrukturkapital, in: Wirtschaftswissenschaftliches Studium, 20. Jg., 1991, H. 6, S. 303-305.

KLÜMPER, B. (1994): Zur Berechnung der kalkulatorischen Zinsen, in: Der Gemeindehaushalt, 95. Jg., 1994, H. 3, S. 54-55.

KNAUTH, P. (1992): Sunk Costs, in: Wirtschaftswissenschaftliches Studium, 21. Jg., 1992, H. 2, S. 76-78.

KNEBEL, J. (1994): Emission, in: KIMMINICH, O. / LERSNER, H. Freiherr v. / STORM, P.-C. (Hrsg.): Handwörterbuch des Umweltrechts, Bd. I, 2., überarb. Aufl., Berlin 1994, Sp. 753-760.

KNIEPS, G. (1992): Kritik der Postreform, in: Wirtschaftswissenschaftliches Studium, 21. Jg., 1992, H. 6, S. 269.

KNIEPS, G. (1995): Neuere Entwicklungen in der Regulierungsdiskussion, in: Wirtschaftswissenschaftliches Studium, 24. Jg., 1995, H. 12, S. 617-622.

KNOBLOCH, G. (1985): Gebührenkalkulation im Bereich der Abwasserbeseitigung, in: Kommunale Steuer-Zeitschrift, 34. Jg., 1985, H. 2, S. 21-24, H. 3, S. 46-49.

KNORRING, E. v. (1995): Das Umweltproblem als Externalität - ökonomische Ökologie oder ökologische Ökonomie, in: Zeitschrift für Umweltpolitik und Umweltrecht, 18. Jg., 1995, H. 4, S. 537-567.

KOBER, B. (1991): Öffentliche Abgabenpolitik für eine bessere Umwelt, in: Baden-Württembergische Verwaltungspraxis, 18. Jg., 1991, H. 4, S. 73-79.

KOCH, H. (1958): Zur Diskussion über den Kostenbegriff, in: Zeitschrift für Handelswissenschaftliche Forschung, N.F. 10. Jg., 1958, S. 355-399.

KOCH, J. (1990): Kosten- und Leistungsrechnung, 4., völlig überarb. und erw. Aufl., München u.a. 1990.

KÖCK, W. (1993): Umweltabgaben - Quo vadis? - Entwicklungstendenzen des Umweltabgabenrechts unter besonderer Würdigung des Entwurfs eines Abfallabgabengesetzes, in: Juristen Zeitung, 48. Jg., 1993, H. 2, S. 59-67.

KÖCK, W. / SCHWANENFLÜGEL, M. v. (1990): Abfallvermeidung durch kommunale Verpakkungsabgaben, Taunusstein 1990.

KOESTER, U. / CRAMON-TAUBADEL, S. v. (1992): EG-Agrarreform ohne Ende?, in: Wirtschaftsdienst, 72. Jg., 1992, H. 7, S. 355-361.

KOFNER, S. (1995): Marktmäßige externe Effekte, in: Das Wirtschaftsstudium, 24. Jg., 1995, H. 5, S. 415-418.

KOHLHASE, J.E. (1989): The Impact of Toxic Waste Sites on Housing Values, Journal of Urban Economics, Vol. 28, 1989, S. 1-26.

KÖLLER, H. v. (1996): Kreislaufwirtschafts- und Abfallgesetz, 2., überarb. und erw. Aufl., Berlin 1995.

KONRAD, K. (1995): Verfassungsfragen kommunaler Verpackungssteuerfragen, in: Betriebs-Berater, 50. Jg., 1995, H. 22, S. 1109-1121.

KOPPELMANN, U. (1985): Verpackungssteuer, in: Wirtschaftswissenschaftliches Studium, 14. Jg., 1985, H. 4, S. 191-192.

KORBION, H. (1974): Neufassung der Verdingungsordnung für Bauleistungen (VOB), in: Der Betrieb, 27. Jg., 1974, H. 2, S. 77-80.

KORFF, S. / STEINER-NATTERMANN, N. / MÜLLER-VELTEN, K.-H. (1993): Methoden zur Ermittlung von Vergleichspacht-/Kaufpreisen für Deponieflächen, in: Müll und Abfall, 25. Jg., 1993, H. 8, S. 585-591.

KOSIOL, E. (1958): Kritische Analyse der Wesensmerkmale des Kostenbegriffs, in: KOSIOL, E. / SCHLIEPER, F. (Hrsg.): Betriebsökonomisierung durch Kostenanalyse, Absatzrationalisierung und Nachwuchserziehung, Köln, Opladen 1958, S. 7-37.

KOSIOL, E. (1969): Kostenrechnung und Kalkulation, Berlin 1969.

KOSS, K.-D. / WENDER, A. (1993): Lizenzmodell Nordrhein-Westfalen - Ein Instrument zur Sicherung der Sonderabfallentsorgung, in: Müll und Abfall, 25. Jg., 1993, H. 4, S. 220-228.

KRÄHMER, R. (1993): Die Besteuerung der kommunalen Abfallwirtschaft, in: Finanzwirtschaft, 15. Jg., 1993, H. 6, S. 140-144.

KRAKOWSKI, M. (1988): Theoretische Grundlagen der Regulierung, in: KRAKOWSKI, M. (Hrsg.): Regulierung in der Bundesrepublik Deutschland, Teil I, Hamburg 1988, S. 20-116.

KRAUSKOPF, D. (1995): Einführung, in: SGB V Gesetzliche Krankenversicherung, 4., überarb. Aufl., München 1995, S. IX-XVII.

KREMER, P. (1995): Berechtigte Einwände - An der Bindungswirkung und Durchsetzbarkeit der TA Siedlungsabfall bestehen erhebliche Zweifel, in: Müllmagazin, 8. Jg., 1995, Nr. 3, S. 60-62.

KRESSE, W. (1993): Die neue Schule des Bilanzbuchhalters, Bd. 3, 6., neubearb. Aufl., Stuttgart 1993.

KRIEGER, H.-J. (1981): Schranken der Zulässigkeit der Privatisierung öffentlicher Einrichtungen der Daseinsvorsorge mit Anschluß- und Benutzungszwang, Diss., Siegburg 1981.

KROMPHARDT, J. / SPELTHAHN, S. (1988): Grundzüge der Ökonomie erschöpfbarer Ressourcen, in: Wirtschaftswissenschaftliches Studium, 17. Jg., 1988, H. 4, S. 172-177.

KRÖNUNG, H.-D. (1988): Kostenrechnung und Unsicherheit, Wiesbaden 1988.

KRÜGER, R. (1967): Das wirtschaftspolitische Instrumentarium, Berlin 1967.

KRUSE, J. (1985): Ökonomie der Monopolregulierung, Göttingen 1985.

KUNIG, P. / SCHWERMER, G. / VERSTEYL, L.-A. (1992): Abfallgesetz Kommentar, 2., neubearb. Aufl., München 1992.

KÜPPER, H.-U. (1981): Fixe und variable Kosten, in: KOSIOL, E. et al. (Hrsg.): Handwörterbuch des Rechnungswesens, 2., völlig neu gestaltete Aufl., Stuttgart 1981, Sp. 950-962.

LAGA (1991): LAGA-Informationsschrift Abfallarten, 3. Aufl., Berlin 1991.

LAGA (1996): Informationsschrift Umschlagstationen für Hausmüll und hausmüllähnliche Abfälle, in: HÖSEL, G. et al. (Hrsg.): Müll-Handbuch, Berlin 1964, Loseblattsammlung, Stand Februar 1996, Kz. 2322.

LAHL, U. (1993): Bremen stellt um - Ein neues Müllgebührenkonzept, in: Müll und Abfall, 25. Jg., 1993, H. 9, S. 660-664.

LAHL, U. / ZESCHMAR-LAHL, B. (1996): Mechanisch-Biologische Abfallbehandlung (MBA) - Chancen und Risiken, in: Der Städtetag, N.F. 49. Jg., 1996, H. 4, S. 303-308.

LAI (1989): Musterentwurf des Länderausschusses für Imissionsschutz für eine Verwaltungsvorschrift zu § 5 I Nr. 3 BImSchG, in: Neue Zeitschrift für Verwaltungsrecht, 8. Jg., 1989, H. 2, S. 130-133.

LANG, G. (1995): Price-Cap-Regulierung: Ein Fortschritt in der Tarifpolitik?, in: Wirtschaftsdienst, 75. Jg., 1995, H. 5, S. 273-277.

LANGEN, E. / BUNTE, H.-J. (1994): Kommentar zum deutschen und europäischen Kartellrecht, 7. Aufl., Neuwied, Kriftel, Berlin 1994.

LANGENBRINCK, B. (1993): Gestaltungsspielräume der Kommunen in der Gebührenpolitik, Diss., Bayreuth 1993.

LANGENBRINCK, B. (1994): Ist Art. 8 des bayerischen KAG noch zeitgemäß - Einige Überlegungen zur Kalkulation kommunaler Benutzungsgebühren, in: Kommunale Steuer-Zeitschrift, 43. Jg., 1994, H. 8, S. 147-152.

LAUSCHMANN, E. (1959): Zur Frage der "social costs", in: Jahrbuch für Sozialwissenschaft, 1959, S. 193-220.

LEFFSON, U. (1987): Die Grundsätze ordnungsgemäßer Buchführung, 7., rev. und erw. Aufl., Düsseldorf 1987.

LEIBENSTEIN, H. (1966): Allocative Efficiency vs. "X-Effiziency", in: American Economic Review, Vol. 56, 1966, S. 392-415.

LEIPERT, C. / STEPPACHER, R. (1987): Die Perspektive: K. William Kapps Beitrag zu einer ökonomischen Theorie der Zukunft, in: LEIPERT, C. / STEPPACHER, R. (Hrsg.): Für eine ökosoziale Ökonomie, Franfurt/M. 1987.

LEMSER, B. / MATSCHKE, M.J. (1993): Grauzone "Geschäftsmüll", in: Müll und Abfall, 25. Jg., 1993, H. 9, S. 664-673.

LEMSER, B. / TILLMANN, A. (1996): Zur Bildung von Abfallgebühren und zur Kosten- und Leistungsrechnung in der öffentlichen Abfallentsorgung aus betriebswirtschaftlicher Sicht, in: Müll und Abfall, 28. Jg., 1996, H. 1, S. 27-33, H. 2, S. 64-71.

LENZ, U. / SCHIEDER, H. (1988): Eigenbetriebsverordnung Bayern - Kommentar, 2., neubearb. Aufl., München 1988.

LERNER, A.P. (1944): The Economics of Control, New York 1944.

LERSNER, H. Freiherr v. (1990): Verfahrensvorschläge für umweltrechtliche Grenzwerte, in: Natur + Recht, 12. Jg., 1990, H. 5, S. 193-197.

LEUENBERGER, M. / GRUNDER, R. (1994): Risikoabschätzung bei Deponien, in: Entsorgungspraxis, 12. Jg., 1994, H. 5, S. 12-21.

LEY, K. (1987): Kosten der Entsorgung im kommunalen Bereich, in: Umwelt (VDI), 17. Jg., 1987, H. 12, S. K 4-10.

LICHTENFELD, U. (1996): Besonderheiten des Benutzungsgebührenrechts in Niedersachsen und Sachsen-Anhalt, in: DRIEHAUS, H.-J. (Hrsg.): Kommunalabgabenrecht - Kommentar, Berlin 1989, Loseblattsammlung, Stand März 1996, Erl. zu § 6 KAG NW, Rdnr. 700-771.

LINDE, R. / ALTENBURG, L. (1991): Das Monopol - Wohlfahrtswirkung bei einheitlicher Preissetzung, in: Das Wirtschaftsstudium, 20. Jg., 1991, H. 10, S. 753-762.

LINDEMANN, H.-H. / WIEBE, A. (1991): Die Hausmüllgebührenstuktur als Anreiz für Abfallvermeidung und -verwertung, in: Natur + Recht, 13. Jg., 1991, H. 4, S. 171-177.

LINSENBÜHLER, G. (1984): Theorie der X-Effizienz, in: Wirtschaftswissenschaftliches Studium, 13. Jg., 1984, S. 424-426.

LINTZ, G. (1994): Vom Verursacherprinzip zum Aufteilungsprinzip, in: Zeitschrift für Umweltpolitik und Umweltrecht, 17. Jg., 1994, H. 1, S. 57-73.

LIPSEY, R.G./ LANCASTER, K. (1957): The General Theory of Second Best, in: Review of Economic Studies, Vol. 24, 1957, S. 11-32.

LOCAREK, H. (1992): Finanzmathematik, 2., überarb. Aufl., München, Wien 1992.

LOCHER, K. (1995): Mindestpreise als Instrumente der Verteilungspolitik - Das Beispiel der Agrarpolitik, in: Wirtschaftswissenschaftliches Studium, 24. Jg., 1995, H. 10, S. 535-541.

LOESCH, A. v. (1993): Privatisierung öffentlicher Unternehmen, Baden-Baden 1983.

LÖFFELHOLZ, J. (1980): Repetitorium der Betriebswirtschaftslehre, 6. Aufl., Wiesbaden 1980.

LOHMANN, H.-H. (1996): Besonderheiten des Benutzungsgebührenrechts in Hessen, in: DRIEHAUS, H.-J. (Hrsg.): Kommunalabgabenrecht - Kommentar, Berlin 1989, Loseblattsammlung, Stand März 1996, Erl. zu § 6 KAG NW, Rdnr. 650-699.

LÖSENBECK, H.-D. (1963): Die Preisbildung der öffentlichen Unternehmen, Berlin 1963.

LÜCKE, W. (1965): Die kalkulatorischen Zinsen im betrieblichen Rechnungswesen, in: Zeitschrift für Betriebswirtschaft, 1965, Ergänzungsheft, S. 3-28.

LUCKENBACH, H. (1986): Theoretische Grundlagen der Wirtschaftspolitik, München 1986.

LUCKENBACH, H. (1991): Markt- und Staatsversagen, in: Wirtschaftswissenschaftliches Studium, 20. Jg., 1991, H. 5, S. 225-230.

LÜDEKE, R. (1991): Externe Effekte, öffentliche Güter und optimale Besteuerung, in: Das Wirtschaftsstudium, 20. Jg., 1991, H. 10, S. 765-777.

LUDWIG, R. (1978): Simultane Kapazitäts- und Transportplanung bei variabler Standortstruktur, Zürich / Frankfurt a.M. / Thun 1978.

LUKES, R. (1980): Das Preisrecht als Instrument zur Angleichung des Energiepreisniveaus, in: Betriebs-Berater, 35. Jg., 1980, S. 1593-1598.

MACKSCHEIDT, K. / STÖRMANN, W. (1994): Anreizverträgliche Mechanismen zur Ermittlung der Nachfrage nach öffentlichen Gütern, in: Das Wirtschaftsstudium, 23. Jg., 1994, H. 2, S. 151-160.

MAIER-RIGAUD, G. (1992): Die Herausbildung der Umweltökonomie - Zwischen axiomatischem Modell und normativer Theorie, in: BECKENBACH, F. (Hrsg.): Die ökologische Herausforderung für die ökonomische Theorie, Marburg 1992, S. 27-43.

MAJONE, G. (1982): The Uncertain Logic of Standard-Setting, in: Zeitschrift für Umweltpolitik und Umweltrecht, 5. Jg., 1982, H. 4, S. 305-323.

MANN, T. (1992): Abfallverwertung als Rechtsflicht, Stuttgart u.a. 1992.

MÄNNEL, W. (1981): Grenz- und Residualkosten, in: KOSIOL, E. et al. (Hrsg.): Handwörterbuch des Rechnungswesens, 2., völlig neu gestaltete Aufl., Stuttgart 1981, Sp. 962-967.

MÄNNEL, W. (1988): Besonderheiten der internen Rechnungslegung öffentlicher Unternehmen und Verwaltungen, in: Zeitschrift für Betriebswirtschaft, 58. Jg., 1988, H. 8, S. 839-857.

MARBACH, K. (1992): Erfahrungsbericht aus der Gemeinde Pleidelsheim, in: UMWELTMINISTERIUM BADEN-WÜRTTEMBERG (Hrsg.): Neue Gebührenmodelle in der kommunalen Abfallentsorgung, Beiträge zur Fachtagung am 5. Oktober 1992 in Ludwigshafen, Stuttgart 1992, S. 119-121.

MARK, M. v. (1993): Zu den Wirkungsmechanismen von Lenkungsabgaben in der Abfallwirtschaft, in: Zeitschrift für Umweltpolitik und Umweltrecht, 16. Jg., 1993, H. 2, S. 137-157.

MARK, M. v. / NELLESSEN, K. (1993): Neuere Entwicklungen bei den Preisen der Abfalldeponierung und -verbrennung, in: Müll und Abfall, 25. Jg., 1993, H. 1, S. 20-24.

MARSHALL, A. (1925): Principles of Economics, 8. Aufl., London 1925.

MARTINI, K. (1995): Abfallwirtschaft muß nicht teuer sein, in: MINISTERIUM FÜR UMWELT UND FORSTEN RP (Hrsg.): Wirtschaftlichkeitssteuerung in der kommunalen Abfallwirtschaft, Mainz 1995, S. 7-11.

MARX, D. (1993): Zur Steuerung des Abfallaufkommens durch Rückgaberechte der Konsumenten, in: ARL (Hrsg.): Aspekte einer raum- und umweltverträglichen Abfallentsorgung, Teil I, Hannover 1993, S. 166-175.

MASUHR, K.P. / WOLFF, H. / KEPPLER, J. (1992): Die externen Kosten der Energieversorgung, Stuttgart 1992.

MATTL, R. (1992): Mengenabhängige Gebührensysteme in der Stadt Esslingen am Neckar, in: UMWELTMINISTERIUM BADEN-WÜRTTEMBERG (Hrsg.): Neue Gebührenmodelle in der kommunalen Abfallentsorgung, Beiträge zur Fachtagung am 5. Oktober 1992 in Ludwigshafen, Stuttgart 1992, S. 111-114.

MAUNZ, T. (1959): Grundfragen des Energiewirtschaftsrechts, in: Verwaltungsarchiv, 50. Bd., 1959, H. 4, S. 315-339.

MAURER, H. (1992): Allgemeines Verwaltungsrecht, 8., überarb. und erg. Aufl., München 1992.

MAYER, E. / LIESSMANN, K. / MERTENS, H.W. (1994): Kostenrechnung, 5., verb. und erw. Aufl., Stuttgart 1994.

MAYER, F. / RASCH, B. / SCHWARZ, V. (1993): Verfahrensvergleich zur Restabfallbehandlung Biologisch-mechanische Verfahren und Schwel-Brenn-Verfahren, in: Müll und Abfall, 25. Jg., 1993, S. 569-584.

MAYNTZ, R. (1990): Entscheidungsprozesse bei der Entwicklung von Umweltstandards, in: Die Verwaltung, 24. Jg., 1990, H. 2, S. 137-151.

MEANS, G.C. (1935): Industrial Prices and Their Relative Inflexibility, Senate Document No. 13, Washington D.C. 1935.

MEILICKE, H. (1989): Heimliche Steuererhöhung über öffentlich-rechtliche Gebühren, in: Betriebs-Berater, 44. Jg., 1989, H. 4, S. 225-228.

MELLEROWICZ, K. (1973): Kosten und Kostenrechnung, Bd. 1: Theorie der Kosten, 5. Aufl., Berlin 1963.

MENDELSOHN, R. et al. (1992): Measuring Hazardous Waste Damages with Panel Models, in: Journal of Environmental Economics and Management, Vol. 22, 1992, S. 259-271.

MENG, W. (1980): Die Auszehrung der allgemeinen preisrechtlichen Ermächtigungsgrundlage (§ 2 Abs. 1 Preisgesetz), in: Deutsches Verwaltungsblatt, 95. Jg., 1980, H. 15, S. 613-619.

MENRAD, S. (1965): Der Kostenbegriff, Berlin 1965.

MENRAD, S. (1981): Zinsen, in: KOSIOL, E. et al. (Hrsg.): Handwörterbuch des Rechnungswesens, 2., völlig neu gestaltete Aufl., Stuttgart 1981, Sp. 1844-1854.

MERKEL, A. (1995): Verursacherprinzip bleibt Leitlinie meiner Umweltpolitik, in: Umwelt, 1995, Nr. 5, S. 171-172.

MESSERSCHMIDT, K. (1986): Umweltabgaben als Rechtsproblem, Berlin 1986.

MICHAELIS, H. / RHÖSA, C.A. (1994): Preisbildung bei öffentlichen Aufträgen einschließlich Beschaffungswesen, 2., neubearb. Aufl., Heidelberg 1955, Loseblattsammlung, Stand April 1994.

MICHAELIS, P. (1991): Theorie und Politik der Abfallwirtschaft, Berlin u.a. 1991.

MICHAELIS, P. (1993): Ökonomische Aspekte der Abfallgesetzgebung, Tübingen 1993.

MICHAELS, R.G. / SMITH, V.K. (1990): Market Segmentation and Valuing Amenities with Hedonic Models: The Case of Hazardous Waste Sites, in: Journal of Urban Economics, Vol. 29, 1990, S. 40-47.

MICHALSKI, W. (1965): Grundlegung eines operationalen Konzeptes der Social Costs, Tübingen 1965.

MIERT, K. v. (1995): Die Wettbewerbspolitik der neuen Kommission, in: Wirtschaft und Wettbewerb, 45. Jg., H. 7/8, S. 551-560.

MILDE, H. (1988): Die Theorie der adversen Selektion, in: Wirtschaftswissenschaftliches Studium, 17. Jg., 1988, H. 1, S. 1-6.

MILLER, C.W. (1988): Aufgaben der thermischen Abfallbehandlung, in: Energiewirtschaftliche Tagesfragen, 38. Jg., 1988, Nr. 9, S. 692-696.

MISES, L. v. (1927): Preistaxen, in: ELSTER, L. / WEBER, A. / WIESER, F. (Hrsg.): Handwörterbuch der Staatswissenschaften, Bd. IV, 4. Aufl., Jena 1927, S. 1055-1062.

MISHAN, E.J. (1969): Technology and Growth, New York 1969.

MISHAN, E.J. (1975): Grundlagen der Kosten-Nutzen-Analyse, Frankfurt, New York 1975.

MOHL, H. / BACKES, J. (1991): Ökologisierung kommunaler Gebühren? - Zugleich ein Beitrag zur Frage der Notwendigkeit einer Änderung des KAG NW, in: Zeitschrift für Kommunalfinanzen, 41. Jg., 1991, Nr. 3, S. 50-53.

MOHL, H. / DICKEN, C. (1994): Steuerliche Perspektiven der kommunalen Abfall- und Abwasserentsorgung, in: Kommunale Steuer-Zeitschrift, 43. Jg., 1994, H. 9, S. 164-169.

MOHL, H. / SCHICK, R. (1995): Umweltschutz und Steuerrecht - Von der kommunalen Verpakkungssteuer zur ökologischen Steuerreform, in: Kommunale Steuer-Zeitschrift, 44. Jg., 1995, H. 3, S. 41-49.

MOHL, H. / WEGENER, U. (1996 a): Ökologisierung kommunaler Gebühren?, in: Kommunale Steuer-Zeitschrift, 45. Jg., 1996, H. 5, S. 87-90.

MOHL, H. / WEGENER, U. (1996 b): Marktwirtschaftliche Instrumente in der Abwasserwirtschaft und im Gewässerschutz, in: Kommunale Steuer-Zeitschrift, 45. Jg., 1996, H. 5, S. 106-109.

MOLITOR, B. (1992): Wirtschaftspolitik, 3., überarb. Aufl., München/Wien 1992.

MONOPOLKOMMISSION (1994): Zehntes Hauptgutachten der Monopolkommission 1992/1993, BT-Drs. 12/8323 vom 22.7.1994.

MORATH, K. (Hrsg.) (1994): Wirtschaftlichkeit der öffentlichen Verwaltung, Bad Homburg 1994.

MÖSCHEL, W. (1988): Privatisierung, Deregulierung und Wettbewerbsordnung, in: Juristen Zeitung, 43. Jg., 1988, H. 19, S. 885-893.

MÖSCHEL, W. (1988): Privatisierung, Deregulierung und Wettbewerbsordnung, in: Juristen Zeitung, 43. Jg., 1988, H. 19, S. 885-893.

MÖSCHEL, W. (1989): Postreform im Zwielicht, in: Wirtschaftswissenschaftliches Studium, 18. Jg., 1989, H. 4, S. 173-179.

MÖSCHEL, W. (1996): Das Netz alter Monopole - Bei der Reform der Telekommunikation drohen wettbewerbliche Fehlentwicklungen, in: Frankfurter Allgemeine Zeitung v. 3. Januar 1996, Nr. 2, S. 11.

MOXTER, A. (1987): Grundsätze ordnungsmäßiger Unternehmensbewertung, 5., rev. und erw. Auflage, Berlin u.a. 1987.

MÜLHAUPT, L. (1987): Theorie und Praxis des öffentlichen Rechnungswesens in der Bundesrepublik Deutschland, Baden-Baden 1987.

MÜLLER, F.G. (1981): Ressourcenknappheit und Ressourcenknappheitsindikatoren, in: Zeitschrift für Umweltpolitik und Umweltrecht, 4. Jg., 1981, H. 1, S. 69-94.

MÜLLER, H. (1991): Industrielle Abfallbewältigung - Entscheidungsprobleme aus betriebswirtschaftlicher Sicht, Wiesbaden 1991.

MÜLLMANN, C. / LOHMANN, H. (1995): Die TA-Siedlungsabfall - eine "lex Müllverbrennung"?, in: Umwelt- und Planungsrecht, 15. Jg., 1995, H. 5, S. 168-173.

MÜNCH, K.N. (1976): Kollektive Güter und Gebühren, Göttingen 1976.

MÜNCH, P. (1986): Versorgungsunternehmen, in: BREDE, H. / LOESCH, A. v. (Hrsg.): Die Unternehmen in der öffentlichen Wirtschaft in der Bundesrepublik Deutschland, Baden-Baden 1986, S. 101-135.

MÜNSTERMANN, H. (1976): Der Opportunitätskostenkalkül als Entscheidungsmodell und seine Bedeutung für die Planungsrechnung, in: COENENBERG, A.G. (Hrsg.): Unternehmensrechnung, München 1976, S. 93-97.

MUSGRAVE, R.A. / MUSGRAVE, P.B. / KULLMER, L. (1988): Die öffentlichen Finanzen in Theorie und Praxis, Bd. 2, 4., durchges. Aufl., Tübingen 1988.

MUSGRAVE, R.A. / MUSGRAVE, P.B. / KULLMER, L. (1992): Die öffentlichen Finanzen in Theorie und Praxis, Bd. 3, 4., völlig überarb. Aufl., Tübingen 1992.

MUSGRAVE, R.A. / MUSGRAVE, P.B. / KULLMER, L. (1994): Die öffentlichen Finanzen in Theorie und Praxis, Bd. 1, 6., aktualisierte Aufl., Tübingen 1994.

MÜTER-ZWISELE, B. / STUHR, R. (1995): Mülltourismus durch die Einführung eines Gebührenanreizsystems in Bremen, in: Müll und Abfall, 27. Jg., 1995, H. 8, S. 572-580.

MUTZBAUER, R. (1988): Die hoheitliche Gestaltung privatrechtlich vereinbarter Preise durch Rechtsvorschriften und Verwaltungsentscheidungen, Diss., München 1988.

NELSON, A.C. et al. (1992): Price Effects of Landfills on House Values, in: Land Economics, Vol. 68, 1992, S. 163-170.

NIEDERSÄCHSISCHES MINISTERIUM DER FINANZEN (1988): Gebührenmanagement - für mehr kostendeckende Gebührenfinanzierung öffentlicher Leistungen, in: Finanzpolitik im Gespräch, Schriftenreihe der Niedersächsischen Ministerin der Finanzen, Nr. 4, Hannover 1988.

NISKANEN, W.A. (1971): Bureaucracy and Representative Government, Chicago 1971.

NOLL, W. (1979): Finanzwissenschaft, München 1979.

NORDHAUS, W.D. (1973): The Allocation of the Energy Ressources, Brookings Papers of Economic Activity 3, The Brookings Institution, Washington D.C. 1973.

NORDHAUS, W.D. (1991 a): To Slow or Not To Slow: The Economics of the Greenhouse Effect, in: Economic Journal, Vol. 101, 1991, S. 920-937.

NORDHAUS, W.D. (1991 b): A Sketch of the Greenhouse Effect, in: American Economic Review, Papers and Proceedings, Vol. 81, 1991, S. 146-150.

NORDHAUS, W.D. (1992 a): Economy Model of the Economics of Global Warming, Cowles Foundation Discussion Paper, No. 1009, New Haven/Conneticut 1992.

NORDHAUS, W.D. (1992 b): An Optimal Transition Path for Controlling Greenhouse Gases, in: Science, Vol. 258, 1992, S. 1325-1319.

NORDRHEIN-WESTFÄLISCHER HANDWERKERBUND (1992): Umfrage des nordrhein-westfälischen Handwerks zur Abfallentsorgung, Düsseldorf 1992.

O.V. (1994 a): Bundesministerium brereitet Kompostverordnung vor, in: Umwelt, 1994, Nr. 7/8, S. 286.

O.V. (1994 b): Steuerliche Behandlung einer von öffentlich-rechtlichen Körperschaften gegründeten GmbH zur Beseitigung und Verwertung von Abfällen: keine Gemeinnützigkeit, in: Die Fundstelle, 48. Jg., 1994, H. 16, Rdnr. 255.

O.V. (1995 a): Kommunale Abgaben, in: Die Fundstelle, 49. Jg., 1995, Nr. 1, Rdnr. 4.

O.V. (1995 b): Die Wirtschaft wehrt sich gegen die kommunale Verpackungssteuer, in: Frankfurter Allgemeine Zeitung v. 21. April 1995, Nr. 93, S. 15.

O.V. (1995 c): Europäischer Binnenmarkt für Elektrizität, in: Stromthemen, 1995, Nr. 10, S. 4-5.

O.V. (1995 d): Kreislaufwirtschafts- und Abfallgesetz - Beauftragung Dritter, Wahrnehmung von Aufgaben durch Verbände oder durch Selbstverwaltungskörperschaften der Wirtschaft, in: Die Fundstelle, 49. Jg., 1995, Nr. 11, Rdnr. 174.

O.V. (1995 e): Das Abfallheizkraftwerk: Entwicklung und Auswirkungen der Vollauslastung, in: Der Landkreis Ausburg und die AVA berichten, Ausgabe 31. November 1995, S. 1.

O.V. (1995 f): Nepper, Schlepper, Bürgermeister - Focus-Städtetest, in: Focus, 1995, Nr. 49, S. 254-262.

O.V. (1995 g): Länderinitiative für biologische Abfallbehandlung, in: Ökologische Briefe v. 11. Oktober 1995, Nr. 41, S. 2.

O.V. (1996 a): Kreislaufwirtschafts- und Abfallgesetz - Überlassungspflichten, in: Der Städtetag, 49. Jg. N.F., 1996, H. 1, S. 51-52.

O.V. (1996 b): Verpackungsverordnung - Existenzsicherung für das Duale System, in: Ökologische Briefe v. 14. Februar 1996, Nr. 7, S. 3-4.

O.V. (1996 c): Töpfer will die Kostenmiete für Sozialwohnungen abschaffen, in: Frankfurter Allgemeine Zeitung v. 19. Februar 1996, Nr. 42, S. 13.

O.V. (1996 d): Überkapazitäten in der Müllverbrennung, in: Ökologische Briefe v. 20. März 1996, Nr. 12, S. 5.

O.V. (1996 e): Kommunen: Abfallgesetz auf 1997 verschieben, in: EUWID Recycling & Entsorgung, 6. Jg., 1996, Nr. 12, S. 12.

O.V. (1996 f): Inkrafttreten des Kreislaufwirtschafts- und Abfallgesetzes um ein Jahr verschieben!, in: Der Städtetag, N.F. 49. Jg., 1996, H. 4, S. 297.

O.V. (1996 g): 85 Städte verzichten aus Kostengründen auf die Verpackungssteuer, in: Frankfurter Allgemeine Zeitung v. 2. Mai 1996, Nr. 102, S. 17.

O.V. (1996 h): Kommunale Gebühren: Unterschiede bis 600 Prozent, in: Frankfurter Allgemeine Zeitung v. 31. August 1996, Nr. 203, S. 13.

O.V. (1996 i): Schleswig-holsteinische Versuche zur MBRA abgeschlossen, in: Abfallwirtschaftsjournal, 8. Jg., 1996, Nr. 1/2, S. 5.

O.V. (1996 j): Mechanisch-biologische Restabfallbehandlungsanlage in Diepholz/Bassum, in: Entsorgungspraxis, 14. Jg., 1996, H. 5, S. 4.

O.V. (1996 k): Moderne Deponie für die nächsten 30 Jahre, in: Abfallwirtschaftsjournal, 8. Jg., 1996, Nr. 1/2, S. 6.

O.V. (1996 l): Neuer Finanzierungsweg für Restmüllheizkraftwerk Kempten, in: EUWID Recycling & Entsorgung, 6. Jg., 16.7.1996, Nr. 29, S. 6.

O.V. (1996 m): Bei Abwasser und Müll droht ein Gebührensprung - Abfallämter werden voraussichtlich steuerpflichtig, in: Frankfurter Allgemeine Zeitung v. 17. September 1996, Nr. 217, S. 15.

O.V. (1996 n): EG-Deponierichtlinie vorerst gescheitert, in: Umwelt, 1996, Nr. 9, S. 295.

OBERENDER, P. (1994): Grundbegriffe der Mikroökonomie, 3. Aufl., Bayreuth 1994.

OBERENDER, P. (1995): Die Interventionsspirale im Gesundheitswesen, in: Wirtschaftswissenschaftliches Studium, 24. Jg., 1995, H. 10, S. 493.

OBERHAUSER, A. (1974 a): Abgrenzung des Verursacherprinzips und seine Einordnung in die Umweltpolitik, in: BULLINGER, M. et al.: Das Verursacherprinzip und seine Instrumente, Berlin 1974, S. 27-49.

OBERHAUSER, A. (1974 b): Gesamtwirtschaftliche Wirkungen der Anwendung des Verursacherprinzips, in: BULLINGER, M. et al.: Das Verursacherprinzip und seine Instrumente, Berlin 1974, S. 51-67.

OECHLER, A. (1993): Müllmengenorientierte Gebührensysteme - Neuorientierung in der kommunalen Abfallentsorgung, in: Müll und Abfall, 25. Jg., 1993, H. 5, S. 312-316.

OETTLE, K. (1976 a): Über den Charakter öffentlich-wirtschaftlicher Zielsetzungen, in: OETTLE, K.: Grundfragen öffentlicher Betriebe, Bd. I: Ausgewählte Aufsätze zur Zielsetzung, Führung und Organisation öffentlicher Betriebe, Baden-Baden 1976, S. 1-35.

OETTLE, K. (1976 b): Ziele, Mittel und Orientierung in der Gebührenpolitik, in: OETTLE, K.: Grundfragen öffentlicher Betriebe, Bd. II: Ausgewählte Aufsätze zur Finanzierung und Rechnung öffentlicher Betriebe, Baden-Baden 1976, S. 91-124.

OETTLE, K. (1976 c): Gemeinsamkeiten und Verschiedenheiten von Doppik und Kameralistik, in: OETTLE, K.: Grundfragen öffentlicher Betriebe, Bd. II: Ausgewählte Aufsätze zur Finanzierung und Rechnung öffentlicher Betriebe, Baden-Baden 1976, S. 125-136.

OETTLE, K. (1981): Kameralistische Buchhaltung, in: KOSIOL, E. et al. (Hrsg.): Handwörterbuch des Rechnungswesens, 2., völlig neu gestaltete Aufl., Stuttgart 1981, Sp. 313-324.

ÖKO-INSTITUT e.V. (1994): Bericht über die Auswirkungen der Abfallabgabe in Baden-Württemberg, Untersuchung im Auftrag des baden-württembergischen Umweltministeriums, Darmstadt 1994.

OLFERT, K. (1991): Kostenrechnung, 8., überarb. und erw. Aufl., Ludwigshafen 1991.

OLSON, M. (1965): The Logic of Collective Action - Public Goods and the Theory of Groups, Cambrige/Mass. 1965.

OLSON, M. (1968): Die Logik des kollektiven Handels - Kollektivgüter und Theorie der Gruppen, Tübingen 1968.

OPALUCH, J.J. (1993): Evaluating Impacts from Noxious Facilities: Including Public Preferences in Current Siting Mechanism, in: Journal of Environmental Economics and Management, Vol. 24, 1993, S. 41-59.

OPITZ, O. (1980): Numerische Taxonomie, Stuttgart, New York 1980.

OSSADNIK, W. (1991): Betriebskameralistik, in: Das Wirtschaftsstudium, 20. Jg., 1991, H. 3, S. 177-181.

OSTERLOH, L. / BRODERSEN, C. (1986): Öffentliches Recht: Eine neue Steuer auf Getränkeverpackungen?, in: Juristisches Studium, 13. Jg., 1986, H. 1, S. 53-57.

OSTHOLTHOFF, K.H. / WIRZ, H. (1996): Zur Höhe der Zinskosten bei kommunalen Benutzungsgebühren, in: Der Gemeindehaushalt, 97. Jg., 1996, H. 2, S. 32-34.

OTT, A.E. (1991): Grundzüge der Preistheorie, 2., durchges. Neudr. der 3. überarb. Aufl., Göttingen 1991.

PALMQUIST, R.B. (1991): Hedonic Methods, in: BRADEN, J.B. / KOLSTADT, C.D. (Hrsg.): Measuring the Demand for Environmental Quality, Amsterdam u.a. 1991, S. 77-120.

PECK, S.C. / TEISBERG, T.J. (1992): CETA: A Modell for Carbon Emissions Trajectory Assessment, in: Energy Journal, Vol. 13, 1992, S. 55-77.

PEINE, F.-J. (1989): Die Finanzierung der Entsorgung häuslicher Abfälle, in: Der Minister für Umwelt, Raumordnung und Landwirtschaft des Landes NW (Hrsg.): Das neue Abfallwirtschaftsrecht, Düsseldorf 1989, S. 75-102.

PEINE, F.-J. (1994): Änderungen des Kreislaufwirtschaftsgesetzes gegenüber dem Abfallgesetz, in: THOMÉ-KOZMIENSKY, K.J. (Hrsg.): Kreislaufwirtschaft, Berlin 1994, S. I/29-I/41.

PEINE, F.-J. (1996): Organisation und Finanzierung der Sonderabfallentsorgung - neuere Entwicklungen, in: Umwelt- und Planungsrecht, 16. Jg., 1996, H. 5, S. 161-169.

PFÄHLER, W. (1984): Sinkende Durchschnittskosten und Allokationspolitik, in: Das Wirtschaftsstudium, 13. Jg., 1984, H. 10, S. 470-475.

PFEUFFER, W. (1984): Die Kostenmiete im öffentlich geförderten sozialen Wohnungsbau, in: Wirtschaftswissenschaftliches Studium, 13. Jg., 1984, H. 4, S. 199-206.

PFITZNER, R. (1995): Versorgte Entsorger - Die Privatisierung der Abfallwirtschaft fördert marktbeherrschende Strukturen, in: Müllmagazin, 8. Jg., 1995, Nr. 1, S. 31-33.

PFRIEM, R. (1983): Betriebswirtschaftslehre in sozialer und ökologischer Dimension, Frankfurt/M., New York 1983.

PIGOU, A.C. (1932): The Economics of Welfare, 3. Aufl., London 1932.

POMMEREHNE, W.W. (1976): Private versus öffentliche Müllabfuhr: Ein theoretischer und empirischer Vergleich, in: Finanzarchiv, 35. Jg., 1976, H. 2, S. 272-294.

POMMEREHNE, W.W. (1994): Warum die Europäische Währungsunion verfrüht ist, in: Wirtschaftswissenschaftliches Studium, 23. Jg., 1994, H. 2, S. 82-85.

POMMEREHNE, W.W. / RÖMER, A.U. (1988): Ansätze zur Erfassung der Präferenzen für öffentliche Güter, in: Wirtschaftswissenschaftliches Studium, 17. Jg., 1988, H. 5, S. 222-228.

POSER, G. (1988): Wirtschaftspolitik, Stuttgart 1988.

PRÖLSS, J. / ARMBRÜSTER, C. (1993): Europäisierung des deutschen Privatversicherungsrechts (I), in: Deutsche Zeitschrift für Wirtschaftsrecht, 3. Jg., 1993, H. 10, S. 397-404.

PRUCKNER, G.J. (1995): Der kontingente Bewertungsansatz zur Messung von Umweltgütern - Stand der Debatte und umweltpolitische Einsatzmöglichkeiten, in: Zeitschrift für Umweltpolitik und Umweltrecht, 18. Jg., 1995, H. 4, S. 503-536.

PRÜMM, H.P. (1989): Umweltschutzrecht, Neuwied, Frankfurt/M. 1989.

PUTNOKI, H. (1990): Optimale Wasserpreise, Baden-Baden 1990.

PÜTZ, T. (1979): Grundlagen der theoretischen Wirtschaftspolitik, Bd. 1, 4., neubearb. u. erw. Aufl., Stuttgart, New York 1979.

QUEITSCH, P. (1994): Abfallvermeidung und Abfallverwertung - Die Abfallgebühr im Spannungsfeld zwischen dem Kommunalabgabengesetz und dem Landesabfallgesetz, in: Städte- und Gemeinderat, 48. Jg., 1994, H. 3, S. 86-99.

QUEITSCH, P. (1995 a): Kreislaufwirtschafts- und Abfallrecht, Köln 1995.

QUEITSCH, P. (1995 b): Die abfallgebührenrechtliche Behandlung der Bioabfallerfassung und -verwertung, in: Umwelt- und Planungsrecht, 15. Jg., 1995, H. 5, S. 173-179.

QUEITSCH, P. (1995 c): Das neue Kreislaufwirtschafts- und Abfallgesetz (KrW-/AbfG), in: Umwelt- und Planungsrecht, 15. Jg., 1995, H. 11/12, S. 412-420.

RADDE, C.-A. (1993): Analytische Anforderungen der TA Siedlungsabfall, in: Umwelttechnologie Aktuell, 4. Jg., 1993, H. 3, S. 157-163.

RADEMACHER, H. (1976): Der Ansatz von kalkulatorischen Kosten in der Stadtentwässerung, in: Der Gemeindehaushalt, 77. Jg., 1976, H. 7, S. 157-162.

RAFFÉE, H. (1961): Kurzfristige Preisuntergrenzen als betriebswirtschaftliches Problem, Köln, Opladen 1961.

RAHMEYER, F. (1996): Privatisierung und Deregulierung der Deutschen Bundesbahn, Referat auf der Jahrestagung des Auschusses für Industrieökonomik der Gesellschaft für Wirtschafts- und Sozialwissenschaften (Verein für Socialpolitik), 11.-12. März 1996 in Bonn.

RANDALL, A. (1974): Coasian Externality Theory in a Policy Context, in: Natural Ressources Journal, Vol. 14, 1974, S. 35-54.

RAU, T. (1993): Zur Berechnung kalkulatorischer Zinsen in der Gebührenkalkulation, in: Der Gemeindehaushalt, 94. Jg., 1993, H. 9, S. 198-201.

REGAN, D.H. (1972): The Problem of Social Cost Revisited, in: Journal of Law and Economics, Vol. 24, 1972, S. 427-437.

REHBINDER, E. (1973): Politische und rechtliche Probleme des Verursacherprinzips, Berlin 1973.

REHBINDER, E. (1989): Abfallrechtliche Regelungen im Bundesimissionsschutzgesetz, in: Deutsches Verwaltungsblatt, 104. Jg., 1989, H. 5, S. 496-504.

REHM, H. (1994): Aktuelle Probleme bei der Eigenfinanzierung öffentlicher Infrastruktur-Unternehmen, in: EICHHORN, P. / ENGELHARDT, W.W. (Hrsg.): Standortbestimmung öffentlicher Unternehmen in der Sozialen Marktwirtschaft, Baden-Baden 1994, S. 277-296.

REICHMANN, T. (1995): Controlling mit Kennzahlen und Managementberichten, 4., überarb. und erw. Aufl., München 1995.

REIMANN, D.O. (1993): Müllverbrennung - Für und Wider, in: THOMÉ-KOZMIENSKY, K.J.: Modelle für eine zukünftige Siedlungsabfallwirtschaft, Berlin-Neuruppin 1993, S. 109-129.

REIMER, H. (1996): Investitionsaufwendungen für Verbrennungsanlagen, in: HÖSEL, G. et al. (Hrsg.): Müll-Handbuch, Berlin 1964, Loseblattsammlung, Stand Februar 1996, Kz. 7810.

REINERMANN, H. (1981): Kosten/Nutzen-Analyse, in: KOSIOL, E. et al. (Hrsg.): Handwörterbuch des Rechnungswesens, 2., völlig neu gestaltete Aufl., Stuttgart 1981, Sp. 1051-1061.

REINERMANN, H. (1984): Controlling in mittleren und kleineren Kommunalverwaltungen, in: Die Betriebswirtschaft, 44. Jg., 1984, H. 1, S. 85-97.

REINHARDT, T. (1995): Auf glühenden Kohlen - Für die Bewertung der biologischen Restabfallbehandlung müssen neue Kriterien entwickelt werden, in: Müllmagazin, 8. Jg., 1995, Nr. 1, S. 49-52.

RENTZ, H. / WEILAND, R. (1993): Preise versus Mengen? - Wege aus dem Abfalldilemma, in: Zeitschrift für angewandte Umweltforschung, 6. Jg., 1993, H. 2, S. 223-234.

REXRODT, G. (1995): Wettbewerb auch bei Strom und Gas, in: Frankfurter Allgemeine Zeitung v. 26. Juli 1995, Nr. 171, S. 12.

RHODE-LIEBENAU, W. (1992): Umwelthaftung als Anreiz zum Umweltschutz, in: Zeitschrift für Umweltpolitik und Umweltrecht, 15. Jg., 1992, H. 3, S. 299-309.

RHODOVI, A. (1993): Hausmüll-Verbrenner im direkten Vergleich, in: Entsorga-Magazin, 12. Jg., 1993, H. 5, S. 20-34.

RIBHEGGE, H. (1991): Preiseffekte von Festbeträgen für Arzneimittel, in: Wirtschaftswissenschaftliches Studium, 20. Jg., 1991, H. 2, S. 65-68.

RICHEY, G. (1982): Möglichkeiten und Grenzen der Beeinflussung der Preissetzungsmöglichkeiten der Unternehmen, Diss., München 1982.

RIEBEL, P. (1955): Die Kuppelproduktion - Betriebs- und Marktprobleme, Köln 1955.

RIEBEL, P. (1990): Einzelkosten- und Deckungsbeitragsrechnung, 6., wesentlich erw. Aufl., Wiesbaden 1990.

RILKE, H.-D. (1979): Die kalkulatorische Abschreibung von Grundstücken kostenrechnender Einrichtungen, in: Kommunale Steuer-Zeitschrift, 28. Jg., 1979, H. 2, S. 21-23.

RITTIG, G. (1978): Kosten und Preise bei öffentlichen Unternehmen, in: GESELLSCHAFT FÜR ÖFFENTLICHE WIRTSCHAFT UND GEMEINWIRTSCHAFT (Hrsg.): Kosten und Preise öffentlicher Unternehmen, Berlin 1978, S. 9-35.

RITTIG, G. (1984): Öffentliche Güter, öffentliche Unternehmungen und die oeconomia publica, in: OETTLE, K. (Hrsg.): Öffentliche Güter und öffentliche Unternehmen, Baden-Baden 1984, S. 15-57.

RITTNER, F. (1987): Wirtschaftsrecht, 2. völlig neu bearb. u. erw. Aufl., Heidelberg 1987.

ROBERTS, R.K. et al. (1991): Estimating External Costs of Municipal Landfill Siting through Contingent Value Analysis: A Case Study, in: Southern Journal of Agricultural Economics, Vol. 23, 1991, S. 155-165.

ROBINSON, E.A.G. (1949): Monopoly, 7. Aufl., New York / London 1949.

ROBINSON, J. (1933): The Economics of Imperfect Competition, London 1933.

ROCHLITZ, J. (1996): Streit um die TASi ist noch nicht zu Ende!, in: Entsorgungspraxis, 14. Jg., 1996, H. 5, S. 1.

RÖDER, P. (1991): Zielkonflikte bei der Preisbildung in der Elektrizitätsversorgung, Baden-Baden 1991.

ROGOSCH, J.K. (1987): Sozialstaatsprinzip und Staffelung von Benutzungsgebühren und verwaltungsprivatrechtlichen Entgelten, in: Kommunale Steuer-Zeitschrift, 36. Jg., 1987, H. 7, S. 121-122.

ROGOSCH, J.K. (1988): Der verfassungsrechtliche Rang des gebührenrechtlichen Kostendeckungsprinzips, in: Kommunale Steuer-Zeitschrift, 37. Jg., 1988, H. 1, S. 1-4.

ROLLE, E. (1970): Die optimale Preisregel und das Problem der Gesamtkostendeckung bei öffentlichen Unternehmen, Diss., Göttingen 1970.

RÖMER, A.U. (1991): Der kontingente Bewertungsansatz: eine geeignete Methode zur Bewertung umweltverbessernder Maßnahmen?, in: Zeitschrift für Umweltpolitik und Umweltrecht, 14. Jg., 1991, H. 4, S. 411-456.

ROSE, J. (1996): Zur Berechnung von Abschreibung und Verzinsung in kommunalen Regiebetrieben, in: Der Gemeindehaushalt, 97. Jg., 1996, H. 2, S. 25-32.

ROSE-ACKERMANN, S. (1973): Effluent Charges: A Critique, in: Canadian Journal of Economics, Vol. 6, 1973, S. 514-528.

RUMMLER, T. (1994): Verpackungssteuern: Der neue Weg zur Abfallvermeidung?, in: Entsorgungspraxis, 12. Jg., 1994, H. 10, S. 1.

SACHS, L. (1992): Angewandte Statistik, 7., völlig neubearb. Aufl., Berlin u.a. 1992.

SÄCHSISCHER LANDTAG (1993): Begründung des SächsKAG, Dresden 1993.

SACHVERSTÄNDIGENRAT (1996): Im Standortwettbewerb, Jahresgutachten 1995/96, Stuttgart 1996.

SALJE, P. (1993): Umwelthaftung kommunaler Betriebe und Einrichtungen, München 1993.

SALZWEDEL, J. (1988): Rechtsgebote der Umweltvorsorge, in: NICKLISCH, F. (Hrsg.): Prävention im Umweltrecht, Heidelberg 1988, S. 13-28.

SAMUELSON, P.A. (1954): The Pure Theory of Public Expenditures, in: The Review of Economics and Statistics, Vol. 36, 1954, S. 387-389.

SANDHÖVEL, A. (1994): Ministerialverwaltungen und die Durchsetzbarkeit von Preis- und Mengenlösungen - am Beispiel der nordrhein-westfälischen Abfallpolitik, in: Zeitschrift für Umweltpolitik und Umweltrecht, 17. Jg., 1994, H. 2, S. 225-240.

SAUTER-SERVAES, F. (1982): Über die Ablösung einer erschöpfbaren Ressource durch ihr Substitut, Königstein/Ts. 1982.

SCHEFFOLD, K. (1992 a): Zusammenfassende Bewertung der Erfahrungen mit dem Banderolensystem im Landkreis Esslingen nach 6 Monaten Erprobung, in: Müll und Abfall, 24. Jg., 1992, H. 1, S. 1-11.

SCHEFFOLD, K. (1992 b): Ergebnisse des Forschungsvorhabens "Neue Gebührensysteme", in: UMWELTMINISTERIUM BADEN-WÜRTTEMBERG (Hrsg.): Neue Gebührenmodelle in der kommunalen Abfallentsorgung, Beiträge zur Fachtagung am 5. Oktober 1992 in Ludwigshafen, Stuttgart 1992, S. 13-42.

SCHEFFOLD, K. (1993): Erfassungssysteme für Hausmüll-Gebühren: Lenkung im Abfalleimer, in: Entsorga-Magazin, 12. Jg., 1993, H. 5, S. 134-145.

SCHEFFOLD, K. (1994): Wege zur Gebührengerechtigkeit, in: THOMÉ-KOZMIENSKY, K.J. (Hrsg.): Kreislaufwirtschaft, Berlin 1994, S. I/74-I/91.

SCHEFFOLD, K. / FÜLLE-SCHEFFOLD, I. (1990): Neue ökonomische Instrumente in der Abfallwirtschaft, in: Müll und Abfall, 22. Jg., 1990, H. 3, S. 109-124.

SCHENK, H.-O. (1982): Vertikale Preisempfehlung, in: BÖCKER, F. (Hrsg.): Preistheorie und Preisverhalten, München 1982, S. 263-278.

SCHENKEL, W. / REICHE, J. (1993): Stoffpolitik und Umweltrecht - zur Diskussion über die 5. Novelle des Abfallgesetzes, in: Zeitschrift für angewandte Umweltforschung, 6. Jg., 1993, H. 2, S. 184-196.

SCHIEDER, H. / HAPP, M. (1994): Bayerisches Kommunalabgabengesetz - Kommentar, 2., neubearb. u. erw. Aufl., Köln 1981, Loseblattsammlung, Stand Juli 1994.

SCHILDBACH, T. (1979): Geldentwertung und Bilanz, Düsseldorf 1979.

SCHIMA, N. / BOSCH, E. (1995): Kalkulation von Beiträgen und Benutzungsgebühren in der Praxis, Straubing 1981, Loseblattsammlung, Stand April 1995.

SCHINK, A. (1994): Auswirkungen des Kreislaufwirtschafts- und Abfallgesetzes sowie des Gesetzentwurfes zur Änderung des Landesabfallgesetzes NW auf Abfallwirtschaftssatzungen, in: Der Gemeindehaushalt, 95. Jg., 1994, H. 11, S. 241-248.

SCHINK, A. (1995): Die Entwicklung des Umweltrechts im Jahre 1994 - Zweiter Teil, in: Zeitschrift für angewandte Umweltforschung, 8. Jg., 1995, H. 2, S. 227-239.

SCHINK, A. / SCHWADE, W. (1993): Von der Abfallentsorgung zur Kreislaufwirtschaft, in: Stadt und Gemeinde, 48. Jg., 1993, H. 1, S. 18-33.

SCHIRMER, P. (1992): Erfahrungsbericht der Stadt Landau in der Pfalz, in: UMWELTMINISTERIUM BADEN-WÜRTTEMBERG (Hrsg.): Neue Gebührenmodelle in der kommunalen Abfallentsorgung, Beiträge zur Fachtagung am 5. Oktober 1992 in Ludwigshafen, Stuttgart 1992, S. 125-130.

SCHLESINGER, H. (1989): Möglichkeiten und Grenzen der Kreditfinanzierung der Staatstätigkeit, in: ZAVELBERG, H.G. (Hrsg.): Die Kontrolle der Staatsfinanzen, Berlin 1989, S. 241-257.

SCHLIEPER, U. (1969): Pareto-Optima - Externe Effekte und die Theorie des Zweitbesten, Köln u.a. 1969.

SCHLIEPER, U. (1982): Theorie des Zweitbesten, in: ALBERS, W. et al. (Hrsg.): Handwörterbuch der Wirtschaftswissenschaft, Bd. 9, Stuttgart u.a. 1982, S. 486-493.

SCHMALEN, H. (1982): Preisbildung und Rechtsordnung, in: BÖCKER, F. (Hrsg.): Preistheorie und Preisverhalten, München 1982, S. 233-248.

SCHMALEN, H. (1995): Preispolitik, 2., neubearb. und erw. Aufl., Stuttgart, Jena 1995.

SCHMALENBACH, E. (1919): Selbstkostenrechnung I, in: Zeitschrift für Handelswissenschaftliche Forschung, 13. Jg., 1919, H. 9, S. 257-299, H. 10, S. 321-356.

SCHMALENBACH, E. (1947/48): Pretiale Wirtschaftslenkung, Bd. 1: Die optimale Geltungszahl, Bremen-Horn 1947, Bd. 2: Pretiale Lenkung des Betriebs, Bremen-Horn 1948.

SCHMALENBACH, E. (1963): Kostenrechnung und Preispolitik, 8., erw. und verb. Aufl., Köln, Opladen 1963.

SCHMALENSEE, R. (1979): The Control of Natural Monopolies, Lexington 1979.

SCHMEKEN, W. (1989): Die Abfallwirtschaft und ihre Organisationsformen, in: Der Städtetag, N.F. 42. Jg., 1989, H. 3, S. 239-245.

SCHMIDT, F. (1930): Kalkulation und Preispolitik, Berlin, Wien 1930.

SCHMIDT, H. (1996): Der zweite Anlauf, die letzte Chance, in: Die Zeit v. 5. April 1996, Nr. 15, S. 4.

SCHMIDT, I. / ENGELKE, H. (1989): Marktzutrittsschranken und potentieller Wettbewerb, in: Wirtschaftswissenschaftliches Studium, 18. Jg., 1989, H. 9, S. 399-404.

SCHMIDT, I. / KIRSCHNER, U. (1987): Capture Theory - Ein Erklärungsansatz für mangelnde Effizienz der Regulierung, in: Wirtschaftswissenschaftliches Studium, 16. Jg., 1987, H. 6, S. 293-295.

SCHMIDT, I. / SCHMIDT, A. (1996): X-Ineffizienz, Lean Production und Wettbewerbsfähigkeit, in: Wirtschaftswissenschaftliches Studium, 25. Jg., 1996, H. 2, S. 65-71.

SCHMIDTCHEN, D. (1973): Politische Ökonomie staatlicher Preisinterventionen, Berlin 1973.

SCHMIDTCHEN, D. (1982): Theorie des "politischen Preises", in: BÖCKER, F. (Hrsg.): Preistheorie und Preisverhalten, München 1982, S. 279-298.

SCHNEIDER, E. (1963): Industrielles Rechnungswesen, 4. Aufl., Tübingen 1963.

SCHNEIDER, E. (1972): Einführung in die Wirtschaftstheorie, Bd. II, 13. Aufl., Tübingen 1972.

SCHNEIDER, H.K. (1963): Über Grenzkostenpreise und ihre Anwendung im Energie- und Verkehrssektor, in: Jahrbuch für Sozialwissenschaften, Bd. 14, 1963, S. 206-236.

SCHNELL, R. / HILL, P.B. / ESSER, E. (1992): Methoden der empirischen Sozialforschung, 3., überarb. und erw. Aufl., München, Wien 1992.

SCHNELLHAASS, H. (1982): Die Grenzkostenpreisregel, in: BÖCKER, F. (Hrsg.): Preistheorie und Preisverhalten, München 1982, S. 119-140.

SCHNUTENHAUS, O.R. (1948): Neue Grundlagen der "Feste"-Kostenrechnung, Berlin 1948.

SCHOCH, F. (1992): Privatisierung der Abfallentsorgung, Köln u.a. 1992.

SCHOLL, C. (1973): Probleme der Finanzierung kommunaler Investitionen durch Benutzungsgebühren und Beiträge nach den neuen Kommunalabgabengesetzen der Länder - mit besonderer Berücksichtigung des n.-w. KAG, in: Kommunale Steuer-Zeitschrift, 22. Jg., 1973, H. 22, S. 45-52.

SCHOLZ, J. (1996): Besonderheiten des Benutzungsgebührenrechts in Baden-Württemberg, in: DRIEHAUS, H.-J. (Hrsg.): Kommunalabgabenrecht - Kommentar, Berlin 1989, Loseblattsammlung, Stand März 1996, Erl. zu § 6 KAG NW, Rdnr. 533-626.

SCHOLZ, R. / PITSCHAS, R. (1984): Kriterien für die Wahl der Rechtsform, in: PÜTTNER, G. (Hrsg.): Handbuch der kommunalen Wissenschaft und Praxis, Bd. 5 Kommunale Wirtschaft, Berlin u.a. 1984, S. 128-152.

SCHREIBER, R. (1995): Kommunale Unternehmen - leistungsfähige Partner in der Entsorgungswirtschaft, in: Der Städtetag, N.F. 48 Jg., 1995, H. 8, S. 581-583.

SCHREINER, D. / MUNCRIEF, G. / DAVIS, R. (1973): Solid Waste Management for Rural Areas: Analysis of Cost and Service Requirements, in: American Journal of Agricultural Economics, Vol. 55, 1973, S. 567-576.

SCHREINER, M. (1993): Zur Neuorientierung komunaler Abfallgebühren, Fulda 1993.

SCHREML, A. / BAUER, S. / WESTNER, A. (1995): Kommunales Haushalts- und Wirtschaftsrecht in Bayern, München 1973, Loseblattsammlung, Stand September 1995.

SCHUBERT, O. (1996): Kosten der Müllsammlung und Müllabfuhr, in: HÖSEL, G. et al. (Hrsg.): Müll-Handbuch, Berlin 1964, Loseblattsammlung, Stand Februar 1996, Kz. 2550.

SCHULZ, D. (1996): Probleme der Kosten und der finanziellen Belastung der Bürger in der kommunalen Abwasserentsorgung, in: Kommunale Steuer-Zeitschrift, 45. Jg., 1996, H. 1, S. 1-7.

SCHULZ, E. (1992): Abfallabgabengesetze - Die Bundesländer marschieren voran, in: Entsorgungspraxis, 10. Jg., 1992, H. 9, S. 564-567.

SCHULZ, W. (1989): Monetarisierung von Umweltschäden, in: Zeitschrift für Umweltpolitik und Umweltrecht, 12. Jg., 1989, H. 1, S. 55-72.

SCHUMACHER, W. (1994): Überblick über die thermische Abfallverwertung, in: Ministerium für Umwelt Rheinland-Pfalz (Hrsg.): Thermische Abfallbehandlung, Mainz 1994, S. 30-55.

SCHUMANN, J. (1987): Grundzüge der mikroökonomischen Theorie, 5., rev. und erw. Aufl., Berlin u.a. 1987.

SCHUMPETER, J.A. (1935): Theorie der wirtschaftlichen Entwicklung, 4. Aufl., München / Leipzig 1935.

SCHWAMMEL, R. (1992): Erfahrungsbericht der Gemeinde Billigheim, in: UMWELTMINISTERIUM BADEN-WÜRTTEMBERG (Hrsg.): Neue Gebührenmodelle in der kommunalen Abfallentsorgung, Beiträge zur Fachtagung am 5. Oktober 1992 in Ludwigshafen, Stuttgart 1992, S. 115-118.

SCHWARTING, G. (1984): Grundsätze der Kreditaufnahme der Gemeinden, in: PÜTTNER, G. (Hrsg.): Handbuch der kommunalen Wissenschaft und Praxis, Bd. 6 Kommunale Finanzen, Berlin u.a. 1984, S. 621-634.

SCHWARZ, W. (1976): Abschreibungen von Wiederbeschaffungs-(Zeit-)wert einer Abwasseranlage bei der Bemessung des Gebührensatzes für die Erhebung von Kanalbenutzungs-(Entwässerungs-)gebühren und Stabilitätsgesetz, in: Der Gemeindehaushalt, 77. Jg., 1976, H. 11, S. 245-249.

SCHWEISFURTH, T. (1991): Privatwirtschaftliche Formen kommunaler Investitionsfinanzierung, DST-Beiträge zur Finanzpolitik, H. 11, Köln 1991.

SCHWEITZER, M. / KÜPPER, H.-U. (1991): Systeme der Kostenrechnung, 5. Aufl., Landsberg/L. 1991.

SCHWEITZER, M. / KÜPPER, H.-U. (1995): Systeme der Kosten- und Erlösrechnung, 6., vollst. überarb. und erw. Aufl., München 1995.

SEIBERT, M.-J. (1994): Der Abfallbegriff im neuen Kreislaufwirtschafts- und Abfallgesetz sowie im neugefaßten § 5 Abs. 1 Nr. 3 BImSchG, in: Umwelt- und Planungsrecht, 14. Jg., 1994, H. 11/12, S. 415-420.

SEIDENFUS, H.S. (1982): Agrarpolitik, in: ISSING, O. (Hrsg.): Spezielle Wirtschaftspolitik, München 1982, S. 95-104.

SEIFERT, K. / METSCHKOLL, M. (1991): Privatisierung öffentlicher Aufgaben - Betriebs- und kommunalwirtschaftliche Aspekte, in: Der Betrieb, 44. Jg., 1991, H. 48, S. 2449-2455.

SEIFERT, K. / METSCHKOLL, M. (1992): Steuerliche Aspekte der Privatisierung öffentlicher Aufgaben, in: Der Betrieb, 45. Jg., 1992, H. 34, S. 1691-1696.

SEIFERT, K.-H. / HÖMIG, D. (Hrsg.) (1994): Grundgesetz für die Bundesrepublik Deutschland, 4. Aufl. mit Nachtrag, Baden-Baden 1994.

SENN, J.F. (1986): Ökologie-orientierte Unternehmensführung, Frankfurt/M. u.a. 1986.

SERFLING, K. (1992): Controlling, 2., überarb. und erw. Aufl. 1992.

SHIN, K.-C. (1996): Bestimmung von Müllsammel- und Mülltransportkosten, in: HÖSEL, G. et al. (Hrsg.): Müll-Handbuch, Berlin 1964, Loseblattsammlung, Stand Februar 1996, Kz. 2560.

SIEBEN, G. / SCHILDBACH, T. (1981): Substanz- und Kapitalerhaltung, in: KOSIOL, E. et al. (Hrsg.): Handwörterbuch des Rechnungswesens, 2., völlig neu gestaltete Aufl., Stuttgart 1981, Sp. 1512-1528.

SIEBERT, H. (1976): Analyse der Instrumente der Umweltpolitik, Göttingen 1976.

SIEBERT, H. (1983): Ökonomische Theorie natürlicher Ressourcen, Tübingen 1983.

SIEBERT, H. (1988): Haftung ex post versus Anreize ex ante: Einige Gedanken zur Umweltpolitik bei Unsicherheit, in: NICKLISCH, F. (Hrsg.): Prävention im Umweltrecht, Heidelberg 1988, S. 111-132.

SIEBERT, H. (1992): Economics of the Environment, 3., überarb. und erw. Aufl., Heidelberg 1993.

SIEKMANN, H. (1994): Rechtsprobleme umweltorientierter kommunaler Benutzungsgebühren, in: Zeitschrift für angewandte Umweltforschung, 7. Jg., 1994, H. 4, S. 441-455.

SINZ, K. (1994): Rechtsformen und Besteuerung im Bereich der Abfallentsorgung, in: Abfallwirtschaftsjournal, 6. Jg., 1994, Nr. 1, S. 60-62.

SMEKAL, C. (1996): Verdeckte Staatsverschuldung - Flucht aus dem öffentlichen Haushalt?, in: Das Wirtschaftsstudium, 25. Jg., 1996, H. 1, S. 67-73.

SMITH, V.K. / DESVOUSGES, W. (1986): The Value of Avoiding a LULU: Hazardous Waste Disposal Sites, in: The Review of Economics and Statistics, Vol. 68, 1986, S. 293-299.

SÖLLNER, F. (1993): Neoklassik und Umweltökonomie, in: Zeitschrift für Umweltpolitik und Umweltrecht, 16. Jg., 1993, H. 4, S. 431-460.

SOLOW, R.M. (1974): The Economics of Resources or the Resources of Economics, in: The American Economic Review, Vol. 64, 1974, S. 1-14.

SONDHOF, H. (1994): Telekommunikation nach der Privatisierung: Liberalisierung und Wettbewerb, in: Wirtschaftsdienst, 74. Jg., 1994, H. 10, S. 527-533.

SPÄTH, H. (1983): Cluster-Formation und -Analyse, München, Wien 1983.

SPECHT, N. (1995): Investitionsausgaben für abfallwirtschaftliche Anlagen, in: MINISTERIUM FÜR UMWELT UND FORSTEN RP (Hrsg.): Wirtschaftlichkeitssteuerung in der kommunalen Abfallwirtschaft, Mainz 1995, S. 37-52.

SPIES, E. (1994): Der "Grüne Punkt" als ökonomisches Instrument in der Abfallwirtschaftspolitik, in: Zeitschrit für angewandte Umweltforschung, 7. Jg., 1994, H. 3, S. 309-321.

SPRENGER, R.U. (1984): Kriterien zur Beurteilung umweltpolitischer Instrumente aus der Sicht der wissenschaftlichen Politikberatung, in: SCHNEIDER, G. / SPRENGER, R.U. (Hrsg.): Mehr Umweltschutz für weniger Geld, München 1984, S. 41-76.

SRU (1974): Umweltgutachten 1974, Wiesbaden 1974.

SRU (1991): Abfallwirtschaft - Sondergutachten September 1990, Stuttgart 1991.

SRU (1993): Stellungnahme zum Entwurf des Rückstands- und Abfallwirtschaftsgesetzes (RAWG), in: Zeitschrift für angewandte Umweltforschung, 6. Jg., 1993, H. 2, S. 172-183.

STACKELBERG, H. v. (1934): Marktform und Gleichgewicht, Wien, Berlin 1934.

STAEHELIN-WITT, E. / SPILLMANN, A. (1994): Emissionshandel - Erfahrungen in der Region Basel und neue Ansätze, in: Zeitschrift für Umweltpolitik und Umweltrecht, 17. Jg., 1994, H. 2, S. 207-223.

STAHEL, W.R. (1992): Langlebigkeit von Gütern und Material-Recycling - Abfallvermeidung und Ressourceneinsparung in der Nutzung, in: FLEISCHER, G. (Hrsg.): Vermeidung und Verwertung von Abfällen 3, Berlin 1992, S. 329-343.

STATISTISCHES BUNDESAMT (1989): Preise: Index der Erzeugerpreise gewerblicher Produkte - Lange Reihen -, Fachserie 17, Reihe 2. S.1, Stuttgart 1989.

STATISTISCHES BUNDESAMT (1994 a): Öffentliche Abfallbeseitigung 1990, Fachserie 19, Reihe 1.1, Wiesbaden 1994.

STATISTISCHES BUNDESAMT (1994 b): Meßzahlen für Bauleistungspreise und Preisindizes am Bauwerk (Erzeugerpreise), Fachserie 17, Reihe 4, Februar 1994.

STATISTISCHES BUNDESAMT (1994 c): Preise und Preisindizes für gewerbliche Produkte (Erzeugerpreise), Fachserie 17, Reihe 2, März 1994.

STEENBOCK, R. (1983): Abschreibungen und Zinsen bei der Abwasserbeseitigung, in: Kommunalwirtschaft, 84. Jg., 1983, H. 3, S. 104-111, H. 4, S. 132-138.

STEENBOCK, R. (1984): Grundlagen der Betriebsabrechnung - Abschreibungen und Zinsen, 4., überarb. und erw. Aufl., Köln u.a. 1984.

STEENBOCK, R. (1986): Fortentwicklung des kommunalen Abgabenrecht, in: Kommunale Steuer-Zeitschrift, 35. Jg., 1986, H. 5, S. 81-87.

STEENBOCK, R. (1987): Bürger- und kommunalfreundliche Kommunalabgabengesetz, in: Der Städtetag, N.F. 40. Jg., 1987, H. 11, S. 651-655.

STEGER, U. (1990): Integrierter Umweltschutz als Gegenstand eines Umweltmanagements, in: KREIKEBAUM, H. (Hrsg.): Integrierter Umweltschutz, Wiesbaden 1990, S. 48-57.

STEINHEUER, W. (1991): Privatisierung kommunaler Leistungen, Schriftenreihe des BdSt Nordrhein-Westfalen e.V., Nr. 17, Düsseldorf 1991.

STERNEL, F. (1995): Einführung, in: O.V.: Mietgesetze, 29., neubearb. Aufl., München 1995, S. XI-XXXII.

STEVENS, B.J. (1976): Scale, Market Structure, and the Cost of Refuse Collection, Columbia University 1976.

STEVENS, B.J. (1977): The Cost of Residental Refuse Collection, in: SAVAS, E.S. (Hrsg.): The Organization and Efficiency of Solid Waste Collection, Lexington/Mass. 1977, S. 97-119.

STEVENS, B.J. (1978): Scale, Market Structure, and the Cost of Refuse Collection, in: Review of Economics and Statistics, Vol. 60, 1978, S. 438-448.

STICH, R. / PORGER, K.-W. (1993): Immissionsschutzrecht des Bundes und der Länder, Stuttgart u.a. 1984, Loseblattsammlung, Stand Dezember 1993.

STIEF, K. (1986): Das Multibarrierenkonzept als Grundlage von Planung, Bau, Betrieb und Nachsorge von Deponien, in: Müll und Abfall, 18. Jg., 1986, S. 15-20.

STIEF, K. (1989): Ablagerung von Abfällen, in: WALPRECHT, D. (Hrsg.): Abfall und Abfallentsorgung, Köln u.a. 1989, S. 103-125.

STIEF, K. (1993): Ausgewählte Anforderungen an die Ablagerung von Abfällen in der TA Siedlungsabfall, in: Umwelttechnologie Aktuell, 4. Jg, 1993, H. 4, S. 279-292.

STIEF, K. (1994 a): Anforderungen an den Deponiebetrieb in der TA Siedlungsabfall, in: Entsorgungspraxis, 12. Jg., 1994, H. 5, S. 22-29.

STIEF, K. (1994 b): Deponie-Rückbau - Notlösung oder zukunftsträchtige Alternative? in: U.A.N. (Hrsg.): Deponie-Rückbau: Neuer Raum auf altem Standort, Hannover 1994, S. 4-12.

STIGLER, G.J. (1971): The Theory of Economic Regulation, in: The Bell Journal of Economics and Management Science, Vol. 2, 1971, S. 3-21.

STRASSER, K.-H. (1995): Modelle zur Laufzeitverlängerung von Deponien, in: Müll und Abfall, 27. Jg., 1995, H. 1, S. 12-20, H. 2, S. 118-123.

STREBEL, H. (1990): Integrierter Umweltschutz. Merkmale, Voraussetzungen, Chancen, in: KREIKEBAUM, H. (Hrsg.): Integrierter Umweltschutz, Wiesbaden 1990, S. 3-16.

STREISSLER, E. (1993): Das Problem der Internalisierung, in: KÖNIG, H. (1993): Jahrestagung des Vereins für Socialpolitik Gesellschaft für Wirtschafts- und Sozialwissenschaften in Oldenburg 1992: Umweltverträgliches Wirtschaften als Problem der Wissenschaft und Politik, Berlin 1993, S. 87-110.

STRÖBELE, W. (1987): Rohstoffökonomik, München 1987.

SUNDERMANN, A. (1994): Emission, in: KIMMINICH, O. / LERSNER, H. Freiherr v. / STORM, P.-C. (Hrsg.): Handwörterbuch des Umweltrechts, Bd. I, 2., überarb. Aufl., Berlin 1994, Sp. 407-412.

SUNTUM, U. v. (1988): Konjunkturneutraler Haushalt und strukturelles Defizit, in: Das Wirtschaftsstudium, 17. Jg., 1988, H. 11, S. 587-590.

SÜSS, S. (1986): Eigenbetrieb oder Gesellschaft? - Überlegungen zu Organisationsformen kommunaler Wirtschaftstätigkeit, in: Bayerische Verwaltungsblätter, 32. Jg., 1986, H. 9, S. 257-262.

TEGNER, H. / GREWING, D. (1996): Wahrscheinlichkeitshaftung für Umweltschäden, in: Wirtschaftswissenschaftliches Studium, 25. Jg., 1996, H. 9, S. 465-467.

TETTINGER, P.J. (1988): Randnotitzen zum neuen Recht der Abfallwirtschaft, in: Gewerbearchiv, 1988, H. 2, S. 41-49.

THIELMANN, K. (1964): Der Kostenbegriff in der Betriebswirtschaftslehre, Berlin 1964.

THIEMEYER, T. (1964): Grenzkostenpreise bei öffentlichen Unternehmen, Köln, Opladen, 1964.

THIEMEYER, T. (1970): Gemeinwirtschaftlichkeit als Ordnungsprinzip, Berlin 1970.

THIEMEYER, T. (1975): Wirtschaftslehre öffentlicher Betriebe, Reinbek, Hamburg 1975.

THIEMEYER, T. (1978): Apriorische versus empirisch-kasuistische Preistheorie, in: GESELLSCHAFT FÜR ÖFFENTLICHE WIRTSCHAFT UND GEMEINWIRTSCHAFT (Hrsg.): Kosten und Preise öffentlicher Unternehmen, Berlin 1978, S. 36-57.

THIEMEYER, T. (1984): Theorie der öffentlichen Güter als ökonom(ist)ische Staatstheorie, in: OETTLE, K. (Hrsg.): Öffentliche Güter und öffentliche Unternehmen, Baden-Baden 1984, S. 73-89.

THOMAS, L. (1991): Eigengesellschaft eines Landkreises: Abfallentsorgungsgesellschaft Landkreis Hannover mbH, in: HIMMELMANN, G. (Hrsg.): Öffentliche Unternehmen in der Abfallwirtschaft, Baden-Baden 1991, S. 89-100.

THOMÉ-KOZMIENSKY, K.J. (1993): Modell für die Abfallwirtschaft, in: THOMÉ-KOZMIENSKY, K.J. (Hrsg.): Modelle für eine zukünftige Siedlungsabfallwirtschaft, Berlin-Neuruppin, 1993, S. 1-70.

THOMÉ-KOZMIENSKY, K.J. (1994 a): Tendenzen in der Siedlungsabfallwirtschaft, in: THOMÉ-KOZMIENSKY, K.J. (Hrsg.): Kreislaufwirtschaft, Berlin 1994, S. I/45-I/57.

THOMÉ-KOZMIENSKY, K.J. (1994 b): Sonderabfallwirtschaft, in: THOMÉ-KOZMIENSKY, K.J. (Hrsg.): Kreislaufwirtschaft, Berlin 1994, S. I/105-I/132.

TIDEMAN, T.N. / TULLOCK, G. (1976): A New and Superior Process for Making Social Choices, in: Journal of Political Economy, Vol. 84, 1976, S. 1145-1159.

TIEBEL-PAHLKE, C. (1995): Brauchen wir in Zukunft noch Deponien?, in: Abfallwirtschaftsjournal, 7. Jg., 1995, Nr. 10, S. 593-595.

TIEMANN, J. (1991): Abfallentsorgungsgebühren, in: Städte- und Gemeinderat, 45. Jg., 1991, H. 9, S. 279-284.

TIETENBERG, T.H. (1973): Controlling Pollution by Price and Standard Systems: A General Equilibrium Analysis, in: Swedish Journal of Economics, Vol. 75, 1973, S. 193-203.

TIPKE, K. (1987): Steuerrecht, 11., völlig überarb. Aufl., Köln 1987.

TÖPFER, K. (1992): Zur Novellierung des Abfallgesetzes, in: Zeitschrift für angewandte Umweltforschung, 5. Jg., 1992, H. 4, S. 441-444.

TRAIN, K.E. (1991): Optimal Regulation - The Economic Theory of the Natural Monopoly, Cambridge/Mass. 1991.

TRAUMANN-REINHEIMER, A. (1977): Umfang und Bewertung der Kosten lt. § 6 KAG NW, Frankfurt/M., Zürich 1977.

TRZASKALIK, C. (1992): Der Instrumentelle Einsatz von Abgaben - Bemerkungen zum Entwurf eines Abfallabgabengesetzes, in: Steuer und Wirtschaft, 69. Jg., 1992, Nr. 2, S. 135-150.

TUCHTFELDT, E. (1957): Das Instrumentarium der Wirtschaftspolitik, in: Hamburger Jahrbuch für Wirtschafts- und Gesellschaftspolitik, 2. Jahr, 1957, S. 52-64.

TURNER, R.K. (1992): Municipal Solid Waste Management: An Economic Perspective, in: BRADSHAW, A.D. / SOUTHWOOD, R. / WARNER, F. (Hrsg.): The Treatment and Handling of Wastes, London 1992, S. 83-102.

UBA (1994): Daten zur Umwelt, Berlin 1994.

UBA (1995): Jahresbericht 1994, Berlin 1995.

UEBERHOLZ, R. (1991): Eigengesellschaft eines Landkreises: Abfallwirtschaftsgesellschaft (RSAG mbH), in: HIMMELMANN, G. (Hrsg.): Öffentliche Unternehmen in der Abfallwirtschaft, Baden-Baden 1991, S. 101-112.

UHLMANN, B. / WUTTKE, J. (1993): TA Siedlungsabfall - Neue Rahmenbedingungen für die kommunale Abfallwirtschaft, in: Umwelttechnologie Aktuell, 4. Jg., 1993, H. 3, S. 151-155.

UMWELTMINISTERIUM BADEN-WÜRTTEMBERG (1995): Entwurf für ein Abfallabgabengesetz (AbfAG), Stand: 22.6.1995, Stuttgart 1995.

VAGEDES, M. (1992): Kreislaufwirtschaft und Abfallentsorgung aus der Sicht der Abfallwirtschaft, in: Zeitschrift für angewandte Umweltforschung, 5. Jg., 1992, H. 4, S. 444-447.

VERSTEYL, L.-A. (1992): Abfall und Altlasten, München 1992.

VERSTEYL, L.-A. / WENDENBURG, H. (1994): Änderungen des Abfallrechts, in: Neue Zeitschrift für Verwaltungsrecht, 13. Jg., 1994, H. 9, S. 833-843.

VKS (1990): (Abfallentsorgungs-)Gebühren als Instrumente der Abfallwirtschaft, Köln 1990.

VKS (1993): Die Abfallentsorgungsgebühr als Steuerungselement zur Gestaltung ökonomischer Anreize, Informationsschrift 19, Köln 1993.

VKS (1996 a): Muster-Leistungsverzeichnisse für Ausschreibungen (Abfallwirtschaftsbereich), in: HÖSEL, G. et al. (Hrsg.): Müll-Handbuch, Berlin 1964, Loseblattsammlung, Stand Februar 1996, Kz. 0393.

VKS (1996 b): Positionen zum Kreislaufwirtschafts- und Abfallgesetz, in: VKS-Aktuell, 1996, Nr. 1.

VOLZ, J. (1989): Wirtschaftlichkeitsrechnung in der öffentlichen Verwaltung mit Hilfe der Kostenvergleichsrechnung, in: Verwaltungsführung, Organisation, Personal, 11. Jg., 1989, H. 1, S. 24-30.

VORMBAUM, H. (1981): Ermittlung des Anschaffungswertes, in: KOSIOL, E. et al. (Hrsg.): Handwörterbuch des Rechnungswesens, 2., völlig neu gestaltete Aufl., Stuttgart 1981, Sp. 78-83.

WAGNER, G.R. / MATTEN, D. (1995): Betriebswirtschaftliche Konsequenzen des Kreislaufwirtschaftsgesetzes, Zeitschrift für angewandte Umweltforschung, 8. Jg., 1995, H. 1, S. 45-57.

WAGNER, J. (1987): Der Straßengüterfernverkehr, in: Wirtschaftswissenschaftliches Studium, 16. Jg., 1987, H. 3, S. 147-150.

WALPRECHT, D. (1989): Abfallentsorgung - Ziel und Weg, in: WALPRECHT, D. (Hrsg.): Abfall und Abfallentsorgung, Köln u.a. 1989, S. 1-4.

WASEM, J. (1993): Die Erfahrung mit Kostendämpfungsstrategien und Gesundheitsreformen in der Bundesrepublik Deutschland, in: Institut für Gesundheits-System-Forschung Kiel (Hrsg.): Bericht über die Tagung "Künftige Finanzierung der Gesundheitsversorgung bei steigenden Kosten und begrenzten Ressourcen", Kiel 9.-12. November 1992, Würzburg 1993, S. 119-170.

WATERSON, M. (1988): Regulation of the Firm and Natural Monopoly, Oxford, New York 1988.

WEBER, G. (1992): Erfahrungsbericht des Landkreises Südliche Weinstraße, in: UMWELTMINISTERIUM BADEN-WÜRTTEMBERG (Hrsg.): Neue Gebührenmodelle in der kommunalen Abfallentsorgung, Beiträge zur Fachtagung am 5. Oktober 1992 in Ludwigshafen, Stuttgart 1992, S. 123-124.

WEBER, J. / TYLKOWSKI, O. (Hrsg.) (1990): Konzepte und Instrumente von Controlling-Systemen in öffentlichen Institutionen, Stuttgart 1990.

WEBER, K.H. (1981): Betriebliche Wertschöpfung, in: KOSIOL, E. et al. (Hrsg.): Handwörterbuch des Rechnungswesens, 2., völlig neu gestaltete Aufl., Stuttgart 1981, Sp. 1787-1795.

WEEBER, J. (1994): Ein Index staatlich administrierter Verbraucherpreise, in: Wirtschaftsdienst, 74. Jg., 1994, H. 11, S. 592-596

WEGEHENKEL, L. (1980): Coase-Theorem und Marktsystem, Tübingen 1980.

WEIDEMANN, C. (1992): Einführung, in: Abfallgesetz, Nördlingen 1992, S. VII-XXI.

WEILAND, R. (1992): Gesetz der Entropie, in: Wirtschaftswissenschaftliches Studium, 21. Jg., 1992, H. 9, S. 458-460.

WEIMANN, J. (1990): Umweltökonomik, Berlin u.a. 1990.

WEIMAR, R. v. / SCHIMIKOWSKI, P. (1983): Grundzüge des Wirtschaftsrechts, München 1983.

WELFENS, P. (1996): Telekommunikation: Halbherzige Liberalisierung verbaut Wachstumschancen, in: Das Wirtschaftsstudium, 25. Jg., 1996, H. 7, S. 601-602.

WELFENS, P. / GRAACK, C. (1996): Deregulierung der Telekommunikation und Netzwerkeffekte, in: Das Wirtschaftsstudium, 25. Jg. 1996, H. 8/9, S. 767-774.

WELSCH, H. (1994): Meßtechnik und Umweltpolitik: Ein Beitrag zur Instrumentendiskussion, in: Zeitschrift für Umweltpolitik und Umweltrecht, 17. Jg., 1994, H. 2, S. 181-206.

WELZEL, P. (1994): Das Theorem vom Zweitbesten, in: Wirtschaftswissenschaftliches Studium, 23. Jg., 1994, H. 7, S. 353-356.

WERBECK, N. (1993): Konflikte um Standorte für Abfallbehandlungs- und -beseitigungsanlagen, Berlin 1993.

WESTERKOWSKY, H. (1979): Kommunale Betriebsabrechnung, Kronach, München 1979.

WEYREUTHER, F. (1988): Das Abgabenrecht als Mittel des Umweltschutzes, in: Umwelt- und Planungsrecht, 8. Jg., 1988, H. 5, S. 161-170.

WHITE, M.A. / WITTMANN, R. (1993): Amerikanische und deutsche Abfallentsorgung im Vergleich: Der Abfall wächst mit der Tonne, in: Entsorga-Magazin, 12. Jg., 1993, H. 7/8, S. 14-20.

WICKE, L. (1993): Umweltökonomie, 4., überarb., erw. und aktualisierte Aufl., München 1993.

WICKEREN, H. v. (1995): Mechanisch-biologische Behandlungsanlagen für Restmüll - eine Übersicht, in: Der Städtetag, N.F. 48. Jg., 1995, H. 2, S. 104-105.

WIDENMAYER, M. (1981): Soziale Kosten als Bestandteil gesellschaftsbezogener Rechnungslegung, in: Zeitschrift für Betriebswirtschaft, 51. Jg., 1981, H. 2, S. 202-217.

WIEBE, A. / LAHL, U. (1988): Kommunale Steuerungsinstrumente für eine ökologische Abfallwirtschaft, in: Alternative Kommunalpolitik, 9. Jg., 1988, S. 31-35.

WIED-NEBBELING, S. (1982): Probleme administrierter Preise, in: BÖCKER, F. (Hrsg.): Preistheorie und Preisverhalten, München, 1982, S. 220-231.

WIED-NEBBELING, S. (1993): Markt- und Preistheorie, Heidelberg 1993.

WIENERT, H. (1995): Strukturwandel in der Stahlindustrie der Europäischen Union, in: Wirtschaftswissenschaftliches Studium, 24. Jg., 1995, H. 6, S. 323-326.

WIESE, H. (1986): Zahlungsbereitschaft kontra Entschädigungsforderung - Alternative Rentenkonzepte zur Bewertung von Umweltschäden, in: Zeitschrift für Umweltpolitik und Umweltrecht, 9. Jg., 1986, H. 1, S. 81-93.

WIETHE-KÖRPRICH, H. (1996): Besonderheiten des Benutzungsgebührenrechts in Bayern, in: DRIEHAUS, H.-J. (Hrsg.): Kommunalabgabenrecht - Kommentar, Berlin 1989, Loseblattsammlung, Stand März 1996, Erl. zu § 6 KAG NW, Rdnr. 630-646.

WILHELM, H. / CORSTEN, H. / MEIER, B. (1982): Staatliche Preisfixierung - Formen, Instrumente, Probleme, in: Das Wirtschaftsstudium, 11. Jg., 1982, H. 1, S. 29-34, H. 2, S. 79-83.

WILKE, D. (1973): Gebührenrecht und Grundgesetz - Ein Beitrag zum allgemeinen Abgabenrecht, München 1973.

WIP (1978): Ferntransport und Umladung von Abfällen, unveröffentlichte Studie im Auftrag des BStMLU.

WISSENSCHAFTLICHER BEIRAT BEIM BMWi (1976): Kosten und Preise öffentlicher Unternehmen, Stellungnahme des Wissenschaftlichen Beirats beim Bundesministerium für Wirtschaft, in: Bulletin der Bundesregierung, Nr. 4, Bonn 1976.

WITTE, G. (1994): Privatisierung städtischer Aufgaben, in: Der Städtetag, N.F. 47. Jg., 1994, H. 8, S. 524-528.

WITTMANN, R.G. (1994): Rückstandsmanagement, Stuttgart 1994.

WÖBBEKING, K.H. (1995): Controlling in der kommunalen Abfallwirtschaft, in: MINISTERIUM FÜR UMWELT UND FORSTEN RP (Hrsg.): Wirtschaftlichkeitssteuerung in der kommunalen Abfallwirtschaft, Mainz 1995, S. 26-36.

WÖBBEKING, K.H. / FISCHER, T. / SCHMITT, C. (1995): Controlling in der kommunalen Abfallwirtschaft, Berlin 1995.

WÖBBEKING, K.H. / THOMAT, W. (1988): Die Kostenproblematik großräumiger Entsorgungsstrategien, in: Müll und Abfall, 20. Jg., 1988, S. 252-255.

WOLL, A. (1981): Staatliche Preisregulierung, in: ALBERS, W. et al. (Hrsg.): Handwörterbuch der Wirtschaftswissenschaft, Bd. 6, Stuttgart u.a. 1981, S. 202-207.

WOLL, A. (1992): Wirtschaftspolitik, 2., überarb. u. erg. Aufl., München 1992.

WÖRNER, D. (1994): Bewertung der biologischen Behandlungsverfahren von Abfällen und ihre Stellung in Abfallwirtschaftskonzepten, in: Entsorgungspraxis, 12. Jg., 1994, H. 4, S. 27-29.

WYSOCKI, K. v. (1965): Kameralistisches Rechnungswesen, Stuttgart 1965.

ZAHNRADNIK, S. (1995): Zur Berechnung der kalkulatorischen Zinsen, in: Der Gemeindehaushalt, 96. Jg., 1995, H. 2, S. 35.

ZIMMERMANN, E. (1992): Die Fehleinschätzung der Nutzungsdauer bei Anlagegegenständen und ihre Auswirkung auf Abschreibungen und Zinsen, in: Kommunale Steuer-Zeitschrift, 41. Jg., 1992, H. 10, S. 183-187.

ZIMMERMANN, F. (1991): Ökologisch orientierte kommunale Gebühren - Überzogene Erwartungen und realistische Möglichkeiten, in: Kommunale Steuer-Zeitschrift, 40. Jg., 1991, H. 12, S. 221-225.

ZIMMERMANN, H. (1993): Zur Steuerung des Abfallaufkommens durch Umweltabgaben, in: AKADEMIE FÜR LANDESPLANUNG UND RAUMFORSCHUNG (1993): Aspekte einer raum- und umweltverträglichen Abfallentsorgung, Teil 1, Hannover 1993, S. 138-165.

ZOHLNHÖFER, W. (1981): Umweltschutz und Wettbewerb - grundlegende Analyse, in: GUTZLER, H. (Hrsg.): Umweltpolitik und Wettbewerb, Baden-Baden 1981, S. 15-56.

ZOPFS-FITHAL, F. (1994): Umwelthaftung nach dem UHG - ein neues Beratungsfeld, in: Die Information über Steuer und Wirtschaft, 48. Jg., 1994, Nr. 11, S. 339-342.

ZWEHL, W. v. (1988): Die Kalkulation kommunaler Benutzungsgebühren aus betriebswirtschaftlicher Sicht, in: Zeitschrift für Betriebswirtschaft, 58. Jg., 1988, H. 1, S. 155-170.

ZWEHL, W. v. (1989): Betriebswirtschaftliche Grundsätze zur Konkretisierung der durch Benutzungsgebühren zu deckenden Kosten, in: Der Betrieb, 42. Jg., 1989, H. 27/28, S. 1345-1354.

ZWEHL, W. v. / KAUFMANN, M. (1991): Kommunale Benutzungsgebühren aus betriebswirtschaftlicher Sicht, in: Zeitschrift des gesamten öffentlichen Wirtschaftsrechts einschließlich der Umweltbezüge, 2. Jg., 1991, H. 1, S. 7-17.

ZWEHL, W. v. / KAUFMANN, M. (1994): Ökologisierung kommunaler Gebührenpolitik aus betriebswirtschaftlicher Sicht, in: Zeitschrift für angewandte Umweltforschung, 7. Jg., 1994, H. 4, S. 447-453.

Stichwortverzeichnis

GPSR Compliance

The European Union's (EU) General Product Safety Regulation (GPSR) is a set of rules that requires consumer products to be safe and our obligations to ensure this.

If you have any concerns about our products, you can contact us on ProductSafety@springernature.com

In case Publisher is established outside the EU, the EU authorized representative is:

Springer Nature Customer Service Center GmbH
Europaplatz 3
69115 Heidelberg, Germany

Batch number: 10815974

Printed by Printforce, the Netherlands